Grundzüge der Zählertechnik

Ein Lehr- und Nachschlagebuch

von

Dr.-Ing. W. v. Krukowski

Herausgegeben im Auftrage des
Verbandes Deutscher Elektrotechniker

Mit 314 Abbildungen im Text

Berlin
Verlag von Julius Springer
1930

ISBN-13: 978-3-642-89996-6 e-ISBN-13: 978-3-642-91853-7
DOI: 10.1007/978-3-642-91853-7

Softcover reprint of the hardcover 1st edition 1930

Vorwort.

Bei den Verhandlungen über die in Deutschland in Aussicht genommene Prüfung für Eichtechniker hat sich ergeben, daß von den zur Zeit vorhandenen Büchern über Elektrizitätszähler keines geeignet ist, als Lehrbuch zur Vorbereitung für diese Prüfung zu dienen. Aus diesem Grunde hat die Kommission für Zähler des Verbandes Deutscher Elektrotechniker die Herausgabe eines solchen Lehrbuches beschlossen. Die Siemens-Schuckertwerke, die die Durchführung dieses Beschlusses übernommen hatten, haben mir die Bearbeitung des Buches übertragen, wobei sie mich von anderen Arbeiten freimachten und alle erforderlichen Mittel zur Verfügung stellten.

Dem Direktor der Siemens-Schuckertwerke, Herrn Dr.-Ing. Dr.-Ing. e. h. J. A. Möllinger, möchte ich auch an dieser Stelle meinen verbindlichsten Dank dafür aussprechen, daß er mich für die Bearbeitung des Buches vorschlug und meine Arbeit in jeder Beziehung unterstützte.

Neben dem erwähnten Leserkreis dürfte das Buch aber auch für jeden, der sich mit Zählern befaßt oder sich der Zählertechnik widmen will, nützlich sein.

Es wurde angenommen, daß die meisten Leser dieses Buches bereits längere Zeit im Eichraum einer Zählerfabrik oder eines Elektrizitätswerkes tätig gewesen sind. Es erschien deshalb nicht notwendig, zu weit auf praktische Einzelheiten einzugehen, zumal es kaum möglich ist, sich die rein praktische Seite der Zählertechnik durch Studium eines Buches anzueignen. Das Buch soll die bereits erworbenen Kenntnisse des Lesers mehr nach der theoretischen Seite hin vertiefen und steht seinem Inhalt nach zwischen den Büchern, die vorwiegend die Theorie der Zähler behandeln, und den Büchern, die sich mehr mit Zählerkonstruktionen befassen, ohne auf die Wirkungsweise näher einzugehen.

Die Darstellung ist so einfach und anschaulich wie möglich gehalten, setzt aber immerhin die Kenntnis der elementaren Grundlagen der Mathematik, Physik und Elektrotechnik sowie die Beherrschung des Rechenschiebers voraus. Trotzdem wurden einige Abschnitte über die Grundlagen der Elektrotechnik vorangestellt, um dem Leser das Studium zu erleichtern. Näheres über die Anordnung des Buches ist aus der Einleitung ersichtlich.

Einige Fragen sind etwas breit behandelt, weil sie geeignet erschienen, die allgemeinen elektrotechnischen Kenntnisse des Lesers zu vertiefen und ihn zu selbständigem Denken anzuregen. Es ist auch pädagogisch richtig, dem Lernenden an Lehrstoff mehr zu geben, als von ihm bei der Prüfung oder in der Praxis verlangt wird. Ferner ist zu berücksichtigen, daß erfahrungsgemäß an den Zählerfachmann oft Aufgaben herantreten, deren Lösung verhältnismäßig gute theoretische Kenntnisse erfordert, z. B. die Behandlung der Fehlschaltungen von Meßwandlerzählern, Blindstromfragen u. a.

Anordnung des Stoffes und Darstellungsweise schließen sich an meine bei der Ausbildung von Zähleringenieuren und Zählertechnikern bei den Siemens-Schuckertwerken gehaltenen Vorträge an. Die Erfahrung muß zeigen, inwieweit eine Änderung in der Auswahl des Stoffes und in der Darstellung wünschenswert erscheint.

An dieser Stelle danke ich auch den Ingenieuren des Zählerwerkes der Siemens-Schuckertwerke, den Herren Dr.-Ing. W. Beetz und Ing. K. Keßler, die die Fahnen durchsahen, und insbesondere den Herren Ing. H. Nützelberger und Dipl.-Ing. F. Wellhöfer, die mich tatkräftig bei der Fertigstellung der Handschrift und beim Lesen der Korrektur unterstützt haben.

Ferner danke ich den Firmen: Allgemeine Elektricitäts-Gesellschaft, Aronwerke Elektrizitäts-Gesellschaft, Bergmann-Elektrizitätswerke und Landis & Gyr für die Überlassung von Druckschriften und Bildstöcken.

Endlich möchte ich nicht versäumen, auch an dieser Stelle den Herren Regierungsrat Dr. R. Schmidt und Herrn Regierungsrat Dr. R. Scheld von der Physikalisch-Technischen Reichsanstalt für die Unterstützung bei der Abfassung des Abschnittes über gesetzliche Bestimmungen und Vorschriften über Zähler meinen verbindlichsten Dank auszusprechen.

Nürnberg, im Juni 1930.

v. Krukowski.

Inhaltsverzeichnis.

Siebenter Teil: **Verschiedenes.**

Anhang:

Zusammenstellung wichtiger Definitionen, Formeln, Vorschriften usw.

Tabellen.

Einleitung.

Bevor man an das Studium dieses Buches herantritt, ist es nützlich, sich etwas mit seinem Inhalt und der Art der gewählten Darstellung im allgemeinen vertraut zu machen. Es ist deshalb empfehlenswert, vor allem das Inhaltsverzeichnis durchzusehen.

Das Buch zerfällt in einzelne größere Abschnitte, die als Teile benannt sind, z. B. Erster Teil. Elektrotechnische Grundbegriffe. Jeder Teil zerfällt in Kapitel, die mit römischen Zahlen I, II usw. numeriert sind, wobei die Numerierung in jedem Teil mit I beginnt. Die Kapitel zerfallen in Unterabschnitte oder Paragraphen, die mit arabischen Zahlen 1, 2, 3 usw. bezeichnet sind. Diese Numerierung ist im ganzen Buch fortlaufend, also ohne Rücksicht auf den Teil oder das Kapitel. Die wichtigsten Formeln und Gleichungen sowie solche, auf die an einer anderen Stelle des Buches Bezug genommen wird, sind numeriert, wobei die Nummern neben der Formel oder Gleichung am Rande des Textes in Klammern stehen. Diese Numerierung beginnt in jedem Kapitel mit (1).

Der erste Teil behandelt die allgemeinen Grundlagen der Elektrotechnik. Er soll aber nicht etwa einen allgemeinen Überblick über das ganze Gebiet der Elektrotechnik geben, sondern nur die wichtigsten Tatsachen, deren Kenntnis für das Verständnis der eigentlichen Zählertechnik unbedingt erforderlich ist, ins Gedächtnis rufen und das Verständnis dieser Tatsachen beim Leser etwas vertiefen. Unter allen Umständen ist es jedoch empfehlenswert, daß auch Leser, die die Grundlagen der Elektrotechnik bereits beherrschen, den ersten Teil genau durchstudieren, da dies das Verständnis des weiteren wesentlich erleichtern wird.

Im zweiten Teil ist die Wirkungsweise und Konstruktion der normalen Elektrizitätszähler behandelt.

Der dritte Teil umfaßt Tarife, Tarifapparate und Sonderzähler und enthält auch ein größeres Kapitel über Uhrwerke und Uhren.

Der vierte Teil unterrichtet den Leser kurz über die Blindstromfrage.

Der fünfte Teil behandelt eingehend die Meßwandler.

Im sechsten und siebenten Teil werden die Eichung und andere praktisch wichtige Fragen erörtert. Diese beiden Teile sind für den praktisch tätigen Zählerfachmann von besonderem Interesse, weil hier die Grundlagen der Meßtechnik, die Schaltung, Eichung und Instandhaltung der Zähler, die gesetzlichen Bestimmungen usw. besprochen werden.

Der Anhang am Schluß des Buches zerfällt in „Zusammenstellung“ und „Tabellen“. Die Zusammenstellung umfaßt mathematische Formeln, Definitionen und Einheiten physikalischer und elektrotechnischer Größen, ferner die wichtigsten in Betracht kommenden gesetzlichen Bestimmungen und Vorschriften des VDE. Die Tabellen enthalten eine Zusammenstellung von Schaltzeichen, Normalschaltbildern, sowie die für Zähler, Meßwandler und Meßgeräte zulässigen Fehler u. dgl.; ferner eine neuartige Zusammenstellung der Korrektionsfaktoren für Fehlschaltungen von Drehstromzählern.

Beim Druck sind zwei verschiedene Schriftgrößen verwendet worden. Für denjenigen, der sich der Prüfung für Zählerrevisoren unterziehen will, genügt die Kenntnis des Großgedruckten. Das Kleingedruckte enthält einige Feinheiten, deren Kenntnis nützlich, aber nicht unbedingt erforderlich ist. Beim ersten Lesen des Buches empfiehlt es sich, das Kleingedruckte zu überschlagen.

Im Paragraph 46 und an verschiedenen anderen Stellen ist auf Bücher und Aufsätze verwiesen, in denen Einzelheiten, die im vorliegenden Buch nicht behandelt werden konnten, zu finden sind.

Für die Hinweise auf andere Stellen des Buches sind folgende Abkürzungen gewählt:

s. heißt siehe;

eine Zahl hinter s. bedeutet die Nummer eines Paragraphen.

Wenn vor einer Zahl S. steht, so wird auf eine bestimmte Seite hingewiesen;

Abb. vor einer Zahl ist ein Hinweis auf eine Abbildung.

Ein Zus. ist der Hinweis auf die Zusammenstellung und ein Tab. der Hinweis auf eine Tabelle des Anhanges.

Gl. mit einer nachfolgenden Zahl in Klammern ist ein Hinweis auf eine Gleichung, wobei, wenn nichts weiter hinzugefügt ist, die Gleichung im Kapitel, in dem der Hinweis gemacht wird, gemeint ist.

F. N. bedeutet Fußnote.

So z. B. bedeutet (s. 92) siehe Paragraph 92, (s. Abb. **111**, S. 177) siehe Abbildung **111**, Seite 177.

Erster Teil.

Elektrotechnische Grundbegriffe.

I. Allgemeine physikalische Grundlagen. Gleichstromtechnik.

1. Einleitung. Im vorliegenden Abschnitt wollen wir die physikalischen Grundlagen der Elektrotechnik, die dem Leser an und für sich bekannt sein dürften, kurz behandeln und dabei allen Betrachtungen im wesentlichen den Gleichstrom zugrunde legen. Mit dem besonders wichtigen Wechselstrom, insbesondere mit dem Transformator werden wir uns dann in den Abschnitten II und III eingehender befassen. Die Wirkungen der Elektrizität, beispielsweise die durch sie verursachte Erwärmung eines Drahtes, betrachten wir als die Wirkung des *elektrischen Stromes*, den wir uns als das Fließen eines unsichtbaren Stoffes im Draht vorstellen. Es ist dies eine Erscheinung, die wir mit dem Fließen von Wasser in einer Rohrleitung, die zwei übereinander angeordnete Gefäße verbindet, vergleichen können. In einem solchen Rohr fließt das Wasser, weil zwischen den beiden Behältern eine Höhendifferenz (Niveaudifferenz) vorhanden ist. Die Ursache des Fließens eines elektrischen Stromes in einer Leitung ist das Vorhandensein einer *elektrischen Niveau- oder Spannungsdifferenz*, kurz einer *elektrischen Spannung*. Die Wirkung des Stromes äußert sich auch in magnetischen und elektrochemischen Erscheinungen. Die Spannung, die als Voraussetzung für das Fließen des Stromes zu betrachten ist, äußert sich auch unmittelbar z. B. dadurch, daß eine Luftstrecke zwischen zwei Leitern, an die eine bestimmte Spannung angelegt ist, durchschlagen wird.

Die Stärke eines Wasserstromes, unter der wir die Menge des Wassers, die in einer bestimmten Zeit durch das Rohr fließt, verstehen, hängt einerseits ab von der Höhendifferenz der beiden Behälter, andererseits von dem Widerstand, den die Rohrleitung dem Fließen des Wassers infolge der in ihr auftretenden Reibung entgegensetzt. Ähnlich ist es bei der Elektrizität. Die Stromstärke hängt einerseits von der Spannung ab und andererseits von der Eigenschaft des Leiters, die wir *elektrischen Widerstand* nennen.

Die Spannung wird entweder auf chemischem Wege mit Hilfe von Elementen und Akkumulatoren oder auf dem Wege der elektromagnetischen Induzierung in Dynamomaschinen (Generatoren) erzeugt. Obwohl die Elemente, Akkumulatoren und Generatoren eigentlich nur Spannung erzeugen und der Strom als Folge der Spannung auftritt, so ist es üblich von Stromerzeugern zu sprechen, nicht, wie es eigentlich logischer wäre, von Spannungserzeugern.

Damit ein Strom zustande kommt, muß der Stromkreis geschlossen sein. Einen solchen geschlossenen Kreis zeigt Abb. 1, in der *A* die Stromquelle und *W* der an die Klemmen der Stromquelle mit Hilfe entsprechender Verbindungsleitungen angeschlossene Widerstand ist. Die für die Stromquelle in der Abbildung gewählte Darstellung ist die für eine Akkumulatorenzelle übliche. Man unterscheidet bei einer Stromquelle den positiven oder Plus- (+) Pol und den negativen oder Minus- (—) Pol und nimmt an, daß der Strom in dem angeschlossenen Widerstand oder einem anderen „Verbraucher" in der Richtung vom + Pol nach dem — Pol, also in Richtung des eingezeichneten Pfeiles fließt. Unser Stromkreis besteht aus der Akkumulatorenzelle, dem Widerstand und den Verbindungsleitungen, die auch einen gewissen Widerstand darstellen. Der Strom fließt von dem + Pol des Akkumulators über den Widerstand zum — Pol und im Innern des Akkumulators zurück zum + Pol. Demnach fließt der Strom im Innern der Stromquelle vom — Pol zum + Pol. Man betrachtet aber, wie wir das eben getan haben, gewöhnlich nur den „äußeren" Stromkreis, der zwischen den Klemmen (Polen) der Stromquelle liegt. In diesem Stromkreis ist sowohl der Strom wie die Spannung von + nach — gerichtet.

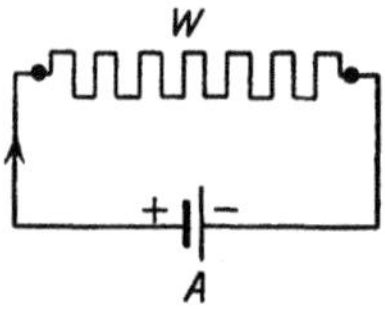

Abb. 1. Geschlossener Stromkreis.

2. Das Ohmsche Gesetz. Die Beziehung zwischen den drei wichtigsten elektrischen Größen, nämlich der Spannung, der Stromstärke und dem Widerstand, wird durch das Ohmsche Gesetz ausgedrückt. Dieses Gesetz ist die wichtigste Grundlage der Elektrotechnik. In Worten lautet das Ohmsche Gesetz wie folgt: Die Stromstärke ist direkt proportional der Spannungsdifferenz, die zwischen den Enden eines Leiters herrscht, und umgekehrt proportional dem Widerstande des Leiters. Wenn also bei einer bestimmten Spannung in einem gegebenen Leiter ein gewisser Strom fießt, so fließt bei doppelter Spannung ein doppelt so starker Strom. Wird der Widerstand des Leiters auf den doppelten Betrag erhöht, so geht die Stromstärke auf die Hälfte zurück; umgekehrt wird bei Verminderung der Spannung die Stromstärke kleiner und bei Verminderung des Widerstandes die Stromstärke größer.

Spannung, Stromstärke und Widerstand sind physikalische Größen. Wir bezeichnen allgemein als Größe etwas, was man messen oder überhaupt zahlenmäßig ausdrücken kann. In diesem Sinne darf jedoch der Begriff Größe nicht verwechselt werden mit dem Begriff groß im Gegensatz zu klein. Eine physikalische Größe, also z. B. die Stromstärke, kann an und für sich beliebig groß oder beliebig klein sein. Um die Möglichkeit zu haben, mathematisch die Beziehungen zwischen den verschiedenen Größen auszudrücken, werden diese mit bestimmten Buchstaben — meist großen lateinischen und zwar im Druck in schräger Schrift (kursiv) — gekennzeichnet. Wir nennen solche Bezeichnungen Formelzeichen und werden im folgenden stets die Spannung mit E, die Stromstärke mit J und den Widerstand mit R bezeichnen. Das Ohmsche Gesetz, welches wir eben in Worten beschrieben haben, lautet dann in mathematischer Ausdrucksweise

$$J = \frac{E}{R}. \tag{1}$$

Ein solcher Ausdruck ist eine Formel oder eine Gleichung. Meist wird dabei die Bezeichnung Gleichung gewählt, wenn eine der Größen oder auch mehrere unbekannt und die übrigen bekannt sind, so daß wir durch Vornahme gewisser Umrechnungen (mathematischer Operationen) die unbekannte Größe finden oder die Gleichung auflösen können. Wir werden, wie oben geschehen, die Gleichungen und Formeln, auf die an anderer Stelle des Buches Bezug genommen ist, durch neben der Gleichung oder Formel stehende eingeklammerte Zahlen kennzeichnen.

Die wichtigsten Regeln für die Auflösung einfacher Gleichungen finden sich in der Zusammenstellung I. 4. f.

Aus unserer Gl. (1) folgt:

$$E = J \cdot R, \tag{2}$$

ferner

$$R = \frac{E}{J}. \tag{3}$$

Die Gl. (1) erlaubt uns die Stromstärke zu berechnen, wenn Spannung und Widerstand bekannt sind. Die Gl. (2) erlaubt die Berechnung der Spannung, wenn Stromstärke und Widerstand bekannt sind, und endlich die Gl. (3) ergibt den Widerstand, wenn Spannung und Stromstärke bekannt sind. Wir können unsere Gleichungen folgendermaßen in Worten ausdrücken: Die Stromstärke ist gleich Spannung dividiert durch Widerstand, die Spannung ist das Produkt von Stromstärke mal Widerstand und der Widerstand ist gleich Spannung dividiert durch Stromstärke.

Wollen wir physikalische Größen zahlenmäßig ausdrücken, so müssen wir bestimmte Einheiten für diese Größen festlegen. In der Praxis wird die Spannung in Volt, die Stromstärke in Ampere und der Widerstand in Ohm gemessen. Näheres darüber, was ein Volt, ein Ampere und ein Ohm ist, werden wir später kennenlernen (s. 180). Der Bequemlichkeit halber werden in der Praxis für die Einheiten abgekürzte Bezeichnungen angewandt. Das Volt wird mit V, das Ampere mit A und das Ohm mit Ω bezeichnet[1]. Dabei werden die Abkürzungen der Einheiten, die nicht mit den Formelzeichen zu verwechseln sind, als gerade Buchstaben gedruckt, wobei hinter den Buchstaben kein Punkt zu setzen ist, es sei denn, daß es sich um das Ende eines Satzes handelt.

Wenn bestimmte Zahlenwerte für verschiedene Größen festliegen, so können wir an Stelle der Formelzeichen in die Formeln bzw. Gleichungen diese Zahlenwerte einsetzen und dann den Zahlenwert der unbekannten Größe ausrechnen. So z. B. sei an ein Netz mit der Spannung 220 V ein Widerstand von 53 Ω angeschlossen; dann können wir die Stromstärke, die in dem Widerstand fließt, berechnen, wenn wir in Gl. (1) unsere Zahlenwerte einsetzen und zwar ist $E = 220$, $R = 53$; demnach berechnet sich die Stromstärke zu $J = \frac{E}{R} = \frac{220}{53} = 4{,}15$ A.

Oder ein zweites Beispiel: Es sei ein Widerstand $R = 3{,}5\ \Omega$ gegeben. Wir wollen durch diesen Widerstand einen Strom von 5 A schicken. Hierzu ist es erforderlich, daß an die Enden des Widerstandes eine bestimmte Spannung E angelegt wird, die wir nach Gl. (2) zu $E = J \cdot R = 5 \cdot 3{,}5 = 17{,}5$ V berechnen.

Endlich wollen wir noch den Fall betrachten, in dem der Widerstand eine unbekannte Größe ist: Es fließe in einem Widerstand ein Strom $J = 7{,}5$ A und die Spannung an den Enden des Widerstandes sei $E = 110$ V. Die Größe des Widerstandes berechnet sich dann nach Gl. (3) zu $R = \frac{E}{J} = \frac{110}{7{,}5} = 14{,}7\ \Omega$.

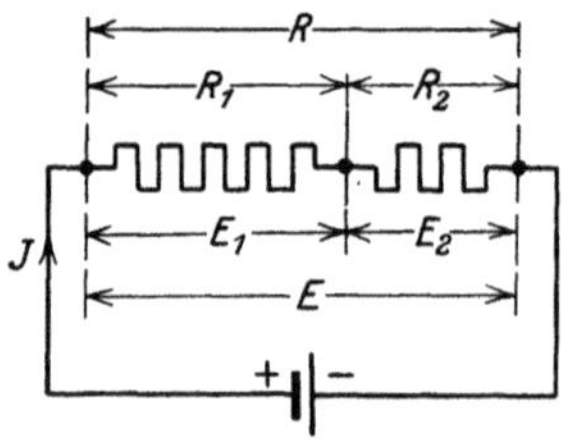

Abb. 2. Reihenschaltung zweier Widerstände.

3. Reihenschaltung von Widerständen. Wenn an eine Stromquelle zwei Widerstände, R_1 und R_2, wie in Abb. 2 gezeigt, angeschlossen werden, so nennen wir eine solche Verbindung oder Schaltung Reihen- oder Serienschaltung. Bei dieser Schaltung durchfließt die beiden Widerstände der gleiche

[1] Griechischer Buchstabe großes Omega. Die griechischen Buchstaben werden wir im folgenden öfters gebrauchen. Es ist deshalb nützlich, sich mit dem griechischen Alphabet vertraut zu machen. Dieses findet sich in der Zusammenstellung I. 2.

Strom J. Nach dem Ohmschen Gesetz Gl. (2) muß zwischen Anfang und Ende (Klemmen) des ersten Widerstandes eine Spannung $E_1 = J \cdot R_1$ sein, an den Klemmen des zweiten Widerstandes eine Spannung $E_2 = J \cdot R_2$. Die Gesamtspannung E, die erforderlich ist, um den Strom J durch die beiden in Reihe geschalteten Widerstände zu treiben, ist demnach $E = E_1 + E_2 = J \cdot R_1 + J \cdot R_2 = J \cdot (R_1 + R_2)$. Die Gleichung zeigt uns, daß der Gesamtwiderstand R zweier in Reihe geschalteter Widerstände R_1 und R_2 gleich der Summe $R_1 + R_2$ ist, also

$$R = R_1 + R_2 . \tag{4}$$

Zu einem ähnlichen Ergebnis kommen wir auch, wenn mehrere Widerstände in Reihe geschaltet sind. Sind diese Widerstände R_1, R_2, R_3 usw., so ist der Gesamtwiderstand der Reihenschaltung

$$R = R_1 + R_2 + R_3 \text{ usw.} \tag{5}$$

4. Parallelschaltung von Widerständen. Leitwert. Abb. 3 zeigt eine andere wichtige Art der Schaltung von zwei Widerständen R_1 und R_2, nämlich die Parallelschaltung. Hier sind die Anfänge beider Widerstände miteinander verbunden und ebenso ihre Enden. Wenn an die Verbindungspunkte der beiden Widerstände eine Spannung E angelegt ist, so wird im Widerstand R_1 ein Strom

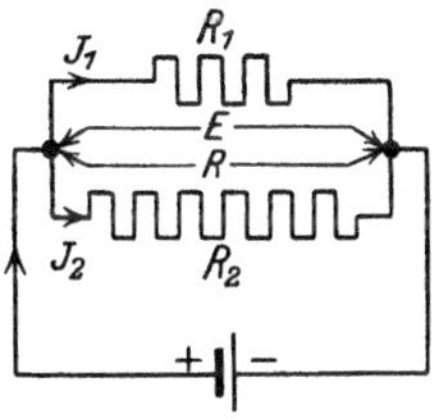

Abb. 3. Parallelschaltung zweier Widerstände.

$$J_1 = \frac{E}{R_1} \tag{6}$$

und im Widerstand R_2 entsprechend ein Strom

$$J_2 = \frac{E}{R_2} \tag{7}$$

fließen. Die Stromquelle hat also jetzt einen Strom J (Gesamtstrom) zu liefern, der gleich der Summe der beiden Teilströme J_1 und J_2 ist. Es ist demnach

$$J = J_1 + J_2 . \tag{8}$$

Setzen wir in diese Gleichung für J_1 und J_2 die Werte aus den Gleichungen (6) und (7) ein, so erhalten wir

$$J = \frac{E}{R_1} + \frac{E}{R_2} = E\left(\frac{1}{R_1} + \frac{1}{R_2}\right) . \tag{9}$$

Wir können uns die beiden parallel geschalteten Widerstände durch einen Ersatzwiderstand oder Kombinationswiderstand R, ersetzt denken, der so groß ist, daß bei der Spannung E in ihm der Strom J fließt, d. h.

$$J = \frac{E}{R} = E \cdot \frac{1}{R}. \tag{10}$$

Wir sehen also, daß der Größe $\left(\frac{1}{R_1} + \frac{1}{R_2}\right)$ aus Gl. (9) die Größe $\frac{1}{R}$ aus Gl. (10) entspricht, also ist

$$\frac{1}{R} = \frac{1}{R_1} + \frac{1}{R_2}. \tag{11}$$

Wir können folgende Umrechnung vornehmen:

$\frac{1}{R_1} + \frac{1}{R_2} = \frac{R_2 + R_1}{R_1 \cdot R_2} = \frac{R_1 + R_2}{R_1 \cdot R_2}$. Demnach ist $\frac{1}{R} = \frac{R_1 + R_2}{R_1 \cdot R_2}$.

Hieraus folgt

$$R = \frac{R_1 \cdot R_2}{R_1 + R_2}. \tag{12}$$

Diese Gleichung ist also der Ausdruck für den Kombinationswiderstand zweier parallel geschalteter Widerstände R_1 und R_2. Wenn z. B. zu einem Widerstand $R_1 = 20\ \Omega$ ein zweiter Widerstand $R_2 = 10\ \Omega$ parallel geschaltet ist, so berechnet sich nach Gl. (12) der Kombinationswiderstand zu

$$R = \frac{R_1 \cdot R_2}{R_1 + R_2} = \frac{20 \cdot 10}{20 + 10} = \frac{200}{30} = 6{,}67\ \Omega.$$

Wenn die beiden parallel geschalteten Widerstände R_1 und R_2 gleich sind, also $R_1 = R_2$, so folgt aus Gl. (12), daß

$$R = \frac{R_1 \cdot R_2}{R_1 + R_2} = \frac{R_1 \cdot R_1}{R_1 + R_1} = \frac{R_1^2}{2 R_1} = \frac{R_1}{2}.$$

Dieses Ergebnis ist ohne weiteres verständlich, denn, wenn man zu einem Widerstand, in dem ein bestimmter Strom fließt, einen zweiten gleich großen parallel schaltet, so wird auch in diesem Widerstand der gleiche Strom fließen. Der Gesamtstrom ist doppelt so groß, d. h. der Kombinationswiderstand ist halb so groß wie jeder der parallel geschalteten Widerstände.

Betrachten wir den Fall, daß mehrere Widerstände R_1, R_2, R_3, R_4 usw. parallel geschaltet, also an eine gemeinschaftliche Spannung E angelegt sind, so fließen in diesen Widerständen die Ströme J_1, J_2, J_3, J_4 usw., deren Größen die folgenden sind: $J_1 = \frac{E}{R_1}$; $J_2 = \frac{E}{R_2}$; $J_3 = \frac{E}{R_3}$ usw. Der Gesamtstrom J ist die Summe der Einzelströme, also $J = J_1 + J_2 + J_3$ usw. Da $J = \frac{E}{R}$ ist, wobei R der Kombinationswiderstand der Parallelschaltung ist, so erhalten wir $\frac{E}{R} = \frac{E}{R_1} + \frac{E}{R_2} + \frac{E}{R_3}$ usw. Dividieren wir diese Gleichung durch E, so erhalten wir

$$\frac{1}{R} = \frac{1}{R_1} + \frac{1}{R_2} + \frac{1}{R_3} \text{ usw.} \tag{13}$$

Wir können aus dieser Beziehung demnach R berechnen. In Worten ausgedrückt sagt diese Gleichung folgendes: Bei Parallelschaltung mehrerer Widerstände ist der reziproke Wert des Kombinationswiderstandes gleich der Summe der reziproken Werte der Einzelwiderstände. Wir nennen den reziproken Wert eines Widerstandes R, also die Größe $\frac{1}{R}$ den **Leitwert** und wollen sie mit G bezeichnen. Je größer der Widerstand ist, um so kleiner ist der Leitwert, und umgekehrt. Unsere Gl. (13) kann also in Worten auch so ausgedrückt werden: **Bei Parallelschaltung ist der gesamte Leitwert gleich der Summe der Leitwerte der einzelnen parallel geschalteten Widerstände.** Das Rechnen mit Leitwerten ist bei parallel geschalteten Widerständen und auch sonst bei sehr kleinen Widerständen bequemer als das Rechnen mit den Widerständen. Die Einheit des Leitwertes ist das reziproke Ohm $\left(\frac{1}{\Omega}\right)$ oder Siemens (S). Demnach hat z.B. ein Widerstand von 20 Ω einen Leitwert $\frac{1}{20} = 0{,}05$ S.

Es mögen vier Widerstände $R_1 = 10\ \Omega$, $R_2 = 4\ \Omega$, $R_3 = 2\ \Omega$ und $R_4 = 1\ \Omega$ parallel geschaltet sein. Die einzelnen Leitwerte sind dann $G_1 = \frac{1}{10} = 0{,}10$ S, $G_2 = \frac{1}{4} = 0{,}25$ S, $G_3 = \frac{1}{2} = 0{,}50$ S, $G_4 = \frac{1}{1} = 1{,}00$ S. Der Leitwert des Kombinationswiderstandes ist demnach $G = G_1 + G_2 + G_3 + G_4 = 0{,}10 + 0{,}25 + 0{,}50 + 1{,}00 = 1{,}85$ S und der Kombinationswiderstand ist $R = \frac{1}{G} = \frac{1}{1{,}85} = 0{,}541\ \Omega$.

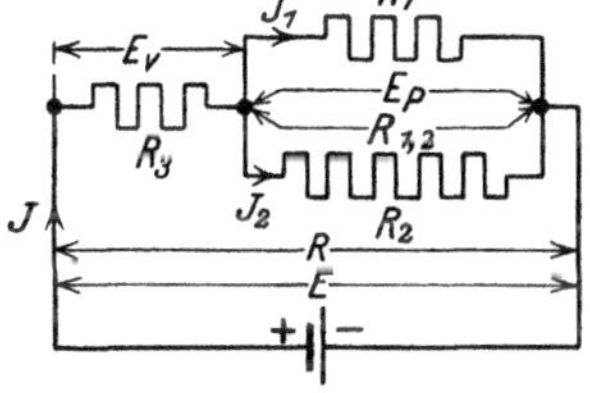

Abb. 4. Parallel- und Reihenschaltung von Widerständen.

5. Kombinierte Parallel- und Reihenschaltung. Abb. 4 stellt eine weitere sehr wichtige Schaltung dar, nämlich den Fall, in dem zwei Widerstände R_1 und R_2 parallel geschaltet sind und in Reihe mit dieser Parallelschaltung ein Widerstand R_3 liegt. Die Spannung der Stromquelle sei E; sie liefert den Strom J, der den der Parallelschaltung vorgeschalteten Widerstand R_3 durchfließt, sich dann in die Ströme J_1 und J_2 verzweigt, die in den Widerständen R_1 und R_2 fließen, und sich dann wieder zum Strom J

vereinigt. Dabei liegt an der Parallelschaltung eine bestimmte Spannung E_P und an dem vorgeschalteten Widerstand eine Spannung E_V. Die Gesamtspannung E ergibt sich zu $E = E_P + E_V$. Wir können nach dem Obigen den Kombinationswiderstand R berechnen, wenn wir nach Gl. (12) den Kombinationswiderstand $R_{1,2}$ von R_1 und R_2 berechnen und hierzu R_3 addieren. Es ist also

$$R = R_{1,2} + R_3 = \frac{R_1 \cdot R_2}{R_1 + R_2} + R_3 . \tag{14}$$

Die Stromstärke J berechnet sich zu $J = \frac{E}{R} = \frac{E}{R_{1,2} + R_3}$. Die Spannungen E_P und E_V berechnen sich als das Produkt aus Stromstärke J und Widerstand $R_{1,2}$ bzw. R_3, also $E_P = J \cdot R_{1,2}$ und $E_V = J \cdot R_3$. Bei einem bestimmten Strom J ist die Gesamtspannung E um so größer, je größer der Kombinationswiderstand $R_{1,2}$ und je größer der vorgeschaltete Widerstand R_3 ist. Wenn dagegen eine bestimmte Spannung E gegeben ist, werden die Spannung E_P an der Parallelschaltung und demnach auch die Ströme J_1 und J_2 um so kleiner sein, je größer der Widerstand R_3 ist. Die gezeichnete Schaltung gibt die Möglichkeit in einem Widerstand R_1 den Strom J_1 dadurch zu regulieren, daß man den Parallelwiderstand R_2 oder den vorgeschalteten Widerstand R_3 ändert. Dagegen ist es nicht möglich, die Stromstärke J_1 bei unveränderter Spannung der Stromquelle durch einen Widerstand R_2 zu verändern, wenn der vorgeschaltete Widerstand R_3 nicht vorhanden ist. Wir hätten dann den in Abb. 3 gezeichneten Fall der einfachen Parallelschaltung. Denken wir uns zuerst, daß in dieser Schaltung der Widerstand R_2 unterbrochen ist; dann fließt im Widerstand R_1 der früher berechnete Strom $J_1 = \frac{E}{R_1}$. Der Gesamtstrom J ist in diesem Fall gleich dem Teilstrom J_1. Schließen wir nun den Widerstand R_2 an, so fließt in ihm der Strom $J_2 = \frac{E}{R_2}$. Der Gesamtstrom J ist jetzt die Summe der beiden Ströme J_1 und J_2, der Strom J_1 hat sich aber nicht geändert.

Anders liegen die Verhältnisse, wenn der vorgeschaltete Widerstand R_3 vorhanden ist. Wir denken uns in der Abb. 4 zuerst den Widerstand R_2 unterbrochen. Dann fließt in R_1 und R_3 der gleiche Strom. Dieser Fall entspricht dann der Schaltung Abb. 2. Die Spannungen verteilen sich proportional den Widerständen. Wir können die Stromstärke nun dadurch beeinflussen, daß wir R_3 ändern. Je größer R_3 ist, um so kleiner ist der Strom und demnach auch die Spannung an dem Widerstand R_1. Diese Art der Regelung, die wir als Reihen- oder Serienregelung bezeichnen wollen, wird sehr oft angewandt. Denken wir uns nun, daß bei einem bestimmten Wert des Widerstandes R_3 der Widerstand R_2 angeschlossen wird, dann wird in ihm ein Strom J_2 fließen. Der Widerstand R_3 wird jetzt vom Gesamtstrom $J_1 + J_2$ durchflossen, der größer ist als der Strom vor dem Anlegen des Widerstandes R_2. Die Spannung an R_3 wird jetzt höher; demnach bleibt für den Widerstand R_1 eine geringere Spannung übrig und der Strom J_1 wird kleiner. Die Beachtung des Obigen ist außerordentlich wichtig.

Wir wollen diese Verhältnisse uns noch an einem Beispiel klarmachen. Die Spannung unserer Stromquelle (Abb. 4) sei $E = 100$ V. Es seien zuerst nur zwei in Reihe geschaltete Widerstände $R_1 = 6\ \Omega$ und $R_3 = 2\ \Omega$ angeschlossen. Der Gesamtwiderstand ist in diesem Fall also $6 + 2 = 8\ \Omega$ und der Strom, der die beiden Widerstände durchfließt, berechnet sich zu $\frac{100}{8} = 12{,}5$ A. Die Spannung an R_3 ist $12{,}5 \cdot 2 = 25$ V, der Rest, also $100 - 25 = 75$ V, entfällt auf R_1. Es wird nun parallel zu R_1 der Widerstand $R_2 = 10\ \Omega$ gelegt. Der Kombinationswiderstand der beiden parallel geschalteten Widerstände berechnet sich zu $R_{1,2} = \frac{6 \cdot 10}{6 + 10} = \frac{60}{16} = 3{,}75\ \Omega$ und der Kombinationswiderstand der ganzen Schaltung zu $R = 2 + 3{,}75 = 5{,}75\ \Omega$. Demnach ist jetzt der Strom auf $J = \frac{100}{5{,}75} = 17{,}4$ A angewachsen. Die Spannung am Widerstand R_3 beträgt demnach $E_V = 2 \cdot 17{,}4 = 34{,}8$ V gegenüber früher 25 V. Die Spannung an der Parallelschaltung von R_1 und R_2 berechnet sich zu $100 - 34{,}8 = 65{,}2$ V. Wir können diese Spannung auch als Produkt des Gesamtstromes J und des Kombinationswiderstandes $R_{1,2}$ berechnen. Der Strom im Widerstand R_1 ist jetzt $J_1 = \frac{65{,}2}{6} = 10{,}9$ A; vor dem Anlegen des Widerstandes R_2 war er 12,5 A.

6. EMK und Klemmenspannung. Wir haben bis jetzt immer von Spannungen gesprochen, die an die Enden von Widerständen angelegt sind, oder von der Spannung, die der Stromerzeuger an seinen Klemmen aufweist. Diese Spannung bezeichnen wir bei genaueren Betrachtungen als Klemmenspannung. Sie ist nicht in allen Fällen die gesamte Spannung, die im Stromerzeuger auftritt. Wir wollen zuerst annehmen, daß an die Klemmen eines Stromerzeugers, also eines Akkumulators, einer Dynamomaschine oder dgl. nichts angeschlossen ist, d. h. daß diese Stromquelle nicht belastet ist. Wir stellen uns also vor, daß an

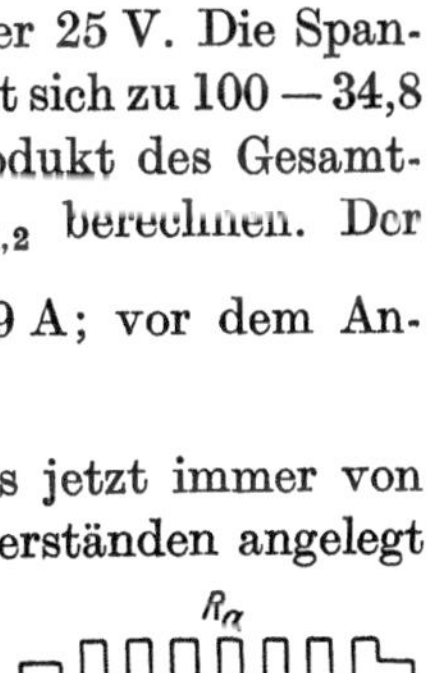

Abb. 5. Äußerer und innerer Widerstand.

die Klemmen der in Abb. 5 gezeichneten Stromquelle, die dieses Mal als Generator G angenommen ist, zuerst kein Widerstand, d. h.

keine Belastung angeschlossen ist, also der Generator leer läuft. In seinen Wicklungen wird eine Spannung erzeugt, die wir elektromotorische Kraft oder kurz EMK[1] nennen. Ihre Größe E können wir genau so wie die Größe jeder anderen Spannung mit einem geeigneten Spannungsmesser (Voltmeter) bestimmen, den wir an die Klemmen K des Generators G anlegen. Belasten wir nun unseren Generator dadurch, daß wir an seine Klemmen einen Widerstand R_a anschließen, so wird in diesem Widerstand ein Strom J fließen. Wie wir bereits früher gesagt haben, muß in diesem Fall ein geschlossener Stromkreis vorhanden sein. Der Strom fließt demnach von der + Klemme ($+K$) des Generators durch den Widerstand R_a zur − Klemme ($-K$) und dann im Innern des Generators durch seine in der Abbildung angedeutete Wicklung zurück zur + Klemme. Diese Wicklung des Generators hat auch einen gewissen Widerstand, den wir inneren Widerstand nennen und mit R_i bezeichnen wollen. Die EMK muß also den Strom sowohl durch den äußeren Widerstand R_a wie auch durch den inneren Widerstand R_i treiben. Auf den äußeren Widerstand entfällt dabei eine Spannung

$$E_K = J \cdot R_a \tag{15}$$

und auf den inneren eine Spannung, die wir als Spannungsabfall der Stromquelle bezeichnen,

$$\varepsilon = J \cdot R_i\,. \tag{16}$$

Wenn wir jetzt zwischen den Klemmen des belasteten Generators die Spannung messen würden, so würde dies die Spannung E_K sein, die wir als Klemmenspannung bezeichnen. Die EMK ist also die Summe der Klemmenspannung und des inneren Spannungsabfalls, also

$$E = E_K + \varepsilon = J \cdot R_a + J \cdot R_i\,. \tag{17}$$

Hieraus folgt, daß die Klemmenspannung den Wert

$$E_K = E - \varepsilon \tag{18}$$

hat, was nichts anderes bedeutet, als daß die Klemmenspannung gleich der EMK abzüglich des inneren Spannungsabfalles ist. Ferner zeigt uns die Gl. (16), daß dieser Spannungsabfall proportional der Stromstärke ist. Hieraus ergibt sich, daß bei gleichbleibender EMK die Klemmenspannung mit wachsender Stromstärke fällt. Bei vielen Betrachtungen, z. B. denjenigen, die wir in den vorhergehenden Abschnitten angestellt haben, interessiert die EMK nicht und man spricht dann kurz von Spannung und läßt den Index K weg. Man muß sich aber im klaren sein, daß EMK und Klemmenspannung nicht das gleiche ist. Alles, was wir bis jetzt über den inneren Spannungs-

---

[1] Wenn von mehreren elektromotorischen Kräften die Rede ist, so werden wir EMKe schreiben.

abfall unseres Generators G gesagt haben, bezieht sich sinngemäß auch auf Akkumulatoren oder andere Stromquellen, die alle einen bestimmten, wenn auch meist kleinen inneren Widerstand haben, also auch kleine Spannungsabfälle aufweisen.

7. Parallel- und Reihenschaltung von Stromquellen. Wenn man nur eine Stromquelle hat, so kann man die Wirkung des Spannungsabfalles, der bei wachsender Belastung ein Abfallen der Klemmenspannung zur Folge hat, je nach der Art des Stromerzeugers auf verschiedene Weise ausgleichen, so z. B. bei Dynamomaschinen durch Verstärkung ihrer Erregung. Von großer Bedeutung ist der Spannungsabfall dann, wenn zwei oder mehrere Stromerzeuger parallel arbeiten. In Abb. 6 sind zwei parallel geschaltete Generatoren G_1 und G_2, die auf gemeinschaftliche Leitungen arbeiten, gezeichnet. Die + Pole, Klemmen $+K$, beider Generatoren liegen an der + Leitung des Netzes, die — Pole, Klemmen $-K$, an der — Leitung. Beide Generatoren haben demnach stets die gleiche Klemmenspannung E_K. Die inneren Widerstände der beiden Generatoren seien R_1 und R_2. Wenn an die Netzleitungen irgendeine Belastung, z. B. der Widerstand R_a angeschlossen ist, der einen Strom J aufnimmt, so liefert der Generator G_1 den Strom J_1, der Generator G_2 den Strom J_2, die zusammen den Strom J ergeben, also $J = J_1 + J_2$. Nach Gl. (17) ist die EMK von G_1 $E_1 = E_K + \varepsilon_1$ und entsprechend ist $E_2 = E_K + \varepsilon_2$, wo ε_1 und ε_2 die Spannungsabfälle der beiden Generatoren sind. Nach Gl. (16) ist $\varepsilon_1 = J_1 \cdot R_1$ und $\varepsilon_2 = J_2 \cdot R_2$. Diese Betrachtung zeigt uns, daß ein Generator einen um so größeren Anteil an der Stromlieferung hat, je größer seine EMK ist und je kleiner sein innerer Spannungsabfall bzw. sein innerer Widerstand ist. Wenn die beiden Generatoren bei nicht eingeschalteter Belastung bereits parallel geschaltet gewesen sind, so müssen sie, falls nicht der eine Generator durch den anderen Strom schicken soll, die gleiche EMK haben, da bei Leerlauf die EMK gleich der Klemmenspannung ist. Falls man nach Einschaltung der Belastung die Erregung der Generatoren nicht geändert hat, also ihre EMK unverändert gelassen hat, muß bei Belastung $E_K + \varepsilon_1 = E_K + \varepsilon_2$ sein oder $\varepsilon_1 = \varepsilon_2$. Demnach $J_1 \cdot R_1 = J_2 \cdot R_2$. Hieraus folgt $\frac{J_1}{J_2} = \frac{R_2}{R_1}$. Bei gleicher EMK verhalten sich also die Ströme umgekehrt proportional den inneren Widerständen, d. h. derjenige der beiden parallel geschalteten Generatoren oder allgemein Stromerzeuger liefert mehr Strom, der einen kleineren

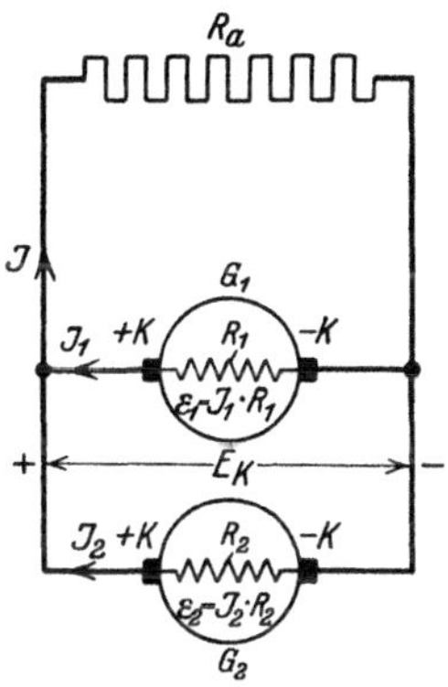

Abb. 6. Parallelschaltung zweier Generatoren.

inneren Widerstand hat. In der Praxis liegen die Verhältnisse noch verwickelter, weil sich in Wirklichkeit die EMK, die wir bis jetzt als eine von der Belastung unabhängige Größe angenommen haben, auch mit der Belastung ändert.

Die obige Betrachtung gilt sinngemäß nicht nur für zwei, sondern auch für mehrere parallel geschaltete Stromquellen.

Eine andere Art der Verbindung mehrerer Stromquellen ist die Reihen- oder Serienschaltung (Abb. 7), bei der jeweils der + Pol der einen Stromquelle mit dem — Pol der anderen verbunden wird. Wenn die EMKe der Stromquellen E_1, E_2, E_3 usw. sind, so ist die gesamte EMK gleich der Summe der einzelnen EMKe; es ist also $E = E_1 + E_2 + E_3$. Die Reihenschaltung kommt in erster Linie bei Akkumulatoren und galvanischen Elementen in Betracht. Ein Gegenstück der Reihenschaltung ist die Gegenschaltung, die für zwei Akkumulatoren in Abb. 8 dargestellt ist. In diesem Fall ist die gesamte EMK gleich der Differenz der einzelnen EMKe, also $E = E_1 - E_2$ und hat die Richtung der größeren der beiden EMKe. Das über die EMKe von in Serie oder gegeneinander geschalteten Stromquellen Gesagte gilt sinngemäß auch für die Klemmenspannungen.

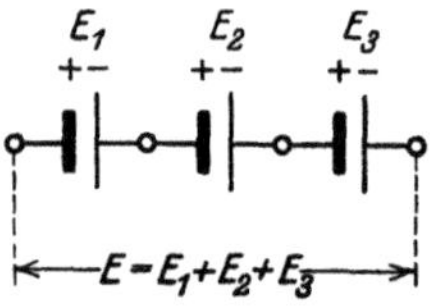

Abb. 7. Reihenschaltung von Akkumulatoren.

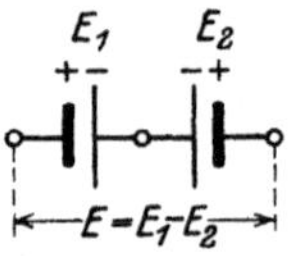

Abb. 8. Gegenschaltung von Akkumulatoren.

8. Elektrischer Widerstand von Leitern. Spezifischer Widerstand und Leitfähigkeit. Der elektrische Widerstand eines Leiters, beispielsweise eines Drahtes, ist von verschiedenen Größen abhängig, und zwar sowohl von den Abmessungen des Leiters, wie von dem Material, aus dem der Leiter besteht. Ein aus bestimmtem Material angefertigter Draht von 1 Meter (m) Länge und 1 Quadratmillimeter (mm^2) Querschnitt hat einen bestimmten Widerstand ϱ Ohm. Wir nennen diese Größe, die von der Art des Materials abhängig ist, spezifischen Widerstand. Der spezifische Widerstand ist also eine Materialkonstante. Bei Kupfer ist der spezifische Widerstand etwa 0,018, d. h. ein Kupferdraht von 1 m Länge und 1 mm^2 Querschnitt hat einen Widerstand von etwa 0,018 Ω. Hat nun der Draht von 1 mm^2 Querschnitt nicht eine Länge von 1 m sondern von l Meter, so ist offenbar sein Widerstand $l \cdot \varrho$ Ohm, da man sich einen solchen Draht als Reihenschaltung von l Drähten von je 1 m Länge vorstellen kann. Bei einem bestimmten Material mit einem bestimmten Querschnitt ist also der Widerstand proportional der Länge des Leiters. Wenn wir nun einen Draht von 1 m Länge und q mm^2 Querschnitt haben, so können wir uns diesen Draht ersetzt denken durch q parallel geschaltete Drähte von je 1 mm^2. Der Widerstand dieser Parallelschaltung wird q-mal kleiner sein als der Widerstand eines Drahtes. Er wird also $\frac{\varrho}{q}$ Ohm haben, d. h. der Widerstand ist umgekehrt proportional dem Querschnitte. Aus diesen Überlegungen folgt, daß der Widerstand eines Drahtes vom spezifischen Widerstand ϱ, einer Länge l und einem Querschnitt q

$$R = \frac{\varrho\, l}{q} \tag{19}$$

ist. Für einen Kupferdraht mit $\varrho = 0{,}018$, $l = 75$ m und $q = 4$ mm^2, berechnet sich der Widerstand zu

$$R = \frac{\varrho\, l}{q} = \frac{0{,}018 \cdot 75}{4} = 0{,}338\,\Omega.$$

Wir können auch an Stelle des spezifischen Widerstandes den reziproken Wert, den wir Leitfähigkeit nennen und mit $\varkappa$ bezeichnen, einführen. Es ist also

$$\varkappa = \frac{1}{\varrho} \tag{20}$$

und umgekehrt

$$\varrho = \frac{1}{\varkappa}. \tag{21}$$

Für Kupfer ist also $\varkappa \approx \frac{1}{0{,}018} \approx 56$. Das Zeichen $\approx$ bedeutet annähernd gleich (s. mathematische Zeichen Zus. I. 1.).

Wir erhalten demnach

$$R = \frac{\varrho\, l}{q} = \frac{1}{\varkappa} \cdot \frac{l}{q} = \frac{l}{q \cdot \varkappa}. \tag{22}$$

Der spezifische Widerstand ϱ bzw. die Leitfähigkeit $\varkappa$ ist für verschiedene Materialien verschieden (s. Tab. 7). Den Wert für Kupfer haben wir oben angegeben, für Aluminium ist $\varrho \approx 0{,}03$, $\varkappa \approx 34$. Demnach hat ein Aluminiumdraht einen im Verhältnis $\frac{56}{34}$ größeren Widerstand als ein Kupferdraht von gleichen Abmessungen.

Unter Zuhilfenahme der Gl. (22) können wir auch den Querschnitt q, den spezifischen Widerstand ϱ oder die Leitfähigkeit $\varkappa$ berechnen, wenn die anderen Größen bekannt sind. Es folgt aus dieser Gleichung:

$$q = \frac{\varrho\, l}{R} = \frac{l}{R \cdot \varkappa}, \tag{23}$$

ferner

$$\varrho = \frac{R \cdot q}{l} \tag{24}$$

und

$$\varkappa = \frac{l}{R \cdot q}. \tag{25}$$

9. Querschnitt eines Leiters. In der Praxis ist es oft notwendig, den Querschnitt eines Leiters zu bestimmen. Dies kann dadurch geschehen, daß man die Abmessungen des Leiters bestimmt und hieraus den Querschnitt berechnet. Z. B. berechnet sich bei einem Draht, dessen Querschnitt ein Quadrat mit der Seitenlänge a ist, der Querschnitt zu $q = a^2$. Bei einem Runddraht, dessen Durchmesser d ist, ist $q = \pi \frac{d^2}{4}$, wo $\pi = 3{,}14159$ ist. Wenn z. B. der Durchmesser eines Drahtes $d = 8$ mm ist, so ist sein Querschnitt $q = \pi \frac{8^2}{4} \approx 50\ \text{mm}^2$.

Am bequemsten berechnet man den Querschnitt von Runddrähten mit Hilfe eines Rechenschiebers wie folgt: Man sucht auf der unteren feststehenden Teilung des Rechenschiebers die Zahl, die dem Durchmesser entspricht, im obigen Beispiel also die Zahl 8. Auf diese Zahl stellt man den Teilstrich 1,128 der Zunge ein, der mit C bezeichnet ist. Dann entspricht der Teilstrich, der sich auf der oberen festen Teilung des Rechenschiebers gegenüber dem Anfang der Zungenteilung (der mit 1 bezeichnete Strich) befindet, dem Querschnitte, in unserem Falle also 50 (s. hierzu Fußnote zu Zus. I. 5. a).

Die Berechnung des Querschnittes bei anderer Form desselben erfolgt auf Grund der Formeln, die für die Flächeninhalte in der Zusammenstellung I. 5. a angegeben sind.

Wenn ein bestimmter Draht vorliegt, so ist die Bestimmung des Querschnittes aus seinem Gewicht genauer als durch Bestimmung der Abmessungen. Das Volumen eines Drahtes — gleichmäßigen Querschnitt vorausgesetzt — ist $V = l \cdot q$, wobei l die Länge in cm, q der Querschnitt in cm² ist. Das Gewicht in Gramm ist $P = V \cdot s$, wo s das spezifische Gewicht des betreffenden Materials ist. Daraus folgt:

$$P = l \cdot q \cdot s \tag{26}$$

und

$$q = \frac{P}{l \cdot s}. \tag{27}$$

Für den praktischen Gebrauch ist es bequemer, die Länge in m auszudrücken, den Querschnitt in mm², wobei man zum gleichen Ergebnis kommt. Die Werte des spezifischen Gewichtes findet man für die meisten in Betracht kommenden Stoffe in Tabelle 7.

Es sei z. B. das Gewicht eines Kupferdrahtes $P = 45$ g, seine Länge $l = 370\ \text{cm} = 3{,}70$ m. Das spezifische Gewicht von Kupfer ist $s = 8{,}89$. Demnach ist der Querschnitt des Drahtes $q = \frac{45}{3{,}70 \cdot 8{,}89} = 1{,}37\ \text{mm}^2$.

Die Bestimmung des Querschnittes aus der Länge, dem Gewicht und dem spezifischen Gewicht empfiehlt sich besonders bei Leitern von kompliziertem Querschnitt, dessen Ermittlung aus den Abmessungen Schwierigkeiten bereitet.

10. Temperaturkoeffizient des Widerstandes. Bei den Betrachtungen über den spezifischen Widerstand ϱ und die Leitfähigkeit $\varkappa$ haben wir bis jetzt den Einfluß der Temperatur unberücksichtigt gelassen, also stillschweigend eine bestimmte Temperatur zugrunde gelegt. Der spezifische Widerstand, mithin auch die Leitfähigkeit, ändert sich mit der Temperatur, demnach ist auch die Größe eines Widerstandes von der Temperatur abhängig. Bei einigen Stoffen ist allerdings der Einfluß der Temperatur auf den Widerstand sehr gering.

Wir wollen annehmen, daß ein Widerstand bei einer bestimmten Temperatur t, beispielsweise 20^0, genau 1 Ω beträgt. Steigt die Temperatur um 1^0, so wird der Widerstand um α Ohm größer. Er beträgt demnach $(1+\alpha)$ Ohm. α ist der Temperaturkoeffizient des elektrischen Widerstandes des Materials, aus dem der Widerstand angefertigt worden ist. Ist der Temperaturanstieg nicht 1^0 sondern Δt^0 *, so ist die Änderung des Widerstandes entsprechend größer, d. h. $\alpha \Delta t$ und der Widerstand beträgt jetzt $(1 + \alpha \Delta t)$ Ohm. Wenn bei der Ausgangstemperatur der Widerstand nicht 1 Ω gewesen ist, sondern R_0 Ohm, so ist sein Wert R bei der Temperaturerhöhung um Δt^0 entsprechend größer. Es ist also

$$R = R_0 (1 + \alpha \Delta t). \tag{28}$$

Wir haben bis jetzt angenommen, daß bei steigender Temperatur der Widerstand steigt, also der Temperaturkoeffizient α positiv ist. Bei einigen Stoffen fällt der Widerstand bei steigender Temperatur, α ist dann mit negativem Vorzeichen in die Gl. (28) einzusetzen. Bei Temperaturerniedrigung ist entsprechend der Widerstand beim positiven Temperaturkoeffizienten kleiner, beim negativen Temperaturkoeffizienten größer als bei der Ausgangstemperatur; Δt ist in die Formel dann negativ einzusetzen. Wenn wir die Ausgangstemperatur mit t_1 bezeichnen, die Temperatur, bei der der Widerstand R ist, mit t_2, so ist $\Delta t = t_2 - t_1$. Das Vorzeichen von Δt ist positiv oder negativ, je nachdem t_2 größer als t_1 ist oder umgekehrt. Bei reinen Metallen (also nicht Legierungen) ist der Temperaturkoeffizient positiv und beträgt etwa 0,004, also $\alpha = +0{,}004$. Dieser Wert trifft für Kupfer ziemlich genau zu. Demnach wächst bei Temperaturerhöhung von 1^0 der Widerstand eines Kupferleiters um etwa 0,4%. Man kann sich bequemer merken, daß bei 10% Temperaturerhöhuug der Widerstand um 4% steigt. Der Temperaturkoeffizient von Aluminium, das in

* Δ ist der große griechische Buchstabe Delta und wird zur Kennzeichnung einer Differenzgröße benutzt.

der Zählertechnik als Material für die Bremsscheiben eine große Bedeutung hat, ist etwas niedriger, er beträgt etwa 0,0037. Bei reinem Nickel und reinem Eisen ist der Temperaturkoeffizient größer und beträgt etwa 0,006. Bei Legierungen ist der Temperaturkoeffizient kleiner als bei reinen Metallen. Bei bestimmten Legierungen ist er so klein, daß er auch bei sehr genauen Messungen zu vernachlässigen ist. Bei Kohle und bei Flüssigkeiten, Elektrolyten (s. hierzu 103) ist der Temperaturkoeffizient negativ. (Werte von α s. Tab. 7.)

Wenn der Widerstand eines Leiters bei zwei verschiedenen Temperaturen und sein Temperaturkoeffizient bekannt ist, so kann auf Grund der Gl. (28) die Temperaturdifferenz $\varDelta t$ berechnet werden. Es ist

$$\varDelta t = \frac{R - R_0}{R_0 \cdot \alpha}. \tag{29}$$

Auf diesem Prinzip beruhen die sog. Widerstandsthermometer, ferner die Bestimmung der Erwärmung von Wicklungen von Maschinen und Apparaten.

Wir nehmen an, daß im kalten Zustand bei einer Raumtemperatur von $t_1 = 18{,}0^0$ die Bewicklung einer Kupferspule den Widerstand $R = 37{,}5\ \Omega$ hat. Nach einer längeren Belastung mit einer bestimmten Stromstärke wurde ein Widerstand von 43,3 Ω gemessen. Es berechnet sich hieraus unter Annahme eines Temperaturkoeffizienten $\alpha = 0{,}004$ die Temperaturzunahme zu

$$\varDelta t = \frac{R - R_0}{R_0 \cdot \alpha} = \frac{43{,}3 - 37{,}5}{37{,}5 \cdot 0{,}004} = \frac{5{,}8}{0{,}15} = 38{,}7^0.$$

Demnach beträgt die Temperatur der stromdurchflossenen Spule $t_2 = 18{,}0^0 + 38{,}7^0 = 56{,}7^0$.

11. Stromstärke und Elektrizitätsmenge. Wenn in einem Leiter ein elektrischer Strom fließt, so wird durch diesen Leiter infolge der herrschenden Spannungsdifferenz eine bestimmte Elektrizitätsmenge Q befördert. Diese Elektrizitätsmenge ist um so größer, je größer die Stromstärke J und je größer die Zeitdauer t ist, während der der Strom fließt. Sie berechnet sich als das Produkt aus Stromstärke und Zeit, also

$$Q = J \cdot t. \tag{30}$$

Hieraus ergibt sich umgekehrt die Stromstärke zu

$$J = \frac{Q}{t}. \tag{31}$$

Die genaue Definition der Stromstärke lautet demnach: Stromstärke ist die in der Zeiteinheit fließende Elektrizitätsmenge.

Es muß aber beachtet werden, daß die Stromstärke nicht das gleiche ist wie die Elektrizitätsmenge. Die Stromstärke ist aufzufassen als die Intensität des Fließens des elektrischen Stromes. Wir können für jeden noch so kurzen Zeitraum die Stromstärke mit geeigneten Meßgeräten bestimmen. Ändert sich die Stromstärke sehr schnell, so müssen Meßgeräte mit entsprechend kleiner Trägheit verwendet werden, z. B. der unter 19. beschriebene Oszillograph.

Als Einheit der Elektrizitätsmenge dient in der Physik das Coulomb (C). Das Coulomb ist gleich eine Amperesekunde (Asec), d. h. es wird beispielsweise dann durch einen Leiter 1 C befördert, wenn in diesem Leiter eine Sekunde lang ein Strom von $J = 1$ A fließt; umgekehrt kann man das Ampere als diejenige Stromstärke definieren, bei der in einer Sekunde ein Coulomb befördert wird.

In der Technik wird als Einheit der Elektrizitätsmenge die Amperestunde (Ah) verwendet. Die Elektrizitätsmenge von 1 Ah wird also beispielsweise dann befördert, wenn ein Strom $J = 1$ A während der Zeit $t = 1$ h fließt. Wir erhalten aber auch dann 1 Ah, wenn ein Strom $J = 0{,}1$ A 10 Stunden lang fließt. Die Elektrizitätsmenge wird mit Amperestundenzählern gemessen. Da die Elektrizitätsmenge unter gewissen Voraussetzungen das Maß für die verbrauchte elektrische Energie ist, wird sie auch kurz als Verbrauch bezeichnet.

12. Arbeit und Leistung. Zur Erklärung der besonders wichtigen Begriffe Arbeit und Leistung wollen wir nochmals auf den unter 1. angestellten Vergleich zwischen dem elektrischen Strom und dem fließenden Wasser zurückgreifen. Wenn das Wasser von einem höher liegenden Niveau auf ein niedriger liegendes fließt, so können wir die in ihm aufgespeicherte Arbeit oder Energie ausnutzen, wenn wir es beispielsweise durch eine Turbine leiten. Es ist leicht einzusehen, daß die Arbeit, die eine solche Maschine abgibt, um so größer ist, je größer die Wassermenge und je größer das Gefälle ist. Der Wassermenge entspricht bei der Elektrizität die Elektrizitätsmenge Q, dem Gefälle die Spannungsdifferenz oder Spannung E. Daraus kann man schließen, daß die elektrische Arbeit oder Energie A proportional der Elektrizitätsmenge Q und der Spannung E ist oder daß sich die elektrische Arbeit als Produkt von Elektrizitätsmenge und Spannung berechnet, d. h.

$$A = Q \cdot E. \tag{32}$$

Da nach Gl. (30) $Q = J \cdot t$ ist, so ist

$$A = E \cdot J \cdot t. \tag{33}$$

Die in der Zeiteinheit geleistete Arbeit ist die Leistung oder der Effekt N. Wir erhalten sie durch Division der Arbeit A durch die Zeit t, in der die Arbeit geleistet worden ist. Es ist also

$$N = \frac{A}{t} = \frac{E \cdot J \cdot t}{t} = E \cdot J, \tag{34}$$

d. h. die elektrische Leistung ist das Produkt von Stromstärke und Spannung. Tritt eine bestimmte Leistung während einer Zeit t auf, so berechnet sich die Arbeit als Produkt von Leistung und Zeit, also

$$A = N \cdot t. \tag{35}$$

Die Einheit der elektrischen Leistung ist das Voltampere (VA) oder das Watt (W). Die Leistung von 1 Watt ist beispielsweise dann vorhanden, wenn bei 1 Volt Spannung 1 Ampere fließt. Für die Praxis ist in vielen Fällen das Watt eine zu kleine Einheit und die Leistung wird deshalb auch in Kilowatt (kW) ausgedrückt, wobei 1 kW = 1000 W ist (s. hierzu auch unter **26** S. 54).

Die Einheit der Arbeit ist in der Praxis die Wattstunde (Wh) oder Kilowattstunde (kWh).

Es sei betont, daß man streng zwischen dem Begriff Leistung und Arbeit zu unterscheiden hat. Der Unterschied zwischen den beiden Größen ist ähnlich wie der Unterschied zwischen der Elektrizitätsmenge Q und Stromstärke J. Die Leistung ist gewissermaßen ein Maß für das Arbeitsvermögen. Man könnte die Leistung auch als Leistungsfähigkeit bezeichnen. Von einer bestimmten Leistung kann auch dann gesprochen werden, wenn überhaupt noch keine Arbeit abgegeben wird. Man kann z. B. sagen, daß die Leistung eines elektrischen Generators 300 kW beträgt; damit sagt man, daß diese Maschine imstande ist, 300 kW abzugeben. Gibt die Maschine 300 kW während 1 Stunde ab, so beträgt die elektrische Arbeit 300 kWh. Würde die Maschine die Leistung während 5 Stunden abgeben, so würde die Arbeit $300 \cdot 5 = 1500$ kWh betragen.

13. Verschiedene Energieformen. Wirkungsgrad. Wir haben eben gesehen, daß eine Wasserturbine eine Arbeit abgibt. Diese Arbeit ist mechanische Arbeit oder mechanische Energie. Dem elektrischen Strom entspricht elektrische Arbeit oder elektrische Energie. Es gibt jedoch auch noch andere Formen von Arbeit, von denen die wichtigsten die Wärme und die chemische Energie sind. Alle Energieformen können in den gleichen Einheiten ausgedrückt werden, und man geht mehr und mehr dazu über, alle Energieformen in Wh bzw. kWh zu messen; desgleichen die diesen Energieformen entsprechenden Leistungen alle in W bzw. kW auszudrücken. Es gibt aber auch andere Einheiten, so z. B. wird oft die mechanische Leistung in Pferdestärken (PS) und die mechanische Arbeit in Pferdestärkestunden (PSh) ausgedrückt (1 PS $\approx$ 736 W

$\approx$ 0,736 kW und 1 PSh $\approx$ 736 Wh $\approx$ 0,736 kWh). Als Einheit der Wärmeenergie wird die Kalorie (cal.) benutzt. (Siehe hierzu Zusammenstellung II, Nr. 15 und Nr. 16.)

Wenn einer Maschine oder einer anderen Einrichtung Energie in bestimmter Form zugeführt wird, so muß in irgendeiner Form die gleiche Energiemenge abgegeben werden. Diese wichtige Tatsache nennt man das Gesetz von der Erhaltung der Energie. Wenn wir beispielsweise einem idealen Elektromotor eine bestimmte elektrische Energie zuführen, so muß er die gleiche Energie in Form mechanischer Energie abgeben. In Wirklichkeit wird jedoch ein Teil der zugeführten Energie zur Deckung der unvermeidlichen Verluste der Maschine aufgebraucht, so daß sie weniger Energie abgibt, als ihr zugeführt worden ist; so z. B. wird ein Teil der einem Elektromotor zugeführten elektrischen Energie durch die im Motor auftretenden Reibungsverluste und Wärmeverluste in den Wicklungen verbraucht. In jedem Fall muß aber die Summe der mechanisch abgegebenen und der den Verlusten entsprechenden Energie gleich der zugeführten elektrischen Energie sein. Wenn wir die zugeführte Energie mit A_z und die nützlich abgegebene, beim Elektromotor also die mechanische Energie, mit A_a bezeichnen, so ist A_a kleiner als A_z. Das Verhältnis

$$\eta = \frac{A_a}{A_z} \tag{36}$$

nennt man Wirkungsgrad. Es ist auch üblich, den Wirkungsgrad in Prozenten auszudrücken. In diesem Fall ist

$$\eta = \frac{A_a}{A_z} 100\%. \tag{37}$$

Es müssen natürlich A_a und A_z in den gleichen Einheiten ausgedrückt werden.

Wenn z. B. ein Elektromotor während einer bestimmten Zeit 250 kWh aufgenommen hat und die von ihm abgegebene Energie 210 kWh beträgt, so berechnet sich der Wirkungsgrad zu $\eta = \frac{210}{250} \cdot 100\% = 84{,}0\%$.

Da die während einer bestimmten Zeit — konstante Leistungsaufnahme und -abgabe vorausgesetzt — zugeführte und abgegebene Arbeit proportional der Zeitdauer t ist, so können wir den Wirkungsgrad auch aus dem Verhältnis der zugeführten Leistungen N_z und der abgegebenen N_a berechnen, d. h.

$$\eta = \frac{N_a}{N_z} = \frac{N_a}{N_z} \cdot 100\%. \tag{38}$$

14. Wärmewirkungen des elektrischen Stromes. Wenn der elektrische Strom J einen Widerstand R durchfließt, so ist die von diesem Widerstand aufgenommene Leistung $N = E \cdot J$, wobei E die Spannungsdifferenz zwischen den Enden des Widerstandes ist. Da nach dem Ohmschen Gesetz $E = J \cdot R$ ist, so ergibt sich für die Leistung auch der Ausdruck $N = J \cdot R \cdot J = J^2 \cdot R$. Fließt der Strom J während der Zeit t durch den Widerstand, so ist die vom Widerstand aufgenommene elektrische Arbeit $A = N \cdot t = J^2 \cdot R \cdot t$. Diese dem Widerstand zugeführte elektrische Energie wird in Form von Wärmeenergie abgegeben. Die Wärmeenergie kann genau so wie die elektrische Energie in Wh bzw. kWh gemessen werden. Es ist aber, wie oben gesagt, üblich, die Wärmeenergie in Kalorien zu messen, und zwar ist eine Kalorie diejenige Wärmemenge, die notwendig ist, um 1 g Wasser um 1^0 C zu erwärmen. Diese Kalorie bezeichnet man auch als kleine oder Gramm-Kalorie (cal), zum Unterschied von der großen oder Kilogramm-Kalorie (kcal). Einer Wattsekunde entsprechen 0,24 kleine Kalorien. Hieraus berechnet sich die Wärmemenge in cal, die in einem Widerstand beim Durchgang des elektrischen Stromes entwickelt wird, zu:

$$Q = 0{,}24 \cdot E \cdot J \cdot t = 0{,}24 \cdot J^2 \cdot R \cdot t = 0{,}24\, N t, \qquad (39)$$

wobei E in Volt, J in Ampere, R in Ohm, N in Watt und t in Sekunden ausgedrückt wird. Diese wichtige Beziehung nennt man Joulesches Gesetz.

Die durch den elektrischen Strom in einem Widerstand entwickelte Energie erhöht die Temperatur des Widerstandes. Wie groß die Temperaturerhöhung ist, hängt einerseits von der Größe der zugeführten elektrischen Energie, andererseits von der Fähigkeit des Widerstandes, die Wärme nach außen abzugeben, ab. Soll die Temperaturerhöhung eines Leiters ein bestimmtes Maß nicht überschreiten, so darf der Leiter je nach seinem Vermögen, die Wärme abzuführen, einen bestimmten Widerstandswert nicht überschreiten. Die Fähigkeit, die Wärme abzuführen, hängt in erster Linie von der Größe der Oberfläche des Leiters ab, außerdem auch von der Beschaffenheit dieser Oberfläche. Blanke Leiter geben die Wärme leichter ab als solche, die z. B. mit Baumwolle oder dgl. umkleidet sind. Ferner ist die Wärmeabgabe davon abhängig, ob der Widerstand sich in Luft, Öl oder dgl. befindet.

Diese wichtigen Tatsachen mögen an einigen Beispielen erörtert werden. Wenn wir durch einen Draht von kreisförmigem Querschnitt (Runddraht), der frei in der Luft ausgespannt ist und einen Querschnitt von 1 mm² hat, 10 A schicken, so wird seine Temperatur nach einer gewissen Zeit etwa 20^0 mehr als die Temperatur der umgebenden Luft betragen. Würden wir an Stelle des Runddrahtes ein Band aus dem gleichen Material von sehr geringer Stärke und solcher Breite verwenden, daß sein Querschnitt wiederum 1 mm² ist, so würde zwar der Widerstand des Leiters je Längeneinheit, demnach auch der Spannungsabfall, und die zugeführte Energiemenge die gleiche bleiben, aber die Oberfläche wird wesentlich größer sein. Die Erwärmung dieses dünnen Bandes würde wesentlich geringer sein als die des runden Drahtes.

Wenn wir beispielsweise 10 runde Drähte von je 1 mm^2 Querschnitt parallel schalten und diese Drähte in einem gewissen, nicht zu kleinen Abstand voneinander frei ausspannen würden, so könnten wir durch diese parallel geschalteten Drähte 100 A durchschicken, und jeder der Drähte würde sich genau so erwärmen wie der einzige Draht im ersten Beispiel. Wenn wir dagegen an Stelle der 10 Drähte einen einzigen Draht von 10 mm^2 Querschnitt nehmen würden, so würde die Temperaturerhöhung dieses Drahtes bei 100 A wesentlich höher sein als bei den 10 einzelnen parallel geschalteten Drähten, und zwar deshalb, weil in diesem Fall die Oberfläche des Drahtes wesentlich kleiner ist als die der 10 einzelnen Drähte.

Noch ungünstiger würden die Verhältnisse liegen, wenn wir unseren Draht von 1 mm^2 Querschnitt in mehreren Lagen auf eine Spule aufwickeln würden. In diesem Fall würden als Abkühlungsflächen nur die Flächen, die in Berührung mit Außenluft stehen, in Betracht kommen. Würde man in diesem Fall die Aufgabe stellen, daß diese Drahtbewicklung sich nicht mehr als um 20^0 erwärmen darf, so müßte der Strom wesentlich kleiner als 10 A sein.

Diese Beispiele zeigen deutlich, daß die in der Praxis oft gemachte Annahme, daß ein Draht stets mit einer bestimmten Amperezahl je mm^2 belastet werden darf, falsch ist. Die zulässige Belastung hängt vielmehr ganz davon ab, wie groß die Abkühlungsoberfläche ist. Ferner ist natürlich zu beachten, daß es nicht gleichgültig ist, aus welchem Material der Leiter hergestellt ist. Je größer der spezifische Widerstand des Leiters ist, um so größer ist bei gleichem Querschnitt sein Widerstand je Längeneinheit und demnach auch die beim Stromdurchgang auftretende Wärmemenge.

15. Magnetische Wirkungen des elektrischen Stromes. Induzierte EMK. Die magnetischen Wirkungen des elektrischen Stromes spielen eine besonders große Rolle. Eine genaue Behandlung derselben an dieser Stelle würde uns jedoch zu weit führen und wir wollen nur kurz die wichtigsten Tatsachen feststellen.

Wenn ein Leiter vom elektrischen Strom durchflossen wird, so entsteht in seiner Umgebung, genau so wie in der Umgebung eines Magneten, ein magnetisches Feld, welches sich kreisförmig um den Leiter schließt. Nimmt man nach Abb. 9 an Stelle eines einfachen Leiters eine Spule (Solenoid), so hat das magnetische Feld den durch strichpunktierte Linien gezeichneten Verlauf. Es tritt bei der angedeuteten Stromrichtung am Ende N der Spule aus, schließt sich um die Spule außen herum und tritt am Spulenende S wieder ein. Die Stärke $\mathfrak{H}$ des magnetischen Feldes (Feldstärke) wird in Gauß gemessen; sie ist proportional der Stromstärke J und der Windungszahl s der Spule, d.h. der Amperewindungszahl (AW). Für bestimmte Zwecke kann als Maß der Feldstärke bequemer die Amperewindungszahl je Zentimeter Spulenlänge (AW/cm) gesetzt werden. Man kann sich das magnetische Feld erfüllt von magnetischen Kraftlinien denken. Für die Rechnung nimmt man dabei an, daß bei einer Feldstärke von 1 Gauß jedes cm² von einer Kraftlinie durchsetzt wird, und man gibt die Feldstärke des magnetischen Feldes in Kraftlinien je cm² an. Eine stromdurchflossene Spule verhält sich ähnlich wie ein Magnet, wobei das Ende, an dem die Kraftlinien aus der Spule austreten, der Nordpol N, das andere Ende der Südpol S ist.

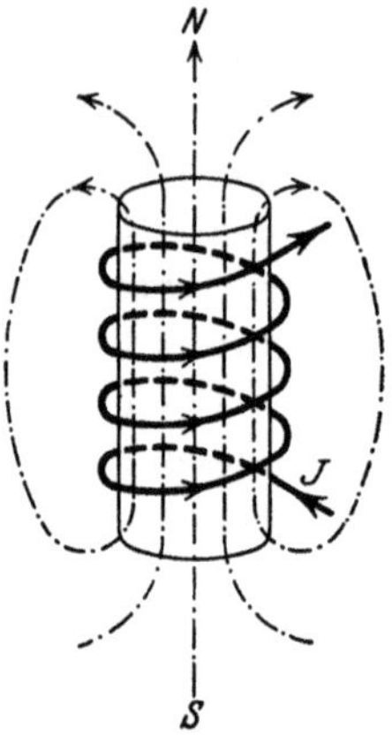

Abb. 9. Solenoid.

Wenn wir die Spule auf einen Eisenkern aufbringen, so entsteht ein Elektromagnet, in dem die magnetische Linienzahl wesentlich größer ist als bei der gleichen Spule und der gleichen Stromstärke in Luft. Man erklärt sich diese Erscheinung dadurch, daß die magnetische Leitfähigkeit oder Permeabilität μ des Eisens wesentlich größer ist als die der Luft, die gleich 1 gesetzt wird. Man unterscheidet dabei in diesem Fall zwischen der Feldstärke $\mathfrak{H}$, deren Größe bei gegebener Spule nur von der Stromstärke J abhängt, und der gesamten magnetischen Linienzahl je cm², die man als magnetische Induktion $\mathfrak{B}$ bezeichnet. Bei Luft ist $\mathfrak{B} = \mathfrak{H}$; bei einem anderen Material, z. B. Eisen, ist

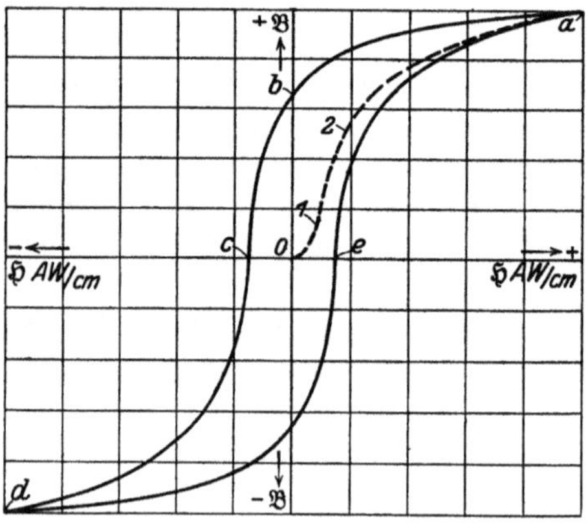

Abb. 10. Magnetisierungskurve und Hysteresisschleife.

$$\mathfrak{B} = \mathfrak{H} \cdot \mu, \quad \text{also } \mu = \frac{\mathfrak{B}}{\mathfrak{H}}. \quad (40)$$

Der Zusammenhang zwischen der Feldstärke $\mathfrak{H}$ und der magnetischen Induktion $\mathfrak{B}$ wird in Form von Kurven, Magnetisierungskurven, aufgetragen, wobei in der Technik die Feldstärke in AW/cm ausgedrückt wird. In Abb. 10 ist durch die gestrichelte Kurve *oa* eine solche Magnetisierungskurve einer bestimmten Eisensorte gezeichnet. Dabei sind auf der Abszissenachse (horizontale Linie) die Feldstärken

$\mathfrak{H}$ in AW/cm, auf der Ordinatenachse (vertikale Linie) die magnetische Induktion $\mathfrak{B}$ aufgetragen. Wir erkennen an dieser Kurve den charakteristischen Verlauf der Magnetisierungskurve von Eisen. Bei kleineren Feldstärken steigt die Induktion verhältnismäßig langsam an, etwa bis zum Punkt *1*, dann steigt sie bis zum Punkt *2* stark und zwar fast linear. Im oberen Verlauf der Magnetisierungskurve ist die Permeabilität wieder geringer und die Magnetisierungskurve steigt langsam an. Von einer gewissen Amperewindungszahl ab bleibt die Induktion praktisch konstant, das Eisen ist gesättigt (Punkt *a*).

Eine weitere wichtige Erscheinung ist die Hysteresis. Wenn wir nach Erreichung des Punktes *a* mit der Magnetisierungsstromstärke, also der Amperewindungszahl heruntergehen, so liegt der jetzt entstehende absteigende Ast der Magnetisierungskurve höher als die gestrichelte Kurve (jungfräuliche Kurve). Beim Punkt *b* ist die Feldstärke (Amperewindungszahl) Null und trotzdem ist eine bestimmte Induktion $\mathfrak{B}$ im Eisen noch vorhanden. Diese Erscheinung nennen wir Remanenz. Um die Induktion im Eisen auf Null zu bringen, müssen wir den Strom durch die Spule in entgegengesetzter Richtung schicken. Diejenige Stromstärke, die dem Punkt *c*, also der Induktion Null entspricht, ist ein Maß für die magnetische Härte oder Koerzitivkraft des Eisens. Wenn wir nun die Feldstärke auf den gleichen Betrag wie früher, jedoch in der negativen Richtung bringen, so erreicht die Induktion im Punkt *d* den negativen Höchstwert, der dem früher erreichten positiven Höchstwert Punkt *a* entspricht. Vermindern wir jetzt die Stromstärke, so durchläuft die Magnetisierungskurve den ansteigenden Ast *dea*, der dem vorher betrachteten abfallenden entspricht. Der Vorgang ist ganz analog wie früher. Die jungfräuliche Kurve liegt oberhalb des ansteigenden Astes. Beim Durchlaufen eines solchen vollständig magnetischen Zyklusses entsteht demnach eine Schleife, die man Hysteresisschleife nennt. Dabei muß eine gewisse Energiemenge aufgewendet werden, deren Größe proportional der Fläche der Hysteresisschleife ist. Für verschiedene Eisensorten ist der Verlauf der Magnetisierungskurve und der Hysteresisschleife verschieden.

Wenn die magnetischen Induktionslinien eine bestimmte Fläche F durchsetzen, so bezeichnet man die gesamte Anzahl der magnetischen Linien als magnetischen Fluß Φ, der sich zu

$$\Phi = \mathfrak{B} \cdot F \tag{41}$$

berechnet.

Wenn wir in einem magnetischen Feld einen Leiter so bewegen, daß er die Kraftlinien schneidet, so wird in ihm eine EMK induziert (induzierte EMK). Sie ist proportional der Anzahl der je Zeiteinheit vom Leiter geschnittenen Kraft- bzw. Induktionslinien, oder anders ausgedrückt proportional der Feldstärke und der Geschwindigkeit der Bewegung des Leiters. Abb. 11a oben zeigt, welche Richtung die induzierte EMK hat bei einer bestimmten Richtung des magnetischen Feldes und der Bewegung des Leiters. Ändert sich eine dieser Richtungen, so ändert sich auch die Richtung der EMK. In der anderen in der Abb. 11a unten gewählten Darstellung des Zusammenhanges der einzelnen Richtungen sind durch gestrichelte Kreise noch die Kraftlinien angedeutet, die ein in der Richtung der EMK im Leiter fließender Strom hervorruft. Wenn wir anstelle eines Leiters eine Schleife oder Spule ins magnetische Feld bringen, so wird in ihr stets dann eine EMK induziert, wenn die Anzahl der Kraftlinien, die sie durchsetzen, sich ändert, also z. B. dann, wenn die Schleife gedreht wird. Bildet der Leiter oder die Schleife einen Teil eines geschlossenen Kreises, so hat die induzierte EMK in diesem Kreis einen Strom zur Folge. Auf dem Prinzip der Induktion beruhen die elektrischen Generatoren.

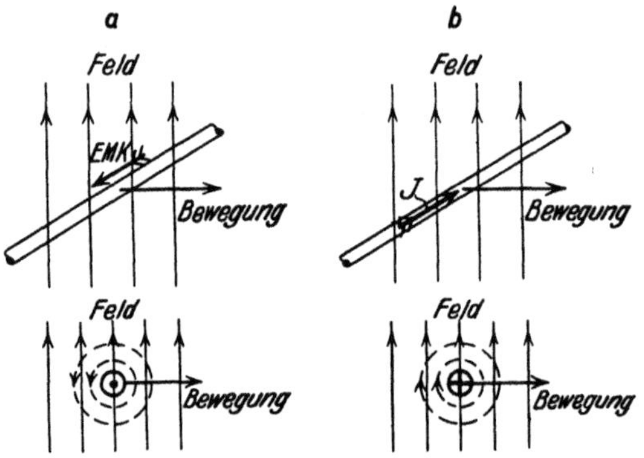

Abb. 11.
a Richtung der induzierten EMK. b Richtung der Bewegung eines stromdurchflossenen Leiters.

Umgekehrt, wenn wir durch einen im magnetischen Feld befindlichen Leiter einen Strom schicken, so wird auf den Leiter eine Kraft ausgeübt, und der Leiter wird, wenn er nicht festgehalten wird, sich senkrecht zur Richtung der magnetischen Kraftlinien bewegen. Die auf den Leiter ausgeübte Kraft ist proportional der Stromstärke und der magnetischen Feldstärke. Abb. 11b oben zeigt, in welcher Richtung bei der angenommenen Feld- und Stromrichtung sich der Leiter bewegt. In der gleichen Abbildung unten sind außerdem noch die vom Leiterstrom hervorgerufenen magnetischen Kraftlinien angedeutet. Auf dem Prinzip der Bewegung eines stromdurchflossenen Leiters im magnetischen Feld beruhen die Elektromotoren, die die Umkehrung von Generatoren darstellen.

Genau wie bei einem Motor wird auch bei einem Generator eine Kraftwirkung zwischen den stromdurchflossenen Leitern und dem magnetischen Feld hervorgerufen, und zwar sucht diese Kraft die Bewegung zu hemmen, d. h. zur Stromerzeugung ist der Aufwand einer Kraft, die einer bestimmten Leistung entspricht, erforderlich. Die Größe dieser Leistung ist bei einem idealen Generator (Wirkungsgrad 100%) gleich der abgegebenen elektrischen Leistung.

16. Elektrostatische Erscheinungen. Neben den bis jetzt behandelten Körpern, die die Elektrizität gut leiten, also in erster Linie den Metallen, die man kurz als Leiter bezeichnet, gibt es noch eine Reihe von Stoffen, die Isolatoren, die eine praktisch zu vernachlässigende elektrische Leitfähigkeit aufweisen und deshalb als Nichtleiter bezeichnet werden. Zu solchen Stoffen gehört z. B. Hartgummi, Porzellan, Glas, einige Flüssigkeiten, z. B. Öl und Gase, also auch Luft. Diese Stoffe werden zur Vermeidung des Überganges elektrischen Stromes zwischen zwei unter Spannung stehenden Leitern oder zwischen einem Leiter und der Umgebung verwendet.

Wenn zwischen zwei Leitern, zwischen denen eine elektrische Spannungsdifferenz besteht, ein Isolator (Dieelektrikum) liegt, durch den kein Strom im normalen Sinne des Wortes fließt, so ist immer im Isolator ein elektrisches Feld vorhanden. Zwei durch einen Isolator getrennte leitende Körper oder Belege bilden einen Kondensator. Wenn wir an die beiden Belege des Kondensators eine Spannung anlegen, so wird dieser Kondensator geladen, d. h. es wird in ihm eine gewisse Elektrizitätsmenge aufgespeichert. Im Moment der Ladung des Kondensators fließt in seinen Zuleitungen ein Ladestrom, der jedoch nach sehr kurzer Zeit, nämlich dann, wenn der Kondensator aufgeladen ist, aufhört zu fließen, und zwischen den Belegen des Kondensators ist dann ein elektrisches Feld vorhanden. Umgekehrt, wenn die Belege eines geladenen Kondensators miteinander durch einen Leiter verbunden werden, so entlädt sich der Kondensator, d.h. in der Verbindungsleitung fließt kurze Zeit ein Entladestrom. Die obigen Erscheinungen nennen wir elektrostatische. Wir werden uns mit dem Kondensator eingehender im Abschnitt Wechselstromtechnik befassen.

II. Wechselstromtechnik.

17. Grundbegriffe. Zuerst möge an Hand der Beschreibung einer einfachen Versuchsanordnung (Abb. 12) das Wesen des Wechselstromes und der Unterschied zwischen Gleichstrom und Wechselstrom erläutert werden. An den Enden A und B eines aus Widerstandsmaterial bestehenden Schleifdrahtes D ist eine Akkumulatorenbatterie angeschlossen, und zwar ist mit dem Punkt A der positive Pol der Batterie, mit dem Punkt B der negative verbunden. Der Batteriestrom fließt also in der Richtung des in der Zuleitung zum Schleifdraht gezeichneten Pfeiles. Die untere Anschlußklemme des Spannungszeigers (Voltmeters) V ist an die Mitte M des Schleifdrahtes, die obere an einen Schleifkontakt S, der auf dem Schleifdraht gleitet, angeschlossen. Der Spannungszeiger ist ein Drehspulmeßgerät (s. 182), dessen Nullpunkt in der Mitte liegt. Im spannungslosen Zustande steht also der Zeiger in der Mitte auf Null, ist die obere Klemme mit dem + Pol einer Stromquelle, die untere mit dem — Pol verbunden, so schlägt das Gerät nach links aus (+ Seite), im umgekehrten Falle nach rechts (— Seite). Wir denken uns zuerst, daß sich der Schleifkontakt am linken Ende des Schleifdrahtes, also im Punkt A, befindet. Das Voltmeter schlägt dann nach der + Seite aus und zeigt eine bestimmte Spannung $+\bar{e}$ an, die, wenn man von den Spannungsabfällen in den Zuleitungen absieht, die halbe Klemmenspannung der Batterie ist. Verschieben wir nun den Schleifkontakt nach rechts, so wird die Spannung am Meßgerät sinken. Wenn der Schleifkontakt genau auf der Mitte M des Schleifdrahtes steht, so ist die Spannung Null. Verschiebt man den Schleifkontakt weiter von M nach rechts, so wird die obere Klemme des Voltmeters jetzt die negative sein, die untere die positive. Das Meßgerät schlägt also nach der —Seite aus, wobei die von ihm angezeigte Spannung wiederum um so größer sein wird, je weiter der Schleifkontakt nach rechts steht. Den höchsten Wert erhalten wir, wenn sich S an dem Ende B des Schleifdrahtes befindet. In diesem Falle ist die Spannung genau so groß wie im Falle, in dem der Schleifkontakt sich im Punkt A befindet, nur ist sie entgegengesetzt gerichtet. Wir wollen sie deshalb mit $-\bar{e}$ bezeichnen.

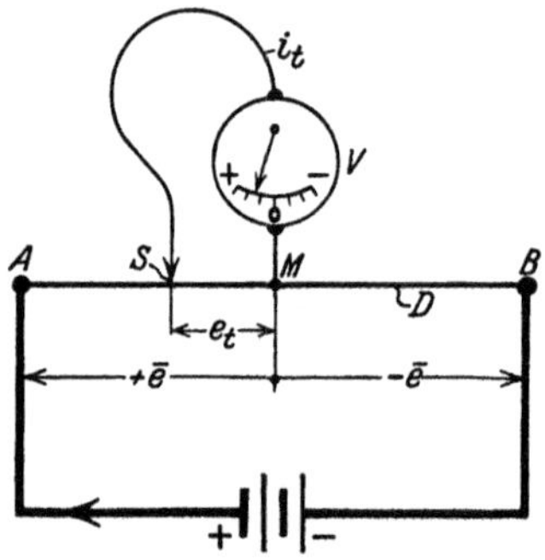

Abb. 12. Erzeugung einer Wechselspannung.

Wenn wir den Schleifkontakt in irgend einem Moment auf dem Schleifdraht stehen lassen, so wird an den Klemmen des Spannungszeigers eine bestimmte Spannung e_t (Gleichspannung) herrschen. Im Spannungszeiger wird dabei ein dieser Spannung und dem Widerstand des Gerätes entsprechender Strom i_t (Gleichstrom) fließen.

Stellen wir uns nun vor, daß wir den Schleifkontakt rasch von A nach B und umgekehrt hin- und herbewegen, dann würde die Spannung am Voltmeter sich fortwährend ändern und die Werte von $+\bar{e}$ bis Null, von Null bis $-\bar{e}$, dann wieder bis Null und von Null bis $+\bar{e}$ usw. durchlaufen. Solange die Bewegung des Schleifkontaktes so langsam erfolgt, daß das Voltmeter den Spannungsschwankungen folgen kann, können wir die in jedem Augenblick herrschende Spannung e_t ablesen oder, wenn das Voltmeter ein schreibendes wäre, auf einem Registrierstreifen aufzeichnen. Bei rascher Bewegung des Schleifkontaktes wird aber das Voltmeter den Änderungen der Spannung nicht mehr folgen können und da nicht nur die Größe der Spannung sondern auch die Richtung fortwährend geändert wird, wird das Voltmeter das Bestreben haben, bald nach links, bald nach rechts auszuschlagen. Infolge der Trägheit seines beweglichen Systems wird es jedoch überhaupt keine Spannung anzeigen, sondern auf seinem Nullpunkt stehen bleiben. Nichtsdestoweniger fließt in dem Spannungszeiger fortwährend ein Strom. Dieser Strom ist ein Wechselstrom und die Spannung am Voltmeter eine Wechselspannung.

Wenn wir an Stelle des Drehspulspannungszeigers ein Meßgerät anschließen, dessen Ausschlag zwar von der Größe der Spannung, aber nicht von seiner Richtung abhängt, beispielsweise ein Dreheisen- oder Hitzdrahtspannungszeiger (s. 185 und 184), so würden wir feststellen, daß dieser Spannungszeiger bei langsamer Bewegung des Schleifkontaktes wieder die jeweils herrschende Spannung ihrer Größe nach anzeigt. Dagegen würden wir die Richtung der Spannung nicht mehr erkennen können. Würden wir jetzt wieder den Schleifkontakt rasch hin- und herbewegen, so daß wir eine Wechselspannung erhalten, so wird im Gegensatz zu früher der Spannungszeiger eine bestimmte Spannung anzeigen. Diese Spannung ist kleiner als $+\bar{e}$ bzw. $-\bar{e}$; sie ist ein besonderer Mittelwert, den wir Effektivwert nennen und mit E bezeichnen.

Der Effektivwert ist das Maß für die Größe der Spannung bei Wechselstrom und hängt einmal von der Größe der Höchstwerte (Scheitelwerte) $+\bar{e}$ bzw. $-\bar{e}$ ab und außerdem von der Art, wie die verschiedenen Spannungswerte durchlaufen werden. In dem betrachteten Fall hängt dieser Wert von der Geschwindigkeit des Schleifkontaktes an den verschiedenen Stellen des Schleifdrahtes ab. Wir erhalten je nach der Art der Bewegung verschiedene Spannungskurven.

Dem Effektivwert der Spannung E entspricht im Spannungszeiger ein bestimmter Effektivwert J der Stromstärke.

Eine andere Art der Erzeugung einer Wechselspannung bzw. eines Wechselstromes, die praktisch allein in Betracht kommt, ist im Prinzip die, daß man eine Spule im magnetischen Feld umlaufen läßt oder, was in seiner Wirkung das gleiche ist, ein magnetisches Feld sich um eine Spule drehen läßt. Auf diesem Prinzip beruhen die Wechselstromerzeuger oder Wechselstromgeneratoren (s. 87).

Die praktisch wichtigste Art des Verlaufes einer Wechselspannung oder eines Wechselstromes ist die sinusförmige. Eine solche sinusförmige Spannungskurve entsteht beispielsweise, wenn in einem gleichmäßigen (homogenen) magnetischen Feld eine Spule mit einer konstanten Geschwindigkeit umläuft.

18. Graphische Darstellung des Wechselstromverlaufes. Liniendiagramm. Wir wollen uns jetzt etwas näher mit dem Verlauf von Wechselspannungen und Wechselströmen befassen. Einen besonders klaren Begriff von den Vorgängen können wir uns machen, wenn wir diese graphisch darstellen.

In Abb. 13 ist eine sinusförmig verlaufende Spannungskurve gezeichnet. Auf der horizontalen Achse (Abszisse) sind die Zeiten t beispielsweise in Sekunden aufgetragen, die vertikalen Werte (Ordinaten) geben die in verschiedenen Zeitmomenten herrschenden Spannungen e_t an. Wir fangen mit der Betrachtung unserer Kurve im Punkt Null an. Dieser Punkt entspricht dem Durchgang der Spannung durch Null. Weiter steigt die Spannung allmählich bis zu ihrem positiven Höchstwert, Scheitelwert, $+\bar{e}$, dann sinkt sie wieder auf Null und steigt wieder, jedoch in entgegengesetzter Richtung an, weshalb die entsprechenden Werte der Spannung unterhalb der Abszissenachse liegen. Die Spannung erreicht den negativen Scheitelwert $-\bar{e}$ und fällt wieder auf Null. Dann wiederholt sich der Vorgang in gleicher Weise. Die Zeitdauer T, die zwischen zwei Durchgängen der Spannung durch Null in gleicher Richtung liegt oder zwischen zwei aufeinander folgende positive oder negative Scheitelwerte, nennt man die Periodendauer oder kurz eine Periode. In dem von uns früher behandelten Fall der Anordnung mit dem auf einem Schleifdraht gleitenden Kontakt würde eine Periode zum Beispiel die Zeit sein, in der der Schleifkontakt von Punkt A nach B und wieder zurück nach A gleitet.

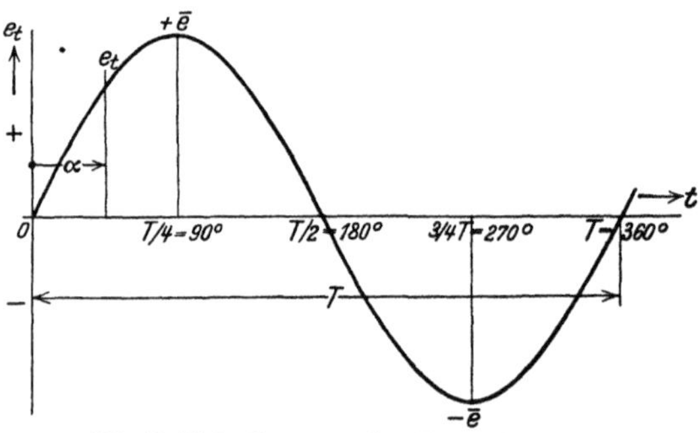

Abb. 13. Liniendiagramm einer Wechselspannung.

Beim Umlaufen einer Spule im magnetischen Feld wird eine Periode bei einer vollen Drehung der Spule, also beim Drehwinkel von 360° durchlaufen. Wir können deshalb auch sagen, eine Periode entspricht 360 elektrischen Graden. Wenn wir die Scheitelwerte $+\bar{e}$ bzw. $-\bar{e}$ gleich 1 setzen, so sind die Zwischenwerte beim gezeichneten sinusförmigen Verlauf der Kurve gleich dem Sinus der entsprechenden elektrischen Winkel. Der positive Scheitelwert $+\bar{e}$ entspricht einer Viertelperiode, also $t = \frac{T}{4}$ oder 90°; bei $t = \frac{T}{2}$, also 180°, ist die Spannung gleich Null; bei $t = \frac{3}{4}T$, also 270°, ist die Spannung $-\bar{e}$, bei $t = T$, also 360° ist wieder der Wert Null erreicht. Alle Werte der Spannung ergeben sich ohne weiteres aus den Werten, die der Sinus bei dem betreffenden Winkel α hat. So ist z. B. bei 30° die Spannung 0,5. Ist der Scheitelwert nicht 1, sondern ein beliebiger Wert $\bar{e}$, so ergeben sich die verschiedenen Werte der Spannung durch Multiplikation des Sinus des betreffenden Winkels mit $\bar{e}$. Die einzelnen Werte e_t der Spannung nennen wir Momentanwerte oder Augenblickswerte. Nach dem Obigen berechnet sich der Momentanwert zu $e_t = \bar{e} \cdot \sin \alpha$.

Die Anzahl der Perioden, die die Kurve in einer Sekunde durchläuft, ist die Periodenzahl oder Frequenz f. Sie wird neuerdings in Hertz (Hz) ausgedrückt, z. B. bedeutet $f = 50$ Hz, daß die Frequenz 50 Perioden je Sekunde ist. Einer Periode entsprechen zwei Wechsel. Man spricht deshalb auch anstatt von der Frequenz von der Wechselzahl. Es entspricht z. B. einer Frequenz 50 die Wechselzahl 100. Es ist $f = \frac{1}{T}$. Wenn z. B. die Periodendauer $T = 0{,}02$ sec ist, so ist die Frequenz $f = \frac{1}{0{,}02} = 50$ Hz. Diese Frequenz ist die in der Technik am meisten verwendete. Andere üblichen Frequenzen sind, 15, $16^2/_3$, 25, 40, 42 und 60.

Von großer Bedeutung bei theoretischen Betrachtungen ist noch die Größe, die man Kreisfrequenz (oder Wechselgeschwindigkeit) nennt. Wir wollen sie mit ω bezeichnen. Die Wechselgeschwindigkeit berechnet sich zu $\omega = 2\pi \cdot f$, wobei $\pi = 3{,}1416$ das bekannte konstante Verhältnis der Länge des Kreisumfanges zu der Länge des Halbmessers (Radius) des Kreises ist. Aus dem Obigen ergeben sich für die gebräuchlichsten Frequenzen folgende Werte von ω:

Frequenz f	15	$16^2/_3$	25	40	42	50	60
Kreisfrequenz ω	94,3	104,7	157,1	251,3	263,9	314,2	377

In der obigen Gleichung für den Momentanwert der Spannung kann der Winkel α, der einer bestimmten Zeit t entspricht, entweder in Graden oder, was für gewisse theoretische Betrachtungen zweckmäßiger ist, im sog. Bogenmaß ausgedrückt sein. Der Zusammenhang zwischen dem Winkel α und der Zeit t ergibt sich auf Grund folgender Überlegung:

Dem Winkel von 360 elektrischen Graden entspricht eine volle Periodendauer T, also $T = 360^0$. Einer beliebigen Zeit t entspricht ein Winkel α, der sich zu 360^0 verhält wie die Zeit t zu T, also $\frac{\alpha}{360} = \frac{t}{T}$ oder $\alpha = 360 \cdot \frac{t}{T}$.

Wir wollen den Momentanwert für einen bestimmten Fall berechnen. Bei einer sinusförmig verlaufenden Wechselspannung von der Frequenz $f = 25$ Hz ist der Scheitelwert $\bar{e} = 600$ V. Es soll der Momentanwert e_t für ein Zeitmoment $t = 0{,}006$ sec berechnet werden. Da $f = 25$ Hz ist, so ist $T = \frac{1}{25} = 0{,}04$ sec. Demnach berechnet sich der dem Zeitmoment $t = 0{,}006$ sec entsprechende Winkel zu $\alpha = 360 \cdot \frac{t}{T} = 360 \cdot \frac{0{,}006}{0{,}04} = 54^0$. Dem Winkel $\alpha = 54^0$ entspricht $\sin \alpha = \sin 54^0 = 0{,}809$. Daraus ergibt sich der gesuchte Momentanwert der Spannung zu $e_t = \bar{e} \cdot \sin \alpha = 600 \cdot 0{,}809 = 485$ V.

Bei der Festlegung der Winkel im Bogenmaß wird als Größe des Winkels die Länge des dem Winkel entsprechenden Kreisbogens bei einem Halbmesser des Kreises, der gleich 1 ist, angenommen. Der Umfang eines Kreises ist $2\pi \cdot r$. Bei einem Halbmesser $r = 1$ ist der Umfang des Kreises demnach 2π. Dem vollen Kreis entspricht ein Winkel von 360°; also ist ein Winkel von 360° gemessen im Bogenmaß gleich 2π. Die Größe α eines Winkels, gemessen im Bogenmaß, der n^0 hat, verhält sich offenbar zu 2π wie n^0 zu 360° oder $\frac{\alpha}{2\pi} = \frac{n^0}{360}$ oder $\alpha = \frac{2\pi \cdot n}{360}$.

So z. B. ist die Größe eines Winkels von 60° im Bogenmaß gemessen $\alpha = \frac{2\pi \cdot 60}{360}$ $= 2\pi \,.\, 0{,}1667 = 2 \,.\, 3{,}1416 \,.\, 0{,}1667 = 1{,}045$.

Drücken wir in der oben angegebenen Gleichung für den Momentanwert den Winkel α im Bogenmaß aus, so ergibt sich folgendes:

Der Periodendauer T, also einem Winkel von 360°, entspricht im Bogenmaß der Winkel 2π. Einer beliebigen Zeit t entspricht also der Winkel $\alpha = 2\pi \cdot \frac{t}{T}$.

Wir können diesen Ausdruck auch wie folgt schreiben $\alpha = 2\pi \cdot \frac{1}{T} \cdot t$ oder, da $\frac{1}{T} = f$ ist, $\alpha = 2\pi f \cdot t$. Nach dem Obigen ist $2\pi f$ die Kreisfrequenz ω. Hieraus ergibt sich für den Momentanwert der Ausdruck $e_t = \overline{e} \cdot \sin \omega t$.

Wenn eine Wechselspannung (Abb. 14), die durch die Kurve e_t dargestellt ist, an die Enden eines Widerstandes R angelegt ist, so fließt in dem Widerstand ein Wechselstrom. In jedem Moment ergibt sich die Größe dieses Stromes, der Momentanwert i_t wie bei Gleichstrom auf Grund des Ohmschen Gesetzes zu $i_t = \frac{e_t}{R}$. Es ist ohne weiteres ersichtlich, daß der Strom einen ähnlichen Verlauf hat wie die Spannung. Wenn z. B. der Widerstand, an den die Wechselspannung angelegt ist, $R = 2\,\Omega$ ist, so sind die Momentanwerte des Stromes in Ampere halb so groß wie die entsprechenden Momentanwerte der Spannung in Volt. Wenn man für die Stromstärke, in Ampere gemessen, den gleichen Maßstab wählt wie für die Spannung in Volt, so ergibt sich, wie in der Abbildung gezeigt ist, eine Stromkurve, deren Ordinaten jeweils halb so groß sind wie die entsprechenden Ordinaten der Spannungskurve.

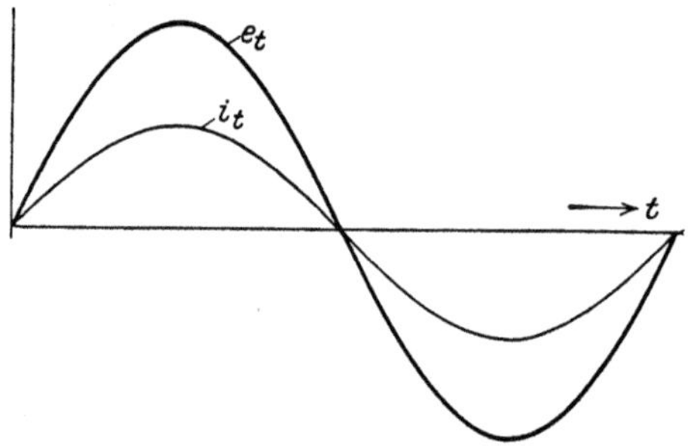

Abb. 14. Wechselspannung und Wechselstrom.

19. Der Oszillograph. Bei den praktisch in Frage kommenden Frequenzen ist es natürlich nicht möglich, die Momentanwerte der Spannung oder des Stromes mit einem Zeigerinstrument zu bestimmen und auf diese Weise den Verlauf der Spannungs- oder Stromkurve festzustellen. Dies ermöglicht ein besonderer Apparat, nämlich der Oszillograph (Abb. 15). Sein wesentlicher Teil ist eine Draht- oder Bandschleife D, die sich im Felde eines starken Stahlmagnets oder Elektromagnets M

befindet. Die Schleife ist durch eine Feder F gespannt. Schicken wir durch die Schleife einen Wechselstrom, so wird sie sich ähnlich wie das bewegliche System eines Drehspulinstrumentes, entsprechend der sie durchfließenden Stromstärke verdrehen. Da die Trägheit der Schleife sehr klein und sie entsprechend gedämpft ist, so folgt die Schleife jeder Änderung des Stromes. Die Bewegungen der Schleife werden photographisch aufgezeichnet. Von einer Lichtquelle L wird unter Zwischenschaltung einer Linse und eines Spaltes ein Lichtstrahl auf einen kleinen, an der Schleife befestigten Spiegel S geworfen, der ihn auf eine mit photographischem

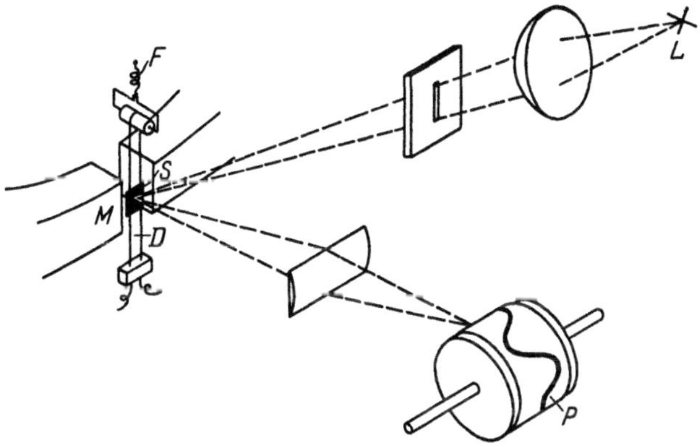

Abb. 15. Prinzip eines Oszillographen.

Papier P überzogene rotierende Trommel wirft. Zwischen der Trommel und dem Spiegel befindet sich noch eine zylindrische Linse. Das optische System ist so gewählt, daß bei stillstehender Schleife und stillstehender Trommel auf dem photographischen Papier ein heller Punkt entsteht. Beim Rotieren der Trommel und der unter Einfluß des Wechselstromes hin- und herschwingenden Schleife wird auf dem photographischen Papier der Verlauf des Wechselstromes aufgezeichnet. Die Schleife kann in der Meßschaltung entweder ähnlich wie ein Stromzeiger an einem Nebenwiderstand oder ähnlich wie ein Spannungszeiger unter Vorschaltung eines Vorwiderstandes benutzt werden. Auf diese Weise kann der Verlauf einer Wechselspannung oder eines Wechselstromes bestimmt werden.

20. Mittel- und Effektivwerte. Wir haben bereits oben gesehen, daß die normalen Wechselstrom-Meßgeräte einen bestimmten Mittelwert, namlich den Effektivwert anzeigen. In der Praxis spielen in erster Linie nur diese Effektivwerte (E und J) eine Rolle. Wenn man bei Wechselstrom kurz von Spannung und Stromstärke spricht, so versteht man darunter stets Effektivwerte. Wichtig ist noch die Tatsache, daß ein Wechselstrom von einem bestimmten Effektivwert J die gleiche Wärmemenge in einem Widerstand entwickelt wie ein Gleichstrom von der gleichen Größe J; ferner daß ein für Gleich- und Wechselstrom geeignetes Meßgerät, welches mit Gleichstrom geeicht ist, bei Wechselstrom direkt die Effektivwerte anzeigt. Geeignet sind, wie oben bereits gesagt, für Wechselstrom solche Meßgeräte, deren Ausschlag von der Stromrichtung unabhängig ist.

Bei einer sinusförmig verlaufenden Kurve beträgt der Effektivwert 70,7% des Scheitelwertes. Wenn wir die Scheitelwerte der Spannung und des Stromes mit $\bar{e}$ und $\bar{\imath}$ bezeichnen, so berechnen sich demnach die entsprechenden Effektivwerte zu $E = 0{,}707 \cdot \bar{e}$ bzw. $J = 0{,}707 \cdot \bar{\imath}$.

Umgekehrt, wenn der Effektivwert E oder J bekannt ist, berechnen sich die Scheitelwerte zu $\bar{e} = \frac{E}{0{,}707} = 1{,}414 \cdot E$ und $\bar{\imath} = 1{,}414 \cdot J$. Das Verhältnis $\frac{\bar{e}}{E}$ bzw. $\frac{\bar{\imath}}{J}$ des Effektivwertes zum Scheitelwert, welches demnach bei sinusförmigen Kurven 1,414 ist, nennt man Scheitelfaktor. Diese Größe spielt bei der Bestimmung der Durchschlags- bzw. Überschlagsspannung bei nicht sinusförmigem Verlauf der Spannungskurve eine Rolle.

Wir wollen uns jetzt noch etwas genauer mit den bei Wechselstrom in Betracht kommenden Mittelwerten befassen. Dabei werden wir gleich sehen, daß es außer dem Effektivwert noch einen anderen Mittelwert gibt, der jedoch nur theoretisch von Bedeutung ist.

Um die Betrachtungen besonders einfach und anschaulich zu gestalten, wählen wir für unsere Betrachtungen einen Wechselstrom, dessen Verlauf nicht sinusförmig ist, und zwar soll die Stromstärke sich jeweils sprungweise ändern. Ferner

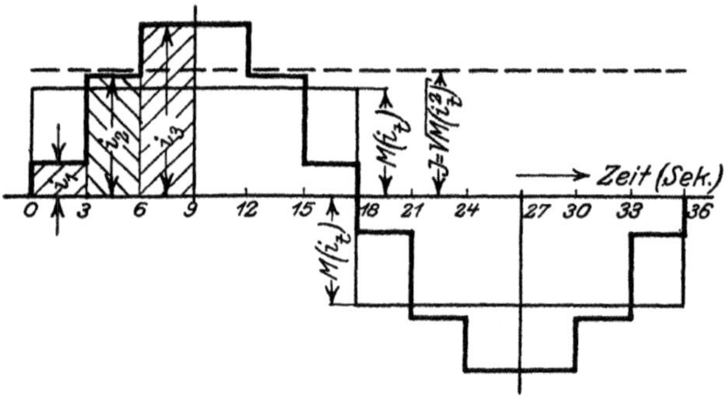

Abb. 16. Stufenförmige Stromkurve.

nehmen wir an, daß die Periodendauer eine sehr lange ist. Abb. 16 zeigt den Verlauf der zu betrachtenden Kurve. Die Periodendauer ist zu $T = 36$ sec gewählt (also $360^0 = 36$ sec). Der Verlauf der Kurve ist so, daß die einzelnen Momentanwerte sich wie bei einer Sinuslinie viermal während einer Periode wiederholen und daß der Verlauf symmetrisch ist. Wir betrachten zuerst die erste Viertelperiode, also die Zeit $t = 0 \ldots 9$ sec. In der Zeit $t = 0 \ldots 3$ sec ist die Stromstärke (Momentanwert) $i_1 = 20$ A, in den nächsten 3 sec $t = 3 \ldots 6$ sec ist die Stromstärke $i_2 = 70$ A und während der nächsten 3 sec, also $t = 6 \ldots 9$ sec $i_3 = 100$ A. Naheliegend wäre anzunehmen, daß der Effektivwert der Mittelwert aus diesen drei Werten ist. Wir werden aber gleich sehen, daß dies nicht der Fall ist. Wir wollen jedoch zuerst diesen Mittelwert, den wir mit $M(i_t)$ bezeichnen wollen, berechnen. Zu diesem Zweck müssen wir die durch die Kurve und die Abszissenachse eingeschlossene Fläche bestimmen und sie durch die entsprechende Länge der Abszissenachse dividieren. Die Bestimmung der Fläche ist im vorliegenden Falle sehr einfach. Wir unterteilen die der ersten Viertelperiode entsprechende Fläche in die in der Abbildung schraffiert gezeichneten Rechteckstreifen, rechnen die Fläche jedes Streifens als Produkt Länge mal Höhe aus, addieren die drei Flächen und dividieren die so erhaltene Gesamtfläche durch die Länge der Abszissenachse, die der ersten Viertelperiode entspricht. Der erste Streifen hat die Fläche $F_1 = 3 \cdot 20 = 60$; entsprechend erhalten wir für den zweiten Streifen $F_2 = 3 \cdot 70 = 210$ und für den dritten $F_3 = 3 \cdot 100 = 300$. Die Gesamtfläche ergibt sich zu $F = F_1 + F_2 + F_3 = 60 + 210 + 300 = 570$. Die entsprechende Länge der Abszissenachse ist 9; demnach ist der gesuchte Mittelwert, also die mittlere Ordinate $M(i_t) = \frac{570}{9} = 63{,}3$ A. Da die Breite aller Streifen im vorliegenden Falle die gleiche ist, nämlich drei Einheiten, so könnten wir den Mittelwert auch noch einfacher bestimmen; es genügt die einzelnen Momentanwerte i_t zu addieren und die Summe durch 3 zu dividieren. Es ergibt sich auf diese Weise $M(i_t) = \frac{20 + 70 + 100}{3} = \frac{190}{3} = 63{,}3$ A. Es muß jedoch betont werden, daß dieses vereinfachte Verfahren zur Bestimmung der mittleren Ordinate nur bei gleicher Breite der Streifen anwendbar ist.

Es ist ohne weiteres klar, daß der in obiger Weise bestimmte Mittelwert auch für das zweite Viertel der Periode, also für die Zeit von 9 . . . 18 sec, genau der gleiche ist, da in dieser Zeit die Kurve die gleichen Werte nur in umgekehrter Reihenfolge als in der ersten Viertelperiode durchläuft. Auch in der zweiten Hälfte der Periode, also in der Zeit von 18 . . . 36 sec ist offenbar der Mittelwert der Stromstärke der gleiche wie in der ersten Hälfte, jedoch ist er in diesem Falle entsprechend den negativen Momentanwerten der Stromstärke gleichfalls negativ, also — 63,3 A.

Würden wir den betrachteten Wechselstrom durch einen Drehspulstromzeiger schicken, welcher so träge wäre, daß er auf die einzelnen Schwankungen des Stromes nicht anspricht, sondern nur entsprechend der mittleren Stromstärke ausschlägt und würde man diesen Stromzeiger in der Zeit von 0 . . . 18 sec eingeschaltet lassen, so würde er tatsächlich den Mittelwert der Stromstärke, also 63,3 A anzeigen.

Schicken wir unseren Strom in der gleichen Zeit von 0 . . . 18 sec durch ein elektrolytisches Bad, beispielsweise ein Silbervoltameter, so wird sich die gleiche Menge Silber ausscheiden wie bei einem Gleichstrom von 63,3 A in der gleichen Zeit von 18 sec. Da 1 A in 1 sec 0,001118 g Silber ausscheidet, so wäre demnach die ausgeschiedene Silbermenge $0{,}001118 \cdot 63{,}3 \cdot 18 = 1{,}273$ g. Da der Mittelwert $M(i_t)$ für die Menge des elektrolytisch ausgeschiedenen Stoffes theoretisch maßgebend ist, so bezeichnet man diesen Wert auch als elektrolytischen Mittelwert.

Wenn wir aber unseren besonders trägen Stromzeiger auch in der zweiten Hälfte der Periode, also in der Zeit von 18 . . .36 sec eingeschaltet ließen, so würde er in dieser Zeit das Bestreben haben, sich in der entgegengesetzten Richtung um den gleichen Betrag wie früher abzulenken und die Gesamtablenkung wäre Null. Würden wir das Silbervoltameter auch während der zweiten Hälfte der Periode eingeschaltet lassen, so würde der elektrolytische Vorgang sich in der umgekehrten Richtung abspielen als in der ersten Hälfte. Das in der ersten halben Periode auf der einen Elektrode ausgeschiedene Silber würde jetzt wieder auf die andere Elektrode übergehen; zum Schluß der Periode würde das Gewicht jeder Elektrode das gleiche sein wie im Zeitpunkt Null Sekunden. Bei dem in der Technik zur Anwendung kommenden Wechselstrom, beispielsweise von der Frequenz 50, liegen die Verhältnisse ganz ähnlich, nur spielen sich die Vorgänge entsprechend rascher ab (0,02 sec an Stelle von 36 sec) und auch ein ganz normales Drehspulinstrument mit verhältnismäßig geringer Trägheit zeigt keinen Ausschlag.

Schalten wir dagegen an Stelle des Drehspulstrommessers einen für Wechselstrom brauchbaren, also beispielsweise einen Dreheisenstrommesser ein, dessen Ausschlag unabhängig von der Stromrichtung ist, so wird dieses Meßgerät einen bestimmten Ausschlag zeigen. Dieser Ausschlag wird einem bestimmten Mittelwert der Stromstärke entsprechen, der jedoch höher ist als der von uns eben berechnete Wert $M\ (i_t)$, und zwar zeigt das Instrument den erwähnten Effektivwert J an. Der Ausschlag eines nur auf die Größe nicht auf die Richtung des Stromes reagierenden Meßgerätes hängt von dem Quadrate der Stromstärke ab. Bei Wechselstrom wird der Ausschlag demnach von dem Mittelwert der Quadrate der Momentanwerte, dem „quadratischen Mittelwert", abhängen. Dieser quadratische Mittelwert hat noch eine andere wichtige Bedeutung. Der Energieverbrauch in einem Widerstand bzw. die erzeugte Stromwärme ist auch nicht der Stromstärke, sondern dem Quadrate der Stromstärke proportional. Dies ist auch der eigentliche Grund, warum das mittlere Quadrat der Stromstärke von großer Bedeutung ist. Aus obigen Gründen ist der bei Wechselstrom maßgebende Mittelwert oder Effektivwert der Stromstärke eine solche Stromstärke, die in einem Widerstand dieselbe Wärmemenge erzeugt wie ein Gleichstrom von der gleichen Größe in der gleichen Zeit. In einem Widerstand R ist die beim Stromdurchgang erzeugte Wärmemenge proportional der elektrischen Arbeit $A = R \cdot J^2 \cdot t$. Wenden wir diese Gleichung in unserem Fall an, so ergibt sich folgendes: In den ersten 3 sec der Periode ist die in Wärme umgewandelte Arbeit $A_1 = R \cdot i_1^2 \cdot 3 = R \cdot 20^2 \cdot 3$. Wir können der Einfachheit halber annehmen, daß der Widerstand $R = 1$ ist. Dann ist $A_1 = 20^2 \cdot 3 = 400 \cdot 3$; entsprechend ist die Arbeit in den nächsten 3 sec $A_2 = 70^2 \cdot 3 = 4900 \cdot 3$ und in den folgenden 3 sec $A_3 = 100^2 \cdot 3 = 10000 \cdot 3$. Der Mittelwert der Arbeit ergibt sich nach ähnlicher Überlegung wie oben als Mittelwert aus $i_1^2 + i_2^2 + i_3^2$, also $\frac{400 + 4900 + 10000}{3} = \frac{15300}{3} = 5100$. Die Gesamtarbeit ist also proportional 5100. Dieser Wert ist das mittlere Quadrat $M\ (i_t^2)$, dem dieselbe Energiemenge bzw. dieselbe Wärmeentwicklung entspricht wie dem Quadrate J^2 eines Gleichstromes J oder wir können sagen, daß die Quadratwurzel aus $M\ (i_t^2)$, also $\sqrt{M\ (i_t^2)}$, der Wert ist, der der Stromstärke J bei Gleichstrom entspricht; denn wenn wir umgekehrt diesen Wert zum Quadrat erheben, so bekommen wir einen Wert, der J^2 entspricht. Diese Quadratwurzel aus dem mittleren Quadrate der Stromstärke ist in unserem Fall $\sqrt{5100} = 71{,}3$; demnach hat unser Wechselstrom während der betrachteten Viertelperiode die gleiche Energie zur Folge wie ein Gleichstrom von 71,3 A und ein Dreheisenstrommesser oder ein anderes geeignetes Meßgerät, welches mit Gleichstrom geeicht ist, würde den Wert von 71,3 A anzeigen. Die so berechnete Quadratwurzel aus dem mittleren Quadrate der Stromstärke ist der Effektivwert J des Wechselstromes. Das mittlere Quadrat, demnach auch der Effektivwert, ist, wie ohne weiteres ersichtlich, auch in der zweiten Viertelperiode, also in der Zeit von 9 . . . 18 sec, genau so groß wie in der ersten. Der Wert gilt also für die halbe Periode und, was besonders wichtig ist, dieser Wert ist der gleiche auch für die zweite halbe Periode, also für die Zeit von 18 . . . 36 sec, und zwar ist er in diesem Falle nicht nur der Größe nach der gleiche wie in der ersten halben Periode, sondern er hat auch das gleiche Vorzeichen; er ist auch in der zweiten halben Periode positiv. Dies folgt ohne weiteres daraus, daß das Quadrat einer negativen Größe auch positiv ist. Es ist z. B. $+70^2 = (+70) \cdot (+70) = +4900$ und $(-70)^2 = (-70) \cdot (-70) = +4900$.

Hat der Strom einen anderen Verlauf als wir angenommen haben, beispielsweise einen sinusförmigen, so liegen die Verhältnisse ganz ähnlich, nur ist die Bestimmung des Mittelwertes bzw. des Mittelwertes der Quadrate in diesem Falle etwas schwieriger. In Abb. 17 ist eine sinusförmig verlaufende Stromkurve i dargestellt, deren Scheitelwert $\bar{i}$ wieder zu 100 A angenommen ist. Den Mittelwert erhalten wir, wenn wir die von der Sinuskurve und der Abszissenachse eingeschlossene Fläche z. B. mit Hilfe eines Planimeters bestimmen und den erhaltenen Wert durch die entsprechende Länge der Abszissenachse dividieren. Wir würden auf diese Weise für die erste halbe Periode den elektrolytischen Mittelwert $M(i_t) = 63{,}7$ A erhalten. Dieser Mittelwert beträgt also bei einer Sinuskurve 63,7% des Scheitelwertes oder $M(i_t) = 0{,}637 \cdot \bar{e}$. Für die erste halbe Periode ist dieser Wert wiederum positiv, für die zweite halbe Periode negativ.

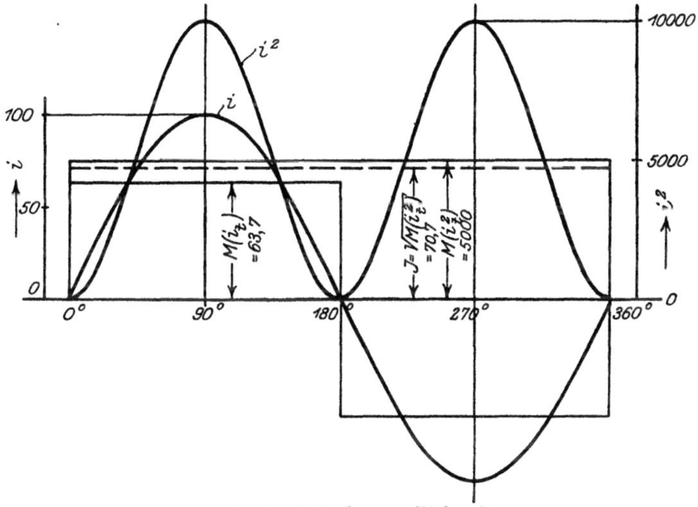

Abb. 17. Wechselstrommittelwerte.

Zwecks Berechnung des Mittelwertes der Quadrate $M(i_t^2)$ zeichnen wir die i^2-Kurve, die sich ergibt, wenn man die einzelnen Momentanwerte zum Quadrate erhebt. Diese Kurve ist gleichfalls in der Abbildung eingezeichnet, wobei für sie ein kleinerer, rechts angegebener Ordinatenmaßstab gewählt ist, da sonst die einzelnen Werte von i_t^2 in der Zeichung zu groß ausfallen würden. So beträgt beispielsweise der Scheitelwert $100^2 = 10000$. Die i^2-Kurve verläuft, wie dies aus dem Vorhergehenden ja klar ist, auch in der zweiten Hälfte der Periode oberhalb der Abszissenachse. Dividieren wir die durch die i^2-Kurve und die Abszissenachse eingeschlossene Fläche durch die Länge der Abszissenachse, so erhalten wir den quadratischen Mittelwert $M(i_t^2)$. Bei der Sinuskurve ist $M(i_t^2) = 0{,}5 \cdot \bar{i}^2$. Hieraus ergibt sich der Effektivwert $J = \sqrt{M(i_t^2)} = \sqrt{0{,}5 \cdot \bar{i}^2} = 0{,}707 \cdot \bar{i}$. Der Effektivwert beträgt also bei der Sinuskurve 70,7% des Scheitelwertes. Die genaue Ermittlung der Beziehung zwischen dem Mittelwert, Effektivwert und Scheitelwert ist nur unter Zuhilfenahme der Differential- und Integralrechnung möglich.

Interessant ist noch, daß das Verhältnis des Mittelwertes und Effektivwertes zum Scheitelwert bei der zuerst betrachteten stufenförmig verlaufenden Kurve fast das gleiche ist wie bei der Sinuskurve.

Alles, was wir bis jetzt über den Mittelwert und Effektivwert bei Strom gesagt haben, bezieht sich sinngemäß auch auf die Spannung. Dies wird klar, wenn man sich vergegenwärtigt, daß wir die Klemmenspannung an einem Widerstand erhalten, wenn man die Stromstärke mit dem Widerstand multipliziert.

Auch bei der Spannung beträgt bei sinusförmigem Verlauf der Spannungskurve der Mittelwert $M(e_t)$ 63,7% des Scheitelwertes $\bar{e}$ und der Effektivwert $E = \sqrt{M(e_t^2)}$ beträgt 70,7% des Scheitelwertes. Die von Wechselstrom-Spannungszeigern angezeigten Spannungen sind wiederum Effektivwerte.

21. Linien- und Vektordiagramm. Das von uns bis jetzt angewandte Verfahren zur Darstellung des Verlaufes von Wechselstromgrößen nennt man Liniendiagramm. Weit wichtiger ist aber für die Behandlung der Wechselstromvorgänge das Vektordiagramm. Es erlaubt ebenso wie das Liniendiagramm auf sehr bequeme Weise für jeden Winkel α bzw. jeden Zeitmoment t den Momentanwert abzulesen und ist zeichnerisch einfacher. Ferner — und das ist das Wesentliche — ist das Vektordiagramm auch beim Arbeiten mit Effektivwerten anwendbar. Abb. 18 links stellt ein Vektordiagramm in der einfachsten Form

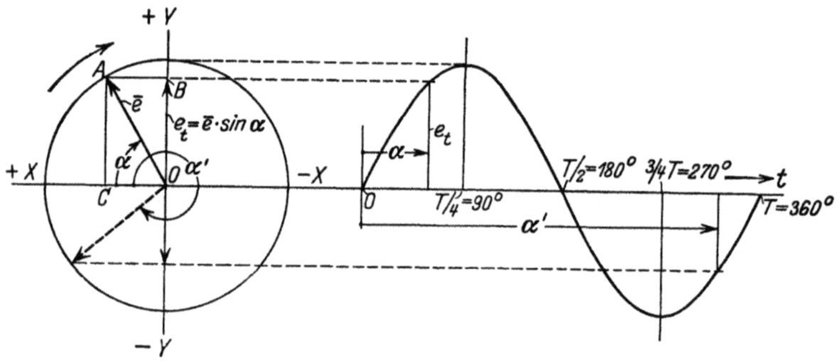

Abb. 18. Linien- und Vektordiagramm.

dar. Die Gerade OA ist ihrer Länge nach im bestimmten Maßstab der Scheitelwert $\bar{e}$ einer Wechselspannung. Wir nennen diese Strecke einen Vektor[1] und müssen uns vorstellen, daß dieser Vektor, dessen Anfang im Punkt O liegt, in der Pfeilrichtung (Uhrzeigerrichtung) mit einer solchen Geschwindigkeit umläuft, daß er eine volle Drehung in der Zeitdauer T einer Periode vollführt. Sein Ende A beschreibt dann einen Kreis, dessen Halbmesser (Radius) gleich OA ist. Wenn unsere Wechselspannung die Frequenz 50 hätte, so müßten wir uns vorstellen, daß der Vektor in 0,02 sec eine Umdrehung macht.

Als Anfangslage des Vektors OA wollen wir diejenige Lage bezeichnen, bei der der Vektor wagrecht liegt und sein Ende von O nach links gerichtet ist. Wir wollen diese Richtung als die positive Abszissenrichtung $+X$ bezeichnen. Die senkrechte Linie, die durch den Punkt O nach oben gerichtet ist, bezeichnen wir als die positive Ordinatenrichtung $+Y$. Entsprechend ergeben sich die negativen Abszissen- und

[1] Allgemein versteht man unter einem Vektor eine gerade Linie, die eine bestimmte Länge, eine bestimmte Richtung und einen bestimmten Richtungssinn hat, den man durch einen Pfeil kennzeichnet.

Ordinatenrichtungen — X und — Y wie in der Abbildung angegeben. Wir denken uns nun, daß unser Vektor im bestimmten Moment die ausgezogen gezeichnete Lage besitzt, die einer Drehung des Vektors um den Winkel α aus seiner Anfangslage entspricht. Wir ziehen nun durch das Ende des Vektors A eine Linie, die wagrecht, also parallel zur X-Achse verläuft. Sie ist also ein vom Punkt A auf die Ordinatenachse Y gefälltes Lot. Es ist aus der Abbildung ersichtlich, daß die Strecke OB, die zwischen dem Punkt O und dem Schnittpunkt B des eben erwähnten Lotes mit der Ordinatenachse liegt, gleich dem Produkt aus der Länge OA und dem $\sin\alpha$ ist. Da wir angenommen haben, daß die Länge des Vektors OA gleich dem Scheitelwert $\bar{e}$ ist, so entspricht demnach die Strecke OB dem Momentanwerte $e_t = \bar{e} \cdot \sin\alpha$. Wir nennen die Strecke OB die Projektion des Vektors OA auf die Ordinatenachse Y. Allgemein können wir sagen: Wenn die Länge eines Vektors dem Scheitelwert einer Wechselstromspannung $\bar{e}$ entspricht, so sind die Projektionen dieses Vektors auf die Ordinatenachse die der entsprechenden Lage des Vektors entsprechenden Momentanwerte e_t. Es ist auch ohne weiteres klar, daß diese Projektionen nicht nur die Größe des Momentanwertes, sondern auch sein Vorzeichen ergeben, und zwar ist der Momentanwert positiv, wenn die ihm entsprechende Projektion in die positive Richtung der Ordinatenachse, also wie in unserem Falle nach oben fällt, negativ, wenn sie nach unten fällt. Der Deutlichkeit halber ist in der Abbildung gestrichelt noch eine Lage des Vektors, die einem Winkel α' entspricht, gezeichnet. Wie man sieht, ist in diesem Fall der Momentanwert negativ.

Um das Wesen des Vektordiagramms besonders anschaulich zu machen, ist im rechten Teil der Abbildung dieselbe Wechselspannung im Liniendiagramm dargestellt, wobei der Scheitelwert genau so groß wie im Vektordiagramm gezeichnet ist. Die Schnittpunkte der Sinuslinie mit den verlängerten Loten, die vom Endpunkt des Vektors auf die Ordinatenachse gefällt sind, erlauben auf der Sinuslinie die den Winkeln α, α' usw. entsprechenden Momentanwerte abzugreifen.

Wenn wir uns die einzelnen Lagen des Vektors vergegenwärtigen, so sehen wir z. B., daß bei $\alpha = 0^0$ und $\alpha = 180^0$ $\left(\text{also } t = 0 \text{ und } t = \frac{T}{2}\right)$ $e_t = 0$ ist; ferner daß für $\alpha = 90^0$ und $\alpha = 270^0$ $\left(\text{also } t = \frac{T}{4} \text{ und } t = \frac{3}{4}\,T\right)$ $e_t = \bar{e}$ ist, wobei e_t im ersten Fall positiv, im zweiten negativ ist.

Es ist klar, daß alles, was wir über die Anwendung des Vektordiagramms zur Darstellung einer Wechselspannung gesagt haben, sinngemäß für die Darstellung anderer Wechselstromgrößen, also z. B. eines Wechselstromes gilt. Man trägt in jedem Falle als Länge des Vektors die Größe des Scheitelwertes der betreffenden Größe auf.

Wichtig ist noch die Tatsache, daß das Vektordiagramm nur bei sinusförmigem Verlauf der betrachteten Größen streng anwendbar ist. Demgegenüber kann im Liniendiagramm, wie wir bereits kennengelernt haben (s. Abb. 16), ein beliebiger Verlauf einer Wechselstromgröße dargestellt werden.

22. Addition von zwei Wechselströmen. Ein Wechselstromgenerator (Abb. 19), möge Strom an zwei parallel geschaltete Stromverbraucher, z. B. zwei Glühlampen oder zwei Motoren, die durch *1* und *2* bezeichnet sind, abgeben. Der vom Verbraucher *1* aufgenommene Strom (Effektivwert) sei J_1, der von *2* aufgenommene J_2. Die beiden Ströme werden durch die beiden in der Abbildung angedeuteten Strommesser gemessen. Außerdem wird durch den dritten, vor der Verzweigung liegenden Strommesser der gesamte vom Generator gelieferte Strom J gemessen. Hätten wir es im vorliegenden Falle mit Gleichstrom zu tun, so würde der von diesem Strommesser angezeigte Gesamtstrom gleich der Summe der beiden Teilströme sein. Wir werden gleich sehen, daß die Verhältnisse bei Wechselstrom verwickelter liegen. Es können nämlich je nach der Art der Stromverbraucher die Stromkurven in den beiden Verbrauchern entweder so liegen, daß sie zur gleichen Zeit durch Null gehen und demnach auch zur gleichen Zeit ihre positiven und negativen Scheitelwerte erreichen. Liegt dieser Fall vor, so sagen wir, daß die beiden Ströme in Phase liegen oder phasengleich sind. Es kann aber auch aus Gründen, die wir später kennenlernen werden, der Fall eintreten, daß die beiden Ströme nicht zur gleichen Zeit durch Null gehen oder ihre Scheitelwerte erreichen, obwohl die Frequenz, die durch den stromliefernden Generator gegeben ist, bei beiden Strömen natürlich die gleiche ist. In diesem Fall sagen wir, daß die beiden Ströme gegeneinander eine Phasenverschiebung haben oder phasenverschoben sind.

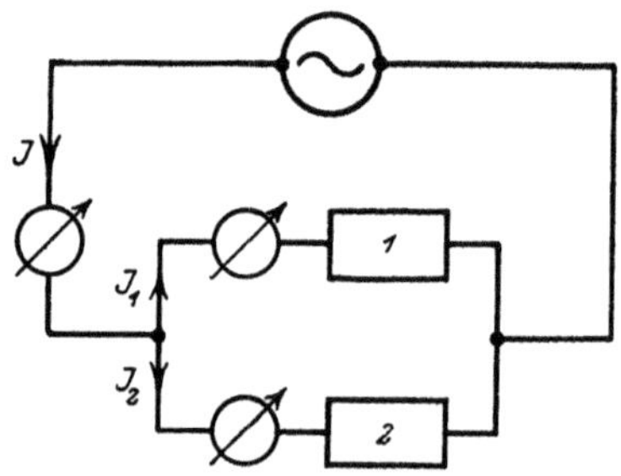

Abb. 19. Parallelschaltung von Verbrauchern.

Wir wollen zuerst den Fall, daß die beiden Ströme phasengleich sind, betrachten. Das Linien- und Vektordiagramm hierfür zeigt Abb. 20. Der Scheitelwert des im Verbraucher *1* fließenden Stromes sei $\bar{i}_1 = 15\,\text{A}$; der Scheitelwert des Stromes im Verbraucher *2* sei $\bar{i}_2 = 10\,\text{A}$. Die Effektivwerte der beiden Ströme sind demnach $J_1 = 15 \cdot 0{,}707 = 10{,}60\,\text{A}$ und $J_2 = 10 \cdot 0{,}707 = 7{,}07\,\text{A}$.

Genau wie bei Gleichstrom ist natürlich in jedem Moment der Gesamtstrom gleich der Summe der beiden Teilströme; mit anderen Worten, der Momentanwert i_t des Gesamtstromes ist gleich der Summe der

Momentanwerte $i_{1,t}$ und $i_{2,t}$ der beiden Teilströme. Um den Verlauf des Gesamtstromes im Liniendiagramm zu erhalten, brauchen wir nur die für die gleichen Augenblicke geltenden Momentanwerte der beiden Teilströme zu addieren und erhalten auf diese Weise die stärker ausgezogene Kurve dieses Stromes.

Im Vektordiagramm stellen die Vektoren OA und OB die Scheitelwerte $\bar{i}_1$ und $\bar{i}_2$ dar, wobei die beiden Vektoren stets die gleiche Richtung haben, was ja ohne weiteres daraus folgt, daß die beiden Ströme im gleichen Moment den Wert Null haben und im gleichen Moment ihre positiven und negativen Scheitelwerte erreichen. Der Vektor des Ge-

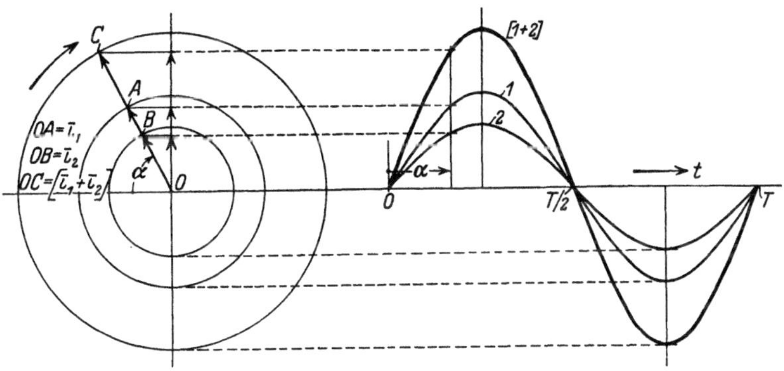

Abb. 20. Addition zweier phasengleicher Wechselströme.

samtstromes ist OC. Er liegt in der gleichen Richtung wie die Vektoren $\bar{i}_1$ und $\bar{i}_2$ und seine Länge ist gleich der Summe der Längen dieser Vektoren oder mit anderen Worten, der Scheitelwert des gesamten Stromes ist gleich der Summe der Scheitelwerte der Einzelströme. In der Abbildung ist die Lage der einzelnen Vektoren für einen Winkel α eingetragen und man sieht, daß die sich im Vektordiagramm ergebenden Momentanwerte für die Einzelströme und für den Gesamtstrom die gleichen sind wie für denselben Winkel α im Liniendiagramm.

Da im vorliegenden Fall der Scheitelwert des Gesamtstromes gleich der Summe der Scheitelwerte der Einzelströme ist, so ist auch der Effektivwert J des Gesamtstromes gleich der Summe der Effektivwerte der Einzelströme. Es ist also $J = J_1 + J_2 = 10{,}60 + 7{,}07 = 17{,}67$. Wir kommen zum gleichen Ergebnis, wenn wir den Scheitelwert des Gesamtstromes $\bar{i} = \bar{i}_1 + \bar{i}_2 = 15 + 10 = 25$ A mit 0,707 multiplizieren. Wir erhalten $\bar{i} = 25 \cdot 0{,}707 = 17{,}67$ A. Diese Berechnung des Effektivwertes des Gesamtstromes aus dem Scheitelwert des Gesamtstromes ist in jedem Fall richtig, dagegen ist das einfache Addieren der Effektivwerte der Einzelströme nur dann richtig, wenn, wie in dem betrachteten Beispiel, die beiden Ströme phasengleich sind.

Abb. 21 zeigt das Vektor- und Liniendiagramm für den allgemeineren Fall, daß die in den Verbrauchern *1* und *2* fließenden Ströme gegeneinander in der Phase verschoben sind, und zwar ist angenommen, daß in *1* wieder ein Strom mit dem Scheitelwert 15 A, in *2* ein Strom mit dem Scheitelwert 10 A fließt. Die Kurven der beiden Ströme sind jedoch gegeneinander derart verschoben, daß der Strom im Verbraucher *2* um eine gewisse Zeit, die einem Winkel ψ entspricht, später als die Stromkurve *1* durch Null geht, seinen positiven und negativen Scheitelwert erreicht usw. Wir sagen kurz, die Stromkurve *2* eilt der Strom-

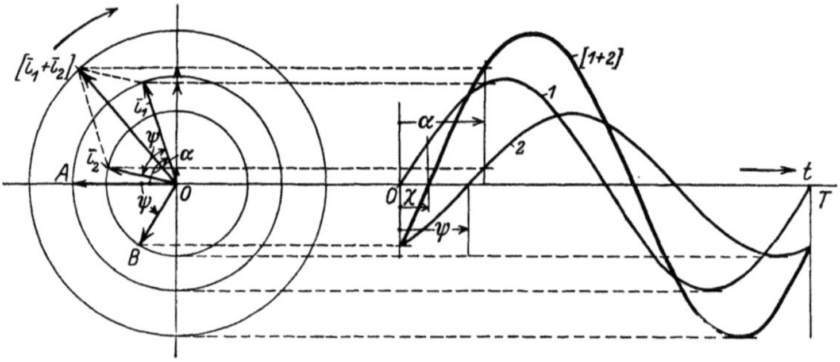

Abb. 21. Addition zweier phasenverschobener Wechselströme.

kurve *1* um einen Winkel ψ nach. Die Kurve des Gesamtstromes $[1 + 2]$ — im Diagramm wieder stärker ausgezogen gezeichnet — ergibt sich wie früher, wenn man die zusammengehörenden Momentanwerte der Stromkurven *1* und *2* addiert. Hier muß man aber auf das Vorzeichen der beiden zu addierenden Momentanwerte achten. Sind die Vorzeichen der zusammengehörenden Werte gleich, so sind sie normal zu addieren; sind sie verschieden, so ist die Summe gleich der Differenz der beiden in Betracht kommenden Längen, wobei die Richtung der Summe die Richtung der längeren Linie ist. Im Sonderfall, daß einer der Werte Null ist, ist die Summe natürlich gleich dem anderen Wert. Haben beide Werte entgegengesetztes Vorzeichen, aber die gleiche Größe, so ist die Summe gleich Null. Es ergibt sich so z. B., daß im Zeitpunkt Null die Summenkurve die Kurve *2* schneidet, da hier die Kurve *1* durch Null geht. Im Zeitmoment, der dem Winkel ψ entspricht, fällt die Summenkurve mit der Kurve *1* zusammen, da hier umgekehrt die Kurve *2* durch Null geht. Zwischen diesen beiden betrachteten Punkten geht die Summenkurve durch Null, und zwar in einem Zeitmoment, dem der Winkel χ entspricht, in dem die Ordinaten der Kurve *1* und *2* einander gleich, aber entgegengesetzt gerichtet sind.

Der Verlauf der Summenkurve zeigt uns verschiedene interessante Tatsachen. Wir sehen vor allem, daß sie ihrer Phasenlage nach zwischen den Kurven *1* und *2* liegt. Ihre Phasenverschiebung gegen die Kurve *1* ist χ, wobei χ kleiner als ψ ist. Ferner können wir uns leicht überzeugen, daß der Scheitelwert der Kurve [*1* + *2*] kleiner ist als die Summe der Scheitelwerte von *1* und *2*. Diese Summe beträgt 15 + 10 = 25. Der Scheitelwert der Kurve [*1* + *2*] beträgt dagegen nur 21,5 A. Demnach ist auch der Effektivwert des Summenstromes kleiner als die Summe der Effektivwerte der Einzelströme. Er ist $J = 21{,}5 \cdot 0{,}707 = 15{,}21$ A. Demgegenüber beträgt die Summe der Effektivwerte der Einzelkurven, wie wir oben gesehen haben, 17,67 A. Diese Tatsache, daß bei Wechselstrom bei Phasenverschiebung der Teilströme der Effektivwert des Gesamtstromes, also kurz der Gesamtstrom, kleiner ist als die Summe der Effektivwerte der Einzelströme, ist von grundlegender Bedeutung.

Bei der Aufstellung des Vektordiagramms, in der Abbildung links gezeichnet, kommt die Phasenverschiebung zwischen den Strömen *1* und *2* wie folgt zum Ausdruck. Wenn wir für einen bestimmten Moment im Diagramm die Lage des Vektors *OA*, der dem Scheitelwert $\bar{i}_1$ der Stromkurve *1* entspricht, eintragen, so müssen wir den Vektor *OB*, der dem Scheitelwert $\bar{i}_2$ des zweiten Stromes entspricht, gegen den ersten Vektor um den Phasenverschiebungswinkel ψ der beiden Ströme verschoben einzeichnen, wobei zu beachten ist, in welcher Richtung der Strom *2* gegen den Strom *1* verschoben ist. Da in unserem Fall *2* gegen *1* nacheilt, so müssen wir den zweiten Vektor gegen die eingezeichnete Drehrichtung der Vektoren gedreht einzeichnen. Stellen wir beispielsweise das Diagramm für den Zeitmoment Null auf. Hier ist der Momentanwert des Stromes *1* Null; der Vektor *OA* ist also wagrecht von Null nach links aufzutragen. Im selben Moment hat der Strom *2* eine bestimmte negative Größe. Hieraus ergibt sich ohne weiteres die Lage des Vektors *OB*. Die so erhaltene gegenseitige Lage der beiden Vektoren bleibt in jedem Moment die gleiche. Wenn wir z. B. einen Moment betrachten wollen, der einem Winkel α entspricht, so müssen wir beide Vektoren um den Winkel α aus der betrachteten Anfangslage verdrehen und können dann für diesen Winkel α die beiden Momentanwerte ablesen. Der Scheitelwert des Gesamtstromes ist die Diagonale des Parallelogramms, dessen Seiten die Vektoren der Teilströme sind. Mit anderen Worten, wir müssen die beiden Vektoren so zusammensetzen, wie dies in der Mechanik mit Kräften geschieht, die gegeneinander um einen gewissen Winkel verschoben sind (Parallelogramm der Kräfte). Man sagt in diesem Falle, daß der Vektor des Gesamtstromes die geometrische Summe der Teilvektoren ist. Den Verlauf des Summenstromes [*1* + *2*] kann man im Vektordiagramm ohne weiteres verfolgen, wenn man sich den Summenvektor umlaufend denkt. Der Effektivwert des Summenstromes ergibt sich offenbar ohne weiteres, wenn man den Scheitelwert des Gesamtstromes mit 0,707 multipliziert.

Alles, was über die Addition von zwei Strömen gesagt worden ist, gilt sinngemäß auch für die Addition von zwei Wechselspannungen, die gleichfalls sowohl phasengleich wie gegeneinander phasenverschoben sein können.

23. Vektordiagramm für Effektivwerte. Wir haben schon mehrfach betont, daß praktisch die Effektivwerte von größerer Bedeutung sind als die Momentanwerte und daß man in der Praxis es fast ausschließlich mit Effektivwerten zu tun hat. Aufgaben, wie die Bestimmmung des Effektivwertes des Gesamtstromes, wenn die Teilströme gegeben sind oder umgekehrt die Bestimmung der Teilströme, die einem bestimmten Gesamtstrom entsprechen u. dgl., kommen sehr häufig vor. Alle solche und noch kompliziertere Aufgaben lassen sich sehr bequem mit Hilfe von Vektordiagrammen, in denen direkt die Effektivwerte eingetragen werden, lösen.

Wir wissen, daß der Effektivwert einer Wechselstromgröße sich von dem Scheitelwert nur durch einen konstanten Faktor, der bei sinusförmigem Verlauf der Kurven 0,707 ist, unterscheidet. Ferner sieht man aus dem vorhergehenden Beispiel, daß man den Effektivwert des Gesamtstromes aus dem Scheitelwert des auf die gezeigte Art aus den Scheitelwerten der Einzelströme gewonnenen Gesamtstromes erhalten kann. Wir können nun in unser Vektordiagramm die Längen der Vektoren so wählen, daß sie im bestimmten Maßstabe direkt die Effektivwerte der betreffenden Größe darstellen, wobei wir die gegenseitige Lage der Vektoren entsprechend der gegenseitigen Phasenverschiebung der betreffenden Größen eintragen. Wir können aus solchen Diagrammen dann direkt den Gesamtstrom und andere uns interessierende Größen ihrer Lage nach zu den gegebenen Größen entnehmen. Das Diagramm dient in diesem Falle nicht mehr zur Darstellung der Momentanwerte.

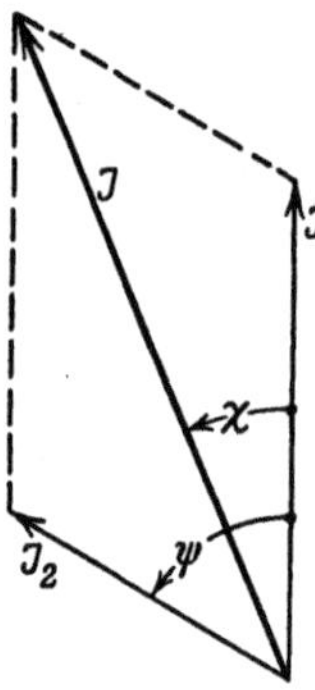

Abb. 22. Vektordiagramm für Effektivwerte.

Wenn wir beispielsweise nur den Effektivwert des Gesamtstromes in dem eben behandelten Fall, wo die beiden Einzelströme die Effektivwerte 10,60 und 7,07 haben und gegeneinander um den Winkel $\psi = 60^0$ verschoben sind, bestimmen wollen, so brauchen wir nur, wie in Abb. 22 gezeigt, den Strom *1* und *2* als zwei Vektoren, deren Anfang in einem Punkt liegen, so aufzutragen, daß die Länge der beiden Vektoren im bestimmten Maßstabe die effektiven Stromstärken J_1 und J_2 darstellen und daß sie gegeneinander um den Winkel ψ verschoben sind. Dabei ist es an und für sich gleichgültig, in welche Lage wir den ersten Vektor auftragen. Es kommt nur auf die richtige relative Lage der beiden Vektoren an. In der Abbildung ist willkürlich der Vektor J_1 senkrecht nach oben gerichtet gezeichnet. Addieren wir die beiden Vektoren durch Bildung der Diagonale des Parallelogramms geometrisch, so erhalten wir den Effektivwert J des Gesamtstromes und wir können aus dem Diagramm ablesen, welche Phasenverschiebung der Gesamtstrom gegen die beiden Teilströme hat. Wir sehen deutlich, daß der Gesamtstrom dem Strom J_1 um den Winkel χ nacheilt und dem Strom J_2 um den Winkel $\psi - \chi$ voreilt.

Wir haben den zeitlich nacheilenden Vektor gegenüber dem anderen Vektor wieder mit dem entsprechenden Verschiebungswinkel entgegengesetzt der Uhrzeigerrichtung eingetragen, d. h. angenommen, daß die Vektoren in der Uhrzeigerrichtung umlaufen. Es ist an und für sich gleichgültig, welche Richtung des Diagramms man annimmt und es wird z. Z. sogar sehr oft die entgegengesetzte Drehrichtung verwendet. Bei Lösung bestimmter Aufgaben ergibt jedoch die von uns gewählte Drehrichtung übersichtlichere Ergebnisse (z. B. bei Aufgaben über Blindströme). Ferner ist die Anwendung der gewählten Drehrichtung für den Zählertechniker vorteilhaft, weil in einer Reihe von Büchern über Zähler (z. B. bei Möllinger, s. hierzu 46) diese Drehrichtung angewendet worden ist. Wir werden bei allen unseren Betrachtungen diese Drehrichtung anwenden.

Es sei noch hervorgehoben, daß die Lage des Vektordiagramms in der Zeichenebene gleichgültig ist, d. h. man kann den Vektor, von dem man ausgeht, in beliebiger Lage zeichnen.

Wir wollen uns noch merken, daß es üblich ist, auch dann wenn die Stromstärken und Spannungen im Vektordiagramm als Effektivwerte eingetragen werden, die magnetischen Wechselflüsse als Scheitelwerte einzuzeichnen.

24. Addition und Subtraktion von Vektoren. Obwohl wir im wesentlichen bereits kennengelernt haben, wie zwei Vektoren zu addieren sind, wollen wir wegen der Wichtigkeit dieser Frage uns im folgenden noch etwas näher mit ihr beschäftigen und auch das Subtrahieren von Vektoren behandeln. Die Addition der Vektoren, wie wir sie in Abb. 22 kennengelernt haben, nennen wir vektorielle oder geometrische Addition. Wir wollen in Zukunft eine solche Addition durch eckige Klammern andeuten. So z. B. soll die Gleichung $J = [J_1 + J_2]$ andeuten, daß die beiden Ströme (Effektivwerte) J_1 und J_2 geometrisch addiert werden und den Summenstrom J ergeben.

Wir wollen wieder annehmen (Abb. 23a), daß zwei Vektoren *1* und *2*, die beispielsweise die Effektivwerte zweier Ströme darstellen, zu addieren sind. Die Anfänge der beiden Vektoren liegen im Punkt 0; ihr Ende sind die Punkte A und B. Um das zur Bildung der Summe nötige Parallelogramm zu konstruieren, ziehen wir durch das Ende A des Vektors *1* eine Gerade, die parallel zu Vektor *2* verläuft. Auf dieselbe Weise ziehen wir durch den Endpunkt *B* des Vektors *2* eine Gerade parallel zum Vektor *1*. Der Schnittpunkt dieser beiden Hilfslinien ist *C*. Die Punkte *O*, *A*, *C*, *B* bilden das gesuchte Parallelogramm, dessen Diagonale *OC* die geometrische Summe [*1* + *2*] der beiden Vektoren *1* und *2* ist. Die Pfeilspitze, also das Ende des Summenvektors, liegt in *C*. Aus der Abbildung ist deutlich zu ersehen, daß es zur Bildung des Summenvektors eigentlich nicht notwendig ist, das ganze Parallelogramm zu konstruieren. Es genügt vom Ende *A* aus parallel zu *OB* die Strecke *AC*, die genau dieselbe Länge hat wie *OB*, einzutragen und den Endpunkt *C* dieser Strecke mit dem Anfangspunkt *O* der beiden Vektoren zu verbinden, um den Summenvektor zu erhalten. Es ergibt sich hieraus folgende allgemeine Regel: Um die Summe zweier Vektoren *1*

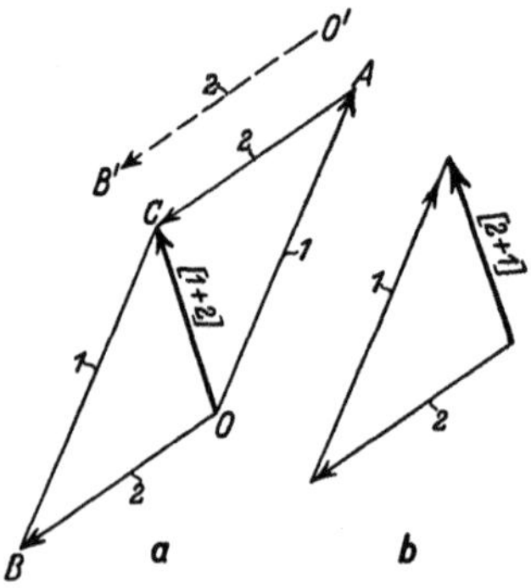

Abb. 23. Addition zweier Vektoren.

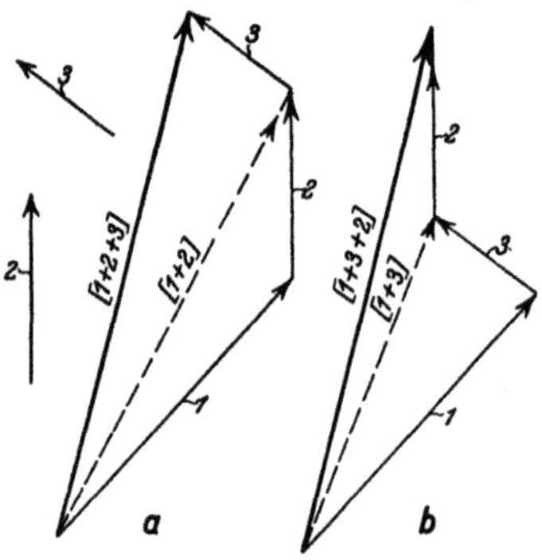

Abb. 24. Addition dreier Vektoren.

und *2* zu bilden, wird der Vektor *2* unter Beibehaltung seiner Richtung und Größe mit seinem Anfang an das Ende des Vektors *1* angesetzt. Die Verbindungslinie zwischen dem Ende des so angesetzten zweiten Vektors und dem Anfang des ersten Vektors ist der Summenvektor, wobei sein Anfang mit dem Anfang des ersten Vektors und sein Ende (Pfeilspitze) mit dem Endpunkt des zweiten zusammenfällt.

Um die Addition zweier Vektoren durchführen zu können, ist es gar nicht notwendig, daß die Anfänge beider Vektoren, die zu addieren sind, zusammenfallen, so könnte z. B. Vektor *2* als der oben getrennt gezeichnete Vektor *O′ B′* gegeben sein.

Das gewählte Beispiel zeigt uns auch, daß der Summenvektor unter Umständen kleiner ist als jeder der beiden zu addierenden Vektoren. Es ist auch leicht einzusehen, daß es bei der Addition der Vektoren, genau so wie bei der Addition irgendwelcher Zahlen, gleichgültig ist, in welcher Reihenfolge man addiert. Man kommt zum gleichen Ergebnis (Abb. 23b), wenn man zum Vektor *2* den Vektor *1* addiert.

Aus der eben abgeleiteten Regel für die Addition von zwei Vektoren folgt ohne weiteres, wie man mehrere Vektoren zu addieren hat. Wenn beispielsweise drei Vektoren *1*, *2* und *3* (Abb. 24a) zu addieren sind, so können wir ja zuerst zwei dieser Vektoren, z. B. *1* und *2*, nach der obigen Regel addieren und dann zu der Summe [1 + 2] den dritten Vektor in derselben Weise addieren und erhalten auf diese Weise die Gesamtsumme [1 + 2 + 3]. Aus der Abbildung ist aber ohne weiteres zu ersehen, daß wir den Summenvektor [1 + 2] gar nicht zu zeichnen brauchen. Nachdem wir den Vektor *2* an den Vektor *1* in der richtigen Weise angesetzt haben, brauchen wir nur den Vektor *3* an das Ende das Vektors *2* richtig anzusetzen. Die obige Betrachtung gilt sinngemäß natürlich auch für eine beliebige Anzahl von Vektoren. Es ist auch ohne weiteres klar, daß auch im Falle mehrerer Vektoren die Reihenfolge, in der sie aneinander angesetzt werden, gleichgültig ist (Abb. 24b).

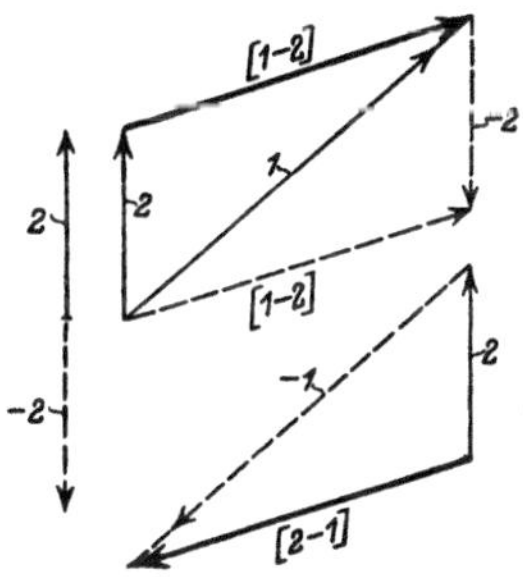

Abb. 25. Subtraktion zweier Vektoren.

Nachdem wir gelernt haben, wie man zwei Vektoren addiert, können wir uns auch ohne weiteres klarmachen, wie man zwei Vektoren subtrahiert, also die Differenz zweier Vektoren bildet. Wenn wir einen Vektor *2* vom Vektor *1* subtrahieren wollen, d. h. die geometrische Differenz [1 — 2] bilden wollen, so ist es das gleiche, wie wenn wir zum Vektor *1* den negativen Vektor — *2* addieren. Es ist nämlich [1 — 2] = [1 + (— *2*)]. Ein negativer Vektor der gleichen Größe wie ein bestimmter positiver Vektor hat die gleiche Länge wie der positive, ist jedoch um 180° gegen diesen gedreht oder umgeklappt. In Abb. 25a sind zwei Vektoren *1* und *2* dargestellt. Es soll nun der Vektor *2* vom Vektor *1* subtrahiert werden. Der negative Vektor — *2* ist nach dem Obigen der umgeklappte Vektor *2*. Dieser Vektor ist gestrichelt in der Verlängerung des Vektors *2* angedeutet. Wir müssen nun nach unserer Additionsregel den Vektor — *2* an den Vektor *1* ansetzen und erhalten auf diese Weise den Differenzvektor [*1* — *2*]. Wir kommen, wie aus der Abbildung leicht zu ersehen ist, zum gleichen Differenzvektor noch einfacher, wenn wir den Vektor *2* an den Vektor *1* so ansetzen, daß die Anfänge beider Vektoren zusammenfallen. Dann ist die Verbindungslinie der Enden der beiden Vektoren der gesuchte Differenzvektor. Es ergibt sich folgende einfache Regel: *Um die Differenz [1 — 2] zweier Vektoren 1 und 2 zu bilden, setzt man den Vektor 2 an den Vektor 1 so an, daß die Anfänge beider Vektoren zusammenfallen. Die Verbindungslinie der Enden der beiden Vektoren ist dann die gesuchte Differenz, wobei das Ende des Differenzvektors mit dem*

Ende des ersten Vektors zusammenfallen muß. Es ist zu beachten, daß beim Subtrahieren zweier Vektoren genau so wie beim Subtrahieren zweier Zahlen die Reihenfolge nicht gleichgültig ist. Der Vektor [*2* — *1*] ist zwar seiner Größe nach genau so groß wie der Vektor [*1* — *2*], hat aber entgegengesetztes Vorzeichen, d. h. in unserem Beispiel würde das Ende, die Pfeilspitze des Vektors [*2* — *1*] mit dem Ende des Vektors — *1* zusammenfallen (Abb. 25b).

25. Zerlegung eines Vektors in zwei Komponenten. Den Summenvektor zweier Vektoren nennen wir auch resultierenden Vektor. Die beiden Teilvektoren nennen wir Komponenten.

Von Wichtigkeit ist auch die Zerlegung eines Vektors in zwei Komponenten, deren Richtung gegeben ist. Diese Zerlegung ist ein umgekehrter Vorgang wie die Addition. Wie man sie vornimmt, ist eigentlich ohne weiteres klar. Die Strecke OA (Abb. 26) zeigt einen Vektor *1*, der in zwei Komponenten, deren Richtungen durch die dünn ausgezogenen

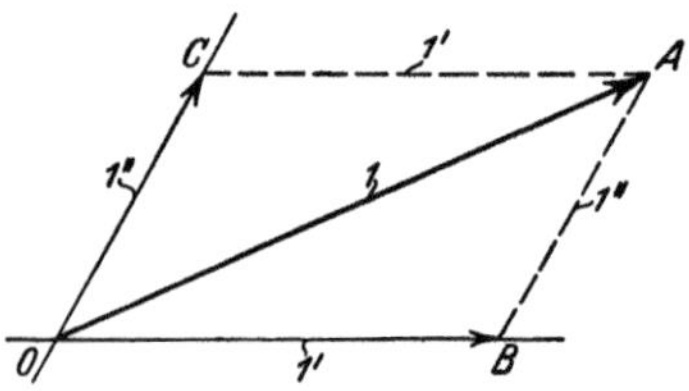

Abb. 26. Zerlegung eines Vektors in zwei Komponenten.

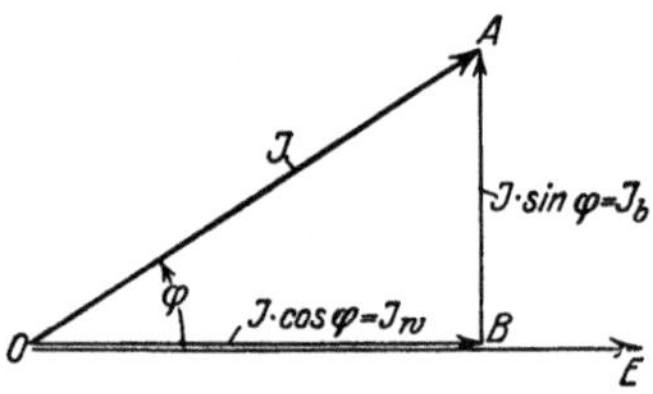

Abb. 27. Zerlegung eines Stromes in Wirk- und Blindstrom.

Linien angedeutet sind, zerlegt werden soll. Wir müssen also zwei solche Vektoren *1'* und *1''* finden, die die vorgeschriebenen Richtungen haben und die so groß sind, daß ihre geometrische Summe [*1'* + *1''*] den Vektor *1* ergibt. Wir bilden ein Parallelogramm, dessen zwei Seiten in der vorgeschriebenen Richtung der Teilvektoren liegen und dessen Diagonale der Vektor *1* ist. Zu diesem Zwecke ziehen wir durch den Endpunkt A unseres Vektors zwei Linien, die parallel zu unseren vorgeschriebenen Richtungen sind. Die Seiten dieses Parallelogramms ergeben dann die gesuchten Teilvektoren, und zwar stellen die Strecken OB und CA die Komponente *1'*, die in der einen Richtung liegt, und die Strecken OC und BA die Komponente *1''* dar.

Besonders wichtig ist der Fall, daß ein Vektor, der beispielsweise den Strom J (Abb. 27) darstellt, in zwei Komponenten, die aufeinander senkrecht stehen, zu zerlegen ist. Die eine Richtung ist dabei meist die Richtung der Spannung E. Die Zerlegung in die beiden Komponenten ist dabei sehr einfach. Wir brauchen nur vom Endpunkt A des Vektors J das Lot AB auf die Richtung der Spannung E zu fällen. Dann sind die beiden gesuchten Komponenten die Strecken OB und BA, wobei OB die Richtung der Spannung hat und BA senkrecht auf derselben steht.

Wenn φ die Phasenverschiebung zwischen den Vektoren J und E ist, so ist die Größe des Vektors $OB = J \cdot \cos\varphi$ und die des Vektors $BA = J \cdot \sin\varphi$. Der erste Vektor stellt den Wirkstrom, der andere den Blindstrom dar. Wir werden uns mit dieser Frage noch weiter eingehend beschäftigen. Selbstverständlich gilt die geschilderte Art der Zerlegung zweier Vektoren in zwei senkrecht aufeinander stehende Komponenten sinngemäß auch für jede andere Art von Vektoren.

26. Leistung, Blindlast und Scheinlast. Eine für den Zählerfachmann besonders wichtige Größe ist auch bei Wechselstrom die Leistung, denn von ihrer Größe hängt die Größe des Verbrauches ab, der von den

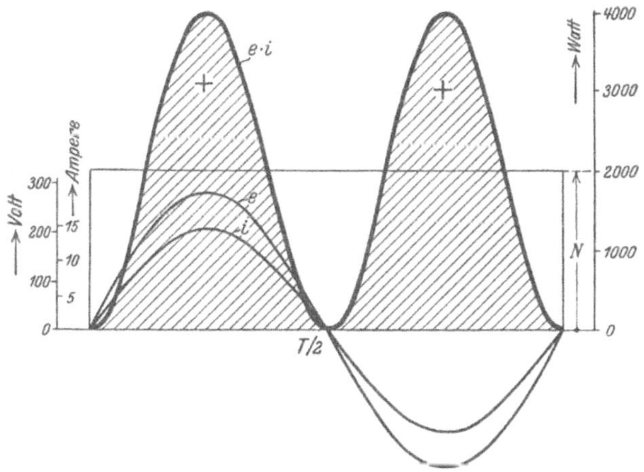

Abb. 28. Leistung bei $\varphi = 0$.

Zählern angezeigt wird. Bei Gleichstrom ist die Leistung $N = E \cdot J$. Bei Wechselstrom ändert sich die Leistung von Moment zu Moment. Praktisch von Bedeutung ist der Mittelwert der Leistung. Dieser ergibt multipliziert mit der Zeit die Arbeit oder den Verbrauch. Diesen mittleren Wert der Leistung nennt man deshalb nur kurz Leistung und wir wollen ihn wiederum mit N bezeichnen. Im Sonderfall, daß der Strom und die Spannung phasengleich sind, berechnet sich diese Leistung wie bei Gleichstrom zu $N = E \cdot J$, wobei E und J, wie wir bis jetzt immer angenommen haben, Effektivwerte sind. Hat der Strom J gegen die Spannung E eine gewisse Phasenverschiebung φ, so ist die Leistung nicht mehr gleich $E \cdot J$, sondern sie berechnet sich in diesem allgemeinen Fall zu $N = E \cdot J \cos\varphi$, wobei $\cos\varphi$ der Leistungsfaktor genannt wird. Wir wollen uns nun genauer mit der Leistung befassen.

Wir betrachten zuerst den einfachsten Fall, nämlich den der Phasengleichheit zwischen Strom und Spannung, also $\varphi = 0$, $\cos\varphi = 1$. In Abb. 28 ist das zugehörige Liniendiagramm gezeichnet. Die Kurve e zeigt den

Verlauf der Spannung, wobei angenommen worden ist, daß der Effektivwert $E = 200$ V ist. Hieraus ergibt sich der Scheitelwert $\bar{e} = 200 \cdot 1{,}414 = 282{,}8$ V. Die Kurve i stellt den Verlauf des Stromes dar. Es ist angenommen, daß der Effektivwert der Stromstärke $J = 10$ A ist; demnach ist der Scheitelwert $\bar{i} = 10 \cdot 1{,}414 = 14{,}14$ A.

Es ist ohne weiteres einleuchtend, daß in jedem Augenblick der Momentanwert der Leistung N_t gleich dem Produkt der in diesem Moment herrschenden Augenblickswerte e_t und i_t des Stromes und der Spannung ist. Also $N_t = e_t \cdot i_t$. Berechnen wir für eine größere Anzahl von Zeitmomenten die Augenblickswerte N_t, so können wir, wie dies in der Abbildung geschehen ist, den Verlauf der Leistung (stark ausgezogene $e \cdot i$-Kurve) zeichnen. Dabei ist folgendes zu beachten. Wenn zwei miteinander zu multiplizierende Größen, in unserem Falle e_t und i_t, das gleiche Vorzeichen haben, so ist das Produkt positiv, haben sie dagegen verschiedenes Vorzeichen, so ist das Produkt negativ. In dem jetzt von uns betrachteten Fall, in dem der Strom phasengleich mit der Spannung ist, haben die zusammengehörenden Werte von e_t und i_t stets das gleiche Vorzeichen. In der ersten halben Periode sind alle diese Werte positiv, in der zweiten alle negativ. Demnach sind, wie aus der Abbildung ersichtlich ist, die Werte von N_t immer positiv, die Leistungskurve verläuft nur oberhalb der Abszissenachse. In den Momenten, wo entweder der Strom oder die Spannung oder beide Null sind, ist auch N_t Null. Die uns besonders interessierende mittlere Leistung erhalten wir, wenn wir die von der Leistungskurve und der Abszissenachse eingeschlossene, in der Abbildung schraffiert angedeutete Fläche durch die Länge der Abszissenachse dividieren. Die so erhaltene mittlere Ordinate ist dann die gesuchte mittlere Leistung oder $N = \mathsf{M}(N_t)$. Die Fläche können wir entweder durch Planimetrieren oder unter Zuhilfenahme der Differential- und Integralrechnung bestimmen. In unserem Fall ergibt sich die Leistung zu $N = 2000$ W. Sie ist also gleich dem Produkt von $E \cdot J$, da $2000 = 200 \cdot 10$. Dies wird auf Grund folgender Überlegung verständlich. Wir wissen, daß beim Durchgang eines Wechselstromes J durch einen Widerstand R in diesem die gleiche Energiemenge bzw. Wärmemenge entwickelt wird wie beim Gleichstrom J. Diese Energiemenge ist $A = J^2 \cdot R \cdot t$, wobei t die Zeitdauer des Stromdurchganges bedeutet. Setzen wir $t = 1$, so erhalten wir die Energiemenge in der Zeiteinheit, d. h. die Leistung $N = J^2 \cdot R$. Wenn durch einen Widerstand der Strom J fließt, so muß zwischen seinen Enden die Klemmenspannung $E = J \cdot R$ herrschen und wir erhalten den Ausdruck für die Leistung $N = E \cdot J$. Wir können uns nun vorstellen, daß in unserem Fall der Strom durch einen Widerstand fließt, wobei dieser Widerstand bei der gewählten Stromstärke und Spannung offenbar $R = \frac{200}{10} = 20\ \Omega$ ist. Demnach muß die Leistung $N = 10^2 \cdot 20 = 100 \cdot 20$

$= 2000$ W sein. Auf den gleichen Wert kommen wir, wenn wir die Spannung mit der Stromstärke multiplizieren, d. h. $200 \cdot 10 = 2000$ W.

Wir betrachten jetzt einen zweiten besonders charakteristischen Fall, nämlich den, daß der Strom der Spannung um eine Viertelperiode $\frac{T}{4} = 90^0$ nacheilt. Dies trifft beispielsweise bei einer reinen Drosselspule (s. 31) zu. In Abb. 29 ist für diesen Fall wiederum der Verlauf der Spannungskurve e und der Stromkurve i gezeichnet. Dabei ist angenommen, daß die Effektivwerte wiederum wie im ersten Beispiel $E = 200$ V und $J = 10$ A sind.

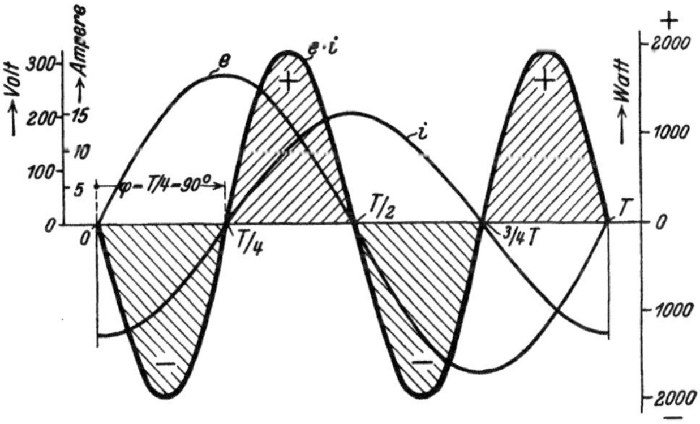

Abb. 29. Leistung bei $\varphi = 90^0$.

Aus der Abbildung ist zu ersehen, daß in diesem Fall die zusammengehörigen Momentanwerte e_t und i_t von Strom und Spannung von Null bis $\frac{T}{4}$ (das erste Viertel der Periode) und von $\frac{T}{2}$ bis $\frac{3}{4}T$ verschiedenes Vorzeichen haben, von $\frac{T}{4}$ bis $\frac{T}{2}$ und von $\frac{3}{4}T$ bis T gleiches Vorzeichen. Hieraus ergibt sich nach dem Obigen, daß im ersten und dritten Viertel der Periode die Leistungskurve negativ, also unterhalb der Abszissenachse, im zweiten und vierten Viertel positiv, also oberhalb der Abszissenachse, verläuft, wie die stark gezeichnete Leistungskurve $e \cdot i$ zeigt. Die oberhalb der Abszissenachse liegenden positiven und die unterhalb der Abszissenachse liegenden negativen Leistungsflächen sind einander gleich. Wir sehen, daß im vorliegenden Fall die mittlere Leistung $N = 0$ ist. Die Leistung pendelt gewissermaßen zwischen einem bestimmten positiven und einem gleich großen negativen Wert hin und her. Diese Leistung bezeichnen wir als **Blindleistung** oder **Blindlast** N_b.

Wir haben zwei Grenzfälle kennengelernt, nämlich den Fall der Phasengleichheit zwischen Strom und Spannung, in dem die Leistung wie bei Gleichstrom $N = E \cdot J$ ist und den Fall, in dem der Strom um 90^0

gegen die Spannung verschoben ist, in welchem $N = 0$ ist und wo nur eine Blindlast auftritt. Es möge noch bemerkt werden, daß es dabei gleichgültig ist, ob der Strom der Spannung um 90^0 nacheilt oder voreilt. Dagegen werden wir später sehen, daß die Blindlast bei Voreilung ein entgegengesetztes Vorzeichen hat als bei Nacheilung.

Wir betrachten jetzt den allgemeinen Fall, daß der Strom um einen beliebigen Winkel φ gegen die Spannung nacheilt. In Abb. 30a ist dieser Fall im Liniendiagramm dargestellt. Es sind wiederum die gleichen Effektivwerte für Strom und Spannung wie in den ersten zwei Beispielen angenommen. Die Phasenverschiebung ist zu $\varphi = 60^0$ gewählt worden. Bilden wir wieder unter Beachtung des Vorzeichens der zusammengehörigen Werte von e_t und i_t die Leistungskurve, so erhalten wir den in der Abbildung gezeichneten Verlauf. Die Kurve verläuft wie im zweiten Beispiel zum Teil oberhalb, zum Teil unterhalb der Abszissenachse. Die durch die Kurve und die Abszissenachse eingeschlossenen Flächen sind in diesem Fall jedoch nicht gleich groß; es überwiegen die positiven Flächen. Die mittlere Leistung N, also die mittlere Ordinate erhalten wir, wenn wir die beiden positiven Flächen addieren und von der Summe die Summe der negativen Flächen abziehen und die so erhaltene Differenzfläche durch die Länge der Abszissenachse T dividieren. Sie ergibt sich zu $N = 1000$ W. Allgemein berechnet sich die Leistung, wie oben erwähnt, zu $N = E \cdot J \cdot \cos\varphi$. In unserem Fall ist $\varphi = 60^0$, also $\cos\varphi = 0{,}5$. Hieraus folgt der eben angegebene Wert der Leistung $2000 \cdot 0{,}5 = 1000$ W, da $E \cdot J$ in unserem Fall gleich 2000 ist.

Daß dies so sein muß, folgt aus folgender Überlegung. Wir können uns vorstellen, daß der Strom aus zwei Komponenten besteht (s. 25), von denen die eine in Phase mit der Spannung liegt, die andere um 90^0 gegen die Spannung verschoben ist. Der in Phase mit dem Strom liegenden Komponente, die wir **Wirkstrom** nennen und mit J_w bezeichnen, entspricht eine bestimmte Leistung, die sich als Produkt der Spannung und dieser Komponente zu $N = E \cdot J_w$ berechnet. Die gegen die Spannung um 90^0 verschobene Komponente, die wir **Blindstrom** nennen und mit J_b bezeichnen, hat keine Leistung zur Folge. Die Leistung ist gewissermaßen nur durch den Wirkstrom bedingt. Der Wirkstrom berechnet sich zu $J_w = J \cdot \cos\varphi$. Demnach ist die Leistung

$$N = E \cdot J_w = E \cdot J \cdot \cos\varphi\,. \tag{1}$$

Der Blindstrom berechnet sich zu $J_b = J \cdot \sin\varphi$. Die entsprechende Blindlast ist

$$N_b = E \cdot J_b = E \cdot J \cdot \sin\varphi\,. \tag{2}$$

In unserem Beispiel ist $\cos\varphi = \cos 60^0 = 0{,}5$ und $\sin\varphi = \sin 60^0 = 0{,}866$. Demnach ist $J_w = 10 \times 0{,}5 = 5$ A und $J_b = 10 \times 0{,}866 = 8{,}66$ A. In Abb. 30b ist nochmals der Verlauf der Spannungskurve e

und der Verlauf der in Phase mit der Spannung liegenden Kurve i_w des Wirkstromes gezeichnet, ferner ist die Leistungskurve $e \cdot i_w$ dargestellt. In der Abb. 30c ist entsprechend die Spannungskurve und die

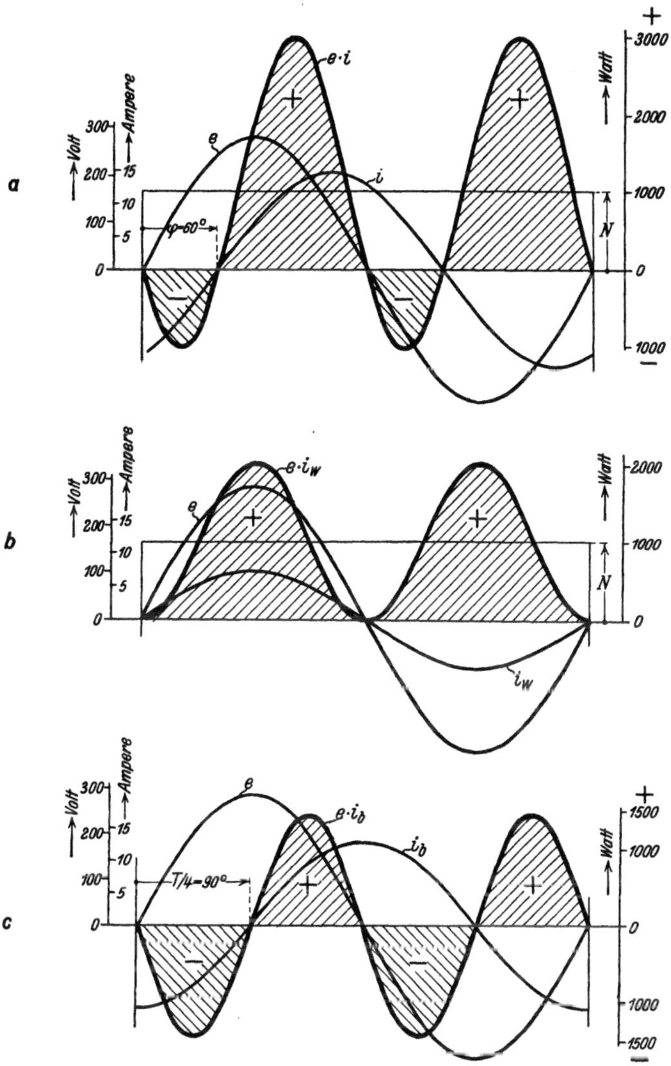

Abb. 30. Leistung bei $\varphi = 60^0$.

um 90^0 gegen sie verschobene Kurve i_b des Blindstromes, sowie der Verlauf der zugehörigen Leistungskurve $e \cdot i_b$ eingezeichnet. Der ersten Leistungskurve entspricht die von uns bereits berechnete Leistung $N = 1000$, der zweiten Kurve entspricht eine mittlere Leistung Null.

Aus der obigen Betrachtung ergibt sich das wichtige Ergebnis, daß bei Wechselstrom mit Ausnahme des Sonderfalles der Phasengleichheit zwischen Strom und Spannung die Leistung kleiner ist als das Produkt $E \cdot J$. In gewisser Beziehung ist jedoch das Produkt $E \cdot J$ auch bei beliebigen Phasenverschiebungen zwischen Strom und Spannung von Bedeutung. Die Größe der elektrischen Maschinen und Transformatoren hängt nämlich im wesentlichen von der Höhe der Spannung und von der Stromstärke, für die die betreffende Maschine oder Transformator gebaut ist, also von dem Produkt $E \cdot J$ ab. Dieses Produkt nennen wir Scheinlast oder Scheinleistung, auch Richtleistung und bezeichnen es mit N_s

$$N_s = E J \tag{3}$$

ist also unabhängig von der jeweils herrschenden Phasenverschiebung.

Wie wir bereits gesehen haben, ist die Einheit der Leistung auch bei Wechselstrom das Watt (W). Entsprechend werden größere Leistungen in Kilowatt (kW), (1 kW = 1000 W), angegeben oder gemessen. Die modernen Wechsel- und Drehstromgeneratoren werden für mehrere Tausende von Kilowatt gebaut. Entsprechend sind auch die Gesamtleistungen der modernen Kraftwerke sehr groß. Aus diesem Grunde werden neuerdings oft diese großen Leistungen in Megawatt (MW) angegeben, wobei 1 MW = 1000000 W = 1000 kW ist[1]. Wenn ein Kraftwerk beispielsweise über eine Maschinenleistung von 150000 kW verfügt, so kann auch gesagt werden, die Leistung des Kraftwerkes beträgt 150 MW.

27. Leistungsfaktor $\cos\varphi$ und Blindlastfaktor $\sin\varphi$. Die Spannung und die Stromstärke können mit den für Wechselstrom geeigneten Spannungs- und Stromzeigern bestimmt werden. Die Leistung wird mit Hilfe von Leistungszeigern oder Wattmetern gemessen (s. 183). Ist die Leistung, die Spannung und die Stromstärke bekannt, so kann aus diesen Größen der Leistungsfaktor, der eine sehr wichtige Größe ist, zu

$$\cos\varphi = \frac{N}{E \cdot J} \tag{4}$$

berechnet werden. Ferner kann aus $\cos\varphi$ der Winkel φ und der zugehörige Wert von $\sin\varphi$ bestimmt werden und auf diese Weise auch die Blindlast zu $N_b = E \cdot J \cdot \sin\varphi$.

Für $\sin\varphi$ gibt es bis jetzt keine bestimmte Bezeichnung. Diese Größe könnte zweckmäßigerweise als Blindlastfaktor oder Blindleistungsfaktor bezeichnet werden.

Die Blindlast kann auch direkt mit Hilfe eines besonderen, dem Wattmeter ähnlichen Meßgerätes, des Blindlastzeigers, bestimmt

---

[1] s. Zus.: II. Vorbemerkungen.

werden. Sind die Blindlast N_b, die Spannung E und die Stromstärke J bekannt, so berechnet sich der Blindlastfaktor zu

$$\sin\varphi = \frac{N_b}{E \cdot J}. \tag{5}$$

Wir werden auf das oben Gesagte bei der Behandlung der Verrechnung des Blindverbrauches nochmals näher zurückkommen. An dieser Stelle möge nur darauf hingewiesen werden, daß es besonders bequem ist, die zusammengehörenden Werte von φ, $\cos\varphi$ usw. aus den von Beetz angegebenen trigonometrischen Skalen Tab. 9 abzugreifen.

28. Verbrauch bei Wechselstrom. Der einer bestimmten Zeit entsprechende Verbrauch ergibt sich bei Wechselstrom genau so wie bei Gleichstrom durch Multiplikation der Leistung mit der Zeit t. Wir haben jedoch im vorhergehenden Paragraphen gesehen, daß es bei Wechselstrom verschiedene Leistungs- bzw. Lastgrößen gibt. Dementsprechend unterscheiden wir verschiedene Arten des Verbrauches.

Die wichtigste Größe ist der Verbrauch, der der eigentlichen Leistung N, nämlich der Wirkleistung entspricht. Diese Größe wird in Fällen, wo Verwechslungen möglich sind, als Wirkverbrauch bezeichnet. Er ist die Arbeit oder Energie A und berechnet sich zu

$$A = N \cdot t = E \cdot J_w \cdot t = E \cdot J \cdot \cos\varphi \cdot t \tag{6}$$

und wird genau wie bei Gleichstrom in Wattstunden (Wh) bzw. Kilowattstunden (kWh) gemessen.

Entsprechend ergibt sich aus der Blindlast der Blindverbrauch A_b zu

$$A_b = N_b \cdot t = E \cdot J_b \cdot t = E \cdot J \cdot \sin\varphi \cdot t. \tag{7}$$

Die entsprechenden Einheiten für den Blindverbrauch sind die Blindwattstunde (bWh) bzw. Blindkilowattstunde (bkWh). Mitunter werden diese Einheiten auch als Blindvoltamperestunde (bVAh) und Blindkilovoltamperestunde (bkVAh) bezeichnet. Ferner ergibt sich entsprechend aus der Scheinlast der Scheinverbrauch A_s zu

$$A_s = N_s \cdot t = E \cdot J \cdot t. \tag{8}$$

Die Einheiten für den Scheinverbrauch sind die Voltamperestunde (VAh) und Kilovoltamperestunde (kVAh).

Mit der Messung des Wirk-, Blind- und Scheinverbrauches werden wir uns besonders eingehend befassen, da dies ja die Größen sind, die von Zählern angezeigt werden.

29. Magnetische Wechselflüsse. Wenn wir durch eine eisenlose Spule einen Wechselstrom schicken, so entsteht in dieser Spule genau wie bei Gleichstrom (s. 15) ein magnetisches Feld, dem ein bestimmter magnetischer Fluß entspricht. Wie bei Gleichstrom ist die an einer bestimmten Stelle herrschende Feldstärke bzw. der Fluß proportional der jeweils herrschenden Stromstärke. Da nun der Strom ein Wechselstrom ist, also fortwährend seine Größe und Richtung ändert, so ändert sich entsprechend fortwährend auch die Feldstärke und der Fluß. Es entsteht ein magnetischer Wechselfluß bzw. Wechselfeld, die den gleichen Verlauf haben wie der Strom. Geht die Stromkurve durch Null, so ist auch die Feldstärke und demnach auch der Fluß gleich Null. Erreicht der Strom seinen Scheitelwert $\bar{i}$, so erreichen auch die Feldstärke und der Fluß ihren Scheitelwert. Bei sinusförmigem Verlauf des Stromes ist auch der Fluß sinusförmig. Der Zusammenhang zwischen Stromstärke und Fluß ist ganz ähnlich wie zwischen der Spannung und dem Strom in einem Ohmschen Widerstand. Wir erhalten ein Liniendiagramm ähnlich wie Abb. 14, wobei in diesem Fall die eine Kurve die des Stromes, die andere die des Wechselflusses wäre.

Wenn die stromdurchflossene Spule einen Eisenkern hat, wird die magnetische Linienzahl wie bei Gleichstrom entsprechend der großen magnetischen Leitfähigkeit oder Permeabilität des Eisens größer sein. Wir erhalten einen größeren Fluß. Wir haben auch unter 15 gesehen, daß der Fluß bei Vorhandensein von Eisen nicht proportional der Stromstärke ist, da die Magnetisierungskurve des Eisens keine Gerade ist; ferner daß der Fluß infolge magnetischer Hysteresis bei ansteigendem Strom andere Werte hat als bei fallendem. Diese Tatsachen sind bei Wechselstrom von großer Bedeutung.

Die Momentanwerte des Wechselflusses wollen wir mit Φ_t bezeichnen, den Scheitelwert mit Φ (also ohne Strich), und zwar deshalb, weil diese Größe beim Fluß besonders wichtig ist. Dagegen hat der Effektivwert keine praktische Bedeutung. Wir haben auch bereits erwähnt (s. 23), daß in den Vektordiagrammen stets dieser Scheitelwert eingetragen wird, während die anderen Größen im gleichen Diagramm als Effektivwerte eingetragen werden.

Bei einer eisenlosen Spule ist der Vektor des Flusses in entsprechendem Maßstab in gleicher Richtung wie der Strom einzutragen, da die beiden Größen phasengleich sind. Anders liegen die Verhältnisse, wenn die Spule auf einem Eisenkern aufgebracht ist. In diesem Fall treten im Eisen infolge der magnetischen Hysteresis und der Wirbelströme Verluste auf. Vorläufig wollen wir uns nur die Tatsache merken, daß infolge der Hysteresis- und Wirbelstromverluste nicht der ganze in der Spule fließende Strom als magnetisierender Strom wirkt und daß in diesem Fall der Fluß Φ gegen den Strom J in der Spule um einen kleinen Winkel ψ nacheilt. Wir können uns daher den Strom J in zwei Komponenten zerlegt denken, eine in Phase mit dem Fluß liegende

Komponente J_m und eine senkrecht auf dieser stehende Komponente J_v. Die Komponente J_m nennen wir Magnetisierungsstrom; sie ist diejenige, die den Fluß hervorruft. Die Komponente i_v ist die Verlustkomponente oder der Verluststrom (Abb. 31).

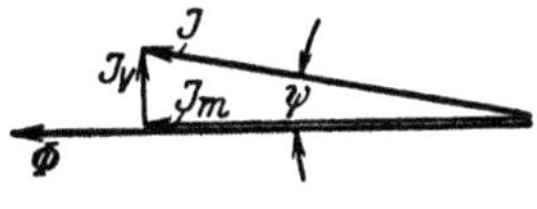

Abb. 31. Magnetisierungs- und Verluststrom.

Ferner wollen wir uns merken, daß im vorliegenden Fall auch bei sinusförmigem Verlauf des Stromes der Fluß nicht mehr sinusförmig verläuft. Die Kurve des Flusses ist also verzerrt. Umgekehrt ist bei sinusförmigem Verlauf des Flusses, und dieser Fall ist praktisch der wichtigere, die Stromkurve nicht sinusförmig, sondern verzerrt. Streng genommen ist für verzerrte Kurven das Vektordiagramm nicht mehr gültig (s. 21), praktisch ist es aber doch zulässig, mit dem Diagramm zu arbeiten.

Es ist sehr interessant, sich die eben festgestellten Tatsachen etwas genauer klar zu machen. Wir wollen dabei den Fall betrachten, daß der Fluß Φ sinusförmigen Verlauf hat. In Abb. 32 links ist die Magnetisierungskurve AOB und die Hysteresisschleife für einen bestimmten Fall aufgetragen. Diese Werte mögen für den betreffenden Eisenkern mit Gleichstrom gemessen worden sein. Auf der Abszissenachse sind die Stromstärken J in der Spule, auf der Ordinatenachse die zugehörigen Werte Φ des Flusses aufgetragen. Wenn keine Hysteresis vorhanden wäre, so würde der Fluß bei verschiedenen Stromstärken die sich aus der Kurve AOB ergebenden Werte haben. Infolge der Hystersis verläuft der Fluß bei fallendem Strom nach

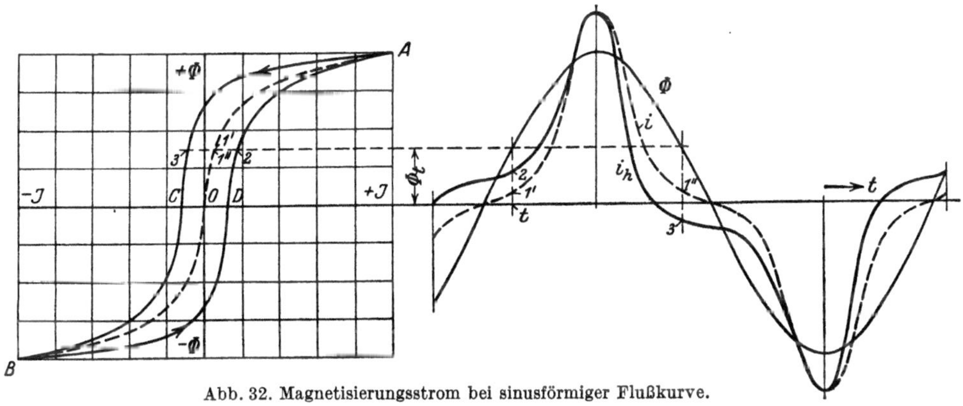

Abb. 32. Magnetisierungsstrom bei sinusförmiger Flußkurve.

der Kurve ACB, bei steigendem nach BDA. Wir können nun die bestimmten Werten von Φ entsprechenden Werte der Stromstärke abgreifen und im Liniendiagramm, wie in der Abbildung rechts gezeichnet, auftragen. Die Größe des Flusses in verschiedenen Momenten ist durch die Sinuskurve Φ dargestellt. Dabei nehmen wir an, daß der Fluß zwischen den links gezeichneten gleichen Höchstwerten $+\Phi$ und $-\Phi$ schwankt. Diese Werte sind also auch die Scheitelwerte unserer Sinuskurve. Wir wählen dabei im Liniendiagramm für den Fluß und Strom den gleichen Maßstab wie im Magnetisierungsdiagramm. Dann können wir leicht im Liniendiagramm den Verlauf des Stromes auftragen, und zwar nehmen wir zuerst an, daß die Hysteresis nicht vorhanden ist, daß also der Fluß nach der mittleren Magnetisierungskurve verläuft. Wenn wir z. B. in einem gewissen Moment t den Wert Φ_t des Flusses haben, so brauchen wir nur für diesen Wert den entsprechenden Wert des Stromes i_t aus dem Magnetisierungsdiagramm abzugreifen und diesen Wert in das Liniendiagramm eintragen. Bestimmen wir auf diese Weise eine größere Anzahl zusammengehörender Werte von i_t und Φ_t, so erhalten wir den im Liniendiagramm gestrichelt gezeichneten Verlauf des Stromes i. Wir ersehen die interessante Tatsache, daß die Stromkurve nicht sinusförmig verläuft, daß sie jedoch in gleichen Momenten durch Null geht und in gleichen Momenten ihren Scheitelwert erreicht wie die zugehörige Flußkurve. Im vorliegenden Fall liegt also der Strom in Phase mit dem Fluß. Er ist wie bei Gleichstrom ein reiner Magnetisierungsstrom. Wir zeichnen nun (ausgezogene Kurve i_h) den Verlauf des Stromes unter Berücksichtigung der Hysteresis. Der zu einem gewissen Fluß Φ_t gehörende Wert i_t ergibt sich genau wie oben, nur muß beachtet werden, daß die entsprechenden Punkte nicht auf der mittleren Magnetisierungskurve, sondern auf der Hysteresisschleife liegen. Für den gleichen Wert Φ_t ergeben sich zwei verschiedene Werte von i_t, je nachdem ob der Strom steigt oder fällt. Im ersten Falle ist der ansteigende Ast, im zweiten der abfallende Ast der Hysteresisschleife maßgebend. Die zusammengehörenden Werte sind im Linien- und Vektordiagramm mit den gleichen Zahlen bezeichnet. Die sich ergebende ausgezogene Stromkurve i_h ist wiederum verzerrt, aber außerdem gegen die Flußkurve phasenverschoben. Sie geht früher als die Flußkurve in positiver Richtung durch Null und erreicht beim Fallen der Stromstärke früher den Wert Null als die Flußkurve. Bemerkenswert ist noch, daß die Scheitelwerte auch in diesem Fall zeitlich zusammenfallen.

30. Induzierte EMK. Prinzip des Transformators. Wir wissen (s. 15), daß in einer Spule eine EMK induziert wird, wenn der magnetische Fluß, der diese Spule durchsetzt, sich ändert. Ist der magnetische Fluß zeitlich unveränderlich, so kann er in einer Spule nur dann eine EMK zur Folge haben, wenn die Spule ihre Lage zum Fluß ändert. Wenn wir beispielsweise eine Spule in den Luftspalt eines mit Gleichstrom erregten Elektromagneten einführen oder herausziehen oder sonst die Lage der Spule ändern, so wird eine EMK induziert. Anders liegen die Verhältnisse, wenn wir es mit einem Wechselfluß zu tun haben. Da der Wechselfluß sich fortwährend ändert, so wird durch ihn auch in einer ruhenden Spule dauernd eine EMK induziert.

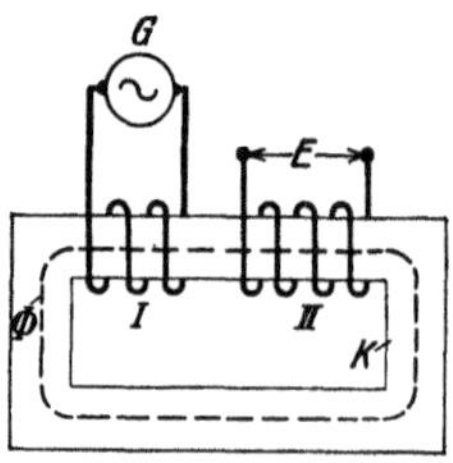

Abb. 33. Prinzip des Transformators.

Wir betrachten folgende Anordnung (Abb. 33). Auf einem Eisenkern K sind zwei Spulen I und II angeordnet. Die Spule I ist an die Klemmen eines Wechselstromgenerators G angeschlossen, so daß in ihr ein Wechselstrom fließt, der einen Wechselfluß hervorruft.

Wenn die Spannungskurve unseres Generators eine sinusförmige ist, so hat auch bei nicht geradliniger Magnetisierungskurve des Eisens der Fluß Φ einen sinusförmigen Verlauf. Durch diesen Wechselfluß wird in der Spule II, die von diesem Fluß durchsetzt wird, eine

EMK induziert. Diese EMK hat gleichfalls einen sinusförmigen Verlauf und eilt dem Fluß um 90° nach. Dies kann man sich in folgender Weise klarmachen. Nach dem Induktionsgesetz ist die in einem gewissen Moment induzierte EMK (Momentanwert) $e_t = -\frac{d\Phi}{dt}$, wobei $d\Phi$ die Änderung des Flusses während der Zeit dt ist, und dt so kurz ist, daß man annehmen kann, der Fluß ändere sich in dieser Zeit gleichmäßig. Betrachten wir den Zeitmoment *1*, in dem die Flußkurve Φ Abb. 34 durch Null geht und in der positiven Richtung an-

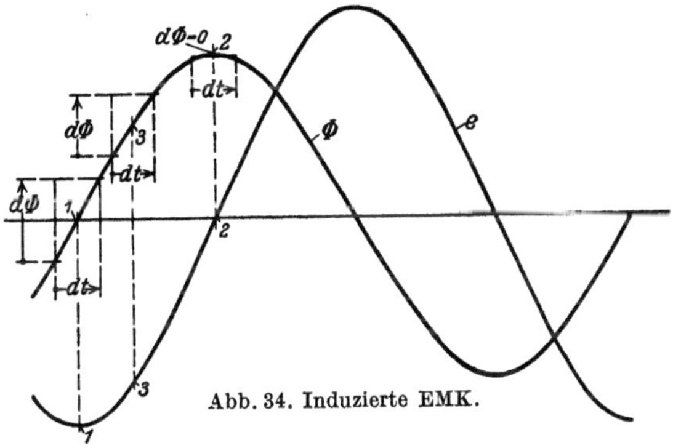

Abb. 34. Induzierte EMK.

steigt. Der gewählten Größe der Zeit dt entspricht dann die eingezeichnete Änderung $d\Phi$ des Flusses. Dabei wächst der Fluß, $d\Phi$ ist also positiv, die induzierte EMK negativ. Nehmen wir jetzt dieselbe Zeitdauer dt, aber in dem Augenblick *2*, wo der Fluß seinen Scheitelwert erreicht. Hier verläuft in dem kurzen Moment dt die Flußkurve parallel zur Abszissenachse, die Änderung des Flusses $d\Phi$ ist in dieser Zeit gleich Null, es wird also keine EMK induziert. In einem Zwischenmoment *3* verläuft die Kurve flacher als im Moment *1*. Die Änderung des Flusses $d\Phi$ ist kleiner als im Moment *1*, so daß die EMK zwar dieselbe Richtung wie im Augenblick *1* hat, aber kleiner ist. Führen wir diese Überlegung für verschiedene Momente durch, so können wir den Charakter des Verlaufes der Kurve der EMK erkennen. Diese EMK-Kurve ist, wie man rechnerisch feststellen kann, wiederum eine Sinuskurve, die der Flußkurve um 90° nacheilt. Wir können zusammenfassend sagen: Ein sinusförmig verlaufender Wechselfluß induziert in einer Spule, die er durchsetzt, eine gleichfalls sinusförmige EMK, die dem Fluß um 90° nacheilt. Uns interessiert praktisch nur der Effektivwert E der EMK. Es ist leicht zu erkennen — auf die genaue Beweisführung wollen wir verzichten —, daß der Effektivwert der EMK um so größer ist, je größer der Scheitelwert Φ des Flusses ist. Ferner ist die EMK um so größer, je rascher der Fluß sich ändert, d. h. je größer die Frequenz f ist. Außerdem ist die EMK proportional der Windungszahl der Spule, da die in den einzelnen Windungen induzierten EMKe sich addieren. Es gilt folgende wichtige Beziehung:

$$E = 4{,}44 \cdot \Phi \cdot f \cdot s \cdot 10^{-8} \text{ Volt.} \tag{9}$$

Die in Abb. 33 gezeichnete Anordnung stellt das Prinzip eines Transformators oder Wandlers dar. Die Primärspule I wird von einer Wechselstromleitung gespeist, an der Sekundärspule II entsteht dann eine EMK. Schließen wir an die Sekundärspule irgendwelche Verbraucher an, so liefert der Transformator an diese Verbraucher Strom. Die sekundäre EMK ist, wie wir noch näher kennenlernen werden, abhängig von der primär angelegten Spannung und von den Windungszahlen der beiden Spulen. Durch entsprechende Wahl der Windungszahlen kann die Sekundärspannung in ein bestimmtes gewünschtes Verhältnis zur Primärspannung gebracht werden. Wir haben auf diese Weise die Möglichkeit, mit Hilfe des Transformators eine vorhandene Spannung in eine andere umzuwandeln oder zu transformieren. Dabei ist der Transformator im Grunde genommen ein sehr einfacher Apparat, der keinerlei bewegliche oder umlaufende Teile enthält. Die Möglichkeit des Transformierens ist der Hauptgrund, warum man Wechselstrom anwendet.

31. Selbstinduktion. Wir wollen uns jetzt vorstellen, daß die einzelnen Windungen der beiden auf dem Eisenkern aufgebrachten Wicklungen I und II ganz nahe aneinanderliegen, d. h. daß z. B. zwei getrennte Drähte gleichzeitig nebeneinander auf den Eisenkern aufgebracht worden sind. Die beiden Spulen haben demnach genau die gleiche Windungszahl und gleiche relative Lage zum Eisenkern. Die Spule I ist wiederum an den Generator G angeschlossen. Dies hat zur Folge, daß in der Spule II eine bestimmte EMK, deren Größe sich auf Grund der oben angestellten Überlegung ergibt, induziert wird. Da nun die beiden Spulen in bezug auf den magnetischen Fluß genau gleich gelegen sind, so induziert der Fluß in der Spule I genau die gleiche EMK, welche der angelegten Spannung (Generatorspannung) entgegenwirkt. Diese Gegen-EMK, die durch den in der Spule I selbst fließenden, den Eisenkern magnetisierenden Strom hervorgerufen worden ist, nennen wir die EMK der Selbstinduktion und bezeichnen die ganze Erscheinung der Induzierung dieser EMK kurz Selbstinduktion. Wir denken uns nunmehr die Spule II entfernt. Dadurch ändert sich an den Vorgängen in der Spule I gar nichts. Auf diese Weise erhalten wir an Stelle eines Transformators eine sogenannte Selbstinduktionsspule oder Drosselspule.

Wenn wir den Widerstand der Wicklung unserer Drosselspule und die Hysteresis- und Wirbelstromverluste im Eisen vernachlässigen, so wird in der Drosselspule beim Anlegen einer Klemmenspannung (Generatorspannung) E_K nur ein Magnetisierungsstrom fließen, der einen magnetischen Fluß von solcher Größe zur Folge hat, daß die durch ihn in der Spule induzierte EMK der Selbstinduktion E der Klemmenspannung das Gleichgewicht hält. Die EMK E ist also genau so groß wie die Klemmenspannung E_K, nur ist sie der Klemmenspannung entgegengesetzt gerichtet, d. h. sie ist gegen diese um 180^0 verschoben. Wir können nunmehr das Vektordiagramm unserer idealen Drosselspule zeichnen. In Abb. 35 ist die EMK E nach unten aufgetragen. Demnach ist der Strom J und der Fluß Φ um 90^0 gegen die EMK voreilend, also wagrecht nach links aufzutragen. Die Klemmenspannung E_K liegt senkrecht nach oben. Wir ersehen aus dem Diagramm, daß der Strom der angelegten Klemmenspannung um 90^0 nacheilt. Die Leistung (Effektverbrauch) dieser idealen Drosselspule ist gleich Null, da $\cos\varphi$ für $\varphi = 90^0$ gleich Null ist.

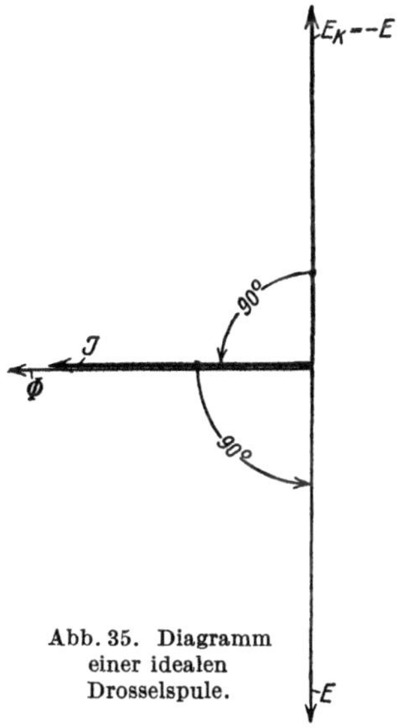

Abb. 35. Diagramm einer idealen Drosselspule.

Wir sehen ferner, daß die Drosselspule dem Stromdurchgang einen gewissen Widerstand entgegensetzt, der sich aus der Beziehung $\frac{E_K}{J}$ berechnet. Diesen Widerstand nennen wir **induktiven Widerstand, Reaktanz** oder **Blindwiderstand** und bezeichnen ihn mit X. $X = \frac{E_K}{J}$ und wird wie jeder andere Widerstand in Ohm ausgedrückt. Den normalen Widerstand R nennen wir, zur Unterscheidung vom induktiven, bei Wechselstrom **Ohmschen Widerstand**.

Der induktive Widerstand X einer Drosselspule ist der Frequenz f proportional. Dies folgt aus der Überlegung, daß man zur Erzielung einer bestimmten Stromstärke eine Klemmenspannung anlegen muß, die der Frequenz proportional ist, denn die EMK E, die der Klemmenspannung gleich ist, ist ja der Frequenz f proportional. Wir können den induktiven Widerstand X auch durch folgende Gleichung ausdrücken:

$$X = 2\pi \cdot f \cdot L = \omega \cdot L. \tag{10}$$

Hier ist ω die Kreisfrequenz (s. 18) und L eine Konstante, die die Größe der Induktivität der Spule charakterisiert. L nennen wir **Selbstinduktionskoeffizient**.

Der Selbstinduktionskoeffizient L wird in Henry (H) gemessen. Ein Henry ist nach dem Obigen der Selbstinduktionskoeffizient einer Spule, deren Reaktanz bei einer Kreisfrequenz *1* gleich 1 Ω ist. Ein Henry ist eine ziemlich große Einheit, so daß in vielen Fällen der Selbstinduktionskoeffizient in Millihenry (mH) angegeben wird, wobei 1 mH $= {}^1/_{1000}$ H ist.

Der Selbstinduktionskoeffizient L einer Spule ist unter sonst gleichen Verhältnissen dem Quadrate der Windungszahl s, also s^2 proportional. Dies wird aus folgender Überlegung klar: Es sei eine Drosselspule von bestimmtem induktiven Widerstand X gegeben. Bei einer Klemmenspannung E_K nimmt sie den Strom J auf. Verdoppeln wir nun die Windungszahl, so wird bei gleichem Strom die Amperewindungszahl die doppelte sein. Demnach wird — unveränderlichen magnetischen Widerstand und gleiche Frequenz, also gleiches ω vorausgesetzt — der Fluß doppelt so groß sein. Dieser Fluß induziert je Windung die doppelte EMK. Da nun auch die Windungszahl doppelt so groß ist, so wird die gesamte EMK viermal so groß sein wie vorher. Wir müssen also, um den gleichen Strom zu erhalten, eine vierfache Klemmenspannung haben. Demnach ist der induktive Widerstand der vierfache. Somit ist der Selbstinduktionskoeffizient auch viermal so groß wie vorher, d. h. er ist im Verhältnis des Quadrates der Windungszahl gestiegen. Der Widerstand des magnetischen Kreises bleibt streng genommen nur bei einer eisenlosen Drosselspule unverändert. Bei einer Drosselspule mit einem Eisenkern trifft dies praktisch immer noch zu, wenn der Eisenweg durch einen größeren Luftspalt unterbrochen ist; ferner dann, wenn wir die Stromstärke so weit reduzieren, daß der Fluß Φ unverändert bleibt.

Es sei z. B. eine kleine Drossel gegeben, die als Vorschaltdrossel für einen Induktionszähler bestimmt ist. Wir wollen zuerst den Ohmschen Widerstand der Wicklung vernachlässigen. Die an die Drosselspule angelegte Spannung beträgt 220 V. Die Stromstärke in der Drossel bei der Frequenz $f = 50$ Hz sei dann $J = 15$ mA $= 0{,}015$ A. Der induktive Widerstand der Drossel oder ihre Reaktanz ist demnach $X = \frac{E}{J} = \frac{220}{0{,}015} = 14666\,\Omega$. Da $X = \omega \cdot L$ ist und ω in unserem Fall 314,2 (s. 18), so ist demnach der Selbstinduktionskoeffizient L der Drossel gleich $\frac{14666}{314{,}2} = 46{,}7$ H. Die Windungszahl der Drossel sei $s = 5000$. Wir können hieraus den Fluß in der Drossel berechnen. Die in der Drossel induzierte EMK, also auch die Klemmenspannung, berechnet sich nach Gl. (9) zu $E = 4{,}44 \cdot \Phi \cdot f \cdot s \cdot 10^{-8}$ Volt. Daraus ergibt sich der Fluß zu

$$\Phi = \frac{E \cdot 10^8}{4{,}44 \cdot f \cdot s} = \frac{220 \cdot 10^8}{4{,}44 \cdot 50 \cdot 5000} = 19800\,.$$

Wir nehmen nun an, daß wir dieselbe Drosselspule bei gleicher Induktion für die doppelte Stromstärke $J' = 30$ mA $= 0{,}03$ A verwenden wollen. Dann muß die Amperewindungszahl bei der doppelten Stromstärke die gleiche sein; demnach muß die Windungszahl halb so groß, also $s' = 2500$ sein. Die je Windung induzierte EMK ist wieder die gleiche, demnach ist die Gesamt-EMK halb so groß wie vorher, d. h. $E' = \frac{220}{2} = 110$ V. Die Reaktanz der Spule ist jetzt $X' = \frac{E'}{J'} = \frac{110}{0{,}03} = 3670\,\Omega$.

Der Selbstinduktionskoeffizient der Spule berechnet sich jetzt zu

$$L' = \frac{X'}{\omega} = \frac{3670}{314,2} = 11,7\,\mathrm{H}.$$

Zu dem gleichen Ergebnis kommen wir auch ohne weiteres, da auf Grund obiger Betrachtungen der scheinbare Widerstand und der Selbstinduktionskoeffizient bei halber Windungszahl der Drosselspule auf ein Viertel heruntergeht.

32. Reihenschaltung einer Selbstinduktion und eines Ohmschen Widerstandes. Wir wollen jetzt den Fall (Abb. 36) betrachten, daß einer idealen Drosselspule L ein Ohmscher Widerstand R vorgeschaltet ist. Die Drosselspule möge dieselbe sein wie die, für die das Diagramm Abb. 35 aufgestellt worden ist, ihre Reaktanz sei X Ohm. Der Ohmsche Widerstand sei R Ohm. Die Klemmenspannung E des Generators[1]

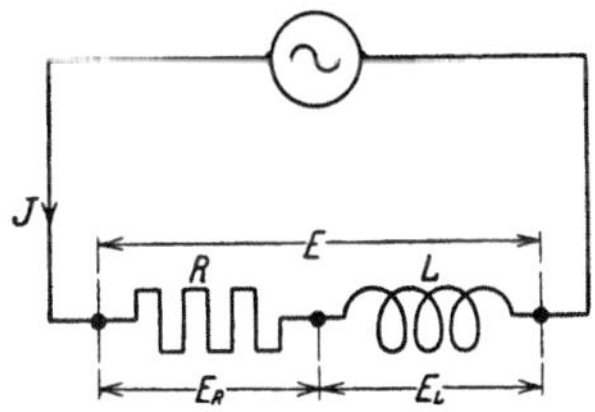

Abb. 36. Reihenschaltung einer Selbstinduktion und eines Ohmschen Widerstandes.

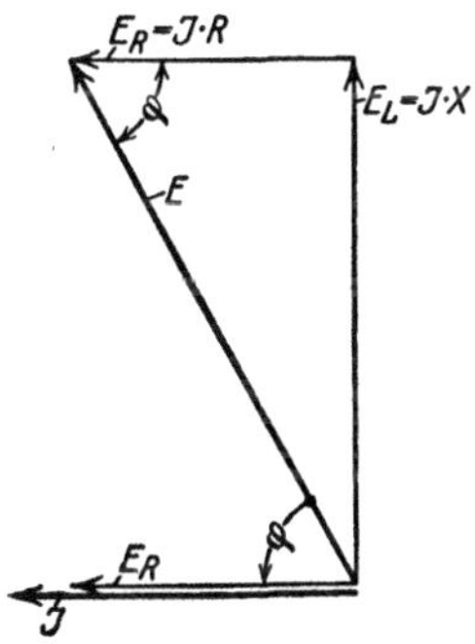

Abb. 37. Diagramm zu Abb. 36.

sei so groß, daß in der Drosselspule derselbe Strom J wie früher fließt. Dieser Strom durchfließt natürlich auch den Widerstand R. Im Vektordiagramm (Abb. 37) ist der Strom J und die Klemmenspannung E_L an der Drossel genau so wie früher aufgetragen. Der Strom eilt also wiederum der Klemmenspannung E_L um 90^0 nach. Die Klemmenspannung E_R am Ohmschen Widerstand liegt in Phase mit J. Die gesamte angelegte Klemmenspannung E ergibt sich als geometrische Summe von E_L und E_R. Da der Winkel zwischen E_R und E_L 90^0 ist, und $E_R = J \cdot R$ und $E_L = J \cdot X$ ist, so folgt $E^2 = E_R^2 + E_L^2 = (J \cdot R)^2 + (J \cdot X)^2 = J^2 \cdot R^2 + J^2 \cdot X^2$. Dividieren wir diese Gleichung durch J^2, so erhalten wir $\frac{E^2}{J^2} = R^2 + X^2$ oder $\frac{E}{J} = \sqrt{R^2 + X^2}$. Die Größe $\sqrt{R^2 + X^2}$ nennt man Scheinwiderstand oder Impedanz und bezeichnet sie mit Z. Z wird ebenso wie der Ohmsche und induktive Widerstand in Ohm gemessen.

Die Impedanz ist also die geometrische Summe aus dem Ohmschen

[1] In Fällen, in denen wir die EMK nicht betrachten wollen, wird der Einfachheit halber der früher zur Unterscheidung der Klemmenspannung von der EMK angewandte Index K fortgelassen.

und induktiven Widerstand. Berücksichtigen wir, daß $X=\omega\cdot L$ ist, so erhalten wir für die Impedanz auch den Ausdruck

$$Z=\sqrt{R^2+(\omega\cdot L)^2}. \tag{11}$$

Die Leistungsaufnahme der betrachteten Reihenschaltung berechnet sich zu $N=E\cdot J\cdot\cos\varphi$ und ist der des Ohmschen Widerstandes $(J\cdot E_R=J^2\cdot R)$ gleich, da ja die Effektaufnahme der Drosselspule Null ist.

Wie aus der Abb. 37 ersichtlich ist, ergibt sich die Tangente des Phasenverschiebungswinkels φ zu

$$\operatorname{tg}\varphi=\frac{E_L}{E_R}=\frac{J\cdot\omega\cdot L}{J\cdot R}=\frac{\omega\cdot L}{R}. \tag{12}$$

Aus $\operatorname{tg}\varphi$ können wir φ bestimmen. Man sieht, daß die Phasenverschiebung φ um so größer ist, je größer das Verhältnis des induktiven zum Ohmschen Widerstand ist.

33. Parallelschaltung einer Selbstinduktion und eines Ohmschen Widerstandes. Diesen gleichfalls sehr wichtigen Fall stellt Abb. 38 dar. Zur Aufstellung des Vektordiagramms Abb. 39 gehen wir von der für den Ohmschen Widerstand R und die Drosselspule L gemeinsamen Klemmenspannung E aus, die wir beispielsweise vertikal nach oben auftragen. Der Strom im Ohmschen Widerstand $J_R=\frac{E}{R}$ liegt in Phase mit E. Der Strom in der Drosselspule $J_L=\frac{E}{X}=\frac{E}{\omega\cdot L}$ eilt der Spannung E um 90^0 nach. Der Gesamtstrom J, der vom Generator geliefert wird, ergibt sich als die geometrische Summe von J_R und J_L. Die Phasenverschiebung zwischen dem gesamten Strom und der Klemmenspannung ist φ. Es ist aus der Abbildung ersichtlich, daß

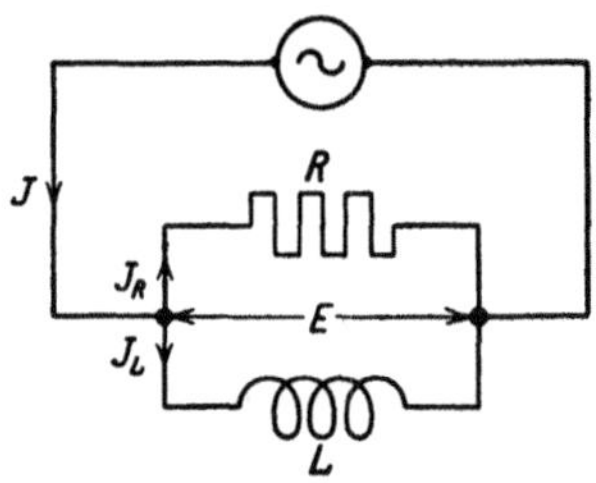

Abb. 38. Parallelschaltung einer Selbstinduktion und eines Ohmschen Widerstandes.

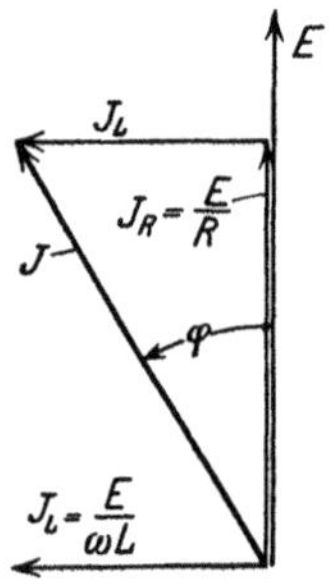

Abb. 39. Diagramm zu Abb. 38.

$$\operatorname{tg}\varphi=\frac{J_L}{J_R}=\frac{E}{X}:\frac{E}{R}=\frac{R}{\omega\cdot L}. \tag{13}$$

Die Leistungsaufnahme unserer Parallelschaltung berechnet sich zu $N=E\cdot J\cdot\cos\varphi$. Sie ist nur durch den im Ohmschen Widerstand fließenden Wirkstrom $J_R=J\cdot\cos\varphi$ bedingt, da der in der Drossel fließende Blindstrom $J_L=J\cdot\sin\varphi$ keine Leistungsaufnahme verursacht. Wir können die Leistung auch hier aus der Beziehung $N=E\cdot J_R=J^2\cdot R$ berechnen.

Die eben behandelten charakteristischen Fälle der Reihen- und Parallelschaltung von Ohmschem Widerstand und Selbstinduktion zeigen uns den Weg zur Lösung ähnlicher Aufgaben (s. Zus. II. 65).

34. Drosselspule unter Berücksichtigung der Verluste. Wir haben bis jetzt angenommen, daß die Bewicklung der Drosselspule widerstandslos ist und daß in ihr der gesamte Strom Magnetisierungsstrom ist, d. h. wir haben auch die Eisenverluste vernachlässigt. Eine solche ideale Drosselspule läßt sich natürlich in der Praxis nicht verwirklichen. Wir können jedoch leicht auf Grund der vorhergehenden Betrachtungen auch das Diagramm einer mit Verlusten behafteten Drosselspule aufstellen. Sind die Eisenverluste so klein, daß wir sie vernachlässigen können, so kann eine Drosselspule, deren Bewicklung einen bestimmten Widerstand hat, als Serienschaltung einer idealen Drosselspule und eines Ohmschen Widerstandes betrachtet werden. Das Diagramm einer solchen Drosselspule ist identisch mit dem für diese Reihenschaltung aufgestellten (Abb. 37). Unter Berücksichtigung der Eisenverluste ergibt sich das in Abb. 40 dargestellte Diagramm. Wir gehen wie früher vom Fluß Φ aus, dem die EMK E um 90° nacheilt. Da im Eisen Wirbelstrom- und Hysteresisverluste (s. 29) auftreten, der Fluß also, wie man sagt, belastet ist, eilt der Strom J dem Fluß um einen bestimmten Winkel ψ vor. Wir können uns den Strom J in den in Phase mit Φ liegenden Magnetisierungsstrom J_m und den senkrecht dazu, also in der Richtung der EMK liegenden Verluststrom J_v zerlegt denken. Die an die Drosselspule angelegte Klemmenspannung E_K setzt sich zusammen aus der zur Überwindung der EMK erforderlichen Spannung $-E$ und dem Ohmschen Spannungsabfall E_R. Die erste Komponente entspricht der Klemmenspannung einer idealen Drosselspule. Sie ist die um 180° umgeklappte EMK E. Die zweite Komponente liegt in Phase mit dem Strom und berechnet sich zu $E = J \cdot R$. Wir sehen, daß sowohl der Ohmsche Spannungsabfall wie auch die Eisenverluste die Phasenverschiebung zwischen Strom und Spannung verkleinern. Die Leistungsaufnahme der Drosselspule berechnet sich wie früher zu $N = E \cdot J \cdot \cos\varphi$.

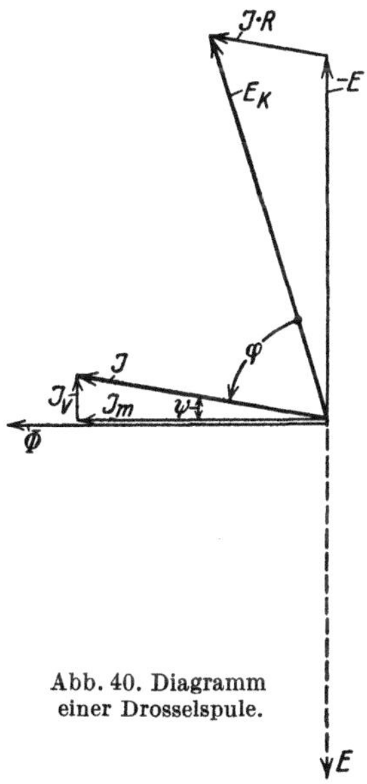

Abb. 40. Diagramm einer Drosselspule.

35. Eigenschaften und Berechnung von Wicklungen. Nachdem wir die für Spulen und Wicklungen grundlegenden Begriffe kennengelernt haben, wollen wir uns mit einigen für Wicklungen von elektrischen Maschinen, Apparaten und Meßgeräten, zu denen ja auch die Zähler gehören, wichtigen allgemeinen Gesichtspunkten befassen. Solche Wicklungen bzw. Spulen werden für bestimmte elektrische Verhältnisse entweder auf Grund von Versuchen, also empirisch, oder auf Grund von eingehenden Berechnungen, die alle in Betracht kommenden Verhältnisse berücksichtigen, festgelegt. Liegt eine derartige Wicklung vor, so lassen sich für Apparate oder Maschinen gleicher Type, jedoch für andere elektrische Verhältnisse, beispielsweise andere Stromstärken oder Spannungen, die Daten der Wicklung leicht bestimmen. Sollen die grundlegenden Eigenschaften der betreffenden Maschine oder des betreffenden Apparates die gleichen bleiben, so müssen die Amperewindungszahl und die äußeren Abmessungen für Spulen für verschiedene Verhältnisse dieselben sein. Unter der Annahme, daß der zur Verfügung stehende Wickelraum in der gleichen Weise ausgenutzt wird, ergeben sich für die verschiedenen Spulen folgende Eigenschaften:

1. Die Kupfermenge, oder allgemein Materialmenge, für die verschiedenen Wicklungen ist die gleiche. Das Material ist gewissermaßen nur anders unterteilt.
2. Die Windungszahlen s der Spulen für verschiedene Stromstärken (gemeint ist die Nennstromstärke) verhalten sich umgekehrt wie die Stromstärken.
3. Die Ohmschen Widerstände R verhalten sich wie die Quadrate der Windungszahlen.
4. Die Selbstinduktionskoeffizienten L verhalten sich ebenfalls wie die Quadrate der Windungszahlen.
5. Die Klemmenspannungen bzw. Spannungsabfälle, und zwar sowohl die Ohmschen wie die induktiven, demnach auch die gesamten Spannungsabfälle verhalten sich wie die Windungszahlen, d. h. umgekehrt proportional den Stromstärken.
6. Der Effektverbrauch $J^2 \cdot R$ ist bei allen Spulen der gleiche.

Die allgemeine Ableitung der angeführten Tatsachen macht keine besonderen Schwierigkeiten. Wir wollen von ihr absehen, dafür aber an einem Beispiel die für den Zählerfachmann wichtigen Verhältnisse kennen lernen.

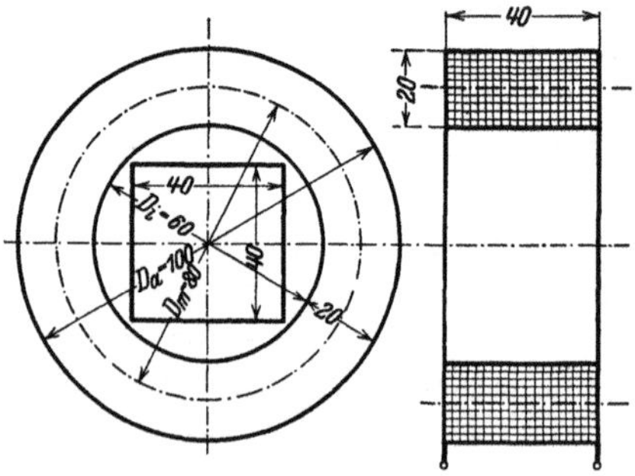

Abb. 41. Spule.

Es sei eine Spule, deren Abmessungen aus Abb. 41 ersichtlich sind, gegeben. Wir betrachten zuerst die eigentliche Wicklung. Mit den Zuleitungen wollen wir uns später befassen. Wie aus der Abbildung ersichtlich ist, ist der mittlere Durchmesser einer Windung $D_m = 80$ mm $= 0{,}080$ m. Hieraus berechnet sich die mittlere Windungslänge zu $l_m = \pi \cdot D_m = 3{,}14 \cdot 0{,}080 \approx 0{,}25$ m. Mit Rücksicht darauf, daß die Spule beim Stromdurchgang sich erwärmt, wollen wir die Leitfähigkeit des verwendeten Kupfers zu $\varkappa = 52$ annehmen. Wir betrachten zuerst eine Spule, die für den betreffenden Zweck für $J = 5\,A$ geeignet ist. Diese Spule hat eine Windungszahl $s = 180$ (also $180 \cdot 5 = 900$ AW). Der Durchmesser des blanken Drahtes ist $d = 1{,}6$ mm. Demnach ist der Kupferquerschnitt des Drahtes $q = \frac{\pi \cdot d^2}{4} = 2{,}01 \approx 2{,}0$ mm^2. Der gesamte Querschnitt der 180 Windungen beträgt demnach $2{,}0 \cdot 180 = 360$ mm^2. Der gesamte zur Verfügung stehende Wickelraum beträgt $20 \cdot 40 = 800$ mm^2. Der Unterschied ist dadurch begründet, daß ein verhältnismäßig großer Teil des Wickelraumes durch Isolation in Anspruch genommen ist.

Die Gesamtlänge des verwendeten Drahtes berechnet sich zu $l = l_m \cdot s = 0{,}25 \cdot 180 = 45{,}0$ m. Demnach ist der Ohmsche Widerstand der Spule $R = \frac{l}{q \cdot \varkappa} = \frac{45}{2{,}0 \cdot 52} = 0{,}433\ \Omega$. Hieraus folgt, daß der Ohmsche Spannungsabfall der Spule bzw. der gesamte Spannungsabfall bei Gleichstrom $E_R = R \cdot J = 0{,}433 \cdot 5 = 2{,}17$ V ist.

Der Wattverbrauch der Spule berechnet sich zu $N = J^2 \cdot R = E_R \cdot J = 5^2 \cdot 0{,}433 = 2{,}17 \cdot 5 = 10{,}85$ Watt.

Die betrachtete Spule sei auf den in der Abbildung angedeuteten quadratischen Eisenkern, dessen Querschnitt $4 \cdot 4 = 16$ cm² ist, aufgebracht. Der magnetische Widerstand dieses Kernes sei derart, daß bei 5 A, also $180 \cdot 5 = 900$ AW die Induktion im Eisen $\mathfrak{B} = 5000$ ist. Demnach beträgt der Fluß $\Phi = 5000 \cdot 16 = 80000$. Daraus berechnet sich nach Gl. (9), S. 60 die induzierte EMK bzw. der induktive Spannungsabfall der Spule für die Frequenz $f = 50$ Hz zu

$$E_L = 4{,}44 \cdot \Phi \cdot f \cdot s \cdot 10^{-8}\ \mathrm{V} = 4{,}44 \cdot 80\,000 \cdot 50 \cdot 180 \cdot 10^{-8}\ \mathrm{V} = 32\ \mathrm{V}.$$

Demnach ist der induktive Widerstand $X = \frac{E_L}{J} = \frac{32}{5} = 6{,}4\ \Omega$. Der Selbstinduktionskoeffizient ist $L = \frac{X}{\omega} = \frac{6{,}4}{314} = 0{,}0204$ H.

Die Impedanz der Spule berechnet sich zu

$$Z = \sqrt{R^2 + X^2} = \sqrt{0{,}433^2 + 6{,}4^2} = \sqrt{0{,}187 + 40{,}8} = \sqrt{41{,}0} = 6{,}41\ \Omega\,.$$

Demnach ist die gesamte Klemmenspannung der Spule bei Wechselstrom $E = Z \cdot J = 6{,}41 \cdot 5 = 32{,}05$ V, d. h. wie zu erwarten gewesen ist, praktisch der gleiche Wert wie der des induktiven Spannungsabfalles.

Wir sehen, daß unter den gegebenen Verhältnissen der Ohmsche Spannungsabfall der Spule gegenüber dem induktiven praktisch zu vernachlässigen ist. Demnach beträgt die Phasenverschiebung zwischen der Klemmenspannung und dem Strom praktisch 90°. Der genaue Wert berechnet sich nach Gl. (12), S. 64 zu

$$\operatorname{tg} \varphi = \frac{E_L}{E_R} = \frac{32}{2{,}17} = 14{,}7\,.$$

Aus den trigonometrischen Skalen, Tab. 9, sehen wir, daß diesem Wert von $\operatorname{tg} \varphi$ ein Winkel φ von etwa 86° entspricht.

Bei dieser Betrachtung haben wir allerdings die Eisenverluste vernachlässigt. In Wirklichkeit wird der Winkel φ etwas kleiner sein und die gesamte Effektaufnahme N bei Wechselstrom etwas größer als eben berechnet.

Wir sehen, daß die Scheinlast der Spule $N_s = E \cdot J = 32{,}05 \cdot 5 = 160{,}25$ VA ist, gegenüber dem Wattverbrauch von $N = 10{,}8$ Watt.

Wir wollen jetzt annehmen, daß die gleiche Spule für $J = 100$ A zu entwerfen ist. Da die Amperewindungszahl wiederum 900 sein soll, so berechnet sich in diesem Fall die Windungszahl zu $s = \frac{900}{100} = 9$. Sie ist also jetzt im gleichen Verhältnis kleiner geworden, als die Stromstärke gestiegen ist. Bei dem gleichen Gesamtquerschnitt des Kupfers auf der Spule ergibt sich entsprechend der Querschnitt des Drahtes bzw. des Bandes, welches man in diesem Fall verwenden würde, zu $q = \frac{2{,}0 \cdot 180}{9} = 40$ mm². Die Gesamtlänge des Leiters berechnet sich zu $l = l_m \cdot s = 0{,}25 \cdot 9 = 2{,}25$ m und der Ohmsche Widerstand zu $R = \frac{2{,}25}{40 \cdot 52} = 0{,}00108\ \Omega$. Wir sehen, daß der Widerstand in diesem Fall 400 mal kleiner ist als bei der 5 A-Spule, d. h. er hat sich direkt proportional dem Quadrate der Windungszahlen geändert. Dies ist ohne weiteres klar, da der Querschnitt 20 mal größer ist und die Windungslänge 20 mal kleiner geworden ist. Der Ohmsche Spannungsabfall berechnet sich demnach zu $E_R = 0{,}00108 \cdot 100 = 0{,}108$ V; der Effektverlust zu $N = 100^2 \cdot 0{,}00108 = 10{,}8$ Watt, d. h. der Effektverlust ist genau so groß wie bei der 5 A-Spule.

Nach dem unter 31, S. 62 Gesagten ist ohne weiteres klar, daß jetzt der induktive Widerstand X_L 400 mal und der induktive Spannungsabfall E_L 20 mal kleiner sind als bei der 5 A-Spule, dagegen ist die Phasenverschiebung die gleiche wie bei der 5 A-Spule.

Wir wollen noch den Einfluß der Zuleitungen zur Spule betrachten. Die Länge einer Zuleitung betrage 200 mm = 0,2 m. Demnach ist die Gesamtlänge der Hin- und Rückleitung $l_z = 0{,}2 \cdot 2 = 0{,}4$ m. Da die gesamte Windungslänge bei der 5 A-Spule 45 m betragen hat, so beträgt der Widerstand der Zuleitung zu dieser Spule etwa $\frac{0{,}4 \cdot 100}{45} \approx 1\%$. Demnach ist auch der gesamte Ohmsche Spannungsabfall, gemessen am Ende der Zuleitungen, um etwa 1% größer als für die Spule allein berechnet worden ist. Dieser Unterschied spielt also praktisch keine Rolle.

Anders liegen die Verhältnisse bei der 100 A-Spule. Bei dieser beträgt die gesamte Länge der eigentlichen Wicklung 2,25 m. Demnach vergrößern sich die Länge, der Widerstand und Spannungsabfall durch die Zuleitungen um $\frac{0{,}4 \cdot 100}{2{,}25} \approx 18\%$. Diese Überlegung zeigt uns, daß durch den Einfluß der Zuleitungen bei höheren Stromstärken der Ohmsche Widerstand wesentlich größer ist als er sich ohne Berücksichtigung der Zuleitungen ergibt. Der Spannungsabfall der Zuleitungen — gleiche Länge bei allen Spulen vorausgesetzt — ist bei allen Nennstromstärken der gleiche, weil ja die Stromstärke je Querschnittseinheit bei allen Nennstromstärken die gleiche ist. Hieraus folgt weiter, daß der Effektverlust, der gleich dem Produkte Stromstärke mal Spannungsabfall ist, proportional der Nennstromstärke ist.

Es möge noch bemerkt werden, daß der induktive Widerstand der Zuleitungen, der von dem Querschnitt der Leitung unabhängig ist, für alle Stromstärken der gleiche ist. Er spielt aber im Vergleich zum Ohmschen Spannungsabfall normalerweise keine Rolle.

36. Kapazität in Wechselstromkreisen. Resonanz. Da ein Kondensator imstande ist eine bestimmte Ladung aufzuspeichern (s. 16), so wird beim Anlegen einer Gleichstromspannung in den Zuleitungen zu ihm kurze Zeit ein Strom fließen. Dieser Strom ist im ersten Augenblick nach Anlegen der Spannung am stärksten und sinkt auf Null, wenn der Kondensator geladen ist. Beim Verbinden der Belege des geladenen Kondensators durch einen Leiter wird in diesem ein Entladestrom fließen, der anfangs am stärksten ist und auf Null sinkt, wenn der Kondensator entladen ist.

Legen wir an den Kondensator an Stelle einer Gleichstromspannung eine Wechselspannung an, so wird, da sich die Spannung jetzt ununterbrochen ändert, in den Zuleitungen zum Kondensator oder kurz im Kondensator fortwährend Strom fließen, und zwar ein Wechselstrom. In dem Augenblick, wo die Spannung sich am stärksten ändert, also beim Durchgang der Spannungskurve durch Null, ist der Strom am stärksten; im Augenblick, wo die Spannung sich nicht ändert, also im Scheitelwert der Spannungskurve, ist der Strom Null. Sinkt der Strom vom Scheitelwert auf Null, so gibt der entsprechend dem Scheitelwert der Spannung geladene Kondensator seine Ladung ab. Der Strom kehrt seine Richtung um. Je stärker die Spannung abnimmt, um so stärker ist der Strom. Geht die Spannung durch Null, so ist der Strom wieder am stärksten. Dann wiederholt sich das Spiel in entgegengesetzter Richtung. Der Vorgang ist ähnlich wie bei einer Drosselspule. Auch hier ist der Strom gegen die angelegte Spannung um 90^0 verschoben. Der Unterschied besteht jedoch darin, daß dieser kapazitive Strom J der Klemmenspannung E voreilt. Der Strom ist auch in diesem Fall ein Blindstrom, der jedoch eine entgegengesetzte Richtung hat wie bei einer Drosselspule. Der Strom J_c ist der angelegten Spannung E, der Kapazität C des Kondensators und der Wechselgeschwindigkeit ω, also der Frequenz, proportional und berechnet sich zu

$$J = E \cdot \omega \cdot C. \tag{14}$$

Die Kapazität eines Kondensators wird in Farad (F) ausgedrückt. Ein Farad ist also die Kapazität eines solchen Kondensators, in dem beim Anlegen einer Wechselspannung von 1 V bei der Kreisfrequenz 1 ein Strom von 1 A fließt. Ein Farad ist eine sehr große Kapazität, die in der Praxis nicht vorkommt. Deshalb wird die Kapazität meist in Mikrofarad (μF) ausgedrückt. $1\,\mu\text{F} = 10^{-6}\,\text{F}$ (also $1\,\text{F} = 1\,000\,000\,\mu\text{F}$).

Es sei z. B. die Kapazität eines Kondensators $C = 2{,}3\,\mu\text{F} = 2{,}3 \cdot 10^{-6}\,\text{F}$, die angelegte Spannung $E = 5000$ V und die Frequenz $f = 50$ Hz, also $\omega = 314{,}2$. Dann berechnet sich die Stromstärke zu

$$J = E \cdot \omega \cdot C = 5000 \cdot 314{,}2 \cdot 2{,}3 \cdot 10^{-6} = 3{,}6\ \text{A}.$$

Aus der Gleichung (14) ergibt sich, daß $E = \frac{J}{\omega \cdot C}$ ist. Wenn wir diese Gleichung mit der Gleichung $E = J \cdot R$ vergleichen, so sehen wir, daß der Kondensator einen kapazitiven Widerstand, Reaktanz,

$$X = \frac{1}{2\pi f C} = \frac{1}{\omega C}, \tag{15}$$

besitzt.

Legen wir an eine Parallelschaltung eines Kondensators und einer Selbstinduktion (Abb. 42) eine Spannung E an, so fließt in der Drosselspule ein Strom $J_L = \frac{E}{\omega \cdot L}$, der der Spannung E um 90^0 nacheilt (positive Verschiebung). Im Kondensator fließt ein Strom $J_c = E \cdot \omega \cdot C$, der der Spannung um 90^0 voreilt (negative Verschiebung) (Abb. 43). Der Gesamtstrom J ist die Differenz der beiden Ströme. Wenn, wie in der

Abbildung angenommen, J_L größer ist als J_c, so eilt der Strom J der Spannung E nach; ist J_c größer als J_L, so eilt J der Spannung vor. Wir sehen, daß man mit Hilfe eines zu einer Drosselspule parallel geschalteten Kondensators imstande ist, den von der Drosselspule aufgenommenen Blindstrom zu kompensieren. Davon macht man auch in der Praxis Gebrauch. Ist $J_L = J_c$, so ist der Gesamtstrom $J = 0$. In diesem Fall, den man als Stromresonanz bezeichnet, steht der

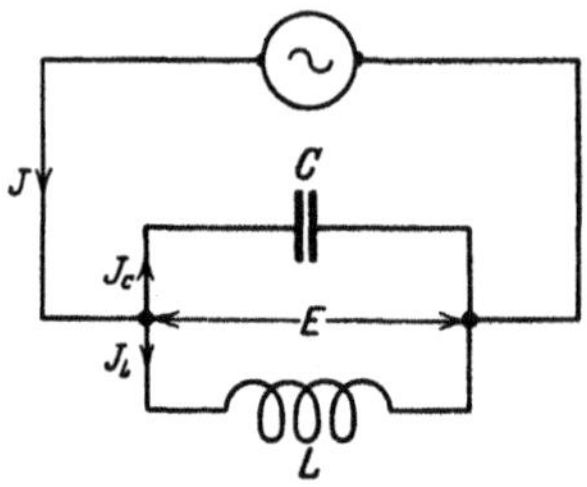

Abb. 42. Parallelschaltung einer Kapazität und einer Selbstinduktion.

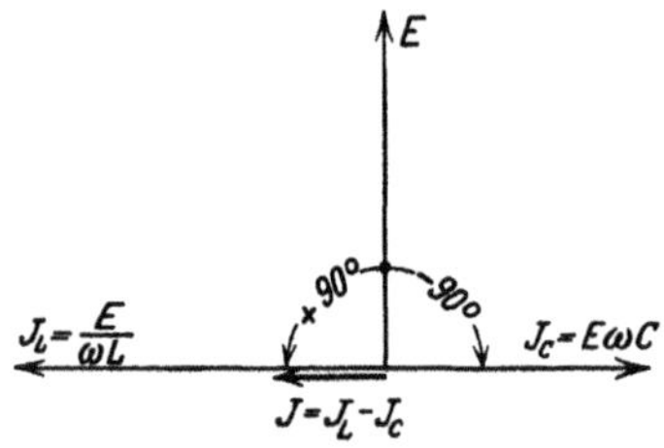

Abb. 43. Diagramm zu Abb. 42.

Selbstinduktionskoeffizient L in einem ganz bestimmten Verhältnis zur Kapazität C, und zwar muß $\frac{1}{\omega \cdot L} = \omega \cdot C$ sein. Wir können diesen Ausdruck auch in der Form $\omega^2 \cdot L \cdot C = 1$ schreiben. Je größer also der Selbstinduktionskoeffizient L ist, um so kleiner muß die Kapazität C sein, um bei einer bestimmten Frequenz die Stromresonanz zu erreichen.

Bei einer Reihenschaltung eines Kondensators und einer Selbstinduktion (Abb. 44) fließt im Kondensator und der Drossel der gleiche Strom J (Abb. 45). Dieser Strom eilt der Spannung E_c am Kondensator um 90° vor, E_c eilt also dem Strom um 90° nach. Die Spannung E_L an der Drosselspule eilt dagegen dem Strom um 90° vor. Die gesamte angelegte Spannung E ist also die Differenz der Spannungen E_L und E_c und hat die Richtung der größeren Spannung. In der Abbildung ist angenommen, daß E_L größer als E_c ist; demnach eilt E dem Strom J vor.

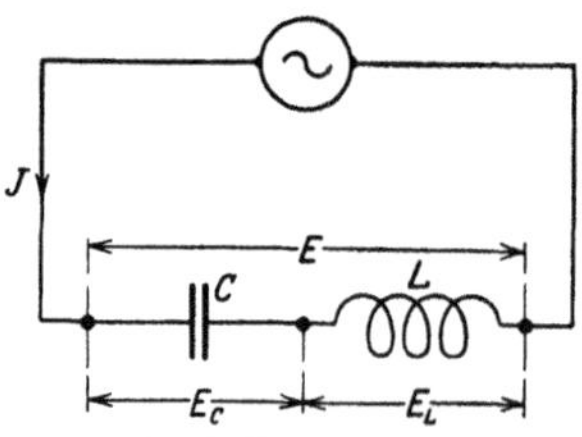

Abb. 44. Reihenschaltung einer Kapazität und einer Selbstinduktion.

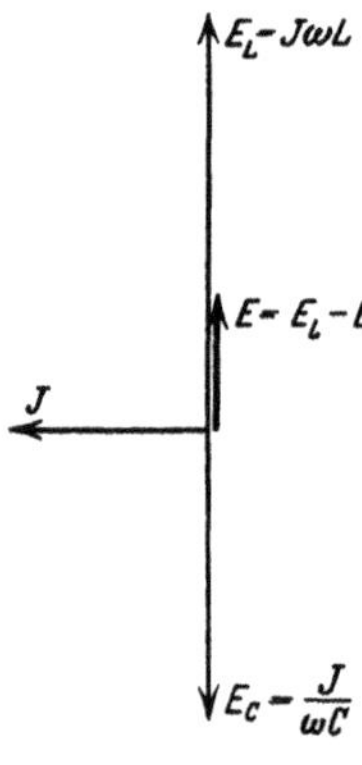

Abb. 45. Diagramm zu Abb. 44.

Bei einer bestimmten Größe der Selbstinduktion und Kapazität ist die Gesamtspannung E gleich Null. Es tritt Spannungsresonanz auf.

Da in diesem Fall $E_L = J \cdot \omega \cdot L$ gleich $E_c = \frac{J}{\omega \cdot C}$ ist, so ist auch bei Spannungsresonanz $\omega^2 \cdot L \cdot C = 1$. Strom- und Spannungsresonanz sind wichtige Erscheinungen; sie können in Netzen Überspannungen verursachen, die für die Apparate und Maschinen, insbesondere auch für Meßwandler gefährlich sein können. Eine große Bedeutung haben die Resonanzerscheinungen in der Radiotechnik.

Praktisch kann der resultierende Strom bei Parallelschaltung einer Drossel und einer Kapazität bzw. die resultierende Spannung bei der Serienschaltung nie genau Null sein, da die praktisch vorkommenden Kondensatoren und Drosselspulen stets mit Verlusten behaftet sind.

37. Verzerrte Kurven. Bei den vorhergehenden Betrachtungen wurde mit wenigen Ausnahmen angenommen, daß der Verlauf der Spannungen und Ströme ein sinusförmiger ist. Diese Annahme wird bei der Behandlung von Aufgaben aus der Wechselstromtechnik gemacht, und ist in vielen Fällen auch dann noch zulässig, wenn in Wirklichkeit der Verlauf der Kurvenform von der Sinusform abweicht. Man denkt sich in diesem Fall die nicht sinusförmige Kurve durch eine sinusförmige Kurve von gleichem Effektivwert ersetzt (äquivalente Sinuskurve). Die neuzeitlichen Wechsel- bzw. Drehstromgeneratoren, besonders solche der Turbotype liefern meist eine Spannung, die praktisch sinusförmig verläuft. Bei älteren Maschinen trifft das allerdings weniger zu. Es können jedoch auch bei sinusförmigem Verlauf der Generatorspannung die Spannungen und Ströme im Netz nicht unwesentliche Abweichungen von der Sinusform zeigen. Dies verursacht unter Umständen gewisse Störungen im Betrieb der Werke und kann auch einen Einfluß auf die Genauigkeit der Meßgeräte, insbesondere auch Zähler, haben.

Kurven, deren Verlauf von der Sinusform abweicht, nennt man verzerrte Kurven, man spricht auch von Kurvenverzerrung. Wir wollen einige der wichtigsten durch die Kurvenverzerrung bedingte Fragen behandeln.

Jede verzerrte Kurve kann man sich entstanden denken durch Überlagerung einer sinusförmigen Kurve von der Frequenz der betrachteten Spannung oder des Stromes (Grundfrequenz) und anderer Sinuskurven von einer höheren Frequenz. Die Sinuskurve von der Grundfrequenz, also in unseren Anlagen meist 50 Perioden, nennt man Grundwelle. Die Komponenten höherer Frequenz nennt man Oberwellen oder höhere Harmonische, und zwar haben diese Oberwellen bei den praktisch vorkommenden Kurven meist die 3, 5, 7 usw. mal höhere Frequenz als die Grundwelle. Bei der Grundfrequenz 50 haben also die Oberwellen die Frequenzen 150, 250, 350 usw., wobei normalerweise die Scheitelwerte der Oberwellen wesentlich kleiner sind als die Scheitelwerte der Grundwelle.

Abb. 46 stellt beispielsweise den Verlauf einer ziemlich stark verzerrten Spannungskurve dar, die durch Überlagerung der Grundwelle vom Scheitelwert $\hat{e}_1$ und einer Oberwelle von der dreifachen Frequenz (dritte Harmonische) entstanden ist, wobei die Oberwelle eine solche Lage hat, daß sie gleichzeitig mit der Grundwelle durch Null in gleicher Richtung geht. Ihr Scheitelwert $\hat{e}_3$ beträgt 20% des Scheitelwertes der Grundwelle. Die verzerrte Kurve ist in der Abbildung stark ausgezogen gezeichnet. Für die erste Halbperiode sind außerdem die Grundwelle und die dritte Harmonische schwach ausgezogen eingezeichnet. Man kann sich leicht überzeugen, daß die Addition der zusammengehörigen Momentanwerte (Ordinaten) der Grundwelle und der Oberwelle natürlich unter Berücksichtigung des Vorzeichens die gezeichnete eingesattelte, verzerrte Kurve ergibt.

Eine Spannungskurve, die den gezeichneten Verlauf hätte, könnte man künstlich zum Beispiel dadurch erhalten, daß man einen Generator für 50 Perioden mit einem zweiten für 150 Perioden, der mit dem ersten mechanisch gekuppelt ist, in Reihe schalten würde, wobei die Klemmenspannung des zweiten Generators 20% der des ersten betragen würde.

Von Interesse ist die Frage, wie groß ist der Effektivwert E der Spannung bei einer verzerrten Kurve. Dieser berechnet sich zu

$$E=\sqrt{\frac{1}{2}(\bar{e}_1^2+\bar{e}_3^2+\bar{e}_5^2+\ldots)}=0{,}707\cdot\sqrt{\bar{e}_1^2+\bar{e}_3^2+\bar{e}_5^2+\ldots},$$

wobei $\bar{e}_1$, $\bar{e}_3$, $\bar{e}_5$ usw. die Scheitelwerte der Grundwelle und der einzelnen Harmonischen sind. Im Falle einer reinen Sinuswelle fallen die Scheitelwerte $\bar{e}_3$, $\bar{e}_5$ usw. weg und man erhält die bereits bekannte (s. 20) Beziehung zwischen Effektivwert und Scheitelwert:

$$E=\sqrt{\frac{1}{2}\cdot\bar{e}^2}=0{,}707\cdot\bar{e}.$$

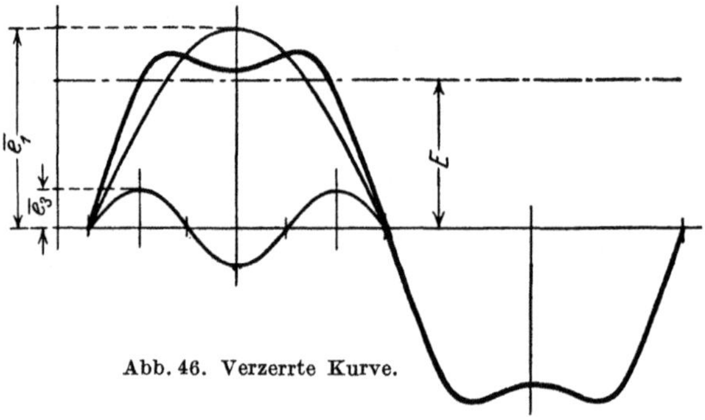

Abb. 46. Verzerrte Kurve.

Der Einfluß der Oberwellen auf den Effektivwert ist kleiner als man aus dem Verhältnis der Scheitelwerte der Oberwellen zu dem der Grundwelle vielleicht erwarten könnte. Es möge beispielsweise angenommen werden, daß bei der oben betrachteten Spannungskurve der Scheitelwert der Grundwelle $\bar{e}_1 = 100$ Volt ist, demnach der Scheitelwert der dritten Harmonischen $\bar{e}_3 = 20$ Volt. Nach der obigen Gleichung berechnet sich also der Effektivwert der Grundwelle zu

$$E_1 = 0{,}707\cdot 100 = 70{,}7\ \mathrm{V}$$

und der Effektivwert der verzerrten Kurve zu

$$E=0{,}707\cdot\sqrt{100^2+20^2}=0{,}707\cdot\sqrt{10400}=0{,}707\cdot 102{,}0=72{,}1\ \mathrm{V}.$$

Dieser Wert ist nur um 2% höher als der Effektivwert der Grundwelle, obwohl der Scheitelwert der dritten Harmonischen 20% vom Scheitelwert der Grundwelle beträgt.

Die obige Beziehung gilt sinngemäß auch für verzerrte Stromkurven. Hier errechnet sich entsprechend der Effektivwert zu

$$J=\sqrt{\frac{1}{2}(\bar{i}_1^2+\bar{i}_3^2+\bar{i}_5^2+\ldots)}=0{,}707\cdot\sqrt{\bar{i}_1^2+\bar{i}_3^2+\bar{i}_5^2+\ldots},$$

wobei $\bar{i}_1$, $\bar{i}_3$, $\bar{i}_5$ usw. wiederum die Scheitelwerte der Grundwelle und der Oberwellen sind.

Wir wollen jetzt feststellen, welchen Verlauf die Stromkurve hat, wenn man eine verzerrte Spannung an einen Ohmschen Widerstand, eine Drosselspule oder einen Kondensator anlegt.

In einem Ohmschen Widerstand ist die Stromstärke in jedem Moment proportional der angelegten Spannung. Hieraus folgt, daß der Verlauf der Kurve des Stromes in einem Ohmschen Widerstand genau derselbe ist wie bei der angelegten Spannung. Mit anderen Worten, der Anteil der Harmonischen ist bei der Stromkurve der gleiche wie bei der Spannungskurve, weil der Ohmsche Widerstand von der Frequenz unabhängig ist. Anders liegen die Verhältnisse im Falle einer Drosselspule oder eines Kondensators.

Der induktive Widerstand (Reaktanz) ist, wie wir wissen (s. 31), proportional der Frequenz. Hieraus ergibt sich, daß die Drosselspule für die Oberwellen einen höheren Widerstand bedeutet als für die Grundwelle, und zwar ist der Widerstand für die dritte Harmonische dreimal so hoch wie für die Grundwelle, für die fünfte fünfmal so hoch usw. Dies hat zur Folge, daß die Oberwellen im Strom in einer Drossel verhältnismäßig weniger hervortreten als in der Spannung, die an der Drossel angelegt ist[1].

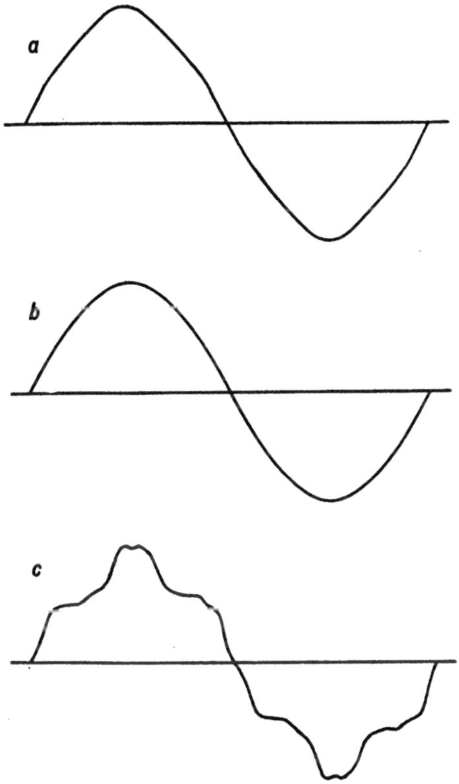

Abb. 47. *a* Spannungskurve, *b* Strom in einer Drossel, *c* Strom in einem Kondensator.

Umgekehrt liegen die Verhältnisse beim Kondensator. Der Widerstand eines Kondensators ist ja um so kleiner, je höher die Frequenz ist (s. 36). Dies hat zur Folge, daß im Strom eines Kondensators die höheren Harmonischen verhältnismäßig viel stärker hervortreten als in der Klemmenspannung, und zwar um so stärker, je höher ihre Frequenz ist.

Die auf Grund von oszillographischen Aufnahmen gezeichneten Kurven (Abb. 47) veranschaulichen deutlich diese Verhältnisse. Kurve *a* zeigt den Verlauf der merklich verzerrten Klemmenspannung eines Wechselstromgenerators. Genau den gleichen Verlauf hat auch die Kurve des Stromes in einem Ohmschen Widerstand, an den diese Spannung angelegt wird. Die Kurve *b* zeigt den Verlauf

[1] Es ist bei der Betrachtung stillschweigend angenommen worden, daß die Drossel eisenlos ist. Beim Vorhandensein von Eisen liegen die Verhältnisse komplizierter. Wir wissen (s. 29), daß sogar beim Anlegen einer sinusförmigen Spannung an eine Drossel mit Eisen eine Verzerrrung der Stromkurve auftritt.

des Stromes, der beim Anlegen dieser Spannung in einer eisenlosen Drossel fließt. Die Kurve *c* zeigt den Verlauf des Stromes in einem Kondensator, an dem wiederum die gleiche Spannung angelegt ist. Wir sehen deutlich, daß die Stromkurve im Falle der Selbstinduktion sich wesentlich mehr der reinen Sinusform nähert als die Spannungskurve. Im Falle der Kapazität dagegen ist die Stromkurve viel stärker verzerrt als die Spannungskurve. Dieses Verhalten von Drosselspulen und Kondensatoren nützt man praktisch aus, indem man Drosselspulen zum „Reinigen" (Glätten) von Kurven, Kondensatoren dagegen zum Hervorrufen von Oberwellen, beispielsweise um solche nachzuweisen, benutzt.

Im Falle der Drosselspule und des Kondensators sind die Stromkurven natürlich gegen die Spannungskurven verschoben, worauf jedoch in der Abbildung keine Rücksicht genommen worden ist.

III. Der Transformator.

38. Einleitung. Die unter 30 behandelte Anordnung eines Eisenkernes mit zwei auf ihm aufgebrachten Spulen stellt, wie dort erwähnt wurde, einen Transformator dar. Wir wollen das unter 30 Gesagte nochmals wiederholen und uns dann mit der Wirkungsweise des Transformators eingehend befassen. Auf den Transformator lassen sich auch andere Apparate und Maschinen, insbesondere auch der Induktionszähler zurückführen. Der Transformator (Abb. 48) besteht nach dem Obigen im wesentlichen aus einem Eisenkern *K*, der aus einzelnen aufeinandergeschichteten und voneinander isolierten Blechen hergestellt ist, und zwei auf diesem Kern sitzenden Spulen *I* und *II*. Die Spule *I*, die Primärwicklung, wird von einer Wechselstromquelle, beispielsweise einem Generator *G* gespeist. An den Klemmen der Spule *II*, der Sekundärwicklung, entsteht dann eine EMK. Schließen wir an die Sekundärwicklung irgendwelche Verbraucher *V* an, so liefert der Transformator an diese Strom. Die Sekundärspannung des Transformators ist abhängig von der primär angelegten Spannung und von den Windungszahlen der beiden Spulen. Bei entsprechender Wahl dieser Windungszahlen kann die Sekundärspannung in ein bestimmtes Verhältnis zur Primärspannung gebracht werden. Der Transformator erlaubt demnach eine vorhandene Spannung in eine andere umzuwandeln. Wie wir sehen werden, werden durch den Transformator auch die Ströme im bestimmten Verhältnis transformiert.

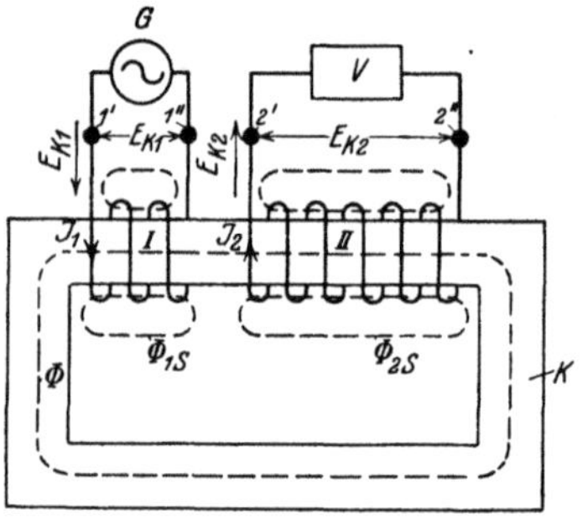

Abb. 48. Transformator mit Streuung.

Nach dem Verwendungszweck kann man die Transformatoren in zwei Gruppen einteilen. Die praktisch wichtigste Art sind die Leistungstransformatoren oder Leistungswandler, die den Zweck haben, bestimmten Verbrauchern Leistung zuzuführen. Die zweite für den Zählerfachmann besonders wichtige Art sind die Meßtransformatoren oder Meßwandler. Sie werden dazu verwendet, den Meßgeräten Spannungen und Ströme zuzuführen, deren Größen für die anzuschließenden Meßgeräte beispielsweise Zähler geeignet sind und die in einem bestimmten Verhältnis zu den zu messenden Spannungen und Strömen stehen. Außerdem haben sie die Aufgabe, die Hochspannung von den Meßgeräten fernzuhalten. Man unterscheidet zwischen Spannungswandlern und Stromwandlern. Wir werden uns mit den Meßwandlern noch weiter eingehend beschäftigen (s. Fünfter Teil).

39. Der leerlaufende Transformator.

Wir betrachten zuerst einen idealen Transformator, dessen Wicklungen widerstandslos sind und dessen Eisenkern verlustlos ist, und wollen uns vorstellen, daß an die Klemmen *1'* und *1''* der Primärwicklung *I* des in Abb. 48 dargestellten Transformators eine Spannung, die Primärspannung E_{K1} angelegt ist. Diese wird durch den Generator *G* geliefert. Die Sekundärwicklung *II* sei offen, d. h. wir müssen uns denken, daß an die Klemmen *2'* und *2''* der Sekundärspule *II* der Verbraucher *V* nicht angeschlossen ist. Wir haben in diesem Fall einen leerlaufenden Transformator, dessen Wirkungsweise nach dem, was früher für die Drosselspule gesagt worden ist, eigentlich ohne weiteres klar sein dürfte.

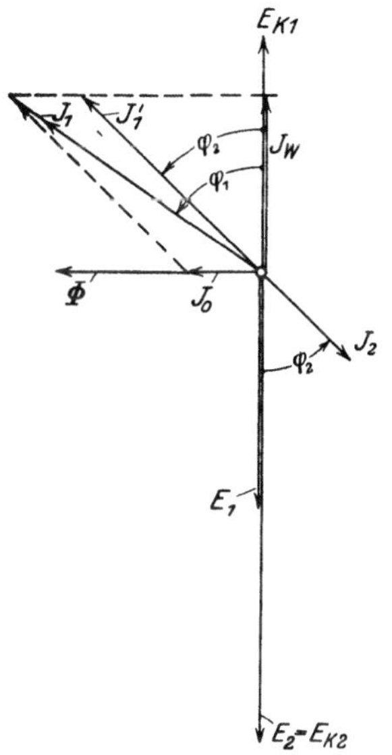

Abb. 49. Transformatorendiagramm.

Beim Anlegen der Spannung E_{K1} wird in der Primärwicklung *I* ein Leerlaufstrom J_0 fließen (Abb. 49), der in dem Eisenkern einen Fluß Φ von solcher Größe erzeugt, daß in der Spule *I* eine EMK E_1 induziert wird, die der aufgedrückten Klemmenspannung E_{K1} das Gleichgewicht hält. J_0 liegt in Phase mit Φ, E_1 eilt Φ um 90^0 nach, E_{K1} um 90^0 vor. Der Zusammenhang der verschiedenen uns interessierenden Größen ist durch die Gleichung (s. 30)

$$E_1 = 4{,}44 \cdot \Phi \cdot f \cdot s_1 \cdot 10^{-8} \text{ Volt}$$

gegeben, wobei s_1 die Windungszahl der Primärwicklung und f die Frequenz ist. Der gleiche Fluß Φ durchsetzt auch die sekundäre Wicklung *II*, die eine Windungszahl s_2 hat, und induziert in dieser Wicklung eine EMK E_2, die sich zu

$$E_2 = 4{,}44 \cdot \Phi \cdot f \cdot s_2 \cdot 10^{-8} \text{ Volt}$$

berechnet. Die EMK E_2 hat die gleiche Richtung wie E_1. Die EMKe E_1 und E_2 verhalten sich direkt wie die Windungszahlen s_1 und s_2. Es besteht die wichtige Beziehung

$$\frac{E_1}{E_2} = \frac{s_1}{s_2}, \tag{1}$$

denn es ist $\frac{E_1}{E_2} = \frac{4{,}44 \cdot \Phi \cdot f \cdot s_1 \cdot 10^{-8}}{4{,}44 \cdot \Phi \cdot f \cdot s_2 \cdot 10^{-8}} = \frac{s_1}{s_2}$. Wir können auch einfacher zum gleichen Ergebnis kommen, wenn wir uns vergegenwärtigen, daß in jeder Windung, gleichgültig ob in der Primär- oder Sekundärspule, eine bestimmte EMK induziert wird. Demnach ist die gesamte EMK jeder Spule gleich der Summe der unter sich gleichen EMKe der einzelnen Windungen. Wir haben eigentlich bei der Behandlung der Drosselspule diese Verhältnisse bereits kennengelernt. Wenn beispielsweise, wie in Abb. 48 angenommen, die Windungszahl s_2 doppelt so groß ist wie die Windungszahl s_1, so ist die sekundäre EMK E_2 doppelt so groß wie E_1.

Da beim betrachteten idealen Transformator die Wicklungen als widerstandslos angenommen sind, so treten in ihnen keine Spannungsabfälle auf. Daraus folgt, wie auch aus dem Diagramm ersichtlich ist, daß die sekundäre Klemmenspannung identisch ist mit der sekundären EMK ($E_{K2} = E_2$) und die primäre Klemmenspannung gleich der umgeklappten primären EMK ist ($E_{K1} = -E_1$). Demnach gilt in bezug auf die Größen auch für die Klemmenspannungen die für die EMKe abgeleitete Beziehung (Gl. 1) oder:

$$\frac{E_{K1}}{E_{K2}} = \frac{s_1}{s_2}. \tag{2}$$

40. Der belastete Transformator. Wir nehmen nun an, daß an die Sekundärklemmen des Transformators ein Verbraucher V angeschlossen ist. Dann wird unter dem Einfluß der sekundären EMK E_2 bzw. der Klemmenspannung E_{K2} in diesem Verbraucher ein bestimmter Strom, der Sekundärstrom J_2, fließen. Die Größe dieses Stromes und seine Phasenverschiebung gegen die Klemmenspannung E_{K2} hängt von den Eigenschaften des Verbrauchers ab. In Abb. 49 ist der Strom J_2 um einen gewissen Winkel φ_2 nacheilend gegen E_{K2} eingezeichnet, d. h. es ist angenommen, daß der Verbraucher induktiven Charakter hat. Es kann beispielsweise eine Drosselspule von bestimmter Induktivität und bestimmtem Widerstand vorliegen. Der durch den Verbraucher fließende Strom J_2 durchfließt auch die Sekundärwicklung *II*. Er wird also in bestimmter Weise den Kern magnetisieren und einen Fluß, der mit ihm in Phase liegt, zu erzeugen suchen. Würde dieser Fluß in der Tat zustande kommen, so würde im Kern nicht mehr der Fluß Φ vorhanden sein, sondern ein neuer Fluß, der sich aus Φ und dem von der Sekundärwicklung erzeugten Fluß zusammensetzt. Dies ist jedoch unmöglich, denn solange die Primärspannung E_{K1} unverändert bleibt, muß auch die primäre EMK E_1, also auch der Fluß, der sie induziert, unverändert bleiben. Demnach muß die Magnetisierung des Kernes durch den sekundären Strom J_2 auf irgendeine Weise ausgeglichen werden. Dies geschieht dadurch, daß beim Auftreten des Sekundärstromes J_2 die Primärwicklung außer dem Leerlaufstrom J_0 einen dem Sekundärstrom entsprechenden primären Belastungsstrom J_1' aufnimmt, der den Kern so zu magnetisieren sucht, daß die magnetisierende Wirkung von J_2 aufgehoben wird. Wenn die beiden Spulen *I* und *II* in bezug auf den Kern den gleichen Wickelsinn haben (s. Abb. 48), so muß in jedem Moment der primäre Belastungsstrom J_1' entgegengesetzte Richtung haben wie der sekundäre Strom J_2. Er ist also gegen J_2 um 180^0 verschoben. Seine Größe ergibt sich aus folgender Überlegung: Soll die magnetisierende Wirkung von J_2 durch J_1' aufgehoben werden, so muß die Amperewindungszahl $J_1' \cdot s_1$, die dem primären Belastungsstrom entspricht, gleich der sekundären Amperewindungszahl $J_2 \cdot s_2$ sein. Es ist also

$$J_1' \cdot s_1 = J_2 \cdot s_2 \,. \tag{3}$$

Hieraus ergibt sich $\frac{J_1'}{J_2} = \frac{s_2}{s_1}$. Der primäre Belastungsstrom verhält sich zu dem sekundären Strom wie die sekundäre Windungszahl zu der primären oder die beiden Ströme verhalten sich umgekehrt proportional wie die Windungszahlen. In unserem Beispiel ist der Strom J_1' doppelt so groß wie J_2.

In Wirklichkeit fließen natürlich beim belasteten Transformator in der Primärwicklung nicht zwei getrennte Ströme, sondern ein resultierender Strom, der Primärstrom J_1, den wir uns nur zerlegt denken können in die beiden Komponenten, den Leerlaufstrom J_0 und den Belastungstrom J_1'. Bei einem stark belasteten Leistungstransformator und auch beim Stromwandler ist der Leerlaufstrom J_0 im Vergleich zum Belastungstrom J_1' klein, so daß wir bei vielen Betrachtungen annehmen können, daß $J_1 = J_1'$ ist. Unter dieser Annahme ergibt sich, daß das Verhältnis der Ströme umgekehrt proportional dem Verhältnis der Windungszahlen ist, also

$$\frac{J_1}{J_2} = \frac{s_2}{s_1} \,. \tag{4}$$

Die Gleichungen (2) und (4) sind die grundlegenden Gleichungen eines Transformators. Aus dem Diagramm ist auch ersichtlich, daß der primäre Belastungstrom J_1' gegen die Klemmenspannung E_{K1} die gleiche Phasenverschiebung φ_2 hat wie der Sekundärstrom J_2 gegen die Klemmenspannung E_{K2}. Dagegen hat der gesamte Primärstrom J_1 eine größere Phasenverschiebung φ_1.

Von großem Interesse ist noch die vom Transformator primär aufgenommene Leistung N_1. Wie leicht zu ersehen ist, braucht man bei der Berechnung derselben den Leerlaufstrom J_0 nicht zu berücksichtigen, da er ein reiner Blindstrom ist. Demnach ist der für die Leistung maßgebende primäre Wirkstrom $J_w = J_1 \cdot \cos\varphi_1 = J_1' \cdot \cos\varphi_2$. Hieraus ergibt sich

$$N_1 = E_{K1} J_1 \cos\varphi_1 = E_{K1} J_1' \cos\varphi_2 .$$

Wir wollen jetzt an Stelle von E_{K1} und J_1' in diese Gleichung die entsprechenden sekundären Größen einsetzen. Aus Gleichung (2) ergibt sich $E_{K1} = E_{K2} \cdot \frac{s_1}{s_2}$ und aus Gleichung (3) $J_1' = J_2 \cdot \frac{s_2}{s_1}$. Setzen wir diese Werte in unsere Gleichung ein, so erhalten wir

$$N_1 = E_{K2} \cdot \frac{s_1}{s_2} \cdot J_2 \cdot \frac{s_2}{s_1} \cdot \cos\varphi_2 = E_{K2} \cdot J_2 \cdot \cos\varphi_2 ,$$

da $\frac{s_1}{s_2} \cdot \frac{s_2}{s_1} = 1$ ist. Die so erhaltene Größe der primär aufgenommenen Leistung ist also gleich der sekundär abgegebenen Leistung

$$N_2 = E_{K2} J_2 \cos\varphi_2 .$$

Zu demselben Ergebnis führt uns das Gesetz von der Erhaltung der Energie; wir haben ja angenommen, daß der betrachtete Transformator verlustlos ist, also muß die primär zugeführte Energie der sekundär abgegebenen gleich sein.

Von Interesse ist für uns noch die Richtung der Spannungen und Ströme. Unter der Voraussetzung, daß die Primär- und Sekundärspulen den gleichen Wickelsinn haben, ergibt sich aus dem Diagramm, daß der primäre Belastungsstrom — wir wollen den Leerlaufstrom unberücksichtigt lassen — entgegengesetzte Richtung wie der Sekundärstrom hat und daß die Klemmenspannungen auch einander entgegengesetzt gerichtet sind. Alle Größen ändern zwar fortwährend Größe und Vorzeichen, jedoch können wir eine bestimmte Richtung der primären Spannung als die positive festlegen. Diese sei beispielsweise durch den in Abb. 48 mit E_{K1} bezeichneten Pfeil gegeben. Dann müssen wir als die zugehörige positive Richtung von E_{K2} die gleichfalls durch den Pfeil gekennzeichnete annehmen. Desgleichen entspricht einem positiven primären Strom J_1, der in der Richtung des mit J_1 bezeichneten Pfeiles fließt, sekundär ein Strom, der in der Richtung des mit J_2 bezeichneten Pfeiles fließt. Wenn auf diese Weise die positiven Richtungen der Größen festgelegt sind, so kann in jedem Moment die Richtung der primären und sekundären Größen bestimmt werden. Haben die Spannungen oder die Ströme primär die durch die Pfeile angedeuteten Richtungen, so sind auch die Richtungen der sekundären Größen durch die entsprechenden Pfeile gegeben. Haben die primären Größen entgegengesetzte Richtung, so sind sie auch sekundär entgegengesetzt gerichtet.

Wir haben das obige Diagramm für ein Verhältnis der Windungszahlen $\frac{s_2}{s_1} = 2$ aufgestellt. In der Praxis ist meist die eine Windungszahl wesentlich größer als die andere und deshalb ist das Auftragen der Primär- und Sekundärgrößen im gleichen Maßstab schwierig, wenn nicht praktisch unmöglich. Man stellt deshalb meist die Diagramme so auf, als ob die Windungszahlen primär und sekundär die gleichen wären (Übersetzungsverhältnis 1:1). Ein solches Diagramm ist für jede beliebige Windungszahl brauchbar, wenn man die in ihm eingetragenen Spannungen als die Spannung bezogen auf je eine Windung betrachtet und die Stromvektoren als Amperewindungszahlvektoren ansieht. Man braucht dann nur die aus dem Diagramm abgelesenen Spannungsgrößen mit der Windungszahl zu multiplizieren, um die Spannungen zu erhalten, und die Stromwerte durch die entsprechenden Windungszahlen zu dividieren, um die Ströme zu erhalten.

41. Der Transformator unter Berücksichtigung der Verluste und Spannungsabfälle. Ein Transformator, wie er praktisch ausgeführt werden kann, unterscheidet sich von dem bis jetzt betrachteten idealen Transformator, bei dem wir die Wicklungen als widerstandslos angenommen und die Eisenverluste vernachlässigt haben. In den meisten Fällen sind allerdings die auftretenden Verluste und Spannungsabfälle nur verhältnismäßig gering, so daß man wenigstens bei oberflächlicher Betrachtung oft mit dem aufgestellten einfachen Diagramm auskommt.

Wir wollen jetzt das Diagramm unter Berücksichtigung der eben erwähnten Nebenumstände aufstellen (Abb. 50) und betrachten zuerst die Vorgänge bei Leerlauf. In diesem Fall ist das Diagramm des Transformators im wesentlichen das gleiche wie wir es für eine Drosselspule unter Berücksichtigung der Eisenverluste und Ohmschen Spannungsabfälle aufgestellt haben (Abb. 40). Wir gehen von dem Fluß Φ des Transformators aus, den wir wieder wagrecht auftragen. Der zur Aufrechterhaltung dieses Flusses erforderliche Magnetisierungsstrom J_m liegt in Phase mit dem Fluß. Infolge der Eisenverluste tritt ein gewisser Wirkstrom, der Verluststrom J_v auf. Der gesamte Leerlaufstrom J_0 setzt sich aus J_m und J_v zusammen. Wir können den Strom J_v als die Summe zweier Ströme J_h und J_w ansehen. Der Strom J_h ist der Wirkstrom, der durch die Hysteresisverluste bedingt ist (s. 29), der Strom J_w ist durch die Wirbelstromverluste verursacht. Die Wirbelstromverluste entstehen dadurch, daß im Eisen durch den Fluß elektromotorische Kräfte induziert werden, die im Eisen Ströme, die Wirbelströme, zur Folge haben. Diese kann man sich so vorstellen, als ob der Eisenkern eine besondere Wicklung tragen würde, in der ein den Wirbelströmen entsprechender Belastungsstrom fließt. Die Wirbelströme und die ihnen entsprechenden Verluste sind um so größer, je größer die im Eisen induzierten elektromotorischen Kräfte sind und je geringer der Widerstand der Wirbelstrombahnen ist. Um die Wirbelstromverluste möglichst niedrig zu halten, wird, wie bereits mehrfach betont, der Eisenkern aus einzelnen voneinander isolierten Blechen aufgebaut. Auf diese Weise werden die Bahnen der Wirbelströme unterbrochen, so daß dieselben sich nur in einzelnen Blechen ausbilden können und schwach ausfallen. Je feiner die Unterteilung des Eisens ist, um so kleiner sind die Verluste. Bei Dynamomaschinen werden meist Bleche von 0,5 mm Stärke verwendet, bei Transformatoren auch solche von etwa 0,35 mm Stärke. Die Größe der Wirbelstromverluste hängt auch von der Leitfähigkeit der Bleche ab. Aus diesem Grunde verwendet man sogenannte legierte Bleche, die siliziumhaltig sind, wobei die Transformatorenbleche meist stärker legiert sind.

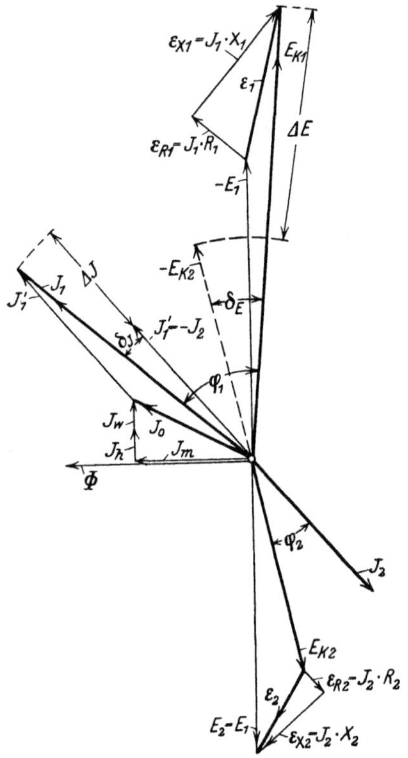

Abb. 50. Vollständiges Transformatorendiagramm.

Die Widerstände der Wicklungen haben zur Folge, daß die primäre und die sekundäre Klemmenspannung nicht identisch sind mit den entsprechenden elektromotorischen Kräften. Es treten innere Spannungsabfälle im Transformator auf, welche bedingen, daß die sekundäre Klemmenspannung E_{K2} wenigstens normalerweise kleiner ist als die sekundäre EMK E_2 und daß die primäre Klemmenspannung E_{K1} größer ist als die primäre EMK E_1. Wir unterscheiden zwischen Ohmschen und induktiven Spannungsabfällen. Der Grund für das Auftreten der Ohmschen Spannungsabfälle sind die Ohmschen Widerstände der Wicklungen. Die induktiven oder Streuabfälle sind durch die magnetische Streuung bedingt.

Bis jetzt wurde angenommen, daß im Transformator nur ein Fluß vorhanden ist, der die primäre und sekundäre Wicklung durchsetzt. Neben diesem gemeinschaftlichen Fluß Φ tritt jedoch in jedem Transformator noch der primäre Streufluß Φ_{1s} und der sekundäre Φ_{2s} auf. Diese Streuflüsse sind Flüsse, die durch den primären und sekundären Strom induziert werden und nur die primäre bzw. sekundäre Spule durchsetzen. Sie verlaufen so gut wie ausschließlich in Luft und sind in der Abb. 48 durch die gestrichelten Linien angedeutet. Jeder Streufluß induziert in der zugehörigen Wicklung eine EMK, die gewissermaßen eine EMK der Selbstinduktion der betreffenden Wicklung ist. Die Wicklungen haben demnach bestimmte Ohmsche Widerstände R_1 und R_2 und induktive X_1 und X_2. Wir können einen mit Spannungsabfällen behafteten Transformator uns entstanden denken aus einem idealen Transformator, dessen Wicklungen keine Spannungsabfälle aufweisen und denen Ohmsche Widerstände R_1 und R_2 und induktive Widerstände X_1 und X_2 vorgeschaltet sind (Abb. 51). In diesen Widerständen treten die Ohmschen Spannungsabfälle $\varepsilon_{R1} = J_1 \cdot R_1$ bzw. $\varepsilon_{R2} = J_2 \cdot R_2$ und die induktiven Abfälle $\varepsilon_{X1} = J_1 \cdot X_1$ bzw. $\varepsilon_{X2} = J_2 \cdot X_2$ auf. Es ist zu beachten, daß der Ohmsche Abfall in Phase mit dem Strom liegt, der induktive um 90^0 dem Strom voreilt. Die gesamten primären und sekundären Spannungsabfälle ε_1 und ε_2 ergeben sich als die geometrische Summe der entsprechenden Ohmschen und induktiven Abfälle und sind gegen die Ströme um gewisse Winkel verschoben. Wir wollen jetzt mit der Betrachtung unseres Vektordiagramms (Abb. 50) fortfahren und nehmen dabei an, daß die primären und sekundären Windungszahlen gleich sind, also $s_1 = s_2$. Die in der Primär- und Sekundärwicklung induzierten EMKe E_1 und E_2 sind demnach einander gleich und eilen dem gemeinschaftlichen Fluß Φ des Transformators um 90^0 nach. Der Transformator sei durch den Verbraucher V induktiv belastet, der Sekundärstrom J_2 habe die im Diagramm gezeichnete Richtung. Infolge der Spannungsabfälle, die durch J_2 in R_2 und X_2 hervorgerufen werden, ist E_{K2} kleiner als E_2 und gegen E_2 verschoben. Der sekundäre Spannungsabfall ε_2 ist die geometrische Differenz von E_2 und E_{K2}. Die sekundäre Phasenverschiebung ist der eingezeichnete Winkel φ_2. Die primäre Klemmenspannung E_{K1} muß sowohl der EMK E_1 das Gleichgewicht halten, als auch die durch den Strom J_1 in R_1

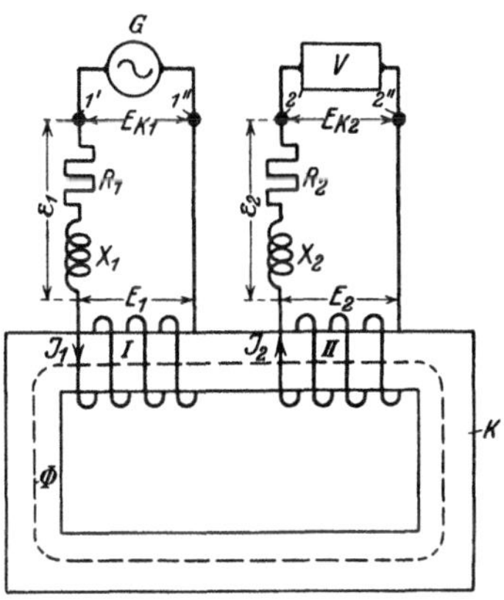

Abb. 51. Ersatzschaltung eines Transformators.

und X_1 verursachten Spannungsabfälle decken. Sie setzt sich also zusammen aus der umgeklappten EMK $-E_1$ und dem primären Gesamtspannungsabfall ε_1. Wir ersehen aus dem Diagramm, daß, obwohl die primäre und sekundäre Windungszahl gleich ist, die primäre Klemmenspannung um den Betrag ΔE größer ist als die sekundäre, ferner, daß die Phasenverschiebung dieser beiden Spannungen um den Winkel δ_E kleiner ist als 180^0. Die Größe der Differenz zwischen der primären und sekundären Klemmenspannung, sowie die Größe des Winkels hängt sowohl von der Größe der Spannungsabfälle wie auch von der sekundären Phasenverschiebung φ_2 ab. In dem Spezialfall der kapazitiven Belastung des Transformators, d. h. dann, wenn J_2 der Klemmenspannung E_{K2} voreilt, kann sogar die primäre Klemmenspannung kleiner sein als die sekundäre. Es tritt in diesem Fall eine Spannungserhöhung auf.

Der gesamte Primärstrom J_1 setzt sich, wie früher gezeigt wurde, aus dem primären Belastungsstrom J_1', der gleich dem umgeklappten Sekundärstrom $-J_2$ ist, und dem Leerlaufstrom J_0 zusammen. Er ist um den Betrag ΔJ größer als der Sekundärstrom J_2 und ist gegen den umgeklappten Sekundärstrom $-J_2$ um den Winkel δ_J verschoben.

42. Umrechnung der Widerstände. Kurzschlußspannung. Unter Vernachlässigung des Leerlaufstromes eines Transformators fließt bei offener Sekundärwicklung in der Primärwicklung überhaupt kein Strom. Der Transformator verhält sich, von der primären Seite aus betrachtet, wie ein unendlich hoher Widerstand. Belasten wird den Transformator dadurch, daß wir sekundär einen Widerstand R anschließen, so nimmt er primär einen Strom auf und verhält sich, von der Primärseite aus betrachtet, so, als ob er einen bestimmten Widerstand R' hätte. Bei einer sekundären Klemmenspannung E_2 ist der Sekundärstrom $J_2 = \frac{E_2}{R}$. Die primäre Klemmenspannung E_1 ergibt sich unter Vernachlässigung der Spannungsabfälle entsprechend der primären Windungszahl s_1 und sekundären Windungszahl s_2 nach Gleichung (1) zu $E_1 = E_2 \cdot \frac{s_1}{s_2}$. Der primäre Strom berechnet sich nach Gleichung (4) zu $J_1 = J_2 \cdot \frac{s_2}{s_1}$. Der Widerstand, den der Transformator scheinbar primär hat, berechnet sich zu $R' = \frac{E_1}{J_1}$. Setzen wir für E_1 und J_1 die Werte aus den vorstehenden Gleichungen ein, so ist

$$R' = \frac{E_2 \cdot \frac{s_1}{s_2}}{J_2 \cdot \frac{s_2}{s_1}} = \frac{E_2}{J_2} \cdot \frac{s_1^2}{s_2^2} = R \cdot \frac{s_1^2}{s_2^2}. \tag{5}$$

Demnach hat der Transformator von der Primärseite aus betrachtet einen Widerstand R', der sich zum Sekundärwiderstand R wie das Quadrat der primären Windungszahl zu dem der sekundären verhält. Zum analogen Ergebnis kommen wir auch, wenn der sekundär angeschlossene Widerstand nicht ein induktionsfreier Widerstand R, sondern eine Impedanz (scheinbarer Widerstand) Z ist. Auch dieser Widerstand wird, „umgerechnet auf die Primärseite", $Z' = Z \frac{s_1^2}{s_2^2}$ sein.

Wir wollen diese Verhältnisse noch an einem Beispiel erläutern. Die primäre Klemmenspannung sei $E_1 = 1000$ V, die sekundäre Klemmenspannung $E_2 = 200$ V. Demnach ist das Verhältnis der Windungszahl $\frac{s_1}{s_2} = \frac{1000}{200} = 5$. Sekundär sei an diesen Transformator eine Impedanz $Z = 10\ \Omega$ angeschlossen. Der sekundäre Strom ist also $J_2 = \frac{E_2}{Z} = \frac{200}{10} = 20$ A. Entsprechend dem Verhältnis der Windungszahlen berechnet sich der primäre Strom zu $J_1 = \frac{20}{5} = 4$ A. Da die primäre Klemmenspannung 1000 V ist, so ist der scheinbare Widerstand des Transformators auf der Primärseite $Z' = \frac{1000}{4} = 250\ \Omega$. Demnach ist $\frac{Z'}{Z} = \frac{250}{10} = 25;\ 25 = 5^2$.

Genau so wie sich der sekundäre Belastungswiderstand auf die Primärseite übersetzt, so übersetzen sich auch der Ohmsche und induktive Widerstand der Sekundärwicklung. Wenn wir den Transformator sekundär kurzschließen und an ihn eine solche Klemmenspannung legen, daß in der Primärwicklung der Nennstrom fließt, so setzt sich diese Spannung aus den primären Spannungsabfällen und den sekundären umgerechnet auf die Primärseite zusammen. Wir nennen diese Spannung die Kurzschlußspannung des Transformators. Sie wird gewöhnlich in Prozenten der primären Nennspannung angegeben und ist eine Größe, die das Verhalten des Transformators in bezug auf seine Spannungsabfälle charakterisiert. Die Kurzschlußspannung ist insbesondere von Wichtigkeit, wenn mehrere Transformatoren parallel arbeiten. Ein ordnungsmäßiger Parallelbetrieb ist nur dann möglich, wenn die prozentualen Kurzschlußspannungen der parallel geschalteten Transformatoren die gleichen sind. Ist dies nicht der Fall, so ist eine richtige Verteilung der Belastung entsprechend der Leistung der Transformatoren nicht möglich.

Zweiter Teil.

Wirkungsweise und Konstruktion der Elektrizitätszähler.

I. Allgemeines über Zähler.

43. Zweck und Wesen der Zähler. Wir gehen nun über zur Behandlung der Elektrizitätszähler, die den wichtigsten Gegenstand des vorliegenden Buches bilden. Wir werden dabei, wie dies üblich ist, meist kurz von Zählern sprechen, was kaum zu Mißverständnissen führen kann. Es sei jedoch betont, daß der Ausdruck Zähler nicht mit Zählwerk zu verwechseln ist. Unter Zählwerk verstehen wir einen bestimmten Teil eines Elektrizitätszählers oder auch eines anderen Meßgerätes, der uns nur die Anzahl der Umdrehungen oder auch anderer Bewegungen anzeigt.

Die Zähler sind Meßgeräte, die in erster Linie die Unterlagen zur Verrechnung der elektrischen Arbeit (Energie) oder kurz des Verbrauches zwischen einem stromliefernden Werk und seinen Abnehmern (Konsumenten) liefern. Daneben finden die Zähler auch überall dort Verwendung, wo der Verbrauch gemessen werden soll, so z. B. werden Zähler nicht selten in Fabrikbetrieben eingebaut, um für statistische oder Kalkulationszwecke den Energiebedarf einzelner Abteilungen oder sogar einzelner Arbeitsmaschinen zu bestimmen.

Bis vor kurzem hat man sich bei der Verrechnung elektrischer Energie fast ausschließlich mit der Messung dieser Energie oder kurz des Verbrauches begnügt. Die hierbei verwendeten Zähler könnte man auch als Arbeitsmesser bezeichnen. Da der Verbrauch in Watt- bzw. Kilowattstunden gemessen wird, so bezeichnet man diese Zähler als Watt- bzw. Kilowattstundenzähler. Neben den Kilowattstundenzählern werden auch andere Zähler verwendet, in erster Linie Amperestundenzähler, die jedoch stets indirekt nur dazu dienen, im Endergebnis den Verbrauch zu bestimmen. Sie werden an Stelle von Kilowattstundenzählern aus Ersparnisgründen verwendet.

Wir werden uns im folgenden besonders eingehend mit den Kilowattstundenzählern befassen. Die Wirkungsweise der übrigen Zähler läßt sich auf die des Kilowattstundenzählers in vielen Punkten zurückführen.

Zwischen den Zählern und anderen elektrischen Meßgeräten besteht ein grundsätzlicher Unterschied. Bei den Zählern spielt nämlich die Zeit eine besondere Rolle. Andere Meßgeräte, beispielsweise Spannungsmesser, Strommesser, Leistungsmesser, zeigen uns den jeweilig vorhandenen Wert einer bestimmten elektrischen Größe an, z. B. der Spannung, der Stromstärke oder der Leistung. Wenn solche Meßgeräte mit einer Schreib- oder Registriervorrichtung ausgestattet sind, so können wir auf dem Papierstreifen den zeitlichen Verlauf der gemessenen Größe bestimmen. Wir könnten auch für die Zeitdauer, während der die Wattbelastung unverändert bleibt, mit Hilfe eines Leistungszeigers den zugehörigen Verbrauch bestimmen, wenn wir noch die Zeitdauer, während der die Leistung auftritt, mit Hilfe einer Uhr messen, da der Verbrauch das Produkt ist von der Leistung mal der Zeit, während der diese Leistung entnommen wird. Bei veränderlicher Leistung könnte man den Verbrauch auf Grund der Aufzeichnungen eines schreibenden Leistungsmessers ermitteln. Dieses Verfahren wäre jedoch unbequem und ungenau. Die Elektrizitätszähler zeigen den Verbrauch während einer bestimmten Zeit, der Ableseperiode, an. Sie messen also direkt die Summe aller Produkte aus Leistung und zugehöriger Zeit. Wir werden dies noch weiter erläutern und wollen uns hier damit begnügen, festzustellen, daß die anderen Zählerarten, beispielsweise Blindverbrauchszähler, eine ähnliche Größe, bei der die Zeitdauer ebenfalls eine wesentliche Rolle spielt, anzeigen.

44. Einteilung der Zähler. Bevor wir zur Besprechung der einzelnen Zählerarten übergehen, ist es zweckmäßig, sich einen allgemeinen Überblick über die wichtigsten in Betracht kommenden Zählerarten zu verschaffen. Die Einteilung der Zähler kann dabei nach verschiedenen Gesichtspunkten geschehen, und zwar: nach der Stromart, nach der von ihnen angezeigten Größe und nach ihrem Konstruktionsprinzip.

a) Einteilung nach der Stromart:

1. Gleichstromzähler.
2. Einphasenwechselstromzähler oder kurz Wechselstromzähler.
3. Mehrphasenzähler, also Zähler für Zwei-, Drei-, Sechsphasenstrom usw., von denen die wichtigsten die Zähler für Dreiphasenstrom sind, die man kurz Drehstromzähler nennt.

Es sei noch bemerkt, daß auch in Drehstromanlagen in Fällen, bei denen in der Installation nur zwei Leitungen eingeführt werden, Einphasenzähler verwendet werden, da eine solche Anlage sich dann nicht von einer eigentlichen Einphasenanlage unterscheidet.

b) Einteilung nach der vom Zähler angezeigten Größe:

1. Wattstunden- bzw. Kilowattstundenzähler oder Wirkverbrauchzähler.
2. Amperestundenzähler.
3. Zeitzähler.

4. Voltquadratstundenzähler (E^2-Zähler).

5. Amperequadratstundenzähler (J^2-Zähler).

6. Blindverbrauchzähler, Blindkilovoltamperestundenzähler oder auch Blindkilowattstundenzähler (Sinuszähler).

7. Voltamperestunden- bzw. Kilovoltamperestundenzähler oder Scheinverbrauchzähler.

8. Zähler, die kombinierte Größen, z. B. die Summe von Wirk- und einem bestimmten Teil von Blindverbrauch anzeigen, Kombinations- oder Mischverbrauchzähler.

Die unter 4. bis 8. angeführten Zählerarten kommen nur für Wechsel- und Drehstrom in Betracht. Ferner hat natürlich bei Gleichstrom der Begriff Wirkverbrauchzähler keine Bedeutung.

c) Einteilung nach dem Konstruktionsprinzip:

Man hat versucht, wohl jede Wirkung des elektrischen Stromes für die Konstruktion von Elektrizitätszählern zu verwerten. Praktische Anwendung haben jedoch bis jetzt nur die magnetische bzw. elektro-magnetische und die elektro-chemische Wirkung gefunden. Ferner wird bei einigen Tarifvorrichtungen auch noch von der Wärmewirkung Gebrauch gemacht. Von den auf der elektro-magnetischen Wirkung des Stromes beruhenden Zählern sind die wichtigsten die Motorzähler, bei denen wie bei einem Elektromotor der wichtigste Teil ein umlaufender Anker ist. Eine Abart dieser Zähler bilden die oszillierenden Zähler, bei denen der bewegliche Teil nicht eine umlaufende, sondern eine schwingende Bewegung vollführt. Eine gewisse Bedeutung haben noch Uhrenzähler, bei denen ein Uhrwerk einen wichtigen Bestandteil des Meßwerkes bildet. Außer den Motor- und Uhrenzählern hat man früher auch andere Zähler gebaut, die jedoch heute bedeutungslos sind. Es ergibt sich für die heute gebräuchlichen Zähler folgende Einteilung nach dem Konstruktionsprinzip:

1. Motorzähler.
   - α) Dynamometrischer Wattstundenzähler, und zwar sowohl rotierender wie oszillierender Zähler.
   - β) Magnetmotorzähler, und zwar zwei Ausführungsarten: Kollektorzähler und Quecksilberzähler. Magnetmotorzähler sind nur für Gleichstrom verwendbar.
   - γ) Induktionszähler, nur für Wechsel- und Mehrphasenstrom verwendbar.

2. Uhrenzähler.
   - α) Pendelzähler.
   - β) Zeitzähler u. dgl.

3. Elektrolytzähler.
   α) Quecksilberzähler.
   β) Wasserstoffzähler.

Die Induktionszähler, die die größte praktische Bedeutung haben, werden sowohl als Wattstundenzähler wie auch als Spezialzähler, beispielsweise Blindverbrauchzähler, Scheinverbrauchzähler usw., ausgebildet.

Ein charakteristischer Motorzähler ist der dynamometrische Wattstundenzähler, in dem besonders klar alle wesentlichen Merkmale eines Motorzählers erkennbar sind. Wir werden uns deshalb mit diesem Zähler im folgenden an erster Stelle und besonders eingehend befassen, was das Verständnis der Wirkungsweise der anderen Zähler wesentlich erleichtern wird.

Ein einfacher Zähler, z. B. ein Kilowattstundenzähler, zeigt eine bestimmte Größe, beispielsweise den Verbrauch an, ohne daß dabei einige für die Tarifierung wichtige Umstände berücksichtigt werden. Die neuzeitlichen Verrechnungsarten erfordern jedoch eine weitere Verfeinerung der Meßverfahren. Es wird z. B. verlangt, daß nicht nur der gesamte Verbrauch in Kilowattstunden angegeben wird, sondern daß man getrennt den Verbrauch ablesen kann, der während bestimmter Tagesstunden aufgetreten ist. Ferner muß beispielsweise die höchste in einer Anlage während einer bestimmten Ableseperiode auftretende Belastung bestimmt werden können. Um dies zu ermöglichen, werden die Zähler auch mit besonderen Einrichtungen, Tarifeinrichtungen, versehen. Solche Zähler nennt man Tarifzähler. Gelegentlich werden auch die Tarifeinrichtungen getrennt von dem eigentlichen Zähler gebaut.

Die wichtigsten Tarifapparate sind die folgenden:

1. Doppeltarifzähler.
   α) Zeit-Doppeltarifzähler.
   β) Licht- und Kraftzähler, Relaiszähler u. dgl.
2. Mehrfachtarifzähler (insbesondere Dreifachtarifzähler).
3. Maximumzähler.
4. Schreibender Maximumzähler.
5. Summenzähler.
6. Spitzen- oder Subtraktionszähler.
7. Vergütungszähler.
8. Münzzähler (Selbstverkäufer, Automaten).

Verschiedene der oben angeführten Tarifeinrichtungen können auch in einem Apparat vereinigt werden. Zu solchen kombinierten Zählern gehören beispielsweise Doppeltarif-Maximumzähler.

In Verbindung mit dem Tarifzähler werden oft besondere Schaltuhren und Relais verwendet.

45. Geschichte der Elektrizitätszähler. Für den Zählerfachmann ist es von Interesse, einiges über die geschichtliche Entwicklung der Elektrizitätszähler zu wissen. Es würde jedoch zu weit führen, an dieser Stelle eine eingehende geschichtliche Darstellung der Entwicklung der Elektrizitätszähler zu geben. Wir wollen deshalb hier nur einige wichtige Daten erwähnen.

Das Bedürfnis, ein Meßgerät zu besitzen, das die Unterlagen zur Verrechnung elektrischer Energie liefert, also einen Elektrizitätszähler, ist naturgemäß sofort bei der Inbetriebsetzung der ersten Elektrizitätswerke, die Energie an Abnehmer lieferten, aufgetreten. Deshalb haben auch die beiden Altmeister der Elektrotechnik, Th. A. Edison und Werner von Siemens, sich bereits mit der Durchbildung von Elektrizitätszählern befaßt. Die ältesten Zähler sind die von Edison angegebenen, und zwar waren dies Elektrolytzähler. Edison hat bereits in den Jahren 1880 bis 1882 eine Reihe von Patenten auf solche Zähler genommen. Im Jahre 1881 ist auf der Pariser Weltausstellung ein Elektrolytzähler von Edison, der auf der Wägung einer durch den Strom ausgeschiedenen Metallmenge beruhte, ausgestellt gewesen. Dieser Zähler war mit einem Zählwerk ausgerüstet. Bei späteren Elektrolytzählern ist das Zählwerk nicht mehr angewandt worden. Ein weiterer Elektrolytzähler von Edison, der gewisse Verbreitung gefunden hat, stammt aus dem Jahre 1884. Seit dieser Zeit hat die Zählertechnik wohl ununterbrochen an der Konstruktion von Elektrolytzählern gearbeitet. Es haben jedoch erst in neuerer Zeit die oben erwähnten Quecksilber- und Wasserstoffelektrolytzähler eine größere Bedeutung erlangt. Einen großen Anteil an der Konstruktion neuzeitlicher Elektrolytzähler hat Hatfield.

Der erste technisch wirklich brauchbare Zähler ist der Pendelzähler gewesen, wie ihn H. Aron um das Jahr 1884 konstruierte. Ihm folgte eine größere Anzahl verschiedener anderer mechanischer Zähler, von denen die größte Bedeutung die Motorzähler erlangt haben. Der erste Motorzähler stammt wohl von William Siemens. Dieser Zähler ist auf der Internationalen Ausstellung 1882 in Wien ausgestellt gewesen. Die ersten wirklich brauchbaren Motorzähler wurden etwa gleichzeitig von Hummel und Elihu Thomson konstruiert. Der auf der Internationalen Elektrotechnischen Ausstellung 1891 in Frankfurt a. M. von der Firma Schuckert ausgestellte Hummel-Zähler war ein Amperestundenzähler. Der Thomson-Zähler war ein dynamometrischer Wattstundenzähler. Dieser Zähler wurde in einer wirklich brauchbaren Form zuerst von der Schuckert-Gesellschaft im Jahre 1894 gebaut. Charakteristisch bei diesem Zähler war die Anwendung einer Hilfsspule nach Hummel und einer elektromagnetischen Bremse mit permanenten Magneten. Die Einführung dieser Art der Bremsung, die von Marcell

Deprez angegeben wurde, ist als einer der größten Fortschritte in dem Bau von Motorzählern zu betrachten. Das Prinzip des heute gleichfalls noch sehr wichtigen Magnetmotorzählers ist zuerst in einer Siemens-Patentschrift vom Jahre 1886 beschrieben. Eingeführt wurden diese Zähler in die Praxis durch O'Keenan im Jahre 1898.

Der erste praktisch brauchbare Induktionszähler war der von Titus Blathy angegebene, von Ganz & Co. in Budapest im Jahre 1889 erstmalig eingeführte Zähler. In der auf diesen Zähler sich beziehenden Patentschrift von Blathy ist auch erstmalig die Wirkungsweise des Induktionszählers ziemlich klar zum Ausdruck gebracht. Der Blathy-Zähler beruht auf dem von Ferraris angegebenen und nach diesem benannten Induktionsprinzip. Der Induktionszähler wird deshalb auch oft als Ferraris-Zähler bezeichnet. Der Zähler von Blathy hat bereits einige Vorgänger gehabt, nämlich die Zähler von Borel und Shallenberger, wobei Borel seinen Zähler wohl unabhängig von Ferraris angegeben hat. Von dem Blathy-Zähler bis zu den neuzeitlichen Zählern durchläuft die Zählertechnik einen weiten Weg, auf dem der Induktionszähler sich allmählich zu seiner jetzigen, sehr vollkommenen Form entwickelt hat.

Von denjenigen, die an der Weiterentwicklung der Zähler einen maßgebenden Anteil hatten, seien folgende erwähnt: H. Aron, Belfield, J. A. Möllinger, K. Raab und Ch. Baeumler, der sich besonders um die Ergründung der Wirkungsweise des Induktionszählers verdient gemacht hat. Endlich sei noch K. Singer erwähnt, von dem eine ganze Reihe neuer Konstruktionen stammt, die für die neuzeitlichen Zähler vorbildlich geworden sind.

An dieser Stelle mögen noch einige Firmen erwähnt werden, die sich seit längerer Zeit mit dem Bau von Elektrizitätszählern befassen und deshalb an der Entwicklung der Zähler einen namhaften Anteil haben. Von deutschen Firmen kommen dabei in erster Linie in Betracht: Allgemeine Elektrizitäts-Gesellschaft (AEG), Aronwerke Elektrizitäts-Gesellschaft, Bergmann-Elektrizitäts-Werke, Isaria Zählerwerke, Körting & Mathiesen (diese beiden Firmen haben die Zählerfabrikation aufgegeben), Siemens-Schuckertwerke (SSW); diese Firma ist aus der Elektrizitäts A.G., vormals Schuckert & Co. und aus der Firma Siemens & Halske hervorgegangen, die beide den Bau von Zählern gepflegt haben.

Von sonstigen Firmen kommen noch in Betracht: Landis & Gyr in der Schweiz, Ferranti in England, Compagnie pour la fabrication des Compteurs in Frankreich, General Electric Company, Sangamo und Westinghouse Electric & Manufacturing Co. in Amerika.

Wer sich über die lehrreiche Geschichte der Elektrizitätszähler näher unterrichten will, dem sei das Lesen der Aufsätze von W. Stumpner: „Die Entwicklung der Elektrizitätszähler", Siemens-Zeitschrift, Februar und März 1923, und „Zur Geschichte der Elektrizitätszähler“, ETZ 1926, Heft 21 und 22, S. 601 und 646 empfohlen.

46. Literatur über Zähler. Denjenigen Lesern, die sich über Elektrizitätszähler eingehender informieren wollen, als dies durch Studium des vorliegenden Buches möglich ist, mögen noch folgende Bücher empfohlen werden:

1. Dr.-Ing. Dr.-Ing. e. h. J. A. Möllinger: „Wirkungsweise der Motorzähler und Meßwandler mit besonderer Berücksichtigung der Blind-, Misch- und Scheinverbrauchsmessung“, 2. Auflage. Berlin: Julius Springer 1925. — Dieses Buch behandelt eingehend die theoretischen Grundlagen der Zählertechnik.

2. Dr.-Ing. F. Bergtold: „Kurzgefaßtes Handbuch der Elektrizitätszählertechnik“. Stuttgart: F. Enke 1927. — Dieses Buch enthält sowohl die Wirkungsweise wie Beispiele ausgeführter neuzeitlicher Zähler.

3. Dr.-Ing. K. Schmiedel: „Wirkungsweise und Entwurf der Motorelektrizitätszähler“. Stuttgart: F. Enke 1916. — Dieses Buch behandelt neben der Wirkungsweise auch die Berechnung der Zähler.

4. A. Königswerther: „Konstruktion und Prüfung der Elektrizitätszähler“. 2. Auflage. Leipzig: M. Jänecke 1914. — In diesem Buch ist eine große Anzahl verschiedener älterer Zählerkonstruktionen beschrieben.

5. H. W. L. Brückman: „Elektrizitätszähler und Wandler“. 2. Aufl. Leipzig: O. Leiner 1926. — Dieses Buch enthält die Beschreibungen neuerer Zähler und Tarifapparate, insbesondere auch solcher ausländischer Firmen; ferner eine Zusammenstellung behördlicher Bestimmungen über Zähler in verschiedenen Staaten.

6. Dr.-Ing. K. Schmiedel: „Die Prüfung der Elektrizitätszähler, Meßeinrichtungen, Meßmethoden und Schaltungen“. 2. Auflage. Berlin: Julius Springer 1924.

Außerdem sind Aufsätze und Bücher erschienen, die sich auf verschiedene Spezialgebiete der Zählertechnik beziehen. Auf einige dieser Literaturquellen wird noch bei der Behandlung der einzelnen Zählerarten hingewiesen.

Über die Konstruktion der neuzeitlichen Zähler, deren es sehr viele gibt, sowie über die Eichung und sonstige Behandlung dieser Geräte unterrichtet man sich am besten an Hand der Druckschriften der in Betracht kommenden Firmen, ferner der Veröffentlichungen der Physikalisch-Technischen Reichsanstalt (PTR) über die Zulassung neuer Zählerformen zur Beglaubigung. Diese Veröffentlichungen erscheinen in der Elektrotechnischen Zeitschrift (ETZ) als „Mitteilungen der Physikalisch-Technischen Reichsanstalt“ (Bekanntmachungen über Prüfung und Beglaubigung durch die elektrischen Prüfämter).

II. Dynamometrische Zähler.

47. Allgemeines, Bestandteile und Schaltung. Der dynamometrische Wattstundenzähler wird fast ausschließlich für Gleichstrom verwendet. Er ist aber bei geeigneter Konstruktion auch für Wechselstrom brauchbar und wird für diesen Zweck gelegentlich angewandt (s. 72). Im folgenden betrachten wir nur die Verwendung des Zählers für Gleichstrom.

Wie bereits die Bezeichnung „Wattstundenzähler" sagt, zählt der dynamometrische Zähler Wattstunden (Wh) bzw. Kilowattstunden (kWh), also die elektrische Arbeit (Energie, kurz Verbrauch).

Der dynamometrische Zähler beruht wie die übrigen dynamometrischen Meßgeräte, insbesondere das Wattmeter, auf der gegenseitigen Wirkung zweier stromdurchflossenen Spulen (oder Spulengruppen), von denen die eine fest, die andere beweglich ist. Der Hauptunterschied gegenüber den anderen dynamometrischen Meßgeräten besteht darin, daß die bewegliche Spule als ein umlaufender, seltener auch als hin- und herschwingender Anker ausgebildet ist. Die Umdrehungen des Ankers bzw. die Schwingungen werden auf ein Zählwerk übertragen, welches den Verbrauch anzeigt. Wir wollen jetzt an Hand der Abb. 52 zuerst die wesentlichen Teile des dynamometrischen Zählers, sowie die Schaltung kennenlernen, wobei wir einen umlaufenden Zähler gebräuchlicher Art annehmen.

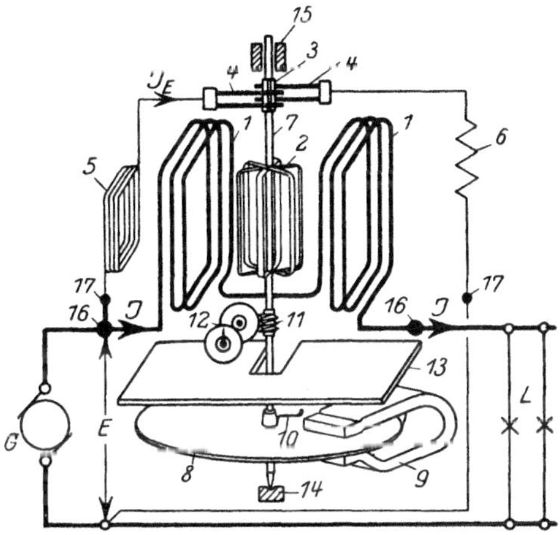

Abb. 52. Meßwerk und Schaltung eines dynamometrischen Zählers.

Durch den Generator G ist das stromliefernde Werk (Kraftwerk), durch die Glühlampen L der Abnehmer (Konsument) angedeutet. Der vom Abnehmer entnommene Strom J (Verbrauchsstrom, Hauptstrom) durchfließt die aus zwei Teilen bestehende Hauptstromspule, kurz Stromspule *1*. In dem von dieser Spule erzeugten magnetischen Feld befindet sich der Anker *2*, dem der Strom durch den Kollektor *3* und die Bürsten *4* zugeführt wird. Der Anker liegt unter Vorschaltung der Hilfsspule *5* und des Vorwiderstandes *6* an der Netzspannung E. Diesen an der Spannung liegenden Zweig bezeichnet man als Spannungskreis, Nebenschlußkreis oder Spannungspfad. Auf der Ankerachse *7* sitzt noch die Bremsscheibe *8*, auf die der Stahlmagnet *9* einwirkt. Außerdem ist an der Nabe der Bremsscheibe die Bremsfahne *10* befestigt. Die Umdrehungen des Ankers werden mit Hilfe der Schnecke *11* auf das Zählwerk *12* übertragen. Oberhalb des Bremsmagneten befindet sich das Schutzblech *13*. Die Ankerachse stützt sich unten auf das Fußlager *14* und ist oben in dem Halslager *15* geführt. Zum Anschluß an die Netzleitungen dienen für die Hauptstromspulen die Hauptstromklemmen (Stromklemmen) *16*, für den Spannungspfad die Nebenschlußklemmen (Spannungsklemmen) *17*. Die einzelnen Teile des Zählers sind auf einer im Bild nicht angedeuteten Grundplatte befestigt. Die messenden Teile (das Meßwerk) und die Klemmen sind durch ein Gehäuse und einen Klemmendeckel abgedeckt. Auf dem Gehäuse ist ein Schild angebracht, welches die notwendigen Angaben enthält. Die konstruktiven Einzelheiten werden noch weiter unter 61 und im Kapitel VIII genauer behandelt.

48. Beziehung zwischen der Belastung und der Drehzahl. Es möge angenommen werden, daß die Netzspannung $E = 200$ Volt ist und daß die in der Anlage eingeschalteten Glühlampen einen Strom $J = 5$ Amp. aufnehmen. Die aufgenommene Leistung errechnet sich dann zu $N = EJ = 200 \cdot 5 = 1000$ W $= 1$ kW. Der Verbrauch A des Abnehmers berechnet sich zu $A = N \cdot t$, wo t die Zeit ist, während der die Leistung N entnommen wird. Wir betrachten einen Zeitraum $t = 1$ Stunde. Dann ist $A = 1000 \cdot 1 = 1000$ Wh $= 1$ kWh. Zeigt der Zähler, wie dies bei neuzeitlichen Zählern meist der Fall ist, den Verbrauch direkt an, also ohne daß man seine Angaben mit irgendeinem Faktor zu multiplizieren hat, so muß der Zählwerkstand in einer Stunde um 1 kWh fortschreiten.

Der Zähler sei so gebaut, daß bei der angenommenen Belastung der Anlage, also bei 1 kW, der Anker 50 Umdrehungen in der Minute macht. Die Drehzahl, worunter wir die Umdrehungszahl in der Zeiteinheit, im folgenden stets 1 Minute verstehen, bezeichnen wir mit n; im vorliegenden Fall ist also $n = 50$. Die Gesamtumdrehungszahl während einer bestimmten Zeit t bezeichnen wir mit u. Sie ergibt sich durch die Multiplikation der Drehzahl n mit der Zeit t zu $u = n \cdot t$. In unserem Fall ist nach Verlauf einer Stunde, also $t = 60$ Minuten, die Umdrehungszahl des Zählers $u = 50 \cdot 60 = 3000$. Hieraus folgt, daß die Übersetzung zwischen dem Zählwerk und der Ankerachse so gewählt sein muß, daß 3000 Umdrehungen des Ankers einem Fortschreiten des Zählwerkes um 1 kWh entsprechen.

Wird nun die Anlage bei gleichbleibender Spannung von 200 Volt statt mit 5 Amp. mit 10 Amp., also dem doppelten Strom belastet, so ist auch die Leistung die doppelte, also 2 kW, und der Verbrauch in einer Stunde ist gleichfalls der doppelte, also 2 kWh. Das Zählwerk muß jetzt in der gleichen Zeit wie früher doppelt soviel anzeigen. Da die Übersetzung zwischen der Ankerachse und dem Zählwerk dieselbe wie früher ist, wird das Zählwerk dann richtig anzeigen, wenn jetzt auch die Drehzahl des Zählers die doppelte ist, d. h. $50 \cdot 2 = 100$ Umdrehungen in der Minute. Allgemein: Die Drehzahl n eines Wattstundenzählers muß proportional der Leistung N sein oder

$$n = CN, \tag{1}$$

wobei C eine Proportionalitätskonstante ist, deren Größe von der Bauart des betreffenden Zählers abhängt. Es ist ohne weiteres klar, daß der Zähler bei allen Belastungen, bei denen die obige Proportionalität erfüllt ist, den Energieverbrauch richtig anzeigt.

Wenn die einzelnen Belastungen länger oder kürzer als eine Stunde dauern, werden die Angaben des Zählers entsprechend größer oder kleiner. Falls, wie dies normalerweise der Fall ist, die Belastungen wechseln, so ist der Gesamtverbrauch, den der Zähler anzeigen muß:

$$A = N_1 \cdot t_1 + N_2 \cdot t_2 + N_3 \cdot t_3 + \ldots \tag{2}$$

Hierin bedeuten N_1, N_2, N_3 usw. die verschiedenen vorkommenden Wattbelastungen und t_1, t_2, t_3 usw. ihre Dauer.

Die Anlage möge beispielsweise während eines Tages zuerst 10 Stunden lang mit 1 kW, dann 6 Stunden mit 0,5 kW, dann 3 Stunden mit 3 kW und 5 Stunden mit 2 kW belastet worden sein. Dann ist: $N_1 = 1$, $t_1 = 10$; $N_2 = 0{,}5$, $t_2 = 6$; $N_3 = 3$, $t_3 = 3$; $N_4 = 2$, $t_4 = 5$. Hieraus errechnet sich die Gesamtarbeit, die vom Zähler angezeigt werden soll, zu $A = 1 \cdot 10 + 0{,}5 \cdot 6 + 3 \cdot 3 + 2 \cdot 5 = 32$ kWh. Wenn wir den Verlauf der Belastung in Watt graphisch so auftragen, daß die Abszissenwerte die Zeit bedeuten, die Ordinatenwerte die entsprechenden Wattbelastungen, so ergibt sich der Verbrauch als die Fläche, die von der Belastungskurve und der Abszissenachse eingeschlossen ist. Abb. 53 veranschaulicht dies für das eben behandelte Beispiel.

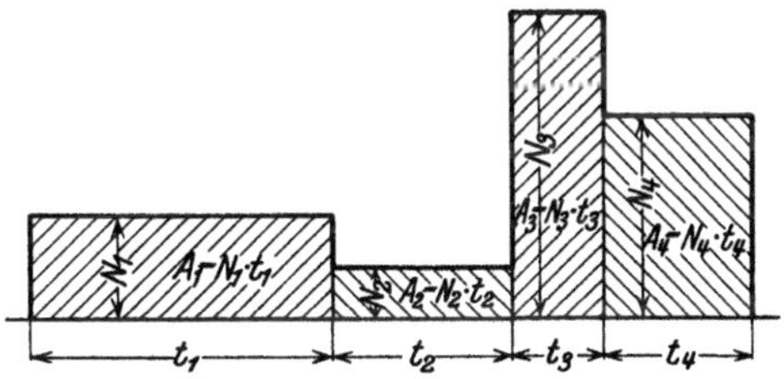

Abb. 53. Belastungsdiagramm.

Wir haben bis jetzt angenommen, daß nur der Belastungsstrom sich ändert. Die Änderungen der Leistung können aber auch durch Änderungen der Netzspannung verursacht sein. Auch hierfür haben die obigen Betrachtungen Gültigkeit. Das wichtigste Resultat der obigen Überlegung ist die Gleichung (1), die uns sagt, daß die Drehzahl des Zählers proportional der Wattbelastung der Anlage sein muß. Der Einfachheit halber spricht man meist nicht von der Strom- oder Wattbelastung der Anlage, sondern von der Strom- oder Wattbelastung des Zählers. Man muß sich jedoch im klaren sein, daß in Wirklichkeit diese Belastung nichts mit der Belastung oder Leistung des Zählermotors zu tun hat. (Diese Leistung ist sehr klein.)

49. Drehmoment. Die Ursache, warum sich der Zähler dreht, ist die Kraft, die durch das Zusammenwirken des in der Ankerwicklung fließenden Stromes mit dem magnetischen Feld, welches durch den Verbrauchsstrom in den Hauptstromspulen erzeugt wird, entsteht. Der auf den Anker wirkenden Kraft entspricht ein bestimmtes Drehmoment. Wir wollen jetzt näher auf dieses Drehmoment eingehen, welches das eigentliche Maß für die Kräfte ist, die die Ankerdrehung hervorrufen.

Das Drehmoment, welches wir mit D bezeichnen, ist definiert als das Produkt der Kraft und des Hebelarmes, an dem diese Kraft wirkt. Zwecks Bestimmung des Drehmomentes kann die Kraft P (Umfangskraft) an einem beliebigen, jedoch bekannten Hebelarm r gemessen werden. Hieraus kann das Drehmoment $D = r \cdot P$ ohne weiteres berechnet werden. Dieser Wert ist von der Wahl des Hebelarmes unabhängig. An einem kleineren Hebelarm wird eine entsprechend größere Kraft als an einem größeren gemessen. Das Produkt Kraft $\times$ Hebelarm, also das Drehmoment, bleibt stets dasselbe. Praktisch wird zwecks Bestimmung des Drehmomentes meist die Kraft am Umfang der Bremsscheibe gemessen. In der Zählertechnik ist es üblich, die Kraft in Gramm (g), den Hebelarm in Zentimeter (cm) zu messen und das Drehmoment in cmg auszudrücken. Näheres über die Durchführung dieser Messung werden wir noch bei der Behandlung der Eichung (s. 212) kennenlernen.

Die Größe des Drehmomentes des Zählers ist von den Abmessungen und der Gestalt des Ankers abhängig, weil durch diese die Größe der Kräfte und der Hebelarme bedingt sind. Bei einem bestimmten Zähler ist das Drehmoment um so größer, je stärker das magnetische Feld ist, welches von den Hauptstromspulen erzeugt wird und je stärker der Ankerstrom ist. Verdoppeln wir das Hauptstromfeld, so wird auch das Drehmoment doppelt so groß. Genau so würde sich das Drehmoment auch beim Verdoppeln des Ankerstromes verdoppeln. Eine Erhöhung des Hauptstromfeldes kann einmal durch eine Erhöhung des Hauptstromes, das andere Mal durch Erhöhung der Windungszahl der Hauptstromspulen erreicht werden. Ebenso hat eine Vergrößerung der Windungszahl des Ankers die gleiche Wirkung wie die Erhöhung des Ankerstromes.

Zusammenfassend kann also festgestellt werden, daß bei sonst gleichen Verhältnissen das Drehmoment proportional der Stärke des Hauptstromfeldes, also proportional dem Hauptstrom und der Windungszahl der Hauptstromspulen, ferner proportional dem Ankerstrom und der Windungszahl des Ankers ist.

Bezeichnen wir die Stärke des Hauptstromfeldes mit $\mathfrak{H}_J$, den Strom im Anker (Spannungsstrom) mit J_E, so bekommen wir für das Drehmoment D den Ausdruck

$$D = c_1 \mathfrak{H}_J J_E, \tag{3}$$

wobei c_1 eine Konstante ist, deren Größe von der Bauart des Ankers abhängt. Da bei einem gegebenen Zähler das Hauptstromfeld proportional dem durch die Spule fließenden Strom, d. h. dem Hauptstrom J ist, so können wir schreiben:

$$\mathfrak{H}_J = c_2 J. \tag{4}$$

Die Größe der Konstante c_2 hängt wieder von der Anordnung und Windungszahl der Spule ab. Wichtig ist noch zu wissen, daß c_2 bei sonst gleichen Verhältnissen proportional der Windungszahl ist. Je mehr Windungen die Spule hat, um so größer ist das Hauptstromfeld, vorausgesetzt, daß die Windungen stets auf dem gleichen Raum untergebracht sind.

Da der Ankerkreis an der Netzspannung E liegt, so berechnet sich der Ankerstrom zu

$$J_E = \frac{E}{R_E}, \tag{5}$$

wobei R_E der Widerstand des ganzen Spannungskreises, also die Summe der Widerstände des Ankers, der Hilfsspule und der Vorwiderstände ist. Für einen gegebenen Spannungskreis können wir die Gleichung auch wie folgt schreiben:

$$J_E = c_3 E, \tag{6}$$

wobei die Konstante $c_3 = \frac{1}{R_E}$ ist. In Worten: Der Ankerstrom ist bei einem gegebenen Zähler der Netzspannung E proportional. Setzen wir in die Gleichung (3) für $\mathfrak{H}_J$ und J_E die Werte dieser Größen, die sich aus den Gleichungen (4) und (6) ergeben, ein, so erhalten wir für das Drehmoment den Wert

$$D = c_1 c_2 c_3 J E = d J E, \tag{7}$$

wobei $d = c_1 c_2 c_3$ eine neue Konstante ist. Die Gleichung zeigt uns, daß das Drehmoment D unseres Zählers proportional dem Produkte von Hauptstrom und Netzspannung ist, oder, da dieses Produkt JE die Leistung N ist, so ist das Drehmoment D proportional der Leistung N. Es ist also

$$D = d J E = d N. \tag{8}$$

Bei ausgeführten Zählern, die nur wenige, meist nur drei Ankerabteilungen, also auch drei Kollektorlamellen besitzen, ist das Drehmoment bei verschiedenen Stellungen des Ankers verschieden groß. Als Drehmoment des Zählers ist in diesem Falle das mittlere Drehmoment zu verstehen.

Es möge noch hervorgehoben werden, daß in Fällen, in denen keine Belastung des Zählers angegeben wird, stets das Drehmoment bei Nennlast (s. 51) gemeint ist.

50. Bremsung und Drehzahl. Unter dem Einfluß des auf ihn ausgeübten Drehmomentes sucht sich der Zähleranker oder, wie man meist kurz sagt, der Zähler zu drehen, wobei die sich jeweils einstellende Drehzahl einerseits von der Größe des Drehmomentes, andererseits von der Größe der die Bewegung hemmenden Kräfte abhängt. Wie wir bereits wissen (s. 48), muß die Drehzahl bei einem richtig anzeigenden Zähler der Belastung proportional sein. Damit dies der Fall ist, muß auf die Ankerachse eine besondere, die Bewegung hemmende Vorrichtung wirken. Als solche Bremsvorrichtung, auch Dämpfung genannt, wird seit längerer Zeit bei allen Motorzählern eine Wirbelstrombremse verwendet. Sie beruht darauf, daß sich eine auf der Zählerachse sitzende Scheibe aus Aluminium, seltener aus einem anderen Material, zwischen den Polen eines Stahlmagneten (permanenten Magneten) befindet. Bei der Drehung des Ankers werden in der Scheibe Wirbelströme hervorgerufen. Durch Zusammenwirken dieser Ströme mit dem magnetischen Fluß Φ_M des Magneten entsteht ein Bremsmoment, welches der Drehzahl der Scheibe proportional ist. Andererseits ist das Drehmoment des Zählers proportional der Belastung der Anlage. Hieraus folgt, wie wir gleich sehen werden, daß auch die Drehzahl des Zählers proportional der Belastung ist.

Da das Bremsmoment, welches wir mit B bezeichnen, proportional der Drehzahl n ist, können wir schreiben:

$$B = bn, \tag{9}$$

wobei b eine von den Abmessungen der Bremsvorrichtung, dem Material derselben und dem Fluß des Magneten abhängige Konstante bedeutet. Andererseits wissen wir, daß das Drehmoment $D = d\,N$ ist (Gl. 8).

Im stationären Zustand muß das Bremsmoment gleich dem Drehmoment sein. Würde nämlich das Bremsmoment kleiner sein als das Drehmoment, so müßte der Zähler sich noch weiter beschleunigen. Er würde also den stationären Zustand noch nicht besitzen. Umgekehrt, wäre das Bremsmoment größer als das Drehmoment, so würde noch eine Verzögerung eintreten müssen.

Es ist also stets $B = D$ oder unter Berücksichtigung der Werte von B und D nach Gleichung (9) und (8) $b\,n = d\,N$.

Hieraus folgt

$$n = \frac{d\,N}{b} = C\,N\,.$$

Dies ist die bereits bekannte grundlegende Gleichung (1). Wir sehen, daß $C = \frac{d}{b}$ ist, d. h., daß, wie auch zu erwarten ist, die Drehzahl des Zählers um so größer ist, je größer die Drehmomentskonstante d, demnach auch das Drehmoment, und je kleiner die Bremskonstante b, also auch das Bremsmoment ist. Auf dieser Tatsache beruhen die verschiedenen Einrichtungen zum Einstellen und Regeln der Drehzahl von Motorzählern. Eine sehr verbreitete Einrichtung ist beispielsweise die, daß man die Lage des Bremsmagneten gegenüber der Scheibe ändert. Auf die verschiedenen Einrichtungen werden wir noch an anderen Stellen näher eingehen.

Es ist oben die Rede vom stationären Zustand gewesen. Dieser Begriff möge noch näher erläutert werden. Man versteht unter einem stationären, oder Beharrungszustand, den Endzustand, der sich unter gegebenen Umständen einstellt. In dem betrachteten Fall ist der stationäre Zustand derjenige, bei dem der Zähler die einer bestimmten Belastung entsprechende Drehzahl besitzt. Diese Drehzahl stellt sich aber bei Änderung der Belastung nicht sofort ein. Wird beispielsweise die Belastung des Zählers plötzlich vergrößert, so wird sich die Drehzahl infolge der Trägheit des Ankers erst allmählich vergrößern und erst nach einer gewissen Anlaufszeit den richtigen Wert erreichen. Umgekehrt liegen die Verhältnisse bei einer Verminderung der Belastung. Allerdings stellt sich die stationäre Drehzahl des Zählers sehr schnell ein. Der Vorgang des Anlaufens und Auslaufens spielt praktisch nur in den Fällen eine gewisse Rolle, in denen die Belastung sich fortwährend stoßweise ändert. Diese Frage wird an anderer Stelle noch näher behandelt (s. 229).

Die obigen Betrachtungen sind von großer Wichtigkeit, weil sie für alle Motorzähler gültig sind. Sie gelten auch für diejenigen Fälle, in denen die Bremsvorrichtung etwas anders als oben beschrieben aussieht; zuweilen wird beispielsweise an Stelle der Bremsscheibe eine Bremstrommel (Bremszylinder) verwendet. Auf einige solche Fälle kommen wir noch zu sprechen.

Wichtig ist, daß die erwähnte Bremskonstante b, bei einer bestimmten Drehzahl n also auch das Bremsmoment B, dem Quadrate des Flusses des Bremsmagneten, also Φ_M^2, ferner der Dicke ϑ und der Leitfähigkeit $\varkappa$ der Scheibe proportional ist.

Wir wollen uns jetzt noch etwas eingehender mit der Wirkungsweise der Wirbelstrombremse befassen und insbesondere die Gleichung (9) ableiten. In Abb. 54 ist die Bremsscheibe und der Bremsmagnet gezeichnet.

Der magnetische Fluß Φ_M des Magneten durchsetzt die Bremsscheibe. Solange die Bremsscheibe stillsteht, entsteht dabei in ihr kein Strom. Läuft jedoch die Scheibe mit einer gewissen Drehzahl n um, so wird in der Scheibe eine EMK E induziert, die um so größer ist, je größer die Geschwindigkeit, also n, ist und ferner je größer der Fluß Φ_M ist. Es ist also

$$E = c_1 \Phi_M n, \tag{10}$$

wo c_1 eine Proportionalitätskonstante ist, die von den Abmessungen und der Bauart der Bremse abhängt. Infolge dieser EMK, die im wesentlichen radial gerichtet ist, entstehen in der Scheibe Ströme, die sich Wege von möglichst kleinem Widerstand suchen. Der größte Teil der Scheibe ist durch diese Strömung ausgefüllt. Der charakteristische Verlauf einiger solcher Stromlinien J_l ist in der Abbildung eingezeichnet. Wir können uns sämtliche Ströme durch einen einzigen Strom J_M ersetzt denken. Dieser Strom J_M ist proportional der EMK E, der Dicke der Scheibe ϑ und deren Leitfähigkeit $\varkappa$.

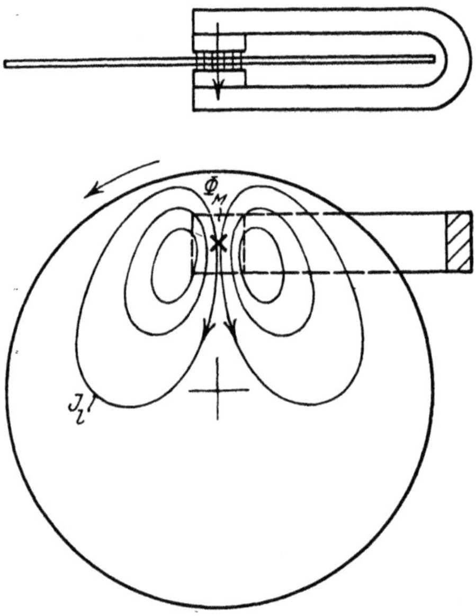

Abb. 54. Bremsmagnet und Scheibe eines Motorzählers. Bremsströme.

$$J_M = c_2 E \vartheta \varkappa .$$

Setzen wir in diese Gleichung für E den Wert aus Gleichung (10) ein, so erhalten wir

$$J_M = c_1 c_2 \Phi_M \vartheta \varkappa n. \tag{11}$$

Durch das Zusammenwirken des Bremsstromes J_M mit dem magnetischen Fluß Φ_M entsteht eine Kraft, die der Drehung entgegenwirkt, also eine Bremskraft. Dieser Kraft entspricht ein bestimmtes Bremsmoment B, welches ähnlich wie das Drehmoment D proportional dem Flusse und dem Strome ist, also

$$B = c_3 J_M \Phi_M . \tag{12}$$

Setzen wir für J_M den Wert aus Gleichung (11) ein, so erhalten wir

$$B = c_1 c_2 c_3 \Phi_M \vartheta \varkappa n \Phi_M = c_4 \Phi_M^2 \vartheta \varkappa n, \tag{13}$$

wobei c_4 eine neue Konstante ist. Für eine bestimmte Scheibe und einen bestimmten Magneten, der sich in einer bestimmten Lage zur Scheibe befindet, ist Φ_M, ϑ und $\varkappa$ konstant. Wir können die sämtlichen Konstanten als Konstante b zusammenfassen und erhalten auf diese Weise die Gleichung (9)

$$B = b n .$$

Bei manchen Zählerkonstruktionen sind an Stelle von einem Magneten zwei vorhanden. Auch hier bleibt die Gleichung (9) gültig. Die Bremskonstante hat bei zwei Magneten einen entsprechend anderen Wert.

51. Eichzahl. Nenngrößen. Verwendungsbereich. Fehler. Einzelheiten über die Eichung der Zähler werden im sechsten Teil behandelt. An dieser Stelle sollen nur einige grundlegende Begriffe, deren Kenntnis für das Verständnis des Folgenden erforderlich ist, kurz erörtert werden.

In der Praxis werden normalerweise bei der Eichung und Kontrolle von Motorzählern nicht die Angaben des Zählwerkes benutzt, sondern die Drehzahl des Zählers. Der Grund hierfür ist der, daß das Zählwerk besonders bei kleinen Belastungen so langsam fortschreitet, daß man zur Erzielung genügender Meßgenauigkeit viel zu lange Zeit für die Messung aufwenden müßte. Dagegen kann die Drehzahl in sehr kurzer Zeit genau bestimmt werden. Um die Möglichkeit zu geben, auf bequeme Weise aus der Drehzahl des Ankers auf die Angaben des Zählwerkes zu schließen, wird auf jedem Zähler die Anzahl der Umdrehungen, die einer vom Zähler angezeigten Einheit entspricht, angegeben. Bei einem Wattstundenzähler wird also die Anzahl der Umdrehungen angegeben, die einer Watt- oder Kilowattstunde entspricht. Diese Größe wollen wir im folgenden mit $C_{\mathfrak{S}}$ bezeichnen und Eichzahl nennen. Außer der Angabe der Eichzahl enthält das Zählerschild eines dynamometrischen Zählers die Angabe der Nennspannung und Nennstromstärke. Die Nennspannung ist die Netzspannung, für die der Zähler bestimmt ist. Die Nennstromstärke ist die höchste Stromstärke, mit der der Zähler normalerweise dauernd belastet werden darf. Im Betrieb dürfen natürlich sowohl die Netzspannung wie der Verbrauchsstrom von ihren Nenngrößen abweichen.

Theoretisch müßte ein Zähler bei allen Belastungen richtig zeigen. Dies trifft in Wirklichkeit jedoch nicht zu, vielmehr ist der Zähler nur für einen gewissen Strom- und Spannungsbereich brauchbar. Praktisch sind Spannungsänderungen zulässig, die normalerweise in den Netzen vorkommen (10 % bis 20 %). Die Stromstärke darf von einer gewissen niedrigsten Stromstärke (Anlaufstromstärke) bis zur Nennstromstärke oder höher (Überlastung) schwanken. Die Anlaufstromstärke beträgt etwa 1 % der Nennstromstärke. Im folgenden soll die Nenngröße mit dem Index $\mathfrak{N}$ bezeichnet werden, so z. B. bedeutet $E_{\mathfrak{N}} = 220$ Volt, daß die Nennspannung 220 Volt beträgt.

Wir haben bis jetzt stets einen idealen Zähler betrachtet, d. h. einen solchen, der bei allen Belastungen richtig zeigt. Die praktischen Zähler zeigen jedoch infolge von unvermeidlichen Ungenauigkeiten der Einstellung sowie infolge von Störungsursachen, mit denen wir uns noch weiter befassen werden, gewisse Fehler, also Abweichungen vom Sollwert. Es ist üblich, den Fehler in Prozenten des Sollwertes auszudrücken. Dieser prozentuale Fehler wird im folgenden mit Δ bezeichnet.

Ein Wattstundenzähler möge mit $J = 5$ Amp. bei einer Spannung $E = 220$ Volt drei Stunden lang belastet gewesen sein. Dann ist die elektrische Arbeit (Energie), also der Sollwert $A_{\mathfrak{S}}$ der Zählerangaben, $A_{\mathfrak{S}} = E\,J \cdot t = 220 \cdot 5 \cdot 3 = 3300$ Wh $= 3{,}30$ kWh. Der Stand des Zählwerkes sei beim Beginn des Versuches 35,73 und am Ende 39,25 gewesen; die Differenz, also die vom Zähler angezeigte Energiemenge, ist $A = 39{,}25 - 35{,}73 = 3{,}52$ kWh. Die Abweichung vom Sollwert beträgt $A - A_{\mathfrak{S}} = 3{,}52 - 3{,}30 = 0{,}22$ kWh. In Bruchteilen des Sollwertes ausgedrückt beträgt die Abweichung

$$\frac{A - A_{\mathfrak{S}}}{A_{\mathfrak{S}}} = \frac{0{,}22}{3{,}30} = 0{,}0667.$$

Dieser Wert ist also der Fehler, bezogen auf eine Einheit des tatsächlichen Verbrauches. Der prozentuale Fehler Δ ist der Fehler bezogen auf 100 Einheiten. Er ist also 100 mal größer, demnach $\Delta = 0{,}0667 \cdot 100 = 6{,}67\,\%$ vom Sollwert, und zwar zeigt der Zähler um diesen Betrag zu viel an. Der Fehler ist also positiv.

Allgemein berechnet sich der prozentuale Fehler zu

$$\Delta = \frac{A - A_{\mathfrak{S}}}{A_{\mathfrak{S}}} \cdot 100\,\% = \left(\frac{A}{A_{\mathfrak{S}}} - 1\right) \cdot 100\,\%. \tag{14}$$

Wir können aus den Angaben des Zählers auch die Anzahl der Umdrehungen, die einer angezeigten Kilowattstunde entsprechen, berechnen. Bezeichnen wir diese tatsächliche Eichzahl mit C, so errechnet sich der Fehler offenbar zu

$$\Delta = \frac{C - C_{\mathfrak{S}}}{C_{\mathfrak{S}}} \cdot 100\,\% = \left(\frac{C}{C_{\mathfrak{S}}} - 1\right) \cdot 100\,\%. \tag{15}$$

Wir wissen ferner, daß die Angaben des Zählers proportional der Drehzahl des Zählers und diese ihrerseits proportional dem Drehmoment sind. Bezeichnen wir wiederum die wirkliche Drehzahl und das wirkliche Drehmoment mit n bzw. D und den Sollwert dieser Größen mit $n_{\mathfrak{S}}$ bzw. $D_{\mathfrak{S}}$, so erhalten wir entsprechend

$$\Delta = \frac{n - n_{\mathfrak{S}}}{n_{\mathfrak{S}}} \cdot 100\,\% = \left(\frac{n}{n_{\mathfrak{S}}} - 1\right) \cdot 100\,\% \tag{16}$$

bzw.

$$\Delta = \frac{D - D_{\mathfrak{S}}}{D_{\mathfrak{S}}} \cdot 100\,\% = \left(\frac{D}{D_{\mathfrak{S}}} - 1\right) \cdot 100\,\%. \tag{17}$$

Bei der Anwendung aller dieser Gleichungen ist zu beachten, daß, wenn die Sollgröße kleiner ist als der wirkliche Wert, der Fehler positiv ist; umgekehrt, wenn der Sollwert größer ist als der wirkliche Wert, dann ist der Fehler negativ.

Zur besseren Übersicht ist es üblich, die Fehler in Form einer Kurve graphisch aufzutragen. Solche Kurven nennen wir Fehlerkurven, von denen wir verschiedene Arten unterscheiden. Die wichtigste Kurve ist die Lastkurve. Bei dieser wird der Fehler in Abhängigkeit von der Belastung des Zählers aufgetragen. Die Belastung wird entweder in Watt oder in Prozenten der Nennlast aufgetragen oder, was auf dasselbe herauskommt, bei konstant bleibender Spannung, meist Nennspannung, in Abhängigkeit von der Strombelastung in Ampere oder in Prozenten des Nennstromes. Die Lastkurve bezeichnet man oft auch kurz als Fehlerkurve. Wenn der Fehler in Abhängigkeit von der Spannung aufgetragen wird, so nennt man die entsprechende Fehlerkurve Spannungskurve. Bei Wechselstromzählern nennt man die Kurven, die die Abhängigkeit des Fehlers von der Frequenz oder vom $\cos\varphi$ darstellen, Frequenz- oder $\cos\varphi$-Kurven (s. 77).

Wir wollen uns jetzt näher mit den beim dynamometrischen Zähler auftretenden Störungsquellen befassen.

52. Reibung und Reibungsausgleich. Hilfsspule. Bei allen Motorzählern ist eine besonders wichtige Störungsquelle die beim Umlaufen des Ankers entstehende Reibung. Es sind verschiedene Arten der Reibung zu unterscheiden: Lagerreibung, Zählwerksreibung, Luftreibung und, soweit Kollektor und Bürsten vorhanden sind, wie dies beim dynamometrischen Zähler der Fall ist, noch die Kollektor- oder Bürstenreibung. Die Reibung bildet ein zusätzliches hemmendes Moment, welches wir mit r bezeichnen wollen. In erster Annäherung kann für viele Betrachtungen dieses Reibungsmoment für einen bestimmten Zähler als konstant angenommen werden. Wir wollen annehmen, daß das Reibungsmoment bei einem dynamometrischen Zähler, dessen Drehmoment bei Nennlast $D = 7{,}0$ cmg ist, $r = 0{,}06$ cmg beträgt. Würde der Zähler ohne Reibung genau richtig zeigen, so wird er beim Vorhandensein der Reibung entsprechend dem vergrößerten hemmenden Moment weniger anzeigen, und zwar wird der Minusfehler ebensoviel Prozent betragen, als das Reibungsmoment Prozent vom Drehmoment beträgt. Unser Zähler würde also bei Nennlast um $\frac{0{,}06}{7{,}0} \cdot 100 = \frac{6{,}0}{7{,}0} = 0{,}86\,\%$ zu wenig anzeigen, also $\Delta = -0{,}86\,\%$. Bei halber Belastung geht das Drehmoment auf die Hälfte zurück, demnach macht dasselbe Reibungsmoment den doppelten Prozentsatz aus. Es ergibt sich also $\Delta = -0{,}86 \cdot 2 = -1{,}7\,\%$. Entprechend ist bei $25\,\%$ der Nennlast $\Delta = -0{,}86 \cdot 4 = -3{,}4\,\%$, bei $10\,\%$ $\Delta = -0{,}86 \cdot 10 = -8{,}6\,\%$ und bei $5\,\%$ $\Delta = -0{,}86 \cdot 20 = -17{,}2\,\%$. Wir sehen also, was auch sehr einleuchtend ist, daß mit Verkleinerung der Belastung des Zählers die durch Reibung verursachten Fehler Δ stark ansteigen.

Wir wollen jetzt untersuchen, auf welche Weise man die durch Reibung verursachten Fehler beseitigen oder wenigstens vermindern kann. Beim dynamometrischen Zähler dient hierzu die Hilfsspule oder Kompensationsspule, die es gestattet, einen Reibungsausgleich zu erzielen. Wie bereits gesagt (s. 47), liegt die Hilfsspule in Reihe mit dem Anker. Sie bildet gewissermaßen einen Teil des Vorwiderstandes und wird also vom Ankerstrom durchflossen. Diese Hilfsspule ist so angeordnet, daß das in ihr durch den Ankerstrom J_E erzeugte magnetische Feld zum Teil im Bereich des Ankers verläuft, und zwar in der gleichen Richtung wie das Hauptstromfeld. Es wird auf diese Weise durch Zusammenwirken des Flusses der Hilfsspule mit dem Ankerstrom ein Drehmoment hervorgerufen, welches dieselbe Richtung hat wie das Drehmoment D des Zählers. Dieses Hilfsdrehmoment h kann durch Änderung der Lage der Hilfsspule gegenüber dem Anker verändert werden. Ferner ändert sich seine Größe bei der Änderung des Ankerstromes, also bei Veränderung der Spannung, und zwar ist es dem Quadrate der Spannung proportional. Für eine bestimmte Spannung, beispielsweise der Nennspannung $E_{\mathfrak{N}}$, kann das Hilfsdrehmoment auf einen solchen Wert eingestellt werden, daß es gerade gleich dem Reibungsmoment ist, also $h = r$. Demnach kann unter der Voraussetzung, daß das Reibungsmoment konstant ist, seine schädliche Wirkung vollständig aufgehoben oder kompensiert werden. Ganz genau trifft diese Voraussetzung allerdings in der Praxis nicht zu. Immerhin lassen sich aber durch die Hilfsspule die Reibungsfehler in sehr vollkommenem Maße ausgleichen.

Mit Rücksicht auf die Wichtigkeit der Reibung und des Ausgleichs derselben bei allen Motorzählern sollen im folgenden diese Fragen noch etwas näher behandelt werden. Die oben gemachte Annahme, daß die Reibung bei einem bestimmten Zähler eine unveränderliche Größe ist, trifft nicht zu, vielmehr steigt das Reibungsmoment r mit wachsender Drehzahl. Das Reibungsmoment kann auf verschiedene Weise bestimmt werden. Am häufigsten wird das sog. Auslaufverfahren angewandt, bei dem man den Zähleranker auf eine bestimmte Drehzahl bringt, dann auslaufen läßt und die durch die Reibung verursachte Abnahme der Drehzahl bestimmt. Der Bremsmagnet muß bei diesem Versuch natürlich entfernt werden. Eingehende Untersuchungen über die Reibung bei Zählern hat zuerst Schmiedel angestellt. Das Reibungsmoment ist von verschiedenen Faktoren abhängig, so von dem Gewicht des Ankers, der Beschaffenheit der Lagerflächen und des Öles, der Bauart und Ausführung von Zählwerk, Bürsten und Kollektor; ferner von der Gestaltung des beweglichen Systems, die die Größe der Luftreibung beeinflußt. Die Luftreibung ist um so größer, je größer die Drehzahl ist, wodurch auch in der Hauptsache bedingt ist, daß das Reibungsmoment mit wachsender Drehzahl ansteigt.

Wir wollen jetzt genauer betrachten, welchen Einfluß die Reibung auf die Angaben eines Zählers hat. Das Reibungsmoment bildet ein zusätzliches hemmendes Moment. Wie bereits bei der Behandlung der Drehzahl gesagt wurde, muß im stationären Zustand das Drehmoment D des Zählers stets gleich dem hemmenden Moment sein. Dort wurde jedoch angenommen, daß das einzige hemmende Moment das Bremsmoment B ist. Berücksichtigt man nun die Reibung, so ergibt sich, daß das Drehmoment gleich der Summe des Bremsmomentes B und des Reibungsmomentes r sein muß, also $D = B + r$. Wir können uns den Einfluß der Reibung auch als Verminderung des Drehmomentes vorstellen, was für unsere Betrachtungen etwas einfacher ist. Aus der obigen Beziehung folgt nämlich $D - r = B$. Die Verhältnisse liegen demnach so, als ob das Drehmoment D um den Betrag des Reibungsmomentes r kleiner wäre, also auf den Betrag $D - r$ gesunken ist. Der mit Reibung behaftete Zähler zeigt entsprechend dem verminderten Drehmoment weniger an als der ideale, reibungslose Zähler. Er weist also Minusfehler auf. Die Größe Δ_r des Fehlers berechnet sich nach der unter 51 angeführten Gleichung (17) zu

$$\Delta_r = \frac{(D - r) - D}{D} \cdot 100\,\% = -\frac{r}{D} \cdot 100\,\%. \tag{18}$$

Es möge jetzt für einen bestimmten dynamometrischen Zähler der Reibungsfehler genauer berechnet werden. Der Zähler sei für eine Nennspannung $E_{\mathfrak{N}} = 220$ Volt und einen Nennstrom $J_{\mathfrak{N}} = 10$ Amp. gebaut. Die Nennlast beträgt also $N_{\mathfrak{N}} = 220 \cdot 10 = 2200$ Watt. Ferner sei bei genau ausgeglichener Reibung und Nennlast die Drehzahl $n_{\mathfrak{S}} = 80$ und das Drehmoment $D = 7{,}0$ cmg. Das Reibungsmoment r hat bei verschiedenen Drehzahlen die in der Abb. 55 graphisch aufgetragenen Werte, wobei verhältnismäßig hohe Werte des Reibungsmomentes gewählt wurden, damit zwecks übersichtlicher Darstellung die Fehler nicht zu klein ausfallen. Auf der Abszissenachse sind die Drehzahlen n des Zählers, auf der Ordinatenachse die zugehörigen Reibungsmomente r in cmg aufgetragen. Wir entnehmen z. B. der Kurve für $n = 20$ $r = 0{,}065$, für $n = 80$ $r = 0{,}11$ usw. Die Lastkurve des Zählers würde, richtige Einstellung vorausgesetzt, ohne Reibung eine mit der Abszissenachse (Nullinie) zusammenfallende Gerade sein. Wir wollen jetzt feststellen, wie die Lastkurve unter dem Einfluß der Reibung sich gestalten wird. Dabei wollen wir annehmen, daß die Spannung gleich der Nennspannung $E_{\mathfrak{N}} = 220$ Volt ist. Die Belastung ändert sich also entsprechend der Änderung der Stromstärke. Der Sollwert des Drehmomentes beträgt dann bei 10 A, also 100 % der Belastung, 7,0 cmg, bei 50 % der Last, also 5 A, $\frac{7{,}0 \cdot 5}{10} = 3{,}5$ cmg usw. Die Sollwerte $n_{\mathfrak{S}}$ der Drehzahl ändern sich entsprechend. Wir können nun zu diesen Drehzahlen die zugehörigen Reibungsmomente aus unserer Kurve entnehmen und dann mit Hilfe der Gleichung (18) den durch Reibung verursachten Fehler Δ_r berechnen. Diese Berechnung ist in der folgenden Tabelle für verschiedene Belastungen durchgeführt. Geben wir dem Zähler durch die Hilfsspule ein zusätzliches Hilfsdrehmoment h, so hat dies dieselbe Wirkung, als ob die Reibung $r - h$ anstatt r ist. Wir nehmen an, daß das Hilfsdrehmoment bei unserem Zähler $h = 0{,}055$ cmg ist. Dann ergeben sich die in der Tabelle gleichfalls enthaltenden Restbeträge $r - h = r - 0{,}055$. Diesen entsprechen geringere Fehler, die sich zu $\Delta = -\frac{r - h}{D} \cdot 100\,\% = -\frac{r - 0{,}055}{D} \cdot 100\,\%$ errechnen und in der vorletzten Spalte der Tabelle eingetragen sind. Wir können nun endlich die Lastkurve noch weiter dadurch verbessern, daß wir durch Verstellung des Brems-

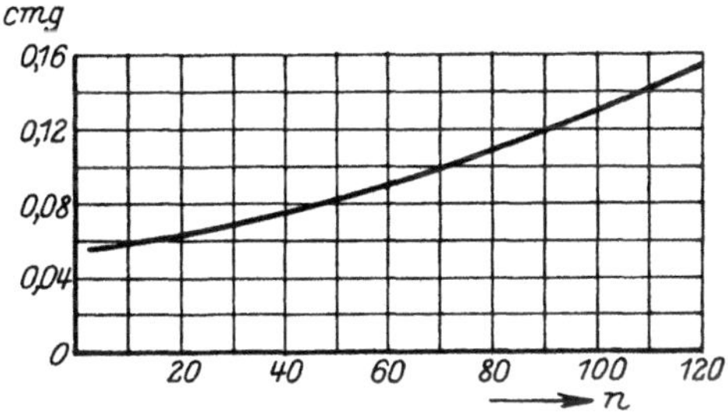

Abb. 55. Reibungsmoment r eines dynamometrischen Zählers.

magneten das Bremsmoment um einen gewissen Betrag erniedrigen. Wenn wir das Bremsmoment um 1% erniedrigen, so läuft bei allen Belastungen der Zähler um 1% rascher und es ergibt sich dann ein Fehler $\Delta' = \Delta + 1{,}0$, der in der letzten Spalte der Tabelle eingetragen ist.

Belastung bei $E_{\mathfrak{N}} = 220$ Volt		Sollwert der Drehzahl $n_{\mathfrak{S}}$	Drehmoment D	Reibungs-moment r	Fehler in %	$r - h$		
in % der Nennlast	in Amp.		cmg	cmg	$\Delta_r = -\frac{r}{D} \cdot 100\%$	$= r - 0{,}055$ cmg	$\Delta = -\frac{r - 0{,}055}{D} \cdot 100\%$	$\Delta' = \Delta + 1{,}0$
150	15	120	10,5	0,153	— 1,5	0,098	—0,9	+ 0,1
100	10	80	7,0	0,108	— 1,5	0,053	—0,8	+ 0,2
50	5	40	3,5	0,075	— 2,1	0,020	—0,6	+ 0,4
25	2,5	20	1,75	0,063	— 3,6	0,008	—0,5	+ 0,5
10	1	8	0,70	0,056	— 8,0	0,001	—0,1	+ 0,9
5	0,5	4	0,35	0,055	—15,7	0,000	—0,0	+ 1,0

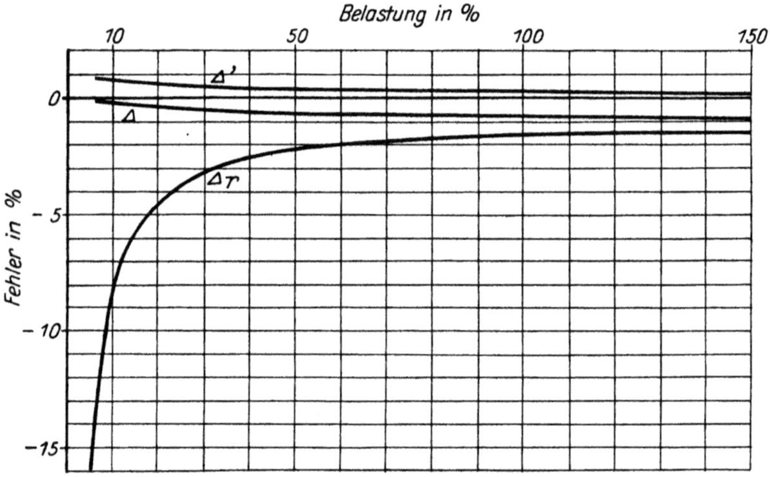

Abb. 56. Lastkurven eines dynamometrischen Zählers.

Die den Fehlern Δ_r, Δ und Δ' entsprechenden Lastkurven sind in Abb. 56 graphisch aufgetragen. Aus der Tabelle und den Lastkurven ersehen wir, daß bei nicht ausgeglichener Reibung die Fehler, wie nach dem Obigen zu erwarten war, mit fallender Belastung ansteigen. Durch Hinzufügen des Hilfsdrehmomentes von dem Betrag des Reibungsmomentes bei den kleinen Belastungen sind die Fehler trotz des Anstieges der Reibung bei höheren Belastungen auf etwa den dreifachen Betrag bereits sehr gering geworden und haben sich noch weiter verringert durch Verminderung des Bremsmomentes um 1%. Diese interessante Tatsache findet ihre Erklärung darin, daß der Anstieg der Reibung im Endergebnis nicht im vollen Maße in Erscheinung tritt, und zwar deshalb, weil die Reibung ähnlich wie das Bremsmoment bei wachsender Drehzahl ansteigt. Würde die Reibungskurve sogar noch stärker ansteigen, aber eine gerade Linie sein, d. h. daß die Reibung proportional der Drehzahl ansteigen würde, so würde man überhaupt durch ein konstantes Hilfsdrehmoment und entsprechende Verstellung des Bremsmagnetes die Reibungsfehler bei allen Belastungen vollständig ausgleichen können. Praktisch verfährt man so, daß man das Hilfsdrehmoment etwas höher wählt. Auf diese Weise werden die Werte bei höheren Belastungen sehr wenig beeinflußt, bei kleinen Belastungen bekommen wir größere Plusfehler. Dieses Verfahren wird angewandt, weil die Reibung mit der Zeit infolge der Verschlechterung der Lagerflächen und des Öles sich etwas vergrößert. Würde sich die Reibung im Laufe der Zeit überhaupt nicht ändern, so wäre die Größe der Reibung für das richtige Anzeigen des ausgeglichenen Zählers praktisch bedeutungslos. Dies zeigt, daß es weniger wichtig ist, möglichst geringe Reibung zu haben als eine möglichst unveränderliche Reibung. Man wird in der Praxis bestrebt sein, beides zu erzielen, weil bei kleinerer Reibung unvermeidliche Änderungen derselben einen geringeren Einfluß auf die Anzeige des Zählers ausüben.

Wir wollen noch das früher über die Abhängigkeit des von der Hilfsspule erzeugten Hilfsdrehmomentes von der Spannung Gesagte näher erläutern. Der Strom in der Hilfsspule ist der Strom J_E im Spannungskreise, er ist der Netzspannung E proportional. Er erzeugt also in der Hilfsspule einen magnetischen Fluß, der gleichfalls E proportional ist. Das Zusammenarbeiten dieses Flusses mit dem Ankerstrom, also dem gleichen Strom des Spannungskreises, erzeugt das Hilfsdrehmoment. Hieraus folgt, daß die Hilfskraft h dem Quadrate des Stromes J_E, also auch dem Quadrate der Spannung proportional ist.

$$h = c_h E^2, \tag{19}$$

wobei c_h eine Proportionalitätskonstante bedeutet. Die durch obige Gleichung ausgedrückte Beziehung zwischen der Hilfskraft und der Netzspannung ist von Wichtigkeit für das genauere Verständnis des Verhaltens des Zählers bei Spannungsänderungen.

53. Verhalten des Zählers bei Spannungsänderungen. Ein idealer Zähler muß, wie bei der Betrachtung über das Drehmoment bereits gesagt wurde, bei allen Spannungen richtig zeigen. Bei einem Zähler, der mit dem Nennstrom, z. B. 10 Ampere und bei Nennspannung, z. B. 220 Volt, belastet ist (also bei einer Wattbelastung von 2200 Watt), sei das Drehmoment 7,0 cmg und die Solldrehzahl 80. Der Zähler möge dabei so eingestellt sein, daß er bei dieser Belastung genau richtig zeigt. Steigt nun bei gleichbleibendem Strom die Netzspannung um 10%, also auf $220 + 220 \cdot 0{,}1 = 220 + 22 = 242$ Volt, so steigt gleichfalls die Wattbelastung um 10%, sie beträgt nämlich dann $242 \cdot 10 = 2420$ Watt. Der Zähler soll jetzt gleichfalls um 10% rascher laufen, seine Drehzahl muß also 88 betragen. Dies wird auch zutreffen, wenn das Drehmoment gleichfalls um 10% also auf 7,7 cmg gestiegen ist und die Bremskonstante sich nicht geändert hat. Diese Bedingung ist erfüllt, wenn der Widerstand des Ankerkreises unverändert bleibt. Es steigt dann nämlich der Strom J_E im Spannungskreis gleichfalls um 10%, was die erforderliche Zunahme des Drehmomentes zur Folge hat. Bei Spannungserhöhung um andere Beträge liegen die Verhältnisse natürlich ähnlich, desgleichen bei Spannungsverminderung, wobei dann bei gleichbleibendem Strom die Wattbelastung sinkt und das Drehmoment entsprechend heruntergeht. In Wirklichkeit machen sich jedoch gewisse Nebeneinflüsse bemerkbar, die zur Folge haben, daß der bei einer bestimmten Spannung geeichte Zähler bei Spannungsänderungen gewisse Fehler zeigt. Er besitzt, wie man sagt, eine gewisse Spannungsabhängigkeit. Diese Fehler sind jedoch bei richtig gebauten Zählern bei den in den Netzen praktisch vorkommenden Spannungsänderungen so gering, daß sie die Brauchbarkeit der Zähler nicht beeinträchtigen, um so mehr, als die Netzspannung zeitweise höher, zeitweise niedriger als die Nennspannung ist und die durch Spannungsänderungen aufgetretenen Fehler sich zum Teil im Endergebnis aufheben. Es sei besonders hervorgehoben, daß die Spannungsabhängigkeit des Zählers nicht zu verwechseln ist mit den Änderungen der Drehzahl, die infolge der Änderung der Spannung, also Änderung der Wattbelastung, auftreten sollen.

Die Spannungsabhängigkeit des Zählers ist auf verschiedene Ursachen, die wir jetzt näher betrachten wollen, zurückzuführen.

Die Bewicklung des Ankers und der Hilfsspule besteht aus Kupferdraht. Ferner besteht der Vorwiderstand aus Gründen, die wir noch näher kennenlernen werden (s. 54), aus Nickeldraht. Sowohl Kupfer wie Nickel sind Materialien mit hohem positiven Temperaturkoeffizienten. Ihr Widerstand steigt also mit steigender Temperatur. Der Anstieg des Widerstandes beträgt für 10° Temperaturerhöhung bei Kupfer etwa 4%, bei Nickel etwa 5% (s. 10). Der Strom im Spannungskreis verursacht eine gewisse Erwärmung des Spannungskreises. Bei konstanter Spannung stellt sich eine bestimmte Erwärmung ein, der ein bestimmter Widerstand entspricht. Steigt nun die Spannung um 10%, so müßte, wie eben gezeigt worden ist, der Strom J_E im Spannungskreis gleichfalls um 10% steigen. Dies trifft jedoch nicht genau zu. Der höhere Strom hat eine größere Erwärmung der Wicklungen zur Folge. Ihr Widerstand steigt gegenüber dem früheren Wert und der Ankerstrom ist deshalb etwas geringer als er sein sollte. Umgekehrt liegen die Verhältnisse bei niedrigerer Spannung. Hier ist der Strom verhältnismäßig zu groß, weil der Widerstand des Ankerkreises infolge geringerer Erwärmung etwas zu niedrig ist. Diese Erscheinungen haben zur Folge, daß der Zähler bei höherer Spannung etwas weniger, bei niedrigerer Spannung etwas mehr anzeigt, als er entsprechend der Änderung der Leistung anzeigen sollte. Wie groß diese Spannungsabhängigkeit ist, hängt in der Hauptsache von den Abkühlungsverhältnissen der Vorwiderstände ab. An dynamometrischen Zählern üblicher Bauart steigt der Widerstand des Spannungskreises bei 10% Spannungserhöhung kaum um wesentlich mehr als 0,5%. Der geschilderte Einfluß der Spannungsänderung wird noch dadurch etwas verringert, daß infolge der zusätzlichen Erwärmung bei höherer Spannung die Temperatur der Bremsscheibe etwas steigt, wodurch die Dämpfung etwas geringer wird, was einen Teil der durch die Erhöhung des Widerstandes des Spannungskreises verursachten Fehler ausgleicht. Bei Spannungserniedrigung liegen die Verhältnisse entsprechend. Die geschilderten Fehler, die bei Spannungsänderungen infolge der Änderung des Widerstandes des Spannungskreises auftreten, verschieben gewissermaßen die ganze Lastkurve um einen gewissen Betrag herauf oder herunter.

Bei kleinen Belastungen, bei denen der Einfluß der Hilfskraft eine größere Rolle spielt, macht sich noch ein anderer Einfluß der Spannungsänderung bemerkbar. Die Spannungsänderung hat nämlich (s. 52, am Schluß) eine Änderung der Hilfskraft zur Folge. Dadurch ist bedingt, daß der Zähler bei kleinen Belastungen bei

Spannungserhöhungen mehr, bei Spannungserniedrigungen weniger anzeigt. Der Einfluß der Spannungsänderung ist deshalb bei sehr kleinen Belastungen umgekehrt als bei höheren Belastungen.

Bei den obigen Betrachtungen wurde angenommen, daß die Schaltung des Zählers die in Abb. 52 dargestellte ist. In gewissen Fällen, und zwar bei Zählern für sehr hohe Stromstärken, durchfließt nicht der ganze Verbrauchsstrom die Hauptstromspulen des Zählers, sondern der Zähler wird an einen Nebenwiderstand (Shunt), ähnlich wie dies bei Strommessern üblich ist, angeschlossen. Aus Gründen, die wir bei der Behandlung der Temperatureinflüsse kennenlernen werden, besteht der Vorwiderstand bei diesen Zählern aus einem Material, welches praktisch keinen Temperaturkoeffizienten hat (Konstantan oder dgl.). Sein Widerstand bleibt deshalb bei Änderung der Klemmenspannung fast unverändert. Dies hat zur Folge, daß die Fehler, die durch Änderung des Widerstandes des Spannungskreises bei Änderung der Spannung sonst auftreten, bei diesen Zählern nicht vorhanden sind. Dagegen bleibt der Einfluß der Änderung der Hilfskraft auch hier bestehen.

54. Temperatureinflüsse. Bei den bis jetzt angestellten Betrachtungen wurde stillschweigend vorausgesetzt, daß die einzelnen Zählerteile eine bestimmte unveränderliche Temperatur besitzen. Eine Ausnahme wurde nur bei der genaueren Behandlung der Spannungsabhängigkeit gemacht (s. 53 kleiner Druck). In Wirklichkeit ändert sich aus verschiedenen Gründen die Temperatur der einzelnen Zählerteile. Diese Änderungen beeinflussen in verschiedener Beziehung den Zähler. Wir wollen zuerst wieder einen Zähler mit Nickelvorwiderständen behandeln. Die Temperatur des Raumes, in dem sich der Zähler befindet, sei zuerst unverändert und betrage beispielsweise $t = 20^0$. Solange der Spannungskreis und die Hauptstromspulen des Zählers stromlos sind, besitzen alle Teile des Zählers die gleiche Temperatur wie die Umgebung, also $t = 20^0$. Wird nun der Spannungskreis an Spannung gelegt, beispielsweise an Nennspannung, so wird infolge des Stromdurchganges der Spannungskreis sich allmählich erwärmen und sein Widerstand wird allmählich ansteigen. Während dieser Anwärmzeit ändern sich die Angaben des Zählers, und zwar läuft der Zähler anfangs schneller und später langsamer. Nach einer gewissen Zeit, etwa $^1/_2 \ldots 1$ Stunde haben der Spannungskreis und die übrigen Teile des Zählers, die auch etwas erwärmt werden, ihre Endtemperatur — den stationären Zustand — erreicht. Dieser stationäre Zustand ist allein für den praktischen Gebrauch des Zählers maßgebend, denn der Spannungskreis eines Zählers liegt am Verwendungsort stets an Spannung. Es muß deshalb vor Beginn der Eichung eines dynamometrischen Zählers der Spannungskreis etwa $^1/_2 \ldots 1$ Stunde unter Spannung gesetzt werden. Steigt nun die Zimmertemperatur um beispielsweise 10^0, so werden alle Teile des Zählers nach einer gewissen Zeit auch eine um etwa 10^0 höhere Temperatur als vorher annehmen. Das hat zur Folge, daß die Leitfähigkeit der Bremsscheibe, die aus Aluminium besteht, um etwa 4 % sinkt, um denselben Betrag sinkt der Bremsfaktor und der Zähler würde, wenn keine sonstigen Änderungen vorgekommen wären, um etwa 4 % rascher laufen. Die gleichzeitig eingetretene Erhöhung der Temperatur des Spannungskreises um den gleichen Betrag hat die Erhöhung des Widerstandes dieses Kreises gleichfalls um etwa 4 % zur Folge. Der Ankerstrom wird deshalb um 4 % kleiner, demnach sinkt um denselben Betrag das Drehmoment. Der Zähler würde, wenn sich an der Bremsung nichts geändert hätte, um 4 % zu langsam laufen. Da nun gleichzeitig und im gleichen Verhältnis das Bremsmoment und das Drehmoment sich verringert haben, so bleibt die Drehzahl des Zählers unverändert. Bei Verminderung der Temperatur liegen die Verhältnisse entsprechend. Dieser Ausgleich der Einflüsse der Änderung der Außentemperatur ist auch der Grund, warum man den Vorwiderstand und die Bewicklung der Hilfsspule aus Nickel, bzw. Kupfer macht.

Die Änderung der Temperatur hat außer der Beeinflussung der Widerstände der Scheibe und der Wicklungen noch einen gewissen Einfluß auf den Bremsmagneten. Beim Steigen der Temperatur fällt nämlich etwas der magnetische Fluß des Bremsmagnets, und zwar um etwa 0,3 ... 0,5 % für je 10^0 Temperaturerhöhung. Dies hat zur Folge, daß der Bremsfaktor, der dem Quadrate des Flusses proportional ist, sich um etwa 0,6 ... 1,0 % für je 10^0 Temperaturerhöhung erniedrigt. Der Zähler hat das Bestreben, um diesen Betrag schneller zu laufen. Dieser Einfluß wird jedoch dadurch ausgeglichen, daß die Vorwiderstände aus Nickel einen etwas höheren Temperaturkoeffizienten als die Scheibe besitzen. Der eigentliche Grund, warum man die Vorwiderstände nicht aus Kupfer sondern aus Nickel macht, ist jedoch der, daß das Nickel einen wesentlich höheren spezifischen Widerstand aufweist als Kupfer. Es wäre praktisch kaum möglich, genügend hohe Widerstände aus Kupfer in dem in einem Zähler verfügbaren Raum unterzubringen. Gelegentlich wurde aus ähnlichen Gründen an Stelle von Nickel Eisen verwendet.

Weitere Temperatureinflüsse treten infolge der in den Stromspulen erzeugten Stromwärme auf. Die Verfolgung dieser Einflüsse, die durch entsprechende Bauart der Zähler auf ein praktisch unschädliches Maß herabgedrückt werden können, würde hier zu weit führen. Es sei noch hervorgehoben, daß bei Zählern, bei denen der ganze Verbrauchsstrom durch die Hauptstromspulen fließt, die Änderungen des Widerstandes der Hauptstromspulen infolge von Temperaturänderungen, gleichgültig ob diese durch den Stromdurchgang oder durch die Änderung der Außentemperatur bedingt sind, auf die Angaben des Zählers natürlich ohne Einfluß sind.

Anders sind die Temperatureinflüsse bei Zählern, deren Hauptstromspulen an einen Nebenwiderstand (s. 53, kleiner Druck) angelegt sind. Auch hier bleibt der Gesamtstrom von den Temperaturverhältnissen im Zähler unberührt. Dagegen sinkt der Strom in den eigentlichen Hauptstromspulen bei Erhöhung der Temperatur, und zwar um etwa 4% für je 10^0 Temperaturerhöhung. Der Grund hierfür ist der, daß der Spannungsabfall des Nebenwiderstandes bei allen Temperaturen praktisch unverändert bleibt, dagegen erhöht sich bei Temperaturerhöhung der Widerstand der Hauptstromspulen und der Zuleitungen zu denselben, da sie aus Kupfer bestehen. Das Drehmoment des Zählers sinkt also bei Erhöhung der Temperatur. Es tritt also dieselbe Wirkung ein wie bei den oben behandelten Zählern infolge der Temperaturzunahme der Vorwiderstände aus

Nickel. Diese Änderung des Stromes in den Hauptstromspulen gleicht demnach bereits die durch Änderung der Temperatur der Bremsscheibe hervorgerufene Abnahme der Bremskraft aus. Aus diesem Grunde darf der Ankerstrom sich nicht ändern. Deshalb werden auch die Vorwiderstände bei dieser Zählerart nicht aus Nickel, sondern aus einem Material, welches keinen Temperaturkoeffizienten hat, angefertigt. Die Bewicklung des Ankers und der Hilfsspule wird auch hier aus Kupfer hergestellt, was jedoch praktisch keinen Einfluß hat, da die Vorwidertände einen wesentlich höheren Widerstand haben als der Anker und die Hilfsspule.

55. Einfluß äußerer magnetischer Felder. Astatische Zähler. Bei dynamometrischen Zählern ist der Einfluß der äußeren magnetischen Felder zu beachten. Wenn sich ein solcher Zähler in einem fremden magnetischen Feld befindet, lagert sich dieses Feld über das Feld der Stromspule und kann, ähnlich wie das Feld dieser Spule, ein Drehmoment zur Folge haben. Dieses störende Drehmoment kann verschiedene Richtung haben. Verläuft das äußere Feld in gleicher Richtung wie das Hauptstromfeld, so läuft der Zähler schneller, ist die Richtung des fremden Feldes entgegengesetzt der Richtung des Hauptstromfeldes, so läuft der Zähler langsamer. Steht das fremde Feld senkrecht zur Richtung des Hauptstromfeldes, so beeinflußt es den Zähler nicht, bei schräger Lage kommt es nur zum Teil zur Wirkung. Diese Fälle liegen also auch dann vor, wenn das Feld vertikal oder schräg von unten nach oben oder umgekehrt verläuft. Die äußeren Felder können verschiedene Ursachen haben. Ein äußeres magnetisches Feld, welches immer vorhanden ist, ist das Erdfeld. Seine Stärke in horizontaler Richtung (Horizontalintensität) beträgt etwa 0,2 Gauß, d. h. 0,2 Feldlinien je cm^2 und es ist von Norden nach Süden gerichtet. Dieses Feld übt also dann auf den Zähler keinen Einfluß aus, wenn die Achse der Hauptstromspulen von Osten nach Westen gerichtet ist. Der dynamometrische Zähler soll bei der Eichung so aufgehängt werden, daß das Erdfeld keinen Einfluß hat. Äußere Felder können ferner von benachbarten Stromleitern oder Magneten herrühren, insbesondere können auch die Felder der Zuleitungen zum Zähler selbst den Zähler beeinflussen. Dies tritt praktisch in Erscheinung bei Zählern für höhere Stromstärken. Deshalb sind bei der Montage von Zählern für hohe Stromstärken besondere Vorsichtsmaßnahmen zu treffen.

Eine ähnliche Erscheinung hat auch der Einfluß von Eisen in der Nähe des Zählers zur Folge. Durch das Eisen kann das Hauptstromfeld verstärkt werden. Ferner kann der remanente Magnetismus besonders nach starken Belastungen und Kurzschlüssen eine schädliche Wirkung ausüben. Aus diesem Grunde wird bei dem Bau von dynamometrischen Zählern nach Möglichkeit Eisen vermieden. Die Grundplatten und die Gehäuse werden aus unmagnetischem Material hergestellt. Erstere werden oft aus Aluminiumlegierung gegossen, letztere aus Zink- oder Aluminiumblech angefertigt. Ferner soll nach Möglichkeit vermieden werden, daß in unmittelbarer Nähe der Zähler Eisengerüste oder dgl. vorhanden sind.

Der Einfluß der äußeren Felder ist um so größer, je stärker diese Felder im Verhältnis zum Hauptstromfeld sind. Der Einfluß wächst also mit fallender Belastung des Zählers.

Der Verlauf der durch ein äußeres Feld verursachten Fehler in Abhängigkeit von der Belastung des Zählers ist der gleiche wie von einem zusätzlichen Hilfsdrehmoment oder, wenn das äußere Feld hemmend wirkt, ähnlich wie der eines konstanten Reibungsmomentes. Um den Einfluß der äußeren Felder, besonders des Erdfeldes möglichst klein zu halten, wird angestrebt, möglichst starke Hauptstromfelder zu erzielen. Nach den von der Physikalisch-Technischen Reichsanstalt festgesetzten Bestimmungen muß das Hauptstromfeld bei dynamometrischen Zählern bei Nennlast mindestens 100 Gauß sein.

Ein weiteres Mittel zur Vermeidung des Einflusses der äußeren Felder, welches besonders bei Zählern für hohe Stromstärken angewandt wird, besteht darin, daß man den Zähler astasiert. Ein solcher astatischer Zähler besitzt zwei Anker, die auf einer Achse übereinander angeordnet sind. Die beiden Anker liegen entweder in Reihe oder parallel und sind so geschaltet, daß ein äußeres Feld, welches beide Anker durchsetzt, in dem einen Anker ein Drehmoment in der einen Richtung, im anderen in der anderen Richtung erzeugt. Ist das Feld in beiden Ankern gleich stark, so heben sich die beiden zusätzlichen Drehmomente auf. Es sind gewöhnlich zwei Hauptstromspulen vorhanden, die so geschaltet sind, daß die wirksamen Drehmomente beider Anker sich addieren. Mitunter wird auch der zweite Anker außerhalb der Hauptstromspulen angeordnet und dient dann nur zur Astasierung.

56. Anlauf. Leerlauf. Hemmfahne. Wenn das Reibungsmoment genau ausgeglichen wäre, so würde, wie wir wissen, der Zähler bei allen Belastungen richtig anzeigen und auch bei der kleinsten Belastung anlaufen. Ist das von der Hilfsspule herrührende, die Reibung ausgleichende zusätzliche Drehmoment zu klein, so zeigt der Zähler besonders bei kleinen Lasten Minusfehler und beginnt erst bei einer solchen Belastung zu laufen, bei der durch das Nutzdrehmoment der Restbetrag der Reibung überwunden wird. Wenn das Hilfsdrehmoment größer als das Reibungsmoment ist, so wird der Zähler, auch ohne daß er belastet ist, laufen. Er hat Leerlauf. Zur Vermeidung des Leerlaufes dient die Hemmfahne. Sie besteht meist aus einem kleinen, an der Nabe der Bremsscheibe befestigten Eisendrähtchen, welches so gebogen ist, daß es beim Umlaufen des Zählers in die Nähe des Bremsmagneten kommt. Wenn der Zähler unbelastet ist, so wird die Hemmfahne von dem Streufelde des Bremsmagneten festgehalten und auf diese Weise der Leerlauf verhindert. Durch entsprechendes Biegen der Hemmfahne wird der Anlauf des Zählers auf den gewünschten Betrag, etwa 1% der Nennlast, eingestellt.

Selbst dann, wenn es gelingen würde, bei der Eichung des Zählers die Hilfsspule so einzustellen, daß die Reibung völlig ausgeglichen ist, müßte damit gerechnet werden, daß mit der Zeit die Reibung sich etwas vergrößert. Aus diesem Grunde stellt man die Hilfsspule so ein, daß das Hilfsdrehmoment bei der Eichung etwas größer ist als eigentlich erforderlich wäre. Diese Überkompensation ist nicht nur zur Vermeidung von Fehlern bei kleinen Lasten, sondern auch zur Erzielung eines günstigen Anlaufes erforderlich. Das Überwiegen des Hilfsdrehmomentes, also Leerlauf, kann auch dann eintreten, wenn die Reibung z. B. bei Erschütterungen des Zählers sich vermindert, ferner wenn die Hilfskraft bei Spannungserhöhungen sich vergrößert. Eine ähnliche Wirkung haben auch äußere Felder, wenn sie in der gleichen Richtung wie das Hauptstromfeld verlaufen. Ein entgegengesetzt gerichtetes äußeres Feld kann dagegen Rücklauf verursachen (s. 55). Alle diese Nachteile werden durch die Hemmfahne vermieden.

Man könnte annehmen, daß die Hemmfahne besonders bei kleinen Belastungen Minusfehler des Zählers verursacht. Dies ist jedoch nicht der Fall. Die Hemmfahne verhindert nur bis zur Erreichung eines bestimmten Drehmomentes das Umlaufen des Ankers. Läuft jedoch der Zähler, so beeinflußt die Hemmfahne den Zähler praktisch gar nicht. Wenn nämlich die Hemmfahne sich dem Bremsmagneten nähert, so wird sie von demselben angezogen und es entsteht ein zusätzliches Drehmoment. Entfernt sie sich wieder vom Magneten, so entsteht ein hemmendes Moment. Die beiden Wirkungen heben sich auf. (Theoretisch bleibt ein kleines hemmendes Moment übrig, welches durch die Ummagnetisierung der Bremsfahne bedingt ist.) Auf dem größten Teil ihres Weges wird die Hemmfahne vom Magneten überhaupt nicht beeinflußt. Die aus einem Eisendrähtchen angefertigte Hemmfahne kann auch durch andere, in ihren Wirkungen aber entsprechende Haltevorrichtungen ersetzt werden. So wird z. B. gelegentlich an einer Stelle der Scheibe eisenhaltiger Lack aufgetragen. Ferner können auch mechanische Haltevorrichtungen verwendet werden, die zuweilen so ausgebildet sind, daß sie gleichzeitig als Rücklaufhemmungen dienen, d. h. verhindern, daß z. B. bei Stromumkehrung der Zähler rückwärts laufen kann.

Zuweilen tritt bei einem, in einer mit einem Isolationsfehler behafteten Anlage installierten Zähler scheinbar Leerlauf auf, obwohl der Zähler in Wirklichkeit in Ordnung ist. Die Ursache dieser Erscheinung liegt darin, daß infolge des Isolationsfehlers in der Anlage ein kleiner Strom zur Erde fließt, der auch vom Zähler angezeigt wird. Der Zähler läuft also in Wirklichkeit nicht leer, sondern zeigt einen tatsächlichen Verbrauch an. Da sich jedoch kleine Isolationsfehler kaum vermeiden lassen, so wird man, um im Betrieb keine unnützen Schwierigkeiten zu haben, zweckmäßigerweise den Anlauf des Zählers nicht zu empfindlich einstellen.

57. Anschluß und Drehrichtung. In Abb. 52 ist eine bestimmte Stromrichtung in der Hauptstromspule und in dem Nebenschlußkreis angenommen worden. Dabei entsteht ein Drehmoment in einer bestimmten Richtung. Durch entsprechende innere Schaltung des Zählers wird diese Drehrichtung so gewählt, daß das Zählwerk richtig fortschreitet. Bei neuzeitlichen Zählern ist zum größten Teil eine solche Drehrichtung üblich, bei der sich die Bremsscheibe, die eine Marke zur leichteren Bestimmung der Drehzahl erhält, von vorn gesehen von links nach rechts bewegt, d. h. von oben gesehen, gegen den Uhrzeigersinn umläuft. Es ist übrigens üblich, daß am Zählergehäuse oder an einer anderen geeigneten Stelle ein Pfeil angebracht ist, der die richtige Drehrichtung des Zählers anzeigt.

Würde man die vom Kraftwerk ankommenden Leitungen kreuzen, d. h. die Stromrichtung in der Anlage und in der Hauptstromspule des Zählers umkehren, so kehrt sich auch die Stromrichtung im Anker um. Das Drehmoment behält seine Richtung und der Zähler läuft in der gleichen Richtung wie früher um. Hieraus folgt, daß beim Anschluß eines dynamometrischen Zählers die Polarität nicht beachtet zu werden braucht. Dagegen ist es unzulässig, die innere Schaltung des Zählers etwa so zu ändern, daß sich die Stromrichtung im Anker oder in den Hauptstromspulen allein umkehrt. Dann läuft der Zähler rückwärts. Die Umkehrung der Polarität hat jedoch insofern einen gewissen Einfluß auf die Angaben des Zählers, als die äußeren Felder, insbesondere z. B. die Streulinien des Bremsmagnets, bei Änderung der Polarität entgegengesetzten Einfluß auf den Zähler ausüben.

58. Schutzblech. Das zwischen dem Magneten und der Hauptstromspule angebrachte Schutzblech besteht aus weichem Eisen mit möglichst geringer Remanenz und hat zwei Aufgaben zu erfüllen. Es soll einerseits das Hauptstromfeld vom Bremsmagneten, andererseits die Streulinien des Bremsmagneten vom Anker abhalten. Das erstere ist besonders bei Kurzschlüssen in der Anlage wichtig, weil bei dem hohen Kurzschlußstrom das Hauptstromfeld entsprechend sehr stark ist und deshalb den Bremsmagneten je nach der Stromrichtung schwächen oder stärken kann.

Die Streulinien des Bremsmagneten wirken ähnlich wie ein äußeres magnetisches Feld oder wie die Hilfsspule bzw. die Reibung (s. 55). Bei der Einstellung des Zählers werden diese Streulinien mit berücksichtigt. Sie können jedoch eine schädliche Wirkung dann haben, wenn in der Anlage die Stromrichtung anders ist als bei der Eichung. Eine möglichst geringe Remanenz des Schutzbleches (magnetisch weiches Material) ist erforderlich, damit es, nachdem es beispielsweise bei einem Kurzschluß magnetisiert worden ist, nicht selbst als Magnet auf den Anker wirkt.

59. Gegenelektromotorische Kraft des Ankers. Bei allen bisherigen Betrachtungen wurde angenommen, daß die Höhe des Nebenschlußstromes, also des Ankerstromes, nur von der Höhe der Netzspannung und dem Widerstande des Ankerkreises abhängt. Dies trifft in Wirklichkeit nicht genau zu. Vielmehr entsteht im Anker während des Umlaufens eine elektromotorische Kraft, und zwar wirkt sie der Klemmenspannung entgegen. Diese Gegen-EMK vergrößert also scheinbar den Widerstand des Spannungskreises, wobei diese Vergrößerung von der Belastung des Zählers abhängig ist. Dies hat zur Folge, daß die Lastkurve bei steigender Belastung etwas abfällt (Zähler zeigt Minusfehler). Die Fehler sind jedoch so gering, daß sie praktisch völlig vernachlässigt werden können. Die EMK beträgt bei Nennlast einige Zehntel Volt; bei den gebräuchlichen Zählern etwa 0,3 Volt. Da die Netzspannung jedoch in der Praxis stets mindestens 110 Volt ist, so ist der ganze Einfluß der EMK bei Nennstrom höchstens 0,3%.

Beachtenswert ist hier noch der Vergleich des Verhaltens des dynamometrischen Zählers mit dem Verhalten eines normalen Nebenschlußmotors. Beim dynamometrischen Zähler ist die EMK des Ankers nach dem Obigen gegenüber dem Ohmschen Widerstand des Ankers zu vernachlässigen; bei einem Nebenschlußmotor liegen die Verhältnisse gerade umgekehrt.

60. Bauart von Zählern für verschiedene Spannungen und verschiedene Stromstärken. Eigenverbrauch und Spannungsabfall. Die Bauart eines Zählers richtet sich nach verschiedenen praktischen Gesichtspunkten. Liegt sie für eine bestimmte Spannung und eine bestimmte Stromstärke fest, so kann für andere elektrische Verhältnisse die Bewicklung sowie das Übersetzungsverhältnis des Zählwerkes leicht festgelegt werden. Dies gilt natürlich nur für gewisse Grenzen der Spannung und der Stromstärke, für die das betreffende Modell bestimmt ist. Für ganz andere Verhältnisse muß unter Umständen eine andere Bauart gewählt werden.

Dynamometrische Zähler gleicher Bauart für verschiedene Nennspannungen und Nennstromstärken werden so gebaut, daß das Drehmoment und die Drehzahl bei Nennlast, ferner die Ankerwicklung und der Nebenschlußstrom bei allen Zählern etwa gleich bleiben. Gewisse Abweichungen von diesem Grundsatz sind jedoch erforderlich, insbesondere ist stets ein gewisser Spielraum in der Drehzahl vorhanden, weil man nicht für jede Nennlast ein anderes Übersetzungsverhältnis des Zählwerkes wählen kann.

Die oben geschilderte Art der Bewicklung des Zählers bedingt, daß der Effektverbrauch im Nebenschlußkreis bei Nennspannung proportional dieser ist, und zwar beträgt er bei den üblichen Zählern etwa 1 ... 2 Watt für je 100 Volt. Der Effektverlust in den Hauptstromspulen bei Nennlast ist bei Zählern für verschiedene Nennstromstärken etwa der gleiche. Er liegt bei Zählern für kleine und mittlere Stromstärken in der Größenordnung von etwa 10 Watt. Der Spannungsabfall in den Hauptstromspulen ist umgekehrt proportional der Nennstromstärke. Man läßt maximal bei Zählern für niedrige Stromstärken einen Spannungsabfall von etwa 2,5 Volt zu.

Wir wollen uns etwas eingehender mit der Frage der Wicklungen befassen.

Der Spannungskreis des Zählers liegt stets, also auch wenn keine Verbraucher eingeschaltet sind, an der Netzspannung. Dadurch wird ein ständiger Effektverbrauch, den wir mit N_E bezeichnen wollen, verursacht. $N_E = EJ_E$. Dieser Effektverbrauch wird vom Zähler nicht gemessen, weil der Spannungskreis vor der Hauptstromspule abgezweigt ist (s. Abb. 52). Man strebt naturgemäß an, den Effektverbrauch N_E, den man meist kurz Wattverbrauch nennt, also den Nebenschlußstrom J_E, möglichst klein zu halten. Der Widerstand R_E des Spannungskreises muß demnach möglichst hoch sein. Andererseits gibt es für den Strom J_E aus verschiedenen Gründen eine bestimmte untere Grenze, die praktisch nicht unterschritten werden kann. Die wichtigsten Gründe sind die folgenden:

Die Ankerspulen müssen eine bestimmte Amperewindungszahl haben. Je kleiner also der Ankerstrom ist, um so höher muß die Windungszahl sein. Bei ge-

gebenem Wickelraum oder Ankergewicht muß dabei der Drahtquerschnitt um so kleiner sein, je höher die Windungszahl ist. Man verwendet in der Praxis für die Ankerwicklung kaum wesentlich schwächere Drähte als 0,1 mm Durchmesser. Mit wachsender Windungszahl des Ankers wächst sein Widerstand und demnach auch sein Spannungsabfall, also die Kollektorspannung. (Die EMK des Ankers kann, wie unter 59 gesagt, dabei vernachlässigt werden.) Eine zu hohe Kollektorspannung verursacht starke Funkenbildung am Kollektor, die starke Abnutzung der Bürsten und des Kollektors zur Folge hat. Die Anker neuzeitlicher Zähler besitzen meist einen dreiteiligen Kollektor, also drei Ankerabteilungen. Der Widerstand dieser Anker gemessen zwischen den Bürsten liegt in der Größenordnung von etwa 500 Ω. Der Ankerstrom beträgt etwa 10 ... 20 mA und der Spannungsabfall 5 ... 15 Volt.

Die Bewicklung des Ankers und der Hilfsspule besteht aus Kupferdraht von etwa 0,1 mm Durchmesser; für die Vorwiderstände werden Drähte aus Reinnickel und Widerstandsmaterial (s. 54) von etwa 0,05 ... 0,1 mm Durchmesser verwendet. Als Drahtisolation wird meist Emaille, seltener Seide oder Baumwolle angewandt, wobei bei sehr schwachen umsponnenen Drähten (z. B. 0,05 mm) mitunter ein Längsfaden eingelegt wird. Die Vorwiderstände werden entweder frei gewickelt oder auf Porzellanrollen oder dgl. aufgebracht. Bei Zählern für hohe Spannungen können die erforderlichen Vorwiderstände nicht alle im Zähler selbst untergebracht werden, weil einerseits der dafür im Zähler zur Verfügung stehende Raum nicht groß genug ist, andererseits auch die erzeugte Wärme zu groß wäre. In solchen Fällen werden, ähnlich wie bei anderen Meßgeräten, die Vorwiderstände zum Teil in besonderen Vorwiderstandsdosen untergebracht.

Die Windungszahl der Hauptstromspulen von Zählern für verschiedene Nennstromstärken wird so gewählt, daß die Amperewindungszahl bei Zählern für alle Stromstärken etwa die gleiche ist, d. h. die Windungszahl muß umgekehrt proportional der Stromstärke sein. Hieraus folgt, daß bei gleichem Wickelraum die oben bereits erwähnten Verhältnisse in bezug auf den Wattverbrauch und Spannungsabfall auftreten (s. hierzu auch 35). Bei Zählern für niedrige Stromstärken muß gelegentlich ein verhältnismäßig zu großer Drahtquerschnitt angewandt werden, damit der Spannungsabfall die zulässigen Grenzen nicht überschreitet.

Als Bewicklung der Hauptstromspulen werden bei niedrigen Stromstärken meist Runddrähte, bei höheren Drähte und Bänder von rechteckigem Querschnitt verwendet. Als Material kommt fast ausschließlich Kupfer in Betracht. Die Runddrähte werden meist mit Emaille, die übrigen vorwiegend mit Baumwolle isoliert. Bei Spulen für hohe Stromstärken, also bei großen Querschnitten und geringen Windungszahlen, wird auch blankes Kupfer verwendet, wobei die Windungen gegeneinander durch Zwischenlagen aus Preßspan oder ähnlichem Baustoff isoliert werden. Bei Zählern für Stromstärken von etwa 300 A aufwärts haben die Hauptstromspulen nur eine oder zwei Windungen. Sie werden in diesem Fall meist aus Kupfer gegossen. Es macht Schwierigkeiten, Zähler für sehr hohe Stromstärken, etwa über 1000 A, so auszuführen, daß der ganze Verbrauchsstrom durch die Wicklungen fließt. Solche Zähler werden deshalb meist an getrennte Nebenwiderstände (Shunts) angeschlossen (s. auch 62). In diesem Fall ist der Zähler selbst für eine Stromstärke von etwa 50 ... 150 A ausgeführt. Der größte Teil des Verbrauchsstromes fließt durch den Nebenwiderstand, der bei Nennstrom einen Spannungsabfall von etwa 100 ... 200 mV besitzt. Als Material für Nebenwiderstände kommt Manganin, Konstantan oder dgl. in Betracht. Dieses Material wird in Band-, Stab- und Röhrenform verwendet. Die verhältnismäßig hohe Stromstärke in den Hauptstromspulen bedingt, daß die Verbindungsleitungen zwischen dem Zähler und dem Nebenwiderstand große Querschnitte erhalten und daß die Entfernung zwischen Zähler und Nebenwiderstand deshalb einige Meter nicht übersteigen darf. Zähler dieser Art können für die höchsten praktisch vorkommenden Stromstärken gebaut werden. Sie wurden bereits bis 25000 A ausgeführt.

Bis jetzt wurde angenommen, daß es sich um die Messung der Energie in einer Zweileiteranlage handelt. Der dynamometrische Zähler kann auch für Dreileiteranlagen gebaut werden. Solche Zähler unterscheiden sich von denen für Zweileiteranlagen nur durch ihre Schaltung. Der wesentliche Unterschied besteht darin, daß die eine Hälfte der Hauptstromspule in den einen Außenleiter gelegt wird, die andere in den anderen. Die Dimensionierung der Wicklung bleibt im allgemeinen die gleiche wie bei den Wicklungen für die gleiche Stromstärke für Zweileiterzähler.

61. Konstruktive Einzelheiten. An dieser Stelle sollen einige für den dynamometrischen Zähler charakteristische konstruktive Einzelheiten erwähnt werden. Konstruktionsteile, die allen Zählern gemeinsam sind, werden im Kapitel VIII dieses Teiles behandelt. Der Gesamtaufbau der Zähler ist aus den Beispielen ausgeführter Zähler (s. 62) ersichtlich. Hier möge nochmals hervorgehoben werden, daß die Grundplatten der dynamometrischen Zähler oft gegossen sind, wobei als Material in erster Linie Aluminiumlegierungen und Messing in Betracht kommt, da das Material unmagnetisch sein soll. Die Gehäuse werden, wie auch sonst üblich, aus Blech angefertigt, wobei auch hier unmagnetisches Material verwendet werden muß. In erster Linie kommt Zink und Aluminium in Betracht (s. 55).

Die Klemmenstücke und Klemmen für Zähler für niedrige und mittlere Stromstärken weisen keine besonderen Merkmale auf; bei hohen Stromstärken dagegen werden meist keine besonderen Klemmen angewandt, sondern die Zuleitungen werden an Bolzen, die in unmittelbarer Verbindung mit den Hauptstromspulen stehen, angeschlossen. Diese Konstruktionen sind insofern für den dynamometrischen Zähler charakteristisch, als bei anderen Zählerarten derartig hohe Stromstärken überhaupt nicht vorkommen.

Die Bauart des Ankers kann sehr verschieden sein. Am meisten verbreitet sind kugelförmige Anker, bei denen die einzelnen Spulen rund sind. Als Kollektor- und Bürstenmaterial kommen vorwiegend Silber oder Silberlegierungen in Betracht. Außer den bereits oben erwähnten dreiteiligen Kollektoren kommen besonders bei älteren Zählern auch fünf- oder siebenteilige vor.

Das Ankergewicht ist bei dynamometrischen Zählern verhältnismäßig hoch, etwa 100 ... 200 g. Aus diesem Grunde ist bei diesen Zählern besondere Sorgfalt in bezug auf die Bauart des Unterlagers geboten. Da die Lagerflächen besonders während des Transportes des Zählers gefährdet sind, so werden bei diesen Zählern nicht selten arretierbare Unterlager verwendet (s. hierzu 109 Abb. 147).

Bei dynamometrischen Zählern für hohe Stromstärken werden gelegentlich Fernzählwerke verwendet, weil man den Zähler selbst auch dann, wenn es sich um einen Zähler mit Nebenwiderstand handelt, nicht sehr weit entfernt von den stromführenden Schienen montieren kann. Dagegen kann das Fernzählwerk auch an einer entfernteren Stelle, z. B. einer Schalttafel, untergebracht werden.

Abb. 57. Dynamometrischer Zähler. Modell G 5 der SSW.

Die Bewicklung des Zählers wurde bereits unter 60 eingehend behandelt.

Ein Punkt, der beim dynamometrischen Zähler ganz besonders beachtet werden muß, ist die gute Isolation der stromführenden Teile. Erfahrungsgemäß ist besonders bei höheren Spannungen, die beim dynamometrischen Zähler vorkommen (Straßenbahnzähler), die Isolation bei Gleichstrom infolge von elektrolytischen Erscheinungen wesentlich mehr gefährdet als bei Wechselstrom.

62. Beispiele ausgeführter dynamometrischer Zähler und charakteristische Daten. In den folgenden Abbildungen sind einige dynamometrische Zähler und deren wichtigste Teile wiedergegeben. Es sind dabei Zähler gewählt worden, die als charakteristische Vertreter des dynamometrischen Zählers gelten können. Es gibt auch Zähler, die sich von den abgebildeten in verschiedenen Teilen nicht unwesentlich unterscheiden.

Abb. 57 zeigt den Zähler Modell G 5 der SSW (bei abgenommenem Gehäuse). In der Abbildung sind deutlich die verschiedenen Bestandteile, die wir bei der Behandlung der Wirkungsweise kennengelernt haben, ersichtlich. In Abb. 58 ist der vollständige Anker dieses Zählers abgebildet. Die Grundplatte dieses Zählers ist aus einer Aluminiumlegierung gegossen. Der Anker hat kugelförmige Gestalt, seine Spulen sind aus Emailledraht gewickelt. Der Kollektor kann samt dem oberen

Führungszapfen nach Abnahme des Oberlagerwinkels auf einfache Weise zwecks Reinigung oder Ersatzes durch einen neuen herausgezogen werden. Der Zähler besitzt ein arretierbares Unterlager, so daß während des Transportes der Lagerstein entlastet und die Ankerachse in ihrer Lage festgehalten ist. Die charakteristischen Daten des G 5-Zählers sind etwa die folgenden:

Der Zähler wird für Nennstromstärken von 3 A bis zu 200 A und alle vorkommenden Spannungen gebaut. Der Anlauf erfolgt unterhalb 1% der Nennlast. Der Wattverbrauch im Nebenschluß beträgt 1,5 W für

Abb. 58. Anker des Zählers Abb. 57.

Abb. 59. Dynamometrischer Zähler Modell LRc der AEG.

je 100 V entsprechend einem Strom im Spannungskreis von 15 mA. Die Drehzahl bei Nennlast ist 50; das mittlere Drehmoment bei Nennlast 7 cmg. Das Ankergewicht beträgt 120 g. Das Gesamtgewicht des Zählers für kleine und mittlere Stromstärken ist 4,7 kg.

Abb. 59 zeigt den Zähler Modell LRc der AEG, der in bezug auf den Verwendungsbereich und seine Eigenschaften etwa dem eben besprochenen G 5-Zähler entspricht. Es mögen deshalb nur einige Punkte, die für den LRc-Zähler charakteristisch sind, kurz erwähnt werden. Das Meßwerk ist auf einen besonderen gegossenen Tragkörper montiert, welcher an der aus Blech angefertigten Grundplatte befestigt ist. Eine weitere Eigentümlichkeit ist die sog. Bürstenwage. Diese Bürstenwage ist ein drehbarer Doppelarm, an dessen einem Ende die Bürsten, am anderen Ende Eisenkerne, die in dem Bereich der Hauptstromspulen liegen, befestigt sind. Je nach der Stärke des Verbrauchsstromes, also nach der Stärke des Hauptstromfeldes, werden diese Eisenkerne mehr oder weniger in den Bereich des Hauptstromfeldes eingezogen. Dadurch ändert sich die Lage der Bürsten auf dem

Abb. 60. Dynamometrischer Zähler Modell G 8 der SSW.

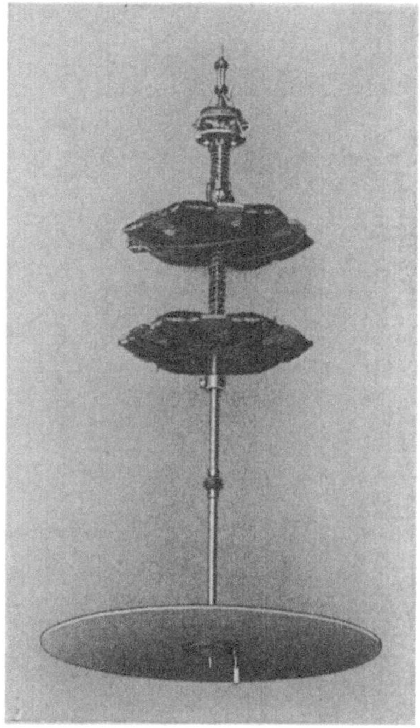

Abb. 61. Astatischer Anker des Zählers Abb. 60.

Kollektor. Die Einrichtung bezweckt eine gleichmäßige Ausnutzung des Kollektors. Ferner wird eine Kompensation des Abfalles bei hohen Lasten dadurch erzielt, daß das Hauptstromfeld durch die ihm mehr genäherten Eisenkerne verstärkt wird.

Abb. 60 zeigt den Zähler Modell G 8 der SSW. Dieser Zähler wird für Nennstromstärken von 300 A bis 1000 A gebaut. Seine Hauptstromspulen, von denen jede eine oder zwei Windungen hat, bestehen aus Kupferguß. Jede dieser Spulen wirkt auf einen der beiden Teile des astatischen Doppelankers. Dieser Anker ist in Abb. 61 nochmals für sich allein wiedergegeben. Es sind deutlich die beiden flachen Einzelanker ersichtlich. Die Wicklungen sind hier auf Eisenscheiben aufgebracht.

Abb. 62 zeigt den Zähler G 7 der SSW, und zwar in der Ausführung als Schalttafelzähler in einem Gehäuse mit Vorderwand aus Glas. Dieser Zähler ähnelt seiner Bauart nach dem eben erwähnten G 8-Zähler. Er ist jedoch für noch höhere Nennstromstärken, also von 1000 A aufwärts, bestimmt und wird in Verbindung mit getrennten Nebenwiderständen benutzt. Die Hauptstromspulen des Zählers selbst sind für alle Nennstromstärken die gleichen und der Zählerstrom ist bei Belastung der Anlage mit Nennstrom stets etwa 60 A. Der Spannungsabfall des Nebenwiderstandes beträgt etwa 120 mV.

Abb. 62. Dynamometrischer Zähler Modell G 7 der SSW.

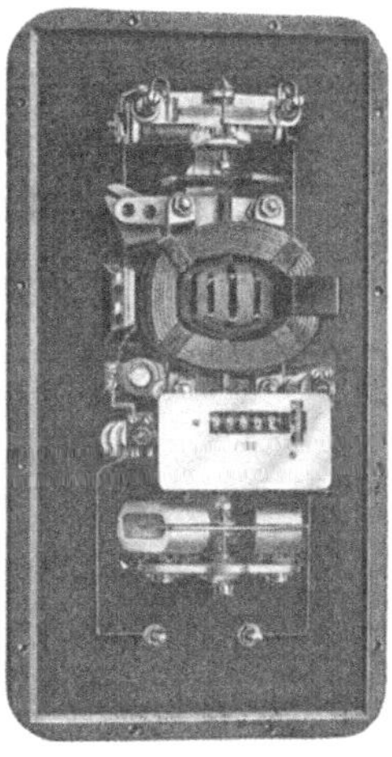

Abb. 63. Dynamometrischer Zähler Modell AF von Landis & Gyr.

Die dynamometrischen Zähler Modell AD und AF von Landis & Gyr unterscheiden sich von den bis jetzt besprochenen im wesentlichen dadurch, daß die Hauptstromspulen nicht senkrecht sondern parallel zur Grundplatte liegen. Der Zähler Modell AF, Abb. 63, ist wie der G 7 Zähler der SSW in Verbindung mit getrennten Nebenwiderständen zur Verwendung für hohe Stromstärken, etwa von 500 A aufwärts, bestimmt. In den Hauptstromspulen fließen dabei etwa 75 A. Der Zähler besitzt zwecks Astasierung oberhalb des eigentlichen Ankers einen besonderen Kompensationsanker, der oberhalb der Hauptstromspulen liegt. Dieser Anker erzeugt kein Nutzdrehmoment.

63. Oszillierender Wattstundenzähler. Eine besondere Abart der dynamometrischen Zähler sind die oszillierenden Zähler oder Wendemotorzähler. Sie werden z. Zt. nur von der AEG gebaut. Im folgenden soll ihre Wirkungsweise und Bauart kurz erläutert werden. Diejenigen, die sich mit diesen Zählern näher befassen wollen, seien auf die diesbezüglichen Druckschriften der AEG sowie auf die unter 46 angeführten Bücher von Königswerther (S. 187) und Brückman (S. 79) verwiesen. Im Gegensatz zu den normalen Motorzählern ist das bewegliche System der oszillierenden Zähler nicht als ein umlaufender Anker mit mehreren Spulen, sondern als eine hin- und herschwingende (oszillierende) Spule ausgeführt. In dieser Beziehung nähert sich dieser Zähler noch mehr einem Wattmeter als ein umlaufender dynamometrischer Zähler.

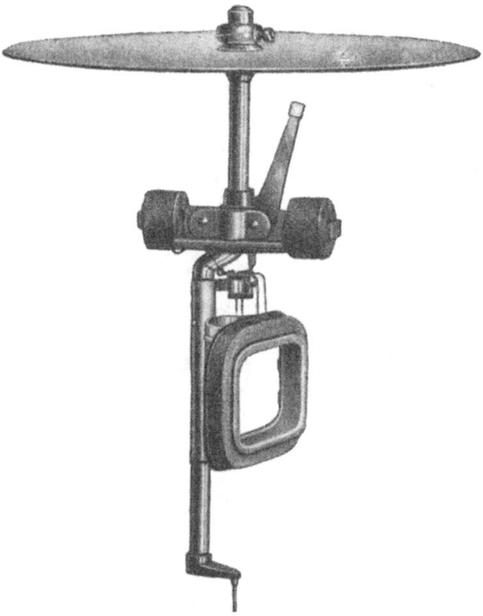

Abb. 64. Anker eines oszillierenden Zählers.

Abb. 64 zeigt das bewegliche System des Zählers Modell KG der AEG. In der Abbildung ist deutlich die an der Achse des Systems befestigte Spannungsspule sichtbar. Die Zu- und Ableitung zu dieser Spule erfolgt im Gegensatz zu den umlaufenden Zählern nicht unter Zuhilfenahme von Kollektor und Bürsten, sondern durch zwei feine Silberbandspiralen, die etwa in der Drehachse des Systems angeordnet sind und daher praktisch keinen Widerstand bei der Bewegung des Systems leisten. Oberhalb der Spannungsspule sind an einem Arm noch zwei weitere Spulen befestigt, die zur Astasierung dienen. Außerdem ist noch ein Kontaktarm angebracht. Zur Dämpfung des Systems befindet sich in der Nähe des oberen Endes der Achse wie bei umlaufenden Zählern eine Bremsscheibe aus Aluminium. Die Gesamtansicht des Zählers Modell KG zeigt Abb. 65. Die Lagerung des beweglichen Systems, die Anordnung der Hauptstromspulen, der Bremsmagnete u. dgl. ist etwa die gleiche wie bei den umlaufenden Zählern. Die Schaltung ist auch im wesentlichen dieselbe. Auch hier liegt das bewegliche System unter Vorschaltung einer Hilfsspule und entsprechender Vorwiderstände an der Netzspannung. Die Hauptstromspulen werden entweder vom ganzen Verbrauchsstrom durchflossen oder liegen bei hohen Stromstärken parallel zu einem Nebenwiderstand.

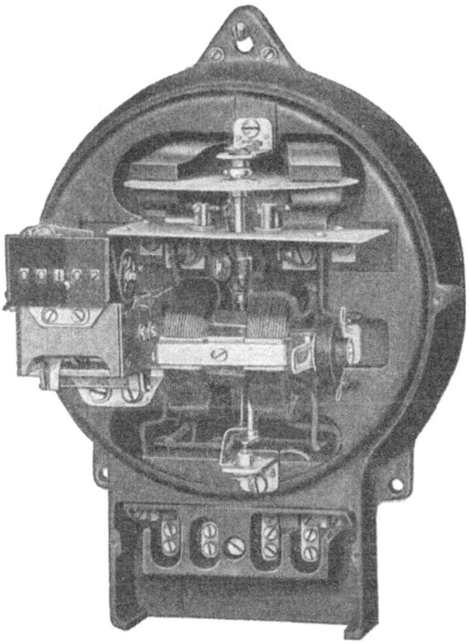

Abb. 65. Oszillierender Zähler Modell KG der AEG

Die schwingende Bewegung der Spannungsspule wird durch das Umpolen des Stromes in derselben erzielt. Zu diesem Zweck ist ein besonderes Umschalterelais vorhanden.

Unter dem Einfluß des durch das Zusammenwirken des Hauptstromfeldes mit dem Strom der Spannungsspule hervorgerufenen Drehmomentes setzt sich der Anker in Bewegung. Der Drehwinkel wird durch zwei Kontaktstifte, an die der Kontaktarm sich anlegt, begrenzt. Wenn der Kontaktarm einen der Kontaktstifte berührt, wird der Strom im schwingenden System durch das Relais seiner Richtung nach umgekehrt und das System beginnt sich in entgegengesetzter Richtung zu bewegen, und zwar so lange, bis der Kontaktarm den anderen Kontaktstift berührt, wodurch der Strom in der beweglichen Spule wieder umgeschaltet wird und die Bewegungsrichtung sich wieder ändert. Das Umschalterelais liegt in Reihe mit der beweglichen Spule

Abb. 66. Oszillierender Starkstromzähler Modell GG der AEG

und ist mit dem Zählwerk verbunden. Bei jeder zweiten Umschaltebewegung des Relais wird das Zählwerk um einen Zahn weitergerückt. Die Schaltung ist so getroffen, daß die Umschaltung ohne störende Funkenbildung vor sich geht. Das Drehmoment der oszillierenden Zähler (etwa 2 cmg) ist geringer als bei den umlaufenden Zählern. Es ist aber deshalb ausreichend, weil das Reibungsmoment des hin- und herschwingenden Ankers infolge Fortfalles des Kollektors und der Bürsten kleiner ist.

Ferner fällt auch der Einfluß der Zählwerksreibung weg, da das Zählwerk nicht von der Zählerachse, sondern vom Umschalterelais angetrieben wird.

Bei den oszillierenden Zählern, besonders für hohe Stromstärken, werden mitunter die Zählwerke mit den Umschalterelais nicht im Zähler, sondern getrennt in größerer Entfernung vom Zähler untergebracht. Die Verwendung dieser Fernzählwerke ist beim oszillierenden Zähler insofern bequem, als das Zählwerk sowieso vom Umschalterelais betätigt wird. Neben dem Zähler KG wird von der AEG für Stromstärken bis zu 10000 A noch der oszillierende Zähler Modell GG, Abb. 66, gebaut. Bei diesem Zähler werden die Stromspulen unmittelbar vom Hauptstrom durchflossen. Die oszillierenden Zähler werden auch als Dreileiterzähler ausgeführt.

III. Magnetmotorzähler.

64. Allgemeines, Bestandteile und Schaltung. Der Magnetmotorzähler wird vorwiegend als Kleinabnehmerzähler verwendet und ist als solcher der zur Zeit am meisten verbreitete Gleichstromzähler überhaupt. Er ist ein Amperestundenzähler und nur für Gleichstrom verwendbar. Man nennt ihn deshalb auch kurz Amperestundenzähler, obwohl diese Bezeichnung etwas irreführend ist, da es auch andere Amperestundenzähler, z. B. Elektrolytzähler, gibt. Wie bereits der Name andeutet, ist das Charakteristische beim Magnetmotorzähler, daß der magnetische Fluß, der den Anker durchsetzt, nicht wie bei dynamometrischen Zählern von einer stromdurchflossenen Spule her rührt, sondern von einem Dauermagneten.

Der Magnetmotorzähler zählt eigentlich die Elektrizitätsmenge, also das Produkt Stromstärke $\times$ Zeit. Hieraus folgt auf Grund ähnlicher Erwägungen, wie sie für den Wattstundenzähler angestellt worden sind, daß seine Drehzahl proportional der Stromstärke sein muß. Ist ein Amperestundenzähler beispielsweise mit 5 A belastet, so ist die Elektrizitätsmenge während einer Stunde 5 Ah; seine Drehzahl sei dabei 50. Ist das Übersetzungsverhältnis zwischen dem Zählwerk und der Ankerachse so gewählt, daß das Zählwerk diese Amperestundenzahl richtig anzeigt, so muß der Zähler bei 10 A in der gleichen Zeit die doppelte Elektrizitätsmenge anzeigen. Dies ist dann der Fall, wenn seine Drehzahl jetzt die doppelte, also 100 ist.

Änderungen der Netzspannung beeinflussen den Amperestundenzähler nicht. Bei ein und derselben Stromstärke hat der Zähler stets die gleiche Drehzahl, ganz gleichgültig, wie hoch die Netzspannung ist. Die Wattbelastung der Anlage, also auch der Verbrauch in kWh, ist natürlich bei verschiedenen Spannungen verschieden. Trotz dieses Umstandes ist es jedoch üblich, das Übersetzungsverhältnis des Zählwerkes so zu wählen, daß der Zähler unter Zugrundelegung einer bestimmten Netzspannung den Verbrauch in kWh anzeigt. Daß dieses möglich ist, folgt daraus, daß bei einer bestimmten Spannung der Verbrauch in kWh sich von der Elektrizitätsmenge in Ah nur durch einen bestimmten Faktor, nämlich diese Spannung unterscheidet. Dieser Faktor kann ohne weiteres durch entsprechende Wahl des Übersetzungsverhältnisses berücksichtigt werden. Solange die Netzspannung genau den gleichen Wert hat wie die Nennspannung, für die der Zähler gebaut ist, zeigt er den Verbrauch in kWh richtig an. Allgemein ist der Verbrauch proportional der Spannung und der Stromstärke. Steigt z. B. bei unveränderter Stromstärke die Spannung um 10%, so steigt auch der Verbrauch um 10% usw. Der Amperestundenzähler, der auf die Änderungen der Spannung nicht reagiert, wird dabei das gleiche zeigen wie bei der Nennspannung, d. h. seine Angaben in Kilowattstunden sind um etwa 10% zu klein. Umgekehrt liegen die Verhältnisse, wenn die Netzspannung niedriger ist als die Nennspannung. Wenn bestimmte Verbraucher, z. B. eine gewisse Anzahl Glühlampen, eingeschaltet sind, so ändert sich bei Änderung der Spannung auch die Stromstärke. Diese Änderungen werden jedoch vom Amperestundenzähler berücksichtigt. Daraus folgt also, daß die Fehler des Zählers nur entsprechend der Abweichung der tatsächlichen Netzspannung von der Nennspannung des Zählers sind. Diese Tatsache wird gelegentlich übersehen.

Gewisse Spannungsschwankungen sind stets in der Anlage vorhanden, jedoch bleiben normalerweise die dadurch verursachten Fehler in den Zählerangaben in zulässigen Grenzen, weil die Spannung um eine bestimmte mittlere Spannung, die möglichst genau gleich der Nennspannung des Zählers sein soll, nach beiden Richtungen schwankt, so daß die Fehler sich mehr oder weniger im Endergebnis ausgleichen. Der Grund, warum trotz des geschilderten Nachteiles der Magnetmotorzähler wesentlich mehr verbreitet ist als der dynamometrische Zähler, ist seine einfachere Bauart, demnach auch sein geringerer Anschaffungspreis, sowie das Fehlen des ständigen Effektverbrauches im Spannungskreis.

Die Wirkungsweise des Magnetmotorzählers ist in vielerlei Beziehung ähnlich wie die des dynamometrischen Wattstundenzählers. Aus diesem Grunde kann sie im folgenden kürzer behandelt werden. Es gibt verschiedene Abarten des Magnetmotorzählers, die sich in gewisser Beziehung nicht unwesentlich voneinander unterscheiden. Die Wirkungsweise ist aber im Grunde genommen bei allen diesen Zählern die gleiche. Zur Erläuterung der Wirkungsweise soll zuerst ein Zähler in der sehr verbreiteten Ausführungsform mit Flachanker gewählt werden. Später wird dann auf die anderen Ausführungsformen hingewiesen.

Abb. 67 zeigt die Schaltung und die wesentlichen Teile eines Magnetmotorzählers der genannten Art. Durch den Generator G ist wiederum das stromliefernde Kraftwerk, durch die Lampen L der Abnehmer angedeutet. Der größte Teil J_S des Verbrauchsstromes J durchfließt den Nebenwiderstand (Shunt) *1*, dessen wirksame Länge, also auch dessen Widerstand, mit Hilfe der Regulierklemmen *2* verändert werden kann. Der kleinere Teil J_a des Verbrauchsstromes fließt über die Bürsten *3* und den Kollektor *4* durch die Ankerwicklung *5*, die auf einer Aluminiumscheibe *6* aufgebracht ist. Auf der Ankerachse *7* sitzt die Schnecke *8*, die das in der Abbildung weggelassene Zählwerk antreibt. Die Achse ist unten durch das Fußlager *9* gestützt und oben durch das Halslager *10* geführt. Der Anker befindet sich zwischen den Polen von zwei Stahlmagneten *11*. Der Anschluß des Zählers erfolgt mit Hilfe der Klemmen *12*.

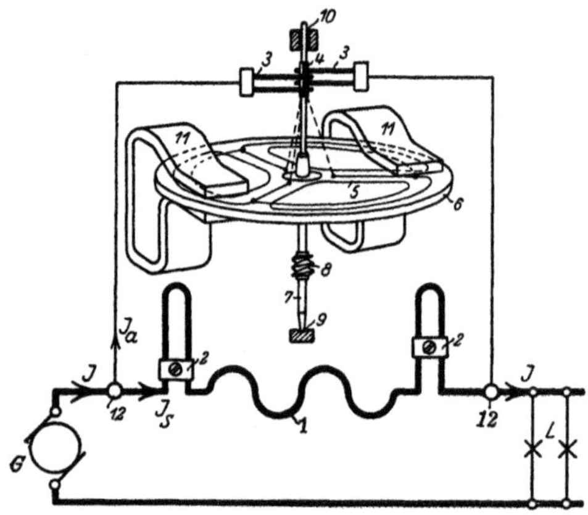

Abb. 67. Meßwerk und Schaltbild eines Magnetmotorzählers.

65. Grundlegendes über die Wirkungsweise. Durch das Zusammenwirken des Ankerstromes mit den Flüssen der permanenten Magnete kommt ein Drehmoment zustande, welches ein Umlaufen des Ankers zur Folge hat. Genau so wie beim dynamometrischen Zähler wirkt diesem Drehmoment das Bremsmoment entgegen, welches durch die Einwirkung der permanenten Magnete auf die Aluminiumankerscheibe zustande kommt.

Es ist ohne weiteres klar, daß das Drehmoment D proportional dem Ankerstrom J_a und den Flüssen Φ_M der permanenten Magnete — wir wollen annehmen, daß beide Flüsse gleich stark sind — ist.

J_a ist, unveränderliche Widerstände des Ankers und des Nebenwiderstandes vorausgesetzt, proportional dem Verbrauchsstrom J, da J_a stets ein bestimmter Bruchteil von J ist. Hieraus folgt, daß das Drehmoment auch proportional dem Verbrauchsstrom J ist. Da Φ_M für einen gegebenen Zähler eine konstante Größe ist, so können wir schreiben

$$D = dJ, \tag{1}$$

wobei d eine Proportionalitätskonstante, Drehmomentskonstante, bedeutet, die von den einzelnen Bestimmungsgrößen abhängig ist. In bezug auf das Bremsmoment liegen die Verhältnisse genau wie beim dynamometrischen Zähler (s. 50). Auch hier ist das Bremsmoment

$$B = bn. \tag{2}$$

Auch beim Magnetmotorzähler muß natürlich im stationären Zustand das Bremsmoment gleich dem Drehmoment sein oder $B = D$. Setzen wir in diese Gleichung die Werte für B und D aus Gleichung (1) und (2) ein, so erhalten wir $bn = dJ$. Hieraus folgt:

$$n = \frac{d}{b} \cdot J = CJ, \tag{3}$$

wo C wieder eine Proportionalitätskonstante ist. Die Gleichung zeigt uns, daß die Drehzahl eines Magnetmotorzählers proportional dem Verbrauchsstrom J in der Anlage ist. Die Angaben des Zählwerkes sind also proportional der Elektrizitätsmenge (Ah) oder, unter Voraussetzung einer gleichbleibenden Spannung, der Arbeit (kWh).

Bei der obigen Betrachtung wurde von einem unveränderlichen Widerstand des Ankers gesprochen. In Wirklichkeit ist für die Größe des Ankerstromes J_a nicht nur der eigentliche Widerstand der Ankerwicklung maßgebend, sondern auch die Größe der im Anker induzierten Gegen-EMK, die beim Magnetmotorzähler verhältnismäßig groß ist. Man findet gelegentlich die Meinung vertreten, daß diese EMK die Proportionalität zwischen dem Ankerstrom und dem Gesamtstrom stört und deshalb möglichst klein gehalten werden muß. Diese Annahme ist jedoch irrig. Die Gegen-EMK des Ankers verursacht keine Störung, sie wirkt nur als eine scheinbare Vergrößerung des Ankerwiderstandes um einen bestimmten, bei allen Drehzahlen gleichen Wert (Näheres s. 67). Die Einstellung der richtigen Drehzahl des Zählers wird bei der Eichung durch Verstellung der Regulierklemmen am Nebenwiderstand vorgenommen. Je nach der Lage der Klemmen ist ein größerer oder kleinerer Teil des Nebenwiderstandes überbrückt. Sein Widerstand ändert sich. Je höher der Widerstand des Shuntes ist, um so rascher läuft der Zähler. Die Einstellung der Drehzahl erfolgt also hier im Gegensatz zum dynamometrischen Zähler nicht durch Änderung der Bremskonstante, sondern durch Änderung der Drehmomentskonstante.

Die Richtung des Drehmomentes, also auch die Drehrichtung, des Magnetmotorzählers ändert sich, wie leicht einzusehen ist, wenn man den Zähler mit umgekehrter Polarität anschließt. Dies hat nämlich zur Folge, daß die Richtung des Ankerstromes sich ändert, dagegen ändert sich im Gegensatz zum dynamometrischen Zähler die Richtung des magnetischen Flusses, der die Ankerwicklung durchsetzt, nicht.

Wir können uns die Wirkungsweise des Magnetmotorzählers auch auf andere Weise klarmachen, indem wir uns diesen Zähler aus dem dynamometrischen Zähler hervorgegangen denken. Wir haben bis jetzt beim dynamometrischen Zähler angenommen, daß der Anker dieses Zählers einen Teil des Spannungskreises bildet und die feststehenden Feldspulen als Hauptstromspulen geschaltet und vom Verbrauchsstrom durchflossen sind. Man könnte jedoch den Zähler auch anders ausbilden, nämlich so, daß man den Verbrauchsstrom durch den Anker schickt und die feststehenden Feldspulen an die Netzspannung legt. Die Dimensionierung der Wicklungen müßte natürlich eine ganz andere sein als die sonst übliche. Die Ankerwicklung müßte möglichst geringen Widerstand haben, damit sie den Verbrauchsstrom führen kann. Man würde auch auf diese Weise nur Ankerwicklungen für verhältnismäßig niedrige Stromstärken bauen können. Eine Erweiterung des Strommeßbereiches ist jedoch ohne weiteres möglich, wenn man den Anker parallel zu einem Nebenwiderstand legt. Die Feldspulen müssen in diesem Fall einen möglichst hohen Widerstand, also viel Windungen haben, evtl. muß noch ein Vorwiderstand verwendet werden. Im übrigen würde sich an der Wirkungsweise des Zählers im wesentlichen nichts ändern. Würde man einen solchen Zähler in einer Anlage mit unveränderlicher Spannung benutzen, so würde der magnetische Fluß der Feldspulen stets derselbe sein. Aus den Angaben des Zählers könnte man in diesem Fall sowohl den Verbrauch in kWh, wie durch Division mit der konstanten Spannung oder, durch Verwendung entsprechender Übersetzungsverhältnisse im Zählwerk, auch direkt die Elektrizitätsmenge in Ah bestimmen. Man kann nun offenbar in diesem Fall die stets gleich erregten Feldspulen durch Stahlmagnete, die denselben Fluß durch den Anker senden, ersetzen. Man kann endlich noch einen Schritt weitergehen und den Anker so ausbilden, daß er gleichzeitig als Bremskörper wirkt und auf diese Weise einen besonderen Bremsmagneten entbehren. Ein solcher Zähler ist offenbar nichts anderes als der eben betrachtete Magnetmotorzähler.

66. Fehlerquellen. Bei dem betrachteten idealen Zähler ist die Drehzahl stets proportional dem Verbrauchsstrom. In Wirklichkeit machen sich jedoch gewisse störende Einflüsse bemerkbar, in erster Linie wie bei jedem Motorzähler die Reibung.

a) Reibung: Beim Magnetmotorzähler ist die Reibung eine besonders wichtige Fehlerquelle. Ihr Einfluß auf die Angaben des Zählers ist wesentlich größer als beim dynamometrischen Zähler, weil die Magnetmotorzähler normalerweise ohne Reibungskompensation gebaut werden. Um die durch Reibung verursachten Fehler auf einen möglichst niedrigen Betrag herabzudrücken, werden die Magnetmotorzähler so gebaut, daß ihr Drehmoment möglichst hoch ist. Es beträgt bei guten Zählern bei Nennlast mindestens 10 cmg. Ferner wird dafür gesorgt, daß das Reibungsmoment möglichst gering ist. Um dies zu erzielen, wird der Anker möglichst leicht gebaut, der Kollektor erhält einen besonders kleinen Durchmesser und der Bürstenapparat wird sehr sorgfältig durchgebildet. Grundsätzlich ist der Einfluß der Reibung ähnlich wie bei dynamometrischen Zählern. Die Fehlerkurve fällt bei niedrigen Belastungen ab. Unter der Annahme, daß der reibungslose Zähler genau richtig zeigen würde, ergibt sich eine Fehlerkurve, deren charakteristischen Verlauf die gestrichelte Linie Δ_r in Abb. 68 zeigt. Um für den ganzen Meßbereich eine möglichst hohe durchschnittliche Meßgenauigkeit zu erreichen, stellt man den Zähler so ein, daß er bei hohen Belastungen gewisse Plusfehler zeigt. Die Fehlerkurve hat dann den in der

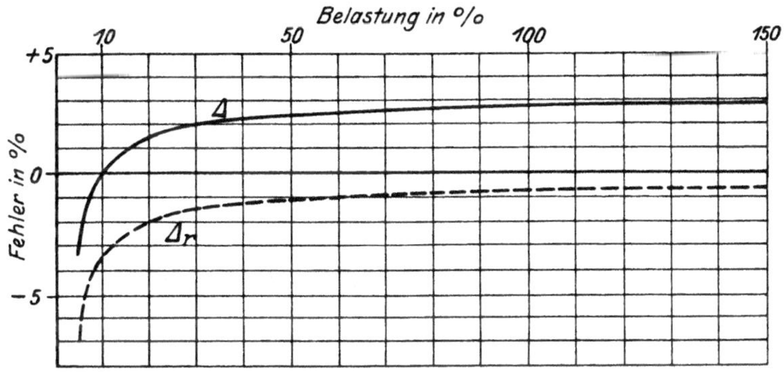

Abb. 68. Fehlerkurven eines Magnetmotorzählers.

Abbildung durch die stark ausgezogene Kurve Δ dargestellten Verlauf. Auf diese Weise werden die Minusfehler bei kleinen Belastungen verringert und eine für den praktischen Gebrauch völlig ausreichende Meßgenauigkeit erzielt. Es sind auch verschiedene Reibungskompensationseinrichtungen vorgeschlagen worden (s. 70).

Zur Überwindung der Reibung der Ruhe ist ein bestimmtes Anlaufdrehmoment erforderlich. Der Zähler läuft also erst bei einer bestimmten Belastung an. Der Anlauf erfolgt bei guten Magnetmotorzählern unter 1% der Nennlast. Eine Hemmfahne ist bei normalen Magnetmotorzählern natürlich nicht erforderlich, da kein Hilfsdrehmoment vorhanden ist und deshalb kein Leerlauf stattfinden kann. Eine Ausnahme bilden die Zähler mit Reibungskompensation nach O'Keenan (s. 70).

b) Temperatur: Steigt die Außentemperatur um einen bestimmten Betrag, beispielsweise um 10°, so steigt um den gleichen Betrag auch die Temperatur der einzelnen Teile des Zählers. Dies hat zur Folge, daß die Bremskraft infolge der Abnahme der Leitfähigkeit der Scheibe um etwa 4 % abnimmt. Der Zähler würde also, falls das Drehmoment unverändert bliebe, um 4 % rascher laufen. Nun steigt aber gleichzeitig der Widerstand des Ankers gleichfalls um etwa 4 %. Da der Nebenwiderstand aus Widerstandsmaterial besteht, also sein Spannungsabfall unverändert bleibt, so bedingt diese Zunahme des Ankerwiderstandes eine Abnahme des Ankerstromes, also auch des Drehmomentes, um den gleichen Betrag, was einen Ausgleich für die verminderte Bremskraft bildet. Der Magnetmotorzähler wird also von den Schwankungen der Außentemperatur praktisch nicht beeinflußt.

c) Spannungsänderungen: Eine Spannungsabhängigkeit im eigentlichen Sinne des Wortes besitzt der Amperestundenzähler nicht, da er überhaupt auf die Spannung nicht reagiert. Wird er unter Zugrundelegung einer bestimmten Spannung als Kilowattstundenzähler geeicht, so weist er die bereits unter 64 geschilderten Fehler auf, wenn die Netzspannung von der Nennspannung abweicht.

d) Äußere magnetische Felder: Äußere magnetische Felder beeinflussen den Magnetmotorzähler kaum, weil das magnetische Feld, welches von den permanenten Magneten erzeugt wird, stark und bei allen Belastungen das gleiche ist. In dieser Beziehung liegen die Verhältnisse ganz anders als beim dynamometrischen Zähler, bei dem bei kleinen Belastungen das Feld der Hauptstromspulen schwach ist und deshalb der Einfluß eines überlagerten äußeren Feldes verhältnismäßig stark sein kann. Zähler mit Scheibenanker und zwei Magneten (also etwa nach Abb. 67) sind besonders unempfindlich gegen äußere Felder, da sie astatisch sind und zwar deshalb, weil die das Drehmoment erzeugenden Flüsse der beiden Magnete den Anker in verschiedener Richtung durchsetzen. Ein äußeres Feld, welches die Scheibe nur in einer Richtung durchsetzt, wird den Fluß des einen Magneten etwas schwächen, den des anderen Magneten etwas verstärken und deshalb auf das Drehmoment des Zählers praktisch keinen Einfluß haben.

Ein weiterer günstiger Umstand beim Magnetmotorzähler ist der, daß das Gehäuse meist aus Eisen besteht, was hier ohne weiteres zulässig ist, und deshalb das Innere des Zählers gegen die Wirkung äußerer magnetischer Felder abschirmt.

67. Eingehendere Behandlung der Wirkungsweise. Wir haben bereits die Wirkungsweise des Magnetmotorzählers in großen Zügen kennengelernt. Im folgenden wollen wir noch etwas genauere Betrachtungen anstellen.

Wir nehmen zuerst an, daß der ganze Verbrauchsstrom durch den Anker fließt; er ist demnach gleichzeitig der Ankerstrom J_a. In diesem Falle ist offenbar J_a, demnach auch das Drehmoment D, unabhängig vom Widerstand des Ankers. Es ist also grundsätzlich gleichgültig, wie groß die Gegen-EMK und der Widerstand des Ankers sind. Das Drehmoment ist proportional dem Produkte aus dem Ankerstrom und dem Flusse Φ_M der permanenten Magnete. Es berechnet sich also zu

$$D = C_D \Phi_M J_a \,. \tag{4}$$

Das Bremsmoment ist, nach Gl. (13) S. 98, für eine gegebene Scheibe proportional dem Quadrate des Flusses Φ_M und der Drehzahl n. Es ist also

$$B = C_B \Phi_M^2 n \,. \tag{5}$$

In diesen Gleichungen bedeuten C_D und C_B Proportionalitätskonstanten, die von der Bauart des Zählers abhängig sind.

Im stationären Zustand ist $B = D$. Setzen wir für B und D die Werte aus Gleichung (5) und (4) ein, so erhalten wir

$$C_B \Phi_M^2 n = C_D \Phi_M J_a \,.$$

Hieraus ergibt sich die Drehzahl zu

$$n = \frac{C_D \Phi_M}{C_B \Phi_M^2} \cdot J_a = \frac{C_D}{C_B} \cdot \frac{1}{\Phi_M} \cdot J_a \,. \tag{6}$$

Die Gleichung zeigt uns, daß, wie zu erwarten gewesen ist, die Drehzahl des Magnetmotorzählers proportional der Drehmomentskonstante C_D und umgekehrt proportional der Bremskonstante C_B ist; ferner, daß sie umgekehrt proportional dem Flusse Φ_M ist. Das letzte Ergebnis ist insofern bemerkenswert, als bei anderen Motorzählern die Drehzahl umgekehrt proportional dem Quadrate des Flusses des Bremsmagneten ist. Der Unterschied erklärt sich dadurch, daß beim Magnetmotorzähler die Vergrößerung des Flusses des Stahlmagneten einerseits die Vergrößerung des Bremsmomentes, und zwar in genau demselben Maße als bei anderen Zählern, anderseits aber eine Vergrößerung des Drehmomentes zur Folge hat. Fassen wir einen bestimmten Zähler mit gegebenen Magneten ins Auge, so können wir in Gleichung (6)

$$\frac{C_D}{C_B} \cdot \frac{1}{\Phi_M} = C' \quad \text{setzen,}$$

wo C' eine neue Konstante ist. Wir erhalten also

$$n = C' J_a \,. \tag{7}$$

Wir wollen nun untersuchen, wie groß die Klemmenspannung, also der Spannungsabfall ε_J, des betrachteten Zählers ist. Diese Klemmenspannung setzt sich zusammen aus dem Ohmschen Spannungsabfall $\varepsilon_R = R_a J_a$, wobei R_a der Ankerwiderstand ist, und der Gegen-EMK E_a des Ankers. E_a ist proportional dem Flusse Φ_M und der Drehzahl n. Für einen bestimmten Zähler ist Φ_M eine Konstante und es ergibt sich

$$E_a = C_E n \,, \tag{8}$$

wobei C_E wiederum eine Proportionalitätskonstante ist. Setzen wir in Gl. (8) für n den Wert aus der Gl. (7) ein, so erhalten wir

$$E_a = C_E C' J_a \,.$$

Die Klemmenspannung des Ankers berechnet sich demnach zu

$$\varepsilon_J = \varepsilon_R + E_a = R_a J_a + C_E C' J_a = (R_a + C_E C') \cdot J_a = \varrho \cdot J_a \,. \tag{9}$$

Die Gl. (9) zeigt, daß, trotz der beim Umlaufen auftretenden Gegen-EMK, der Anker sich so verhält, als ob er einen konstanten „scheinbaren Widerstand“

$$\varrho = (R_a + C_E C')$$

hätte. Hieraus folgt, daß, auch bei Anwendung eines Nebenwiderstandes zur Erhöhung des Meßbereiches, der Ankerstrom J_a also auch die Drehzahl n bei allen Belastungen proportional dem Verbrauchsstrom J ist.

68. Spannungsabfall und Eigenverbrauch. Zähler für verschiedene Nenngrößen. Der Spannungsabfall bei Nennlast liegt bei Magnetmotorzählern in den Grenzen von etwa 0,5 ... 2 V. Der Eigenverbrauch des Zählers ist das Produkt aus Spannungsabfall und Stromstärke. Beträgt z. B. bei einem Zähler für 5 A Nennstrom der Spannungsabfall 1,5 V, so ist sein Eigenverbrauch $1{,}5 \cdot 5 = 7{,}5$ W. Mit Rücksicht auf die Betriebssicherheit ist ein möglichst hoher Spannungsabfall erwünscht, da dann der Einfluß der Übergangswiderstände zwischen Bürsten und Kollektor geringer ist. Diese Tatsache ist beim Magnetmotorzähler von großer Bedeutung. Man muß nämlich berücksichtigen, daß die Spannung am Kollektor proportional dem Strom ist. Sie ist demnach bei kleinen Belastungen sehr gering. Andererseits ist ein zu hoher Spannungsabfall schädlich, weil sich infolge des hohen Eigenverbrauches der Zähler unzulässig erwärmt. Bei Zählern guter Konstruktion beträgt der Spannungsabfall bei Nennstromstärken bis 10 A etwa 1,0 ... 1,5 V. In bestimmten Grenzen der Nennstromstärken, beispielsweise 1,5 ... 10 A, unterscheiden sich die Zähler im wesentlichen nur durch die Abmessungen des Nebenwiderstandes, der für alle Stromstärken so bemessen ist, daß der Spannungsabfall bei Nennstrom stets der gleiche ist. Demnach steigt der Eigenverbrauch proportional der Nennstromstärke[1]. Die Ankerkonstruktion bleibt bei Zählern für verschiedene Nennstromstärken dieselbe, dagegen werden die Übersetzungsräder des Zählwerkes entsprechend der Nennstromstärke und, falls der Zähler in Kilowattstunden geeicht wird, auch der Nennspannung so gewählt, daß das Zählwerk direkt Amperestunden bzw. Kilowattstunden anzeigt. Gewissen Änderungen unterliegt noch die Stärke der Magnete, da die Nenndrehzahl der Zähler für verschiedene elektrische Verhältnisse etwas verschieden ist. Die genaue Einregulierung der Drehzahl bei der Eichung des Zählers erfolgt meist durch Regulierung des Nebenwiderstandes mit Hilfe von Regulierklemmen (s. 65).

---

[1] Bei ein und demselben Zähler ist bei verschiedenen Belastungen der Eigenverbrauch proportional dem Quadrate des Belastungsstromes ($N = J^2 \cdot R$). Wenn beispielsweise der Eigenverbrauch bei Nennlast 10 W beträgt, so beträgt er bei halber Last (50% Belastung) nur ¼ dieses Wertes, d. h. 2,5 W, und bei 200% Belastung (also einer Überlastung von 100%) das Vierfache, d. h. 40 W. Der Spannungsabfall ist bei verschiedenen Belastungen proportional der Stromstärke.

Bei Zählern für höhere Nennstromstärken bewickelt man meist den Anker für einen etwas geringeren Spannungsabfall, damit der Eigenverbrauch des Zählers nicht zu hoch wird. Dabei steigt gleichzeitig der Ankerstrom, so daß das Drehmoment etwa das gleiche bleibt wie bei Zählern für niedrige Stromstärken (gleiche Amperewindungszahl des Ankers). Eine Verminderung des Spannungsabfalles bei Zählern für höhere Stromstärken ist zulässig, weil solche Zähler gewöhnlich nie sehr schwach belastet werden, da sie nicht mehr für die kleinsten Abnehmer bestimmt sind.

69. Konstruktive Einzelheiten. Wie bereits oben erwähnt, ist es beim Magnetmotorzähler zulässig, das Gehäuse, also die Grundplatte und Kappe, aus Eisen zu machen. Diese Teile werden auch normalerweise beim Magnetmotorzähler aus Eisenblech angefertigt. Seltener wird die Grundplatte aus Gußeisen gemacht.

Die am meisten verbreitete Form des Magnetmotorzählers ist die mit einem scheibenförmigen Anker und zwei Magneten. Es werden jedoch auch Zähler mit einem trommelförmigen Anker und nur einem Magneten gebaut (s. 70).

Besonders wichtig ist beim Magnetmotorzähler die gute Durchbildung des Kollektors und Bürstenapparates. Diesen Teilen wird deshalb auch besonders große Aufmerksamkeit geschenkt. Zwecks Erzielung geringer Übergangswiderstände zwischen Kollektor und Bürsten müssen für diese Teile ganz besondere Materialien verwendet werden. Es handelt sich meist um Silber- oder Goldlegierungen, deren Zusammensetzung bei Zählern verschiedener Firmen verschieden ist.

Charakteristisch für den Magnetmotorzähler ist noch eine verhältnismäßig einfache Ausführung der Anschlußklemmen. Da normalerweise nur zwei Klemmen erforderlich sind, fällt nicht selten ein besonderes Klemmenstück fort. Die Klemmen werden dann unter Zwischenschaltung entsprechender Isolation unmittelbar am Gehäuse befestigt.

Da, wie bereits gesagt wurde, das Ankergewicht bei Magnetmotorzählern möglichst niedrig gewählt wird, so wird bei diesen Zählern auf eine Arretierung verzichtet.

Zwecks guter Isolation der stromführenden Teile werden bei Magnetmotorzählern die Meßwerke nicht selten auf einem vom Gehäuse besonders isolierten Teil (Rahmen) befestigt.

70. Beispiele ausgeführter Magnetmotorzähler und charakteristische Daten derselben. Abb. 69 zeigt als ein typisches Beispiel eines Zählers mit Scheibenanker die Innenansicht des Magnetmotorzählers Modell A 4 der SSW. Das Unterteil des Zählers ist aus Eisenblech gezogen. Auf diesem Unterteil ist gut isoliert ein Rahmen befestigt, auf dem das ganze Meßwerk aufgebaut ist. Auf Abb. 70 ist der Rahmen, der Anker und die Befestigung der einzelnen Teile deutlich ersichtlich.

Abb. 69. Magnetmotorzähler Modell A 4 der SSW.

Abb. 70. Meßwerk des Zählers Abb. 69.

Die charakteristischen Daten des A 4-Zählers sind etwa die folgenden: Anlauf unter 1% der Nennlast, Spannungsabfall bei Nennlast 1,4 V (bei Nennstromstärken über 10 A 0,7 V), minutliche Umdrehungszahl bei Nennlast 70, Drehmoment bei Nennlast 12 cmg, Ankergewicht 75 g, Gesamtgewicht des Zählers 2,5 kg.

Die A 4-Zähler werden gelegentlich auch mit der von O'Keenan angegebenen Reibungskompensation versehen. Diese besteht darin, daß dem Anker ein schwacher, von der Netzspannung erzeugter Hilfsstrom zugeführt wird. Dieser Hilfsstrom verursacht ein zusätzliches, die Reibung kompensierendes Drehmoment. Solche kompensierte Zähler erhalten, wie die Wattstundenzähler, eine Hemmfahne[1].

Diese Kompensationseinrichtung wird sehr selten verwendet, da sie eine unnütze Komplikation bedeutet und keine wesentlichen Vorteile bietet.

Als ein zweites Beispiel eines Magnetmotor-

[1] Näheres über diese Kompensationsschaltung s. in dem unter 46 angeführten Buch von Möllinger S. 45.

zählers mit Scheibenanker möge der in Abb. 162 (S. 237) in der Ausführung als Doppeltarifzähler Modell Ad dargestellte Zähler von Bergmann angeführt werden. Bei diesem Zähler befindet sich der Kollektor unterhalb der Scheibe.

Abb. 71. Magnetmotorzähler Modell Ef 1 der AEG.

Der in Abb. 71 veranschaulichte Zähler Type Ef bzw. Ef 1 der AEG kann als typisches Beispiel eines Magnetmotorzählers mit trommelförmigem Anker dienen. Im Innern des Ankers (Abb. 72) befindet sich zwecks Verminderung des magnetischen Widerstandes ein feststehender Eisenkern.

Die charakteristischen Daten des Ef 1-Zählers sind mit Ausnahme der Drehzahl, die bei Nennlast zwischen 125 bis 150 ist, etwa die gleichen wie bei dem eben beschriebenen A 4-Zähler.

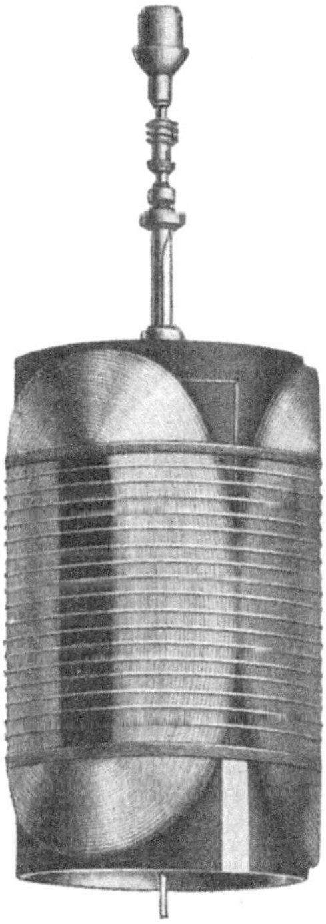

Abb. 72. Anker des Ef-Zählers der AEG.

Der Zähler Modell Ef wird mit einer besonderen Einrichtung, die den Abfall der Fehlerkurve bei kleinen Belastungen ausgleicht, versehen. Diese Einrichtung besteht darin, daß die Bürsten auf einer sogenannten Bürstenschaukel befestigt sind. Diese Bürstenschaukel ändert bei Änderung der Belastung des Zählers ihre Lage, dadurch ändert sich auch die Höhenlage der Bürsten auf dem Kollektor. Die Kollektorlamellen haben eine besondere Form. Die Schlitze verlaufen nicht parallel zur Achse (s. Abb. 72). Die Bürsten haben bei niedrigen Belastungen eine solche Lage, daß der Zähler bei diesen Belastungen ein verhältnismäßig größeres Drehmoment hat als bei hohen Belastungen. Die Fehlerkurve wird deshalb bei hohen Belastungen gewissermaßen gesenkt und dadurch der durch Reibung verursachte Abfall der Fehlerkurve bei niedrigen Belastungen in seiner Wirkung ausgeglichen.

71. Quecksilber-Motorzähler. Die Quecksilber-Motorzähler beruhen auf dem Prinzip der sogenannten unipolaren Dynamomaschinen. Sie werden zur Zeit in Deutschland nicht gebaut, früher wurden sie von den Isaria-Zählerwerken hergestellt.

Der Anker dieser Zähler ist als eine Scheibe oder Trommel aus Kupfer ohne Bewicklung ausgebildet und befindet sich in einer geschlossenen, mit Quecksilber gefüllten Kammer. Das Quecksilber dient zur Zu- und Ableitung des Stromes. Bei Zählern für niedrige Stromstärken wird meist der ganze Verbrauchsstrom der Kammer zugeführt. Bei hohen Stromstärken wird die Kammer parallel zu einem Nebenwiderstand gelegt.

Der Fortfall von Kollektor und Bürsten wird als ein besonderer Vorteil der Quecksilber-Motorzähler angesehen, und es wird gelegentlich behauptet, daß diese Zähler überall dort mit Vorteil zu verwenden sind, wo infolge ungünstiger äußerer Einflüsse die Kollektoren und Bürsten normaler Magnetmotorzähler zu Störungen Anlaß geben, z. B. an der Meeresküste, in tropischem Klima, chemischen Betrieben u. dgl. Dem genannten Vorteil der Quecksilber-Motorzähler stehen jedoch bedeutende Nachteile gegenüber. Vor allem ist das flüssige Quecksilber ein sehr unangenehmer Stoff. Es sind besondere, ziemlich komplizierte Einrichtungen erforderlich, die verhindern, daß während des Transportes Quecksilber aus der Kammer entweicht. Der Stromübergang zwischen dem Quecksilber und dem Kupferanker ist auch nicht immer ganz einwandfrei. Die Instandsetzung und Reparatur des Zählers ist sehr schwierig. Das Arbeiten mit Quecksilber ist gesundheitsschädlich und gefährdet andere feine Arbeiten, die im gleichen Raum ausgeführt werden. Gute Kollektor-Magnetmotorzähler sind in den meisten Fällen den Quecksilber-Motorzählern in bezug auf Betriebssicherheit und Meßgenauigkeit überlegen. In Fällen, in denen man die unvermeidlichen Nachteile der Kollektor-Magnetmotorzähler nicht in Kauf nehmen will, sollte man nicht zu den Quecksilber-Motorzählern greifen, sondern zu den in der Tat besonders betriebssicheren und genauen Elektrolytzählern.

Der Aufbau der Quecksilber-Motorzähler kann sehr verschieden sein. Wir wollen ihre Wirkungsweise kurz an Hand der schematischen Zeichnung Abb. 73 erörtern, der die Konstruktion des früher von der Isaria gebauten Zählers Type H zugrunde gelegt worden ist.

Zwischen den Polen eines hufeisenförmigen Stahlmagneten M befindet sich die Quecksilberkammer, deren Wände aus Isoliermaterial bestehen. Der Boden und der Deckel der Kammer werden durch Messingplatten gebildet. In das Isoliermaterial sind seitlich zwei eiserne Polschuhe P eingepreßt. Am Boden ist ein zylindrischer Eisenkern E befestigt. In dem engen Hohlraum zwischen diesem Kern und den Wänden der Kammer bzw. den Polschuhen befindet sich der trommelförmige Anker A. Die Ankerachse stützt sich auf das im Eisenkern befestigte Unterlager U und ist im Oberlager O geführt. In der Abbildung ist noch die Übertragung der Bewegung der Ankerachse auf das Zählwerk angedeutet.

Die ganze Kammer ist mit Quecksilber Q (in der Abbildung schwarz gezeichnet) gefüllt. Alle Metallteile, mit Ausnahme des Ankers, die mit Quecksilber in Berührung kommen, sind durch einen Lacküberzug isoliert; der Anker selbst ist amalgamiert. Zwei durch den Boden der Kammer isoliert durchgeführte Bolzen B_1 und B_2 stehen mit dem Quecksilberbad in leitender Verbindung und dienen als Zu- und Ableitung des Stromes. Der Strom tritt durch den linken Bolzen ein, durchfließt im linken Teil die Ankertrommel im wesentlichen von unten nach oben, fließt dann durch den Deckel des Ankers nach der rechten Seite und dort von oben nach unten. Das Quecksilber bildet einen Nebenweg, durch den jedoch nur ein geringer Teil des Stromes fließt, da die Leitfähigkeit des Quecksilbers nur etwa $^1/_{60}$ der Leitfähigkeit des Kupfers ist. Durch das Zusammenwirken des Ankerstromes J_a und des Flusses Φ_M des Magneten kommt ein Drehmoment zustande. Der Anker bildet gleichzeitig auch den Bremskörper. Die Wirkungsweise des Zählers ist im Grunde genommen die gleiche wie die anderer Magnetmotorzähler. Eine große Rolle spielt beim Quecksilber-Motorzähler die Reibung, welche zwischen Quecksilber und Anker auftritt; sie ist etwa dem Quadrate der Drehzahl proportional. Die Fehlerkurve hat deshalb die Neigung, bei hohen Belastungen abzufallen. Dieser Abfall gleicht zum Teil den Einfluß der Reibung bei kleinen Belastungen aus. Es möge noch erwähnt werden, daß die Lagerreibung bei Quecksilber-Motorzählern klein gehalten werden kann, weil der Anker, der an und für sich schon leicht ist, das Bestreben hat, im Quecksilberbad zu schwimmen, er wird deshalb sogar durch ein besonderes Gewicht (in der Abbildung mit G bezeichnet) beschwert[1].

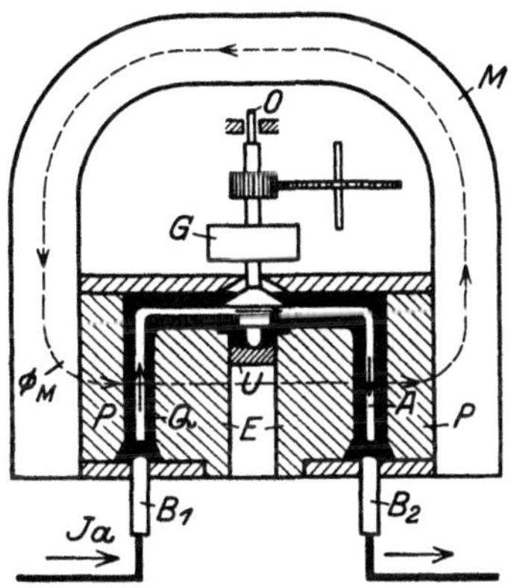

Abb. 73. Quecksilber-Motorzähler.

[1] Näheres über Quecksilber-Motorzähler s. in den unter 46 angeführten Büchern von Königswerther S. 124 und Brückman S. 46, ferner W. Kesseldorfer: „Theorie und Konstruktion der Quecksilber-Motorzähler mit besonderer Berücksichtigung des Fabrikates der Isaria-Zählerwerke A.-G. München". ETZ Bd. 32, S. 684 und 782. 1911.

IV. Induktionszähler für Einphasenstrom.

72. Einleitung. Zur Messung des Verbrauches in Wechselstromanlagen kommen in erster Linie Wattstundenzähler in Betracht. In besonderen Fällen werden einige Spezialgeräte verwendet, die wir im vierten Teil kennenlernen werden. Als Wattstundenzähler sind auch bei Wechselstrom die dynamometrischen Zähler, deren Wirkungsweise als Gleichstromzähler wir eingehend kennengelernt haben, verwendbar. Die dynamometrischen Meßgeräte sind, entsprechende Ausbildung vorausgesetzt, sowohl für Gleich-, wie für Wechselstrom brauchbar. Die dynamometrischen Volt-, Ampere- und Wattmeter werden sogar fast nur für Wechselstrom-Messungen verwendet; Gleichstrom kommt bei diesen Geräten meist nur bei ihrer Eichung in Betracht. Eine besonders wichtige Rolle spielt dabei das Wattmeter. Ähnlich liegen die Verhältnisse beim dynamometrischen Wattstundenzähler, der ja gewissermaßen ein Wattmeter mit umlaufender Spule ist; bei ihm ist wie beim Wattmeter das Drehmoment in jedem Moment proportional dem Augenblickswert der Leistung. Das mittlere Drehmoment, welches infolge der Trägheit des Ankers allein für die Drehzahl bestimmend ist, entspricht der mittleren Leistung, kurz Leistung. Demnach entspricht auch die Drehzahl dieser Leistung und die gesamte Umdrehungszahl während einer gewissen Zeit, also auch die Angaben des Zählwerkes, dem Verbrauch in Wh oder kWh. Vorausgesetzt ist dabei, daß, wie bei einem Wattmeter, der Strom im Spannungskreis in Phase mit der angelegten Spannung ist, d. h. der Spannungskreis induktionsfrei ist. Diese Bedingung wird genügend genau erfüllt, wenn die Vorwiderstände bifilar gewickelt sind. Ferner soll nach Möglichkeit Eisen im Spannungskreis vermieden werden.

Es möge noch erwähnt werden, daß das über die Verwendung von dynamometrischen Zählern für Wechselstrom Gesagte, sinngemäß auch für Wattstundenpendelzähler gilt, die auch dynamometrische Meßgeräte sind. (Siehe hierzu Kapitel VI.)

Im Gegensatz zu anderen dynamometrischen Meßgeräten wird jedoch der dynamometrische Zähler nur sehr selten für Messungen in Wechselstromanlagen verwendet. Der Grund liegt darin, daß man im Induktionszähler einen wesentlich vollkommeneren Wechselstromzähler besitzt, der dem dynamometrischen Zähler an Betriebssicherheit, meist auch an Meßgenauigkeit, überlegen und wesentlich billiger als dieser ist. Der dynamometrische Zähler wird deshalb nur in Ausnahmefällen bei Wechselstrom verwendet, so z. B. dort, wo eine Anlage zeitweise mit Gleichstrom und zeitweise mit Wechselstrom gespeist wird und der Verbrauch in beiden Fällen gemessen werden soll. Ferner wird er gelegentlich bei niedrigen Frequenzen, für die der Induktionszähler schwieriger zu bauen ist, verwendet. Diese Fälle werden jedoch immer seltener, da mit fortschreitender Entwicklung des Induktionszählers auch der Frequenzbereich, für den er gebaut werden kann, sich erweitert und man neuerdings Induktionszähler bis zur Frequenz 15 herunter ohne weiteres zu bauen imstande ist. Ein besonderer Vorteil des Induktionszählers ist auch der, daß er bequem als Drehstromzähler, ferner als Blindverbrauchszähler und dergleichen gebaut werden kann.

Wie bereits der Name sagt, beruht der Induktionszähler auf dem Induktionsprinzip, d. h. daß seinem beweglichen System (dem Anker) der Strom nicht durch Leitung unter Zuhilfenahme von Bürsten und Kollektor oder dergleichen, sondern durch Induktion zugeführt wird.

Der Induktionszähler ist wie alle Induktionsmeßgeräte nur für Wechselstrom brauchbar. Wir wollen im vorliegenden Abschnitt in erster Linie die Wirkungsweise dieses Zählers als Wattstundenzähler für Einphasenstrom behandeln. Der größte Teil der Betrachtungen gilt jedoch auch für die Meßwerke von Drehstrom-Wattstundenzählern, viele grundlegenden Betrachtungen, insbesondere über das Drehmoment, gelten auch für andere Induktionszählerarten, z. B. den Blindverbrauchszähler. Diese anderen Zählerarten werden deshalb später verhältnismäßig kurz behandelt.

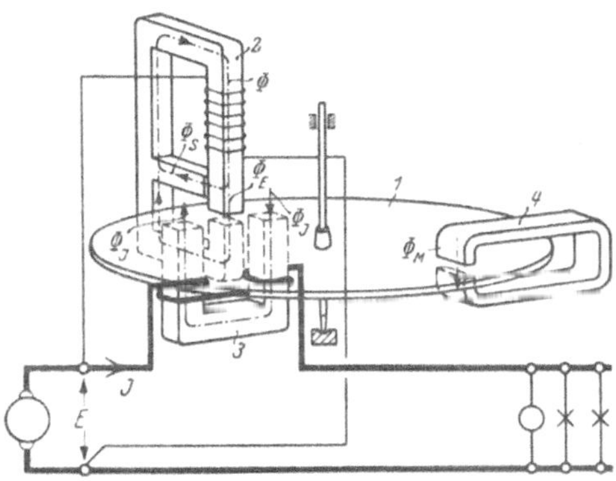

Abb. 74. Meßwerk und Schaltung eines Induktionszählers.

73. Schaltung, Bestandteile und Wirkungsweise. Abb. 74 zeigt schematisch die wichtigsten Teile und die Schaltung eines Induktionszählers. Es ist dabei eine Ausführungsform gewählt worden, die die Verhältnisse besonders klar zu übersehen gestattet. Die Wirkungsweise anderer Bauarten, die wir noch kennenlernen werden (s. 83), ist im Grunde genommen dieselbe.

Der Anker oder Läufer *1* ist eine Aluminiumscheibe, auf die die magnetischen Flüsse des aus dem Spannungseisen *2* und dem Stromeisen *3* bestehenden Motoreisens wirken. Außerdem wirkt auf die Scheibe der Fluß des Bremsmagneten *4*. Die übrigen Teile, also die Achse, das Zählwerk, die Klemmen usw. sind im Prinzip die gleichen wie bei den anderen Zählern, so daß sie hier nicht besonders behandelt zu werden brauchen. Das Spannungseisen *2*, welches aus einzelnen von einander isolierten Blechen besteht, ist mit einer Wicklung versehen, die an der Netzspannung E liegt. Diese Spannungswicklung, Spannungsspule, besteht, ähnlich wie bei einem Wattmeter oder einem dynamometrischen Zähler, aus vielen Windungen dünnen Kupferdrahtes. Ein Vorwiderstand ist, wenigstens bei normalen Zählern, nicht vorhanden; vielmehr liegt die ganze Netzspannung an der Wicklung. Der Verbrauchsstrom J durchfließt die auf beide Schenkel des Stromeisens *3* verteilte Wicklung. Diese Stromspulen bestehen auch hier aus wenigen Windungen stärkeren Drahtes. Das Stromeisen ist gleichfalls aus einzelnen Blechen zusammengesetzt.

Das Spannungseisen ist im Prinzip eine Drosselspule oder, richtiger gesagt, sogar ein Transformator. In dem vorderen, die Spannungsspule tragenden Schenkel entsteht beim Anlegen der Spannung ein magnetischer Fluß, der so groß ist, daß er in der Wicklung eine Gegen-EMK induziert, die der Netzspannung das Gleichgewicht hält. (Der Ohmsche Spannungsabfall der Wicklung möge zuerst vernachlässigt werden). Dieser Fluß Φ verzweigt sich in zwei Teile. Der eine, meist kleinere Teil, der Triebfluß Φ_E, geht durch den Luftspalt, in dem sich die Scheibe befindet, und schließt sich dann durch den unteren wagrechten Rückschlußschenkel und den senkrechten äußeren Schenkel. Der andere Teil, der Streufluß Φ_S, gelangt durch den oberhalb der Scheibe wagrecht liegenden magnetischen Nebenschluß, in dem sich ein kleiner Luftspalt befindet, gleichfalls zu dem hinteren unbewickelten Schenkel und verläuft dann wieder gemeinschaftlich mit dem Triebfluß. Der Fluß Φ, also auch seine beiden Teilflüsse Φ_E und Φ_S sind, wie bei jeder Drosselspule, der Spannung E proportional[1].

Der durch die Hauptstromspule fließende Strom J erzeugt im Stromeisen *3* einen Stromtriebfluß Φ_J. Dieser tritt aus dem einen Schenkel heraus, durchsetzt die Scheibe, verläuft dann zum Teil in Luft, zum Teil im Spannungseisen, durchsetzt dann wieder die Scheibe und gelangt zum anderen Schenkel des Stromeisens. Φ_J ist dem Hauptstrom J proportional.

Der Spannungstriebfluß Φ_E induziert in der Scheibe eine elektromotorische Kraft, die in der Scheibe Ströme, Triebströme, zur Folge hat. Die Scheibe ist also gewissermaßen die Sekundärwicklung eines Transformators, dessen Primärwicklung die Spannungsspule ist. Die in der Scheibe durch den Spannungstriebfluß induzierten Ströme J_E haben etwa den in Abb. 75a gezeichneten Verlauf, sie umkreisen im

[1] Wir setzen voraus, daß die magnetischen Widerstände konstant sind.

wesentlichen den Fluß. In der Abbildung sind nur einige Stromlinien gezeichnet; in Wirklichkeit ist die ganze Scheibe von Stromlinien erfüllt.

In ähnlicher Weise induziert der Stromtriebfluß Φ_J in der Scheibe die Triebströme J_J. Da der Stromtriebfluß die Scheibe zweimal durchsetzt, so werden von jedem Pol Ströme induziert, deren angenäherter Verlauf in Abb. 75b dargestellt ist. In jedem Moment verlaufen die durch den linken Pol induzierten Ströme in entgegengesetzter Richtung wie die durch den rechten Pol induzierten, was ohne weiteres klar ist, da der Fluß einmal von unten die Scheibe durchsetzt und das andere Mal von oben (s. Pfeile in Abb. 75b).

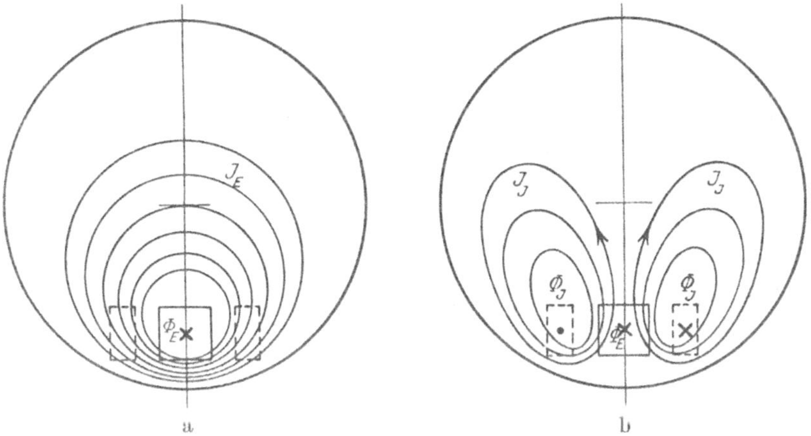

Abb. 75. Triebströme eines Induktionszählers.

Ein Teil der durch den Spannungstriebfluß induzierten Triebströme J_E fließt im Bereich der Stromtriebflüsse Φ_J. Wir erhalten ein ähnliches Bild wie beim Magnetmotorzähler, wo die Ströme, die in den flachen Ankerspulen fließen, zum Teil sich im Bereich der Flüsse der permanenten Magneten befinden. Ähnlich wie dort entsteht auch hier durch das Zusammenwirken der Triebströme J_E mit dem Stromtriebfluß Φ_J ein Drehmoment. Umgekehrt fließt ein Teil der durch den Stromtriebfluß induzierten Triebströme J_J im Bereich des Spannungstriebflusses Φ_E, und zwar, wie aus der Abb. 75b deutlich ersichtlich, fließen die von beiden Strompolen induzierten Ströme im Bereiche des Spannungsflusses in der gleichen Richtung. Auch hier kommt durch Zusammenwirken der Scheibenströme und des Flusses ein Drehmoment zustande. Wichtig ist ferner noch die Tatsache, daß in jedem Moment die beiden Drehmomente gleiche Richtung haben, also sich addieren. Jedes der Drehmomente, also auch das Gesamtdrehmoment, sind dabei der

Wattbelastung $N = EJ\cos\varphi$ des Zählers proportional. Diese Tatsache wird auf Grund folgender Überlegung klar. Der Spannungstriebfluß ist, wie bereits gesagt, der Spannung E proportional. Hieraus folgt, daß auch die von ihm in der Scheibe induzierte EMK, also auch der Scheibenstrom J_E, der Spannung proportional sein muß. Das Drehmoment ist abhängig von dem Produkt dieser Ströme und des Stromtriebflusses Φ_J. Nun ist Φ_J proportional dem Hauptstrom J, demnach ist das Drehmoment, welches durch Zusammenwirken dieser Ströme und der Flüsse zustande kommt, proportional dem Produkte JE. Ferner läßt sich nachweisen (s. 74), daß das Drehmoment auch proportional dem Leistungsfaktor $\cos\varphi$ ist. Eine ähnliche Überlegung zeigt uns, daß auch das durch Zusammenwirken der Ströme J_J mit dem Fluß Φ_E entstandene Drehmoment gleichfalls dem Produkt $EJ\cos\varphi$, also der Wattbelastung des Zählers, proportional ist. Unter dem Einflusse des gesamten Drehmomentes rotiert die Zählerscheibe und, da sie durch einen Dauermagneten abgebremst wird, so ist, wie wir es bei den dynamometrischen Wattstundenzählern eingehend behandelt haben (s. 50), auch die Drehzahl n proportional dem Drehmoment, also der Wattbelastung. Demnach sind die Angaben des Zählers proportional der Arbeit oder dem Wirkverbrauch. Dies ist im wesentlichen die Wirkungsweise des Induktionszählers. Wir wollen uns jetzt mit den Einzelheiten befassen.

74. Drehmoment. Wir wollen uns folgende wichtige Tatsachen vom Drehmoment eines Induktionszählers merken:

Das Drehmoment D eines Induktionszählers ist proportional dem Produkte der beiden auf die Scheibe wirkenden Triebflüsse Φ_1 und Φ_2, ferner der Frequenz f, der Leitfähigkeit der Scheibe $\varkappa$, ihrer Stärke ϑ und $\sin\psi$, wobei ψ der Phasenverschiebungswinkel zwischen den beiden Triebflüssen ist. Wir erhalten somit die Gleichung:

$$D = C'_D \cdot \Phi_1 \cdot \Phi_2 \cdot f \cdot \varkappa \cdot \vartheta \cdot \sin\psi, \tag{1}$$

wobei C_D eine von der Bauart des Zählers abhängige Proportionalitätskonstante ist.

Die obige Gleichung zeigt uns, daß unter sonst gleichen Verhältnissen das Drehmoment seinen höchsten Wert dann hat, wenn die beiden Triebflüsse gegeneinander um 90^0 verschoben sind, also $\psi = 90^0$, weil dann $\sin\psi = 1$ ist, also seinen höchsten Wert hat. Umgekehrt ist bei Phasengleichheit der beiden Triebflüsse, also $\psi = 0$, $\sin\psi = 0$, das Drehmoment gleich Null. Wichtig ist noch die Tatsache, daß das Drehmoment vom voreilenden zum nacheilenden Fluß gerichtet ist.

Bei einem Induktions-Wattstundenzähler entspricht dem Fluß Φ_1 der Stromtriebfluß Φ_J und dem Fluß Φ_2 der Spannungstriebfluß Φ_E. Dabei ist Φ_J proportional dem Verbrauchsstrom J und Φ_E proportional der Netzspannung E. Da das Spannungseisen eine Drosselspule ist, so ist bei ihm bei einer konstanten Spannung E das Produkt $\Phi_E \cdot f$ konstant (s. hierzu 30 und 31), d. h. wenn die Frequenz steigt, so fällt im gleichen Verhältnis der Fluß, da nur dann die EMK, die der aufgedrückten Netzspannung das Gleichgewicht hält, ihren Wert beibehält. Bei dieser Betrachtung ist der Ohmsche Widerstand der Spannungsspule vernachlässigt, da er auch in der Praxis eine untergeordnete Rolle spielt. Aus der eben angestellten Überlegung folgt, daß wir die Gl. (1) auch in folgender Form schreiben können:

$$D = C_D \cdot E \cdot J \cdot \varkappa \cdot \vartheta \cdot \sin \psi, \tag{2}$$

d. h. das Drehmoment ist bei einer bestimmten Phasenverschiebung ψ zwischen den beiden Triebflüssen proportional dem Produkte aus Netzspannung und Verbrauchsstrom und ist von der Frequenz unabhängig.

Es ist ohne weiteres klar, daß einer bestimmten Phasenverschiebung φ zwischen der Netzspannung E und dem Verbrauchsstrom J eine bestimmte gegenseitige Lage der beiden Triebflüsse entspricht, da diese Flüsse auch eine bestimmte Phasenverschiebung gegen die Spannung bzw. den Strom haben. Wie groß diese Phasenverschiebungen sind, werden wir noch kennenlernen. Falls man sich damit begnügen würde, daß ein Zähler nur bei einer bestimmten Phasenverschiebung φ, also einem bestimmten Leistungsfaktor $\cos \varphi$, richtig anzeigt, so wäre es an und für sich gleichgültig, wie groß die Phasenverschiebung ψ zwischen den beiden Triebflüssen ist. Man hat auch in der Tat früher bei Zählern für reine Lichtanlagen keinen besonderen Wert auf eine genaue Einhaltung einer bestimmten Phasenverschiebung zwischen den beiden Triebflüssen gelegt. Neuerdings verlangt man allgemein, daß ein Induktions-Wattstundenzähler bei allen Phasenverschiebungen richtig zeigt. Soll diese Bedingung eingehalten werden, so muß sein Drehmoment nicht nur E und J, sondern auch $\cos \varphi$ proportional sein, da es ja der Leistung $N = E \cdot J \cdot \cos \varphi$ proportional sein muß. Die Gl. (2) zeigt uns, daß diese Bedingung dann erfüllt ist, wenn $\sin \psi = \cos \varphi$ oder $\psi = 90^0 - \varphi$ ist. Bei induktionsfreier Belastung, also $\varphi = 0$, ist dann $\psi = 90^0$. Wir müssen also die Verhältnisse im Strom- und Spannungseisen so wählen, daß bei induktionsfreier Belastung die Triebflüsse gegeneinander um 90^0 verschoben sind. Die Erfüllung dieser Bedingung nennen wir „90^0-Abgleichung“ des Zählers.

Wir wollen jetzt die oben angeführte Gl. (1) ableiten.

Der erste der betrachteten Triebflüsse Φ_1 induziert in der Scheibe, die als eine in sich geschlossene Sekundärwicklung eines Transformators betrachtet werden kann, eine EMK E_1 (Effektivwert), die dem Flusse Φ_1 und der Frequenz f proportional ist (s. 30), also

$$E_1 = c_1 \cdot \Phi_1 \cdot f. \tag{3}$$

Hierbei bedeutet c_1 eine Proportionalitätskonstante.

Die EMK E_1 eilt, wie im Diagramm Abb. 76 eingetragen ist, dem sie induzierenden Fluß Φ_1 um 90° nach und hat in der Scheibe einen Triebstrom J_1 zur Folge. J_1 ist der EMK E_1 und dem Leitwerte (reziproken Wert des Widerstandes) der Scheibe proportional. Da der Leitwert proportional der Leitfähigkeit $\varkappa$ und der Stärke ϑ der Scheibe ist, so berechnet sich der Triebstrom zu

$$J_1 = c_2 \cdot E_1 \cdot \varkappa \cdot \vartheta. \tag{4}$$

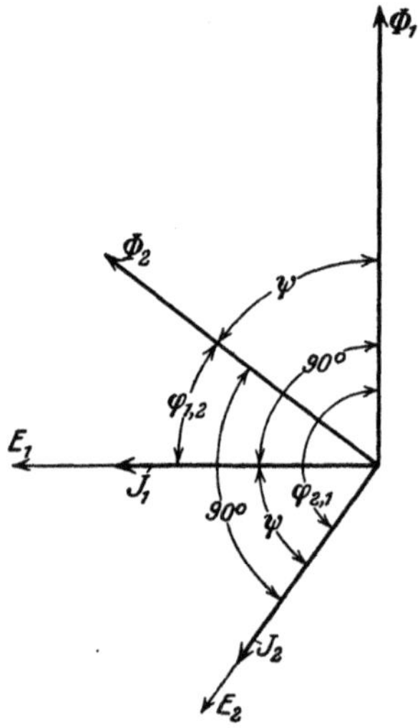

Abb. 76. Lage der Triebflüsse und Scheibenströme.

Die Scheibe kann mit genügender Genauigkeit als induktionsfrei angesehen werden. Daraus folgt, daß der Triebstrom J_1 in Phase mit der EMK E_1 liegt.

Setzen wir in Gl. (4) für E_1 den Wert aus Gl. (3) ein, so erhalten wir

$$J_1 = c_2 \cdot c_1 \cdot \Phi_1 \cdot f \cdot \varkappa \cdot \vartheta = c_3 \cdot \Phi_1 \cdot f \cdot \varkappa \cdot \vartheta. \tag{5}$$

Durch das Zusammenwirken des Triebstromes J_1 mit dem Triebfluß Φ_2 kommt ein Drehmoment D_1 zustande, welches J_1, Φ_2 und $\cos\varphi_{1,2}$ proportional ist, wobei $\varphi_{1,2}$ der Phasenverschiebungswinkel zwischen J_1 und Φ_2 ist. Wir sehen aus dem Diagramm, daß $\varphi_{1,2} = 90^0 - \psi$ ist, also $\cos\varphi_{1,2} = \cos(90^0 - \psi) = \sin\psi$. Demnach berechnet sich das Drehmoment zu

$$D_1 = c_4 \cdot J_1 \cdot \Phi_2 \cdot \cos\varphi_{1,2} = c_4 \cdot J_1 \cdot \Phi_2 \cdot \sin\psi.$$

Setzen wir für J_1 den Wert aus Gl. (5) ein, so erhalten wir den Ausdruck

$$D_1 = c_4 \cdot c_3 \cdot \Phi_1 \cdot f \cdot \varkappa \cdot \vartheta \cdot \Phi_2 \sin\psi = C_1 \cdot \Phi_1 \cdot \Phi_2 \cdot f \cdot \varkappa \cdot \vartheta \cdot \sin\psi. \tag{6}$$

Entsprechend ergibt sich das Drehmoment D_2, welches durch Zusammenwirken des durch den Triebfluß Φ_2 induzierten Stromes J_2 mit dem Flusse Φ_1 zustande kommt, zu

$$D_2 = c_5 \cdot J_2 \cdot \Phi_1 \cdot \cos\varphi_{2,1},$$

wobei $\varphi_{2,1}$ der Phasenverschiebungswinkel zwischen dem vom Triebfluß Φ_2 induzierten Scheibenstrom J_2 und dem Fluß Φ_1 ist. Wir ersehen aus dem Diagramm, daß $\varphi_{2,1} = 90^0 + \psi$ ist. Demnach ist $\cos\varphi_{2,1} = \cos(90^0 + \psi) = -\sin\psi$. Das Minuszeichen deutet darauf hin, daß das Drehmoment D_2 negativ ist, wenn das Drehmoment D_1 als positiv angenommen wird. Aus Gründen, auf die wir hier nicht weiter eingehen wollen, addieren sich jedoch die beiden Drehmomente D_1 und D_2 arithmetisch, so daß das Minuszeichen bei $\sin\psi$ außer acht zu lassen ist. Berücksichtigen wir ferner, daß J_2 proportional Φ_2, f, $\varkappa$ und ϑ ist, so erhalten wir für das Drehmoment D_2 den Ausdruck

$$D_2 = C_2 \cdot \Phi_1 \cdot \Phi_2 \cdot f \cdot \varkappa \cdot \vartheta \cdot \sin\psi. \tag{7}$$

Diese Gleichung entspricht der Gl. (6) für das Drehmoment D_1.

Das gesamte Drehmoment ergibt sich zu

$$D = D_1 + D_2 = (C_1 + C_2)\cdot\Phi_1\cdot\Phi_2\cdot f\cdot\varkappa\cdot\vartheta\cdot\sin\psi = C_D\cdot\Phi_1\cdot\Phi_2\cdot f\cdot\varkappa\cdot\vartheta\cdot\sin\psi.$$

Dies ist die Gl. (1), die wir oben bereits angeführt haben[1].

75. Spannungseisen. Wir haben im vorhergehenden Abschnitt gezeigt, daß der Induktionszähler dann ein bei allen Phasenverschiebungen richtig zeigender Wattstundenzähler ist, wenn sein Spannungstriebfluß Φ_E der Netzspannung E und der Stromtriebfluß Φ_J dem Verbrauchsstrom J proportional sind und wenn außerdem die gegenseitige Phasenverschiebung ψ zwischen den beiden Flüssen stets $90^0 - \varphi$ ist, wobei φ der Phasenverschiebungswinkel zwischen E und J ist, d. h. wenn bei induktionsfreier Belastung $\psi = 90^0$ ist. Für diesen Belastungsfall ergibt sich dann das in Abb. 77 gezeichnete Vektordiagramm. Der Verbrauchsstrom J liegt in Phase mit der Netzspannung E. Der Stromtriebfluß Φ_J liegt annähernd in Phase mit dem Verbrauchsstrom J, er eilt nur um einen kleinen Winkel ψ_J, der durch die Eisenverluste bedingt ist, dem Strome nach (s. hierzu 29 u. 76). Da der Spannungstriebfluß Φ_E bei dem betrachteten Belastungsfall dem Stromtriebfluß Φ_J um 90^0 nacheilen muß, so muß das Spannungseisen so beschaffen sein, daß Φ_E der Spannung E um den Winkel $\chi = 90^0 + \psi_J$ nacheilt. Tritt in der Anlage eine bestimmte Phasenverschiebung φ zwischen dem Verbrauchsstrom und der Netzspannung auf, so nimmt der Strom und der Stromtriebfluß die gestrichelt gezeichnete Lage an und die Phasenverschiebung zwischen den beiden Triebflüssen wird $\psi = 90^0 - \varphi$. Der Gesamtfluß Φ des Spannungseisens eilt, wie bei jeder Drosselspule (s. hierzu 34), der angelegten Spannung, also der Netzspannung, um einen gewissen Winkel nach, der infolge der unvermeidlichen Ohmschen Spannungsabfälle stets kleiner als 90^0 ist. Daraus folgt, daß es gewisser Kunstgriffe bedarf, um den Spannungstriebfluß Φ_E, der einen Teil des gesamten Flusses des Spannungseisens bildet, um den Winkel $\chi = 90^0 + \psi_J$ gegen die Spannung zu verschieben. Die Erfüllung dieser Bedingung, also die Erzielung der 90^0-Abgleichung, hat früher nicht unbedeutende Schwierigkeiten gemacht und man hat verschiedene, zum Teil ziemlich ver-

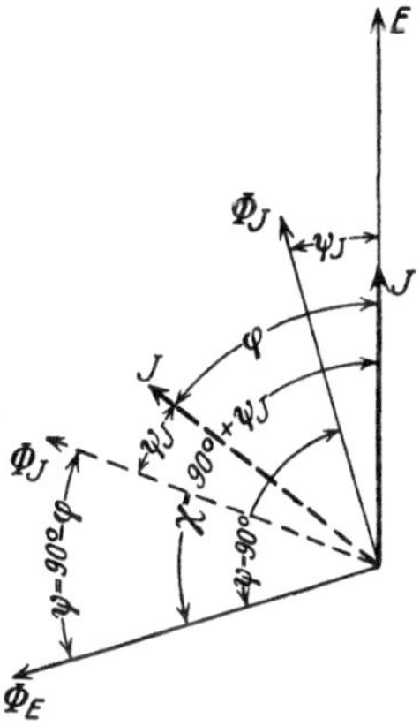

Abb 77. Diagramm für die 90^0-Abgleichung.

[1] Näheres über das Zustandekommen des Drehmomentes, sowie über Scheibenströme u. dgl. findet man im Buch Dr.-Ing. W. v. Krukowski: „Vorgänge in der Scheibe eines Induktionszählers und der Wechselstromkompensator als Hilfsmittel zu deren Erforschung.“ Berlin: Julius Springer 1920.

wickelte Verfahren (Brückenschaltung u. dgl.) angewandt. Das allmählich entwickelte und jetzt allgemein angewandte Verfahren der Erzielung der 90°-Abgleichung ist im Grunde genommen ein sehr einfaches. Es beruht darauf, daß man durch Anbringung eines magnetischen Nebenschlusses (s. Abb. 74) dem Spannungseisen eine große Streuung gibt, d. h. daß nur ein kleiner Teil des gesamten Flusses Φ des Spannungseisens als Triebfluß Φ_E ausgenutzt wird. Wenn dann der Streufluß Φ_S, der im wesentlichen durch den magnetischen Nebenschluß geleitet wird, schwach, der Triebfluß dagegen stark belastet wird, so wird ohne Schwierigkeiten die 90°-Abgleichung erzielt.

Wir wollen jetzt an Hand des Vektordiagramms Abb. 78 genauer kennenlernen, wie die Phasenverschiebung $\chi = 90^0 + \psi_J$ beim Spannungseisen erreicht wird. In Abb. 79 ist der Deutlichkeit halber nochmals das Spannungseisen in der einfachsten Form schematisch dargestellt. Da bei den weiteren Betrachtungen zwischen der Klemmenspannung, also der Netzspannung, und der EMK unterschieden werden muß, so wollen wir vorläufig die Netzspannung mit E_K bezeichnen. Dort, wo die EMK bei den Betrachtungen keine Rolle spielt, werden wir jedoch auch ferner die Netzspannung mit E bezeichnen. Der Winkel ξ zwischen der Netzspannung, Klemmenspannung E_K, und dem Gesamtfluß Φ ist infolge

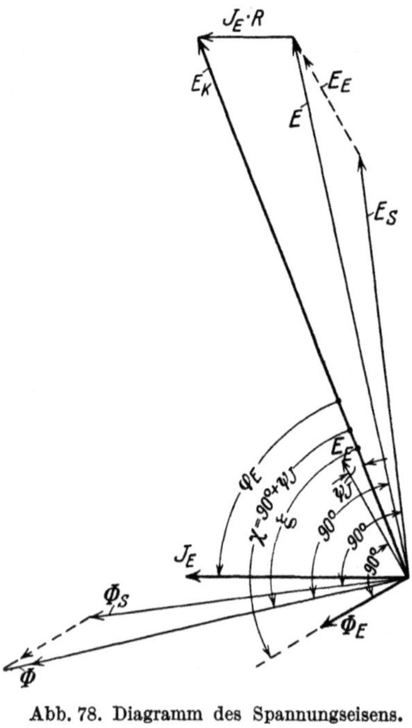

Abb. 78. Diagramm des Spannungseisens.

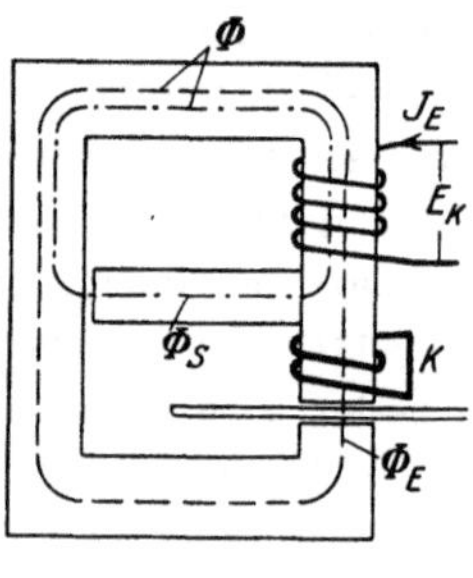

Abb. 79. Spannungseisen.

der unvermeidlichen Ohmschen Spannungsabfälle in der Spannungsspule stets kleiner als 90°.

Wir gehen bei der Aufstellung des Diagramms des Spannungseisens vom Streufluß Φ_S aus. Dieser Fluß, der einen Teil des Gesamtflusses Φ, der die Spannungsspule durchsetzt, bildet, induziert in der Spannungsspule eine EMK, die dem Flusse Φ_S um 90° nacheilt. Die zur Überwindung dieser EMK erforderliche Komponente E_S der Klemmenspannung (umgeklappte EMK) eilt dem Fluß um 90° vor. Der Fluß Φ_S wird durch den Strom J_E in der Spannungsspule erzeugt. Da der Streufluß nur durch die Eisenverluste belastet ist, so eilt er nur um einen kleinen Winkel dem Strome J_E nach. Der gleiche Strom J_E erzeugt auch den

Spannungstriebfluß Φ_E, da dieser den anderen Teil des Gesamtflusses Φ bildet. Der Fluß Φ_E eilt jedoch dem Strom J_E stärker nach als der Streufluß Φ_S, da er durch die in der Abbildung 79 angedeutete Kurzschlußwindung K belastet ist. Diese Kurzschlußwindung bildet gewissermaßen die Sekundärwicklung eines Transformators, dessen Primärwicklung die Spannungsspule ist. Der Triebfluß Φ_E induziert gleichfalls in der Spannungsspule eine EMK, zu deren Überwindung eine, dem Fluß wiederum um 90° voreilende Komponente E_E der Klemmenspannung erforderlich ist. Die beiden EMKe E_S und E_E ergeben die gesamte (umgeklappte) EMK E der Spannungsspule. Die Klemmenspannung (Netzspannung) E_K, die an die Spannungsspule angelegt ist, setzt sich zusammen aus der EMK E und dem in Phase mit dem Strom J_E der Spannungsspule liegenden Ohmschen Spannungsabfall $J_E \cdot R$. Hierbei bedeutet R den Ohmschen Widerstand der Spannungsspule.

Die beiden Flüsse Φ_S und Φ_E bilden zusammen den Gesamtfluß Φ des Spannungseisens, der der gesamten umgeklappten EMK E um 90° nacheilt. Wir sehen aus dem Diagramm deutlich, daß, obwohl der Gesamtfluß wie bei jeder Drosselspule der Klemmenspannung um weniger als 90° nacheilt, der Spannungstriebfluß, wie dies erforderlich ist, um den Winkel χ, der um ψ_J größer als 90° ist, der Klemmenspannung nacheilt ($\chi = 90^0 + \psi_J$). Das Diagramm zeigt uns, daß χ um so größer ist, je kleiner der Ohmsche Spannungsabfall $J_E \cdot R$, je kleiner die Belastung des Streuflusses und je größer die Belastung des Triebflusses ist; ferner, daß χ um so größer ist, je größer der Streufluß im Verhältnis zum Triebfluß ist, also je kleiner der magnetische Widerstand des Streuflusses ist.

Eine gewisse Belastung des Triebflusses bildet stets die Scheibe des Zählers, die ja auch eine kurzgeschlossene Windung darstellt. Bei entsprechender Wahl der Verhältnisse genügt die Belastung des Triebflusses durch die Scheibe allein, um die nötige Phasenverschiebung χ zu erzielen. Die meisten neuzeitlichen Zähler sind auch in der Tat so gebaut, daß sie außer der Scheibe keine besondere Belastung des Spannungstriebflusses besitzen. Bei den älteren Zählern, bei denen man mit verhältnismäßig geringem Streufluß gearbeitet hat, wurde dagegen ein besonderer Kurzschlußring oder eine besondere Kurzschlußwindung — nach ihrem Erfinder Belfieldspule genannt — angewandt. Wenn eine solche Spule über einen regelbaren Widerstand geschlossen wird, so kann durch Änderung der Größe dieses Widerstandes der Winkel χ, kurz die Abgleichung des Zählers, beeinflußt werden. Je besser die Kurzschlußwicklung geschlossen ist, also je kleiner der Widerstand des regelbaren Widerstandes ist, um so größer ist der Winkel und umgekehrt. Das Diagramm Abb. 78 veranschaulicht die Verhältnisse, wie sie etwa bei einem neuzeitlichen Zähler mit gut geschlossenem Streufluß liegen.

Das Spannungseisen läßt sich auch als ein Transformator mit großer Streuung betrachten, dessen Primärwicklung die Spannungsspule und dessen Sekundärwicklung die Scheibe bzw. die Kurzschlußwicklung bilden, und sein Diagramm läßt sich auch ähnlich wie ein normales Transformatorendiagramm darstellen[1].

Eine Größe, die beim Spannungseisen noch von besonderer Bedeutung ist, ist seine Leistungsaufnahme, kurz Wattverbrauch N_E. Dieser Wattverbrauch setzt sich aus den Kupferverlusten in der Wicklung und den Eisenverlusten zusammen und berechnet sich zu

$$N_E = E_K \cdot J_E \cdot \cos \varphi_E,$$

wobei φ_E die Phasenverschiebung zwischen der Klemmenspannung E_K

[1] s. hierzu in dem unter 46 erwähnten Buch von Möllinger, S. 81.

und dem Strom J_E in der Spannungsspule ist (s. Abb. 78). Der Wattverbrauch beträgt bei neuzeitlichen Zählern etwa 0,5 ... 1 W.

76. Stromeisen. Bei dem Stromeisen (s. Abb. 74) bildet der Stromtriebfluß Φ_J, der die Scheibe durchsetzt, einen Teil des gesamten durch die Wicklung im Kern des Stromeisens erzeugten Flusses Φ. Der andere Teil geht als Streufluß Φ_S an der Scheibe vorbei. Der Streufluß schließt sich zum Teil in Luft, zum Teil in Eisenteilen, die zwischen den beiden Schenkeln des Stromeisens liegen. Als solche Eisenteile kommt z. B. der bei den meisten Zählern vorhandene Rückschluß des Spannungseisens in Betracht. Der Gesamtfluß Φ, also auch seine beiden Komponenten Φ_J und Φ_S, eilen infolge der Belastung des Flusses durch Eisenverluste und durch die Scheibe, die wie beim Spannungseisen als eine Kurzschlußwicklung aufgefaßt werden kann, dem Netzstrom J nach. Der Winkel ψ_J zwischen dem Stromtriebfluß Φ_J und dem Strom J beträgt bei neuzeitlichen Zählern etwa 10^0. Die Größe dieses Winkels kann dadurch beeinflußt werden, daß man den Fluß Φ des Stromeisens, also auch den Stromtriebfluß Φ_J künstlich durch die Aufbringung von Kurzschlußwindungen auf dem Stromeisen belastet. Dies gibt eine Möglichkeit, die Abgleichung des Zählers zu beeinflussen. Man verwendet als Belastungswicklungen entweder in sich kurzgeschlossene Wicklungen (Brillen oder Ringe) oder Wicklungen (in Abb. 80 mit K bezeichnet), die über einen regelbaren Widerstand geschlossen sind. Je geringer die Größe dieses regelbaren Widerstandes ist, um so größer ist die Belastung des Stromtriebflusses und demnach der Winkel ψ_J. Bei einer gegebenen Größe der Phasenverschiebung χ zwischen der Netzspannung und dem Spannungstriebfluß wird bei Vergrößerung des Winkels ψ_J die Phasenverschiebung ψ zwischen dem Spannungstriebfluß Φ_E und dem Stromtriebfluß Φ_J vermindert (Abb. 77).

In bestimmten Fällen, z. B. zwecks Bestimmung der Belastung von Stromwandlern (s. hierzu 170), ist noch die Größe des Spannungsabfalles ε_J der Stromwicklung und die Phasenverschiebung dieses Spannungsabfalles gegen den Verbrauchsstrom J von Interesse. Das Stromeisen bildet eine Drosselspule mit einem bestimmten induktiven und einem bestimmten Ohmschen Widerstand. Demnach eilt der Spannungsabfall ε_J dem Strom J um einen gewissen Winkel φ_J vor. Bei neuzeitlichen Zählern ist φ_J selten größer als 60^0. Der Spannungsabfall neuzeitlicher Induktionszähler beträgt bei 5 A Nennstromstärke meist etwa 0,1 ... 0,4 V, bei niedrigeren Nennstromstärken ist er entsprechend größer, bei höheren kleiner (s. 85).

Der Wattverbrauch N_J des Stromeisens berechnet sich zu

$$N_J = \varepsilon_J \cdot J \cdot \cos \varphi_J .$$

Für viele Zwecke kann mit genügender Genauigkeit der Wattverbrauch des Stromeisens gleich $J^2 \cdot R_J$ gesetzt werden, wobei R_J der Ohmsche Widerstand der Stromwicklung ist. Bei dieser vereinfachten Berechnung werden also die Eisenverluste vernachlässigt.

Aus Gründen, die wir noch weiter unter 78 kennenlernen werden, ist es erwünscht, daß der Triebfluß Φ_J bei größeren Strombelastungen des Zählers, und zwar etwa über 50% des Nennstromes etwas stärker als proportional der Stromstärke J ansteigt. Um dies zu erzielen, erhält bei einigen neuzeitlichen Zählern das Stromeisen einen besonderen magnetischen Nebenschluß. Eine solche Anordnung zeigt schematisch Abb. 80. S ist das eigentliche Stromeisen, G der Gegenpol, der meist durch das Spannungseisen gebildet wird. Zwischen den Schenkeln des Stromeisens ist der magnetische Nebenschluß, der durch Luftspalte unterbrochen ist, angeordnet. Die Wirkung des Nebenschlusses beruht darauf, daß bei höheren Stromstärken der Nebenschluß sich sättigt und einen größeren magnetischen Widerstand als bei kleineren Stromstärken hat und deshalb der Streufluß Φ_S verhältnismäßig kleiner ist als bei kleineren Belastungen, d. h. von dem Gesamtfluß Φ geht ein verhältnismäßig größerer Teil (größerer Prozentsatz) als Triebfluß Φ_J durch die Scheibe. Damit die angestrebte Wirkung des magnetischen Nebenschlusses zustande kommt, muß jedoch im Gegensatz zum Spannungseisen der magnetische Weg des Gesamtflusses einen bestimmten, nicht zu kleinen Widerstand haben. Zu diesem Zweck wird beispielsweise das Stromeisen durch den in der Abbildung mit L bezeichneten Luftspalt unterbrochen. Würde der Widerstand des Weges des Gesamtflusses Φ Null sein, so würde der magnetische Nebenschluß die Verteilung der Flüsse nicht beeinflussen. Die Wirkung des magnetischen Nebenschlusses ist ganz ähnlich wie die Wirkung eines zu einem bestimmten elektrischen Widerstand parallel geschalteten veränderlichen Widerstandes, wobei der Parallelschaltung der beiden Widerstände noch ein Widerstand, der vom Gesamtstrom durchflossen wird, vorgeschaltet ist. Diese Anordnung haben wir unter 5 (S. 9) genau behandelt.

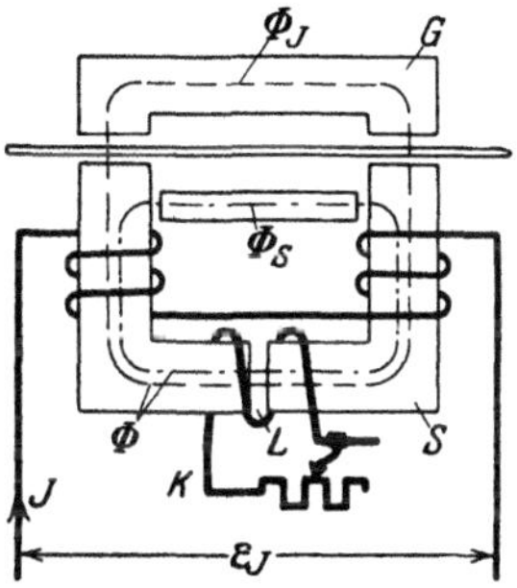

Abb. 80. Stromeisen mit magnetischem Nebenschluß.

Die praktische Ausbildung des magnetischen Nebenschlusses kann sehr verschieden sein, und seine Wirkung ist oft wesentlich verwickelter als oben angedeutet[1].

Wir wollen uns noch an Hand des Vektordiagramms Abb. 81 die Verhältnisse, wie sie beim Stromeisen liegen, etwas näher vergegenwärtigen. Φ ist der gesamte, vom Strom J induzierte Fluß im Stromeisen. Er setzt sich zusammen aus dem Streufluß Φ_s, der evtl. zum Teil durch den besonderen magnetischen Nebenschluß geleitet wird, und dem Stromtriebfluß Φ_J. Die Flüsse Φ, Φ_s und Φ_J eilen dem Netzstrom J infolge ihrer Belastung nach. Die Winkel können je nach den Verhältnissen verschieden sein. In der Abbildung ist nur der besonders

[1] Die magnetischen Verhältnisse, wie sie bei Stromeisen vorliegen, wurden von Callsen genau untersucht. Ihre Ergebnisse sind in der Arbeit: „Die Flußverdrängung und Flußverlagerung im verzweigten magnetischen Kreis und ihre Bedeutung für den Induktionszähler“ zusammengefaßt, s. Arch. f. Elektrot. Bd. 23, Heft 1, 1929.

wichtige Winkel ψ_J zwischen dem Strom und dem Stromtriebfluß eingezeichnet. Der Gesamtfluß Φ induziert wie bei jeder Drosselspule eine EMK E (in der Abbildung nicht gezeichnet), zu deren Überwindung eine Komponente des Spannungsabfalles $\varepsilon_X = -E = J \cdot X_J$ erforderlich ist, die dem Flusse um 90^0 voreilt. X_J ist der induktive Widerstand der Stromwicklung. Die gesamte Klemmenspannung, also der Spannungsabfall ε_J der Stromwicklung, setzt sich zusammen aus diesem induktiven Spannungsabfall ε_X und dem Ohmschen Spannungsabfall $\varepsilon_R = J \cdot R_J$, wo R_J der Ohmsche Widerstand der Stromwicklung ist. ε_R liegt in Phase mit dem Strom J. φ_J ist, wie oben erwähnt, die Phasenverschiebung zwischen dem Spannungsabfall ε_J und dem Strom J.

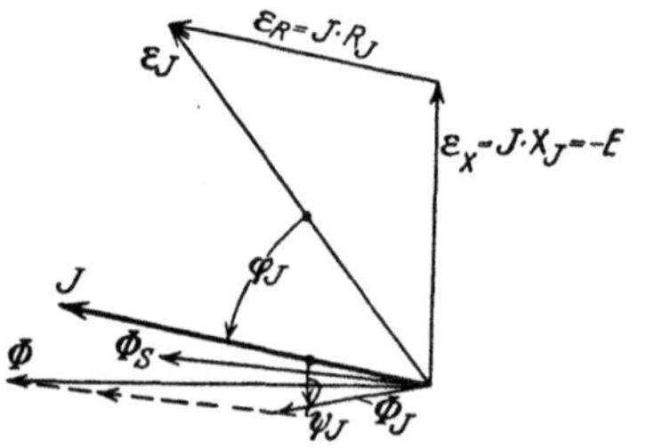

Abb. 81. Diagramm des Stromeisens.

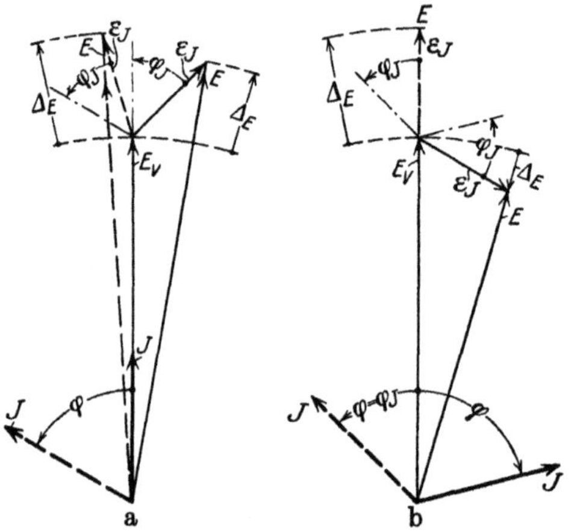

Abb. 82. Netzspannung und Spannungsabfall des Stromeisens.

Der Spannungsabfall ε_J in der Stromwicklung hat zur Folge, daß die Spannung E_V, die den Verbrauchern zugeführt wird, im allgemeinen etwas kleiner ist als die Netzspannung E vor dem Zähler. Die Spannungsdifferenz $\Delta_E = E - E_V$ ist bei Anwendung neuzeitlicher Zähler eine so geringe, daß sie praktisch nicht von Bedeutung ist. Es ist jedoch immerhin interessant, sich den Zusammenhang zwischen Δ_E und ε_J klarzumachen. Das Vektordiagramm Abb. 82 veranschaulicht diese Verhältnisse. Bei induktionsfreier Belastung (Abb. 82a) liegt der Verbrauchsstrom J in Phase mit der Verbrauchsspannung E_V. Die Netzspannung E ergibt sich als die geometrische Summe von E_V und ε_J, wobei ε_J um den Winkel φ_J dem Strom J voreilt. In der Abbildung ist ε_J der Deutlichkeit halber im Verhältnis zur Größe der Netzspannung E übertrieben groß gezeichnet. Wir ersehen aus dem Diagramm, daß die Spannungsdifferenz Δ_E kleiner ist als der Spannungsabfall ε_J. Herrscht in der Anlage zwischen dem Verbrauchsstrom (Abb. 82a gestrichelt gezeichnete Lage) und der Verbrauchsspannung eine Phasenverschiebung φ, so ändert sich die Größe Δ_E, obwohl der Spannungsabfall ε_J natürlich der gleiche ist wie bei induktionsfreier Belastung. Im Sonderfall einer solchen induktiven Belastung, bei der die Phasenverschiebung φ in der Anlage gleich der Phasenverschiebung φ_J im Stromeisen ist — im Diagramm Abb. 82b gestrichelt gezeichnet —, liegt ε_J in Phase mit E_V. In diesem Fall ist $\Delta_E = \varepsilon_J$. Bei kapazitiver Belastung — Abb. 82b ausgezogen gezeichnete Lage — kann dagegen sogar der Fall auftreten, daß die Verbrauchsspannung E_V größer ist als die Netzspannung E vor dem Zähler.

77. Fehlerkurven. Ein idealer Induktionszähler müßte bei allen Belastungsfällen richtig zeigen, d. h. sein Fehler Δ müßte bei allen Belastungen gleich Null sein. Wie bei allen bis jetzt behandelten Zählerarten sind jedoch auch beim Induktionszähler Störungseinflüsse vorhanden, die gewisse Fehler des Zählers zur Folge haben. Allerdings sind die Fehler bei neuzeitlichen Induktionszählern kleiner als bei irgendeiner anderen Zählerart. Auch beim Induktionszähler werden die Fehler meist in Form von Kurven aufgetragen, wobei es jedoch hier mehr verschiedene Fehlerkurven gibt, als bei den bis jetzt betrachteten Gleichstromzählern. Es kommen folgende Fehlerkurven in Betracht:

a) Die Lastkurve, also die Fehlerkurve, die den Verlauf des Fehlers in Abhängigkeit von der Wattbelastung oder Strombelastung bei konstanter Spannung und Frequenz, meist Nennspannung und Nennfrequenz, zeigt. Dabei sind hier von Interesse sowohl die Lastkurve bei $\cos\varphi = 1$ (induktionsfreie Belastung) wie auch bei Phasenverschiebung. In der Regel wird deshalb die Lastkurve auch für induktive Belastung $\cos\varphi = 0{,}5$ gezeichnet.

b) Die Spannungskurve. Die Spannungskurve zeigt die Abhängigkeit des Fehlers von der Spannung bei konstanter Strombelastung, konstanter Frequenz und einem bestimmten Leistungsfaktor. Normalerweise wird die Spannungskurve für Nennfrequenz, Nennstrom und $\cos\varphi = 1$ angegeben.

c) Die Frequenzkurve zeigt die Abhängigkeit des Fehlers von der Frequenz bei konstanter Spannung, konstantem Strom und konstanter Phasenverschiebung, und zwar wird meist die Frequenzkurve für Nennspannung, Nennstromstärke und $\cos\varphi = 1$, zuweilen auch für $\cos\varphi = 0{,}5$ induktiv aufgetragen.

d) Die $\cos\varphi$-Kurve. Sie zeigt die Abhängigkeit des Fehlers vom Leistungsfaktor bei konstanter Spannung, konstanter Frequenz und konstantem Strom. Auch hier wird meistenteils die Kurve für Nennspannung, Nennstrom und Nennfrequenz aufgetragen.

e) Die Temperaturkurve. Sie zeigt die Abhängigkeit des Fehlers von der Temperatur der Umgebung des Zählers und wird meist für Nennspannung, Nennstrom, Nennfrequenz und $\cos\varphi = 1$ angegeben.

78. Lastkurve. Die wichtigste Kurve ist die Lastkurve, und zwar die bei $\cos\varphi = 1$. Eine der wesentlichsten Fehlerquellen ist beim Induktionszähler wie bei jedem anderen Motorzähler die Reibung. Ihr Einfluß auf den Verlauf der Fehlerkurve ist der gleiche wie beim dynamometrischen Zähler, für den wir diesen Einfluß genau behandelt haben. Die Reibung würde, falls keine Gegenmaßnahmen ergriffen werden, also kein Hilfsdrehmoment angewandt würde, ein Abfallen der Kurve bei niedriger Belastung verursachen. Bei höheren Belastungen ist der Einfluß der Reibung verschwindend klein. Bei Induktionszählern ist das Reibungsmoment kleiner als bei Gleichstromzählern. Der Grund liegt darin, daß das umlaufende System

(Anker) eines Induktionszählers wesentlich leichter ist als bei Gleichstromzählern. Bei diesen sind Ankergewichte von 100 g und mehr die Regel, dagegen wiegt der Anker eines neuzeitlichen Einphasen-Induktionszählers nur etwa 20 bis 40 g; deshalb ist die Lagerreibung sehr klein. Ferner fällt beim Induktionszähler die Bürsten- und Kollektorreibung weg. Die Reibung wird beim Induktionszähler auch noch dadurch herabgesetzt, daß durch das Zusammenwirken der Wechselflüsse (Triebflüsse) mit den in der Scheibe induzierten Strömen Erschütterungen hervorgerufen werden, die die Reibung verringern. Die Abb. 83 zeigt den Verlauf des Reibungsmomentes eines Induktionszählers (vgl. mit Abb. 55 S. 103).

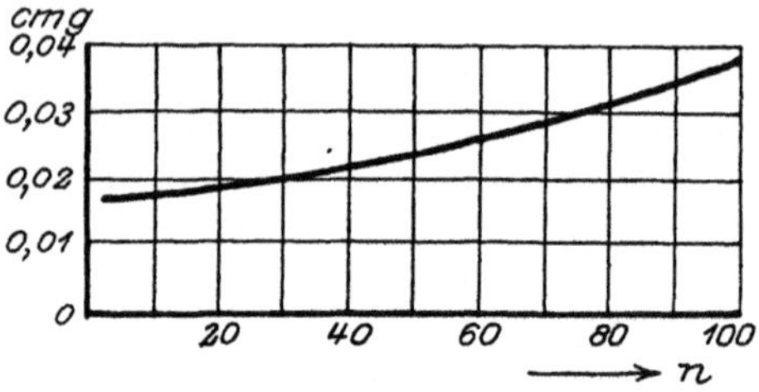

Abb. 83. Reibungsmoment eines Induktionszählers.

Eine ähnliche Wirkung auf den Verlauf der Lastkurve wie die Reibung übt der Einfluß des Materials des Stromeisens aus. Dadurch, daß die Stromspule auf einem Eisenkern, dem Stromeisen, aufgebracht ist und der Stromtriebfluß zum Teil im Eisen verläuft, ist die Größe des Stromtriebflusses in gewissem Maße von der magnetischen Leitfähigkeit des Eisens (Permeabilität) abhängig. Bei kleiner Induktion, die bei kleinen Strombelastungen des Zählers auftritt, ist die Permeabilität geringer als bei größeren Induktionen, die bei höheren Strombelastungen vorhanden sind. Dies hat zur Folge, daß der Stromtriebfluß bei kleinen Strombelastungen etwas kleiner ist, als dies der Strombelastung entsprechen würde. Demnach ist auch das Drehmoment etwas geringer, als es eigentlich sein sollte; die Lastkurve hat das Bestreben, bei kleinen Belastungen abzufallen. Sowohl der durch die Reibung wie der durch den Einfluß des Eisens verursachte Abfall der Stromkurve läßt sich durch eine entsprechende Hilfskraft zum größten Teil ausgleichen (kompensieren). Da jedoch der Ausgleich nicht für alle Belastungen durch eine konstante Hilfskraft zu erreichen ist, so bleiben auch bei einem mit Hilfskraft versehenen Zähler gewisse Fehler übrig.

Eine weitere wichtige Störungsquelle, die für einen Induktionszähler besonders charakteristisch ist, ist der Einfluß der Strom- und Spannungsdämpfung. Würde beim Induktionszähler auf die Scheibe nur der Fluß des permanenten Magneten bremsend wirken, so würde, wie bei jedem anderen Motorzähler, das Bremsmoment, wie dies theoretisch erforderlich ist, proportional der Drehzahl des Zählers sein. Es wirken jedoch auf die Scheibe auch noch die Flüsse des Motoreisens, d. h. der Spannungstriebfluß und der Stromtriebfluß. Diese Triebflüsse verursachen neben den Triebströmen, die wir unter 73 behandelt haben, auch noch Bremsströme, die einen ähnlichen Verlauf haben wie die Bremsströme, die durch den permanenten Magneten hervorgerufen werden (s. Abb. 54), und die zusätzliche Bremsmomente zur Folge haben. Im Gegensatz zu den durch den permanenten Magneten hervorgerufenen Bremsströmen sind diese Bremsströme Wechselströme, die in Phase mit den sie erzeugenden Flüssen liegen. Die durch die Triebströme verursachten zusätzlichen Bremsmomente sind, wie das Bremsmoment des permanenten Magneten, proportional dem Quadrate des Flusses und proportional der Drehzahl. Da bei konstanter Spannung der Spannungstriebfluß konstant ist, so ist auch das durch ihn verursachte Bremsmoment, die Spannungsdämpfung, eine Größe, die nur von der Drehzahl abhängig ist. Diese Spannungsdämpfung wird durch entsprechende Einstellung des Bremsmagneten mit eingeeicht.

Anders liegen die Verhältnisse bei der durch den Stromtriebfluß verursachten Stromdämpfung. Der Stromtriebfluß ist im wesentlichen proportional dem Strom. Demnach ändert sich die Stromdämpfung nicht nur porportional mit der Drehzahl, sondern auch proportional mit dem Quadrate des Stromtriebflusses bzw. dem Quadrate des Belastungsstromes. Die Stromdämpfung stört den Verlauf der Lastkurve, und zwar verursacht sie ein Abfallen der Lastkurve bei höheren Belastungen. Ihr Einfluß macht sich bei Stromstärken von etwa 50% des Nennstromes aufwärts bemerkbar. Dieser Einfluß steigt bedeutend mit wachsender Belastung. Die Wirkung der Stromdämpfung auf den Verlauf der Lastkurve ist um so größer, je größer der Stromtriebfluß im Verhältnis zu dem Fluß des permanenten Magneten und zu dem Spannungstriebfluß ist. Deshalb ist das einfachste Mittel zur Verminderung des Einflusses der Stromdämpfung die Anwendung einer möglichst starken Magnetdämpfung (niedrige Drehzahl des Zählers). Ein weiteres Mittel zum Ausgleich der Stromdämpfung ist die Anwendung eines von der Stromstärke abhängigen Hilfsdrehmomentes (Stromvortrieb). Die Anwendung des Stromvortriebes bringt den Nachteil mit sich, daß beim vollständigen Ausgleich des Abfalles der Lastkurve bei induktionsfreier Belastung der Zähler bei Phasenverschiebung Plusfehler zeigt. Das durch den Stromvortrieb erzeugte Hilfsdrehmoment ist nämlich unabhängig von der Phasenverschiebung; das Nutzdrehmoment dagegen ist natürlich bei Phasenverschiebung kleiner als bei induktionsfreier Belastung. Ein sehr wirksames Mittel zum Ausgleich der Stromdämpfung ist die Anwendung eines magnetischen Nebenschlusses beim Stromeisen, der so bemessen ist, daß der Stromtriebfluß bei höheren Belastungen stärker als proportional dem Belastungsstrom ansteigt (s. hierzu 76, kleiner Druck).

Den charakteristischen Verlauf der Lastkurve eines Induktionszählers, der durch die oben geschilderten Einflüsse bedingt ist, zeigt Abb. 84. Dabei ist angenommen, daß der Zähler durch entsprechende Einstellung des Bremsmagneten und der Hilfskraft so geeicht ist, daß die Fehler bei 100 % und 10 % der Nennlast gleich Null sind. Wir können aus dem Verlauf der Kurve deutlich den Einfluß der Störungsquellen sehen. Infolge des nicht proportionalen Verlaufes des Stromflusses, also des etwas zu geringen Drehmomentes bei niedrigen Belastungen, fällt die Kurve von 50% bis etwa 20% ab. Dann steigt sie

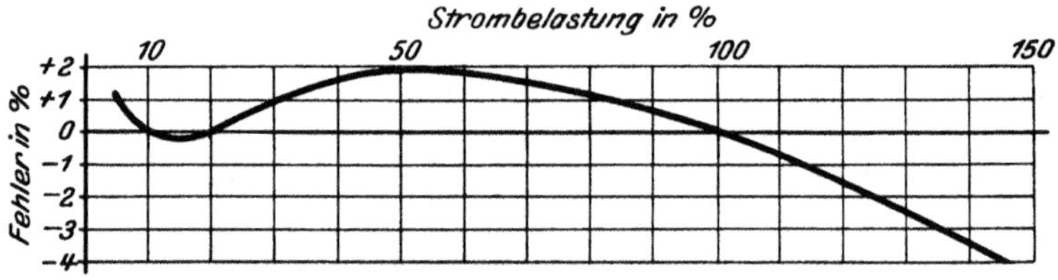

Abb. 84. Charakteristische Lastkurve eines Induktionszählers.

infolge des Überwiegens der Hilfskraft an, und der Zähler zeigt bei Belastungen unter 10% Plusfehler. Bei Belastungen über 50% des Nennstromes fällt die Kurve infolge der Stromdämpfung ab nnd bei Belastungen über 100% zeigt der Zähler Minusfehler. Bei guten neuzeitlichen Zählern sind die Fehler kleiner, als in der Fehlerkurve Abb. 84 gezeigt. Abb. 85 zeigt den Verlauf der Fehlerkurve eines solchen neuzeitlichen Zählers, bei dem die Stromdämpfung durch Anwendung

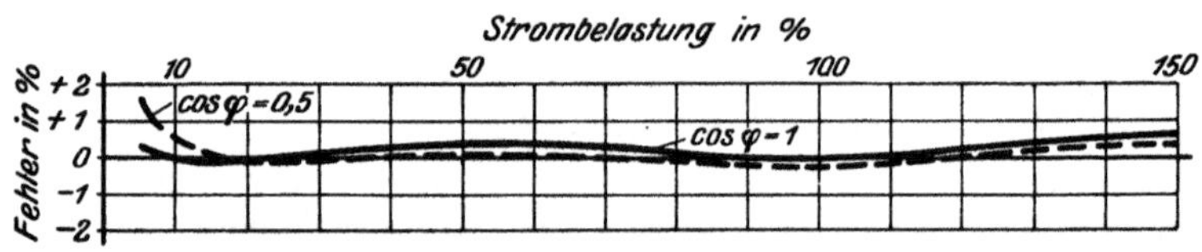

Abb. 85. Lastkurve eines neuzeitlichen Induktionszählers.

eines magnetischen Nebenschlusses und der Einfluß des Eisens durch Anwendung besonderer Eisensorten im Stromeisen vermindert wird. In Abb. 85 ist (gestrichelt) auch die Lastkurve für $\cos\varphi = 0{,}5$ induktiv eingetragen. Wir sehen, daß auch bei Phasenverschiebung der Zähler außerordentlich genau anzeigt.

79. Spannungsabhängigkeit. Wenn man von Nebeneinflüssen absieht, so zeigt ein Induktionszähler bei jeder Spannung richtig, d. h. z. B. bei konstanter Stromstärke und konstantem Leistungsfaktor sind seine Angaben proportional der Spannung, da ja in diesem Fall die Wattbelastung proportional der Spannung ist. Praktisch ist ein Induktionszähler, der für eine bestimmte Nennspannung gebaut ist, auch für Spannungen brauchbar, die von der Nennspannung um etwa ± 20% abweichen. Bei größeren Spannungsänderungen äußert sich unter Umständen die Spannungsabhängigkeit zu stark. Unter Spannungsabhängigkeit verstehen wir die Fehler, die der Zähler bei von der Nennspannung abweichenden Spannungen aufweist (vgl. auch 53).

Die wichtigste Ursache der Spannungsabhängigkeit ist die Spannungsdämpfung, d. h. die zusätzliche Bremsung, die durch den Spannungstriebfluß hervorgerufen wird (s. hierzu 78). Bei Änderung der Spannung ändert sich der Spannungstriebfluß porportional mit der Spannung. Demnach ändert sich auch die Spannungsdämpfung, und zwar bei konstanter Drehzahl proportional dem Quadrate des Spannungstriebflusses. Dies hat zur Folge, daß der Zähler bei höherer Spannung etwas langsamer läuft, als es theoretisch richtig wäre, er zeigt also Minusfehler; bei niedrigerer Spannung liegen die Verhältnisse umgekehrt. Diese Fehler sind um so kleiner je kleiner der Spannungstriebfluß im Verhältnis zum Flusse des permanenten Magneten ist. Man kann also den Einfluß der Spannungsdämpfung durch das gleiche Mittel wie den Einfluß der Stromdämpfung vermindern, nämlich durch Anwendung einer starken permanenten Dämpfung.

Ein anderes Mittel zum Ausgleich des Einflusses der Spannungsdämpfung ist die entsprechende Bemessung des magnetischen Nebenschlusses, der ja beim Spannungseisen stets vorhanden ist. Wenn man nämlich diesen magnetischen Nebenschluß so bemißt, daß er bei Nennspannung ziemlich hoch gesättigt ist, so wird bei ansteigender Spannung sein magnetischer Widerstand höher als bei Nennspannung sein und die Verteilung des Gesamtflusses auf Triebfluß und Streufluß ändert sich in der Weise, daß der Spannungstriebfluß etwas stärker ansteigt als proportional der Spannung. Demnach wird das Drehmoment verhältnismäßig höher als dies der Spannung entspricht und diese Änderung des Drehmomentes gleicht die Wirkung der Spanunngsdämpfung aus. Bei Spannungen, die niedriger sind als die Nennspannung, ist die Wirkung umgekehrt. Diese Art des Ausgleiches des Einflusses der Spannungsdämpfung wurde von Blathy angegeben.

Eine andere Art der Spannungsabhängigkeit kommt durch die Änderung der Hilfskraft bei Änderung der Spannung zustande. Die Hilfskraft ist nämlich auch beim Induktionszähler, ähnlich wie beim dynamometrischen Zähler, etwa dem Quadrate der Spannung proportional (s. hierzu 84). Dies hat zur Folge, daß bei einer höheren Spannung die Hilfskraft größer ist als bei niedrigerer Spannung. Diese Erscheinung verursacht, daß der Zähler bei kleinen Belastungen bei Spannungen über der Nennspannung Plusfehler, bei Spannungen unter der Nennspannung Minusfehler zeigt. Bei höheren Belastungen sind diese Einflusse unmerklich, da bei diesen Belastungen die Hilfskraft praktisch wirkungslos ist.

Ein gewisser Einfluß der Änderung der Spannung macht sich noch unter Umständen bei starken Phasenverschiebungen bemerkbar. Dieser Einfluß ist durch kleine Änderungen der gegenseitigen Lage der Triebflüsse bedingt.

80. Frequenzabhängigkeit. Die Anzeigen eines Induktionszählers sind grundsätzlich von der Frequenz unabhängig, und zwar deshalb, weil bei Änderung der Frequenz der Spannungstriebfluß sich umgekehrt proportional mit der Frequenz ändert. Demnach bleibt das Produkt aus Frequenz und Triebfluß, also auch das Drehmoment, das gleiche (s. hierzu 74). Würde beispielsweise die Frequenz auf das Doppelte steigen, so würde der gesamte Spannungsfluß, also auch der Spannungstriebfluß, auf die Hälfte heruntergehen. Da jedoch das Drehmoment direkt proportional der Frequenz ist und die Frequenz jetzt die doppelte ist, so bleibt das Drehmoment des Zählers unverändert.

In der Praxis treten bei Änderung der Frequenz allerdings einige Nebenerscheinungen auf, so daß der Zähler eine gewisse Frequenzabhängigkeit zeigt. Diese Nebeneinflüsse sind jedoch bei neuzeitlichen Zählern so gering, daß die Frequenzabhängigkeit des Zählers innerhalb der Grenzen, in denen die Frequenz in den Netzen von der Nennfrequenz des Zählers abweicht, so gut wie zu vernachlässigen ist. Wir wollen deshalb auf die Frequenzabhängigkeit, bei der die Verhältnisse etwas verwickelt liegen, hier nicht weiter eingehen.

An dieser Stelle möge jedoch noch darauf hingewiesen werden, daß von der Frequenzabhängigkeit zum Teil eine gewisse Abhängigkeit der Zählerangaben von der Kurvenform abhängt. Bei einer verzerrten Spannungskurve treten nämlich zu der Grundwelle höhere Harmonische, die eine höhere Frequenz haben als die Grundwelle, hinzu (s. hierzu 37). Bei neuzeitlichen Zählern ist auch der Einfluß der Kurvenform praktisch bedeutungslos, um so mehr, als die Spannungskurven neuzeitlicher Elektrizitätswerke praktisch sinusförmig sind.

81. Temperaturabhängigkeit. Einfluß äußerer magnetischer Felder. Da sowohl das Drehmoment wie das Bremsmoment der Leitfähigkeit der Scheibe proportional sind (s. 74 u. 50), so ändern sich beide Größen bei Änderung der Temperatur im gleichen Sinne und die beiden Einflüsse heben sich auf. Wenn z. B. infolge Änderung der Temperatur der Umgebung die Temperatur der Aluminiumscheibe um 10^0 steigt, so vermindert sich ihre Leitfähigkeit um etwa 4%. Dies hat zur Folge, daß das Drehmoment um 4% fällt. Da jedoch auch das Bremsmoment um 4% fällt, so bleibt die Drehzahl des Zählers unverändert.

Eine kleine Temperaturabhängigkeit kommt dadurch zustande, daß der Fluß des permanenten Magneten (s. 54) sich bei Temperaturänderungen ändert, und zwar fällt der Fluß bei 10^0 Temperaturerhöhung um etwa 0,3%. Da das Bremsmoment proportional dem Quadrate des Flusses ist, so ändert es sich um etwa 0,6%. Dies hat zur Folge, daß der Zähler um etwa 0,6% rascher läuft, also einen Plusfehler von 0,6% aufweist. Hierzu kommen noch andere kleine Nebeneinflüsse hinzu, so daß der gesamte Fehler des Zählers bei 10^0 Temperaturerhöhung etwa 1% beträgt. Diese Temperaturabhängigkeit läßt sich durch besondere Maßnahmen noch ausgleichen[1].

---

[1] S. hierzu A. Callsen: Der neue temperaturunabhängige Induktionszähler der Siemens-Schuckertwerke, eine einfache Lösung auf dem Gebiete des Temperaturfehler-Ausgleiches. ETZ Bd. 51, H. 9, S. 307. 1930.

Die Induktionszähler werden von äußeren magnetischen Feldern nur wenig beeinflußt. Diese können den Bremsmagneten etwas beeinflussen; ferner, wenn es sich um Wechselfelder handelt, können auch zusätzliche Drehmomente entstehen, die je nach der Phasenlage des Fremdfeldes die gleiche oder entgegengesetzte Richtung wie das wirksame Drehmoment haben. Die Beeinflussung durch äußere Felder ist besonders klein, wenn das Gehäuse des Zählers aus Eisen ist. Andererseits haben Eisenkappen den Nachteil, daß ihr Einfluß bei der Eichung zu berücksichtigen ist. Ihre Einwirkung besteht in der Hauptsache darin, daß sie einen Nebenschluß für den Bremsmagneten bilden. Deshalb hat der Zähler mit aufgesetzter Kappe eine etwas höhere Drehzahl als ohne Kappe.

82. Falsche Phasenlage der Triebflüsse. Wir wissen, daß ein Induktionszähler nur dann bei allen Phasenverschiebungen φ im Netz richtig zeigt, wenn seine Triebflüsse eine bestimmte gegenseitige Lage haben. Ihre Phasenverschiebung ψ muß $(90^0 - \varphi)$ sein (oder $\sin\psi = \cos\varphi$). Dies wird durch die 90^0-Abgleichung des Zählers erreicht. In Wirklichkeit hat jedoch der Winkel ψ nicht immer die richtige Größe. Man sagt dann, daß der Zähler eine Fehlverschiebung δ aufweist. Ist der richtige Wert, also der Sollwert der Phasenverschiebung der Triebflüsse $\psi_{\mathfrak{S}}$ und der tatsächliche Wert ψ, so ist $\delta = \psi - \psi_{\mathfrak{S}}$.

Die wichtigsten Ursachen für das Zustandekommen einer Fehlverschiebung sind die folgenden:

1. Ungenauigkeit in der Abgleichung des Zählers, also nicht ganz richtige Größe des Winkels χ, also der Phasenverschiebung zwischen dem Spannungstriebfluß und der Spannung oder des Winkels ψ_J, also der Phasenverschiebung zwischen Stromtriebfluß und Strom.

2. Änderung der Winkel χ und ψ_J bei Änderung der Spannung, des Stromes, der Temperatur und der Frequenz.

3. Bei Zählern, die unter Zwischenschaltung von Meßwandlern angeschlossen sind, die Phasenverschiebung zwischen den sekundären und primären Spannungen bzw. Strömen der Wandler.

Praktisch ist am wichtigsten die durch die unter 3. angeführten Winkelfehler der Wandler verursachte Fehlverschiebung. Die Fehlverschiebung δ hat in allen Fällen einen Fehler Δ_δ zur Folge, dessen Größe in Prozenten sich zu

$$\Delta_\delta \approx 0{,}03\,\delta' \operatorname{tg}\varphi\,\%$$

berechnet. In dieser Gleichung bedeutet δ' den Fehlwinkel in Minuten und $\operatorname{tg}\varphi$ die Tangente des Phasenverschiebungswinkels zwischen dem Belastungsstrom und der Netzspannung. Wir werden uns mit der genauen Berechnung der Größe und mit dem Vorzeichen von δ noch eingehend bei der Behandlung der Winkelfehler der Meßwandler befassen (s. 150, 159 und 173). An dieser Stelle wollen wir uns nur merken, daß der Zähler bei induktiver Belastung dann zu viel anzeigt (Δ_δ positiv), wenn die Phasenverschiebung zwischen den Flüssen zu groß ist und zu wenig (Δ_δ negativ) bei zu kleiner Phasenverschiebung der Flüsse. Dies wird ohne weiteres klar, wenn man berücksichtigt, daß das Drehmoment des Zählers proportional $\sin\psi$ ist. Eine zu große Verschiebung der Flüsse bezeichnet man gewöhnlich als Überverschiebung, eine zu kleine als Unterverschiebung.

Wir wollen noch an Hand eines Beispiels zeigen, wie Δ_δ berechnet wird und wie seine Größe bei verschiedenen Werten von $\cos\varphi$ ist. Ein Zähler habe eine Überverschiebung von $2{,}5^0 = 150'$ (Minuten). Es sollen die durch diesen Fehlwinkel bei induktiver Belastung $\cos\varphi = 0{,}8$ und $\cos\varphi = 0{,}5$ verursachten Fehler berechnet werden. Wir ermitteln zuerst beispielsweise mit Hilfe der trigonometrischen Skalen, Tab. 9 des Anhanges, die $\cos\varphi = 0{,}8$ und $\cos\varphi = 0{,}5$ entsprechenden Werte von $\operatorname{tg}\varphi$. Diese sind $\operatorname{tg}\varphi = 0{,}75$ und $\operatorname{tg}\varphi = 1{,}73$.

Die Fehler Δ_δ berechnen sich aus diesen Werten wie folgt:

$$\text{Bei } \cos\varphi = 0{,}8 \text{ ist } \Delta_\delta = 0{,}03\cdot 150\cdot 0{,}75 = 3{,}4\%\,,$$
$$\text{,, } \cos\varphi = 0{,}5 \text{ ist } \Delta_\delta = 0{,}03\cdot 150\cdot 1{,}73 = 7{,}8\%\,,$$

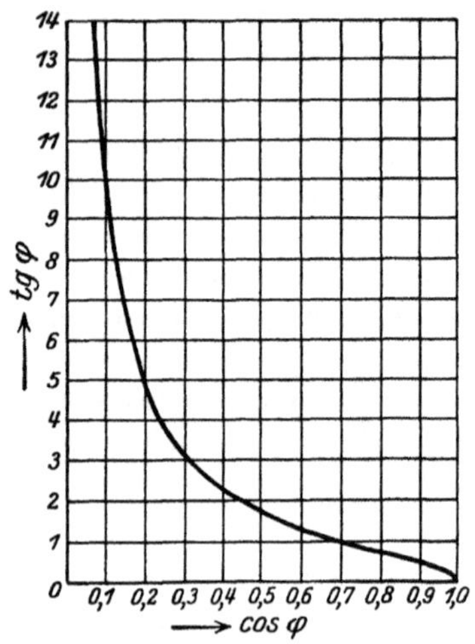

Abb. 86. $\operatorname{tg}\varphi$ in Abhängigkeit von $\cos\varphi$.

und zwar zeigt der Zähler um diesen Prozentsatz zu viel an. Wir sehen, daß mit fallendem $\cos\varphi$ die Fehler stark ansteigen. Der Grund liegt darin, daß die Fehler proportional $\operatorname{tg}\varphi$ sind und $\operatorname{tg}\varphi$ stark mit abnehmendem $\cos\varphi$ ansteigt. Dies veranschaulicht deutlich Abb. 86, in der der Verlauf von $\operatorname{tg}\varphi$ in Abhängigkeit von $\cos\varphi$ aufgetragen ist. Wir entnehmen z. B. ohne weiteres der Abbildung, daß bei einer bestimmten Fehlverschiebung der Fehler bei $\cos\varphi = 0{,}2$ etwa 5mal so groß ist wie bei $\cos\varphi = 0{,}7$. Bei kleinen Phasenverschiebungen, also $\cos\varphi \approx 1$ wird Δ_δ sehr klein und bei $\varphi = 0$, also $\cos\varphi = 1$, ist $\Delta_\delta = 0$.

83. Ausführungsformen des Meßwerkes. Das eigentliche Meßwerk eines Induktionszählers besteht aus dem Magnetsystem, kurz dem Eisen, auf dem die Strom- und Spannungswicklungen aufgebracht sind, und dem Läufer, der bei allen neuzeitlichen Zählern als Scheibe ausgebildet ist. Wir wollen im folgenden als Meßwerk nur das Eisen (Stator) mit seinen Wicklungen behandeln. Die Wirkungsweise der Meßwerke verschiedener Induktionszähler ist im Grunde genommen stets die gleiche. Der Aufbau dieser Meßwerke oder Triebsysteme kann jedoch ein sehr verschiedener sein. Die Eigenschaften eines Meßwerkes sind zwar von der Formgebung abhängig, es lassen sich aber mit Meßwerken verschiedenen Aufbaues, wenn sie entsprechend bemessen sind, zum Teil gleich gute Ergebnisse erzielen. Wir wollen einige Arten von Meßwerken, die größere Bedeutung gefunden haben, an Hand von schematischen Abbildungen etwas näher erläutern. In den Abbildungen sind dabei weniger wesentliche Teile, wie Reguliervorrichtungen und kleine Konstruktionsteile weggelassen worden. Diese Teile können auch bei Meßwerken, deren Aufbau im wesentlichen der gleiche ist, verschieden ausgeführt sein. In den Abbildungen sind die Wicklungen, also die Strom- und Spannungsspulen, nur als einige auf den Eisenkern aufgebrachte Windungen angedeutet. In Wirklichkeit sind die Wicklungen als Spulen ausgebildet, die meistenteils den als Wickelraum verfügbaren Raum vollständig ausfüllen. Die Abmessungen der Eisenteile richten sich hauptsächlich nach dem erforderlichen Wickelraum (s. z. B. Abb. 95 und 96). In den folgenden Abbildungen ist auch der Verlauf der Flüsse angedeutet, wobei die Triebflüsse durch gestrichelte, die Streuflüsse durch strichpunktierte Linien gekennzeichnet sind. Es sei auch an dieser Stelle daran erinnert, daß die Eisenkerne aus einzelnen dünnen aufeinander geschichteten und voneinander isolierten Blechen bestehen. Dabei wird entweder ein schwach mit Silicium legiertes sogenanntes Dynamoblech oder hochlegiertes Blech verwendet. Das stärker legierte Blech findet vorzugsweise für Stromeisen Anwendung, da bei ihm bei kleinen Induktionen die Permeabilität nicht so abfällt wie bei normalem Dynamoblech. Auf diese Weise wird der bei den kleinen Belastungen sich bemerkbar machende Abfall des Drehmomentes vermindert (s. 78).

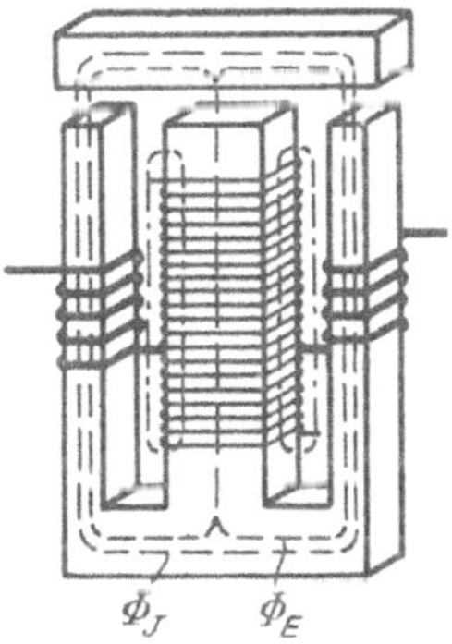

Abb. 87. Dreifingereisen.

a) Abb. 87 zeigt das Meßwerk, wie es z. B. bei älteren Zählern der SSW in verschiedener Größe verwendet wurde. Dieses Eisen hat einen besonders einfachen Aufbau. Es besteht im wesentlichen aus einem einzigen Kern mit drei Schenkeln (Dreifingereisen). Die Spannungsspule ist auf dem mittleren Schenkel aufgesetzt, die beiden Hälften der Stromspule auf den äußeren Schenkeln. Die Flüsse schließen sich über das oberhalb des Eisens angeordnete Schlußstück. Zwischen diesem Schlußstück und dem eigentlichen Eisen befindet sich die Scheibe. Das Schlußstück bildet einen Teil der Grundplatte oder des Rahmens des

Zählers. Oberhalb der Spannungsspule befindet sich meist eine, über einen regelbaren Widerstand geschlossene Abgleichwicklung (Belfieldspule). Das Dreifingereisen in dieser einfachen Form ist ein charakteristisches Beispiel eines wenig geschlossenen Eisens, bei dem der Streufluß im magnetischen Kreis der Spannungsspule verhältnismäßig klein ist. Deshalb erfordert auch dieses Eisen eine besondere Abgleichspule zur Erzielung der für die 90°-Abgleichung erforderlichen Belastung des Spannungstriebflusses.

b) Das Meßwerk nach Abb. 88, welches in den älteren Zählern der AEG verwendet wurde, ist gleichfalls ein Dreifingereisen. Bei ihm befinden sich jedoch die Stromspulen im Gegensatz zu dem unter a) beschriebenen Meßwerk nur auf dem oberen Teil der äußeren Schenkel. Dies gibt die Möglichkeit, einen besonderen magnetischen Nebenschluß, über den der Streufluß der Spannungsspule geleitet wird, anzubringen. In dieser Beziehung nähert sich dieses Eisen den weiter unten beschriebenen Meßwerken.

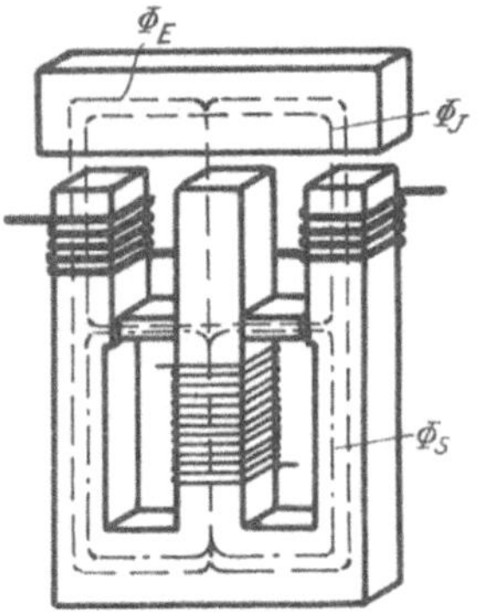

Abb. 88. Dreifingereisen mit magnetischem Nebenschluß.

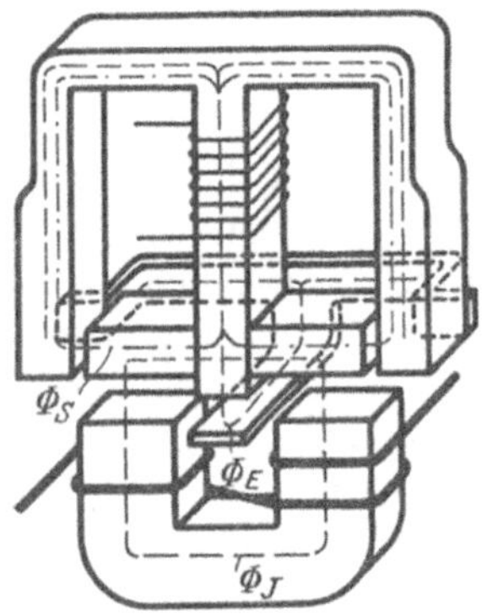

Abb. 89. Dreifingereisen mit getrenntem Stromeisen.

c) Als eine weitere Fortentwicklung des Dreifingereisens kann das in Abb. 89 dargestellte Meßwerk angesehen werden. Bei diesem Meßwerk ist die Spannungsspule ebenfalls auf dem mittleren Schenkel eines Dreifingereisens aufgebracht. Dagegen befinden sich die Stromspulen auf einem getrennten Stromeisen. Das Spannungseisen liegt oberhalb der Scheibe, das Stromeisen unterhalb oder umgekehrt. Der Spannungstriebfluß tritt aus dem mittleren Schenkel des Spannungseisens heraus, durchsetzt die Scheibe, tritt in den um die Scheibe greifenden Rückschlußbügel und wird dann durch diesen Rückschlußbügel nach den äußeren Schenkeln des Spannungseisens und durch diese zurück nach dem oberen Teil des mittleren Schenkels geleitet. Der Streufluß des Spannungseisens geht zum größten Teil durch die zwischen dem mittleren Schenkel und den äußeren Schenkeln befindlichen magnetischen

Brücken. Das Spannungseisen dient gleichzeitig als Gegenpol für das Stromeisen. Die konstruktive Ausbildung dieser Art der Meßwerke, welche sehr verbreitet sind, kann von der gezeichneten Form in verschiedenen Punkten abweichen. So z. B. wird bei einigen Konstruktionen (Isaria) der Rückschlußbügel nicht an die äußeren Schenkel des Spannungseisens, sondern an den oberen Teil des Mittelschenkels geführt. In diesem Fall wird der Spannungstriebfluß nicht durch die äußeren Schenkel des Eisens geleitet. Die dargestellte Ausführungsform wird bei Zählern der SSW benutzt.

d) Eine Abart des eben behandelten ist das SSW-Meßwerk nach Abb. 90. (Der Übersichtlichkeit halber ist das Spannungseisen getrennt

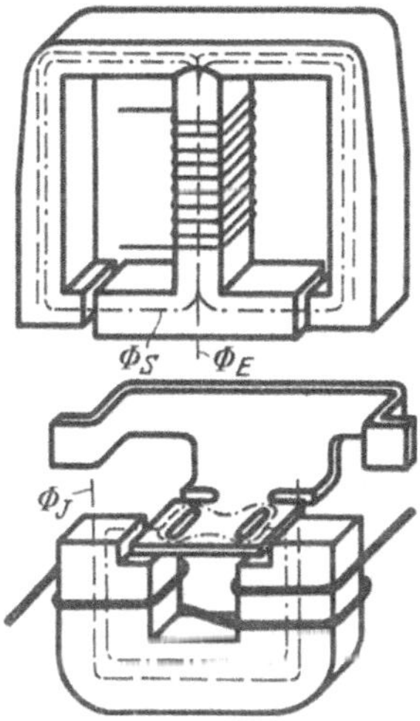

Abb. 90. SSW-Meßwerk.

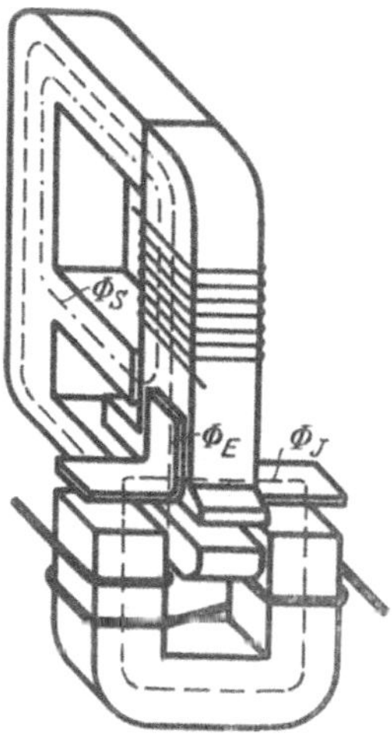

Abb. 91. B-Eisen.

vom Rückschlußbügel und dem Stromeisen gezeichnet.) Dieses Meßwerk unterscheidet sich von dem in Abb. 89 dargestellten im wesentlichen nur durch andere Gestaltung des Rückschlußbügels, welcher hier einen magnetischen Nebenschluß zum Stromeisen bildet. Bei einer neuerdings von den SSW angewandten Abart dieses Meßwerkes ist der Rückschlußbügel ähnlich wie beim Meßwerk nach Abb. 89 ausgebildet und es ist ein getrennter geblätterter magnetischer Nebenschluß unterhalb desselben am Stromeisen angebracht. Die Anwendung des magnetischen Nebenschlusses ermöglicht eine wesentliche Verbesserung der Lastkurve (s. Abb. 85).

e) Im Gegensatz zu den bis jetzt beschriebenen Meßwerken, bei denen das Strom- und Spannungseisen im wesentlichen in einer Ebene liegen, steht bei dem Meßwerk nach Abb. 91 das Spannungseisen senkrecht zum Stromeisen. Es hat also in bezug auf die Scheibe eine radiale Lage. Man bezeichnet deshalb dieses und ähnliche Eisen als Radialeisen im Gegensatz zu den früher beschriebenen Tangentialeisen. Das behandelte Meßwerk, welches der Form des Spannungseisens wegen oft als B-Eisen bezeichnet wird, kann sehr verschieden sein. In

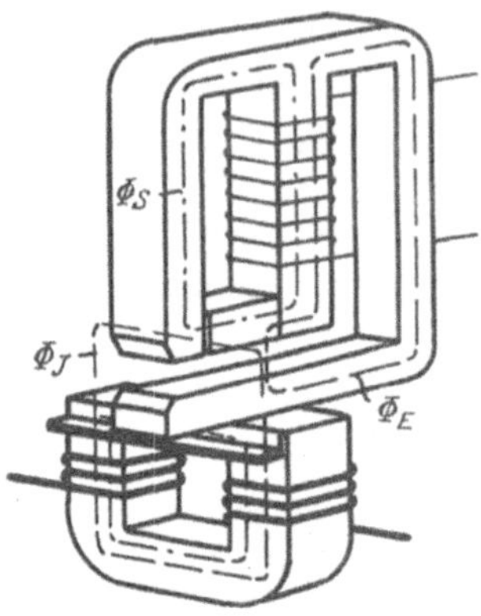

Abb. 92. AEG-Meßwerk.

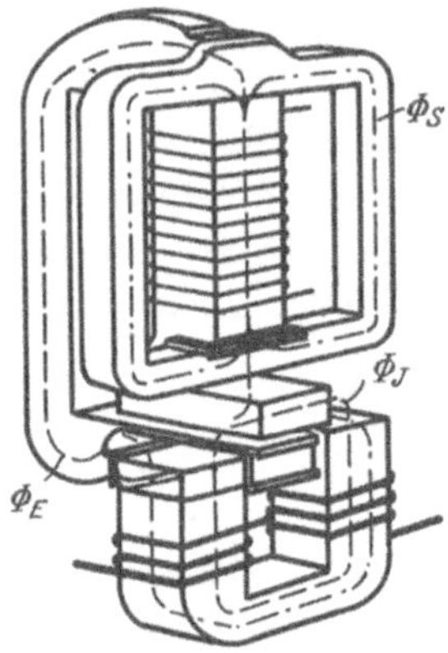

Abb. 93. Meßwerk eines J 6 E-Zählers der AEG.

den meisten Fällen ist das Spannungseisen und das Stromeisen durch besondere Konstruktionsteile miteinander fest verbunden, so daß das Meßwerk für sich einen besonderen Teil bildet, der auf irgend eine Weise am Gestell oder Rahmen des Zählers befestigt wird. Meßwerke dieser Art findet man z. B. in den Zählern von Bergmann, Landis & Gyr, Dr. Paul Meyer und anderen.

f) Als eine Abart des unter e) beschriebenen Meßwerkes kann das Meßwerk nach Abb. 92 betrachtet werden, welches bei den neueren AEG-Zählern zur Anwendung kommt. Bei diesem schließen sich die Streu- und Triebflüsse des Spannungseisens über getrennte, parallel zu dem bewickelten Schenkel angeordnete Eisenwege. Das Spannungseisen kann als ein radiales Dreifingereisen bezeichnet werden. Dieses Meßwerk besitzt einen besonderen magnetischen Nebenschluß am Stromeisen.

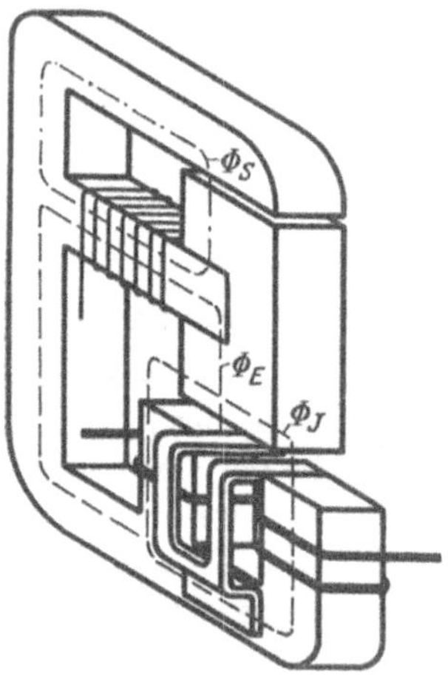

Abb. 94. Meßwerk eines Aron-Zählers.

g) Abb. 93 zeigt das Meßwerk, wie es in den Zählern neuester Konstruktion der AEG verwendet wird. Das Spannungseisen dieses Meßwerkes ist ähnlich wie das B-Eisen nach Abb. 91, jedoch ist noch ein besonderer Rahmen, gleichfalls aus geblättertem Eisen vorhanden.

Die Ebene dieses Rahmens steht senkrecht auf der Ebene des eigentlichen Spannungseisens. Der Rahmen umfaßt die Spannungsspule und hat den Zweck, den magnetischen Widerstand des Streuflusses zu vermindern. Auch dieses Meßwerk besitzt am Stromeisen einen besonderen magnetischen Nebenschluß.

h) In Abb. 94 ist das Meßwerk, wie es bei den Zählern der Aronwerke Anwendung findet, abgebildet. Dieses Eisen unterscheidet sich von allen bis jetzt behandelten dadurch, daß die Spannungsspule wagrecht angeordnet ist. Das ganze Eisen liegt in bezug auf die Scheibe tangential und ist in gewisser Beziehung zur Scheibe unsymmetrisch angeordnet. Man könnte es als ein liegendes B-Eisen bezeichnen. Das Stromeisen bildet ein Ganzes mit dem Spannungseisen, so daß besondere Vorrichtungen zu seiner Befestigung am Spannungseisen entfallen.

Um dem Leser einen Begriff zu geben, wie die Meßwerke, die wir eben in schematischer Darstellung kennengelernt haben, bei ausgeführten Zählern aussehen, sind in den Abb. 95 und 96 zwei charakteristische Ausführungsformen abgebildet.

Abb. 95a zeigt das Spannungseisen, Abb. 95b das Stromeisen des unter d) beschriebenen SSW-Meßwerkes (schematische Darstellung Abb. 90). Die Art des Einbaues der Meßwerke dieser Art in einem Einphasenzähler zeigt Abb. 98 (S. 165), in einem Drehstromzähler Abb. 132 (S. 196).

a

b

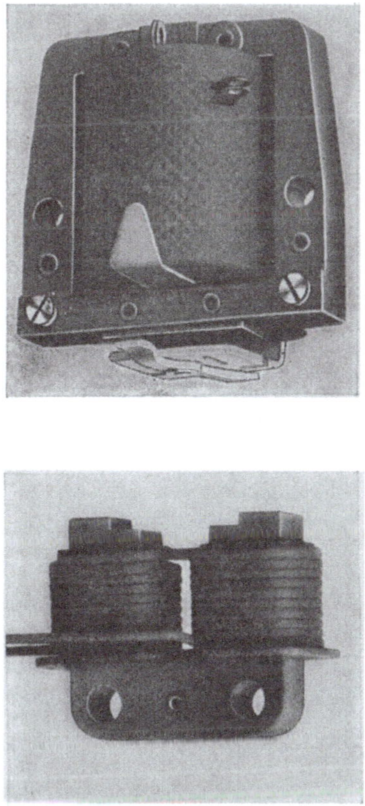

Abb. 95. SSW-Meßwerk.

Abb. 96 zeigt ein Meßwerk der AEG, und zwar handelt es sich um das unter g) beschriebene und in Abb. 93 schematisch dargestellte Meßwerk.

Die Anwendung dieses Meßwerkes in einem Einphasenzähler veranschaulicht die Abb. 99 (S. 166) und in einem Drehstromzähler die Abb. 133 (S. 197).

84. Reguliervorrichtungen. Die wichtigste Reguliervorrichtung, die bei jedem Induktionszähler vorhanden ist, ist eine Einrichtung zur Erzeugung der Hilfskraft (Anlaufvorrichtung). Sie entspricht also der Hilfsspule des dynamometrischen Zählers. Die Hilfskraft läßt sich beim Induktionszähler auf eine sehr einfache Weise erzielen, und zwar beruht diese darauf, daß auf die Scheibe des Zählers stets ein Drehmoment ausgeübt wird, wenn zwei räumlich getrennte gegeneinander in Phase verschobene Flüsse die Scheibe durchsetzen. Nun entstehen solche phasenverschobene Flüsse bei jeder, auch der kleinsten Unsymmetrie im Spannungstriebfluß. Auf der Ausnutzung dieser Tatsache beruhen alle Einrichtungen zur Erzielung der Hilfskraft. Da die beiden Flüsse, die die Hilfskraft hervorrufen, Teile des Flusses des Spannungseisens sind, also proportional der Spannung sind, so ist die Hilfskraft wie beim dynamometrischen Zähler proportional dem Quadrate der Spannung. Die Einrichtungen zur Erzielung der Hilfskraft können auf drei typische Formen zurückgeführt werden:

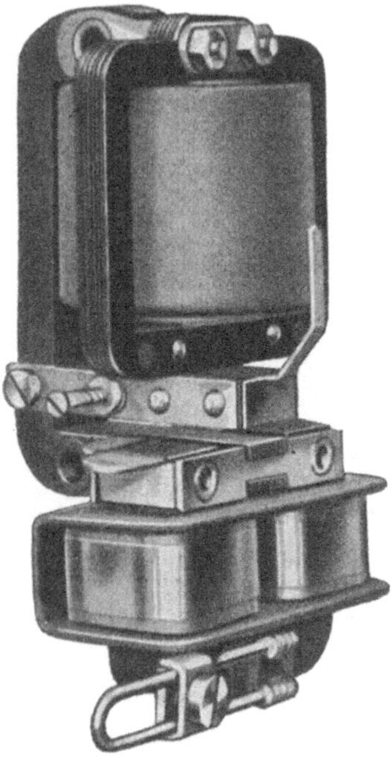

Abb. 96. AEG-Meßwerk.

a) Abschirmung oder Abschnürung eines Teiles des Spannungsflusses durch eine Windung oder ein im Luftspalt des Spannungseisens liegendes Blech aus unmagnetischem Material (Messing oder Kupfer; Abb. 97a). Bei diesen Anordnungen wird ein Teil des Spannungstriebflusses stärker belastet, so daß dieser Teil des Triebflusses dem nicht belasteten Teil

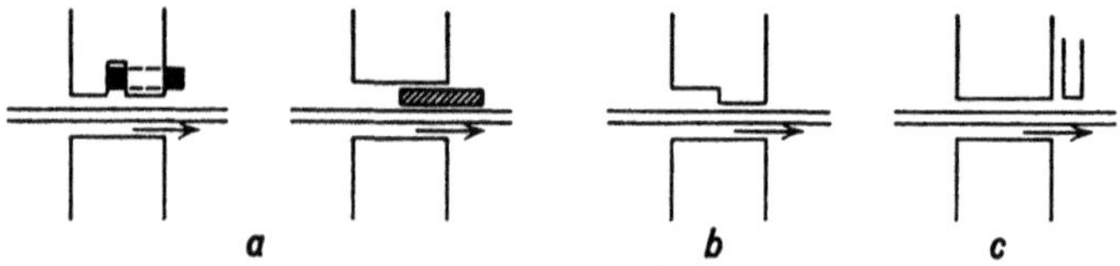

Abb. 97. Anlaufvorrichtungen.

nacheilt. Es entsteht ein Drehmoment, welches die Richtung vom voreilenden zum nacheilenden Teil des Triebflusses, also die Richtung des eingezeichneten Pfeiles hat.

b) Die verschiedenen Teile des Spannungsflusses erhalten verschiedene magnetische Widerstände. Es entsteht im Prinzip die in

Abb. 97b gezeichnete Anordnung. Die Verhältnisse liegen hier etwas verwickelter als im ersten Fall. Die Wirkung beruht wiederum darauf, daß der Fluß in dem Teil, der den kleineren magnetischen Widerstand hat, also in der Abbildung rechts, dem Fluß im anderen Teil nacheilt. Das Drehmoment hat wiederum die Richtung des eingezeichneten Pfeiles.

c) Neben dem Spannungspol wird nach Abb. 97c ein Eisenstückchen angeordnet. Dies hat wiederum eine Unsymmetrie zur Folge, die ein Drehmoment in der Pfeilrichtung hervorruft.

Da gewisse Unsymmetrien im Spannungseisen sich nie vermeiden lassen, so entstehen bei jedem Meßwerk auch unbeabsichtigte Zusatzdrehmomente, die sowohl die Richtung des Nutzdrehmomentes des Zählers wie auch eine entgegengesetzte Richtung haben können. Es ist deshalb unter Umständen erforderlich ein bereits vorhandenes zusätzliches Drehmoment zu vermindern. Aus diesem Grunde müssen die Reguliervorrichtungen so ausgebildet werden, daß sie ein Zusatzdrehmoment nach beiden Richtungen zu erzeugen gestatten. Die konstruktive Ausbildung der Anlaufvorrichtungen kann sehr verschieden sein und es läßt sich oft gar nicht mit Sicherheit erkennen, zu welcher der oben angeführten Gruppen die betreffende Einrichtung gehört.

Eine weitere wichtige Reguliervorrichtung ist die Hemmfahne (Haltevorrichtung), die ein Leerlaufen des Zählers verhindert. Die Hemmfahne ist als ein an der Achse oder Scheibe des Zählers befestigtes Eisendrähtchen oder kleines Eisenblech ausgebildet, welches entweder wie beim dynamometrischen Zähler am Bremsmagneten oder an einer besonderen, von der Spannungsspule magnetisierten Zunge festgehalten wird. Die zweite Anordnung ist die bei Induktionszählern übliche. Sie hat gegenüber der ersten den Vorteil, daß die Kraft, mit der die Hemmfahne angezogen wird, bei wachsender Spannung steigt. Auf diese Weise läßt sich leichter der Leerlauf bei Überspannung vermeiden. Gelegentlich wird bei Induktionszählern als Haltevorrichtung eine kleine Öffnung in der Scheibe angewandt. Wenn diese Öffnung unter das Spannungseisen zu liegen kommt, so wird die Hilfskraft aufgehoben, da dann die Triebströme, die die Hilfskraft hervorrufen, zum Teil unterbrochen werden.

Bei jedem Induktionszähler muß ferner eine Abgleichvorrichtung vorhanden sein, um die richtige Phasenlage der Flüsse hervorzurufen, d. h. die 90°-Abgleichung zu erreichen. Worauf diese Einrichtungen beruhen, wurde bereits bei der Behandlung des Spannungs- und Stromeisens hingewiesen. Diese Einrichtungen werden mitunter auch als nicht regelbare Einrichtungen ausgebildet, die bei der Eichung des Zählers in der Fabrik entsprechend justiert werden.

Solche nicht regelbare Abgleichungen werden mitunter bevorzugt, da sie die spätere Nacheichung des Zählers erleichtern, weil bei einer solchen Nacheichung eine Änderung der Abgleichung nicht mehr erforderlich ist.

85. Bewicklung. Wenn die Bewicklung eines Induktionszählermodelles für eine bestimmte Stromstärke und Spannung durch entsprechende Versuche festgelegt worden ist, so lassen sich die Wicklungen der Zähler für andere Nennspannungen und Nennstromstärken leicht berechnen.

Für die Stromspulen von Induktionszählern gilt sinngemäß dasselbe wie für die Stromspulen von dynamometrischen Zählern (s. 60). Die Zähler für alle Nennstromstärken erhalten grundsätzlich die gleiche Amperewindungszahl bei Nennstrom. Demnach ändert sich die Windungszahl umgekehrt proportional, der Querschnitt des Drahtes direkt proportional der Nennstromstärke. Wenn die Wicklungen auf diese Weise festgelegt sind, so haben im Prinzip alle Zähler bei Nennstrom den gleichen Wattverbrauch in der Stromspule und ihr Spannungsabfall ist umgekehrt proportional der Nennstromstärke. Kleine Abweichungen kommen praktisch vor, da man nicht immer die Windungszahl und den Querschnitt genau nach den obigen Gesichtspunkten festlegen kann. Ferner spielt bei Zählern für höhere Stromstärken der Einfluß der Verbindungsleitungen zwischen den Klemmen und der eigentlichen Stromspule eine gewisse Rolle (s. hierzu 35). Induktionszähler werden für direkten Anschluß neuerdings meist nur bis 100 A, seltener bis 200 A und nur ganz ausnahmsweise bis 300 A gebaut, wobei bei Zählern für hohe Nennstromstärken meist besondere Kunstgriffe angewandt werden müssen, da ihre Amperewindungszahl anders ausfällt als für Zähler für niedrige Stromstärken.

Im Spannungskreis liegen beim Induktionszähler die Verhältnisse grundsätzlich anders als beim dynamometrischen Zähler. Bei diesem unterscheiden sich die Zähler für verschiedene Nennspannungen nur durch die Größe des Vorwiderstandes; der Ankerstrom bleibt stets der gleiche und der Effektverlust steigt proportional der Nennspannung. Bei Induktionszählern ist kein Vorwiderstand vorhanden, die ganze Spannung wird von der Spannungsspule selbst aufgenommen und die Bewicklung der Spannungsspule wird der Nennspannung nach ähnlichen Gesichtspunkten angepaßt, wie dies bei der Stromspule geschieht, d. h. man ändert die Windungszahl proportional, den Querschnitt des Drahtes umgekehrt proportional der Spannung. Kleine Abweichungen im Querschnitt des Drahtes gegenüber den theoretisch erforderlichen Werten sind belanglos, weil der Ohmsche Widerstand der Spannungsspule gegenüber dem induktiven, der nur durch die Windungszahl und nicht durch den Drahtquerschnitt gegeben ist, geringe Rolle spielt. Bei sehr hohen Spannungen würde die Windungszahl sehr hoch ausfallen und die Drahtquerschnitte müßten sehr gering sein. Man vermeidet jedoch aus Sicherheitsgründen zu schwache Drähte und wählt den stärksten Draht, den der Wickelraum noch zuläßt. Für direkten Anschluß werden Induktionszähler bis 380 V, gelegentlich auch bis 750 V gebaut.

Bei höheren Nennstromstärken und bei höheren Spannungen werden Induktionszähler unter Zwischenschaltung von Strom- und Spannungswandlern angeschlossen.

86. Beispiele ausgeführter Zähler und charakteristische Daten derselben. Da, wie wir bereits unter 83 gesehen haben, das Meßwerk des Induktionszählers sehr verschieden ausgeführt werden kann, so ergeben sich auch sehr verschiedene Ausführungsformen der Induktionszähler. Wir wollen einige Beispiele von neuzeitlichen Induktionszählern betrachten.

Abb. 98. W 9-Zähler der SSW.

Abb. 98 zeigt den Zähler Modell W 9 der SSW. In diesem Zähler ist das unter 83d) behandelte Meßwerk (s. Abb. 90 u. 95) mit einem getrennten magnetischen Nebenschluß, sowie einer besonderen Temperaturkompensation (s. F. N. S. 154) angewandt.

Abb. 99 zeigt den Zähler Modell J 6 E der AEG, dessen Meßwerk die Abbildungen 93 und 96 veranschaulichen.

Abb. 100 zeigt den Zähler der Bergmann Elektrizitätswerke Modell VNE, dessen Meßwerk schematisch die Abb. 91 darstellt.

Abb. 101 zeigt endlich den EFk-Zähler der Aronwerke-Elektrizitäts Gesellschaft, in dem das in Abb. 94 schematisch veranschaulichte Meßwerk angewandt ist. Um die Anordnung dieses Meßwerkes deutlicher zu zeigen, ist das Zählwerk nicht abgebildet.

Bei allen abgebildeten Zählern ist die Grundplatte aus Blech gezogen. Bei einigen Ausführungsformen ist dabei der Rand der Grundplatte umgebördelt (s. Abb. 99 und Abb. 101), bei anderen scharf abgestochen (s. Abb. 98). Früher wurden die Zählergrundplatten aus Gußeisen angefertigt; solche Zähler sind wesentlich schwerer (s. auch unter 106).

Abb. 99. J 6 E-Zähler der AEG.

Abb. 100. VNE-Zähler von Bergmann.

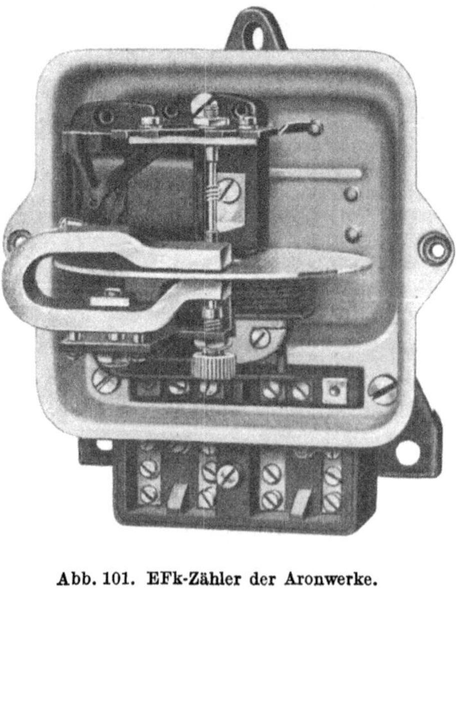

Abb. 101. EFk-Zähler der Aronwerke.

Die Meßwerke neuzeitlicher Zähler sind, wie die Abbildungen zeigen, meist auf besonderen Traggerüsten aus Schmiedeeisen angeordnet.

Die Konstruktion von Induktionszählern ist im Laufe der Zeit immer mehr vervollkommnet worden. Ein anschauliches Bild über die Fortschritte, die im Laufe der Zeit im Bau von Induktionszählern erzielt wurden, gibt Abb. 102. In dieser ist der älteste Induktionszähler von Blathy, der aus dem Jahre 1889 (s. 45) stammt, zusammen mit einem neuzeitlichen Zähler der SSW abgebildet. Es sei bemerkt, daß der abgebildete Blathy-Zähler ein Gewicht von etwa 37 kg hatte.

Die wichtigsten charakteristischen Daten von guten neuzeitlichen Einphasen-Induktionszählern für Kleinabnehmer sind etwa die folgenden:

Gesamtgewicht des Zählers	1,0 bis 1,5 kg
Ankergewicht	20 „ 30 g
Eigenverbrauch in der Spannungsspule	0,4 „ 0,7 W
Eigenverbrauch in der Stromspule bei Nennstrom	0,8 „ 1,5 W
Drehmoment bei Nennlast	4 „ 6 cmg
Minutliche Drehzahl bei Nennlast . .	30 „ 70
Anlauf	0,3 „ 0,6% d. Nennlast

Abb. 102. Neuer und alter Induktionszähler.

Hohe Meßgenauigkeit auch bei Überlastung (s. z. B. Lastkurve Abb. 185 S. 152).

Spannungs- und Frequenz-Abhängigkeit ist praktisch zu vernachlässigen.

Temperaturfehler bei Zählern ohne besonderer Temperatur-Kompensation für 10° Temperaturänderung $\pm 1\%$.

Die gute Meßgenauigkeit bei Überlastung erlaubt die Nennstromstärke für eine bestimmte Windungszahl der Stromspule auch wesentlich heraufzusetzen. Bei solcher Festlegung der Nennlast ergeben sich entsprechend höhere Werte für den Eigenverbrauch der Stromspule, die Drehzahl und das Drehmoment. Auf dieser Überlegung beruht die Konstruktion der sogenannten Einheitszähler. Diese Tatsache muß man berücksichtigen beim Vergleich der Daten verschiedener Zähler und der Wahl der Nennstromstärke.

Die Daten der Zähler für besondere Zwecke, besonders von Tarifzählern, weichen mitunter von den oben angeführten ab.

V. Drehstromzähler.

87. Einleitung. Neben den in vorhergehenden Abschnitten behandelten Zählern für Einphasenstrom sind von großer praktischer Bedeutung die Drehstromzähler. Die konstruktiven Grundlagen und die Wirkungsweise der Meßwerke dieser Zähler sind im Grunde genommen die gleichen wie bei den Einphasenzählern, so daß wir uns in dieser Beziehung im folgenden sehr kurz fassen können. Dagegen spielen bei den Drehstromzählern die verschiedenen in Betracht kommenden Schaltungen, die nicht so einfach sind wie bei Einphasenzählern, eine große Rolle. Um sie richtig zu verstehen, muß man die wichtigsten Grundlagen der Drehstromtechnik beherrschen. Wir wollen deshalb diese Grundlagen der Behandlung der Drehstromzähler vorausschicken.

Bei Einphasenwechselstrom wird in dem zu seiner Erzeugung dienenden Generator nur eine einzige Wechselspannung induziert. Die Wechselstromwicklung eines solchen Generators besteht im Prinzip aus nur einer Spule. Zum Anschluß der Stromverbraucher sind, wenn man von den selten vorkommenden Dreileiteranlagen absieht, wie bei Gleichstrom, normalerweise nur zwei Leitungen notwendig, von denen die eine als Hin-, die andere als Rückleitung betrachtet werden kann. Anders liegen die Verhältnisse beim sogenannten Mehrphasenstrom. Bei diesem wird im Generator nicht eine einzige Wechsel-EMK bzw. Wechselspannung erzeugt, sondern mehrere, die gegeneinander um bestimmte Winkel verschoben sind. Je nach der Anzahl der phasenverschobenen Spannungen unterscheidet man zwischen Zweiphasen-, Dreiphasen-, Sechsphasenstrom usw. Dabei handelt es sich bei den in der Technik verwendeten Mehrphasenströmen meist um sogenannte symmetrische Systeme, bei denen die EMKe oder die Klemmenspannungen stets um den gleichen Winkel gegeneinander verschoben sind, so z. B. bei Dreiphasenstrom um 120^{0}, bei Sechsphasenstrom um 60^{0}.

Die zur Erzeugung von Mehrphasenströmen dienenden Generatoren unterscheiden sich von den Einphasengeneratoren dadurch, daß sie nicht einen Satz Spulen auf dem Stator besitzen, sondern mehrere Spulengruppen, die entsprechend der erforderlichen Phasenverschiebung zwischen den einzelnen Spannungen räumlich gegeneinander versetzt sind. Die Mehrphasenströme werden deshalb in der Technik verwendet, weil sich für sie sehr einfache Motoren bauen lassen. In einem mit entsprechender Wicklung versehenen Motor, der an ein Mehrphasennetz angeschlossen ist, entsteht ein sogenanntes Drehfeld, in dem dann der sehr einfach ausgebildete Läufer des Motors umläuft. Der wichtigste Mehrphasenstrom ist der Dreiphasenstrom, der kurz Drehstrom genannt wird, und wir wollen uns deshalb im folgenden im wesentlichen nur mit dieser Stromart befassen.

Eine schematische Darstellung eines Dreiphasengenerators zeigt Abb. 103. Auf dem Ständer der Maschine sind drei Spulen, die mit *R*, *S* und *T* bezeichnet sind, symmetrisch aufgebracht. In diesen Spulen werden beim Umlaufen des mit Gleichstrom erregten Läufers oder Polrades, das in der Abbildung als zweipolig angenommen ist, Wechselspannungen induziert. Der Gleichstrom wird dem Polrad durch Schleifringe zugeführt. Diese sind in der Abbildung fortgelassen und die Gleichstromerregung ist als Akkumulatorenbatterie angedeutet.

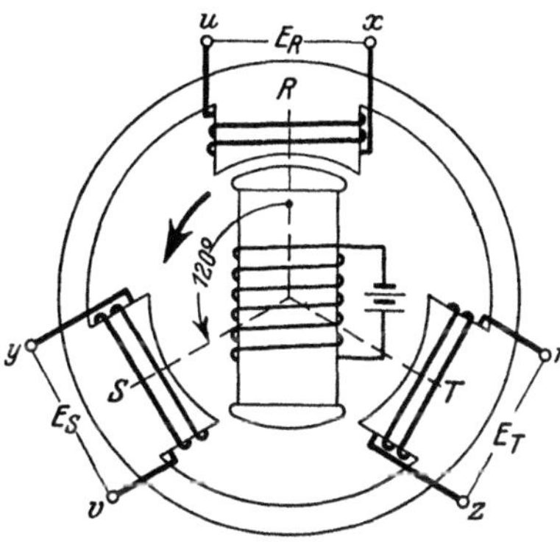

Abb. 103. Drehstromgenerator.

88. Vektor- und Liniendiagramm. Wenn in einem bestimmten Zeitpunkt in einer Spule, z. B. der mit *R* bezeichneten, die größte EMK induziert wird, d. h. die EMK ihren Höchstwert (Scheitelwert) erreicht[1], so werden die EMKe in den anderen Spulen des Ständers dann nicht ihren Scheitelwert aufweisen. In einem späteren Zeitpunkt, der einer Drehung des Polrades um 120° entspricht, erreicht die EMK in der folgenden Spule *S* ihren Höchstwert usw. Einer Drehung des Polrades um 120° entspricht bei der gezeichneten zweipoligen Maschine eine Phasendifferenz zwischen den Scheitelwerten der EMKe um 120 elektrische Grade. Einen entsprechenden Verlauf haben auch die drei Klemmenspannungen, die wir an den Klemmen der Maschine abnehmen können. Im Vektordiagramm Abb. 104 links kommt dies derart zum Ausdruck, daß die drei Scheitelwerte, die wir als gleich groß annehmen und mit $\bar{e}_R$, $\bar{e}_S$, $\bar{e}_T$ bezeichnen wollen, um 120° gegeneinander verschoben sind. Wir nennen die einzelnen Wicklungen des Generators Phasenwicklungen oder Phasen und die in ihnen induzierten Spannungen Phasenspannungen. Die drei gezeichneten Scheitelwerte sind also die Scheitelwerte der drei Phasenspannungen. Wir ersehen, daß der Scheitelwert $\bar{e}_S$ dem Scheitelwert $\bar{e}_R$ um 120° nacheilt und ebenso der Scheitelwert $\bar{e}_T$ dem Scheitelwert e_S. Wenn wir das Diagramm weiter in der gleichen Richtung verfolgen, so sehen wir, daß der Scheitelwert $\bar{e}_R$ dem Scheitelwert $\bar{e}_T$ wiederum um 120° nacheilt. Es ist auch an und für sich gleichgültig, welche der drei Phasen bzw. welchen der drei Scheitelwerte wir mit *R* bzw. $\bar{e}_R$ bezeichnen. Wenn wir aber die eine Bezeichnung festlegen,

[1] Es sei betont, daß dieser Scheitelwert nicht etwa dann induziert wird, wenn, wie gezeichnet, ein Pol des Polrades die zur Achse der Spule symmetrische Lage hat, sondern dann, wenn der Erregerfluß, der von der Ständerspule umfaßt wird, sich am stärksten ändert.

so liegen die anderen bei der gewählten Drehrichtung des Diagramms ebenfalls fest. Man kann die einzelnen Phasen statt mit *R*, *S*, *T* auch anders bezeichnen; jedoch wählt man zweckmäßig stets eine Bezeichnung, aus der die Phasenfolge ersichtlich ist. So könnte man beispielsweise die Phasen mit 1, 2, 3 bezeichnen.

Das Vektordiagramm erlaubt auch die Momentanwerte, die unsere drei Spannungen in den verschiedenen Zeitpunkten haben, abzulesen. Wir brauchen uns nur vorzustellen, daß die drei Vektoren unserer

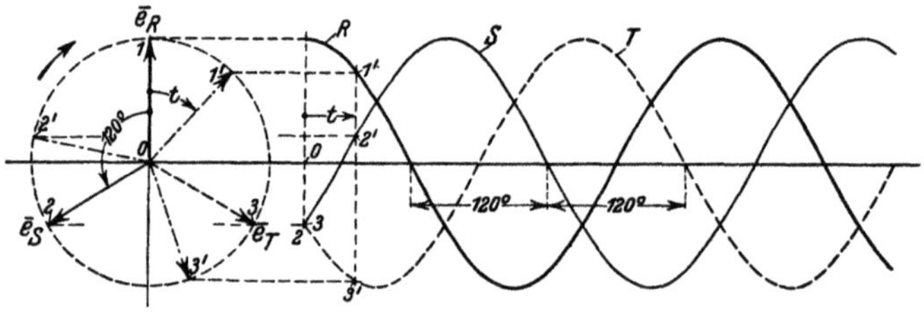

Abb. 104. Vektor- und Liniendiagramm bei Drehstrom.

Abb. 104 unter Beibehaltung ihrer gegenseitigen Lage um den Mittelpunkt *O* des Diagramms umlaufen. Wir können dann die Momentanwerte e_{Rt}, e_{St} und e_{Tt} als die Projektionen der Scheitelwertsvektoren auf eine feststehende Gerade, die beispielsweise durch den Punkt *O* vertikal gezogen ist, abgreifen. So z. B. können wir ohne weiteres ersehen, daß im gezeichneten Augenblick die Spannung *R* ihren positiven Höchstwert $\bar{e}_R$ erreicht, während die Spannungen *S* und *T* beide negativ und halb so groß wie ihre Scheitelwerte sind. Würden wir das Diagramm der Scheitelwerte um 30° in der Pfeilrichtung drehen, so würde der Momentanwert der Spannung *R* kleiner, der der Spannung *S* Null und der der Spannung *T* größer sein als im ersten Fall. Beim Drehen des Diagramms um 60° gegen die erste Lage würde der Vektor der Spannung *T* seinen Scheitelwert $\bar{e}_T$ erreichen, weil in diesem Fall der Vektor $\bar{e}_T$ vertikal nach unten zu liegen käme. Das Diagramm gibt uns auch die Vorzeichen der Momentanwerte an. Der Momentanwert der Spannung ist positiv, wenn seine Projektion von Punkt *O* nach oben gerichtet ist, im umgekehrten Fall negativ. Tragen wir für verschiedene Zeitpunkte die Momentanwerte in einem Liniendiagramm ein, so erhalten wir für jede Spannung, wie in unserer Abbildung rechts gezeigt ist, eine Sinuslinie. Diese drei Sinuslinien sind gegeneinander um 120° verschoben. Im Diagramm sind die drei Scheitelwertsvektoren $\bar{e}_R$, $\bar{e}_S$, $\bar{e}_T$ in der ersten betrachteten Lage (Zeitpunkt $t = 0$) zur Unterscheidung stark, schwach und gestrichelt gezeichnet. In gleicher Weise sind die zugehörigen mit *R*, *S*, *T* bezeichneten Sinuslinien im Liniendiagramm angedeutet. In der Abbildung ist noch eine zweite Lage der Vektoren, die dem Zeitpunkt *t* entspricht, strichpunktiert angegeben. Für beide gezeichneten

Zeitpunkte ist die Übertragung der zusammengehörigen Punkte des Linien- und Vektordiagramms gezeigt und durch gleichmäßige Bezeichnung der zusammengehörigen Punkte kenntlich gemacht.

Es dürfte wohl ohne weiteres klar sein, daß die Frequenz der drei Wechselspannungen unseres Drehstromsystems die gleiche ist. Sie ist nur von der Polzahl und der Drehzahl der Maschine abhängig. Bei der zweipoligen Maschine entspricht eine Periode der EMK bzw. Spannung einer vollen Umdrehung, d. h. 360 räumlichen Graden der Drehung des Polrades. Wenn also beispielsweise die Frequenz unseres Wechselstroms $f = 50$ Hz, also 50 Perioden je Sekunde sein soll, so muß die Maschine in einer Sekunde 50 Umdrehungen machen. Ihre minutliche Drehzahl ist demnach $n = 50 \cdot 60 = 3000$. Allgemein, wenn $2p$ die Anzahl der Pole (p also die Anzahl der Polpaare) des Polrades ist und die Maschine die Drehzahl n hat, so beträgt die Frequenz $f = p \cdot \frac{n}{60}$ oder umgekehrt für eine bestimmte Polpaarzahl p und eine Frequenz f berechnet sich die zugehörige Drehzahl zu $n = \frac{60 \cdot f}{p}$.

Auch bei Drehstrom interessieren im allgemeinen nicht die Momentanwerte, sondern die Effektivwerte der einzelnen Spannungen, die wir genau wie bei Einphasenstrom auch in Vektordiagrammen darstellen können, indem wir sie entsprechend ihrer Größe und gegenseitigen Lage auftragen. Das Vektordiagramm ist gerade bei Lösung von Aufgaben aus der Drehstromtechnik von außerordentlicher Wichtigkeit.

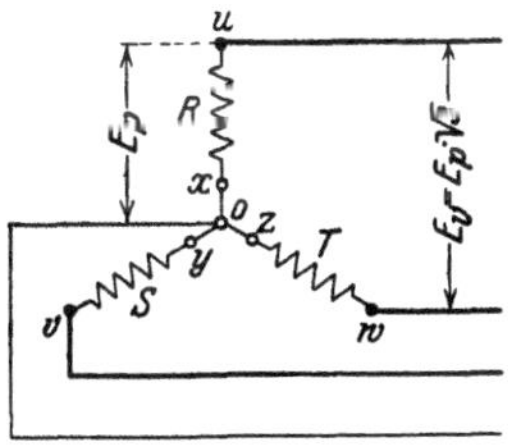

Abb. 105. Sternschaltung.

Wir wollen auch bei Drehstrom die Effektivwerte mit großen lateinischen Buchstaben bezeichnen. Die Effektivwerte unserer drei Spannungen würden also E_R, E_S, E_T sein.

89. Verkettete Spannungen. Sternschaltung. Man kann zur Fortleitung des Drehstromes für jede Phase zwei Leitungen, eine Hin- und eine Rückleitung, also insgesamt sechs Leitungen anwenden. Ein derartiges Drehstromsystem nennt man ein offenes. Dieses wird jedoch in der Praxis im allgemeinen nicht benutzt, vielmehr verbindet man die Anfänge und Enden der einzelnen Phasen so miteinander, daß man vier bzw. drei Klemmen erhält, an die vier bzw. drei abgehende Leitungen angeschlossen werden. Man kann nämlich, wie in Abb. 105 gezeigt, die Rückleitungen für die drei Phasen als gemeinschaftliche Rückleitung ausbilden, da nichts im Wege steht, die Enden x, y, z der Wicklungen der Maschine miteinander zu verbinden. Die so entstehende Schaltung nennt man Sternschaltung. Das angedeutete Drehstromnetz nennt man Vierleiternetz. Die drei Leitungen, die mit den Anfängen der Wicklungen der Maschine verbunden sind, sind die **Hauptleitungen** oder **Phasenleitungen**, kurz auch Phasen genannt. Die gemeinschaftliche Rückleitung ist der **Nulleiter**, der an den „Nullpunkt“ O der Maschine angeschlossen ist. Im Vierleiterdrehstromsystem stehen Spannungen von zweierlei Größe zur Verfügung, nämlich die von uns bis jetzt betrachteten in den einzelnen Phasenwicklungen der Maschine induzierten **Phasenspannungen** E_p, die jeweils zwischen einem Haupt- oder Außenleiter und dem Nulleiter des Netzes, und die **verketteten Spannungen** E_v, die zwischen je zwei Außenleitern abgenommen werden können. Wie wir bereits gesehen haben, sind die drei Phasenspannungen — symmetrisches System vorausgesetzt — gegeneinander um je 120° verschoben. Desgleichen auch die drei verketteten Spannungen. Die verketteten Spannungen haben nicht die gleiche Phase wie die Phasenspannungen und sind $\sqrt{3} = 1{,}732$ mal größer als diese. Es ist also jeweils

$$E_v = \sqrt{3} \cdot E_p = 1{,}732 \cdot E_p\,. \tag{1}$$

Hieraus folgt umgekehrt, daß

$$E_p = \frac{E_v}{\sqrt{3}} = \frac{E_v}{1{,}732} \tag{2}$$

ist.

Die verkettete Spannung ist die Differenz der beiden Phasenspannungen, die an den Enden der Wicklungen auftreten, welche zwischen den in Betracht kommenden Klemmen der Maschine liegen. Zum Beispiel ist die verkettete Spannung zwischen der Klemme u und v die Differenz der Phasenspannungen E_R und E_S (Abb. 106). Wir wollen diese verkettete Spannung mit E_{RS} bezeichnen. Dabei ist die Differenz eine vektorielle oder geometrische Differenz, da es sich um das Subtrahieren von zwei Vektoren handelt. Um die Differenz $[E_R - E_S]$ zu bilden, brauchen wir, wie unter 24 genau gezeigt wurde, nur die Enden der beiden Vektoren miteinander zu verbinden und erhalten auf diese Weise unsere verkettete Spannung $E_{RS} = [E_R - E_S]$. Sie hat dabei die gezeichnete Richtung, d. h. der Anfang des Vektors der verketteten Spannung E_{RS} fällt mit dem Anfang des Vektors E_R zusammen.

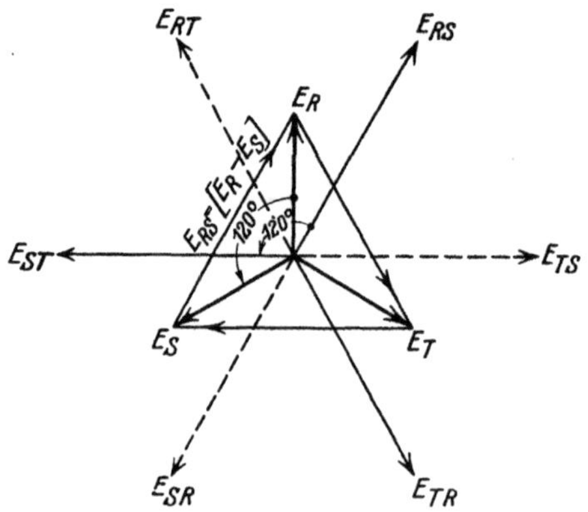

Abb. 106. Phasen- und verkettete Spannungen.

Wir wollen uns nun die eben festgestellte wichtige Tatsache, daß die verkettete Spannung die Differenz der beiden Phasenspannungen ist, wie folgt klarmachen. Wir denken uns (Abb. 107) an Stelle der beiden Wicklungen R und S unseres Drehstromgenerators zwei Akkumulatorenbatterien R und S in der gleichen Weise zusammengeschaltet wie die beiden Wicklungen. Bei diesen haben wir die Enden miteinander verbunden. In unserer Ersatzschaltung entsprechen diesen Enden die Minuspole der beiden Akkumulatorenbatterien. Demnach sind diese miteinander zu verbinden. Es ist deutlich zu ersehen, daß die beiden Batterien gegeneinander geschaltet sind, so daß die zwischen ihren Anfängen, Pluspolen, herrschende Spannung die Differenz der beiden Spannungen ist. Wenn die beiden Akkumulatorenbatterien gleiche Spannung haben, so ist natürlich diese Differenz Null. Bei Drehstrom sind die beiden Phasenspannungen jedoch in Phase gegeneinander verschoben, und deshalb ist ihre Differenz, also die verkettete Spannung, nicht Null, sondern im vorliegenden Fall, da die Phasenverschiebung 120° beträgt, sogar wesentlich größer als die Phasenspannung. Es sei bemerkt, daß die geometrische Differenz von zwei gleich großen Vektoren immer dann größer ist als jeder der beiden Vektoren, wenn ihre gegenseitige Phasenverschiebung über 60° beträgt. Bei 60°-Phasenverschiebung ist die Differenz genau so groß wie jeder der beiden Vektoren, bei kleineren Phasenverschiebungen ist sie kleiner.

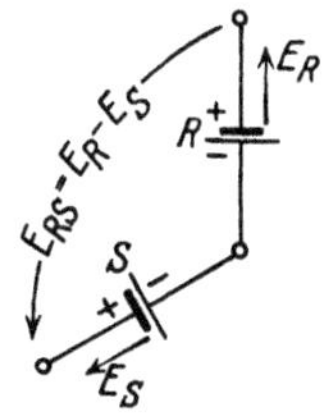

Abb. 107. Differenz zweier Spannungen.

Die gleiche Überlegung können wir auch für die anderen verketteten Spannungen anstellen und erhalten jedesmal das gleiche Ergebnis. Wir sehen, daß die verketteten Spannungen gegeneinander wiederum um 120° verschoben sind. Dies wird besonders deutlich, wenn man, wie im Diagramm Abb. 106 auch angedeutet ist, die verketteten Spannungen mit ihren Enden im Nullpunkt zusammenlegt. Wir sehen, daß die verkettete Spannung $E_{ST} = [E_S - E_T]$ der verketteten Spannung E_{RS} um 120° und die verkettete Spannung $E_{TR} = [E_T - E_R]$ der Spannung E_{ST} ebenfalls um 120° nacheilt. Es ist an und für sich gleichgültig, ob wir die Differenzen $[E_R - E_S]$, $[E_S - E_T]$, $[E_T - E_R]$ oder die Differenzen $[E_S - E_R]$, $[E_T - E_S]$ und $[E_R - E_T]$ bilden. Wir erhalten im zweiten Fall gleichfalls drei gleiche Spannungen, die gegeneinander um 120° verschoben sind, nur sind sie gegenüber den ersten jeweils um 180° verschoben. Diese Spannungen sind im Diagramm gestrichelt gezeichnet. Beide Arten der Spannungen sind richtig. Man erhält eine der beiden Arten, je nachdem, welche Leitung man als Ausgangspunkt nimmt. Im ersten Fall sind wir von der Leitung R ausgegangen. Dann ist, vom Standpunkt dieser Leitung aus betrachtet, die Spannung zwischen ihr und der Leitung S die Differenz der Phasenspannung $[E_R - E_S]$. Im zweiten Fall gehen wir von der Leitung S aus. Dann ist die verkettete Spannung die Differenz $[E_S - E_R]$ usw. Falls man die verketteten Spannungen zwischen den Enden der Phasenspannung einzeichnet, so bilden sie in jedem Fall ein geschlossenes Dreieck. Ihre Summe ist genau so wie die Summe der Phasenspannungen Null.

Bei den für uns besonders wichtigen Betrachtungen über den Anschluß der Meßgeräte muß man streng darauf achten, mit welcher Spannung man es zu tun hat, d. h. ob in einem bestimmten Meßgerät beispielsweise die Spannung $E_{RS} = [E_R - E_S]$ oder die Spannung $E_{SR} = [E_S - E_R]$ wirkt. Aus den weiteren Betrachtungen wird dies noch deutlicher ersichtlich.

Das von uns behandelte Vierleiter-Drehstromsystem wird in der Hauptsache in Niederspannungsverteilungsanlagen angewandt. Dann werden an die Außenleiter, zwischen denen die höhere Spannung herrscht, Motoren und zwischen den Außenleitern und dem Nulleiter die Glühlampen angeschlossen. Am meisten hat sich die verkettete Spannung von 380 V für die Motoren eingeführt, der eine Phasenspannung von $\frac{380}{\sqrt{3}} \approx 220$ V für die Glühlampen entspricht. Weniger zweckmäßig sind Phasenspannungen von etwa 110 . . . 127 V, denen verkettete Spannungen von etwa 190 . . . 220 V entsprechen. Es ist üblich, bei Angabe der Spannung in Vierleiternetzen die Verkettete- und die Phasenspannung nebeneinander und durch einen schrägen Strich getrennt zu schreiben. Normalerweise wird wenigstens in Anlagen für 380/220 V der Nulleiter geerdet. Würde dies nicht der Fall sein, so würden solche Anlagen im Sinne der Bestimmungen des VDE als Hochspannungsanlagen gelten, da in ihnen gegen Erde eine höhere Spannung als 220 V auftreten kann. Abb. 108 zeigt das Schaltbild einer solchen Vierleiteranlage.

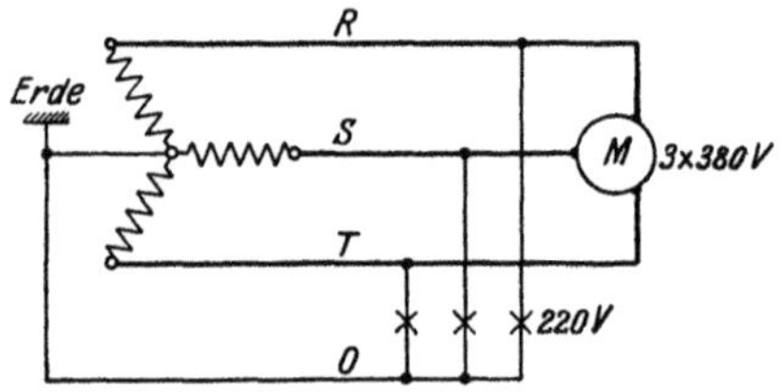

Abb. 108. Vierleiteranlage.

Im Nulleiter einer Vierleiteranlage, der als Rückleitung für die Hauptleitungen zu betrachten ist, fließt die Summe der Ströme der drei Hauptleitungen zurück zum Generator- (oder Transformator-) Nullpunkt, wobei diese Summe natürlich eine vektorielle ist. Liegt eine symmetrische Belastung vor, so ist diese Summe der Ströme J_R, J_S und J_T, die wie die Spannungen gegeneinander um je 120° verschoben sind, gleich Null. Eine symmetrische Belastung liegt dann vor, wenn die drei Ströme einander gleich und um die gleichen Winkel gegen die zugehörige Phasenspannung verschoben sind.

Wir können auch in einer Drehstromanlage, bei der der Generator oder der Transformator in Stern geschaltet ist, den Nulleiter weglassen. In diesem Fall muß bei jeder Art der Belastung die Summe der Ströme in den drei Leitungen gleich Null sein, d. h. der eine Leiter ist gewissermaßen als Rückleitung für die Ströme in den beiden anderen Leitern zu betrachten.

90. Dreieckschaltung. Verkettete Ströme. Außer der eben behandelten Sternschaltung ist von großer Bedeutung die sogenannte Dreieckschaltung. In Abb. 109 ist diese Schaltung für die drei Phasen eines Generators oder Transformators dargestellt.

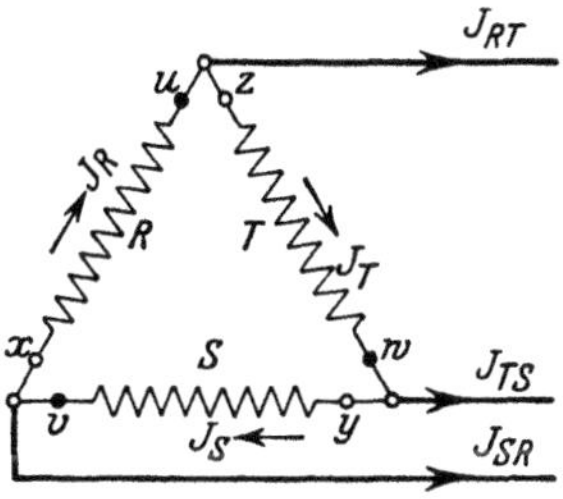

Abb. 109. Dreieckschaltung.

Bei ihr ist das Ende x der Phase R mit dem Anfang v der Phase S, das Ende y der Phase S mit dem Anfang w der Phase T und schließlich das Ende z der Phase T mit dem Anfang u der Phase R verbunden. Die abgehenden Netzleitungen sind an die genannten Verbindungspunkte gelegt. Diese Schaltung ist ohne weiteres zulässig, wenn die drei Phasenspannungen einander gleich und je um 120^0 verschoben sind. In diesem Fall ist die Summe der drei Spannungen, wie wir oben gesehen haben, gleich Null und deshalb entsteht im geschlossenen Linienzug der Dreieckschaltung kein Ausgleichsstrom. Ist die geometrische Summe der Phasenspannungen nicht Null, so tritt ein Ausgleichsstrom auf. Charakteristisch für die Dreieckschaltung ist das Fehlen des Nulleiters, und daß nur Spannungen einer Größe abgenommen werden können. Es ist ferner ersichtlich, daß der Strom in jeder Leitung von zwei Phasenwicklungen des Generators geliefert wird. Falls die Belastung in Dreieck geschaltet ist, verteilt sich der Strom einer Leitung auf zwei Belastungszweige. Man bezeichnet den Strom in einer Leitung als verketteten Strom. Bei symmetrischer Belastung ist dieser Strom J_v, analog wie dies bei der verketteten Spannung bei Sternschaltung der Fall ist, $\sqrt{3} = 1{,}732$mal größer als der Phasenstrom J_p, also

$$J_v = \sqrt{3} \cdot J_p = 1{,}732\, J_p \tag{3}$$

oder

$$J_p = \frac{J_v}{\sqrt{3}} = \frac{J_v}{1{,}732}. \tag{4}$$

Für die angeschlossenen Verbraucher ist es an und für sich gleichgültig, ob die Wicklungen der Stromquelle in Stern oder in Dreieck geschaltet sind, wenn bei der Sternschaltung der Nulleiter nicht verlegt ist. Es muß natürlich beachtet werden, daß die gleiche Spannung zwischen den Netzleitungen in beiden Schaltungen dann vorhanden ist, wenn die Phasenspannung bei der Dreieckschaltung im Verhältnis $\sqrt{3}$ größer ist als bei der Sternschaltung.

91. Leistung und Arbeit bei Drehstrom. Wir wollen zuerst annehmen, daß sowohl der Generator wie die Verbraucher nach Abb. 110 in Stern geschaltet sind. Es ist dann ohne weiteres klar, daß die Leistungen N_R N_S und N_T der einzelnen Phasen sich genau so berechnen wie die Leistung bei Einphasenstrom. Sie sind demnach:

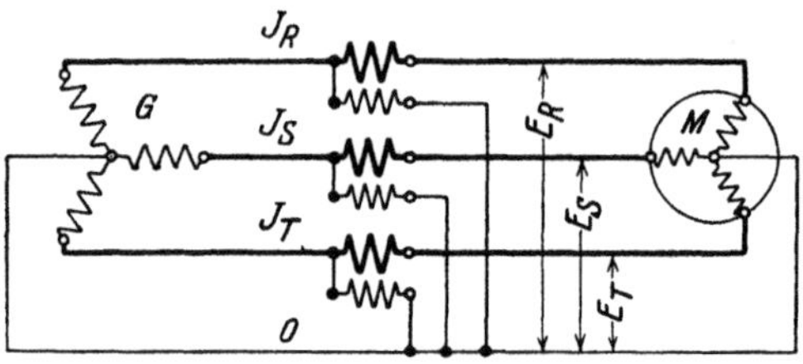

Abb. 110. Leistungsmessung bei Drehstrom.

$$N_R = E_R \cdot J_R \cdot \cos\varphi_R\,,$$
$$N_S = E_S \cdot J_S \cdot \cos\varphi_S\,,$$
$$N_T = E_T \cdot J_T \cdot \cos\varphi_T\,.$$

Hierbei bedeuten E_R, E_S, E_T die Phasenspannungen, J_R, J_S, J_T die Phasenströme, die mit den Leitungsströmen gleichbedeutend sind, und φ_R, φ_S, φ_T die Phasenverschiebungen der zusammengehörenden Ströme und Spannungen.

Die Leistungen N_R, N_S, N_T können wir, wie bei Einphasenstrom, mit Wattmetern messen, die, wie in der Abbildung angedeutet, geschaltet sind. Dabei sind in der Abbildung die Anfänge der Strom- und Spannungsspulen durch schwarze Punkte, ihre Enden durch Kreise gekennzeichnet. Wir werden im folgenden überall diese Darstellungsweise anwenden.

Die Gesamtleistung N, die der Abnehmer aufnimmt bzw. die der Generator liefert, ist die Summe der drei Phasenleistungen, also

$$N = N_R + N_S + N_T\,.$$

Wir erhalten sie, wenn wir die Angaben der drei Wattmeter addieren. Der Verbrauch, der in einer bestimmten Zeit t auftritt, ergibt sich durch Multiplikation dieser Leistungen mit t. Wir können den Verbrauch in den einzelnen Phasen mit Hilfe von drei Einphasenzählern, die genau so geschaltet sind wie unsere Wattmeter, bestimmen. Die Summe der Angaben dieser drei Zähler ist dann der Gesamtverbrauch.

Von besonderem Interesse ist die Leistung und der Verbrauch im Falle symmetrischer Belastung. Es sind dann alle drei Spannungen gleich groß, wir setzen sie gleich E_p. Ebenfalls sind die drei Ströme gleich groß, wir setzen sie gleich J_p. Endlich sind auch die Phasenverschiebungen zwischen E_p und J_p in allen drei Phasen gleich, wir setzen sie gleich φ. Die Leistung jeder Phase ist also $N_p = E_p \cdot J_p \cdot \cos\varphi$. Die Gesamtleistung ist demnach

$$N = 3 \cdot N_p = 3 \cdot (E_p \cdot J_p \cdot \cos\varphi)\,.$$

Die obigen Beziehungen gelten bei symmetrischer Belastung unabhängig davon, ob die Wicklungen der Stromquelle in Stern oder in Dreieck geschaltet sind. Bei der Sternschaltung ist der Strom in jeder Leitung, den wir kurz mit J bezeichnen wollen, gleichbedeutend mit dem Phasenstrom, d. h. $J = J_p$, und die Spannung zwischen zwei Hauptleitern, die wir kurz mit E bezeichnen wollen, ist die verkettete Spannung, also $E = E_p \cdot \sqrt{3}$, oder $E_p = \frac{E}{\sqrt{3}}$. Es ergibt sich demnach die Gesamtleistung zu

$$N = 3 \cdot E_p \cdot J_p \cdot \cos\varphi = 3 \cdot \frac{E}{\sqrt{3}} \cdot J \cdot \cos\varphi .$$

Berücksichtigt man, daß $\frac{3}{\sqrt{3}} = \frac{\sqrt{3} \cdot \sqrt{3}}{\sqrt{3}} = \sqrt{3}$ ist, so erhalten wir

$$N = \sqrt{3} \cdot E \cdot J \cdot \cos\varphi .$$

Umgekehrt ist bei der Dreieckschaltung die Netzspannung $E = E_p$ und der Strom in den Netzleitungen $J = \sqrt{3} \cdot J_p$, also $J_p = \frac{J}{\sqrt{3}}$. Demnach ist die Leistung

$$N = 3 \cdot E_p \cdot J_p \cdot \cos\varphi = 3 \cdot E \cdot \frac{J}{\sqrt{3}} \cos\varphi = \sqrt{3} \cdot E \cdot J \cdot \cos\varphi .$$

Wir erhalten also in beiden Fällen den gleichen Ausdruck für die Leistung, nämlich:

$$N = \sqrt{3} \cdot E \cdot J \cdot \cos\varphi , \tag{5}$$

wenn wir mit E bzw. J die Netzspannung bzw. den Strom in den Netzleitungen bezeichnen. Entsprechend berechnet sich der Verbrauch zu

$$A = N \cdot t = \sqrt{3} \cdot E \cdot J \cdot \cos\varphi \cdot t . \tag{6}$$

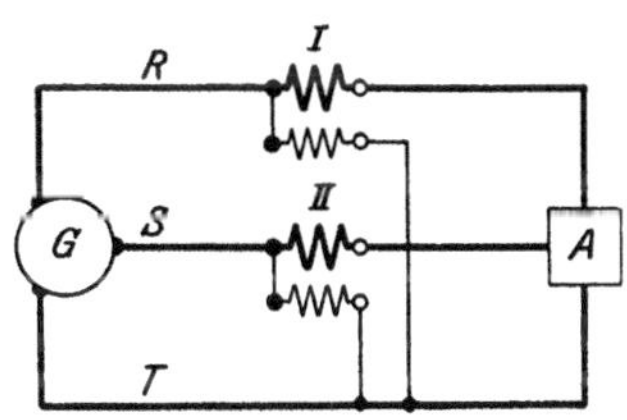

Abb. 111.
Zweimattmeter-(Aron-)Schaltung.
Meßwerk I in R, Meßwerk II in S.

92. Zweiwattmeterschaltung. Wenn kein Nulleiter vorhanden ist, so kommt man bei der Messung der Leistung bzw. des Verbrauches mit nur zwei Wattmetern bzw. Zählermeßwerken I und II, die nach Abb. 111 geschaltet sind, aus[1]. Diese Schaltung ist von H. Aron angegeben worden und wird als Zweiwattmeter- oder Aronschaltung bezeichnet. Mit Rücksicht auf die große

[1] Die evtl. anzuwendenden Vorwiderstände im Spannungskreis der Wattmeter wollen wir hier nicht berücksichtigen.

Bedeutung dieser Schaltung erscheint es durchaus gerechtfertigt, die Schaltung nach ihrem Erfinder als „Aronschaltung“ zu bezeichnen. Der Beweis der Richtigkeit der Aronschaltung kann auf verschiedenen Wegen erbracht werden. Wir wollen ihn in einer besonders anschaulichen Weise, die keinerlei Berechnungen erfordert, bringen.

In Abb. 112a sind zwei getrennte Netze *I* und *II* gezeichnet, die von den Generatoren *G I* und *G II* gespeist werden und durch die Abnehmer *A I* und *A II* belastet sind. Die von den Abnehmern aufgenommenen Leistungen können wir mit den Wattmetern *WI* und *WII* messen. Wir können nun ganz unabhängig davon, wie die beiden Netze beschaffen sind, also auch dann, wenn die Spannungen in den beiden Netzen verschieden sind oder wenn sie verschiedene Frequenzen haben oder sogar dann, wenn das eine Netz ein Gleichstrom-, das andere ein Wechselstromnetz wäre, die beiden Netze so, wie in der Abbildung durch gestrichelte Linien angedeutet ist, verbinden. Auf diese Weise würden die beiden Rückleitungen zu einer gemeinsamen Rückleitung werden. Wir können also unsere beiden Netze mit insgesamt vier Leitungen zu einem Netz mit drei Leitungen, wie Abb. 112b zeigt, vereinigen. An der Richtigkeit der Leistungsmessung ändert sich damit nichts. Die Summe der Angaben der beiden Wattmeter ergibt uns die gesamte Wattbelastung der Anlage. Da die Wattmeter nur auf die in ihren Stromspulen fließenden Ströme und auf die an ihre Spannungsspulen angelegten Spannungen und die gegenseitige Phasenverschiebung dieser Ströme und Spannungen reagieren, so ist es auch offenbar gleichgültig, wie diese Ströme und Spannungen zustande kommen, d. h. wie viele Generatoren und welcher Art vorhanden und wie die Belastungen geschaltet sind. In jedem Falle ist die Summe der Angaben der beiden Wattmeter die gesamte in der Anlage herrschende Wattbelastung. Dieser einfache Beweis der Aronschaltung ist demnach allgemein gültig. Diese Schaltung wird im Grunde genommen auch in Dreileiter-Gleichstromanlagen verwendet. Man kann natürlich an Stelle der Wattmeter auch Zähler schalten. Die Summe der Angaben beider Zähler ergibt dann den Gesamtverbrauch der Anlage.

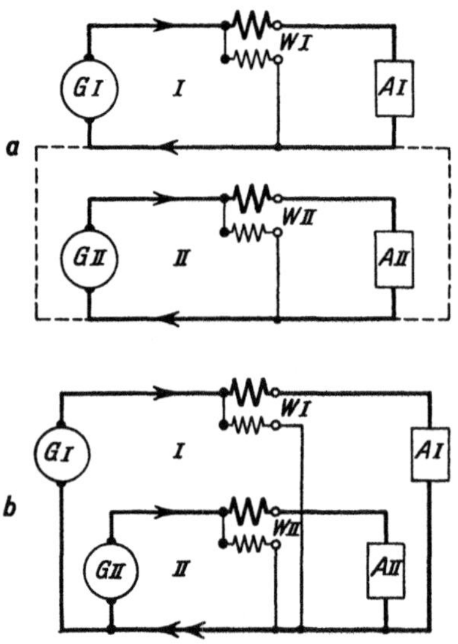

Abb. 112. Beweis der Aronschaltung.

Wir können in der gleichen Weise beweisen, daß allgemein zur

Messung der Leistung oder des Verbrauches in einem Netz mit $n + 1$ Leitungen n Wattmeter oder Zähler ausreichen. Abb. 113 zeigt diesen Fall für vier Leitungen, bei denen also drei Wattmeter bzw. Zähler zur Messung erforderlich sind. In der Abb. 113a sind zuerst drei getrennte beliebige Netze mit beliebiger Belastung gezeichnet, in denen die Leistung mit den eingezeichneten Wattmetern gemessen werden kann. In dieser Abbildung ist wiederum angedeutet, daß man die Rückleitungen der drei Netze verbinden kann. Man erhält auf diese Weise das in Abb. 113b gezeichnete Vierleiternetz, in dem die Leistung bzw. der Verbrauch mit drei Wattmetern bzw. Zählern gemessen werden kann. Diese Dreiwattmeterschaltung ist die Schaltung, die wir bereits oben kennengelernt haben.

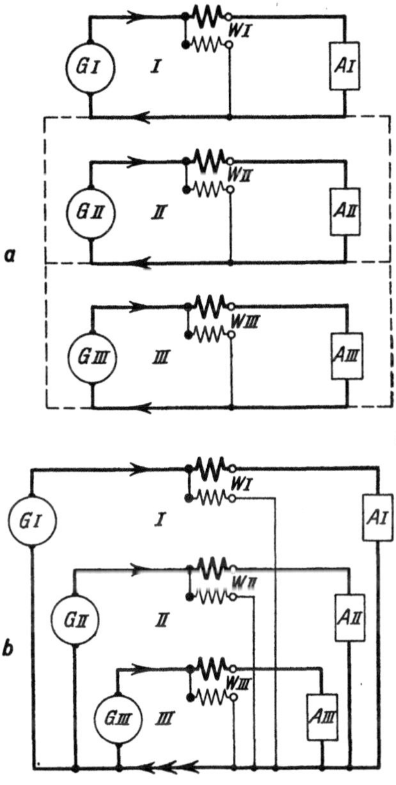

Abb. 113. Beweis der Vierleiterschaltung.

Wir erhalten allgemein folgende Schaltungsregel: Wenn in einem Netz die gesamte Leistung gemessen werden soll, so müssen die Stromspulen der Wattmeter, deren Zahl um 1 kleiner ist als die der Netzleitungen, alle so in die Leitung eingeschaltet werden, daß ihre Anfänge der Stromquelle zugekehrt sind. Die Anfänge der Spannungsspulen sind an die Leitungen zu legen, in denen die zugehörigen Stromspulen liegen; ihre Enden sind an diejenige Leitung anzulegen, in der keine Stromspule liegt. Diese allgemeine Schaltungsregel bezieht sich sinngemäß auch auf Zähler.

Die Zweiwattmeterschaltung wird verschieden gezeichnet, im Prinzip bleibt jedoch immer die gleiche Schaltung bestehen. Wir haben in Abb. 111 angenommen, daß die Wattmeter-Stromspulen in R und S liegen. Sie konnen genau so gut in anderen Phasen, beispielsweise in R und T liegen. Wenn wir keinen Wert darauf legen, daß die Leitungen entsprechend ihrer Phasenfolge $R\,S\,T$ untereinander gezeichnet werden, so ergibt sich überhaupt die gleiche Schaltung, da die Bezeichnung der Leitungen ganz gleichgültig ist. Wollen wir dagegen, wie dies meist geschieht, die Leitungen in der Reihenfolge ihrer Bezeichnung im Schaltbild einreihen, so ergibt sich für diesen Fall die in Abb. 114 gezeichnete Schaltung. Mitunter werden auch die Watt-

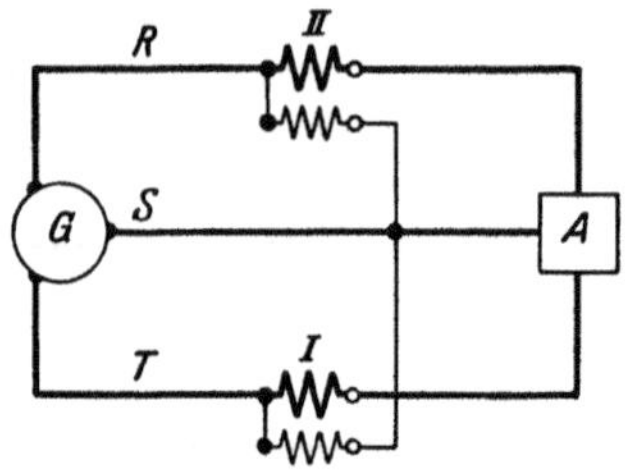

Abb. 114. Aronschaltung. Meßwerk *I* in *T*, Meßwerk *II* in *R*.

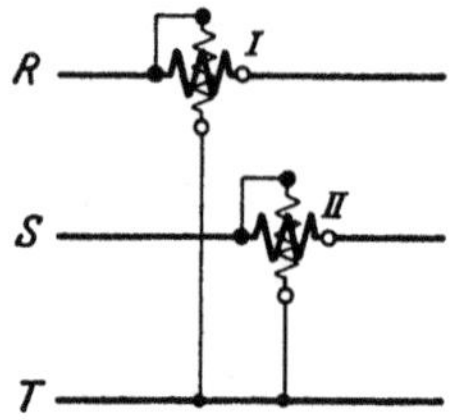

Abb. 115. Andere Darstellung der Schaltung nach Abb. 111.

meter, wie in Abb. 115 gezeichnet, angedeutet. Wenn dabei das eine Wattmeter in der Leitung *T* liegen soll, so ist die Schaltung wie in Abb. **116a** zu zeichnen. Die in Abb. 116b angedeutete Darstellungsweise, die man

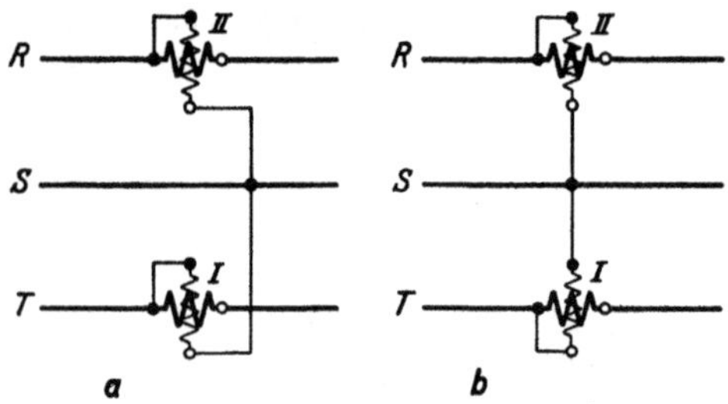

Abb. 116. Andere Darstellung der Schaltung nach Abb. 114. *a* richtig, *b* falsch.

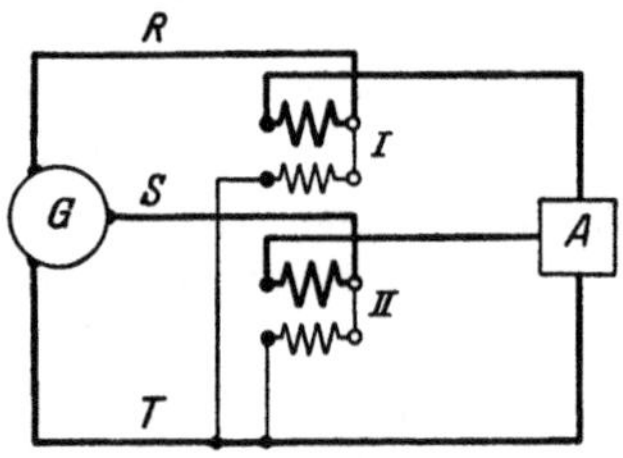

Abb. 117. Schaltung wie Abb. 111, jedoch Strom- und Spannungsspulen umgepolt.

mitunter findet, ist dagegen als falsch zu bezeichnen, da bei ihr gegenüber der richtigen Schaltung Anfang und Ende der Spannungsspulen des Wattmeters *I* vertauscht sind.

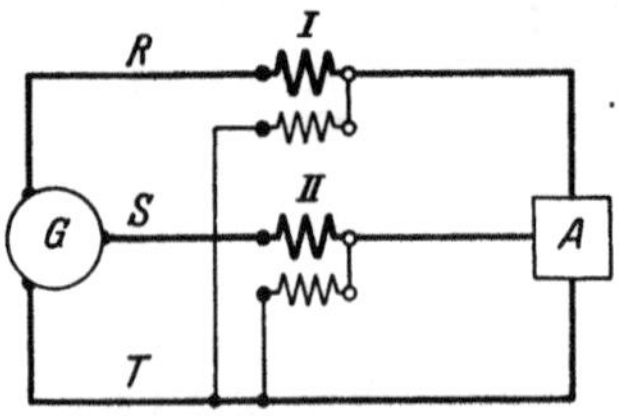

Abb. 118. Schaltung wie Abb. 111, jedoch Spannungsspulen umgepolt (für Rücklieferung).

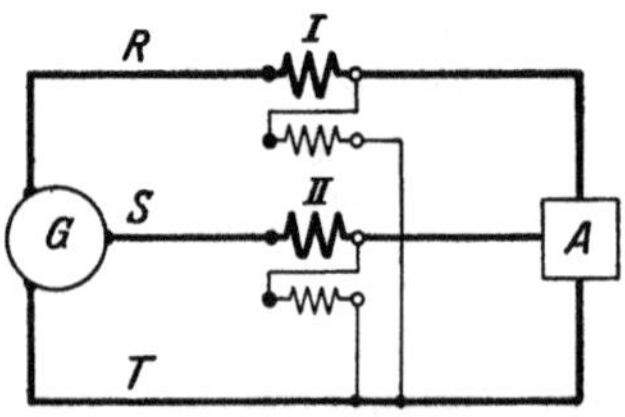

Abb. 119. Schaltung wie Abb. 111, jedoch Spannungsspulen hinter den Stromspulen angeschlossen.

Es braucht kaum besonders erläutert zu werden, daß es an und für sich gleichgültig ist, welche Klemmen der Strom- und Spannungsspulen man als Anfänge und welche man als Enden bezeichnet. Es müssen nur immer die zusammengehörenden Klemmen der Strom- und Spannungswicklung gewählt werden. Wenn wir die gleichen Wattmeter wie in

Abb. 111 annehmen, so ist auch die in Abb. 117 angedeutete Schaltung richtig, bei der die Strom- und Spannungsspulen beider Wattmeter gegenüber der ersten Darstellung umgekehrt geschaltet sind. Dagegen sind in Abb. 118 nur die beiden Spannungsspulen umgepolt. Die Summe der Wattmeterausschläge wäre in diesem Fall negativ. Die Wattmeter in dieser Schaltung messen die gegebenenfalls vom Abnehmer A an den Generator G abgegebene Leistung (Rücklieferung der Energie). Dieser Schaltung ist eine Schaltung gleichwertig, bei der nur die Stromspulen umgepolt sind. Ferner kommt es auch nicht darauf an, daß der Anfang der Spannungsspule mit dem Anfang der Stromspule verbunden ist, sondern nur darauf, daß er an die richtige Leitung gelegt ist; so ist beispielsweise die Schaltung Abb. 119 auch richtig. Der Unterschied zwischen dieser Schaltung und der nach Abb. 111 besteht nur darin, daß in der Schaltung nach Abb. 111 von den Wattmetern die Leistungsaufnahme ihrer Stromspulen in Schaltung nach Abb. 119 ihrer Spannungsspulen mitgemessen wird. Normalerweise wendet man bei Zählern aus den gleichen Gründen wie bei Einphasennetzen die Schaltung nach Abb. 111 an.

93. Verhalten der Wattmeter bei Aronschaltung. Wir wollen jetzt untersuchen, was die beiden Wattmeter, die nach Abb. 111 geschaltet sind, unter verschiedenen Belastungsverhältnissen im Drehstromnetz anzeigen. Wir bezeichnen die vom Wattmeter I gemessene Leistung mit N_I, die vom Wattmeter II mit N_{II}. Die Gesamtleistung ist dann $N = N_I + N_{II}$. Wir wollen zuerst, Abb. 120, ein beliebiges Drehstromsystem annehmen, bei dem die drei Spannungen, Ströme und Phasenverschiebungen einander nicht gleich sind. Die eingezeichneten Spannungen E_R, E_S und E_T sind die Phasenspannungen. Das Wattmeter I ist

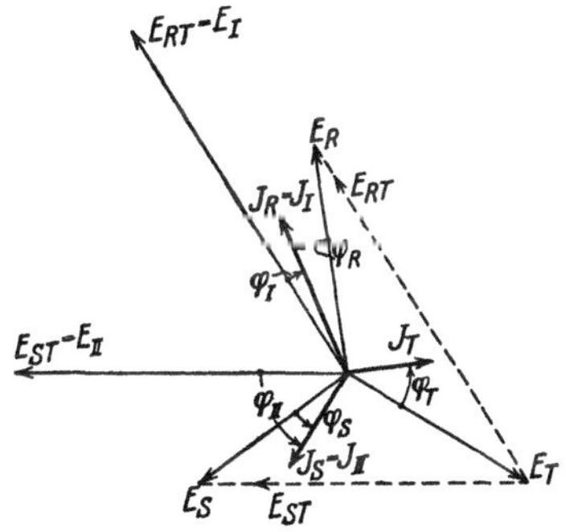

Abb. 120. Diagramm zur Aronschaltung, beliebiges Drehstromsystem.

so angeschlossen, daß seine Stromspule von dem Strom $J_I = J_R$ durchflossen wird. Seine Spannungsspule liegt mit ihrem Anfang an der Leitung R, mit ihrem Ende an der Leitung T. Demnach wirkt in dem Wattmeter die Spannung E_{RT}, die sich als die Verbindungslinie zwischen den Enden der Vektoren R und T ergibt. Ihre Richtung ist die des eingezeichneten Pfeiles. Diese Spannung ist nochmals von dem Nullpunkt aus eingezeichnet und mit $E_{RT} = E_I$ bezeichnet, um anzudeuten, daß diese Spannung im Wattmeter I wirkt. Die vom Wattmeter I angezeigte Leistung berechnet sich demnach zu

$$N_I = E_I \cdot J_I \cdot \cos\varphi_I ,$$

wobei φ_I der Phasenverschiebungswinkel zwischen E_I und J_I ist. Entsprechend erhalten wir für das Wattmeter II, welches an der Spannung $E_{ST} = E_{II}$ liegt, die Leistung

$$N_{II} = E_{II} \cdot J_{II} \cdot \cos\varphi_{II}.$$

Die obige Überlegung zeigt uns den Weg, wie man für jeden bestimmten Fall die Leistung der einzelnen Wattmeter oder Zählermeßwerke in der Aronschaltung bestimmen kann.

Es möge besonders betont werden, daß die Phasenverschiebungen φ_I und φ_{II} sich auf die Spannungen und Ströme, die in den einzelnen Wattmetern bzw. Meßwerken wirken, beziehen und nicht mit der Phasenverschiebung φ in der Anlage zu verwechseln sind.

Wir wollen uns nunmehr mit dem Verhalten der zwei Wattmeter in der Aronschaltung genauer befassen.

Zuerst betrachten wir den besonders wichtigen Fall der symmetrischen Belastung, bei der die drei Phasenspannungen E_R, E_S, E_T gleich groß und um 120° gegeneinander verschoben sind, ferner die Ströme J_R, J_S, J_T einander gleich und um die gleichen Phasenverschiebungswinkel φ_R, φ_S, φ_T gegen die zugehörigen Phasenspannungen verschoben sind. Wir bezeichnen deshalb wieder diese Ströme mit J, diese Phasenverschiebungen mit φ. Es ist induktive Belastung angenommen. Im Vektordiagramm Abb. 121 sind in der gleichen Weise wie in Abb. 120 die verketteten Spannungen $E_{RT} = E_I$ und $E_{ST} = E_{II}$ eingezeichnet. Alle verketteten Spannungen sind gleich groß; wir wollen ihre Größe deshalb kurz mit E bezeichnen, also $E_I = E_{II} = E$.

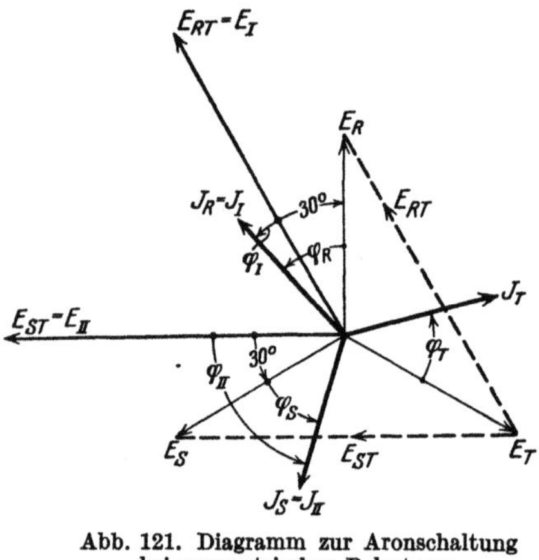

Abb. 121. Diagramm zur Aronschaltung bei symmetrischer Belastung.

Die von den Wattmetern I und II gemessenen Leistungen sind nach dem Obigen die folgenden:

$$N_I = E_I \cdot J_I \cdot \cos\varphi_I = E \cdot J \cdot \cos\varphi_I \tag{7}$$

und

$$N_{II} = E_{II} \cdot J_{II} \cdot \cos\varphi_{II} = E \cdot J \cdot \cos\varphi_{II}. \tag{8}$$

Aus unserem Diagramm ersehen wir, daß die Phasenverschiebung φ_I im Wattmeter I $(\varphi - 30^0)$ ist, also

$$\varphi_I = (\varphi - 30^0)$$

und ferner, daß

$$\varphi_{II} = (\varphi + 30^0)$$

ist[1].

Setzen wir diese Werte für φ_I und φ_{II} in die Gl. (7) und (8) ein, so erhalten wir:

$$N_I = E \cdot J \cdot \cos(\varphi - 30^0) \tag{9}$$

und

$$N_{II} = E \cdot J \cdot \cos(\varphi + 30^0). \tag{10}$$

Diese Beziehungen gelten für beliebige Werte der Phasenverschiebung φ, bei der jedoch stets das Vorzeichen berücksichtigt werden muß. φ ist positiv bei induktiver, negativ bei kapazitiver Belastung.

Die Gesamtleistung berechnet sich zu:

$$\begin{aligned} N = N_I + N_{II} &= E \cdot J \cdot \cos(\varphi - 30^0) + E \cdot J \cdot \cos(\varphi + 30^0) \\ &= E \cdot J \cdot [\cos(\varphi - 30^0) + \cos(\varphi + 30^0)] = \sqrt{3} \cdot E \cdot J \cdot \cos\varphi .^{*} \end{aligned} \tag{11}$$

Wir haben hier für einen Spezialfall auch auf anderem Wege die Richtigkeit der Aronschaltung bewiesen.

Die Gleichungen (9) und (10) zeigen uns, daß auch bei symmetrischer Belastung des Drehstromnetzes die beiden Leistungen N_I und N_{II} bzw. die Ausschläge der Wattmeter *I* und *II* im allgemeinen nicht gleich sind.

---

[1] Mitunter findet man in der Literatur für φ_I den Wert $(30^0 - \varphi)$ angegeben; die Größen $(\varphi - 30^0)$ und $(30^0 - \varphi)$ unterscheiden sich nur durch das Vorzeichen. Richtig ist aber nur $(\varphi - 30^0)$ und zwar deshalb, weil die Phasenverschiebung von 30^0 zwischen den Spannungen E_I und E_R bzw. zwischen der Spannung E_I und dem Strom $J_I = J_R$ bei $\varphi = \varphi_R = 0$ als negativ anzunehmen ist, da der Vektor E_R dem Vektor E_I voreilt. Solange in den Berechnungen nur der Cosinus in Betracht kommt, ist es an und für sich gleichgültig, ob man $(\varphi - 30^0)$ oder $(30^0 - \varphi)$ schreibt, da der Cosinus eines negativen Winkels genau so groß ist wie des positiven gleich großen Winkels. Wenn aber andere trigonometrische Funktionen in Betracht kommen, die in der Zählertechnik eine Rolle spielen, z. B. Tangens, bei denen das Vorzeichen für positiven und negativen Winkel verschieden ist, ist die Angabe $\varphi_I = (30 - \varphi)$ unzulässig und führt zu Fehlern.

* Der Ausdruck in der eckigen Klammer kann nämlich wie folgt entwickelt werden: $\cos(\varphi - 30^0)$ und $\cos(\varphi + 30^0)$ können wir auf Grund der Formeln für den Kosinus der Differenz bzw. der Summe zweier Winkel (Zus. I. 6. f. 4. und 3) umformen, wenn man in diese Gleichungen für α und β die Werte φ und 30^0 einsetzt. Wir erhalten:

$$\cos(\varphi - 30^0) = \cos\varphi \cdot \cos 30^0 + \sin\varphi \cdot \sin 30^0$$
$$\cos(\varphi + 30^0) = \cos\varphi \cdot \cos 30^0 - \sin\varphi \cdot \sin 30^0$$

oder

$$\cos(\varphi - 30^0) + \cos(\varphi + 30^0) = 2 \cdot \cos\varphi \cdot \cos 30^0.$$

Unter Berücksichtigung, daß $\cos 30^0 = \frac{1}{2} \cdot \sqrt{3}$ ist (s. Zus. I. 6. c), erhalten wir

$$2 \cdot \cos\varphi \cdot \cos 30^0 = 2 \cdot \tfrac{1}{2}\sqrt{3} \cdot \cos\varphi = \sqrt{3} \cdot \cos\varphi .$$

Besonders bemerkenswert ist, daß bei bestimmter Phasenverschiebung der Ausschlag des einen Wattmeters negativ ist. Wenn die Wattmeter, was praktisch selten der Fall ist, den Nullpunkt in der Mitte haben, so wird ein Wattmeter bei gewissen Phasenverschiebungen nach der negativen Seite ausschlagen. Dann muß bei der Berechnung der Gesamtleistung dieser Wert auch als negativ eingesetzt werden. Haben die Wattmeter den Nullpunkt seitlich, so wird bei solchen Phasenverschiebungen das eine der Wattmeter sich an den Anschlag anlegen, also das Bestreben haben, negativ auszuschlagen. Es muß dann die Spannungsspule oder Stromspule umgepolt und der dann erhaltene Ausschlag als negativ betrachtet werden.

Ein Maß für die Phasenverschiebung ist bei der betrachteten symmetrischen Belastung das Verhältnis der beiden Teilleistungen bzw. der beiden Wattmeterausschläge, die wir mit α_I und α_{II} bezeichnen wollen. Dabei ist es üblich, bei induktiver Belastung das Verhältnis $\frac{\alpha_{II}}{\alpha_I} = \frac{N_{II}}{N_I} = \frac{\cos(\varphi + 30^0)}{\cos(\varphi - 30^0)}$ zu nehmen; bei kapazitiver Belastung dagegen umgekehrt $\frac{\alpha_I}{\alpha_{II}} = \frac{N_I}{N_{II}} = \frac{\cos(\varphi - 30^0)}{\cos(\varphi + 30^0)}$. Man erhält nämlich auf diese Weise stets einen echten Bruch, also stets eine Größe, die kleiner als 1 ist (Näheres hierüber s. 211). Es ist dabei klar, daß beide Wattmeter die gleiche Konstante haben müssen.

Im folgenden wollen wir noch näher die Verhältnisse, wie sie bei einigen charakteristischen Phasenverschiebungen liegen, betrachten. Dabei setzen wir den Ausschlag jedes Wattmeters bei Phasengleichheit zwischen seinem Strom und seiner Spannung (also $\cos\varphi_I = 1$ bzw. $\cos\varphi_{II} = 1$) gleich 100. Dann ergibt der jeweilige Wert von $\cos\varphi_I$ bzw. $\cos\varphi_{II}$ multipliziert mit 100 den Ausschlag des Wattmeters in Prozenten des Maximalausschlages.

Induktionsfreie Belastung.

1. $\cos\varphi = 1$, $\varphi = 0^0$, $\cos\varphi_I = \cos(\varphi - 30^0) = \cos(-30^0) = 0{,}866$,

$$\cos\varphi_{II} = \cos(\varphi + 30^0) = \cos 30^0 = 0{,}866\,,$$

$$\frac{\cos\varphi_{II}}{\cos\varphi_I} = \frac{\cos(\varphi + 30^0)}{\cos(\varphi - 30^0)} = \frac{0{,}866}{0{,}866} = 1\,.$$

Beide Leistungen bzw. beide Wattmeterausschläge sind positiv und einander gleich und betragen 86,6%.

Induktive Belastung.

2. $\cos\varphi = 0{,}866$, $\varphi = 30^0$, $\cos\varphi_I = \cos 0^0 = 1$,

$$\cos\varphi_{II} = \cos 60^0 = 0{,}5\,,\quad \frac{\cos\varphi_{II}}{\cos\varphi_I} = 0{,}5\,.$$

Das Wattmeter *I* hat seinen größten Ausschlag (100%), der Ausschlag des Wattmeters *II* beträgt 50%.

3. $\cos\varphi = 0{,}5\,, \ \varphi = 60^0\,, \ \cos\varphi_I = \cos 30^0 = 0{,}866\,,$

$$\cos\varphi_{II} = \cos 90^0 = 0\,, \quad \frac{\cos\varphi_{II}}{\cos\varphi_I} = 0\,.$$

Das Wattmeter *I* zeigt den gleichen Ausschlag wie bei induktionsfreier Belastung, das Wattmeter *II* den Ausschlag Null.

4. $\cos\varphi = 0\,, \ \varphi = 90^0\,, \ \cos\varphi_I = \cos 60^0 = 0{,}5\,,$

$$\cos\varphi_{II} = \cos 120^0 = -\sin 30^0 = -0{,}5\,, \quad \frac{\cos\varphi_{II}}{\cos\varphi_I} = -1\,.$$

Die Ausschläge beider Wattmeter betragen 50%. Dabei ist jedoch der Ausschlag des Wattmeters *II* negativ. Die Summe beider Ausschläge ist Null.

Kapazitive Belastung.

5. $\cos\varphi = 0{,}866\,, \ \varphi = -30^0\,, \ \cos\varphi_I = \cos(-60^0) = 0{,}5\,,$

$$\cos\varphi_{II} = \cos 0^0 = 1\,, \quad \frac{\cos\varphi_I}{\cos\varphi_{II}} = 0{,}5\,.$$

6. $\cos\varphi = 0{,}5\,, \ \varphi = -60^0\,, \ \cos\varphi_I = \cos(-90^0) = 0\,,$

$$\cos\varphi_{II} = \cos(-30^0) = 0{,}866\,, \quad \frac{\cos\varphi_I}{\cos\varphi_{II}} = 0\,.$$

7. $\cos\varphi = 0\,, \ \varphi = -90^0\,,$

$$\cos\varphi_I = \cos(-120^0) = \cos 120^0 = -\sin 30^0 = -0{,}5\,,$$

$$\cos\varphi_{II} = \cos(-60^0) = 0{,}5\,, \quad \frac{\cos\varphi_I}{\cos\varphi_{II}} = -1\,.$$

Wir sehen, daß bei kapazitiver Belastung die Ausschläge der Wattmeter die gleichen sind wie bei der gleich großen induktiven Verschiebung, nur haben die beiden Wattmeter gewissermaßen ihre Rollen vertauscht.

Man sieht also, daß man aus den Ausschlägen der Wattmeter auch feststellen kann, ob induktive oder kapazitive Belastung vorliegt. Man muß hierbei nur wissen, welches Wattmeter als *I* und welches als *II* zu bezeichnen ist. Das Wattmeter *I* ist dasjenige, in dessen Stromspule der Strom dem Strom in der Stromspule des zweiten Wattmeters um 120° voreilt; wir wollen deshalb dieses Wattmeter als das voreilende bezeichnen, entsprechend das Wattmeter *II* als das nacheilende. Man kann die Begriffe voreilend und nacheilend auch auf die Phasenverschiebung zwischen dem Strom und der Spannung im Wattmeter bei induktionsfreier Belastung der Anlage (also $\varphi = 0$) beziehen, denn im Wattmeter I eilt bei dieser Belastung der Strom der Spannung vor, im Wattmeter II dagegen nach (also φ_I negativ, φ_{II} positiv).

Es ist an und für sich gleich, welche Bezeichnung die Phasenleitungen haben. Es ist immer nur maßgebend, ob das Wattmeter im obigen Sinne als das voreilende oder nacheilende zu betrachten ist. Wenn man z. B. die Schaltung nach Abb. 114 ausführt, so ist das Wattmeter I dasjenige, dessen Stromspule in Phase T liegt, das Wattmeter II dasjenige, dessen Stromspule in R liegt, und zwar deshalb, weil der Strom in Phase T dem Strom in Phase R um 120^0 voreilt.

Wir wollen im folgenden auch die Zählermeßwerke stets in der gleichen Weise mit I und II kennzeichnen.

Betrachtet man die drei Phasen in derjenigen Reihenfolge, in welcher ihre Spannungen zeitlich aufeinander folgen, also z. B. $R\,S\,T$ oder $S\,T\,R$ oder $T\,R\,S$, so ist stets dasjenige Wattmeter das voreilende, dessen Stromspule in derjenigen Phase liegt, die der Phase, in welcher die Stromspule des anderen Wattmeters liegt, zeitlich unmittelbar vorauseilt. Liegen also z. B. die Stromspulen der Wattmeter in R und S, so liegt das voreilende Wattmeter I in R; liegen sie in S und T, so liegt es in S, liegen sie in T und R oder, wie man meist sagt, in R und T, so liegt das voreilende Wattmeter in T.

Neben dem Falle der symmetrischen Belastung sind noch besonders charakteristisch die Fälle **einseitiger Belastung**, d. h. solcher, bei der der Abnehmer nur zwischen zwei Leitungen liegt. Dabei sind drei verschiedene Fälle, die in Abb. 122 dargestellt sind, möglich.

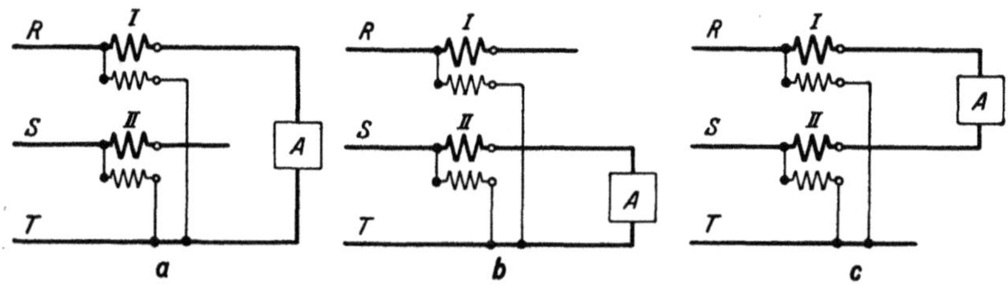

Abb. 122. Verschiedene Fälle einseitiger Belastung.

Bei dem Belastungsfall nach Abb. 122 a liegt der Abnehmer zwischen den Leitungen R und T. Es läßt sich ohne weiteres übersehen, daß in diesem Fall das Wattmeter II keine Leistung anzeigt, d. h. $N_{II} = 0$ ist, denn die Stromspule dieses Wattmeters ist stromlos. Die Gesamtleistung N ist gleichbedeutend mit der vom Wattmeter I angezeigten Leistung N_I. Das Wattmeter I verhält sich genau so, als ob es in einer Einphasenanlage angeschlossen wäre und die vom Abnehmer A aufgenommene Leistung messen würde.

Der Belastungsfall nach Abb. 122 b ist dem ersten Fall ganz analog. In diesem Fall ist die Leistung $N_I = 0$ und $N = N_{II}$.

Der in Abb. 122 c dargestellte Belastungsfall liegt etwas verwickelter, weil hier die Stromspulen beider Wattmeter Strom führen und die Spannungsspulen nicht an der gleichen Spannung wie der Abnehmer liegen. Abb. 123 zeigt das zugehörige Vektordiagramm. Der Abnehmer A liegt an der Spannung E_{RS}. Er möge induktiven Charakter haben, so daß der im Wattmeter I fließende Belastungsstrom $J_I = J$ gegen die Spannung E_{RS} um den Winkel φ nacheilt. Derselbe Strom durchfließt die Stromspule des Wattmeters II, jedoch in entgegengesetzter Richtung. Wir müssen also im Diagramm diesen Strom J_{II} genau so groß wie J_I, jedoch gegenüber diesem um 180^0 verschoben, also umgeklappt zeichnen, also $J_{II} = -J$. Wir ersehen ferner aus dem Diagramm, daß die Phasenverschiebung φ_I im Wattmeter I sich zu $\varphi_I = \varphi - 60^0$ berechnet, die Phasenverschiebung im Wattmeter II zu $\varphi_{II} = \varphi + 60^0$. Man kann sich von der Richtigkeit der Vorzeichen bei dem Winkel von 60^0 leicht in der Weise überzeugen, daß man sich vorstellt, die Belastung sei induktionsfrei. In diesem Fall würde der Strom im Wattmeter I gegen die zugehörige Spannung $E_{RT} = E_I$ um 60^0 voreilen; die Phasenverschiebung ist also negativ. Beim Wattmeter II ergibt sich eine Nacheilung um 60^0, also eine positive Phasenverschiebung. Berücksichtigen wir ferner, daß alle verketteten Spannungen die gleiche Größe E haben, so berechnen sich die von den beiden Wattmetern angezeigten Leistungen zu

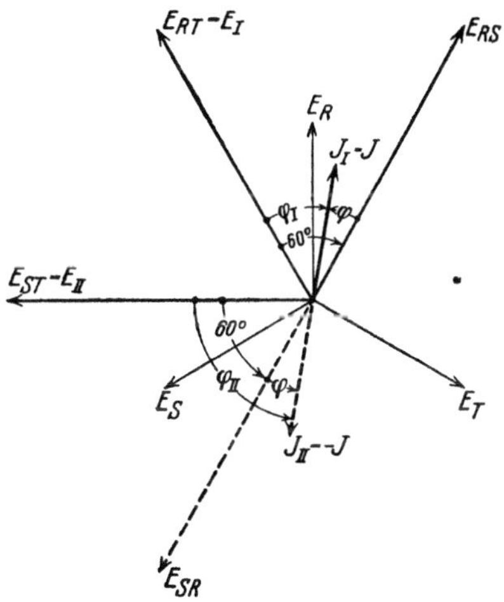

Abb. 123. Diagramm für den Belastungsfall nach Abb. 122c.

$$N_I = E \cdot J \cdot \cos(\varphi - 60^0) \quad \text{und} \quad N_{II} = E \cdot J \cdot \cos(\varphi + 60^0)$$

und die Gesamtleistung berechnet sich zu

$$N = N_I + N_{II} = E \cdot J \cdot [\cos(\varphi - 60^0) + \cos(\varphi + 60^0)] = E \cdot J \cdot \cos\varphi\,^*.$$

---

* Der Ausdruck in der eckigen Klammer kann nämlich, ähnlich wie in F. N. auf S. 183 gezeigt, wie folgt entwickelt werden:

$$\cos(\varphi - 60^0) = \cos\varphi \cos 60^0 + \sin\varphi \sin 60^0$$

$$\cos(\varphi + 60^0) = \cos\varphi \cdot \cos 60^0 - \sin\varphi \cdot \sin 60^0 .$$

Hieraus folgt

$$\cos(\varphi - 60^0) + \cos(\varphi + 60^0) = 2 \cdot \cos\varphi \cdot \cos 60^0 = 2 \cdot \cos\varphi \cdot \tfrac{1}{2} = \cos\varphi ,$$

da $\cos 60^0 = \frac{1}{2}$.

Wir können uns den Strom J_{II} hervorgerufen denken durch die im Diagramm gestrichelt gezeichnete Spannung E_{SR}, die gegen die Spannung E_{RS} um 180° verschoben ist. Der Strom J_{II} ist dann um den Winkel φ gegen die Spannung E_{SR} nacheilend zu zeichnen und in bezug auf die Spannung E_{SR} positiv anzunehmen. Dieser Strom ist aber nichts anderes als der umgeklappte Strom J_I.

Nachdem wir eben die Richtigkeit der Aronschaltung für jeden beliebigen Fall einseitiger Belastung bewiesen haben, haben wir auch gleichzeitig den Beweis für die Richtigkeit der Aronschaltung für jede beliebige Belastungsart erbracht, denn man kann sich jeden beliebigen Belastungsfall durch Überlagerung entsprechender einseitiger Belastungen entstanden denken. Es muß jedoch hervorgehoben werden, daß die obigen Betrachtungen sich auf den Fall eines in bezug auf Spannungen symmetrischen Drehstromsystems beziehen. Dagegen hat der unter 92 gebrachte Beweis allgemeine Gültigkeit.

94. Dreiwattmeterschaltung. Wie bereits aus den vorhergehenden Betrachtungen folgt, kann in Drehstrom-Vierleiteranlagen, also in solchen mit Nulleiter, die Leistung mit Hilfe von drei nach Abb. 110 geschalteten Wattmetern gemessen werden. Diese Schaltung ist in gewisser Beziehung leichter verständlich als die Zweiwattmeterschaltung. Man sieht deutlich, daß jedes Wattmeter die Leistung einer Phase mißt, wobei die in den Wattmetern wirkenden Ströme und Spannungen die Phasenströme J_R, J_S, J_T, die Phasenspannungen E_R, E_S, E_T und ihre gegenseitigen Phasenverschiebungen φ_R, φ_S, φ_T sind. Die von den Wattmetern angezeigten Leistungen sind demnach

$$N_I = E_R \cdot J_R \cdot \cos\varphi_R, \quad N_{II} = E_S \cdot J_S \cdot \cos\varphi_S \quad \text{und} \quad N_{III} = E_T \cdot J_T \cdot \cos\varphi_T.$$

Solange die Energie in einer bestimmten Richtung geliefert wird, sind im Gegensatz zu der Aronschaltung die Ausschläge der drei Wattmeter bei jeder beliebigen Phasenverschiebung positiv. Im Sonderfall symmetrischer Belastung, bei der der Strom im Nulleiter Null ist, sind die Leistungen in allen drei Phasen die gleichen und die Wattmeter zeigen gleiche Ausschläge. Man könnte demnach in diesem Fall mit einem Wattmeter auskommen. Seine Angaben multipliziert mit 3 ergeben dann die Gesamtleistung. Von dieser Vereinfachung macht man auch bei Messungen, an die keine besonders hohen Anforderungen an die Genauigkeit gestellt werden, Gebrauch. Bei genauen Messungen ist das Verfahren nicht anwendbar, da man in der Praxis nie genau symmetrische Belastungen hat.

Wenn die Ströme, Spannungen und Leistungen bekannt sind, kann man auf Grund der obigen Gleichungen auch die einzelnen Phasenverschiebungen berechnen. Es sei auch hier noch darauf hingewiesen, daß man beim Anschluß der Wattmeter auch in der Dreiwattmeterschaltung natürlich auf die richtige Polarität des Anschlusses zu achten hat; ferner, daß auch hier der Anschluß der Spannungsspulen entweder so gemacht werden kann wie in Abb. 110 gezeigt, d. h. daß die Wattmeter entweder den Leistungsverbrauch ihrer Stromspulen, oder den ihrer Spannungsspulen mitmessen.

95. Drehstromzähler. Aus den oben angestellten Betrachtungen folgt, daß man den Gesamtverbrauch in einer Drehstromanlage mit einer entsprechenden Anzahl Einphasenzähler messen kann, die so geschaltet sind wie die Wattmeter, die man für die Messung der Gesamtleistung in der gleichen Anlage verwenden würde. Es käme demnach bei einer Dreileiteranlage in erster Linie die Messung des Verbrauches mit Hilfe von zwei nach der Aronschaltung (Abb. 111) angeschlossenen Zählern in Betracht. Dabei ist zu beachten, daß bei Phasenverschiebungen über 60^0 einer der Zähler einen negativen Verbrauch anzeigt, d. h. rückwärts läuft. Demnach dürfen bei dieser Schaltung keine Zähler mit Rücklaufhemmung verwendet werden.

In Vierleiteranlagen käme die Verwendung von drei Zählern, die nach der Dreiwattmetermethode (Abb. 110) geschaltet sind, in Frage. In diesem Fall wird der von jedem Zähler angezeigte Verbrauch stets positiv sein, solange nicht eine Rücklieferung der Energie in Betracht kommt. Man könnte auch in Dreileiteranlagen drei Einphasenzähler verwenden. In diesem Fall müssen die Enden ihrer Spannungswicklungen zu einem Nullpunkt vereinigt werden.

In der Praxis ist jedoch die Verwendung von Einphasenzählern in Drehstromanlagen unvorteilhaft und mit gewissen Nachteilen behaftet. Man verwendet deshalb besondere Drehstromzähler, bei denen zwei oder drei gleiche Meßwerke auf denselben Läufer wirken. Sie werden nach einer der eben angegebenen Schaltungsarten angeschlossen. Die Drehmomente der einzelnen Meßwerke addieren sich unter Berücksichtigung ihrer Vorzeichen zu einem Gesamtdrehmoment. Die Drehzahl des Zählers ist proportional der gesamten Wattbelastung. Die gesamte Umdrehungszahl des Zählers, die auf ein Zählwerk übertragen wird, ist proportional dem Gesamtverbrauch. Das Übersetzungsverhältnis von der Zählerachse auf das Zählwerk wird auch bei Drehstromzählern so gewählt, daß das Zählwerk direkt den Verbrauch anzeigt.

Es werden auch Zähler für Drehstromvierleiteranlagen mit nur zwei Meßwerken gebaut. Abb. 124 zeigt beispielsweise eine solche Schaltung. Das zugehörige Vektordiagramm ist in Abb. 125 dargestellt. Die Spannungsspule des Meßwerkes I liegt an der Phasenspannung E_R, also $E_R = E_I$, die des Meßwerkes II an der Spannung E_S, also $E_S = E_{II}$. Die Stromspulen beider Meßwerke bestehen aus zwei gleichen Hälften. Die erste Hälfte der Stromspule des Meßwerkes I ist vom Leitungsstrom J_R durchflossen, die des Meßwerkes II vom Strom J_S. Diese Ströme sind in Abbildung 125 mit J'_I und J'_{II} bezeichnet. Die beiden anderen Hälften der Stromspulen sind in Reihe geschaltet und gegenüber den ersten Hälften umgepolt und in die Leitung T gelegt, so daß sie von dem umgeklappten Strom $-J_T = J''_I = J''_{II}$ durchflossen sind. Es läßt sich leicht nachweisen, daß bei der gezeichneten Schaltung das Gesamtdrehmoment des Zählers proportional der Gesamtleistung der Anlage $N = E_R \cdot J_R \cos \varphi_R + E_S \cdot J_S \cdot \cos \varphi_S + E_T \cdot J_T \cdot \cos \varphi_T$ ist. Die Drehmomente, die den Leistungen in Phase R und S entsprechen, werden durch das Zusammenarbeiten der Ströme in den ersten Hälften der beiden Stromspulen mit den zugehörigen Spannungen erzeugt. Das Gesamtdrehmoment, welches durch das Zusammenwirken der Ströme in den zweiten Hälften der Stromspulen mit den zugehörigen Spannungen erzeugt wird, ist das gleiche, als ob der Strom T mit der geometrischen Summe der beiden Spannungen E_R und E_S zusammenwirken würde. Diese Summe ist bei dem angenommenen, in bezug auf die Spannungen symmetrischen Drehstromsystem

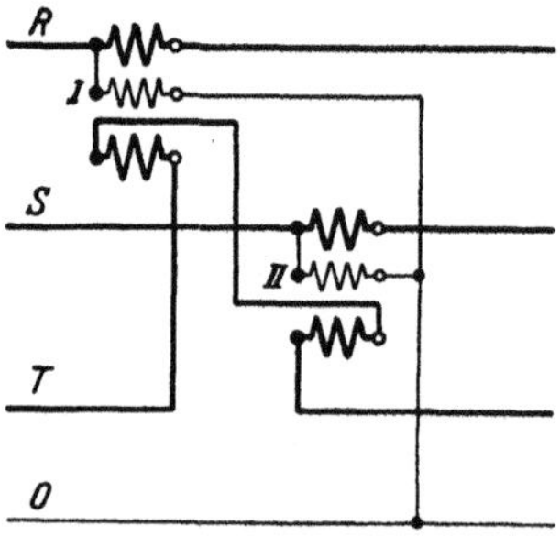

Abb. 124. Vierleiterzähler mit zwei Meßwerken.

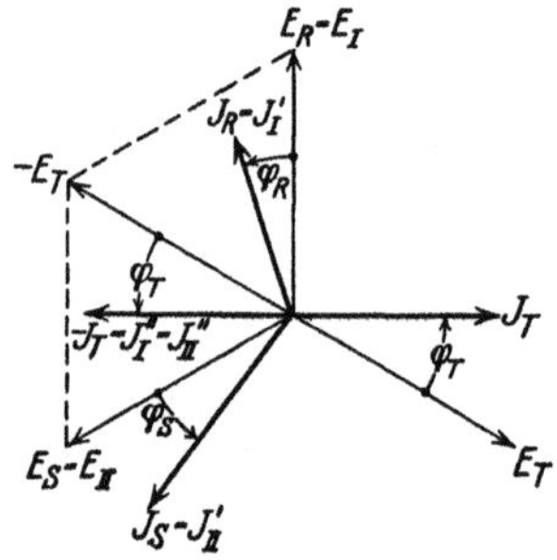

Abb. 125. Diagramm zu Abb. 124.

gleich der umgeklappten Spannung E_T, mit der der umgeklappte Strom J_T zusammenwirkt, d. h. diese Komponente des Drehmomentes ist proportional der Leistung $E_T \cdot J_T \cdot \cos \varphi_T$ in der Phase T. Die Messung ist auch dann richtig, wenn die drei Phasenspannungen nicht gleich und gegeneinander nicht um 120^0 verschoben sind, unter der Voraussetzung jedoch, daß auch in diesem Fall die Spannung E_T der umgeklappten Summe der beiden Spannungen E_R und E_S gleich ist, d. h. wenn die geometrische Summe der drei Phasenspannungen gleich Null ist, also $[E_R + E_S + E_T] = 0$. Dem Vorteil der behandelten Schaltung, der darin liegt, daß man mit zwei Meßwerken auskommt, stehen bedeutende Nachteile gegenüber. Abgesehen davon, daß die oben angeführte Bedingung in bezug auf die Summe der drei Phasenspannungen nicht immer genau erfüllt ist, hat die Schaltung noch den Nachteil, daß bei Unterbrechung in der Phase R oder S, die z. B. beim Durchgehen von Sicherungen auftreten kann, der Zähler den Verbrauch in Phase T falsch anzeigt. Ein weiterer Nachteil dieser Schaltung besteht darin, daß solche Zähler ein geringeres Drehmoment aufweisen als Zähler mit drei Meßwerken der gleichen Bauart bzw. Bewicklung. Ferner müssen bei dieser Schaltung die beiden Hälften der Stromspulen eines Meßwerkes für die volle verkettete Spannung gegeneinander isoliert sein, was bei höheren Spannungen mit Schwierigkeiten verbunden ist.

Auch bei dieser Schaltung können natürlich die Meßwerke in anderen als in den gezeichneten Phasen liegen. Die Schaltung ist also vom Drehfeld unabhängig.

Die Meßwerke der Drehstromzähler sind im Grunde genommen die gleichen wie die der Einphasenzähler, jedoch müssen sie so ausgebildet sein, daß es möglich ist, bei der Eichung des Zählers die Drehmomente der einzelnen Meßwerke bei ein und derselben Belastung auf genau den gleichen Betrag zu bringen. Es werden zu diesem Zweck besondere Reguliervorrichtungen angebracht, die verschieden ausgebildet sein können. So z. B. kann eine Einrichtung angebracht werden, die es ermöglicht, das Stromeisen zu heben oder zu senken und auf diese Weise den magnetischen Widerstand des Weges des Stromtriebflusses zu ändern und dadurch das Drehmoment zu beeinflussen. Ferner kommen regulierbare magnetische Nebenschlüsse am Strom- oder Spannungseisen in Betracht. Man bezeichnet solche Reguliereinrichtungen als Zugkraftregulierungen.

Da in den Meßwerken der Drehstromzähler im allgemeinen Phasenverschiebungen zwischen dem Strom und der Spannung auftreten, so werden solche Meßwerke stets mit regelbarer Phasenabgleichung ausgeführt, um eine genaue Einstellung des Zählers zu ermöglichen.

Die Ausbildung des Läufers und die Anordnung der Meßwerke kann verschieden sein. Bei Zählern mit zwei Meßwerken sind meistenteils zwei Scheiben vorhanden, auf die je eines der Meßwerke wirkt. Es werden in diesem Fall meist zwei Bremsmagnete verwendet, von denen wiederum je einer auf jede Scheibe wirkt. Auch bei Zählern mit drei Meßwerken ist die häufigst vorkommende Anordnung die mit zwei Scheiben. Dabei wirken zwei Meßwerke auf eine Scheibe, das dritte und die Magnete auf die zweite. Es werden aber auch Zähler mit zwei Meßwerken mit nur einer, in diesem Fall etwas größeren Scheibe gebaut, ferner Zähler mit drei Meßwerken und drei Scheiben. Mit Rücksicht auf die mögliche gegenseitige Beeinflussung der einzelnen Meßwerke (s. hierzu 97) ist es im Prinzip günstiger, wenn stets soviel Scheiben wie Meßwerke vorhanden sind. Jedoch macht die konstruktive Ausbildung der Zähler mit drei Meßwerken gewisse Schwierigkeiten, da die Achse des Zählers verhältnismäßig lang ausfällt. Aus diesem Grunde wird diese Anordnung seltener verwendet. Mit Rücksicht auf die eben erwähnte Beeinflussung vermeidet man andererseits Zähler mit zwei Meßwerken und einer Scheibe. Es läßt sich aber nicht ohne weiteres behaupten, daß Zähler mit einer Scheibe oder drei Scheiben ungünstiger sind als solche mit zwei Scheiben. Es hängt dies von den konstruktiven Einzelheiten ab. Wir werden im folgenden Beispiele aller oben erwähnten Zählerarten kennenlernen (s. 98).

96. Drehstromzähler für gleichbelastete Phasen. In Fällen, in denen die Belastung der Anlage symmetrisch ist, kommt man theoretisch mit einem Meßwerk aus. Man kann mit gewisser Annäherung annehmen, daß die Drehstrommotoren eine solche symmetrische Belastung darstellen. Es werden deshalb in der Praxis gelegentlich dort, wo nur Motorenbelastung vorkommt, an Stelle der eben behandelten Zähler, welche für beliebige Belastung brauchbar sind, auch Zähler mit nur einem Meßwerk verwendet. Die Anwendung dieser Zähler ist aber zu verwerfen, weil auch beim Anschluß der Motoren nie eine völlige Symmetrie vorhanden ist, so daß diese Zähler, wenn sie auch bei symmetrischer Belastung richtig zeigen, in der Praxis ziemlich große Fehler aufweisen. Man kommt deshalb immer mehr und mehr von diesen Zählern, deren einziger Vorteil ihr niedriger Anschaffungspreis ist, ab. Solche Zähler sind in Deutschland zur Beglaubigung nicht zugelassen; in einigen Ländern ist ihre Verwendung zur Verrechnung der elektrischen Energie überhaupt unzulässig. Man kann ihre Anwendung noch dort evtl. als zulässig ansehen, wo man sich mit einer ungenauen Messung begnügen kann, beispielsweise dann, wenn der Verbrauch verschiedener kleinerer Motoren in einem Fabrikbetrieb nur für statistische Zwecke gemessen werden soll.

Da diese Zähler immerhin gelegentlich Verwendung finden, so wollen wir kurz die verschiedenen Schaltungsmöglichkeiten und Ausführungen behandeln. Konstruktiv unterscheiden sich diese Zähler nur wenig oder gar nicht von Einphasenzählern. In den folgenden Schaltbildern ist die als Motor angenommene Belastung mit M bezeichnet.

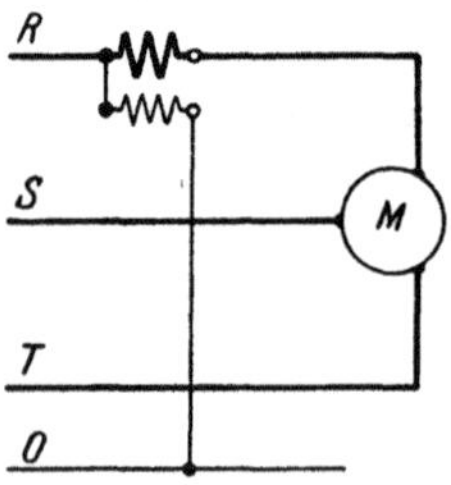

Abb. 126.

Die einfachste Schaltungsmöglichkeit ist die in Abb. 126 dargestellte. Es ist hier im Prinzip ein normaler Einphasenzähler verwendet, der den Verbrauch in einer Phase mißt. Will man den Gesamtverbrauch am Zählwerk direkt ablesen, so muß die Übersetzung des Zählwerkes entsprechend gewählt werden. Man kann aber auch einen normalen Einphasenzähler verwenden, dessen Nennspannung der Phasenspannung entspricht, und seine Angaben mit 3 multiplizieren. Es ist bei dieser Schaltung gleichgültig, in welcher Phase die Stromspule des Zählers angeschlossen wird. Der Anfang der Spannungsspule muß jedoch stets mit dem Anfang der Stromspule verbunden werden. Diese Verbindung ist normalerweise bereits im Zähler hergestellt.

Eine andere Schaltungsmöglichkeit zeigt Abb. 127. Bei ihr sind die beiden Hälften der Stromspule getrennt in zwei Leitungen geschaltet, wobei die eine Spulenhälfte umgepolt ist, d. h. ihr Ende ist der Zentrale zugekehrt. Die Wirkungsweise dieser Anordnung ist aus dem Vektordiagramm Abb. 128 ersichtlich. In der einen Hälfte der Stromspule fließt der Strom J_R, in der zweiten der Strom $-J_S$, da diese Spule umgepolt ist. Der Stromtriebfluß wird von der Summe dieser beiden Ströme, die mit J_Z (gesamter Zählerstrom) bezeichnet ist, erzeugt. Dieser resultierende Strom ist $\sqrt{3} \cdot J$, wenn J der Leitungsstrom ist. Der Strom J_Z liegt bei induktionsfreier Belastung, für die das Diagramm gezeichnet ist, in Phase mit der Spannung E_{RS}, an die die Spannungsspule angelegt ist. Bei einer Phasenverschiebung φ ver-

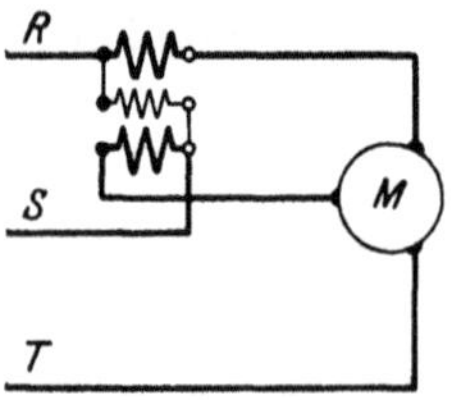

Abb. 127.

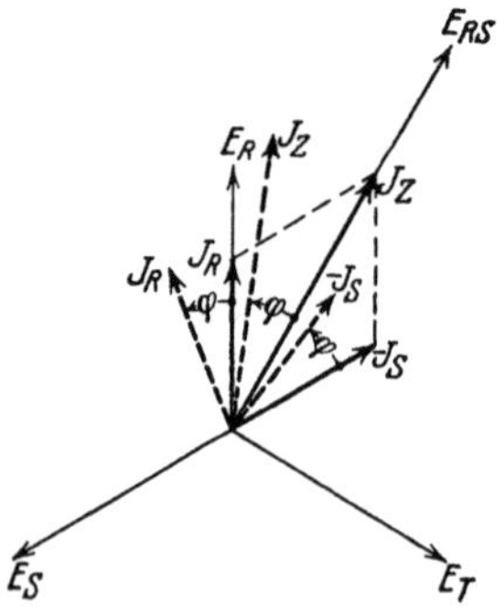

Abb. 128. Diagramm zu Schaltung nach Abb. 127.

schieben sich, wie gestrichelt angedeutet ist, die sämtlichen Stromvektoren um den Winkel φ, so daß zwischen dem Vektor J_Z und der Spannung E_{RS} die Phasenverschiebung φ herrscht. Man sieht hieraus, daß das zu verwendende Meßwerk im Grunde genommen ein normales Meßwerk eines Einphasen-Induktionszählers ist. Das Übersetzungsverhältnis des Zählwerkes wird so gewählt, daß der Gesamtverbrauch der Anlage richtig angezeigt wird. Man erkennt auch leicht, daß die beiden Stromspulen in beliebigen Phasenleitungen liegen können, nur darf die Verbindung zwischen der Strom- und Spannungsspule nicht geändert werden. Diese Schaltung ist also vom Drehfeld unabhängig. Sie hat jedoch den Nachteil, daß zwischen den beiden Hälften der Stromspulen die verkettete Spannung herrscht. Mit Rücksicht auf den kleinen, für die Isolation zur Verfügung stehenden Raum können deshalb diese Zähler nur für verhältnismäßig niedrige Spannungen gebaut werden.

Kommen höhere Spannungen in Betracht, so greift man zu der in Abb. 129 dargestellten Schaltung. In Abb. 130 ist das zugehörige Vektordiagramm gezeichnet. Wir sehen, daß bei induktionsfreier Belastung der Strom J_R in der Stromspule gegen die an die Spannungsspule angelegte Spannung E_{RT} um 30° voreilt. Damit der Zähler bei allen Phasenverschiebungen richtig zeigt, muß der Spannungstriebfluß Φ_E um 90° gegen den Strom J_R nacheilen. Das Meßwerk erhält in diesem Fall eine anormale Abgleichung, nämlich, wenn man von dem Winkel ψ_J zwischen Strom und Stromtriebfluß absieht, eine solche, daß der Spannungstriebfluß nur um 60° gegen die Spannung nacheilt (60°-Abgleichung). Eine solche Abgleichung läßt sich z. B. dadurch erreichen, daß man der Spannungsspule einen entsprechenden Widerstand vorschaltet. Man kann aber auch einen anderen Weg einschlagen, nämlich den Stromtriebfluß gegen den Strom um 30° zurückverschieben und dann die normale 90°-Abgleichung im Spannungskreis anwenden. Man ersieht aus dem Diagramm, daß bei dieser Zählerart das Ende der Spannungsspule unbedingt an eine Leitung anzuschließen ist, in der der Strom dem Strom in der Stromspule um 120° voreilt. Würden wir nämlich in unserem Fall das Ende der Spannungsspule an die Leitung S legen, so würde die Klemmenspannung E_{RS} an der Spannungsspule bei unveränderter Lage des Stromes in der Stromspule eine falsche Lage haben. In der Abb. 130 ist diese Spannung gestrichelt gezeichnet. Wir ersehen hieraus, daß diese Art der Zähler von der Phasenfolge abhängig ist. Man muß also beim Anschluß solcher Zähler die Phasenfolge berücksichtigen.

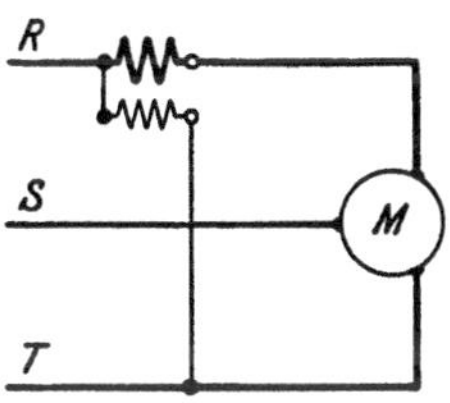

Abb. 129.

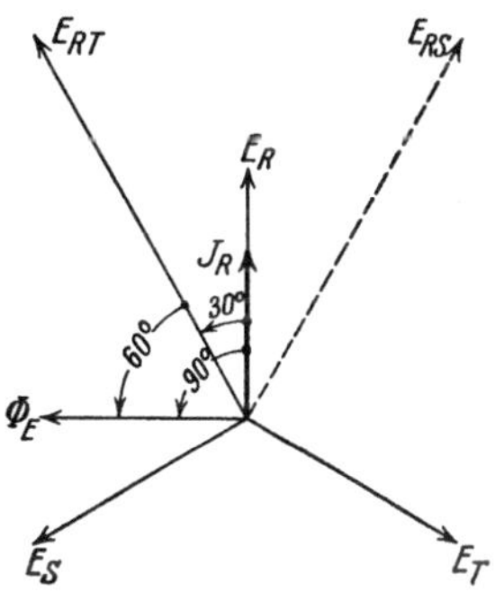

Abb. 130. Diagramm zu Schaltung nach Abb. 129.

97. Störende Einflüsse. Abhängigkeit von der Phasenfolge. Bei Drehstromzählern treten natürlich die gleichen störenden Einflüsse in Erscheinung wie bei Einphasen-Induktionszählern, deren Meßwerke ähnlich gebaut sind. Es kommen also in Betracht: Reibungsfehler, Fehler durch Stromdämpfung, Spannungsdämpfung, falsche Abgleichung, Temperaturfehler u. dgl. Bei symmetrischer Belastung oder wenigstens dann, wenn die Unsymmetrie der Belastung nicht sehr groß ist, äußern sich diese Fehler bei einem richtig geeichten Drehstromzähler grundsätzlich in der gleichen Weise wie bei einem Einphasenzähler. Bei stark unsymmetrischer und besonders im Falle der einseitigen Belastung äußern sich die Einflüsse zum Teil auch noch etwas anders. Dies bezieht sich in erster Linie auf die Stromdämpfung. Bei ein und derselben Gesamtwattbelastung des Zählers ist nämlich die Stromdämpfung verschieden, je nachdem ob eine gleichseitige Belastung oder eine einseitige vorliegt. Auch bei verschiedenen Arten der einseitigen Belastung ist die Stromdämpfung verschieden. Wir wollen uns diese Verhältnisse an Hand eines Beispiels klarmachen.

In einer Dreileiter-Drehstromanlage sei ein Drehstromzähler mit zwei Meßwerken nach Abb. 111 eingebaut, d. h. seine Stromspulen liegen in den Leitungen R und S. Der Zähler ist für die Nennspannung $E = 100$ V und die Nennstromstärke $J = 3 \times 10$ A gebaut. An die Leitungen R, S und T seien induktionsfreie Widerstände in beliebiger Schaltung so angeschlossen, daß die Anlage symmetrisch belastet ist und daß in jedem Leiter ein Strom von $\frac{10}{\sqrt{3}} = 5{,}8$ A fließt. Demnach ist die Gesamtbelastung $N = E \cdot J \cdot \sqrt{3} = 100 \cdot 5{,}8 \cdot \sqrt{3} = 1000$ Watt.

In beiden Meßwerken ist eine bestimmte Stromdämpfung vorhanden, die einer Stromstärke von 5,8 A entspricht. Wir belasten nun die Anlage wiederum durch induktionsfreie Widerstände, aber unsymmetrisch derart, daß nur zwischen den Leitungen R und T ein Widerstand von solcher Größe geschaltet ist, daß in ihm, also auch in den Leitungen R und T ein Strom von 10 A fließt. Die Gesamtwattbelastung beträgt in diesem Fall $N = 100 \cdot 10 = 1000$ Watt; sie ist also genau so groß wie im ersten Fall. In der Leitung S jedoch fließt kein Strom. In diesem Fall kommt als Stromdämpfung nur die in Frage, die durch die Stromspule R verursacht wird, und zwar entsprechend einem Strom von 10 A. Wir legen nun den Belastungswiderstand so um, daß er zwischen den Leitungen R und S liegt. Die Wattbelastung ist hierbei wiederum $N = 1000$ Watt. Es sind aber jetzt die beiden Stromspulen des Zählers vom Strom 10 A durchflossen. Es tritt zweimal die Dämpfung, die dem Strom von 10 A entspricht, auf. Berücksichtigen wir, daß die Stromdämpfung proportional dem Quadrate der Stromstärke ist, so haben wir im ersten Belastungsfall eine Stromdämpfung, die proportional $2 \times 5{,}8^2 = 67$ ist, im zweiten Fall ist die gesamte Stromdämpfung proportional $10^2 = 100$ und im dritten Fall $2 \times 10^2 = 200$. Wir sehen also, daß die Stromdämpfung bei gleicher Gesamtwattbelastung bei symmetrischer Belastung am kleinsten und bei der einseitigen Belastung, bei der beide Stromspulen vom Strom durchflossen werden, am größten ist. Ähnliche Überlegungen können auch für den Drehstromzähler mit drei Meßwerken angestellt werden. Dieses besondere Verhalten der Drehstromzähler in bezug auf die Stromdämpfung muß bei der Eichung der Zähler berücksichtigt werden.

Eine besondere Art von Fehlern tritt bei Drehstromzählern auf bei Änderung des Anschlusses des Zählers in bezug auf die Phasenfolge. Wir bezeichnen diese Erscheinung als Drehfeldabhängigkeit des Zählers. Es sind dabei drei verschiedene Arten der Drehfeldabhängigkeit zu unterscheiden:

1. Wenn die Konstruktion des Zählers bzw. seine Schaltungsart so ist, daß der Zähler nur bei einer bestimmten Phasenfolge richtig zeigt, so zeigt er bei Änderung der Phasenfolge, also z. B. Vertauschen zweier Leitungen, grundsätzlich falsch. Diese Erscheinung tritt beispielsweise bei dem Drehstromzähler für gleichbelastete Phasen, die nach Abb. 129 geschaltet sind, auf. Ferner bei vielen Spezialzählern, wie z. B. den meisten Blindverbrauchzählern u. dgl., von denen noch später die Rede sein wird. Man kann streng genommen in solchen Fällen nicht von Drehfeldabhängigkeit des Zählers sprechen, sondern nur von dem Einfluß einer falschen Schaltung.

2. Bei Zählern, die in bezug auf das Drehfeld an und für sich beliebig angeschlossen werden können, z. B. bei Zählern mit zwei Meßwerken in Aronschaltung, bei denen jedoch die einzelnen Meßwerke bei der Eichung nicht genau gleich eingestellt worden sind, zeigt der Zähler bei verschiedener Richtung des Drehfeldes bei bestimmten Belastungen verschiedene Fehler. Wir wollen dies uns an einem Beispiel klarmachen. Bei einem Zähler in Aronschaltung möge das eine Meßwerk, welches wir als Meßwerk A bezeichnen, genau eingestellt sein, das andere Meßwerk B möge ein um 5% zu hohes Drehmoment aufweisen. Der Zähler sei zuerst so angeschlossen, daß das Meßwerk A das voreilende Meßwerk, also I ist, das Meßwerk B das nacheilende II. Die Anlage sei symmetrisch induktiv belastet, und zwar ist der Leistungsfaktor $\cos\varphi = 0{,}5$, also $\varphi = 60^0$. In diesem Falle ist die Wattbelastung des Meßwerkes I, also in unserem Falle des Meßwerkes A 86,6 % der Nennlast. Das Meßwerk II, also Meßwerk B, arbeitet mit einer Phasenverschiebung von 90^0, übt demnach kein Drehmoment aus, so daß die Anzeigen des Zählers nur von der Belastung des Meßwerkes A abhängig sind und, da dieses Meßwerk richtig eingestellt ist, ist der Fehler des Zählers Null. Wir vertauschen nun den Anschluß der Leitungen R und S am Zähler. In diesem Fall wird das Meßwerk B zum voreilenden Meßwerk I, das Meßwerk A zum nacheilenden Meßwerk II. Bei der gleichen Belastung der Anlage wie früher wird jetzt die Anzeige des Zählers nur durch die Größe des Drehmomentes des Meßwerkes B bedingt, da das Meßwerk A das Drehmoment Null hat. Da das Meßwerk B ein um 5% zu hohes Drehmoment hat, so wird der Zähler um 5% zu viel anzeigen. Ähnlich liegen die Verhältnisse, wenn die Meßwerke in bezug auf Phasenabgleichung nicht richtig eingestellt sind.

Abb. 131. Drehstromzähler von Bergmann mit zwei Meßwerken und einer Scheibe.

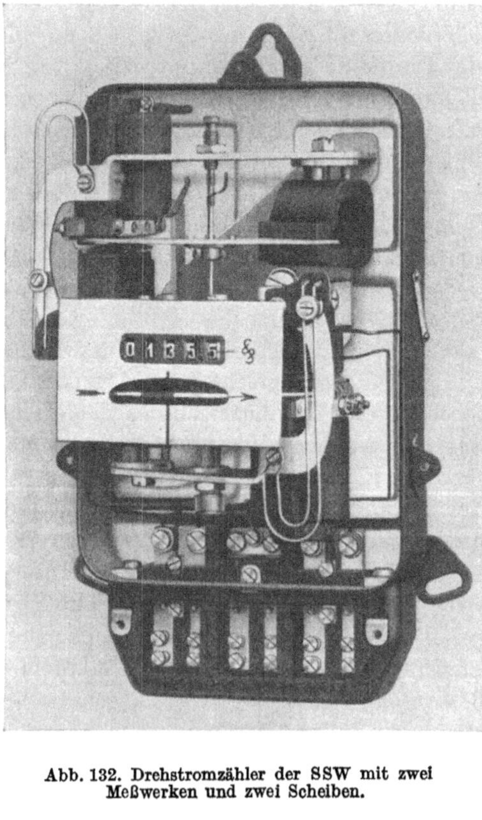

Abb. 132. Drehstromzähler der SSW mit zwei Meßwerken und zwei Scheiben.

3. Auch bei einem im Prinzip von der Phasenfolge unabhängigen und genau geeichten Drehstromzähler mit mehreren Meßwerken sind die Anzeigen bei verschiedener Art des Anschlusses in bezug auf die Drehfeldrichtung mehr oder weniger verschieden infolge der gegenseitigen Beeinflussung der einzelnen Meßwerke. Diese Art der Drehfeldabhängigkeit wird meist kurz als Drehfeldabhängigkeit des Zählers bezeichnet. Die gegenseitige Beeinflussung der Meßwerke kann verschiedene Ursachen haben. Vor allen können magnetische Streuflüsse auftreten, die die anderen Meßwerke beeinflussen, ferner können die von einem Meßwerk induzierten Scheibenströme Drehmomente mit den Triebflüssen des anderen auf die gleiche Scheibe wirkenden Meßwerkes erzeugen. Wir wollen nicht genauer auf diese Art der Drehfeldabhängigkeit eingehen. Die gegenseitigen Störungen der beiden Meßwerke durch Streuung und durch Scheibenströme sind um so kleiner, je weiter die Meßwerke voneinander entfernt sind. Ferner können natürlich Störungen durch Scheibenströme bei Zählern, bei denen jedes Meßwerk auf eine getrennte Scheibe arbeitet, nicht auftreten. Zur Behebung

der gegenseitigen Störungen der Meßwerke gibt es verschiedene Mittel, so z. B. Einbau besonderer Streubleche, die zusätzliche Streuflüsse hervorrufen, die die Einflüsse der anderen Streuflüsse ausgleichen. Diejenigen, die sich hierüber unterrichten wollen, finden Näheres in dem unter 46 erwähnten Buch von Möllinger.

98. Beispiele ausgeführter Drehstromzähler. Bei den Drehstromzählern gibt es naturgemäß sehr viele verschiedene Ausführungsformen, da hier wie bei den Einphasenzählern die Meßwerke verschieden ausgeführt werden können. Ferner ergeben sich verschiedene Anordnungen, je nach der Anzahl der Meßwerke und der Scheiben.

Abb. 131 zeigt beispielsweise einen Drehstromzähler der Bergmann-Elektrizitätswerke mit zwei Meßwerken und einer Scheibe, die in diesem Fall einen verhältnismäßig großen Durchmesser hat. Der Bremsmagnet ist zwischen den beiden Meßwerken in der Nähe der gußeisernen Grundplatte angeordnet. Neben dem Einscheibenzähler baut Bergmann neuerdings auch einen kleineren Zähler mit zwei Meßwerken und zwei Scheiben.

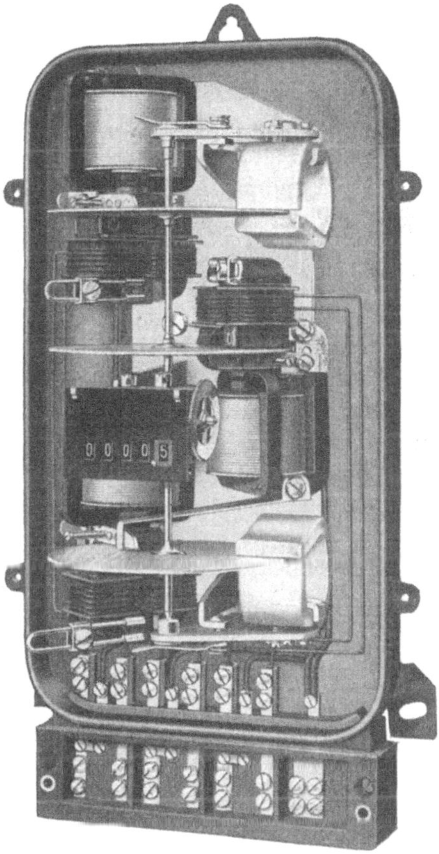

Abb. 133. Drehstromzähler der AEG mit drei Meßwerken und drei Scheiben.

In Abb. 132 ist ein Drehstromzähler der SSW mit zwei Meßwerken und zwei Scheiben dargestellt. Alle Konstruktionsteile, die im erweiterten Sinne des Wortes das Meßwerk bilden, sind auf einem besonderen Traggerüst, welches mit der schmiedeeisernen Grundplatte verbunden ist, befestigt. Zwei Scheiben und zwei Meßwerke besitzt auch der Drehstromzähler der Aronwerke, den als Doppeltarifzähler die Abb. 163 (S. 238) veranschaulicht.

Als Beispiel eines Zählers mit zwei Scheiben und drei Meßwerken sei der in Abb. 180 (S. 251) abgebildete Drehstrom-Selbstverkäufer der SSW erwähnt.

Abb. 133 zeigt als Beispiel einer weiteren charakteristischen Bauart einen AEG-Zähler mit drei Meßwerken und drei Scheiben.

VI. Pendelzähler.

99. Allgemeines. Der Pendelzähler ist ein Uhrenzähler, bei welchem das den Gang der Uhr regelnde Pendel elektromagnetisch beeinflußt wird.

Der erste Vorschlag für die Konstruktion eines Pendelzählers wurde von Ayrton und Pery im Jahre 1881 gemacht. Unabhängig davon konstruierte etwas später H. Aron einen Pendelzähler und eröffnete im Jahre 1883 eine Werkstatt zum Bau dieser Meßgeräte. In größerer Zahl wurden diese Zähler zuerst im Jahre 1885 bei den „Berliner Elektrizitätswerken" verwendet. Die Aron-Pendelzähler, die noch heute von der Firma Aronwerke Elektrizitäts-Aktiengesellschaft gebaut werden, sind überhaupt die ersten wirklich brauchbaren Elektrizitätszähler gewesen und haben größere Verbreitung gefunden.

Nach und nach wurden jedoch die Pendelzähler von den einfacheren und billigeren Motorzählern verdrängt. Neben dem hohen Preis weisen die Pendelzähler gegenüber den Motorzählern noch den Nachteil auf, daß zu ihrer Wartung und Instandsetzung ein besonders gut geschultes Personal erforderlich ist, es kommen dabei in erster Linie gelernte Uhrmacher in Betracht. Als ein besonderer Vorteil der Pendelzähler wird mitunter ihre hohe Meßgenauigkeit angeführt. Die neuzeitlichen guten Motorzähler sind jedoch auch in dieser Beziehung den Pendelzählern zum mindesten gleichwertig. Da ältere Aron-Pendelzähler noch in Betrieb sind, und mit Rücksicht auf die Bedeutung, die diese Zähler früher hatten, soll in folgendem kurz die Wirkungsweise und Bauart dieser Zähler erläutert werden. Für diejenigen, die sich genauer informieren wollen, kommen die Druckschriften der Firma Aron, ferner das Buch von Königswerther (s. 46) in Frage.

In einer normalen Uhr (s. hierzu dritter Teil Kapitel III) dient das Pendel als Regler zur Erzielung einer unveränderlichen Ganggeschwindigkeit (kurz Ganges). Die Schwingungsdauer eines normalen Pendels ist im wesentlichen durch seine Länge, also den Abstand der Linse von der Drehachse und die Größe der Schwerkraft, die praktisch unveränderlich ist, gegeben. Wirkt auf das Pendel außer der Schwerkraft noch eine andere Kraft, z. B. eine magnetische, so wird das Pendel rascher oder langsamer schwingen, je nachdem ob diese zusätzliche Kraft in derselben oder in entgegengesetzter Richtung wie die Schwerkraft wirkt.

Die ersten Aron-Pendelzähler sind Amperestundenzähler gewesen, und zwar waren es im wesentlichen normale Pendeluhren mit einem Gewicht als Antriebskraft, achttägigem Gang und Handaufzug („Gewichtsregulatoren"). Die normale Pendellinse wurde jedoch durch einen Stahlmagneten ersetzt. Unterhalb desselben befand sich eine Spule, die vom Verbrauchstrom der Anlage erregt war, also eine Hauptstromspule. Im stromlosen Zustande führte das Pendel 80 Schwingungen

(Halbschwingungen) in der Minute aus (Pendellänge etwa 55 cm), und die Uhr zeigte Stunden und Minuten richtig an. Beim Stromdurchgang unterstützte die durch Zusammenwirken des Stahlmagneten mit dem magnetischen Felde der Stromspule hervorgerufene Kraft die Schwerkraft, und die Uhr wurde proportional dem Verbrauchstrom beschleunigt. Die Voreilung der Uhr gegenüber einer richtiggehenden ist proportional dem Verbrauch in Amperestunden gewesen. Die Voreilung wurde durch den Vergleich des Zählerstandes mit der Taschenuhr des Ablesers bestimmt. Durch Ersatz des Stahlmagneten durch eine feindrähtige an die Verbrauchsspannung angeschlossene Spule (Spannungsspule) wurde erreicht, daß die Voreilung der Uhr proportional dem Verbrauch in Wattstunden wurde. Es entstand auf diese Weise ein Wattstundenzähler. Diese ersten Pendelzähler zeigten den Verbrauch nicht direkt an, sondern die Differenz ihrer Angaben und der Angaben der Vergleichsuhr mußten mit einer Konstanten multipliziert werden.

Im Jahre 1886 wurde von Aron ein Zähler mit zwei Pendeln konstruiert, bei dem die meisten Mängel der ersten Konstruktion beseitigt wurden. Dieser verbesserte Zähler besteht aus zwei Uhrwerken, das linke besitzt ein normales Gewichtspendel, das rechte ein Pendel mit einer von einer feststehenden Stromspule beeinflußten Spannungsspule. Der Antrieb beider Uhrwerke erfolgte im Gegensatz zur älteren Konstruktion durch zwei Zugfedern, die eine Gangdauer von 6 Wochen ergaben, so daß ein Aufziehen in Abständen von etwa einem Monat genügte. Die beiden Uhrwerke waren durch ein Differentialgetriebe mit einem Zählwerk verbunden. Dieses erlaubte, die Gangdifferenz beider Uhrwerke bzw. den Verbrauch in Kilowattstunden direkt abzulesen.

Die Zähler dieser Bauart hatten noch den Nachteil, daß durch die Gangdifferenz der beiden Uhrwerke in unbelastetem Zustand, die nie ganz vermieden werden konnte, ein Leerlauf des Zählers sowie praktisch allerdings belanglose Fehlangaben bei Belastung verursacht wurden; ferner mußten die beiden Pendel bei Inbetriebsetzung des Zählers angestoßen und die Uhrwerke in bestimmten Zeitabschnitten aufgezogen werden. Diese Nachteile vermeidet die im Jahre 1892 entstandene Form des Aron-Pendelzählers, der Umschaltzähler, der bis jetzt noch gebaut wird. Dieser Zähler wird im folgenden etwas eingehender behandelt.

100. Wirkungsweise des Umschaltpendelzählers. Der Umschaltzähler enthält zwei im wesentlichen gleiche Uhrwerke mit kurzen Pendeln (Länge etwa 12 cm), die bei unbelastetem Zähler etwa 200 Schwingungen in der Minute ausführen. Beide Pendel tragen an ihren Enden feindrähtige Spannungsspulen und werden von den unterhalb angeordneten, feststehenden Hauptstromspulen beeinflußt. Die Schaltung ist so getroffen, daß bei Belastung das eine Pendel beschleunigt, das andere etwa im gleichen Verhältnis verzögert wird, wobei die Änderung der

Schwingungszahl gegenüber der des unbelasteten Zählers bei Nennlast etwa 30 Schwingungen in der Minute, also etwa 15%, beträgt.

Die Gangdifferenz der beiden Uhrwerke ist auch hier der Wattbelastung der Anlage proportional. Die Gesamtdifferenz der Schwingungszahl ist proportional dem Verbrauch und wird wiederum mit Hilfe eines Differentialgetriebes auf das Zählwerk übertragen. Durch Wahl geeigneter Übersetzungsräder wird erreicht, daß der Verbrauch am Zählwerk direkt abgelesen werden kann.

Beide Uhrwerke werden von einer gemeinsamen kurzen Gangfeder, die durch eine elektrische Aufzugsvorrichtung in Zeitabständen von etwa einer halben Minute gespannt wird, angetrieben. Um die erforderliche gegenseitige Unabhängigkeit beider Uhrwerke zu erzielen, erfolgt der Antrieb unter Zwischenschaltung eines zweiten Differentialgetriebes.

Der Einfluß der gegebenenfalls vorhandenen Ungleichheit der Schwingungsdauer der beiden Pendel in unbelastetem Zustand wird durch eine für diesen Zähler besonders charakteristische Umschaltvorrichtung beseitigt.

Diese Umschaltvorrichtung ändert alle 10 Minuten bei gleichbleibender Richtung der Differenz der Schwingungszahlen der Pendel die Drehrichtung des Zählwerkes, so daß der Leerlauf im Endergebnis sich stets ausgleicht. Gleichzeitig bewirkt die Umschaltvorrichtung eine Umpolung der Stromrichtung in den Pendelspulen, so daß die durch die Belastung bedingte Gangdifferenz beider Uhrwerke auf das Zählwerk stets in gleicher Richtung übertragen wird.

Die kurzen und leichten Pendel setzen sich, ohne daß ein besonderes Anstoßen notwendig ist, in Bewegung, sobald die Gangfeder gespannt ist, also sobald die Spannung an die Wicklung der elektrischen Aufzugsvorrichtung angelegt wird.

Wie jedes dynamometrische eisenlose Meßgerät ist der Wattstundenpendelzähler sowohl für Gleich- wie auch für Wechselstrom verwendbar, im letzten Fall muß durch Anwendung bifilar gewickelter Vorwiderstände für möglichst geringe Selbstinduktion des Spannungskreises gesorgt werden (s. 72).

Der Umschaltzähler besitzt eigentlich stets zwei getrennte Meßwerke. Dieses macht ihn sowohl für Zwei- wie für Dreileiteranlagen verwendbar. Im ersten Fall werden sowohl die Spannungsspulen, vor denen noch entsprechende Vorwiderstände liegen, wie auch die beiden Stromspulen unter sich in Reihen geschaltet. Im zweiten Fall liegt in zwei von den drei Leitern je eine Stromspule, und die Spannungsspulen liegen wiederum unter Vorschaltung geeigneter Widerstände zwischen dem die zugehörige Stromspule enthaltenden Leiter und der dritten Leitung. In Gleichstrom-Dreileiteranlagen werden die Stromspulen in die Außenleiter gelegt, die Spannungsspulen demnach zwischen Außenleiter und Nulleiter geschaltet, bei Drehstrom ergibt sich die unter 92 und 93 eingehend behandelte Zweiwattmeterschaltung. Diese Schaltung wurde zum erstenmal von Aron gerade bei Pendelzählern verwendet.

Die Abb. 134 zeigt die Innenansicht eines Wechselstrom-Umschaltzählers der jetzt von den Aronwerken gebauten Form. Bei diesem Zähler dient zum Antrieb ein kleiner Ferrarismotor.

Abb. 134. Umschaltpendelzähler von Aron.

Die Pendelzähler werden von den Aronwerken auch für verschiedene Sonderzwecke gebaut. Von diesen Sonderzählern mögen erwähnt werden: Gleichstromzähler für hohe Stromstärken, und zwar sowohl für direkte Einschaltung in den den Hauptstrom führenden Leiter als auch als Nebenschlußzähler, ferner Höchstverbrauchzähler, Spitzenzähler, tragbare und ortsfeste Eichzähler u. dgl. Bemerkenswert ist dabei, daß bei den Nebenschlußzählern die Stromspulen, die an dem Nebenwiderstand angeschlossen sind, sich auf den Pendeln befinden, die Spannungsspulen dagegen als feststehende Spulen unterhalb der Pendel angeordnet sind, also umgekehrte Anordnung wie sonst.

101. Konstruktive Einzelheiten des Umschaltzählers[1]. Zur Vervollständigung des oben Gesagten werden im folgenden die wichtigsten Teile des Umschaltzählers noch etwas eingehender behandelt[2].

Wir können folgende wichtige Teile des Zählers unterscheiden: 1. die elektrische Aufzugsvorrichtung, 2. die Uhrwerke, 3. die Umschaltvorrichtung, 4. die Stromspulen.

1. Die elektrische Aufzugsvorrichtung ist im wesentlichen die gleiche, wie sie auch bei anderen elektrisch aufgezogenen Uhren angewandt wird. (Näheres hierzu s. 135). Die Bewicklung des Aufzugsmagneten wird durch eine besondere Schaltvorrichtung etwa zweimal in der Minute an Spannung gelegt. Dabei wird ein

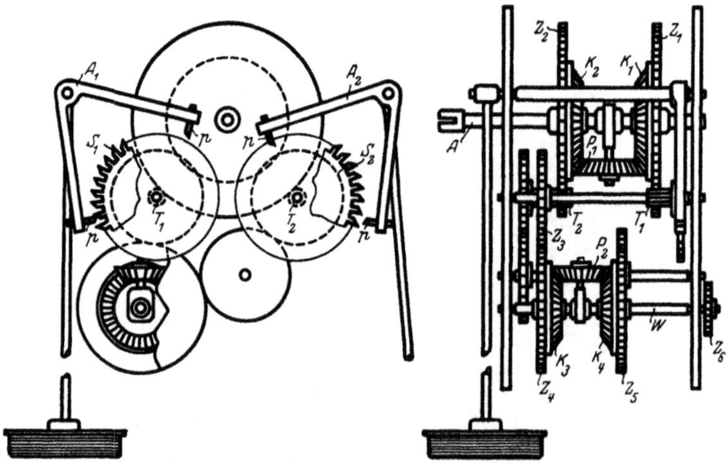

Abb. 135. Die Uhrwerke eines Aron-Pendelzählers.

Z-förmiger Anker von den Polschuhen angezogen und so gedreht, daß er die als kurze Blattfeder ausgebildete Gangfeder spannt. Gleichzeitig wird die Schaltvorrichtung, die als gabelförmige drehbare Wippe ausgebildet ist, in eine solche Lage gebracht, daß der Strom der Aufzugsvorrichtung wieder unterbrochen wird. Beim Entspannen der Feder wird der Anker allmählich in seine ursprüngliche Lage zurückgebracht und Kraft an die Uhrwerke abgegeben. Am Ende dieser Entspannungsperiode wird der Stromkreis des Aufzugsmagneten wieder an Spannung gelegt, das Spiel wiederholt sich von neuem. Eine sonst meist angewandte Gangreserve durch eine besondere Feder ist nicht vorhanden, da beim Ausbleiben der Spannung, also Stehenbleiben der Uhrwerke, auch kein Verbrauch in der Anlage vorhanden ist.

2. Die beiden Uhrwerke veranschaulicht schematisch die Abb. 135. Die Antriebswelle A, die mit der durch die Gangfeder angetriebenen Achse der hinter den Uhrwerken liegenden Aufzugsvorrichtung gekuppelt ist, treibt über das Planetenrad

[1] Den Lesern, die mit Uhrwerken weniger vertraut sind, wird empfohlen, vor dem Studium dieses Paragraphen den Abschnitt über Uhrwerke zu lesen (Dritter Teil, Kapitel III).

[2] Genauere Angaben über die Konstruktion, Wicklungsdaten und Schaltung s. auch Bekanntmachung der PTR Nr. 1 über die Zulassung von Zählern zur Beglaubigung (18. März 1903).

P_1 zwei lose auf ihr sitzende Kronräder K_1 und K_2 des oberen Differentialgetriebes. Von dem Kronrad K_1 wird die Kraft auf das Steigrad S_1 des linken Uhrwerkes, von dem Kronrad K_2 auf das Steigrad S_2 des rechten Uhrwerkes übertragen. Die Übertragung von K_1 auf S_1 geschieht durch das mit K_1 starr verbundene Zahnrad Z_1, welches in das auf der Achse von S_1 sitzende Triebrad T_1 eingreift. Entsprechend greift das Zahnrad Z_2 in das Trieb T_2 ein.

Durch die Zwischenschaltung des Differentialgetriebes wird, wie bereits erwähnt, erzielt, daß trotz des gemeinsamen Antriebes beide Steigräder sich gegenseitig nicht stören und die durch die zugehörigen Pendel bedingte Drehgeschwindigkeit haben. Die beiden Pendel beeinflussen die Steigräder mit Hilfe der auf ihrer Achse befindlichen Anker A_1 und A_2 mit den Paletten p, die in die Zähne der Steigräder eingreifen. Die Steigräder übertragen ihre Bewegung auf das aus den Kronrädern K_3 und K_4 und dem Planetenrad P_2 bestehende untere Differentialgetriebe. Die Übertragung von dem linken Steigrad S_1 auf das hintere Kronrad K_3 erfolgt mit Hilfe der in Einriff befindlichen Zahnräder Z_3 und Z_4, wobei Z_3 auf der Achse von S_1 sitzt und Z_4 mit K_3 verbunden ist. Die Übertragung vom rechten Steigrad S_2 auf das vordere Kronrad K_4 erfolgt unter Zwischenschaltung von zwei Paar Übersetzungsrädern, wobei das rechte Rad Z_5 mit K_4 verbunden ist.

Die Kronräder sitzen lose auf der Kreuzwelle W, deren Drehgeschwindigkeit proportional der Differenz der Geschwindigkeit der beiden Kronräder, also der beiden Steigräder ist. Die Welle W ist über eine Reihe von Zahnrädern mit dem vor den Uhrwerken sitzenden Zählwerk gekuppelt.

In der Abbildung ist das erste Übertragungsrad Z_6, welches auf der Welle W sitzt, angedeutet.

Es möge noch erwähnt werden, daß die Windungszahlen der Pendelspulen (Spannungsspulen) in den Grenzen von 2000 bis 4000 liegt. Die Stromzuführung zu diesen Spulen erfolgt unter Zuhilfenahme von dünnen, biegsamen Leitungen.

3. Die Umschaltvorrichtung befindet sich oberhalb der Uhrwerke. Sie wird unter Zwischenschaltung entsprechender Zahnräder von der gemeinsamen Triebwelle A der beiden Uhrwerke angetrieben und besteht aus einer Umschaltwalze, auf der die entsprechend geformten und voneinander isolierten Metallbelege befestigt sind, auf denen vier, oder bei Dreileiter-Zählern (auch Drehstrom-Zählern) sieben Bürsten, die mit der Stromzuführung und den Pendeln entsprechend verbunden sind, schleifen. Bei der Drehung der Walze um 180°, die etwa alle 10 Minuten, und zwar plötzlich erfolgt, wird die Verbindung zwischen den einzelnen Bürsten derart geändert, daß die Stromrichtung in den Pendelspulen sich umkehrt. Gleichzeitig wird von einem auf der Welle der Umschaltvorrichtung sitzenden Stift ein drehbarer Hebel umgelegt. An diesem Hebel sitzen einige Zahnräder, die die Bewegung der Kreuzwelle W auf das Zählwerk übertragen. Bei Änderung der Lage des Hebels kommen andere Zahnräder in Eingriff, und zwar derart, daß bei einer Lage des Hebels die Anzahl der Übertragungsräder um eins größer wird als bei der anderen. Dadurch wird erreicht, daß gleichzeitig mit der Umpolung der Spannungsspulen bei gleicher Drehrichtung der Kreuzwelle die Drehrichtung des Zählwerkes sich ändern würde. Ändert sich gleichzeitig, wie dies bei Belastung des Zählers der Fall ist, auch die Drehrichtung der Kreuzwelle, so bleibt die Drehrichtung des Zählwerkes unverändert.

4. Die Stromspulen, die unterhalb der Pendelspulen angeordnet sind, werden je nach der Nennstromstärke des Zählers aus Kupferdraht, Litze oder Band gewickelt. Die bei Zählern bis 75 Amp. verwendeten Spulenkörper aus Blech sind bei Wechselstromzählern zwecks Vermeidung von Wirbelströmen aufgeschnitten. Die Amperewindungszahl (bei Nennstrom) beträgt je Spule bei Zählern für kleine und mittlere Stromstärken etwa 400.

VII. Elektrolytzähler.

102. Allgemeines. Im Gegensatz zu allen bis jetzt behandelten Zählern, bei denen die elektromagnetischen Wirkungen des elektrischen Stromes zur Anwendung kommen, beruhen die elektrolytischen Zähler, kurz Elektrolytzähler, auf der chemischen Wirkung des elektrischen Stromes. Einiges über die geschichtliche Entwicklung der Elektrolytzähler ist unter 45 gesagt worden. Eine größere Bedeutung haben bis jetzt nur der Quecksilber-Elektrolytzähler, der unter dem Namen „Stiazähler" bekannt ist und von Schott & Gen. (Jena) hergestellt wird, und der Wasserstoff-Elektrolytzähler Modell E 2 der SSW erlangt. Wir wollen deshalb im folgenden nur kurz die Wirkungsweise dieser beiden Zählerarten behandeln. Im übrigen muß auf die Druckschriften der beiden erwähnten Firmen hingewiesen werden. Wir schicken dabei eine kurze Betrachtung über die elektrochemischen Vorgänge überhaupt voraus.

Bereits an dieser Stelle sei hervorgehoben, daß alle Elektrolytzähler ihrem Prinzip nach wie der Magnetmotorzähler Gleichstrom-Amperestundenzähler sind. Ihre Skalen werden jedoch meist für eine bestimmte Nennspannung in Kilowattstunden geeicht. Es fehlt auch nicht an Vorschlägen, den Elektrolytzähler durch bestimmte Einrichtungen, die von der Spannung beeinflußt werden, als Wattstundenzähler zu bauen. Eine solche Einrichtung könnte beispielsweise darin bestehen, daß man den Spannungsabfall des Zählers in Abhängigkeit von der Betriebsspannung ändert. Praktische Bedeutung haben derartige Zähler bis jetzt nicht erlangt. Es ist grundsätzlich auch möglich, den Elektrolytzähler für Wechselstrom brauchbar zu machen, wenn man Gleichrichter zu Hilfe nimmt. Es ist jedoch kaum anzunehmen, daß man in Zukunft solche Zähler anwenden wird, da man im Induktionszähler einen Wechselstromzähler hat, der in bezug auf Meßgenauigkeit und einfache Bauart kaum zu übertreffen ist.

103. Elektrolytische Erscheinungen. Man nimmt an, daß jeder Stoff aus einzelnen kleinen Teilchen, Molekülen, besteht, die noch die gleichen Eigenschaften haben wie der Stoff selbst. Ferner, daß die Moleküle aus einem oder mehreren Atomen bestehen, die die kleinsten Teile der Grundstoffe oder Elemente sind. Zur Zeit sind etwa 85 solche chemische Elemente bekannt. Sie werden durch bestimmte Buchstaben, chemische Zeichen, gekennzeichnet, z. B. ist das chemische Zeichen für Jod J, Kalium K, Kupfer Cu, Phosphor P, Quecksilber Hg, Sauerstoff O, Schwefel S, Wasserstoff H. Die Zeichen der wichtigsten Metalle findet man in der Tabelle 7 (Anhang).

Die Zusammensetzung von Molekülen wird durch chemische Formeln ausgedrückt. Diese zeigen, aus welchen und aus wievielen Atomen das Molekül eines Stoffes besteht. Die Zahl, die die Anzahl der Atome angibt, wird an das Atomzeichen als Index angehängt; so z. B. ist die chemische Formel des Wasserstoffgases H_2. Sie zeigt, daß ein Molekül des Wasserstoffgases aus zwei Atomen des Elementes Wasserstoff besteht. Das Wasser hat die chemische Formel H_2O, weil ein Molekül Wasser aus zwei Atomen Wasserstoff und einem Atom Sauerstoff besteht. Entsprechend sind die chemischen Formeln für Kupfersulfat $CuSO_4$, für Schwefelsäure H_2SO_4, für Phosphorsäure H_3PO_4. Wenn man bestimmte chemische Verbindungen in Wasser löst und in die Lösung zwei Stromzuleitungen, beispielsweise zwei Bleche, die Elektroden, eintaucht und dann durch die Lösung Gleichstrom schickt, so findet eine Zersetzung der betreffenden chemischen Verbindung statt. Die Zersetzungsprodukte scheiden sich entweder an den Elektroden aus oder sie bleiben in der Lösung. Die mit dem positiven Pol der Stromquelle verbundene Elektrode nennt man Anode, die mit dem negativen Pol verbundene Elektrode Kathode. Der Strom durchfließt demnach die Lösung, den Elektrolyt, in der Richtung von der Anode zur Kathode. Wenn der Elektrolyt die Lösung einer Metallverbindung ist, die man als Metallsalz bezeichnet, so scheidet sich auf der Kathode das betreffende Metall aus. Wasserstoff verhält sich chemisch wie ein Metall und wird deshalb ebenfalls an der Kathode ausgeschieden. Wir wollen an Hand einiger charakteristischer Beispiele die elektrochemischen Vorgänge kennenlernen.

Der Elektrolyt sei eine Lösung von Kupfersulfat $CuSO_4$. Die Elektroden seien Kupferbleche. In diesem Fall wird das Kupfersulfat in Kupfer Cu und den Säurerest SO_4 gespalten, wobei das Kupfer sich als Metall auf der Kathode ausscheidet. Der Säurerest SO_4 verbindet sich mit dem Kupfer der Anode. Es entsteht wieder Kupfersulfat $CuSO_4$, welches in Lösung bleibt. Das Ergebnis ist demnach die Ausscheidung des Kupfers auf der Kathode und die Lösung derselben Menge Kupfer an der Anode. Der Vorgang spielt sich so ab, als ob das Kupfer mit dem Strom von der Anode zur Kathode wandern würde.

Die ausgeschiedene Kupfermenge ist proportional der Stromstärke und der Zeitdauer der Elektrolyse, d. h. der durch den Elektrolyten geleiteten Elektrizitätsmenge. Der Stromstärke von 1 A und der Zeitdauer 1 sec, also 1 Coulomb, entspricht eine Kupfermenge von 0,329 mg. Die von 1 Coulomb ausgeschiedene Menge eines Stoffes bezeichnet man als das elektrochemische Äquivalent. Dieses ist von dem „Atomgewicht" und der „Wertigkeit" abhängig. Die diesbezüglichen Beziehungen nennt man nach ihrem Entdecker das Faradaysche Gesetz. Die weiteren wichtigen Werte des elektrochemischen Äquivalents sind die folgenden: für Silber 1,118, für Wasserstoff 0,01045.

Wenn das elektrochemische Äquivalent bekannt ist, so kann aus der ausgeschiedenen Menge eines Stoffes die Elektrizitätsmenge oder, falls die Zeitdauer der Elektrolyse bekannt ist, auch die Stromstärke bestimmt werden; die Meßgeräte, die hierzu dienen, nennt man Voltameter (nicht zu verwechseln mit Voltmeter). Das Ampere ist international und in Deutschland gesetzlich durch das Silbervoltameter definiert (s. hierzu 180).

Die Elektrolyte nennt man im Gegensatz zu Metallen und ähnlichen Körpern, die man als Leiter erster Klasse bezeichnet, Leiter zweiter Klasse. Ein bemerkenswerter Unterschied zwischen den Leitern erster und zweiter Klasse besteht darin, daß bei ersteren der Temperaturkoeffizient des Widerstandes fast immer positiv ist, bei letzteren negativ, d. h. die Leitfähigkeit der Elektrolyte steigt bei steigender Temperatur.

Wenn man den elektrischen Strom durch eine Kupfersulfatlösung leitet, muß, wie bei jedem anderen Leiter, eine bestimmte Klemmenspannung zwischen den Elektroden vorhanden sein, um den Widerstand der Lösung zu überwinden. Dieser Widerstand ist direkt proportional dem Abstand zwischen den Elektroden, umgekehrt proportional dem Querschnitt der Strombahn und der Leitfähigkeit des Elektrolyten.

Wir betrachten nun ein anderes charakteristisches Beispiel, nämlich die elektrolytische Zersetzung einer Säurelösung, und zwar nehmen wir an, daß das Wasser durch Schwefelsäure, die die chemische Formel H_2SO_4 hat, angesäuert ist. Als Elektroden seien zwei Platinbleche verwendet worden. Beim Stromdurchgang wird hierbei auf der Kathode Wasserstoffgas H_2, auf der Anode Sauerstoffgas O ausgeschieden. Der Vorgang spielt sich demnach so ab, als ob das Wasser in seine Bestandteile Wasserstoff und Sauerstoff zerlegt würde. In Wirklichkeit ist der Vorgang etwas verwickelter. Es wird nämlich die gelöste Schwefelsäure H_2SO_4 in Wasserstoff H_2 und den Säurerest SO_4, also analog wie bei Kupfersulfat gespalten. Der Wasserstoff scheidet sich als Gas an der Kathode aus, der Säurerest SO_4 verbindet sich an der Anode mit dem dort befindlichen Wasser H_2O. Es bildet sich wieder Schwefelsäure und es scheidet sich der Sauerstoff O aus ($SO_4 + H_2O = H_2SO_4 + O$). Bei der Elektrolyse von Wasser, wie man kurz den geschilderten Vorgang bezeichnet, treten jedoch noch andere Erscheinungen auf, die bei der zuerst behandelten Elektrolyse von Kupfersulfat unter Verwendung von zwei Kupferelektroden nicht vorkommen. Diese Erscheinungen bezeichnet man als Polarisation. Es tritt nämlich an der elektrolytischen Zelle infolge der Ausscheidung der Gase an den Elektroden eine gegenelektromotorische Kraft auf. Diese beträgt fast unabhängig von der Stromstärke etwa 2 V. Die zwischen den Elektroden liegende Spannung muß sowohl den Widerstand der Lösung wie die Gegen-EMK überwinden. Die Polarisation würde dann nicht auftreten, wenn es gelingen würde, an Stelle der Platinelektroden Wasserstoffelektroden zu verwenden. Wir hätten dann ähnliche Verhältnisse wie bei der geschilderten Zersetzung von Kupfersulfat. Es ist auch in der Tat möglich, die Elektroden so zu bauen, daß sie sich in elektrochemischer Beziehung als Wasserstoffelektroden verhalten. Zu diesem Zweck überzieht man die Elektroden mit einem äußerst fein verteilten Platin oder einem anderen Edelmetall. Diesen Überzug, der auf elektrolytischem Wege erzeugt wird, nennt man Mohr, also Platinmohr u. dgl. Wenn man eine solche vermohrte Elektrode so anordnet, daß sie sich zum Teil im Elektrolyten, zum Teil im Wasserstoffgas befindet, so wird das Wasserstoffgas auch in den untergetaucheten Teil des Mohrüberzuges, der sich in bezug auf Wasserstoff wie ein Schwamm verhält, wandern. Beim Stromdurchgang scheidet sich jetzt auf der Kathode wie früher Wasserstoffgas aus, welches dann an der Elektrode aufsteigt. Der sich sonst an der Anode ausscheidende Sauerstoff verbindet sich mit dem Wasserstoff, der sich im Mohr der Anode befindet und es bildet sich Wasser. Die entsprechende Menge Wasserstoff geht dann wieder aus dem Gasraum in den Mohrüberzug über. Der Vorgang spielt sich ähnlich wie beim Kupfervoltameter so ab, als ob der Wasserstoff, der an der Anode vorhanden ist, auf die Kathode übergeht und es tritt bei dieser Anordnung praktisch keine Polarisations-EMK auf. Von diesen Tatsachen wird bei dem Wasserstoff-Elektrolytzähler Gebrauch gemacht und wir werden noch sehen, wie die Wasserstoffelektroden praktisch verwirklicht werden.

104. Elektrolytzähler[1]. Eine elektrolytische Zelle ist dann als Meßwerk eines Amperestundenzählers brauchbar, wenn folgende Bedingungen erfüllt sind:

1. Der elektrolytische Vorgang muß sich in einem vollständig abgeschlossenen Gefäß abspielen, damit keine Verdampfung der Flüssigkeit u. dgl. auftreten kann.

2. Nachdem die dem Meßbereich (Kapazität) des Zählers entsprechende Menge eines Stoffes ausgeschieden ist, muß die Zelle auf einfache Weise in ihren Anfangszustand zurückgeführt werden können, damit eine weitere Registrierung möglich ist.

3. Der gesamte (scheinbare) Widerstand der Zelle muß entweder sehr niedrig oder bei allen Stromstärken unveränderlich sein.

Die Erfüllung der letzten Bedingung ist deshalb wichtig, weil man wie bei Magnetmotorzählern aus praktischen Gründen gezwungen ist, die elektrolytische Zelle parallel zu einem Nebenwiderstand zu legen, da sonst die durch den Strom ausgeschiedene Gasmenge sehr groß ausfallen würde; so z. B. scheidet eine Amperestunde etwa 0,0376 g Wasser-

---

[1] S. hierzu K. Keßler und W. v. Krukowski: „Der Wasserstoff-Elektrolytzähler der SSW". ETZ 1925, H. 35, S. 1299.

stoff aus. Bei normalem Atmosphärendruck und normaler Zimmertemperatur nimmt diese Menge einen Raum von etwa 450 cm³ ein.

a) Stiazähler von Schott & Gen. Abb. 136 zeigt schematisch die elektrolytische Zelle und die Schaltung dieses Zählers. Die Zelle Z liegt parallel zum Nebenwiderstand N, der vom Verbrauchstrom J durchflossen wird. Der Zelle ist noch ein Vorwiderstand R_V vorgeschaltet. Der Strom J_Z in der Zelle beträgt bei Nennlast bei normalen Zählern etwa 20 mA. Der Spannungsabfall des Nebenwiderstandes beträgt etwa

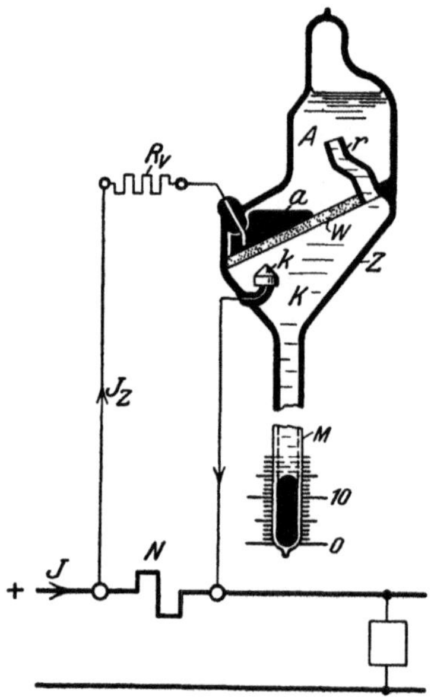

Abb. 136. Stiazähler von Schott & Gen.

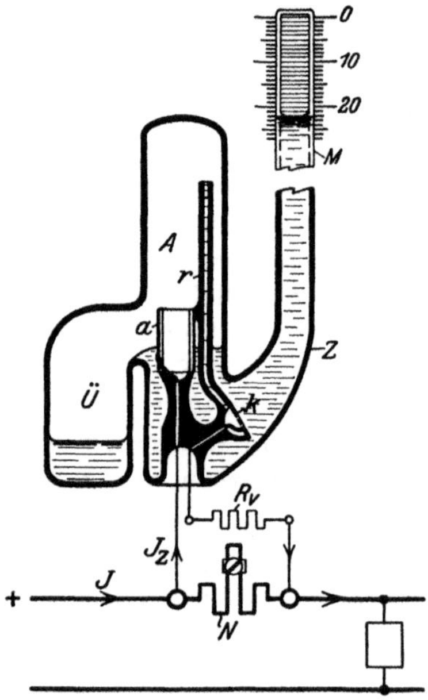

Abb. 137. E 2-Zähler der SSW.

0,8 V. Die Zelle besteht aus einem kalibrierten Meßrohr M, hinter dem sich eine Teilung befindet. Das Rohr ist in seinem unteren Ende geschlossen, am oberen Ende ist es zu einer Elektrodenkammer erweitert, die gleichfalls vollständig abgeschlossen ist. Diese Elektrodenkammer wird durch eine Zwischenwand W, die aus porösem (gefrittetem) Glas besteht, in zwei Teile, den Anodenraum A und den Kathodenraum K, geteilt. In der Zwischenwand befindet sich noch ein Rohr r, welches die beiden Teile der Kammer miteinander verbindet. Fast die ganze Zelle ist, wie in der Abbildung angedeutet, mit dem Elektrolyten gefüllt. Dieser ist eine Lösung von Quecksilberjodid und Jodkalium. Die unterhalb der Glaszwischenwand angeordnete Kathode k besteht aus Kohle. Die Anode a wird durch Quecksilber gebildet. Beim Stromdurchgang scheidet sich auf der Kathode Quecksilber aus, welches in kleinen Tropfen in das Meßrohr fällt. Die Quecksilbermenge an der Anode vermindert sich um den an der Kathode ausgeschiedenen Betrag. Die Menge des ausgeschiedenen Quecksilbers kann auf der Skala abgelesen werden. Diese Skala ist direkt in Amperestunden oder, was meist der Fall ist, in Kilowattstunden geeicht. Wenn die Kapazität des Meßrohres nahezu erreicht ist, wird der Teil des Zählers, in dem sich die Zelle befindet, so gekippt, daß das Quecksilber aus dem Meßrohr durch das Rohr r, zurück in den Anodenraum befördert wird. Wenn man die Zelle wieder in ihre normale Lage gebracht hat, kann die Registrierung des Verbrauches wieder stattfinden.

b) E2-Zähler der SSW. Bei diesem Zähler wird die Ausscheidung des Wasserstoffes in einer mit zwei Wasserstoffelektroden ausgestatteten Zelle zur Messung der Elektrizitätsmenge benutzt. Abb. 137 zeigt schematisch die Bauart und die Schaltung des Zählers. Die Meßzelle Z liegt unter Vorschaltung des Vorwiderstandes R_V an einem regelbaren Nebenwiderstand N. Der Zellenstrom beträgt in den meisten Fällen bei Nennlast etwa 0,1 mA. Der Spannungsabfall des Nebenwiderstandes beträgt etwa 0,5 V. Der an der Kathode k ausgeschiedene Wasserstoff steigt in das Meßrohr M. Seine Menge wird auf der in Amperestunden oder Kilowattstunden geeichten Teilung abgelesen. Das Gas verdrängt dabei aus dem Meßrohr den Elektrolyten, mit dem der Zähler wie angedeutet gefüllt ist. Oberhalb des Elektrolyts befindet sich in der Anodenkammer A das Wasserstoffgas H_2. Der Elektrolyt ist ein mit Phosphorsäure H_3PO_4 angesäuertes Wasser. Die Kathode k besteht aus einem feinmaschigen Edelmetallnetz, welches mit Rhodiummohr überzogen ist. Diese Kathode verschließt eine kleine Kammer, die mit Wasserstoffgas gefüllt ist. Auf diese Weise wird erreicht, daß die Kathode stets zum Teil im Elektrolyten, zum Teil im Wasserstoffgas sich befindet, also, wie unter 103 gesagt, eine Wasserstoffkathode ist. An die Kathodenkammer schließt sich ein dünnes Kapillarrohr r an, dessen oberes Ende sich im Wasserstoffraum, Anodenraum A, befindet. Dieses Rohr ist stets mit Flüssigkeit gefüllt und dient bei Inbetriebsetzung des Zählers dazu, eine sofortige Füllung der Kathodenkammer mit Wasserstoffgas zu erreichen. Auf diese Vorgänge wollen wir nicht weiter eingehen. Die Anode a ist ein gleichfalls mit Rhodiummohr überzogenes Edelmetallblech, welches

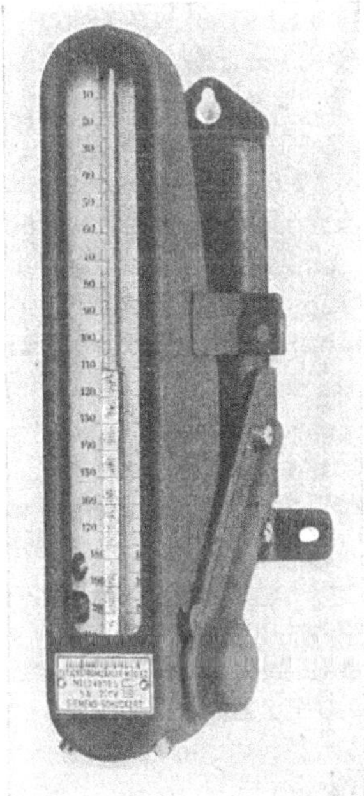

Abb. 138. Außenansicht des E 2-Zählers.

auf einen Glaszylinder aufgeschweißt ist. Diese Anode befindet sich zum Teil im Elektrolyten, zum Teil im Wasserstoffraum, ist also wiederum eine Wasserstoffelektrode. Damit der Flüssigkeitsspiegel an der Anode stets die gleiche Lage hat, ist noch ein Überlaufgefäß *Ü* vorhanden.

Nachdem so viel Wasserstoff ausgeschieden ist, daß die Kapazität des Zählers nahezu erreicht ist, muß die Zelle gekippt werden. Der sich im Meßrohr angesammelte Wasserstoff geht dann in den Wasserstoffraum zurück. Nachdem die Zelle wieder in ihre normale Lage gebracht wird, ist der Zähler wieder betriebsfertig. Abb. 138 zeigt die Außenansicht des E 2-Zählers, der im wesentlichen von K. Kessler entwickelt worden ist.

VIII. Konstruktive Einzelheiten von Zählern.

105. Allgemeine Bemerkungen. Gesamtaufbau der Zähler. In den vorausgegangenen Kapiteln war bereits Gelegenheit geboten, einige Konstruktionen, die für die Wirkungsweise der Zähler wichtig sind, in erster Linie die Meßwerke, kennenzulernen. Die besprochenen Beispiele von ausgeführten Zählern wurden so gewählt, daß verschiedene Ausführungsformen, die in bezug auf Einzelheiten irgendwie charakteristisch sind, gezeigt werden konnten. In diesem Abschnitt sollen nun solche konstruktive Einzelheiten etwas eingehender behandelt werden[1]. Dabei werden auch einige allgemeine konstruktive Gesichtspunkte, deren Kenntnis für den Zählerfachmann in der Praxis von Wichtigkeit ist, hervorgehoben. Die verschiedenen besonderen Hilfs- und Reguliervorrichtungen wurden an den in Frage kommenden Stellen bereits behandelt, so daß es sich erübrigt, auf sie im folgenden einzugehen.

Zu dem Gesamtaufbau der Zähler sei noch folgendes gesagt: Auf anderen Gebieten, beispielsweise dem des Elektromaschinenbaues, haben sich bereits gewisse Formen herausgebildet, die fast allgemein üblich sind. Im Zählerbau ist man heute noch nicht so weit; hier findet man besonders bei Induktionszählern sehr verschiedene Ausführungen der Meßwerke. Diese verschiedenen Systeme bedingen verschiedene Ausbildung der Träger, auf denen sie befestigt werden, und es entstehen auf diese Weise stark voneinander abweichende Zählerformen. Ferner werden bei verschiedenen Konstruktionen für ein und denselben Zweck verschiedene Baustoffe verwendet. So verwenden beispielsweise auch heute noch einige Firmen für die Grundplatten und Gestellteile der Induktionszähler Gußeisen; andere Firmen verwenden für den gleichen Zweck Eisenblech. Es läßt sich nicht allgemein sagen, welcher konstruktive Aufbau oder welches Material besonders günstig ist. Dies

---

[1] Näheres über viele konstruktive Einzelheiten, die hier nicht behandelt werden können, findet man im Buch: O. Richter und R. v. Voß: „Bauelemente der Feinmechanik". Berlin: VDI-Verlag 1929.

hängt vielmehr von allerlei Nebenumständen ab, auf die einzugehen zu weit führen würde. Es möge nur hervorgehoben werden, daß ein und derselbe Aufbau oder ein und dasselbe Material in einem Falle günstig, im anderen Falle ungünstig sein kann.

Im allgemeinen strebt man in Deutschland mit Recht an, einen möglichst übersichtlichen Aufbau der Zähler, unter Vermeidung aller unnützen Teile, zu erreichen und jeden überflüssigen Materialverbrauch zu vermeiden, um das Gewicht der Apparate nicht unnütz zu erhöhen. Im Gegensatz hierzu findet man im Auslande, besonders in Amerika, Apparate, die wesentlich unübersichtlicher sind und zum Teil ein recht beträchtliches Gewicht aufweisen. Man darf hieraus jedoch nicht ohne weiteres den Schluß ziehen, daß die amerikanischen Zähler schlechter sind.

106. Grundplatte und Gestell. Die Grundplatte dient als Träger für das eigentliche Meßwerk, dessen Einzelteile entweder direkt auf der Grundplatte oder auf einem besonderen Gestelle oder Rahmen aufmontiert werden. Ein Beispiel des Aufbaues der ersten Art ist der in Abb. 57 dargestellte G 5-Zähler der SSW, Beispiel der zweiten Konstruktion sind die meisten neuzeitlichen Induktionszähler (s. z. B. Abb. 98 und 132).

Die Grundplatten werden gegossen oder aus Blech angefertigt. Im ersten Falle werden die zur Befestigung der Meßwerkteile erforderlichen Träger meist gleich als Teile der Grundplatte ausgebildet, im zweiten Falle werden solche Träger auf der Grundplatte aufgenietet, aufgeschweißt oder angeschraubt. Als Material wird bei den gegossenen Platten, soweit dies aus magnetischen Gründen zulässig ist, z. B. bei Induktions- und Magnetmotorzählern, Gußeisen verwendet. Bei dynamometrischen Zählern dagegen ist die Verwendung von Eisen im allgemeinen nicht möglich (s. 55 u. 61); man greift hier zu Zink, Aluminiumlegierungen und gelegentlich Messing. Eine ihres geringen Gewichtes wegen bevorzugte Grundplatte aus einer besonderen Aluminiumlegierung hat beispielsweise der oben erwähnte G 5-Zähler der SSW. Auch für Blechgrundplatten wird, seiner guten mechanischen Eigenschaft wegen, Eisen bevorzugt; dort, wo unmagnetisches Material erforderlich ist, wird meist Aluminium verwendet. Blechgrundplatten können entweder ganz eben sein oder einen gezogenen Rand haben, der entweder scharf abgestochen oder umgebördelt ist. Eine scharf abgeschnittene, gezogene Grundplatte besitzt z. B. der in Abb. 98 dargestellte W9-Zähler der SSW, dagegen besitzt z.B. der J0E der AEG Abb. 99 eine Platte mit umgebördeltem Rand. Das über das Material Gesagte gilt meistens auch für die zur Befestigung der Meßwerke dienenden Träger und Rahmen. Verschiedene Ausführungbeispiele solcher Träger finden wir besonders bei den neuzeitlichen Induktionszählern.

107. Klemmenstück und Klemmen. Das an der Grundplatte befestigte Klemmenstück kann verschiedene Form haben. Die meisten neuzeitlichen Zähler haben ein freiliegendes Klemmenstück. Beispiele hierfür zeigen z. B. die oben erwähnten Zähler. Früher hat man das Klemmenstück in einem besonderen Rahmen oder auch in einem besonderen Abteil der gegossenen Grundplatte untergebracht. Diese Einbauart des Klemmenstückes ist z. Zt. noch bei amerikanischen Zählern üblich. Die Form des Klemmenstückes richtet sich nach der Anzahl, Größe und Anordnung der Klemmen. Als Material hat man früher oft Porzellan oder andere keramische Massen verwendet. Neuerdings sind fast ausschließlich Preßmassen in Gebrauch, welche aus einer Mischung von Asbest und ähnlichem Material mit Harzen, Pechen u. dgl. bestehen und die den Vorteil einer größeren Festigkeit und geringeren Sprödigkeit aufweisen. Dort wo nur wenig Klemmen in Frage kommen, z. B. bei Amperestundenzählern, kann auch auf ein besonderes Klemmenstück verzichtet werden. Als Beispiel einer solchen Anordnung kann die Klemmenanordnung beim A4-Zähler der SSW (Abb. 69) und die dynamometrischen Zähler für hohe Stromstärken Abb. 60 und 66.

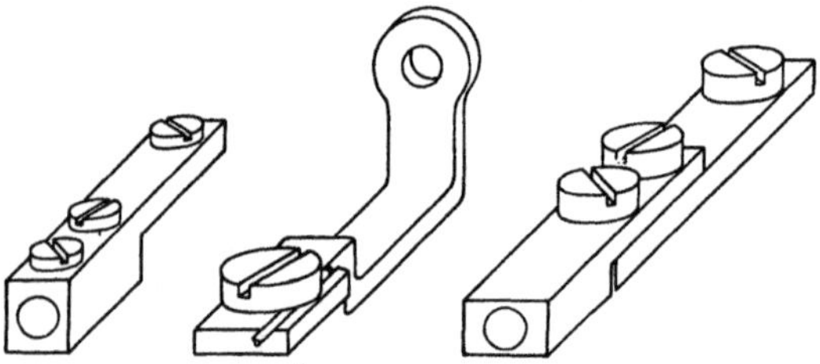

Abb. 139. Klemmen.

Die Klemmen selbst sind meist aus Messing, seltener aus Kupfer angefertigt. Die wichtigste Ausführung der Klemmen ist die in Abb. 139a dargestellte Loch- oder Büchsenklemme, die jetzt am meisten verbreitet ist. Bei dieser Klemme werden die Drähte oder Kabel in die Bohrung der Klemme eingeführt und mit einer oder zweckmäßiger mit zwei Druckschrauben festgehalten. Bei der Nutenklemme Abb. 139b, die sich bei niedrigen Stromstärken gut bewährt hat, wird der Leiter in eine Nut gelegt und durch den Kopf der Klemmenschraube gehalten. Einen sehr zuverlässigen Anschluß ergibt die Flachklemme Abb. 139c, bei der der anzuschließende Leiter eine Öse oder bei größeren Querschnitten einen Kabelschuh erhält, der dann durch eine oder zwei Schrauben gehalten wird. Diese Klemmenart wird bei höheren Stromstärken verwendet. Bei Zählern für kleine Stromstärken wird diese Konstruktion heute kaum angewandt, da der Anschluß umständlicher ist und mehr Zeit erfordert. Die Klemmen werden in das Material der Klemmenstücke eingepreßt.

108. Kappe. Das Innere des Zählers wird zum Schutz gegen Verschmutzung und Eingriffe durch eine auf die Grundplatte aufgesetzte Kappe mit entsprechenden Fenstern abgeschlossen. Auch muß eine

Vorrichtung zum Abdichten vorhanden sein. Als Material für die Kappe wird bei neuzeitlichen Zählern fast ausschließlich Blech verwendet, und zwar kommt hierbei Eisenblech, Aluminiumblech oder Zinkblech in Frage. Die Kappen aus Eisen- und Aluminiumblech werden meist aus einem Stück gezogen, die Zinkkappen dagegen aus mehreren Stücken zusammengelötet. Als Abdichtung kommt eine Schnur in Frage, die meist in einer Rille der Kappe befestigt ist und beim Aufsetzen der Kappe sich fest auf die Grundplatte aufsetzt. Die Abdichtung soll nirgends unterbrochen sein. Die Befestigungsschrauben werden plombiert. Verschiedene Ausführungen der Abdichtung zwischen Kappe und Grundplatte zeigt Abb. 140.

Seltener werden gußeiserne Kappen verwendet. Früher waren auch Kappen aus Papiermaché oder ähnlichem Material in Gebrauch. In einigen Ländern werden ausnahmsweise noch Kappen aus Glas verwendet, die den Vorteil haben, daß sie schwer anzubohren sind und daß man jede Beschädigung leicht finden kann; sie haben aber den Nachteil des höheren Gewichtes und der sehr leichten Zerbrechlichkeit. Diese Nachteile überwiegen die Vorteile. Bei Zählern, die auf Schalttafeln montiert sind, werden mitunter Blechgehäuse verwendet, bei denen die Vorderwand als eine Glasplatte ausgebildet ist (s. Abb. 62 und 63).

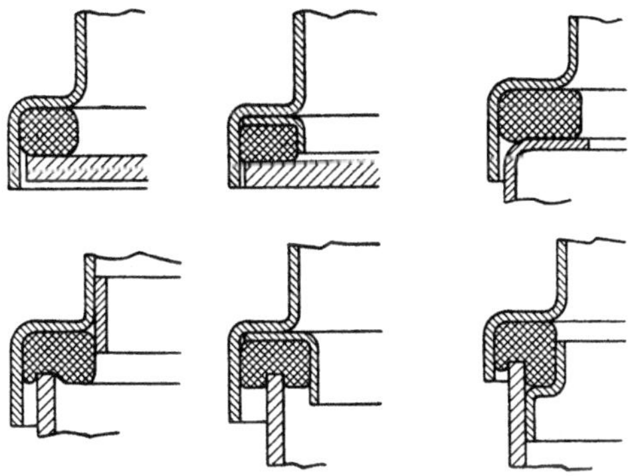

Abb. 140. Abdichtungen der Kappe.

Auch die Anschlußklemmen müssen nach erfolgter Montage abgedeckt werden, was durch einen besonderen Klemmendeckel geschieht. Neuerdings verwendet man zum größten Teil sog. verlängerte Klemmendeckel, die nicht nur die eigentlichen Klemmen, sondern zum Teil auch die Zuleitungen abdecken.

109. Das bewegliche System (Anker) und seine Lagerung. Wir haben bereits verschiedene Formen von Ankern kennengelernt, so daß ihre genaue Behandlung an dieser Stelle nicht mehr erforderlich ist. Einen wesentlichen Teil jedes Ankers bildet, wie wir gesehen haben, die Bremsscheibe, die bei Induktionszählern gleichzeitig auch zur Erzeugung des Drehmomentes verwendet wird. Bei Magnetmotorzählern bildet diese Scheibe meist gleichzeitig den Träger für die Ankerwicklung. Die Scheibe besteht bei neuzeitlichen Zählern fast immer aus Aluminium, weil das Aluminium bei gleichem Leitwert wesentlich leichter ist als Kupfer.

Nur ausnahmsweise werden Scheiben aus Messing oder ähnlichem Material mit geringerem Temperaturkoeffizienten verwendet (s. 121). Die Scheibe wurde früher mit Hilfe einer besonderen Messingnabe auf der Achse gehalten. Bei neuzeitlichen Zählern bevorzugt man eine Nabe aus Spritzmetall, die keinerlei Verschraubung od. dgl. erfordert. Über die Ausführung der Wicklungen bei Gleichstromzählern ist gleichfalls an verschiedenen Stellen genügend gesagt. Die Ankerachse ist meistenteils aus Stahl, seltener aus Messing angefertigt.

Zwecks Erzielung einer möglichst geringen und unveränderlichen Reibung muß die Lagerung des Ankers bei Motorzählern besonders sorgfältig ausgeführt sein. Aus diesem Grunde wird von allen Firmen ein großer Wert auf die zweckmäßige Durchbildung des Unter- und Oberlagers gelegt.

1. Unterlager. Das Unterlager ist ein Stützlager. Bei allen neuzeitlichen Zählern ist das Lager so ausgebildet, daß ein Stahlzapfen auf einem Stein läuft. Der Zapfen wird aus einem besonders guten homogenen gehärteten Stahl angefertigt. Die Lauffläche des Zapfens wird als Teil einer Kugeloberfläche geschliffen und soll hochglanzpoliert sein. Bei einigen Konstruktionen wird der Zapfen direkt als eine Stahlkugel ausgebildet. Als Steinmaterial wird meist Rubin oder Saphir verwendet. Bevorzugt werden synthetische (künstlich hergestellte) Steine, und zwar deshalb, weil diese in bezug auf ihr Gefüge und Härte gleichmäßiger sind als die natürlichen. Ob ein Saphir oder Rubin verwendet wird, ist gleichgültig, da die chemische Zusammensetzung dieser beiden Steine sich nur durch verschiedenen Farbstoff unterscheidet, in der Härte und sonstigen Eigenschaften bestehen keine merklichen Unterschiede. In Amerika werden gelegentlich auch Diamanten verwendet; sie sind jedoch wesentlich teuerer und bieten eher Nachteile als Vorteile. Es ist zweckmäßig, die Lauffläche des Steines als eine kugelförmige Vertiefung auszuführen, was sich jedoch bei einem Diamant kaum erreichen läßt. Die Lauffläche des Steines muß ganz besonders sorgfältig geschliffen und poliert sein und darf keinerlei Unebenheiten, Risse oder dgl. aufweisen.

Bei einem neuzeitlichen Lager befinden sich der Zapfen und der Lagerstein in einer besonderen Ölkammer, die die Ölhaltung ermöglicht. Ferner wird bei verschiedenen Konstruktionen eine Federung angebracht, die verhindern soll, daß bei Transportstößen durch hartes Aufstoßen des Zapfens auf den Stein die Oberfläche dieser beiden empfindlichen Teile beschädigt wird. Es gibt viele verschiedene Lagerkonstruktionen. Die wichtigsten typischen Konstruktionen sind die folgenden:

a) Solche Lager, bei denen auf einem konkav geschliffenen Stein das kugelförmig geschliffene und hochglanzpolierte Ende der Zählerachse rotiert. Eine Ausführungsform des Lagers dieser einfachen Bauart veranschaulicht die Abb. 141. Das eigentliche Lager besteht nur aus zwei Teilen, die beide aus Spritzguß angefertigt sind. Der untere Teil bildet gleichzeitig die Fassung des Lagersteines, der unmittelbar in diesen Teil eingespritzt ist. Der obere Teil bildet eine Kappe, die das Lager vor Staub schützt und die gleichzeitig die Ölkammer bildet. Das Lager ist in eine Bohrung im unteren Bock des Zählers hineingesteckt und durch eine Flachfeder gegen das Herausfallen gesichert.

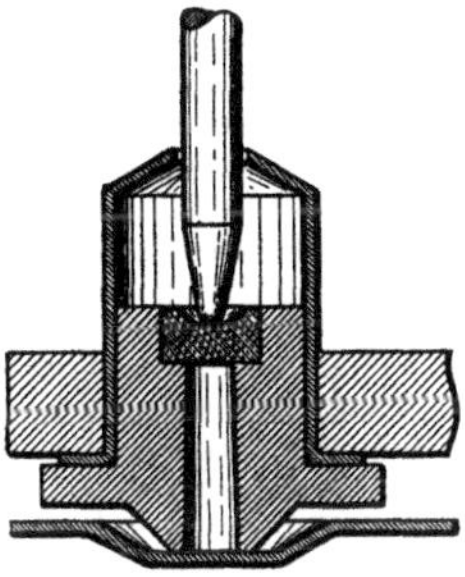
Abb. 141. Einfaches Unterlager.

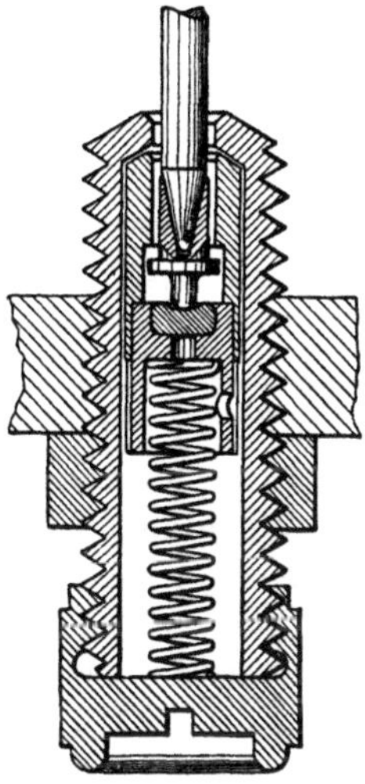
Abb. 142. SSW-Lager älterer Ausführung.

b) Lager mit einem besonderen auf das untere Ende der Achse aufgesetzten abnehmbaren Zapfen. Abb. 142 zeigt eine charakteristische Ausführungsform dieser Lagerkonstruktion, und zwar das Lager der SSW. Die äußere mit Gewinde versehene Messinghülse ist in den Lagerbock des Zählers eingeschraubt und durch eine Gegenmutter gegen Änderung ihrer Lage gesichert. Im Innern dieser Hülse befindet sich ein Einsatz aus Spritzmetall, der die Fassung des Lagersteines bildet. Auf diesem Stein läuft der am Ende kugelförmig geschliffene und hochglanzpolierte Zapfen, der noch einen Bund trägt, um ein übermäßiges seitliches Ausweichen besonders beim Transport zu verhindern. Der obere Teil des Zapfens ist mit einer konischen Bohrung versehen, in die das entsprechend ausgebildete Ende der Zählerachse hereinragt. Der obere Teil der Steinfassung und der Zapfen befinden sich in einer Messinghülse, die als Ölkammer dient. Die Steinfassung wird durch eine Feder, die auf der Verschlußschraube der äußeren Hülse ruht, nach oben gedrückt. Dadurch wird eine gute Federung des Lagers erreicht. Zwecks Revision oder Ersatzes des Steines oder des Zapfens

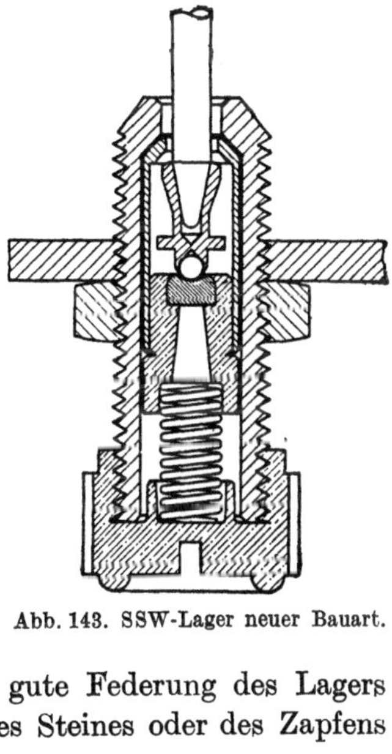
Abb. 143. SSW-Lager neuer Bauart.

wird die Verschlußschraube abgeschraubt und die Feder samt der Steinfassung, der Ölkammer und dem Zapfen herausgezogen. Die Wiederzusammensetzung des Lagers bzw. die Einführung neuer Teile geschieht entsprechend.

Abb. 143 veranschaulicht eine neuerdings von den SSW verwendete Abart dieses Lagers. Bei dieser Ausführungsform ist der aus Messing gedrehte Zapfen als Fassung für eine hochglanzpolierte Stahlkugel ausgebildet. Diese Kugel ist der eigentliche Lagerzapfen. Sonst ist der Aufbau dieses Lagers genau der gleiche wie oben beschrieben.

Viele andere Lagerkonstruktionen können als Abarten dieser Lager angesehen werden. Bei einigen Konstruktionen, z. B. bei den Lagern der Firma Bergmann, ist die konische Bohrung des Zapfens durch eine zylindrische ersetzt, bei anderen endet der Zapfen nach oben mit einem dünnen Zapfen, der in eine Bohrung der Achse des Zählers hineinragt. Bei einigen Lagerkonstruktionen fehlt eine besondere Ölkammer.

Es gibt auch Konstruktionen, bei denen der Zapfen mit dem Achsenende durch Verschrauben verbunden ist. Hier können natürlich der Zapfen und der Lagerstein nicht zusammen herausgezogen werden, so daß dieses Lager eigentlich als eine Abart des unter a) beschriebenen Lagers angesehen werden kann. Diesem gegenüber besteht jedoch der große Vorteil, daß der Zapfen aus einem besseren Material als die Zählerachse angefertigt werden kann und daß ein Auswechseln des Zapfens allein möglich ist.

c) Eine Umkehrung der unter b) beschriebenen Lagerkonstruktionen bilden solche, bei denen der Zapfen im Lager befestigt ist und der Stein das Ende der Zählerachse bildet. Abb. 144 zeigt ein derartiges Lager von Landis & Gyr, welches als Umkehrung des Lagers nach Abb. 143 aufgefaßt werden kann.

Abb. 144. Lager von Landis & Gyr.

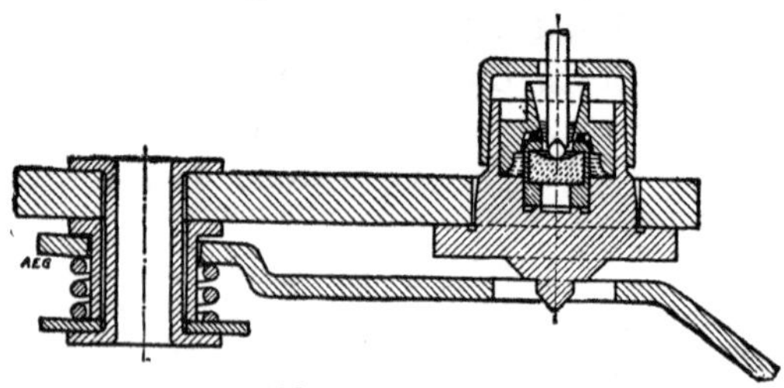

Abb. 145. AEG-Lager.

d) Eine weitere typische Ausführungsform ist das von der AEG verwendete Lager nach Abb. 145, bei dem der Lagerzapfen durch eine lose Kugel gebildet wird. Dieses Lager besteht im wesentlichen aus Spritzguß. In das Lagergehäuse ist in einer Bohrung die Fassung mit dem eingespritzten Stein eingesetzt. Über dieser Fassung befindet sich ein besonderer Halter, der gleichzeitig als Ölkammer dient. Über das Ganze ist eine Kapsel gestülpt. Auf dem Lagerstein läuft eine kleine Kugel (Durchmesser 0,8 mm), auf die sich das untere Ende der Zählerachse, welches eine Vertiefung aufweist, frei aufstützt. Die Achse ist magnetisiert, so daß die Stahlkugel am Achsenende festgehalten wird. Das ganze Lager ist in eine Bohrung im Gestell eingesetzt und durch einen Hebel, der durch eine Feder in die Höhe gedrückt wird, festgehalten.

Neuerdings rüstet die AEG ihre Zähler auch mit einem Lager nach Abb. 146 aus. Bei dieser Konstruktion befindet sich die Kugel in einem „Kugelköcher", der auf das Ende der Zählerachse aufgeschraubt ist. Die Kugel wird mit Hilfe einer Feder am Ende der Achse festgehalten. Ferner ruht bei diesem Lager die Steinfassung auf einer Spiralfeder. Diese Lagerausführung nähert sich eigentlich der unter b) beschriebenen. Die Befestigung im Lagerbock ist im wesentlichen die gleiche wie bei dem Lager nach Abb. 145.

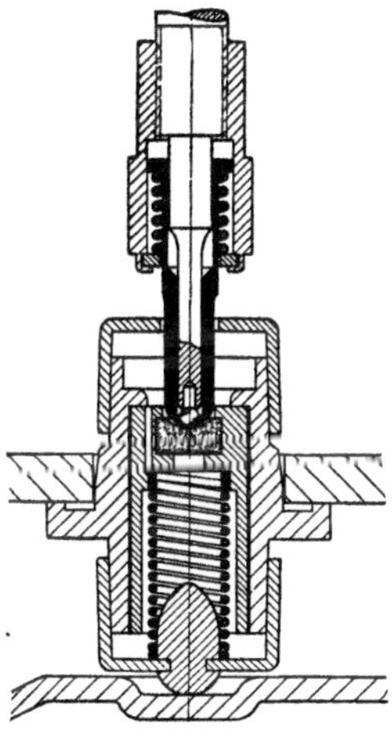

Abb. 146. AEG-Lager neuerer Bauart.

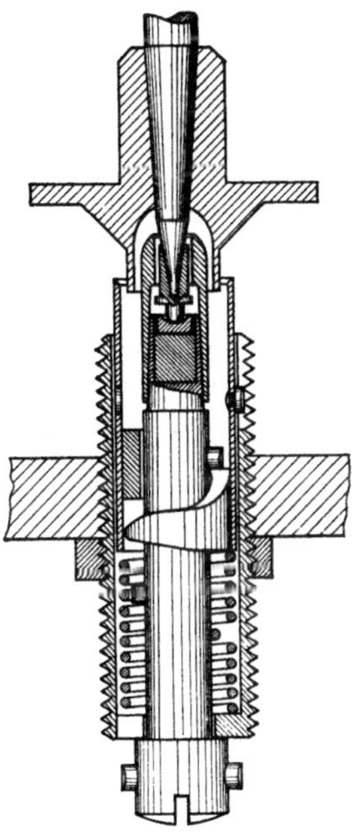

Abb. 147. Arretierbares Lager der SSW.

e) Eine besondere Form der Lager bilden die **arretierbaren Lager**, die gelegentlich bei schwereren Ankern Verwendung finden. So verwenden z. B. die SSW bei ihren dynamometrischen Gleichstromzählern das in Abb. 147 dargestellte Lager. Der Spurzapfen, der Stein und die Ölkammer sind ähnlich ausgeführt wie bei Lager nach Abb. 142. Außerdem ist eine Einrichtung getroffen, mit Hilfe derer man auf einfache Weise die Ankerachse für den Transport arretieren kann. Die Arretierung des Zählers geschieht durch halbe Linksdrehung der unteren

Schraube. Durch Weiterdrehen kann der Lagerstein und der Spurzapfen mit der Ölkammer zwecks Revision oder Ersatz herausgezogen werden.

f) Außer den beschriebenen Konstruktionen der Lager gibt es noch verschiedene andere Konstruktionen, die jedoch z. Zt. keine besondere Rolle spielen. Erwähnt mögen nur noch die folgenden werden:

Bei einigen amerikanischen Zählern ist eine Stahlkugel ähnlich wie unter d) angewandt worden, die jedoch zwischen zwei Steinen läuft.

Eine besondere Lagerkonstruktion ist das früher von S & H und SSW bei Wechselstromzählern verwendete Lager mit Schüttelmagnet. Bei dieser Konstruktion ist der Lagerstein auf einem federnd gelagerten Hebel befestigt. Dieser Hebel ist als Anker eines kleinen Elektromagneten ausgebildet. Die Bewicklung dieses Elektromagneten liegt in Reihe mit der Spannungsspule des Zählers. Durch das Wechselfeld wird der Lagerstein fortwährend schwach erschüttert und auf diese Weise, ähnlich wie beim Klopfen von Meßinstrumenten, die Reibung wesentlich vermindert. Heutzutage spielt diese Konstruktion keine große Rolle mehr.

Es ist natürlich günstig, wenn der Lagerdruck möglichst klein ist. Es wurde deshalb auch versucht, das untere Lager künstlich zu entlasten. Ein Beispiel hierfür bildet die Konstruktion von Stanley Instrument Company New York, bei der durch einen besonderen Magneten die ganze Achse in der Schwebe gehalten wird.

2. Oberlager. Bei den Oberlagern können zwei typische Ausführungen unterschieden werden:

a) Ein einfacher Zapfen, der den oberen Teil der Achse bildet und in einer Öffnung, die das eigentliche Oberlager bildet, läuft. Diese Lagerkonstruktion ist bei Gleichstromzählern sehr verbreitet. Der Zapfen wird so schwach ausgeführt, wie es seine Beanspruchung zuläßt. Die Art, wie diese Konstruktion ausgeführt wird, ist z. B. aus der Abb. 148 ersichtlich. Bei Wechselstromzählern wird diese Konstruktion seltener angewandt. Der Grund hierfür ist, daß bei Wechselstromzählern durch das Zusammenwirken der magnetischen Felder und der in der Scheibe induzierten Ströme nicht nur ein Nutzdrehmoment entsteht, sondern daß auch Kräfte wirken, die eine Erschütterung des Ankers hervorrufen. Diese Erschütterungen sind in gewisser Beziehung nützlich, weil sie zum Teil die Reibung vermindern (ähnliche Wirkung wie bei dem oben erwähnten Schüttelmagnetlager). Sie verursachen aber mitunter bei starrer Lagerung ein störendes Geräusch (Brummen). Dieser Übelstand wird durch die unter b) beschriebene Konstruktion vermieden.

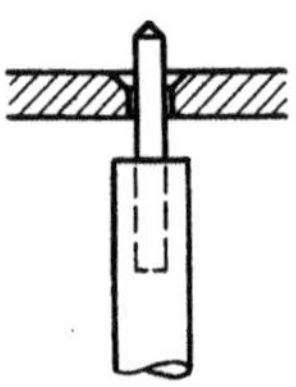

Abb. 148. Einfaches Oberlager.

b) Nadelhalslager. Bei diesem Lager ist der obere Zapfen als eine dünne, federnde Nadel von etwa 0,5 mm Stärke ausgebildet. Dabei steht im Gegensatz zu dem einfachen Halslager der Zapfen, also die Nadel, still und die Nabe läuft um.

Abb. 149 zeigt das Nadelhalslager, welches in den Induktionszählern der SSW verwendet wird. Die Nadel, die am oberen Ende der aus Messing angefertigten, im Lagerbock eingeschraubten und durch eine Gegenmutter gehaltenen Hülse befestigt ist, wird in der Öffnung einer auf der Achse aufgesetzten Hülse geführt. Die Bohrung in der Achse bildet eine Ölkammer.

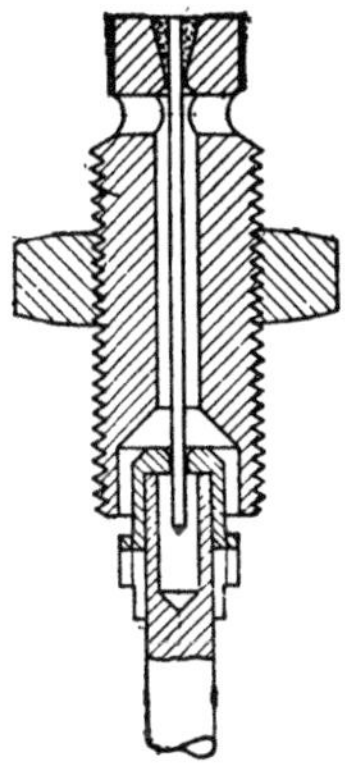

Abb. 149. Nadelhalslager der SSW.

Abb. 150 und 151 veranschaulichen zwei Ausführungen des Nadelhalslagers der AEG. Der feststehende Teil dieser Lager ist im wesentlichen aus Spritzguß angefertigt und ist am Zählerrahmen in ähnlicher Weise befestigt wie die Unterlager der AEG (vgl. Abb. 145). Die Lagerung bei der Ausführung nach Abb. 150 ist sonst im wesentlichen die gleiche wie beim Lager nach Abb. 149. Beim Lager neuerer Bauart nach Abb. 151 wird die Lauffläche durch ein kleines Messingplättchen gebildet, über welchem sich eine besondere Kapsel befindet, so daß gewissermaßen eine doppelte Ölkammer entsteht.

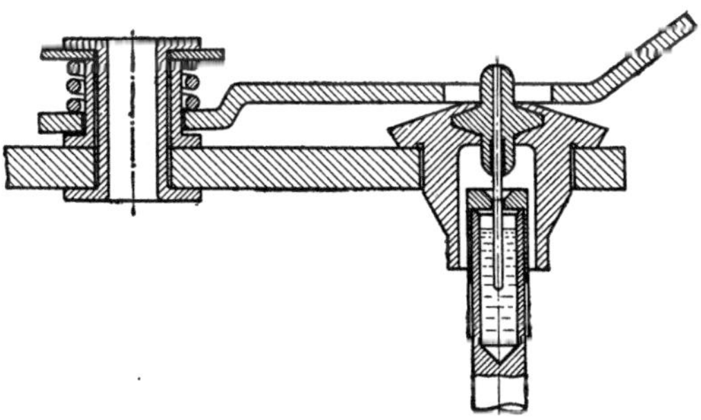

Abb. 150. Nadelhalslager der AEG.

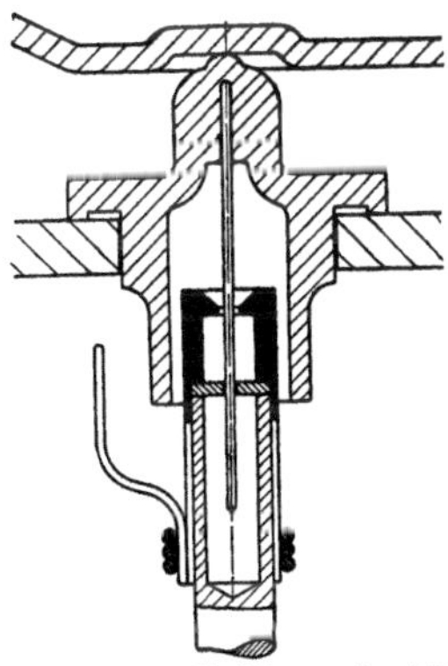

Abb. 151. Nadelhalslager der AEG neuerer Bauart.

110. Zählwerke. Das Zählwerk ist ein Konstruktionsteil, der in allen Zählern mit Ausnahme der Elektrolytzähler Verwendung findet. Einige besondere Abarten des Zählwerkes werden noch unter den Tarifapparaten behandelt. Die Umdrehungen der Zählerachse werden meist unter Zwischenschaltung einer auf der Zählerachse sitzenden Schnecke und eines Schneckenrades, zuweilen auch mit Hilfe von Stirnrädern auf das Zählwerk übertragen. Bei einer bestimmten Zählerkonstruktion wird auch bei Zählern für verschiedene Nennlasten die gleiche Zähnezahl des Schneckenrades beibehalten. Charakteristisch für das Zählwerk ist dann das Räderpaar, dessen Übersetzungsverhältnis sich nach der Nennlast des Zählers richtet und welches man oft kurz die „Übersetzung" nennt (s. hierzu 213). Man unterscheidet verschiedene Bauarten des Zählwerkes. Die wichtigsten sind: das Zeigerzählwerk, das Scheibenzählwerk und das Rollenzählwerk.

1. Zeigerzählwerk. Dieses früher allgemein verwendete Zählwerk wird heute in Deutschland bei Elektrizitätszählern nur selten benutzt. Es ist bei anderen Apparaten, wie beispielsweise bei Gasmessern, auch heute noch stark verbreitet. In Amerika ist dieses Zählwerk auch bei Elektrizitätszählern noch gegenwärtig fast allgemein üblich. Abb. 152 zeigt schematisch ein solches Zählwerk. A_z ist die Zählerachse mit der Schnecke S, die in das Schneckenrad $Z\,I$, welches auf der Achse I des Zählers sitzt, eingreift. Auf der gleichen Achse sitzt das Trieb $z\,I$, welches in das Zahnrad $Z\,II$ eingreift. Auf der Achse II des Zahnrades $Z\,II$ ist der erste (raschlaufende) Zeiger befestigt. Außerdem sitzt auf der gleichen Achse das Trieb $z\,II$, welches die nächste Achse III antreibt, auf der der nächste Zeiger des Zählwerkes aufgesetzt ist. Die Zahnräder sind durch ein in der Abbildung nicht gezeichnetes Zifferblatt abgedeckt, auf dem sich die Skalen für die einzelnen Zeiger befinden. Die Skala für den ersten Zeiger ist in der Abbildung angedeutet. Das Zahnradpaar $z\,I/Z\,II$ bildet die auswechselbare Übersetzung. Die Übersetzung ist so gewählt, daß einer vollen Drehung des ersten raschlaufenden Zeigers $^1/_{10}$ kWh oder 1 kWh usw. entspricht. Die weiteren Übersetzungen sind so gewählt, daß jede folgende Achse mit $^1/_{10}$ der Geschwindigkeit der vorhergehenden umläuft, d. h. auf der entsprechenden Skala die nächste Dezimale abgelesen werden kann. Bei der gezeichneten Anordnung haben die aufeinanderfolgenden Achsen verschiedene Drehrichtungen. Diese sind durch eingezeichnete Pfeile angedeutet. Demnach laufen auch die benachbarten Zeiger in verschiedener Richtung, was bei der Beschriftung der Skalen natürlich zu berücksichtigen ist. Bei einigen Zählern werden die raschlaufenden Zeiger nur für die Eichung benutzt und im normalen Betrieb des Zählers der Übersichtlichkeit halber abge-

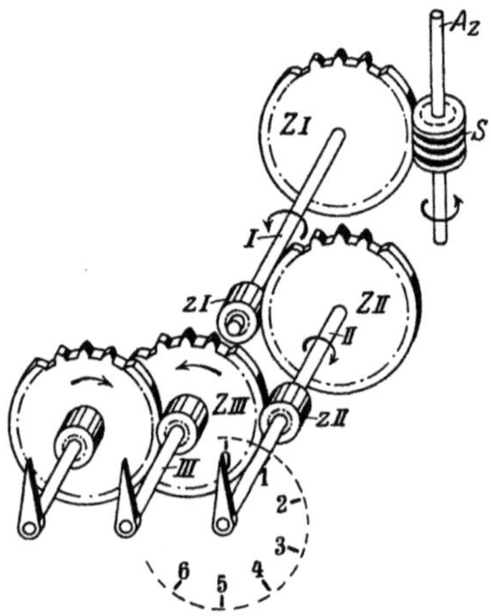

Abb. 152. Zeigerzählwerk schematisch.

nommen. Die abwechselnde Drehrichtung der Zeiger erschwert die Ablesung. Sie läßt sich zwar vermeiden, indem man noch Zwischentriebe einschaltet, jedoch ist diese Ausführung teurer und erfordert mehr Platz, sie wird deshalb bei Zählern kaum verwendet. Beim Zeigerzählwerk bewegen sich beim Umlaufen des Zählers alle Zeiger, so daß bei allen Zeigern auch Zwischenstellungen zwischen den einzelnen Teilstrichen vorkommen können, die wiederum die Ablesung etwas erschweren. Die etwas schwierigere Ablesbarkeit des Zeigerzählwerkes ist der Grund, warum dieses Zählwerk bei neuzeitlichen Zählern in Deutschland wenig Verwendung findet. Bei guter mechanischer Ausführung ist dieses Zählwerk jedoch an und für sich sehr gut. Abb. 153 zeigt beispielsweise ein Zeigerzählwerk, wie es bei den Zählern der Westinghouse Company angewandt wird.

Abb. 153. Zeigerzählwerk.

Die Nachteile des Zeigerzählwerkes werden durch das Scheiben- und Rollenzählwerk vermieden. Diese Zählwerke werden als Zählwerke mit springenden Zahlen bezeichnet.

2. Scheibenzählwerk. Dieses Zählwerk wurde früher viel benutzt. Es findet sich auch jetzt noch bei einigen Spezialzählern der SSW Verwendung. Man findet es auch bei einigen ausländischen Fabrikaten. Da es jedoch in Deutschland zur Zeit nicht mehr die große Bedeutung hat, so soll seine Wirkungsweise nur kurz erwähnt werden.

Bei diesem Zählwerk befinden sich die abzulesenden Zahlen auf Scheiben. Vor diesen Scheiben liegt die Skala, in der die Öffnungen derart angebracht sind, daß von jeder Dezimalstelle nur eine Zahl sichtbar ist. Die Ablesung ist dadurch sehr einfach. Im Gegensatz zum Zeigerzählwerk ist das Scheibenzählwerk ein Zählwerk mit springenden Zahlen, d. h. die Fortbewegung der Zahlen, mit Ausnahme der der ersten Scheibe, erfolgt nicht allmählich, sondern sprungweise. Beim Umlaufen des Zählers wird die erste Zahlenscheibe bewegt und ein auf der angetriebenen Achse befestigtes Fallgewicht gehoben. Wenn es eine gewisse Lage erreicht hat, fällt es herunter und bewirkt die Fortbewegung der zweiten Zahlenscheibe um eine Stelle weiter. Es wurden auch Abarten konstruiert, bei denen an Stelle des Fallgewichtes eine in einem Schlitz bewegte Kugel angewendet worden ist; auch Federn kommen zur Anwendung.

3. Rollenzählwerk. Dieses Zählwerk ist zur Zeit wenigstens in Deutschland das am meisten verbreitete. Wir wollen uns deshalb seine Wirkungsweise an Hand der Abb. 154 etwas genauer betrachten.

Die abzulesenden Zahlen sind auf Rollen R untergebracht, die aus Spritzguß bestehen. Das Zählwerk ist von vorne durch ein Zifferblatt abgedeckt, in dessen Fenstern nebeneinander die einzelnen Zahlen erscheinen. Die sämtlichen Zahlenrollen sitzen lose nebeneinander auf einer Achse *A I*. Auf einer zweiten Achse *A II* sitzen lose aufgereiht kleine Zwischentriebe *T*, gleichfalls aus Spritzguß. Diese Zwischentriebe enthalten abwechselnd lange und kurze Zähne. Die erste Rolle von rechts, also die raschlaufende, wird unter Zwischenschaltung entsprechender Übersetzungen von der Zählerachse A_z angetrieben, und zwar in solcher Richtung, daß vor der entsprechenden Schauöffnung nacheinander die Zahlen 0, 1, 2, 3 usw. erscheinen, wobei auch alle Zwischenstellungen vorkommen. In der Abbildung ist der Fall angenommen, daß mit der ersten Rolle ein besonderes Zahnrad *Z* verbunden ist, welches die Bewegung überträgt. Bei anderen Konstruktionen ist die erste Rolle genau so ausgeführt wie die folgenden, nämlich sie erhält auf ihrer rechten Seite vorspringende Zapfen, in die ein Zahnrad oder eine Schnecke eingreift. Die übrigen Rollen enthalten stets solche Zapfen. Außerdem enthält jede Rolle (bei der ersten von links ist dies eigentlich nicht notwendig) auf der linken Seite an einer geeigneten Stelle auch zwei solche Zapfen und zwischen diesen eine tiefere Lücke. Normalerweise läuft nur die erste Rolle um, wobei der lange Zahn des Zwischentriebes auf dem Rande dieser Rolle schleift, so daß das Zwischentrieb daran gehindert ist, sich weiter zu bewegen. Der nächste Zahn dieses Zwischentriebes greift in eine Lücke zwischen zwei Zapfen der nächsten Rolle und hindert dieselbe infolge des Stillstandes des Zwischentriebes an der Fortbewegung, die beispielsweise durch Erschütterungen oder durch die Reibung an der Berührungsfläche der Naben der benachbarten Rollen möglich wäre. Auf diese Weise bleibt in der Mitte des Fensters der zweiten Rolle eine bestimmte Zahl stehen. Erscheint bei der (kontinuierlichen) Bewegung der ersten Rolle die Zahl 9 im Fenster und bewegt sich nun die Rolle weiter, so daß die Ziffer 0 erscheint, so kommt die Lücke dieser Rolle in eine solche Lage, daß der lange Zahn des Zwischentriebes, der vorher auf dem Rand der Rolle geschleift hat, in die Lücke eingreift, das Zwischentrieb wird mitgenommen und bewegt dabei die zweite Rolle um eine Stelle weiter. Sobald dieser Schaltvorgang vorbei ist, bleibt die zweite Rolle in der neuen Stellung stehen, so lange, bis die erste Rolle wieder die Bewegung von 9 auf 0 macht. Genau so wird die Rolle *3* beim Übergang der zweiten Rolle von 9 auf 0 um eine Stelle weiter geschaltet. Entsprechend wieder-

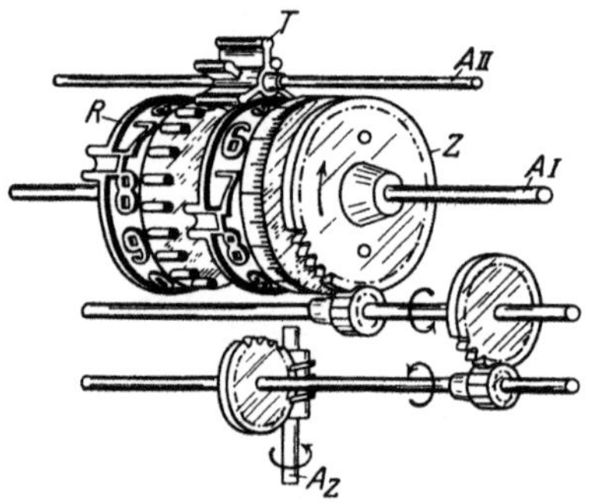

Abb. 154. Rollenzählwerk schematisch.

holt sich dieser Vorgang bei den anderen Rollen. Auf diese Weise wird erreicht, daß mit Ausnahme der ersten Rolle bei allen anderen Rollen normalerweise immer eine bestimmte Zahl im Fenster zu sehen ist. Man bezeichnet dieses Zählwerk deshalb auch als ein Zählwerk mit springenden Zahlen, was eigentlich nicht streng richtig ist. Die konstruktiven Einzelheiten des Rollenzählwerkes sind sehr verschieden. Die gespritzten Zahlenrollen können metallisch blank sein und die Zahlen vertieft und mit Farbe ausgefüllt sein. Bei anderen Ausführungsformen ist die Mantelfläche der Zahlenrollen schwarz und die eingelassenen Zahlen sind weiß. Bei einer dritten Ausführungsform ist der Untergrund schwarz und die Zahlen erhaben metallisch glänzend. Bei den normalen Rollenzählwerken wird gelegentlich die erste raschlaufende Rolle mit einer besonderen Messingnabe versehen. Ferner erhält diese Rolle meist noch eine 100teilige Teilung zur genaueren Ablesung während der Eichung. Die hinter dem Komma stehenden Stellen (Bruchteile einer Kilowattstunde) werden meist besonders dadurch hervorgehoben, daß der Teil des Zifferblattes, der den Stellen hinter dem Komma entspricht, anders gefärbt ist, beispielsweise rot. Im übrigen hält man die Umrahmung der Fenster entweder weiß (bei schwarzen Zahlen) oder schwarz (bei weißen Zahlen). Die verschiedenen Ausführungsformen des Zifferblattes sind aus den vorhergebrachten Abbildungen verschiedener Zähler ersichtlich.

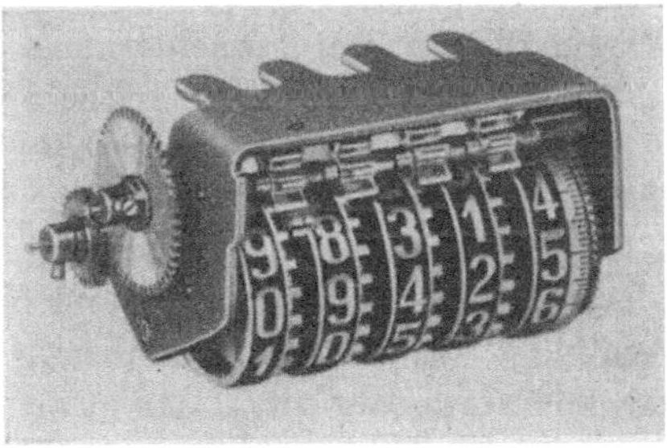

Abb. 155. Rollenzählwerk.

Das Gestell des Zählwerkes, in dem die Achsen gelagert sind, wird entweder aus Messing gezogen oder gebogen oder aus Metall gespritzt. Abb. 155 zeigt beispielsweise ein neuzeitliches Zählwerk mit einem aus Messing gebogenen und durch einen besonderen Verbindungssteg gut versteiften Gestell. In der Abbildung ist der Deutlichkeit halber das Zifferblatt weggelassen.

Es wird gelegentlich angeführt, daß die Rollenzählwerke gegenüber den Zeigerzählwerken eine höhere Reibung besitzen. Die Reibung kann natürlich bei einem schlecht ausgeführten Rollenzählwerk höher sein als bei einem gut gearbeiteten Zeigerzählwerk. Bei guten Rollenzählwerken dürfte jedoch gerade das Gegenteil der Fall sein. Es wird nämlich bei diesem Zählwerk normalerweise nur die letzte Rolle fortbewegt. Es ist also nur darauf zu achten, daß die Reibung der ersten Rolle eine möglichst kleine ist, was sich durch zweckmäßige Ausbildung erreichen läßt. Eine erhöhte Reibung kommt nur in einem Bruchteil der gesamten Zeit in Frage, nämlich dann, wenn die zweite Rolle auch transportiert wird. Der Transport weiterer Rollen hat überhaupt praktisch keine Bedeutung mehr, da er nur sehr selten eintritt. Dagegen werden beim Zeigerzählwerk alle Zeiger stetig fortbewegt. Die obige Überlegung zeigt, daß es falsch ist, wie es gelegentlich gemacht wird, die Reibung eines Zeigerzählwerkes mit der Reibung eines Rollenzählwerkes beim Transport sämtlichei Rollen zu vergleichen.

4. Besondere Ausführungsformen. Außer den eben beschriebenen Ausführungsformen gibt es noch verschiedene andere Abarten von Zählwerken. Zu diesen gehören in erster Linie Fernzählwerke und Zählwerke von Tarifzählern. Einige Ausführungsformen, wie z. B. Doppeltarif-, Dreifachtarif-, Maximum- und Subtraktions-Zählwerke, werden wir im dritten Teil kennenlernen.

Ferner mögen an dieser Stelle noch Zählwerke erwähnt werden, die so gebaut sind, daß ihr Fortschreiten unabhängig von der Drehrichtung des Zählankers ist. Solche mit einer Klinkenschalteinrichtung versehene Zählwerke werden beispielsweise bei Magnetmotorzählern mit Reibungskompensation nach O'Keenen und bei Magnetmotor-Vergütungszählern verwendet. Eine Sonderausführung stellen auch die Doppelzählwerke dar, die so gebaut sind, daß das eine Zählwerk bei der einen Drehrichtung des Zählers, das andere bei der anderen Drehrichtung registriert, Solche Zählwerke kommen z. B. dort in Betracht, wo mit einem einzigen Zähler die Energielieferung in beiden Richtungen gemessen werden soll.

Auch in rein konstruktiver Beziehung können die Zählwerke von den eben beschriebenen mehr oder weniger abweichen. So lagern z. B. einige Firmen das Vorgelege vertikal in Steinen.

Einen eigenartigen Aufbau hat das Zählwerk von J. Busch. Dieses Zählwerk ist in gewisser Beziehung ähnlich aufgebaut, wie ein Zeigerzählwerk. Die Zeiger sind jedoch durch Zahlenrollen ersetzt, deren Achsen in einem Spritzgußgestell vertikal gelagert sind. Die Übersetzungsräder sind gleichfalls aus Spritzguß und sind so ausgebildet, daß der Schaltvorgang sich ähnlich abspielt, wie beim Rollenzählwerk.

111. Magnete. Der Magnet ist ein wichtiger Teil bei allen Motorzählern. Als Material für Magnete kommt ein Stahl in Frage, der in magnetischer Beziehung besonders hart ist, also ein Stahl, der eine hohe Koerzitivkraft und Remanenz aufweist. Diese Eigenschaften haben Stähle, die einige Prozent Chrom oder Wolfram haben. Besonders gut in dieser Beziehung sind Stähle, die stark mit Kobalt legiert sind. Solche Stahlsorten kommen jedoch für Zählermagnete vorläufig noch nicht in Frage, da sie schwer bearbeitbar sind und weil ihr Preis ein sehr hoher ist. Auch die bei Zählern verwendeten Stahlsorten sind ziemlich schwer bearbeitbar. Besonders bei komplizierten Formen treten gerade bei Stahlsorten, die in magnetischer Beziehung sehr gut sind, leicht Härterisse auf. Die Herstellung eines Magneten vollzieht sich im wesentlichen wie folgt:

Der Stahl wird von der Hütte in Form von Stäben von richtigem Querschnitt angeliefert. Er wird im glühenden Zustand gebogen und die erforderlichen Bohrungen, evtl. mit Gewinde, werden angebracht, die Enden abgefräst u. dgl. Hierauf erfolgt die Härtung des Magneten und zum Schluß das genaue Ausschleifen des Magnetmaules.

Die Magnete weisen sehr mannigfaltige Formen auf, die durch die konstruktiven Verschiedenheiten der Zähler bedingt sind. Ferner kann allgemein gesagt werden, daß die Magnete bei Magnetmotorzählern meist wesentlich größer sind als die Magnete, die nur zur Bremsung benutzt werden. Der Grund hierfür ist, daß man bei Magnetmotorzählern, bei denen nicht nur die Bremsscheibe, sondern auch die Ankerwicklung im Luftspalt des Magneten Platz finden müssen, gezwungen ist, mit einem wesentlich größeren Luftspalt zu arbeiten. Dies bedingt, daß man zwecks Erzielung eines genügend starken magnetischen Flusses wesentlich größere Stahldimensionen wählen muß. Bei den neuzeitlichen Zählern bevorzugt man Magnete, die aus einem Stück bestehen. Früher hat man vielfach Magnete verwendet, bei denen die Schenkel im wesentlichen parallel verlaufen sind und die richtige Maulstärke durch Einsetzen besonderer Polschuhe aus Eisen an einem oder an beiden Schenkeln erzielt wurde. Abb. 156 zeigt einige charakteristische Magnetformen.

Abb. 156. Magnetformen.

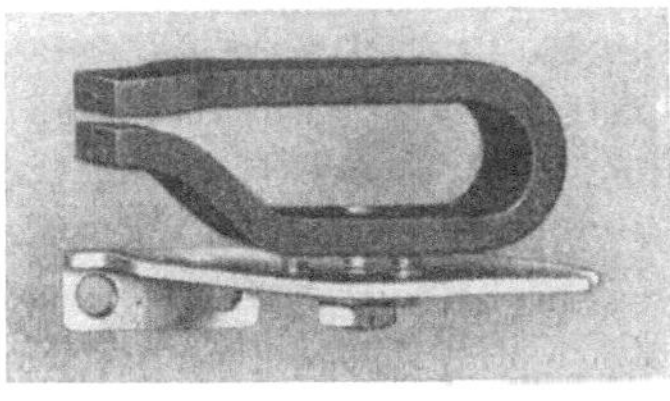

Abb. 157. Magnetbefestigung.

Eine wichtige konstruktive Einzelheit ist die Art der Befestigung der Magnete, die mit der Frage der Regulierung zusammenhängt. Bei Magnetmotorzählern werden die Magnete gewöhnlich mit einer oder zwei Schrauben in einer bestimmten Lage festgehalten. Die Regulierung erfolgt hier, wie wir wissen, meist durch Änderung des Nebenwiderstandes. Bei den übrigen Zählern bevorzugt man die Regulierung durch Verstellen des Magneten. Von den verschiedenen Arten der Befestigung des Magneten, die diese Verstellung auf bequeme Weise ermöglichen, hat sich jetzt fast allgemein die in Abb. 157 wiedergegebene

Art durchgesetzt. In dem Befestigungsbock sind drei Madenschrauben mit etwas abgerundeten Enden eingeschraubt (in der Abbildung sind zwei davon sichtbar). Diese Schrauben bilden die Stützpunkte für den Magneten, der mit Hilfe der mittleren kräftigen Zugschraube an die drei Madenschrauben angedrückt wird. Mit Hilfe der drei Madenschrauben läßt sich der Magnet in seiner Lage zur Scheibe in der Höhe genau einstellen. Bei größeren Verstellungen wird die Befestigung etwas gelockert, kleinere Verstellungen werden durch einen stärkeren Druck ohne Lockerung der Schrauben meist mit Hilfe eines besonderen Schlüssels ausgeführt. Von dieser Art der Befestigung gibt es verschiedene Abarten, z. B. solche, bei denen das Gewinde sich nicht im Magneten selbst befindet, sondern in einer besonderen Lasche.

Gelegentlich werden zur feineren Einstellung des Zählers besondere Feinverstellungen verwendet. Von diesen gibt es eine große Anzahl verschiedener Ausführungsformen. Sie haben jedoch in Deutschland nie große praktische Bedeutung erlangt, da die Erfahrung gezeigt hat, daß die oben geschilderte Art der Regulierung eine besonders günstige ist. Nur in Amerika und England werden in großem Maße solche besondere Einstellvorrichtungen benutzt. Dort werden die Magnete, auch wenn sie nur Bremsmagnete sind, meist unbeweglich befestigt und durch Veränderung der Lage eines Eisenstückes, das einen Teil der Kraftlinien von der Scheibe ablenkt oder einen besseren Schluß des Magneten bildet (gewissermaßen veränderlicher Polschuh) in ihrer Bremskraft reguliert.

112. Kollektor und Bürsten von Gleichstromzählern. Mit Rücksicht auf die geringen Kräfte, die beim Zähler besonders bei kleinen Belastungen in Betracht kommen, muß darauf geachtet werden, daß die Reibung am Kollektor eine möglichst geringe ist. Bei den Magnetmotorzählern mit Nebenwiderstand spielt, wie unter 68 bereits gesagt wurde, auch der Übergangswiderstand eine große Rolle. Diese Umstände zwingen, der Konstruktion der Bürsten und des Kollektors besonders bei diesem Zähler eine große Aufmerksamkeit zu schenken. Bei neuzeitlichen Zählern überwiegt der dreiteilige Kollektor, dessen Lamellen aus entsprechend gebogenen Blechen bzw. Bändern angefertigt sind. Die Isolation dieser Lamellen gegeneinander und gegen die Achse muß eine besonders sorgfältige sein. Die Verbindung der Kollektorlamellen mit der Ankerwicklung erfolgt meistenteils durch Lötung. Bei dynamometrischen Wattstundenzählern, bei denen die Kollektorspannung eine verhältnismäßig große ist und der Kollektor deshalb stärker abgenutzt wird, ist die Konstruktion mitunter so gewählt, daß man den Kollektor zwecks Reparatur, oder Ersatz durch einen neuen, leicht herausnehmen kann. Eine bewährte Konstruktion ist z. B. die beim Anker nach Abb. 58 (S. 117) angewandte. Bei dieser Konstruktion sind die Kollektorlamellen nach unten verlängert und tragen kleine Einkerbungen, in die sich Federn einlegen, die isoliert am Achsenende befestigt sind. Mit dem Auswechseln des Kollektors wird auf diese Weise zwangläufig auch der obere Zapfen ausgewechselt.

Von großer Wichtgikeit ist auch die konstruktive Durchbildung der Bürsten. Vor allen Dingen ist es wichtig, daß die Konstruktion der Bürsten so gewählt ist, daß man den Bürstendruck bequem regulieren kann und daß bei einem Herausnehmen der Bürsten dieselben stets wieder in die richtige Lage gebracht werden können. Die eigentlichen Kontaktschuhe, die auf dem Kollektor gleiten, werden entweder als feine Drähte oder als flach oder hochkant gestellte Bänder ausgeführt.

Eine außerordentlich wichtige Frage ist die Wahl des richtigen Materials für Bürsten und Kollektor (s. 69).

113. Wicklungen. Über die Ausführung der Wicklungen ist bereits an verschiedenen Stellen gesprochen worden. Hier mögen nur noch einige allgemeine Gesichtspunkte der konstruktiven Ausbildung der Wicklungen angeführt werden.

Als Leitungsmaterial, also in allen Fällen, in denen beabsichtigt ist, einen geringen Widerstand der Wicklung zu haben, kommt fast ausschließlich Kupfer in Betracht. Während des Krieges hat man allerdings auch Ersatzmaterialien, wie Aluminium und Zink, verwendet, die jedoch unter normalen Verhältnissen für Zähler nicht in Betracht kommen.

Als Widerstandsmaterial verwendet man in erster Linie Konstantan oder ähnliche Legierungen, die unter verschiedenen Namen hergestellt werden, so z. B. IaIa von den Vereinigten Deutschen Nickelwerken usw. Diese Legierungen enthalten meist etwa 60% Nickel und 40% Kupfer. Besonders bei schwächeren Drähten ist es wichtig, daß das Material zinkfrei ist, da es sonst leicht brüchig wird. Aus diesem Grunde verläßt man neuerdings auch die früher verwendeten zinkhaltigen Legierungen wie Neusilber, Nickelin u. dgl. Ferner kommt besonders für dünne Drähte, die schwach belastet sind, also nicht merkbar warm werden, Manganin in Frage. In Fällen, in den der Leiter warm wird, beispielsweise bei Nebenwiderständen von Gleichstromzählern, werden Konstantan und ähnliche Materialien bevorzugt, da das Manganin bei starker Erwärmung, wenn es nicht besonders geschützt ist, leicht oxydiert, was eine Änderung des Widerstandes zur Folge hat. Dagegen wird bei Nebenwiderständen für hohe Stromstärken, wo das Material in Form von Stäben oder Blechen Verwendung findet, mit Erfolg auch Manganin verwendet. In diesem Fall macht der Schutz desselben gegen Oxydieren durch einen Lack- oder Metallüberzug (Vernickeln) keine Schwierigkeiten.

Bei den meisten Wicklungen müssen die Drähte isoliert sein. Als Isolation kommt für schwache Drähte zur Zeit in erster Linie ein Lacküberzug in Frage. Diese lackierten Drähte, sog. Emailledrähte, haben sich sehr gut bewährt und bieten gegenüber den umsponnenen Drähten den Vorteil, daß bei der gleichen Sicherheit der Isolation der Isolationsauftrag geringer ist und deshalb der Wickelraum besser ausgenützt werden kann; ferner ist die Isolation nicht hygroskopisch. Bei besponnenen Drähten macht sich das Aufsaugen der Feuchtigkeit zuweilen unangenehm bemerkbar. Um dies zu vermeiden, werden umsponnene Drähte oder ganze Spulen besonders präpariert. In den Fällen, in den Umspinnung verwendet wird, kommt Baumwolle und Seide in Frage. Bei sehr schwachen Drähten, beispielsweise solchen von 0,05 mm, erhält die Umspinnung noch einen Längsfaden, welcher den sehr leicht zerreißbaren Draht schützt.

In bezug auf die Wicklungsart selbst sind bei dünndrähtigen Spulen zwei verschiedene Gruppen zu unterscheiden, und zwar die sog. wilde Wicklung und die lagenweise Wicklung. Bei der wilden Wicklung wird beim Wickeln der von der Vorratsrolle abgewickelte Draht meist direkt von Hand geführt und so gut wie möglich auf die Spule aufgebracht. Dabei legen sich die Drähte nicht genau nebeneinander und nicht genau lagenweise. Bei größerem Wicklungsauftrag werden dann von Zeit zu Zeit noch Zwischenlagen aus Papier mit eingelegt. Bei nicht ganz einwandfrei isoliertem Draht und schlecht ausgeführter Wicklung kann es vorkommen, daß solche Wicklungen Kurzschlußwindungen haben. Bei gut isoliertem Draht, unter Beachtung der nötigen Vorsichtsmaßregeln und sorgfältiger Prüfung der fertigen Spulen hat sich auch diese Wicklungsart bewährt.

Bei der lagenweisen Wicklung ist die Führung des auf die Spule auflaufenden Drahtes bei der Wickelmaschine derart, daß die einzelnen Windungen sich nebeneinander, evtl. mit einem ganz kleinen Zwischenraum, legen und eine ganz glatte Lage ergeben. Nachdem eine Lage fertiggestellt ist, kommt auf dieselbe eine Lage Papier. Auf diese Lage wird dann die zweite Lage Draht in derselben Weise wie die erste aufgebracht usw. Eine solche Wicklung ist, bei richtiger Ausführung, der wilden Wicklung vorzuziehen. Es kommt jedoch hierbei sehr auf die Beschaffenheit des für die Zwischenlage verwendeten Papiers an. Wenn dasselbe hygroskopisch ist, können sich im Laufe der Zeit schädliche Stoffe ausscheiden, die die Wicklung verderben.

Eine besondere Art der Wicklung ist die früher in großem Umfange von der AEG verwendete Kreuzwicklung, bei der die aufeinander folgenden Lagen gekreuzt auf der Spule angeordnet sind. Es gibt auch Wicklungen, die als Zwischenausführung zwischen lagenweiser und wilder Wicklung angesehen werden können. Bei ihnen wird z. B. bei jeder zweiten oder dritten Lage des Drahtes, der mehr oder weniger sorgfältig aufgewickelt ist, eine Zwischenlage aus Papier aufgebracht.

Die beiden Endlagen der Spannungsspulen von Induktionszählern werden zuweilen besonders stark isoliert und aus Draht von größerem Durchmesser als die übrigen Lagen gewickelt. Diese Maßnahme erhöht die Widerstandsfähigkeit der Spule gegenüber den im Netz auftretenden Überspannungen.

Die Hauptstromwicklungen sind aus stärkerem Draht und meist lagenweise gewickelt. Hier kommt neben dem Emailledraht sehr oft mit Baumwolle umsponnener Draht zur Anwendung. Bei sehr starken Wicklungen, wie sie bei hohen Stromstärken in Frage kommen, werden auch blanke Drähte oder Bänder verwendet. Bei länglichem Querschnitt können die Bänder sowohl flach wie hochkant aufgebracht sein. Drähte großen Querschnittes werden durch Lackieren isoliert oder sie werden so aufgebracht, daß die einzelnen Windungen sich nicht berühren können. Gelegentlich wird auch eine Umwicklung durch Isolierband oder Zwischenlagen von Preßspanstreifen u. dgl. verwendet.

Die Wicklungsträger oder Spulenkörper bestehen aus Pappe, die zweckmäßigerweise lackiert ist (Lackpappspulen); ferner aus Preßspan oder Hartpapier (Bakelitpapier). Das letztgenannte Material ist besonders geeignet, weil es kaum hygroskopisch und deshalb gegen Feuchtigkeitseinflüsse sehr unempfindlich ist. Es isoliert vorzüglich und weist eine hohe Durchschlagsfestigkeit auf. Als weiteres Material für Spulenkörper kommt auch Porzellan, Speckstein und ähnliche keramische Massen in Frage. Spulenkörper aus solchem Material werden vorwiegend bei Vorwiderstandsspulen und Hilfsspulen verwendet; dagegen kommen sie bei Strom- und Spannungsspulen seltener in Frage, da ihre Wandstärke ziemlich groß ist und sie deshalb einen größeren Verlust an Wickelraum verursachen als die Preßspan- und ähnliche Spulen. Zuweilen werden Spulen auch frei, also ohne Anwendung eines besonderen Wicklungsträgers gewickelt. Solche frei gewickelten Spulen finden wir z. B. oft als Hauptstromspulen verschiedener dynamometrischer Zähler vor.

Dritter Teil.

Tarife und Tarifapparate.

I. Grundlagen der Verrechnung elektrischer Arbeit.

114. Einleitung. Die bis jetzt behandelten Zähler erlauben nur den Verbrauch in Ah oder kWh zu messen. Bei vielen Verrechnungsverfahren (Tarifen) genügt jedoch diese einfache Anzeige nicht und es sind besondere Einrichtungen erforderlich, die entweder ein getrenntes Gerät darstellen oder in Verbindung mit einem Zähler stehen. Es gibt sehr viel verschiedene Tarifeinrichtungen und Sonderzähler, die sich voneinander ihrer Wirkungsweise und ihrer Bauart nach unterscheiden, und es ist nicht möglich, an dieser Stelle alle diese Einrichtungen und Zähler genau zu beschreiben. Wir wollen uns deshalb darauf beschränken, nur die wichtigsten Einrichtungen in ihren Grundzügen kennenzulernen und einige Beispiele ausgeführter Geräte dieser Art zu bringen. Wir werden uns in erster Linie mit der Anwendung der beschriebenen Tarifeinrichtungen beim kWh-Zähler befassen, wollen aber bereits hier darauf hinweisen, daß die meisten dieser Einrichtungen sinngemäß für andere Zählerarten Verwendung finden können und oftmals in der Tat angewandt werden. Nähere Einzelheiten über Tarifeinrichtungen, die bei Apparaten verschiedenen Ursprungs zum Teil ziemlich verschieden sind, findet man in den Druckschriften der in Betracht kommenden Zählerfirmen. Am besten macht man sich die Wirkungsweise der Tarifeinrichtungen an Hand ausgeführter Apparate klar, weil es oft überhaupt schwer ist, manche Vorgänge, die beim Vorliegen eines Modells leicht verständlich sind, zu beschreiben.

Einen wichtigen Bestandteil vieler Tarifeinrichtungen bilden Uhrwerke und Uhren. Wir werden uns deshalb anschließend an die Behandlung der Tarifapparate und Sonderzähler (Kapitel II) im Kapitel III etwas eingehender mit diesem Gegenstand befassen.

Um die Bedeutung der Tarifeinrichtungen zu verstehen, ist es notwendig, sich mit den Grundlagen der Verrechnung elektrischer Arbeit etwas vertraut zu machen. Wir werden deshalb im folgenden zuerst auch diese Frage kurz erörtern. Es sei noch bemerkt, daß die Tarife, bei denen besonders der Blindstrom berücksichtigt wird, und die Zähler, die zur Berücksichtigung des Blindstromes dienen, eine Sonderstellung einnehmen. Wir werden sie deshalb getrennt im vierten Teil behandeln.

115. Preis elektrischer Arbeit. Erzeugungskosten. Die elektrische Arbeit ist in gewissem Sinne eine Ware, für deren Verkauf im wesentlichen dieselben Gesichtspunkte gelten wie für andere Waren. Demnach sind für den Preis, den ein Abnehmer an das stromliefernde Werk zu zahlen hat, in erster Linie die Selbstkosten (Erzeugungskosten) und dann in gewissem Maß auch das Angebot und die Nachfrage maßgebend. Wenn man von Ausnahmen absieht, so kann der Verkaufspreis nicht niedriger sein als die Erzeugungskosten, im Gegenteil, im Verkaufspreis muß naturgemäß ein Gewinn enthalten sein. Man begnügt sich jedoch beim Verkauf elektrischer Arbeit im allgemeinen mit einem bescheidenen Gewinn, da man auf diese Weise die sowohl im Interesse des stromliefernden Werkes als auch im Interesse der Allgemeinheit liegende Steigerung des Verbrauches elektrischer Energie, die heute einen wichtigen Kulturfaktor darstellt, fördert. Die größeren Unterschiede im Preis, die vorkommen, sind in der Hauptsache durch die große Verschiedenheit der auf einen Abnehmer entfallenden Erzeugungskosten begründet. Diese Tatsache wird oft bei der Beurteilung des Preises übersehen. Die Errechnung der auf einen Abnehmer entfallenden Erzeugungskosten macht bei elektrischer Energie allerdings große Schwierigkeiten und ist stets nur mit einer gewissen Annäherung möglich. Der Hauptgrund liegt darin, daß die elektrische Energie im Gegensatz zu anderen Waren sich nicht stapeln oder lagern läßt. Wir sehen dabei von dem praktisch weniger wichtigen Fall der Gleichstromanlagen mit Akkumulatoren ab.

Die gesamten Erzeugungskosten K eines Elektrizitätswerkes in einem bestimmten Zeitabschnitt, beispielsweise in einem Jahr, setzen sich zusammen aus den festen Kosten F und den beweglichen Kosten B.

Die festen Kosten oder Bereitstellungskosten F sind diejenigen Kosten, die unabhängig von der erzeugten Energiemenge, also der kWh-Zahl sind. Sie sind im wesentlichen von der Größe der Anlage und den örtlichen Verhältnissen abhängig und setzen sich in erster Linie aus folgenden Posten zusammen:

1. Abschreibung und Verzinsung des Anlagekapitals für das Kraftwerk, das Netz, die Zähler usw.

2. Der größte Teil der Gehälter und Löhne, da diese im wesentlichen von der Höhe der Energielieferung unabhängig sind.

3. Versicherungsbeiträge, Steuern, besondere Abgaben u. dgl.

4. Putzmaterial, Kosten der von der Stromlieferung unabhängigen Verluste im Kraftwerk und Netz, Instandsetzungskosten u. dgl.

Die beweglichen Kosten B sind im wesentlichen der Energieabgabe proportional. Zu ihnen gehören:

1. Kosten für Brennmaterial, ein Teil der Kosten für Schmiermittel usw.
2. Kosten des Speise- und Kühlwassers.
3. Ein Teil der Löhne, wie z. B. der der Heizer.

Wir haben stillschweigend eine Dampfkraftanlage zugrunde gelegt. Bei anderer Art der Stromerzeugung kommen entsprechende Kosten in Frage.

Bezeichnen wir mit b die beweglichen Kosten bezogen auf 1 kWh und beträgt die gesamte Energielieferung während einer bestimmten Zeit, beispielsweise eines Jahres, A kWh, so berechnen sich die gesamten beweglichen Kosten zu $B = b \cdot A$ und die Gesamtkosten einschließlich der festen zu

$$K = F + B = F + b \cdot A .$$

Dividieren wir diese Gleichung durch die Anzahl A der gelieferten kWh, so erhalten wir die Gesamtkosten k für je 1 kWh zu

$$k = \frac{K}{A} = \frac{F}{A} + b .$$

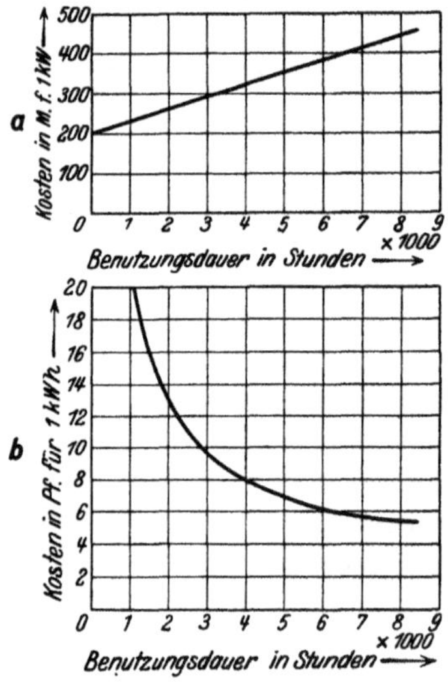

Abb. 158. Kosten für 1 kW bzw. 1 kWh bei verschiedener Benutzungsdauer.

Diese Gleichung zeigt, daß bei einer gewissen Größe der festen Kosten ihr Anteil, der auf 1 kWh entfällt, um so kleiner ist, je größer die gesamte Energieabgabe ist. Bezeichnen wir diesen Anteil mit f, so ist $f = \frac{F}{A}$ und die Gesamtkosten für je 1 kWh berechnen sich zu

$$k = f + b .$$

Beziehen wir alle Kosten auf 1 kW der Leistungsfähigkeit der Anlage und ein Jahr, so ergibt sich der in Abb. 158a gezeichnete Verlauf der Gesamtkosten in Abhängigkeit von der Zeitdauer der Stromentnahme. Es ist dabei beispielsweise angenommen, daß die Gesamterrichtungskosten des Elektrizitätswerkes 1000 ℳ je kW abgegebener Leistung betragen, und daß die festen Kosten, bezogen auf ein Jahr, 20% dieses Betrages, also 200 ℳ sind. Die beweglichen Kosten sind zu $b = 3$ Pf. für je eine abgegebene kWh angesetzt. Abb. 158b zeigt den Verlauf der Kosten k für 1 kWh in Abhängigkeit von der Zeitdauer der Stromentnahme. Wir sehen z. B. aus der Kurve, daß bei nur 1500 Stunden Stromabgabe die Kosten für 1 kWh 16,7, bei 8000 Stunden dagegen nur 5,5 Pf. betragen.

116. Tarife. Bei einem guten Stromtarif müssen die von den Abnehmern zu zahlenden Beträge sich den Erzeugungskosten, die auf jeden Abnehmer entfallen, möglichst anpassen, d. h. der Tarif soll gerecht sein. Außerdem soll der Tarif den Abnehmer anregen, einen möglichst hohen und dabei gleichmäßigen Verbrauch zu haben. Je größer der Energiebedarf des Abnehmers ist, um so mehr kann der Tarif sich einem idealen Tarif nähern, weil man bei solchen Großabnehmern auch etwas verwickeltere Tarife und kostspieligere Meßeinrichtungen in Kauf nehmen kann. Dagegen müssen die Tarife für Kleinabnehmer einfach und leicht verständlich sein und dürfen keine verwickelten Meßeinrichtungen erfordern.

Eine ganz genaue Anpassung des Verkaufspreises an die Erzeugungskosten ist überhaupt nicht möglich. Die Hauptschwierigkeit liegt in der Bestimmung der auf jeden Abnehmer entfallenden festen Kosten. Würden alle Abnehmer ihre höchste Belastung zur gleichen Zeit haben, so wären die gesamten festen Kosten K des Werkes proportional diesen Höchstbelastungen der einzelnen Abnehmer festzusetzen. In Wirklichkeit wird jedoch die Höchstbelastung bei verschiedenen Abnehmern zu verschiedener Zeit auftreten, was eigentlich dann eine ganz andere Art der Verteilung der festen Kosten bedingt. Praktisch muß man sich jedoch damit begnügen, als Maß für die festen Kosten die Höchstbelastung des Abnehmers anzusehen, wobei man bei der Bemessung der Höhe der für die Höchstleistung zu zahlenden Leistungsgebühr die zeitliche Verschiedenheit der maximalen Belastung schätzungsweise berücksichtigen kann.

Wie aus den obigen Betrachtungen folgt, ist ein Abnehmer um so günstiger und die auf ihn je kWh entfallenden Kosten sind um so geringer, je gleichmäßiger er seine Anlage belastet. Ein Maß für die Gleichmäßigkeit der Belastung der Anlage ist die Benutzungsstundenzahl t, die als $t = \frac{A}{N}$ definiert ist, wobei A die gesamte vom Abnehmer in einer gewissen Zeit, beispielsweise in einem Jahr, entnommene Energiemenge in kWh und N die höchste in einem Augenblick erreichte Belastung in kW ist. Es ist auch leicht einzusehen, daß es nicht gleichgültig ist, zu welcher Zeit ein Abnehmer seine Anlage belastet. Besonders günstig sind Abnehmer, deren Belastungszeit mit der der meisten anderen Abnehmer nicht zusammenfällt, d. h. solche, die die Spitzenbelastung des Werkes nicht beeinflussen, und es ist deshalb gerechtfertigt, solchen Abnehmern besonders günstige Strompreise zu gewähren, da auf sie fast keine Bereitstellungskosten entfallen.

Es gibt eine sehr große Anzahl verschiedener Tarife, von denen wir im folgenden die wichtigsten kurz besprechen wollen.

1. Reiner Pauschaltarif. Diese Verrechnungsart ist die einfachste, aber auch unvollkommenste. Zu ihrer Durchführung sind keinerlei Zähler oder sonstige Meßgeräte erforderlich, so daß sie den Zählerfachmann am wenigsten interessiert. Der Abnehmer entrichtet für eine bestimmte Verrechnungszeit, beispielsweise einen Monat, einen bestimmten Betrag, dessen Höhe nach irgendwelchen Gesichtspunkten festgelegt wird, z. B. nach der Anzahl der installierten Glühlampen. Bei dieser Verrechnungsart können die festen Kosten noch einigermaßen berücksichtigt werden; dagegen können die beweglichen Kosten auch nicht annähernd richtig erfaßt werden. Diese Tarifart ist als äußerst ungerecht zu betrachten, da stets entweder das stromliefernde Werk oder die Abnehmer benachteiligt sind. Sie kommt nur für die kleinsten Abnehmer in Betracht.

2. Pauschaltarif mit Strombegrenzer. Eine, wenn auch unwesentliche Verbesserung des Pauschaltarifes wird dadurch erreicht, daß in die Anlage ein Strombegrenzer (s. 126) eingebaut wird, der eine Strom- oder Leistungsentnahme nur bis zu einer gewissen Höhe zuläßt.

3. Pauschaltarif mit Spitzenzähler. Hier wird in die Anlage ein Spitzenzähler (s. 121) eingebaut. Der Verbrauch, der einer Überschreitung der Pauschalgrenze entspricht, wird vom Spitzenzähler angezeigt und besonders verrechnet. Diese Verrechnungsart hat gegenüber dem Pauschaltarif mit Strombegrenzer den Vorteil, daß der Abnehmer in seiner Stromabnahme nicht begrenzt ist. Dem Elektrizitätswerk sichert dieser Tarif stets eine Mindesteinnahme, die die Deckung der festen Kosten ermöglicht. In gewisser Beziehung ist dieser Tarif deshalb dem reinen kWh-Tarif sogar überlegen.

4. Zeitzählertarif. Bei dieser Verrechnungsart wird die Zeitdauer der Einschaltung der Anlage mit Hilfe eines Zeitzählers (s. 125) gemessen und nach dieser Zeit werden die Stromkosten berechnet. Unter der Voraussetzung, daß die Wattbelastung unverändert bleibt, nähert sich dieser Tarif bereits dem kWh-Tarif.

5. Reiner kWh-Tarif. Bei dieser, wohl am meisten verbreiteten Verrechnungsart zahlt der Abnehmer einen bestimmten Betrag für jede verbrauchte kWh, die von dem bei ihm eingebauten kWh-Zähler (bei Gleichstrom evtl. auch Ah-Zähler) angezeigt worden ist. Hier werden die beweglichen Kosten, die ja dem Verbrauch in kWh proportional sind, genau berücksichtigt. Dagegen können die festen Kosten, die in den Zählerangaben nicht zum Ausdruck kommen, nur in den kWh-Preis auf Grund einer Schätzung eingerechnet werden.

6. Grundgebührentarif. Bei dieser Verrechnungsart, die sehr verschieden gestaltet werden kann, wird der oben angeführte Nachteil

des reinen kWh-Tarifes dadurch vermieden, daß der Abnehmer neben einem bestimmten Preis für die entnommene kWh noch einen gewissen festen Betrag, beispielsweise je Monat, entrichtet. Diese Grundgebühr stellt dann die Deckung der festen Kosten dar. Der kWh-Preis wird bei dieser Verrechnungsart entsprechend niedriger bemessen als beim reinen kWh-Tarif.

7. Maximumtarif. Hier wird neben dem Verbrauch in kWh noch die in der Anlage auftretende Höchstbelastung gemessen. Der Abnehmer zahlt für jede verbrauchte kWh wie bei reinem kWh-Tarif einen bestimmten Betrag, die Arbeitsgebühr, die den beweglichen Kosten entspricht, und außerdem eine Leistungsgebühr, die von seiner Höchstlast abhängig ist und den festen Kosten entspricht. Diese Verrechnungsart paßt sich den Gestehungskosten am besten an und ist als die vollkommenste Verrechnungsart überhaupt anzusehen. Bei ihrer Anwendung hat der Abnehmer Interesse, seine Anlage so gleichmäßig wie möglich zu belasten, da dann sein gesamter kWh-Preis am niedrigsten wird, weil der auf 1 kWh entfallende Anteil der Leistungsgebühr am kleinsten ist. Bis vor kurzem wurde der Maximumtarif nur bei mittleren und Großabnehmern angewandt, weil zu seiner Durchführung nur die immerhin verhältnismäßig teueren und verwickelten Maximumzähler (s. 119) in Betracht kamen. Neuerdings gewinnt diese Verrechnungsart auch für Kleinabnehmer eine gewisse Bedeutung, nachdem es gelungen ist, einfache Maximumzeiger zu bauen. Bei Großabnehmern werden auch weitere Verfeinerungen des Maximumtarifes angewandt, die insbesondere durch Anwendung von schreibenden Maximumzählern (s. 120) möglich sind.

8. Doppeltarif. Bei dem Doppeltarif kommen bei der Verrechnung zwei verschiedene kWh-Preise zur Anwendung. Dabei kommen verschiedene Arten von Doppeltarif in Betracht.

a) Zeitdoppeltarif. Hier wird der kWh-Preis verschieden je nach der Entnahmezeit verrechnet, z. B. wird ein höherer Preis am Abend zur Zeit der Spitzenbelastung des Elektrizitätswerkes in Rechnung gestellt und ein niedrigerer Preis am Tage und in der Nacht. Dieser Tarif trägt zu einer gleichmäßigen Belastung des Werkes bei. Zu seiner Durchführung werden Doppeltarifzähler (s. 117) benötigt.

b) Licht- und Krafttarif. Bei ihm wird der Energieverbrauch für Kraftzwecke zum billigeren Preis verrechnet als für Lichtzwecke. Zu seiner Durchführung werden entweder zwei getrennte Zähler, ein Licht- und ein Kraftzähler, oder ein kombinierter Licht- und Kraftzähler (s. 122) verwendet. Dieser Tarif hat eine ähnliche Wirkung wie der Zeitdoppeltarif, weil in den meisten Fällen die Kraftentnahme zeitlich nicht mit der Spitzenbelastung, die durch den Lichtstrom verursacht wird, zusammenfällt.

c) Belastungsdoppeltarif. Bei dieser Tarifart wird die Umschaltung des Doppelzählwerkes abhängig von der Belastung der Anlage mit Hilfe eines auf die Höhe der Belastung der Anlage ansprechenden Relais vorgenommen (Relaiszähler).

9. Mehrfachtarife. Diese Tarife bilden eine Weiterentwicklung des Doppeltarifes. Zur Zeit kommt praktisch nur der Zeit-Dreifachtarif in Betracht, bei dem drei verschiedene kWh-Preise in Anwendung kommen. Zur Durchführung dieser Verrechnungsart werden Dreifachtarifzähler (s. 118) verwendet.

10. Vergütungstarif. Bei ihm wird der Gesamtverbrauch mit Hilfe eines normalen kWh-Zählers bestimmt. Außerdem wird mittels eines meist tragbaren Vergütungszählers (s. 123) der Verbrauch bestimmter Apparate, z. B. Bügeleisen u. dgl., gemessen. Der Vergütungszähler ist meist so beschaffen, daß er erst bei einer bestimmten Belastung anläuft, so daß er nicht den Verbrauch einer oder sogar mehrerer Glühlampen anzeigt. Für die vom Vergütungszähler angezeigte kWh-Zahl erhält der Abnehmer eine Vergütung, was darauf hinausgeht, daß der Kraft- bzw. Kochstrom zu einem billigeren Preise abgegeben wird.

11. Anwendung von Selbstverkäufern. In gewissen Fällen werden an Stelle von normalen kWh- oder Ah-Zählern Selbstverkäufer (s. 124) angewandt, bei denen der Abnehmer so lange Strom entnehmen kann, solange er den vorausbezahlten Betrag nicht erschöpft hat. Diese Tarifart, die auch mit einen Grundgebührentarif kombiniert sein kann, unterscheidet sich im wesentlichen nicht von dem reinen kWh-Tarif bzw. kWh-Tarif mit Grundgebühr.

Außer den behandelten Tarifen gibt es eine große Anzahl anderer Tarife, insbesondere solche, bei denen mehrere der aufgeführten Tarife kombiniert sind; so kommt z. B. ein kombinierter Maximum- und Doppeltarif zur Anwendung.

II. Tarifapparate.

117. Doppeltarifzähler. In Abb. 159 ist der Verlauf der Belastung bei einem Abnehmer während eines Tages gezeichnet. Es ist dabei ein Abnehmer angenommen, der in den Abendstunden einen hohen Lichtverbrauch hat. Ein bei diesem Abnehmer eingebauter normaler kWh-Zähler würde den Gesamtverbrauch des Abnehmers messen. Dieser Verbrauch ist durch die gesamte von der Belastungslinie und der Abszissenachse eingeschlossene Fläche gegeben (s. hierzu 48). Beim Doppeltarifzähler wird der Verbrauch während einer bestimmten Zeitperiode — in der Abbildung von 17 Uhr bis 21 Uhr — von einem Zählwerk für hohen Tarif (HT) angezeigt, der übrige von einem anderen Zählwerk für niedrigen Tarif (NT). Demnach entsprechen die Angaben des ersten Zählwerkes der mit HT bezeichneten Fläche, die des anderen Zählwerkes den zwei anderen mit NT bezeichneten Flächen. Die Umschaltung von einem Zählwerk auf das andere wird von einer Schaltuhr bewerkstelligt.

Am meisten verbreitet ist die in Abb. 160 schematisch dargestellte Ausführung, bei der die Umschaltung mit Hilfe eines Relais und einer

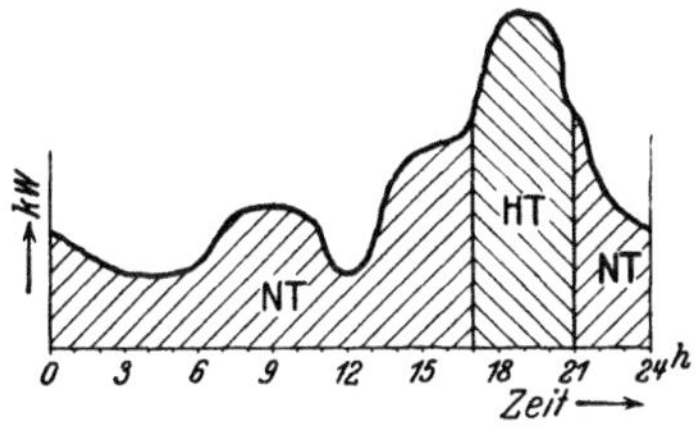

Abb. 159. Belastungskurve.

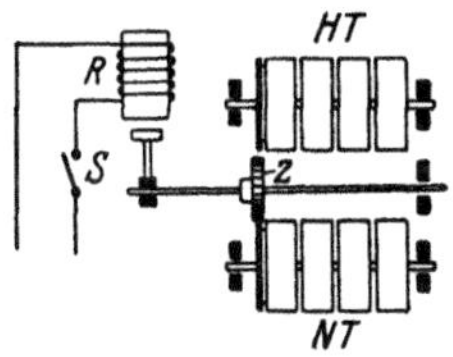

Abb. 160. Doppeltarifzählwerk.

getrennten Schaltuhr (s. 136) erfolgt. In der in der Abbildung angedeuteten Lage ist der in der Schaltuhr eingebaute Schalter S offen, das Relais R ist unerregt und das Zahnrad Z treibt das untere Zählwerk NT an. Wird durch die Uhr der Schalter S geschlossen, so wird dadurch die Relaiswicklung an Spannung gelegt, der Anker angezogen und das Zahnrad Z kommt in Eingriff mit dem oberen Zählwerk HT.

Diese Anordnung ist die übliche, weil die Zeit des hohen Tarifes normaler-

Abb. 161. Doppeltarifzählwerk der SSW.

Abb. 162. Doppeltarifzähler der Bergmann-Werke.

weise wesentlich kürzer ist, als die des niedrigen Tarifes. Deshalb ist der Energieverbrauch im Relaiskreis geringer als dann, wenn man das Relais beim niedrigen Tarif erregt. Die Anpassung des Relaiskreises an die Höhe der Netzspannung wird sowohl bei Gleichstrom wie bei Wechselstrom durch Anwendung von Vorwiderständen entsprechender Größe vorgenommen. Die Relaiswicklung selbst wird für verschiedene Spannungen gleich ausgeführt, so daß der Wattverbrauch, ähnlich wie dieses im Spannungskreis von dynamometrischen Zählern (s. 60) der Fall ist, proportional der Netzspannung ist. Der Relaisstrom beträgt meist etwa 15 mA, so daß der Wattverbrauch etwa 1,5 W für je 100 V Netzspannung ist.

Die konstruktive Ausbildung des Doppeltarifzählwerkes kann sehr verschieden sein. Abb 161 zeigt beispielsweise eine neuzeitliche Bauart der SSW. Der Deutlichkeit halber ist das Zählwerkszifferblatt nicht abgebildet. Abb. 162 zeigt einen Doppeltarif-Magnetmotorzähler Modell Ad der Bergmann-Elektrizitätswerke.

Abb. 163. Doppeltarifzähler der Aronwerke mit eingebauter Uhr.

Die Umschaltung des Doppeltarifzählwerkes kann auch auf mechanischem Wege durch eine im Zähler eingebaute Schaltuhr bewerkstelligt werden. Als Beispiel einer solchen Anordnung zeigt Abb. 163 einen Doppeltarif-Drehstromzähler der Aronwerke Modell EMD. Die in diesem Zähler verwendete Uhr besitzt einen elektrischen Aufzug mit einem Ferraris-Laufwerk (s. 135).

Die Doppeltarifzähler mit getrennter Schaltuhr sind dort besonders vorteilhaft, wo die Möglichkeit besteht, mehrere Zähler an eine Schaltuhr anzuschließen.

118. Dreifachtarifzähler. Es gibt verschiedene Ausführungsformen des Dreifachtarifzählers. Abb. 164 zeigt schematisch das Dreifachtarifzählwerk, wie es von den SSW gebaut wird. Die vom Zähler angetriebene Achse, auf der die Zahnräder *Z I*, *Z II* und *Z III* sitzen, ist derart federnd gelagert, daß bei unerregten Relais *R II* und *R III* das Zahnrad *Z I* das Zählwerk *I* antreibt. Die beiden anderen Zahnräder sind außer Eingriff, so daß die beiden anderen Zählwerke nicht anzeigen. Wenn durch das Schließen des Schalters *S II* der Schaltuhr das Relais *R II* erregt wird, so kommt das Zahnrad *Z II* in Eingriff

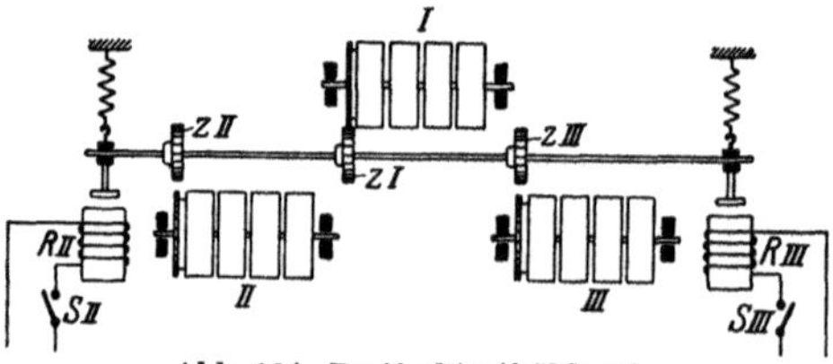

Abb. 164. Dreifachtarifzählwerk.

und es tritt das Zählwerk *II* in Tätigkeit. Dabei sind die beiden anderen Zählwerke außer Betrieb. Entsprechend liegen die Verhältnisse bei der Erregung des Relais *R III* beim Schließen des Schalters *S III*.

Abb. 165 zeigt eine von der beschriebenen abweichende Anordnung des Dreifachtarifzählers der AEG mit eingebauter Schaltuhr. Dieser Zähler ist mit einem einfachen und einem Doppelzählwerk ausgerüstet. Das erste Zählwerk *1* bleibt stets eingeschaltet, zeigt also den Gesamtverbrauch an, die beiden anderen, *2* und *3*, werden durch die eingebaute Uhr entweder abwechselnd eingeschaltet oder ganz außer Eingriff gebracht. Wenn man von dem Gesamtverbrauch die Summe der an den Zählwerken *2* und *3* abgelesenen Teilverbräuche abzieht, erhält man den Wert, der dem dritten Tarif entspricht.

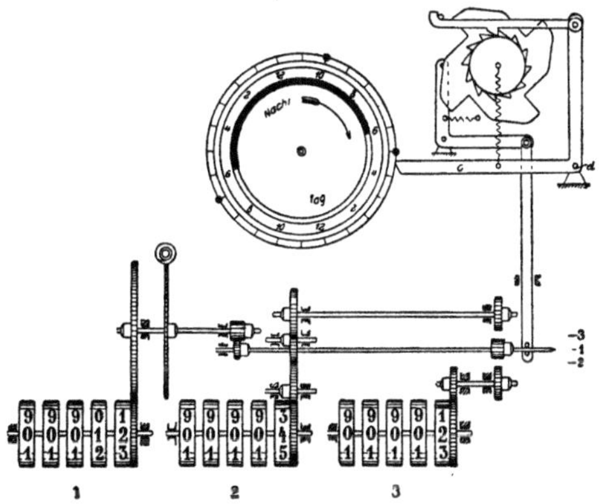

Abb. 165. Dreifachtarifzähler für Zu- und Abschaltung.

119. Maximumzähler. Die Maximumzähler sind die wichtigsten Tarifapparate für Großabnehmer. Mit ihrer Hilfe wird die maximale in der Anlage aufgetretene Leistung gemessen, die ein Maß für die Bestimmung der festen Kosten bzw. der Leistungsgebühr ist. Im Prinzip könnte man die höchste während einer Verrechnungsperiode, beispielsweise eines Monats oder eines Jahres, aufgetretene Höchstbelastung mit Hilfe eines schreibenden Leistungsmessers bestimmen. Eine derartige Messung kommt jedoch für Verrechnungszwecke nicht in Betracht. Sie würde zu ungenau, ihre Durchführung auch kostspielig und umständlich sein. Ferner haftet ihr ein grundsätzlicher Fehler an. Für die Beurteilung der Höhe der Bereitstellungskosten, die auf einen Abnehmer entfallen, ist nämlich nicht die kurzzeitig in einem Moment aufgetretene Höchstbelastung der Anlage, die z. B. im Moment des Anlassens eines Motors auftritt, maßgebend, sondern der Höchstwert einer mittleren Belastung während eines etwas längeren Zeitraumes, beispielsweise einer ¼ oder einer ½ Stunde. Dies wird verständlich, wenn man berücksichtigt, daß kurzzeitige Überlastungen, die gelegentlich auftreten, ohne weiteres von den Generatoren, Transformatoren und der Leitungsanlage aufgenommen werden können, da in einer kurzen Zeit auch bei hoher Belastung keine nennenswerte Erwärmung auftreten kann. Alle geschilderten Nachteile vermeidet der Maximumzähler, der neben einem Zählwerk einen besonderen von dem Zähler betätigten Maximumzeiger besitzt.

Die konstruktive Ausbildung dieses Maximumzeigers ist bei den Zählern verschiedenen Ursprungs verschieden. Die meisten beruhen jedoch auf folgendem Prinzip (Abb. 166): Das Zahnrad *Z I* wird unter Zwischenschaltung einer entsprechenden Übersetzung von der Zählerachse aus angetrieben. Seine Achse ist auf dem Hebel *H* befestigt, der um den Drehpunkt *d* drehbar ist. Normalerweise befindet sich das Zahnrad *Z I* in Eingriff mit dem Zahnrad *Z II*. Die Achse *a* von *Z II* ist fest. Auf ihr sitzt noch der Maximumzeiger (Schleppzeiger) *M*, der durch Reibung (Friktion) auf ihr gehalten wird. Wir wollen zuerst annehmen, daß der Zähler stillsteht, also unbelastet ist, und der Mitnehmerstift *S*, der mit dem Zahnrad *Z II* verbunden ist, an dem festen Anschlag *A* anliegt. Der Maximumzeiger *M* berührt dabei den Mitnehmerstift und steht auf dem Anfangsstrich Null der Skala. (Diese Lage von *S* und *M* ist gestrichelt angedeutet.) Der Zähler wird nun

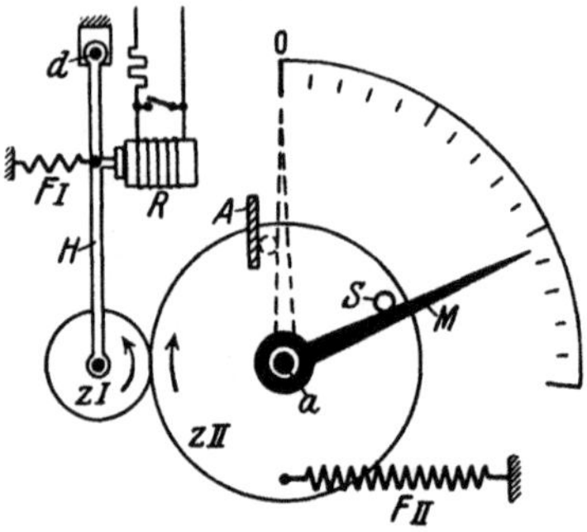

Abb. 166. Maximumzähler schematisch.

belastet. Die Zahnräder *Z I* und *Z II* laufen dabei in der Richtung der eingezeichneten Pfeile um. Der Mitnehmerstift *S* schiebt dann den Maximumzeiger *M* vor sich her. Der Weg, den der Zeiger dabei zurücklegt und der auf der Teilung abgelesen werden kann, ist also proportional dem Verbrauch, der von Beginn des geschilderten Vorganges ab gerechnet in der Anlage aufgetreten ist. Nach Ablauf der Registrierperiode, die meist ¼ oder ½ Stunde beträgt, wird für einen kurzen Augenblick der in eine Schaltuhr eingebaute, in der Abbildung angedeutete Schalter (s. 136) geschlossen und dadurch das normalerweise erregte Relais *R* stromlos gemacht. Der mit dem Hebel *H* verbundene Anker wird losgelassen, so daß die Feder *F I* den Hebel *H* mit dem an ihm befestigten Zahnrad *Z I* nach links zieht. Das beim Entkuppeln freigewordene Zahnrad *Z II* wird durch die an ihm angreifende Feder *F II* gegen die Pfeilrichtung so weit gedreht, bis der Mitnehmerstift *S* am Anschlag *A* anliegt. Der Maximumzeiger *M* bleibt dagegen in der erreichten Endlage stehen. Kurz nach erfolgter Entkupplung wird das Relais durch Öffnen des Schalters in der Schaltuhr wieder erregt, zieht seinen Anker an und die beiden Zahnräder kommen wieder in Eingriff. Der Mitnehmerstift *S* bewegt sich wieder in der Pfeilrichtung mit einer Geschwindigkeit, die der Belastung des Zählers entspricht. Ist der Verbrauch während der zweiten Registrierperiode kleiner als während der ersten, so erreicht *S* den Maximumzeiger nicht. Dieser behält also seine frühere Lage bei. Ist umgekehrt in der zweiten Registrierperiode der Verbrauch größer als in der ersten, so wird vor Schluß der Registrierperiode der Stift S den Maximumzeiger erreichen und entsprechend dem Betrage, um den der Verbrauch jetzt größer ist, weiterbewegen. Die Stellung des Zeigers M entspricht stets dem größten Verbrauch, der während irgendeiner Registrierperiode seit Anfang der Ableseperiode, also der Zeit, in der der Zeiger auf Null gestellt wurde, aufgetreten ist. Wenn man den Höchstverbrauch in kWh, dem der Weg des Zeigers entspricht, durch die Registrierperiode dividiert, so erhält man offenbar den Höchstwert der mittleren Belastung in kW während einer Registrierperiode. Wenn z. B. die Anzeige des Zeigers einem Verbrauch von 75 kWh entspricht und die Registrierperiode ½ Stunde ist, so war die mittlere Belastung in der Registrierperiode, während der der höchste Verbrauch aufgetreten ist, $75 : \frac{1}{2} = 150$ kW. Allgemein sind die einzelnen, von dem Mitnehmerstift S oder einem anderen Punkt des Zahnrades $Z\,II$ zurückgelegten Wege proportional den mittleren Belastungen während der einzelnen Registrierperioden. Wir können die Skala auch so zeichnen, daß der Höchstwert der mittleren Belastung in kW direkt abgelesen wird. In den meisten Fällen hat die Skala eine beliebige Teilung — sie ist beispielsweise in Grade geteilt — und die Höchstbelastung in kW wird durch die Multiplikation des Zeigerausschlages mit einer auf dem Zähler aufgeschriebenen Konstanten ermittelt.

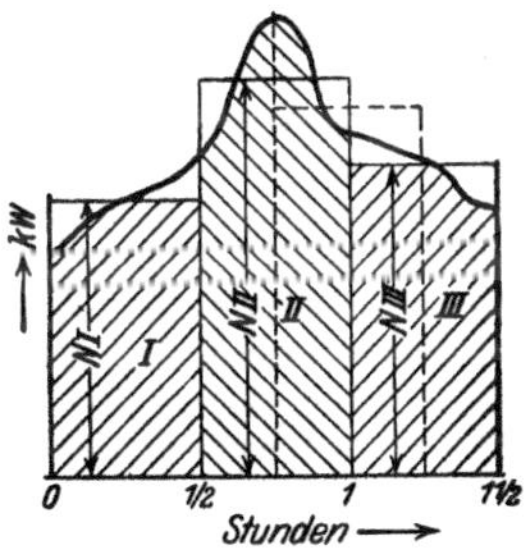

Abb. 167. Belastungskurve und Registrierperioden.

Das Obige wird noch auf folgende Weise besonders anschaulich. In Abb. 167 ist ein Teil der Belastungskurve eines Abnehmers gezeichnet. Wir wollen annehmen, daß der Maximumzeiger auf Null zurückgestellt und im Augenblick 0 die Belastung eingeschaltet worden ist. Dann wird der Verbrauch in der ersten halben Stunde, also der ersten Registrierperiode, der schraffierten Fläche I entsprechen. Der von dem Mitnehmerstift S zurückgelegte Weg ist also der Fläche I oder der mittleren Ordinate, die der mittleren Wattbelastung $N\,I$ in dieser Periode entspricht, proportional. Der zweiten Registrierperiode, in der die höchste Belastung aufgetreten ist, entspricht die Fläche II und der Weg des Mitnehmerstiftes entspricht der Leistung $N\,II$. Entsprechend ist der Verbrauch in der dritten Registrierperiode der Fläche III und der Weg des Mitnehmerstiftes $N\,III$ proportional. Der Stand des Maximumzeigers M entspricht der höchsten aufgetretenen Leistung $N\,II$, solange nicht in einem späteren Zeitpunkt eine noch höhere Belastung aufgetreten ist. Die Abbildung zeigt deutlich, daß die Anzeige des Maximumzeigers nicht gleichbedeutend ist mit der höchsten Belastungsspitze. Ferner ersehen wir, daß die Anzeige des Maximumzeigers unter

Umständen auch davon abhängig ist, wie die einzelnen Registrierperioden in bezug auf den Verlauf der Belastungskurve liegen. Wenn z. B. die Schaltuhr so eingestellt wäre, daß der Anfang der Registrierperiode um ¼ Stunde gegen den früher angenommenen Fall verschoben ist, so würde die vom Maximumzeiger angezeigte Höchstbelastung dem Verbrauch in der durch gestrichelte Linien angedeuteten Registrierperiode entsprechen. Dieser Verbrauch ist kleiner als der früher in der Registrierperiode *II* aufgetretene und die Anzeige des Maximumzeigers wäre entsprechend niedriger als früher. In der Praxis sind die Unterschiede nicht sehr bedeutend, weil die höchste Belastung nur selten eine ganz kurze Zeit dauert.

Abb. 168. Maximumzähler der SSW.

Die Entkupplung und die Rückführung des Zahnrades *Z II* kann auch auf eine andere als die geschilderte Weise erfolgen. So wird z. B. oft die Entkupplung auf mechanischem Wege durch eine im Zähler eingebaute Uhr bewerkstelligt. Folgendes ist noch beachtenswert. Die Fortbewegung des Maximumzeigers ist mit einem gewissen Kraftaufwand, der die Geschwindigkeit des Zählers etwas beeinflußt, verbunden. Diese Fortbewegung erfolgt jedoch auf dem ganzen Wege des Mitnehmerstiftes nur in der ersten auf die Rückstellung des Zeigers folgenden Registrierperiode; später kommt nur ein ganz kurzzeitiges Weiterschieben des Maximumzeigers bei höheren Belastungen in Betracht. Daraus folgt, daß bei der Eichung des Zählers bei kleinen Belastungen der Maximumzeiger so zu stellen ist, daß der Mitnehmerstift ihn nicht mitnimmt.

Abb. 168 zeigt beispielsweise einen Drehstrom-Maximumzähler Modell D 7 m der SSW. Bei diesem Zähler wird die Höchstbelastung auf zwei Zifferblättern, von denen das eine Zehner, das andere Einer anzeigt, abgelesen. Abb. 169 zeigt ein Zählwerk mit eingebauter Maximumeinrichtung (Zifferblatt abgenommen) der AEG.

Es werden auch Maximumzeiger als vom Zähler getrennte Geräte gebaut. Bei einem solchen Höchstbelastungsanzeiger für Kleinabnehmer Modell KM der AEG erhält der Zähler eine zusätzliche Kontakteinrichtung, mit deren Hilfe bei jeder fünften Umdrehung des Zählers ein Relais im Maximumanzeiger betätigt wird und den

Abb. 169. Maximumzählwerk der AEG.

Mitnehmer um ein bestimmtes Stück weiterbewegt. Außerdem enthält der Maximumzähler ein kleines Ferrarisuhrwerk, welches die Entkupplung vornimmt.

Es werden auch Maximumzeiger, die auf thermischem Prinzip beruhen, gebaut. Zu diesen Maximumzeigern gehört beispielsweise der älteste von Wright angegebene. Gleichfalls auf thermischem Prinzip beruht der Maximumzeiger für Kleinabnehmer Modell M 1 der SSW, dessen Wirkungsweise die schematische Abb. 170 veranschaulicht. Ein aus zwei miteinander fest verbundenen Metallbändern mit verschiedenem Ausdehnungskoeffizienten bestehender „bimetallischer“ Streifen *B 1* wird durch die Erwärmung eines parallel zu einem regelbaren

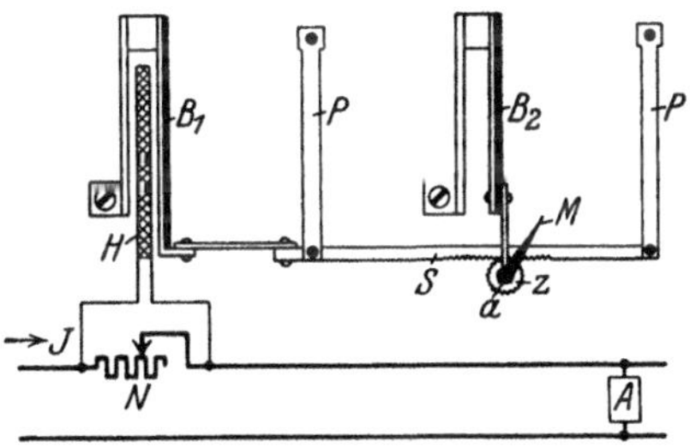

Abb. 170. Thermisches Maximumwerk.

Nebenwiderstand *N* liegenden kleinen Heizkörpers *H* beeinflußt. Der Bimetallstreifen verbiegt sich dabei entsprechend dem Belastungsstrom *J* in der Anlage. Durch die Bewegungen des unteren Endes des Bimetallstreifens wird die Zahnstange *S* horizontal verschoben. Entsprechend dieser Bewegung der Zahnstange wird das in die Zahnstange eingreifende Zahnrad *Z* gedreht und dadurch der mit dessen Achse verbundene Mitnehmer *M* betätigt. Der Mitnehmer bewegt den in der Abbildung nicht gezeichneten Schleppzeiger. Zum Ausgleich der Einwirkung der Schwankungen der Außentemperatur, die eine Fehlanzeige zur Folge hätten, ist die Achse *a* des Mitnehmers am Ende eines zweiten vom Strom nicht beeinflußten Bimetallstreifens *B 2* gelagert. Die Zahnstange ist in den Parallelführungen P gelagert. Die Skala des Gerätes ist in Ampere geeicht. Dieser Maximumzeiger ist sowohl für Gleich- wie für Wechselstrom verwendbar.

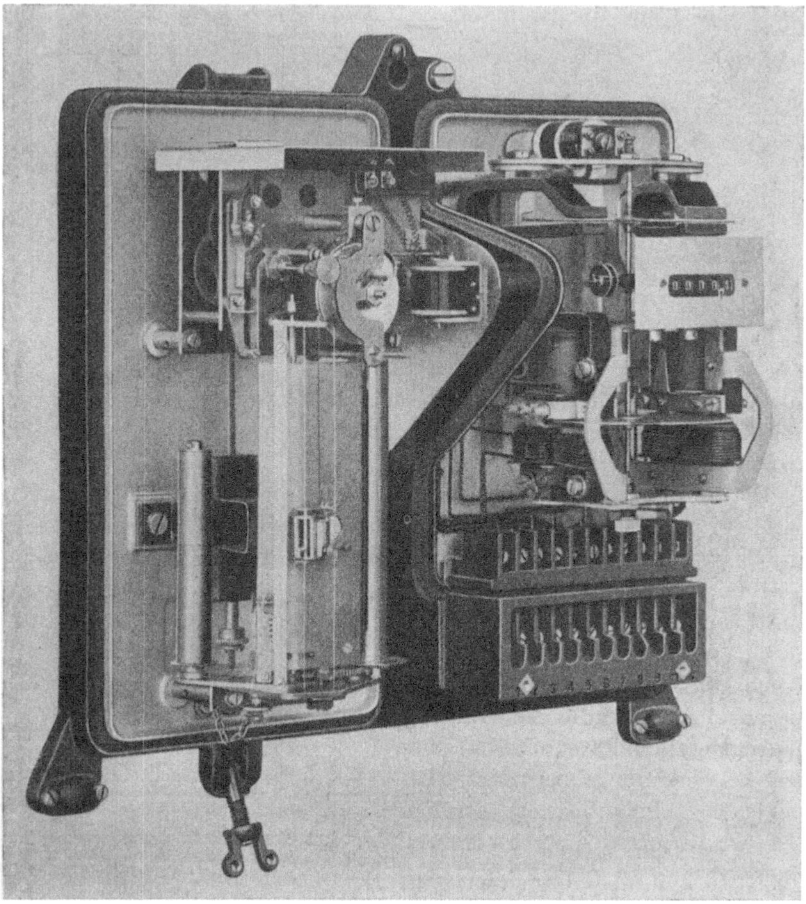

Abb. 171. Schreibender Maximumzähler der SSW.

Im wesentlichen auf dem gleichen Prinzip wie der oben beschriebene beruht auch der Maximumzeiger Modell MZ der Bergmann-Werke.

An dieser Stelle mögen noch die Maximum-Summenzähler erwähnt werden, die dazu dienen, das gemeinschaftliche Maximum von mehreren ankommenden oder abgehenden Leitungen zu bestimmen. In der einfachsten Form sind es zwei Zähler, die auf ein gemeinschaftliches umlaufendes System arbeiten, so daß ihre Drehmomente sich addieren.

Summenanordnungen werden auch in Verbindung mit den weiter unten beschriebenen schreibenden Maximumzählern verwendet[1].

120. Schreibende Maximumzähler. Bei diesen Zählern wird die Belastung in jeder Registrierperiode aufgezeichnet oder markiert. Im Prinzip beruhen diese Geräte darauf, daß mit dem Zahnrad *Z II* eines Maximumzählers (Abb. 166) ein Schreib- oder Markierungswerk verbunden ist, welches auf einem Registrierstreifen die Wege des Mitnehmers bzw. seine Endlagen festlegt. Abb. 171 zeigt beispielsweise den

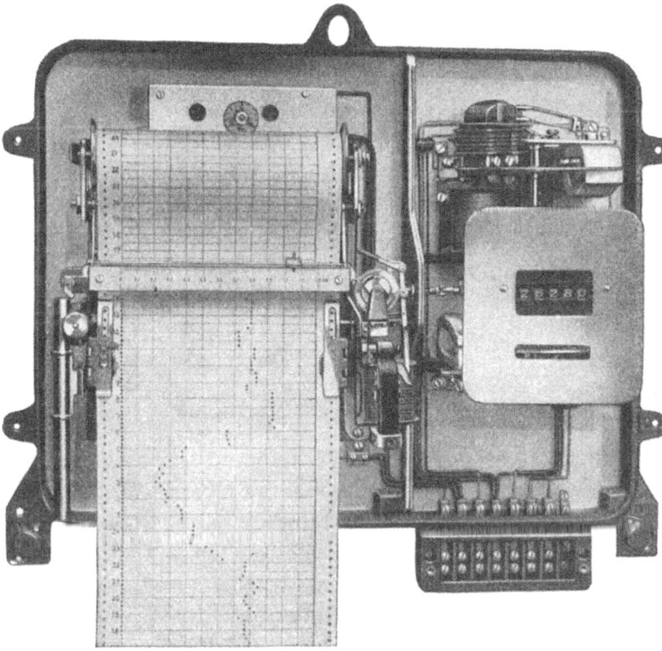

Abb. 172. Registrierender Maximumzähler der AEG.

schreibenden Maximumzähler Modell D7mr der SSW. In der Abbildung ist die vorhandene Maximumskala und der Papierstreifen fortgelassen. Abb. 172 zeigt den Zähler mit der Registriereinrichtung Modell Ms der AEG, bei dem die mittleren Belastungen in den einzelnen Registrierperioden durch Löcher markiert werden. Ein schreibender Maximumzähler ist auch der Maxigraph der Landis & Gyr A.-G.

[1] S. hierzu P. Paschen: Neue Zähler für Summen- und Fernmessung elektrischer Arbeit, Siemens-Zeitschrift 10, Heft 2, S. 110, 1930; ferner W. Brückl und W. Stäblein: Neuere Fortschritte in der Fernmeßtechnik", AEG-Mitteilungen 1930, Heft 3, S. 185 und die Druckschrift „Der Summenzähler" von Landis & Gyr.

121. Spitzen- oder Subtraktionszähler. Abb. 173 zeigt die Belastungskurve eines Abnehmers. Durch die Linie *AB* ist die Registriergrenze des Spitzenzählers angedeutet. Das Spitzenzählwerk mißt den Verbrauch, der der mit *S* bezeichneten Fläche, die oberhalb der Registriergrenze liegt, entspricht. Es sind zwei Gruppen von Spitzenzählern zu unterscheiden. Die Wirkungsweise der ersten Gruppe beruht auf dem in Abb. 174 gezeichneten Prinzip. Das Sonnenrad *D* eines Differentialgetriebes ist durch entsprechende Übersetzungsräder mit der Zählerachse *Z* verbunden. Seine Geschwindigkeit ist demnach der Belastung in der Anlage proportional. Das andere Sonnenrad *C* wird mit konstanter, der Registriergrenze entsprechenden Geschwindigkeit von der Achse *A* eines im Zähler eingebauten oder am Zähler angebauten Uhrwerkes angetrieben. Mit dem Planetenrad *P* des Planetengetriebes ist unter Zwischenschaltung entsprechender Übersetzungsräder und einer Sperrung *S* das Spitzenzählwerk verbunden. Ist die Belastung des Zählers kleiner als die Registriergrenze, so ist die Umlaufgeschwindigkeit des Sonnenrades *D* kleiner als die des Sonnenrades *C* und das Zählwerk steht still, weil es dann durch die Sperrung *S* nicht mitgenommen wird, da die Sperrklinke dann über die Zähne des Sperrades hinweggleitet. Ist die Belastung des Zählers größer als die Registriergrenze, so wird das Zählwerk entsprechend der Differenz der Geschwindigkeiten der beiden Sonnenräder, also entsprechend der Überlast fortbewegt, weil in diesem Fall das Planetenrad und die Kreuzwelle sich in entgegengesetzter Richtung wie im ersten Fall bewegen und die Klinke in das Sperrad eingreift. Neben dem Spitzenzählwerk kann der Zähler auch noch ein normales Zählwerk erhalten, welches den Gesamtverbrauch anzeigt. Die Spitzenzähler mit Differentialgetriebe und einem Uhrwerk sind verhältnismäßig teuere Geräte und kommen deshalb nur für Großabnehmer in Betracht. Da jedoch in diesem Fall der Maximumtarif dem Spitzentarif überlegen ist, werden sie zur Zeit nur selten benutzt.

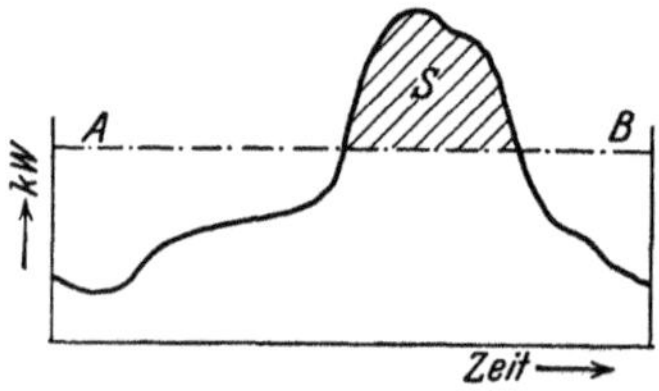

Abb. 173. Belastungskurve und -spitze.

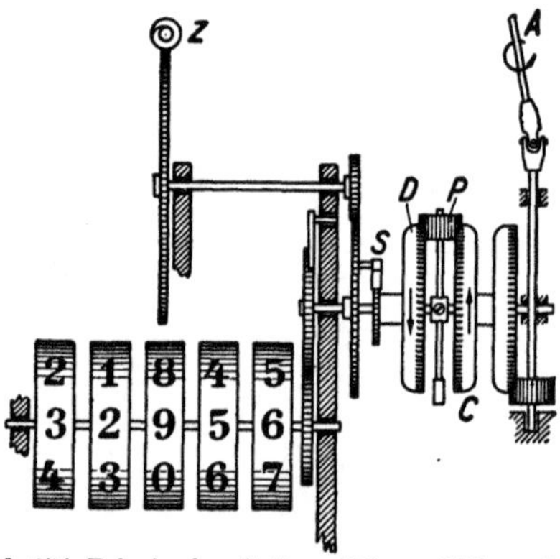

Abb. 174. Prinzip eines Spitzenzählers mit Uhrwerk.

Die Zähler der zweiten Gruppe sind derart eingerichtet, daß bei ihnen ein konstantes Gegendrehmoment vorhanden ist. Ist das

Drehmoment des Zählers kleiner als das Gegendrehmoment, so steht der Zähler still. Ist das Drehmoment des Zählers größer als das Gegendrehmoment, so läuft der Zähler um, wobei seine Geschwindigkeit der Differenz seines eigenen Drehmomentes und des konstanten Gegendrehmomentes entspricht. Das Zählwerk zeigt demnach den Spitzen- oder Überverbrauch an. Die Spitzeneinrichtungen dieser Art sind verhältnismäßig einfach. Abb. 175 zeigt eine solche Einrichtung, wie sie bei den AEG-Zählern angewandt wird. Die Ein-

Abb. 175. AEG-Spitzenwerk.

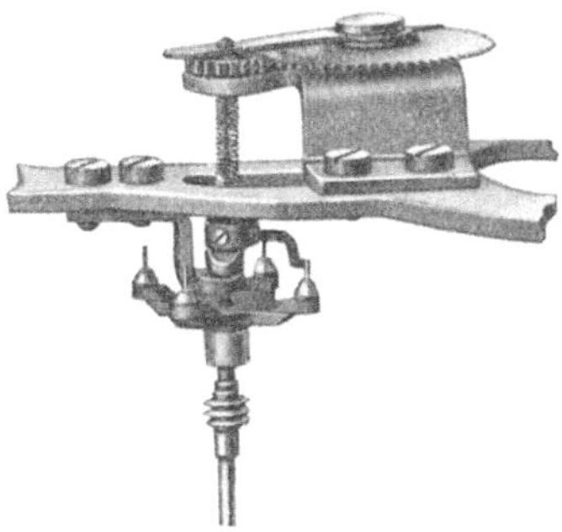

Abb. 176. Spitzenwerk der SSW.

richtung ersetzt gewissermaßen das Oberlager des Zählers. Die in der Abbildung ersichtliche Scheibe mit vorstehenden Stiften ist an der Zählerachse befestigt. Die in ihrer Wirkung regelbare Feder übt auf einen kleinen Hebel ein konstantes Drehmoment aus. Solange die Registriergrenze nicht erreicht ist, können die Stifte an der unteren Kante des Hebels nicht vorbeikommen. Der Hebel wird nur bis zu einer gewissen Grenze gedreht und die Feder entsprechend gespannt. Oberhalb der Registriergrenze überwiegt das Drehmoment des Zählers das Drehmoment der Feder und der Zähler spannt abwechselnd die Feder, die nach der Erreichung eines bestimmten Drehwinkels wieder zurückschnappt, weil die Stifte dann unterhalb des Hebels vorbeigehen können, da die Achse des Hebels gegen die Zählerachse geneigt ist. Bei den Spitzenzählern der SSW, deren Subtraktionseinrichtung Abb. 176 veranschaulicht, sind die Achsen des Hebels und des Zählers exzentrisch gegeneinander angeordnet. Die Stifte gleiten beim Umlaufen des Zählers an der Außenkante des Hebels vorbei.

Die Zähler mit mechanischem Gegendrehmoment haben, wenn keine besonderen Maßnahmen getroffen sind, einen ziemlich bedeutenden Temperaturfehler, der dadurch zustande kommt, daß das Drehmoment des Zählers mit wachsender Temperatur fällt, das Gegendrehmoment dagegen praktisch konstant bleibt. Bei Induktions-Spitzenzählern der SSW ist dieser Temperaturfehler dadurch wesentlich vermindert, daß die Zählerscheibe aus einem Material mit kleinem Temperaturkoeffizienten besteht und deshalb das Drehmoment des Zählers von der Temperatur nur wenig abhängig ist. Bei den Gleichstrom-Spitzenzählern der SSW ist auch ein entsprechender Temperaturausgleich geschaffen.

Das Gegendrehmoment kann bei Spitzenzählern auch auf elektrischem Wege erzeugt werden, z. B. dadurch, daß das Stromeisen eines Induktionszählers eine zusätzliche Spannungswicklung erhält, die ein bestimmtes konstantes Drehmoment hervorruft. Solche Zähler sind früher in größerem Umfange verwendet worden, sie wurden durch die Zähler mit mechanischem Gegendrehmoment verdrängt.

122. Licht- und Kraftzähler. Wenn der Licht- und Kraftstrom zu verschiedenen Preisen bei Kleinabnehmern verrechnet werden soll, so werden der Einfachheit halber mitunter besondere Licht- und Kraftzähler verwendet, bei denen der Licht- und Kraftverbrauch zusammen auf einem Zählwerk angezeigt wird. Man berücksichtigt dabei den Preisunterschied zwischen Licht- und Kraftstrom, indem man den Zähler so ausbildet, daß einer bestimmten Wattbelastung im Kraftstromkreis ein geringeres Drehmoment entspricht als der gleich großen Wattbelastung im Lichtstromkreis. In diesem Fall zeigt das Zählwerk entweder die kWh bezogen auf den Lichtstrompreis oder auf den Kraftstrompreis an. Wenn z. B. der Preis der kWh für Licht doppelt so hoch ist wie für Kraft, so wird der Kraftstrom so gemessen, als ob die dabei in Frage kommende kWh-Zahl nur halb so groß wäre, wie der tatsächliche Kraftverbrauch gewesen ist. Das Zählwerk zeigt in diesem Falle die kWh bezogen auf den Lichtstrompreis an.

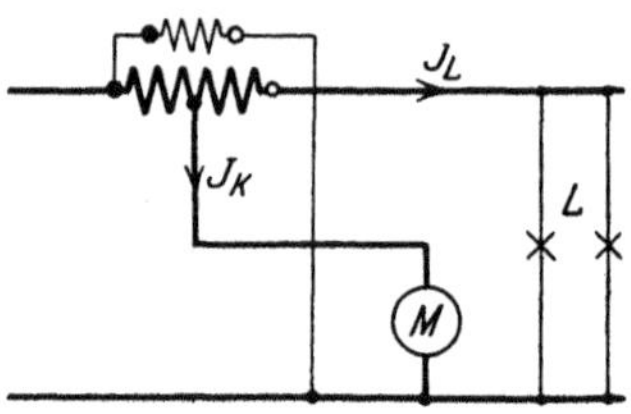

Abb. 177. Schaltung eines Licht- und Kraftzählers.

Solche Licht- und Kraftzähler haben den Nachteil, daß man aus der Ablesung des Zählers keinen Schluß darauf ziehen kann, wieviel Lichtstrom und wieviel Kraftstrom verbraucht wurde. Abb. 177 zeigt die Schaltung einer Ausführungsform (Anzapfzähler) eines Licht- und Kraftzählers. Der Lichtstrom J_L durchfließt die sämtlichen Windungen der Stromspule, der Kraftstrom nur die halbe Windungszahl. Es können auch zwei getrennte Spulen für Licht- und Kraftstrom mit entsprechender Windungszahl auf das Stromeisen aufgebracht werden.

123. Vergütungszähler. Diese Zähler dienen gewissermaßen als Ersatz für Licht- und Kraftzähler. Sie sind so eingerichtet, daß sie den Kraftverbrauch, beispielsweise den Verbrauch eines Bügeleisens oder eines Kochgerätes, das an sie angeschlossen ist, messen. Sie sind meistenteils als tragbare Apparate ausgeführt, die mit zwei Zuleitungen versehen sind, von denen die eine einen Stecker trägt, der an eine Steckdose angeschlossen werden kann, an die andere Zuleitung wird das Bügeleisen oder dgl. angeschlossen. Meist laufen diese Zähler erst bei einer bestimmten Belastung an, die höher ist als die Belastung, die durch eine oder mehrere Glühlampen erreicht werden kann. Wenn die Anlaufgrenze überschritten ist, zeigen sie den Gesamtverbrauch an. Die Verzögerung des Anlaufes kann dabei auf verschiedene Weise erreicht werden, so z. B. können die Zähler eine besonders groß ausgebildete Hemmfahne erhalten, die verhindert, daß der Zähler bei kleinen Belastungen anläuft. Ist die Anlaufgrenze überschritten, so übt die Hemmfahne praktisch keinen Einfluß auf die Angaben des Zählers aus (s. hierzu 56). Eine andere Ausführungsform ist, wie Abb. 178 zeigt, ähnlich gebaut wie der unter 121 beschriebene Subtraktionszähler mit mechanischem Gegendrehmoment. Der Unterschied besteht im wesentlichen darin, daß nur ein Mitnehmerstift auf der mit der Zählerachse verbundenen Scheibe angebracht ist, so daß das Gegendrehmoment nur während eines kurzen Teiles jeder Umdrehung des Zählers wirkt und praktisch nur den Anlauf, dagegen nicht das Drehmoment des laufenden Zählers beeinflußt. Mitunter werden die Vergütungszähler auch ohne erschwerten Anlauf ausgebildet. Dabei werden nur besondere Steckeinrichtungen angebracht, durch die erreicht werden soll, daß nur Abnahmeapparate, für deren Verbrauch eine Vergütung in Betracht kommt, angeschlossen werden können.

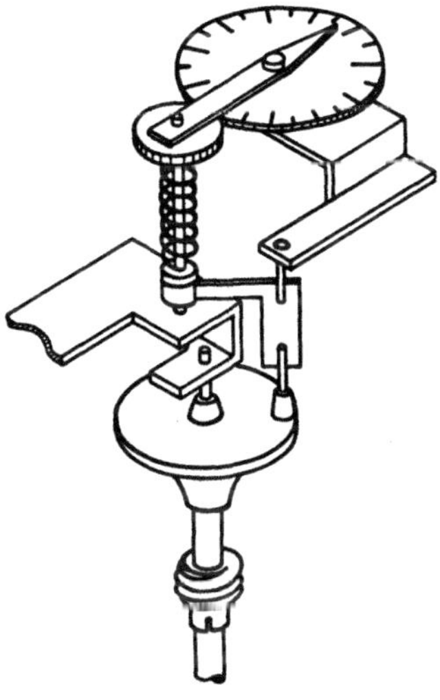

Abb. 178. Hemmwerk eines Vergütungszählers.

124. Münzzähler. Bei den Münzzählern, Selbstverkäufern oder Automaten ist ein Schalter eingebaut, der die Stromzuführung unterbricht, wenn der Verbrauch diejenige Größe erreicht hat, die dem durch den Einwurf von Münzen einbezahlten Geldbetrag entspricht. Den wesentlichen Teil eines Selbstverkäufers bildet ein Differentialgetriebe, bei dem das eine Sonnenrad beim Einwurf einer Münze um einen bestimmten Winkel gedreht wird, das andere Sonnenrad wird von der Zählerachse aus angetrieben. Die Kreuzwelle steht in Verbindung mit dem Schalter. Wenn nach erfolgtem Einwurf einer bestimmten Münzenzahl der Verbrauch eine entsprechende Höhe erreicht hat, also das zweite Sonnenrad sich um den gleichen Winkel gedreht hat, wie das erste infolge des Einwurfs der Münzen, so löst die Kreuzwelle den Schalter aus. Der Schalter kann erst wieder nach Einwurf einer weiteren Münze geschlossen werden. Am Automatenwerk wird die Anzahl der insgesamt eingeworfenen Münzen und die Anzahl der Münzen, für die noch Strom entnommen werden kann, angezeigt. Die Selbstverkäufer sind außerdem mit einem normalen Zählwerk versehen, welches den Verbrauch in kWh anzeigt.

Eine besondere Art von Selbstverkäufern sind solche mit Grundgebühreneinzugsvorrichtung. Bei diesen Münzzählern kann der Schalter erst dann geschlossen werden, wenn zuerst durch Einwerfen einer be-

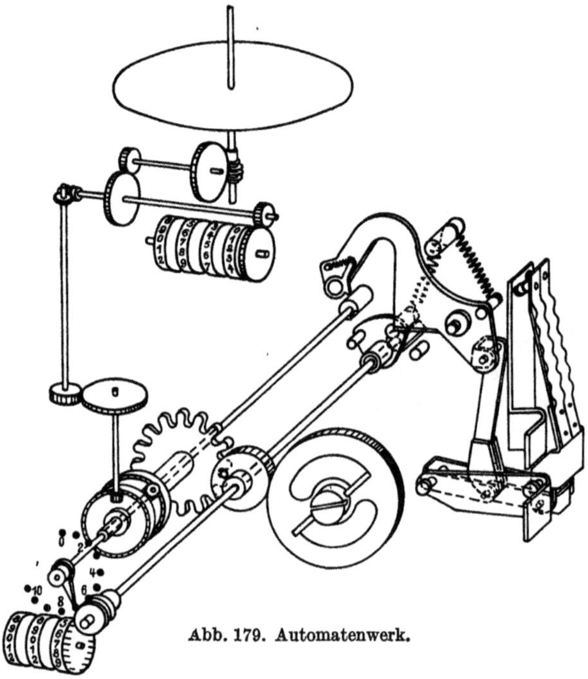

Abb. 179. Automatenwerk.

stimmten Anzahl Münzen die Grundgebühr und dann mindestens eine weitere Münze für den zu verbrauchenden Strom entrichtet worden ist. Der Schalter löst aus, sobald der Verbrauch erreicht ist, der den außer der Grundgebühr eingeworfenen Münzen entspricht. Eine weitere Verfeinerung der Münzzähler für den Grundgebührentarif ist die fortlaufende Grundgebühreneinziehung. Bei diesen Selbstverkäufern wird die Grundgebühr gewissermaßen fortlaufend verbraucht und es wird dadurch vermieden, daß der Abnehmer, falls er aus irgendeinem Grunde überhaupt keinen Strom verbraucht, keine Grundgebühr entrichtet.

Abb. 179 zeigt schematisch das Automatenwerk eines Selbstverkäufers. Abb. 180 zeigt die gesamte Innenansicht eines solchen Münzzählers für Drehstrom Modell VD10 der SSW. Abb. 181 veranschaulicht einen Münzzähler mit fortlaufender Grundgebühreinziehung Modell FSJ der AEG. Die fortlaufende Grundgebühreinziehung wird durch einen im Zähler eingebauten Ferrarismotor bewerkstelligt.

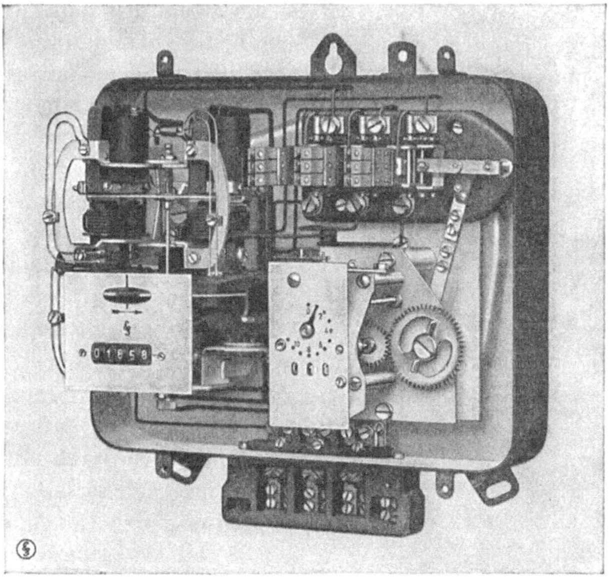

Abb. 180. Drehstrom-Münzzähler der SSW

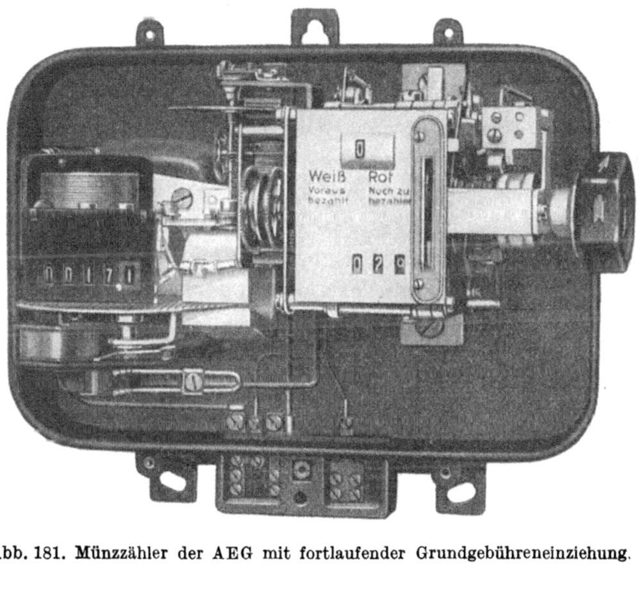

Abb. 181. Münzzähler der AEG mit fortlaufender Grundgebühreneinziehung.

125. Zeitzähler. Die Zeitzähler messen die Zeitdauer, während der eine Stromentnahme stattfindet, oder auch nur die Zeitdauer des Vorhandenseins einer Spannung, und zwar je nachdem, ob ihre Bewicklung eine Strom- oder Spannungswicklung ist. Sie können zur Messung des Verbrauches benutzt werden, falls die Höhe der Belastung stets dieselbe bleibt. Dann ergeben ihre Angaben in Stunden multipliziert mit der Leistung den Verbrauch. Solche Zähler werden weniger zur Bestimmung des Gesamtverbrauches eines Abnehmers verwendet als zur Bestimmung der Einschaltdauer oder des Verbrauches einzelner Verbrauchsapparate, z. B. zur Bestimmung der Einschaltdauer bestimmter Motoren, besonders auch zur Bestimmung der Einschaltdauer von Transformatoren.

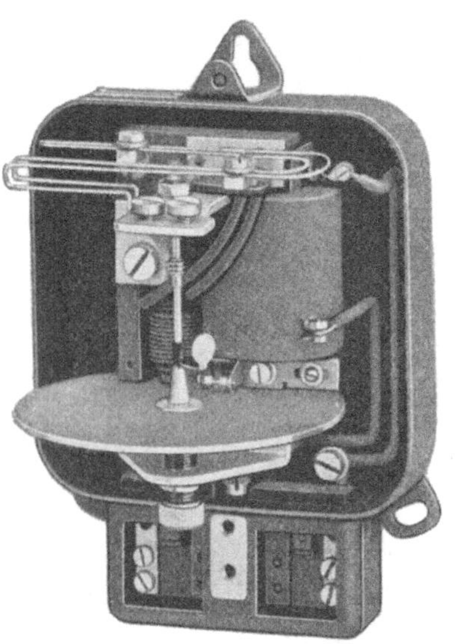

Abb. 182. Zeitzähler mit Induktionsuhrwerk.

Die Zeitzähler enthalten im Grunde genommen stets ein Uhrwerk, und zwar entweder ein normales, beispielsweise von Hand aufgezogenes Uhrwerk, welches durch ein Relais freigegeben wird, dessen Bewicklung beim Einschalten der Anlage an Spannung gelegt oder welches eine Wicklung trägt, die vom Verbrauchsstrom durchflossen wird. Nach Abschaltung des Stromes oder der Spannung wird das Uhrwerk wieder arretiert. Der Zähler kann aber auch als ein elektrisches Uhrwerk in Form eines kleinen Elektromotors ausgebildet sein, dessen Bewicklung beim Einschalten der Anlage an Spannung gelegt wird. Diese Ausführungsform ist besonders bei Wechselstrom verbreitet, wobei in diesem Fall ein Induktionstriebsystem zur Anwendung kommt. Abb. 182 zeigt beispielsweise einen Zeitzähler Modell Wt der SSW, und zwar der Deutlichkeit halber ohne Zählwerk. Dieser Zähler zeigt eine bemerkenswerte Unempfindlichkeit gegen Spannungs- und Frequenzänderungen (Fehler etwa 0,3% bei 10% Spannungsänderung und 0,5% bei 5% Frequenzänderung).

Eine besondere Art von Zeitzählern, die aber kaum noch als Elektrizitätszähler bezeichnet werden können, sind Umdrehungszähler, die die Drehzahl eines Elektromotors messen und auf diese Weise indirekt gestatten, den Verbrauch des Motors zu bestimmen, unter der Voraussetzung natürlich, daß der Motor stets gleich belastet ist.

Eine Abart von Zeitzählern sind auch die unter 143 angeführten E^2-Zähler.

126. Strombegrenzer. Die Strombegrenzer dienen dazu, bei Überschreitung einer bestimmten Belastung eine Anlage abzuschalten. Sie sind eigentlich Selbstschalter. Wie erwähnt wurde, ist durch ihre Anwendung eine gewisse Verbesserung des Pauschaltarifes möglich. Es würde jedoch an dieser Stelle zu weit führen, die verschiedenen Arten von Strombegrenzern zu beschreiben. Sie werden sowohl auf elektromagnetischer wie auch auf thermischer Grundlage gebaut und sind meistenteils so ausgebildet, daß sie bei Überschreitung der eingestellten Pauschalgrenze zuerst eine intermittierende Stromunterbrechung geben, welche sich durch ein Flackern des Lichtes bemerkbar macht und den Abnehmer zwingt, die Belastung zu vermindern. Bei weiterer Überschreitung der Belastung schalten sie ab. Es möge auch an dieser Stelle betont werden, daß der Pauschaltarif auch bei Verwendung von Strombegrenzern dem Zählertarif weit unterlegen ist und nach Möglichkeit nicht zur Anwendung kommen sollte.

127. Zähler für besondere Zwecke. Außer den oben erwähnten Tarifeinrichtungen gibt es noch eine Reihe Zähler für besondere Zwecke, die sich ihrer Bauart nach von normalen Zählern unterscheiden. Von solchen Zählern mögen folgende erwähnt werden.

Akkumulatorenzähler, die zur Überwachung des Ladezustandes einer Batterie dienen. Bei solchen Zählern wird meist auch der Wirkungsgrad der Batterie mit berücksichtigt. Es handelt sich meistenteil um besonders ausgebildete Ah-Zähler. In dieser Form werden auch Elektrolytzähler gebaut.

Besondere Zähler werden für galvanoplastische Zwecke hergestellt. Sie messen die Elektrizitätsmenge, die durch ein galvanoplastisches Bad fließt. Diese Elektrizitätsmenge ist ein Maß für die ausgeschiedene Metallmenge. Sie werden zuweilen auch mit einem Zählwerk oder einer Skala ausgeführt, die die ausgeschiedene Metallmenge direkt angibt. Ferner werden sie auch mit einer Kontaktvorrichtung versehen, die eine Signaleinrichtung betätigt oder das Bad selbsttätig ausschaltet.

Eine besondere Ausbildung erfahren auch Bahnzähler, die in Straßenbahn-Motorwagen und auf elektrischen Lokomotiven eingebaut werden. Bei ihnen kommt es besonders darauf an, daß sie den auftretenden Erschütterungen standhalten. Sie erhalten zu diesem Zweck eine besondere federnde Aufhängung.

Eine gleichfalls besondere Ausführung erfahren auch Eichzähler, die an Stelle von Zeigermeßgeräten zur Eichung von Zählern benutzt werden (näheres hierüber s. 206).

III. Uhrwerke und Uhren.

128. Allgemeines. Die Uhrwerke bzw. die Uhren spielen in der Zählertechnik, wie wir bereits gesehen haben, eine große Rolle. Wir finden das Uhrwerk in den Uhrenzählern, von denen wir den Pendelzähler kennengelernt haben, ferner in verschiedenen Tarifapparaten vertreten. Es werden auch oft getrennte Uhren in Verbindung mit Tarifzählern verwendet. Es ist deshalb notwendig, daß ein Zählerfachmann sich mit den Grundlagen der Uhrentechnik vertraut macht. Im folgenden werden die Wirkungsweise der Uhr und ihre wichtigsten Teile, sowie einige Schalteinrichtungen und dergl., wie sie in der Zählertechnik benutzt werden, beschrieben. Dagegen können konstruktive Einzelheiten an dieser Stelle nicht eingehender behandelt werden. Diese sind auch dem praktisch tätigen Zählertechniker meist bekannt. Denjenigen, die sich mit der Wirkungsweise der Uhr näher befassen wollen, sei das Buch von H. Bock „Die Uhr", 2. Auflage, Sammlung „Aus Natur und Geisteswelt", Bd. 216, Verlag Teubner, empfohlen[1].

Der Zweck einer Uhr ist in erster Linie die Angabe der Zeit. Um diese Aufgabe zu erfüllen, müssen sich die Zeiger der Uhr mit einer ganz bestimmten unveränderlichen Geschwindigkeit bewegen. Außerdem müssen oft die Uhren noch zu bestimmten Zeiten auf mechanischem oder elektrischem Wege gewisse Schaltbewegungen auslösen. Dies ist z. B. der Fall bei allen Uhrwerken, die in Verbindung mit Tarifzählern verwendet werden. Eine besondere Stellung nimmt der Pendelzähler ein; bei ihm ist die Geschwindigkeit des Uhrwerkes abhängig von der Belastung des Zählers.

Die wichtigsten Bestandteile eines Uhrwerkes sind: 1. der Antrieb, der das Uhrwerk bewegt, und die zugehörige Aufzugsvorrichtung; 2. der Regler, der die Geschwindigkeit des Uhrwerkes bestimmt; 3. die Hemmung, die gleichfalls fast bei allen Uhren vorhanden ist, sie ist das Verbindungsglied zwischen dem Regler und dem übrigen Uhrwerk; 4. das Räderwerk (Zahnradsystem), welches die Geschwindigkeit der einzelnen Teile der Uhr und die in ihr wirkenden Kräfte in das richtige Verhältnis zueinander bringt.

Eine besondere Stellung nehmen die Uhrwerke ein, bei denen der Antrieb, der Aufzug oder die Regulierung auf elektrischem bzw. elektromagnetischem Wege erfolgt. Solche Uhren kommen oft in der Zählertechnik vor. Verschiedene elektrische Einrichtungen werden getrennt unter 135 und 136 behandelt.

---

[1] Denjenigen, die sich über die rein praktische Seite der Uhrmachertechnik unterrichten wollen, sei das Buch von H. Sievert: Leitfaden für die Uhrmacherlehre, 12. Aufl., Deutsche Verlagswerke Strauß, Vetter & Co., Berlin 1923, empfohlen.

129. Antrieb und Aufzug. Der Antrieb hat den Zweck, das Uhrwerk in ständiger Bewegung zu halten und kann mit Hilfe der Schwerkraft, Federkraft oder auf elektrischem Wege erfolgen.

a) Schwerkraft- oder Gewichtsantrieb. Dieser Antrieb wird bei Uhren angewandt, die einen bestimmten Standort haben und eine größere Antriebskraft erfordern, so z. B. bei Turmuhren, sogenannten Standuhren, Regulatoren, sowie bei Uhren, an deren Genauigkeit höhere Anforderungen gestellt werden, z. B. bei astronomischen Uhren. In der Zählertechnik kommen solche genauere Uhren als Normaluhren in Eichräumen und Laboratorien in Frage.

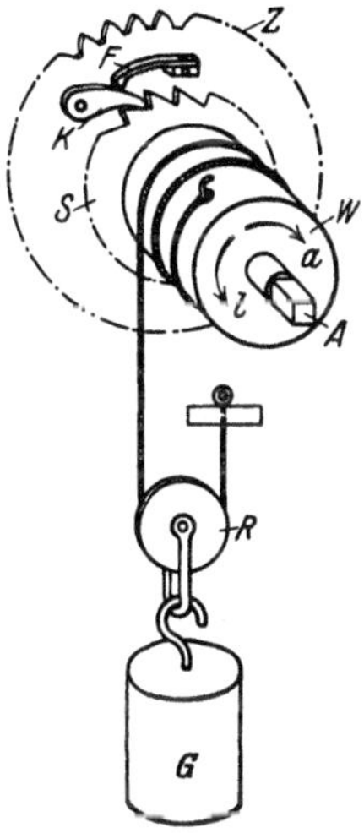

Abb. 183. Schwerkraftantrieb.

Bei dem Schwerkraftantrieb wird die für die Aufrechterhaltung der Bewegung des Uhrwerkes erforderliche Kraft durch ein Gewicht erzeugt. Abb. 183 zeigt schematisch eine einfache Ausführungsform eines solchen Antriebes. Auf der Walze *W*, die mit ihrer Achse *A* fest verbunden ist, ist eine Schnur aufgewickelt. Das eine Ende der Schnur ist an der Walze befestigt, am anderen Ende hängt ein Gewicht *G*. Um eine geringere Fallhöhe zu erhalten, wird, wie in der Abbildung gezeigt, meist das Gewicht nicht direkt am Ende der Schnur, sondern unter Zwischenschaltung einer Rolle *R* befestigt. Das freie Ende der Schnur ist dann am Gehäuse des Uhrwerkes verankert. Mit der Walze ist das Sperrad *S* fest verbunden. In dieses Sperrad greift die Klinke *K* ein, die drehbar an einem, auf der Achse lose sitzenden Zahnrad, dem Triebrad *Z*, welches die weiteren Teile des Uhrwerkes antreibt, angebracht ist. Sperrad und Klinke bilden das Gesperre. Die Blattfeder *F* hat den Zweck, die Klinke stets an das Sperrad anzudrücken. Unter dem Einfluß des Gewichtes dreht sich die Walze in der Richtung des mit *l* bezeichneten Pfeiles und nimmt dabei mit Hilfe der Sperrklinke das Zahnrad *Z* in gleicher Richtung mit. Die Schnur rollt sich dabei allmählich von der Walze ab. Bevor das Gewicht seine tiefste Lage erreicht hat, wird die Uhr wieder aufgezogen, d. h. die Schnur auf die Walze wieder aufgewickelt und das Gewicht dabei wieder gehoben. Beim Aufziehen wird die Walze im entgegengesetzten Sinne als beim Ablaufen des Gewichtes, also in der Richtung des mit *a* bezeichneten Pfeiles gedreht. Zum Aufziehen wird ein Schlüssel benutzt, der über das als Vierkant ausgebildete Ende der Achse geschoben wird. Beim Aufziehen gleitet die Klinke frei über das Sperrad, so daß das Zahnrad *Z*, welches mit dem Räderwerk in Verbindung steht, nicht mitgenommen wird.

Bei der beschriebenen einfachen Ausführungsform wird während des Aufziehens der Uhr keine Antriebskraft auf das Uhrwerk wirken. Bei besseren Uhren darf jedoch auch während des Aufziehens die Antriebskraft nicht fehlen. Aus diesem Grunde werden besondere Vorrichtungen, z. B. die sogenannte Gegensperre, angebracht. An Stelle der Schnur werden bei größeren Uhren Ketten verwendet. Die Walze wird in diesem Falle als sogenannte Kettennuß ausgeführt. Es kommen auch feine Gelenkketten zur Verwendung; ferner sind auch Stahlbänder, Drahtseile oder Darmsaiten in Gebrauch. Bei Verwendung von Saiten, Schnüren oder dergleichen kann die Oberfläche der Walze entweder glatt oder mit einer schraubenförmigen Rille versehen sein. Der Gewichtsantrieb kann leicht so ausgebildet werden, daß die Antriebskraft stets praktisch konstant bleibt.

b) Federantrieb. Bei dieser Antriebsart wird als Energiequelle eine Zugfeder verwendet. Dieser Antrieb nimmt weniger Platz in Anspruch als der Gewichtsantrieb und bietet den Vorteil, daß die Uhr bequem transportiert werden kann. Aus diesem Grunde wird bei den in Verbindung mit Zählern verwendeten Uhren dieser Antrieb bevorzugt. Die Feder besteht aus einem Stahlband (Klinge), welches aus gutem Stahl angefertigt ist; sie ist gehärtet und blau angelassen.

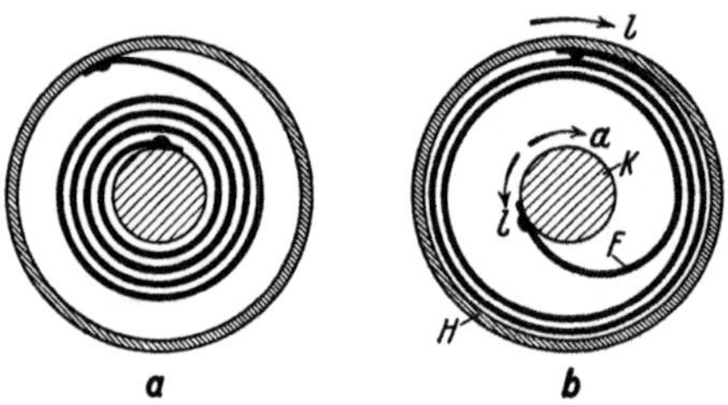

Abb. 184. Feder gespannt und entspannt.

In den meisten Fällen befindet sich die Feder in einem zylindrischen Gehäuse, dem Federhaus. Die Mitte des Federhauses nimmt ein zylindrischer Kern ein, der gegen das Federhaus drehbar ist. Das eine Ende der Feder ist am Kern, das andere an der Innenwand des Federhauses befestigt. Der Durchmesser des Kernes ist meist etwa ein Drittel vom Durchmesser des Federhauses. Beim Aufziehen der Uhr wird die Feder gespannt; sie legt sich dann in einer Anzahl eng aneinander liegender Windungen um den Kern herum. Wird die Feder sich selbst überlassen, so sucht sie eine möglichst gestreckte Lage einzunehmen, also ihre Krümmung zu vermindern. Sie gibt dabei die Arbeit zurück, die zu ihrer Aufwindung angewandt worden ist, und dreht den Kern oder das Federhaus, je nachdem welcher von den beiden Teilen beweglich ist. Abb. 184 zeigt die Feder F, den Kern K und das Federhaus H, und zwar a, wenn die Feder gespannt, b, wenn die Feder entspannt ist[1]. Beim Aufziehen, also beim Spannen der Feder, wird meist das Federhaus festgehalten und der Kern wird dann in der Richtung des

[1] Deutlichkeitshalber sind dabei die in Wirklichkeit sich berührenden Federwindungen im gewissen Abstande voneinander gezeichnet.

in Abb. 184 mit *a* bezeichneten Pfeiles gedreht. Wird beim Ablaufen, also beim Entspannen der Feder, das Federhaus festgehalten, so dreht sich der Kern in der entgegengesetzten Richtung, also in Richtung des mit *l* bezeichneten Pfeiles. Wird dagegen beim Entspannen der Feder der Kern festgehalten und das Gehäuse sich selbst überlassen, so dreht es sich in der Richtung des außerhalb des Federhauses gezeichneten Pfeiles *l*. Im ersten Falle spricht man vom feststehenden, im zweiten vom fliegenden Federhaus.

Abb. 185 zeigt die Anordnung eines Antriebes mit feststehendem Federhaus. Dieses ist durch den sogenannten Zaum festgehalten (festgestellt). Der drehbare Kern *K* ist durch ein aus Sperrad *S* und Sperrklinke bestehendes Gesperre mit dem Zahnrad *Z*, dem Triebrad, welches die Antriebskraft auf die Uhr überträgt, verbunden. Wird der

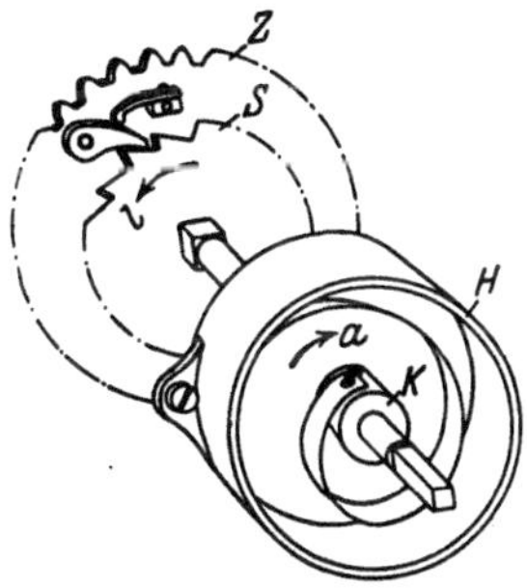

Abb. 185. Feststehendes Federhaus.

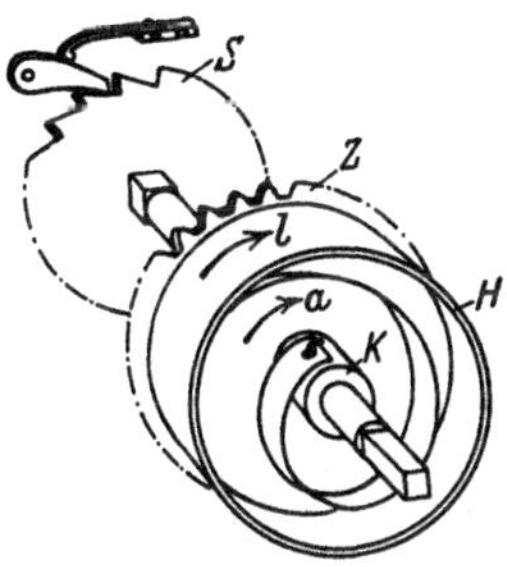

Abb. 186. Fliegendes Federhaus.

Kern mit Hilfe eines Schlüssels in der Richtung des Pfeiles *a* gedreht, so wird die Feder gespannt, die Klinke gleitet dabei über das Sperrad; das Uhrwerk wird beim Aufziehen nicht angetrieben. Der Vorgang ist ähnlich wie bei dem unter a) angegebenen Gewichtsantrieb.

Bei dem in Abb. 186 gezeigten fliegenden Federhaus ist dasselbe mit einem Zahnkranz *Z* versehen, mit Hilfe dessen der Antrieb des Uhrwerkes erfolgt. Das mit dem Kern *K* verbundene Sperrad *S* steht in Verbindung mit der am Uhrwerksgestell (Werkgestell) angebrachten Sperrklinke. Beim Aufziehen wird der Kern wiederum in der Richtung des Pfeiles *a* gedreht, die Sperrklinke gleitet über die Verzahnung des Sperrades. Dabei hat das Federhaus *H* das Bestreben, sich in der Richtung des Pfeiles *l* zu drehen. Beim Ablaufen der Feder wird der Kern durch die Klinke verhindert, sich zu drehen, das Federhaus läuft in diesem Falle auch in der Richtung des Pfeiles *l* um. Bei dieser Anordnung wird auch während des Aufziehens das Uhrwerk angetrieben. Aus diesem Grunde wird die Anordnung des fliegenden Federhauses vorzugsweise verwendet. Es gibt auch Anordnungen, bei denen beim Ablaufen der Feder sowohl das Federhaus wie der Kern sich drehen.

Die Antriebkraft ist um so gleichmäßiger, je weniger sich die Feder beim Entspannen abrollt. Um diese Gleichmäßigkeit des Antriebes zu gewährleisten, wird bei den besseren Uhrwerken eine besondere Einrichtung, die sogenannte Stellung, verwendet. Ihr kommt eine weitere Aufgabe zu, nämlich ein zu starkes Spannen der Feder beim Aufziehen der Uhr zu verhindern.

c) Elektrischer Antrieb. Hier wird die zur Fortbewegung des Uhrwerkes erforderliche Energie durch einen kleinen Elektromotor geliefert. (Näheres s. 135.) Der elektrische Antrieb in anderer Form kommt bei den von einer Normaluhr fernbetätigten Uhren in Anwendung. Solche Uhren spielen jedoch in der Zählertechnik keine Rolle und wir wollen sie deshalb nicht weiter behandeln.

In den oben gebrachten Beispielen des Gewichtsantriebes und der Federantriebe wurde angenommen, daß das Aufziehen des Uhrwerkes, also das Heben des Gewichtes bzw. das Spannen der Feder, von Hand mit Hilfe eines Schlüssels oder dergleichen erfolgt. Das Aufziehen kann auch auf andere Weise geschehen, so werden z. B. bei großen Turmuhren zum Aufziehen kleine Elektromotoren verwendet, die automatisch in Tätigkeit treten, wenn das Gewicht um einen bestimmten Betrag gesunken ist. Der elektrische Aufzug kann auch durch Elektromagnete erfolgen, die in kurzen Zeitabschnitten die Uhr aufziehen. Ein solcher elektrischer Aufzug wird beispielsweise bei den astronomischen Uhren von Riefler angewandt. Der elektrische Aufzug ist gleichfalls oft bei den in Verbindung mit Tarifapparaten verwendeten Uhren vertreten. (Näheres s. 135.)

Bei Uhren mit elektrischer Antriebskraft kommt natürlich eine besondere Aufzugsvorrichtung in Wegfall.

130. Regler. Der Regler hat die Aufgabe, die Geschwindigkeit des Uhrwerkes stets auf einer ganz bestimmten, konstanten Größe zu halten[1]. Um diesen Zweck zu erfüllen, muß der Regler selbst sich mit einer konstanten Geschwindigkeit bewegen. Man verwendet, abgesehen von einigen elektrischen Einrichtungen, die noch unten 135 behandelt werden, als Regler schwingende Körper, nämlich das Pendel und die Unruh.

a) Das Pendel. Dieses besteht (Abb. 187) aus einem dünnen Stab, der Pendelstange P, die um eine, an ihrem oberen Ende befindliche Achse a drehbar gelagert ist, und einem an der Pendelstange befestigten schweren Körper L, dem Pendelgewicht. Wegen der meist verwendeten linsenförmigen Form des Pendelgewichtes nennt man es Linse. Die Lagerung des normalen in der Uhrentechnik gebräuchlichen Pendels wird derart ausgeführt, daß das Pendel nur in einer Ebene schwingen

[1] Wir sehen hierbei von dem Aron-Pendelzähler ab.

kann. Ein solches Pendel heißt, im Gegensatz zu anderen Pendelarten, das ebene Pendel. Wird das Pendel aus seiner Ruhelage (Mittellage) herausgeführt, angestoßen, so sucht es unter dem Einfluß der Schwerkraft, die auf das Pendelgewicht wirkt (den Einfluß des Gewichtes der Pendelstange wollen wir vernachlässigen), in seine Ruhelage zurückzukommen. Da es jedoch in dieser Ruhelage nicht festgehalten wird, so schwingt es über sie hinweg nach rechts, genau so weit wie es früher nach links abgelenkt wurde; dann kehrt es wieder um und der Vorgang wiederholt sich. Den Winkel α zwischen den beiden äußersten Lagen des Pendels nennt man Schwingungsweite, Schwingungsbogen oder Amplitude. Würde das Pendel beim Schwingen keine Widerstände zu überwinden haben, so würde es sich stets in der gleichen Weise bewegen. In Wirklichkeit hat das Pendel beim Schwingen die Reibung in seinem Drehpunkt (Aufhängepunkt) und die Luftreibung zu überwinden. Seine Schwingungsweite nimmt deshalb, wenn man es sich selbst überlassen wird, allmählich ab und schließlich kommt das Pendel zur Ruhe. Soll das Pendel, wie dies ja bei Uhren notwendig ist, dauernd weiterschwingen, so muß es von Zeit zu Zeit etwas angestoßen werden, Impulse erhalten. Die zum Anstoßen des Pendels erforderliche Kraft liefert unter Zuhilfenahme der Hemmung der Antrieb des Uhrwerkes.

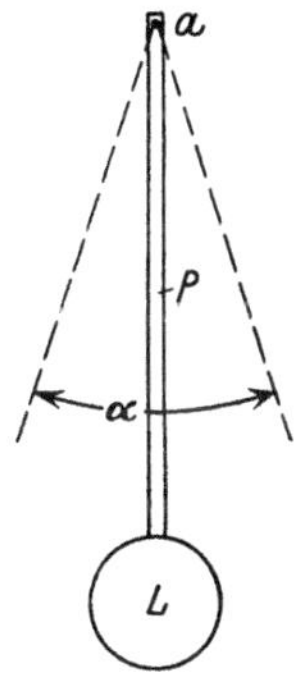

Abb. 187.
Das Pendel.

Die Zeit, in der vom Pendel der Weg von der einen äußeren Lage zu der anderen durchlaufen wird, also die Dauer einer Halbschwingung, ist die Schwingungsdauer T. Bei einem idealen oder mathematischen Pendel, mit einer gewichtslosen Pendelstange und einem in einem Punkt sich befindenden Gewicht, berechnet sich die Schwingungsdauer zu $T = \pi \cdot \sqrt{\frac{l}{g}}$. Hierbei ist $\pi = 3{,}14159$, l die Länge des Pendels, d. h. der Abstand des Pendelgewichtes von dem Aufhängepunkt, und g die Beschleunigung der Schwerkraft, die an verschiedenen Stellen der Erde etwas verschieden ist, angenähert kann $g = 981$ cm/sec² angenommen werden.

Aus der obigen Gleichung ergibt sich die folgende wichtige Tatsache: Da an einem bestimmten Ort die Beschleunigung der Schwerkraft g eine konstante Größe ist, so ist die Schwingungsdauer des Pendels nur von seiner Länge abhängig. Aus der Gleichung ergibt sich ferner, daß ein Sekundenpendel, d. h. ein Pendel, dessen Schwingungsdauer eine Sekunde beträgt, eine Länge von etwa 99,5 cm, also ziemlich genau 1 m hat. Ferner zeigt die Gleichung, daß die Schwingungsdauer proportional der Quadratwurzel aus der Länge ist. Daraus folgt, daß ein Pendel, dessen Schwingungsdauer $^1/_2$ Sekunde ist, nur $^1/_4$ so lang wie das Sekundenpendel, also etwa 25 cm ist. Dagegen wird ein Pendel mit 2 Sekunden Schwingungsdauer bereits eine Länge von etwa 4 m haben. Die Pendel, wie sie praktisch ausgeführt werden können, nennt man physische Pendel, sie weichen von dem mathematischen Pendel natürlich mehr oder weniger ab. Am nächsten kommt dem mathematischen Pendel ein Pendel, welches aus einem dünnen Faden und einer an seinem Ende befestigten kleinen Metallkugel besteht. Aber auch für das Pendel, wie es sich praktisch ausführen läßt, gelten im wesentlichen die gleichen Gesetze wie für das mathematische Pendel. Als Länge des Pendels kommt dabei etwa der Abstand des Schwerpunktes der Pendellinse von dem Aufhängepunkt in Betracht[1].

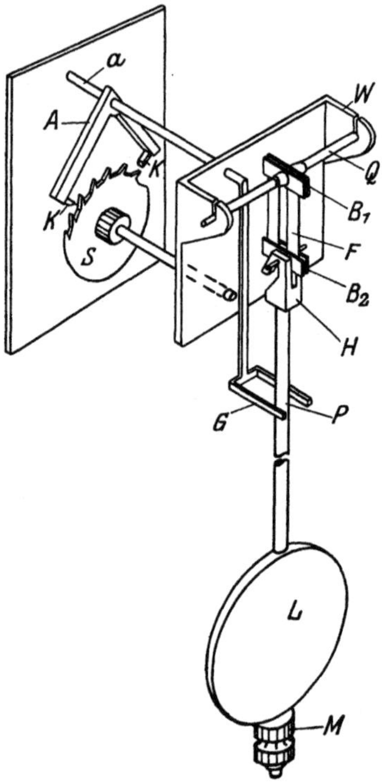

Abb. 188. Pendel und Hemmung.

Die Aufhängung eines Pendels kann verschieden ausgebildet sein. Es kommt Zapfenlagerung der Achse des Pendels, ferner die Lagerung zwischen zwei Spitzen oder eine Schneide, die auf einer Pfanne liegt, also ähnlich wie bei einer Wage, in Betracht. Bei Uhren wird fast ausschließlich die Aufhängung des Pendels an einer oder zwei dünnen Blattfedern verwendet.

Abb. 188 zeigt die wichtigsten Teile eines Uhrenpendels und seine Verbindung mit der Hemmung. Um das Pendel mit seiner Aufhängung aus der Uhr herausnehmen zu können, ist diese oben mit einem kleinen Querbalken Q versehen, welcher in den Schlitzen zweier kleiner, am Gehäuse des Uhrwerkes befestigter Winkel W eingehängt ist. An diesem Querbalken sind zwei Platten (Backen) B_1 befestigt, zwischen die zwei dünne Blattfedern F eingespannt sind. Am anderen Ende sind die Federn zwischen die Backen B_2 festgeklemmt. An diesen Backen B_2 ist die Pendelstange P mit einem Haken H angehängt. Sie ist an ihrem unteren Ende mit einem Gewinde versehen, auf

[1] Der genaue Ausdruck für die Schwingungsdauer eines physischen Pendels lautet: $T = \pi \sqrt{\frac{K}{D}}$, hier bedeutet K das Trägheitsmoment, D die Direktionskraft.

welches die Mutter M aufgeschraubt ist. Auf die Pendelstange ist die Linse L aufgeschoben, die sich auf diese Mutter stützt. Damit die Mutter sich nicht von selbst lösen kann, ist eine Gegenmutter angebracht. Die Lagerung des Pendels wird durch die beiden Blattfedern gebildet, und zwar liegt die eigentliche Drehachse des Pendels etwas unterhalb der unteren Kante der Backen B_1. In der Verlängerung dieser Achse befindet sich die Achse a des Ankers A, dessen Klauen (Paletten) K in die Zähne des Steigrades S eingreifen. Ferner ist auf der Ankerachse a die Führungsgabel G befestigt, deren Ende die Pendelstange umschließt. Beim Schwingen des Pendels wird die Gabel mitgenommen, was zur Folge hat, daß der Anker gleichfalls schwingt. Mit dem Anker und dem Steigrad, die die Hemmung bilden, werden wir uns unter 132 näher befassen.

Durch Verstellung der Mutter M kann die Pendellinse L gehoben oder gesenkt und dadurch die Länge des Pendels geändert werden. Beim Heben der Linse, also Verkürzen des Pendels, wird die Schwingungsdauer kürzer, das Uhrwerk läuft rascher; beim Senken der Linse wird die Länge des Pendels vergrößert, seine Schwingungsdauer wird größer, das Uhrwerk läuft langsamer. Bei Uhren, die sehr genau gehen sollen, wird die genaue Einregulierung der Schwingungsdauer auch durch Auflegen kleiner Gewichte auf ein an der Pendelstange befestigtes Tischchen vorgenommen. Beim Auflegen der Gewichte verschiebt sich der Schwerpunkt des Pendels nach oben, die Pendellänge wird dadurch verringert und das Pendel schwingt rascher.

Da bei Änderung der Temperatur die Länge der Pendelstange sich ändert, so ist die Schwingungsdauer des Pendels der eben beschriebenen einfachen Art von der Temperatur abhängig. Um die dadurch bedingte Temperaturabhängigkeit der Uhr möglichst klein zu halten, ist es zweckmäßig, die Pendelstange aus einem Material von möglichst geringem Ausdehnungskoeffizienten (s. hierzu Zus. II. 19 und Tab. 7) anzufertigen. Die meisten Metalle haben einen verhältnismäßig hohen Ausdehnungskoeffizienten. Es beträgt bei 10° Temperaturänderung die Änderung der Länge eines 1 m langen Stabes bei Messing etwa 0,18 mm, bei Eisen etwa 0,11 mm, bei Tannenholz dagegen nur etwa 0,04 mm. Aus diesem Grunde wurden früher Pendelstangen aus Holz bevorzugt. Sie werden auch jetzt gelegentlich noch angewandt, haben jedoch den Nachteil, daß sie sich unter Einfluß der Luftfeuchtigkeit ändern. Dagegen schützt auch der gewöhnlich angewandte Lacküberzug nur unvollkommen. Einen sehr geringen Ausdehnungskoeffizienten hat der unter dem Namen Invar bekannte Nickelstahl mit etwa 64% Eisen und 36% Nickel. Bei diesem beträgt die Längenänderung nur etwa 0,01 mm je Meter und 10° Temperaturänderung. Aus diesem Grunde ist das Invar ein für Pendelstangen geeignetes Material.

Zwecks Unschädlichmachung der Temperaturänderungen werden die Pendel mit besonderen Ausgleichs- oder Kompensationseinrichtungen ausgerüstet. Bei solchen **kompensierten Pendeln**, die verschieden gebaut werden, wird durch Kombinationen verschiedener Metalle erreicht, daß die wirksame Länge, also auch die Schwingungsdauer durch Temperaturänderungen nicht beeinflußt wird[1]. Auf eine besonders einfache und vollkommene Art wird diese Aufgabe beim Riefler-Pendel (Abb. 189) gelöst. Auf das Ende der etwa 12 mm starken Pendelstange *P* aus Nickelstahl (Invar), die an und für sich schon eine sehr geringe Längenänderung aufweist, ist ein etwa 100 mm langes Kompensationsrohr *K* aufgeschoben, welches sich auf die Reguliermutter *M* stützt. Über die Pendelstange und dieses Rohr ist die Linse *L* geschoben, die etwa in der Mitte auf dem Rohr *K* aufsitzt. Das kurze Rohr *K* hat einen höheren Ausdehnungskoeffizienten als die Pendelstange, so daß seine Längenänderung die gleiche ist wie die der langen Pendelstange. Erhöht sich nun beispielsweise die Temperatur, so verlängert sich die Pendelstange, das Rohr dehnt sich um den gleichen Betrag nach oben aus, so daß die Entfernung des Mittelpunktes der Linse von der Aufhängung unverändert bleibt. Um die Ausdehnung des Kompensationsrohres genau der Ausdehnung der Pendelstange anzupassen, wird diese aus zwei Teilen zusammengesetzt. Der eine Teil ist aus Messing, der andere aus Stahl. Durch entsprechende Wahl der Längen dieser beiden Teile kann die Ausdehnung des Rohres genau gleich der Ausdehnung der Pendelstange gemacht werden.

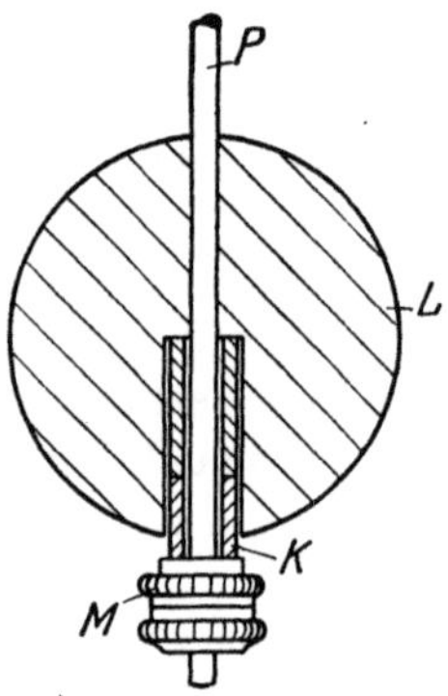

Abb. 189. Riefler-Pendel.

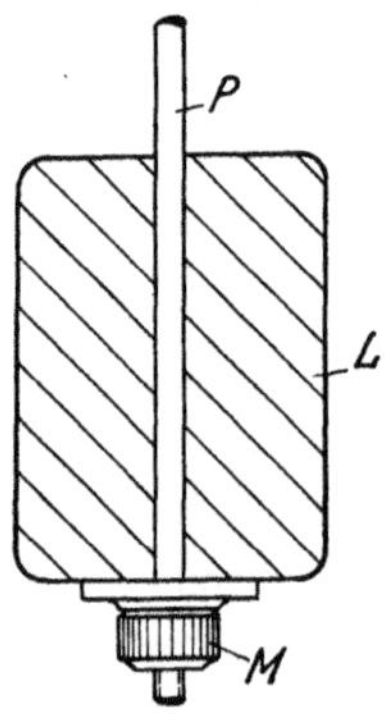

Abb. 190. Einfaches kompensiertes Pendel.

Eine in ihrer Wirkungsweise ähnliche aber weniger vollkommene einfache Einrichtung ist in Abb. 190 dargestellt. Bei dieser Anordnung stützt sich die längliche Linse *L*, die aus einem Material mit hohem Ausdehnungskoeffizienten, beispielsweise Blei, angefertigt ist, direkt auf die Mutter *M*. Bei Temperaturerhöhung verschiebt sich der Schwerpunkt der Linse nach oben etwa um den Betrag, um den die Pendelstange *P* sich verlängert hat.

[1] Eine Uhr mit einem Sekundenpendel bleibt bei einer Verlängerung des Pendels um 0,01 mm in 24 Stunden um etwa ½ Sekunde zurück. Diese Angabe gibt einen Anhaltspunkt dafür, wie genau die Kompensationseinrichtung wirken muß, um eine bestimmte Genauigkeit der Uhr zu erzielen.

b) Die Unruh. Die Unruh, Balance oder das Federkraftpendel ist ein Regler, der an Stelle des Pendels vor allen Dingen bei denjenigen Uhren angewandt wird, die nicht ortsfest sind, in erster Linie also bei Taschenuhren und überhaupt bei Uhren, die nicht in einer bestimmten Lage aufgestellt oder aufgehängt werden. Im wesentlichen besteht die Unruh aus einem schwingenden Körper und einer Feder. Die konstruktive Ausbildung kann verschieden sein.

Abb. 191 zeigt schematisch eine einfache, oft angewandte Form der Unruh. Der schwingende Körper ist das Schwungrad S mit einem verhältnismäßig starken Kranz, welches auf der fein gelagerten Achse A (Zapfen von Taschenuhren haben z. B. eine Stärke von etwa 0,1 mm) befestigt ist. Die Feder F ist als flache Spirale ausgebildet; sie wird auch deshalb meist Spirale genannt. Ihr inneres Ende ist mit der Achse der Unruh, das äußere mit dem Gestell des Uhrwerkes verbunden. Die Unruh hat eine bestimmte Ruhelage, und zwar ist das die Lage, in der die Spirale nicht gespannt ist. Wird die Unruh aus dieser Lage herausgebracht, so sucht sie unter dem Einfluß der jetzt gespannten Spirale in die Ruhelage zurückzukehren, schwingt jedoch infolge ihrer Trägheit über diese Ruhelage zurück, kehrt dann nach Erreichung der gleichen Federspannung wie vorher um usw. Der Vorgang ist ganz ähnlich wie beim Pendel, nur wirkt bei der Unruh an Stelle der Schwerkraft die Federkraft. Auch bei der Unruh treten Verluste infolge von Luft-, Zapfenreibung und in der Feder selbst auf, so daß auch die Unruh wie das Pendel zur Aufrechterhaltung ihrer Bewegung Impulse bedarf, die auch hier von der Antriebskraft des Uhrwerkes über die Hemmung erfolgen. Die Schwingungsdauer der Unruh ist um so größer, je größer der Durchmesser und das Gewicht des schwingenden Körpers, und je schwächer die Federkraft ist. (Genauer gesprochen: je größer das Trägheitsmoment des schwingenden Körpers und je kleiner die Direktionskraft der Feder ist.) Bei Taschenuhren beträgt meist die Schwingungsdauer der Unruh 1/5 Sekunde, also führt die Unruh 5 Halbschwingungen in einer Sekunde aus. Dabei beträgt die Breite des Stahlbandes oder der Klinge, aus dem die Spirale angefertigt ist, weniger als 0,4 mm, ihre Stärke etwa 0,015 mm und das Gewicht etwa 0,02 g.

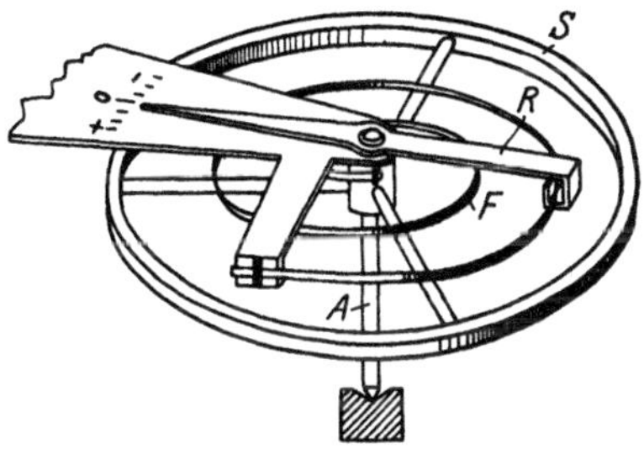

Abb. 191. Die Unruh.

Die in der Abb. 191 gezeigte Befestigung der Spirale am Gestell des Uhrwerkes bringt gewisse Nachteile mit sich. Diese werden vermieden, wenn das äußere Ende der Spirale etwas nach oben gebogen ist und dann oberhalb der eigentlichen Spirale weiter nach der Mitte der Spirale zu in einem Bogen zurückgeführt und erst dann am Gestell befestigt wird. Diese Art der Spirale, die bei besseren Uhren angewandt wird, nennt man nach ihrem Erfinder Breguet-Spirale.

In der Abb. 191 ist noch ein Zusatzglied, nämlich der Rucker R, gezeichnet. Dies ist ein konzentrisch zur Achse der Unruh gelagerter Arm, der in seiner Lage durch Reibung festgehalten wird. Das eine Ende dieses Armes ist als Zeiger ausgebildet und erlaubt, die Lage des Ruckers auf einer Skala abzulesen, das andere Ende ist nach unten gebogen. Dieses Ende hat einen Schlitz, durch den die Spirale in der Nähe ihres Endes durchgesteckt ist. Der Rucker dient zum genauen Einregulieren der erforderlichen Schwingungsdauer der Unruh. Seine Wirkungsweise beruht darauf, daß die wirksame Länge der Spirale dort aufhört, wo sie bei schwingender Unruh am Rucker anliegt. Wird der Rucker so verstellt, daß er sich vom Ende der Spirale entfernt, so wird die wirksame Länge der Spirale verringert, die Federkraft steigt und die Schwingungsdauer der Unruh wird kleiner, die Uhr geht rascher; umgekehrt, beim Nähern des Ruckers an das Ende der Spirale wird der Gang der Uhr verlangsamt. In der Ruhelage der Unruh berührt der Rucker die Spirale nicht. Der Schlitz des Ruckers wird durch einen sogenannten Schlüssel abgeschlossen, damit nicht bei Erschütterungen und dergleichen die zweite (oder auch eine weitere) Windung der Spirale sich in ihm fangen kann. Bei Breguet-Spiralen ist der Schlüssel nicht erforderlich.

Die Temperatur hat auch auf die Unruh einen Einfluß. Bei Steigen der Temperatur dehnt sich das Schwungrädchen und die Spirale aus. Beides hat zur Folge, daß die Schwingungsdauer der Unruh steigt. Bei Fallen der Temperatur liegen die Verhältnisse umgekehrt. Soll die Uhr temperaturunabhängig sein, so müssen, genau wie beim Pendel, die Änderungen der Unruh infolge der Temperaturänderungen so klein wie möglich sein. Aus diesem Grunde verwendet man auch zuweilen für das Schwungrädchen und auch für die Spirale Invar (s. oben).

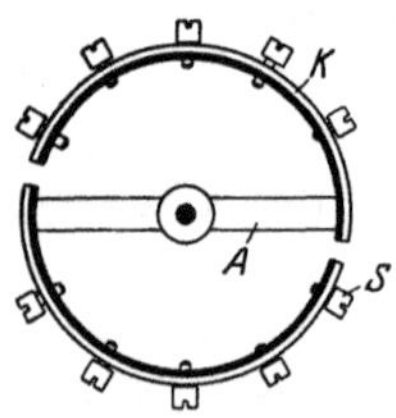

Abb. 192. Kompensationsunruh.

Ferner werden besondere Kompensationsunruhen gebaut. Eine Ausführungsform einer solchen Unruh stellt Abb. 192 dar. Der an einem Arm befestigte Kranz K des Schwungrädchens besteht aus zwei aufeinander gelöteten oder geschweißten Bändern aus verschiedenen Materialien, z. B. Messing und Nickelstahl, deren Ausdehnungskoeffizient verschieden ist. Das Material mit höherem Ausdehnungskoeffizient wird außen angeordnet. Der Kranz ist an zwei einander gegenüberliegenden Stellen aufgeschnitten. Infolge des verschiedenen Ausdehnungskoeffizienten der miteinander verbundenen Kranzteile ändert sich bei Temperaturänderungen die Krümmung des Radumfanges und zwar derart, daß bei höherer Temperatur die freien Enden sich weiter nach innen biegen. Dadurch wird dieselbe Wirkung erzielt wie bei einer Verminderung des Raddurchmessers. Bei entsprechender Wahl der Verhältnisse kann durch diese Änderung ein Ausgleich des Temperatureinflusses erreicht werden. Am Umfang des Rädchens befindet sich noch eine Reihe kleiner Schräubchen *S*, die als Beschwerungsgewichte dienen. Einige von ihnen können mehr oder weniger in die Unruh hineingeschraubt werden, und auf diese Weise kann die Einstellung der richtigen Schwingungszahl erzielt und das Rädchen genauer ausgewuchtet werden. Es möge noch bemerkt werden, daß die Unruh, wenn die Spirale aus magnetischem Material besteht, also aus normalem Stahl, gegen magnetische Einflüsse empfindlich ist. Wenn eine mit einer solchen Unruh versehene Uhr in ein starkes magnetisches Feld gebracht wird, so magnetisiert sich die Spirale, ihre einzelnen Windungen ziehen sich an (kleben), dadurch ändert sich der Gang der Uhr oder, wenn die Magnetisierung besonders stark gewesen ist, bleibt die Uhr sogar stehen. Um dies zu vermeiden, werden sogenannte antimagnetische Unruhen gebaut, bei denen an Stelle der normalen Stahlspirale eine Spirale aus Gold, Palladium oder unmagnetischem Nickelstahl angewendet wird. In bezug auf elastische Eigenschaften ist jedoch eine normale Stahlspirale besser, so daß besonders genaue Uhren meistenteils nicht mit antimagnetischen Unruhen ausgerüstet werden.

131. Die Hemmung. Die Hemmung ist, wie bereits erwähnt wurde, das Verbindungsglied zwischen dem Regler, also dem Pendel oder der Unruh, und dem übrigen Uhrwerk. Sie erfüllt drei Aufgaben: 1. Mit ihrer Hilfe beeinflußt der Regler die Geschwindigkeit des vom Antrieb in Bewegung gehaltenen Uhrwerkes, kurz den Gang der Uhr. 2. Sie überträgt auf den Regler die Kraft oder richtiger Energie, die erforderlich ist, um die Verluste des Reglers zu decken, damit dieser dauernd und gleichmäßig (also mit gleicher Amplitude) schwingt. 3. Von ihr wird der Überschuß der Energie, die der Antrieb abgibt und die nicht zur Aufrechterhaltung der Bewegung des Zahnradsystems und des Reglers erforderlich ist, aufgenommen.

Im Prinzip bestehen, wie die Abb. 188 zeigt, die meisten Hemmungen oder Gänge aus einem durch das Räderwerk (s. **134**) mit dem Antrieb verbundenen Zahnrad, dem Steigrad oder Gangrad, in dessen besonders ausgebildeten Zähnen die Klauen oder Paletten des mit dem Regler verbundenen und deshalb hin und her schwingenden Ankers eingreifen. Das Steigrad wird vom Anker abwechselnd festgehalten und dann wieder so freigegeben, daß es um einen gewissen Betrag sich weiter bewegen kann.

Wenn der Regler und die Hemmung nicht vorhanden wären, so würde die Geschwindigkeit des Uhrwerkes eine sehr große werden, es würde „durchgehen“; diese Geschwindigkeit wäre keine gleichmäßige und konstante, sie würde nur durch die nie ganz konstante Größe der Antriebskraft und die gleichfalls veränderlichen hemmenden Reibungsmomente im Uhrwerk bedingt sein. Da die Bewegung des Steigrades durch seine Beeinflussung durch den regelmäßig schwingenden Regler gleichfalls eine regelmäßige ist, so wird auch das mit dem Steigrad verbundene übrige Uhrwerk eine regelmäßige Geschwindigkeit haben. Die Geschwindigkeit des Steigrades ist jedoch dabei nicht in jedem Moment die gleiche, vielmehr steht es, wie eben gesagt worden ist, zeitweise still, zeitweise bewegt es sich zum Teil sogar sprungweise. Demnach ist auch die Geschwindigkeit der ganzen Uhr zwar eine regelmäßige, streng genommen aber keine unveränderliche. Der Mittelwert der Geschwindigkeit des Steigrades, also auch der übrigen Zahnräder der Uhr, ist jedoch unter der Voraussetzung, daß die Schwingungsdauer des Reglers unverändert ist, eine Konstante. Bei den langsam laufenden Rädern bzw. den auf ihren Achsen sitzenden Zeigern wird man überhaupt nicht merken, daß sie sich ungleichmäßig bewegen[1].

Fast bei allen Hemmungen dreht sich das Steigrad um einen Zahn vorwärts, wenn der Regler zwei Halbschwingungen vollführt hat. Wenn also z. B. das Steigrad 30 Zähne hat und das Pendel ein Sekundenpendel ist, so macht das Steigrad eine Umdrehung in 60 Sekunden (1 Minute). Ein auf der Achse eines solchen Steigrades aufgesetzter Zeiger ist also ein Sekundenzeiger. Die Drehgeschwindigkeit der anderen Achsen der Uhr und der auf sie gegebenenfalls aufgesetzten Zeiger ist durch die Übersetzungsverhältnisse des Räderwerkes bedingt.

Bei Taschenuhren hat das Steigrad meist 15 Zähne, und die Unruh vollführt 5 Halbschwingungen in einer Sekunde. Hieraus ergibt sich, daß das Steigrad eine Umdrehung in $\frac{1}{5} \cdot 2 \cdot 15 = 6$ sec, d. h. 10 Umdrehungen in einer Minute macht.

Die während einer Schwingung des Reglers sich an der Hemmung abspielenden Vorgänge zerfallen in zwei charakteristische Zeitabschnitte. Während eines Teiles der Reglerschwingung, dem Hebungsbogen, erfolgt die Hebung. In dieser Zeit gleiten die Zähne des Steigrades so auf den Klauen des Ankers, daß der Regler unter Vermittlung des Ankers einen Antrieb, also Impuls erhält. Nach erfolgter Hebung wird das Steigrad kurze Zeit vom Anker freigegeben und bewegt sich dann sprungweise vorwärts, es fällt. Während des zweiten Teiles der Regler-

[1] Man kann hier den Vergleich ziehen mit der Stromstärke bei Wechselstrom, die sich von Moment zu Moment ändert, bei der aber der von einem Amperemeter angegebene Effektivwert konstant ist.

schwingung, dem Ergänzungsbogen, kann je nach der Ausbildung des Steigrades und der Klauen das Steigrad stillstehen oder sich etwas rückwärts bewegen. Im ersten Fall ist die Hemmung eine ruhende, im zweiten eine rückfallende. Bei einigen Hemmungen, die man freie nennt, ist in der Zeit, in der der Regler den Ergänzungsbogen durchläuft, die Verbindung zwischen Anker und Regler unterbrochen, so daß die Schwingung in dieser Zeit eine freie ist.

Die Ausbildung der Hemmung beim Pendel und bei der Unruh ist verschieden.

Die wichtigste Hemmung für Pendeluhren, die auch bei den Zählerschaltuhren besonders oft verwendet wird, ist der Grahamgang, der in verschiedenen Abarten vorkommt. Es mögen noch erwähnt werden: der rückfallende Hakengang, der Stiftgang, der vorwiegend bei Turmuhren verwendet wird, ferner der freie Federkraftgang von Riefler, der bei astronomischen Uhren angewandt wird und ganz besonders gute Gangergebnisse zu erzielen ermöglicht.

Die Verbindung zwischen dem Pendel und der Hemmung kann auch anders ausgebildet sein als in der Abb. 188 gezeigt. Besitzt z. B. das Pendel eine einfache Achsenlagerung, so kann der Anker direkt auf der Pendelachse sitzen. Ein Beispiel dieser Ausführung haben wir beim Aron-Pendelzähler kennengelernt (s. Abb. 135).

Die Konstruktion der Hemmungen, die in Verbindung mit der Unruh arbeiten, muß vor allen Dingen deshalb von den für Pendeluhren bestimmten Hemmungen abweichen, weil die Schwingungsweite der Unruh viel größer ist als die des Pendels. Die Unruh macht bei ihrer Schwingung oft eine volle Umdrehung (360^{0}), oder sogar noch mehr. Die Schwingungsweite des Pendels beträgt dagegen nur einige Grad. Die wichtigsten Unruhhemmungen sind: der ruhende Zylindergang, der Ankergang und der Chronometergang, die beide freie Gänge sind. Der Zylindergang wird bei den billigen Taschenuhren, besonders bei Damenuhren, viel verwendet. Der Ankergang, der bei besseren Taschenuhren fast ausschließlich verwendet wird und der bei diesen Uhren wohl die beste Hemmung darstellt, wird auch bei den meisten Uhrwerken mit Unruh in der Zählertechnik verwendet. Der Chronometergang wird in erster Linie bei den Schiffschronometern angewandt.

132. Der Grahamgang. Wir wollen uns nun etwas eingehender mit der Wirkungsweise des Grahamganges befassen und an Hand dieses Beispieles die verschiedenen bei den Hemmungen in Betracht kommenden Begriffe näher kennenlernen. Das genaue Studium dieses Beispiels dürfte das Verständnis der Wirkungsweise anderer Hemmungen, von denen die wichtigsten im folgenden nur kurz besprochen werden, erleichtern.

Abb. 193 zeigt schematisch die wichtigsten Teile eines Grahamganges der einfachsten Form. Bei der Wahl der Einzeldimensionen in der Zeichnung wurde weniger Wert darauf gelegt, die in der Praxis vorkommenden Größenverhältnisse zu veranschaulichen, als darauf, daß die Arbeitsweise der Hemmung möglichst klar wird.

S ist das vom Uhrwerk angetriebene Steigrad mit 30 Spitzzähnen, *A* ist der Anker. Wir wollen der Einfachheit halber annehmen, daß die Achse *a* des Ankers gleichzeitig die Achse des Pendels ist. Wir wissen, daß in Wirklichkeit der Antrieb der Ankerachse meist indirekt mit Hilfe einer Gabel oder dergleichen erfolgt.

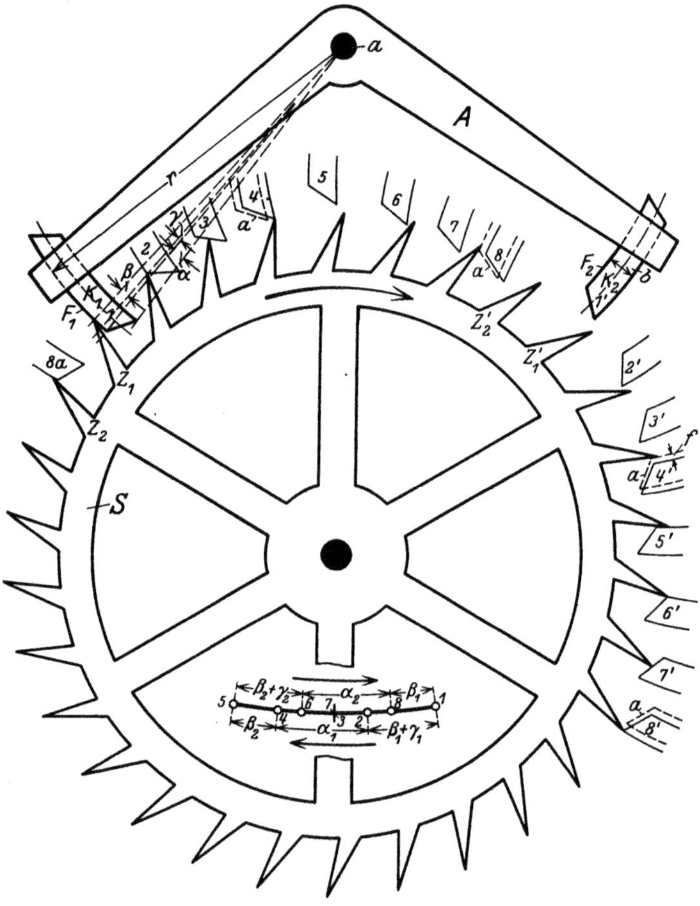

Abb. 193. Grahamgang.

In den Anker sind die Paletten oder Klauen eingesetzt, die linke, K_1, ist die Eingangs-, die rechte, K_2, die Ausgangsklaue. Der gegenseitige Abstand der beiden Klauen, gemessen von Mitte zu Mitte, ist in der Abbildung zu $7\frac{1}{2}$ Zahnteilungen des Steigrades gewählt worden. Die Klauenbreite *b* ist etwas kleiner als die halbe Teilung. Die Flanken *F* der Klauen sind zylindrisch, wobei die Achse dieser Flächen die Ankerachse ist, d. h. daß in der Zeichnung die Flanken Teile von Kreisen (Kreisbogen) sind, deren Mittelpunkt die Achse *a* ist. Der Deutlichkeit halber ist bei der linken Klaue der Halbmesser *r* der äußeren Flanke F_1 angedeutet.

Die unteren ebenen schrägen Flächen der Klauen sind die Hebeflächen, die innerhalb des mit α bezeichneten Hebungswinkels, dessen Bedeutung aus dem folgenden noch klar wird, liegen. In der Zeichnung ist eine bestimmte Lage, die der Anker bei seiner Bewegung einnimmt, gezeigt. Die entsprechenden Lagen der linken und der rechten Klaue sind mit *1* und *1'* bezeichnet. Ferner sind schwach ausgezogen und mit *2*, *3* usw. und *2'*, *3'* usw. die relativen Lagen, die die Klauen zu den Zähnen des Steigrades in verschiedenen anderen charakteristischen Zeitpunkten (Phasen) der Anker- bzw. Steigradbewegung annehmen, angedeutet. Dabei sind mit *2*, *3* usw. die Lagen der linken, mit *2'*, *3'* usw. der rechten Klaue bezeichnet. Man muß sich im klaren sein, daß in Wirklichkeit die Ankerachse ihre Lage nicht ändert und daß die Klauen bei der Ankerbewegung nur hin und her schwingen. Die verschiedenen Lagen der Klauen wurden nur deshalb auf dem Umfange des Steigrades verteilt, um die Darstellung deutlicher zu machen. Der stark ausgezogene Kreisbogen, der unten innerhalb des Zahnkranzes gezeichnet ist, stellt den Weg dar, den ein bestimmter Punkt des Pendels beim Schwingen des Pendels durchläuft. Der Pfeil auf dem Steigradkranz gibt die Richtung an, in der das Steigrad vom Uhrwerk angetrieben wird.

In der gezeichneten Lage *1* des Ankers hat das Pendel seine äußerste rechte Lage *1* erreicht, die linke Klaue hat dabei ihre tiefste Lage, die rechte ihre höchste. Die Spitze des Zahnes Z_1 des Steigrades berührt die äußere Flanke F_1 der linken Klaue. Der Zahn Z_1' hat kurze Zeit vorher die rechte Klaue verlassen. Das Pendel beginnt nun nach links zu schwingen. Dabei hebt sich die linke Klaue, die rechte senkt sich. Das Steigrad steht still, denn die Spitze des Zahnes Z_1 gleitet auf der zylindrischen Flanke der Klaue und ändert deshalb nicht ihren Abstand von der Ankerachse. Bei seiner Weiterbewegung nach links erreicht das Pendel den Punkt *2*, die linke Klaue ist dabei so weit nach oben gerückt, daß die Spitze von Z_1 die untere Kante der Klauenflanke erreicht hat. Dies ist die mit *2* bezeichnete gegenseitige Lage der Klaue und des Zahnes. Die rechte Klaue hat in diesem Moment die mit *2'* bezeichnete Stellung zum Zahn. Bei der Weiterbewegung des Pendels nach links gibt die Klaue den Zahn Z_1 frei, das Steigrad dreht sich in der Pfeilrichtung. Es beginnt die Hebung an der linken Klaue. Die Spitze von Z_1 gleitet auf der schrägen Hebefläche der Klaue, die Klaue bewegt sich weiter nach oben, und diese Bewegung wird durch den Druck, der von der Spitze von Z_1 infolge des Antriebs auf sie ausgeübt wird, unterstützt. Da das Pendel mit dem Anker verbunden ist, so erhält es dabei gleichfalls einen Anstoß oder Impuls. Das Pendel erreicht im Punkt *3* seine Ruhelage (Mittellage). *3* und *3'* sind die entsprechenden gegenseitigen Lagen der Klauen und der Zähne. Bei seiner Weiterbewegung erreicht das Pendel den Punkt *4*, in diesem Moment ist die Hebung zu Ende. Z_1 hat die rechte Kante der linken Klaue erreicht. Der rechten Klaue hat sich der auf Z_1' folgende Zahn Z_2' genähert, die linke Kante der rechten Klaue liegt etwas niedriger als die Spitze von Z_2'. Im nächsten Moment gibt die linke Klaue den Zahn Z_1 frei, und das Steigrad dreht sich plötzlich um einen kleinen Betrag bis Z_2' an der linken Flanke F_2 der Klaue K_2 anschlägt. Das Steigrad „fällt" um den Betrag *f*. Der Betrag, um den die Spitze von Z_2' höher liegt als die linke Kante von K_2, ist die „Ruhe". Sowohl der Fall wie die Ruhe oder Auffallwinkel sind aus Sicherheitsgründen erforderlich, um Klemmungen zu vermeiden. Die gegenseitigen Lagen 4_a und $4_a'$ der Klauen und der Zähne nach erfolgtem Fall sind neben *4* und *4'* gestrichelt eingezeichnet.

Bei der Weiterbewegung des Pendels nach links bis zu seiner äußersten linken Lage *5* gleitet die Spitze von Z_2' auf der linken Flanke von K_2, dabei steht das Steigrad aus den gleichen Gründen wie wir am Anfang der Betrachtung bei der linken Klaue gesagt haben, still. Das Pendel kehrt nun wieder um, das Steigrad steht immer noch so lange still, bis die linke Kante von K_2 die Spitze von Z_2' erreicht. Dieses ist bei der Pendellage *6* der Fall, bei der die Hebung an der rechten Klaue beginnt (die Lagen *6* und *6'*).

Bemerkenswert ist, daß bei der Bewegung der Klaue nach oben der Zahn auf einem längeren Wege die Flanke berührt. als bei der Bewegung der Klaue nach unten, und zwar deshalb, weil bei dem Bewegen der Klaue nach unten, also nach erfolgtem Fall, die Kante der Klaue um den Betrag der Ruhe schon niedriger stand als die Zahnspitze.

Die weiteren Vorgänge an der rechten Klaue entsprechen genau den vorher geschilderten Vorgängen, die an der linken Klaue stattgefunden haben. Während der Hebung geht das Pendel durch seine Ruhelage *7* durch (Lage *7* und *7'* der Klauen), dann ist bei der Pendellage *8* die Hebung an der rechten Klaue zu Ende. Im nächsten Moment erfolgt der Abfall an der Ausgangsklaue, und die Spitze des auf Z_1 folgenden Zahnes Z_2 schlägt gegen die äußere Flanke der Eingangsklaue K_1 (gestrichelt gezeichnete Lagen 8_a und $8_a'$. Die Lage 8_a ist links von der Lage *1* nochmals eingezeichnet. Bei der Weiterbewegung des Pendels nach rechts bleibt die Berührung zwischen der Spitze von Z_2 und der Flanke von K_1 bestehen, und das Steigrad steht still, das Pendel erreicht nun seine äußerste rechte Lage *1* wieder, und die Vorgänge spielen sich wieder vom Anfang an in genau derselben Reihenfolge, wie oben geschildert, ab. Man sieht, daß das Spiel sich stets nach zwei Halbschwingungen des Pendels wiederholt. Das Steigrad rückt also nach zwei Halbschwingungen um einen Zahn vor. Wenn, wie im Beispiele gewählt, das Steigrad 30 Zähne besitzt und das Pendel ein Sekundenpendel ist, so macht das Steigrad eine Umdrehung in 60 Sekunden oder in einer Minute. In diesem Falle ist ein Zeiger, der auf der Steigradachse sitzt, ein Sekundenzeiger.

Der Anker dreht sich stets um den gleichen Winkel wie das Pendel. Den Winkel bzw. den Bogen α, den das Pendel und der Anker vom Beginn bis zum Ende der Hebung durchläuft, ist der Hebungswinkel. Er ist in der Abbildung für die Klaue K_1 und in dem vom Pendel zurückgelegten Weg eingezeichnet. Das Pendel durchläuft den Hebungswinkel auf seinem Wege von rechts nach links, also wenn die Hebung an der Klaue K_1 erfolgt, zwischen den Punkten *2* und *4*, für die Bewegung des Pendels von links nach rechts, also bei der Klaue K_2, zwischen den Punkten *6* und *8*. Bei den in der Zeichnung gewählten Verhältnissen beträgt der Hebungswinkel $\alpha \approx 3^0$. Den Winkel γ, der der „Ruhe" entspricht, nennt man Auffallwinkel des Zahnes. Er ist in der Abbildung zu $\gamma \approx 0{,}8^0$ angenommen. Ihm entspricht bei der gezeichneten Winkelbewegung die Strecke zwischen den Punkten *2* und *8* und *4* und *6*. Die Winkel bzw. die Bogen, die der Anker und das Pendel außerhalb des Hebungswinkels durchläuft, nennt man Ergänzungswinkel oder Ergänzungsbogen. Ihnen entsprechen die Winkel $\beta \approx 1{,}8^0$ und $\beta \approx 1{,}8^0 + \gamma$ bzw. die Strecken *4—5* und *5—6*, *1—2* und *1—8*. Die Ergänzungsbogen sind bei dem Schwingen des Pendels in der Richtung von der Ruhelage nach der äußeren Lage um den Betrag des Auffallwinkels kleiner als bei der Bewegung von der äußeren Lage nach der Ruhelage zu.

Wie aus dem Obigen deutlich hervorgeht, steht bei dem Grahamgang während des Ergänzungsbogens das Steigrad still; demnach ist diese Hemmung eine ruhende. Die Ausbildung der Zähne und Klauen kann von der in Abb. 193 gezeichneten auch abweichen. So werden z. B. die Zähne auch so ausgebildet, daß sie zum Teil als Hebeflächen wirken.

133. Der Zylindergang und der Ankergang. Diese in Verbindung mit der Unruh arbeitenden Gänge kann man sich aus dem Grahamgang hervorgegangen denken. Rein äußerlich fällt die Ähnlichkeit mehr beim Ankergang auf. Der Wirkungsweise nach kommt jedoch der Zylindergang dem Grahamgang näher.

Den wesentlichen Teil des Zylinderganges (Abb. 194 Mitte) bildet der Zylinder. Dieser besteht aus einem Stahlrohr, dem Zylinderrohr, welches an seinen beiden Enden durch Spunde (Tampon), die die Achsen (Wellen) tragen, verschlossen ist. Der Durchmesser des Zylinders beträgt etwa $^1/_{16}$ oder noch weniger des Durchmessers des Schwungrädchens der Unruh, die auf dem oberen Teil des Zylinders aufgesetzt ist. Das Zylinderrohr ist mit einem besonders geformten Ausschnitt versehen, so daß zwei Lippen, die Eingangslippe L_1 und die Ausgangslippe L_2, deren Kanten in besonderer Weise gerundet sind, gebildet werden. In der Ausgangslippe L_2 ist noch der Passageeinschnitt P vorhanden. Die Zähne des Steigrades S sitzen auf kleinen Säulchen, die ihrerseits auf den Armen, den Zahnträgern, befestigt sind. Die äußere schräge Fläche des Zahnes ist die Neigung n, a ist die äußere Zahnspitze oder Ferse, i die innere. Der Zylinder ent-

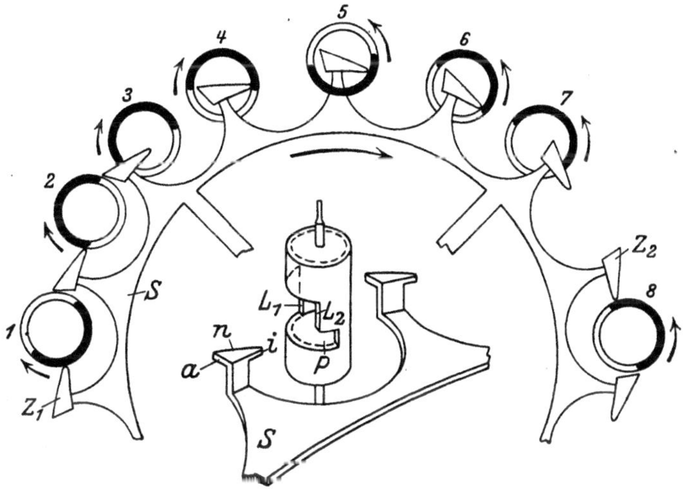

Abb. 194. Zylindergang.

spricht dem Anker des Grahamganges, wobei den Klauen (K_1 und K_2 Abb. 193) die Lippen L_1 und L_2 entsprechen. Die Hebeflächen befinden sich im Gegensatz zum Grahamgang auf der Neigung der Zähne. Die Schwingungsweite der Unruh beträgt etwa 240°, wovon etwa 35° auf die Hebung entfallen. In unserer Abbildung sind die verschiedenen gegenseitigen Lagen des Zylinders und der Steigradzähne eingezeichnet, wobei die einzelnen Lagen mit den gleichen Zahlen bezeichnet sind, wie die ihnen entsprechenden Lagen des Grahamganges in Abb. 193. Man darf auch hier nicht übersehen, daß in Wirklichkeit die Zylinderachse stets die gleiche Lage hat und der Zylinder nur um diese Achse hin und her schwingt. Die jeweiligen Drehrichtungen des Zylinders sind durch Pfeile angedeutet. Im folgenden sollen die einzelnen Lagen 1 . . . 8 kurz beschrieben werden. Daraus dürfte die Wirkungsweise des Ganges genügend deutlich hervorgehen:

1. Hier hat die Unruh bei ihrer Drehung in der der Uhrzeigerdrehung entgegengesetzten Richtung ihre äußerste Lage erreicht, beginnt jetzt zurückzuschwingen, so daß der Zylinder sich in der Richtung des gezeichneten Pfeiles bewegt. Die (innere) Zahnspitze des Zahnes Z_1 gleitet dabei auf der äußeren Zylinderfläche, die Unruh vollendet den Ergänzungsbogen. Dabei steht das Steigrad still, da die Entfernung der Zahnspitze von der Zylinderachse sich nicht ändert.

2. Ende des Ergänzungsbogens, Zahnspitze erreicht die Kante der Eingangslippe, kurz darauf beginnt die Hebung.

3. Hebung an der Eingangslippe; diese gleitet auf der Neigung des Zahnes, die Unruh erhält einen Impuls.

4. Die Eingangslippe hat kurz vorher die Zahnneigung verlassen, das Steigrad ist gefallen und die innere Zahnspitze berührt jetzt die Innenfläche des Zylinders, welcher weiter in der gleichen Richtung wie vorher umläuft.

5. Der Zylinder hat bei seiner Drehung im Uhrzeigersinn seine äußerste Lage erreicht und beginnt jetzt in der entgegengesetzten Richtung zu umlaufen. Man sieht, daß der Zylinder sich so weit gedreht hat, daß die Kante der Ausgangslippe sich links von dem Zahnträger befindet. Ein so weites Ausschwingen ist durch den Passageeinschnitt ermöglicht, in den der Zahnträger bei der gezeichneten Lage hereinragt.

6. Ende des Ergänzungsbogens.

7. Die Hebung an der Ausgangslippe.

8. Nach erfolgtem Abfall berührt die innere Zahnspitze des auf Z_1 folgenden Zahnes Z_2 die äußere Zylinderfläche. Der Zylinder schwingt weiter entgegengesetzt der Uhrzeigerrichtung und erreicht dann im nächsten Augenblick die Lage 1. Das Spiel wiederholt sich von neuem.

Die obige Betrachtung zeigt deutlich, daß die Wirkungsweise des Zylinderganges im Grunde genommen die gleiche ist wie beim Grahamgang. Wir haben es auch hier mit einem ruhenden Gang zu tun.

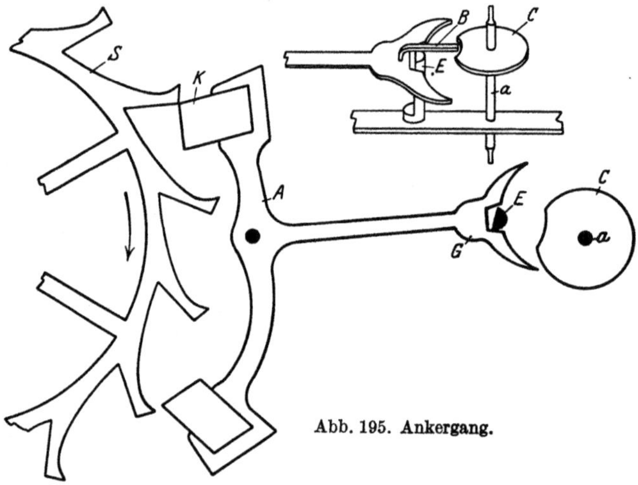

Abb. 195. **Ankergang.**

Den Ankergang (Abb. 195) kann man sich dadurch aus dem Grahamgang entstanden denken, daß zwischen den Anker *A* und der Achse der hin und her schwingenden Unruh eine Übersetzung eingebaut ist. Diese ist notwendig, weil beim Grahamgang nur kleine Schwingungsweiten des Ankers zulässig sind. Die nötige Übersetzung wird dadurch verwirklicht, daß der auf der Unruh befestigte Hebestift, die Eklipse *E*, in den Einschnitt der Gabel *G* des Ankers eingreift und dabei den Anker mitnimmt. Es ist gewissermaßen ein einziger Zahn und eine Zahnlücke eines Zahnradpaares vorhanden. Nach erfolgter Hebung bewegt sich der Hebestift frei, ohne die Ankergabel *G* bzw. ihre Hörner zu berühren. Die Verbindung zwischen der Hemmung und der Unruh ist demnach im Ergänzungsbogen nicht vorhanden. Die Hemmung ist eine freie. Auf der Unruhachse a ist die Sicherungsscheibe C befestigt, in deren Ausschnitt der mit der Ankergabel verbundene Sicherungsstift B eingreift, ohne dabei normalerweise die Scheibe zu berühren. Eine Berührung kommt nur dann zustande, wenn die Unruh zu weit ausschwingt. Die Abbildung dürfte einen ungefähren Begriff von der Wirkungsweise der Ankerhemmung geben. Wir wollen davon absehen, genauer auf die ziemlich verwickelten Vorgänge einzugehen. Es möge nur noch bemerkt werden, daß der Hebungswinkel etwa 40^0 beträgt, die Schwingungsweite der Unruh 1½ volle Drehungen (540^0) erreicht. Die Klauen K und die Hebefläche der Eklipse werden meist durch Steine gebildet. Die konstruktive Ausführung des Ankerganges kann ziemlich verschieden sein. Unsere Abbildung zeigt eine neuzeitliche Ausführung desselben, wobei weniger wesentliche Konstruktionsteile in der Zeichnung fortgelassen sind.

134. Räderwerk. Die Umlaufgeschwindigkeit des Steigrades ist wesentlich größer als die des Triebrades, welches unmittelbar mit der Walze des Gewichtsantriebes oder mit dem Federhaus bzw. dem Kern beim Federantrieb verbunden ist. Andererseits ist die Kraft am Triebrad wesentlich größer als die, die am Steigrad erforderlich ist. Um die Geschwindigkeiten des Steigrades und des Triebrades und die in ihnen wirkenden Kräfte in das richtige Verhältnis zueinander zu bringen, werden zwischen diese beiden Räder Zahnradübersetzungen eingefügt. Diese Zahnräder bilden das Räderwerk oder das Zahnradsystem des Uhrwerkes. Die Übersetzung ist auch deshalb notwendig, weil das Steigrad in der Laufzeit des Uhrwerkes, d. h. der Zeit, die das Uhrwerk läuft, ohne aufgezogen zu werden, sehr viele Umdrehungen macht. Dagegen kann das Triebrad viel weniger Umdrehungen machen. Wir wollen uns diese Verhältnisse und die Konstruktion eines Räderwerkes überhaupt an einem ganz einfachen Beispiel klarmachen.

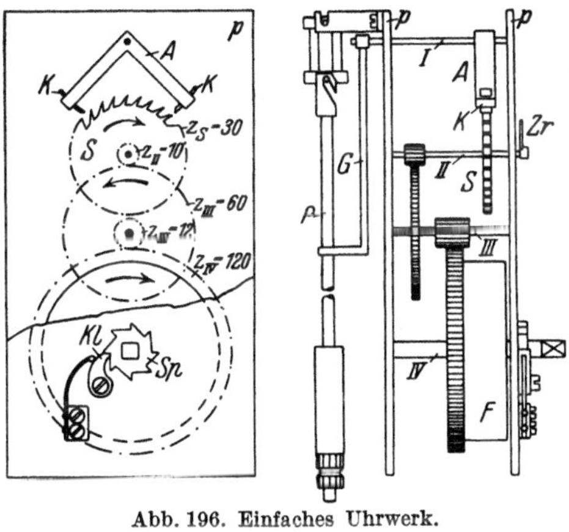

Abb. 196. Einfaches Uhrwerk.

Abb. 196 zeigt ein solches Uhrwerk, und zwar ist rechts die Seitenansicht und links die Vorderansicht schematisch gezeichnet. Zwischen zwei Messingplatten p, den Platinen, befinden sich die Zahnräder, deren Achsen in den Platinen gelagert sind. Die Achse I ist die Ankerachse. Sie ist mit der Gabel G, die vom Pendel P mitgenommen wird, verbunden. Auf dieser Achse sitzt der Anker A, dessen Klauen K in das Steigrad S eingreifen. Das Pendel ist ein Sekundenpendel. Da das Steigrad 30 Zähne hat ($Z_s = 30$), erfolgt eine volle Drehung der Steigradachse II in einer Minute (s. 131). Der auf der Achse II aufgesetzte Zeiger Zr

wäre demnach ein Sekundenzeiger. Ferner befindet sich auf der Achse *II* ein kleines Zahnrad, das Trieb, mit $z_{II} = 10$ Zähnen, welches aus dem gleichen Stück Stahl wie die Achse selbst angefertigt ist. In dieses Trieb greift das Zahnrad ein, welches auf der Achse *III* sitzt. Dieses Zahnrad hat $Z_{III} = 60$ Zähne und ist mit seiner Achse fest verbunden. Demnach ist die Übersetzung zwischen der Achse *III* und *II* $\frac{Z_{III}}{z_{II}} = \frac{60}{10} = 6$, d. h. die Achse *III* vollführt eine Umdrehung in der 6fachen Zeit wie die Achse *II*, also in 6 Minuten. Auf der Achse *III* sitzt außerdem ein Trieb mit $z_{III} = 12$ Zähnen, das wiederum ein Ganzes mit der Achse bildet. In dieses Trieb greift das auf der Achse *IV* sitzende Triebrad mit $Z_{IV} = 120$ Zähnen ein, welches unmittelbar mit dem Federhaus *F* verbunden bzw. aus dem gleichen Stück wie dieses Federhaus gearbeitet ist. Die Übersetzung zwischen der Achse *III* und dem Triebrad ist demnach $\frac{Z_{IV}}{z_{III}} = \frac{120}{12} = 10$. Da die Achse *III* für eine Umdrehung 6 Minuten braucht, so braucht das Triebrad, also auch die Achse *IV*, $6 \cdot 10 = 60$ Minuten. Das Federhaus ist ein fliegendes Federhaus. Seine Achse *IV* ist durch das auf ihr sitzende Sperrrad *Sp* und die Klinke *Kl* beim Ablaufen des Uhrwerkes gesperrt. Das Sperrad *Sp* und die Klinke *Kl*, die an der vorderen Platine drehbar befestigt ist, bilden das Gesperre. Es tritt in Tätigkeit, wenn die Triebfeder mit Hilfe eines auf dem Vierkant der Achse *IV* aufgesetzten Schlüssels aufgezogen wird.

Allgemein ist die Gesamtübersetzung eines Räderwerkes gleich dem Produkte der einzelnen Übersetzungen. Wenn also das Steigrad eine Umdrehung macht, so macht das Triebrad $\frac{1}{60}$ Umdrehung. Das Steigrad macht in einem Tag $60 \cdot 24 = 1440$ Umdrehungen. In der gleichen Zeit macht also das Triebrad $\frac{1440}{60} = 24$ Umdrehungen. Praktisch ist die Ausführung eines Federantriebes, bei dem das Federhaus während der Laufzeit 24 Umdrehungen machen würde, kaum möglich. Ein Uhrwerk in der gezeichneten einfachen Form müßte sehr oft aufgezogen werden, mindestens zweimal am Tag. Deshalb wird man in den meisten Fällen eine viel größere Übersetzung zwischen Triebrad und Steigrad einbauen, als dieses in unserem Beispiel angenommen worden ist. Zwecks Erzielung guter Gangergebnisse wird jedoch andererseits angestrebt, möglichst wenig Zahnräder zu haben, da in jedem Zahnrad Reibungsverluste auftreten, die sich mit der Zeit ändern, wodurch der Gang der Uhr ungünstig beeinflußt wird. Es werden deshalb auch Uhren gebaut, bei denen die Übersetzung zwischen Triebrad und Steigrad sogar noch kleiner als in unserem Beispiel ist. Es wird dann eine automatische elektrische Aufzugsvorrichtung verwendet, die das Uhrwerk in kurzen Zeitabständen aufzieht. So ist z. B. bei astronomischen Riefler-Uhren sogar eine Übersetzung von nur 1 zu 7,5 angewandt.

In der Abbildung sind durch Pfeile die Drehrichtungen der einzelnen Achsen angedeutet. Wir sehen, daß die Steigradachse *II* im Uhrzeigersinn umläuft, was ja auch erforderlich ist, weil auf ihr der Sekundenzeiger sitzt. Die Zwischenachse *III* läuft in entgegengesetzter Richtung. Das Triebrad läuft wieder in der Uhrzeiger-Richtung. Ein direkt mit dem Triebrad bzw. mit dem Federhaus verbundener Zeiger würde sich also in der richtigen Richtung als Minutenzeiger bewegen. Da außer dem Sekundenzeiger und dem Minutenzeiger auch noch ein Stundenzeiger erforderlich ist, so müssen im Uhrwerk noch weitere Übersetzungen vorhanden sein.

Abb. 197. Räderwerk einer Schaltuhr.

Abb. 197 veranschaulicht beispielsweise das Räderwerk (ohne Platinen) einer Schaltuhr mit elektrischem Antrieb und zeigt, daß bei ausgeführten Uhrwerken das Räderwerk wesentlich komplizierter ist als im obigen Beispiel angenommen wurde.

Ein sehr wichtiger konstruktiver Punkt ist bei Uhrwerken die Lagerung der Achsen, die so beschaffen sein muß, daß die Reibung möglichst klein ist, und zwar muß sie um so kleiner sein, je rascher die betreffende Achse umläuft. Aus diesem Grunde werden die raschlaufenden Achsen mit dünneren Zapfen als die langsam laufenden ausgeführt. Abb. 198 zeigt verschiedene Ausführungsformen der Lagerung von Uhrenachsen. Bei Uhren, bei denen größere Kräfte zur Verfügung stehen, läuft der Zapfen in fein polierten Bohrungen der Platine (Abb. 198a und b), wobei an der Außenseite der Platine Einsenkungen angebracht werden, die eine Ölhaltung ermöglichen und kürzere Lagerstellen ergeben. Bei Uhrwerken, bei denen sehr geringe Kräfte zur Verfügung stehen, in erster Linie also bei Taschenuhren, werden die rasch laufenden Achsen in Lochsteinen gelagert. Soll dabei auch eine Lagerung der Achse in ihrer Richtung erreicht werden, so werden noch besondere Decksteine verwendet. Zwei Ausführungsformen solcher Lagerungen zeigen die Abb. 198c und d.

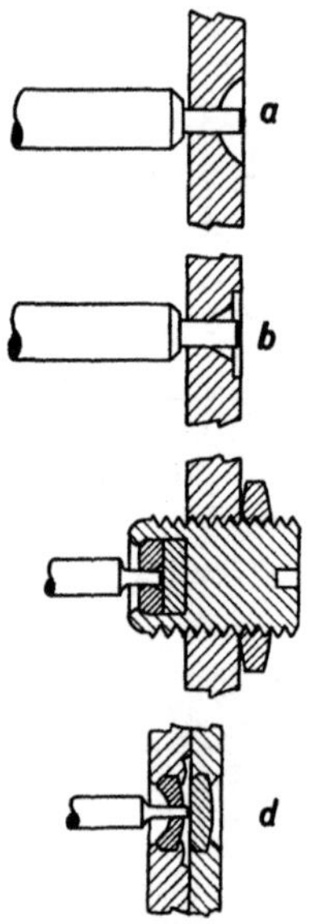

Abb. 198. Lagerung von Uhrenachsen.

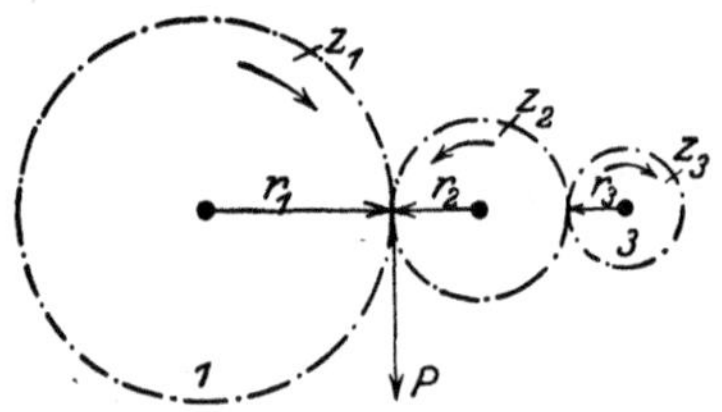

Abb. 199. Zahnräder.

Wir wollen noch etwas genauer auf die bei Zahnrädern in bezug auf Drehzahl, Drehrichtung und Kräfte auftretenden Verhältnisse eingehen. Greifen zwei Zahnräder 1 und 2 (Abb. 199) ineinander, so verhalten sich ihre Drehzahlen n_1 und n_2 bzw. die Anzahl der Umdrehungen in einer bestimmten Zeit umgekehrt wie die Zähnezahlen Z_1 und Z_2, also

$$\frac{n_2}{n_1} = \frac{Z_1}{Z_2},$$

hieraus folgt, $n_2 = n_1 \cdot \frac{Z_1}{Z_2}$. Wenn z. B. $Z_1 = 60$ und $Z_2 = 6$ ist, so entsprechen einer Umdrehung des Zahnrades *1* 10 Umdrehungen des Zahnrades *2*, da $\frac{Z_1}{Z_2} = \frac{60}{6} = 10$ ist. Die obige Gleichung wird ohne weiteres klar, wenn man sich überlegt, daß stets ein Zahn des einen Zahnrades mit einem Zahn des zweiten Zahnrades in Berührung steht, so daß, wenn eine bestimmte Anzahl Zähne des ersten Zahnrades den Punkt, wo sich die Zahnräder berühren, passieren, so muß in der gleichen Zeit die gleiche Anzahl Zähne des zweiten Rades die Stelle passieren. Da nun aber auf dem Umfang des Zahnrades *2* im Verhältnis $\frac{Z_1}{Z_2}$ weniger Zähne als auf dem des Zahnrades *1* sich befinden, so muß das Zahnrad *2* entsprechend diesem Verhältnis mehr Umdrehungen als das Zahnrad *1* machen. Umgekehrt, wenn Z_2 größer als Z_1 ist, so wird das Zahnrad *2* sich entsprechend langsamer drehen. Die obige Gleichung gilt natürlich für beide Fälle. Da an der Berührungsstelle (Eingriffsstelle) die Zähne sich in der gleichen Richtung bewegen müssen, so folgt hieraus, daß die Drehrichtung der Zahnräder verschieden ist. Wenn, wie in der Abbildung angenommen, das Rad *1* sich in der Uhrzeigerrichtung bewegt, so bewegt sich das Rad *2* entgegen der Uhrzeigerrichtung (eingezeichnete Pfeile).

Von großer Wichtigkeit ist auch die Frage, wie sich die Kräfte und die Drehmomente bei beiden Zahnrädern verhalten. Es wirke auf das Rad *1* ein Drehmoment D_1, welches beispielsweise durch die Triebfeder des Uhrwerkes hervorgerufen wird. Das Drehmoment ist gleich Kraft × Hebelarm. Wenn wir als Hebelarm den Halbmesser r_1 des Kreises, auf dem der Berührungspunkt der beiden Zahnräder liegt, annehmen, so ist $D_1 = r_1 \cdot P$. Hieraus ergibt sich die Kraft P, die von einem Zahnrad auf das andere übertragen wird, zu $P = \frac{D_1}{r_1}$. Diese Kraft wirkt auf dem Zahnrad *2* auf dem Hebelarm r_2. Beim Rad *2* ist demnach das Drehmoment $D_2 = r_2 \cdot P$. Da die Zähneteilung (Entfernung zwischen zwei Zahnmitten gemessen auf dem Berührungs- oder Teilkreis) bei beiden ineinandergreifenden Rädern die gleiche sein muß, so müssen sich die Umfänge der beiden Räder, also auch deren Halbmesser wie die Anzahl der Zähne verhalten. Demnach ist $\frac{r_2}{r_1} = \frac{Z_2}{Z_1}$ oder $r_2 = r_1 \frac{Z_2}{Z_1}$. Die Halbmesser der Teilkreise verhalten sich also wie die Zahl der Zähne. Setzen wir den so erhaltenen Wert für r_2 in unsere Gleichung für D_2 ein, so erhalten wir $D_2 = r_2 \cdot P = r_1 \cdot \frac{Z_2}{Z_1} \cdot P$. Hieraus folgt:

$$D_2 : D_1 = r_1 \cdot \frac{Z_2}{Z_1} \cdot P : r_1 \cdot P = Z_2 : Z_1.$$

Wir sehen, daß das Drehmoment D_2 im Verhältnis $\frac{Z_2}{Z_1}$ kleiner ist als das Drehmoment D_1.

Die vom Rad *1* in einer bestimmten Zeit geleistete Arbeit ist proportional der Kraft P und dem vom Umfange des Rades zurückgelegten Wege. Dieselbe Arbeit wird offenbar vom Rad *2* geleistet, da sein Umfang in der gleichen Zeit den gleichen Weg zurücklegt und auf beiden Rädern die gleiche Kraft wirkt. Bei dieser Überlegung ist angenommen, daß in den Zahnrädern selbst keine Arbeit verlorengeht (Wirkungsgrad des Zahnradgetriebes 100%). In Wirklichkeit wird infolge der an der Berührungsstelle der Zahnräder und in der Lagerung auftretenden Reibung ein gewisser Arbeits-, also auch Kraftverlust, auftreten. Man kann annehmen, daß bei guten Zahnrädern in einer Uhr für je ein Paar Zahnräder etwa 10% der Arbeit verlorengehen.

Wir nehmen nun an (Abb. 199), daß in das Zahnrad *2* ein drittes Zahnrad *3* mit der Zähnezahl Z_3 eingreift. Führen wir dieselbe Betrachtung, die wir für die ersten zwei Räder angestellt haben, auch für das Zahnrad *2* und *3* durch, so ergibt sich die Drehzahl des Zahnrades *3* zu $n_3 = n_2 \cdot \frac{Z_2}{Z_3}$. Da $n_2 = n_1 \cdot \frac{Z_1}{Z_2}$ ist, so ist demnach $n_3 = n_2 \cdot \frac{Z_2}{Z_3} = n_1 \cdot \frac{Z_1}{Z_2} \cdot \frac{Z_2}{Z_3} = n_1 \cdot \frac{Z_1}{Z_3}$, d. h. die Drehzahl des Rades 3 verhält sich gegenüber der Drehzahl des Rades *1* so, als ob das Zwischenrad *2* gar nicht vorhanden wäre. Es ist auch leicht einzusehen, daß das Drehmoment D_3 des Rades *3* deshalb im Verhältnis $\frac{Z_3}{Z_1}$ kleiner ist als das Drehmoment des Rades *1*, also $D_3 = D_1 \cdot \frac{Z_3}{Z_1}$. Es macht demnach den Eindruck, als ob man das mittlere Rad *2* überhaupt sparen könnte. Praktisch ist jedoch dieses Rad oft aus zwei Gründen erforderlich:

1. Man kann praktisch nicht ein beliebig großes Verhältnis der Zähnezahlen ausführen, so daß man gezwungen ist, zwischen dem kleinen Rad und dem großen, wie in der Abbildung angedeutet, ein Rad von mittlerem Durchmesser einzuschalten.

In den meisten Fällen wird man eine größere Übersetzung allerdings wie beim Uhrwerk nach Abb. 196 durch Aufsetzen von Trieben auf die Zahnradachse erzielen.

2. Es wird oft verlangt, daß die Drehrichtung von zwei miteinander durch Zahnräder verbundene Achsen die gleiche ist. Dies ist, wie wir gesehen haben, bei zwei Rädern nicht der Fall. Dagegen ist leicht einzusehen, daß das dritte Rad die gleiche Drehrichtung hat wie das erste (s. eingezeichnete Pfeile). Die gleiche Drehrichtung der Zahnräder bzw. ihrer Achsen ist beispielsweise dann erforderlich, wenn auf beiden Achsen die Zeiger einer Uhr sitzen, die alle in der gleichen Richtung umlaufen sollen. Hieraus ergibt sich, daß auch in Fällen, wo man sonst mit zwei Rädern auskommen könnte, unter Umständen ein drittes Rad zur Erzielung einer bestimmten Drehrichtung erforderlich ist.

Sitzt auf der Achse eines Zahnrades ein zweites kleineres Zahnrad (Trieb), so wird das gleiche Drehmoment von beiden Zahnrädern übertragen. Die Kraft am Umfange des kleineren Zahnrades ist im Verhältnis der Zähnezahl der beiden Zahnräder größer als am Umfange des größeren.

135. Elektrischer Aufzug und Antrieb. Wir haben bereits unter 128 und 129 darauf hingewiesen, daß man bei Uhren den elektrischen Aufzug und elektrischen Antrieb verwendet. Diese Einrichtungen sind bei den in Verbindung mit Zählern arbeitenden Uhrwerken sehr verbreitet, und die Konstruktionen, die dabei zur Anwendung kommen, sind sehr mannigfaltig. Wir wollen im folgenden nur das Prinzip einiger besonders verbreiteter Ausführungen behandeln.

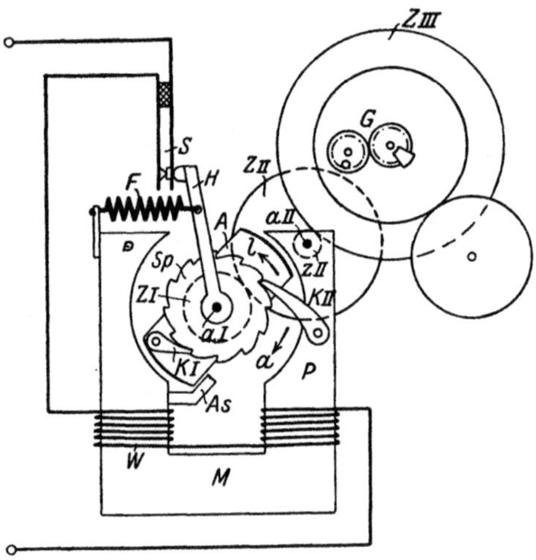

Abb. 200. Elektrischer Aufzug.

a) Elektrischer Aufzug. Bei den in der Zählertechnik zur Anwendung kommenden Uhren werden in erster Linie Aufzüge angewandt, die durch einen Elektromagneten betätigt werden. Abb. 200 zeigt schematisch eine Ausführungsform einer derartigen Vorrichtung. Zwischen den beiden Polen P des Elektromagneten M ist drehbar der Eisenkern (Anker) A angeordnet. Er ist fest auf die drehbare Achse $a\,I$ aufgesetzt. Auf der gleichen Achse ist der Hebel H befestigt. Ferner ist an dem Anker die Klinke $K\,I$ angebracht. Auf der Achse $a\,I$ ist außerdem das Sperrad Sp und das mit ihm verbundene Zahnrad $Z\,I$ lose aufgesetzt. Die Bewicklung W des Elektromagneten liegt unter Zwischenschaltung des Druckschalters S an der Netzspannung. An dem Hebel H greift die Feder F, die die eigentliche Triebfeder der Uhr ist, an. Sie zieht den Hebel H nach links. Dabei dreht sich der mit dem Hebel H verbundene Anker A in Richtung des mit l bezeichneten Pfeiles. Diese Bewegung ist durch den Anschlag As begrenzt. In seiner äußersten Stellung drückt das isolierte Ende des Hebels H auf die Federn des Schalters S. Dabei wird der Stromkreis geschlossen und der Elektromagnet erregt. Dies hat zur Folge, daß der Anker vom Elektromagneten angezogen wird. Er dreht sich dann in der Richtung des mit a bezeichneten Pfeiles. Das Sperrad Sp und das mit ihm verbundene Zahnrad ZI wird dabei durch die am Gestell des Elektromagneten befestigte Klinke KII an der Drehung verhindert. Gleichzeitig gleitet die am Anker befestigte Klinke KI frei über die Zähne des Sperrades hinweg. Die Feder F wird auseinandergezogen, d. h. gespannt. Wenn nun der Strom durch die Freigabe der Schalterfedern durch den Hebel H wieder unterbrochen wird, also die Anziehung des Ankers aufhört, zieht sich die Feder F zusammen, der Anker wird in der Richtung des Pfeiles l gedreht, und da die Klinke KI in das Sperrad Sp jetzt eingreift, so wird das mit dem Sperrad verbundene Zahnrad ZI gleichfalls in der Richtung des Pfeiles l gedreht. Das Zahnrad ZI greift in ein weiteres Zahnrad ZII ein, auf dessen Achse aII das Trieb zII sitzt. Dieses treibt ein weiteres Rad $ZIII$, welches an dem Federhaus der Reservefeder (s. weiter unten) befestigt ist. Die Bewegungen des Zahnrades $ZIII$ werden dann auf die weiteren Räder des Uhrwerkes übertragen. Auf diese Weise treibt die Feder F bei ihrem Entspannen das Uhrwerk an. Wenn dann der Hebel H wieder den Schalter S schließt, wiederholt sich der Aufzugsvorgang wie beschrieben.

In dieser einfachen Form würde jedoch die Aufzugsvorrichtung nicht einwandfrei arbeiten können, da die Zeitdauer der Erregung des Elektromagneten zu kurz wäre. Wenn nämlich der Hebel H durch das Zusammendrücken der Schalterfedern den Strom schließen würde und dadurch der Anker des Elektromagneten sofort angezogen würde, so würde der Kontakt sofort wieder gelöst, und der Anker könnte nicht den für das Spannen der Feder ausreichenden Weg zurücklegen. Aus diesem Grunde wird bei der Aufzugsvorrichtung zwischen den Hebel H und den Schalter S ein besonderes Zwischenglied, die Wippe Wp nach Abb. 201 eingebaut. Diese Wippe ist auf der Ankerachse aI lose aufgesetzt. Sie trägt zwei federnde Hörner hI und hII. Zwischen diese Hörner

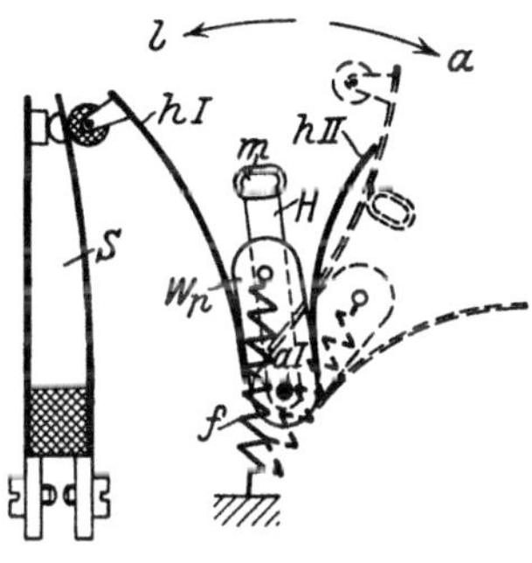

Abb. 201. Wippe einer Aufzugsvorrichtung.

greift der am Ende des Hebels *H*, welcher durch eine Filzschicht umkleidet ist, befestigte Mitnehmer *m* ein. Der Hebel *H* selbst befindet sich hinter der Wippe *Wp*. An der Wippe greift eine Feder *f* ein (Labilfeder). Diese bewirkt, daß die Wippe in ihrer Mittellage labil ist und nicht von selbst in dieser Lage stehen bleiben kann. Beim Ablaufen der Zugfeder *F* (Abb. 200) liegt der Mitnehmer *m* am Horn *hI* an und dreht demnach die Wippe *Wp* in der Richtung des Pfeiles *l*. Wenn bei dieser Bewegung die Wippe ihre Mittellage überschreitet, so kippt infolge der Einwirkung der Feder *f* die Wippe in die gezeichnete Lage, das an ihrem Ende befestigte Isolierstück drückt die Federn des Schalters zusammen. Bei der nun erfolgenden Anziehung des Ankers wird zwar der Hebel und der an ihm befestigte Mitnehmer *m* sofort in der Richtung des Pfeiles *a* gedreht, der Schalter *S* bleibt jedoch so lange geschlossen, bis der Mitnehmer *m* das Horn *hII* erreicht hat und die Wippe mitnimmt und nach rechts in die gestrichelt gezeichnete Lage umlegt. Die Kontaktdauer genügt, um den Anker genügend weit einzuziehen. Dann beginnt die Feder *F* sich zu entspannen, treibt also das Uhrwerk an, und der Vorgang beginnt von neuem. Die Ablaufdauer der Feder *F* dauert eine gewisse Zeit, beispielsweise zwei Minuten.

Wenn keine weiteren Vorkehrungen getroffen werden, so würde bei der beschriebenen Einrichtung beim Ausbleiben der Netzspannung die Uhr stehen bleiben. Um dies zu vermeiden, ist noch eine besondere im oben erwähnten Federhaus, an dem das Zahnrad *ZIII* befestigt ist, angeordnete Reservefeder vorhanden. Diese Feder ist so bemessen, daß sie imstande ist, das Uhrwerk eine längere Zeit, beispielsweise 100 Stunden, anzutreiben. Ist infolge des Ausbleibens der Netzspannung die Reservefeder ganz oder teilweise entspannt und tritt der elektrische Aufzug wieder in Tätigkeit, so wird zuerst die Reservefeder aufgezogen. Der elektrische Aufzug arbeitet dann in rascher Aufeinanderfolge, bis die Reservefeder aufgezogen ist; sodann wird das Uhrwerk wieder nur von der Triebfeder *F* angetrieben. Der Aufzug der Reservefeder ist durch die Stellung *G* beschränkt.

An Stelle eines Elektromagneten werden auch Ferraris-Motoren, ähnlich wie weiter unter b) beschrieben, verwendet. Wir haben ein Beispiel einer solchen Ausführung bei der Behandlung des Doppeltarifzählers mit eingebauter Uhr (s. 117) kennengelernt.

b) Elektrischer Antrieb. Eine bei Tarifzählern ziemlich verbreitete Antriebsart des Uhrwerkes ist ein kleiner Induktionsmotor, Ferrarismotor, der aus einem als Stator ausgebildeten, an der Spannung liegenden Elektromagneten besteht, in dessen Luftspalt sich ähnlich wie bei Induktionszählern eine Aluminium- oder Kupferscheibe unter Einwirkung der Wechselflüsse bewegt. Dabei sind zwei in ihrem Prinzip verschiedene Ausführungsformen zu unterscheiden. Bei der ersten Ausführungsform treibt der Ferrarismotor meist unter Zwischenschaltung einer kleinen Feder ein mit einer Unruh und Hemmung ausgestattetes kleines Uhrwerk. Bei dieser Anordnung kann der Ferrarismotor eigentlich noch als ein ständig wirkender elektrischer Aufzug aufgefaßt werden.

Bei der zweiten Ausführungsform ist der Ferrarismotor mit einer entsprechenden Dämpfung ausgerüstet, so daß er eine konstante Drehzahl hat. Es werden dabei verschiedene Kunstgriffe angewandt, um die Drehzahl des Motors möglichst unabhängig von Frequenz- und Spannungsschwankungen zu machen. Dieser Motor treibt unmittelbar die weiteren Räder des Uhrwerks an. Eine Unruh und Hemmung sind nicht vorhanden. Bei dieser Ausführungsform ist also im Gegensatz zu allen jetzt behandelten Uhrwerken eine elektrische bzw. elektro-magnetische Regulierung angewandt. Ein derartiges Uhrwerk stellt z. B. der unter 125 behandelte Zeitzähler der SSW (Abb. 182) dar.

Neuerdings kommen nach amerikanischem Vorbild, zum Aufziehen und zum Antrieb von Uhrwerken, im steigenden Maße kleine Synchronmotoren zur Anwendung. Die Drehzahl eines solchen Synchronmotors ist nur von der Netzfrequenz abhängig. Ist die Netzfrequenz unveränderlich, was sich erzielen läßt, so hat auch das Uhrwerk eine konstante Geschwindigkeit. Es läßt sich dabei praktisch genügende Ganggenauigkeit erzielen.

136. Elektrische Schalteinrichtungen. Wir wollen noch kurz das Prinzip einiger Schalteinrichtungen für Tarifapparate, die in Schaltuhren Verwendung finden, betrachten.

Abb. 202 zeigt schematisch eine Kontaktvorrichtung zur Betätigung eines Doppeltarifzählers. Auf derjenigen Achse a der Uhr, die in 24 Stunden eine Umdrehung macht, sind zwei mit NT und HT bezeichnete Hebel aufgesetzt. Sie werden auf der Achse durch Reibung gehalten. Ihre Lage kann von Hand verstellt und auf einem auf der Achse aufgesetzten Zifferblatt Z abgelesen werden. Das Zifferblatt trägt eine Stundeneinteilung. An den beiden Hebeln sind Stifte befestigt, die je nach der Lage der Hebel zu bestimmten Zeiten den Schalthebel H umlegen. Durch die Feder F wird erreicht, daß dieser Hebel nur in seinen Endlagen stehen bleiben kann. Mit der Achse des Hebels H ist das Schaltmesser eines Schalters S verbunden. Je nach der Lage des Hebels wird der Schalter geschlossen oder geöffnet. Bei geschlossenem Schalter

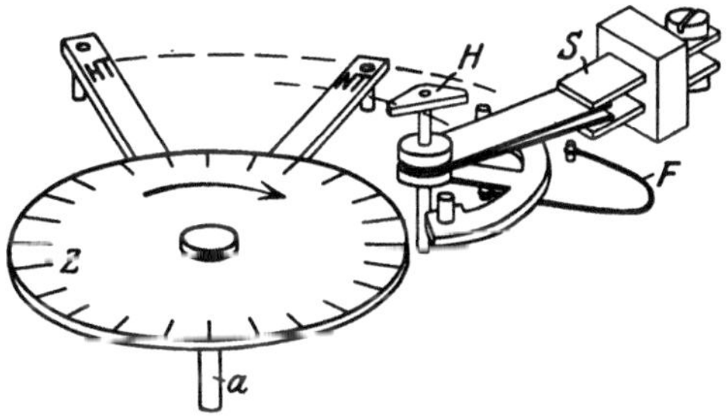

Abb. 202. Doppeltarifschalteinrichtung.

ist das an ihn angeschlossene Relais des Doppeltarifzählers (s. **117**) erregt. In der in der Abbildung angedeuteten Lage hat der Hebel *HT* den Schalthebel *H* so umgelegt, daß der Schalter geschlossen worden ist. Erreicht nun bei der Weiterdrehung der Achse in der Pfeilrichtung der Hebel *NT* den Schalthebel *H*, so wird der Schalter geöffnet. Die Vorrichtung zum Schalten der Dreifachtarifzähler ist entsprechend ausgeführt. Bei einigen Konstruktionen werden an Stelle der verstellbaren Hebel Stifte benutzt, die in die in der Stundenscheibe angebrachten Bohrungen eingeschraubt sind.

Abb. 203 zeigt das Prinzip einer Schalteinrichtung für die Betätigung des Relais des Maximumzählers. Ein solches Relais soll in bestimmten Zeitabschnitten (entsprechend der Registrierperiode) einmal für kurze Zeit erregt werden (s. **119**). Bei der gezeichneten Einrichtung ist angenommen, daß die Registrierperiode 15 Minuten beträgt. Auf der Uhrenachse *a*, die eine Umdrehung in der Stunde macht, ist das mit vier besonders ausgebildeten Zähnen versehene Schaltrad *R* befestigt. An dieses Schaltrad werden durch die Federn des Schalters *S* ein Hebel *H* und eine Feder *F*, die mit ihren unteren Enden verbunden sind, angedrückt. Der Hebel *H* ist im Drehpunkt *d* drehbar gelagert. Die Feder *F* ist so gebogen, daß sie das Bestreben hat, sich von dem Hebel *H* zu entfernen. Während des größten Teiles der Registrierperiode (Abb. 203a) liegt die Feder *F* am Hebel *H* an. Bei dieser Lage ist der Schalter *S* geöffnet, da die beiden isolierten Stifte *I* und *II*, die an dem Hebel *H* bzw. der Feder *F* befestigt sind, die Schalterfedern auseinander treiben. Erreicht das Schaltrad bei seiner Drehung in der Pfeilrichtung die in Abb. 203b gezeichnete Lage, so gleitet die Feder *F* an der Spitze des Zahnes des Schaltrades ab und die linke Feder des Schalters biegt sich nach rechts, und der Kontakt wird geschlossen. Einige Sekunden (etwa 15) später gleitet auch der Hebel *H* an der Spitze des Zahnes ab, die rechte Feder des Schalters rückt dann nach rechts, und der Kontakt wird geöffnet.

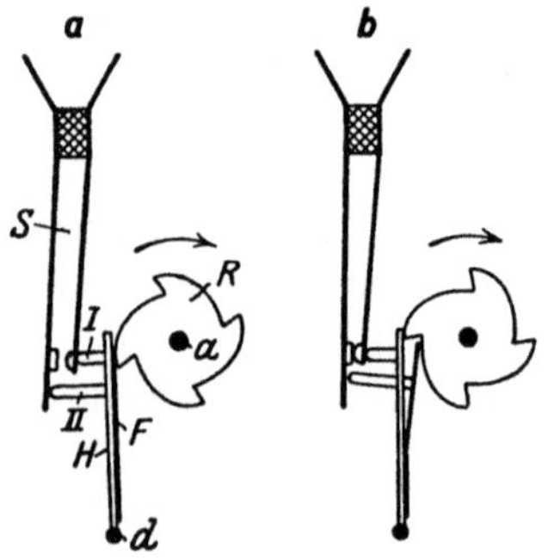

Abb. 203. Maximumschalteinrichtung.

Vierter Teil.

Tarife und Zähler zur Berücksichtigung des Blindstromes.

I. Grundlagen und Tarife.

137. Einleitung. Grundbegriffe. In Wechsel- und Drehstromanlagen spielt der Blindstrom eine große Rolle. Er beeinflußt sowohl die festen wie die beweglichen Kosten und wird deshalb neuerdings bei der Verrechnung des Verbrauches besonders berücksichtigt. Eine eingehende Behandlung der Blindstromfrage, über die eine umfangreiche Literatur vorhanden ist[1], kann an dieser Stelle nicht stattfinden. Wir wollen im folgenden nur die Grundlagen, die zum Verständnis der ganzen Frage erforderlich sind, kennenlernen, eine gedrängte Übersicht über die Tarife geben und die wichtigsten in Betracht kommenden Sonderzähler kurz behandeln.

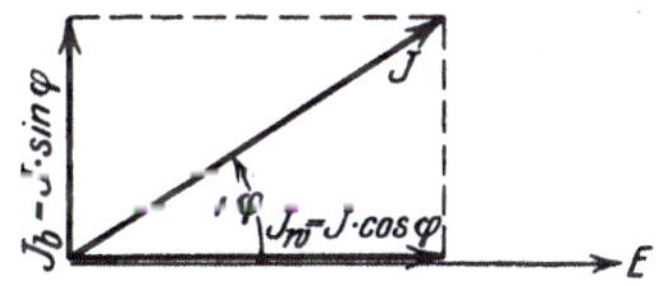

Abb. 204. Wirk- und Blindstrom.

Wir haben bereits unter 26, 27 und 28 die wichtigsten bei der Berücksichtigung des Blindstromes in Betracht kommenden Begriffe kennengelernt. Wir wollen sie jedoch der Übersichtlichkeit halber hier nochmals wiederholen, wobei wir unsere Betrachtungen der Einfachheit halber im wesentlichen auf den Einphasenwechselstrom beschränken. Sie gelten sinngemäß auch für Drehstrom. In Abb. 204 ist E die Netzspannung, J der gegen die Netzspannung um den Winkel φ verschobene Verbrauchsstrom, der in der Abbildung als der Spannung nacheilend (also Winkel φ positiv) angenommen ist. Dann ist die in Phase mit der Spannung E liegende Komponente des Stromes

$$\text{der Wirkstrom} \quad J_w = J \cdot \cos\varphi\,,$$

wobei $\cos\varphi$ der Leistungsfaktor ist.

[1] Siehe z. B. v. Krukowski: „Die Blindströme, die zu ihrer Berücksichtigung dienenden Zähler und deren Anwendung zur Verrechnung der elektrischen Energie". Erweiterter Sonderabdruck aus dem $\cos\varphi$-Sonderheft der Siemens-Zeitschrift November 1921, ferner „Die Messung und Verrechnung der Höchstleistung bei Lieferung elektrischer Energie unter Berücksichtigung des Leistungsfaktors". ETZ 1926, S. 1177.

Die senkrecht dazu stehende Komponente ist

der Blindstrom $J_b = J \cdot \sin\varphi$,

$\sin\varphi$ ist der Blindlastfaktor.

Die Größe der Leistung (Wirkleistung) und des Verbrauches ist bei gegebener Spannung nur durch die Größe des Wirkstromes J_w gegeben. Die Leistung ist

$$N = E \cdot J \cdot \cos\varphi = E J_w,$$

die ihr entsprechende Arbeit oder der Wirkverbrauch in der Zeit t

$$A = E \cdot J \cdot \cos\varphi \cdot t = E \cdot J_w \cdot t = N \cdot t.$$

Die Leistung wird in Kilowatt (kW), der Wirkverbrauch in Kilowattstunden (kWh) gemessen.

Dem Blindstrom J_b entspricht die Blindlast (oder Blindleistung)

$$N_b = E \cdot J \cdot \sin\varphi = E \cdot J_b$$

und der Blindverbrauch

$$A = E \cdot J \cdot \sin\varphi \cdot t = E \cdot J_b \cdot t = N_b \cdot t.$$

Die Blindlast wird in Blindkilovoltampere (bkVA) oder in Blindkilowatt (bkW), der Blindverbrauch in Blindkilovoltamperestunden (bkVAh) oder Blindkilowattstunden (bkWh) gemessen.

Dem Gesamtstrom entspricht die Scheinlast (oder Scheinleistung)

$$N_s = E \cdot J$$

und der Scheinverbrauch

$$A_s = E \cdot J \cdot t = N_s \cdot t.$$

Die Scheinlast wird in Kilovoltampere (kVA), der Scheinverbrauch in Kilovoltamperestunden (kVAh) gemessen.

In Tab. 8 des Anhanges sind die wichtigsten Größen, ihre Formelzeichen, Einheiten und gegenseitige Beziehungen zusammengestellt.

Ein kWh-Zähler, Wirkverbrauchzähler, berücksichtigt nur den Wirkverbrauch A. Bei ein und demselben Wirkverbrauch kann jedoch die Stromstärke verschieden groß sein, je nachdem wie groß die Phasenverschiebung ist, d. h. wie groß der Blindstrom und der Blindverbrauch ist. Im Grenzfall, nämlich bei $\varphi = 0$, also $\cos\varphi = 1$, ist nur Wirkstrom bzw. Wirkverbrauch vorhanden, der Blindstrom und Blindverbrauch ist gleich Null. Die Stromverluste in der Anlage, die die Höhe der beweglichen Kosten mitbestimmen, sind jedoch abhängig vom Gesamtstrom. Auch die festen Kosten, Bereitstellungskosten, sind von der Größe des Gesamtstromes, also der Scheinlast, abhängig.

Die in Wicklungen von Maschinen, Transformatoren und in den Leitungen entstehenden Verluste sind proportional J^2. Da $J^2 = J_w^2 + J_b^2$ ist, so sieht man daraus, daß die Verluste proportional der Summe der Verluste sind, die der Wirkstrom allein und der Blindstrom allein verursacht hätten. Die zusätzlichen Verluste, die durch den Blindstrom verursacht werden, sind also proportional dem Verhältnis $\frac{J_b^2}{J_w^2}$. Da $\frac{J_b}{J_w} = \operatorname{tg}\varphi$ ist, so ist die Verlustvermehrung proportional $\operatorname{tg}^2\varphi$. $\operatorname{tg}^2\varphi$ steigt mit fallendem $\cos\varphi$ stark an. Deshalb ist der Leistungsfaktor $\cos\varphi$ kein geeignetes Maß für die Beurteilung der Höhe der Verluste. Abb. 205, in der $\operatorname{tg}^2\varphi$ in Abhängigkeit von $\cos\varphi$ eingetragen ist, veranschaulicht diese Verhältnisse. Wir ersehen z. B. aus der Abbildung, daß bei $\cos\varphi = 0{,}3$ die durch den Blindstrom verursachten zusätzlichen Verluste 10 mal größer sind als bei $\cos\varphi = 0{,}7$.

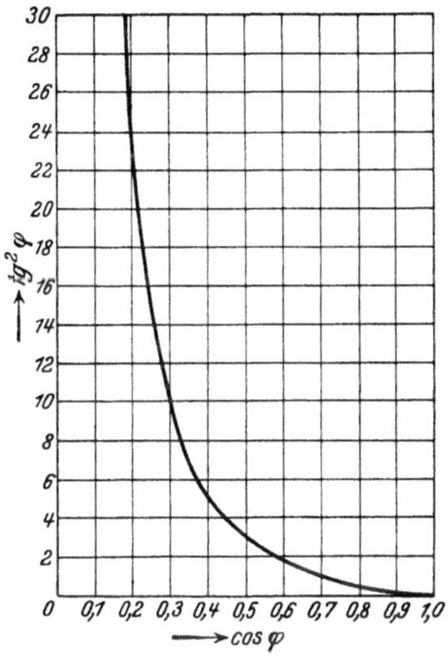

Abb. 205. $\operatorname{tg}^2\varphi$ in Abhängigkeit von $\cos\varphi$.

Die Größe der Maschinen und Transformatoren, die Abmessungen der Leitungen sind bei gleichbleibender Spannung im wesentlichen von der Höhe des Gesamtstromes abhängig. Es wird deshalb oft angenommen, daß ein Maß für die Bereitstellungskosten die Höhe der Scheinlast N_s ist. Dies trifft jedoch, wie Ossanna nachgewiesen hat, nicht zu. Ein genaueres Maß für die Bereitstellungskosten ist die Summe der Leistung N und eines bestimmten Bruchteiles der Blindlast N_b. Dies wird klar, wenn man z. B. berücksichtigt, daß die Größe eines Drehstromgenerators nicht nur von der Größe des Stromes abhängig ist, sondern auch von der Phasenverschiebung φ. Je stärker der Strom der Spannung nacheilt, um so reichlicher muß auch bei gleicher Stromstärke die Maschine bemessen sein.

138. Tarife. Auf den obigen Überlegungen beruhen die zur Berücksichtigung des Blindstromes dienenden Verrechnungsarten. Das einfachste und beste Verfahren zur Berücksichtigung des Blindstromes bei der Bestimmung der Arbeitsgebühr ist die getrennte Messung des Blindverbrauches, der dann mit einem gewissen Bruchteil des Preises der kWh dem Abnehmer in Rechnung gestellt wird. Die kWh wird dem Abnehmer z. B. mit 10 Pf. in Rechnung gestellt und eine bkVAh mit 20% dieses Betrages, also mit 2 Pf.

Verbreitet ist auch das von Bussman vorgeschlagene Verfahren, bei dem eine bestimmte Phasenverschiebung φ_0 als normal angesehen wird. Dieser Phasenverschiebung entspricht ein bestimmtes Verhältnis des Blindverbrauches zum Wirkverbrauch. Ist der Blindverbrauch größer als dieses Verhältnis ergibt, so muß der Abnehmer für jede „Überschuß-bkVAh" einen bestimmten Betrag zahlen, umgekehrt bei geringerem Blindverbrauch bekommt er eine Vergütung. Wenn z. B. als normaler Leistungsfaktor $\cos\varphi_0 = 0{,}8$ angenommen ist, so ist das normale Verhältnis Blindverbrauch : Wirkverbrauch

$$\frac{A_b}{A} = \frac{J_b}{J_w} = \operatorname{tg}\varphi_0 = 0{,}75\,.$$

Wenn also der gemessene Blindverbrauch 75% des Wirkverbrauches ist, so kommt der Blindverbrauch bei der Verrechnung nicht zum Ausdruck. Ist der Blindverbrauch größer, so muß der Abnehmer für den Überschuß bezahlen, ist er kleiner, so erhält er eine Vergütung. Zuweilen wird die Vergütung für eine Fehlmenge an Blindverbrauch zu einem geringeren Satz in Rechnung gestellt als der Überschuß, und zwar deshalb, weil dem Werk größere Nachteile entstehen bei Überschreitung der Normalphasenverschiebung φ_0 als Vorteile bei seiner Unterschreitung.

Die beiden Verrechnungsverfahren sind im Grunde genommen gleichwertig. Man muß nur die Preise für eine kWh, bkVAh und Überschuß-bkVAh entsprechend wählen[1].

Die Berücksichtigung des Blindstromes bei den festen Kosten kann auf verschiedene Weise erfolgen; so kann z. B. an Stelle der Höchstleistung in kW die höchste Scheinlast in kVA berücksichtigt werden. Die Anwendung dieses Verfahrens, welches nach dem Obigen theoretisch gar nicht das richtige ist, macht praktisch Schwierigkeiten. Es gibt bis jetzt keinen hierzu erforderlichen Scheinverbrauchzähler, der allen an ihn zu stellenden Anforderungen gerecht sein würde. Man kann auch so verfahren, daß man neben der Höchstleistung in kW die höchste Blindlast in bkVA bestimmt und die Leistungsgebühr in Abhängigkeit von diesen beiden Größen festlegt.

139. Vorzeichen. Für die Behandlung von Blindstromfragen ist es unbedingt notwendig, sich einen klaren Begriff von den Vorzeichen der einzelnen Größen zu machen.

Wir betrachten zuerst den einfachsten Fall, Abb. 206, in dem ein Werk (Zentrale Z) an einen Abnehmer A, der verschiedene Verbrauchsapparate einschalten kann, Energie liefert. Das zugehörige

[1] Näheres hierzu s. v. Krukowski: „Die Verrechnung elektrischer Energie unter Berücksichtigung der Blindströme". Siemens-Zeitschrift Juni-Juli 1924.

Vektordiagramm zeigt Abb. 207. E ist die Netzspannung. Wenn der Abnehmer seine Anlage induktionsfrei, z. B. durch einen Ohmschen Widerstand R belastet, ist der gesamte Strom der in Phase mit E liegende Wirkstrom $+J_w$. Schaltet der Abnehmer an Stelle des induktionsfreien Widerstandes eine reine Induktivität ein, z. B. die verlustlose Drosselspule L, so nimmt er nur den der Spannung um 90^0 nacheilenden

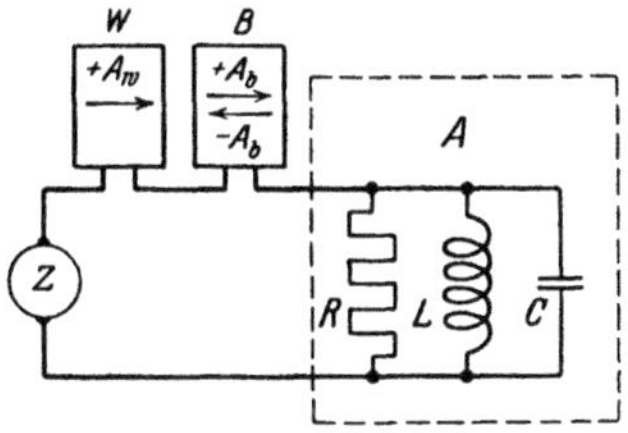

Abb. 206. Zentrale und Verbraucher.

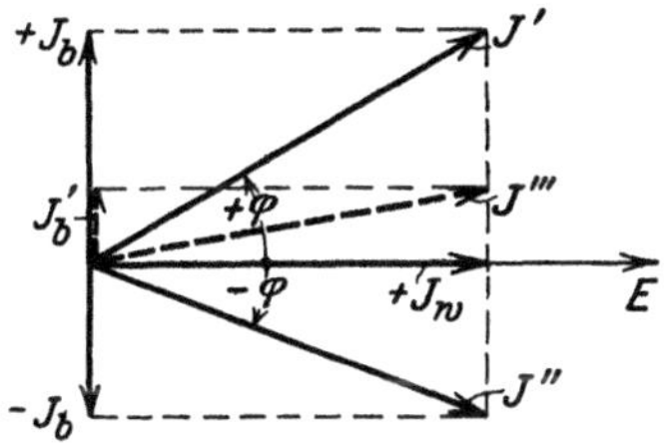

Abb. 207. Diagramm zu Abb. 206.

positiven Blindstrom $+J_b$ auf. Wenn der Abnehmer dagegen nur eine reine Kapazität, die durch den Kondensator C dargestellt ist, einschaltet, so nimmt er nur den voreilenden Blindstrom auf, der der Spannung um 90^0 voreilt, demnach dem positiven Blindstrom $+J_b$ entgegengesetzt gerichtet ist und deshalb als negativer Blindstrom $-J_b$ zu bezeichnen ist. Dieser Strom kann, wie wir gleich sehen werden, auch als ein vom Abnehmer an das stromliefernde Werk gelieferter Blindstrom betrachtet werden. Wenn der Abnehmer gleichzeitig den Ohmschen Widerstand und die Selbstinduktion einschalten würde, so würde sein Gesamtstrom J' die geometrische Summe von $+J_w$ und $+J_b$ sein und der Spannung um den Winkel φ nacheilen. Umgekehrt, wenn der Strom in der Anlage des Abnehmers der Spannung um den Winkel φ nacheilt, so können wir uns diesen Strom zerlegt denken in den Wirkstrom $+J_w$ und positiven Blindstrom $+J_b$. Eilt der Strom um den Winkel φ vor, also Phasenverschiebung $-\varphi$, so kann der Gesamtstrom J'' in zwei Komponenten J_w und $-J_b$ zerlegt werden. Bei gleichzeitigem Einschalten zweier Verbraucher, von denen der eine induktiven, der andere kapazitiven Charakter hat, ist der gesamte Blindstrom J_b' seiner Größe nach gleich der Differenz der Werte von $+J_b$ und $-J_b$ und hat die Richtung des größeren der beiden Teilströme. Ein negativer Blindstrom kann demnach zum Ausgleich des positiven benutzt werden, wovon man auch in der Praxis in großem Maße Gebrauch macht. Wird außer dem Blindstrom J_b' noch der Wirkstrom $+J_w$ entnommen, so ist der Gesamtstrom J'''.

Die Angaben des Wirkverbrauchzählers W (Abb. 206) sind nur von der Größe des Wirkstromes, die des Blindverbrauchzählers B nur von der Größe des Blindstromes abhängig. (In der Abbildung ist der Anschluß der Spannungsspulen fortgelassen.) Selbstverständlich sind die Angaben der Zähler auch der Zeit und der Spannung proportional. Da der gezeichnete Abnehmer nur Energie aufnehmen kann, d. h. das Werk kann an ihn nur Energie liefern, so läuft der Wirkverbrauchzähler *W* stets in einer dem positiven Wirkstrom entsprechenden Richtung, die durch den auf dem Zähler mit $+ A_w$ bezeichneten Pfeil gekennzeichnet ist. Der Blindverbrauchzähler *B* kann dagegen in beiden Richtungen laufen. Wenn der Verbrauchstrom der Spannung nacheilt, so läuft der Zähler entsprechend der Größe des positiven Blindstromes $+ J_b$ in der durch den Pfeil $+ A_b$ gekennzeichneten Richtung. Bei Voreilung läuft er entsprechend der Größe des negativen Blindstromes in der entgegengesetzten, durch den Pfeil $- A_b$ gekennzeichneten Richtung. Tritt abwechselnd ein positiver und ein negativer Blindverbrauch auf, so ist die Gesamtangabe des Zählers die Differenz der beiden Größen. Will man den positiven und negativen Blindverbrauch getrennt messen, so muß man zwei Zähler verwenden, einen für den positiven und einen für den negativen Blindverbrauch. Beim Zähler für den negativen Blindverbrauch sind die Stromspulen (oder Spannungsspulen) umgekehrt anzuschließen als bei dem Zähler für positiven Blindverbrauch. Beide Zähler müssen Rücklaufhemmungen erhalten.

Wir betrachten nun den besonders wichtigen Fall, daß der Abnehmer sowohl Energie entnehmen wie Energie an das Netz des Kraftwerkes zurückliefern kann, d. h. den Fall von zwei sich gegenseitig beliefernden parallel arbeitenden Werken. Die beiden Kraftwerke (Zentralen) sind in Abb. 208 durch *Z I* und *Z II* bezeichnet. Durch die Sammelschienen *S I* und *S II* dieser Kraftwerke sind die Netze der beiden Kraftwerke angedeutet, da von diesen Sammelschienen die verschiedenen in der Abbildung gleichfalls angedeuteten abgehenden Leitungen gespeist werden. Die Verbindungsleitung beider Sammelschienen ist die Leitung, auf der die Energie von der einen Zentrale an die andere geliefert wird. In diese Leitung sind der Wirkverbrauchzähler *W* und der Blindverbrauchzähler *B* eingebaut. Das Schaltungsbild ist der Übersichtlichkeit halber einpolig gezeichnet.

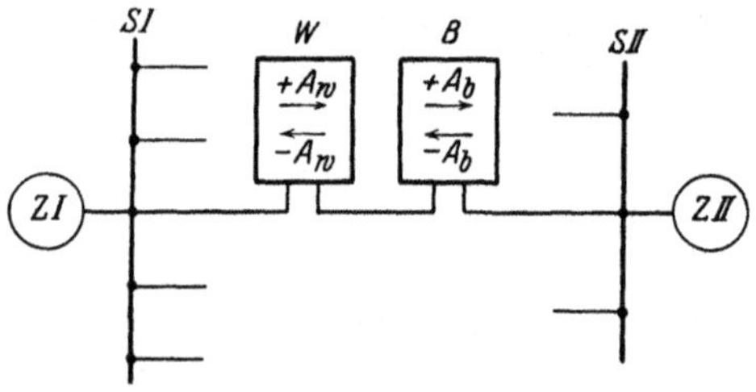

Abb. 208. Gegenseitige Belieferung.

Bei der Behandlung dieses Falles muß man von vornherein den Standpunkt der Betrachtung festlegen. Wir wollen uns auf den Standpunkt der Zentrale *Z I* stellen. Die Richtung der Netzspannung ist dann vom Standpunkt dieses Werkes aus betrachtet der in Abb. 209 eingezeichnete Vektor *E*. Wenn die Zentrale *Z II* Energie bezieht, also *Z I* Energie liefert und die Phasenverschiebung zwischen der Netzspannung E und dem bezogenen Strom Null ist, also induktionsfreie Belastung vorliegt, so ist nur der positive Wirkstrom $+J_w$ vorhanden, den der Abnehmer $Z\,II$ bezieht und die Zentrale $Z\,I$ liefert. Der Wirkverbrauchzähler W (Abb. 208) läuft in der durch den Pfeil $+A_w$ (positiver Wirkverbrauch) gekennzeichneten Richtung. Für $Z\,I$ liegt ein positiver Wirkverbrauch vor, für den $Z\,II$ an $Z\,I$ zu zahlen hat. Liefert dagegen $Z\,II$ Energie an $Z\,I$, liegt also vom Standpunkt von $Z\,I$ eine Energierücklieferung vor, wobei wiederum kein Blindstrom auftritt, so fließt in der Verbindungsleitung der beiden Zentralen, also auch in den Zählern, auch nur Wirkstrom, der jedoch in diesem Fall entgegengesetzte Richtung wie im ersten Fall hat. Es liegt also der negative Wirkstrom $-J_w$ vor, der im Diagramm gegenüber $+J_w$ umgeklappt ist, demnach gegen die Spannung E um 180^0 verschoben ist. Der Wirkverbrauchzähler läuft in der mit $-A_w$ bezeichneten Richtung. Soll der Wirkverbrauch für Energielieferung in jeder Richtung getrennt gemessen werden, so müssen zwei, nach Abb. 210 geschaltete Wirkverbrauchzähler verwendet werden. Diese beiden Zähler erhalten natürlich Rücklaufhemmung.

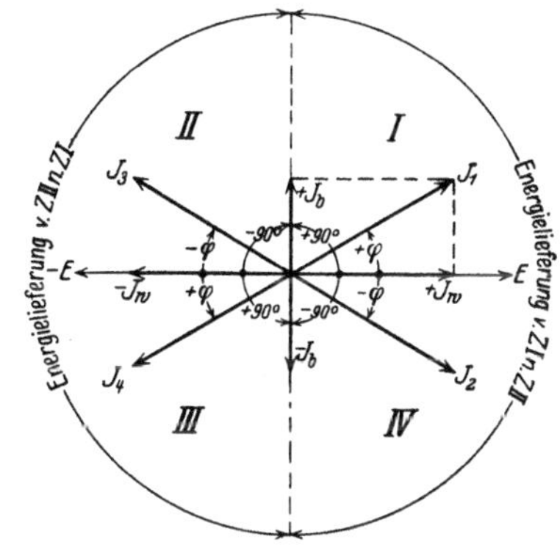

Abb. 209. Diagramm zu Abb. 208.

Wir nehmen jetzt an, daß $Z\,II$ nur Blindstrom bezieht, d. h. seine Anlage rein induktiv belastet. Vom Standpunkt von $Z\,I$ wird dieser positive Blindstrom $+J_b$ an den Abnehmer geliefert. Er eilt der Spannung E und dem Wirkstrom $+J_w$ um 90^0 nach ($+90^0$). Der Blindverbrauchzähler B (Abb. 208) läuft in der Richtung $+A_b$. Der Abnehmer hat für den positiven Blindverbrauch eine Vergütung an die Zentrale $Z\,I$ zu zahlen. Arbeiten die Zentralen derart, daß nur ein negativer Blindstrom $-J_b$ auftritt, der E und $+J_w$ um 90^0 voreilt, also -90^0, so ist dieser Blindstrom, wie wir bereits oben gesagt haben, als ein von $Z\,II$ an $Z\,I$ gelieferter Blindstrom zu betrachten, genau wie der Wirkstrom $-J_w$ ein von $Z\,II$ an $Z\,I$ gelieferter Wirkstrom ist. Der Blindverbrauchzähler läuft in der mit $-A_b$ bezeichneten Richtung. Soll der Blindverbrauch $+A_b$ und $-A_b$ getrennt gemessen werden, so müssen zwei Blindverbrauchzähler ein-

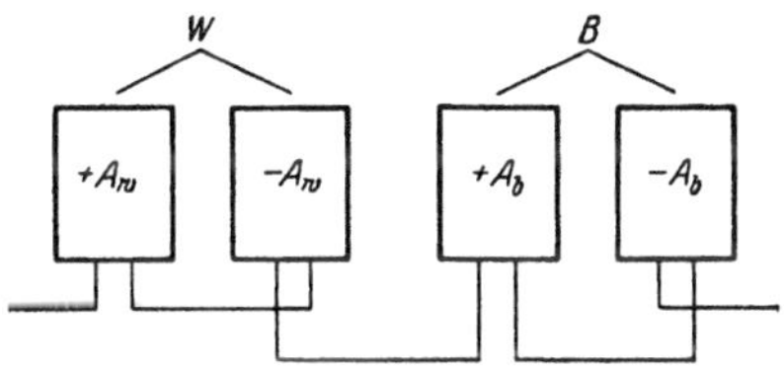

Abb. 210. Meßsatz mit vier Zählern zu Abb. 208.

gebaut werden, die entsprechend den zwei Wirkverbrauchzählern geschaltet und mit Rücklaufhemmungen versehen sind. Sie sind auch in der Abb. 210 gezeichnet. Liegt eine beliebige Phasenverschiebung φ vor, so ist gleichzeitig Wirk- und Blindverbrauch vorhanden. Auch in diesem Fall zeigen die Wirkverbrauchzähler nur den Wirkverbrauch, die Blindverbrauchzähler nur den Blindverbrauch an, die vollständig voneinander getrennt behandelt werden können. Es können dabei vier verschiedene charakteristische Belastungsfälle auftreten, bei denen der Gesamtstrom J in einem der vier Quadranten I, II, III oder IV liegt.

Fall 1. Der Abnehmer $Z\,II$ bezieht Energie. Der Gesamtstrom J_1 eilt der Spannung E um den Winkel φ nach $(+\varphi)$ und liegt im Quadranten I. Vom Standpunkt der Zentrale $Z\,I$ betrachtet ist sowohl der Wirk- wie der Blindverbrauch positiv, $+A_w$ und $+A_b$.

Fall 2. Der Abnehmer $Z\,II$ bezieht, wie in Fall 1, Energie. Der Gesamtstrom J_2 eilt jedoch der Spannung E um den Winkel φ vor $(-\varphi)$ und liegt im Quadranten IV. Vom Standpunkt der Zentrale $Z\,I$ betrachtet ist der Wirkverbrauch positiv, der Blindverbrauch negativ, $+A_w$ und $-A_b$.

Fall 3. Der Abnehmer $Z\,II$ liefert Energie an $Z\,I$. Der Blindstrom ist positiv. Der Gesamtstrom J_3 liegt im Quadranten II. Vom Standpunkt der Zentrale $Z\,I$ betrachtet ist der Wirkverbrauch negativ, der Blindverbrauch wie im Fall 1 positiv, $-A_w$ und $+A_b$.

Fall 4. Der Abnehmer $Z\,II$ liefert wie im Fall 3 Energie an $Z\,I$. Der Blindstrom ist jedoch negativ. Der Gesamtstrom J_4 liegt im Quadranten III. Vom Standpunkt der Zentrale $Z\,I$ betrachtet ist der Wirkverbrauch und der Blindverbrauch negativ, $-A_w$ und $-A_b$.

Wir haben im Fall 3 und 4 noch nicht festgelegt, ob eine Nacheilung oder Voreilung des Stromes vorliegt. Dies hängt davon ab, ob man wie im Fall 1 und 2 die Voreilung und Nacheilung vom Standpunkt $Z\,I$ oder vom Standpunkt $Z\,II$ betrachtet. Vom Standpunkt der Zentrale $Z\,I$ eilt z. B. im Fall 3 der Blindstrom und der Gesamtstrom nach, und zwar eilt der Gesamtstrom um einen Winkel, der größer als 90° ist, nach. Diese Art der Betrachtung ist jedoch unzweckmäßig. Es ist nicht üblich, mit größeren Phasenverschiebungen als 90° zu rechnen. Man betrachtet deshalb im Falle der Energielieferung von $Z\,II$ nach $Z\,I$ die Vor- und Nacheilung vom Standpunkt der Zentrale $Z\,II$. Man bezieht demnach die Phasenverschiebung des Gesamtstromes auf den negativen Wirkstrom $-J_w$, da beim Nichtvorhandensein des Blindstromes bei Energierücklieferung der Gesamtstrom gleichbedeutend mit diesem Wirkstrom $-J_w$ ist. Wenn man von $-J_w$ ausgeht, so ist der positive Blindstrom $+J_b$ als ein voreilender und der negative Blindstrom $-J_b$ als ein nacheilender zu betrachten. Entsprechend ist der Strom J_3 um den Winkel $-\varphi$ gegen

$-J_w$ verschoben, er eilt vor. Der Strom J_4 ist um den Winkel $+\varphi$ verschoben, er eilt nach. Wir sehen, daß ein und derselbe Blindstrom im Falle der Energielieferung von $Z\,I$ nach $Z\,II$ positiv, im umgekehrten Fall negativ ist.

Man ist gewöhnt, die Phasenverschiebung des Stromes auf die Netzspannung zu beziehen. Die obige Betrachtung zeigt jedoch, daß bei Energielieferung in zwei verschiedenen Richtungen dies nicht ohne weiteres möglich ist, und es ist zweckmäßiger, die Phasenverschiebung auf den Wirkstrom zu beziehen. Wenn man die Phasenverschiebung des Stromes auf die Richtung der Spannung beziehen will, so muß man für die Energielieferung von $Z\,II$ nach $Z\,I$ die Spannung $-E$, die in Phase mit $-J_w$ liegt und im Diagramm auch angedeutet ist, zugrunde legen. Diese Spannung ist die Netzspannung, betrachtet vom Standpunkt der Zentrale $Z\,II$. Diese nicht ganz einfache Tatsache wird aus folgender Überlegung klar:

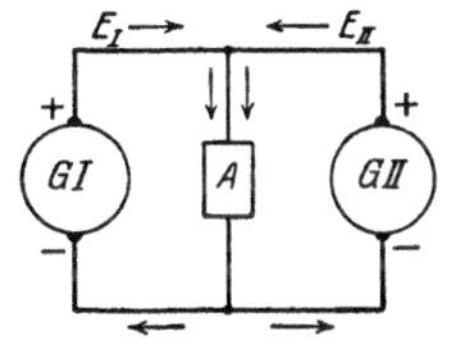

Abb. 211. Parallel geschaltete Gleichstromgeneratoren.

In Abb. 211 sind $G\,I$ und $G\,II$ zwei Gleichstromgeneratoren oder Zentralen, die in bezug auf den Abnehmer A parallel geschaltet sind. Die in der Abbildung eingezeichneten Pfeile zeigen deutlich, daß dabei die Klemmenspannung E_{II} des Generators $G\,II$ der Klemmenspannung E_I des Generators $G\,I$ entgegengesetzt gerichtet ist. E_I und E_{II} sind aber gleichzeitig die Netzspannung vom Standpunkt von $G\,I$ bzw. $G\,II$ aus betrachtet.

Wir sehen aus dem Obigen, daß ein und derselbe Blindstrom einmal als voreilend und einmal als nacheilend zu betrachten ist, je nachdem, ob die Energielieferung in der einen oder anderen Richtung erfolgt. Die Erfassung dieser Tatsache macht erfahrungsgemäß gewisse Schwierigkeiten, und es ist zweckmäßig, überhaupt bei der Behandlung der Blindstromfrage nicht von Vor- und Nacheilung zu sprechen, sondern nur von positivem und negativem Blindstrom bzw. positivem und negativem Blindverbrauch. Da die Blindverbrauchzähler nicht auf die Richtung des Wirkstromes ansprechen können, so wird der Blindverbrauch von dem einen oder anderen der beiden Blindverbrauchzähler (Abb. 210) angezeigt, unabhängig davon, ob die Energielieferung in der einen oder anderen Richtung erfolgt. Es ist im allgemeinen auch am zweckmäßigsten, eine völlig getrennte Verrechnung von Wirk- und Blindverbrauch vorzunehmen und für diese Verrechnung genügen vier nach Abb. 210 geschaltete Zähler.

Bei gewissen Verrechnungsverfahren ist es jedoch notwendig, auch den Blindverbrauch getrennt nach beiden Energielieferungsrichtungen zu messen. Um dies zu erreichen, müssen im Prinzip vier getrennte Blindverbrauchzähler verwendet werden, und zwar je zwei für jede

Richtung der Energielieferung. Die Trennung des Blindverbrauches nach beiden Energielieferungsrichtungen wird dadurch erreicht, daß bei Energielieferung von *Z I* an *Z II* die Spannungsspulen der Blindverbrauchzähler, die für den anderen Belastungsfall bestimmt sind, ausgeschaltet werden und umgekehrt. Diese Umschaltung von einem Blindverbrauchzählersatz auf den anderen kann nur mit Hilfe eines auf die Richtung der Energielieferung, also auf die Richtung des Wirkstromes J_w ansprechenden Gerätes geschehen. Ein solches Gerät ist ein wattmetrisches Relais. Es kann grundsätzlich genau so gebaut sein wie ein Wirkverbrauchzähler und erhält eine Kontaktvorrichtung, die je nach der Richtung des Drehmomentes des Zählers, also der Richtung der Energielieferung, den einen oder anderen Satz der Blindverbrauchzähler ein- bzw. ausschaltet. Diese Steuerung der Blindverbrauchzähler ist am einfachsten auf solche Weise zu erreichen, daß das wattmetrische Relais (Wirkstromrelais) die Spannungsspulen der entsprechenden Blindverbrauchzähler ein- und ausschaltet. Einen vollständigen Zählermeßsatz, der die getrennte Messung des Wirk- und Blindverbrauches für beide Energielieferungsrichtungen ermöglicht, zeigt Abb. 212, wobei die Bezeichnungen in bezug auf Richtung der

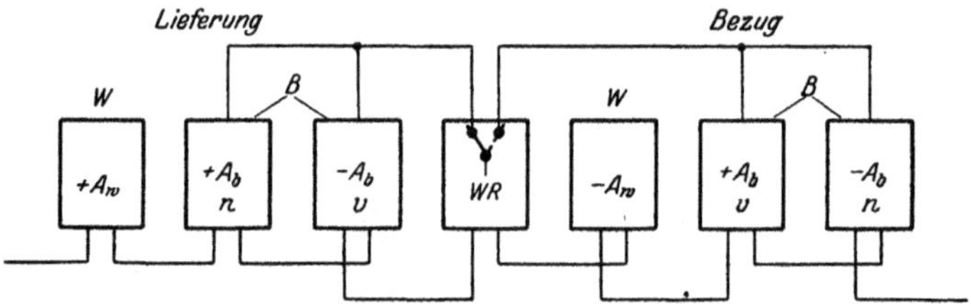

Abb. 212. Vollständiger Meßsatz für gegenseitige Belieferung.

Energielieferungen wie üblich vom Standpunkt der Zentrale *Z I* bezeichnet sind, d. h. die Energielieferung von *Z I* nach *Z II* ist als Lieferung, die Energielieferung von *Z II* nach *Z I* als Bezug bezeichnet. Ferner sind bei den Blindverbrauchzählern durch *n* und *v* Vor- und Nacheilung bezeichnet, und zwar, wie oben ausgeführt, beziehen sich die Bezeichnungen bei Lieferung auf den Standpunkt der Zentrale *Z I*, also auf $+J_w$, bei Bezug auf den Standpunkt von *Z II* also auf $-J_w$. Alle Zähler müssen mit Rücklaufhemmung versehen sein.

Man kann nach dem Vorschlag vom Verfasser mit nur zwei Blindverbrauchzählern für die vollständige Messung auskommen, wenn man die beiden Blindverbrauchzähler als Doppeltarifzähler, also mit einem Doppelzählwerk ausführt und die Umschaltung von einem Zählwerk auf das andere mit Hilfe eines wattmetrischen Relais vornimmt. Ferner kann in diesem Fall eine weitere Vereinfachung vorgenommen werden. Man kann nämlich einen der Wirkverbrauchzähler gleichzeitig als Umschalterelais benutzen, indem man seine Rücklaufhemmung, die natürlich in alle Zähler eingebaut sein muß, so ausbildet, daß beim Anlegen des Zählers an die Rücklaufhemmung ein Kontakt geschlossen wird. Diese Vereinigung eines Wirkverbrauchzählers mit einem Relais ist bei dem aus vier Blindverbrauchzählern bestehenden Meßsatz praktisch schwerer durchführbar, weil es sich meist um Drehstromzähler handelt und man deshalb für die Spannungsspulen der beiden Meßwerke zwei Schalter benötigt, die mit der Rücklaufhemmung nicht gut kombiniert werden können. Den vereinfachten Meßsatz zeigt Abb. 213, in der die gleichen Bezeichnungen wie in Abb. 212 gewählt sind. Mitunter werden die Blindverbrauchzähler als Doppeltarifzähler ausgeführt. In diesem Fall kann die vereinfachte Anordnung nach Abb. 213 nicht verwendet werden.

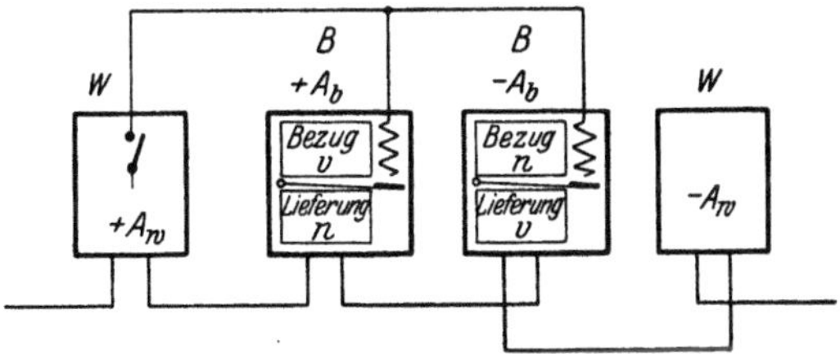

Abb. 213. Meßsatz nach Krukowski.

II. Zähler zur Berücksichtigung des Blindstromes.

140. Blindverbrauchzähler. Der wichtigste Zähler zur Berücksichtigung des Blindverbrauches ist, wie aus dem Obigen bereits hervorgeht, der Blindverbrauchzähler. Die Blindverbrauchzähler werden in verschiedener Ausführung gebaut, insbesondere unterscheiden sie sich durch die Art der angewandten Schaltung. Es handelt sich jedoch stets um Induktionszähler, und zwar in den meisten Fällen um Drehstromzähler. Wie wir unter 74 gesehen haben, ist das Drehmoment D, also auch die Anzeige eines Induktionszählers, proportional dem Produkt aus Spannungstriebfluß Φ_E, Stromtriebfluß Φ_J und $\sin\psi$, wo ψ die Phasenverschiebung zwischen dem Strom- und Spannungstriebfluß im Meßwerk ist, also

$$D = C' \cdot \Phi_E \cdot \Phi_J \cdot \sin\psi$$

oder da Φ_E proportional E und Φ_J proportional J ist, so ist

$$D = C \cdot E \cdot J \cdot \sin\psi .$$

Ferner haben wir gesehen, daß ein Induktionszähler dann ein kWh-Zähler ist, wenn $\psi = 90^0 - \varphi$ ist, wo φ der Phasenverschiebungswinkel zwischen dem Verbrauchstrom und der Netzspannung ist, denn in diesem Fall ist $\sin\psi = \sin(90^0 - \varphi) = \cos\varphi$, d. h. die Angaben sind, wie dies beim Wattstundenzähler der Fall sein muß, proportional dem Leistungsfaktor $\cos\varphi$. Bei induktionsfreier Belastung, also $\varphi = 0$ ist $\psi = 90^0$. In diesem Fall eilt der Spannungstriebfluß dem Stromtriebfluß um 90^0 nach. Der Zähler besitzt die „90^0-Abgleichung". Soll nun der Zähler den Blindverbrauch anzeigen, so müssen seine Angaben proportional dem Blindlastfaktor $\sin\varphi$ sein. Hieraus folgt, daß beim Blindverbrauchzähler $\psi = \varphi$ und bei induktionsfreier Belastung, also $\varphi = 0$, $\psi = 0$ sein muß, d. h. die beiden Triebflüsse müssen phasengleich sein. Der Zähler erhält eine „0^0-Abgleichung". Diese Art der Abgleichung macht gewisse Schwierigkeiten, denn der Stromtriebfluß Φ_J liegt normalerweise nahezu in Phase mit dem Verbrauchsstrom J (also $\psi_J \approx 0$), demnach müßte der Spannungstriebfluß Φ_E in Phase mit der Spannung E liegen. Da das Spannungseisen im Grunde genommen eine Drosselspule ist, so eilt ihr Fluß der Spannung um etwa 90^0 nach. Die Phasenverschiebung kann vermindert werden, wenn man der Spannungsspule einen hohen Ohmschen Widerstand vorschaltet; aber man kommt auch dann nie genau auf 0^0. Mit Rücksicht auf diese Schwierigkeit wendet man bei Blindverbrauchzählern für Drehstrom oft eine Kunstschaltung an, die grundsätzlich darauf beruht, daß man zur Erregung der Spannungsspule nicht diejenige Spannung nimmt, an die die Spannungsspule eigentlich anzuschließen wäre, sondern eine andere Spannung des Drehstromsystems, die gegen diese Spannung eine Phasenverschiebung hat. Es ist eine ganze Reihe solcher Kunstschaltungen möglich. Wir wollen beispielsweise zwei solche Schaltungen betrachten.

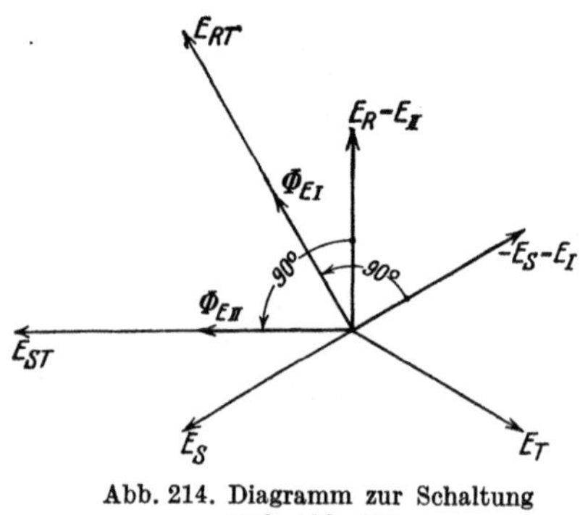

Abb. 214. Diagramm zur Schaltung nach Abb. 215.

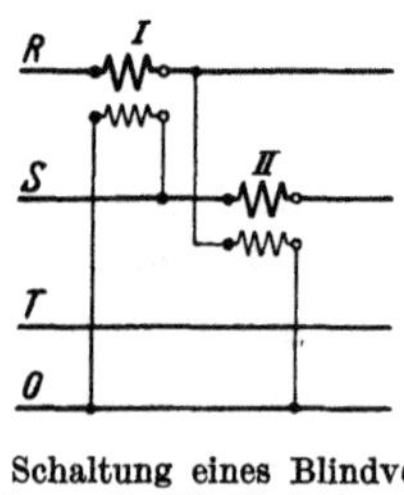

Abb. 215. Schaltung eines Blindverbrauchzählers mit 90^0 Abgleichung.

Es soll ein Blindverbrauchzähler mit zwei Meßwerken in Aronschaltung, also nach Abb. 111, S. 177, gebaut werden. Die Stromspule des Meßwerkes I liegt in Phase R, die des Meßwerkes II in Phase S. Der Spannungstriebfluß des Meßwerkes I Φ_{EI} muß, $\psi_J = 0$ gesetzt, wie die Abb. 214 zeigt, nach dem Obigen in Phase mit der verketteten Spannung E_{RT} liegen, da an diese Spannung eigentlich die Spannungsspule dieses Meßwerkes anzuschließen wäre. Entsprechend muß der Triebfluß Φ_{EII} in der Richtung der Spannung E_{ST} liegen.

Bei Anwendung normaler, auf 90° abgeglichener Meßwerke erhalten wir Flüsse dieser Richtungen dann, wenn wir die Spannungsspule des Meßwerkes *I* an die umgeklappte Phasenspannung E_S, also $-E_S = E_I$ und die von Meßwerk *II* an $E_R = E_{II}$ anschließen. Wir erhalten also die in Abb. 215 gezeichnete Schaltung. Zur Durchführung dieser Schaltung ist das Vorhandensein des Nullpunktes des Netzes erforderlich oder es muß ein künstlicher Nullpunkt geschaffen werden. Der Zähler zeigt nur dann richtig, wenn die drei Phasenspannungen einander gleich und um 120° gegeneinander verschoben sind. Man kann sich auch leicht überzeugen, daß bei dieser Schaltung die Drehrichtung des Zählers von der Phasenfolge abhängig ist, d. h. beim Anschluß des Zählers muß die Drehfeldrichtung berücksichtigt werden.

Zweckmäßiger sind Schaltungen, bei denen die Spannungsspulen an die verketteten Spannungen gelegt werden. In diesem Fall muß an Stelle der 90°- eine 60°- oder 120°-Abgleichung der Meßwerke treten. Beide Arten der Abgleichung sind verhältnismäßig leicht ausführbar. Auf eine 60°-Abgleichung zwischen der Spannung und dem Spannungstriebfluß kommt man z. B., wenn man der Spannungsspule einen Ohmschen Widerstand vorschaltet oder, was auf dasselbe hinausgeht, den Winkel ψ_J zwischen Strom und Stromtriebfluß vergrößert. Abb. 216 zeigt die Schaltung eines Blindverbrauchzählers mit 60°-Abgleichung, die wieder der Schaltung Abb. 111 des Wirkverbrauchzählers entspricht. Das zugehörige Vektordiagramm für $\psi_J = 0$ zeigt Abb. 217. Als Spannung E_I ist dabei die verkettete Spannung E_{RS} verwendet. Ihr eilt der Fluß Φ_{EI} um 60° nach. Als Spannung E_{II} ist die Spannung E_{RT} verwendet. Ihr eilt der Fluß Φ_{EII} um 60° nach. Auch diese Schaltung ist wie alle derartigen Kunstschaltungen von der Phasenfolge abhängig.

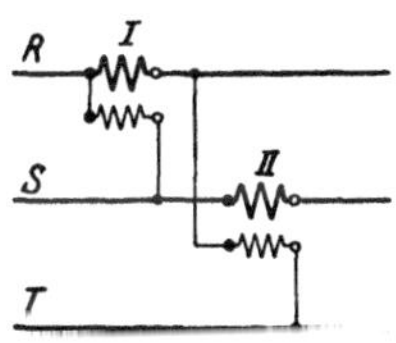

Abb. 216. Schaltung eines Blindverbrauchzählers mit 60° Abgleichung.

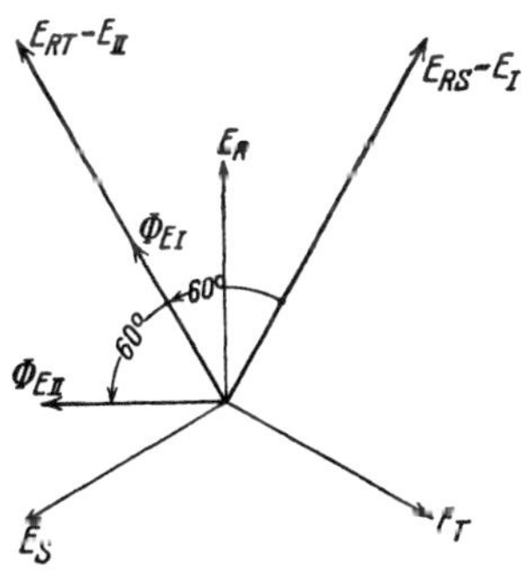

Abb. 217. Diagramm einer Schaltung nach Abb. 216.

Die Zähler mit Kunstschaltung, die nur bei Drehstrom verwendet werden können, sind die am meisten verbreiteten Blindverbrauchzähler, weil sie einfach zu bauen sind. Es läßt sich aber auch die 0°-Abgleichung ausführen. Ein Beispiel einer solchen Anordnung, und zwar für einen Einphasen-Blindverbrauchzähler, zeigt schematisch Abb. 218. Die Bewicklung des Stromeisens liegt parallel zu einem induktionsfreien Nebenwiderstand N. Der Bewicklung des Spannungseisens ist ein induktionsfreier Widerstand R vorgeschaltet. Das zugehörige Diagramm für $\cos\varphi = 1$ zeigt Abb. 219. Der Strom J_Z in der Stromwicklung und demnach der Stromtriebfluß Φ_J eilt dem Verbrauchsstrom J um einen verhältnismäßig großen Winkel ψ_J nach. Durch entsprechende Wahl des der Spannungsspule vorgeschalteten Widerstandes R wird erreicht, daß der Spannungs-

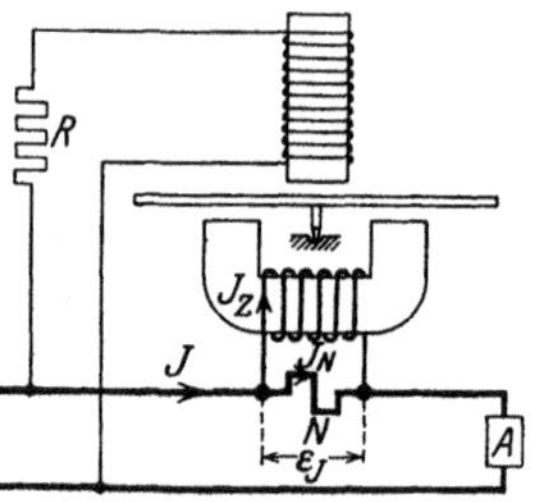

Abb. 218. Blindverbrauchzähler mit 0°-Abgleichung.

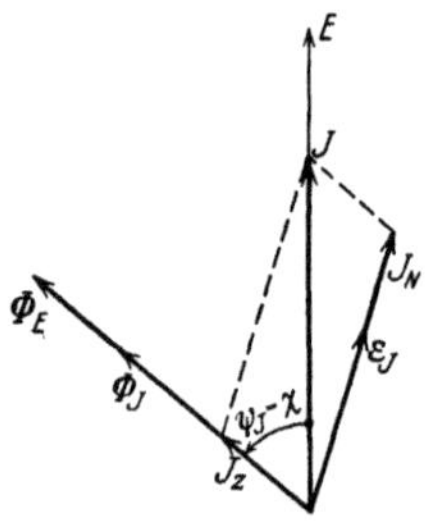

Abb. 219. Diagramm zur Schaltung nach Abb. 218.

triebfluß Φ_E der Spannung um den gleichen Winkel nacheilt ($\chi = \psi_J$). Die beiden Triebflüsse liegen in Phase. Im Diagramm ist noch der Strom J_N im Nebenwiderstand, der die geometrische Differenz $[J - J_Z]$ ist, eingezeichnet, ferner der für die Stromspule und den Nebenwiderstand gemeinschaftliche Spannungsabfall ε_J. Der Vorwiderstand R kann um so kleiner sein, je größer die Induktivität der Stromwicklung ist. Diese kann dadurch erhöht werden, daß man das Stromeisen möglichst gut magnetisch schließt. Derartige Blindverbrauch-Meßwerke werden auch in Drehstromzählern verwendet, die dann genau wie Wirkverbrauchzähler angeschlossen werden und von der Phasenfolge unabhängig sind.

Wir haben der Anschaulichkeit halber in obigen Beispielen angenommen, daß der Spannungstriebfluß bei $\cos\varphi = 1$ in Phase mit dem Stromtriebfluß liegen muß. Daraus folgt, daß bei induktiver Belastung und 90°-Verschiebung ($\cos\varphi = 0$) der Stromtriebfluß dem Spannungstriebfluß um 90° nacheilt. Bei 90°-Phasenverschiebung hat der Blindverbrauchzähler sein höchstes Drehmoment. Diese Belastung entspricht gewissermaßen der induktionsfreien Belastung beim Wattstundenzähler. Nun eilt beim Wattstundenzähler bei induktionsfreier Belastung der Spannungstriebfluß dem Stromtriebfluß um 90° nach. Diese Überlegung zeigt, daß ein Blindverbrauchzähler für induktive Belastung die umgekehrte Drehrichtung wie der Wattstundenzähler haben, also rückwärts laufen würde. Um ein Vorwärtslaufen zu erzielen, muß entweder seine Strom- oder Spannungsspule umgepolt werden. Hieraus ergibt sich, daß die oben als 0°-Abgleichung bezeichnete Abgleichung streng genommen für kapazitive Belastung gilt (also negativen Blindstrom), für induktive Belastung dagegen der Zähler auf 180° abgeglichen sein muß. In bestimmten Fällen, wie z. B. bei der Behandlung von Fehlschaltungen von Blindverbrauchzählern ist dies zu beachten, und es ist dort zweckmäßig, solche Zähler als Zähler mit 180°-Abgleichung zu bezeichnen (s. hierzu Tab. 12).

141. Scheinverbrauchzähler (Kilovoltamperestundenzähler). Die Scheinverbrauchzähler, die nur als Maximum- oder schreibende Maximumzähler zur Bestimmung der Höchstbelastung von Bedeutung sind, messen den Scheinverbauch $A_s = E \cdot J \cdot t$ in kVAh. Ihre Angaben sollen also nur dem Produkte des Stromes und der Spannung proportional, von der Phasenverschiebung der Anlage dagegen unabhängig sein. Die Frage des Baues eines bei allen Phasenverschiebungen richtig zeigenden Scheinverbrauchzählers ist bis jetzt noch nicht restlos gelöst. Die Schwierigkeit besteht, wie leicht ersichtlich ist, darin, das Drehmoment des Zählers von der Phasenverschiebung in der Anlage unabhängig zu machen, da ja die Strom- und Spannungsflüsse normalerweise ihre gegenseitige Lage mit der Änderung der Phasenverschiebung der Anlage ändern. Eine eingehende Behandlung der Scheinverbrauchzähler findet man in dem Aufsatz von W. Beetz: „Scheinverbrauchzähler", Siemens-Zeitschrift, Bd. 8, Heft 11, S. 657. 1928.

Wir wollen uns hier nur mit dem einfachsten, allerdings nur für einen gewissen begrenzten, jedoch für viele Fälle praktisch genügenden Bereich von $\cos\varphi$ brauchbaren Scheinverbrauchzähler kurz befassen. Solche Zähler haben eine gewisse Verbreitung gefunden. Ihre Arbeitsweise wird aus folgenden Überlegungen klar:

Der Kosinus von Winkeln, die schon verhältnismäßig viel von 0^0 abweichen, ist praktisch noch gleich 1. Es ergeben sich z. B. folgende Werte (s. Tab. 10):

Winkel	0	5^0	10^0	15^0	20^0	25^0
Kosinus	1	0,996	0,985	0,966	0,940	0,906

Daraus folgt, daß ein normaler kWh-Zähler, dessen Angaben proportional $\cos\varphi$ sind, in der Nähe von $\varphi = 0$ praktisch kVAh anzeigt, und zwar würde z. B. bei 20^0 Phasenverschiebung ein genau geeichter kWh-Zähler als kVAh-Zähler einen Fehler $\Delta = -6\%$ haben[1].

Baut man einen Induktionszähler derart, daß die Triebflüsse Φ_E und Φ_J nicht bei $\varphi = 0$, sondern bei einer anderen Phasenverschiebung φ_0 gegeneinander um 90^0 verschoben sind, und stellt den Zähler so ein, daß er bei dieser Phasenverschiebung kVAh anzeigt, so wird er im Bereich der Phasenverschiebung $\varphi_0 \pm 20^0$ wiederum kVAh mit einer Genauigkeit von 0 bis -6% anzeigen.

Bei einem von 0^0 abweichenden Wert von φ_0 entspricht der Änderung des Winkels um $\pm 20^0$ ein größerer Bereich von $\cos\varphi$ als bei $\varphi = 0^0$. Beispielsweise bei $\varphi_0 = 45^0$ entspricht einer Änderung des Winkels von $45^0 + 20^0 = 65^0$ bis $45^0 - 20^0 = 25^0$, eine Änderung von $\cos\varphi$ von 0,42 bis 0,91. Ein solcher Zähler, der bei 45^0 sein größtes Dreh-

[1] Der Bereich von $\cos\varphi$, in dem der kWh-Zähler praktisch richtig kVAh anzeigt, ist in diesem Fall natürlich nur $\cos\varphi = 0,94$ bis 1 (induktiv und kapazitiv).

moment hat und dabei kVAh richtig anzeigt, würde also in Grenzen von $\cos\varphi = 0{,}4$ bis $\cos\varphi = 0{,}9$ keinen größeren Fehler als -6% haben. Es läßt sich nun ohne weiteres der Zähler so einstellen, daß er bei der mittleren Phasenverschiebung $\varphi_0 = 45^0$ ($\cos\varphi_0 = 0{,}71$) einen Plusfehler von 3% zeigt. Dann liegen seine Angaben in den genannten Grenzen der Phasenverschiebung innerhalb $\pm 3\%$.

Drehstromzähler, die nach diesem Grundsatz gebaut sind, sind überall dort verwendbar, wo man sicher ist, daß die Phasenverschiebung in dem auf dem Zähler angegebenen Bereich von $\cos\varphi$ bleibt. Die angeführten Grenzen von $\cos\varphi = 0{,}4$ bis 0,9 sind die üblichen. Diese entsprechen Anlagen mit Asynchronmotoren. Ihre Spannungsspulen sind wie die des Blindverbrauchzählers „fremderregt" (Kunstschaltung). Die Außenschaltung ist die gleiche wie die der kWh-Zähler des gleichen Modells. Beim Anschluß der Zähler muß jedoch die Richtung des Drehfeldes unbedingt beachtet werden.

Aus dem Obigen ist deutlich sichtbar, daß solche kVAh-Zähler für kleine Phasenverschiebungen, die wenig von 0^0 verschieden sind, praktisch nicht verwendbar sind, ferner daß ein und derselbe Zähler nicht gleichzeitig für induktive und kapazitive Belastung benutzt werden kann.

Von den verschiedenen Vorschlägen zum Bau eines für beliebige Phasenverschiebungen brauchbaren Scheinverbrauchzählers möge die vom Verfasser angegebene Anordnung angedeutet werden. Gemäß diesem Vorschlag werden die Spannungsspulen eines normalen kWh-Zählers unter Zwischenschaltung eines Phasenreglers an das Netz gelegt. Dieser Phasenregler wird durch eine dem Blindverbrauchzähler ähnliche Einrichtung so gesteuert, daß seine Sekundärspannung, also die Zählerspannung, stets in Phase mit dem Verbrauchsstrom liegt.

142. Mischverbrauchzähler. Neben den oben beschriebenen Zählern gibt es eine Reihe von Zählern, deren Angaben eine Kombination des Wirkverbrauches und Scheinverbrauches oder Wirkverbrauches und Blindverbrauches darstellen. Zu der ersten Art gehören die früher gelegentlich verwendeten Arno-Zähler, die eine kombinierte Größe (komplexen Verbrauch) $A_C = \frac{2}{3} A + \frac{1}{3} A_s$ messen. Diese Zähler beruhen auf ähnlichem Prinzip wie die oben beschriebenen Scheinverbrauchzähler und zeigen auch nur für einen gewissen Bereich von $\cos\varphi$ richtig. Einige Verbreitung haben Mischverbrauchzähler gefunden, bei denen die Summe des Wirkverbrauches und eines gewissen Teiles des Blindverbrauches gemessen werden. Ferner solche, die die Differenz des Blindverbrauches und des Scheinverbrauches derart messen, daß sie direkt die oben erwähnte Bussmansche Differenz (s. 138) anzeigen. Man nennt solche Zähler Überschuß-Blindverbrauchzähler.

Alle solche Zähler werden durch entsprechende Abgleichung eines Induktionszählers erzielt, die evtl. unter Zuhilfenahme einer Kunstschaltung vorgenommen wird. Allgemein ist von der Verwendung von Zählern, deren Zählwerke kombinierte Größen anzeigen, abzuraten, da in diesem Falle die wichtigste Größe, nämlich die Energie, nicht abgelesen werden kann. Die Verwendung eines solchen Zählers in Verbindung mit einem kWh-Zähler ist dagegen zwecklos. Wenn man zwei Zähler verwenden will, so wird man an Stelle des kombinierten Zählers entweder einen Blindverbrauch- oder Scheinverbrauchzähler wählen.

Mischverbrauchzähler zeigen im Grunde genommen alle eine kombinierte Größe $A_C = E \cdot J \cdot t \cdot (C_1 \cos\varphi + C_2 \sin\varphi) = C_1 \cdot A + C_2 \cdot A_b$. Dies ist der allgemeine Ausdruck für die Angaben eines mit entsprechender Abgleichung versehenen Induktionszählers. Der Wirkverbrauchzähler und der Blindverbrauchzähler sind Sonderfälle, nämlich solche, in denen $C_2 = 0$ bzw. $C_1 = 0$ ist. Dies wird aus folgender Überlegung klar.

Man kann sich den Spannungstriebfluß Φ_E, der irgendeine bestimmte Lage gegen die Spannung hat, stets in zwei Komponenten zerlegt denken, von denen die eine senkrecht zur Richtung des Stromtriebflusses bei $\cos\varphi = 1$, also $\varphi = 0$ ist, die andere in Phase mit diesem Stromtriebfluß liegt. Durch Zusammenwirken der ersten (Sinuskomponente des Flusses) kommt ein Drehmoment zustande, das proportional $\cos\varphi$, also dem Wirkverbrauch, ist. Durch Zusammenwirken der zweiten Komponente, der Kosinuskomponente, kommt ein Drehmoment zustande, das proportional $\sin\varphi$, also dem Blindverbrauch, ist. In einem gewissen Bereich von φ ist $C_1 \cdot \cos\varphi + C_2 \cdot \sin\varphi$ praktisch gleich 1, d. h. die Angaben in diesem Bereich sind praktisch unabhängig von der Phasenverschiebung. Der Zähler zeigt also in diesem Bereich den Scheinverbrauch an. Diese Überlegung ist gleichzeitig eine andere Darstellung der Wirkungsweise des beschriebenen kVAh-Zählers.

143. Einige besondere Zähler. Wir wollen noch kurz einige besondere Zählerarten erwähnen, die zwar nur zum Teil zur Berücksichtigung des Blindstromes in Betracht kommen, jedoch hier im Anschluß an das Vorhergehende am zweckmäßigsten besprochen werden können.

a) Amperestundenzähler (Ah-Zähler). Diese bei Gleichstrom so wichtigen Zähler können auch bei Wechselstrom in gewissen Fällen, z. B. als Ersatz für Scheinverbrauchzähler vorteilhaft angewendet werden. Die Konstruktion von Amperestundenzählern für Wechselstrom macht jedoch technische Schwierigkeiten, da ihr Drehmoment, das proportional dem Produkte der beiden vom Strom erzeugten Flüsse sein muß, normalerweise das Bestreben hat, quadratisch zu verlaufen. Nur durch besondere Maßnahmen läßt sich ein nahezu linearer Verlauf erreichen.

Von den verschiedenen Vorschlägen für die Konstruktion eines Wechselstromamperestundenzählers sei nur der von J. Busch erwähnt.

Bei diesem Zähler sind die Kerne, auf denen die Stromspulen aufgebracht sind, so dimensioniert, daß sie ziemlich stark gesättigt sind, so daß die Triebflüsse langsamer als proportional der Stromstärke ansteigen. Solche Zähler wurden auch gebaut, ihre Genauigkeit befriedigt jedoch nicht, so daß auch ihnen keine größere praktische Bedeutung beizumessen ist.

Theoretisch wäre es auch möglich, die Bremskraft in anderer als linearer Abhängigkeit von der Drehzahl verlaufen zu lassen. Diesbezügliche Versuche waren jedoch bis jetzt auch ergebnislos gewesen.

b) Amperequadratstundenzähler (J^2-Zähler). Diese messen das Produkt $J^2 \cdot t$. Ein solcher Zähler kann beispielsweise derart gebaut werden, daß an Stelle der Spannungsspule eines normalen kWh-Zählers eine mit stärkerem Draht bewickelte, der Stromspule parallel geschaltete Spule angewendet wird.

c) Voltquadratstundenzähler (E^2-Zähler). Diese messen die Größe $E^2 \cdot t$. Dabei wird das Übersetzungsverhältnis des Zählwerkes normalerweise so gewählt, daß es bei der Nennspannung, für die der Zähler bestimmt ist, Betriebsstunden anzeigt.

Einen E^2-Zähler erhält man, wenn man auf dem Stromeisen eines Wattstundenzählers eine Spannungswicklung aufbringt. Da die Aufbringung einer solchen dünndrähtigen Wicklung gewisse Schwierigkeiten macht, so greift man mitunter zum folgenden Kunstgriff. Man ordnet auf dem Spannungseisen neben der Spannungsspule eine dickdrähtige Wicklung mit wenig Windungen an, die gewissermaßen die Sekundärwicklung eines Transformators bildet. An diese Wicklung werden dann die Spulen auf dem Stromkern angeschlossen.

Die J^2-Zähler und E^2-Zähler kommen zur Bestimmung der Transformatorenverluste in Betracht, und zwar die ersteren zur Bestimmung der Kupferverluste, die proportional J^2 sind, die letzteren für die Bestimmung der Eisenverluste, die proportional E^2 sind.

Im allgemeinen wird jedoch vorgezogen, die Transformatorenverluste dadurch zu berücksichtigen, daß man die Energiemessung auf der Hochspannungsseite des Transformators durchführt.

Die J^2-Zähler können auch zur Bestimmung der Verluste in Leitungen verwendet werden. Man macht jedoch bis jetzt von dieser Möglichkeit kaum Gebrauch.

Fünfter Teil.

Meßwandler.

I. Spannungswandler.

144. Allgemeine Vorbemerkungen. Die Spannungsspulen von Meßgeräten, Relaisspulen u. dgl. lassen sich praktisch nur bis zu einer gewissen höchsten Spannung, bei Induktionszählern etwa bis 600 V, ohne besondere Schwierigkeiten und betriebssicher ausführen (s. 85). Bei Gleichstrom ist man gezwungen, auch bei den höchsten vorkommenden Spannungen den nötigen Meßbereich durch Vorwiderstände zu erzielen; allerdings liegen hier die Spannungen selten über 1500 V. Bei Wechselstrom besitzt man im Spannungswandler ein wesentlich vollkommeneres Mittel zur Erweiterung des Spannungsmeßbereiches. Die Spannungswandler lassen sich für die höchsten vorkommenden Spannungen ausführen und bieten außer der Erweiterung des Meßbereiches noch den Vorteil, daß bei ihrer Anwendung von den Meßgeräten und von den Bedienungsschalttafeln die Hochspannung völlig ferngehalten wird.

Wir wollen uns im folgenden mit den Spannungswandlern und anschließend daran mit den ähnlichen Zwecken dienenden Stromwandlern eingehend befassen[1]. Diese Meßwandler werden direkt an die Netzleitung angeschlossen und bilden einen wichtigen Bestandteil von Hochspannungsanlagen. Es werden deshalb an sie sowohl in bezug auf Meßgenauigkeit, wie auch in bezug auf Betriebssicherheit hohe Anforderungen gestellt. Der Verband Deutscher Elektrotechniker (VDE) hat bestimmte Vorschriften über Meßwandler ausgearbeitet. Sie sind zusammengefaßt unter der Bezeichnung: „Regeln für die Bewertung und Prüfung von Meßwandlern" und sind an verschiedenen Stellen, so z. B. in der Elektrotechnischen Zeitschrift (ETZ), im Vorschriftenbuch des VDE und, was besonders bequem ist, auch als Sonderdruck VDE 378 erschienen. (Auszug s. Zus. III. E.) Wir werden im folgenden an geeigneter Stelle auf diese VDE-Bestimmungen hinweisen. Auch die Physi-

[1] Zum weiteren Studium seien empfohlen die Bücher von Möllinger (s. 46), Keinath (s. F. N S. 359), ferner das Buch von J. Goldstein, „Die Meßwandler", Berlin: Julius Springer 1928.

kalisch-Technische Reichsanstalt (PTR) hat Bestimmungen über die Beglaubigung von Meßwandlern herausgegeben, die wir ebenfalls behandeln werden. Sie sind auch in dem erwähnten Sonderdruck der VDE-Regeln als Anhang enthalten. (Auszug s. Zus. III. C.)

145. Aufbau, Schaltung und Wirkungsweise. Der Spannungswandler ist im Prinzip ein kleiner Transformator, dessen Primärwicklung an der zu messenden Spannung, also meist der Netzspannung liegt, und an dessen Sekundärwicklung die Spannungsspulen von Meßgeräten, Relais u. dgl. angeschlossen sind. Demnach ist die Primärwicklung für die zu messende Spannung, meist also Hochspannung, zu bemessen; die Sekundärwicklung wird vorwiegend für 100 V oder 110 V, seltener für 220 V, gewählt. Dementsprechend brauchen die an den Wandlern anzuschließenden Meßgeräte nur für diese niedrige Spannung bemessen zu werden.

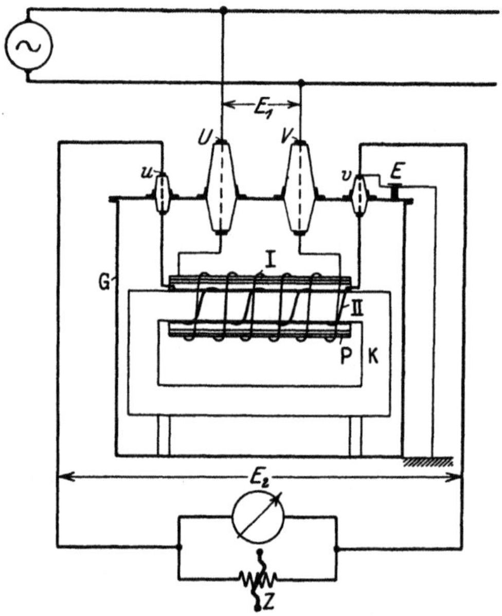

Abb. 220. Spannungswandler schematisch.

Abb. 220 zeigt schematisch die wichtigsten Teile eines Spannungswandlers und seine Schaltung. Auf dem geschlossenen Eisenkern *K*, der wie bei jedem Transformator aus einzelnen, schwachen, voneinander durch Papier, Lacküberzug oder dgl. isolierten Blechen aufgebaut ist, befindet sich die Primärwicklung *I* und die Sekundärwicklung *II*. Die Primärwicklung *I* ist an die vom Generator erzeugte Netzspannung, Primärspannung des Wandlers E_1, angelegt. An die Sekundärwicklung *II* sind die Spannungskreise der Meßgeräte angeschlossen. Falls mehrere Meßgeräte in Betracht kommen, so liegen sie sämtlich in Parallelschaltung. In unserer Abbildung ist angedeutet, daß ein Voltmeter und die Spannungsspule eines Zählers *Z* angeschlossen sind.

Die Sekundärwicklung ist unter Zwischenschaltung einer ihrer niedrigen Spannung entsprechenden verhältnismäßig schwachen Isolation auf dem Eisenkern aufgebracht. Dann folgt eine der meist hohen Netzspannung angepaßte starke Isolationsschicht *P*, z. B. Papier. Die Primärspule besteht normalerweise aus vielen Windungen dünnen, isolierten Kupferdrahtes, die Sekundärwicklung aus verhältnismäßig wenigen Windungen starken, gleichfalls isolierten Kupferdrahtes.

Der Eisenkern mit den Wicklungen befindet sich in einem Gehäuse G, das in leitender Verbindung mit dem Eisenkern steht. Bei höheren Betriebsspannungen ist das Gehäuse mit Isoliermasse oder Transformatorenöl gefüllt. Anfang und Ende der Primärwicklung sind mit Hochspannungsdurchführungen verbunden, die die beiden Anschlußklemmen tragen. Diese Klemmen stehen in Verbindung mit den Leitungen, zwischen denen die Spannung gemessen werden soll. Die eine der Primärklemmen ist mit U, die andere mit V bezeichnet. Ebenso ist die Sekundärwicklung an die Sekundärklemmen u und v angeschlossen, die natürlich gleichfalls von dem Gehäuse isoliert sind. Den mit U verbundenen Punkt der Primärwicklung wollen wir als Anfang und entsprechend den mit V verbundenen als Ende bezeichnen. Wird auf diese Weise der Anfang und das Ende der Primärwicklung festgelegt, so ergibt sich zwangläufig die Bezeichnung der Sekundärklemmen. Wenn, wie in der Abbildung angedeutet, der Wickelsinn beider Wicklungen der gleiche ist, so liegen die Anfänge der Primär- und Sekundärwicklung auf der gleichen Seite, entsprechend auch die Enden.

An dem Gehäuse G ist ohne Zwischenschaltung von Isolation noch eine Klemme E, die Erdungsklemme, angebracht, die im Betrieb zu erden ist. Mit dieser Klemme wird ferner eine der Sekundärklemmen des Wandlers, normalerweise v, verbunden und demnach auch geerdet. Da der Eisenkern K mit dem Gehäuse leitend verbunden ist, so ist auch er geerdet.

Die Wirkungsweise des Spannungswandlers läßt sich leicht auf die eines normalen Transformators, die wir unter 38 bis 42 genauer kennengelernt haben, zurückzuführen. Wie wir dort gesehen haben, verhält sich bei einem idealen Transformator, also einem solchen, in dessen Wicklungen keine Spannungsabfälle auftreten, die primäre Klemmenspannung E_1 zu der sekundären Klemmenspannung E_2 wie die primäre Windungszahl s_1 zu der sekundären Windungszahl s_2, also $\frac{E_1}{E_2} = \frac{s_1}{s_2}$. Hieraus errechnet sich die Sekundärspannung zu $E_2 = E_1 \frac{s_2}{s_1}$. Ferner ist die sekundäre Klemmenspannung gegen die primäre um 180^0 verschoben (umgeklappt). Das Verhältnis der Spannungen ist das **Übersetzungsverhältnis** $\ddot{U}$ **des Wandlers**, also $\ddot{U} = \frac{E_1}{E_2}$.

Infolge der (Ohmschen und induktiven) Spannungsabfälle der Wicklungen treten jedoch Spannungsabfälle auf, die zur Folge haben, daß die Sekundärspannung nicht genau diejenige Größe hat, die sich aus der Primärspannung und dem Verhältnis der Windungszahlen errechnet, und zwar ist, wenn man von dem praktisch weniger wichtigen Fall einer kapazitiven Belastung absieht, die Sekundärspannung kleiner als sie bei denselben Windungszahlen und bei Nichtvorhandensein der

Spannungsabfälle wäre. Ferner haben die Spannungsabfälle zur Folge, daß der Winkel zwischen der sekundären und primären Spannung nicht genau 180^0 ist, sondern um einen gewissen Winkel δ von 180^0 abweicht.

Ein Spannungswandler kommt einem idealen Transformator ziemlich nahe, denn seine Belastung, die durch die angeschlossenen Meßgeräte gegeben ist, ist im Vergleich zu seiner Größe klein, so daß die Spannungsabfälle auch ziemlich unbedeutend sind. Für eine bestimmte Belastung läßt sich ein ganz bestimmtes Übersetzungsverhältnis durch entsprechende Wahl der Windungszahlen erreichen, und zwar muß zum Ausgleich der Wirkung der Spannungsabfälle die sekundäre Windungszahl s_2 etwas größer oder die primäre Windungszahl s_1 etwas kleiner sein als sich aus der obigen Gleichung ergibt.

Falls der Spannungswandler nur zum Anschluß von Spannungszeigern dienen soll, kommt es nur auf die Einhaltung eines bestimmten Übersetzungsverhältnisses an. Beim Anschluß von Wattmetern, Wirkverbrauch- oder Blindverbrauchzählern und anderen Meßgeräten, deren Angaben von der Phasenverschiebung zwischen Strom und Spannung abhängig sind, kommt es auch auf die richtige Lage der Sekundärspannung in bezug auf die Primärspannung an und zwar wird verlangt, wie wir noch näher sehen werden, daß die Sekundärspannung genau um 180^0 gegen die Primärspannung verschoben ist. Auch diese Bedingung läßt sich für eine bestimmte Belastung des Wandlers durch entsprechende Ausbildung und zwar durch eine bestimmte Größe der induktiven Spannungsabfälle erreichen. Streng genommen ist beim Anschluß von ganz bestimmten Meßgeräten eigentlich weder die genaue Einhaltung eines bestimmten Übersetzungsverhältnisses noch die genaue Phasenlage erforderlich, da man in diesem Falle die Meßgeräte zusammen mit dem Wandler so eichen kann, daß die Wandlerfehler ausgeglichen werden. So kann man z. B. bei einem Induktionszähler die Abweichung des Übersetzungsverhältnisses von dem erwünschten Wert durch Verstellung des Bremsmagneten und die Abweichung der Phasenlage durch entsprechende Beeinflussung der Abgleichung des Zählers ausgleichen. Man hat auch in der Tat sich früher damit begnügt, annähernd ein bestimmtes Übersetzungsverhältnis der Spannungswandler zu erreichen und ist dann in der geschilderten Weise bei der Eichung der Zähler und Meßgeräte vorgegangen. Dieses Verfahren ist aber unbequem, da man auf die gemeinschaftliche Eichung der Meßgeräte und Wandler angewiesen ist. Neuerdings verlangt man, daß das Übersetzungsverhältnis $\ddot{U}$ des Wandlers möglichst genau dem auf dem Wandlerschild angegebenen Sollwert $\ddot{U}_{\mathfrak{S}}$ entspricht; ferner, daß der Fehlwinkel δ, d. h. die Abweichung der Lage der Sekundärspannung von der idealen Lage, so klein wie möglich ist. Beides läßt sich bei entsprechender Ausbildung des Wandlers mit genügender Genauigkeit erreichen.

146. Übersetzungsfehler. Spannungsfehler. Der Sollwert des Übersetzungsverhältnisses $\ddot{U}_{\mathfrak{S}}$ wird bei neuzeitlichen Spannungswandlern so gewählt, daß bei einem bestimmten Wert der Primärspannung, dem Nennwert, die Sekundärspannung einen bestimmten runden Wert hat, der der Nennspannung der angeschlossenen Meßgeräte entspricht. Wie wir bereits gesagt haben, wird das Übersetzungsverhältnis so gewählt, daß der Nennwert der sekundären Klemmenspannung 100 V oder 110 V ist, seltener 220 V. Im allgemeinen wird auch bei einem guten Wandler das tatsächliche Übersetzungsverhältnis $\ddot{U}$ vom Sollwert $\ddot{U}_{\mathfrak{S}}$ etwas abweichen. Der *prozentuale Fehler des Übersetzungsverhältnisses*, oder der Übersetzungsfehler, $\Delta_{\ddot{U}}$ berechnet sich zu

$$\Delta_{\ddot{U}} = \frac{\ddot{U} - \ddot{U}_{\mathfrak{S}}}{\ddot{U}_{\mathfrak{S}}} \cdot 100\,\%.$$

Das Übersetzungsverhältnis $\ddot{U}_{\mathfrak{S}}$ wird auf dem Schild des Wandlers in Form eines Bruches in der Weise angegeben, daß die primäre und sekundäre Nennspannung durch einen schrägen Strich getrennt angeführt wird. So z. B. bedeutet die Angabe 15000/100 V, daß das Übersetzungsverhältnis $\ddot{U}_{\mathfrak{S}} = \frac{15000}{100} = 150$ ist. Wenn nun beispielsweise bei diesem Wandler bei einer bestimmten Belastung und der Nennspannung von 15000 V die Sekundärspannung 98,5 V ist, so berechnet sich das tatsächliche Übersetzungsverhältnis zu $\ddot{U} = \frac{15000}{98{,}5} = 152{,}28$ und hieraus der Übersetzungsfehler zu

$$\Delta_{\ddot{U}} = \frac{\ddot{U} - \ddot{U}_{\mathfrak{S}}}{\ddot{U}_{\mathfrak{S}}} \cdot 100\,\% = \frac{152{,}28 - 150}{150} \cdot 100\,\% = \frac{2{,}28}{150} \cdot 100\,\% = +1{,}52\,\%.$$

Aus diesem Beispiel ist ersichtlich, daß bei einem positiven Fehler des Übersetzungsverhältnisses an dem angeschlossenen Meßgerät eine zu niedrige Spannung herrscht, d. h. das Meßgerät zeigt Minusfehler. Diese Verschiedenheit des Vorzeichens des Übersetzungsfehlers und des Fehlers des angeschlossenen Meßgerätes ist praktisch unbequem und kann leicht zu Irrtümern führen. Man rechnet deshalb nicht mit dem Übersetzungsfehler $\Delta_{\ddot{U}}$, sondern mit dem *Spannungsfehler* Δ_E, der *angibt, um wieviel Prozent die Sekundärspannung* E_2 *größer oder kleiner ist als ihr Sollwert* $E_{2\mathfrak{S}}$. Dieser Spannungsfehler berechnet sich zu

$$\Delta_E = \frac{E_2 - E_{2\mathfrak{S}}}{E_{2\mathfrak{S}}} \cdot 100\,\%. \qquad (1)$$

Er hat praktisch die gleiche Größe, jedoch das entgegengesetzte Vorzeichen wie der Übersetzungsfehler. Für den oben betrachteten Fall berechnet sich der Spannungsfehler zu

$$\Delta_E = \frac{E_2 - E_{2\mathfrak{S}}}{E_{2\mathfrak{S}}} \cdot 100\,\% = \frac{98{,}5 - 100}{100} \cdot 100\,\% = -\,1{,}50\,\%.$$

Dieser Wert zeigt uns direkt an, daß das an dem betreffenden Wandler angeschlossene Meßgerät infolge der nicht genauen Einhaltung des Übersetzungsverhältnisses um 1,5% zu wenig anzeigt, falls es für sich allein richtig geeicht ist. Auch in den VDE- und PTR-Bestimmungen ist der Begriff des Spannungsfehlers eingeführt (s. Zus. III C u. E).

147. Sekundäre Belastung. Der Spannungswandler hat streng genommen einen bestimmten Übersetzungsfehler nur bei einer bestimmten sekundären Belastung, d. h. dann, wenn die angeschlossenen Meßgeräte einen ganz bestimmten scheinbaren Widerstand haben und zwischen dem Sekundärstrom des Wandlers und seiner sekundären Klemmenspannung eine bestimmte Phasenverschiebung herrscht. Diese Phasenverschiebung im Sekundärkreis bezeichnet man mit ψ, um Verwechslungen mit der Phasenverschiebung φ zwischen der Netzspannung und dem Verbrauchsstrom zu vermeiden. Wenn man also von dem sekundären Leistungsfaktor des Wandlers spricht, so ist die Größe $\cos\psi$ gemeint, die keinesfalls mit dem Leistungsfaktor $\cos\varphi$ in der Anlage verwechselt werden darf. Die Phasenverschiebung ψ hängt nur von den Eigenschaften der angeschlossenen Meßgeräte ab. Die sekundäre Belastung N des Wandlers wird in VA angegeben. Ist sie und die sekundäre Klemmenspannung E_2 bekannt, so berechnet sich der Sekundärstrom zu

$$J_2 = \frac{N}{E_2} \tag{2}$$

und die Impedanz (scheinbarer Widerstand) der angeschlossenen Meßgeräte zu

$$Z = \frac{E_2}{J_2} = E_2 : \frac{N}{E_2} = \frac{E_2^2}{N}. \tag{3}$$

Ein Spannungswandler ist um so stärker belastet, je größer der Sekundärstrom J_2, d. h. je kleiner die Impedanz Z der angeschlossenen Meßgeräte ist. Ein bestimmter Wandler kann, ohne daß seine Fehler gewisse Werte übersteigen, bis zu einer bestimmten Höchstbelastung, der Nennleistung, belastet werden. Diese Nennleistung wird auf dem Wandlerschild in VA angegeben und bezieht sich auf die sekundäre Nennspannung des Wandlers. Aus ihr läßt sich dann der höchstzulässige Belastungsstrom und die niedrigste zulässige Impedanz berechnen.

Wenn beispielsweise auf einem Spannungswandler die Nennleistung zu 30 VA und die Sekundärspannung zu 100 V angegeben ist, so berechnet sich nach Gl. (2) die höchstzulässige sekundäre Stromentnahme zu $J_2 = \frac{N}{E_2} = \frac{30}{100} = 0{,}3\,\mathrm{A}$ und nach Gl. (3) die kleinstzulässige Impedanz zu $Z = \frac{E_2^2}{N} = \frac{100^2}{30} = \frac{10000}{30} = 333\,\Omega$. Hieraus folgt, daß der Kombinationswiderstand aller in Parallelschaltung sekundär angeschlossener Meßgeräte 333 Ω nicht unterschreiten darf.

Meist liegt die Nennleistung der Spannungswandler in den Grenzen von 15 VA ... 150 VA. Wenn größere Fehler des Wandlers zugelassen werden, beispielsweise dann, wenn nur rohe Messungen in Betracht kommen oder wenn an dem Wandler nur Relaisspulen, Signalglühlampen od. dgl. angeschlossen sind, so kann der Wandler auch über seine Nennleistung hinaus belastet werden, und zwar bis zu einer Grenze, bei der die zulässige Erwärmung der Wicklungen erreicht wird. Diese höchstzulässige Belastung bei der Nennspannung bezeichnet man als Grenzleistung. Sie wird gemäß den VDE-Bestimmungen auf dem Schild des Wandlers neben der Angabe der Nennleistung in Klammern angegeben. Dabei wird vorausgesetzt, daß die zulässige Erwärmung auch dann nicht überschritten wird, wenn die Spannung um 20% höher ist als die Nennspannung.

148. Spannungs- und Frequenzbereich. Die Genauigkeit eines Spannungswandlers hängt außer von der Größe des sekundären Belastungsstromes J_2 und der sekundären Phasenverschiebung ψ noch von der jeweils herrschenden Spannung und Frequenz ab. Wie früher gesagt ist, wird die primäre und sekundäre Nennspannung des Wandlers auf dem Schild angegeben, ferner auch die Frequenz oder der Frequenzbereich, für den der Wandler bestimmt ist. Jeder Wandler ist jedoch nicht nur für die angegebene Nennspannung und Nennfrequenz brauchbar, sondern auch für Spannungen und Frequenzen, die den normalen Spannungs- und Frequenzschwankungen, wie sie in den Netzen vorkommen, entsprechen. Als zulässige Spannungsschwankung kann dabei etwa $\pm$ 20% und als zulässige Frequenzschwankung $\pm$ 5% angesehen werden. Die Verhältnisse liegen bei den Spannungswandlern ähnlich wie bei einem Wattstundenzähler, bei dem ja auch auf dem Schild eine bestimmte Nennspannung und Nennfrequenz angegeben wird, der Zähler aber auch bei abweichenden Spannungen und Frequenzen noch praktisch richtig zeigt.

Die Isolation der beiden Wicklungen des Wandlers gegeneinander und gegen den Kern und das Gehäuse muß selbstverständlich mit einer genügenden Sicherheit bemessen werden. Sie wird mit einer die Nennspannung wesentlich übersteigenden Spannung, der Prüfspannung, geprüft (Näheres hierzu s. 177).

Wenn an die Meßgenauigkeit keine hohen Anforderungen gestellt werden, so darf ein Spannungswandler auch für wesentlich höhere Frequenz oder wesentlich niedrigere Spannung als die auf seinem Schild angegebenen Nennwerte dieser Größen benutzt werden. Dagegen hat die Erniedrigung der Frequenz wie die Erhöhung der Spannung eine Erhöhung der magnetischen Induktion im Eisen, also auch eine Erhöhung des Leerlaufsstromes, zur Folge. Sie bedeutet also eine Überlastung des Wandlers; demnach kann die Erwärmung des Wandlers unzulässig hoch werden. Der Eisenkern des Spannungswandler ist bei Nennspannung und Nennfrequenz meist bereits ziemlich hoch gesättigt (magnetische Induktion etwa $B \approx 8000 \ldots 10000$).

In bezug auf die Magnetisierung ist es allerdings zulässig, die Spannung zu erhöhen, wenn gleichzeitig im gleichen Verhältnis die Frequenz erhöht wird, vorausgesetzt natürlich, daß die Spannung nicht höher ist als dies die Isolation des Wandlers zuläßt. Im Betrieb des Wandlers spielen die obigen Erwägungen praktisch keine Rolle, dagegen wird davon bei der Prüfung der Isolation der Wicklung des Wandlers Gebrauch gemacht.

149. Richtung der Primär- und Sekundärspannung. Wenn nur Spannungszeiger oder andere Geräte, bei denen es nur auf die Größe der Spannung und nicht auf ihre Richtung ankommt, in Frage kommen, so können diese ohne Rücksicht auf die Polarität an den Spannungswandler angeschlossen werden. Anders liegen die Verhältnisse beim Anschluß von Spannungsspulen von Geräten, bei denen es auch auf die Richtung ankommt, in erster Linie also bei Leistungsgeräten wie z. B. Wattmetern, Wirkverbrauch-, Blindverbrauchzählern, Leistungsrelais usw. Dieser Fall ist für uns besonders wichtig, und wir wollen uns deshalb mit ihm genauer befassen und untersuchen, welche Richtung die Sekundärspannung des Spannungswandlers gegenüber der Primärspannung hat und wie die Spannungsspulen der Meßgeräte anzuschließen sind, damit auch die Richtung der Spannung die richtige ist. Der Einfachheit halber wollen wir dabei annehmen, daß das Übersetzungsverhältnis des Wandlers 1 ist, d. h. daß die Sekundärspannung die gleiche Größe hat wie die Primärspannung. Ferner wollen wir unsere Betrachtungen auf den Anschluß von Wattmetern beschränken; sie gelten jedoch sinngemäß auch für den Anschluß von Zählern usw.

In Abb. 221 ist G der Generator, der Strom an den Abnehmer, den Verbraucher, A liefert. In die Netzleitung *1* sind die Stromspulen zweier Wattmeter $W\,I$ und $W\,II$ eingeschaltet. Die beiden Wattmeter sind genau gleich ausgeführt, insbesondere ist bei beiden die Anordnung und Bezeichnung der Klemmen die gleiche. Die dem Generator zugekehrten Stromklemmen der Wattmeter, d. h. ihre Anfänge sind durch schwarze Punkte angedeutet und mit a_J bezeichnet. Die dem Verbraucher zugekehrten Enden der Stromspulen sind an die durch Kreise angedeuteten Klemmen angeschlossen. Die Spannungsspule des Wattmeters $W\,I$ ist direkt zwischen die Netzleitungen geschaltet, und zwar ist der Anfang der Spannungsspule, der mit a_E bezeichnet und durch einen schwarzen Punkt angedeutet ist, mit der Stromklemme a_J, also mit der Leitung *1* verbunden. Das wiederum durch einen Kreis bezeichnete Ende der Spannungsspule ist mit der Netzleitung *2* verbunden. Das Wattmeter *W I* zeigt dabei einen der Leistungsaufnahme des Verbrauchers entsprechenden positiven Ausschlag an. Zwischen die Netzleitungen ist ferner die Primärwicklung eines Spannungswandlers geschaltet und zwar derart, daß der an die Klemme *U* angeschlossene Anfang der Primärwicklung *I* mit der Leitung *1* und das an die Klemme *V* angeschlossene Ende der Primärwicklung mit der Leitung *2* verbunden ist. Die Sekundärwicklung *II* des Wandlers ist im gleichen Sinne gewickelt wie die Primärwicklung, wobei der Übersichtlichkeit halber die beiden Wicklungen nicht übereinander, sondern nebeneinander gezeichnet sind. Die Anfangsklemme *u* der Sekundärwicklung des Wandlers ist mit dem Anfang a_E der Spannungsspule des Wattmeters *W II*, die Endklemme *v* mit dem Ende der Spannungsspule verbunden.

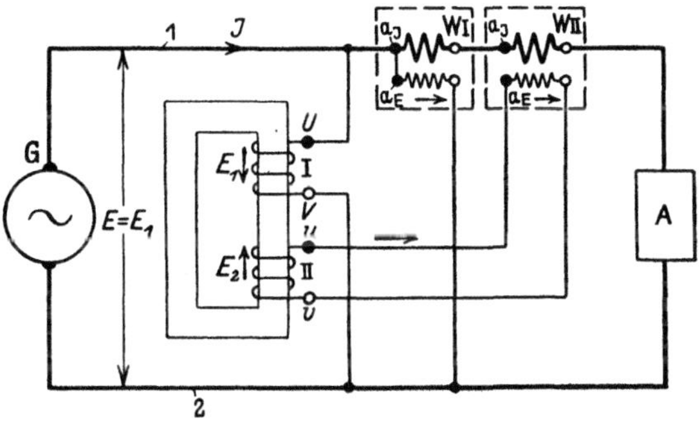

Abb. 221. Richtung der Spannungen beim Spannungswandler.

In jedem Augenblick ist die Sekundärspannung E_2 des Spannungswandlers der Primärspannung E_1, die gleich der Netzspannung E ist, entgegengesetzt gerichtet. Wenn beispielsweise die Primärspannung in der Richtung des neben der Primärwicklung des Wandlers gezeichneten Pfeiles wirkt, so hat die Sekundärspannung die Richtung des neben der Sekundärwicklung gezeichneten, dem ersten entgegengesetzt gerichteten Pfeiles. Es ist aus der Abbildung leicht zu ersehen, daß die Richtung der Spannung in den Spannungsspulen der beiden Wattmeter dabei die gleiche ist. Wir kommen also zu dem wichtigen Ergebnis, daß die Spannungsspulen der Meßgeräte so an die Sekundärwicklung des Spannungswandlers anzuschließen sind, daß ihre Anfänge und Enden mit denjenigen Sekundärklemmen zu verbinden sind, die den Primärklemmen entsprechen, welche an die Leitungen gelegt sind, an die man die Spannungsspulen der Meßgeräte anschließen würde, wenn kein Wandler zwischengeschaltet wäre.

Man kann dieses Ergebnis auch folgendermaßen ausdrücken: In bezug auf die Richtung der Spannung ist es gleichgültig, ob eine bestimmte Spannungsklemme eines Meßgerätes an eine Sekundärklemme des Spannungswandlers angeschlossen ist oder an die zugehörige (mit dem gleichen Buchstaben bezeichnete) Primärklemme. In unserem Beispiel ist der Anfang der Spannungsspule des Wattmeters *W II* an die Sekundärklemme *u* angeschlossen, weil diese Klemme der Primärklemme *U* entspricht, die mit der Netzleitung *1* verbunden ist, an die man sonst den Anfang der Spannungsspule anzuschließen hätte, wie dies beim Wattmeter *W I* geschehen ist.

Es dürfte auch ohne weiteres einleuchten, daß es nur darauf ankommt, welche Primär- und Sekundärklemmen des Wandlers zusammengehören, nicht darauf, wie sie bezeichnet sind. Der Anschluß des Wattmeters *W II* wäre auch dann richtig, wenn man an die Netzleitung *1* die Primärklemme *V* angeschlossen hätte und den Anfang a_E der Spannungsspule an die Sekundärklemme *v*.

Es ist auch gleichgültig, was man als Anfang oder Ende einer der Wicklungen bezeichnet. Man könnte also genau so gut den in Abb. 221 als Anfang der Primärwicklung angenommenen, mit *U* bezeichneten Punkt als Ende der Wicklung betrachten und mit *V* bezeichnen und entsprechend den mit *V* bezeichneten als Anfang annehmen und mit *U* bezeichnen. Dann müßten aber zwangsläufig die Bezeichnungen auf der Sekundärseite gleichfalls vertauscht werden. Man macht, wie wir weiter bei der eingehenden Behandlung des Anschlusses von Meßgeräten an Wandlern sehen werden, davon Gebrauch, indem man am Wandler Doppelbezeichnungen der Klemmen anbringt (s. 171).

Bei ausgeführten Wandlern läßt sich nicht ohne weiteres sagen, welche Primär- und Sekundärklemmen einander entsprechen, da die Wicklungen auch im verschiedenen Sinne gewickelt sein können. Maßgebend ist die Bezeichnung der Klemmen, deren Richtigkeit man allerdings experimentell leicht nachprüfen kann, wovon später noch die Rede sein wird (s. 176).

Die obigen Betrachtungen führen auch zu einem weiteren wichtigen Ergebnis, nämlich dem, daß, obwohl bei gleichem Wickelsinn der Primär- und Sekundärwicklung die Sekundärspannung E_2 gegen die Primärspannung E_1 um 180^0 verschoben ist, diese Spannung in ihrer Wirkung in den angeschlossenen Meßgeräten sich so verhält, als ob sie mit der Primärspannung phasengleich wäre. Man kann also an Stelle der Sekundärspannung die umgeklappte Sekundärspannung $-E_2$ betrachten und wir bezeichnen sie kurz als Sekundärspannung und lassen das Minuszeichen fort.

150. Fehlwinkel. Diagramm des Spannungswandlers. Bei den obigen Betrachtungen haben wir einen idealen Spannungswandler zugrunde gelegt, bei dem die (umgeklappte) Sekundärspannung E_2 genau in Phase mit der Primärspannung E_1, der Netzspannung, liegt. Wie wir jedoch schon erwähnt haben, ist in Wirklichkeit die Sekundärspannung infolge der auftretenden Spannungsabfälle im allgemeinen um einen kleinen Winkel, den Fehlwinkel δ_E, gegen die Primärspannung verschoben. Dies hat gewisse Fehlanzeigen der angeschlossenen Meßgeräte zur Folge.

Der durch den Fehlwinkel in den Angaben eines Wattmeters oder eines Wattstundenzählers verursachte prozentuale Fehler berechnet sich zu

$$\Delta_{\delta E} = -0{,}029 \cdot \delta'_E \cdot \operatorname{tg} \varphi \,\%. \tag{4}$$

Hierbei bedeutet $\operatorname{tg}\varphi$ die Tangente des Phasenverschiebungswinkels zwischen Strom und Spannung in der Anlage und δ'_E den Fehlwinkel in Minuten. In die obige Gleichung sind $\operatorname{tg}\varphi$ und δ'_E unter Berücksichtigung ihres Vorzeichens einzusetzen, und zwar ist $\operatorname{tg}\varphi$ bei Nacheilung (induktive Belastung der Anlage) positiv, bei Voreilung (kapazitive Belastung) negativ. Der Fehlwinkel δ_E ist positiv, wenn die sekundäre Klemmenspannung des Wandlers der primären um den Winkel δ_E voreilt (s. hierzu 82 und 173).

Es sei z. B. in einer Anlage bei induktiver Belastung der Leistungsfaktor $\cos\varphi = 0{,}45$. Der Fehlwinkel des Wandlers, an den ein Wattmeter oder ein kWh-Zähler angeschlossen ist, sei positiv und betrage $\delta_E - 30'$. Dem Leistungsfaktor $\cos\varphi = 0{,}45$ entspricht ein Winkel $\varphi \approx 63^0$ und ein $\operatorname{tg}\varphi \approx 2{,}0$. Diese Werte entnehmen wir entweder der Tabelle 10 oder den trigonometrischen Skalen Tabelle 9. Dann berechnet sich nach Gl. (4) der durch den Fehlwinkel in den Angaben des Wattmeters oder Zählers verursachte prozentuale Fehler zu

$$\Delta_{\delta E} = -0{,}029 \cdot \delta'_E \cdot \operatorname{tg}\varphi = -0{,}029 \cdot 30 = -1{,}74\,\%.$$

Am einfachsten ist es, den durch den Fehlwinkel verursachten Fehler aus den Kurven Tabelle 11 zu entnehmen. Die hierbei erzielte Genauigkeit reicht für alle praktischen Fälle aus. Wir wollen auch an dieser Stelle darauf hinweisen, daß der durch den Fehlwinkel verursachte Fehler stark mit fallendem Leistungsfaktor ansteigt (s. Abb. 86).

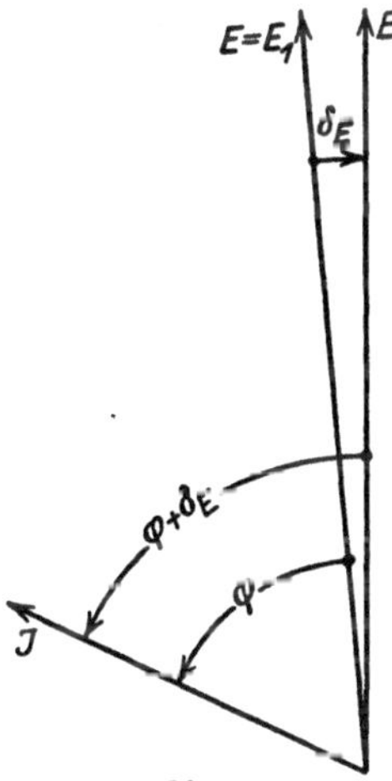

Abb. 222. Phasenverschiebung φ und Fehlwinkel δ_E.

Wir wollen jetzt die oben angeführte Gleichung ableiten. Dabei wollen wir der Einfachheit halber unsere Betrachtungen auf den in Abb. 221 gezeichneten Fall eines Wandlers mit dem Übersetzungsverhältnis 1 beschränken und annehmen, daß die Sekundärspannung ihrer Größe nach genau gleich der Primärspannung ist ($E_2 = E_1$), also annehmen, daß der Spannungsfehler Δ_E gleich Null ist. Der vom Abnehmer A aufgenommene Strom, der Verbrauchsstrom J, eile der Netzspannung, also der Primärspannung E_1, wie im Diagramm Abb. 222 dargestellt, um den Winkel φ nach, also induktive Belastung, φ ist also positiv. Die Sekundärspannung E_2 eile um den Fehlwinkel δ_E der Primärspannung vor, δ_E ist also nach dem Obigen positiv. Die Leistungsaufnahme des Abnehmers, die auch vom Wattmeter WI angezeigt wird, d. h. die Sollangabe berechnet sich zu

$$N_{\mathfrak{S}} = E \cdot J \cdot \cos\varphi. \tag{5}$$

Das an den Spannungswandler angeschlossene Wattmeter *W II* zeigt eine Leistung N an, die sich zu

$$N = E \cdot J \cdot \cos(\varphi + \delta_E) \tag{6}$$

berechnet, denn in diesem Wattmeter herrscht zwischen der angelegten Spannung, der Sekundärspannung E_2 des Wandlers, und dem Strom die Phasenverschiebung $\varphi + \delta_E$. Da diese Phasenverschiebung größer ist als φ, ist $\cos(\varphi + \delta_E)$ kleiner als $\cos\varphi$ und das Wattmeter zeigt zu wenig an. Demnach ist der Fehler $\Delta_{\delta E}$, der durch den Fehlwinkel δ_E hervorgerufen wird, im angenommenen Falle der induktiven Belastung der Anlage und des positiven Fehlwinkels δ_E negativ. Er berechnet sich zu

$$\Delta_{\delta E} = \frac{N - N_{\mathfrak{S}}}{N_{\mathfrak{S}}} \cdot 100\,\%.$$

Setzen wir in diese Gleichung die Werte für $N_{\mathfrak{S}}$ und N aus Gl. (5) und (6) ein, so erhalten wir

$$\Delta_{\delta E} = \frac{E \cdot J \cdot \cos(\varphi + \delta_E) - E \cdot J \cdot \cos\varphi}{E \cdot J \cdot \cos\varphi} \cdot 100\,\%.$$

Wir dividieren den Zähler und Nenner in der vorstehenden Gleichung durch $E \cdot J \cdot \cos\varphi$ und erhalten:

$$\Delta_{\delta E} = \left(\frac{\cos(\varphi + \delta_E)}{\cos\varphi} - 1\right) \cdot 100\,\%. \tag{7}$$

Den Ausdruck $\cos(\varphi + \delta_E)$ können wir auf Grund der Formel für den Cosinus der Summe zweier Winkel (s. Zusammenstellung I, 6, f) wie folgt entwickeln. Wenn wir in der dort befindlichen Gleichung an Stelle von α und β φ und δ_E setzen, so erhalten wir:

$$\cos(\varphi + \delta_E) = \cos\varphi \cdot \cos\delta_E - \sin\varphi \cdot \sin\delta_E.$$

Dividieren wir diesen Ausdruck durch $\cos\varphi$, so erhalten wir

$$\frac{\cos(\varphi + \delta_E)}{\cos\varphi} = \frac{\cos\varphi \cdot \cos\delta_E - \sin\varphi \cdot \sin\delta_E}{\cos\varphi} = \cos\delta_E - \operatorname{tg}\varphi \cdot \sin\delta_E.$$

Da δ_E ein kleiner Winkel ist (selten über 1^0), so ist $\cos\delta_E \approx 1$ und $\sin\delta_E \approx 0{,}000\,291 \cdot \delta'_E$, wobei δ'_E der Winkel δ_E in Minuten ausgedrückt ist (s. hierzu Zus. I, 6, c). Es ist also:

$$\cos\delta_E - \operatorname{tg}\varphi \cdot \sin\delta_E \approx 1 - 0{,}000\,291 \cdot \delta'_E \cdot \operatorname{tg}\varphi.$$

Setzen wir unseren eben erhaltenen Ausdruck in Gl. (7) ein, so erhalten wir

$$\Delta_{\delta E} \approx (1 - 0{,}000\,291 \cdot \delta'_E \cdot \operatorname{tg}\varphi - 1) \cdot 100\,\% \approx -0{,}000\,291 \cdot \delta'_E \cdot \operatorname{tg}\varphi \cdot 100\,\%$$
$$\approx -0{,}029 \cdot \delta'_E \cdot \operatorname{tg}\varphi\,\%.$$

Beim Entwurf von neuen Spannungswandlermodellen, sowie überhaupt dann, wenn man sich ein Bild über das Verhalten eines Spannungswandlers unter verschiedenen Verhältnissen machen will, ist die Aufstellung eines Vektordiagramms sehr vorteilhaft. Im Grunde genommen ist das Diagramm das gleiche wie ein normales Transformatorendiagramm (s. Abb. 50, S. 80). Zu seiner Aufstellung müssen die Ohmschen und induktiven Widerstände der Wicklungen, der Leerlaufstrom und Belastungsstrom des Wandlers und ihre Phasenverschiebungen gegen die EMK bzw. die sekundäre Klemmenspannung bekannt sein. Es ist üblich, die Diagramme für das Übersetzungsverhältnis 1 aufzustellen. Durch entsprechende einfache Umrechnungen läßt sich das Diagramm dann auch für jedes andere Übersetzungsverhältnis verwerten.

Als Endergebnis der Aufstellung eines Diagramms des Spannungswandlers erhalten wir die primäre und sekundäre Klemmenspannung und den gesamten Spannungsabfall ε in den Wicklungen des Wandlers bei der betreffenden Belastung. Dabei ist die primäre Klemmenpsannung E_1 die geometrische Summe der sekundären Klemmenspannung E_2 und des gesamten Spannungsabfalles ε. Abb. 223 deutet an, wie ein solches Diagramm im Prinzip aussehen würde. Man kann aus ihm die Differenz der beiden Spannungen ΔE und den Fehlwinkel δ_E ablesen. Aus ΔE berechnet sich dann der prozentuale Spannungsfehler Δ_E. In der Abbildung ist der Deutlichkeit halber der Spannungsabfall ε übertrieben groß gezeichnet. In Wirklichkeit ist er im Vergleich zu der Größe der Klemmenspannungen nur sehr klein und entsprechend sind natürlich ΔE und δ_E wesentlich kleiner. Es ist deshalb praktisch nicht möglich, mit genügender Genauigkeit das Diagramm der Spannungen und Spannungsabfälle vollständig zu zeichnen. Man zeichnet deshalb gewissermaßen nur den Kopf des abgebildeten Diagramms, wobei man imstande ist, wie Möllinger gezeigt hat, durch entsprechende Wahl der Maßstäbe ein solches Diagramm so aufzustellen, daß man aus ihm direkt die Spannungsfehler Δ_E in % und die Fehlwinkel δ_E in Minuten abgreifen kann. Es ist nicht möglich, an dieser Stelle auf dieses wichtige, aber immerhin etwas verwickelte Diagramm näher einzugehen, und es möge deshalb auf den Abschnitt über Meßwandler in dem unter 46. angeführten Buche von Möllinger hingewiesen werden. Unser Diagramm Abb. 223 zeigt, daß die Differenz $\Delta E = E_2 - E_1$ der beiden Klemmenspannungen nicht gleichbedeutend ist mit dem Spannungsabfall ε in den Wicklungen des Wandlers. Es kann bei einem bestimmten Spannungsabfall ε das ΔE verschieden groß sein je nach der relativen Lage von ε zu E_1 und E_2, die ihrerseits im hohen Maße von dem Phasenverschiebungswinkel ψ der sekundären Belastung des Wandlers abhängt.

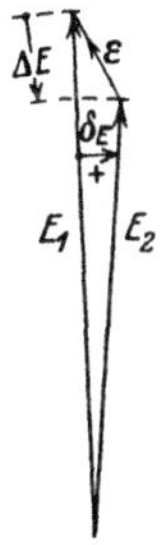

Abb. 223. ΔE und δ_E.

151. Genauigkeit und Klasseneinteilung. Wir haben bereits gesagt, daß von neuzeitlichen Spannungswandlern eine solche Genauigkeit verlangt wird, daß ein gemeinschaftliches Eichen der Meßgeräte mit den zugehörigen Wandlern nicht erforderlich ist. Es sind aber natürlich nicht alle Wandler in bezug auf Meßgenauigkeit und Belastbarkeit gleichwertig. Im allgemeinen wird ein Wandler, gleichgünstige Ausnutzung des Materials vorausgesetzt, um so genauer sein, je größer der Materialaufwand ist. Bei Wandlern verschiedener Herkunft läßt sich allerdings aus ihrer Größe, ihrem Gewicht oder ihrem Preis noch nicht ohne weiteres ein Schluß auf ihre Eigenschaften ziehen. Für verschiedene Zwecke wird auch verschiedene Genauigkeit der Wandler verlangt. Die größte Genauigkeit wird bei Präzisionsmessungen im Laboratorium, sowie bei Wandlern, die zum Anschluß von Zählern und Wattmetern dienen, gefordert. Kommt dagegen nur der Anschluß von weniger genauen Schalttafel-Meßinstrumenten in Betracht, so können weniger genaue, also billigere Wandler Verwendung finden. Noch geringere Anforderungen werden in bezug auf Genauigkeit an Wandlern gestellt, an die nur Relaisspulen angeschlossen werden.

Die Spannungswandler werden in Deutschland in bezug auf Meßgenauigkeit in drei vom VDE festgelegte Klassen eingeteilt. Wenn sich auf dem Schild eines Wandlers eine Klassenbezeichnung befindet, so muß der Wandler alle für die betreffende Klasse festgelegten Bedingungen einhalten. Die Klassen der Spannungswandler werden mit den Buchstaben *E*, *F* und *H* bezeichnet (s. hierzu Zus. III, E und Tab. 5).

Klasse *E* (Edelwandler). Diese Wandler müssen den von der PTR für beglaubigungsfähige Spannungswandler vorgeschriebenen Bedingungen genügen. Dabei sind stets die jeweils gültigen Bestimmungen der PTR maßgebend. Solche Wandler werden auch meist kurz als beglaubigungsfähige Wandler bezeichnet. Streng genommen ist diese Bezeichnung jedoch nur dann richtig und nur dann können diese Wandler beglaubigt werden, wenn ihr System von der PTR zur Beglaubigung zugelassen ist. Sie tragen in diesem Fall ein Systemzeichen mit der eingeschriebenen Nummer, die dem betreffenden Modell von der PTR zugeteilt worden ist. Das Zeichen sieht wie folgt aus: . Es bedeutet z. B. , daß das betreffende Wandlermodell von der PTR unter der Nummer 16 zur Beglaubigung zugelassen worden ist.

Klasse *F* (Feinwandler). Für diese Wandler sind größere Übersetzungsfehler und Fehlwinkel als für die Wandler der Klasse *E* zulässig. Diese Werte sind vom VDE festgelegt. Die *F*-Wandler sind neben den *E*-Wandlern zum Anschluß von Zählern und Leistungsmessern geeignet. Wenn höhere Anforderungen an die Messungen des Verbrauches gestellt werden, was beispielsweise bei Großabnehmern immer der Fall sein muß, so empfiehlt sich stets, zum Anschluß von Zählern *E*-Wandler zu verwenden.

Klasse *H*. Die Wandler dieser Klasse sind in der Hauptsache zum Anschluß von Relais bestimmt. Bei ihnen ist ein Spannungsfehler von $\pm$ 5% zugelassen und keine Grenze für den zulässigen Fehlwinkel festgelegt. Sie kommen für den Anschluß von Zählern und Meßgeräten nicht in Betracht.

Es sei noch bemerkt, daß der Wandler, der zu einer bestimmten Klasse, z. B. Klasse *F*, gehört, unter Umständen auch die Fehlergrenzen einer höheren Klasse, also *E*, einhält, wenn seine sekundäre Belastung kleiner ist als seine Nennleistung.

152. Spannungswandler für verschiedene Nennspannungen. Ist unter Beachtung aller in Frage kommenden Faktoren die Konstruktion eines Spannungswandlers für die höchste in Betracht kommende Spannung festgelegt, so könnte dieses Modell ohne weiteres für jede niedrigere Nennspannung verwendet werden. Es müssen nur die Windungszahlen und Querschnitte der Drähte bei der Primär- und Sekundärwicklung nach den bekannten Gesichtspunkten (s. 35) gewählt werden. Solange die Sekundärspannung unverändert bleibt, bleibt dabei für alle primären Nennspannungen die Sekundärwicklung die gleiche. Die Windungszahl der Primärwicklung wird proportional der Nennspannung gewählt, der Querschnitt des Drahtes umgekehrt proportional. Alle so entworfenen Wandler würden die gleichen charakteristischen Eigenschaften zeigen.

Praktisch würde dieses Verfahren jedoch zu unnützer Verschwendung an Material bei niedrigeren Spannungen führen und die Wandler würden teuerer als notwendig ausfallen. Sie würden nämlich für jede Spannung etwa das gleiche kosten. Man wird deshalb für niedrigere Spannungen die Wandler zwar nach ähnlichen Gesichtspunkten, jedoch kleiner als für die höchste Spannung bauen. Die Isolation der Primärwicklung kann schwächer gewählt werden, ferner braucht der Querschnitt des Drahtes nicht unbedingt so groß bemessen zu werden, wie dies der niedrigeren Betriebsspannung entsprechen würde, da bei der höchsten Spannung der Querschnitt stets verhältnismäßig groß sein muß, weil sonst die Drahtstärke ein Maß unterschreiten würde, welches mit Rücksicht auf die Betriebssicherheit notwendig ist. Man wird praktisch bei der Primärwicklung kaum geringere Durchmesser als 0,1 mm verwenden, auch wird man bei niedrigerer Betriebsspannung kleinere Durchführungsisolatoren, kleinere Abstände zwischen den spannungsführenden Teilen u. dgl. wählen. Alles das führt zu kleineren Abmessungen des Eisenkernes und demnach auch zu kleineren Wandlermodellen überhaupt.

Welcher Spannungsbereich durch ein bestimmtes Modell bewältigt wird, ist eine Frage, auf die hier nicht weiter eingegangen werden kann. Wir wollen nur anführen, daß man z. B. ein und dasselbe Modell bis 1500 V, dann ein größeres Modell von 1500 ... 3000 V, dann für 3000 ... 6000 V, 6000 ... 12000 V usw. ausführt.

153. Konstruktive Einzelheiten. a) Allgemeines. Die Bauart der Spannungswandler kann im einzelnen ziemlich verschieden sein. Sie richtet sich vor allem nach der Betriebsspannung, ferner nach der angestrebten Betriebssicherheit und ist auch sonst bei Wandlern verschiedener Herkunft verschieden. Bei niedrigeren Betriebsspannungen, etwa bis 3000 V, gelegentlich auch höher, wird die Isolation nur durch feste Isolierstoffe und Luft gebildet. Bei Wandlern für höhere Spannungen wird als eigentliche Isolation eine Isoliermasse nach Art der Kabelmassen verwendet. Sehr häufig wird ferner, für Wandler für hohe Spannungen fast ausschließlich, als Isolation Transformatorenöl verwendet. Man spricht deshalb von Luftwandlern, Massewandlern und Ölwandlern.

In allen Fällen dient das feste Isoliermaterial eigentlich nur dazu, um einen bestimmten Abstand der leitenden Teile voneinander zu sichern. Die eigentliche Isolation wird bei Luftwandlern durch Luft, bei Massewandlern durch Masse und bei Ölwandlern durch Öl gebildet. Dabei ist natürlich Voraussetzung, daß die angewandten festen Isolierstoffe in jedem Fall gute Isolatoren sind.

b) Kernaufbau. Die Gestalt des aus einzelnen Blechen aufgebauten Eisenkernes kann verschieden sein. Man unterscheidet dabei zwei grundsätzliche Formen der Wandler, nämlich Kern- und Mantelwandler. Abb. 224a zeigt schematisch einen Kernwandler. Bei diesem ist der Eisenkörper gewissermaßen als ein einfacher Rahmen ausgebildet, auf dessen einem Schenkel oder auch auf beiden Schenkeln die Wicklungen untergebracht sind.

In der Abbildung ist nur eine Wicklung angedeutet. Der magnetische Fluß Φ des bewickelten Schenkels schließt sich unverzweigt über den außerhalb der Wicklung liegenden Eisenweg.

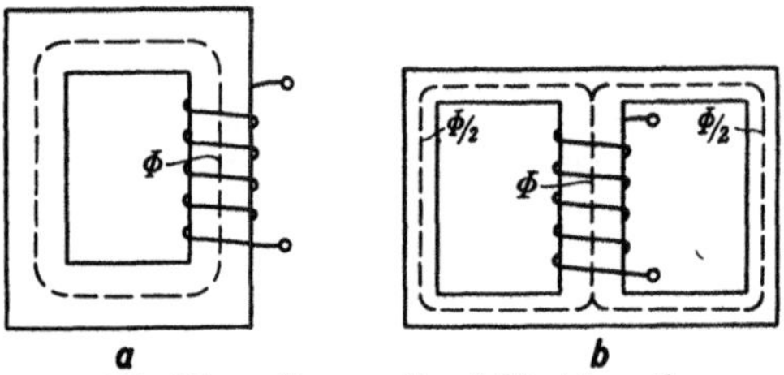

Abb. 224. *a* Kernwandler, *b* Mantelwandler.

Bei dem Mantelwandler Abb. 224 b ist der Eisenkern als Rahmen mit einem Quersteg, der die Wicklungen trägt, ausgebildet. Auch in dieser Abbildung ist nur eine Wicklung angedeutet. Der magnetische Fluß Φ schließt sich auf zwei parallelen Wegen, so daß in den äußeren Teilen des Eisenweges nur jeweils der Fluß $\Phi/2$ vorhanden ist.

Der Mantelwandler ist in bezug auf magnetischen Widerstand des Eisenweges etwas günstiger als der Kernwandler. Umgekehrt ist der Aufbau eines Kernwandlers etwas einfacher als der des Mantelwandlers.

Der in Abb. 220 skizzierte Wandler ist ein Kernwandler. Ein Mantelwandler ist beispielsweise der unter 155 beschriebene.

c) Wicklungen. Die Sekundärwicklung von Spannungswandlern wird gewöhnlich als eine zylindrische Spule ausgeführt, die auf einer über den Eisenkern geschobenen Hülse aus Papier, Preßspan od. dgl. aufgebracht ist.

Über der Sekundärwicklung befindet sich eine Isolierhülse, deren Stärke der Betriebsspannung angepaßt ist; sie kann gleichfalls aus Preßspan od. dgl. bestehen. Sie wird auch oft aus vielen Lagen dünnen Papiers, des sog. Spiropapiers gewickelt und kurz als Spiromantel bezeichnet. Die Primärwicklung wird entweder gleichfalls als durchlaufende Zylinderwicklung ausgebildet oder, was bei höheren Spannungen die Regel ist, als unterteilte Wicklung. Bei starker Unterteilung besteht die Wicklung dann gewissermaßen aus einzelnen Scheiben.

Die Betriebssicherheit des Wandlers ist um so größer, je größer die Unterteilung ist, also je geringer die Lagenspannung, d. h. die größte Spannungsdifferenz zwischen zwei übereinanderliegenden Drähten ist. Bei guten Wandlern wird deshalb die Unterteilung sehr weit getrieben. Dabei handelt es sich nicht etwa darum, daß schon in normalem Betrieb ein Durchschlag zwischen Lage und Lage vorkommen kann, sondern darum, daß beim Auftreten der Überspannungen sehr hohe Spannungen zwischen den einzelnen Lagen auftreten, die zuerst einen unvollkommenen Durchschlag, die sog. Punktierung, zur Folge haben, die bei einer hohen Lagenspannung einen Kurzschluß in der Wicklung hervorrufen kann.

Besonders gefährdet sind die Eingangslagen, die am Anfang und am Ende der Wicklung liegen. Deshalb werden die Eingangslagen oder bei Unterteilung der Wicklung die Eingangsspulen bei guten Wandlern besonders stark isoliert.

d) Durchführungsisolatoren. Ein wichtiger Punkt beim Spannungswandler sind noch die Hochspannungs-Durchführungsisolatoren. Sie werden ähnlich den Durchführungen bei Leistungstransformatoren ausgeführt, meistenteils sind es Durchführungen aus Porzellan, deren Innenraum gelegentlich mit Isoliermasse ausgefüllt wird. Bei Ölwandlern vermeidet man jedoch neuerdings ein Ausgießen der Durchführungsisolatoren mit Isoliermasse, weil sich diese im Laufe der Zeit im Öl löst. Wenn der Isolator nicht ausgegossen ist, so müssen allerdings besondere Vorkehrungen getroffen werden, damit kein Durchschlag der Luft (Glimmen) im Innern des Hohlraumes zwischen dem Durchführungsbolzen und der inneren Porzellanwand auftritt. Um dieses Glimmen zu vermeiden, wird die Innenwand des Isolators leitend gemacht z. B. durch Graphitierung und mit dem Durchführungsbolzen leitend verbunden.

Bei sehr hohen Spannungen werden an Stelle von Porzellandurchführungen auch solche aus Hartpapier (Bakelitpapier) verwendet. Solche Durchführungen werden mitunter als sog. Kondensatorklemmen ausgeführt.

Normalerweise sind beide Enden der Primärwicklung für die volle Betriebsspannung gegen das Gehäuse isoliert und die Wandler erhalten zwei Hochspannungsdurchführungen. Bei sehr hohen Betriebsspannungen, z. B. 220 kV, wird das eine Ende der Primärwicklung mit dem Gehäuse verbunden und geerdet, der Wandler erhält nur eine Durchführung. Dieses Verfahren ist natürlich nur dann anwendbar, wenn die Schaltung so getroffen ist, daß die Erdung des einen Punktes der Primärwicklung zulässig ist.

154. Besondere Ausführungsformen. Drehstromwandler. Wir haben bis jetzt Wandler behandelt mit nur einem Spannungsmeßbereich, d. h. mit einem unveränderlichen Übersetzungsverhältnis. In gewissen Fällen ist es jedoch erwünscht, mit einem Wandler sehr verschiedene Spannungen zu messen bzw. bei verschiedenen Primärspannungen eine bestimmte Sekundärspannung zu erhalten. Solche Wandler mit mehreren Meßbereichen kommen in erster Linie für Laboratoriumszwecke in Betracht und erhalten mitunter eine große Anzahl verschiedener Meßbereiche. Als Mittel zur Erzielung verschiedener Meßbereiche dient die Unterteilung der Primär- oder Sekundärwicklung oder auch beider Wicklungen in mehrere gleiche Abteilungen, die unter sich parallel, in Reihe und gruppenweise reihenparallel geschaltet werden können. Ferner kommt die Anbringung von Anzapfungen auf der Primär- oder Sekundärseite in Betracht. Alle diese Schaltungen haben die gleiche

Wirkung, wie die Änderung der primären oder sekundären Windungszahl des Wandlers.

Für den Anschluß von Zählern kommen Spannungswandler mit mehreren Meßbereichen nur selten in Frage und ihre Anwendung ist im allgemeinen nicht zu empfehlen. Es empfiehlt sich vielmehr für jede in Frage kommende Primärspannung besondere Wandler anzuschaffen. Eine Ausnahme bildet die Anwendung von Wandlern, die bei gleichbleibender primärer Nennspannung sekundär 100 und 110 V liefern. Diese Wandler, deren Schaltung Abb. 242 zeigt, erhalten eine vollständig normal ausgeführte Primärwicklung und eine Sekundärwicklung, deren Gesamtwindungszahl einer sekundären Spannung von 110 V entspricht, die eine Anzapfung an einer solchen Stelle besitzt, daß auch eine Spannung von 100 V abgenommen werden kann. Einige Firmen führen ihre sämtlichen Spannungswandler in dieser Form aus. Diese Anordnung erlaubt an ein und demselben Wandler sowohl Zähler oder andere Meßgeräte für 110 V wie auch für 100 V Nennspannung anzuschließen. Die Nennspannung 100 V ist mit Rücksicht darauf, daß sich meist runde Werte des Übersetzungsverhältnisses ergeben, die zweckmäßigere. Es sind aber oft ältere Zähler für 110 V vorhanden.

In Drehstromanlagen werden zwei oder drei Einphasenwandler in entsprechender Schaltung verwendet. Es werden aber auch besondere Drehstromwandler gebaut, die dann drei Einphasenwandler ersetzen. Sie sind im Grunde genommen genau so gebaut, wie Drehstrom-Leistungstransformatoren. Im Gegensatz zu den Drehstrom-Leistungstransformatoren, die sehr verbreitet sind, werden Drehstromwandler immer seltener verwendet und einige Firmen führen ihre neuzeitlichen Modelle nur als Einphasenwandler aus. Gegen die Verwendung von Drehstromwandlern sprechen verschiedene Gründe. Erwähnt sei, daß die genaue Nachprüfung solcher Wandler im Laboratorium oder Prüffeld schwieriger ist als die der Einphasenwandler; ferner, daß die Betriebssicherheit dieser Wandler im allgemeinen geringer ist und daß das Defektwerden der Wicklung einer Phase des Wandlers, auch wenn die anderen Wicklungen unbeschädigt sind, die Notwendigkeit der Auswechslung des ganzen Wandlers mit sich zieht.

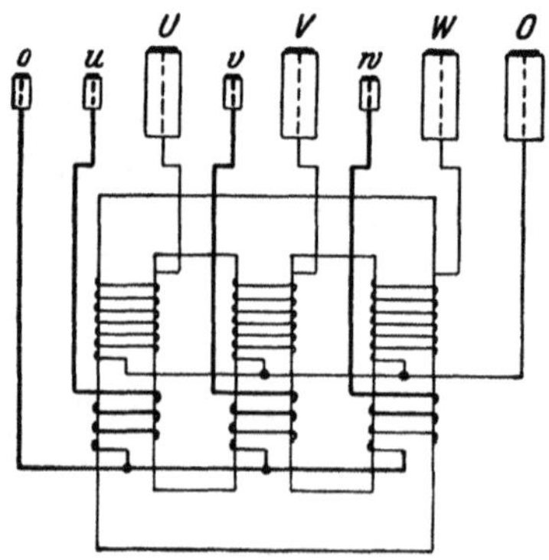

Abb. 225. Drehstromspannungswandler.

Abb. 225 zeigt schematisch den Aufbau und die Schaltung eines Drehstromspannungswandlers. Die Schaltung der Primär- und Sekundärwicklung muß normalerweise immer die gleiche sein. Es können jedoch beide Wicklungen entweder in Stern, wie in der Abbildung angedeutet, oder auch in Dreieck geschaltet sein. Die erste Ausführungsform ist die am häufigsten verwendete. Dabei ist zu beachten, daß, wenn auf der Sekundärseite der Nullpunkt herausgeführt ist, er auch primär ausgeführt werden muß, damit eine genaue Nachprüfung des Wandlers möglich ist. Der primär ausgeführte Nullpunkt muß für die volle Betriebsspannung isoliert sein.

155. Beispiel eines ausgeführten Spannungswandlers. Es würde zu weit führen, an dieser Stelle die von verschiedenen Firmen für verschiedene Zwecke gebauten Wandler näher zu beschreiben. Wir wollen uns deshalb begnügen, an einem Beispiel (Abb. 226) den Aufbau eines neuzeitlichen Spannungswandlers für mittlere Betriebsspannungen zu zeigen. Wir wählen

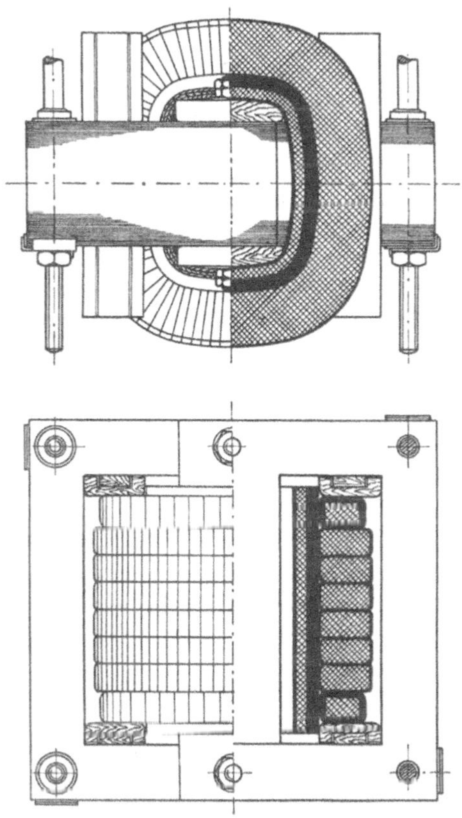

Abb. 226. Aufbau eines Spannungswandlers.

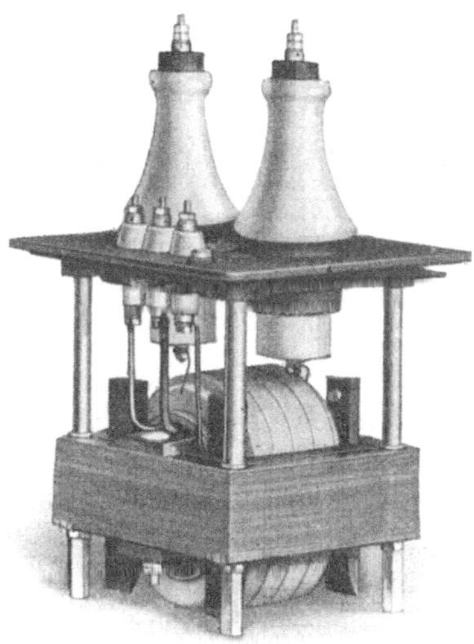

Abb. 227. Spannungswandler (Kessel entfernt).

einen Wandler mit Ölisolation für eine Betriebsspannung von 12000 V, wie er von den SSW unter der Modellbezeichnung VE 12 hergestellt wird. Dieser Wandler ist ein Mantelwandler.

Die Wicklungen sind um den mittleren Schenkel des Eisenkernes herumgelegt. Die als Zylinderwicklung ausgeführte Sekundärwicklung, deren Träger eine Papierhülse ist, ist gegen den Kern durch Holzkeile abgestützt. Die Primärwicklung ist von der Sekundärwicklung durch einen Mantel aus Spiropapier getrennt. Sie ist achtfach unterteilt. Die einzelnen Scheiben der Wicklung sind mit Isolationspapier umwickelt, wobei die Umwicklung der äußeren Spulen, der Eingangsspulen, besonders stark ist. Auch ist die Isolation zwischen den eineinzelnen Lagen als auch die Isolation des Drahtes selbst, bei diesen Spulen wesentlich stärker als bei den übrigen Spulen. Auch die Primärwicklung ist durch Holzkeile gegen den Eisenkern abgestützt.

Der Eisenkern ist am Deckel des Wandlers, der die Durchführungsisolatoren trägt, aufgehängt und taucht in Transformatorenöl ein.

Die photographische Aufnahme Abb. 227 zeigt einen Wandler der gleichen Bauart für 6000 V, der aus seinem Gehäuse (Ölkessel) herausgenommen ist. Die Form des Kessels entspricht der aus der Abbildung ersichtlichen rechteckigen Deckelform. Bei anderen Wandlerkonstruktionen werden die Kessel oft rund, zuweilen auch elliptisch ausgeführt.

II. Stromwandler.

156. Vorbemerkungen. Die Stromwandler dienen dazu, den Betriebsstrom durch Transformierung auf einen für die Meßgeräte geeigneten Betrag zu bringen. Sie werden also überall dort bei Wechselstrom verwendet, wo es sich um Stromstärken handelt, für die die Meßgeräte schwer oder gar nicht ausführbar sind. In diesem Sinne erfüllen sie die gleiche Aufgabe wie die Nebenwiderstände bei Gleichstrom-Meßgeräten. Außerdem halten sie die Hochspannung von den Meßgeräten fern, da ihre Sekundärwicklungen, an die die Meßgeräte angeschlossen sind, von den mit der Hochspannung in Verbindung stehenden Primärwicklungen isoliert sind. Sie werden deshalb bei Hochspannung auch für primäre Stromstärken angewandt, für die an und für sich die Meßgeräte ausführbar wären. Vieles, was wir oben über Spannungswandler gesagt haben, bezieht sich sinngemäß auch auf Stromwandler, obwohl in gewisser Beziehung die Stromwandler in ihrer Wirkungsweise gerade die Umkehrung von Spannungswandlern darstellen. Wir können uns deshalb im folgenden in einigen Punkten kürzer fassen. Es möge hier nochmals hervorgehoben werden, daß auch für Stromwandler die oben erwähnten Regeln des VDE für die Bewertung und Prüfung von Meßwandlern maßgebend sind.

157. Aufbau, Schaltung und Wirkungsweise. Abb. 228 zeigt schematisch die Schaltung und den Aufbau eines Stromwandlers. Auf dem Wandlerkern K ist die Primärwicklung I und die Sekundärwicklung II aufgebracht. Die Nennstromstärke, für die die Primärwicklung bemessen ist, richtet sich nach dem in der Anlage auftretenden Verbrauchsstrom. Je höher die Nennstromstärke ist, um so weniger Windungen hat die Primärspule und um so größer ist der Querschnitt des Drahtes. Bei hohen Stromstärken kommt oft nur eine Windung in Betracht, die zuweilen nur als

Schiene ausgebildet ist. Der Wandler hat in diesem Fall einen von dem gezeichneten wesentlich abweichenden Aufbau (Schienenwandler). Die sekundäre Nennstromstärke wird meist zu 5 A gewählt, d. h. wenn in der Primärwicklung der Nennstrom fließt, fließen im Sekundärkreis 5 A. Dementsprechend ist die Drahtstärke der Sekundärwicklung relativ gering, ihre Windungszahl verhältnismäßig groß. Die Wicklungen sind ähnlich wie beim Spannungswandler durch entsprechende Isolation voneinander und vom Eisenkern getrennt. Die Primärwicklung *I* wird vom Verbrauchsstrom $J = J_1$ durchflossen. Sie ist genau so angeschlossen wie sonst die Stromspulen eines Meßgerätes. Die Primärklemme L_1 ist mit der vom Generator kommenden Netzleitung verbunden, die Klemme L_2 ist an die zum Verbraucher *A* führende Leitung angeschlossen. Die Spannungsdifferenz zwischen den beiden Primärklemmen ist gering, sie ist nur der Spannungsabfall des Wandlers. Dagegen muß die Isolation gegen das Gehäuse *G* des Wandlers natürlich für die volle Betriebsspannung bemessen sein. Die beiden Primäreinführungen sind deshalb nur durch eine dünne Isolierschicht voneinander getrennt und durch einen gemeinschaftlichen Hochspannungsisolator geführt. Natürlich muß die Isolation der Primärwicklung gegen die Sekundärwicklung bzw. den Kern des Wandlers auch für die volle Betriebsspannung bemessen sein. An die Sekundärklemmen l_1 und l_2 sind die Stromspulen der Meßgeräte angeschlossen, wobei beim Anschluß mehrerer Meßgeräte alle Spulen in Reihe zu schalten sind. In der Abbildung ist angedeutet, daß ein Amperemeter und die Stromspule eines Zählers *Z* angeschlossen sind. Am Gehäuse *G* befindet sich die Erdungsklemme *E*, mit der die Sekundärklemme l_1 verbunden ist, so daß das Gehäuse, der mit diesem in leitender Verbindung stehende Eisenkern und die Sekundärspule geerdet sind.

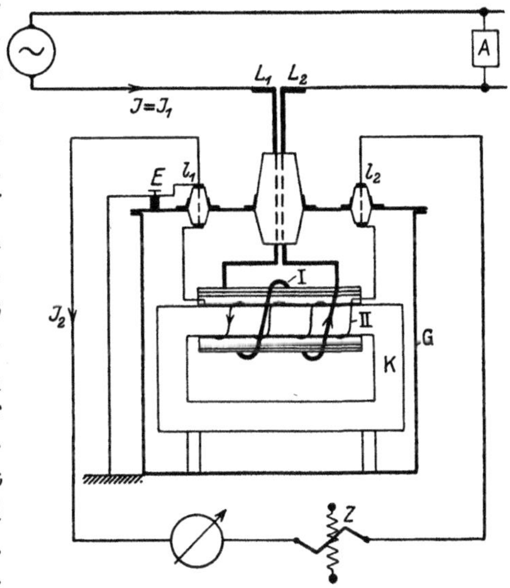

Abb. 228. Stromwandler schematisch.

Die Wirkungsweise des Stromwandlers kann auf die Wirkungsweise eines normalen Transformators zurückgeführt werden, jedoch sind beim Stromwandler die Größen, die sonst bei Leistungswandlern und besonders beim Spannungswandler von untergeordneter Bedeutung sind, sehr wichtig, und umgekehrt. Der Stromwandler arbeitet im Grunde genommen als ein fast kurzgeschlossener Transformator. Wenn man beim Transformator den Leerlaufstrom vernachlässigt, so verhält sich, wie wir gesehen haben (s. 40), die primäre Stromstärke J_1 zu der sekundären Stromstärke J_2 umgekehrt wie die Windungszahlen s_1 und s_2 der entsprechenden Wicklungen.

Es ist also:

$$\frac{J_2}{J_1} = \frac{s_1}{s_2}.$$

Der sekundäre Strom ist gegen den primären Strom um 180^0 verschoben. Der umgeklappte Sekundärstrom, also streng genommen $-J_2$, liegt also in Phase mit dem Primärstrom, und diese Richtung des Stromes ist für die an die Sekundärwicklung angeschlossenen Meßgeräte maßgebend. Wir wollen deshalb kurz den umgeklappten Sekundärstrom als Sekundärstrom bezeichnen und normalerweise das Minuszeichen weglassen.

158. Richtung der Ströme. Da die Frage der Richtung der Ströme sehr wichtig ist, so wollen wir die Vorgänge noch näher an Hand der schematischen Abb. 229 behandeln, obwohl die Überlegungen denen beim

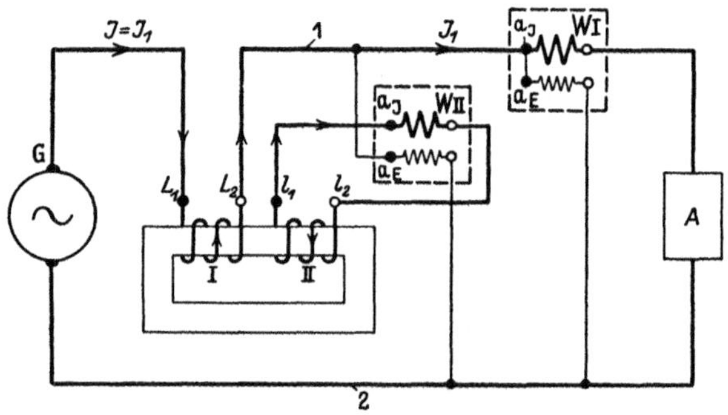

Abb. 229. Richtung der Ströme beim Stromwandler.

Spannungswandler sehr ähnlich sind. Der Generator *G* liefert Energie an den Verbraucher *A*. Im Zuge der Leitung *1* liegen die Primärspule *I* eines Stromwandlers und die Stromspule eines Wattmeters *WI*. Wir wollen annehmen, daß die Primär- und Sekundärwicklungen des Wandlers die gleiche Windungszahl haben und im gleichen Sinne auf dem Eisenkern aufgewickelt sind. Der Anfang L_1 der Primärwicklung des Wandlers und der Anfang a_J der Stromspule des Wattmeters *WI* sind mit der vom Generator kommenden Leitung verbunden. An die Sekundärwicklung *II* des Stromwandlers ist die Stromspule eines genau gleichen Wattmeters *WII* angeschlossen und zwar so, daß der Anfang a_J

mit dem Anfang l_1 der Sekundärspule verbunden ist. Die Anfänge a_E der Spannungsspulen der beiden Wattmeter liegen an der Leitung *1*, die Enden an der Leitung *2*. Bei dieser Schaltung mißt das Wattmeter *W I* die Leistungsaufnahme des Verbrauchers *A* richtig. Wenn in der Primärspule der Strom in der Pfeilrichtung fließt, also vom Generator zum Verbraucher, so muß er im selben Moment in der Sekundärwicklung entgegengesetzte Richtung haben, da der Sekundärstrom gegen den Primärstrom um 180° verschoben ist. Hieraus ergibt sich, wie aus der Abbildung leicht zu ersehen ist, daß in den Stromspulen beider Wattmeter die Ströme stets in der gleichen Richtung fließen, d. h. daß das Wattmeter *W II* sich genau so verhält, als ob seine Stromspule wie die des Wattmeters *W I* direkt in dem Zuge der Leitung liegen würde. Wir sehen also, daß L_1 und l_1 bzw. L_2 und l_2 die einander entsprechenden Klemmen des Wandlers sind, d. h. daß in bezug auf die Stromrichtung der Anschluß einer bestimmten Wattmeter- oder Zählerklemme an l_1 gleichwertig mit dem Anschluß dieser Klemme an die mit L_1 verbundene Leitung ist. Das gleiche bezieht sich sinngemäß auch auf L_2 und l_2. Es dürfte auch ohne weiteres klar sein, daß es zulässig ist, die Primärklemmen L_1 und L_2 zu vertauschen, wenn man gleichzeitig die Sekundärklemmen l_1 und l_2 vertauscht. Dagegen entspricht eine einseitige Vertauschung der Umpolung der angeschlossenen Meßgeräte. Natürlich spielt beim Anschluß von Strommessern und ähnlichen Geräten, die nur auf die Größe des Stromes, nicht auf seine Richtung reagieren, die Polarität keine Rolle.

159. Übersetzung. Stromfehler. Fehlwinkel. Jeder Stromwandler ist für ein bestimmtes Nennübersetzungsverhältnis (Sollwert) $\ddot{U}_{\mathfrak{S}} = J_1/J_2$ gebaut. Das Übersetzungsverhältnis wird auf dem Stromwandlerschild in der Weise angegeben, daß die primäre und die sekundäre Nennstromstärke getrennt durch einen schrägen Strich angeführt werden, z. B. bedeutet die Schildangabe 300/5 A, daß die primäre Nennstromstärke 300 A, die sekundäre 5 A ist. Das Sollübersetzungsverhältnis dieses Wandlers ist also $\ddot{U}_{\mathfrak{S}} = \frac{300}{5} = 60$. Die sekundäre Nennstromstärke 5 A ist die übliche. Neben ihr kommen noch für besondere Zwecke Stromstärken von 1 A, 10 A, 15 A und andere vor.

Jeder Stromwandler hat ähnlich wie ein Spannungswandler gewisse Fehler. Die Ursachen dieser Fehler werden wir später betrachten. Wir wollen uns vorläufig mit der Feststellung der Tatsache begnügen, daß der Sekundärstrom J_2 von seinem Sollwert, der sich aus dem Primarstrom und dem Sollübersetzungsverhältnis ergibt, abweicht und gegen den Primärstrom um den Fehlwinkel δ_J verschoben ist. Die Transformatordiagramme werden meistenteils für ein Übersetzungsverhältnis $\ddot{U}_{\mathfrak{S}} = 1$ gezeichnet, in diesem Falle ist der Sollwert des Sekundärstromes der Primärstrom. In Abb. 230 ist für einen bestimmten Stromwandler mit $\ddot{U}_{\mathfrak{S}} = 1$ der Primärstrom J_1 und der Sekundärstrom J_2 eingezeichnet, wobei angenommen ist, daß J_2 kleiner als J_1 ist und um den Winkel δ_J dem Strome J_1 voreilt. Der Sekundärstrom ist demnach kleiner als er sein sollte, die tatsächliche Übersetzung des Wandlers ist also größer als der Sollwert. Der Fehlwinkel wird bei der gezeichneten Lage der Ströme, also dann, wenn J_2 J_1 voreilt, als positiv angenommen. Auch bei Stromwandlern ist es unzweckmäßig, mit den Abweichungen des Übersetzungsverhältnisses oder mit dem Übersetzungsfehler $\Delta_{\ddot{U}}$ zu arbeiten, da diese Größe gerade das entgegengesetzte Vorzeichen hat wie der Fehler, der im Meßgerät durch sie verursacht wird. Man gibt deshalb bei Stromwandlern den Stromfehler

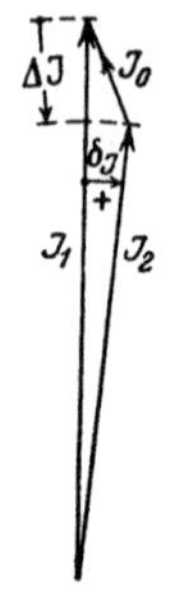

Abb. 230. ΔJ und δ_J.

$$\Delta_J = \frac{J_2 - J_{2\mathfrak{S}}}{J_{2\mathfrak{S}}} \cdot 100\% \qquad (1)$$

an. Dieser zeigt, um welchen Prozentsatz der Sekundärstrom größer oder kleiner ist als sein Sollwert, der sich aus der Primärstromstärke und dem Nennübersetzungsverhältnis ergibt. Um den gleichen Prozentsatz sind infolge des Übersetzungsfehlers die Angaben der angeschlossenen Meßgeräte größer oder kleiner. Wenn z. B. der oben erwähnte Wandler mit dem Sollübersetzungsverhältnis $\ddot{U}_{\mathfrak{S}} = \frac{300}{5} = 60$ bei einer Primärstromstärke von 300 A sekundär 5,075 A hat, so ist seine tatsächliche Übersetzung im betrachteten Belastungsfall $\ddot{U} = \frac{300}{5{,}075} = 59{,}1$. Er hat also einen Übersetzungsfehler von

$$\Delta_{\ddot{U}} = \frac{\ddot{U} - \ddot{U}_{\mathfrak{S}}}{\ddot{U}_{\mathfrak{S}}} \cdot 100\% = \frac{59{,}1 - 60{,}0}{60{,}0} \cdot 100 = -\frac{0{,}9}{60{,}0} \cdot 100 = -1{,}5\%.$$

Der Stromfehler dagegen beträgt nach Gl. (1)

$$\Delta_J = \frac{J_2 - J_{2\mathfrak{S}}}{J_{2\mathfrak{S}}} \cdot 100\% = \frac{5{,}075 - 5{,}000}{5{,}0} = \frac{0{,}075}{5{,}0} \cdot 100 = +1{,}5\%.$$

Der Fehlwinkel δ_J, der natürlich nur bei Anschluß von Wattmetern oder ähnlichen Geräten eine Rolle spielt, verursacht in den Angaben eines Wattmeters oder kWh-Zählers einen Fehler

$$\Delta_{\delta J} = +0{,}029\, \delta_J' \operatorname{tg} \varphi \,\%. \qquad (2)$$

Die Formel ist, abgesehen vom Vorzeichen, die gleiche wie die entsprechende Formel beim Spannungswandler. Auch die Ableitung der Formel ist sinngemäß die gleiche wie beim Spannungswandler.

Auch in dieser Gleichung müssen δ_J und φ mit ihrem Vorzeichen eingesetzt werden. Wir sehen, daß beim Stromwandler bei induktiver

Belastung des Netzes, also positivem φ und positivem Fehlwinkel, der Fehler, der durch den Fehlwinkel verursacht wird, positiv ist. Dies zeigt folgende einfache Überlegung. In Abb. 231 ist E die Netzspannung, $J = J_1$ der dieser Spannung um den Winkel φ nacheilende Verbrauchsstrom, also φ positiv, und J_2 der Sekundärstrom des Stromwandlers bei $\ddot{U} = 1$. Der Fehlwinkel δ_J, d. h. die Phasenverschiebung zwischen J_1 und J_2 ist positiv, da J_2 J_1 voreilt. Die vom Verbraucher aufgenommene Leistung ist dem Leistungsfaktor $\cos\varphi$ proportional. Die Anzeige des Wattmeters, dessen Stromspule von J_2 durchflossen ist und dessen Spannungsspule an der Spannung E liegt, ist dagegen proportional $\cos(\varphi - \delta_J)$. Da $(\varphi - \delta_J)$ kleiner ist als φ, so ist der durch die Fehlverschiebung verursachte Fehler positiv (s. hierzu auch 150).

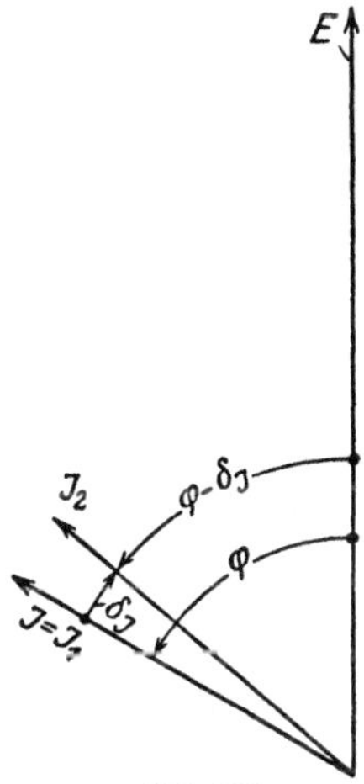

Abb. 231. Phasenverschiebung φ und Fehlwinkel δ_J.

160. Ursachen des Stromfehlers und des Fehlwinkels. Wir haben oben nur als Tatsache festgestellt, daß beim Stromwandler gewisse Stromfehler und Fehlwinkel auftreten. Wir wollen nun kennenlernen, worauf der Stromfehler und der Fehlwinkel zurückzuführen ist.

Damit eine bestimmte Sekundärstromstärke J_2 im Wandler zustande kommt, muß in der Sekundärwicklung eine bestimmte EMK E induziert werden, die so groß ist, daß sie die Spannungsabfälle in den an den Wandler angeschlossenen Meßgeräten und die Spannungsabfälle der Sekundärwicklung selbst decken kann. Dieser notwendigen, sich von selbst einstellenden EMK entspricht im Eisenkern des Wandlers ein bestimmter magnetischer Fluß Φ, der dadurch zustande kommt, daß ein Teil des Primärstromes J_1 des Wandlers als Magnetisierungsstrom bzw. Leerlaufstrom J_0 wirkt. Wenn wir vom Sekundärstrom ausgehen, so kann der Primärstrom als die Summe des primären Belastungsstromes und des erforderlichen Leerlaufstromes betrachtet werden (Abb. 230). In Wirklichkeit ist natürlich immer der Primärstrom als der Netzstrom gegeben und sekundär wird ein Strom fließen, der etwas kleiner ist, als derjenige, der sich aus dem Verhältnis der Windungszahlen ergibt. Je größer der Leerlaufstrom ist, um so größer ist die Abweichung des Sekundärstromes von diesem Wert. Wenn an dem Wandler immer die gleichen Meßgeräte angeschlossen sind und der Netzstrom, also auch die primäre und sekundäre Stromstärke des Wandlers nur einen ganz bestimmten unveränderlichen Wert haben, so käme es auf die Größe des Leerlaufstromes nicht an. Seine Wirkung könnte, was die Größe des Sekundärstromes anbetrifft, durch entsprechende Wahl der Windungszahlen ausgeglichen werden, und zwar müßte die primäre Windungszahl größer oder die sekundäre kleiner gemacht werden.

Aus Abb. 230 ersehen wir ferner, daß der Leerlaufstrom den Fehlwinkel δ_J zur Folge hat; dieser könnte durch entsprechende Phasenabgleichung der angeschlossenen Meßgeräte ausgeglichen werden; beim Anschluß eines Strommessers wäre er überhaupt bedeutungslos. In der Praxis trifft es jedoch nicht zu, daß die Stromstärke in der Anlage stets die gleiche ist, vielmehr ist der Strom je nach der Belastung starken Änderungen unterworfen. Deshalb muß verlangt werden, daß ein Stromwandler bei verschiedenen Stromstärken möglichst das gleiche Übersetzungsverhältnis und den gleichen Fehlwinkel hat.

Solange der Widerstand der an den Wandler angeschlossenen Meßgeräte, die sekundäre Belastung des Wandlers, unverändert bleibt, trifft dies auch annähernd zu. Wenn sich nämlich die Sekundärstromstärke in einem gewissen Verhältnis ändert, so ändern sich im gleichen Verhältnis die Spannungsabfälle in den angeschlossenen Geräten, also die sekundäre Klemmenspannung des Wandlers, und auch die Spannungsabfälle in der Sekundärwicklung. Demnach ändert sich im gleichen Verhältnis auch die EMK. Wenn sich auch der Leerlaufstrom genau im gleichen Verhältnis ändern würde, so würde der Wandler auch bei der neuen Belastung die gleichen Fehler haben. In Wirklichkeit ist jedoch der Leerlaufstrom nicht genau proportional dem Fluß. Dies hat zur Folge, daß die Fehler des Wandlers sich bei Änderung der Stromstärke ändern. Einen unter Umständen noch größeren Einfluß auf die Genauigkeit des Wandlers als die Änderung der Stromstärke hat die Tatsache, daß der Widerstand der an einen Wandler angeschlossenen Meßgeräte, einschließlich der Zuleitungen, nicht immer der gleiche ist. Je mehr Meßgeräte angeschlossen werden, um so höher muß auch bei gleichbleibender Stromstärke die EMK sein. Dies hat einen entsprechend höheren Leerlaufstrom zur Folge. Die obige Betrachtung zeigt uns, daß ein Stromwandler um so mehr belastet ist, je höher der Widerstand der angeschlossenen Meßgeräte ist.

Im Diagramm Abb. 230 ist der Leerlaufstrom J_0 der Übersichtlichkeit halber übertrieben groß gezeichnet. Man kann jedoch das vollständige Diagramm eines Stromwandlers praktisch nicht mit genügender Genauigkeit aufzeichnen. Man greift deshalb in der Praxis zu ähnlichen Hilfsmitteln, wie wir sie beim Spannungswandler erwähnt haben, nämlich man zeichnet nach Möllinger gewissermaßen nur den Kopf unseres Diagramms auf. Dabei wählt man die Maßstäbe so, daß man an Stelle der Differenz $\varDelta J$ der beiden Ströme direkt den Stromfehler $\varDelta_J$ in % und den Fehlwinkel δ_J in Minuten abgreifen kann. Näheres über das Stromwandlerdiagramm findet sich in dem unter 46 erwähnten Buche von Möllinger.

161. Sekundäre Belastung. Für jeden Wandler gibt es einen bestimmten Höchstwert des Widerstandes bzw. der Impedanz oder Bürde, den man an die Sekundärklemmen anschließen darf, ohne daß die Meßfehler eine bestimmte zulässige Größe überschreiten. Man bezeichnet diese Größe des Belastungswiderstandes oder kurz der Belastung des Wandlers als Nennbürde. Ihr entspricht eine bestimmte Sekundärbelastung in Voltampere. Wenn eine solche angegeben wird, so ist unter ihr stets die Leistung bei Nennstrom zu verstehen. Wenn beispielsweise der sekundäre Nennstrom 5 A ist und die Nennbürde 0,6 Ω, so berechnet sich die sekundäre Klemmenspannung zu $0{,}6 \times 5 = 3$ V und die sekundäre Leistung in Voltampere zu $3 \times 5 = 15$ VA. Wenn bei gleichbleibender Bürde die Stromstärke in der Anlage auf die Hälfte zurückgeht, so ist die sekundäre Stromstärke 2,5 A. Demnach ist in diesem Fall die sekundäre Klemmenspannung $0{,}6 \times 2{,}5 = 1{,}5$ V und die sekundäre Leistung in Voltampere $1{,}5 \times 2{,}5 = 3{,}75$ VA. Sie ist also bei halber Stromstärke nur ein Viertel des Wertes bei Nennstrom. Würde man bei 2,5 A den Wandler mit $0{,}6 \times 4 = 2{,}4$ Ω, also mit 15 VA belasten, so würde dieses eine Belastung des Wandlers bei der Nennstromstärke von $15 \times 4 = 60$ VA bedeuten. Diese Belastung wäre ganz unzulässig hoch. Diese Tatsache wird oft nicht genügend beachtet.

Allgemein, wenn Z die sekundäre Bürde in Ohm ist, J_2 die sekundäre Stromstärke in Ampere, E_2 die zugehörige sekundäre Klemmenspannung in Volt und N die zugehörige Belastung in Voltampere, so berechnet sich

$$E_2 = \frac{N}{J_2} \tag{3}$$

und

$$Z = \frac{E_2}{J_2} = \frac{N}{J_2} : J_2 = \frac{N}{J_2^2}. \tag{4}$$

Die Belastbarkeit in Voltampere ist eine für eine bestimmte Wandlertype charakteristische Größe. Dagegen ist die Nennbürde bei Wandlern für verschiedene sekundäre Nennstromstärken verschieden. So z. B. würde bei dem eben betrachteten Wandler, falls er statt für eine sekundäre Stromstärke von 5 A für 1 A ausgeführt wäre, die sekundäre Klemmenspannung bei 15 VA und der Nennstromstärke von 1 A $\frac{15}{1} = 15$ V und die Nennbürde entsprechend $\frac{15}{1} = 15\,\Omega$ sein. Die beiden sekundären Nennstromstärken verhalten sich wie $\frac{5}{1} = 5$, dagegen die Nennbürden wie $\frac{15}{0{,}6} = 25 = 5^2$.

Es ist auch nicht gleichgültig, welche Verschiebung der Sekundärstrom gegen die sekundäre Klemmenspannung hat. Deshalb muß dieser Verschiebungswinkel, den wir wie bei Spannungswandlern mit ψ bezeichnen, bei genauen Überlegungen berücksichtigt werden. Es sei auch hier betont, daß dieser sekundäre Verschiebungswinkel ψ des Stromwandlers nichts mit der Phasenverschiebung φ zwischen Strom und Spannung im Netz zu tun hat, und der dem Winkel ψ entsprechende Leistungsfaktor $\cos \psi$ der Sekundärbelastung ist nicht zu verwechseln mit dem Leistungsfaktor $\cos \varphi$ im Netz.

Meistenteils beträgt die Belastbarkeit der Stromwandler zwischen 5 und 50 VA, in Ausnahmefällen auch höher. Dem Wert von 5 VA entspricht bei 5 A sekundärer Nennstromstärke eine Nennbürde von 0,2 Ω, dem Wert von 50 VA 2 Ω.

Wenn es auf große Genauigkeit der Messung nicht ankommt, so kann der Wandler auch mit höheren Bürden belastet werden, bis zu seiner Grenzbürde. Diese ist nach den VDE-Regeln als diejenige Bürde definiert, bei der die zulässige Höchsterwärmung erreicht wird. In gewissen Fällen ist jedoch diese Definition nicht anwendbar, und als Grenzbürde ist diejenige Bürde zu betrachten, bei der der Wandler die größte Leistung abgibt, wenn primär in ihm der Nennstrom fließt. Es findet nämlich bei weiterer Erhöhung der Bürde eine Abnahme des Sekundärstromes, also Abnahme der Leistung, statt, da die EMK des Wandlers infolge Sättigung des Eisenkerns nicht mehr proportional mit der Bürde ansteigt. Gemäß VDE-Bestimmungen wird auf den Wandlern die Nennbürde und neben ihr (in Klammern) die Grenzbürde angegeben. So z. B. bedeutet die Angabe 0,6 (14) Ω, daß die Nennbürde 0,6 Ω, die Grenzbürde 14 Ω beträgt. Große praktische Bedeutung kommt bei Stromwandlern der Grenzbürde im allgemeinen nicht zu.

Die größte Belastung des Wandlers, also die höchste magnetische Liniendichte tritt dann auf, wenn seine Sekundärwicklung offen ist. Dann ist nämlich der ganze primäre Strom der Leerlaufstrom des Wandlers. Es tritt dabei an den Sekundärklemmen eine verhältnismäßig hohe Spannung auf, die unter Umständen bei Nennstrom mehrere 100 V betragen kann. Ist diese Spannung im Sinne der VDE-Bestimmungen eine Hochspannung, d. h. liegt sie über 250 V, so muß nach den VDE-Bestimmungen auf dem Wandler die Aufschrift angebracht werden: „Achtung! Hochspannung bei offenem Sekundärkreise".

Abgesehen von der Gefahr, die bei hoher Spannung an den Sekundärklemmen und den an sie angeschlossenen Leitungen und Geräten auftritt, ist das Offenlassen der Sekundärwicklung eines im Betrieb befindlichen Wandlers unzulässig, weil durch die dabei auftretende starke Magnetisierung die Eigenschaften des Wandlers verschlechtert werden. Kommt ein solcher Fall vor, so muß zur Beseitigung einer möglicherweise aufgetretenen Remanenz der Wandler entmagnetisiert werden.

162. Strom-, Spannungs- und Frequenzbereich. Ein Stromwandler, der für eine bestimmte primäre und sekundäre Stromstärke gebaut ist, dient dazu, Ströme von dem kleinsten Wert bis zu der Nennstromstärke zu messen, wobei bei sehr niedrigen Belastungen hohe Fehler auftreten können. Der Wandler kann aber auch überlastet werden, d. h. die Stromstärke darf die Nennstromstärke um einen gewissen Betrag übersteigen. In den meisten Fällen können als dauernd zulässige Überlastung 25% angenommen werden. Die Dauer und Größe der Überlastung ist den Preislisten über die betreffenden Wandler zu entnehmen.

Was den Spannungsbereich, für den der Wandler brauchbar ist, anbetrifft, so darf jeder Stromwandler in einem Netz verwendet werden, in dem die Betriebsspannung einen bestimmten Wert, der durch die Art der Isolation des Wandlers bedingt ist, nicht übersteigt. Auf dem Wandlerschild ist entweder direkt dieser Wert angegeben oder gemäß den VDE-Bestimmungen die Prüfspannung. Es können auch beide Werte angegeben sein.

Jeder Wandler ist ferner für eine bestimmte Frequenz oder bestimmten Frequenzbereich brauchbar. Diese Werte sind auch auf den Wandlerschildern angegeben. Im allgemeinen ist die Verwendung eines Wandlers für höhere als die auf seinem Schild angegebenen Frequenzen unbedenklich. Bei niedrigeren Frequenzen ist seine Genauigkeit im allgemeinen etwas geringer, meist jedoch auch ausreichend.

163. Genauigkeit und Klasseneinteilung. Ähnlich wie bei Spannungswandlern wird von neuzeitlichen Stromwandlern eine solche Genauigkeit verlangt, daß man die Meßgeräte und Wandler getrennt eichen bzw. prüfen, d. h. daß man auf ein Zusammeneichen verzichten kann. Laut den vom VDE aufgestellten Regeln werden auch die Stromwandler in Deutschland in Klassen eingeteilt, und zwar werden folgende Klassen unterschieden:

Klasse *E* (Edelwandler). Diese Wandler müssen den von der PTR für beglaubigungsfähige Stromwandler vorgeschriebenen Bedingungen genügen. Dabei kommen stets die jeweils gültigen Bestimmungen der PTR in Betracht. Solche Wandler werden kurz als beglaubigungsfähige Stromwandler bezeichnet. Es sei auch hier hervorgehoben, daß sie nur dann von den Prüfämtern beglaubigt werden, wenn ihr System von der PTR zur Beglaubigung zugelassen ist. Sie müssen in diesem Fall das Systemzeichen (s. 151) tragen.

Klasse *F* (Feinwandler). Für diese Wandler sind größere Übersetzungsfehler und Fehlwinkel als für die Wandler der Klasse *E* zulässig. Die Werte sind vom VDE festgelegt. Diese Wandler sind neben den Wandlern der Klasse *E* zum Anschluß von Zählern und Leistungsmessern geeignet.

Auch bei Stromwandlern für Zähler, bei denen höhere Anforderungen an die Meßgenauigkeit gestellt werden, empfiehlt es sich *E*-Wandler zu verwenden.

Klasse *G* (Grobwandler). Bei diesen Wandlern sind die gleichen Stromfehler wie bei Klasse *F* zugelassen. Dagegen sind keine Grenzen für den Fehlwinkel gezogen. Diese Wandler kommen für den Anschluß von Zählern nicht in Betracht. Praktisch kommen diese Wandler kaum in Frage, da ein Wandler, der die Bedingungen der Klasse *G* in bezug auf die Stromfehler einhält, auch die Bestimmungen für den Fehlwinkel der Klasse *F* einhalten dürfte, d. h. ein *F*-Wandler wäre.

Klasse *H*. Dies sind Wandler, bei denen noch größere Fehler als bei Klasse *G* zugelassen sind. Sie kommen demnach für den Anschluß von Zählern ebenfalls nicht in Betracht.

Die Klassenbezeichnungen finden sich auch auf den Schildern der Wandler, wobei die Klassenbezeichnung nur dann angebracht werden darf, wenn alle Bedingungen, die für die betreffende Klasse maßgebend sind, erfüllt sind. Dagegen kann ein Wandler bei einer kleineren sekundären Belastung als seiner Nennbürde eine Genauigkeit haben, die der Genauigkeit einer höheren Klasse entspricht. Es kann z. B. ein Wandler der Klasse *F*, dessen Nennbürde bei 5 A sekundärer Nennstromstärke 1,6 Ω beträgt, der eine sekundäre Nennbelastung von 40 VA entspricht, bei einem sekundären Belastungswiderstand von 0,6 Ω, also einer Belastung von 15 VA, die Grenzen der Klasse *E* einhalten.

Die Einzelheiten über die für die Klasse E und F geltenden Bestimmungen s. Zus. III C und E, ferner Tab. 5.

164. Kurzschlußfestigkeit. Die Stromwandler liegen im Zuge der Leitung. Sie sind deshalb allen Strombeanspruchungen, die in der Anlage auftreten, insbesondere auch den Kurzschlüssen ausgesetzt. Deshalb muß die Konstruktion der Stromwandler derart sein, daß sie den Beanspruchungen, die dabei auftreten, gewachsen sind. Beim Kurzschluß treten zweierlei Beanspruchungen auf, nämlich eine thermische und eine dynamische. Die thermische äußert sich in einer Erwärmung der Wandlerwicklungen, die dynamische darin, daß mechanische Kräfte auftreten, die eine Verschiebung der Wicklungen und insbesondere eine Abstoßung der nebeneinanderliegenden Zuleitungen zur Primärwicklung zur Folge haben. Die Wicklungen müssen deshalb genügend reichlich bemessen sein, damit sie bei der in Frage kommenden Wärmeentwicklung nicht zu heiß werden, was sowohl eine Zerstörung der Wicklungen selbst wie auch ihrer Isolation zur Folge haben könnte. Um den dynamischen Beanspruchungen standzuhalten, müssen die Wicklungen in sich genügend fest und gegen das Verschieben auf dem Eisenkern genügend gesichert sein. Besonders wichtig ist eine entsprechende Ausbildung der Zuleitungen, damit verhindert wird, daß durch die abstoßende Kraft, die beim Kurzschluß vorkommt, der Durchführungsisolator gesprengt wird. Die VDE-Bestimmungen unterscheiden Wandler ohne Kurzschlußziffer und solche mit Kurzschlußziffer 1 und 2. Falls ein Wandler die Bedingungen, die an die Kurzschlußziffer 1 oder 2 gestellt werden, erfüllt, so wird diese Kurzschlußziffer der Klassenbezeichnung angefügt. Der VDE schreibt für die Wandler ohne Kurzschlußziffer nichts über ihre Kurzschlußsicherheit vor. Ein Wandler mit der Kurzschlußziffer 1 soll bei kurzgeschlossenem Sekundärkreis beim Kurzschluß eine erste Stromamplitude (Stromspitze) vom 75fachen Betrage der Amplitude (Scheitelwert) des Nennstromes aushalten. Ferner soll er 1 Sekunde lang einen Strom vom 50fachen Betrag des Nennstromes aushalten. Bei den Wandlern der Kurzschlußziffer 2 sind die entsprechenden Größen die 150fache erste Stromamplitude und der 60fache Nennstrom.

165. Stromwandler für verschiedene Nennstromstärken. Liegt die Konstruktion eines Stromwandlers für eine bestimmte primäre und sekundäre Nennstromstärke fest, so ergibt sich die Bewicklung der Wandler für andere Stromstärken ähnlich wie bei Spannungswandlern durch entsprechende Umrechnung der Wicklungen, und zwar muß ähnlich, wie dies bei Stromspulen der Zähler der Fall ist, die Windungszahl jeweils umgekehrt proportional der Stromstärke, ihr Querschnitt direkt proportional der Stromstärke gewählt werden (s. hierzu auch 35). Da normalerweise die sekundäre Nennstromstärke stets die gleiche ist, und zwar meist 5 A, so bleibt die Sekundärwicklung für alle primären Nennstromstärken im wesentlichen die gleiche. Kleine Abweichungen sind dadurch bedingt, daß es besonders bei hohen Stromstärken nicht immer möglich ist, alle Wandler mit genau der gleichen Amperewindungszahl auszuführen. Es ergibt sich hieraus, daß für Wandler verschiedener Stromstärken der gleiche Kern verwendet werden kann, da der erforderliche Wickelraum bei allen Stromstärken praktisch der gleiche ist. Für verschiedene Betriebsspannungen des Wandlers muß natürlich die Isolation der Primärwicklung und die Größe des Durchführungsisolators der Betriebsspannung angepaßt werden. Es läßt sich aber mit einem bestimmten Eisenkern auch ein verhältnismäßig großer Spannungsbereich bewältigen, so z. B. ist es leicht möglich, den gleichen Eisenkern von den niedrigsten Spannungen bis etwa 12000 V oder höher zu verwenden.

Bei hohen Stromstärken ergeben sich allerdings, mit Rücksicht auf die erforderlichen großen Wicklungsquerschnitte und geringen Windungszahlen, besondere Konstruktionen.

166. Konstruktive Einzelheiten. Der konstruktive Aufbau der Stromwandler ist in vielen Beziehungen der der Spannungswandler ähnlich (s. 153). Auch hier kommen je nach der Betriebsspannung Luft-, Masse- und Ölwandler in Betracht. Auch der Stromwandler wird sowohl als Kern- wie Mantelwandler ausgeführt. Die Abmessungen des Kernes sind mit Rücksicht auf die geringe magnetische Linienzahl beim Stromwandler im allgemeinen kleiner als beim Spannungswandler.

Die Sekundärwicklung und ihre Isolation sind sehr ähnlich wie bei Spannungswandlern. Auch sie wird als einfache Zylinderwicklung ausgeführt, dagegen weicht die Ausführung der Primärwicklung von der der Spannungswandler naturgemäß stark ab. Eine Unterteilung der Wicklung in einzelne Scheiben kommt hier nicht in Betracht, da zwischen dem Anfang und Ende der Wicklung nur eine ganz geringe Spannung herrscht. Dagegen muß, wie bereits gesagt, die Isolation der Primärwicklung gegen die Sekundärwicklung und gegen das Gehäuse wie bei Spannungswandlern der Betriebs- bzw. der Prüfspannung angepaßt werden. Besondere Maßnahmen müssen ferner mit Rücksicht auf die Kurzschlußsicherheit des Wandlers getroffen werden (s. 164).

Die Abmessungen des Durchführungsisolators — es ist, wie bereits früher gesagt, meist nur einer vorhanden — sind je nach der Betriebsspannung bzw. Prüfspannung und dem Querschnitt der Zuleitungen verschieden. Je höher die Spannung ist, um so größer ist die Höhe des Isolators und die Stärke der Isolierschicht, je höher die Stromstärke ist, um so größer muß die Bohrung sein und demnach wiederum der Durchmesser des Isolators.

167. Beispiel eines ausgeführten Stromwandlers. Besondere Ausführungsformen. Bei den Stromwandlern sind die Ausführungsformen der Wandler für verschiedene Stromstärken, Spannungen und Wandler verschiedener Herkunft noch mehr verschieden als bei Spannungswandlern, und es ist nicht möglich, hier die verschiedenen charakteristischen Ausführungsformen zu beschreiben. Wir wollen deshalb auch hier als Beispiel nur eine Ausführung beschreiben, die für mittlere Verhältnisse als charakteristisch gelten kann, und wählen hierzu einen Wandler der SSW Modell AE 12 für eine Betriebsspannung bis 12000 V und eine

Stromstärke für etwa 200 A. Die Abbildungen 232 und 233 veranschaulichen die den Aufbau dieses als Mantelwandler ausgeführten Stromwandlers. Charakteristisch für diese Ausführung ist, daß die Primärwicklung vollständig mit Papier umwickelt ist. Diese Konstruktion gewährleistet eine gute Isolation und große mechanische Festigkeit der Primärwicklung. Eine besondere Isolationshülse zwischen der Primär- und Sekundärwicklung kommt in Fortfall. Im übrigen ist der Aufbau des Wandlers dem des unter 155 beschriebenen Spannungswandlers ähnlich.

Bei Wandlern, an die in bezug auf Kurzschlußfestigkeit

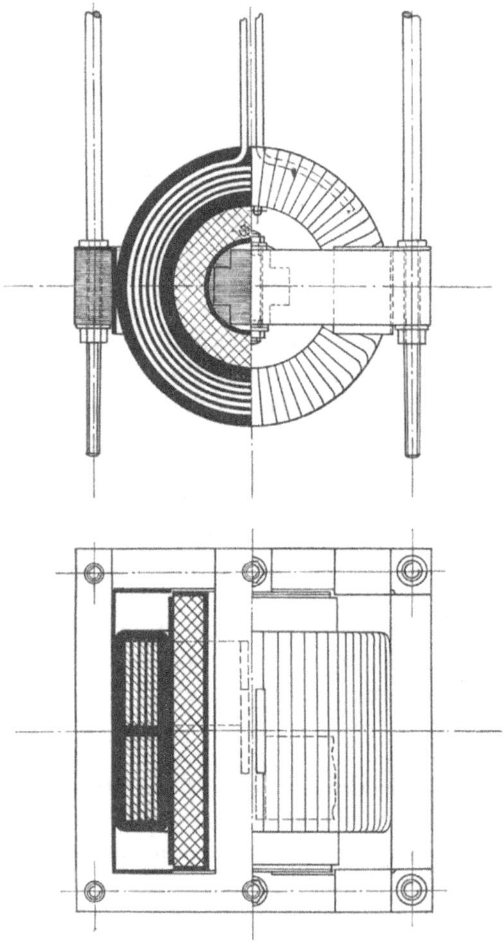

Abb. 232. Aufbau eines Stromwandlers.

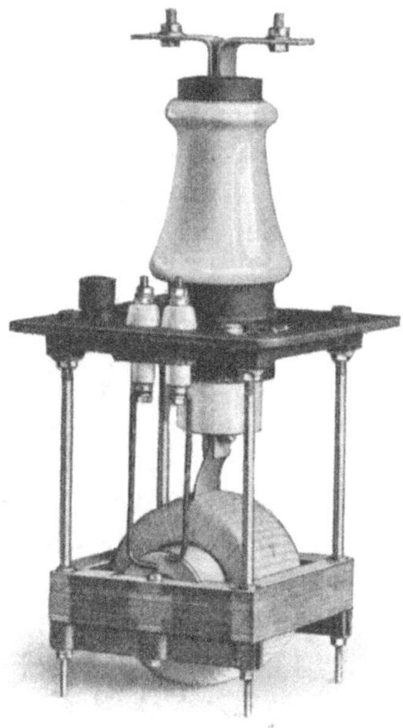

Abb. 233. Stromwandler (Kessel entfernt).

besonders hohe Anforderungen gestellt werden (kurzschlußfeste Wandler), wird sowohl die Primär- wie die Sekundärwicklung besonders ausgebildet. Auch die Anordnung der Primärdurchführung unterscheidet sich hier oft von der normalen (konzentrische Durchführungen). Mitunter wird an Stelle einer Hochspannungsdurchführung in Apparaten und Schaltanlagen ein besonders ausgebildeter Stromwandler verwendet (Durchführungswandler).

Wandler, an die besonders hohe Anforderungen in bezug auf Meßgenauigkeit gestellt werden, werden nach ganz besonderen Gesichtspunkten konstruiert. Sie werden z. B. nach dem Vorschlag von Brooks als Zweistufenwandler ausgeführt (Brooks-Wandler).

Stromwandler werden verhältnismäßig oft für mehrere primäre Meßbereiche ausgebildet. Zu diesem Zwecke werden die Wicklungen entweder unterteilt ausgeführt und die einzelnen Wicklungsabteilungen parallel oder in Serie oder gruppenweise parallel und in Serie geschaltet oder die Wicklungen werden mit Anzapfungen versehen. Bei der ersten Ausführungsform lassen sich praktisch höchstens 3 Meßbereiche, die im Verhältnis 4 : 2 : 1 stehen, erzielen. Die zweite Schaltungsart ist besonders für Niederspannungswandler mit vielen Meßbereichen geeignet, wobei die Anzapfungen auf der primären Seite angeordnet werden. Solche Wandler werden oft zum Anschluß von Meßgeräten in Zählerprüfeinrichtungen verwendet. Zum Anschluß von Zählern kommen Wandler mit höchstens zwei Meßbereichen in Betracht. Bei solchen Wandlern besteht die Primärwicklung aus zwei gleichen Teilen, die entweder parallel oder in Serie geschaltet werden. Die Meßbereiche verhalten sich dann wie 2 : 1.

Die verschiedenen Ausführungsformen der Stromwandler kann man am besten kennenlernen, wenn man sich die Preislisten und Druckschriften der in Betracht kommenden Firmen ansieht. Es seien beispielsweise folgende Firmen angeführt: Allgemeine Elektrizitäts-Gesellschaft, Hartmann & Braun, Koch & Sterzel, Siemens & Halske, Siemens-Schuckertwerke.

III. Zusammenarbeiten von Meßwandlern und Meßgeräten.

168. Allgemeines. In den vorhergehenden Kapiteln I und II haben wir das Wesentliche über den Aufbau und die Wirkungsweise von Strom- und Spannungswandlern kennengelernt. Die dort angestellten Betrachtungen geben uns schon die Möglichkeit, alle bei dem Zusammenarbeiten von Meßwandlern und Meßgeräten, insbesondere auch Zählern, auftretenden praktischen Fragen zu lösen. Da jedoch gerade dieses Zusammenarbeiten und die bei ihm zu beachtenden Gesichtspunkte für den Zählerfachmann von größter praktischer Bedeutung sind, so wollen wir im folgenden nochmals im Zusammenhang diese Fragen eingehend erörtern. Es ergibt sich dabei zwangsläufig eine nützliche Wiederholung der wichtigsten Tatsachen der vorhergehenden Abschnitte.

Wir wollen im folgenden zuerst die zweckmäßige Wahl der Wandler und dann das eigentliche Zusammenarbeiten der Wandler und Meßgeräte behandeln.

169. Wahl der Spannungswandler. a) Art des Wandlers. Bei der Wahl eines Spannungswandlers muß man sich zuerst für eine bestimmte Bauart, insbesondere in bezug auf die Isolationsart entscheiden. Bei niedrigen Spannungen etwa bis 1500 V oder sogar 3000 V kommen nur Luftwandler in Betracht. Diese Wandler bieten den Vorteil, daß sie in jeder beliebigen Lage aufgestellt werden können und daß man bei ihrer Inbetriebsetzung keine besonderen Vorsichtsmaßnahmen zu beachten hat.

Bei höheren Spannungen kommen Masse- oder Ölwandler in Frage. Der Massewandler hat zum Teil die gleichen Vorzüge wie ein Luftwandler. Er darf in den meisten Fällen auch schräg aufgestellt werden. Ferner braucht im allgemeinen bei seiner Inbetriebsetzung nichts Besonderes beachtet zu werden. Die Ölwandler können in bezug auf ihre Isolationsfestigkeit als die besten angesehen werden. Bei hohen Spannungen etwa über 20000 V kommen sie fast ausschließlich in Betracht. Bei der Inbetriebsetzung der Ölwandler müssen jedoch gewisse Vorsichtsmaßregeln beachtet werden, insbesondere muß man sich überzeugen, daß sie ordnungsgemäß mit Öl gefüllt sind. Auch im Betrieb bedürfen sie einer sorgfältigeren Wartung. Sie können nur so aufgestellt werden, daß das Öl nicht die Möglichkeit hat auszulaufen und daß alle zu isolierenden Teile vom Öl bedeckt sind. Im übrigen sind für die Wahl der Type die Angaben in den Preislisten der in Betracht kommenden Firmen maßgebend.

b) Anzahl der Wandler. Drehstromwandler. Die Anzahl der für einen Meßsatz erforderlichen Spannungswandler ergibt sich aus der Schaltung der in Betracht kommenden Meßgeräte. Die Anzahl der Wandler richtet sich nach der Anzahl der Spannungsspulen, die das anzuschließende Meßgerät besitzt, so z. B. sind für einen Drehstromzähler in Aronschaltung zwei Spannungswandler, für einen solchen in der Dreiwattmeterschaltung drei Spannungswandler erforderlich. Besteht der Meßsatz aus mehreren Meßgeräten, so richtet sich die Anzahl der Wandler nach demjenigen Meßgerät, welches die größte Anzahl von Spannungsspulen hat. Wenn in einem Meßgerät verschiedene Spannungsspulen vorhanden sind, die an ein und dieselbe Spannung angeschlossen werden können, so braucht natürlich für alle diese Spannungsspulen nur ein Wandler vorhanden zu sein; so werden z. B. Spannungsspulen von zusätzlichen Tarifeinrichtungen (Relaisspulen und dgl.) an die gleichen Wandler angeschlossen wie die eigentlichen Spannungsspulen des Zählers.

Sollen an Stelle von Einphasenwandlern Drehstromwandler verwendet werden, so genügt im allgemeinen für einen Meßsatz ein einziger Drehstromwandler. Es sei jedoch auch hier betont, daß im allgemeinen auch in Drehstromanlagen die Verwendung von Einphasenwandlern der Verwendung von Drehstromwandlern vorzuziehen ist.

c) Nennspannung. Die Wahl der primären Nennspannung bietet normalerweise keine besonderen Schwierigkeiten. Der Wandler muß für eine Nennspannung gewählt werden, die der an der Stelle, wo der Wandler anzuschließen ist, herrschenden mittleren Netzspannung gleich ist. Dabei kommt es jedoch auf die genaue Einhaltung dieses Wertes nicht an und man soll deshalb nach Möglichkeit Wandler für listenmäßige Spannungen wählen, da solche Wandler kurzfristig und meist billiger als Wandler für anormale Spannungen geliefert werden können. Man soll auch in ein und demselben Netz nach Möglichkeit nur Wandler für eine Nennspannung von rundem Betrag verwenden. Die kleinen Unterschiede der Spannung an den verschiedenen Punkten des Netzes können in den meisten Fällen vernachlässigt werden. Bei der Beschaffung der Wandler für Drehstromanlagen muß man darauf achten, ob die Wandler für die verkettete oder für die Phasenspannung zu wählen sind; so z. B. müssen die Wandler für Zähler in Aronschaltung für die verkettete Spannung, solche für Zähler mit drei messenden Systemen in der Dreiwattmeterschaltung für die Phasenspannung gewählt werden.

Mitunter tritt noch die Frage auf, mit welcher Sicherheit die Isolation der Wandler bemessen sein will. Hierbei ist zu beachten, daß die Isolatorenserie und die Prüfspannung des Wandlers der sonst in der Anlage angewandten Sicherheit entsprechen soll, damit der Wandler nicht einen besonders schwachen Punkt in der Anlage bildet und deshalb selbst besonders gefährdet ist und die Anlage gefährdet. Normalerweise werden auch über diesen Punkt die Angaben in den Preislisten den nötigen Aufschluß geben.

Die sekundäre Nennspannung von Spannungswandlern ist nach Möglichkeit zu 100 V oder 110 V zu wählen. Sie muß in jedem Fall die gleiche sein wie die Nennspannung, für die die Spannungsspulen der Meßgeräte gebaut sind. Im allgemeinen ist eine sekundäre Nennspannung von 100 V vorzuziehen, da sich dabei in den meisten Fällen runde Übersetzungsverhältnisse und runde Werte der Konstanten ergeben. In einigen Fällen kann jedoch in dieser Beziehung auch die sekundäre Spannung von 110 V vorteilhafter sein, z. B. dann, wenn die primäre Nennspannung 3300 V, 6600 V und ähnliche Werte hat. Wie wir bereits erwähnt haben, liefern einige Firmen ihre Wandler stets für die zwei sekundären Nennspannungen 100 V und 110 V. Andere sekundäre Nennspannungen kommen nur ganz vereinzelt in Betracht.

d) Genauigkeit. Die erforderliche Genauigkeit der Spannungswandler richtet sich nach der angestrebten Meßgenauigkeit. Zum Anschluß von Zählern kommen in erster Linie Spannungswandler der Klasse E in Frage. Es genügen aber auch in vielen Fällen Wandler der Klasse F, besonders dann, wenn nur wenig Meßgeräte angeschlossen werden, so daß die Wandler nur schwach belastet sind. In einem solchen

Fall erzielt man auch mit Wandler der Klasse F eine große Meßgenauigkeit. Man sollte aber immerhin den Wandlern der Klasse E, besonders solchen, die zur Beglaubigung zugelassen sind, den Vorzug geben.

e) Nennleistung. In den meisten Fällen wird die Wahl der Spannungswandler in bezug auf ihre Nennleistung keine Schwierigkeiten bieten. Soweit E-Wandler gewählt werden, beträgt ihre Nennleistung mindestens 30 VA. Diese Nennleistung genügt für den Anschluß von mehreren Zählern und anderen Meßgeräten. Es ist jedoch zu beachten, daß gemäß der Prüfordnung der PTR für elektrische Meßgeräte ein Zählermeßsatz, bei dem die Spannungswandler und Zähler getrennt beglaubigt sind, als Ganzes nur dann als beglaubigt gilt, wenn an einen Spannungswandler oder an eine Phase eines Drehstromwandlers für je 10 VA Nennleistung nicht mehr als eine Zählerspule angeschlossen ist und wenn der Widerstand der Zuleitung von einer Klemme des Spannungswandlers bis zum Zähler 0,3 Ω nicht übersteigt.

In Fällen, in denen an einen Wandler sehr viele Meßgeräte, Relais u. dgl. angeschlossen werden oder wenn die angeschlossenen Geräte einen besonders hohen Eigenverbrauch haben, muß von Fall zu Fall untersucht werden, welche Nennleistung der Wandler haben muß. Der Leistungsbedarf der anzuschließenden Geräte ist normalerweise in den Preislisten der Firmen angegeben. Im Zweifelsfall muß man durch Messung dieses Verbrauches oder durch Rückfrage beim Lieferanten den Leistungsbedarf ermitteln.

Der Leistungsbedarf der Spannungsspulen von Meßgeräten, Relais u. dgl. wird gewöhnlich in Voltampere angegeben, mitunter wird auch der Strom in der Spannungsspule bei Nennspannung angegeben. Die Gesamtbelastung des Spannungswandlers ermittelt man mit genügender Genauigkeit, wenn man den Leistungsbedarf der einzelnen Geräte addiert. Man wird bei dieser Art der Berechnung noch eine gewisse Reserve haben, denn normalerweise wird die Phasenverschiebung ψ zwischen der Klemmenspannung und dem Strom in den Spannungsspulen der verschiedenen Meßgeräte verschieden sein, so daß die gesamte Scheinlast kleiner ist als die arithmetische Summe der einzelnen Scheinlasten. Zuweilen wird der Eigenverbrauch von Spannungsspulen nicht in Voltampere, sondern in Watt angegeben. Wenn die Spannungsspulen induktiven Charakter haben, wie dies beispielsweise bei Induktionsmeßgeräten stets der Fall ist, so muß beachtet werden, daß die Scheinlast größer ist als die Wirkleistung. Im allgemeinen wird man beim Anschluß von Zählern nicht fehlgehen, wenn man den Eigenverbrauch je Spannungsspule mit 5 VA annimmt, da in Wirklichkeit der Verbrauch meist niedriger liegt. Wenn der Verbrauch von Spannungsspulen eines Drehstrommeßgerätes beispielsweise mit $2 \cdot 3$ VA angegeben ist, so bedeutet das, daß zwei Spannungsspulen vorhanden sind mit je 3 VA.

Für die Berechnung der Belastung jedes Wandlers kommt in diesem Fall natürlich nur der Wert 3 VA in Betracht.

Wir wollen uns nun an einem Beispiel die genaue Berechnung der Belastung eines Spannungswandlers unter Berücksichtigung der Verschiedenheit des Winkels ψ bei den verschiedenen anzuschließenden Meßgeräten klarmachen. In der folgenden Tabelle sind die einzelnen Meßgeräte, die Leistungsaufnahme bei der Nennspannung (Scheinlast) N_S in VA, und der Leistungsfaktor $\cos\psi$ in ihren Spannungsspulen und die aus diesen Werten sich berechnenden Werte von $\sin\psi$, die Wirkleistung $N = N_S \cdot \cos\psi$ und die Blindlast $N_b = N_S \cdot \sin\psi$ zusammengestellt.

Art des Meßgerätes	Scheinlast N_S VA	$\cos\psi$	$\sin\psi$	Wirkleistung $N = N_S \times \cos\psi$ Watt	Blindlast $N_b = N_S \times \sin\psi$ bVA
1 Dreheisen-Spannungszeiger.	10,0	1	0	10,0	0
1 elektro-dynamischer Leistungsfaktormesser	6,0	1	0	6,0	0
1 Drehfeldleistungszeiger . .	9,0	0,3	0,95	2,7	8,55
1 Frequenzmesser.	4,5	0,8	0,6	3,6	2,7
3 Zähler.	$3 \cdot 2{,}0 = 6{,}0$	0,3	0,95	1,8	5,7

Zur Bestimmung der gesamten Scheinlast brauchen wir nur arithmetisch die einzelnen Wirkleistungen und die einzelnen Blindleistungen zu addieren und dann die geometrische Summe der beiden Werte zu bilden. Wie aus der Tabelle ersichtlich, ist die gesamte Wirkleistung $N = 24{,}1$ W und die gesamte Blindlast $N_b = 17{,}0$ bVA. Aus diesen Werten errechnet sich die gesamte Scheinlast zu $N_S = \sqrt{N^2 + N_b^2} = \sqrt{24{,}1^2 + 17{,}0^2} = \sqrt{580 + 289} = \sqrt{869} = 29{,}5$ VA. Demgegenüber ist die arithmetische Summe der sämtlichen Scheinlasten 35,5 VA. Wir sehen also, daß die genaue Berechnung der Scheinlast unter Berücksichtigung der Verschiedenheit der Phasenverschiebung ψ bei den einzelnen Meßgeräten einen kleineren Wert ergibt als die arithmetische Addition der Scheinlasten. Die genaue Berechnung zeigt, daß im vorliegenden Fall ein Spannungswandler für eine Nennleistung von 30 VA ausreichend ist. Man könnte auch so vorgehen, daß man die Scheinlasten in einem Diagramm unter Berücksichtigung der Phasenverschiebungswinkel ψ geometrisch addiert. Die oben durchgeführte Art der Berechnung ist jedoch die bequemere.

Aus dem Gesamtwert der Scheinlast und der Wirkleistung der angeschlossenen Geräte läßt sich $\cos\psi$ der Gesamtbelastung des Spannungswandlers berechnen, $\cos\psi = \frac{N}{N_S}$. In unserem Fall ist also $\cos\psi = \frac{24{,}1}{29{,}5} = 0{,}82$. Die Kenntnis des Wertes $\cos\psi$ der Gesamtbelastung des Wandlers ist erforderlich, falls man die Fehler des Wandlers, die sowohl von der Belastung in Voltampere wie auch von $\cos\psi$ abhängig sind, bestimmen will.

170. Wahl der Stromwandler. a) Art der Wandler. Soweit es sich um Stromwandler für kleine und mittlere primäre Nennstromstärken (bis etwa 1000 A) handelt, kommen normale Topfwandler in Betracht, deren Aufbau, wie wir kennengelernt haben, dem der Spannungswandler ähnlich ist. Solche Wandler werden je nach der Betriebsspannung als Luft-, Masse- oder Ölwandler gebaut, wobei für die Wahl der Isolationsart im wesentlichen die gleichen Gesichtspunkte maßgebend sind wie bei Spannungswandlern. Auch in diesem Fall geben die Preislisten der Firmen genügend Anhaltspunkte. Bei höheren Stromstärken kommen Einleiterwandler oder Schienenwandler in Betracht, die stets als Trockenwandler gebaut werden. Das oben Gesagte bezieht sich auf die den Zählerfachmann besonders interessierenden Wandler für Meßsätze, wie sie bei normalen Stromabnehmern ohne eigene Stromerzeugungsanlage in Betracht kommen. In solchen Anlagen können keine besonders hohen Kurzschlußströme auftreten. Anders liegen die Verhältnisse bei solchen Stromwandlern, die an Stellen eingebaut werden, in denen besonders hohe Kurzschlußströme auftreten können. Als solche Stellen kommen in erster Linie Leitungen in Betracht, die unmittelbar an den Sammelschienen größerer Kraftwerke angeschlossen sind. Bei der Wahl von Wandlern für solche Zwecke müssen besondere Erwägungen über die erforderliche Kurzschlußsicherheit der Wandler angestellt werden. Mit solchen Aufgaben wird sich der Zählerfachmann im allgemeinen nicht zu befassen haben, da es sich in diesem Fall eigentlich um eine Frage der Projektierung der Schaltanlage handelt. In bezug auf die Meßgenauigkeit, Belastbarkeit u. dgl. gelten selbstverständlich auch für diese Wandler die gleichen Gesichtspunkte wie für andere Stromwandler.

b) Anzahl der Wandler. Was die Anzahl der für einen Meßsatz notwendigen Stromwandler anbetrifft, so ergibt sich diese Zahl aus der Zahl der Stromkreise der anzuschließenden Meßgeräte, so sind z. B. für einen Drehstromzähler in Aronschaltung zwei Stromwandler, für einen solchen in der Dreiwattmeterschaltung drei Stromwandler erforderlich.

In dem selten vorkommenden Fall, daß in einer Dreileiteranlage ein Zähler oder ein Wattmeter mit drei Meßwerken Verwendung findet, kann man auch mit nur zwei Stromwandlern auskommen, da die Summe der Ströme in den zwei Leitungen gleich dem in der dritten Leitung fließenden Strom ist. Durch entsprechende Schaltung auf der Sekundärseite der beiden Wandler kann man auch den Strom in derjenigen Leitung erhalten, in der kein Stromwandler liegt. Von dieser möglichen Ersparnis an Stromwandlern soll man jedoch im allgemeinen mit Rücksicht auf die anzustrebende Übersichtlichkeit und möglichst hohe Meßgenauigkeit keinen Gebrauch machen.

c) Nennströme. Die primäre Nennstromstärke des Wandlers wird nach ähnlichen Gesichtspunkten bestimmt wie die Nennstromstärke von Zählern. Sie richtet sich nach der höchsten, normalerweise in der Anlage auftretenden Stromstärke. Um welchen Betrag die Stromstärke in der Anlage die Nennstromstärke des Wandlers übersteigen darf, richtet sich nach der Überlastungsfähigkeit des Wandlers. Im allgemeinen darf eine 25%ige dauernde Überschreitung der Nennstromstärke noch als zulässig angesehen werden. Kurzzeitige Überlastungen von höheren Beträgen, wie sie beispielsweise beim Anlassen von Motoren auftreten können, sind gleichfalls noch zulässig. Man kommt bei der Wahl der primären Nennstromstärke der Wandler fast immer mit den listenmäßigen Stromstärken aus. Wandler für anormale Stromstärken soll man, wenn irgend möglich, vermeiden, da solche Wandler stets teuerer als die für normale Stromstärken sind und längere Lieferzeiten beanspruchen.

Man soll auch nach Möglichkeit danach trachten, in ein und demselben Netz Wandler für möglichst wenig verschiedene Nennstromstärken zu verwenden, da dadurch die Anzahl der in Reserve zu haltenden Wandler vermindert wird. In einigen Fällen, z. B. dann, wenn eine Anlage bei Inbetriebsetzung nur verhältnismäßig schwach belastet ist und beim weiteren Ausbau höhere Stromstärken in Betracht kommen, kommt die Verwendung von umschaltbaren Stromwandlern für zwei Nennstromstärken in Frage.

Die sekundäre Nennstromstärke von Stromwandlern wird in den meisten Fällen zu 5 A gewählt. Andere Stromstärken kommen nur in besonderen Fällen in Betracht, in erster Linie dann, wenn die Länge der Zu- und Verbindungsleitungen zwischen den Wandlern und den Meßgeräten sehr groß ist. In diesem Fall verwendet man Wandler für die sekundäre Nennstromstärke von 1 A; bei Summenschaltungen kommen noch Wandler für 2,5 A, 10 A, 15 A u. dgl. in Frage.

d) Nenn- und Prüfspannung. Der Stromwandler muß in bezug auf Isolierung der Spannung des Netzes, in welchem er verwendet werden soll, angepaßt sein. Bei der Wahl der Wandler richtet man sich nach den Angaben der Preislisten der Firmen, in denen meistenteils sowohl die Prüfspannung wie die höchste Betriebsspannung, für die der Wandler bestimmt ist, angegeben ist. Ein Stromwandler darf natürlich ohne weiteres für eine niedrigere Betriebsspannung als die, für die er bestimmt ist, benutzt werden. Bei Stromwandlern für große Schaltanlagen muß bei der Wahl der Prüfspannung und Isolatorenserie die Kurzschlußstromstärke, die für die Betriebssicherheit des Wandlers von Bedeutung ist, mit berücksichtigt werden.

e) Genauigkeit. Auch beim Stromwandler richtet sich die erforderliche Güte des Wandlers in bezug auf seine Meßgenauigkeit nach der Meßgenauigkeit, die man überhaupt bei der ganzen Messung erreichen will. Im allgemeinen kommen für den Anschluß von Zählern Stromwandler der Klasse E und F in Betracht. Man sollte wenn irgendwie möglich zur Klasse E greifen. Aber auch die Wandler der Klasse F werden in vielen Fällen noch genügend genau sein, besonders dann, wenn die sekundäre Belastung des Wandlers klein ist, d. h. wenn der Widerstand der angeschlossenen Meßgeräte und der Zu- und Verbindungsleitungen gering ist. In einem solchen Fall kann auch ein billiger Wandler eine recht gute Meßgenauigkeit ergeben. Man wird zu billigeren

Wandlern z. B. dann greifen, wenn nur ein oder zwei Zähler in geringer Entfernung von dem Stromwandler aufgestellt sind und wenn es sich nicht um die Messung großer Energiemengen handelt. Ferner können größere Fehler der Wandler dann in Kauf genommen werden, wenn sie bei der Eichung des Zählers berücksichtigt werden oder wenn eine gemeinschaftliche Eichung der Zähler und Wandler vorgenommen wird. Man darf jedoch in diesen Fällen nicht vergessen, Rücksicht auf den Widerstand der Zuleitungen zu nehmen.

f) Nennleistung. Bei der Wahl der Stromwandler ist eine besondere Aufmerksamkeit ihrer Belastbarkeit zu schenken, da es hier, im Gegensatz zum Spannungswandler, leicht vorkommen kann, daß die tatsächliche Belastung den Nennwert übersteigt. Eine besondere Vorsicht ist geboten, wenn die Zähler oder andere Meßgeräte in großer Entfernung von den Stromwandlern aufgestellt sind, da in diesem Fall der Widerstand der Zu- und Verbindungsleitungen ziemlich bedeutend sein kann. Dieser Punkt wird oft übersehen. In vielen Fällen bilden die Zu- und Verbindungsleitungen eine größere Belastung des Wandlers als die angeschlossenen Meßgeräte.

Soweit E-Wandler gewählt werden, beträgt ihre Nennleistung mindestens 15 VA, d. h. die Nennbürde bei 5 A sekundären Nennstromes ist mindestens 0,6 Ω. Bei Wandlern der F-Klasse oder solchen ohne Klassenbezeichnung kann die Nennleistung bzw. Nennbürde auch kleiner sein.

Auch bei Stromwandlern wird es in den meisten Fällen genügen, die Leistungsaufnahmen in VA der Stromspulen aller an einem Wandler anzuschließenden Meßgeräte und der Zu- und Verbindungsleitungen arithmetisch zu addieren. Übersteigt die erhaltene Summe die Nennleistung des Wandlers nicht, so hat man die Gewähr, daß der Wandler in bezug auf seine Nennleistung richtig bemessen ist. Man wird auch hier mit Rücksicht darauf, daß die Phasenverschiebung zwischen dem Spannungsabfall und dem Strom in den Stromspulen bzw. in den Leitungen verschieden ist, eine gewisse Reserve haben.

Es ist noch zu beachten, daß gemäß der Prüfordnung der PTR ein Zählermeßsatz, bei dem die Stromwandler und Zähler getrennt beglaubigt sind, als Ganzes nur dann als beglaubigt gilt, wenn an einen Stromwandler für je 7,5 VA Belastbarkeit nur eine Zählerspule angeschlossen wird und der Gesamtwiderstand der Zu- und Verbindungsleitungen nicht mehr als 0,15 Ω beträgt (s. Zus. III, B, 3).

Über den Leistungsbedarf, Spannungsabfall oder Widerstand der Stromspulen von Meßgeräten geben die Preislisten der in Betracht kommenden Firmen Aufschluß. Im Zweifelsfall soll man sich auch hier durch Nachmessen oder Rückfrage beim Lieferanten Gewißheit verschaffen.

Wir wollen jetzt an einem einfachen Beispiel die verschiedenen in Betracht kommenden Arten der Berechnung der Belastung eines Stromwandlers erläutern, wobei wir die Addition arithmetisch ausführen, so daß der erhaltene Wert der Belastung etwas größer ist als der tatsächliche.

Es sollen an einem Stromwandler der Klasse E, dessen Nennbürde für eine sekundäre Nennstromstärke von 5 A 0,6 Ω, also die Belastbarkeit in Voltampere $0{,}6 \cdot 5^2 = 15$ VA beträgt, die Stromspulen von zwei Zählern mit je 1,5 VA Leistungsaufnahme angeschlossen werden. Die Gesamtlänge der Zu- und Verbindungsleitungen zwischen den Sekundärklemmen des Stromwandlers und den Zählerstromklemmen betrage 20 m. Der Querschnitt der Kupferleitungen ($\varkappa = 56$) sei 2,5 mm². Hieraus berechnet sich der Widerstand der Leitungen zu $R = \frac{l}{q \cdot \varkappa} = \frac{20}{2{,}5 \cdot 56} = 0{,}143\ \Omega$. Bei 5 A entspricht diesem Widerstand ein Leistungsbedarf von $N = J^2 \cdot R = 5^2 \cdot 0{,}143 = 3{,}57\ \text{W} = 3{,}57\ \text{VA}$. Die gesamte sekundäre Belastung des Wandlers berechnet sich also zu $2 \cdot 1{,}5 + 3{,}57 \approx 6{,}6$ VA. Wir sehen, daß diese Belastung ohne weiteres zulässig ist, so daß eine weitere genauere Nachrechnung unter Berücksichtigung der Phasenverschiebung der Zählerstromspulen nicht erforderlich ist.

Wir können die Berechnung auch anders ausführen. Aus dem Leistungsbedarf von 1,5 VA je Stromspule des Zählers errechnet sich die Impedanz je Stromspule zu $Z = \frac{N_s}{J^2} = \frac{1{,}5}{25} = 0{,}06\ \Omega$. Die Summe aller angeschlossenen Impedanzen beträgt demnach $2 \cdot 0{,}06 + 0{,}143 \approx 0{,}26\ \Omega$ gegenüber 0,6 Ω Nennbürde des Wandlers.

Statt mit der Belastung in Voltampere oder der Impedanz in Ohm zu rechnen, kann man auch mit den Spannungsabfällen rechnen und die erhaltene Summe aller Spannungsabfälle mit der zulässigen Klemmenspannung des Wandlers vergleichen.

Es sei noch darauf hingewiesen, daß es bei der Berechnung des Widerstandes, des Spannungsabfalles oder des Leistungsbedarfes der Zu- und Verbindungsleitungen zweckmäßiger ist, nicht mit der Entfernung, sondern, wie oben geschehen, direkt mit der gesamten Länge der Leitungen zu rechnen, denn es kann oft vorkommen, daß ein Teil der Leitung, besonders derjenige, der zur Verbindung weit voneinander montierter Meßgeräte dient, nicht als Doppelleitung verlegt ist.

Wir wollen jetzt an einigen charakteristischen Beispielen die genaue Berechnung der Belastung von Stromwandlern kennenlernen.

Beispiel 1: An einen Stromwandler seien die in folgender Tabelle angeführten Meßgeräte und Zu- und Verbindungsleitungen angeschlossen. In der Tabelle sind angegeben der Leistungsbedarf N_s in VA, die Werte $\cos\psi$, $\sin\psi$, die Wirkleistung N und die Blindlast N_b.

Gegenstand	Scheinlast N_s VA	$\cos\psi$	$\sin\psi$	Wirkleistung $N = N_s \cos\psi$ Watt	Blindlast $N_b = N_s \sin\psi$ bVA
1 Dreheisenstrommesser	1,9	0,72	0,69	1,37	1,31
1 dynamometr. Leistungsmesser	4,0	0,57	0,82	2,28	3,28
1 Induktionszähler	1,5	0,6	0,8	0,9	1,2
Leitungen $l = 20$ m, $q = 4$ mm²	2,22	1	0	2,22	0

Wir ersehen aus der Tabelle, daß die gesamte Wirkleistung $N = 6{,}77$ W und die gesamte Blindlast $N_b = 5{,}79$ bVA ist. Hieraus errechnet sich die tatsächliche Scheinlast zu $N_s = \sqrt{N^2 + N_b^2} = \sqrt{6{,}77^2 + 5{,}79^2} = \sqrt{45{,}8 + 33{,}5} = \sqrt{79{,}3} = 8{,}9$ VA gegenüber der arithmetischen Summe der Scheinlast von 9,62 VA. Ferner erhalten wir für die gesamte Sekundärlast $\cos\psi = \frac{N}{N_s} = \frac{6{,}77}{8{,}9} = 0{,}76$.

Beispiel 2: In einer Schaltanlage sei die Entfernung zwischen den Zählern und den Meßwandlern sehr groß, so daß die Länge der Zu- und Verbindungsleitungen $l = 200$ m ist. Der Querschnitt der Leitungen sei zu $q = 2{,}5$ mm² vorgesehen. Hieraus berechnet sich der Widerstand der Leitung zu $R = \frac{l}{q \cdot \varkappa} = \frac{200}{2{,}5 \cdot 56} = 1{,}43\,\Omega$. Der Leistungsbedarf dieser Leitungen bei 5 A beträgt $N = J^2 \cdot R = 25 \cdot 1{,}43 = 35{,}8$ VA. Dieser hohen Belastung gegenüber spielt der geringe Leistungsbedarf der Stromspulen der Zähler keine wesentliche Rolle. Schon allein mit Rücksicht auf die Zuleitungen ist ein Wandler für etwa 40 VA Nennleistung bzw. $\frac{40}{25} = 1{,}6\,\Omega$ Nennbürde erforderlich. Ein solcher Wandler würde unnütz groß und teuer sein.

Es gibt hier zwei Wege, mit einem normalen Wandler für 15 VA Nennleistung auszukommen. Der erste Weg ist der, daß man den Querschnitt der Zuleitungen entsprechend vergrößert. Wenn man diesen Querschnitt beispielsweise zu 10 mm² wählt, so wird der Widerstand der Leitung nur ein Viertel des vorhergehenden Wertes, also $\frac{1{,}43}{4} = 0{,}36\,\Omega$ betragen. Bei diesem Widerstand ist noch der Anschluß mehrerer Zähler an einen normalen Wandler möglich. Ein anderer Weg ist der, daß man den Wandler für eine kleinere sekundäre Nennstromstärke ausführt. Dieser sekundären Nennstromstärke muß natürlich die Nennstromstärke der angeschlossenen Zähler und Meßgeräte entsprechen. Führen wir beispielsweise den Wandler für 1 A sekundäre Nennstromstärke aus, so würde man bereits mit dem ursprünglich vorgesehenen Querschnitt von $q = 2{,}5$ mm² leicht auskommen, denn der Leistungsbedarf der Zuleitungen beträgt in diesem Fall nur $N = J^2 \cdot R = 1^2 \cdot 1{,}43 = 1{,}43$ VA. Man kann in diesem Fall an einen normalen Wandler für 15 VA eine Reihe von Meßgeräten anschließen. Die sekundäre Nennbürde des Wandlers für 1 A sekundäre Nennstromstärke beträgt $Z = \frac{N}{J^2} = \frac{15}{1^2} = 15\,\Omega$. Man wird nach Möglichkeit den ersten Weg wählen, d. h. den Querschnitt der Leitungen genügend groß machen, so daß man mit der üblichen sekundären Nennstromstärke von 5 A auskommt, für die auch alle Meßgeräte leichter zu erhalten sind.

Wir wollen noch einen besonderen Fall behandeln. In einer Drehstromanlage sei ein Zähler mit zwei messenden Systemen in Aronschaltung nach Abb. 234 angeschlossen, wobei für die beiden Zählerstromspulen eine gemeinsame Zuleitung vorhanden ist (in der Abbildung sind die Spannungsspulen nicht gezeichnet). Diese Schaltung (Normalschaltungsbild Nr. 13 b bzw. 14 b, s. Tab. 3) wird oft angewandt. In diesem Fall setzt sich die Klemmenspannung jedes Wandlers aus den Spannungsabfällen der zugehörigen Stromspule und der nicht gemeinschaftlich verlegten Leitung, sowie dem Spannungsabfall in der gemeinschaftlichen Leitung zusammen. Im Diagramm, Abb. 235, sind die Spannungsabfälle für die Wandler beider Phasen durch ausgezogene Linien angedeutet; sie sind im Diagramm und im Schaltbild in gleicher Weise bezeichnet. Es ist symmetrische Belastung der Anlage angenommen. Die Ströme J_R und J_S sind gegeneinander um 120° verschoben. In der gemeinschaftlichen Zuleitung fließt die geometrische Summe $[J_R + J_S]$ der beiden Ströme. Dieser Summenstrom eilt dem Strom J_R um 60° nach und dem Strom J_S um 60° vor. Seiner Größe nach ist er genau so groß wie jeder der Einzelströme. Der Spannungsabfall G in der gemeinschaftlichen Leitung hat dieselbe Lage wie die Summe der Ströme. In der getrennten Zuleitung zur Stromspule in Phase R entsteht ein Spannungsabfall, der in Phase mit J_R liegt. Es möge angenommen werden, daß der Widerstand der getrennten Zuleitung genau so groß ist wie der der gemeinschaftlichen Zuleitung. Dann ist dieser Spannungsabfall 1″ genau so groß wie der Spannungsabfall G. Der gesamte Spannungsabfall der Zuleitungen ist für die Phase R

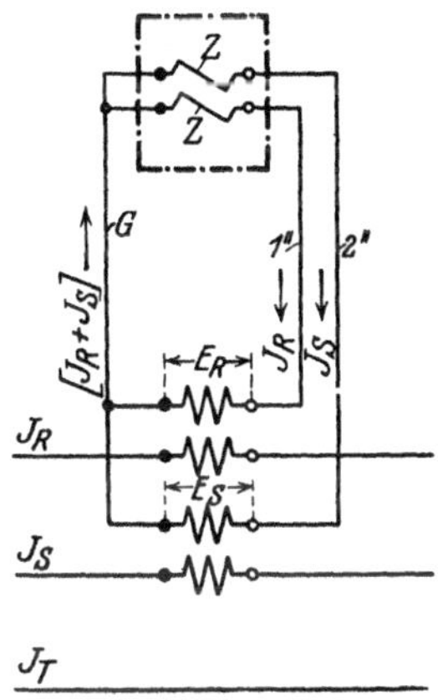

Abb. 234. Anschluß eines Drehstromzählers mit gemeinsamer Zuleitung.

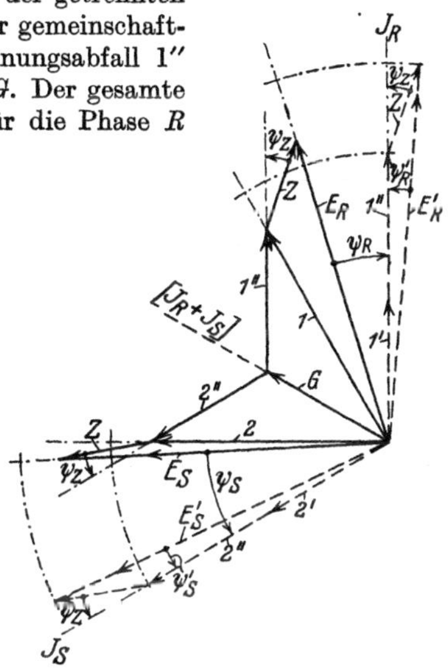

Abb. 235. Diagramm zur Schaltung nach Abb. 234.

die geometrische Summe 1 aus G und 1″. Zu diesem Abfall kommt hinzu der Spannungsabfall Z in der Zählerspule, der um den Winkel ψ_Z gegen die Richtung von J_R bzw. 1″ voreilt. Wir erhalten auf diese Weise die sekundäre Klemmenspannung E_R des Wandlers in der Phase R. Diese Klemmenspannung eilt dem Strom J_R um den Winkel ψ_R nach. Entsprechend ergibt sich die sekundäre Klemmenspannung E_S des zweiten Wandlers als die geometrische Summe des gemeinsamen Spannungsabfalles G, des Spannungsabfalles in der Leitung 2″ und des Abfalles im Zähler Z. Der letzte eilt gegen J_S bzw. 2″ wiederum um den Winkel ψ_Z vor. Die sekundäre Klemmenspannung E_S des zweiten Wandlers eilt dem Strom J_S um den Winkel ψ_S vor. Im Diagramm sind ferner gestrichelt die Spannungsabfälle und Klemmenspannungen eingetragen, die wir erhalten würden, wenn wir an Stelle der gemeinschaftlichen Zuleitung zwei getrennte Zuleitungen von je dem gleichen Widerstand wählen würden. In diesem Fall liegen die Spannungsabfälle 1′ und 1″ bzw. 2′ und 2″ in den beiden Zuleitungen jeweils in Phase mit den zugehörigen Strömen: Der Spannungsabfall im Zähler eilt um den Winkel ψ_Z gegen die Richtung dieser Spannungsabfälle vor. Die Klemmenspannungen E'_R und E'_S der beiden Wandler sind in diesem Fall einander gleich und eilen um den gleichen Winkel ψ'_R bzw. ψ'_S gegen die zugehörigen Ströme vor. Man sieht ferner aus dem Diagramm, daß beim Vorhandensein einer gemeinschaftlichen Zuleitung der gesamte Spannungsabfall in den Leitungen und die Klemmenspannung des Wandlers kleiner sind als in dem Fall getrennter Zuleitungen von gleichem Widerstand.

171. Schaltungsbilder. Anschluß der Wandler und Meßgeräte. Beim Anschluß der Wandler und Meßgeräte sind unter allen Umständen in erster Linie die von der liefernden Firma beigegebenen Anweisungen und Schaltungsbilder zu beachten. Die Wandler und Meßgeräte werden in den Schaltungsbildern in verschiedener Weise dargestellt (s. hierzu

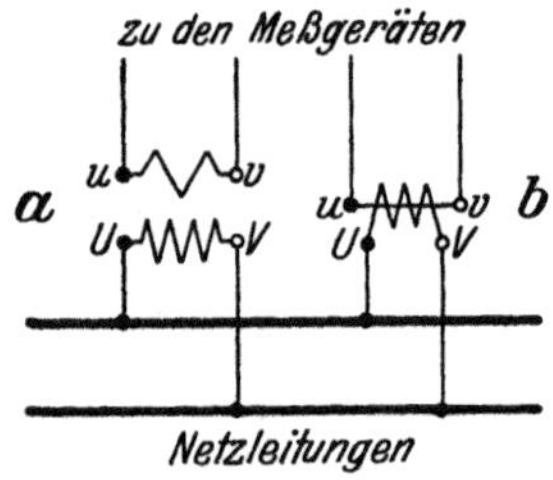

Abb. 236. Schaltbilder für Spannungswandler.

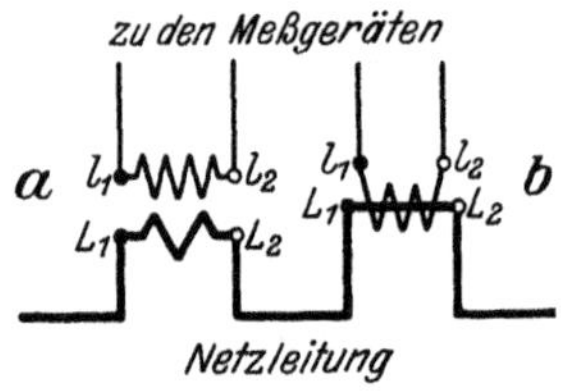

Abb. 237. Schaltbilder für Stromwandler.

Tab. 1 und 3). Bei Spannungswandlern sind die beiden in Abb. 236 dargestellten Schaltbilder üblich. Das Schaltbild nach a) wird besonders oft verwendet. Wir finden es auch in den Normalschaltungsbildern des VDE für Zähler, die an Meßwandler angeschlossen werden. Das Schaltbild nach b) ist neuerdings vom VDE als Darstellung eines Spannungswandlers eingeführt. Für die Darstellung von Stromwandlern sind die beiden in Abb. 237 dargestellten Schaltbilder üblich. Auch hier ist das Bild nach a) das am meisten verbreitete. Dieses Bild finden wir ebenfalls in den Normalschaltungsbildern für Meßwandlerzähler. Die Darstellung nach b) ist wiederum die neuerdings vom VDE festgelegte.

Wenn mit Rücksicht auf die räumliche Lage der Klemmen oder aus anderen Gründen die genaue Befolgung des Schaltungsbildes nicht möglich oder unzweckmäßig ist, so darf an Stelle der im Schaltungsbild angegebenen Primärklemme des Wandlers auch die andere Klemme verwendet werden, d. h. die beiden Primärklemmen können vertauscht werden. In diesem Fall müssen aber unbedingt auch die Anschlüsse auf der Sekundärseite gleichfalls vertauscht werden. Dagegen ist es unzulässig, nur auf der Primärseite oder nur auf der Sekundärseite eine Vertauschung vorzunehmen, da eine solche Vertauschung nur auf einer Seite einer Umpolung der in Frage kommenden Spule des angeschlossenen Meßgerätes entsprechen würde. Wenn beispielsweise in einem Schaltungsbild angegeben ist, daß die Klemme L_1 eines Stromwandlers mit der von der Zentrale kommenden Netzleitung zu verbinden ist und die Klemme L_2 mit der zum Verbraucher führenden Leitung verbunden werden soll, so kann auch umgekehrt verfahren werden, d. h. die von der Zentrale kommende Leitung darf mit L_2, die an den Verbraucher führende Leitung an L_1 gelegt werden, wenn gleichzeitig diejenige Zählerklemme, die mit der Sekundärklemme l_1 zu verbinden wäre, mit l_2 verbunden wird, und umgekehrt. d. h. die beiden in Abb. 238 gezeichneten Schaltungen sind in ihrer Wirkung gleichwertig.

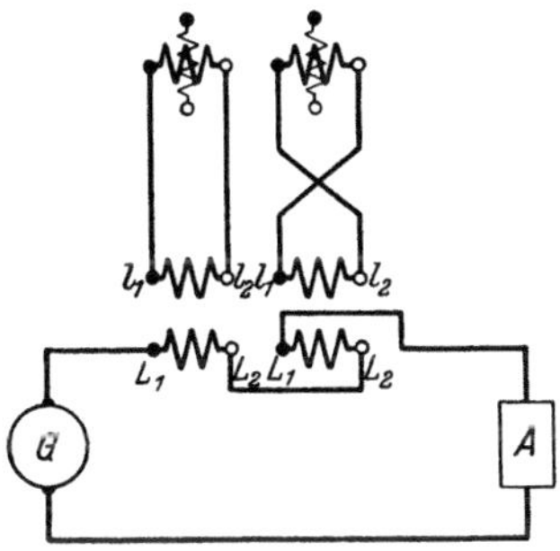

Abb. 238. Gleichwertige Schaltungen von Stromwandlern.

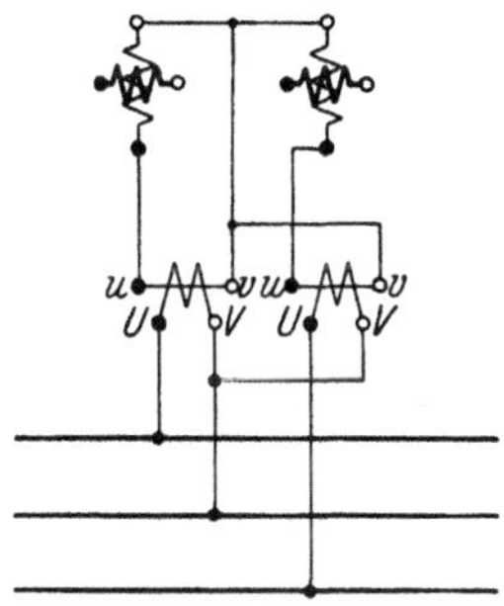

Abb. 239. Meßwandlerzähler in Aronschaltung.

Von obigem macht man oft Gebrauch bei Spannungswandlern, die in Drehstromnetzen in Verbindung mit Zählern und anderen Meßgeräten mit zwei Meßwerken in Aronschaltung Verwendung finden, da es hier mit Rücksicht auf die Leitungsführung gelegentlich zweckmäßig erscheint, bei dem einen Wandler die Anschlüsse zu vertauschen. Bei der Aronschaltung sind die Enden der Spannungsspulen beider Meßwerke miteinander zu verbinden. Beim Anschluß an Spannungswandlern müssen entsprechend die Enden der Primärwicklungen miteinander verbunden sein. Ferner sind die Enden der Sekundärwicklungen auch miteinander zu verbinden und an diesen Verbindungspunkt der gemeinschaftliche Endpunkt der Spannungsspulen zu legen. Eine derartige Schaltung zeigt Abb. 239, in der der Anschluß der Stromspulen der Übersichtlichkeit halber fortgelassen ist. Die praktische Durchführung der Schaltung macht insofern Schwierigkeiten, als man bei dieser Schaltung entweder einen der Wandler um 180° gegen den anderen drehen muß (Abb. 240a), so daß die Sekundärklemmen in der Zelle bei dem einen Wandler vorne, bei dem anderen hinten zu liegen

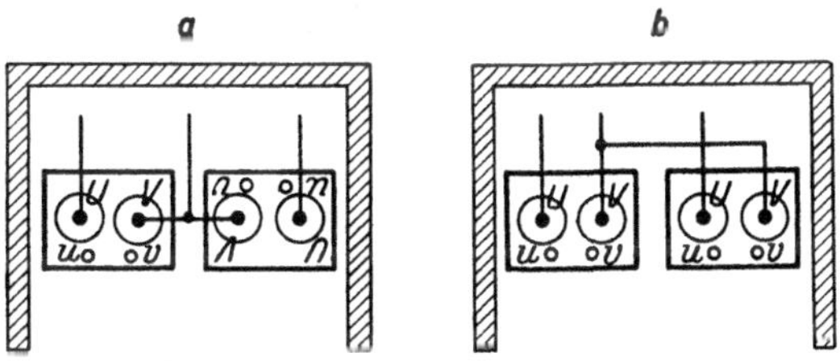

Abb. 240. Anordnung der Spannungswandler in der Hochspannungszelle.

kommen oder man muß, wie dies im Schaltbild der Fall ist, eine Kreuzung der Verbindungsleitung der *V*-Klemmen mit einer unter Hochspannung stehenden Leitung ausführen (Abb. 240b). Um dieses zu vermeiden, werden oft beide Wandler nebeneinander in der gleichen Weise aufgestellt und bei dem einen Wandler die Klemmen primär und sekundär vertauscht. Damit bei dieser Anordnung der scheinbare Widerspruch in bezug auf Klemmenbezeichnung zwischen der ausgeführten Schaltung und dem Schaltungsbild vermieden wird, erhalten die Wandler zuweilen doppelte Klemmenbezeichnung nach Abb. 241, wobei die eine Klemmenbezeichnung eingeklammert ist. Bei dieser Bezeichnung kann man nach Belieben die eine oder andere Klemme als *U* bezeichnen, je nachdem ob die nicht eingeklammerten oder die eingeklammerten Bezeichnungen berücksichtigt werden. Es müssen nur stets die zugehörigen Klemmenbezeichnungen gewählt werden, d. h. entweder sowohl auf der Primär- wie Sekundärseite alle nicht eingeklammerten oder alle eingeklammerten Bezeichnungen. Man wird keine Schwierigkeit beim Anschluß von Meßgeräten an Wandlern haben, wenn man sich stets vergegenwärtigt, daß es nicht auf die Klemmenbezeichnung oder Lage der Klemmen ankommt, sondern nur darauf, daß stets sekundär und primär die zusammengehörenden Klemmen berücksichtigt werden.

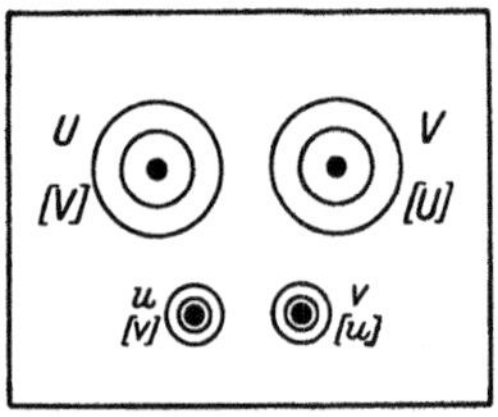

Abb. 241.
Doppelte Klemmenbezeichnung eines Spannungswandlers.

Am zweckmäßigsten ist es, wenn dies irgendwie möglich ist, den Anschluß auch in bezug auf die Klemmenbezeichnung genau nach Schaltungsbild vorzunehmen, da auf diese Weise die Gefahr, daß ein Schaltungsfehler unterläuft, am geringsten ist. Verzichtet man auf die Forderung, daß bei beiden Wandlern die Sekundärklemmen in der Zelle vorne zu liegen kommen, d. h. dreht man einen Wandler um 180^0, so ergibt sich eine in bezug auf die Leitungsführung auf der Hochspannungsseite einwandfreie Anordnung (Abb. 240a). In den meisten Fällen dürfte diese leider seltener benutzte Anordnung empfehlenswert sein. Ihre Vorteile überwiegen die Nachteile. Der Einwand, daß dabei bei dem rechten Wandler die Sekundärklemmen schlechter zugänglich sind, dürfte nicht stichhaltig sein, denn wenn die Anlage sich unter Spannung befindet, so sind die Sekundärklemmen auch dann unzugänglich, wenn sie vorne liegen. Allgemeine Regeln lassen sich jedoch nicht aufstellen, denn die Anordnung der Klemmen bei den Wandlern, die Anordnung der Hochspannungsleitungen, Größe der Zelle usw. können sehr verschieden sein.

Das eben über Spannungswandler Gesagte bezieht sich sinngemäß auf Stromwandler. Auch hier werden gelegentlich Doppelbezeichnungen der Klemmen verwendet.

Besondere Vorsicht ist beim Anschluß von Meßwandlern mit mehreren Meßbereichen geboten. Bei Stromwandlern muß in Drehstromanlagen streng darauf geachtet werden, daß alle Wandler auf den gleichen Meßbereich geschaltet sind. Bei Spannungswandlern, bei denen die bereits mehrfach erwähnte Anordnung für 100 und 110 V auf der Sekundärseite sehr verbreitet ist, muß man gleichfalls darauf achten, daß bei allen Wandlern in einer Drehstromanlage der gleiche Meßbereich gewählt wird. Das Schaltbild eines solchen Spannungswandlers für 100 und 110 V Sekundärspannung zeigt Abb. 242. Dabei kann die 100 V-Anzapfung entweder am Anfang oder am Ende der Wicklung liegen, d. h. der Wandler hat entweder eine *u*-Klemme und zwei *v*-Klemmen oder umgekehrt. Besonders vorsichtig muß beim Gebrauch solcher Wandler beim Anschluß der Erdleitung verfahren werden. Wenn beispielsweise die Erdung an der Klemme *v* vorgenommen werden soll und diese Klemme doppelt vorhanden ist, so darf nur eine der Klemmen, und zwar zweckmäßigerweise diejenige, an die das Meßgerät angeschlossen ist, geerdet werden. Werden beide *v*-Klemmen mit der Erdleitung verbunden, so wird die Wicklungsabteilung, die zwischen den beiden *v*-Klemmen liegt, kurzgeschlossen. Dies führt zu einer Zerstörung des Wandlers. Seltener dürfte der Fall sein, daß an ein und demselben Spannungswandler für zwei Meßbereiche sowohl Meßgeräte für 100 wie für 110 V angeschlossen werden. Liegt jedoch ein solcher Fall vor, so darf natürlich auch in diesem Fall nur die eine Klemme geerdet werden. Ferner sei vor dem Erden der Klemmen von Meßgeräten gewarnt, weil hierbei sehr leicht ein Kurzschließen einer Zähler- oder Meßwandlerwicklung vorkommen kann, denn eine der Sekundärklemmen muß bei jedem Wandler natürlich unter allen Umständen geerdet sein. Dagegen ist es zweckmäßig, die Gehäuse der Meßgeräte zu erden.

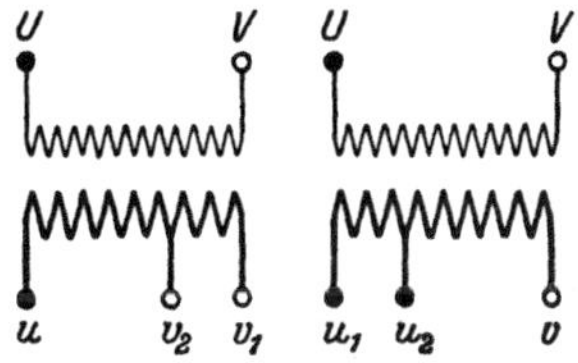

Abb. 242. Spannungswandler mit zwei Meßbereichen.

172. Berechnung der Konstanten der angeschlossenen Meßgeräte. Die an Meßwandler anzuschließenden Schalttafel-Zeigermeßgeräte, wie z. B. Spannungszeiger, Stromzeiger, Leistungszeiger usw. erhalten in den meisten Fällen eine solche Skala, daß die Spannung des Netzes, die Stromstärke oder die Leistung direkt abgelesen werden kann, d. h. daß das Übersetzungsverhältnis der zugehörigen Wandler auf der Skala der Meßgeräte bereits berücksichtigt ist. Die Präzisionsmeßgeräte werden dagegen normalerweise entsprechend den sekundären Nenngrößen der Wandler ausgeführt. Ihre Angaben müssen dann mit einer dem Übersetzungsverhältnis der Wandler entsprechenden Konstanten multipliziert werden. Bei Zählern hat man früher in den meisten Fällen das

Übersetzungsverhältnis im Zählwerk gleichfalls so gewählt, daß das Übersetzungsverhältnis der Wandler mit berücksichtigt wurde, so daß aus den Angaben der Zähler der Verbrauch in der Anlage direkt bestimmt werden konnte. Neuerdings verwendet man jedoch im steigenden Maße zum Anschluß an Meßwandler Zähler für 5 A und 100 oder 110 V, bei denen das Übersetzungsverhältnis des Zählwerkes so gewählt ist, daß die Angaben des Zählers den Sekundärgrößen entsprechen. Die Angaben solcher Zähler müssen dann mit der dem Übersetzungsverhältnis der Wandler entsprechenden Konstanten multipliziert werden. Dieses zweite Verfahren ist dem ersten vorzuziehen, weil man dabei unabhängig vom Übersetzungsverhältnis der anzuwendenden Wandler stets mit einer Art von Zählern auskommt. Dies erleichtert in hohem Maße die Lagerhaltung, Eichung und bringt Ersparnisse, weil weniger Reservezähler auf Lager zu halten sind. Wenn man dieses Verfahren folgerichtig anwendet, so wird man auch kaum Fehler begehen. Werden dagegen Zähler verwendet, bei denen das Übersetzungsverhältnis der Wandler bereits berücksichtigt ist, so kann es vorkommen, daß man beim Ausbau des Zählers zwecks Behebung eines Fehlers oder dgl. nicht immer einen entsprechenden Ersatzzähler haben wird. Man wird dann gezwungen sein, vorübergehend einen Zähler zu verwenden, welcher zu Wandlern anderer Übersetzungsverhältnisse gehört. Es kann in solchen Fällen leicht vorkommen, daß man eine falsche Umrechnungskonstante wählt.

Wenn man Zähler oder andere Meßgeräte verwendet, die für sekundäre Nennstromstärken und Nennspannungen der Wandler geeicht sind, so müssen die Angaben dieser Meßgeräte mit dem Produkt der Übersetzungsverhältnisse der Strom- und Spannungswandler multipliziert werden. Bezeichnen wir diese Konstante mit K, so berechnet sie sich zu

$$K = \frac{J_1}{J_2} \cdot \frac{E_1}{E_2},$$

wobei J_1 und E_1 die primären und J_2 und E_2 die sekundären Nennstromstärken und Nennspannungen sind. Es sei z. B. ein Zähler an Spannungswandler mit dem Übersetzungsverhältnis 6000/100 V und Stromwandler 150/5 A angeschlossen. Die Angaben des Zählers müssen demnach mit $K = \frac{6000}{100} \cdot \frac{150}{5} = 1800$ multipliziert werden.

Wenn ein Zähler für eine Konstante K_1 geeicht ist, an Wandler, denen eine Konstante K_2 entspricht, angeschlossen wird, so müssen die Angaben des Zählers mit K_2/K_1 multipliziert werden. Z. B. möge an die oben angeführten Spannungs- und Stromwandler vorübergehend ein Zähler angeschlossen werden, dessen Übersetzungsverhältnis so gewählt ist, daß er den Verbrauch richtig beim Anschluß an Spannungswandler für 6000/100 V und Stromwandler 1000/5 A anzeigt. Es ist dann

$K_1 = \frac{6000}{100} \cdot \frac{1000}{5} = 12000$. Demnach müssen die Angaben dieses Zählers, wenn er an den ersten erwähnten Meßwandlersatz mit $K_2 = 1800$ angeschlossen wird, mit $\frac{K_2}{K_1} = \frac{1800}{12000} = 0{,}15$ multipliziert werden.

173. Einfluß der Wandler auf die Meßgenauigkeit Da sowohl die Strom- wie Spannungswandler mit gewissen Fehlern behaftet sind, so müssen diese Fehler bei genauen Messungen berücksichtigt werden. Bei Meßgeräten geschieht das auf die Weise, daß man Korrektionen anbringt, die den Fehlern des Wandlers entsprechen. Bei Zählern kommt normalerweise eine nachträgliche Anbringung einer Korrektion nicht in Betracht, dagegen muß der Einfluß der Wandler auf die Anzeigen der Zähler unter Umständen bei der Eichung berücksichtigt werden. Wir haben die einzelnen Fehler bei der Betrachtung der Strom- und Spannungswandler genau kennengelernt. Wenn ein Zähler sowohl an Strom- wie an Spannungswandler angeschlossen ist, so setzt sich der Gesamtfehler des Meßsatzes aus dem Fehler Δ_z des Zählers, dem Spannungsfehler Δ_E und dem Winkelfehler Δ_{δ_E} des Spannungswandlers, dem Stromfehler Δ_J des Stromwandlers und seinem Winkelfehler Δ_{δ_J} zusammen. Der Gesamtfehler Δ berechnet sich zu

$$\Delta = \Delta_z + \Delta_E + \Delta_J + \Delta_{\delta_E} + \Delta_{\delta_J},$$

wobei natürlich in diese Gleichung die einzelnen Fehler mit den zugehörigen Vorzeichen einzusetzen sind. (Die obige Gleichung gilt streng genommen nur dann, wenn die einzelnen Fehler klein sind.) In gewissen Fällen ist es bequemer, nicht mit dem Fehlwinkel des Spannungs- und Stromwandlers getrennt zu rechnen, sondern einen resultierenden Fehlwinkel δ zu bilden. Dieser ergibt sich zu

$$\delta = \delta_J - \delta_E.$$

Der gesamte Winkelfehler Δ_δ berechnet sich dann zu

$$\Delta_\delta = 0{,}0291 \cdot \delta' \cdot \operatorname{tg} \varphi.$$

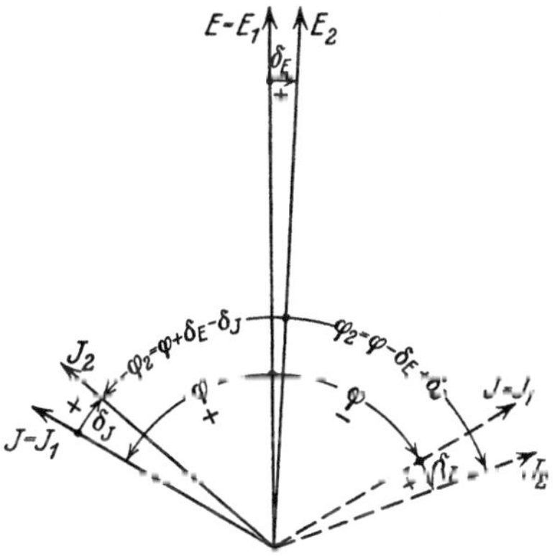

Abb. 243. Phasenverschiebung φ und die Fehlwinkel δ_E und δ_J.

Die Richtigkeit der obigen Beziehungen zeigt uns die Betrachtung der Abb. 243. $E = E_1$ ist die Netzspannung bzw. die Primärspannung des Spannungswandlers, der die Sekundärspannung E_2 um den Winkel δ_E voreilt, also δ_E positiv. Der Sekundärstrom J_2 des Stromwandlers eilt um den Winkel δ_J dem Primärstrom (Netzstrom) $J = J_1$ gleichfalls vor, d. h. auch δ_J ist positiv (s. hierzu 150 und 159). Wir betrachten zuerst die ausgezogen gezeichnete Lage der Ströme, d. h. induktive Belastung, Phasenverschiebung $+\varphi$. Dann sehen wir, daß die Phasenverschiebung φ_2 zwischen dem Strom J_2 und der Spannung E_2, also auf der Sekundärseite der Wandler, gegenüber der tatsächlichen Verschiebung im Netz um den Winkel δ_E größer und den Winkel δ_J kleiner ist als φ, d. h. $\varphi_2 = \varphi + \delta_E - \delta_J$. Ein positives δ_E verursacht also einen negativen Fehler, ein positives δ_J einen positiven. Bei kapazitiver Belastung, für die die Lage der Ströme gestrichelt gezeichnet ist, liegen die Verhältnisse gerade umgekehrt.

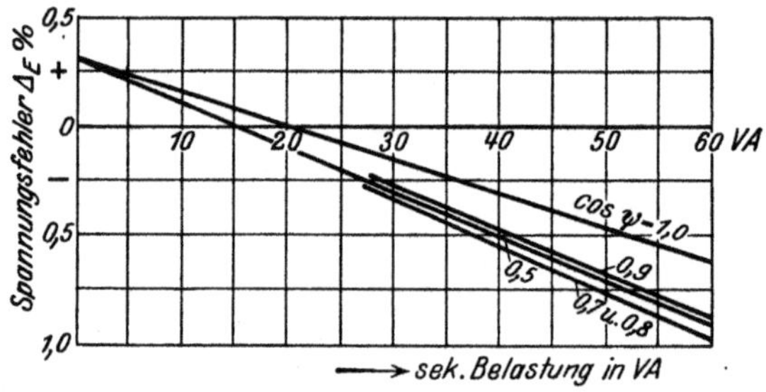

Abb. 244. Δ_E in Abhängigkeit von der sek. Belastung.

Es sei noch hervorgehoben, daß, wenn die Wandler einen positiven Gesamtfehler ergeben, der Zähler für sich den gleichen negativen Fehler erhalten muß, damit der Gesamtfehler Null ist, und umgekehrt.

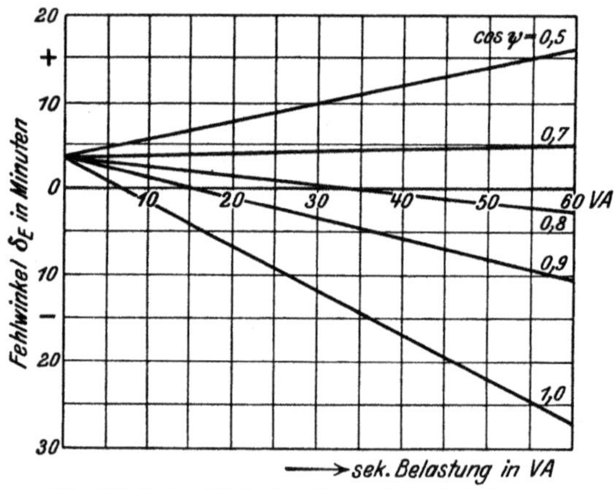

Abb. 245. δ_E in Abhängigkeit von der sek. Belastung.

Die obigen Formeln gelten auch für Drehstromzähler bei gleichseitiger Belastung, wenn für die Wandler der zwei bzw. drei Meßwerke $\Delta_E + \Delta_J$ und δ die gleichen Werte haben, d. h. daß die Wandler bei gleicher Belastung der Meßwerke den gleichen Einfluß auf die Meßwerte ausüben.

Trifft dies nicht zu, so berechnet sich der Gesamtfehler des Zählers entsprechend der Belastung der einzelnen Meßwerke und den Eigenschaften der einzelnen Wandler (Näheres s. in dem unter 46 angeführten Buch von Möllinger, S. 196 und folgende). Unter Annahme symmetrischer Belastung berechnet sich für den Wirkverbrauchzähler in Aronschaltung bei ungleichen Wandlern der durch die Wandler verursachte zusätzliche Fehler $\Delta_W = \Delta_E + \Delta_J + \Delta_\delta$ zu

$$\Delta_W = \frac{1}{2}\Big[(\Delta_{E_I} + \Delta_{J_I} + \Delta_{E_{II}} + \Delta_{J_{II}}) - \frac{1}{3}\sqrt{3}\cdot 0{,}0291\,(\delta_{J_I} - \delta_{E_I} - \delta_{J_{II}} + \delta_{E_{II}})$$

$$+ 0{,}0291 \operatorname{tg}\varphi\,(\delta_{J_I} - \delta_{E_I} + \delta_{J_{II}} - \delta_{E_{II}}) + \frac{1}{3}\sqrt{3}\operatorname{tg}\varphi\,(\Delta_{E_I} + \Delta_{J_I} - \Delta_{E_{II}} - \Delta_{J_{II}})\Big],$$

wobei der Index *I* bzw. *II* bei den Strom- und Spannungsfehlern und bei den Fehlwinkeln, die Wandler des vor- bzw. nacheilenden Meßwerkes andeuten (s. hierzu 93). φ muß in die Gleichung nach seinem Vorzeichen eingesetzt werden.

Praktisch dürfte in den meisten Fällen die Berechnung der durch die Wandler verursachten zusätzlichen Fehler unter Annahme gleicher Eigenschaften der Wandler genügen, weil die durch die Ungleichheit der einzelnen Meßwerke des Zählers selbst verursachten Fehler größer sein dürften als die durch die Ungleich-

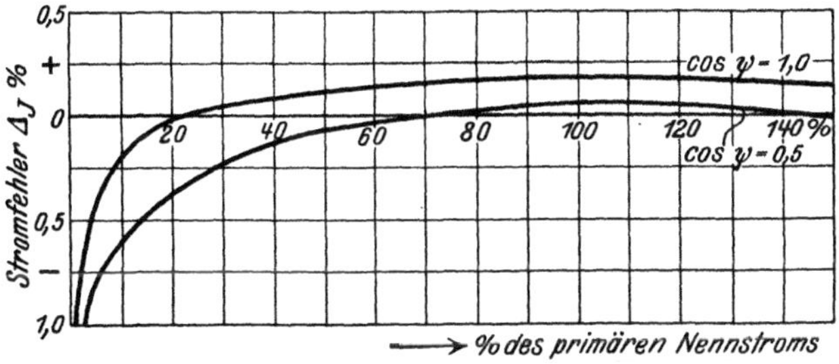

Abb. 246. Δ_J in Abhängigkeit vom Belastungsstrom.

heit der Wandler verursachten. Man setzt dabei zweckmäßigerweise für Δ_E, Δ_J und δ den Mittelwert aus den Werten für die Wandler der zwei oder drei Meßwerke. Unter Umständen lassen sich die Strom- und Spannungswandler für die verschiedenen Meßwerke so kombinieren, daß die Werte $(\Delta_E + \Delta_J)$ bzw. $(\delta_J - \delta_E)$, also auch Δ_δ für beide Meßwerke praktisch gleich sind.

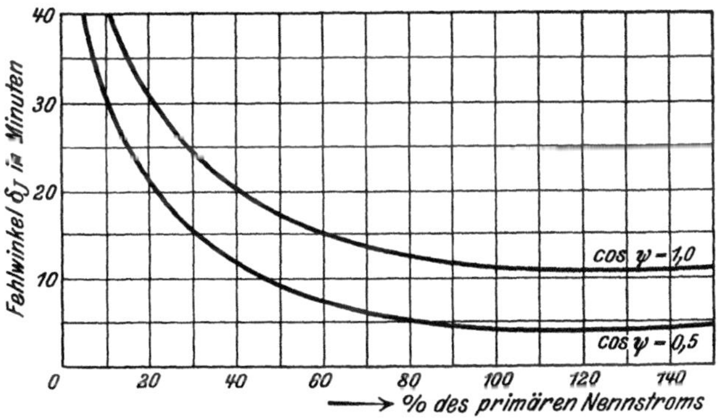

Abb. 247. δ_J in Abhängigkeit vom Belastungsstrom.

Am zweckmäßigsten ist es, die durch Wandler verursachten Fehler des Zählers mit Hilfe der Tab. 11 (S. 506) zu ermitteln. Diese Tabelle erlaubt für die wichtigsten Belastungsfälle sowohl für Wirk- wie für Blindverbrauchzähler, für die die Verhältnisse entsprechend liegen, die Fehler leicht zu bestimmen.

Die Größe der einzelnen Fehler kann auch bei Wandlern ein und derselben Klasse, jedoch verschiedener Type, sowohl bei Nennbelastung wie bei Teillasten und dgl. verschieden sein. Einen gewissen Begriff über die Abhängigkeit der einzelnen Fehlergrößen von der Größe der Belastung und cos ψ geben die Kurven Abb. 244, 245, 246 und 247, in denen für Spannungswandler und Stromwandler der Klasse E bestimmter Ausführung die Spannungsfehler bzw. Stromfehler und Fehlwinkel aufgetragen sind.

IV. Prüfung von Meßwandlern.

174. Allgemeines. Bei Meßwandlern kommt im Gegensatz zu Zählern eine Eichung im eigentlichen Sinne dieses Wortes (s. hierzu 202) nicht in Betracht, da bei fertigen Wandlern keine Reguliermittel vorhanden sind, mit deren Hilfe man sie irgendwie einstellen kann. Es kommt deshalb bei Wandlern nur ein Feststellen ihrer Eigenschaften, d. h. eine Prüfung in Frage. Diese erstreckt sich im wesentlichen auf folgende Punkte: 1. Bestimmung der Fehler, 2. Prüfung der Klemmenbezeichnung, 3. Prüfung der Isolation.

Da die entsprechenden Prüfungen bei Strom- und Spannungswandlern analog durchgeführt werden, so wollen wir die einzelnen Prüfungen für beide Wandlerarten im Zusammenhang behandeln. Wir machen noch ausdrücklich darauf aufmerksam, daß man bei der Wandlerprüfung mit der nötigen Vorsicht vorzugehen hat, insbesondere müssen bei Spannungswandlern bei der Prüfung stets die Gehäuse und eine der Sekundärklemmen, bei einigen Prüfmethoden auch eine der Primärklemmen geerdet sein. Bei Stromwandlern muß darauf geachtet werden, daß die Sekundärklemmen beim belasteten Wandler nicht offen bleiben.

175. Bestimmung der Fehler. Die wichtigste Prüfung ist bei jedem Wandler die Bestimmung seiner Fehler, von deren Größe ja die Genauigkeit der Anzeigen der an den Wandler angeschlossenen Meßgeräte abhängt. Die Abhängigkeit der Fehler von der Belastung, Spannung und Frequenz bei verschiedenen Wandlern einer Type ist praktisch stets die gleiche. Es genügt deshalb für das betreffende Wandlermodell die charakteristischen Fehlerkurven einmal genau festzulegen und dann bei den einzelnen Wandlern die Kontrollmessung nur auf einen oder wenige Belastungspunkte auszudehnen. Die Bestimmung der Spannungs- bzw. Stromfehler und der Fehlwinkel erfolgt normalerweise mit Hilfe ein und derselben Meßeinrichtung. An neuzeitliche Wandler, die zum Anschluß von Zählern dienen, werden, wie wir gesehen haben, hohe Anforderungen an die Meßgenauigkeit gestellt. Dies bedingt, daß die Meßwandlerprüfeinrichtungen, die den höchsten Anforderungen entsprechen, verhältnismäßig verwickelt und kostspielig sind. Aus diesem Grunde finden solche Einrichtungen nur dort Anwendung, wo Wandler in größerer Zahl verwendet werden. In anderen Fällen begnügt man sich oft mit der Annahme, daß die von der Fabrik gelieferten Wandler den vorgeschriebenen Anforderungen genügen. Dies trifft auch in der Tat in den meisten Fällen zu. Da jedoch die Wandler in Verbindung mit Zählern verwendet werden, auf Grund deren Angaben große Energiemengen gemessen werden, so ist es empfehlenswert, auch in Eichräumen kleineren Umfanges Wandlerprüfeinrichtungen aufzustellen. Es sind auch in neuerer Zeit vereinfachte Wandlerprüfeinrichtungen auf den Markt gekommen, die eine für die meisten Fälle genügend genaue Feststellung der Wandlerfehler gestatten[1].

a) Bestimmung der Fehler von Spannungswandlern. Das zuverlässigste und genaueste Verfahren zur Bestimmung der Fehler von Spannungswandlern ist das Kompensationsverfahren. Bei ihm werden zwei Spannungen, von denen die eine ein genau bestimmter Bruchteil der Primärspannung, die andere ein gleichfalls genau bestimmter Teil der Sekundärspannung ist, gegeneinander geschaltet. Nach erfolgter Abgleichung, also Stromlosigkeit des Nullinstrumentes kann das Übersetzungsverhältnis bzw. der Spannungsfehler Δ_E des Wandlers bestimmt werden. Ferner wird gleichzeitig auch der Fehlwinkel δ_E ermittelt. Als Nullinstrument kommt in erster Linie das Vibrationsgalvanometer in Betracht. Eines der am meisten verbreiteten Kompensationsverfahren für Spannungswandler — in Deutschland wohl das fast ausschließlich benutzte — ist das in der PTR von Schering entwickelte. Eine nähere Beschreibung dieses Verfahrens findet man in dem unter 46 erwähnten Buch von Möllinger S. 232.

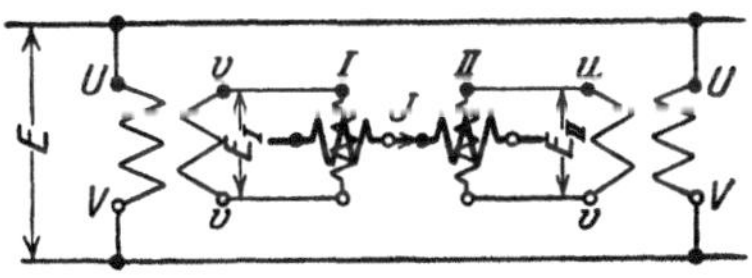

Abb. 248. Kontrolle eines Spannungswandlers.

Die nächstliegende Methode zur Bestimmung des Spannungsfehlers ist die, daß man mit geeigneten Spannungsmeßgeräten direkt die Primär- und Sekundärspannung eines Wandlers bestimmt. Die Sekundärspannung kann direkt mit einem Spannungszeiger, beispielsweise für 120 V, die Primärspannung unter Zwischenschaltung eines besonders genauen Normalspannungswandlers gemessen werden. Dieses Verfahren läßt jedoch keine hohe Meßgenauigkeit erzielen und gibt keinen Aufschluß über die Größe des Fehlwinkels. Es ist immerhin von Nutzen, wenn man sich annähernd über die Genauigkeit eines Spannungswandlers überzeugen will. Wenn man an Stelle der Voltmeter Wattmeter zu Hilfe nimmt, so kann man auch den Fehlwinkel bestimmen. Abb. 248 zeigt die in Betracht kommende Schaltung. Die Stromspulen von zwei gleichen Wattmetern I und II sind in einer Zähler-

[1] S. hierzu O. Sieber: Eine neue tragbare Stromwandler-Prüfeinrichtung. Siemens-Zeitschrift Bd. 9, H. 12, S. 845. 1929.

prüfeinrichtung in Reihe geschaltet. Der Spannungskreis des Wattmeters I liegt an der Sekundärwicklung eines Normalspannungswandlers, der des Wattmeters II an der Sekundärwicklung des zu prüfenden Wandlers. Beide Wandler haben das gleiche Sollübersetzungsverhältnis. Die Primärwicklungen der beiden Wandler werden von der Spannungsseite der Zählerprüfeinrichtung unter Zwischenschaltung entsprechender Transformatoren, die die Primärspannung E liefern, gespeist. Stellt man Phasengleichheit zwischen dem Strom J, der die Stromspulen der Wattmeter durchfließt, und der Sekundärspannung des Normalwandlers her, so kann man aus dem Verhältnis der von beiden Wattmetern angezeigten Leistung den Spannungsfehler bestimmen. Die von beiden Wattmetern angezeigten Leistungen sind:

$$N_I = J \cdot E_I \quad \text{und} \quad N_{II} = J \cdot E_{II},$$

wobei J der für beide Wattmeter gemeinschaftliche Strom, E_I die Sekundärspannung des Normalwandlers und E_{II} die des zu prüfenden Wandlers ist. Demnach ist $\frac{E_{II}}{E_I} = \frac{N_{II}}{N_I}$. Da die Primärspannung E für beide Wandler die gleiche ist, so kann hieraus der Spannungsfehler Δ_E des zu prüfenden Wandlers berechnet werden, und zwar ist er

$$\Delta_E = \frac{E_{II} - E_I}{E_I} \cdot 100\,\% = \frac{N_{II} - N_I}{N_I} \cdot 100\,\%.$$

Bei $\cos\varphi = 1$ spielen die Fehlwinkel praktisch keine Rolle. Geht man nun auf induktive Belastung $\cos\varphi = 0$ über, indem man durch Verschieben der Einrichtung zur Phasenregulierung den Ausschlag des Wattmeters I auf Null bringt, so ist unter der Annahme, daß der Normalwandler und die beiden Wattmeter selbst keinen Fehlwinkel haben, der Ausschlag des Wattmeters II proportional dem Sinus des Fehlwinkels δ_E des zu prüfenden Wandlers. In diesem Fall ist nämlich

$$N_{I0} = E_I \cdot J \cdot \cos 90^0 = 0$$

und

$$N_{II0} = E_{II} \cdot J \cdot \cos(90^0 + \delta_E).$$

Berücksichtigen wir, daß $\cos(90^0 + \delta_E) = -\sin\delta_E$ ist (z. Zus. I 6d) und daß $\sin\delta_E \approx 0{,}000291\,\delta'_E$ ist, wobei δ'_E den Winkel δ_E in Minuten bedeutet (s. Zus. I 6c), so erhalten wir

$$N_{II0} = -E_{II} \cdot J \cdot \sin\delta_E = -0{,}000291 \cdot E_{II} \cdot J \cdot \delta'_E.$$

Hieraus

$$\delta'_E = -\frac{N_{II0}}{0{,}000291 \cdot E_{II} \cdot J} = -3440 \cdot \frac{N_{II0}}{E_{II} \cdot J}.$$

Das Verhältnis $\frac{N_{II0}}{E_{II} \cdot J}$ ist das Verhältnis der Wattmeterausschläge bei $\cos\varphi = 0$ und $\cos\varphi = 1$. Dabei ist zu beachten, daß der Wattmeterausschlag bei $\cos\varphi = 0$ in die Gleichung mit seinem Vorzeichen einzusetzen ist. Wenn beispielsweise der Ausschlag des Wattmeters *II* bei $\cos\varphi = 1$ $\alpha_1 = 110$ Teilstriche gewesen ist, bei $\cos\varphi = 0$ $\alpha_0 = -0{,}7$, so berechnet sich der Fehlwinkel in Minuten zu

$$\delta'_E = -3440 \cdot \frac{\alpha_0}{\alpha_1} = -3440 \cdot \frac{-0{,}7}{110} = +22' .$$

Bei der eben beschriebenen Bestimmung des Spannungsfehlers Δ_E müssen der Spannungsfehler des Normalwandlers und die Korrektionen der beiden Wattmeter berücksichtigt werden; bei der Bestimmung des Fehlwinkels müssen der Fehlwinkel des Normalwandlers und die Fehlwinkel der beiden Wattmeter berücksichtigt werden. Da die genügend genaue Bestimmung dieser Korrektionsgrößen schwierig ist, so kann praktisch mit dem geschilderten Verfahren keine sehr hohe Meßgenauigkeit erzielt werden. Sinngemäß ist die beschriebene Methode auch mit Hilfe von zwei Zählern durchführbar, sie liefert dabei unter Beachtung entsprechender Vorsichtsmaßregeln unter Umständen genauere Ergebnisse als bei Anwendung von Wattmetern. Dieses gilt besonders in bezug auf den Fehlwinkel, da ein Zähler zur Messung kleiner Leistungen geeigneter ist als das Wattmeter.

b) Bestimmung der Fehler von Stromwandlern. Für die Bestimmung des Stromfehlers Δ_J und des Fehlwinkels δ_J bei Stromwandlern sind im Prinzip die gleichen Meßverfahren wie bei Spannungswandlern anwendbar. Auch hier ist die genauste Methode die Kompensationsmethode, wobei gleichfalls die in der PTR von Schering und Alberti angegebene Meßeinrichtung in erster Linie in Frage kommt. Auch hierüber findet der Leser Näheres in dem Buch von Möllinger. Angenähert kann der Stromfehler des Stromwandlers bestimmt werden, indem man die primäre und sekundäre Stromstärke des Wandlers direkt mit geeigneten Stromzeigern (gegebenenfalls unter Zwischenschaltung geeigneter Wandler) mißt. Will man gleichzeitig auch den Fehlwinkel bestimmen, so verwendet man wiederum Wattmeter. Abb. 249 zeigt die hierbei in Betracht kommende Schaltung, die ganz analog der oben für Spannungswandler behandelten aufgebaut ist. Unter Umständen kann hierbei der Normalstromwandler, an den das Wattmeter *I* angeschlossen ist, in Fortfall kommen, wenn das Wattmeter *I* für die primäre Stromstärke des zu untersuchenden Wandlers geeignet ist. An Stelle von Wattmetern können auch hier Zähler Verwendung finden. Bezeichnen wir mit N_I und N_{II} die von den beiden Wattmetern bei

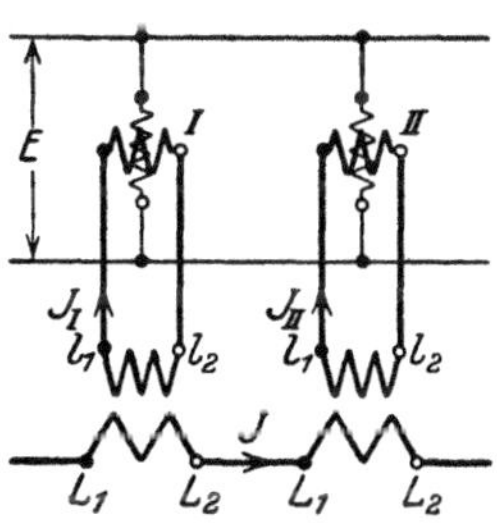

Abb. 249. Kontrolle eines Stromwandlers.

$\cos\varphi = 1$ angezeigten Leistungen, entsprechend mit N_{II0} die vom Wattmeter II bei $\cos\varphi = 0$ angezeigte Leistung mit J den Strom im Wattmeter II und mit E die für beide Wattmeter gemeinschaftliche Spannung, so berechnet sich der Stromfehler zu

$$\Delta_J = \frac{N_{II} - N_I}{N_I} \cdot 100\%$$

und der Fehlwinkel zu

$$\delta'_J = 3440 \frac{N_{II0}}{J \cdot E}.$$

Zu beachten ist, daß in diesem Falle in der Formel für den Fehlwinkel das Minuszeichen fehlt, was den Grund darin hat, daß beim Stromwandler im Gegensatz zum Spannungswandler ein positiver Fehlwinkel einen positiven Ausschlag des Wattmeters bei $\cos\varphi = 0$ zur Folge hat.

Auch bei der Bestimmung der Fehler des Stromwandlers müssen natürlich die Fehler des Kontrollwandlers und gegebenenfalls der Wattmeter berücksichtigt werden.

Bei der Prüfung der Genauigkeit müssen natürlich die Wandler stets durch Anschluß Ohmscher oder induktiver Widerstände an die Sekundärklemmen entsprechend belastet werden.

176. Prüfung der Klemmenbezeichnung. Die Richtigkeit der Klemmenbezeichnung von Strom- und Spannungswandlern ist beim Anschluß der Zähler von außerordentlicher Bedeutung (s. 171 und 232 u. ff.). Aus diesem Grunde ist es empfehlenswert, sowohl bei neuen Wandlern wie bei instandgesetzten sich vor dem Einbau der Wandler in der Installation stets von der Richtigkeit der Klemmenbezeichnung zu überzeugen, um so mehr als diese Prüfung leicht durchgeführt werden kann. Falls die Bestimmung der Genauigkeit der Wandler mit Hilfe einer Kompensationseinrichtung oder mit Wattmetern durchgeführt wird, so läßt sich schon bei dieser Prüfung ohne weiteres ein Schluß auf die Klemmenbezeichnung ziehen. Wenn nämlich, wie dies stets der Fall sein soll, bei der Kompensationseinrichtung die in Betracht kommenden Klemmen entsprechend bezeichnet sind und die Wandler entsprechend diesen Bezeichnungen angeschlossen werden, so kann die Messung nur dann ausgeführt werden, wenn die Klemmenbezeichnung in der Tat richtig ist. Muß eine der Wandlerwicklungen dagegen umgepolt werden, so ist die Klemmenbezeichnung falsch. Bei Anwendung von Wattmetern liegen die Verhältnisse ähnlich. Man muß durch einen entsprechenden Vorversuch sich überzeugen, was bei jedem Wattmeter als Anfänge und Enden der Strom- und Spannungsspulen anzusehen sind. Kann dann bei $\cos\varphi = 1$ die Messung ordnungsmäßig durchgeführt werden, d. h. ohne Umpolung des richtig angeschlossenen Wattmeters, so sind die Klemmen des zu prüfenden Wandlers richtig bezeichnet. Selbstverständlich muß vorher auch die Richtigkeit der Klemmenbezeichnung der evtl. zur Anwendung kommenden Normalwandler festgestellt werden. Auch dann, wenn man mit Hilfe von Wattmetern die Genauigkeit der Wandler nicht zu prüfen beabsichtigt, kann die wattmetrische Methode sinngemäß zur Prüfung der Klemmenbezeichnung dienen. Wenn passende Normalwandler, bei denen die Klemmenbezeichnung sicher richtig ist, vorhanden sind, so kann die Prüfung der Klemmenbezeichnung noch einfacher wie folgt ausgeführt werden.

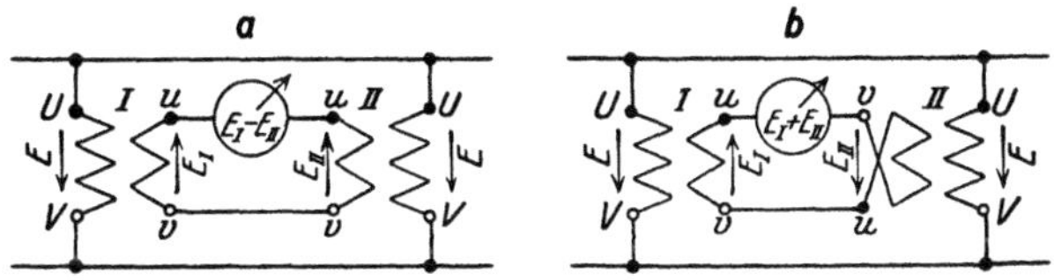

Abb. 250. Prüfung der Klemmenbezeichnung eines Spannungswandlers.

a) Spannungswandler. Wie Abb. 250a zeigt, werden die Primärwicklungen eines Normalwandlers *I* und des zu prüfenden Wandlers *II* unter Berücksichtigung der Klemmenbezeichnungen parallel an eine geeignete Spannung, etwa die Nennspannung gelegt. Die Sekundärklemmen *v* der beiden Wandler werden miteinander verbunden. Ist die Klemmenbezeichnung richtig, so ist die mit einem Spannungszeiger zwischen den Klemmen *u* der beiden Wandler gemessene Spannung gleich der Differenz $E_I - E_{II}$ der Sekundärspannungen der beiden Wandler. Wenn beide Wandler das gleiche Übersetzungsverhältnis haben, so ist diese Differenz gleich Null. Ist die Klemmenbezeichnung des zu prüfenden Wandlers falsch, so entspricht die Schaltung der Abb. 250b. Der Spannungszeiger zeigt in diesem Fall die Summe $E_I + E_{II}$ der beiden Spannungen.

b) Stromwandler. Die Prüfung erfolgt hier ganz analog wie bei Spannungswandlern, nur kommt an Stelle des Spannungszeigers ein Stromzeiger *A* zur Anwendung. Die Verhältnisse bei richtiger Klemmenbezeichnung zeigt Abb. 251a, bei falscher Abb. 251b. Die Stromstärke im Stromzeiger ist bei richtiger Klemmenbezeichnung gleich der Differenz, bei falscher Klemmenbezeichnung gleich der Summe der beiden sekundären Stromstärken.

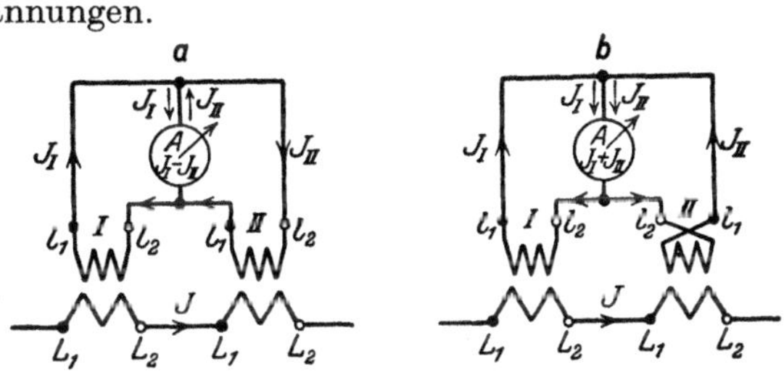

Abb. 251. Prüfung der Klemmenbezeichnung eines Stromwandlers.

Wir haben eben angenommen, daß auf der Sekundärseite der Wandler eine Kreuzung der Zuleitungen bzw. falsche Klemmenbezeichnung vorliegt. Wir können auch stets umgekehrt die sekundären Bezeichnungen als richtig ansehen und stellen dann fest, ob die Bezeichnungen auf der primären Seite richtig sind oder nicht.

177. Prüfung der Isolation. Am wichtigsten ist bei der Prüfung der Isolation von Strom- und Spannungswandlern die Spannungsprüfung, die in der Weise durchgeführt wird, daß eine Prüfspannung von entsprechender Höhe zwischen der Primärwicklung einerseits und der Sekundärwicklung und Eisen, die miteinander verbunden werden, andererseits gelegt wird. Ferner wird mit einer entsprechend niedrigeren Spannung die Isolation der Unterspannungswicklung gegen den Eisenkern und das Gehäuse geprüft. Bei diesen Prüfungen sind alle Primäranschlüsse untereinander und alle Sekundäranschlüsse untereinander zu verbinden. Bei Wandlern mit mehreren Meßbereichen mit unterteilter Wicklung muß auch die Isolation der einzelnen Wicklungsteile gegeneinander mit entsprechender Spannung geprüft werden. Bei Spannungswandlern ist ferner eine Windungsprüfung empfehlenswert. Diese wird so durchgeführt, daß man den Wandler etwa an die doppelte Betriebsspannung legt. Auf diese Weise wird auch die Spannung zwischen den einzelnen Windungen bzw. einzelnen Lagen die doppelte sein. Damit bei dieser Prüfung die Induktion im Eisen nicht zu hoch wird, wird der Versuch bei hoher Frequenz, zweckmäßig der doppelten Nennfrequenz durchgeführt.

Bei der Einstellung einer bestimmten Prüfspannung ist zu beachten, daß als Prüfspannung stets der Effektivwert einer sinusförmigen Spannungskurve gemeint ist. Diesem Effektivwert entspricht ein 1,41 mal größerer Scheitelwert (s. 20), mit dem eigentlich die Isolation beansprucht wird und der deshalb für die Prüfung maßgebend ist. Ist die Kurve der Prüfspannung spitz, so entspricht einem bestimmten Effektivwert bei ihr ein höherer Scheitelwert als bei einer sinusförmigen Kurve. In diesem Fall muß die Prüfspannung entsprechend herabgesetzt werden. Diese Tatsache wird oft nicht genügend beachtet.

Ferner ist es empfehlenswert, bei einer Nachprüfung von Wandlern die Prüfspannung etwas niedriger zu wählen, als sie bei der ersten Prüfung in der Fabrik angewandt wird, da man auf diese Weise der Gefahr entgeht, die Isolation des Wandlers zu stark zu beanspruchen. Diese Vorsichtsmaßregel bezieht sich vor allen Dingen auf die schon längere Zeit im Betrieb befindlichen Wandler.

Sechster Teil.

Eichung von Zählern.

I. Meßgeräte und Messungen.

178. Einleitung. Bevor wir zu der Behandlung der Eichung von Zählern übergehen, die für den praktisch tätigen Zählerfachmann der wichtigste Teil der Zählertechnik ist, wollen wir uns zuerst mit den elektrotechnischen Messungen im allgemeinen kurz befassen. Wir setzen dabei voraus, daß die Handhabung der Meßgeräte dem Leser aus der Praxis bekannt ist und wollen im folgenden nur die wichtigsten physikalischen Grundlagen der elektrotechnischen Meßkunde uns kurz vergegenwärtigen, ferner die für die Eichung der Zähler besonders wichtigen Tatsachen behandeln.

Wer sich über elektrische Meßgeräte und Meßverfahren näher unterrichten will, sei auf die Spezialbücher über elektrische Meßkunde verwiesen[1].

179. Einheiten. Maßsystem. Messen heißt feststellen, wieviel Einheiten eine Größe hat. So z. B. ist die Messung einer Länge die Feststellung, wieviel Längeneinheiten (z. B. cm) die betreffende Strecke hat. Die Längenmessung ist besonders einfach und anschaulich. Bei der Messung anderer Größen liegen die Verhältnisse schwieriger. Wir können beispielsweise zwar roh abschätzen, wie schwer ein Gegenstand ist, aber die genauere Bestimmung des Gewichtes oder der Vergleich mit der Einheit des Gewichtes ist nur unter Zuhilfenahme eines besonderen Gerätes, nämlich der Waage, möglich. Noch schwieriger liegen die Verhältnisse bei der Messung elektrischer Größen.

Um eine Größe zu messen, muß man vor allen Dingen wissen, in welchen Einheiten die betreffende Größe gemessen wird. Die wichtigsten elektrotechnischen Einheiten, das Ohm, das Ampere usw. haben wir bereits kennengelernt. Die sämtlichen Einheiten, in denen die verschiedenen physikalischen Größen gemessen werden, bilden ein Maßsystem.

---

[1] Jaeger, W.: Elektrische Meßtechnik. 3. Aufl. Leipzig: Barth 1928. — Keinath, G.: Die Technik der elektrischen Meßgeräte. 3. Aufl. München: Oldenbourg 1928. — Skirl, W.: Elektrische Messungen. Siemens-Handbücher Bd. VI. Berlin 1928. — Skirl, W.: Wechselstrom-Leistungsmessungen, 3. Aufl. Berlin: Julius Springer 1930.

Im Grunde genommen könnte man für jede Größe eine beliebige Einheit wählen. So könnten wir z. B. als Einheit der Spannung oder elektromotorischen Kraft die Spannung eines bestimmten galvanischen Elementes ansehen. Eine derartige willkürliche Wahl der Einheiten wäre jedoch unzweckmäßig. Wir haben schon mehrfach gesehen, daß verschiedene Größen in einem ganz bestimmten Zusammenhang zueinander stehen, so z. B. zeigt uns das Ohmsche Gesetz den Zusammenhang der Spannung, der Stromstärke und des Widerstandes.

Die Physik hat ein Maßsystem geschaffen, welches man das absolute Maßsystem nennt. In ihm sind als Grundeinheiten die Einheit der Länge, der Masse (Stoffinhalt) und der Zeit angenommen, und zwar sind diese Einheiten das Zentimeter (cm), das Gramm (g) und die Sekunde (sec). Man nennt deshalb dieses absolute Maßsystem auch das Zentimeter-Gramm-Sekunde-System oder kurz CGS-System.

Die übrigen Einheiten, die auf den gewählten Grundeinheiten beruhen, nennt man abgeleitete Einheiten. Den Ausdruck, der uns zeigt, wie eine abgeleitete Einheit von den Grundeinheiten abhängt, nennt man die Dimension der betreffenden Größe. Wenn z. B. die Einheit der Länge das Zentimeter und die Einheit der Zeit die Sekunde ist, so ist die Einheit der Geschwindigkeit eine solche Geschwindigkeit, bei der in einer Sekunde die Strecke von einem Zentimeter durchlaufen wird. Allgemein ist die Geschwindigkeit Weg dividiert durch Zeit. Wenn also der Weg 1 cm ist, die Zeit 1 sec, so ist die Geschwindigkeit $1\,\frac{\text{cm}}{\text{sec}}$. Dies ist die Dimension der Geschwindigkeit. Sie wird meist in der Form $\text{cm}\cdot\text{sec}^{-1}$ geschrieben. Die Einheiten des absoluten Maßsystems sind zum Teil für den praktischen Gebrauch zu klein, zum Teil zu groß. Es werden deshalb auch als Einheiten die Mehrfachen oder Bruchteile dieser Einheiten angewandt, so z. B. neben dem Zentimeter auch das Meter usw. Die Größe der abgeleiteten Einheiten, wie sie sich praktisch ergibt, hängt von der Genauigkeit der Messungen, die zur Festlegung der betreffenden Größe dienen, ab. Durch die Verfeinerung der Meßmethoden wird die Meßgenauigkeit im Laufe der Zeit gesteigert. Dies hat zur Folge, daß die abgeleiteten absoluten Einheiten im Laufe der Zeit sich praktisch etwas ändern. Um diesen Mißstand zu vermeiden, ist für den praktischen Gebrauch ein zwar dem absoluten Maßsystem angepaßtes, aber streng genommen von ihm unabhängiges Maßsystem, das praktische Maßsystem, geschaffen worden. Für die verschiedenen Größen dieses Systems sind bestimmte Einheiten festgelegt, so z. B. ist in dem praktischen Maßsystem das Ohm als der Widerstand einer Quecksilbersäule von bestimmten Abmessungen bei 0^0 C festgelegt. Dieses internationale Ohm kommt zwar dem absoluten Ohm nahe, ist aber mit ihm nicht identisch. Nach dem Ergebnis der neuesten Messungen ist das absolute Ohm um etwa $^7/_{10000}$, also 0,07% kleiner als das internationale Ohm.

180. Die wichtigsten Einheiten. Die wichtigsten uns interessierenden Einheiten (s. hierzu auch Zus. II) sind etwa wie folgt definiert[1]:

1. Die Einheit der Länge ist das Meter (m). Das Meter ist die Länge des im Internationalen Büro für Maß und Gewichte in Sèvres bei Paris aufbewahrten Normalmeters.

Ursprünglich sollte das Meter der 40millionste Teil der Länge des durch Paris gehenden Meridians sein. Die Abweichung des Meters von diesem Idealwert ist sehr gering, so daß man die Meridianlänge (Umfang der Erde) zu 40000 km annehmen kann.

---

[1] In den genauen Definitionen sind noch einige Feinheiten berücksichtigt.

2. Die Einheit der Masse ist das Kilogramm (kg). Das Kilogramm ist die Masse des im Internationalen Büro für Maß und Gewichte aufbewahrten Kilogrammstückes.

Das Kilogramm sollte ursprünglich die Masse von 1 dm³ Wasser größter Dichte (etwa bei 4°) sein. Praktisch trifft dies auch mit genügender Genauigkeit zu.

3. Die Einheit der Zeit ist die Sekunde (sec). Die Sekunde ist der 86400ste Teil des (mittleren) Sonnentages.

4. Die Einheit der Temperaturdifferenz ist ein Grad Celsius. Ein Grad ist das Hundertstel der Temperaturdifferenz zwischen der Siedetemperatur des Wassers (100°) unter normalem Druck von 760 mm Quecksilbersäule und der Temperatur des schmelzenden Eises (0°).

5. Die Einheit des elektrischen Widerstandes ist das internationale oder gesetzliche Ohm (Ω). Ein Ohm ist der Widerstand einer Quecksilbersäule von 1,06300 m Länge und 1 mm² Querschnitt bei 0°.

6. Die Einheit der Stromstärke ist das internationale oder gesetzliche Ampere (A). Ein Ampere ist die konstante Stromstärke, die in 1 sec aus einer wässerigen Silbernitrat-Lösung 0,00111800 g Silber ausscheidet.

Die übrigen praktischen Einheiten, die uns interessieren, leiten sich von diesen Einheiten, die in diesem Fall gewissermaßen die Grundeinheiten sind, in ähnlicher Weise wie im absoluten Maßsystem ab. So z. B. ist das Volt die Spannung, die an den Enden eines Widerstandes von 1 Ω herrscht, wenn in diesem Widerstand der Strom von 1 A fließt. Ein Watt ist die Leistung, die einer Spannung von 1 V und einer Stromstärke von 1 A entspricht. Es werden auch dekadische Vielfache oder Teile der oben angeführten Einheiten angewandt.

181. Elektrische Normalien. Obwohl als Ausgangspunkt im praktischen Maßsystem nach der Definition bei den elektrischen Einheiten das Quecksilber-Widerstandsnormal und das Silbervoltameter gelten, so sind aus praktischen Gründen die eigentlichen elektrischen Normalien Normalwiderstände aus festem Metall und Normalelemente.

a) Normalwiderstände. Als Material wird wegen geringer Thermo-EMK gegen Messing bzw. Kupfer das Manganin verwendet, und zwar je nach der Größe des Widerstandes mit Seide umsponnener Manganindraht, Manganinblechbänder oder Manganinguß, wobei der Widerstandskörper durch Schellacküberzug geschützt wird. Die Normalwiderstände werden meist in den Größen von $\frac{1}{100000}\,\Omega$, $\frac{1}{10000}\,\Omega$, $\frac{1}{1000}\,\Omega$ usw. bis 100000 Ω gebaut. Für Spezialzwecke werden auch Normalwiderstände anderer Größe, auch solche mit Abzweigungen verwendet.

Bei sehr genauen Messungen müssen die Abweichungen der Widerstände von ihrem Sollwert, die sich natürlich nie ganz vermeiden lassen, und der Einfluß der Temperatur berücksichtigt werden. Bei den meisten sogar sehr genauen technischen Messungen kann jedoch bei guten Widerständen direkt mit ihrem Sollwert gerechnet werden. Zur genauen Feststellung der Größe eines Normalwiderstandes und seines Temperaturkoeffizienten kann er an die Physikalisch-Technische Reichsanstalt (PTR) in Charlottenburg eingesandt werden, die in einem Prüfschein diese Werte angibt.

Die gebräuchliche Ausführungsform der Normalwiderstände ist die von Feußner (PTR) angegebene, wobei es zwei Modelle dieser Widerstände gibt, das kleine Modell für geringe Strombelastungen und das große Modell für hohe Strombelastungen.

Bei Widerständen von höheren Beträgen, etwa von 1 Ω aufwärts, dienen dieselben Klemmen bzw. Bügel zur Stromzuführung und zur Abnahme der Spannung; bei Widerständen kleinerer Ohmzahl sind die Strom- und Spannungsklemmen getrennt, damit man die Spannung direkt an den Enden des eigentlichen Widerstandskörpers abnimmt.

b) Normalelemente. Zur Zeit wird als Normalmaß für die elektromotorische Kraft ausschließlich das Weston-Normalelement verwendet, während früher das Clark-Element in Gebrauch war. Im Weston-Normalelement bildet den + Pol Quecksilber. Oberhalb des Quecksilbers befindet sich eine Paste aus Quecksilberoxydulsulfat (Merkurosulfat). Der — Pol ist durch Kadmiumamalgam gebildet. Als Elektrolyt (Flüssigkeit) dient eine Kadmiumsulfatlösung.

Man unterscheidet zwei Arten von Weston-Normalelementen; das sogenannte internationale Weston-Normalelement und das Weston-Normalelement oder Weston-Standardelement. Bei ersterem ist bei der Verwendungstemperatur der Elektrolyt eine gesättigte Lösung von Kadmiumsulfat. Damit diese Sättigung gewährleistet wird, sind in diesem Element am — Pol Kadmiumsulfatkristalle vorhanden. Bei der zweiten Art der Elemente ist bei der Gebrauchstemperatur die Konzentration des Elektrolyten immer die gleiche. Es sind keine Kadmiumsulfatkristalle vorhanden. Die Lösung ist erst bei einer niederen Temperatur (+ 4°) gesättigt. Die Elemente der ersten Art sind etwas zuverlässiger und deshalb als das praktische internationale Spannungsmaß gewählt worden. Im praktischen Gebrauch sind diese Elemente etwas unbequem, da bei ihnen die EMK von der Temperatur abhängig ist, und zwar fällt die EMK um etwa 0,00004 V (also etwa 0,04‰) bei 1° Temperaturerhöhung. Bei der zweiten Art der Elemente ist die EMK von der Temperatur praktisch unabhängig.

Der Sollwert der EMK des internationalen Weston-Normalelementes beträgt bei 20° 1,0183 V, beim Weston-Standardelement 1,0187 V. Die EMK einzelner Elemente weicht von diesen Sollwerten im allgemeinen etwas ab. Deshalb muß bei genauen Messungen der tatsächliche Wert der EMK bekannt sein. Man läßt die Elemente deshalb zweckmäßigerweise von der PTR prüfen und entnimmt den genauen Wert der EMK dem Prüfschein. Es sei betont, daß den Normalelementen praktisch kein Strom entnommen werden darf. Die höchstzulässige Strombelastung beträgt bei Elementen der gebräuchlichen Größe etwa $^1/_{100}$ mA. Die Normalelemente werden deshalb so gut wie ausschließlich nur in Kompensationsschaltungen verwendet. Der innere Widerstand eines Normalelementes liegt bei den gebräuchlichen Elementen in der Größenordnung von 100 Ω.

182. Drehspulinstrumente. Wir wollen, ähnlich wie wir es bei der Behandlung der Wirkungsweise der Zähler gemacht haben, zuerst an einer bestimmten Art von Meßgeräten die wichtigsten in Betracht kommenden Tatsachen kennenlernen und betrachten zu diesem Zweck zuerst das Drehspulmeßgerät. Dieses beruht, wie die meisten elektrischen Meßgeräte, mit Ausnahme der sogenannten elektrostatischen, auf der Wirkung des elektrischen Stromes.

Das Meßwerk eines Drehspulmeßgerätes besteht, wie die schematische Abb. 252 zeigt, aus dem Dauermagneten *M*, der mit zwei Weicheisenpolschuhen *P* versehen ist, zwischen denen der zylindrische Eisenkern *K* sitzt. In dem Luftspalt zwischen den Polschuhen und dem Eisenkern befindet sich die Drehspule *D*. Sie ist in Spitzen und Lagersteinen oder auch auf andere Weise gelagert. Der Drehspule wird durch zwei flache Spiralfedern *F* der Meßstrom zugeführt. Dabei entsteht durch Zusammenwirken dieses Stromes mit dem magnetischen Fluß des Dauermagneten wie beim Magnetmotorzähler ein Drehmoment. Dieses ist bei einem gegebenen Instrument proportional der Stromstärke in der Drehspule. Unter dem Einfluß des Drehmomentes dreht sich die Drehspule um einen solchen Winkel, daß das Gegendrehmoment, welches durch die Spiralfedern *F* beim Verdrehen zustande kommt, dem durch den Strom erzeugten Drehmoment das Gleichgewicht hält. Die Ablenkung der Drehspule aus ihrer Nulllage wird am Ausschlag des an der Drehspule oder seiner Achse befestigten Zeigers *Z* auf einer Skala *S* abgelesen. Bei geeigneter Durchbildung des Meßgerätes ist der Ausschlag proportional der Stromstärke. Da die Richtung des Drehmomentes von der Richtung des Stromes abhängig ist, so ist das Drehspulinstrument nur für Gleichstrom verwendbar. Allerdings kann es bei Gleichstrom ohne Umschaltung für zwei Stromrichtungen verwendet werden, falls sein Nullpunkt in der Mitte der Skala liegt.

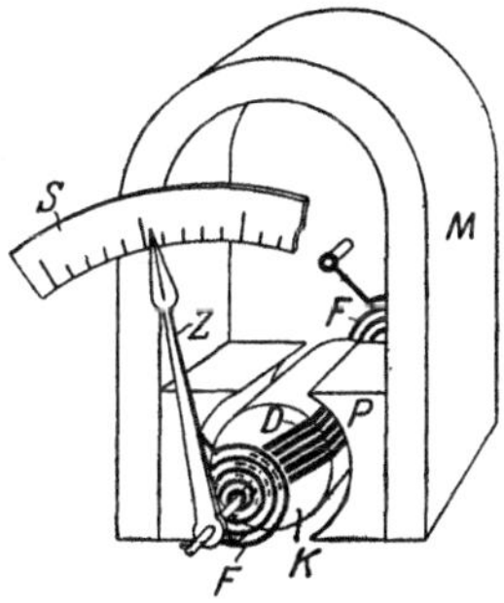

Abb. 252. Drehspulmeßwerk.

Damit der Ausschlag sich schnell bei Änderungen der Stromstärke einstellt, erhält das Drehspulinstrument eine besondere Dämpfung, die meist dadurch erzielt wird, daß die Drehspule auf ein Metallrähmchen gewickelt ist. Bei der Bewegung der Drehspule entstehen in diesem Rähmchen Bremsströme ähnlich wie in der Scheibe eines Motorzählers. Man muß sich aber im klaren sein, daß die Dämpfung beim Drehspulinstrument nicht die Bedeutung des Gegendrehmomentes hat wie bei einem Zähler, vielmehr ist das Gegendrehmoment beim Drehspulinstrument und bei den meisten anderen Meßgeräten durch eine Federkraft gegeben. Wenn die Dämpfung schwach ist, so macht der Zeiger einige Schwingungen, bevor er sich auf den richtigen Wert einstellt. Ist die Dämpfung sehr stark, so verhindert sie das rasche Einstellen des Meßgerätes, es „kriecht“ und braucht längere Zeit bis es sich auf den richtigen Wert einstellt. Die theoretisch günstigste Dämpfung ist eine solche, bei der das Meßgerät, ohne zu schwingen oder zu kriechen, sich einstellt. Eine solche Dämpfung nennt man eine aperiodische. Praktisch wird man die Dämpfung etwas schwächer als aperiodisch wählen.

Die Drehspulmeßgeräte lassen sich als außerordentlich empfindliche Instrumente bauen. Besonders empfindliche Meßgeräte nennt man Galvanometer. Nach oben ist die Stromstärke, für die man die Drehspule bauen kann, vor allem durch die Erwärmung der Federn, die als Zuleitungen dienen, begrenzt und man wird kaum durch eine Drehspule höhere Stromstärken als 0,1 A schicken. Zur Erweiterung des Strommeßbereiches verwendet man deshalb Nebenwiderstände, die praktisch für beliebig hohe Stromstärken gebaut werden können. Diese Schaltung ist uns bereits vom Magnetmotorzähler her bekannt.

Einem bestimmten Strome J im Meßgerät entspricht bei einem bestimmten Widerstand R des Gerätes ein bestimmter Spannungsabfall oder Klemmenspannung $E = J \cdot R$. Diese Tatsache zeigt uns, daß das Meßgerät auch zur Messung der Spannung benutzt werden kann, wobei man die Skala des Meßgerätes auch direkt in Volt eichen kann. Sollen höhere Spannungen gemessen werden als die, die dem Widerstand des Meßgerätes entsprechen, so erhöht man den Widerstand des Meßgerätes durch einen Vorwiderstand. Praktisch liegen die Verhältnisse so, daß bei Spannungsmessungen auf die eigentliche Drehspule meist nur ein ganz kleiner Teil der Spannung entfällt und der Rest vom Vorwiderstand aufgenommen wird. Es ist leicht einzusehen, daß bei der Spannungsmessung das Meßgerät selbst nur auf Strom anspricht. Umgekehrt kann bei der Strommessung mit Nebenwiderstand das eigentliche Meßgerät als ein Spannungsmesser (Millivoltmeter) aufgefaßt werden, der den Spannungsabfall an den Klemmen des Nebenwiderstandes mißt.

Drehspulmeßgeräte werden sowohl als Schalttafelinstrumente in verschiedenen Ausführungen gebaut wie auch als genaue Präzisionsinstrumente für Laboratoriumsmessungen. Für die Eichung von Gleichstromzählern kommen in erster Linie diese Meßgeräte in Betracht. Sie werden meist als kombinierte Millivolt- und Amperemeter gebaut. Verbreitet sind Millivolt- und -amperemeter für 60 mV Spannungsabfall und einen Widerstand von 2 Ω. Bei einem solchen Instrument entspricht also der Vollausschlag, meist 150 Skalenteile, 60 mV und $\frac{60}{2} = 30$ mA. Man kann mit einem solchen Meßgerät beliebig hohe Stromstärken messen, wenn man es an Nebenwiderstände anschließt, die bei der Nennstromstärke 60 mV Spannungsabfall haben[1]. Soll ein solches Instrument für Spannungsmessungen verwendet werden, so brauchen ihm nur Vorwiderstände von solcher Größe vorgeschaltet werden, daß bei der dem Vollausschlag entsprechenden Spannung der

[1] Bei niedrigen Stromstärken muß dabei bei der Bemessung des Nebenwiderstandes der Widerstand bzw. der Stromverbrauch des eigentlichen Meßgerätes berücksichtigt werden.

Strom im Instrument 30 mA beträgt, also Gesamtwiderstand 3333 Ω für je 100 V. Es werden auch Millivoltmeter mit höherem Widerstand gebaut, die den Vorteil haben, daß bei Strommessungen der Widerstand der Zuleitungen vom Instrument zum Nebenwiderstand eine geringere Rolle spielt. Verbreitet ist z. B. das „10-Ω-Instrument" von S. & H., das als Millivoltmeter einen Meßbereich von 45 mV hat, wobei sein Widerstand in diesem Fall 10 Ω ist. Die Schaltung ist so getroffen, daß bei Spannungsmessungen das Meßgerät bei Vollausschlag nur 3 mA aufnimmt. Demnach beträgt bei Spannungsmessungen der Widerstand 1000 Ω für je 3 V.

Die Neben- und Vorwiderstände können bis zu gewissen Stromstärken und Spannungen im Instrument selbst eingebaut werden. Soll das Instrument vielseitig verwendet werden, so ist die Verwendung getrennter Vor- und Nebenwiderstände, besonders solcher für mehrere Meßbereiche, vorteilhafter. Die Zeiger von Laboratoriumsinstrumenten werden zwecks genauer Ablesung meist als „Messerzeiger", bei Meßgeräten von H. & B. auch als „Fadenzeiger" ausgeführt. Zwecks Vermeidung der Parallaxe, also des Fehlers, der dadurch entsteht, daß man den Zeiger nicht genau senkrecht zur Skalenebene anvisiert, wird die Skala mit einem Spiegel hinterlegt. Bei der Ablesung muß der Zeiger sein Spiegelbild verdecken. Es sei noch bemerkt, daß man mitunter alle Drehspulinstrumente, auch solche, die weniger genau zeigen, als Präzisionsinstrumente bezeichnet. Diese Bezeichnung sollte jedoch vermieden werden.

Falls es sich um Messung oder Nachweis besonders niedriger Ströme handelt, so wird bei Galvanometern zur Bestimmung des Winkels, um den sich die Drehspule gedreht hat, die Spiegelablesung verwendet.

183. Elektrodynamische Instrumente. Wattmeter. Eine weitere wichtige Art von Meßgeräten sind die elektrodynamischen oder dynamometrischen. Abb. 253 zeigt schematisch das Meßwerk eines solchen Meßgerätes. Dieses besteht aus der feststehenden Spule *I* und der beweglichen *II*. Als Stromzuleitung zur beweglichen Spule werden, wie beim Drehspulinstrument, die zur Erzeugung des Gegendrehmomentes erforderlichen Federn, die in der Abbildung nicht gezeichnet sind, benutzt. Mit Rücksicht auf die Beeinflussung durch magnetische Felder kann die Dämpfung nicht durch Dauermagneten bewerkstelligt werden. Die Meßgeräte erhalten deshalb eine Luftdämpfung *D*. Wenn man durch die feste und bewegliche Spule des Meßwerkes Ströme

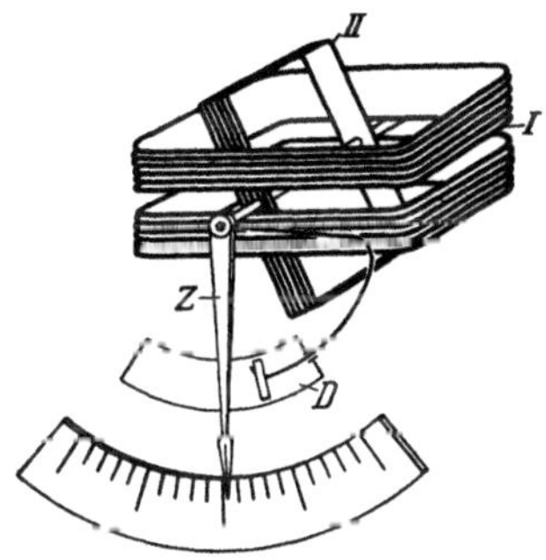

Abb. 253. Elektrodynamisches Meßwerk.

durchschickt, so ist das Drehmoment proportional dem Produkt der beiden Ströme. Dabei sucht sich die bewegliche Spule parallel zur festen zu stellen. Die Richtung des Drehmomentes, also auch die Richtung des Zeigerausschlages, hängt von der Richtung der beiden Ströme ab. Wenn man jedoch die Richtung der beiden Ströme gleichzeitig ändert, so ändert sich dabei die Richtung des Ausschlages nicht. Die dynamometrischen Instrumente sind deshalb auch für Wechselstrom brauchbar und werden vorwiegend nur als Strom-, Spannungs- und Leistungsmesser für Wechselstrom verwendet, da für Gleichstrommessungen die Drehspulinstrumente vorteilhafter sind. Die dynamometrischen Instrumente können jedoch, geeignete Durchbildung vorausgesetzt, und darin besteht ihr wesentlicher Vorzug, mit Gleichstrom geeicht werden und zeigen dann bei Wechselstrom die Effektivwerte der Stromstärke oder der Spannung bzw. die Leistung an.

Bei der Ausführung als Strommesser werden die beiden Spulen meist parallel geschaltet. Da die Einzelströme in beiden Spulen proportional dem zu messenden Strom sind, so ist das Drehmoment proportional dem Quadrat der Stromstärke und der Verlauf der Skala ist deshalb im Gegensatz zum Drehspulinstrument kein gleichmäßiger. Zur Erziehlung verschiedener Strommeßbereiche müssen die Spulen des Meßgerätes je nach der Stromstärke verschieden gewickelt werden. Die Verwendung von Nebenwiderständen ist bei elektrodynamischen Instrumenten schwierig, da bei Wechselstrom nicht nur der Ohmsche Widerstand, sondern auch der induktive eine Rolle spielt. Am bequemsten ist die Verwendung eines und desselben Meßgerätes für verschiedene Stromstärken dadurch möglich, daß man einen Strommesser meist für 5 A verwendet und ihn unter Zuhilfenahme von Stromwandlern anschließt.

Bei Verwendung des Meßgerätes als Spannungsmesser werden die beiden Spulen meist in Reihe geschaltet und es werden, wie beim Drehspulinstrument, Vorwiderstände verwendet. Man kann dann ein und dasselbe Instrument je nach der Größe des Vorwiderstandes für verschiedene Spannungen benutzen. Bei Verwendung als Voltmeter werden die Spulen mit vielen Windungen dünnen Drahtes ausgeführt und auf diese Weise ein geringerer Stromverbrauch des Gerätes erzielt, der jedoch stets wesentlich höher (z. B. 60 mA) ist als bei Drehspulinstrumenten.

Wenn man durch die eine Spule des dynamometrischen Instrumentes, z. B. durch die feste, den Strom schickt, die andere unter Vorschaltung eines Widerstandes an die Spannung legt, so entsteht ein Wattmeter. Durch den vorgeschalteten Widerstand wird erreicht, daß der Strom in der Spannungsspule in Phase mit der Spannung E ist, da dann die Wirkung der Induktivität der Instrumentenspule praktisch keine Rolle spielt. Der Ausschlag des Gerätes ist proportional dem Produkt aus der Spannung E und dem Strom J in der Stromspule und bei Wechselstrom noch proportional dem Leistungsfaktor $\cos\varphi$, also der Leistung $N = E \cdot J \cdot \cos\varphi$. Ein und dasselbe Wattmeter kann mit verschiedenen Vorwiderständen für verschiedene Nennspannungen verwendet werden. Dagegen ist die Verwendung von Nebenwiderständen zur Änderung des Strommeßbereiches nicht möglich, da in diesem Falle der Strom in der Stromspule nicht die gleiche Phase hätte wie der Strom in der Anlage. Verschiedene Meßbereiche werden bei Wattmetern dadurch erzielt, daß man die Stromspulen unterteilt und je nach der Stromstärke in Serie oder parallel schaltet. Bei Wattmetern für 2 Strommeßbereiche besteht die Stromspule aus zwei gleichen Teilen, die entweder in Reihe oder parallel geschaltet werden. Die Meßbereiche verhalten sich in diesem Falle wie 1 : 2 (z. B. 2,5 und 5 A). Zur Erzielung von 3 Meßbereichen werden vier gleiche Spulenabteilungen verwendet, die entweder alle in Reihe oder parallel oder je zwei in Reihe und dann die beiden Gruppen parallel geschaltet werden. Die Meßbereiche verhalten sich in diesem Falle wie 1 : 2 : 4 (z. B. 5, 10 und 20 A). Die Umschaltung von einem Meßbereich auf den anderen erfolgt mit Hilfe von Stöpseln, Laschen oder besonderen Schaltern. Die Firma Norma in Wien führt sogar Wattmeter für 4 Strommeßbereiche aus. Bei dieser Ausführung wird bei der Messung jeweils nur eine Hälfte der Stromspule verwendet, die wiederum für 2 Meßbereiche ausgeführt ist. Auf diese Weise entstehen die 4 Meßbereiche, von denen zwei stets im Verhältnis 1 : 2 stehen, so z. B. werden solche Wattmeter für 0,5, 1, 5 und 10 A gebaut. Bei den meisten neuzeitlichen Wattmetern der Laboratoriumstype beträgt der Strom in der Spannungsspule bei Nennspannung 30 mA, d. h. der Widerstand des Spannungskreises beträgt 1000 Ω für je 30 V Nennspannung.

Die elektrodynamischen Meßgeräte sind, wie der dynamometrische Zähler, gegen Einfluß von äußeren Feldern empfindlich, was besonderer Vorsichtsmaßregeln bei der Aufstellung der Meßgeräte und bei der Messung selbst bedarf. Allerdings können bei Wechselstrommessungen die Instrumente nur durch Wechselfelder beeinflußt werden, bei Gleichstrommessung dagegen muß man besonders den Einfluß des magnetischen Erdfeldes beachten. Er wird dadurch eliminiert, daß man die Messung bei beiden Stromrichtungen durchführt. Dies ist besonders bei der Eichung von Wattmetern mit Gleichstrom zu beachten. Ferner können bei einem Wattmeter Fehlanzeigen dadurch zustandekommen, daß bei hoher Potentialdifferenz (Spannungsdifferenz) zwischen der festen und beweglichen Spule ein zusätzliches Störungsdrehmoment entsteht. (Dieses Drehmoment kommt ähnlich zustande wie das Drehmoment bei einem elektrostatischen Spannungszeiger.) Um den geschilderten Fehler zu vermeiden, muß die Schaltung so getroffen werden, daß die Spannungsspule möglichst das gleiche Potential hat wie die Stromspule. Bei einer normalen wattmetrischen Messung muß zu diesem Zweck die Spannungsspule an diejenige Leitung gelegt werden, in der die Stromspule liegt. Das Ende des Vorwiderstandes wird an die andere Leitung gelegt. Bei Messungen mit getrennten Strom- und Spannungskreisen, wie sie bei Zählerprüfeinrichtungen stets angewandt werden (s. hierzu 198), muß stets ein besonderer Potentialausgleich herbeigeführt werden (s. hierzu 220, 221 und 222). Die Nichtbeachtung des Obigen kann z. B. bei einer Eichspannung von 750 V leicht Fehlanzeigen des Wattmeters um 1 . . . 2 Skalenteile zur Folge haben. Bei einer Spannung von 380 V können noch Fehler von etwa 0,5 . . . 1 Teilstrich auftreten. Bei Spannungen von 120 und 220 V dürften die Fehler im allgemeinen zu vernachlässigen sein, da sie mit dem Quadrat der Spannungsdifferenz zwischen der Strom- und Spannungsspule abnehmen.

184. Hitzdrahtmeßgeräte. Die früher in größerem Umfange verwendeten Hitzdrahtmeßgeräte werden zur Zeit meist nur für Spezialzwecke verwendet, z. B. für hohe Frequenzen. Abb. 254 zeigt schematisch ein Hitzdrahtmeßwerk. Der Meßstrom durchfließt einen Hitzdraht H, meist aus Platiniridium, der sich je nach der Stromstärke mehr oder weniger erwärmt und dementsprechend seine Länge ändert. Diese Längenänderungen werden durch ein System von zwei Fäden, die durch die Feder F gespannt werden, auf den Zeiger Z übertragen. In diesem Falle spielt die Feder jedoch nicht die Rolle eines Gegendrehmomentes. Die Hitzdrahtmeßgeräte sind gegen den Einfluß magnetischer Felder unempfindlich, so daß bei ihnen eine Dämpfung durch Dauermagnete ähnlich wie bei Zählern angewandt werden kann. Der Ausschlag des Hitzdrahtmeßgerätes ist von der Stromrichtung unabhängig, da die Erwärmung dem Quadrate der Stromstärke proportional ist. Deshalb können diese Meßgeräte sowohl für Gleich- wie auch für Wechselstrom verwendet werden. Sie werden sowohl als Strom- wie Spannungszeiger gebaut.

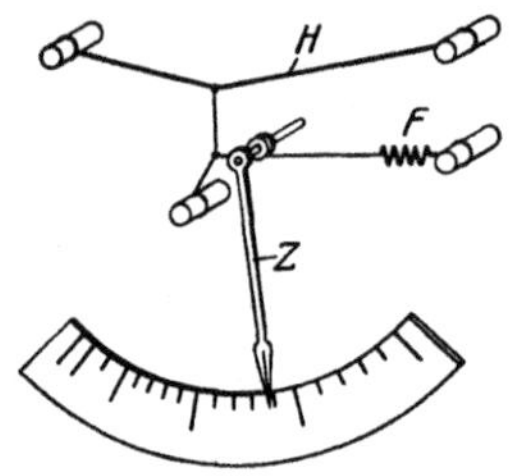

Abb. 254. Hitzdrahtmeßwerk.

185. Dreheiseninstrumente. Die Dreheisen- oder Weicheiseninstrumente können sehr verschieden ausgeführt werden. Abb. 255 zeigt schematisch eine der Ausführungsformen des Dreheisenmeßwerkes. Bei ihr wird ein leichtes Eisenstückchen E in das Feld einer stromdurchflossenen Spule S mehr oder weniger tief eingezogen. Die Dreheiseninstrumente werden vorwiegend als Schalttafelinstrumente ausgeführt und sind auch in der Zählertechnik die am meisten für Strom- und Spannungsmessungen bei Wechselstrom verwendeten Geräte. Die Gegenkraft wird entweder durch eine Feder erzeugt oder wie in der Abbildung angedeutet durch ein Gewicht *G*, welches beim Verdrehen des Eisenfähnchens gehoben wird. Solche Meßgeräte können nur in der Lage, in der sie geeicht sind, benutzt werden. Die Dämpfung wird bei Dreheiseninstrumenten meist als Luftdämpfung ausgebildet.

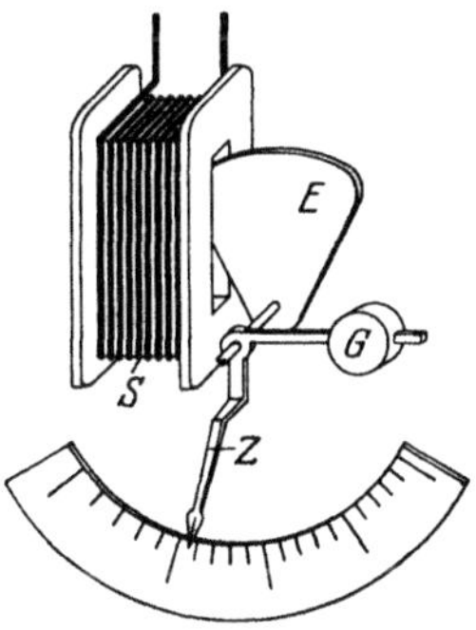

Abb. 255. Dreheisenmeßwerk.

186. Verschiedene Instrumente. Zur Spannungsmessung werden gelegentlich auch elektrostatische Instrumente verwendet, die darauf beruhen, daß zwei geladene Körper, von denen der eine beweglich ist, sich gegenseitig abstoßen oder anziehen, je nachdem, ob die Polarität der Ladung der beiden Körper die gleiche oder die entgegengesetzte ist. Die elektrostatischen Meßgeräte werden vorwiegend für Wechselstrom verwendet. Der besondere Vorteil dieser Meßgeräte ist, daß sie nur einen geringen Strom (Ladestrom) aufnehmen, der praktisch zu vernachlässigen ist.

Früher hat man zur Strommessung auch elektrolytische Meßgeräte, die Voltameter (nicht zu verwechseln mit Voltmeter) benutzt. Heute werden die Voltameter nur in besonderen Fällen verwendet. Dagegen findet ihr Prinzip in der Zählertechnik bei den Elektrolytzählern Verwendung.

Auch das für Wechsel- und Drehstromzähler wichtige Induktionsmeßwerk läßt sich für Meßgeräte zur Messung der Stromstärke, Spannung und Leistung verwenden. Solche Ferrarisinstrumente wurden früher in größerem Umfange gebaut. Neuerdings spielen sie eine untergeordnete Rolle. Einer der Gründe liegt darin, daß es bei diesen Meßgeräten Schwierigkeiten macht, den Einfluß der Änderung der Außentemperatur auszugleichen. Wie beim Induktionszähler ist bei diesen Meßgeräten das Drehmoment infolge Änderungen der Leitfähigkeit des beweglichen Systems in ziemlich hohem Maße von der Temperatur abhängig. Dies hat beim Induktionszähler auf die Drehzahl des Zählers keinen Einfluß, da das Bremsmoment sich im gleichen Verhältnis ändert (s. 81). Bei einem Ferrarisinstrument müßte dieser Einfluß durch entsprechende Änderung der Federkraft ausgeglichen werden, was jedoch praktisch nicht durchführbar ist.

Auf besonderer Grundlage, nämlich der Resonanz, beruhen die meisten Frequenzmesser. Bei ihnen besteht das Meßwerk aus einer Reihe von Stahlzungen, deren Eigenschwingungsdauer verschieden ist. Werden solche Zungen von einem Wechselstrom-Elektromagneten angezogen, so wird diejenige Zunge, deren Eigenfrequenz gleich der Wechselzahl ist, in starke sichtbare Schwingungen geraten.

187. Widerstandsmessung. Der elektrische Widerstand kann auf verschiedene Weise gemessen werden. Am einfachsten ist die Bestimmung des Widerstandes durch Messung der Stromstärke J in dem betreffenden Widerstand und der zugehörigen Spannung E. Der Widerstand berechnet sich nach dem Ohmschen Gesetz zu $R = \frac{E}{J}$. Dieses Verfahren bezeichnet man als indirekte Widerstandsmessung. Je nach der Höhe des Widerstandes und der zulässigen Strombelastung desselben sowie der erforderlichen Meßgenauigkeit kommen dabei verschiedene Meßgeräte für die Messung der Stromstärke und der Spannung in Betracht. Dieses Verfahren läßt sich praktisch für Widerstände jeder Größe anwenden.

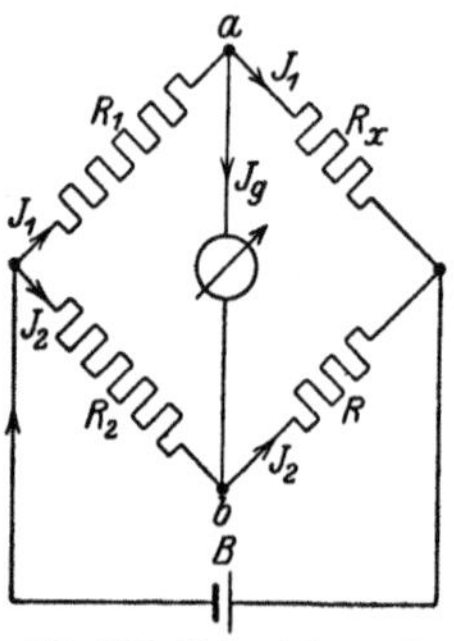

Abb. 256. Wheatstonesche Brücke.

Ein weiteres sehr wichtiges Verfahren zur Messung des Widerstandes ist die Wheatstonesche Brücke. Das Prinzip derselben zeigt Abb. 256. Der von der Batterie B gelieferte Strom teilt sich in zwei Zweige, von denen der eine aus den beiden in Reihe geschalteten Widerständen R_1 und R_x, der andere aus den gleichfalls in Reihe geschalteten Widerständen R_2 und R besteht. Wenn $\frac{R_x}{R} = \frac{R_1}{R_2}$ ist, so ist der Strom J_g in dem zwischen den Punkten a und b liegenden Galvanometer gleich Null, d. h. das Galvanometer zeigt keinen Ausschlag. Sind drei der Widerstände bekannt, so berechnet sich der unbekannte Widerstand zu $R_x = R\frac{R_1}{R_2}$. Diese Formel zeigt uns auch, daß man die Widerstände R_1 und R_2 selbst nicht zu kennen braucht, sondern nur ihr Verhältnis. Die Messung erfolgt in der Weise, daß einer der Widerstände, z. B. der Widerstand R so lange verändert wird, bis das Galvanometer stromlos ist. Die praktische Durchführung dieser wichtigen Meßmethode kann eine sehr verschiedene sein. Die Richtigkeit der obigen Gleichung zeigt folgende Überlegung. Das Galvanometer wird dann keinen Strom führen, wenn zwischen den Punkten a und b keine Spannungsdifferenz herrscht. Es ist leicht einzusehen, daß dann die Spannungsabfälle in den Widerständen R_1 und R_2 bzw. R_x und R einander gleich sein müssen. Da der Galvanometerstrom $J_g = 0$ ist, so fließt in den Widerständen R_1 und R_x der gleiche Strom J_1 und in den Widerständen R_2 und R der gleiche Strom J_2. Hieraus folgt $J_1 \cdot R_x = J_2 \cdot R$ und $J_1 \cdot R_1 = J_2 \cdot R_2$. Dividieren wir die beiden Gleichungen durcheinander, so erhalten wir $\frac{R_x}{R_1} = \frac{R}{R_2}$. Durch Umformung erhalten wir die oben angeführte Gleichung $\frac{R_x}{R} = \frac{R_1}{R_2}$.

Die Wheatstonesche Brücke wird auch bei Wechselstrommessungen verwendet. Sie erlaubt dann auch Selbstinduktionskoeffizienten und Kapazitäten zu messen. Als Nullinstrument wird in diesem Fall entweder ein Vibrationsgalvanometer oder ein Telephon verwendet.

Es gibt auch besondere Meßgeräte, Ohmmeter, die auf einfache Weise den Widerstand abzulesen erlauben. Auch diese Meßgeräte sind in der Praxis sehr verbreitet.

188. Kompensationsverfahren. Das Kompensationsverfahren ist wie die Wheatstonesche Brücke eine Nullmethode und dient zur Messung von Spannungen bzw. EMKe. Es wurde von Poggendorff angegeben. Die technischen Geräte zur Durchführung der Kompensationsmethode nennt man Kompensationsapparate, kurz Kompensatoren. Der erste Kompensationsapparat wurde von Feußner angegeben. Das Schaltbild Abb. 257 veranschaulicht das Prinzip des Kompensationsverfahrens. Durch eine Reihe von Widerständen, die zwischen den Punkten a und b liegen, wird von der Akkumulatorenbatterie B ein Strom J_C durchgeschickt. Die Einrichtung wird so getroffen, daß der Gesamtwiderstand R zwischen den Punkten a und b unveränderlich bleibt, dagegen der Widerstand R_C zwischen den Punkten c und d verändert werden kann. Dies geschieht in der Praxis auf verschiedene Weise. In der Abbildung ist angenommen, daß den Punkten c und d zwei Schleifkontakte entsprechen, die auf den Widerständen, von denen der eine als Schleifdraht ausgebildet ist, gleiten. E_X ist die zu messende Spannung oder EMK. Durch entsprechende Wahl des Widerstandes R_C kann erreicht werden, daß das Galvanometer G stromlos wird, d. h. $J_g = 0$. Dies ist dann der Fall, wenn die zwischen den Punkten c und d liegende Spannung $E_C = E_X$ und der Spannung E_X entgegengesetzt gerichtet ist. Die Spannung E_C ist der Spannungsabfall an dem zwischen $c\,d$ liegenden Widerstand R_C. Wir erhalten also $E_X = J_C \cdot R_C$. Ist J_C und R_C bekannt, so ist damit auch die Spannung E_X ermittelt. Bemerkenswert ist, daß bei der Kompensationsmethode die Stromquelle, deren Spannung gemessen wird, keinen Strom abzugeben hat. Bei Kompensationsapparaten wird der Strom J_C auf einen runden Wert, beispielsweise 0,1 mA eingestellt. Dann ergibt die Ablesung des Widerstandes R_C in Ohm auf einfache Weise den Wert E_X. Das Kompensationsverfahren erlaubt Spannungen außerordentlich genau zu messen. Die Kompensationsmethode findet auch für Wechselstrom Anwendung zur Messung von Wechselströmen, Wechselspannungen und Wechselflüssen[1].

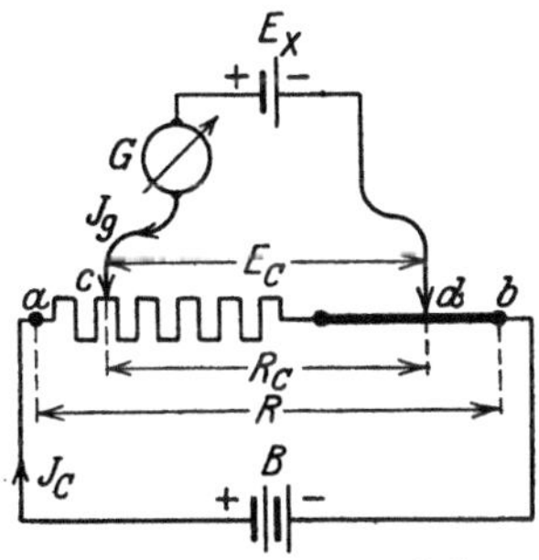

Abb. 257. Kompensationsschaltung.

[1] Näheres siehe in dem in der Fußnote S. 143 angeführten Buch von W. v. Krukowski.

189. Isolationsprüfung. Eine für den Zählerfachmann wichtige Prüfung ist die der Isolation. Hier kommen zwei Arten der Prüfung in Betracht.

a) Messung des Isolationswiderstandes. Der Isolationswiderstand kann im Grunde genommen genau so gemessen werden wie jeder andere Widerstand. Da er aber normalerweise sehr hoch ist (mehrere Megohm), so sind nicht alle sonst gebräuchlichen Verfahren zur Messung des Widerstandes anwendbar. Die einfachste Methode ist auch hier die indirekte Widerstandsmessung. Man benutzt zur Strommessung ein empfindliches Galvanometer, welches für eine bestimmte Spannung direkt in Ohm geeicht sein kann (Isolationsprüfer). Die Spannung kann dabei entweder einem Netz, einer kleinen Dynamomaschine (Induktor) oder einer Batterie entnommen werden. Auf eine große Genauigkeit kommt es bei der Messung des Isolationswiderstandes nicht an.

b) Messung der Durchschlagsfestigkeit. Hier wird die Spannung bestimmt, bei der der Durchschlag zwischen den in Betracht kommenden, voneinander isolierten Leitern erfolgt. Handelt es sich um die Prüfung der Isolation eines ausgeführten Apparates, so steigert man die Spannung nicht bis zum Durchschlag, sondern man begnügt sich mit der Feststellung, daß die Isolation eine bestimmte Spannung aushält. Es sind dabei bestimmte Vorsichtsmaßregeln zu beachten, insbesondere muß die Spannung bis zu der „Prüfspannung" langsam gesteigert werden (s. hierzu auch 214).

190. Konstanten und Korrektionen von Meßgeräten. Schalttafelmeßgeräte, wie überhaupt Meßgeräte, für einen oder höchstens zwei bestimmte Meßbereiche enthalten meist eine derartige Beschriftung ihrer Skala, daß die zu messende Größe direkt abgelesen werden kann. Zuweilen wird auch ein Multiplikationsfaktor 10, 100 oder 1000 usw. auf der Skala angegeben. Bei den übrigen Meßgeräten, besonders bei solchen der Laboratoriumstype werden dagegen nur die Teilstriche beziffert ohne Angabe des Wertes eines Teilstriches. Meist enthalten Laboratoriumsmeßgeräte eine 100- oder 150teilige Skala. In diesem Fall muß der in Skalenteilen bestimmte Wert des Ausschlages mit einer Konstante c multipliziert werden, um die in Betracht kommende Größe zu erhalten. Den Meßgeräten ist eine Tabelle beigegeben, aus der die Größe der Konstanten für die verschiedenen Meßbereiche entnommen werden kann. Man muß aber imstande sein, auch beim Nichtvorhandensein einer solchen Tabelle die Konstante c zu berechnen. Bei Strom- und Spannungszeigern ist diese Berechnung außerordentlich einfach. Man braucht nur die Nennspannung oder die Nennstromstärke des gewählten Meßbereiches durch die Anzahl der Skalenteile zu dividieren und erhält dann den Wert eines Skalenteiles, der die gesuchte Konstante ist. Zum

Beispiel ein mit einer 150teiligen Skala versehenes Drehspulmeßgerät wird als Spannungsmesser für 600 V verwendet, d. h. es wird ihm ein solcher Vorwiderstand vorgeschaltet, daß der Vollausschlag (150 Skalenteile) bei 600 V erfolgt. Dann ist $c = \frac{600}{150} = 4$. Die jeweiligen Ablesungen des Voltmeters in Skalenteilen sind demnach mit 4 zu multiplizieren, um die Spannung in Volt zu erhalten. Es sei noch zu erwähnen, daß bei einem Spannungs- oder Stromzeiger die zu messende Spannung oder Stromstärke nie höher sein darf als die Nenngröße. Wie weit nach unten man die Spannungen und Ströme bei einem bestimmten Meßbereich messen kann, hängt einerseits von den Eigenschaften des Meßgerätes, andererseits von der anzustrebenden Meßgenauigkeit ab. Bei Meßgeräten mit proportionaler Skala ist es möglich, verhältnismäßig kleinere Größen zu messen als mit einem Meßgerät, bei dem die Abstände der Skalenstriche nach dem Nullpunkt der Skala zu sich verkleinern. Bei genauen Messungen soll man nach Möglichkeit den Meßbereich so wählen, daß der Ausschlag in der zweiten Hälfte, besser noch im letzten Drittel der Skalenteilung liegt.

Etwas verwickelter liegen die Verhältnisse bei Wattmetern. Die Konstante, die wir beim Wattmeter mit c_w bezeichnen wollen, ist wiederum der Wert eines Skalenteiles in Watt. Wenn demnach die Leistung in Watt, die dem Vollausschlag entspricht, bekannt ist, so ergibt sich c_w durch Division dieses Wertes durch die Anzahl der Teilstriche. Meist wird jedoch der Meßbereich des Wattmeters nicht in Watt, sondern in Volt und Ampere ausgedrückt. Dabei ist normalerweise stillschweigend angenommen, daß der Leistungsfaktor $\cos\varphi = 1$ ist. Ist die Nennspannung des betreffenden Wattmeters in der benutzten Schaltung E Volt, die Nennstromstärke J Ampere und die Anzahl seiner Skalenteile a, so berechnet sich demnach die Konstante zu $c_w = \frac{E \cdot J}{a}$. Ein Wattmeter sei z. B. so geschaltet, daß sein Vollausschlag bei $E = 300$ V und $J = 5$ A erfolgt. Die Anzahl der Skalenteile ist $a = 150$. Dann berechnet sich die Konstante zu $c_w = \frac{300 \cdot 5}{150} = 10$. Demnach sind die Ablesungen in Skalenteilen mit 10 zu multiplizieren, um die Leistung in Watt zu erhalten.

Es ist zu beachten, daß der Vollausschlag eines normalen Wattmeters bei Nennspannung und Nennstrom nur beim Leistungsfaktor $\cos\varphi = 1$ möglich ist. Bei kleineren Leistungsfaktoren wird der Ausschlag entsprechend kleiner sein, z. B. bei $\cos\varphi = 0{,}5$ erhält man bei Nennspannung und Nennstrom den halben Ausschlag. Sollen genauere Messungen bei großen Phasenverschiebungen, also kleineren Werten von $\cos\varphi$ ausgeführt werden, so werden Wattmeter benutzt, deren

Stromspulen oder Spannungsspulen derart bemessen sind, daß der Vollausschlag des Wattmeters bei Nennspannung und Nennstrom nicht bei $\cos\varphi = 1$, sondern bei einem geringeren Wert, z. B. $\cos\varphi = 0{,}2$ erfolgt. Zur Berechnung der Konstante genügt in diesem Fall nicht die Kenntnis der Nennspannung und des Nennstromes, sondern es muß auch noch der Leistungsfaktor bekannt sein, bei dem das Wattmeter den Vollausschlag zeigt. Spezialwattmetern wird meistenteils eine entsprechende Gebrauchsanweisung beigegeben, so daß kein Zweifel über die Art der Berechnung der Konstante entstehen kann. Auch ein normales Wattmeter kann bis zu gewissen Grenzen im Strom- und Spannungskreis überlastet werden. In diesem Fall müssen jedoch für die Berechnung der Konstanten die Nennstromstärke und Nennspannung im obigen Sinne in Rechnung gestellt werden.

Bei den sehr verbreiteten Wattmetern, bei denen bei Nennspannung im Spannungskreis ein Strom von 30 mA fließt, d. h. solchen, bei denen der Widerstand des Spannungskreises für je 30 V Nennspannung 1000 Ω beträgt, werden mitunter auf den Vorwiderständen die Nennspannungen nicht angegeben, sondern nur die Ohmzahlen. Die Nennspannung berechnet sich in diesem Fall aus dem Widerstand des Spannungskreises in Tausenden von Ohm multipliziert mit 30. Es ist dabei zu berücksichtigen, daß bei Verwendung getrennter Vorwiderstände der in Rechnung zu stellende Widerstand des Spannungskreises sich aus dem Widerstand des Vorwiderstandes und dem Widerstand zwischen den benutzten Wattmeterspannungsklemmen zusammensetzt. Die meisten Wattmeter der genannten Art erhalten eine 1000 Ω-Klemme. Bei Benutzung dieser Klemme beträgt der Wattmeterwiderstand 1000 Ω.

Welchen Spannungsbereich man wählen soll, hängt von verschiedenen Umständen ab. Es ist oft zweckmäßig die Nennspannung so zu wählen, daß man bei bestimmten Stromstärken runde Werte des Ausschlages erhält. Wenn beispielsweise bei einer Eichung von Zählern für 120 V und 5 A ein Wattmeter für 5 A Nennstrom mit 150teiliger Skala verwendet wird, so ist es bequem, die Nennspannung zu 150 V zu wählen. Dann ist bei 120 V, 5 A und $\cos\varphi = 1$ der Ausschlag 120 Skalenteile.

Bei genauen Messungen muß die Korrektion des Meßgerätes berücksichtigt werden. Diese wird meist in Skalenteilen ausgedrückt und ist unter Berücksichtigung des Vorzeichens zu den Ablesungen des Meßgerätes zu addieren.

Wenn $\alpha_{\mathfrak{S}}$ der Sollwert des Ausschlages ist, also der Ausschlag, den das Meßgerät hätte, wenn es richtig zeigen würde, und α den tatsächlichen Ausschlag bedeutet, so berechnet sich die Korrektion k zu

$$k = \alpha_{\mathfrak{S}} - \alpha.$$

Der Sollwert des Ausschlages beträgt z. B. $\alpha_{\mathfrak{S}} = 110{,}0$, der tatsächliche Ausschlag $\alpha = 110{,}4$. Dann ist $k = 110{,}0 - 110{,}4 = -0{,}4$ Skalenteile. Addieren wir diesen Wert zu dem abgelesenen Ausschlag 110,4 hinzu, so erhalten wir den Sollwert zu $110{,}4 + (-0{,}4) = 110{,}4 - 0{,}4 = 110{,}0$. Soll eine bestimmte Größe des Stromes, der Spannung u. dgl. eingestellt werden, die einem Sollausschlag $\alpha_{\mathfrak{S}}$ entspricht, so muß auf den Teilstrich $\alpha = \alpha_{\mathfrak{S}} - k$ eingestellt werden, z. B. in obigem Falle auf $110{,}0 - (-0{,}4) = 110{,}0 + 0{,}4 = 110{,}4$.

Die Anzeigegenauigkeiten eines Meßgerätes, also die Höhe seiner Korrektionen hängt von dem System des Meßwerkes, der konstruktiven Durchbildung, Genauigkeit der Herstellung und von seinem Zustande ab. Die genauesten Zeigermeßgeräte sind, gleiche Qualitätsstufe vorausgesetzt, die Drehspulinstrumente. Solche Meßgeräte können in der Fabrik so genau geeicht werden, daß ihre Korrektionen unter 0,2 Skalenteilen liegen. Im Laufe der Zeit und bereits infolge des Transportes von der Fabrik zum Verwendungsort können sich die Korrektionen jedes Meßgerätes ändern, so daß Meßgeräte, an deren Genauigkeit höhere Anforderungen gestellt werden, in gewissen Zeitabständen zu kontrollieren sind.

Durch den VDE sind „Regeln für Meßgeräte“[1] aufgestellt. Die diesen Regeln entsprechenden Meßgeräte sind ähnlich wie Meßwandler in bestimmte Klassen eingeteilt, für die auch die größtzulässigen Anzeigefehler festgelegt sind. Die Bestimmungen der Regel, die für den Benutzer von Meßgeräten vom besonderen Interesse sein dürften, sind auszugsweise in Zus. III F wiedergegeben. Ferner sind in der Tabelle 2 die Zeichen, die zur Kennzeichnung der Art des Meßgerätes vom VDE festgelegt sind, zusammengestellt, die Tabelle 6 enthält endlich die vom VDE für verschiedene Meßgeräte zugelassenen Fehlergrenzen.

An dieser Stelle möge noch erwähnt werden, daß für Zeigermeßgeräte, im Gegensatz zu Zählern und Meßwandlern, die Fehlergrenze (Anzeigefehler) mit wenigen Ausnahmen nicht in Prozenten des jeweiligen Sollwertes der Anzeige, sondern in Prozenten des Endwertes der Skala ausgedrückt werden. Wenn also z. B. angegeben ist, daß der Anzeigefehler bei einer 150teiligen Skala 0,2% des Endwertes betragen darf, so darf an keiner Stelle der Fehler größer als 0,2 von 150, also 0,3 Skalenteile sein. Es wird also angenommen, daß der prozentuale Fehler bezogen auf den Sollwert, umgekehrt proportional dem Ausschlage steigt. Mitunter werden die Fehlergrenzen auch in Millimetern oder Graden des Ausschlages angegeben.

[1] Auch als Sonderdruck VDE 279 erschienen.

II. Gesetzliche Bestimmungen und Vorschriften über Zähler.

191. Allgemeines. Für jeden, der mit Elektrizitätszählern zu tun hat, insbesondere für denjenigen, der für deren Eichung oder Prüfung verantwortlich ist, ist es wichtig, die auf die Zähler und deren Zubehör sich beziehenden gesetzlichen Bestimmungen und andere maßgebenden Vorschriften zu kennen. Solche Gesetze und Vorschriften bestehen in den meisten Kulturstaaten und verfolgen in erster Linie den Zweck, den Abnehmer (Konsumenten) gegen die Anwendung zu seinen Ungunsten zuviel anzeigender Zähler zu schützen. In einigen Ländern, wie z. B. Österreich, Polen, Schweiz und Tschechoslowakei, muß jeder Zähler, nach dem die Verrechnung elektrischer Energie zwischen einem Elektrizitätswerk und einem Abnehmer vorgenommen wird, beglaubigt, also amtlich geeicht und gestempelt sein, wobei nur solche Zähler beglaubigt werden, die einem amtlich zugelassenen System angehören und bestimmten Mindestanforderungen in bezug auf ihre Meßgenauigkeit und sonstigen Eigenschaften entsprechen. Das Verfahren der obligatorischen amtlichen Eichung ist bei anderen Arten von Meßgeräten, z. B. für Waagen, Gewichte und Längenmaße, auch in Deutschland eingeführt. Dagegen wurde bis jetzt davon abgesehen, den Beglaubigungszwang für Zähler einzuführen. Die Erfahrung zeigt, daß auch ohne Beglaubigungszwang die in Deutschland verwendeten Zähler im allgemeinen den an einen richtig zeigenden Zähler zu stellenden Anforderungen genügen. Aber gerade deshalb, weil kein Beglaubigungszwang in Deutschland eingeführt ist, ist es die Pflicht dessen, der Zähler eicht, dieselben so genau wie möglich einzustellen. Ferner ist zu beachten, daß auch in Deutschland die Verwendung von unrichtigen Zählern, wie wir noch weiter zeigen werden, natürlich strafbar ist.

Grundlegend ist für die Zähler das Gesetz betreffend die elektrischen Maßeinheiten vom 1. Juni 1898 (Reichsgesetzblatt 1898, S. 905). Ferner ist von Wichtigkeit die „Prüfordnung für elektrische Meßgeräte", herausgegeben von der Physikalisch-Technischen Reichsanstalt (PTR), Ausgabe 1926 (Berlin: Julius Springer). Diese Druckschrift enthält die z. Z. gültigen, von der PTR für elektrische Meßgeräte, insbesondere Zähler und Meßwandler erlassenen Bestimmungen, ferner den Wortlaut des eben erwähnten Gesetzes. Einen guten Überblick über die wichtigsten Bestimmungen gibt der Aufsatz von Regierungsrat Dr. R. Schmidt, Mitglied der PTR: „Die gesetzlichen Bestimmungen über die Messung der elektrischen Arbeit und ihre Bedeutung für die Praxis", Mitteilungen der Vereinigung der Elektrizitätswerke Nr. 389, Juli 1925. In dieser Arbeit wird gezeigt, wie man die in Betracht kommenden gesetzlichen Bestimmungen zu verstehen hat. Auch die unter 192 und 193 gemachten Angaben entsprechen dem in dieser Arbeit vertretenen Standpunkte.

Außerdem sind die folgenden Veröffentlichungen des Verbandes Deutscher Elektrotechniker (VDE) zu beachten: 1. „Regeln für Elektrizitätszähler" (R.E.Z./1927), als Sonderdruck VDE **364** erschienen. 2. Die bei der Behandlung der Meßwandler (s. **144**) erwähnten „Regeln für die Bewertung und Prüfung von Meßwandlern".

192. Gesetzliche Bestimmungen. Amtliche Zählerprüfungen. Beglaubigungsfehlergrenzen. Durch das oben erwähnte Gesetz betr. die elektrischen Maßeinheiten (im folgenden abgekürzt: G.e.M.) sind in erster Linie die bereits vor dem Inkrafttreten des Gesetzes in Deutschland gebräuchlichen elektrischen Einheiten das Ohm, das Ampere und das Volt als die gesetzlichen Einheiten eingeführt worden. Die im Gesetz gegebenen Definitionen dieser Einheiten (s. hierzu 180) decken sich ihrem Inhalt nach mit den international festgelegten Definitionen. Ferner enthält das Gesetz Bestimmungen über die bei der Verrechnung elektrischer Energie zur Verwendung kommenden Meßgeräte. An dieser Stelle sind von besonderem Interesse die Paragraphen 6 und 12 dieses Gesetzes, die wie folgt lauten:

§ 6. „Bei der gewerbsmäßigen Abgabe elektrischer Arbeit dürfen Meßwerkzeuge, sofern sie nach den Lieferungsbedingungen zur Bestimmung der Vergütung dienen sollen, nur verwendet werden, wenn ihre Angaben auf den gesetzlichen Einheiten beruhen. Der Gebrauch unrichtiger Meßgeräte ist verboten. Der Bundesrat[1] hat nach Anhörung der Physikalisch-Technischen Reichsanstalt die äußersten Grenzen der zu duldenden Abweichungen von der Richtigkeit festzusetzen.

Der Bundesrat ist ermächtigt, Vorschriften darüber zu erlassen, inwieweit die im Absatz 1 bezeichneten Meßwerkzeuge amtlich beglaubigt oder einer wiederkehrenden amtlichen Überwachung unterworfen sein sollen."

§ 12. „Wer bei der gewerbsmäßigen Abgabe elektrischer Arbeit den Bestimmungen im § 6 oder den auf Grund derselben ergehenden Verordnungen zuwiderhandelt, wird mit Geldstrafe bis zu einhundert Mark oder mit Haft bis zu vier Wochen bestraft. Neben der Strafe kann auf Einziehung der vorschriftswidrigen oder unrichtigen Meßwerkzeuge erkannt werden."

Aus dem Angeführten ist zu ersehen, daß die gesetzlichen Bestimmungen sich nur auf Meßgeräte beziehen, die bei der gewerbsmäßigen Abgabe der elektrischen Energie nach den Lieferungsbedingungen zur Bestimmung der Vergütung dienen, praktisch also nur auf Elektrizitätszähler. Ferner ist wichtig, daß die Angaben der zu verwendenden Zähler auf gesetzlichen Einheiten beruhen sollen. Dies ist jedoch nicht so zu verstehen, daß die Zähler nur die im Gesetz erwähnten Einheiten anzeigen müssen, sondern, daß die angezeigten Einheiten im bestimmten

[1] Jetzt: Reichsregierung mit Zustimmung des Reichsrates.

Zusammenhang mit den gesetzlichen stehen müssen. Die sämtlichen in der Elektrotechnik verwendeten Einheiten beruhen tatsächlich auf den im Gesetz erwähnten Einheiten. Es sind jedoch nach der Auslegung der PTR Zähler, die den Wirkverbrauch und einen gewissen Teil des Blindverbrauches anzeigen, und ähnliche Mischverbrauchzähler als Ersatz für einen Kilowattstundenzähler gesetzlich unzulässig. Dies folgt daraus, daß in den Bestimmungen über die Verkehrsfehlergrenzen (s. weiter unten) ausdrücklich von den Abweichungen von dem „wirklichen Verbrauche" gesprochen wird, hiermit ist also der Grundsatz aufgestellt, daß ein Elektrizitätszähler den wirklichen Verbrauch oder den Wirkverbrauch mit einer bestimmten Genauigkeit anzeigen muß. Diese Bedingung wird von den Mischverbrauchzählern nicht erfüllt. Als Zusatzapparate zur Berücksichtigung der Blindströme und für andere Tarifzwecke ist jedoch ihre Verwendung neben dem Kilowattstundenzähler zulässig.

Der Bundesrat bzw. die Reichsregierung hat von der im zweiten Absatz des § 6 des G.e.M. erteilten Ermächtigung keinen Gebrauch gemacht, d. h. es besteht, wie oben bereits gesagt wurde, im Deutschen Reiche kein amtlicher Prüfzwang für Zähler. Es bestehen lediglich die rein fakultativen Einrichtungen der amtlichen Systemprüfung von Zählersystemen und der amtlichen Prüfung und Beglaubigung von einzelnen Zählern.

Die Systemprüfung ist eine Qualitätsprüfung, die auf Antrag einer Zähler herstellenden Firma von der PTR vorgenommen wird. Die betreffende Zählerart, für die die Vornahme einer Systemprüfung beantragt ist, wird bei dieser Prüfung eingehend nach allen Richtungen hin auf ihr Verhalten unter den verschiedensten Versuchsbedingungen untersucht. Auf Grund der Ergebnisse der Systemprüfung entscheidet die PTR darüber, ob die betreffende Zählerart zur amtlichen Beglaubigung zugelassen wird oder nicht. Wird die Zählerart zur amtlichen Beglaubigung zugelassen, so wird ihr von der PTR das Systemzeichen  mit einer Systemnummer z. B. 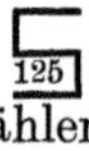 zuerteilt. Jeder einzelne Zähler der zur Beglaubigung zugelassenen Zählerart, den die Herstellerfirma in den Handel bringt, wird von ihr mit dem zuerteilten Systemzeichen nebst Systemnummer versehen. Solche Zähler sind damit beglaubigungsfähig, d. h. auf Antrag kann jeder solcher Einzelzähler von der PTR oder den ihr in technischer Hinsicht unterstehenden Elektrischen Prüfämtern[1] amtlich beglaubigt werden. Diese Beglaubigung eines Zählers ist jedoch außer an die genannte Voraussetzung, daß der Zähler einem

[1] Verzeichnis der Prüfämter und die Angabe, welche Meßgeräte von denselben geprüft werden können, finden sich auf S. 2 der unter 191 erwähnten Prüfordnung der PTR.

beglaubigungsfähigen Systeme angehören muß, noch an die weitere Voraussetzung gebunden, daß die Abweichungen der Zählerangaben vom Sollwert die von der PTR festgesetzten Beglaubigungsfehlergrenzen für Zähler nicht überschreiten. Näheres über die Beglaubigungsfehlergrenzen s. Zus. III B und Tabelle 4. Gehört der Zähler keinem beglaubigungsfähigen Systeme an, trägt er also kein Systemzeichen mit Systemnummer, so kann er auf Antrag gleichwohl einer amtlichen Prüfung durch die Physikalisch-Technische Reichsanstalt oder die Elektrischen Prüfämter unterzogen werden, ohne daß mit der Prüfung eine Beglaubigung verbunden ist.

Die von der PTR bzw. einem Prüfamt geprüften Zähler, deren Angaben innerhalb der Beglaubigungsfehlergrenzen liegen, werden durch Bleisiegel verschlossen und mit einer Stempelmarke nach Abb. 258

Abb. 258. Beglaubigungsmarke: gelb. Prüfmarke: rot.

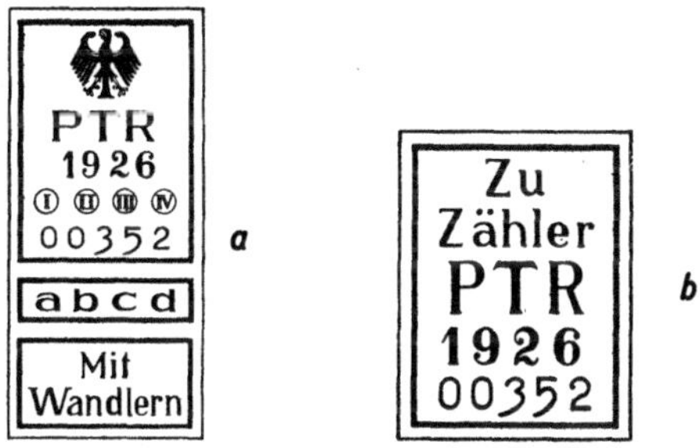

Abb. 259. Haupt- und Nebenmarke für Meßwandlerzähler.

versehen, und zwar erhalten eine *gelbe Beglaubigungsmarke* die Zähler, die einem beglaubigungsfähigen System angehören. Wenn die Prüfung von einem Prüfamt vorgenommen ist, so sind auf der Marke an Stelle der Buchstaben PTR die Buchstaben EPA (Elektrisches Prüfamt) mit der Nummer des betreffenden Prüfamtes aufgedruckt. Die Zahlen I, II usw. bedeuten das Vierteljahr der Prüfung; darüber steht die Jahreszahl, darunter die Beglaubigungsnummer. Eine *rote Prüfmarke* wird dann angebracht, wenn der Zähler keinem beglaubigungsfähigen System angehört oder wenn er zwar einem beglaubigungsfähigen System angehört, jedoch am Betriebsort nach einem vereinfachten Prüfverfahren geprüft worden ist. Bei Meßsätzen, die aus Meßwandlern und Zählern bestehen, erhält jeder der zum Meßsatz gehörenden Zähler eine Hauptmarke nach Abb. 259a und jeder Wandler eine Nebenmarke nach Abb. 259b, die die gleiche Nummer trägt wie die zugehörige Hauptmarke. Bei den Hauptmarken bleibt bei dem ersten zum Meßsatz gehörenden Zähler der Buchstabe a stehen, bei dem zweiten der Buchstabe b usw. Im übrigen gelten für die Verwendung der Prüf- bzw. Beglaubigungsmarken die oben angeführten Bestimmungen.

In besonderen Fällen z. B. dann, wenn es sich um Lieferung großer Energiemengen handelt, wird zwischen dem Stromlieferer und dem Verbraucher verabredet, daß beglaubigte Zähler zur Anwendung kommen, d. h. Zähler, die von der PTR oder einem Prüfamt der „Stückprüfung" unterworfen und in der obigen Weise gestempelt sind. In den meisten Fällen werden die Zähler der Stückprüfung bei einem Prüfamt nicht unterworfen und demnach nicht beglaubigt, jedoch hat es sich fast allgemein eingeführt, daß man von jedem Zähler verlangt, daß er einem beglaubigungsfähigen System angehört.

Nach § 6 des G.e.M. ist der Gebrauch unrichtiger Meßgeräte verboten, wobei für die Richtigkeit in allen Fällen der Elektrizitätslieferer verantwortlich ist. Hierzu ist es nun besonders wichtig, sich einzuprägen, daß im Sinne des Gesetzes ein Zähler nur dann als richtig anzusprechen ist, wenn seine Angaben innerhalb der Beglaubigungsfehlergrenzen liegen, einerlei, ob es sich um einen beglaubigungsfähigen oder einen nicht beglaubigungsfähigen Zähler handelt.

193. Verkehrsfehlergrenzen. Von großer Wichtigkeit für den verantwortlichen Leiter eines stromliefernden Werkes wie für den für die Zählereichung Verantwortlichen sind die Strafbestimmungen des § 12 des G.e.M. Hierzu ist folgendes zu sagen. Erfahrungsgemäß zeigt ein richtig eingestellter Zähler im Laufe der Zeit Abweichungen von der Richtigkeit, die in seinen inneren Eigenschaften, in seiner Unvollkommenheit begründet sind, die zum Teil aber auch durch äußere Einflüsse wie Kurzschlüsse u. dgl. herbeigeführt werden. Für diese Abweichungen von der Richtigkeit, für die der Elektrizitätslieferer nicht verantwortlich gemacht werden kann, mußte ein gewisser Spielraum geschaffen werden, um die Fälle schuldloser Strafbarkeit nicht zu häufen. Daher wurden vom Bundesrat in den Ausführungsbestimmungen zu dem G.e.M. die sogenannten Verkehrsfehlergrenzen für Zähler festgelegt, die viel weiter gesteckt sind als die Beglaubigungsfehlergrenzen. Näheres über die Verkehrsfehlergrenzen s. Zus. III A und Tabelle 4. Die Bedeutung der Verkehrsfehlergrenzen besteht lediglich darin, daß sie die Strafbarkeit beim Gebrauch unrichtiger Meßgeräte begrenzen. Sie bedeuten dagegen nicht, daß ein Zähler auch dann noch als richtig im Sinne des G.e.M. anzusprechen ist, wenn seine Angaben noch innerhalb dieser Verkehrsfehlergrenzen liegen. Richtig im Sinne des G.e.M. ist vielmehr ein Zähler nur dann, wie noch einmal hervorgehoben sei, wenn seine Angaben innerhalb der Beglaubigungsfehlergrenzen liegen. Es sei in diesem Zusammenhang besonders betont, daß es unzulässig ist, einen Zähler absichtlich so einzustellen, daß er einseitig zugunsten des Stromlieferers oder des Stromabnehmers anzeigt, auch wenn die Fehler des Zählers noch innerhalb der Beglaubigungsfehlergrenzen liegen. Jeder Zähler muß vielmehr so eingestellt werden, daß er möglichst richtig zeigt, d. h. so, daß die Abweichungen vom Sollwert bei verschiedenen Belastungen möglichst gleichmäßig nach der Plus- und Minusseite hin verteilt sind.

Wichtig ist noch zu beachten, daß ein Elektrizitätswerk sich strafbar macht, wenn durch seine Fahrlässigkeit bei der Verrechnung fehlerhaft anzeigende Zähler verwendet werden. Der Stromlieferer ist deshalb verpflichtet, seine Zähler entsprechend zu überwachen, also insbesondere in abgemessenen Zeitabschnitten sie einer Kontrolle und evtl. Instandsetzung und Nacheichung zu unterwerfen (s. 224).

III. Schaltungen von Zählern.

194. Allgemeines. Wir haben bis jetzt die Innenschaltung, also die Schaltung des eigentlichen Meßwerkes von Zählern, sowie die Art des Anschlusses des Zählers in der Anlage stets nur schematisch angedeutet, ohne auf die Reihenfolge der Klemmen und ihre Ausbildung einzugehen. Bei der Eichung eines Zählers muß man natürlich genau wissen, wie der Zähler in der Anlage angeschlossen wird. Wenn das Gehäuse des Zählers abgenommen ist, so läßt sich meistenteils ohne besondere Schwierigkeiten die Bedeutung der einzelnen Anschlußklemmen feststellen. Man sieht nämlich dann, an welche Klemmen die Hauptstromspulen und an welche Klemmen die zugehörigen Spannungsspulen angeschlossen sind usw. Es ist auch nützlich, die Schaltungen von Zählern so weit zu beherrschen, daß man imstande ist, die Bedeutung der einzelnen Klemmen zu erkennen. Normalerweise wird man sich jedoch beim Anschluß des Zählers bei der Eichung und beim Installieren des Zählers beim Abnehmer nach dem dem Zähler beigegebenen Schaltungsbild richten. Ein solches Schaltungsbild wird im Klemmendeckel des Zählers aufgeklebt oder auf andere Weise aufgebracht. Zählern, bei denen die Schaltung verwickelter ist, und Zählermeßsätzen, die aus Meßwandlern und Zählern bestehen, werden meist getrennte Schaltungsbilder beigegeben. Ferner geben die einzelnen Zählerfirmen auch Zusammenstellungen der wichtigsten Schaltungsbilder, die für ihre Zähler in Betracht kommen, als besondere Drucksachen heraus. Neuerdings werden in Deutschland die Zähler fast allgemein für den Anschluß nach den in den Regeln für Elektrizitätszähler vom VDE festgelegten Normalschaltungen gebaut. In Tab. 3 sind die wichtigsten Normalschaltungsbilder nach R.E.Z. zusammengestellt. Einige Sonderschaltungen, sowie einige Schaltungen von Meßwandlerzählern, die sich ohne weiteres aus den in der Tabelle enthaltenen ergeben, sind nicht aufgenommen worden; sie sind am Schluß der Tabelle aufgezählt. Beim Anschluß von Zählern in größeren Schaltanlagen muß mitunter auch der Anschluß anderer Meßgeräte mit berücksichtigt werden. Aus diesem Grunde ist es notwendig, die

Schaltungsbilder von Schaltanlagen lesen zu können. In diesen Schaltbildern werden neuerdings meist die vom VDE festgelegten Schaltzeichen verwendet, die im DIN Taschenbuch 2 „Schaltzeichen und Schaltbilder" zusammengestellt sind. Die für den Zählerfachmann besonders wichtigen, auf die Meßgeräte sich beziehenden Schaltzeichen und Schaltbilder sind in der Tab. 1 zusammengestellt.

Man bezeichnet dabei neuerdings mit Schaltzeichen die einfachsten Darstellungen von Meßgeräten, Relais u. dgl. Man unterscheidet einpolige und mehrpolige Darstellungen. Mit Schaltbildern bezeichnet man genauere Darstellungen von Meßgeräten, Relais, Wandlern u. dgl., aus denen die Verbindungen der einzelnen Elemente der Schaltung genauer ersichtlich sind. Als Schaltungsbild bezeichnet man die Darstellungen umfangreicher Art, aus denen die Schaltung einer ganzen Anlage mit verschiedenen Meßgeräten u. dgl. hervorgeht. In einem solchen Schaltungsbild können die einzelnen Elemente sowohl als Schaltzeichen wie als Schaltbilder dargestellt sein. Man bezeichnet mitunter auch das Schaltungsbild als Schaltungsschema oder Schaltplan.

195. Schaltungen von Zählern ohne Wandler. a) Amperestundenzähler. Die Amperestundenzähler besitzen nur zwei Anschlußklemmen. Bei ihrem Anschluß muß je nach der Polarität die von der Zentrale kommende Leitung an die linke oder rechte Klemme angeschlossen werden (Normalschaltungen Nr. 1 und 2). Welche Klemme des Zählers auch dann, wenn er nicht nach der Normalschaltung geschaltet ist, als die Plusklemme anzunehmen ist, erkennt man aus der Drehrichtung des Zählers nach erfolgtem Anschluß. Bei besonderen Zählern mit Reibungskompensation muß auch die zweite Netzleitung in den Zähler eingeführt bzw. eine Verbindung zwischen dieser Leitung und dem Zähler geschaffen werden. Man richtet sich beim Anschluß solcher, wie überhaupt seltener vorkommender Zähler genau nach beigegebenem Schaltungsbild.

b) Gleichstrom- und Einphasen-Wattstundenzähler. Für beide Zählerarten gelten die gleichen Normalschaltungen. Die Stromspule wird normalerweise in die eine Leitung, die Spannungsspule zwischen diese und die andere Leitung gelegt. Zu diesem Zweck wird meist, wie das Normalschaltungsbild Nr. 3 zeigt, auch die zweite Leitung in den Zähler eingeführt. Als Anfang der Stromspule ist die Klemme anzusehen, die durch eine besondere Eichverbindung mit der einen Spannungsklemme verbunden ist, in der Normalschaltung also die erste Klemme von links. Die besondere Spannungsklemme, an der die Eichverbindung angeschlossen wird, liegt zwischen zwei Stromklemmen und ist kleiner als diese ausgebildet. Bei einigen älteren Zählern findet man auch die umgekehrte Anordnung, d. h. der Anfang der Spannungsspule ist mit der zweiten Stromklemme verbunden. Bei einer anderen, früher auch in Deutschland und zur Zeit in einigen Ländern verwendeten Schaltung liegen die beiden Klemmen, mit denen die Leitungen, die von der Zentrale kommen (Netzleitungen), zu verbinden sind, links, die Klemmen, die mit den zur Installation führenden Leitungen (Installationsleitungen) verbunden werden, rechts. Die Schaltung hat zwar den Nachteil, daß zwischen zwei benachbarte Stromklemmen, zwischen denen evtl. noch die Spannungsklemme liegt, die volle Betriebsspannung vorhanden ist, bietet aber auch gewisse Vorteile.

Die Stromspule ist stets in den nicht geerdeten Leiter zu legen (s. hierzu 231). Mitunter werden auch die Zweileiter-Wattstundenzähler so ausgeführt, daß die beiden Hälften der Stromspule in je eine Netzleitung zu liegen kommen. Diese Normalschaltung Nr. 4 unterscheidet sich in bezug auf den Zähler selbst nicht von der Normalschaltung Nr. 5 für Dreileiter-Wattstundenzähler.

Dreileiter-Wattstundenzähler für Gleichstrom und Einphasenwechselstrom werden nach den Normalschaltungsbildern Nr. 5 u. 6 angeschlossen.

c) Drehstrom-Wattstundenzähler. Für die Drehstromzähler für Dreileiteranlagen (Aronschaltung) gilt das Normalschaltungsbild Nr. 7. Diese Zähler können auch zum Anschluß an zwei Außenleiter und den Nulleiter eines Drehstromnetzes benutzt werden. Ihre Spannungsspulen sind natürlich in diesem Falle für die Phasenspannung zu bemessen. Die Normalschaltung Nr. 8 unterscheidet sich praktisch nicht von der Schaltung Nr. 7. Der Nulleiter tritt an Stelle des Leiters *S*. Es empfiehlt sich stets, die Drehstromzähler gemäß der in den Schaltungsbildern angeführten Phasenfolge anzuschließen (s. hierzu 97).

Für die Drehstromzähler mit drei Meßwerken für Anlagen mit Nulleiter gilt das Normalschaltungsbild Nr. 9.

Auch bei Drehstromzählern werden gelegentlich von den erwähnten Normalschaltungen abweichende Schaltungen benutzt. Hier kommen in erster Linie Schaltungen in Betracht, die der oben erwähnten Schaltung für Einphasenzähler entsprechen, d. h. solche, bei denen sämtliche von der Zentrale kommenden Leitungen links, sämtliche abgehenden Leitungen rechts liegen.

d) Besondere Zähler. Für den Anschluß von Tarifapparaten, ferner von Zählern für besondere Zwecke, wie beispielsweise Blindverbrauchzähler, sind keine Normalschaltungen festgelegt. Beim Anschluß dieser Zähler soll man sich genau nach den beigegebenen Schaltungsbildern richten; insbesondere muß beachtet werden, daß bei verschiedenen Zählern, z. B. solchen mit Kunstschaltung (s. 140), unbedingt der Anschluß gemäß der auf dem Schaltungsbild angegebenen Phasenfolge zu erfolgen hat.

196. Schaltungen von Zählern mit Meßwandlern. Im Grunde genommen folgt die Schaltung der Zähler, die an Meßwandler angeschlossen werden, aus der Schaltung, die für den gleichen Zähler zum direkten Anschluß, also ohne Wandler gilt; nur treten an Stelle der Netzleitungen die Leitungen, die von den sekundären Strom- bzw. Spannungsklemmen kommen, die denjenigen Primärklemmen entsprechen, an die der Zähler ohne Wandler anzuschließen wäre. Bei Meßwandlerzählern müssen ferner stets die Eichverbindungen, falls solche vorhanden sind, gelöst werden. In den meisten Fällen verwendet man für Zähler, die zum Anschluß an Meßwandler bestimmt sind (Meßwandlerzähler) besondere Klemmenbretter, bei denen die Spannungsklemmen genau so ausgebildet sind wie die Stromklemmen und Eichverbindungen überhaupt nicht angebracht werden können. Die für den Anschluß der Meßwandler geltenden Gesichtspunkte sind unter 171 eingehend behandelt. Es möge hier hervorgehoben werden, daß das Gehäuse der Wandler und eine der Sekundärklemmen stets zu erden sind. Die wichtigsten Normalschaltungen der Zähler mit Meßwandler sind in der Tab. 3 gleichfalls enthalten. Es ist zu beachten, daß bei allen Meßwandlerzählern, die nach den Normalschaltungen angeschlossen werden, wiederum die linke Klemme einer Stromspule als Anfangsklemme zu betrachten ist.

IV. Eicheinrichtungen.

197. Einleitung. Die Eichung und Prüfung eines Zählers erfolgt normalerweise im Eichraum oder Laboratorium einer Zählerfabrik oder eines Elektrizitätswerkes. In gewissen Fällen werden Zähler auch am Verwendungsort, also in der Installation geeicht bzw. geprüft. Bei der Eichung im Eichraum oder Laboratorium werden besondere Zählerprüfeinrichtungen verwendet, und wir wollen im folgenden das Prinzip der Schaltungen und einige wichtige Einzelheiten dieser Eicheinrichtungen kennenlernen. Auf den Aufbau vollständiger Zählerprüfeinrichtungen, der sehr verschieden sein kann, können wir nicht näher eingehen. Die folgenden Betrachtungen gelten zum Teil sinngemäß auch für die Prüfung am Verwendungsort, die wir unter 223 etwas näher behandeln werden.

Über viele im folgenden nicht behandelte Einzelheiten findet der Leser näheren Aufschluß in dem unter 46 erwähnten Buch von K. Schmiedel, „Die Prüfung der Elektrizitätszähler“.

198. Prinzip der Zählerprüfeinrichtungen. Wir betrachten zuerst den einfachsten Fall der Eichung eines Gleichstrom-Amperestundenzählers. Der Zähler sei für eine Nennstromstärke von 10 A und eine Nennspannung von 220 V gebaut. Das nächstliegende wäre, eine Eichschaltung zu verwenden, die der Arbeitsweise des Zählers in der Anlage genau entspricht. Man könnte z. B. nach Abb. 260 den Zähler Z an eine Akkumulatorenbatterie B für 220 V unter Vorschaltung eines Stromzeigers (Amperemeters) A anschließen und die erforderlichen Strombelastungen durch Einschaltung eines regelbaren Widerstandes, Reglers R, erzielen. Man kommt aber auch zum gleichen Ergebnis, wenn man nach Abb. 261 eine Batterie für niedrigere Spannung, beispielsweise 4 V, nimmt, die imstande ist, den höchsten für die Eichung erforderlichen Strom abzugeben. Sowohl der Zähler wie auch das Amperemeter sprechen ja nur auf die Stromstärke an, und es ist

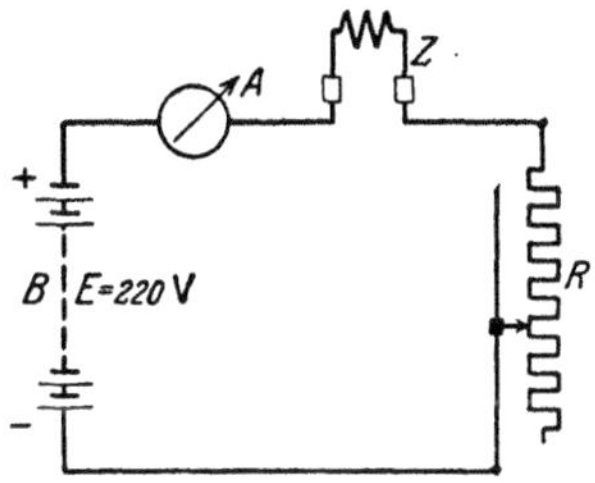

Abb. 260. Eichung mit Netzspannung.

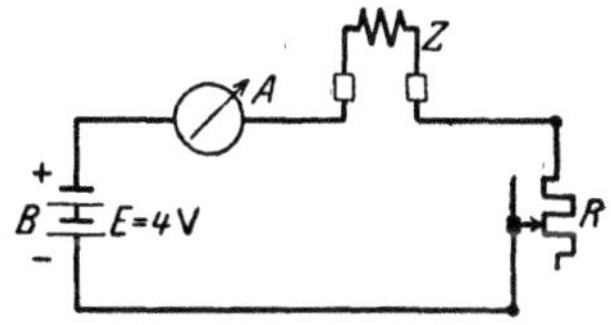

Abb. 261. Eichung mit niedriger Spannung.

demnach gleichgültig, wie hoch die Klemmenspannung der Batterie ist. Die Eichschaltung mit einer Batterie für niedrigere Spannung hat gegenüber der Schaltung mit einer Batterie für 220 V große Vorteile. Der Regler R fällt dabei wesentlich kleiner aus, da er statt $220 \cdot 10 = 2200$ Watt $= 2{,}2$ kW nur höchstens $4 \cdot 10 = 40$ Watt zu vernichten hat. Wir haben dabei die Spannungsabfälle des Strommessers und des Zählers vernachlässigt. Wir sehen ferner, daß ein weiterer, sehr wichtiger Vorteil der Schaltung nach Abb. 261 darin besteht, daß die Leistung, die bei der Eichung aufzuwenden ist, und demnach auch der Energieverbrauch, wesentlich kleiner ist (40 Watt gegenüber 2200 Watt). Ferner ist das Arbeiten an einer Einrichtung, bei der überhaupt keine hohe Spannung vorhanden ist, viel bequemer und gefahrloser als bei einer Einrichtung mit höherer Spannung. Bei noch größeren Stromstärken und Spannungen als die im obigen Beispiel gewählten verschieben sich die Verhältnisse noch mehr zugunsten der Verwendung einer niedrigeren Spannung. Wir würden beispielsweise bei einem Zähler für 10000 A und 440 V bei 440 V eine Leistung von $10000 \cdot 440 = 4400000$ W $= 4400$ kW benötigen. Die praktische Durchführung einer derartigen Eichung in einem Eichraum oder Laboratorium wäre überhaupt nicht möglich. Für die Eichung eines derartigen Starkstromzählers würde bereits ein einziges, allerdings großes Akkumulatorenelement für 2 V genügen, und die maximale, von diesem Element abzugebende Leistung würde $10000 \cdot 2 = 20000$ W $= 20$ kW betragen.

Bei einem Kilowattstundenzähler liegen in bezug auf den Stromkreis die Verhältnisse ganz ähnlich wie bei einem Amperestundenzähler. Man benötigt nur eine Einrichtung, die es ermöglicht, durch die Stromspule und das zur Eichung benötigte Amperemeter die nötige Stromstärke durchzuschicken. Außerdem muß beim Wattstundenzähler noch der Spannungskreis erregt werden, wozu man eine Spannung braucht, die der Nennspannung des Zählers angepaßt ist. Es genügt aber, daß die zur Speisung des Spannungskreises des Zählers und des erforderlichen Kontrollspannungszeigers benötigte Stromquelle nur die Stromstärke liefert, die dem Stromverbrauch dieser Spannungskreise entspricht. Es entsteht auf diese Weise die Eichschaltung Abb. 262, bei der der Stromkreis des Zählers von dem Spannungskreis getrennt ist. Zur Erzielung der Trennung muß die evtl. vorhandene Verbindung (Eichverbindung) zwischen der einen Stromklemme und der Spannungsklemme am Zähler gelöst werden. Die Stromseite besteht wiederum aus einer Stromquelle niedriger Spannung, der **Strombatterie** B_J, einem Strommesser A, der Stromspule des Zählers Z und einem Regler R_J. Die Spannungsseite besteht aus einer **Spannungsbatterie** B_E für die erforderliche Spannung, an die in Parallelschaltung die Spannungsspule des Zählers Z und der Spannungsmesser (Voltmeter) V angeschlossen sind. Vor die Spannungsspule des Zählers bzw. Voltmeters wird noch ein Regulierwiderstand R_E gelegt, der die Möglichkeit gibt, die richtige Spannung jeweils einzustellen. Die Wattbelastung des Zählers wird als Produkt $N = J \cdot E$ der Angaben des Strom- und Spannungsmessers berechnet. Wenn mehr als ein Zähler gleichzeitig zu eichen sind, so werden die **Stromspulen sämtlicher Zähler in Reihe**, ihre **Spannungsspulen sämtlich parallel** geschaltet.

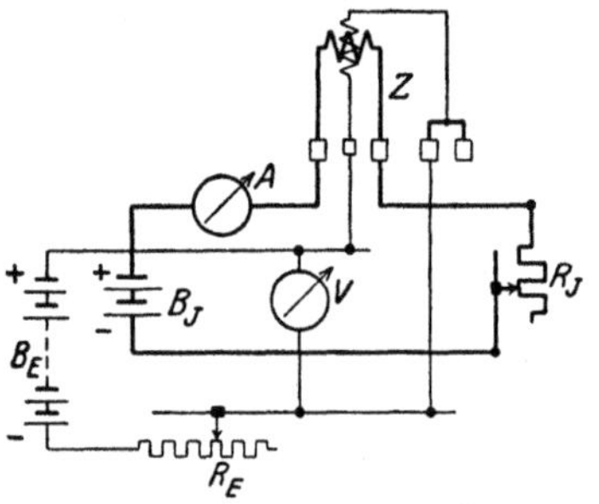

Abb. 262. Eichung mit getrennten Strom- und Spannungskreisen.

Für **Wechselstrom-Eichschaltungen** gelten sinngemäß die oben angestellten Überlegungen. Auch hier wird mit getrennten Strom- und Spannungsquellen gearbeitet, wobei in diesem Fall zur Erzeugung des Stromes und der Spannung natürlich entsprechende Wechselstromquellen zu verwenden sind. Man macht dabei ausgiebig Gebrauch von Transformatoren, die es erlauben, mit Maschinen oder Netzen beliebiger Spannung die für die Eichung erforderlichen Spannungen bzw. Ströme zu erzeugen. Die Strom- und Spannungsquelle dürfen jedoch im Gegensatz zu Gleichstrom nicht völlig unabhängig voneinander sein. Sie müssen unbedingt absolut die gleiche Frequenz besitzen. Dies läßt sich praktisch nur dadurch erzielen, daß man durch Zwischenschaltung entsprechender Transformatoren sowohl den Strom wie die Spannung der gleichen Maschine oder dem gleichen Netz entnimmt oder daß man zwei getrennte Maschinen gleicher Polzahl, eine **Strom**-

und eine Spannungsmaschine, benutzt, die direkt miteinander gekuppelt sind. Als Meßgerät zur Bestimmung der Leistung bei Wechselstrom wird stets ein Wattmeter angewandt, dessen Spannungsspule parallel zur Zählerspule geschaltet ist und dessen Stromspule in Reihe mit der Zählerstromspule liegt. Außerdem wird normalerweise ein Strommesser zur Einstellung der Stromstärke und ein Spannungsmesser zur Einstellung der Spannung verwendet.

Neben der Bedingung, daß Strom- und Spannungsquelle die gleiche Frequenz haben, muß der Strom in der Stromspule des Zählers und des Wattmeters eine bestimmte Phasenlage gegen die Spannung an der Spannungsspule des Zählers und des Wattmeters haben. Diese Phasenverschiebung muß auf beliebige oder wenigstens auf einige bestimmte Werte eingestellt werden können. Hierzu ist eine weitere zusätzliche Einrichtung erforderlich. Die im Prinzip einfachste Art einer solchen Einrichtung ist die Ausrüstung eines der Generatoren, z. B. der Strommaschine, mit einem verdrehbaren Stator. Wenn der Stator dieser Maschine gegenüber dem Stator der anderen Maschine verdreht wird, so ändert sich dadurch die Phasenverschiebung zwischen den Klemmenspannungen der beiden Maschinen. Wenn wir beispielsweise zwei zweipolige Maschinen hätten, die völlig gleich gebaut sind, so würde bei einer bestimmten Lage des verdrehbaren Stators die Klemmenspannungen der beiden Maschinen in Phase sein. Beim Verdrehen des Stators um 90^0 würde auch die Spannung der betreffenden Maschine gegen die Spannung der anderen Maschine um 90^0 verdreht sein usw. Dabei erhält man eine Voreilung oder Nacheilung des Stromes in den Stromspulen des Wattmeters und Zählers gegen die an die Spannungsspulen der Meßgeräte angelegte Spannung je nachdem, ob man den Stator der Strommaschine gegen oder in Richtung des Umlaufsinnes der Maschinen verdreht.

Abb. 263 zeigt die prinzipielle Schaltung einer Prüfeinrichtung für Einphasenzähler. Die Einrichtung wird durch den Spannungsgenerator G_E und den Stromgenerator G_J gespeist. Die beiden zweipoligen Maschinen sind direkt miteinander und mit dem Antriebsmotor M gekuppelt. Der Motor wird von einer Akkumulatorenbatterie B gespeist, an der auch die Erregerwicklungen der beiden Generatoren angeschlossen sind. R_A ist der Motoranlasser, R_n der Nebenschlußregler des Motors zur Einstellung der erforderlichen Drehzahl bzw. der Frequenz, R_E der Regler im Stromkreis der Erregung der Spannungsmaschine, R_J der entsprechende Regler der Strommaschine; mit diesen Reglern kann die Klemmenspannung der beiden Maschinen auf den gewünschten Wert gebracht werden. Die Strommaschine G_J besitzt einen verdrehbaren Stator, der mit Hilfe der Drehvorrichtung D gedreht werden kann. Die Spannungsmaschine G_E speist unter Zwischenschaltung des Spannungstransformators T_E die Spannungsseite der eigentlichen Prüfeinrichtung. Die Strommaschine speist unter Zwischenschaltung des Stromtransformators T_J die Stromseite der Einrichtung. Beide Transformatoren besitzen auf der Sekundärseite Anzapfungen, die es erlauben, die an der Prüfeinrichtung angelegten Spannungen in gröberen Stufen zu ändern. Der Spannungseichkreis enthält einen zweipoligen Spannungsschalter S_E, mit Hilfe dessen man die Prüfeinrichtung spannungslos machen kann. Auf der

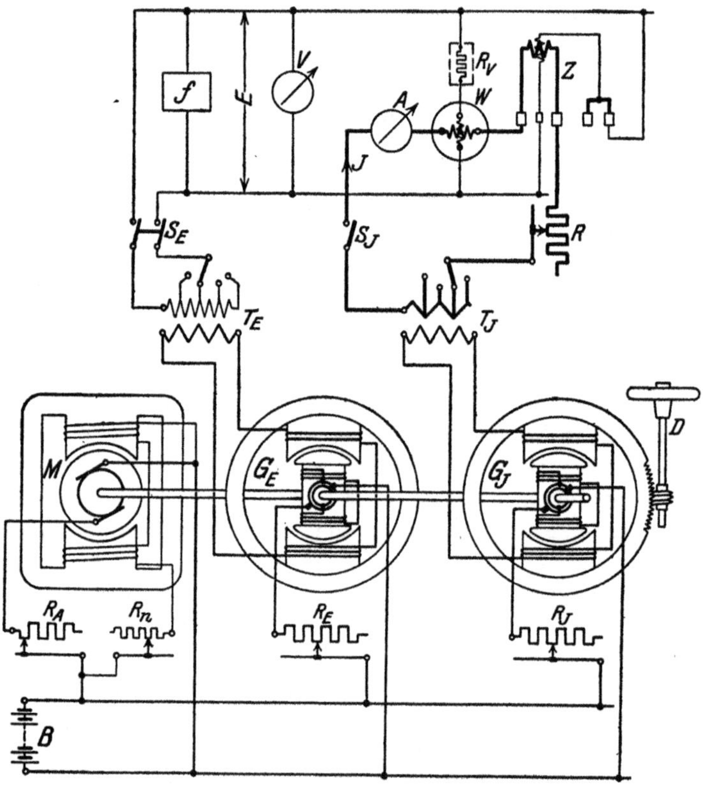

Abb. 263. Eichschaltung für Wechselstromzähler.

Stromseite ist zur Unterbrechung des Stromkreises der Schalter S_J eingebaut, der mit Rücksicht auf die niedrige Spannung nur einpolig ist. An die Spannungsleitungen ist eine Reihe von Klemmen angeschlossen, zwischen denen in Parallelschaltung der Frequenzmesser f, der Spannungszeiger V, der Spannungskreis des Wattmeters W und der Spannungskreis des Zählers Z geschaltet sind. Der Spannungskreis des Wattmeters besteht dabei aus der eigentlichen Spannungsspule und dem Vorwiderstande R_V. Im Stromkreis liegen in Reihe das Amperemeter A, die Stromspule des Wattmeters W und die Stromspule des Zählers Z. Die Regelung der Spannung E erfolgt durch Wahl der entsprechenden Anzapfung am Spannungstransformator T_E und entsprechende Einregulierung der Erregung der Spannungsmaschine G_E. Die Regelung der Stromstärke J, die in weiten Grenzen möglich sein muß, geschieht durch Wahl der entsprechenden Anzapfung am Stromtransformator T_J, geeignete Einstellung der Erregung des Stromgenerators G_J und des im Stromkreise liegenden Reglers R. Falls während der Messung die Stromstärke J nachreguliert werden muß, so ist es besonders zweckmäßig, diese Nachregulierung mit Hilfe des Erregerreglers R_J vorzunehmen, da dann die Phasenverschiebung φ zwischen E und J sich nicht ändert. Bei Drehstromeicheinrichtungen hat diese Art der Regulierung noch den Vorteil, daß sich die Ströme in allen Phasen im gleichen Verhältnis ändern.

Einrichtungen zum Eichen von Drehstromzählern unterscheiden sich von der eben behandelten Einrichtung für Einphasenstrom im wesentlichen dadurch, daß der Spannungskreis nicht einphasig, sondern dreiphasig ausgeführt ist. Dabei brauchen, wenn nur Zähler in Aronschaltung zu eichen sind, nur drei Spannungsleitungen vorhanden zu sein. Sollen auch Zähler mit drei Meßwerken für Vierleiteranlagen geeicht werden, so muß auch der Nullpunkt zugänglich sein. Der Stromkreis kann bei Drehstrom-Prüfeinrichtungen entweder einphasig oder dreiphasig ausgeführt sein. Die einphasige Ausführung des Stromkreises ist einfacher und demnach billiger. Sie erlaubt jedoch nur einseitige Belastungen des Zählers herzustellen. Für viele Zwecke, besonders dann, wenn die Eigenschaften der Zähler genau bekannt sind, genügt diese Einrichtung. Die dreiphasige Ausführung des Stromkreises ist jedoch stets vorzuziehen, da sie auch die Herstellung der gleichseitigen Belastung des Zählers zuläßt. Im Stromkreis genügen auch für die Eichung der Vierleiterzähler nur drei Leitungen, die den Hauptleitungen des Netzes entsprechen. In gewissen Fällen verwendet man jedoch den Nulleiter, da dadurch die Regulierung der Strombelastung in jeder Phase getrennt möglich ist.

199. Stromquellen für Zählerprüfeinrichtungen. a) Gleichstrom. Für die Speisung des Stromkreises werden meist Akkumulatorenbatterien von 4 bis 8 V verwendet. Bei sehr hohen Stromstärken, bei denen infolge des kleinen Spannungsabfalles von Starkstromzählern nur geringe Spannungen erforderlich sind, begnügt man sich oft nur mit einem einzigen Akkumulator, also mit etwa 2 V. Kommt die gleichzeitige Eichung von vielen Zählern in Frage, so werden auch Batterien von mehr als 8 V verwendet. Generatoren kommen zur Speisung des Stromkreises nur selten zur Anwendung, da sie für niedrige Spannung und hohe Stromstärken verhältnismäßig teuer sind. Zum Laden der Strombatterien kommen in erster Linie Umformer, seltener Gleichrichter in Frage.

Zur Speisung des Spannungskreises kommen neben den Akkumulatorenbatterien, die in diesem Fall natürlich aus einer der höchsten erforderlichen Spannung entsprechenden Zellenzahl bestehen müssen, jedoch nur für eine geringe Stromstärke zu bemessen sind, auch Generatoren in Betracht. Sie haben den Vorteil, daß man besondere Ladeeinrichtungen für die Spannungsbatterie entbehren kann. Zum Antrieb eines solchen Generators wird ein Motor verwendet, der vom Netz oder bei besonders genauen Messungen von einer besonderen Batterie gespeist wird.

Werden geringere Anforderungen an die Meßgenauigkeit gestellt, so kann zur Speisung der Spannungskreise auch das vorhandene Gleichstromnetz benutzt werden.

b) Wechsel- und Drehstrom. Am meisten verbreitet ist bei Wechsel- und Drehstrom-Eicheinrichtungen die Speisung von einem vorhandenen Drehstromnetz. Dabei kann, falls nur Zähler für die Netzspannung in Betracht kommen, der Spannungskreis gegebenenfalls direkt an das Netz angelegt werden. Kommen verschiedene Spannungen in Betracht, so müssen entsprechende Transformatoren zwischengeschaltet werden. Die Stromkreise werden in der Regel unter Zwischenschaltung von Transformatoren, die die Netzspannung auf die niedrige, für die Eichung geeignete Spannung herabtransformieren, gespeist. Sowohl die Strom- wie die Spannungstransformatoren werden in der Regel mit Anzapfungen ausgeführt, um verschiedene Spannungen abnehmen zu können.

Werden an die Meßgenauigkeit höhere Anforderungen gestellt, so verwendet man als Stromquelle, wie oben gezeigt, besondere Eichmaschinen. Will man die Vorteile, die besondere Eichgeneratoren mit sich bringen können, voll ausnutzen, so verwendet man zum Antrieb der Eichmaschine einen Gleichstrommotor. Man hat auf diese Weise die Möglichkeit, die Frequenz bequem zu regeln. Kommt die Eichung von Zählern für verschiedene Nennfrequenzen in Frage, so muß die Regulierung der Drehzahl der Eichmaschine in entsprechend großen Grenzen möglich sein. Zur Speisung des Gleichstrommotors wird entweder ein vorhandenes Gleichstromnetz, besondere Akkumulatorenbatterien oder Drehstrom-Gleichstrom-Umformer benutzt.

200. Reguliervorrichtungen für Zählerprüfeinrichtungen. a) Gleichstrom. 1. Spannungsregelung. Zur Regulierung der Spannung im Spannungskreis werden entweder regelbare Vorwiderstände oder zweckmäßiger Spannungsteiler verwendet. In beiden Fällen kommen in erster Linie Schiebewiderstände in Betracht. Bei Vorwiderständen, die aus mehreren Einzelreglern bestehen, werden die einzelnen Regler in Reihe geschaltet, wobei der Grobregler einen höheren Widerstand als der Feinregler erhält. Eine besonders zweckmäßige Anordnung eines

Spannungsteilers zeigt Abb. 264. Sie besteht aus zwei Schiebewiderständen, dem Grobregler G mit hohem Widerstand, z. B. 1000 Ω, dem Feinregler F von niedrigem Widerstand, z. B. 100 Ω, und einem hohen Zwischenwiderstand Z von beispielsweise 2000 Ω. In der äußersten oberen Lage der beiden Schleifenkontakte ist die Eichspannung, die durch den Spannungszeiger V gemessen wird, gleich der Spannung der angeschlossenen Batterie B. Würde man die beiden Schleifkontakte zur Berührung bringen können, so würde die Spannung Null sein. Dies ist jedoch bei der gezeichneten Anordnung nicht möglich, da zwischen den beiden Schleifkontakten mindestens der feste Widerstand, der zwischen beiden Schiebewiderständen liegt, übrig bleibt. Die gewählte Anordnung ist deshalb zweckmäßig, weil man auf diese Weise eine sehr feine Regulierung erzielt. Eine sehr weitgehende Herabsetzung der Spannung, die diese Anordnung nicht gestattet, ist bei der Zählerprüfung nicht erforderlich. Bei Verwendung besonderer Spannungsmaschinen kann auch eine Regulierung durch Änderung der Erregung des Generators erfolgen. Die Regelung durch Änderung der Erregung und durch Widerstände können auch kombiniert werden.

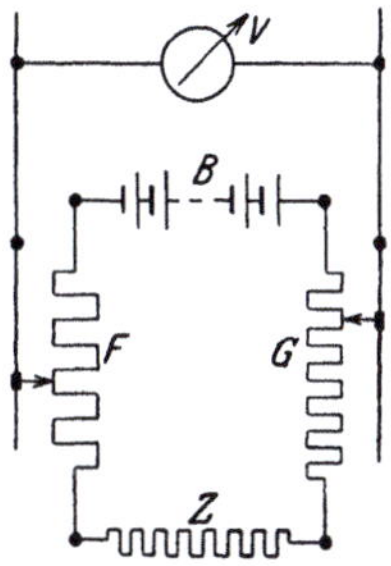

Abb. 264. Spannungsteiler für Spannungsregler.

2. Stromregelung. Bei Gleichstrom kommen im Stromkreis fast nur Regulierwiderstände in Frage. Mitunter kann eine solche Regelung auch mit einer Änderung der Spannung der Stromquelle, z. B. durch Anwendung entsprechender Anzapfungen bei Akkumulatorenbatterien kombiniert werden. Zur Erzielung genügender Genauigkeit bei der Einstellung bestimmter Stromstärken besteht der Stromregler in der Regel aus mehreren Einzelregulierwiderständen, die unter sich parallel geschaltet sind. Die Abstufung der Regler muß so vorgenommen sein, daß mit einem feineren Regler eine etwas größere Änderung der Stromstärke erzielt werden kann als diejenige, die dem Übergang von einer Stufe zur anderen des vorhergehenden gröberen Reglers entspricht. Es ist zweckmäßig, daß die feineren Regler sich nicht vollständig kurzschließen lassen. Zu diesem Zweck muß im Regler ein nicht abschaltbarer Widerstand vorhanden sein. Als feinsten Regler verwendet man meist einen Schiebewiderstand. Abb. 265 zeigt schematisch einen Reglersatz, bestehend aus zwei Reglern mit Kurbelschaltern und einem Schiebewiderstand. Dabei ist der

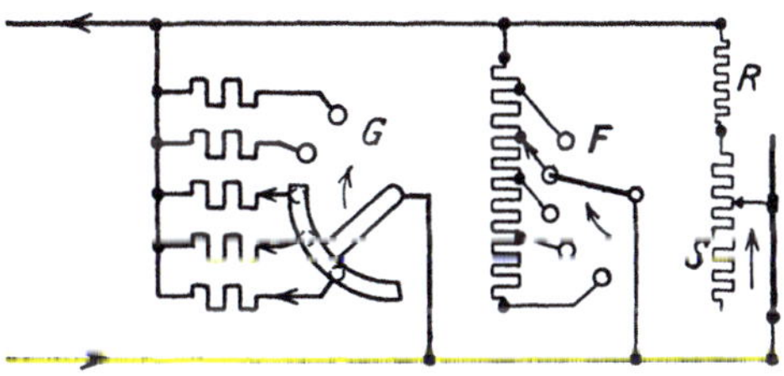

Abb. 265. Stromreglersatz.

Grobregler G so ausgebildet, daß die einzelnen Widerstandselemente parallel geschaltet werden. Beim feineren Kurbelwiderstand F liegen die einzelnen Widerstandselemente in Reihe. Dem Schiebewiderstand S ist ein getrennter fester Widerstand R vorgeschaltet. Alle Regler sind parallel geschaltet. Für hohe Stromstärken verwendet man als Grobregulierung Einzelwiderstände, die durch Schalter zu- und abgeschaltet werden. Solche Widerstände werden bei sehr hohen Stromstärken vorteilhaft als wassergekühlte Rohre aus Widerstandsmaterial gebaut.

b) Wechselstrom und Drehstrom. 1. Spannungsregelung. Hier kommen im wesentlichen die gleichen Reguliermethoden der Spannung mit Widerständen wie bei Gleichstrom in Betracht. Auch macht man bei Verwendung von Eichmaschinen von der Regulierung durch Änderung der Erregung Gebrauch. Ferner werden, wie bereits erwähnt, die als Spannungsquelle verwendeten Transformatoren mit Anzapfungen versehen. Es sei an dieser Stelle noch erwähnt, daß bei sehr genauen Messungen die Verwendung eines Vorwiderstandes zu vermeiden ist, da ein solcher Widerstand eine gewisse Verzerrung der Spannungskurve zur Folge haben kann. Dagegen ist die folgende Art der Regelung sehr zweckmäßig. Der Spannungstransformator erhält neben den Anzapfungen, die eine Grobabstufung der Spannung zulassen, am Ende der Wicklung noch eine Anzapfung für einige Volt, beispielsweise 10 V. An diese Anzapfung wird ein Schiebewiderstand von verhältnismäßig niedriger Ohmzahl, beispielsweise 20 Ohm, gelegt; der Schleifkontakt des Schiebewiderstandes ersetzt dann die Endklemme des Transformators. Beim Verschieben des Gleitkontaktes kann die Spannung um 10 V geändert werden. Besonders zweckmäßig ist diese Anordnung bei Drehstrom-Eicheinrichtungen, weil sie die Möglichkeit gibt, die Regulierung aller Spannungen zusammen mit Hilfe der Erregung des Generators und die genaue Abgleichung der einzelnen Phasenspannungen mit Hilfe der Schiebewiderstände vorzunehmen. Den Nullpunkt bildet der Verbindungspunkt der drei Gleitkontakte.

2. Stromregelung. Wie bei Gleichstrom kommen hier gleichfalls in erster Linie Stromregulatoren, die nach gleichen Gesichtspunkten wie für Gleichstrom gebaut werden, in Betracht. Ferner macht man ausgiebigen Gebrauch von Stufentransformatoren, die in sehr verschiedenen Ausführungsformen im Gebrauch sind. Außerdem besteht die Möglichkeit der Regulierung durch Änderung der Erregung der Strommaschine.

3. Regulierung der Frequenz. Die Regulierung der Frequenz kommt praktisch nur bei Anwendung der Eichmaschinen mit Gleichstrom-Antriebsmotor in Betracht und erfolgt, wie bereits erwähnt, durch Änderung der Erregung des Gleichstrommotors.

4. Regulierung der Phasenlage. Sie erfolgt, wie bereits gesagt, durch Verdrehen des Stators eines der Generatoren der Eichmaschine. Ferner werden hierzu sehr häufig besondere Phasenschieber oder Phasenregler verwendet. Diese sind im Grunde genommen Drehstromasynchronmotoren, bei denen die eine Wicklung, beispielsweise die Ständerwicklung, an Drehstrom gelegt wird; in der zweiten Wicklung wird dann eine Spannung induziert, deren Phasenlage sich bei Verdrehen des Läufers ändert. Der Läufer ist dabei durch eine Sperrvorrichtung am Umlaufen verhindert. Beide Einrichtungen können so ausgebildet werden, daß eine außerordentlich genaue Einstellung der Phasenlage erfolgen kann. In grober Weise kann die Phasenlage auch durch Umschaltung des Strom- oder Spannungskreises auf verschiedene im Drehstromsystem vorhandene Spannungen bewerkstelligt werden. Die dabei auftretenden Sprünge betragen normalerweise 60°.

201. Meßgeräte für Zählerprüfeinrichtungen. Im folgenden wollen wir diejenigen Meßgeräte betrachten, die zur Bestimmung der Belastung bei den Zählerprüfeinrichtungen verwendet werden und gewissermaßen einen Bestandteil solcher Einichtungen bilden. Einige besondere Meßgeräte, die bei der Prüfung von Zählern verwendet werden, werden bei der Behandlung der Eichverfahren selbst berücksichtigt. Ferner sei hier noch auf das Kapitel I „Meßgeräte und Messungen" hingewiesen.

a) Gleichstromeinrichtungen. Für die Eichung der Gleichstrom-Amperestundenzähler ist nur ein Stromzeiger erforderlich, der stets ein Präzisionsdrehspulmeßgerät ist. Es wird meistens als Millivoltmeter mit getrennten Nebenwiderständen verwendet. Man kommt auf diese Weise für alle in Betracht kommenden Meßbereiche mit einem Millivoltmeter aus. Die Nebenwiderstände (Shunts) werden zweckmäßigerweise für mehrere Meßbereiche ausgeführt.

Für die Eichung von Wattstundenzählern kommen für den Stromkreis die gleichen Meßgeräte wie für die Amperestundenzähler in Betracht. Außerdem braucht man zur Messung der Spannung einen Spannungszeiger, der gleichfalls als ein Drehspulinstrument der Laboratoriumstype gewählt wird. Es kommen dabei in erster Linie Milliamperemeter mit getrennten Vorwiderständen in Frage. Wenn Zähler für verschiedene Nennspannungen zu eichen sind, so erhält das Meßgerät mehrere Spannungsmeßbereiche, bzw. es werden Vorwiderstände mit mehreren Anzapfungen verwendet.

b) Wechsel- und Drehstromeinrichtungen. Bei der Eichung von Drehstromzählern spielt die Messung der Spannung und Stromstärke eine untergeordnete Rolle. Es genügt deshalb für die meisten Zwecke, Schalttafelinstrumente der Dreheisentype zu verwenden. Kommen mehrere Spannungsmeßbereiche in Betracht, so werden sie meist wie bei Gleichstrom mit Hilfe von Vorwiderständen mit entsprechenden Anzapfungen erzielt. Es gibt auch andere Verfahren, auf die wir hier nicht eingehen können. Bei Strommessern ist am bequemsten die Zwischenschaltung eines Stromwandlers mit mehreren Meßbereichen. Oft werden mehrere Strommesser für verschiedene Strommeßbereiche angewandt. In den meisten Fällen genügt für eine Drehstromeicheinrichtung ein einziger Spannungsmesser, der mit einem Umschalter ausgerüstet ist, so daß man mit ihm sowohl die verketteten wie die Phasenspannungen messen kann. Zweckmäßiger ist jedoch die Anwendung von drei Spannungszeigern, die auch durch einen Umschalter entweder an die verketteten oder Phasenspannungen gelegt werden können. Strommesser werden in alle drei Stromleitungen gelegt.

Als Frequenzmesser werden meist Zungenfrequenzmesser verwendet. Es kommen jedoch auch Zeigerfrequenzmesser in Betracht.

Das wichtigste Meßgerät für die Eichung von Wechsel- und Drehstromzählern ist der Leistungsmesser oder das Wattmeter, da man die Belastung des Zählers bei Wechsel- und Drehstrom nur mit Hilfe eines Wattmeters bestimmen kann. Als Wattmeter kommen nur elektrodynamische Meßgeräte der Laboratoriumstype in Betracht. Zur Erzielung genügender Meßgenauigkeit müssen Leistungsmesser für mehrere Meßbereiche vorhanden sein. Um die Anzahl der Wattmeter zu verringern, ist es zweckmäßig, solche mit mehreren Meßbereichen zu verwenden. Kommt die Eichung von Zählern für verschiedene Nennspannungen in Betracht, so müssen die Wattmeter unter Umständen auch mehrere Spannungsmeßbereiche erhalten, die wie bei Spannungszeigern durch entsprechende Vorwiderstände erzielt werden.

V. Eichverfahren.

202. Einleitung. Nachdem wir die wichtigsten Einrichtungen und Meßgeräte zum Prüfen von Zählern behandelt haben, wollen wir uns jetzt mit der eigentlichen Eichung und Prüfung befassen. Einige grundsätzliche, die Eichung betreffende Fragen haben wir an verschiedenen Stellen des Buches bei der Behandlung der einzelnen Zählerarten kennengelernt, wollen jedoch hier auch das bereits Bekannte im Zusammenhang nochmals behandeln.

Unter Eichung eines Zählers versteht man seine Einstellung oder Justierung zwecks Erzielung möglichst richtiger Anzeigen bzw. Einhaltung bestimmter Fehlergrenzen. Unter Prüfung eines Zählers versteht man dagegen bei einem bereits geeichten Zähler die Feststellung der Fehler bei bestimmten Belastungen, ferner die Feststellung anderer Eigenschaften wie z. B. des Anlaufes. Streng werden jedoch in der

Praxis die Begriffe Eichung und Prüfung nicht immer unterschieden, so z. B. bezeichnet man eine Messung am Zähler, die sich an die Eichung anschließt, auch oft als Eichung. Eine Prüfung eines Zählers, die nicht unmittelbar mit einer Eichung verbunden ist, bezeichnet man als Kontrolle.

Fabrikneue Zähler erstklassiger Firmen können im allgemeinen installiert werden, ohne daß sie im Eichraum des Elektrizitätswerkes einer Prüfung unterzogen werden. Da jedoch trotz sorgfältigster Verpackung Transportbeschädigungen nie ganz ausgeschlossen und solche Beschädigungen äußerlich nicht immer erkennbar sind und oft nur in der Verstellung des Magneten oder in dgl. sich äußern, so sollte man auch fabrikneue Zähler stets einer vereinfachten Kontrolle unterziehen. Diese kann auf die einfachste Weise z. B. durch einen Dauerversuch, der gleichzeitig an einer größeren Anzahl gleichartiger Zähler vorgenommen wird, geschehen. Zum mindesten sollte man nach erfolgter Montage des Zählers am Verwendungsort sich davon überzeugen, daß der Zähler noch den richtigen Anlauf zeigt.

203. Konstanten und Fehlergrößen. Die für die Eichung und Prüfung wichtigste Größe ist der Fehler Δ in Prozenten des wirklichen Verbrauches ausgedrückt (prozentualer Fehler). Die Art seiner Berechnung haben wir bereits beim dynamometrischen Zähler unter 51 eingehend behandelt. Wir wollen nunmehr im Zusammenhang alle in Betracht kommenden Größen und ihre gegenseitigen Beziehungen behandeln. Wir benutzen dabei, soweit es sich um Größen handelt, die uns bereits bekannt sind, die früher angewandten Bezeichnungen. In der Praxis werden für einige dieser Größen auch abweichende Bezeichnungen benutzt, was beim Gebrauch der Eichvorschriften verschiedener Firmen zu beachten ist.

Im folgenden bedeuten alle Größen mit dem Index $\mathfrak{S}$ die Sollgrößen, diejenigen ohne Index die gemessenen oder aus den Meßwerten errechneten Größen. Dabei sind die für die Eichung und Prüfung wichtigsten Größen normal gedruckt. Die übrigen klein gedruckten Größen sind für den praktischen Gebrauch weniger wichtig.

$A_{\mathfrak{S}}$ = der wirkliche Verbrauch oder der Sollwert der Zählerangabe,
A = der vom Zähler angezeigte Verbrauch,
$N_{\mathfrak{S}}$ = die $A_{\mathfrak{S}}$ entsprechende Wattbelastung der Anlage,
N = die der Anzeige A des Zählers entsprechende Leistung,
$n_{\mathfrak{S}}$ = die Solldrehzahl des Zählers je Minute, die der Belastung der Anlage entspricht,
n = die wirkliche Drehzahl des Zählers je Minute bei der gleichen Belastung, für die $n_{\mathfrak{S}}$ gilt,
u = die Anzahl der Umdrehungen des Zählerankers, die während der Messung abgezählt worden ist[1],

[1] Bei oszillierenden Zählern die Anzahl der Schwingungen.

$t_{\mathfrak{S}}$ = der Sollwert der u-Umdrehungen bei der Eichbelastung entsprechenden Zeit in Sekunden,

t = die $t_{\mathfrak{S}}$ entsprechende gemessene Zeit in Sekunden,

$C_{\mathfrak{S}}$ = die Eichzahl, d. h. der Sollwert der Umdrehungen des Zählerankers je Einheit der Zählerangaben, normalerweise die Anzahl der Ankerumdrehungen je kWh, auch Konstante des Zählers genannt. Die Eichzahl ist meist auf dem Zählerschild angegeben. Solche Angabe lautet z. B.: 1 Kilowattstunde = 3000 Ankerumdrehungen[1].

C = die aus den bei der Prüfung gemessenen Werten errechnete Anzahl der Umdrehungen je Einheit der Zählerangaben.

$a_{\mathfrak{S}}$ = der Sollwert der einer Ankerumdrehung entsprechenden Einheiten, meist die Anzahl der Wattstunden je Umdrehung. Diese Zahl wird in einigen Ländern an Stelle der Eichzahl auf dem Zählerschild angegeben. Solche Angabe lautet z. B. 1 Ankerumdrehung = 0,3333 Wattstunden.

a = die aus den gemessenen Werten errechnete Anzahl der Wattstunden je Ankerumdrehung.

F = der Korrektionsfaktor, d. h. die Zahl, mit der die Anzeige des Zählers zu multiplizieren ist um den wirklichen Verbrauch zu erhalten.

Δ = der Fehler des Zählers in % (prozentualer Fehler). Er wird meist kurz mit Fehler bezeichnet.

k = die Korrektion des Zählers in %,

K = die Zahl, mit der die Angaben des Zählers zu multiplizieren sind, um den Verbrauch in bestimmten Einheiten zu erhalten, falls das Zählwerk nicht selbst diese Einheiten anzeigt, z. B. bei Meßwandlerzählern oder Zählern für hohe Leistung; in einigen Ländern auch bei normalen Zählern gebräuchlich. K wird auch mitunter als Konstante bezeichnet, jedoch ist K nicht mit der Eichzahl C zu verwechseln.

Die folgenden Formeln, die wir bereits zum Teil kennengelernt haben, zeigen den Zusammenhang der einzelnen Größen.

Der prozentuale Fehler berechnet sich zu

$$\Delta = \frac{A - A_{\mathfrak{S}}}{A_{\mathfrak{S}}} \cdot 100\,\% = \frac{N - N_{\mathfrak{S}}}{N_{\mathfrak{S}}} \cdot 100\,\% = \frac{C - C_{\mathfrak{S}}}{C_{\mathfrak{S}}} \cdot 100\,\% = \frac{n - n_{\mathfrak{S}}}{n_{\mathfrak{S}}} \cdot 100\,\%^{*}. \quad (1)$$

Die Größen A, N usw. einerseits und $A_{\mathfrak{S}}$, $N_{\mathfrak{S}}$ usw. andererseits sind einander proportional und führen deshalb zu ähnlichen Ausdrücken. Dagegen sind die Größen t, $t_{\mathfrak{S}}$, a, $a_{\mathfrak{S}}$, den obigen Größen umgekehrt proportional und deshalb berechnet sich aus ihnen der prozentuale Fehler zu

$$\Delta = \frac{t_{\mathfrak{S}} - t}{t} \cdot 100\,\% = \frac{a_{\mathfrak{S}} - a}{a} \cdot 100\,\%^{**}. \quad (2)$$

---

[1] Siehe Fußnote S. 395.

* Diese Formeln werden mitunter auch in folgender Form geschrieben:

$$\Delta = \left(\frac{A}{A_{\mathfrak{S}}} - 1\right) \cdot 100\,\% = \left(\frac{N}{N_{\mathfrak{S}}} - 1\right) \cdot 100\,\% = \left(\frac{C}{C_{\mathfrak{S}}} - 1\right) \cdot 100\,\% = \left(\frac{n}{n_{\mathfrak{S}}} - 1\right) \cdot 100\,\%.$$

** Oder $\Delta = \left(\frac{t_{\mathfrak{S}}}{t} - 1\right) \cdot 100\,\% = \left(\frac{a_{\mathfrak{S}}}{a} - 1\right) \cdot 100\,\%.$

Der Korrektionsfaktor berechnet sich zu

$$F = \frac{A_{\mathfrak{S}}}{A} = \frac{N_{\mathfrak{S}}}{N} = \frac{C_{\mathfrak{S}}}{C} = \frac{n_{\mathfrak{S}}}{n} \tag{3}$$

und zu

$$F = \frac{t}{t_{\mathfrak{S}}} = \frac{a}{a_{\mathfrak{S}}}. \tag{4}$$

Die Korrektion in % berechnet sich zu

$$k = \frac{A_{\mathfrak{S}} - A}{A} \cdot 100 = \frac{N_{\mathfrak{S}} - N}{N} \cdot 100 = \frac{C_{\mathfrak{S}} - C}{C} \cdot 100 = \frac{n_{\mathfrak{S}} - n}{n} \cdot 100\,\% \tag{5}$$

und zu

$$k = \frac{t - t_{\mathfrak{S}}}{t_{\mathfrak{S}}} \cdot 100\,\% = \frac{a - a_{\mathfrak{S}}}{a_{\mathfrak{S}}} \cdot 100\,\%. \tag{6}$$

Wenn die prozentuale Korrektion k und der angezeigte Verbrauch A gegeben ist, so berechnet sich der wirkliche Verbrauch zu

$$A_{\mathfrak{S}} = A\left(1 + \frac{k}{100}\right). \tag{7}$$

Zwischen dem Korrektionsfaktor F und dem Fehler Δ besteht folgender Zusammenhang:

$$\Delta = \left(\frac{1}{F} - 1\right) \cdot 100\,\%. \tag{8}$$

Zwischen der prozentualen Korrektion k und dem prozentualen Fehler Δ besteht die Beziehung:

$$k = -\frac{\Delta}{\Delta + 100} \cdot 100\,\%. \tag{9}$$

Wir wollen den Zusammenhang der einzelnen Größen noch an einem Zahlenbeispiel veranschaulichen.

In einer Anlage sei der wirkliche Verbrauch $A_{\mathfrak{S}} = 100$ kWh gewesen. Aus der Differenz des Zählwerkstandes am Schluß und am Anfang der Ableseperiode wurde ein Verbrauch von $A = 125$ kWh bestimmt. Demnach hat der Zähler $125 - 100 = 25$ kWh zu viel angezeigt. Der prozentuale Fehler berechnet sich nach Gl. (1) zu

$$\Delta = \frac{A - A_{\mathfrak{S}}}{A_{\mathfrak{S}}} \cdot 100\,\% = \frac{125 - 100}{100} \cdot 100\,\% = +\,25\,\%.$$

Die Korrektion in % berechnet sich nach Gl. (5) zu

$$k = \frac{A_{\mathfrak{S}} - A}{A} \cdot 100\,\% = \frac{100 - 125}{125} \cdot 100\,\% = -\,20\,\%.$$

Oder aus Δ nach Gl. (9) zu

$$k = -\frac{\Delta}{\Delta + 100} \cdot 100\,\% = -\frac{25}{25 + 100} \cdot 100\,\% = -\frac{25}{125} \cdot 100\,\% = -\,20\,\%.$$

Der wirkliche Verbrauch errechnet sich aus der Anzeige des Zählers und der Korrektion in % nach Gl. (7) zu

$$A_{\mathfrak{S}} = A \cdot \left(1 + \frac{k}{100}\right) = 125 \cdot \left(1 + \frac{-\,20}{100}\right) = 125 \cdot (1 - 0{,}2) = 125 \cdot 0{,}8 = 100.$$

Für Prüfung und Eichung sind am wichtigsten die folgenden Beziehungen:

$$\Delta = \frac{A - A_{\mathfrak{S}}}{A_{\mathfrak{S}}} \cdot 100\% = \frac{C - C_{\mathfrak{S}}}{C_{\mathfrak{S}}} \cdot 100\% \tag{10}$$

und

$$\Delta = \frac{t_{\mathfrak{S}} - t}{t} \cdot 100\% . \tag{11}$$

Ist N die Belastung des Zählers in Watt[1], u die abgezählte Umdrehungszahl und t die zugehörige Zeit in Sekunden, so errechnet sich aus diesen Werten die Eichzahl C zu

$$C = \frac{u}{t \cdot N} \cdot 3600 \cdot 1000 . \tag{12}$$

Aus dem Sollwert der Eichzahl $C_{\mathfrak{S}}$ berechnet sich der Sollwert der Zeit $t_{\mathfrak{S}}$, die einer bestimmten Umdrehungszahl u entspricht, zu

$$t_{\mathfrak{S}} = \frac{u}{C_{\mathfrak{S}} \cdot N} \cdot 3600 \cdot 1000 . \tag{13}$$

204. Eichung mittels Uhr. Das bei Motorzählern, zu denen auch oszillierende Zähler gehören, besonders verbreitete und in den meisten Fällen auch das zweckmäßigste Verfahren zur Bestimmung des Fehlers ist die Eichung mittels Uhr. Wir wollen deshalb zuerst dieses Verfahren besonders eingehend behandeln und werden uns dann bei der Behandlung der anderen Methoden kürzer fassen können. Bei der Eichung mittels Uhr wird eine bestimmte Anzahl der Umdrehungen u des Zählers gezählt und die zugehörige Zeit t mit einer Uhr bestimmt. Ist dabei die Belastung des Zählers mit Hilfe entsprechender Meßgeräte festgestellt worden, so kann der Fehler des Zählers berechnet werden. Näheres über die Messung der Belastung werden wir weiter kennen lernen. Zur Bestimmung der Zeit t werden meistenteils sog. „Stoppuhren" verwendet. Hierbei sind solche Uhren zu unterscheiden, bei denen der Sekundenzeiger (Stoppzeiger) bei erfolgter Messung durch den Druck auf den Knopf auf Null gestellt wird und solche, bei denen diese automatische Rückstellung fehlt. Die letzteren Uhren besitzen ein drehbares Zifferblatt, welches von Hand so verstellt werden kann, daß beim Anfang der Messung der Zeiger auf Null steht. Diese Uhren sind bei normalen Zählerprüfungen vorzuziehen, da ihr Mechanismus einfacher und deshalb zuverlässiger ist. Beim automatischen Zurückstellen des Zeigers auf Null findet stets eine gewisse Prellung statt, so daß mit der Zeit der Zeiger nicht mehr genau auf Null zurückspringt.

[1] Da bei der Messung eine bestimmte Belastung eingestellt wird, so ist es hier nicht notwendig, zwischen N und $N_{\mathfrak{S}}$ zu unterscheiden.

Die Ausführung mit dem drehbaren Zifferblatt hat dagegen den Nachteil, daß bei ihr kein Minutenzeiger angebracht werden kann, so daß man bei länger andauernder Messung die vollen Umdrehungen des Sekundenzeigers zählen muß. Das Ingangsetzen des Sekundenzeigers kann auf zweierlei Weise erfolgen. Bei den Uhren, die nur als Stoppuhren benutzt werden sollen, wird bei Stillstand des Zeigers die Unruh arretiert, während der Messung dagegen freigegeben. Bei Uhren, die auch als normale Taschenuhren Verwendung finden sollen, also auch bei arretiertem Stoppzeiger weiter laufen sollen, wird der Stoppzeiger gekuppelt oder entkuppelt. Die Ausführungen der Stoppuhren können im übrigen sehr verschieden sein. Normalerweise vollführt die Unruh wie bei einer normalen Taschenuhr fünf Schwingungen je Sekunde. Mit einer solchen Uhr läßt sich die Zeitmessung auf etwa 0,2 sec genau ausführen. Für genauere Messungen sind Uhren vorteilhafter, bei denen die Unruh zehn Schwingungen je Sekunde ausführt. Mit ihnen kann eine Genauigkeit von 0,1 sec erzielt werden. Bei diesen Uhren vollführt der Stoppzeiger eine Umdrehung in 30 sec, also einer Minute entsprechen zwei Umdrehungen des Stoppzeigers.

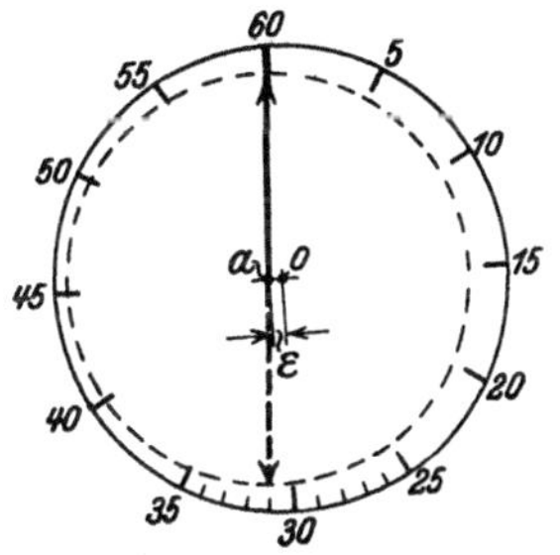

Abb. 266. Exzentrisch gelagerter Zeiger.

Es ist noch zu beachten, daß die Achse des Stoppzeigers fast nie genau in der Mitte des Ziffernblattes sitzt. Abb. 266 zeigt schematisch das Ziffernblatt und den übertrieben stark exzentrisch gelagerten Zeiger, a ist die Achse des Zeigers, o der Mittelpunkt des Ziffernblatts und ε die Exzentrizität. Wenn am Ende der Messung der Zeiger genau oder wenigstens angenähert dieselbe Lage hat wie am Anfang, so spielt seine Exzentrizität keine Rolle. Wenn dagegen der Zeiger etwa $^1/_2$, $1^1/_2$ Umdrehungen usw. macht, so liest man, wie die gestrichelte Linie zeigt, auf dem Zifferblatt einen unrichtigen Wert ab. Um den geschilderten Fehler klein zu halten, ist es empfehlenswert, die Messung stets so auszuführen, daß der Zeiger am Ende der Messung in die Nähe der Anfangslage zu stehen kommt, d. h. so viel Umdrehungen des Zählers abzuzählen, daß die Zeit t etwa 50 . . . 70 sec beträgt, der Zeiger also zwischen den Teilstrichen 50 und 10 zu stehen kommt.

Das Abzählen der Zählerumdrehungen erfolgt in der Weise, daß man im Moment der Inbetriebsetzung des Stoppzeigers Null zählt und nach einer bestimmten Anzahl, beispielsweise 30 Umdrehungen abstoppt. Empfehlenswert ist bei hoher Drehzahl des Zählers vor dem Beginn der Messung ein paar Umdrehungen des Zählers zu zählen, ohne die Stoppuhr abzudrücken, damit man den Punkt Null genau festlegt. Man zählt in diesem Falle z. B. wie folgt: 1, 2, 3, 4, 5 Null (hier erfolgt das Drücken der Uhr), 1, 2, 3 usw. bis zu der gewählten Umdrehungszahl, bei der der Zeiger still gesetzt wird.

Für besondere Zwecke werden auch automatische Zeitmeßeinrichtungen benutzt. Von diesen ist besonders zweckmäßig die von A. Callsen angegebene Vorrichtung[1].

Bei der Berechnung des Fehlers Δ des Zählers kann auf verschiedene Weise verfahren werden. Am zweckmäßigsten sind folgende zwei Verfahren:

Man ermittelt aus der abgezählten Umdrehungszahl u, der zugehörigen Zeit t und der Wattbelastung N die Anzahl der Umdrehungen C, die einer Einheit der Zählerangabe, meist also einer kWh, entspricht. Diese Zahl berechnet sich nach Gl. (12) zu

$$C = \frac{u \cdot 3600 \cdot 1000}{t \cdot N}.$$

Ist der Sollwert der Umdrehungen je Einheit, also die Eichzahl $C_{\mathfrak{S}}$, so berechnet sich der Fehler nach Gl. (10) zu

$$\Delta = \frac{C - C_{\mathfrak{S}}}{C_{\mathfrak{S}}} \cdot 100\,\%,$$

oder man berechnet die der Umdrehungszahl u und der gewählten Belastung N entsprechende Sollzeit $t_{\mathfrak{S}}$. Sie ergibt sich nach Gl. (13) zu

$$t_{\mathfrak{S}} = \frac{u \cdot 3600 \cdot 1000}{C_{\mathfrak{S}} \cdot N}.$$

Hieraus ergibt sich nach Gl. (11) der Fehler zu

$$\Delta = \frac{t_{\mathfrak{S}} - t}{t} \cdot 100\,\%.$$

Die erste Berechnungsart ist allgemeiner anwendbar. Sie wird besonders dann benutzt, wenn die Belastung des Zählers nicht auf bestimmte runde Werte eingestellt werden kann. Die zweite Methode ist dann vorzuziehen, wenn man, wie dies bei guten Prüfeinrichtungen stets möglich ist, bestimmte runde Werte der Belastung genau einstellen kann. In diesem Fall ergibt sich für alle Belastungen die gleiche Sollzeit $t_{\mathfrak{S}}$, wenn man die Umdrehungszahlen u proportional den Belastungen wählt, z. B. wenn man bei halber Last die halbe Umdrehungszahl wie bei Vollast abzählt.

---

[1] Callsen, A.: Selbsttätige Eichvorrichtung für Zähler. Siemens-Zeitschrift Jahrgang 7, Heft 2, S. 79, 1927. Siehe auch H. Gewecke und W. v. Krukowski: Neues Zählereichverfahren. ETZ 1918, S. 356.

Beispiel: Auf dem Schild eines Einphasen-Kilowattstundenzählers für 5 A, 220 V ist angegeben: 1 Kilowattstunde = 3000 Ankerumdrehungen. Es sollen die Fehler des Zählers bei $\cos\varphi = 1$ (induktionsfreie Belastung) bei 100% und 10% des Nennstromes bestimmt werden. Die Belastung konnte nicht genau auf einen bestimmten Wert gebracht werden, und es wurden folgende zusammengehörende Werte gemessen:

Wattbelastung $N = 1110$ W, $u = 50$ Umdrehungen und $t = 54{,}8$ sec

und $N = 109{,}0$ W, $u = 5$ Umdrehungen und $t = 54{,}1$ sec.

Nach dem Obigen berechnet sich für den ersten Belastungsfall

$$C = \frac{u \cdot 3600 \cdot 1000}{t \cdot N} = \frac{50 \cdot 3600 \cdot 1000}{54{,}8 \cdot 1110} = 2959\,.$$

Hieraus

$$\Delta = \frac{C - C_{\mathfrak{S}}}{C_{\mathfrak{S}}} \cdot 100\,\% = \frac{2959 - 3000}{3000} \cdot 100\,\% = \frac{-41}{3000} \cdot 100\,\% = -1{,}4\,\%.$$

Für den zweiten Belastungsfall ist

$$C = \frac{5 \cdot 3600 \cdot 1000}{54{,}1 \cdot 109{,}0} = 3052$$

und

$$\Delta = \frac{3052 - 3000}{3000} \cdot 100\,\% = \frac{52}{3000} \cdot 100\,\% = +\,1{,}7\,\%\,.$$

Derselbe Zähler wird an einer Zählerprüfeinrichtung geprüft, die die genaue Einstellung bestimmter Belastungen zuläßt. Wir berechnen in diesem Fall für $N = 1100$ W und $u = 50$ Umdrehungen die Sollzeit zu

$$t_{\mathfrak{S}} = \frac{u \cdot 3600 \cdot 1000}{C_{\mathfrak{S}} \cdot N} = \frac{50 \cdot 3600 \cdot 1000}{3000 \cdot 1100} = 54{,}5 \text{ sec}\,.$$

Derselbe Wert $t_{\mathfrak{S}}$ gilt auch für 110 W bei $u = 5$ Umdrehungen. Gemessen wurden

$N = 1100$ W, $u = 50$ Umdrehungen, $t = 55{,}3$ sec

und

$N = 110$ W, $u = 5$ Umdrehungen, $t = 53{,}6$ sec.

Die Fehler berechnen sich zu

$$\Delta = \frac{t_{\mathfrak{S}} - t}{t} \cdot 100\,\% = \frac{54{,}5 - 55{,}3}{55{,}3} \cdot 100\,\% = -\,1{,}4\,\%$$

und

$$\Delta = \frac{54{,}5 - 53{,}6}{53{,}6} \cdot 100\,\% = +\,1{,}7\,\%\,.$$

205. Eichung mittels Zählwerk. Das Eichen auf Grund der Anzeigen des Zählwerkes eines Zählers ist im Grunde genommen das nächstliegende Eichverfahren. Es hat jedoch gegenüber dem oben beschriebenen mittels Stoppuhr den Nachteil, daß seine praktische Durchführung umständlicher und zeitraubender ist. Es wird deshalb nur bei Dauerversuchen und bei Zählwerkskontrollen angewandt. In einer sinngemäß abgeänderten Form ist dieses Verfahren das einzige für Elektrolytzähler brauchbare. Man bestimmt nach diesem Verfahren den vom Zähler angezeigten Verbrauch A und vergleicht ihn mit dem auf andere Weise gemessenen wirklichen Verbrauch $A_{\mathfrak{S}}$. Der Fehler berechnet sich dann nach Gl. (10) zu

$$\Delta = \frac{A - A_{\mathfrak{S}}}{A_{\mathfrak{S}}} \cdot 100\,\% .$$

Die Bestimmung des wirklichen Verbrauches $A_{\mathfrak{S}}$ kann auf zweierlei Weise erfolgen: Man hält längere Zeit eine bestimmte Belastung N konstant und bestimmt die Zeit t. Das Produkt $N \cdot t$ ist der wirkliche Verbrauch $A_{\mathfrak{S}}$. Beim Wattstundenzähler muß dabei N in Kilowatt, t in Stunden gemessen werden. Dann ergibt sich $A_{\mathfrak{S}}$ in Kilowattstunden. Oder man bestimmt den Verbrauch mit Hilfe eines Kontrollzählers, der denselben Verbrauch mißt wie der zu eichende Zähler und dessen Fehler genau bekannt sind. Praktisch kommt für die genaue Bestimmung des Fehlers nur das zweite Verfahren in Betracht, da man bei ihm nicht darauf angewiesen ist, daß die Belastung während einer längeren Zeit konstant bleibt. Eine kurzdauernde, also weniger genaue Eichung mittels Zählwerk kann zur Kontrolle des Übersetzungsverhältnisses des Zählwerkes benutzt werden, da dieses Übersetzungsverhältnis nur in bestimmten größeren Sprüngen variieren kann. Es ist zweckmäßig, die Eichung mittels Zählwerk gleichzeitig für eine größere Anzahl von Zählern durchzuführen.

Wir wollen an einem Beispiel die Eichung eines Zählers mittels Zählwerk erörtern. Ein zu eichender Kilowattstundenzähler und ein Kontrollzähler werden so angeschlossen, daß ihre Stromspulen in Serie, ihre Spannungsspulen parallel liegen, und es wird eine bestimmte Belastung, beispielsweise die Nennlast, eingestellt. Es ergaben sich folgende Werte:

	Zählwerksstand	
	des Kontrollzählers	des zu eichenden Zählers
vor dem Einschalten	35,75	8,69
nach dem Abschalten	41,92	15,22
angezeigter Verbrauch	6,17	6,53

Es ist durch eine vorhergehende Messung festgestellt worden, daß der Kontrollzähler bei der gewählten Belastung einen Fehler von $\Delta = -0{,}5\%$ hat. Demnach ist der wirkliche Verbrauch um 0,5% größer als der vom Kontrollzähler angezeigte, also

$$A_{\mathfrak{S}} = 6{,}17 + 0{,}5 \cdot \frac{6{,}17}{100} = 6{,}17 + 0{,}03 = 6{,}20.$$

Da der zu eichende Zähler den Verbrauch $A = 6{,}53$ angezeigt hat, so berechnet sich sein Fehler zu

$$\Delta = \frac{A - A_{\mathfrak{S}}}{A_{\mathfrak{S}}} \cdot 100\% = \frac{6{,}53 - 6{,}20}{6{,}20} \cdot 100\% = \frac{0{,}33}{6{,}20} \cdot 100\% = +5{,}3\%.$$

206. Eichung mittels Eichzähler. Eichzähler sind besonders gebaute Zähler, die zur Bestimmung des wirklichen Verbrauches bei der Prüfung von Zählern verwendet werden. Die Eichzähler verschiedener Firmen unterscheiden sich nicht unwesentlich voneinander. Im Grunde genommen kommt es immer darauf an, mit Hilfe des Eichzählers in kurzer Zeit den Verbrauch möglichst genau zu bestimmen. Zu diesem Zweck erhält der Eichzähler ein Zählwerk, meist ein Zeigerzählwerk, welches schon bei kurzdauernder Belastung den Verbrauch genau abzulesen erlaubt. Dabei kann der Verbrauch entweder in Kilowattstunden abgelesen werden oder es werden nur die Umdrehungen des Zählers angezeigt. Die Anzeige eines solchen Zählers muß dann mit einer Konstante multipliziert werden, um den tatsächlichen Verbrauch zu erhalten. Zwecks genauer Ablesung der Umdrehungszahl erhält bei einigen Ausführungen auch die Scheibe eine Teilung, so daß Bruchteile einer Ankerumdrehung zuverlässig abgelesen werden können. Zur genauen Begrenzung der Zeit, der die Angaben des Eichzählers entsprechen, wird entweder das Zählwerk ein- oder auskuppelbar gemacht, ähnlich wie der Zeiger einer Stoppuhr, oder der Zähler wird durch Ein- und Ausschalten des Spannungskreises in Betrieb und wieder still gesetzt. Im letzteren Falle werden auch besondere Vorkehrungen getroffen um zu erreichen, daß beim Abschalten des Spannungskreises der Zähler sofort stehenbleibt. Bei der Eichung mit Hilfe des Eichzählers wird dabei meist so verfahren, daß man nicht die Zählwerksablesungen des zu eichenden Zählers mit denen des Eichzählers vergleicht, sondern daß man die einer bestimmten Anzahl der Umdrehungen des zu eichenden Zählers entsprechende Anzeige des Eichzählers feststellt. Diese Eichmethode ist im Grunde genommen die gleiche wie die mit der Stoppuhr. Der Eichzähler ersetzt die Stoppuhr und das Wattmeter. Die Eichung mit Eichzählern hat in Fällen, in denen die Belastung nicht genau konstant gehalten werden kann, große Vorteile, da die Belastungsschwankungen sich in gleicher Weise beim Eichzähler und beim zu eichenden Zähler auswirken. Die Eichzähler werden deshalb im größeren Umfange zur Prüfung von Zählern am Verwendungsort benutzt. Wir wollen an dieser Stelle nicht näher auf Einzelheiten eingehen. Der Leser findet Näheres über die Verwendung der Eichzähler beispielsweise im Aufsatz von D. Freyer: „Was muß der Zählerfachmann über das Prüfen von Hochspannungszählern in der Installation und von Fehlschaltungen wissen?“ Elektro-Journal Mai 1926, Heft 9.

Eichzähler in verschiedener Ausführung werden von mehreren Zählerfabriken gebaut. Abb. 267 zeigt beispielsweise einen Eichzähler der SSW. Links in der Abbildung ist der besonders ausgebildete Druckknopfschalter zur Inbetriebsetzung und Abstellung des Eichzählers sichtbar.

Abb. 267. Eichzähler.

An dieser Stelle möge auch auf das „Gleichlasteichverfahren“ von den Bergmann Elektrizitätswerken hingewiesen werden.

Bei diesem Verfahren wird bei den verschiedenen Belastungen, die bei der Eichung angewandt werden, der Eichzähler selbst **stets** voll belastet, wodurch die Meßgenauigkeit erhöht werden kann. Erreicht wird dieses durch Anwendung eines besonderen Stufenstromwandlers, an den der Eichzähler angeschlossen ist[1].

207. Gleichlauf-Eichverfahren. Das Gleichlauf- oder Synchronverfahren ist ein typisches Eichverfahren, obwohl man es auch zur Kontrolle eines bereits geeichten Zählers unter Umständen anwenden kann. Es beruht darauf, daß der zu eichende Zähler so eingestellt wird, daß er genau die gleiche Drehzahl hat wie ein Normalzähler, der in derselben Weise belastet ist. Die einfachste und am meisten verbreitete Art der Durchführung dieser Methode beruht darauf, daß man den zu eichenden Zähler in gleicher Höhe neben einem genau geeichten Normalzähler der gleichen Type, der natürlich für die gleichen elektrischen Verhältnisse gebaut ist, aufhängt. Die Stromspulen beider Zähler werden in Reihe, die Spannungsspulen parallel geschaltet. Die an den Zählerscheiben angebrachten Marken werden bei abgeschalteter Spannung und unterbrochenem Stromkreis bei beiden Zählern in die gleiche Lage,

[1] Näheres s. Bergmann-Mitteilungen 1930, H. 2, S. 72.

beispielsweise beide nach vorne, gebracht. Dann wird Strom und Spannung eingeschaltet. Nach einer gewissen Zeit, bei Nennlast beispielsweise nach etwa $^1/_2$ Minute, werden Strom und Spannung wieder abgeschaltet. Falls die beiden Zähler genau die gleiche Drehzahl haben, so werden die Marken auf den Scheiben wieder die gleiche Lage haben, beispielsweise wieder beide nach vorne zeigen. Trifft dies nicht zu, so wird der zu eichende Zähler entsprechend eingestellt. Wenn die Abweichungen von der richtigen Drehzahl groß sind, so genügen wenige Umdrehungen um dies festzustellen. Man kann auch während des Laufens der Zähler durch Beobachtung der Marken feststellen, wie der zu eichende Zähler nachgestellt werden muß. Wenn man eine geeignete Anzahl Umdrehungen wählt, so kann aus der Lage der Marken auch auf bequeme Weise der Fehler des zu eichenden Zählers mit genügender Genauigkeit bestimmt werden. Wenn z. B. der Normalzähler volle 25 Umdrehungen gemacht hat, so entspricht eine Differenz in der Lage der Marken von $^1/_4$ Umdrehung einer Fehlerdifferenz von 1%. Das Gleichlaufverfahren ist besonders geeignet für die fabrikationsmäßige Eichung von vielen gleichartigen Zählern. In diesem Fall werden mit einem Normalzähler 10 oder noch mehr Zähler gleichzeitig geeicht. Es sei bemerkt, daß beim Gleichlaufverfahren Schwankungen in der Belastung, Temperatur u. dgl. keine Rolle spielen, da sie auf die zu eichenden Zähler und den Normalzähler den gleichen Einfluß ausüben. Das Gleichlaufverfahren wird vorwiegend zum Eichen von Wechsel- und Drehstromzählern angewendet. Eine andere Art des Gleichlaufverfahrens ist die stroboskopische Eichung, die in sehr kurzer Zeit die Differenz der Geschwindigkeiten von zwei Zählern festzustellen erlaubt. Große praktische Bedeutung hat bis jetzt dieses interessante, von Blathy angegebene Verfahren nicht erlangt und wir wollen deshalb darauf nicht näher eingehen.

208. Allgemeine Vorbemerkungen über die eigentliche Eichung. Da der Verlauf der Fehlerkurven es nicht ermöglicht, die Zähler so einzustellen, daß sie bei allen Belastungen genau richtig zeigen, also $\Delta = 0$ ist, so ist man unter Umständen gezwungen, bei einigen der Belastungen bei denen der Zähler eingestellt wird, bestimmte Fehler von vorneherein einzustellen. Die Einstellung des Zählers muß aber grundsätzlich so gewählt werden, daß die Gesamtangaben des Zählers in der Installation möglichst genau sind (s. 193). Der Zähler wird bei verschiedenen, für die betreffende Zählertype charakteristischen Belastungsfällen geeicht, d. h. es wird für diese Belastungen der Fehler des Zählers bestimmt und evtl. eine Nachregulierung vorgenommen, die den Zweck hat, den Fehler bei der betreffenden Belastung auf den gewünschten Wert zu bringen. Die Kontrolle des Zählers wird dabei meist auf dieselben Belastungsfälle wie bei der Eichung und evtl. noch auf weitere Punkte ausgedehnt.

Bei welchen Belastungen der Zähler zu eichen ist, hängt von der Art des Zählers und von den charakteristischen Eigenschaften des betreffenden Zählermodelles ab. Allgemeine, für alle Zählerarten gültige Regeln lassen sich nicht aufstellen. Am zweckmäßigsten richtet man sich stets nach der für das betreffende Zählermodell von der liefernden Firma gegebenen Eichanweisung. Grundsätzlich werden die Zähler bei solchen Belastungen geeicht, bei denen eine bestimmte Reguliervorrichtung die Fehler stark beeinflußt. Die Reihenfolge, in der die Eichung bei den verschiedenen Belastungen vorgenommen wird, kann verschieden sein. Man wird sie im allgemeinen so wählen, daß eine nachfolgende Regulierung die vorher vorgenommene möglichst wenig beeinflußt. Streng genommen beeinflußt jede Reguliervorrichtung den Zähler bei allen Belastungen. Hieraus folgt, daß es notwendig ist, bei den vorhergehenden Belastungspunkten eine Kontrollmessung auszuführen und evtl. eine Nachjustierung vorzunehmen, wenn man eine bestimmte Reguliervorrichtung stark verstellt hat.

Neben der eigentlichen Eichung muß stets das Zählwerk auf die Richtigkeit seiner Übersetzung kontrolliert und die Isolation geprüft werden.

Wir wollen im folgenden zuerst die charakteristischen Reguliervorrichtungen und die Art der Einstellung des Zählers, dann einige Einzelheiten über die Durchführung von Messungen und Untersuchungen behandeln und zum Schluß die Einzelheiten der Eichung verschiedener Zählerarten bringen.

209. Einstellung des Zählers. Reguliervorrichtungen. a) Änderung des Bremsmomentes und des Drehmomentes des Zählers. Diese Änderungen beeinflussen den Zähler bei allen Belastungen in der Weise, daß die sämtlichen Fehlerkurven um den gleichen Prozentsatz gehoben oder gesenkt werden. Bei den meisten Zählerarten wird das Bremsmoment reguliert. Die stärkste Dämpfung wird bei einer bestimmten relativen Lage des Bremsmagneten zur Scheibe erzielt. Bei dieser Lage befindet sich die Scheibe noch vollständig im Luftspalt des Magneten. Ihr Rand steht meist um 1 . . . 2 mm vor. Verschiebt man den Magneten so, daß sein Fluß zum Teil außerhalb der Scheibe verläuft, so nimmt das Bremsmoment ab. Dasselbe ist der Fall, wenn der Magnet weiter nach innen verschoben wird. Die am meisten verbreitete Anordnung zur Befestigung des Magneten ist die unter 111 erwähnte (s. Abb. 157). Bei dieser Befestigungsart wird der Magnet mit Hilfe eines besonderen Schlüssels aus unmagnetischem Material, der am Magneten selbst angreift, verstellt, wobei die Befestigungsschraube des Magneten bereits ziemlich stark angezogen sein kann. Nachträglich muß diese Schraube noch etwas stärker angezogen werden, um zu vermeiden, daß sich der Magnet bei Erschütterungen des Zählers von selbst verstellt.

Bei einigen Zählerkonstruktionen sind besondere Feinverstellungen am Magneten vorhanden. Die Erfahrung zeigt jedoch, daß die Nachteile dieser Einrichtungen die Vorteile überwiegen, so daß ihre Anwendung nicht empfehlenswert ist. Mitunter wird auch die Bremskraft nicht durch das Verstellen des Magneten sondern durch die Verstellung eines magnetischen Nebenschlusses oder eines Gegenpoles vorgenommen. Derartige Einrichtungen sind z. B. bei amerikanischen Zählern üblich.

Die Änderung der Drehzahl durch Beeinflussung des Drehmomentes kommt in erster Linie bei Magnetmotorzählern in Betracht. Sie erfolgt in diesem Falle durch Änderung des Spannungsabfalles des Nebenwiderstandes, die meist durch Verstellung einer Regulierklemme oder durch Änderung eines dem Anker vorgeschalteten Widerstandes vorgenommen wird. Ferner kommen Einrichtungen zur Änderung des Drehmomentes bei Zählern mit mehreren Meßwerken, in erster Linie also bei Drehstromzählern zur Anwendung, weil man bei solchen Zählern die Drehmomente der einzelnen Meßwerke auf den gleichen Betrag bringen muß (Zugkraftabgleichung). Durch Änderung der Bremskraft, z. B. durch Verstellung des Magneten, werden dagegen alle Meßwerke im gleichen Maße beeinflußt.

Die Einstellung des richtigen Bremsmomentes oder Drehmomentes wird bei einer größeren Belastung des Zählers, meist bei Nennlast, vorgenommen, und zwar bei Wechsel- und Drehstromzählern bei induktionsfreier Belastung, also $\cos\varphi = 1$.

b) Änderung der Hilfskraft. Die bei allen Zählern, mit Ausnahme des Amperestundenzählers und einiger besonderer Zähler, vorhandene Einrichtung zur Erzielung eines kleinen Hilfsdrehmomentes dient zum Ausgleich der Reibung (Reibungskompensation) und zum Ausgleich von Einflüssen, die ähnlich auf den Verlauf der Fehlerkurve wirken (z. B. der Einfluß des Eisens bei Induktionszählern). Die Hilfskraft beeinflußt im wesentlichen nur den Verlauf der Fehlerkurve bei niedrigen Belastungen. Sie wird deshalb bei etwa 10% der Nennlast eingestellt (bei Wechsel- und Drehstromzähler bei $\cos\varphi = 1$). Die dabei in Betracht kommenden Reguliervorrichtungen sind sehr mannigfaltig. Bei Gleichstrom-Wattstundenzählern wird z. B. die Hilfsspule verstellt, bei Induktionszählern dienen hierzu die unter 84 beschriebenen Einrichtungen. Bei hohen Belastungen des Zählers äußern sich kleine Änderungen der Hilfskraft nur unmerklich. Wird dagegen die Hilfskraft im starken Maße verändert, so muß gegebenenfalls eine Nachregulierung des Zählers bei hoher Belastung z. B. durch Verstellen des Magneten vorgenommen werden. Wenn wir beispielsweise bei 10% der Belastung die Hilfskraft so verändert haben, daß der Fehler des Zählers sich um 10% geändert hat, so wird diese Änderung eine Änderung des Fehlers bei Vollast um etwa 1% zur Folge haben. Man nimmt deshalb eine vorläufige Einstellung der Hilfskraft bereits am Anfang der Eichung vor, indem man sie so einstellt, daß die Scheibe des Zählers bei eingeschalteter Spannung und abgeschaltetem Strom still steht oder sich ganz langsam vorwärts dreht (schwachen Vortrieb zeigt); dabei muß diese Einstellung bei einer Stellung der Scheibe vorgenommen werden, in der die Hemmfahne wirkungslos ist. Die endgültige Einstellung der Hilfskraft erfolgt nach der Einstellung des Zählers bei hoher Belastung.

c) Änderung der Phasenlage der Triebflüsse bei Induktionszählern. Hierzu dienen die als Phasenregulierungen bezeichneten Einrichtungen, deren Prinzip (s. hierzu 75 und 76) meist darauf beruht, daß man entweder den Spannungstriebfluß oder den Stromtriebfluß durch entsprechende Kurzschlußwindungen mehr oder weniger beeinflußt. Eine stärkere Belastung des Spannungstriebflusses, also Verminderung des Widerstandes einer den Spannungstriebfluß umfassenden Schleife, vergrößert die Phasenverschiebung zwischen der Spannung und dem Spannungstriebfluß. Sie hat also bei induktiver Belastung ein rascheres Laufen des Zählers zur Folge. Umgekehrt verursacht eine stärkere Belastung des Stromtriebflusses die Vergrößerung des Winkels zwischen Stromtriebfluß und Strom und hat bei induktiver Belastung eine Verringerung der Geschwindigkeit des Zählers zur Folge. Bei kapazitiver Belastung liegen die Verhältnisse umgekehrt. Die Änderung der Phasenlage der Triebflüsse kann auch durch Änderung eines der Spannungsspule vorgeschalteten oder eines der Stromspule parallel geschalteten Widerstandes hervorgerufen werden. Solche Einrichtungen werden z. B. bei Blindverbrauchzählern angewandt. Auch eine verhältnismäßig starke Änderung in der Lage der Flüsse beeinflußt die Angaben des Zählers bei induktionsfreier Belastung nur unmerklich. Aus diesem Grunde wird die Einstellung des Zählers bei Phasenverschiebung nach erfolgter Einstellung des Zählers bei $\cos\varphi = 1$ vorgenommen. Praktisch ist eine gewisse Beeinflussung des Zählers durch Verstellung der Phasenabgleichung auch bei $\cos\varphi = 1$ vorhanden. Sie rührt jedoch nicht von der Änderung der Phasenlage der Flüsse, sondern von der durch die Verstellung der Phasenreguliereinrichtung hervorgerufenen Änderung der Größe der Flüsse her. Mit Rücksicht auf diese Beeinflussung ist es vorteilhaft, vor der Einstellung des Magneten den Zähler roh abzugleichen. Zu diesem Zweck stellt man induktive Belastung $\cos\varphi = 0$ (Wattmeterausschlag Null) her und verstellt die Phasenregulierungseinrichtung so lange, bis der Zähler still steht.

d) Einstellung des Anlaufes. Hemmvorrichtungen. Die Hemmvorrichtungen, die den Zweck haben zu verhindern, daß der Zähler infolge der Hilfskraft allein beim Anlegen der Spannung leerläuft, beruhen entweder auf mechanischem oder magnetischem Prinzip. Mechanische Sperrvorrichtungen werden meist nur dann verwendet, wenn gleichzeitig ein Rücklauf des Zählers bei umgekehrter Stromrichtung verhindert werden soll. Die Hemmvorrichtung wird in diesem Fall so ausgebildet, daß sie gleichzeitig als eine Rücklaufhemmung wirkt. Normalerweise werden magnetische Hemmvorrichtungen benutzt. Die meisten Ausführungen beruhen darauf, daß ein an der Ankerachse befestigtes kleines Drähtchen oder Blechstück (Hemmfahne) in einer bestimmten Lage der Scheibe unter Einfluß des Streuflusses des Dauermagneten, oder bei Induktionszählern auch des Spannungseisens, festgehalten wird. Im letzteren Falle wird am Spannungseisen ein kleines Streublech befestigt, um die Streulinien in bestimmter Richtung zu konzentrieren. Die Einstellung der Kraft, mit der die Hemmvorrichtung wirkt, erfolgt durch entsprechendes Biegen des Drähtchens oder Fähnchens, so daß es den richtigen Abstand vom Magneten oder dem Streublech am Spannungseisen hat.

Die hemmende Kraft muß so stark sein, daß im ungünstigsten Falle, praktisch bei einer Spannung, die um 20% die Nennspannung übersteigt (20% Überspannung), der Zähler nicht leerläuft. Aus diesem Grunde wird die Einstellung bei Überspannung vorgenommen. Bei der richtigen Einstellung der Hemmfahne muß es eine Lage der Zählerscheibe geben, bei der infolge der Wirkung der Hemmfahne der Zähler trotz Vorhandensein der Hilfskraft das Bestreben hat, rückwärts zu laufen. Um zu prüfen, ob die Einstellung richtig ist, verdreht man von Hand die Zählerscheibe etwas aus der Lage, in der der Zähler unter Einfluß der Hemmvorrichtung stillsteht. Bei richtiger Einstellung muß die Scheibe wieder in die Haltelage zurückgezogen werden. Wenn die Hemmfahne am Magneten festgehalten wird und bei mechanischen Haltevorrichtungen ist die Kraft unabhängig von der Spannung. Wenn dagegen die Hemmfahne vom Streufluß des Spannungseisens festgehalten wird, so wächst die Kraft etwa proportional mit dem Quadrate der Spannung, also etwa im gleichen Verhältnis wie die Hilfskraft. Die Kraft, mit der die Hemmfahne wirkt, beeinflußt nur die Anlaufleistung, also den Anlauf des Zählers, dagegen beeinflußt sie die Fehler des Zählers auch bei kleinen Belastungen kaum (s. 56). Aus diesem Grunde wird normalerweise die Einstellung der Hemmfahne am Schluß der Eichung vorgenommen. Jedenfalls muß die Einstellung der Hemmfahne nach jeder Verstellung der Hilfskraft kontrolliert werden.

210. Durchführung von Messungen. Wie man im einzelnen die in Betracht kommenden Messungen durchführt, folgt eigentlich bereits aus dem unter 201 und 204 bis 207 Gesagten. Wir wollen jedoch der Vollständigkeit halber hier nochmals die in Frage kommenden Messungen kurz aufzählen und dann noch einige besondere Messungen und Untersuchungen in den folgenden Abschnitten behandeln.

a) Messung von Spannung und Stromstärke. Die Eichung jedes Wattstundenzählers muß bei einer bestimmten Spannung erfolgen. Der größte Teil der Messungen erfolgt dabei bei Nennspannung. Es kommt jedoch nicht darauf an, daß eine bestimmte Spannung sehr genau eingehalten wird. Aus diesem Grunde begnügt man sich bei Wechsel- und Drehstromzählern meist mit Schalttafel-Dreheisenspannungszeigern. Eine Ausnahme bildet der Fall, in dem man kontrollieren muß, ob die drei Spannungen bei Drehstrom einander genau gleich sind. Dieser Fall tritt bei der Eichung von Blindverbrauchzählern auf. Hier ist es vorteilhaft für die Messung der Spannungen genaue Spannungszeiger, beispielsweise dynamometrische Instrumente der Laboratoriumstype zu verwenden.

Bei Gleichstrom wird die Spannung zur Bestimmung der Wattbelastung des Zählers, die natürlich genau bekannt sein muß, herangezogen und aus diesem Grunde müssen hier Präzisionsspannungszeiger verwendet werden.

Das über Spannung Gesagte gilt auch sinngemäß für die Messung der Stromstärke. Auch hier können bei Wechselstrom und Drehstrom weniger genaue Schalttafelstromzeiger mit Dreheisenmeßwerk Verwendung finden. Bei Gleichstrom müssen dagegen Präzisionsinstrumente zur Anwendung kommen. Bei Wechsel- und Drehstrom kommen solche Geräte nur in Betracht bei der Eichung von Voltamperestundenzählern, J^2h-Zählern u. dgl. In diesem Fall verwendet man zweckmäßigerweise auch dynamometrische Instrumente der Laboratoriumstype.

b) Messung der Leistung. Wie oben gesagt wird die Leistung, bei Gleichstrom aus der Spannung und der Stromstärke berechnet. Es sind deshalb für die Messung der Leistung keine besonderen Meßgeräte erforderlich. Bei Wechsel- und Drehstrom wird die Leistung mit Hilfe von Wattmetern gemessen, wobei bei Drehstrom zwei bzw. drei Wattmeter in Betracht kommen.

c) Messung der Frequenz. Die meisten Messungen werden bei Nennfrequenz ausgeführt. Die Frequenz wird meist mit Hilfe von Zungenfrequenzmessern bestimmt bzw. eingestellt.

d) Messung der Zeit. Über die Zeitmessung wurde ausführlich unter 204 gesprochen.

Es sei auch an dieser Stelle hervorgehoben, daß bei Meßgeräten, auf deren genaue Anzeige es ankommt, also in erster Linie bei solchen Meßgeräten, die zur Bestimmung der Wattbelastung des Zählers dienen, die Korrektionen zu berücksichtigen sind. Desgleichen ist die Korrektion zu berücksichtigen, wenn ein bestimmter Wert mit Hilfe des Meßgerätes eingestellt werden soll (s. hierzu 190).

211. Messung des Leistungsfaktors. Obwohl es besondere Meßgeräte, Phasenmesser, zur Bestimmung der Phasenverschiebung gibt, werden sie bei Zählereichungen aus verschiedenen Gründen nicht angewendet; vielmehr bestimmt man die Phasenverschiebung aus der Leistung N, der Spannung E und der Stromstärke J. Es berechnet sich dabei der Leistungsfaktor bei Einphasenstrom bzw. der Leistungsfaktor in einer Phase eines Drehstromsystems zu $\cos\varphi = \frac{N}{E \cdot J}$. Bei einem symmetrisch belasteten Drehstromsystem kann bei Verwendung von zwei Wattmetern in Aronschaltung der Leistungsfaktor aus dem Verhältnis der Ausschläge α_I und α_{II} der beiden Wattmeter — gleiche Konstanten derselben vorausgesetzt — berechnet werden.

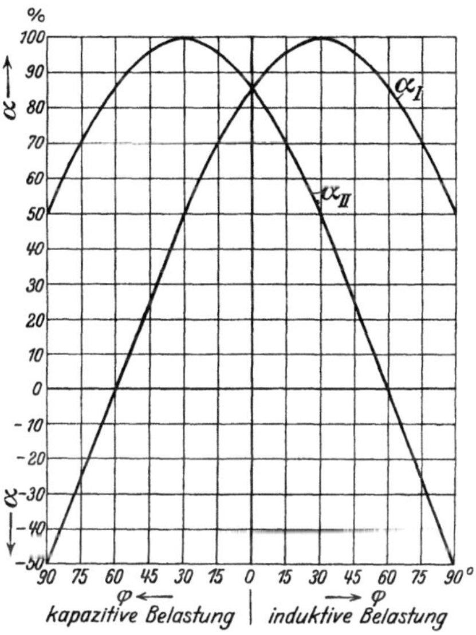

Abb. 268. Ausschläge der Wattmeter in Aronschaltung.

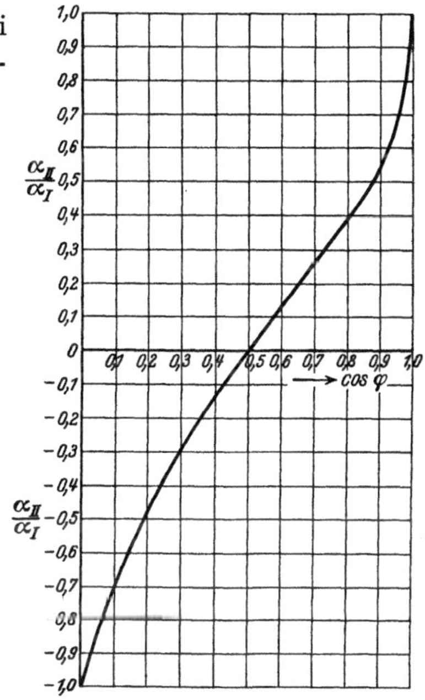

Abb. 269. $\frac{\alpha_{II}}{\alpha_I}$ in Abhängigkeit von $\cos\varphi$.

Abb. 268 zeigt die Größe der Ausschläge α_I des voreilenden und α_{II} des nacheilenden Wattmeters (s. hierzu 93) für verschiedene Phasenverschiebungswinkel φ für induktive und kapazitive Belastung. α_I und α_{II} sind in Prozenten des Höchstausschlages aufgetragen. Dieser Höchstausschlag, der bei beiden Wattmetern der Leistung $E \cdot J$ entspricht, tritt beim voreilenden Wattmeter bei induktiver Belastung $\varphi = +30^0$, also $\cos\varphi = 0{,}866$, beim nacheilenden Wattmeter bei der gleichen kapazitiven Phasenverschiebung auf. Die Bestimmung des Leistungsfaktors erfolgt bei induktiver Belastung am einfachsten, wenn man den Quotienten $\frac{\alpha_{II}}{\alpha_I}$ bildet und mit diesem Wert in die Kurve Abb. 269 hineingeht. Man kann dann direkt den Leistungsfaktor ablesen. Die Kurve ist auch für kapazitive Belastung brauchbar. Man muß in diesem Fall jedoch den Quotienten $\frac{\alpha_I}{\alpha_{II}}$ bilden. Die einfache Regel ist die, daß man stets den kleineren Wattmeterausschlag durch den größeren zu dividieren hat und mit dem erhaltenen Wert in die gezeichnete Kurve hineingeht. Die Werte $\frac{\alpha_{II}}{\alpha_I}$ entsprechen dem Verhältnis der Leistungen $\frac{N_{II}}{N_I}$ der beiden Wattmeter. Dieses Verhältnis berechnet sich zu $\frac{\cos(\varphi + 30^0)}{\cos(\varphi - 30^0)}$ und ist auf der untersten Teilung der trigonometrischen Skalen Tab. 9 aufgetragen. Wenn man diese Teilung benutzt, kann man die einem bestimmten Verhältnis der Leistung entsprechenden Werte von $\operatorname{tg}\varphi$, $\cos\varphi$ und $\sin\varphi$ direkt ablesen. Bei genaueren Berechnungen benutzt man die Tafeln Tab. 10, in der in der vorletzten Spalte die Werte $\frac{\cos(\varphi + 30^0)}{\cos(\varphi - 30^0)}$ enthalten sind. Es sei jedoch bemerkt, daß man im allgemeinen mit der Kurve Abb. 269 oder den trigonometrischen Skalen auskommt, da eine genauere Berechnung nur in seltenen Fällen einen Zweck hat, weil praktisch nie eine völlige symmetrische Belastung vorliegt, so daß der durch genaue Rechnung ermittelte Wert praktisch keine Bedeutung hat.

212. Messung des Eigenverbrauches und des Drehmomentes. Die Messung des Eigenverbrauches N_J (Wattverbrauches) der Stromspulen erfolgt am einfachsten durch Messung des Spannungsabfalles ε_J bei der Nennstromstärke J des Zählers mit Gleichstrom. Dann ist

$$N_J = \varepsilon_J \cdot J .$$

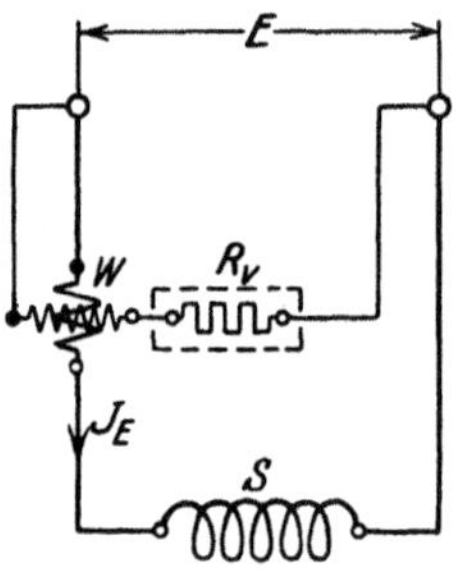

Abb. 270. Messung des Eigenverbrauches der Spannungsspule.

Bei Wechselstromzählern ist der sich so ergebende Wert etwas niedriger als der tatsächliche Wert, da die Eisenverluste bei dieser Messung nicht zum Ausdruck kommen. Für die meisten praktischen Zwecke genügt aber die Genauigkeit des errechneten Wertes. Die Messung des genauen Wertes ist mit den normalen Meßgeräten schwierig.

Zwecks Bestimmung des Eigenverbrauches N_E des Spannungskreises eines Gleichstromzählers wird bei Nennspannung E der Strom J_E im Spannungskreis mit Hilfe eines Milliamperemeters gemessen. Es ist dann

$$N_E = E \cdot J_E ,$$

wobei die Stromstärke natürlich in Ampere auszudrücken ist. Diese Stromstärke beträgt normalerweise etwa 15 bis 20 mA (also 0,015 bis 0,020 A).

Bei Wechsel- und Drehstromzählern wird am bequemsten der Wattverbrauch mit Hilfe eines Spezialwattmeters für niedrige Stromstärken (etwa 10 bis 50 mA) bestimmt. Es ist zu beachten, daß die Schaltung so zu treffen ist, daß der Effektverbrauch der Spannungsspule des Wattmeters W, der meist wesentlich höher ist als der Effektverbrauch der Zählerspule S, nicht mitgemessen wird (s. Abb. 270).

In gewissen Fällen ist es erwünscht, das Drehmoment des Zählers, welches zwischen 3 und 15 cmg bei Nennlast liegt, zu bestimmen. Diese Messung erfolgt mittels eines Drehmomentsmessers, der meist darauf beruht, daß die Verdrehung einer Spiralfeder, die der Umfangskraft der Zählerscheibe entspricht, gemessen wird. Die Skala des Drehmomentsmessers ist dabei meist in Gramm geeicht. Ist die gemessene Umfangskraft P und der Radius der Scheibe r, so berechnet sich das Drehmoment zu

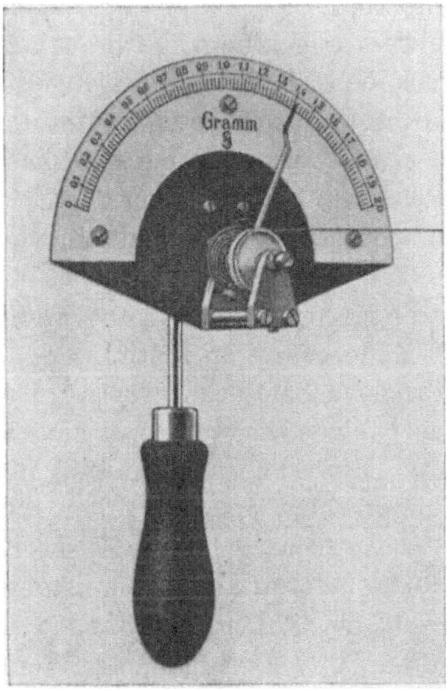

Abb. 271. Drehmomentsmesser.

$$D = P \cdot r,$$

r ist dabei in Zentimeter zu messen. Abb. 271 zeigt beispielsweise den Drehmomentsmesser der SSW. Bei diesem ist ein Faden um eine auf der Achse des Drehmomentsmessers befestigte Rolle gelegt. Der Faden wird am Umfange der Scheibe mit Hilfe einer kleinen Klammer oder mit Klebwachs befestigt. Es ist zu beachten, daß in jedem Falle die Kraft in der tangentialen Richtung, also senkrecht zum Radius und in der Scheibenebene zu messen ist. Diese Bedingung wird bei Anwendung des Fadens ohne weiteres erfüllt, wenn der Faden wenigstens auf einem kurzen Stück auf dem Umfange der Scheibe aufgerollt ist (s. Abb. 272). In der Abbildung ist durch die gestrichelte Linie auch eine falsche Lage des Fadens angedeutet.

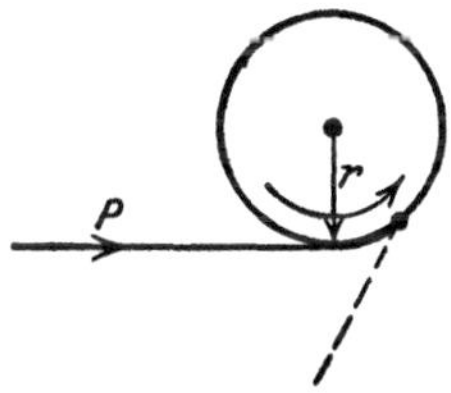

Abb. 272. Richtige und falsche Fadenlage.

213. Zählwerkskontrolle. Eine Prüfung, die bei keiner Zählereichung zu unterlassen ist, ist die Zählwerkskontrolle. Bei fabrikneuen Zählern, die in den Eichräumen der Fabriken sorgfältig geprüft sind, kommen falsche Übersetzungsverhältnisse am Zählwerk sehr selten vor. Man muß aber immerhin mit der Möglichkeit eines Versehens in dieser Beziehung rechnen. Bei instandgesetzten Zählern dürften fehlerhafte Übersetzungsverhältnisse häufiger vorkommen. Das Zählwerk kann auf zweierlei Weise kontrolliert werden, nämlich durch direkte Prüfung des Zählers auf Grund der Zählwerksangaben (s. hierzu 205) und durch die Bestimmung der Zähnezahl der einzelnen Räder und Berechnung des sich hieraus ergebenden Gesamtübersetzungsverhältnisses des Zählwerkes. Das erste Verfahren ist im allgemeinen das einfachere.

Da die Übersetzung (Verhältnis der Zähnezahlen) des auswechselbaren Räderpaares eines Zählwerkes, die oft kurz als Übersetzung bezeichnet wird, nur verhältnismäßig grob abgestuft wird, so genügt eine verhältnismäßig ungenaue Prüfung der Zählwerksangaben, um festzustellen, ob das Zählwerk die richtige Übersetzung hat. Um eine solche Messung schnell durchführen zu können, erhalten neuerdings fast alle Zähler auf der raschlaufenden Rolle eine 100teilige Teilung, die es erlaubt, in ganz kurzer Zeit den vom Zählwerk angezeigten Verbrauch zu bestimmen. Man stellt zu diesem Zweck eine größere Belastung des Zählers, beispielsweise Nennlast, her und bestimmt die einigen Minuten der Belastung entsprechende Angabe des Zählwerkes. Der tatsächliche Verbrauch berechnet sich aus der eingestellten Leistung und der Zeit.

Wird die Zählwerkskontrolle nach dem zweiten Verfahren vorgenommen, so müssen die Zähnezahlen aller Räder sorgfältig abgezählt werden. In vielen Fällen wird man allerdings sich damit begnügen können, die Zähnezahl des auswechselbaren Räderpaares zu bestimmen, da man von früheren Prüfungen her die übrigen Übersetzungsverhältnisse kennt. Das Gesamtübersetzungsverhältnis $\ddot{U}$ eines Zählwerkes ist die Anzahl der Umdrehungen des Zählerankers, die dem Fortschreiten der Rolle, deren Zahlen ganze Einheiten entsprechen, um eine Ziffer entspricht. Dieses Übersetzungsverhältnis $\ddot{U}$ ist beim richtigen Zählwerk offenbar identisch mit der Eichkonstante $C_{\mathfrak{E}}$, da ja die Eichkonstante die Anzahl der Ankerumdrehungen je Einheit der Zählwerksangabe ist. Wenn die ganzen Einheiten nicht auf der ersten Rolle von rechts aufgebracht sind, so entspricht dem Fortschreiten des Zählwerkes um eine volle Einheit eine volle Umdrehung der vorhergehenden Rolle. Wir wollen an Hand der Abb. 273, die schematisch ein Zählwerk darstellt, die Gesamtübersetzung des Zählwerkes bestimmen. Bei dem gewählten Zählwerk hat das Schneckenrad $ZI = 75$ Zähne. Auf der Schneckenradachse I sitzt das auswechselbare Trieb mit $zI = 18$ Zähnen, welches in der auf der Zwischenachse II sitzende Zahnrad mit $ZII = 72$ Zähnen eingreift. Das auf der Achse II sitzende Trieb mit $zII = 11$ Zähnen befindet sich im Eingriff mit dem auf der Rollenachse III sitzenden Zahnrad mit $ZIII = 44$ Zähnen. Das letzte Zahnrad ist direkt mit der ersten Zählwerksrolle verbunden. Die Zahlen dieser Zählwerksrolle entsprechen 0,1 kWh, demnach die der nächsten Rolle 1 kWh. Wir müssen also die Gesamtübersetzung zwischen der Schneckenradachse und der ersten Rolle bestimmen. Sie ist das Produkt der sämtlichen Einzelübersetzungen und berechnet sich demnach zu

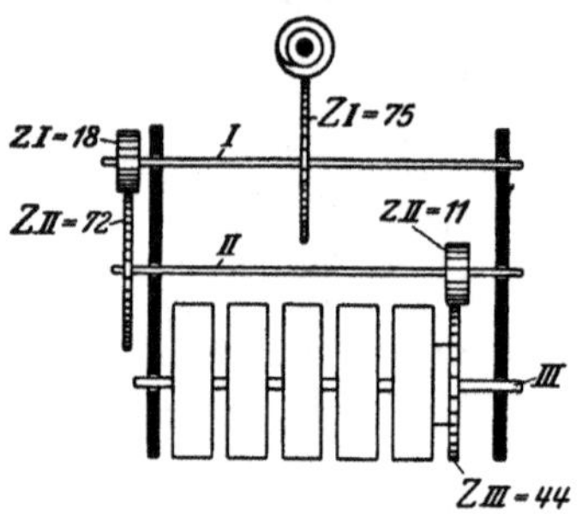

Abb. 273. Zählwerksübersetzungen.

$$\ddot{U} = \frac{75}{1} \cdot \frac{72}{18} \cdot \frac{44}{11} = 1200 .$$

Hieraus folgt, daß die Eichzahl, die diesem Zählwerk entspricht, $C_{\mathfrak{S}} = 1200$ ist.

Es darf ferner nie unterlassen werden, die Richtigkeit des Zifferblattes zu kontrollieren, d. h. festzustellen, ob das Komma auf dem Zifferblatt richtig angebracht ist. Meistenteils ist die Umrandung des den Dezimalstellen entsprechenden Fensters in anderer Farbe ausgeführt als bei den übrigen Rollen.

214. Prüfung der Isolation. Der ordnungsmäßige Isolationszustand der unter Spannung stehenden Teile, in erster Linie also der Wicklungen des Zählers, ist für Betriebssicherheit von ausschlaggebender Bedeutung. Aus diesem Grunde darf die Prüfung der Isolation bei keiner Eichung im Laboratorium oder Eichraum unterlassen werden. Da es vorkommen kann, daß bei der Justierung des Zählers eine leitende Verbindung, die vorher nicht bestanden hat, herbeigeführt wird, so ist es empfehlenswert, die Isolation erst nach Abschluß der Eichung vorzunehmen.

Man prüft die Isolation mit einer Wechselspannung von entsprechender Höhe. Es muß dabei die Kurvenform der angewandten Spannung praktisch sinusförmig sein. Aus diesem Grunde sollen Vorwiderstände auf der Primärseite des Prüftransformators vermieden werden. Dagegen ist die Verwendung eines Widerstandes auf der Sekundärseite, der im Falle des Durchschlages die Stromstärke begrenzt, gegebenenfalls zulässig.

Bei der Durchschlagsprobe wird der eine Pol der Stromquelle an die miteinander verbundenen Strom- und Spannnugswicklungen gelegt, der andere, meist geerdete Pol mit der Grundplatte des Zählers. Bei der Durchführung der Prüfung ist natürlich mit der nötigen Vorsicht zu verfahren. Die käuflichen Isolationsprüfeinrichtungen, wie sie von verschiedenen Firmen geliefert werden, sind meist so gebaut, daß eine Berührung der unter Spannung stehenden Teile nicht möglich ist.

Nach den Regeln des VDE (s. Zus. III. D) soll die Isolation bei Wechsel- und Drehstromzählern mit 1500 V, bei Gleichstromzählern mit 1000 V Wechselspannung 1 Min. lang geprüft werden, wobei die Spannung allmählich auf die Höhe der Prüfspannung gesteigert werden soll. In der Praxis wird jedoch oft vorgezogen, eine höhere Prüfspannung (etwa 2000 V) für eine kurze Zeit anzulegen. Auch gegen Anwendung dieses Verfahrens bestehen keine Bedenken. Es bietet den Vorteil einer Zeitersparnis.

215. Bestimmung von Vor- und Nacheilung. Die Größe der Phasenverschiebung φ bzw. des Leistungsfaktors $\cos\varphi$, die bei Zählerprüfeinrichtungen beliebig eingestellt werden kann, wird bei Prüfungen stets aus der mit einem oder mehreren Wattmetern bestimmten Leistung und den zugehörigen Werten der Stromstärke und Spannung bestimmt

(s. 211). Aus diesen Werten allein läßt sich jedoch bei Einphasenstrom nur die Größe der Phasenverschiebung, dagegen nicht ihr Vorzeichen feststellen. Man kann also nicht erkennen, ob der Strom der Spannung nacheilt oder voreilt (induktive oder kapazitive Belastung). Wird bei Drehstrom bei symmetrischer Belastung die Leistung mit Hilfe von zwei Wattmetern in Aronschaltung festgestellt und ist die Phasenfolge der Leitungen bekannt, so ist es in diesem Falle allerdings möglich, aus dem Verhalten der beiden Wattmeter zu bestimmen, ob Vor- oder Nacheilung vorliegt. In der Praxis wird die Vor- oder Nacheilung aus der Richtung bestimmt, in der man den Phasenregler oder den Stator der Eichmaschine aus der Lage, die $\cos\varphi = 1$ entspricht, gedreht hat. Die der Vor- oder Nacheilung entsprechende Drehrichtung ist durch Pfeile gekennzeichnet. Man muß aber unbedingt imstande sein, diese Richtungen zuverlässig nachprüfen zu können. Das Verhalten von Induktionszählern ist nämlich bei induktiver und kapazitiver Belastung etwas verschieden. Die Eichung wird normalerweise bei induktiver Belastung vorgenommen.

Das einfachste Verfahren zur Feststellung, ob der Strom der Spannung vor- oder nacheilt, ist das folgende: Man stellt in der Zählerprüfeinrichtung zuerst die Phasengleichheit zwischen Strom und Spannung ein, also $\cos\varphi = 1$, und überzeugt sich, ob das angeschlosssene Wattmeter positiven Ausschlag hat, d. h. ob es richtig angeschlossen ist. Die Höhe der Spannung und der Stromstärke ist dabei nebensächlich. Man verschiebt nun die Einrichtung zur Einstellung der Phasenverschiebung, also z. B. den Stator des einen Eichgenerators, in einer beliebigen Richtung so lange, bis das Wattmeter keinen Ausschlag zeigt, also $\cos\varphi = 0$ oder $\varphi = 90^0$ ist. Wenn man nun parallel zu der Stromspule des Wattmeters einen induktionsfreien Widerstand legt, so wird das Wattmeter einen gewissen Ausschlag zeigen. Ist dieser Ausschlag negativ, so eilt der Strom der Spannung nach, es liegt also Nacheilung des Stromes oder induktive Belastung vor; umgekehrt, wenn das Wattmeter einen positiven Ausschlag zeigt, so liegt Voreilung des Stromes oder kapazitive Belastung vor. Als parallel geschalteter Widerstand genügt ein kurzes Stück Widerstandsdraht, mit dem man die beiden Stromklemmen des Wattmeters berührt, oder sogar ein locker eingesteckter Wattmeter-Kurzschlußstöpsel. Man darf natürlich die Stromspule nicht vollständig kurzschließen, da dann überhaupt kein Ausschlag auftreten kann.

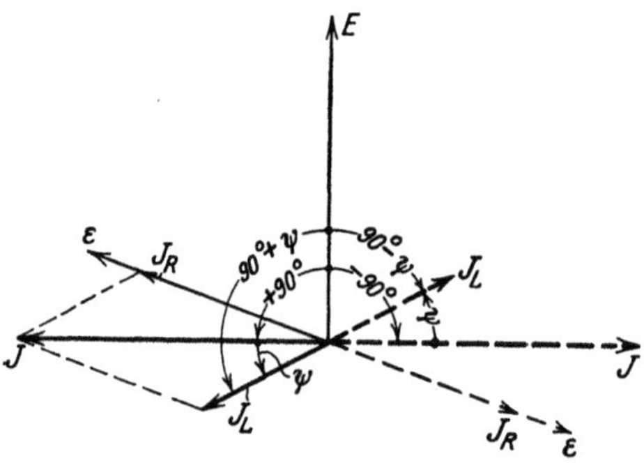

Abb. 274.

Die Richtigkeit der beschriebenen Prüfung wird auf Grund des Vektordiagrammes Abb. 274 klar. Ist $\cos\varphi = 0$ (Wattmeterausschlag Null), so kann der Strom J entweder die ausgezogen oder die gestrichelt gezeichnete Lage zu der am Wattmeter angelegten Spannung E haben. Im ersten Fall liegt induktive Belastung

($\varphi = +90^0$), im zweiten kapazitive Belastung ($\varphi = -90^0$) vor. Wenn man parallel zur Stromspule des Wattmeters einen induktionsfreien Widerstand schaltet, so wird die eine Stromkomponente J_L durch die Stromspule fließen, die andere Komponente J_R durch den parallel gelegten Widerstand. Die geometrische Summe der beiden Komponenten ergibt den gesamten Strom J. Da die Stromspule des Wattmeters stets einen induktiven Widerstand besitzt, so eilt der Strom J_L dem Strom J_R nach. Man kann sich nämlich die beiden Ströme hervorgerufen denken durch den gemeinschaftlichen Spannungsabfall ε, der an der Parallelschaltung der Stromspule und des Ohmschen Widerstandes auftritt. Der Gesamtstrom J liegt zwischen J_R und J_L. Hieraus folgt, daß J_L dem Strom J um einen gewissen Winkel ψ nacheilt. Da J um 90^0 gegen die Spannung E nacheilt, so wird, wie aus dem Diagramm zu ersehen ist, bei induktiver Belastung die Phasenverschiebung zwischen J_L und E größer als 90^0 sein und zwar $90^0 + \psi$, bei kapazitiver Belastung kleiner als 90^0, nämlich $90^0 - \psi$. Da der Ausschlag des Wattmeters stets proportional dem Kosinus des Phasenverschiebungswinkels zwischen der angelegten Spannung und dem Strom in der Stromspule ist und $\cos(90^0 + \psi)$ negativ und $\cos(90^0 - \psi)$ positiv ist, so wird bei induktiver Belastung das Wattmeter einen negativen, bei kapazitiver Belastung einen positiven Ausschlag zeigen.

Das geschilderte Verfahren kann auch leicht mit Hilfe eines Zählers durchgeführt werden. Man braucht in diesem Fall sich nur zu überzeugen, daß der Zähler bei induktionsfreier Belastung vorwärts läuft, verschiebt dann den Strom so lange, bis der Zähler still steht, und legt dann parallel zur Stromspule einen Widerstand. Es genügt z. B. eine leichte Berührung der beiden Stromklemmen mit einem Schraubenzieher. Läuft der Zähler rückwärts, so liegt induktive Belastung vor, läuft er vorwärts, so ist die Belastung kapazitiv. Es ist dabei gleichgültig, ob der Zähler genau abgeglichen ist oder nicht.

Eine der weiteren Möglichkeiten der Feststellung, ob Vor- oder Nacheilung vorliegt, besteht darin, daß man in den Stromkreis eine Induktivität einführt und auf diese Weise den Strom gegen seine frühere Lage mit Sicherheit in der induktiven Richtung verschiebt. Man kann beispielsweise wie folgt verfahren: Man schaltet in Reihe mit der Wattmeterstromspule eine eisenlose Drosselspule. Man überzeugt sich dann zuerst, daß das Wattmeter richtig angeschlossen ist, d. h. bei $\cos\varphi = 1$ einen positiven Ausschlag zeigt, geht dann auf $\cos\varphi = 0$ über (Wattmeterausschlag Null). Jetzt führt man in die im Stromkreis liegende Spule irgendeinen größeren Eisenkern ein. Schlägt dann das Wattmeter nach der negativen Seite aus, so hat man vorher auf $\cos\varphi = 0$ induktive Belastung eingestellt; schlägt es nach der positiven Richtung aus, so lag kapazitive Belastung vor. Dies hat seinen Grund darin, daß durch die Einführung von Eisen der induktive Widerstand der Spule sich vergrößert hat, was ein Nacheilen des Stromes gegen die frühere Lage bedingt. Wenn vor dem Einführen des Eisenkernes $\cos\varphi = 0$ induktive Belastung vorlag, so wird jetzt ähnlich, wie in dem oben behandelten Verfahren, der Strom im Wattmotor um mehr als 90^0 gegen die Spannung nacheilen. Bei kapazitiver Belastung liegen die Verhältnisse umgekehrt.

216. Bestimmung der Phasenfolge. Bei Drehstromprüfeinrichtungen, wie auch bei der Prüfung von Drehstromzählern in der Installation, ist es unbedingt erforderlich, die Drehfeldrichtung, d. h. die Phasenfolge der Spannungen bzw. der Ströme zu kennen. Die Phasenfolge läßt sich am einfachsten mit einem Drehfeldrichtungsanzeiger feststellen, der im Prinzip ein kleiner Drehstrominduktionsmotor ist. Die Klemmen des Drehfeldrichtungsanzeigers sind mit *R*, *S*, *T* oder *1*, *2*, *3* bezeichnet.

Außerdem ist durch einen Pfeil die Drehrichtung angegeben, die beim Anschluß nach dieser Phasenfolge zustandekommt. Stimmt also die Drehrichtung mit der Pfeilrichtung überein, so entspricht auch die Phasenfolge der an dem Drehfeldrichtungsanzeiger angeschlossenen Leitungen den Bezeichnungen der Klemmen. Im umgekehrten Falle ist die andere Phasenfolge vorhanden. Die Bezeichnung einer der Leitungen des Netzes oder einer der Klemmen an einem Eichbrett od. dgl. kann beliebig angenommen werden. Die Bezeichnung der anderen Leitungen ergibt dann der Drehfeldrichtungsanzeiger.

Wenn man beispielsweise an einem Eichbrett drei Spannungsklemmen hat, die mit R, S, T bezeichnet sind, so kann die Bezeichnung der ersten Klemme als richtig angesehen werden, d. h. sie kann als die R-Klemme gelten. Wenn man dann den Drehfeldeinrichtungsanzeiger so anschließt, daß die gleichartig bezeichneten Klemmen am Eichbrett und am Drehfeldrichtungsanzeiger miteinander verbunden sind und der Drehfeldrichtungsanzeiger in der Pfeilrichtung umläuft, so sind auch die Bezeichnungen S und T am Eichbrett richtig. Läuft der Drehfeldrichtungsanzeiger entgegen der Pfeilrichtung, so ist das ein Beweis dafür, daß die Klemmenbezeichnung am Eichbrett falsch ist. Man muß entweder die Bezeichnung ändern, oder, was meist zweckmäßiger sein wird, die Zuleitungen zu zwei beliebigen Klemmen des Brettes, z. B. S und T, vertauschen, da dadurch eine den bereits vorhandenen Bezeichnungen entsprechende Phasenfolge der Spannungen erreicht wird.

Der sehr einfach aufgebaute Drehfeldrichtungsanzeiger besteht meist aus drei auf Eisenkernen aufgebrachten Spulen, die in Stern oder Dreieck geschaltet sind und drei Triebflüsse erzeugen, die eine Metallscheibe, meist eine Aluminiumscheibe, durchsetzen. Die Scheibe läuft wie ein Induktionszähler stets in der Richtung vom voreilenden zum nacheilenden Fluß um. An dieser Stelle möge auch auf den von der AEG hergestellten, von R. Schmidt angegebenen Drehfeldrichtungsanzeiger, der auf anderem Prinzip beruht, hingewiesen werden. Bei diesem Gerät wird die Phasenfolge durch Aufleuchten einer der beiden im Meßgerät untergebrachten kleinen Glühlampen angezeigt.

Obwohl die Prüfung der Phasenfolge mit einem Drehfeldrichtungsanzeiger außerordentlich einfach ist, so ist bei ihr die größte Vorsicht geboten. Man muß genau auf die Bezeichnungen der Klemmen des Gerätes achten und genauestens prüfen, mit welchen Zuleitungen diese Klemmen und die zu prüfenden Leitungen verbunden sind. Am zweckmäßigsten verwendet man drei Verbindungsleitungen verschiedener Farbe. Bei einigen Drehfeldrichtungsanzeigern sind die Anschlußleitungen bereits vorhanden. Diese Zuleitungen sind mit ihrem einen Ende in das Gehäuse des Drehfeldrichtungsanzeigers eingeführt und tragen am anderen Ende Kabelschuhe, die entsprechende Bezeichnungen haben.

Ein neuer Drehfeldrichtungsanzeiger oder ein solcher, bei welchem eine Reparatur vorgenommen wurde, muß unbedingt auf die Richtigkeit seiner Klemmenbezeichnungen geprüft werden. Die Erfahrung zeigt nämlich, daß auf den richtigen Anschluß der Spulen des Drehfeldrichtungsanzeigers bzw. auf die richtige Bezeichnung seiner Klemmen und der Drehrichtung seiner Scheibe nicht immer die nötige Sorgfalt verwendet wird. Zwecks Prüfung eines Drehfeldrichtungsanzeigers bestimmt man nach einem anderen Verfahren die Phasenfolge eines Netzes oder die Richtigkeit der Bezeichnungen der Klemmen an einem Drehstromeichbrett und überzeugt sich dann, ob der Drehfeldrichtungsanzeiger die ermittelte Phasenfolge richtig anzeigt.

Sind an einem Drehstrom-Eichbrett vier Spannungsklemmen, die den Hauptleitungen eines Drehstromnetzes und dem Nulleiter entsprechen, vorhanden, so kann man die Phasenfolge wie folgt bestimmen:

Man überzeugt sich zuerst durch Spannungsmessung von der Richtigkeit der Bezeichnung der Nullklemme. Zwischen der Nullklemme und jeder anderen Klemme muß die Phasenspannung zwischen den übrigen Klemmen die verkettete Spannung, also eine $\sqrt{3}$-mal höhere Spannung, herrschen. Dann schließt man nach Abb. 275 zwischen die Klemme, die man als Klemme R bezeichnen will und die Klemme O in Reihe eine Drosselspule D und die Stromspule eines Wattmeters W an, wobei das Ende der Wattmeterstromspule mit der Klemme O zu verbinden ist. Da man dem Spannungskreis eines Eichbrettes keine starken Ströme entnehmen kann, so verwendet man zweckmäßigerweise ein Wattmeter für niedrigen Strommeßbereich, beispielsweise 0,5 oder 1 A, und verwendet als Drosselspule einige parallel geschaltete Spannungsspulen von Induktionszählern od. dgl. Das Ende der Spannungsspule des Wattmeters wird mit dem Ende der Stromspule oder direkt mit der Nullklemme verbunden; der Anfang a des Spannungspfades wird evtl. unter Vorschaltung des Vorwiderstandes R_V zuerst mit der R-Klemme verbunden (ausgezogen gezeichnete Verbindungsleitung). Das Wattmeter muß dann einen gewissen positiven Ausschlag zeigen. Dieser Ausschlag wird normalerweise ziemlich klein sein, da die Stromstärke J in der Drosselspule im Verhältnis zum Strommeßbereich des Wattmeters meist klein und die Phasenverschiebung φ zwischen der an die Drossel angelegten Spannung E_0 (Phasenspannung) und der Stromstärke J ziemlich groß ist. Ist der Ausschlag negativ, so beweist das, daß das Wattmeter falsch angeschlossen ist, da die von der Drosselspule aufgenommene Leistung nur positiv sein kann. In diesem Fall muß entweder die Strom- oder die Spannungsspule des Wattmeters umgepolt werden. Nachdem die richtige Schaltung des Wattmeters feststeht, löst man die Verbindung zwischen dem Anfang a des Wattmeterspannungspfades und der Klemme R und verbindet den Punkt a, wie gestrichelt angedeutet, mit der nächsten Klemme des Brettes, die normalerweise mit S bezeichnet sein dürfte. Wenn dabei das Wattmeter einen positiven Ausschlag zeigt, so ist diese Klemme richtig mit S bezeichnet. Zeigt dagegen das Wattmeter einen negativen Ausschlag, dann ist die in Betracht kommende Klemme nicht als S sondern als T zu bezeichnen.

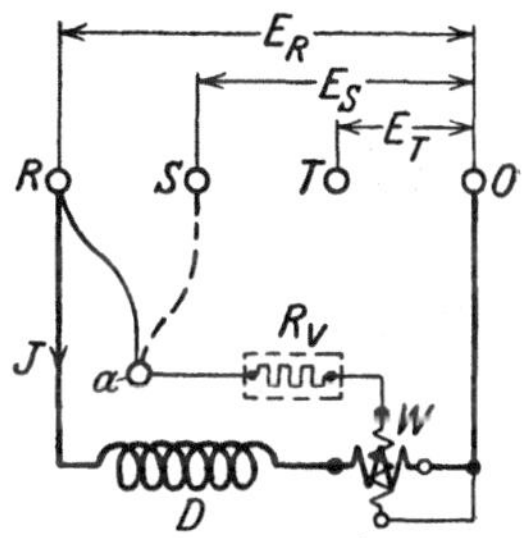

Abb. 275. Bestimmung der Phasenfolge.

Die Richtigkeit der obigen Überlegung zeigt das Diagramm Abb. 276. E_R ist die Phasenspannung zwischen den Klemmen R und O, J ist der Strom in der Wattmeterstromspule, der um den Winkel φ gegen E_R nacheilt. Dieser Winkel φ wird bei einer Drosselspule mit einem Eisenkern stets über 30° betragen. Das Diagramm zeigt uns, daß die Phasenverschiebung zwischen der Spannung E_S, also der Spannung zwischen der Klemme, die die Bezeichnung S haben muß, und der O-Klemme dem Strome J um den Winkel φ_S, der kleiner als 90° ist, nacheilt. Demnach muß das Wattmeter beim Anschluß seines Spannungskreises an diese Spannung einen positiven Ausschlag zeigen. Dagegen beträgt die Phasenverschiebung φ_T zwischen dem Strome J und der Spannung E_T, also der Spannung zwischen der Klemme, die die Bezeichnung T haben muß, und der O-Klemme stets mehr als 90°. Demnach ist der Ausschlag des Wattmeters beim Anschluß seines Spannungskreises an diese Spannung negativ. Ein ähnliches Prüfverfahren kann auch angewendet werden, wenn keine O-Klemme vorhanden ist.

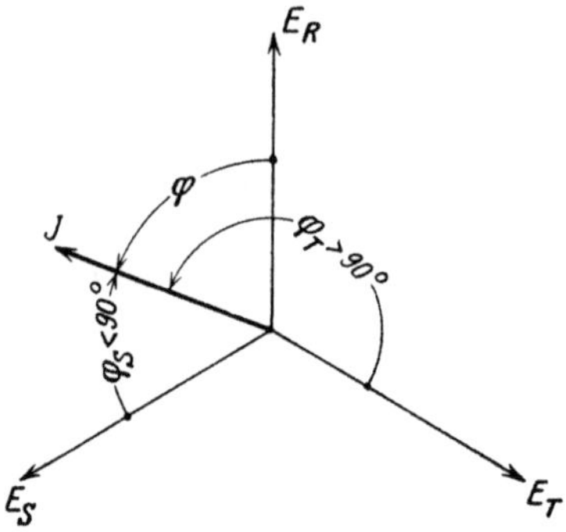

Abb. 276. Diagramm zu Abb. 275.

An einem Drehstrom-Eichbrett mit dreisphasig ausgebildetem Stromkreis läßt sich die Phasenfolge auch auf folgende Weise feststellen. Zuerst muß man feststellen (s. 215), in welcher Richtung man die Einrichtung zur Änderung der Phasenverschiebung drehen muß, um induktive Belastung zu erzielen. Dann schließt man zwei gleiche Wattmeter in Aronschaltung (s. hierzu 93) an und stellt bei gleichseitiger Belastung Phasengleichheit zwischen Strom und Spannung her ($\cos\varphi = 1$). Die beiden Wattmeter zeigen dann gleiche positive Ausschläge. Man stellt dann eine induktive Belastung von $\cos\varphi = 0{,}5$ ($\varphi = 60°$) ein, dann ist das Wattmeter, welches keinen Ausschlag zeigt, das nacheilende Wattmeter *II*. Daraus ergibt sich die Bezeichnung der Spannungsklemmen des Brettes wie folgt: Wenn die Klemme: an die der Anfang der Spannungsspule des Wattmeters *I* liegt, also desjenigen Wattmeters, welches bei $\cos\varphi = 0{,}5$ induktiv einen Ausschlag zeigt, mit R bezeichnet wird, so ist die Klemme, an die der Anfang der Spannungsspule des Wattmeters *II* angeschlossen ist, mit S zu bezeichnen und die für beide Wattmeter-Spannungsspulen gemeinschaftiche Spannungsklemme mit T (Schaltung nach Abb. 111). Oder, wenn die Klemme, an die der Anfang der Spannungsspule des Wattmeters *I* angelegt ist, mit T bezeichnet worden ist, so ist die Klemme, die mit dem Anfang des Wattmeters *II* verbunden ist, mit R zu bezeichnen und die gemeinschaftliche Klemme mit S (Schaltung nach Abb. 114); beide Bezeichnungen sind natürlich richtig.

VI. Einzelheiten über die Eichung verschiedener Zähler.

217. Magnetmotorzähler. Die grundsätzliche Eichschaltung eines Magnetmotorzählers, also Gleichstrom-Amperestundenzählers, zeigt Abb. 277, und zwar gilt diese Schaltung sowohl für die Eichung in einer Zählerprüfeinrichtung wie auch bei einer Kontrollmessung am Verwendungsort, da es gleichgültig ist, wie groß die Klemmenspannung der Stromquelle ist, die den Eichstrom erzeugt. Ist der Zähler in Kilowattstunden geeicht (in Deutschland die Regel), so berechnet sich seine jeweilige Wattbelastung zu

$$N = E \cdot J,$$

wobei E die auf dem Zählerschild angegebene Nennspannung in Volt und J die mit Hilfe des Stromzeigers A eingestellte bzw. abgelesene Stromstärke in Ampere ist.

Bei den meisten Magnetmotorzählern ist die einzige Reguliermöglichkeit die Änderung des Drehmomentes durch Änderung des Spannungsabfalles (Klemmenspannung des Ankers) durch Verstellung der Regulierklemme K oder durch ein ähnliches Verfahren. Die Eichung des Zählers beschränkt sich deshalb auf folgendes:

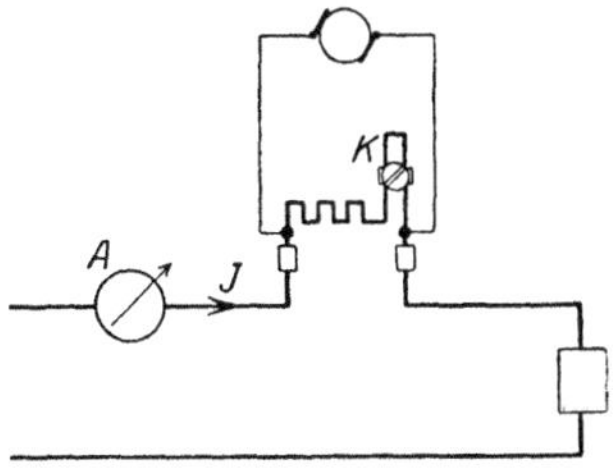

Abb. 277. Eichschaltung für einen Amperestundenzähler.

a) Bei $J = 100\%$ des Nennstromes wird je nach dem charakteristischen Verlauf der Lastkurve mit Hilfe der Regulierklemme der Fehler auf einen bestimmten Pluswert, und zwar meist auf $\Delta \approx +3\%$ eingestellt.

b) Es wird der Fehler bei $J = 10\%$ bestimmt, um festzustellen, ob er in den zulässigen Grenzen liegt. Der negative Fehler soll normalerweise 2% ($\Delta = -2\%$) nicht übersteigen.

c) Es wird die Anlaufstromstärke bestimmt. Der Anlauf darf nicht über 1% der Nennstromstärke liegen.

d) Es wird die Zählwerkskontrolle vorgenommen, die gegebenenfalls mit der unter a angeführten Messung kombiniert werden kann.

Werden die unter b und c angeführten Bedingungen nicht erfüllt, so ist der Zähler nicht in Ordnung, und er muß instand gesetzt werden (s. hierzu 224 und 225).

Bei einigen Magnetmotorzählern ist die Drehzahl bei der Nennstromstärke eine sehr hohe, so daß das Zählen der Ankerumdrehungen Schwierigkeiten bereitet. In diesem Fall zählt man entweder die Umdrehungen der raschlaufenden Zahlenrolle, die oft mit einer 100teiligen Teilung versehen ist, oder man begnügt sich damit, die Messung bei einer kleineren Belastung, z. B. 50% der Nennstromstärke, auszuführen.

Bei Magnetmotorzählern ist es mit Rücksicht darauf, daß Kontaktfehler am Kollektor erfahrungsgemäß nur bei längerem Laufen des Zählers sich mit Sicherheit bemerkbar machen, stets empfehlenswert, einen Dauerversuch bei 100% und 10% der Nennbelastung auszuführen. Bei 100% Belastung genügt eine Zeitdauer von etwa 3 Stunden, bei 10% von etwa 20 Stunden.

Falls ein Amperestundenzähler in Amperestunden geeicht ist, so ist auf dem Zählerschild als Eichzahl die Anzahl der Ankerumdrehungen für eine Amperestunde angegeben. Die Berechnung des Fehlers Δ aus der Eichzahl oder der Sollzeit erfolgt genau in der gleichen Weise wie bei einem in Kilowattstunden geeichten Zähler, jedoch wird an Stelle der Belastung N in Watt die Belastung J in Ampere gesetzt.

218. Elektrolytzähler. Da die Elektrolytzähler wie die Magnetmotorzähler Amperestundenzähler sind, so wird bei ihnen im Grunde genommen die gleiche Eichschaltung verwendet wie beim Magnetmotorzähler. Da jedoch beim Elektrolytzähler die Bestimmung des Fehlers durch eine kurze Messung, wie die Bestimmung der Geschwindigkeit des Ankers bei einem Motorzähler, nicht möglich ist, so ist man bei diesen Zählern nur auf Dauerversuche angewiesen. Als Normalzähler verwendet man bei der Eichung von Elektrolytzählern entweder gleichfalls Elektrolytzähler oder, was in den meisten Fällen bequemer ist, Magnetmotorzähler. Bei den Elektrolytzählern genügt praktisch die Eichung bei 100% des Nennstromes. Im übrigen kann an dieser Stelle nicht näher auf die Eichung der Elektrolytzähler eingegangen werden.

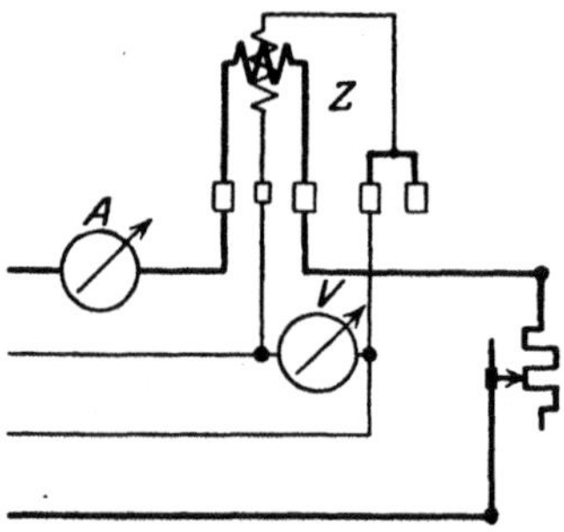

Abb. 278. Eichschaltung für einen dynamometrischen Zähler.

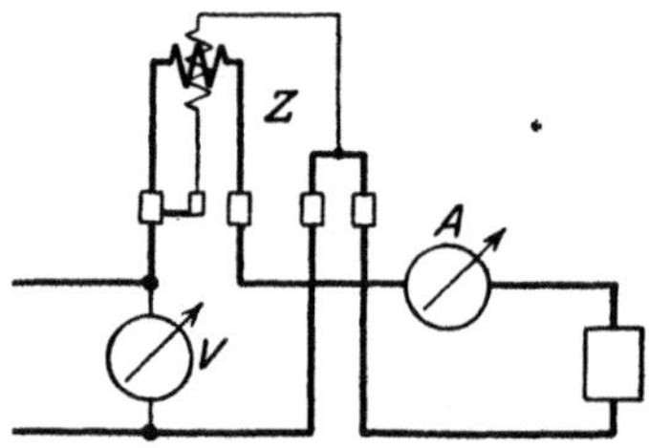

Abb. 279. Kontrollschaltung für einen dynamometrischen Zähler.

219. Dynamometrische Zähler für Gleichstrom. Die Prüfschaltung eines dynamometrischen Zweileiter-Wattstundenzählers am Eichbrett (also mit einer getrennten Strom- und Spannungsquelle) zeigt Abb. 278. Zu beachten ist, daß man die Eichverbindung zwischen den Anfängen der Strom- und Spannungsspule zu lösen hat. Abb. 279 zeigt die Kontrollschaltung desselben Zählers in der Installation. Die Spannung E wird mit Hilfe des Spannungszeigers V, die Stromstärke J mit Hilfe des Stromzeigers A gemessen. Die Wattbelastung berechnet sich zu $N = E \cdot J$.

Die Eichung wird wie folgt vorgenommen: Bei $E = 100\%$ der Nennspannung wird

a) bei $J = 100\%$ durch entsprechende Einstellung der Bremskraft, meist also Einstellung des Magneten, der Fehler auf ungefähr Null gebracht. Er soll möglichst in den Grenzen $-0{,}5$ bis $+0{,}5\%$ liegen.

b) Bei $J = 10\%$ wird durch entsprechende Einstellung der Hilfskraft, meist Verstellung der Hilfsspule, ein Plusfehler $\Delta \approx +2\%$ eingestellt.

c) Die Hemmvorrichtung, also meist die Hemmfahne, wird so eingestellt, daß der Anlauf des Zählers nicht höher als 1% ist.

d) Es wird bei 20% Überspannung (also 120% der Nennspannung) beim ausgeschalteten Stromkreis festgestellt, ob kein Leerlauf vorhanden ist, gegebenenfalls muß die Hemmfahne nachgebogen werden.

e) Es wird die Zählwerkskontrolle vorgenommen.

Auch beim dynamometrischen Zähler empfiehlt sich die Vornahme eines Dauerversuchs wie unter 217 gesagt.

Bei Dreileiter-Wattstundenzählern werden bei der Eichung zuerst die beiden Spulen so in Reihe geschaltet, daß ihre Drehmomente sich addieren, und der Zähler dann wie ein Zweileiterzähler geeicht, wobei die Außenleiterspannung in Rechnung zu setzen ist.

Ferner muß festgestellt werden, ob der Zähler bei den beiden möglichen einseitigen Belastungen richtig zeigt. Zu diesem Zweck wird der Strom nur durch eine Spulenhälfte geschickt. Bei der Berechnung des Fehlers muß entweder als Stromstärke die Hälfte der gemessenen Stromstärke eingesetzt werden oder, was auf dasselbe hinauskommt, die Nulleiterspannung und der ganze Strom.

Ein von dem oben Angegebenen etwas abweichendes Eichverfahren ergibt sich bei Starkstromzählern mit getrennten Nebenwiderständen.

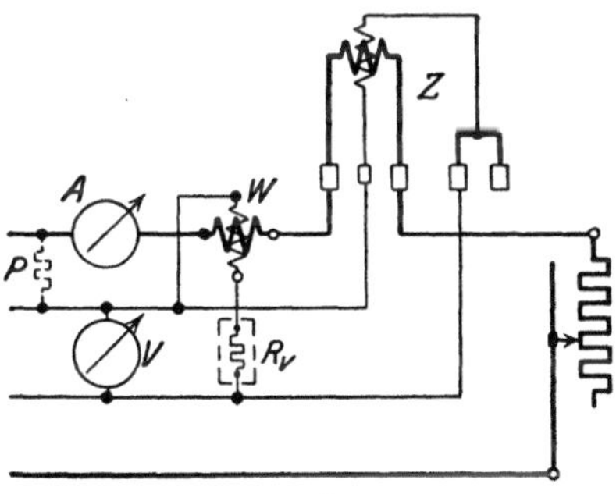

Abb. 280. Eichschaltung für einen Einphasen-Induktionszähler.

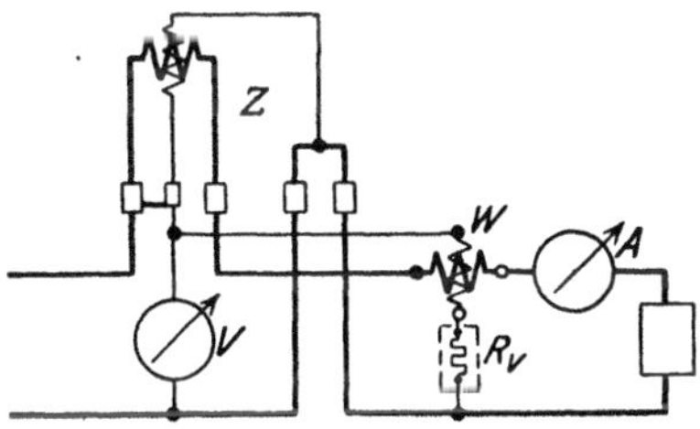

Abb. 281. Kontrollschaltung für einen Einphasen-Induktionszähler.

220. Einphasen-Induktionszähler. Abb. 280 und 281 zeigen für den Einphasen-Induktionszähler die beiden Prüfschaltungen, die den oben für den dynamometrischen Zähler angegebenen entsprechen. Die Prüfschaltung für einen Wechselstromzähler unterscheidet sich von der für einen Gleichstrom-Wattstundenzähler in der Hauptsache dadurch, daß zur Messung der Wattbelastung ein Wattmeter W verwendet wird. Volt- und Amperemeter dienen nur zur Einstellung der richtigen Spannung und Stromstärke. Es ist zu beachten, daß die Vorwiderstände R_v des

Wattmeters in der in Abb. 280 und 281 gezeichneten Weise anzuschließen sind und daß bei der Eichschaltung Abb. 280 wenigstens bei höheren Spannungen ein Potentialausgleich P anzuwenden ist. Dabei ist es zweckmäßig, den Stromkreis mit dem Spannungskreis nicht direkt, sondern durch einen hohen Widerstand (etwa 1 Megohm) zu verbinden. Durch Anwendung eines solchen Widerstandes ist eine Gefahr bei Berührung des Stromkreises ausgeschlossen. Die Nichtbeachtung der geschilderten Vorsichtsmaßregeln kann Meßfehler zur Folge haben (s. hierzu 183 am Schluß).

Die Eichung wird wie folgt vorgenommen: Bei $E = 100\%$ der Nennspannung werden folgende Einstellungen ausgeführt:

a) Bei $\cos\varphi = 1$ und $N = 100\%$ der Nennlast ($J = 100\%$) wird durch die zur Drehzahlregulierung bestimmte Einrichtung, meist durch Verstellen des Bremsmagneten, der Zähler möglichst genau eingestellt.

b) Bei induktiver Belastung $\cos\varphi = 0{,}5$ und $N = 50\%$ ($J = 100\%$) wird durch die Phasenreguliereinrichtung die richtige Angabe des Zählers hervorgerufen. Zum Übergang von der unter a angeführten Belastung zu der unter b angeführten braucht nur der Phasenschieber oder eine ähnliche Einrichtung verstellt zu werden, weil der Strom bei beiden Messungen der gleiche ist. (Bei $\cos\varphi = 0{,}5$ ist der Wattmeterausschlag halb so groß wie bei $\cos\varphi = 1$.)

c) Bei $\cos\varphi = 1$ und $N = 10\%$ ($J = 10\%$) wird der Zähler mit Hilfe der Einrichtung zur Regulierung der Hilfskraft möglichst genau eingestellt.

d) Bei $\cos\varphi = 1$ wird durch Einstellen der Hemmfahne der Anlauf des Zählers auf etwa 0,3% bis 0,5% der Nennlast gebracht.

e) Bei 20% Überspannung ($E = 120\%$ der Nennspannung) wird kontrolliert, ob kein Leerlauf vorhanden ist.

f) Es wird die Zählwerkskontrolle ausgeführt.

Die unter b erwähnte Regulierung der Abgleichung des Zählers fällt bei einigen Zählern fort. Ferner ist es zweckmäßig, eine rohe Einstellung der Hilfskraft und der Abgleichung vor der Vornahme der eigentlichen Eichung wie unter 209 gesagt vorzunehmen.

Ein Beweis dafür, daß man $\cos\varphi = 1$ hat, ist die Erreichung des höchsten Ausschlages des Wattmeters bei einer bestimmten Stromstärke. Auf sehr genaue Weise kann $\cos\varphi = 1$ dadurch erreicht werden, daß man zuerst auf $\cos\varphi = 0$ geht und dann die Phasenverschiebungseinrichtung, falls sie in elektrischen Graden geeicht ist, um 90^0 verschiebt.

Bei allen oben erwähnten Messungen bei Phasenverschiebung wird stets mit nacheilendem Strom gearbeitet.

Die Dreileiter-Einphasenzähler werden ähnlich geeicht wie die dynamometrischen Dreileiterzähler.

Für die selten vorkommende Eichung von dynamometrischen Zählern bei Wechselstrom gilt sinngemäß das oben für Induktionszähler Gesagte, nur muß man sich in diesem Fall mit dem Feststellen des Fehlers bei Phasenverschiebung begnügen. Eine Nachregulierung ist nicht möglich.

221. Drehstromwattstundenzähler. a) Zähler in Aronschaltung. Abb. 282 und 283 zeigen wiederum die zwei in Betracht kommenden

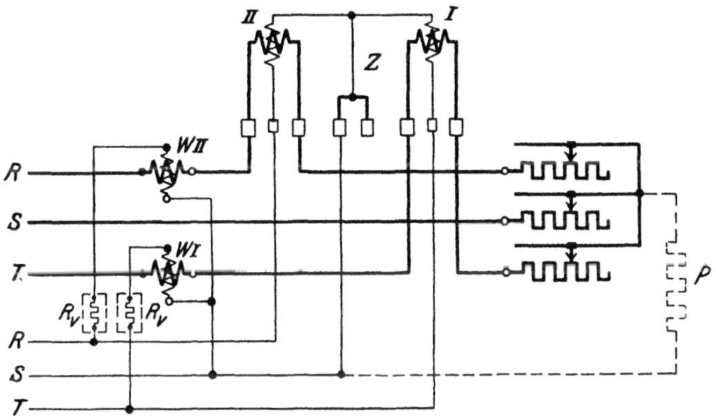

Abb. 282. Eichschaltung für einen Drehstromzähler in Aronschaltung.

Prüfschaltungen. In diesen sind der Übersichtlichkeit halber die Spannungs- und Stromzeiger nicht eingezeichnet. Zur Bestimmung der Leistung kommen zwei Wattmeter zur Anwendung. Auch in diesem Fall ist auf den richtigen Anschluß der Wattmeter-Vorwiderstände und die Anwendung eines Potentialausgleiches zu achten (s. hierzu 220). Die Widerstände liegen bei der Eichschaltung mit getrennten Strom- und Spannungskreisen (Abb. 282) vor den Wattmeterspannungsspulen, bei Kontrollschaltung nach Abb. 283 dagegen hinter den Spannungsspulen. Der Widerstand P für den Potentialausgleich kann auch an einen anderen Punkt der Stromseite der Eicheinrichtung als in Abb. 282 angedeutet, angeschlossen werden, da zwischen den einzelnen Stromleitungen nur geringe Spannungsdifferenzen vorhanden sind. Die

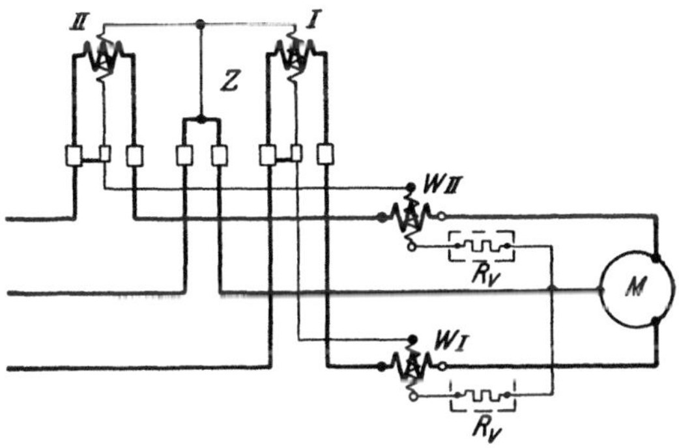

Abb. 283. Kontrollschaltung für einen Drehstromzähler in Aronschaltung.

Gesamtleistung berechnet sich als Summe der durch die beiden Wattmeter angezeigten Leistungen $N = N_I + N_{II}$. Bei der Berechnung der Gesamtleistung ist es vorteilhaft, zuerst die beiden Ausschläge der Wattmeter zu addieren und dann den erhaltenen Gesamtausschlag mit der Wattmeterkonstante zu multiplizieren. Die beiden Teilleistungen bzw. die beiden Wattmeterausschläge müssen dabei stets unter Berücksichtigung des Vorzeichens in Rechnung gesetzt werden. Bei induktionsfreier Belastung ($\cos\varphi = 1$) sind beide Ausschläge gleich und positiv. Muß bei der Einstellung der Phasenverschiebung eine Umpolung im Spannungskreis des einen Wattmeters vorgenommen werden, so ist der erhaltene Ausschlag als negativ zu betrachten. Über das Verhalten der beiden Wattmeter bei verschiedenen Phasenverschiebungen haben wir unter 211 eingehend gesprochen.

Beim Drehstromzähler, der mehr Reguliervorrichtungen besitzt als der Einphasenzähler, spielt die rohe Einstellung des Zählers eine größere Rolle als bei den bisher behandelten Zählern. In welcher Reihenfolge diese Einstellung, sowie überhaupt die Eichung vorzunehmen ist, hängt von den Eigenschaften des betreffenden Zählermodelles ab. Man soll grundsätzlich (s. hierzu 209) diejenigen Regulierungen zuerst vornehmen, die die anderen Einstellungen des Zählers am stärksten beeinflussen können. Allgemeine Regeln lassen sich dabei nicht aufstellen. Die rohe Einstellung wird man z. B. wie folgt vornehmen:

Man legt zuerst nur das eine Meßwerk an Spannung und stellt die an ihm vorhandene Einrichtung zur Regulierung der Hilfskraft so ein, daß der Zähler still steht. Dabei muß die Hemmfahne unwirksam sein. Dann legt man nur das zweite Meßwerk an Spannung und verfährt in der gleichen Weise. Dann belastet man eines der Meßwerke und stellt die Phasenregulierungsvorrichtung so ein, daß der Zähler bei $\cos\varphi = 0$ und Nennstrom still steht, also abgeglichen ist. Das gleiche wiederholt man beim zweiten Meßwerk. Bei dieser Regulierung der Abgleichung müssen beide Meßwerke wie im betriebsfähigen Zustand des Zählers an Spannung liegen.

Daraufhin werden die beiden Meßwerke auf gleiche Zugkraft abgeglichen. Dies geschieht am einfachsten in der Weise, daß man die beiden Meßwerke an die gleiche Spannung legt, also die Spannungsspulen parallel, die beiden Stromspulen dagegen gegeneinander schaltet. Man stellt dann bei Nennstrom mit dem in Betracht kommenden Wattmeter induktionsfreie Belastung her und stellt die Einrichtungen zum Abgleichen der Zugkraft so ein, daß der Zähler still steht. Die Spannungsspule des Wattmeters muß dabei natürlich an der gleichen Spannung liegen wie die beiden Zählerspulen. Falls Einrichtungen zur Regulierung der Zugkraft an beiden Meßwerken vorhanden sind, so sollen sie nach Möglichkeit so eingestellt werden, daß sie in ihrer Mittellage stehen. Bei Zählern, bei denen die Einrichtung zur Einstellung der Zugkraft die Abgleichung des Zählers stark beeinflußt, ist es empfehlenswert zuerst die Zugkraft abzugleichen und dann die Phasenabgleichung vorzunehmen. Die eigentliche Eichung erfolgt für jedes Meßwerk getrennt, wobei die Spannungsspulen des Zählers wie im betriebsfähigen Zustand an die Drehstromspannungen zu legen sind. Im übrigen erfolgt die Eichung jedes Meßwerkes wie bei einem Einphasenzähler, nur muß beachtet werden, daß bei demjenigen Meßwerk, welches zuerst geeicht wird, die Einstellung der Drehzahl bei induktionsfreier Belastung und Nennstrom mit dem Magneten vorgenommen wird, bei der Eichung des anderen Meßwerkes darf der Magnet nicht mehr verstellt werden. Die entsprechende Einstellung erfolgt mit der Zugkraftregulierung. Die Leistung wird mit demjenigen Wattmeter bestimmt, dessen Spannungsspule an der gleichen Spannung liegt wie die des zu eichenden Meßwerkes; das andere Wattmeter ist stromlos. Zum Schluß erfolgt eine Kontrolle bei gleichseitiger Belastung, und zwar zweckmäßigerweise bei den gleichen Belastungen wie beim Einphasenzähler, d. h. bei Nennstrom $\cos\varphi = 1$ und $\cos\varphi = 0{,}5$ und 10% des Nennstromes $\cos\varphi = 1$. Je nach den Ergebnissen der Kontrolle bei gleichseitiger Belastung muß evtl. eine Nacheichung der einzelnen Meßwerke vorgenommen werden. Ferner wird bei gleichseitiger Belastung der Anlauf des Zählers durch entsprechende Einstellung der Hemmfahne eingestellt. Falls die Hemmfahne vom Spannungseisen festgehalten wird, so ist noch zu beachten, daß bei einer evtl. späteren Nachstellung der Hilfskraft diese Nachstellung nur an dem Meßwerk vorgenommen werden kann, an dem die Hemmfahne festgehalten wird, da sonst beim Ausbleiben der Spannung an diesem Meßwerk der Zähler leerlaufen könnte. Je nach den Eigenschaften des Zählers müssen bei der getrennten Eichung der beiden Meßwerke bei bestimmten Belastungen gewisse Fehler eingestellt werden. Über die zweckmäßigste Art der Einstellung unterrichtet man sich auf Grund der Anweisungen der liefernden Firmen. Zur Bestimmung des Fehlers wird man bei der Eichung der Drehstromzähler mittels Uhr den Fehler zweckmäßigerweise mit Hilfe der Eichzahl C berechnen, da es bei gleichseitiger Belastung schwierig ist, einen im voraus festgelegten Belastungswert genau einzustellen.

b) Zähler mit drei Meßwerken. Für die Eichung dieser Zähler gelten die Prüfschaltungen Abb. 284 und 285. Zu beachten ist wiederum der richtige Anschluß der Wattmeter-Vorwiderstände und des Potentialausgleiches. Die Eichung eines Vierleiterzählers spielt sich im Grunde genommen genau so ab wie die des Dreileiterzählers. Sie ist in gewisser Beziehung wenigstens in bezug auf den Wattmeteranschluß einfacher. Man hat es gewissermaßen mit drei einzelnen Einphasenzählern zu tun, deren Stromspulen in den Hauptleitungen und deren Spannungsspulen zwischen dem Hauptleiter und dem Nulleiter liegen. Es sei auch an dieser Stelle hervorgehoben, daß nach Vornahme

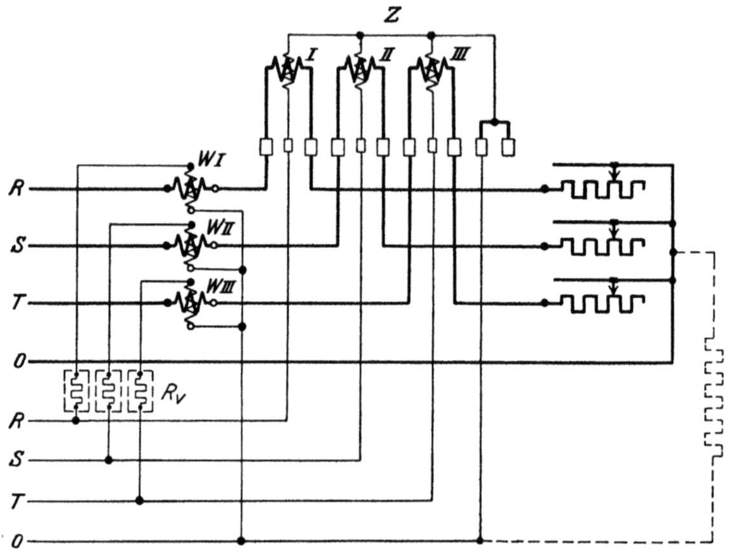

Abb. 284. Eichschaltung für einen Drehstrom-Vierleiterzähler.

der vorläufigen Einstellungen der Hilfskraft, Zugkraft der einzelnen Meßwerke und Abgleichung der Phasenlage der Flüsse die weitere Eichung sowohl der einzelnen Meßwerke wie die Eichung bei gleich-

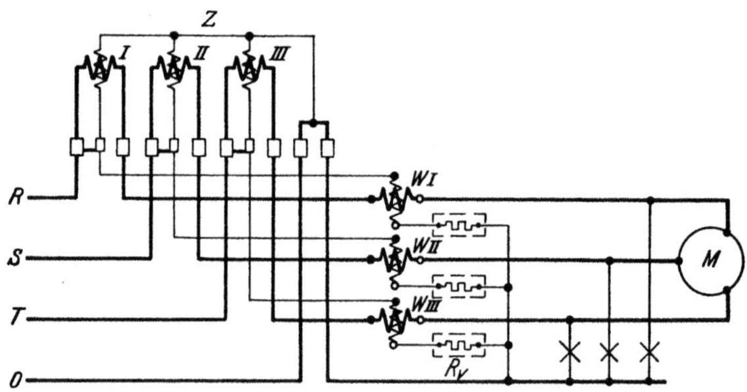

Abb. 285. Kontrollschaltung für einen Drehstrom-Vierleiterzähler.

seitiger Belastung stets bei der betriebsmäßigen Schaltung der drei Spannungsspulen vorzunehmen ist.

Auch bei Drehstromzählern muß selbstverständlich eine Zählwerkskontrolle vorgenommen werden.

Drehstromzähler soll man stets unter Berücksichtigung der auf den Schaltungsbildern angegebenen Phasenfolge eichen.

222. Besondere Zähler. Meßwandlerzähler. Bei der Eichung der Zähler zur Messung besonderer Größen, wie z. B. Blindverbrauchzähler, Scheinverbrauchzähler, ferner der Zähler mit Tarifzusatzapparaten soll man sich genau nach den Eichvorschriften der liefernden Firmen richten. An dieser Stelle ist es nicht möglich, alle bei der Eichung solcher Zähler in Betracht kommenden Gesichtspunkte zu behandeln. Es sei nur bemerkt, daß bei der Eichung von Drehstromzählern in Kunstschaltung, d. h. solcher Zähler, bei denen die Spannungsspulen der Meßwerke eigentlich an einer fremden Spannung liegen, die in Betracht kommenden Drehstromspannungen ihrer Größe und Lage nach richtig eingestellt sein müssen. Bei der Eichung der Blindverbrauchzähler verwendet man zur Bestimmung der Blindlast vorwiegend normale Wattmeter, deren Spannungsspulen man an eine Spannung legt, die um 90^0 gegen die Spannung verschoben ist, an die man die Wattmeterspule bei der Eichung eines Wirkverbrauchzählers in der entsprechenden Schaltung legen würde. Wenn beispielsweise die Spannungsspule des Wattmeters bei Wirkverbrauchzählern an eine verkettete Spannung gelegt werden müßte, so würde die Spannungsspule bei der Eichung des Blindverbrauchzählers an die um 90^0 gegen diese verkettete Spannung verschobene Phasenspannung gelegt werden. Das Wattmeter zeigt in diesem Fall die Blindlast an, wobei man den richtigen Wert erhält, wenn man eine um $\sqrt{3} = 1{,}732$ mal größere Wattmeterkonstante in Rechnung setzt, da ja die am Wattmeter liegende Spannung in diesem Verhältnis kleiner ist, als die, an der die Spannungsspule des Zählers liegt. Besonders bequem zum Anschluß der Wattmeterspannungsspulen sind Nullpunktwiderstände, mit Hilfe deren ein künstlicher Nullpunkt geschaffen wird. Ein solcher künstlicher Nullpunkt ist unbedingt erforderlich, wenn der Nulleiter des Netzes unzugänglich ist. Es gibt auch Wattmeterwiderstände, die so gebaut sind, daß man durch Umlegen eines Schalters ohne weiteres von der Messung der Leistung auf die Messung der Blindlast übergehen kann. Die für die Messung der Blindlast besonders gebauten Widerstände sind meistens so dimensioniert, daß bei der Berechnung der Wattmeterkonstante der Faktor $\sqrt{3}$ bereits berücksichtigt ist. Neuerdings werden von der Firma Norma, Wien, auch besondere Blindleistungsmesser der Laboratoriumstype gebaut, bei deren Verwendung die Eichung von Blindverbrauchzählern ganz analog der von Wirkverbrauchzählern vorgenommen werden kann.

Bei der Eichung von Scheinverbrauchzählern ist es zweckmäßig, die Scheinlast nur als Produkt von Spannung und Stromstärke, die beide mit Präzisionsmeßgeräten zu messen sind, zu bestimmen. Das oft angewendete Verfahren, daß man die Scheinlast gleich der höchsten von einem Wattmeter bei bestimmter Spannung und Stromstärke angezeigten Leistung setzt, ist nicht ganz einwandfrei, weil man fast nie imstande ist genau $\cos\varphi = 1$ zu erreichen. Wenn nämlich die Kurvenform des Stromes und der Spannung verzerrt ist, was mehr oder weniger stets der Fall ist, so ist gewissermaßen auch beim höchsten Wattmeterausschlag noch eine gewisse Phasenverschiebung vorhanden. Der bei dieser Messung gemachte Fehler ist aber in vielen Fällen praktisch belanglos.

Bei der Eichung von Amperequadratstundenzähler (J^2-Zähler) darf dagegen unter keinen Umständen die Stromstärke aus den Angaben von Wattmetern und Spannungszeigern ermittelt werden. Vielmehr muß in diesem Falle stets die Stromstärke mit Hilfe eines Präzisions-Stromzeigers festgestellt werden.

Bei der Eichung von Spezialzählern, die von der Phasenfolge abhängig sind, muß selbstverständlich auf die richtige Phasenfolge Rücksicht genommen werden.

Die Meßwandlerzähler werden neuerdings fast ausschließlich ohne zugehörige Wandler geeicht, deren Eigenschaften durch eine getrennte Prüfung festgestellt werden. Dieses Verfahren ist dem früher angewendeten, bei dem man die Zähler zusammen mit den Wandlern geeicht hat, in bezug auf Meßgenauigkeit überlegen. Bei der getrennten Eichung der Wandlerzähler müssen die Fehler, die durch die Meßwandler verursacht werden, mit berücksichtigt werden. Es ergibt sich also eine etwas andere Einstellung der Meßwandlerzähler als Zähler der gleichen Type, die im Betrieb ohne Meßwandler verwendet werden. Die Fehler der Meßwandler müssen selbstverständlich bei derjenigen Sekundärbelastung der Wandler bestimmt werden, die beim Anschluß der Zähler und anderer angeschlossener Apparate in der Tat vorhanden ist, nicht etwa, wie dies gelegentlich geschieht, bei der Nennlast der Wandler.

223. Kontrolle am Verwendungsort. Die Kontrolle von Zählern am Verwendungsort und evtl. Nachstellung derselben kann auf verschiedene Weise erfolgen. Bei Kleinabnehmerzählern benutzt man bei der Kontrolle mitunter besondere Belastungswiderstände, die die Einstellung bestimmter Belastungen etwa solcher, die man bei der Eichung desselben Zählers im Eichraum anwenden würde, erlauben. Die einfachste Form von Belastungswiderständen stellen Glühlampen dar. Belastungseinrichtungen werden von verschiedenen Firmen gebaut. Soweit es sich nur um die Feststellung handelt, ob der Zähler einigermaßen in Ordnung ist, kann unter Umständen auf den Einbau von Meßgeräten überhaupt verzichtet werden. Die Größe der Belastung ergibt sich aus der Einstellung des Belastungswiderstandes. An Stelle von Belastungswiderständen werden auch besondere Belastungstransformatoren verwendet. Die Primärwicklung solcher Transformatoren wird an die Netzspannung angeschlossen, an die Sekundärwicklung, die nur für einige Volt bemessen ist, werden die Stromspulen der Zähler und der Kontrollmeßgeräte ferner entsprechende Belastungswiderstände angeschlossen. Bei dieser Schaltung wird bei der Eichung die Verbindung zwischen der Stromspule und der Spannungsspule des Zählers gelöst. Die Eichung erfolgt also, wie dies bei stationären Eicheinrichtungen üblich ist, mit getrenntem Strom- und Spannungskreis.

Bei der Kontrolle von Zählern, die zur Messung größerer Energiemengen dienen, wird man in den meisten Fällen die Messung während des normalen Betriebes der Anlage vornehmen und sich mit denjenigen Belastungen begnügen müssen, die in der Anlage auftreten. Bei der Eichung von Wechsel- und Drehstromzählern ist es allerdings möglich durch Anwendung von Belastungstransformatoren ähnlicher Art, wie eben beschrieben, beliebige Strombelastungen herzustellen. Die Primärwicklung der Belastungstransformatoren muß in diesem Falle an die Sekundärwicklung von Spannungswandlern oder an eine andere Niederspannung, die durch Transformation von der Netzspannung erzeugt ist, gespeist werden. Bei der Kontrolle der Drehstromzähler ist es auch möglich, andere Phasenverschiebungen als die in der Anlage herrschenden dadurch zu erzielen, daß man die Spannungsspulen des Zählers und selbstverständlich auch der Kontrollwattmeter an andere in der Anlage vorhandene verkettete oder Phasenspannungen legt.

Auf besonders bequeme Weise erfolgt die Kontrolle am Verwendungsort unter Zuhilfenahme von Eichzählern (s. 206), da man auf diese Weise auch bei Belastungsschwankungen noch genau messen kann. In gewissen Fällen ist auch die Verwendung von Drehstrom-Wattmetern empfehlenswert.

Bei der Kontrolle von Hochspannungsmeßsätzen müssen die Kontrollmeßgeräte, also Wattmeter oder Eichzähler, stets an getrennte Strom- und Spannungswandler angeschlossen werden, da man nur auf diese Weise imstande ist, die Wandlerfehler festzustellen und eine gegebenenfalls vorhandene Fehlschaltung zu finden. Würde man die Kontrollmeßgeräte an die gleichen Wandler anschließen, an die die zu eichenden Zähler angeschlossen sind, und liegt eine Fehlschaltung vor, so wird sich diese Fehlschaltung in genau derselben Weise bei den Kontrollmeßgeräten wie bei den zu eichenden Zählern auswirken. Es möge an dieser Stelle darauf hingewiesen werden, daß bei der Herstellung der Eichschaltung, besonders in Hochspannungsanlagen, mit der größten Vorsicht zu verfahren ist.

Siebenter Teil.

Verschiedenes.

I. Instandhaltung von Zählern.

224. Vorbemerkungen. Wenn bei der Eichung eines Zählers festgestellt worden ist, daß er nicht in Ordnung ist, so muß er instandgesetzt werden. Bei fabrikneuen Zählern, die im Eichraum eines Elektrizitätswerkes einer Nachprüfung unterzogen werden, wird dies nur selten notwendig sein. Anders ist es bei Zählern, die bereits längere Zeit installiert gewesen sind. Solche Zähler soll man grundsätzlich vor einer Neueichung instandsetzen. In den meisten Fällen wird allerdings die Instandsetzung solcher Zähler sich nur auf Reinigen, Neuölen und evtl. Ersatz der Abnutzung unterworfener Teile beschränken.

Wie lange ein Zähler im Betrieb sein darf, ohne nachgesehen bzw. instandgesetzt zu werden, hängt von der Güte des Zählers, von seinem System, ferner von der Beschaffenheit des Aufhängeortes und von der Zeitdauer und Höhe der Belastung ab. Erfahrungsgemäß genügt es, wenn man die laufenden Prüfungen bzw. Instandsetzungen in folgenden Zeitabständen vornimmt:

1. bei Gleichstrom-Amperestundenzählern alle 3 bis 5 Jahre,
2. bei Gleichstrom-Wattstundenzählern alle 4 bis 6 Jahre,
3. bei Einphasenwechselstromzählern alle 8 bis 10 Jahre,
4. bei Drehstromzählern alle 6 bis 8 Jahre,
5. bei Großabnehmer- und Meßwandlerzählern jährlich,
6. Elektrolytzähler brauchen laufend kaum geprüft zu werden, sondern nur dann, wenn sie Anlaß zu Beanstandungen geben,
7. Schaltuhren für Zähler bedürfen einer entsprechenden Wartung und werden zweckmäßig in denselben Zeitabständen nachgeprüft bzw. gereinigt und frisch geölt wie die zugehörigen Zähler.

Genaue Instandsetzungsvorschriften können im folgenden einerseits deshalb nicht gegeben werden, weil es sich hier um Arbeiten handelt, die in allen Einzelheiten kaum beschrieben werden können und die man praktisch erlernen muß, andererseits weil die Instandsetzung bei Zählern verschiedener Konstruktion etwas verschieden ist, insbesondere bezieht sich dies auf Tarifapparate, Uhren u. dgl. Die Zählerfabriken geben auch besondere Vorschriften über die Art der Instandhaltung ihrer Zähler heraus, insbesondere über die sehr wichtige Frage der Anwendung verschiedener Ölsorten. Früher wurden fast ausschließlich feine Knochenöle (Uhrmacher-Pendulenöle) z. B. von Cuypers & Stalling in Dresden oder Koch in Hildesheim verwendet. Neuerdings verwendet man im steigenden Maße Mineralschmiermittel verschiedener Zusammensetzung, die den Vorteil haben, daß sie nicht verharzen.

225. Einzelheiten über die Instandsetzung. Wenn ein Zähler, der längere Zeit in Betrieb gewesen war, äußerlich in Ordnung ist, so beschränkt sich seine Instandsetzung auf die allgemeine Reinigung, ferner die Reinigung der Lager, des Zählwerkes und bei Gleichstromzählern des Kollektors und der Bürsten. Dabei werden abgenutzte oder beschädigte Teile durch neue ersetzt. Werden sonstige Mängel festgestellt, z. B. verrostete Teile, unterbrochene Wicklungen u. dgl., so müssen natürlich auch diese Schäden behoben werden.

a) Reinigung des Zählers im allgemeinen. Die bequemste und sicherste Art der Beseitigung von Staub und anderen Fremdkörpern ist das Ausblasen des Zählers, welches am zweckmäßigsten mit Hilfe eines Handgebläses geschieht. Es ist dabei erwünscht, daß das Mundstück, welches in die Nähe des Zählers gebracht wird, nicht aus Metall angefertigt ist, damit man gegebenenfalls, wenn der Zähler unter Spannung steht, keinen Kurzschluß verursachen kann. Ferner können die Scheibe und der Luftspalt mit einem kleinen Pinsel gereinigt werden, wobei jedoch darauf zu achten ist, daß die Pinselhaare sich nicht ablösen und irgendwo hängen bleiben. Eisenteilchen bleiben leicht am Magneten hängen. Man soll sie nach erfolgtem Ausblasen des Zählers besonders entfernen. Handelt es sich dabei um größere Teilchen, so entfernt man sie mit Hilfe einer Messingpinzette. Kleine Teilchen, die im Luftspalt des Magneten hängen bleiben, entfernt man auf bequeme Weise mit Hilfe eines dünnen Stahlblättchens, z. B. mit einem Stück einer Uhrfeder oder mit einem besonderen Häkchen; zum Schluß reinigt man noch den Luftspalt mit einem kleinen Preßspanstück. Man soll aber im allgemeinen vermeiden, den Magneten mit größeren Eisenteilen in Berührung zu bringen oder seinen Luftspalt durch Eisen kurzzuschließen.

b) Lagerreinigung. Das Unterlager wird auseinandergenommen, seine einzelnen Teile mit reinem Benzin gereinigt. Bei Lagern, bei denen der Spurzapfen, der Stein und die Ölkammer für sich allein herausgenommen werden können, z. B. den in Abb. 143 und 144 dargestellten Lagern, braucht bei der Reinigung die äußere Lagerhülse im allgemeinen nicht aus dem Zähler entfernt zu werden. Der Lagerstein wird mit einem Putzholz, über dessen Spitze man ein Stück Glaceleder mit der glatten Seite nach außen gespannt hat, besonders sorgfältig gereinigt. Den kugelförmigen Zapfen trocknet man mit Holundermark. Dann untersucht man beide Teile unter einem Mikroskop. Für diesen Zweck eignen sich besonders binokulare Mikroskope. Verkratzte (eingelaufene) oder beschädigte Zapfen und Steine müssen durch neue ersetzt werden. Falls der Stein beschädigt ist, so muß der Spurzapfen unter allen Umständen ausgewechselt werden, da er weicher ist als der Stein und seine Politur bei beschädigtem Stein fast immer beschädigt ist. Falls kein geeignetes Mikroskop zur Untersuchung der Lagersteine zur Verfügung steht, so kann man diese auch mit Hilfe einer feinen Nadel prüfen. Bei gewisser Übung spürt man auf diese Weise auch kleine Unebenheiten des Steines. Bei dieser Art der Untersuchung soll der Stein vorher nicht durch Benzin entfettet sein, da sonst durch die Nadel die Steinoberfläche leicht verkratzt werden kann. Vor der Zusammensetzung des Unterlagers muß dieses geölt werden.

Das Oberlager wird gleichfalls, falls es aus dem Zähler entfernt werden kann, mit reinem Benzin gewaschen. Der Zapfen wird mit Leder, beispielsweise mit Hilfe eines Stückchen Holz mit Lederauflage (Lederfeile) nachpoliert. Die Lageröffnung wird mit einem spitzen, weichen Putzholz (Weidenholz) nachpoliert. Das Lager wird dann neu geölt und dann wieder zusammengesetzt.

Falls sich bei der Untersuchung des Lagers herausstellt, daß der Lagerzapfen oder die Nabe (Lagerloch) abgenutzt sind, müssen diese Teile ausgewechselt werden.

Besondere Ölkammern werden, soweit dünnflüssiges Öl zur Anwendung kommt, am besten unter Anwendung einer kleinen Spritze (ärztliche Injektionsspritze mit einer feinen Nadel) gefüllt. In anderen Fällen wird die Schmierung mit Hilfe eines, gegebenenfalls platt geschlagenen Drähtchens, ausgeführt.

c) Zählwerkreinigung. Nachdem das Zählwerk auseinander genommen ist, wird es wie folgt gereinigt werden: Die Stahlachsen werden mit reinem Benzin gereinigt und mit einer Lederfeile nachpoliert. Die Zähne der Übersetzungsräder werden nach Reinigung in Benzin mit einer härteren Bürste (Uhrmacherbürste) oder bei besonders starker Verschmutzung mit einer feinen Metallbürste geputzt. Die Zahlenrollen von Rollenzählwerken werden in Seifenwasser ausgewaschen. Eine zweckmäßige Zusammensetzung ist dabei etwa die folgende: 100 Teile Wasser, 25 Teile Schmierseife, 10 Teile Salmiakgeist, 15 Teile Benzin (Gewichtsteile). Nach dem Auswaschen werden die Zahlenrollen in feinen Sägespänen getrocknet. Stark eingelaufene oder sonst beschädigte Rollen werden durch neue ersetzt. Die Schalttriebe bei Rollenzählwerken werden gleichfalls mit einer Uhrmacherbürste oder feinen Metallbürste gereinigt; bei starker Verschmutzung werden sie mit der eben erwähnten Seifenlösung behandelt. Die Lagerlöcher der Zahlenrollen und der

Schalttriebe werden mit reinem zugespitzten Putzholz gereinigt. Das Zählwerksgehäuse (Gestell) wird in reinem Benzin ausgewaschen und die Lagerlöcher der beweglichen Achsen mit dem Putzholz und gegebenenfalls mit Trippel gründlich gesäubert. Vor dem Zusammenbau des Zählwerkes werden die Stahlachsen durch einen Wildlederstreifen gezogen, der mit etwas Vaseline oder ähnlichem Schmiermittel befettet ist. Ölen darf man nur solche Lagerstellen, an denen Stahl auf Messing, nicht aber Stahl auf Spritzguß läuft. Zahnräder selbst dürfen überhaupt nicht geölt werden.

d) Kollektorreinigung. Der Kollektor von Gleichstromzählern wird zweckmäßigerweise mit Hilfe eines etwa 5 mm breiten Bandes aus weichem säurefreiem Wildleder oder unappretierter Leinwand, welches um den Kollektor herumgelegt wird, durch wiederholtes vorsichtiges Hin- und Herziehen gereinigt (s. Abb. 286). Dann wird der Kollektor in vertikaler Richtung mit einem kleinen Haarpinsel gereinigt. Eingelaufene Kollektoren oder solche mit starken Brandflecken müssen ausgewechselt werden.

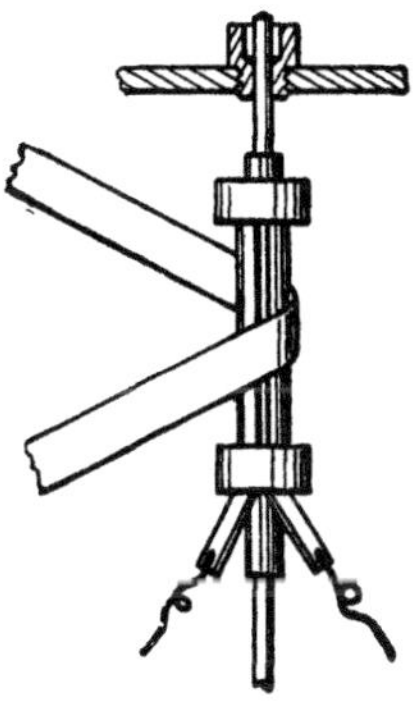

Abb. 286. Kollektorreinigung.

e) Bürstenreinigung. Die Bürstenlamellen werden auf einer ebenen Unterlage aus Metall oder besser auf einer Glasplatte mit schwarzer Unterlage gelegt und mit reinem, weichem Wildleder, am zweckmäßigsten mit einer kleinen Lederfeile, die in der Längsrichtung der Lamellen bewegt wird, abgerieben. Dies muß sehr vorsichtig geschehen, damit die Lamellen nicht verbogen werden. Gegebenenfalls müssen die Lamellen mit einer Pinzette ausgerichtet werden, so daß sie zueinander parallel liegen und gerade sind. Dann werden die Bürsten mit einem kleinen Haarpinsel gereinigt. Falls die Bürsten eine Feder zum Nachregulieren des Bürstendruckes besitzen, so muß darauf geachtet werden, daß diese Feder nicht verstellt wird.

Sollten die Bürsten nach längerer Betriebsdauer etwas eingelaufen sein, so sind sie beim Zusammensetzen des Zählers so zu verschieben, daß nicht abgenutzte Stellen der Bürsten auf dem Kollektor aufliegen. Falls die Bürsten stark beschädigt sind, müssen sie ausgewechselt werden.

Benzin, Äther, oder Schleifmittel, z. B. Schmirgelpapier od. dgl. darf bei der Reinigung von Kollektoren und Bürsten nicht verwendet werden.

II. Wahl von Zählern und Zubehör.

226. Allgemeines. Die Wahl des für einen bestimmten Fall geeigneten Zählers richtet sich nach verschiedenen Gesichtspunkten. Soweit es sich um einfachen Kilowattstundentarif handelt, braucht eigentlich nur die Nennstromstärke des Zählers richtig bemessen zu werden. Beim Vorliegen besonderer Tarife muß außerdem der Zähler dem betreffenden Tarif angepaßt werden. Dies macht praktisch meist keine Schwierigkeiten. Es sei jedoch an dieser Stelle hervorgehoben, daß man vor der Festlegung eines Tarifes sich im klaren sein muß, ob es Zähler gibt, mit Hilfe deren man alle Größen so messen kann, wie es die Tarifbestimmungen erfordern. Was die Güte der Zähler anbetrifft, so sollte man stets nur die allerbesten Fabrikate wählen. An dieser Stelle können nicht näher die Vor- und Nachteile der einzelnen Fabrikate gegeneinander abgewogen werden. Es sei nur gesagt, daß die Güte des Zählers sich sowohl in der Meßgenauigkeit ausdrückt, die er im fabrikneuen Zustand zu erzielen erlaubt, wie — und das ist vielleicht das Wichtigste — in dem Verhalten des Zählers nach längerer Betriebsdauer. Deshalb spielt die gute Durchbildung aller Teile, also zweckmäßige Konstruktion und Wahl geeigneten Materials, eine außerordentlich große Rolle.

227. Eigenschaften verschiedener Stromverbraucher. Um die Nennstromstärke des Zählers richtig zu bemessen, ist es erforderlich, die wichtigsten Eigenschaften der Stromverbraucher zu kennen. In erster Linie kommen bei kleineren und mittleren Abnehmern hierfür Glühlampen, Koch- und Heizapparate, Haushaltungsmaschinen, sowie kleine und mittlere Motoren in Betracht. Über die Eigenschaften dieser Verbraucher wäre folgendes zu sagen.

a) Glühlampen. Die Glühlampe ist bis jetzt der wichtigste Stromverbraucher bei Kleinabnehmern. Zur Zeit werden fast ausschließlich Metallfadenlampen verwendet. Bemerkenswert ist, daß der Widerstand einer solchen Lampe im kalten Zustande, also im Moment des Einschaltens, wesentlich kleiner ist als im normalen Betrieb. Dies hat zur Folge, daß beim Einschalten ein starker Stromstoß auftritt. Bei Bemessung der Zähler spielt dieser Umstand jedoch keine wesentliche Rolle. Früher wurde für Lampen die Lichtstärke, neuerdings wird allgemein die Leistungsaufnahme N in Watt angegeben. Hieraus berechnet sich ohne Schwierigkeit die Stromstärke zu $J = \frac{N}{E}$, wo E die Betriebsspannung ist.

In normalen Hausinstallationen kann angenommen werden, daß die Wattaufnahme einer Glühlampe im Durchschnitt 50 W ist. Der Stromverbrauch kann demnach bei 110 V zu etwa 0,5 A, bei 220 V zu etwa 0,25 A je Glühlampe geschätzt werden.

b) Koch- und Heizapparate. Die Leistungsaufnahme von Koch- und Heizapparaten, die wie Glühlampen stets als induktionsfreie Widerstände angesehen werden können, ist verschieden. Sie ist meist auf den betreffenden Apparaten angegeben. Bügeleisen, Kochplatten mittlerer

Größe, kleinere Heißwasserspeicher (unter 50 Liter), Wasserkocher, Kaffeemaschinen u. dgl. haben meist eine Leistungsaufnahme von 400 bis 600 W. Die Stromaufnahme kann demnach bei 110 V zu etwa 5 A, bei 220 V zu etwa 2,5 A angenommen werden. Die Leistungsaufnahme von Öfen, Badeöfen, von größeren Heißwasserspeichern usw. muß von Fall zu Fall festgestellt werden. Sie kann bis zu 2 kW und mehr je Apparat betragen.

c) Haushaltungsmaschinen. Als solche kommen in Betracht: Staubsauger, Bohner, Nähmaschinenantrieb, Küchenmotoren. Die Leistungsaufnahme dieser Maschinen beträgt selten über 500 W, meist sogar weniger. Man kann also bei 110 V mit 5 A, bei 220 V mit 2,5 A rechnen.

d) Motoren. Die genaue Stromaufnahme eines Motors bei Nennlast ist auf dem Leistungsschild des Motors vermerkt, so daß ihre Feststellung keine Schwierigkeiten macht. Es ist jedoch nützlich die Möglichkeit zu haben, die Angabe wenigstens roh zu überprüfen. Wenn die vom Motor abgegebene Leistung N_a ist, so berechnet sich die zugeführte Leistung zu $N_z = \frac{N_a}{\eta}$, wo η der Wirkungsgrad (s. 13) ist. Ist der Wirkungsgrad in Prozenten angegeben, so muß dieser Wert zuerst durch 100 dividiert werden. Dabei muß N_a und N_z in Kilowatt ausgedrückt werden. Ist die Leistung des Motors in PS ausgedrückt, so berechnet sich die kW-Zahl durch Multiplikation mit 0,735. Ist die aufgenommene Leistung bekannt, so berechnet sich für eine Verbrauchsspannung E die Stromaufnahme des Motors wie folgt:

$$\text{bei Gleichstrom} \quad J = \frac{N_z}{E},$$

$$\text{bei Einphasenstrom} \quad J = \frac{N_z}{E \cdot \cos\varphi},$$

$$\text{bei Drehstrom} \quad J = \frac{N_z}{\sqrt{3} \cdot E \cdot \cos\varphi},$$

wobei $\cos\varphi$ der Leistungsfaktor ist. Dieser ist normalerweise gleichfalls auf dem Leistungsschild angegeben.

Für Motoren von etwa 1 bis 100 kW kann bei Gleichstrom mit einem Wirkungsgrad von 0,7 bis 0,85 und bei Drehstrom mit 0,7 bis 0,9 gerechnet werden. Die ersten Werte gelten für die kleineren Motoren, die letzteren für die größeren. Der Leistungsfaktor liegt zwischen 0,8 und 0,9. Für die Bemessung der Zählergröße genügt es die Stromaufnahme der Motoren nach den unten angeführten Formeln zu bestimmen. Dabei bedeutet N_{kW} die (abgegebene) Leistung des Motors in kW, N_{PS} die Leistung in PS.

$$\begin{array}{lll} \text{Gleichstrom } 110\text{ V}: & J = 11{,}5\cdot N_{\text{kW}} & = 8{,}4\cdot N_{\text{PS}}, \\ \text{,, } \quad 220\text{ V}: & J = 5{,}7\cdot N_{\text{kW}} & = 4{,}2\cdot N_{\text{PS}}, \\ \text{,, } \quad 440\text{ V}: & J = 2{,}9\cdot N_{\text{kW}} & = 2{,}1\cdot N_{\text{PS}}, \\ \text{Drehstrom } 125\text{ V}: & J = 6{,}3\cdot N_{\text{kW}} & = 4{,}6\cdot N_{\text{PS}}, \\ \text{,, } \quad 220\text{ V}: & J = 3{,}5\cdot N_{\text{kW}} & = 2{,}6\cdot N_{\text{PS}}, \\ \text{,, } \quad 380\text{ V}: & J = 2{,}0\cdot N_{\text{kW}} & = 1{,}5\cdot N_{\text{PS}}. \end{array}$$

Die Stromaufnahme größerer Stromverbraucher, also größerer Motoren und sonstiger Einrichtungen von industriellen Betrieben muß natürlich von Fall zu Fall festgestellt werden.

228. Nennstromstärke des Zählers. Die oben angeführten Zahlenwerte geben uns die Möglichkeit, die Gesamtstromstärke festzustellen, wenn bekannt ist, welche Stromverbraucher gleichzeitig eingeschaltet sind. Dies wird sich jedoch in den meisten Fällen nicht genau feststellen lassen und man ist auf eine Schätzung angewiesen. Bei kleinsten Abnehmern, die nur einige Glühlampen haben, genügen auch bei 110 V Zähler für 3 A. Man wird zweckmäßigerweise in Gleichstromanlagen für solche Abnehmer Magnetmotorzähler für nur 3 A wählen, da die Magnetmotorzähler bei sehr kleinen Belastungen größere Minusfehler zeigen. Zähler unter 3 A Nennstromstärke sollte man grundsätzlich nicht anwenden, da sie bei Kurzschlüssen leicht beschädigt werden. Die Nennstromstärke von Elektrolytzählern, die auch bei der kleinsten Belastung den Verbrauch richtig zeigen, soll man bei 110 V zu 10 A, bei 220 V zu 5 A wählen. Induktionszähler messen den Verbrauch auch bei niedriger Belastung sehr genau. Man kann deshalb bei Kleinabnehmern ihre Nennstromstärke genau so bemessen, wie die der Elektrolytzähler.

Die nach obigen Gesichtspunkten gewählten Nennstromstärken reichen in den meisten Fällen auch dann aus, wenn Haushaltungsapparate im üblichen Umfange verwendet werden, da neuzeitliche Zähler für niedrige Stromstärken meist mit 100% überlastbar sind. Man muß sich diesbezüglich jedoch stets entsprechend unterrichten (s. 86 am Schluß und Zus. III D).

Bei Motoren soll beim Vorhandensein eines einzigen Motors der Zähler etwa entsprechend der Nennleistung des Motors bemessen werden, wobei man eher eine etwas größere Nennstromstärke als eine zu kleine wählen soll. Sind viele Motoren vorhanden, so muß festgestellt werden, ob sie alle gleichzeitig voll belastet laufen oder nicht.

229. Verhalten der Zähler bei Belastungsstößen. Bei einigen Arten von Stromverbrauchern z. B. Punktschweißmaschinen ändert sich die Belastung fortwährend stoßweise. Es entstehen mitunter Zweifel darüber, ob Zähler, die sonst normalerweise verwendet werden, für solche

Fälle brauchbar sind oder ob Spezialzähler angewandt werden müssen. Hierzu ist allgemein zu sagen, daß alle Arten von Zählern, die zur Zeit Verwendung finden — wenn sie sonst richtig geeicht sind —, auch bei stark schwankender oder stoßweiser Belastung den Verbrauch richtig anzeigen.

Bei Elektrolytzählern ist dies ohne weiteres klar, da sie ja nur auf die Elektrizitätsmenge ansprechen und keinerlei Trägheit aufweisen. Bei Motorzählern liegen die Verhältnisse etwas verwickelter. Da der Anker des Zählers eine bestimmte Trägheit besitzt, so stellt sich seine Geschwindigkeit nicht sofort entsprechend jeder Änderung der Belastung ein. Der Anker braucht eine gewisse Anlaufzeit, um beim plötzlichen Einschalten oder Vergrößern der Belastung die richtige Tourenzahl zu erreichen. Da aber andererseits beim Abschalten oder Vermindern der Belastung der Zähler gleichfalls nicht sofort stehen bleibt bzw. die verminderte Drehzahl annimmt, so gleicht dieser Auslauf den Anlauf aus. Der Zähler zeigt auch bei stoßweiser Belastung richtig. Kleine Fehler, die jedoch praktisch ganz belanglos sind, treten beim Induktionszähler dadurch auf, daß beim Anlauf die Stromdämpfung vorhanden ist, beim Auslauf dagegen nicht. Deshalb zeigt theoretisch der Induktionszähler bei stoßweiser Belastung etwas zu viel an. Näheres über das Verhalten der Zähler bei Belastungsstößen s. in dem unter 46 erwähnten Buch von Möllinger, S. 179.

III. Einbau von Zählern.

230. Montage und Anschluß der Zähler. Die Montage der Zähler am Verwendungsort muß mit möglichst großer Sorgfalt vorgenommen werden. Auch der Transport der Zähler nach ihrem Verwendungsort muß so ausgeführt werden, daß die Zähler nicht Schaden leiden, insbesondere sind große Erschütterungen zu vermeiden. Als Aufhängeort der Zähler ist nach Möglichkeit ein Raum zu wählen, der trocken ist, in dem die Temperatur nicht zu stark schwankt und die Luft rein ist. Räume mit Dämpfen, ätzenden Gasen u. dgl. sind für die Aufhängung der Zähler nicht geeignet. Besonders ist dieses zu beachten bei Magnetmotorzählern, deren Kollektoren ziemlich empfindlich gegenüber von Säuredämpfen u. dgl. sind. Man soll deshalb bei diesen Zählern den Aufhängeort besonders sorgfältig wählen. Die dynamometrischen Zähler werden verhältnismäßig leicht von äußeren Feldern und von benachbarten Eisenmassen (s. hierzu 55) beeinflußt. Sie dürfen deshalb nicht auf Zählertafeln montiert werden, die größere Eisenteile besitzen; ferner muß vermieden werden, daß in der Nähe der Zähler Leitungen vorhanden sind, die starke Ströme führen. Man soll bei Zählern für höhere Stromstärken die Stromzu- und -ableitungen nicht hinter den Zähler legen. Ein Punkt, der auch zu beachten ist, ist bei allen Zählern die Verwendung guter Sicherungen. Reparierte Sicherungen, Bleisicherungen u. dgl. dürfen nicht verwendet werden, da beim Auftreten eines Kurzschlusses diese Sicherungen den Zähler nicht genügend schützen. Die Zähler werden zweckmäßigerweise auf besondere Zählertafeln montiert. Nach den Vorschriften des VDE (Errichtungsvorschriften) sind die Gehäuse von Zählern, deren Wicklungen Hochspannung führen, zu erden, wenn nicht durch Übergehäuse, isolierten Standort für den Bedienenden oder ähnliche Maßnahmen eine gefährliche Spannung vermieden wird. Im Sinne der Verbandsvorschriften ist Hochspannung immer dann vorhanden, wenn eine Spannung über 250 V gegen Erde herrscht. Bei Niederspannung brauchen die Gehäuse nur „bei besonderer Gefahr" geerdet zu werden[1].

Auf Einzelheiten der Montage und Anschlusses von Zählern kann an dieser Stelle nicht weiter eingegangen werden. Man informiert sich hierüber in Spezialbüchern über die Installation elektrischer Anlagen.

231. Betrugsmöglichkeiten. Die Montage des Zählers und dessen Anschluß sollen so vorgenommen werden, daß Betrugsmöglichkeiten ausgeschaltet werden. Am wichtigsten ist ein guter Schutz der Klemmen und Zuleitungen. Aus diesem Grunde bevorzugt man neuerdings sog. verlängerte Klemmendeckel; ferner werden besondere Zählerhauben angewandt, die die Zuleitungen abdecken. Zu beachten ist noch, daß die Stromspule nie in dem geerdeten Netzleiter liegen darf, da in diesem Fall der Abnehmer die Möglichkeit hat, Strom zwischen der nicht geerdeten Leitung und Erde z. B. Wasserleitung unter Umgehung des Zählers zu entnehmen. Es kann an dieser Stelle nicht näher auf die verschiedenen Betrugsmöglichkeiten eingegangen werden. Die Fälle der

---

[1] Die in Betracht kommenden V.D.E.-Bestimmungen (Errichtungsvorschriften für Starkstromanlagen § 3 c und d) lauten wie folgt:

Bei Hochspannung müssen alle nicht spannungführenden Metallteile, die Spannung annehmen können, miteinander gut leitend verbunden und geerdet werden, wenn nicht durch andere Mittel eine gefährliche Spannung vermieden oder unschädlich gemacht wird.

In Niederspannungsanlagen sind dort, wo eine besondere Gefahr besteht, nicht zum Betriebstromkreis, jedoch zur elektrischen Einrichtung gehörende metallene Bestandteile der elektrischen Einrichtungen, die den Betriebstromkreisen am nächsten liegen oder mit ihnen in Berührung kommen können, zu erden. Ist ein geerdeter Nulleiter praktisch erreichbar, so muß dieser hierzu verwendet werden.

Besondere Gefahren liegen in solchen Räumen vor, in denen der Körperwiderstand durch Feuchtigkeit, Wärme, chemische Einflüsse und andere Ursachen wesentlich herabgesetzt ist, sowie wenn der Benutzer der Anlage mit Metallteilen in Berührung kommt, die infolge eines Fehlers Schluß mit einem Stromleiter bekommen können. Gefahrerhöhend wirkt eine großflächige Berührung, wie sie z. B. durch Umfassen herbeigeführt wird.

Entnahme von Strom unter Umgehung des Zählers sind überhaupt nicht sehr häufig. Diejenigen, die sich über diese Frage unterrichten wollen, mögen auf das Buch von A. Geldermann: „Verschleierung der Angaben von Elektrizitätszählern und Abhilfe", Berlin: Julius Springer 1923, hingewiesen werden.

IV. Fehlschaltungen von Zählern.

232. Allgemeines. Wie bereits mehrfach betont wurde, soll man sich beim Anschluß von Zählern und Wandlern möglichst genau an das in Betracht kommende Schaltungsbild halten. Es gibt zwar auch Schaltungsmöglichkeiten, die von den in den Schaltungsbildern angegebenen abweichen, trotzdem aber genau zum gleichen Ergebnis wie die angegebene Schaltung führen. So z. B. ändert sich an der Wirkungsweise eines an Meßwandlern angeschlossenen Zählers nichts, wenn man an einem Wandler primär und sekundär die Anschlüsse vertauscht. Von dieser Möglichkeit macht man auch aus praktischen Gründen besonders bei Spannungswandlern (s. hierzu 171) Gebrauch. Man soll jedoch, wenn keine besonderen Gründe dagegen sprechen, die Schaltung auch in bezug auf die Klemmenbezeichnung der Wandler und Zähler genau gemäß dem Schaltungsbild ausführen. Man schützt sich auf diese Weise am besten gegen Schaltungsfehler.

In gewissen Fällen kann eine mit dem Schaltungsbild nicht übereinstimmende Schaltung im Prinzip auch richtig sein, aber infolge von Nebenerscheinungen, die durch die Konstruktion des Zählers bedingt sind, gewisse, wenn auch meist unbedeutende Fehler zur Folge haben; so z. B. dürfen Drehstrom-Wattstundenzähler in der Aronschaltung oder Dreiwattmeterschaltung ohne Beachtung der Drehfeldrichtung angeschlossen werden. Aber auch bei solchen Zählern empfiehlt es sich, den Anschluß auch in bezug auf die Phasenfolge genau nach dem dem Zähler beigefügten Schaltungsbild vorzunehmen, da angenommen werden kann, daß die Zähler in der Fabrik bei der auf dem Schaltungsbild angegebenen Phasenfolge geeicht sind und demnach bei dieser Phasenfolge besonders genau zeigen.

Schaltungen, die nicht genau dem Schaltungsbild entsprechen, jedoch grundsätzlich keine Fehler in der Anzeige des Zählers zur Folge haben, können nicht als eigentliche Fehlschaltungen betrachtet werden. Man versteht vielmehr unter Fehlschaltungen solche Schaltungen, die grundsätzlich fehlerhaft sind, und zwar in erster Linie solche Schaltungen, bei denen schalttechnische Fehler gemacht worden sind. Man muß jedoch zu den Fehlschaltungen z. B. auch Schaltungen rechnen, bei denen Verbindungsleitungen unterbrochen sind oder Wandler mit falschem Übersetzungsverhältnis angewandt worden sind. Fehlschaltungen können bei allen Zählerarten vorkommen; besonders häufig sind sie bei an Meßwandlern angeschlossenen Drehstromzählern. Bei Zählern ohne Meßwandler und auch bei Einphasen-Meßwandlerzählern können Fehlschaltungen eigentlich nur dann vorkommen, wenn ganz fahrlässig gehandelt wird. Bei einiger Aufmerksamkeit sind solche Fehler leicht vermeidbar.

233. Korrektionsfaktor. Wenn bei der Inbetriebsetzung eines Zählers sofort festgestellt worden ist, daß eine Fehlschaltung vorliegt, so muß selbstverständlich die Schaltung richtiggestellt werden. Wenn dagegen eine Fehlschaltung an einem bereits im Betrieb befindlichen Zähler, dessen Angaben für die Verrechnung maßgebend sind, festgestellt worden ist, so muß vor der Richtigstellung der Schaltung die vorhandene Schaltung auf das genaueste festgehalten werden, damit man nötigenfalls eine Berichtigung an den Angaben des Zählers anbringen kann. Die Festlegung der vorhandenen Schaltung muß schon deshalb absolut zuverlässig erfolgen, weil die Fragen, die mit der Berichtigung der Angaben des fehlerhaft geschalteten Zählers zusammenhängen, nicht selten vor einem Schiedsgericht oder auch ordentlichem Gericht verhandelt werden und dem dabei herangezogenen Sachverständigen der genaue Befund natürlich bekannt sein muß.

Da die nachträgliche Berichtigung der Angaben eines fehlerhaft angeschlossenen Zählers, wie wir noch sehen werden, meist mit großer Unsicherheit behaftet ist, so soll man deshalb dem Anschluß der Meßwandlerzähler die größte Aufmerksamkeit widmen. Es gibt auch Fehlschaltungen, bei denen es überhaupt kaum möglich ist, nachträglich die Angaben des Zählers zu berichtigen. Es möge auch an dieser Stelle darauf hingewiesen werden, daß es außerordentlich nützlich ist, zum Anschluß von Zählern an Wandlern farbige Zuleitungen zu verwenden, weil dadurch die Schaltung übersichtlich wird.

Wenn eine Fehlschaltung festgestellt worden ist und eine nachträgliche Berichtigung der Angaben des Zählers vorgenommen werden soll, so muß der Korrektionsfaktor F festgestellt werden (s. hierzu auch 203).

Bezeichnen wir mit:

$A_{\mathfrak{S}}$ den wirklichen oder tatsächlichen Verbrauch in der Anlage (Sollangabe des Zählers),

A den vom Zähler angezeigten Verbrauch,

$N_{\mathfrak{S}}$ die $A_{\mathfrak{S}}$ entsprechende Wattbelastung der Anlage, $N_{\mathfrak{S}} = \frac{A_{\mathfrak{S}}}{t}$ (Sollwert der Zählerwattbelastung),

N die der Anzeige des Zählers entsprechende Wattbelastung, $N = \frac{A}{t}$, so ist

$$A_{\mathfrak{S}} = A \cdot F, \qquad N_{\mathfrak{S}} = N \cdot F$$

und

$$F = \frac{A_{\mathfrak{S}}}{A} = \frac{N_{\mathfrak{S}}}{N}.$$

Man erhält also den wirklichen Verbrauch $A_{\mathfrak{S}}$ bzw. die wirkliche Wattbelastung $N_{\mathfrak{S}}$ der Anlage, wenn man die Anzeigen des Zählers A bzw. seine Wattbelastung N mit dem Korrektionsfaktor F multipliziert.

Der Korrektionsfaktor F kann durch eine Kontrollmessung experimentell festgestellt werden. In den meisten Fällen wird man ihn aber auf rechnerischem Wege bestimmen. Eine experimentelle Kontrolle ist natürlich stets erwünscht, muß sich aber unter allen Umständen auf mehrere Messungen bei verschiedenen Leistungsfaktoren ausdehnen. Durch Rechnung kann man den Korrektionsfaktor für jede beliebige Belastung ermitteln.

Im folgenden wollen wir an Hand einiger Beispiele die bei Fehlschaltungen auftretenden charakteristischen Verhältnisse kennenlernen, und zwar zuerst kurz auf die Fehlschaltungen bei Einphasenzählern eingehen. Diese Betrachtungen werden uns die folgenden wichtigeren Betrachtungen über Fehlschaltungen an Drehstromzählern erleichtern.

234. Fehlschaltungen von Einphasen-Wattstundenzählern. Abb. 287 zeigt das richtige Schaltungsbild eines Einphasen-Wattstundenzählers. Wie früher bezeichnen die schwarzen Punkte die Anfänge, die Kreise die Enden der Strom- und Spannungsspule. Bei dieser richtigen Schaltung ist der Korrektionsfaktor $F = 1$. Wir vernachlässigen dabei hier und im folgenden die bei jedem Zähler vorhandenen,

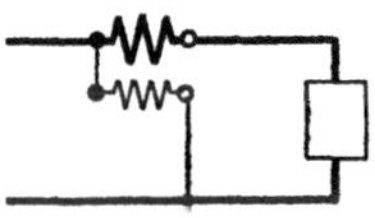

Abb. 287. Richtig geschalteter Einphasenzähler.

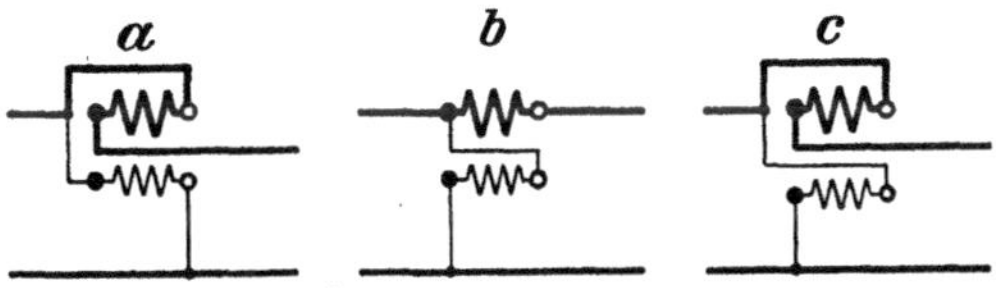

Abb. 288. Fehlschaltungen.

meist kleinen Abweichungen seiner Angaben vom Sollwert, da diese Fehler normalerweise gegenüber den Fehlern, die infolge einer Fehlschaltung auftreten, völlig zu vernachlässigen sind. Wenn wir bei dem betrachteten Zähler die Stromspule nach Abb. 288a oder die Spannungsspule Abb. 288b umpolen, so würde der Zähler mit der gleichen Geschwindigkeit rückwärts laufen, mit der er vorwärts laufen sollte. Wenn der wirkliche Verbrauch $A_{\mathfrak{S}}$ ist, so ist der vom Zähler angezeigte Verbrauch $A = -A_{\mathfrak{S}}$ und der Korrektionsfaktor $F = \frac{A_{\mathfrak{S}}}{A} = \frac{A_{\mathfrak{S}}}{-A_{\mathfrak{S}}} = -1$

oder $F = \frac{N_{\mathfrak{S}}}{N} = \frac{N_{\mathfrak{S}}}{-N_{\mathfrak{S}}} = -1$. Wenn nach Abb. 288c die Strom- und Spannungsspule gegenüber der richtigen Schaltung umgepolt worden sind, so zeigt der Zähler richtig, also $F = 1$.

Die eben betrachteten Schaltungen können bei einem Zähler ohne Meßwandler nur dann vorkommen, wenn die Innenschaltung des Zählers fehlerhaft ausgeführt ist. Bei fabrikneuen Zählern dürften solche Schaltungen ausgeschlossen sein, dagegen kann es immerhin möglich sein, daß solche Schaltungsfehler bei Reparaturen von Zählern vorkommen können. Sie müßten allerdings bei der Eichung des Zählers, die stets auch nach den kleinsten Reparaturen vorzunehmen ist, entdeckt werden. Anders liegt es bei Zählern für Meßwandleranschluß. Hier können Schaltungen, die den eben behandelten entsprechen, ohne weiteres vorkommen. Abb. 289 zeigt einen Einphasenzähler, der an Strom- und Spannungswandlern angeschlossen ist und die der richtigen Schaltung Abb. 287 entspricht. Die Schaltungen des Stromkreises nach Abb. 290a entsprechen der Schaltung der Stromspule nach Abb. 288a, wobei bei der einen Schaltung die Umpolung der Stromspule durch Kreuzung der Leitungen auf der Sekundärseite des Stromwandlers, bei der zweiten durch Kreuzung auf der Primärseite hervorgerufen ist. Die beiden Schaltungen des Spannungskreises nach Abb. 290b entsprechen der Schal-

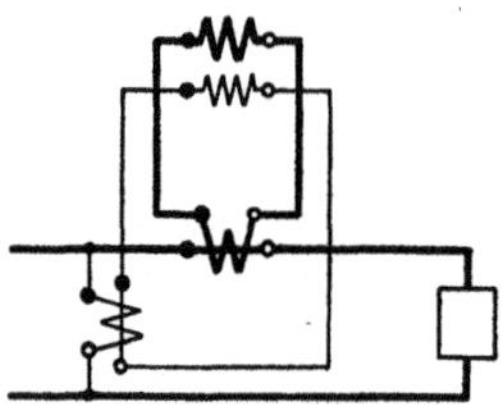

Abb. 289. Richtig geschalteter Meßwandlerzähler.

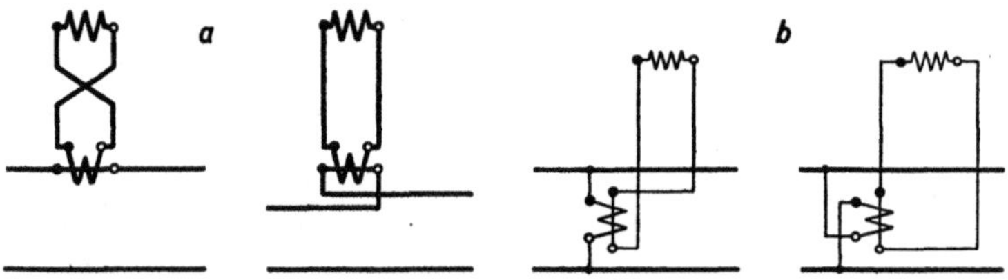

Abb. 290. Fehlschaltungen.

tung der Spannungsspule nach Abb. 288b. Bei allen Schaltungen nach Abb. 290a und 290b ist wiederum der Korrektionsfaktor $F = -1$. Wenn die Anschlüsse beim Strom- oder Spannungswandler sowohl auf der Primär- wie auf der Sekundärseite vertauscht sind, so liegt, wie bereits oben gesagt, keine eigentliche Fehlschaltung vor. Allgemein zeigt der Zähler dann richtig, wenn zwei Umpolungen vorliegen, die sich gegenseitig aufheben, so z. B. wenn sowohl beim Spannungswandler wie beim Stromwandler je eine Umpolung vorliegt und dgl. Einige solche Schaltungen zeigt die Abb. 291, die alle der Schaltung Abb. 288c entsprechen.

Wenn ein Zähler aus irgendeinem Grunde überhaupt nichts anzeigt, d. h. $A = 0$, so ist der Korrektionsfaktor für alle Belastungen $F = \infty$ (unendlich). Eine nachträgliche Berichtigung der Angaben eines solchen Zählers ist natürlich unmöglich. Dieser Fall kann vorliegen, wenn die Spannungs- oder Stromspulen überhaupt nicht angeschlossen oder unterbrochen sind, ferner wenn ein Zähler eine Rücklaufhemmung hat und so angeschlossen ist, daß er ohne Rücklaufhemmung rückwärts laufen würde.

Die obigen Betrachtungen beziehen sich sinngemäß auch auf Gleichstromzähler, bei denen jedoch Fehlschaltungen viel leichter zu vermeiden sind als bei Wechsel- und Drehstromzählern.

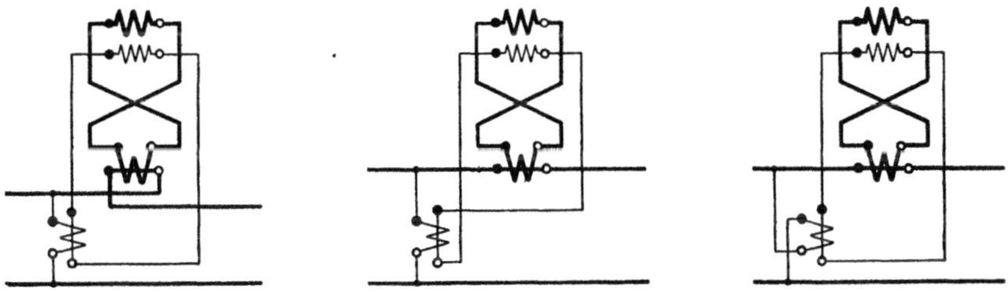

Abb. 291. Doppelte Umpolungen.

235. Fehlschaltungen von Drehstrom-Wattstundenzählern mit zwei Meßwerken. Da auch in diesem Fall Fehlschaltungen im wesentlichen nur bei Meßwandlerzählern vorkommen können, so wollen wir unseren Betrachtungen einen Zähler, der unter Zwischenschaltung von Strom- und Spannungswandlern angeschlossen ist, zugrunde legen. Bei einem solchen Zähler kann durch falschen Anschluß der Wandler auf der Primär- oder Sekundärseite eine große Zahl von Fehlschaltungen vorkommen. Ferner können auch bei richtiger Schaltung, sowie bei jeder Fehlschaltung Unterbrechungen in den Zuleitungen auftreten, und zwar am leichtesten durch das Durchbrennen von Sicherungen auf der Primär- oder Sekundärseite der Spannungswandler. Wenn irgendwo eine beliebige Fehlschaltung eines Meßwandlerzählers festgestellt worden ist, so ist es für die weitere Behandlung der Aufgabe am zweckmäßigsten, sich ein grundsätzliches Schaltungsbild unter Fortlassung der Meßwandler zu zeichnen, welches dem Schaltungsbild mit Meßwandlern genau entspricht. So würde z. B. dem Schaltungsbild eines richtig geschalteten Meßwandlerzählers das vereinfachte Schaltungsbild Abb. 114 entsprechen.

Liegt keine Fehlschaltung vor, so ist bei der behandelten Schaltung das in Phase T liegende Meßwerk I das voreilende (s. hierzu 93). Seine Wattbelastung berechnet sich zu

$$N_I = E_I \cdot J_I \cdot \cos \varphi_I ,$$

entsprechend ist die Wattbelastung des Meßwerkes *II*

$$N_{II} = E_{II} \cdot J_{II} \cdot \cos \varphi_{II},$$

wobei E_I, E_{II}, J_I, J_{II} die in den Meßwerken wirkenden Spannungen und Ströme und φ_I, φ_{II} die Phasenverschiebungswinkel zwischen diesen Größen sind. Die Gesamtwattbelastung $N = N_I + N_{II}$ des richtig geschalteten Zählers ist die tatsächliche Wattbelastung $N_{\mathfrak{S}}$ der Anlage. Liegt eine Fehlschaltung vor, so sind die Einzelbelastungen und im allgemeinen auch die Gesamtbelastung des Zählers anders, als sie bei richtigem Anschluß sein sollten, der Zähler zeigt den Verbrauch nicht mehr richtig an. Es lassen sich für jede beliebige Fehlschaltung die tatsächlichen Wattbelastungen N_I und N_{II} berechnen; der Korrektionsfaktor berechnet sich dann zu $F = \frac{N_{\mathfrak{S}}}{N}$, wo $N_{\mathfrak{S}}$ die tatsächliche Wattbelastung der Anlage und $N = N_I + N_{II}$ die gesamte Wattbelastung des fehlerhaft geschalteten Zählers ist. Da man jedoch in der Praxis nie genau die tatsächlich herrschenden Ströme und Spannungen und deren gegenseitige Phasenverschiebungen kennt, so ist man bei der Behandlung von Fehlschaltungen gezwungen, gewisse vereinfachte Annahmen zu machen, und man beschränkt sich fast immer auf die Annahme eines in bezug auf Spannungen und Strömen vollständig symmetrischen Drehstromsystems. Wir wollen auch allen unseren weiteren Betrachtungen eine solche symmetrische Belastung zugrunde legen.

Bei einer symmetrischen Belastung ist die Gesamtleistung in der Anlage, also auch die Wattbelastung des richtig angeschlossenen Zählers $N = \sqrt{3} \cdot E \cdot J \cdot \cos \varphi$, wobei E und J die verketteten Spannungen bzw. die Leitungsströme und $\cos \varphi$ der Leistungsfaktor der Anlage ist. Die Einzelleistungen der beiden Meßwerke sind $N_I = E \cdot J \cdot \cos(\varphi - 30^0)$, $N_{II} = E \cdot J \cdot \cos(\varphi + 30^0)$. Der Korrektionsfaktor des richtig zeigenden Zählers ist natürlich wiederum $F = 1$.

Wir wollen nun einige charakteristische Beispiele der Fehlschaltungen von Drehstromzählern in Aronschaltung behandeln und an Hand dieser Beispiele einige allgemeine Gesichtspunkte kennenlernen.

Beispiel 1: Eine der Zuleitungen zu den Spannungsspulen des Zählers sei unterbrochen. Es können dabei drei verschiedene Fälle auftreten.

a) Zuleitung zum voreilenden Meßwerk *I* unterbrochen. Die gesamte tatsächliche Belastung des Zählers ist dann $N = N_{II} = E \cdot J \cdot \cos(\varphi + 30^0)$. Die tatsächliche Belastung der Anlage ist nach wie vor $N_{\mathfrak{S}} = \sqrt{3} \cdot E \cdot J \cdot \cos \varphi$. Der Korrektionsfaktor berechnet sich also zu

$$F = \frac{N_{\mathfrak{S}}}{N} = \frac{\sqrt{3} \cdot E \cdot J \cdot \cos \varphi}{E \cdot J \cdot \cos(\varphi + 30^0)} = \frac{\sqrt{3} \cdot \cos \varphi}{\cos(\varphi + 30^0)}.$$

Wir können den Ausdruck $\cos(\varphi + 30^0)$ unter Zuhilfenahme der Formel für den Kosinus der Summe zweier Winkel (Zus. I, 6f.) wie folgt entwickeln:

Wir setzen in der erwähnten Gleichung $\alpha = \varphi$, $\beta = 30^0$ und erhalten

$$\cos(\varphi + 30^0) = \cos\varphi \cos 30^0 - \sin\varphi \sin 30^0 = \cos\varphi \cdot \frac{1}{2} \cdot \sqrt{3} - \sin\varphi \cdot \frac{1}{2}.$$

Demnach ist

$$F = \frac{\sqrt{3}\cos\varphi}{\cos\varphi \frac{\sqrt{3}}{2} - \sin\varphi \cdot \frac{1}{2}} = \frac{2\sqrt{3}\cdot\cos\varphi}{\sqrt{3}\cdot\cos\varphi - \sin\varphi} = \frac{2\sqrt{3}}{\sqrt{3} - \operatorname{tg}\varphi}.$$

Wir ersehen die interessante Tatsache, daß die Größe des Korrektionsfaktors von $\operatorname{tg}\varphi$ abhängt. Wir müssen demnach, wenn wir die Angaben des Zählers nachträglich berichtigen wollen, $\operatorname{tg}\varphi$ kennen, d. h. es muß der Leistungsfaktor bekannt sein. In der Praxis wird der Leistungsfaktor bei verschiedenen Belastungsverhältnissen verschieden sein. Man ist deshalb bei der Berichtigung der Zählerangaben auf die Annahme eines mittleren Leistungsfaktors angewiesen. Hierin liegt im vorliegenden Fall, wie überhaupt bei fast allen Fehlschaltungen, eine große Unsicherheit. Bemerkenswert ist noch, daß bei einer bestimmten Phasenverschiebung, nämlich $\varphi = -60^0$, d. h. $\cos\varphi = 0{,}5$ kapazitive Belastung der Korrektionsfaktor $F = 1$ ist, also der Zähler bei dieser Phasenverschiebung trotz der Fehlschaltung richtig zeigt. Dieses Ergebnis ist im vorliegenden Fall ohne weiteres verständlich, wenn man berücksichtigt, daß bei kapazitiver Belastung und $\cos\varphi = 0{,}5$ das voreilende Meßwerk *I* auch bei richtiger Schaltung kein Drehmoment ausübt ($N_I = 0$); demnach ist es gleichgültig, ob es eingeschaltet ist oder nicht.

Der Fall, daß bei einer bestimmten Phasenverschiebung ein Zähler auch beim Vorhandensein einer Fehlschaltung richtig zeigt, kommt bei einer großen Anzahl von Fehlschaltungen vor, und zwar tritt dieser Fall bei vielen Fehlschaltungen bei $\cos\varphi = 0{,}5$ bei induktiver oder kapazitiver Belastung auf. Ferner kommt bei einigen Schaltungen dieser Fall bei $\cos\varphi = 0{,}866$ induktiv oder kapazitiv vor. Daraus folgt die wichtige Schlußfolgerung, daß man durch eine direkte Kontrollmessung eines Drehstromzählers unter Umständen das Vorhandensein einer Fehlschaltung nicht aufdeckt, nämlich dann, wenn die Messung zufällig bei einer Phasenverschiebung vorgenommen worden ist, bei der trotz des Vorhandenseins der Fehlschaltung der Zähler richtig zeigt. Es empfiehlt sich deshalb, bei Kontrollmessungen stets mindestens bei zwei voneinander möglichst verschiedenen Phasenverschiebungen zu messen.

b) Zuleitung zum nacheilenden Meßwerk *II* unterbrochen. In diesem Fall ist $N = N_I = E \cdot J \cdot \cos(\varphi - 30^0)$ und $F = \dfrac{\sqrt{3}\cdot E \cdot J \cdot \cos\varphi}{E \cdot J \cdot \cos(\varphi - 30^0)}$.

Durch ähnliche Umrechnungen, wie wir sie oben vorgenommen haben, erhalten wir den Wert

$$F = \frac{2\sqrt{3}}{\sqrt{3} + \operatorname{tg}\varphi}.$$

Wir ersehen, daß der Korrektionsfaktor in diesem Fall nicht der gleiche ist wie im Fall a). Es ist also auch bei dieser einfachsten Fehlschaltung notwendig zu wissen, ob das voreilende oder nacheilende Meßwerk wirkungslos ist. Es ist ganz allgemein unbedingt erforderlich, bei Fehlschaltungen die Phasenfolge der Leitungen zu kennen. Eine Nichtbeachtung dieser Tatsache führt zu ganz falschen Korrektionsfaktoren. Zu bemerken ist, daß im Fall b) der Zähler bei $\cos\varphi = 0{,}5$ induktive Belastung richtig zeigt.

c) Zuleitung zum Verbindungspunkt der Enden der Spannungsspulen der beiden Meßwerke unterbrochen. Wie Abb. 292 zeigt, liegen dann die beiden Spannungsspulen in Reihe an der verketteten Spannung E_{RT}. Die beiden Spannungsspulen mögen genau

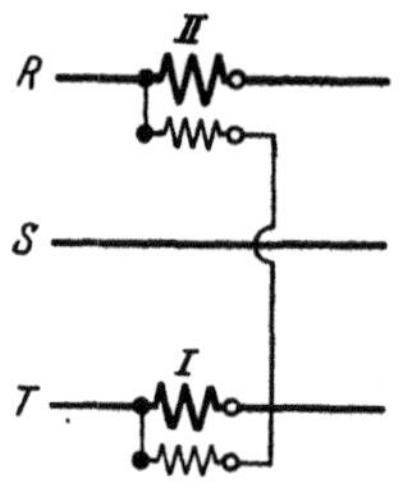

Abb. 292. Fehlschaltung.

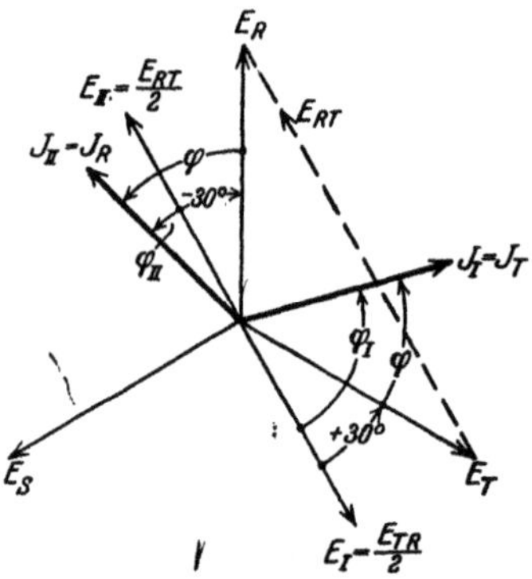

Abb. 293. Diagramm zu Abb. 292.

die gleichen Ohmschen und induktiven Widerstände haben; es entfällt dann auf jede Spannungsspule die halbe verkettete Spannung. Es ist also $E_I = E_{II} = \frac{E}{2}$. Abb. 293 zeigt das zugehörige Vektordiagramm. Da der Anfang der Spannungsspule des Meßwerkes *I* an der Spannung *T*, sein Ende unter Vorschaltung der Spannungsspule des Meßwerkes *II* an *R* liegt, so ist $E_I = \frac{E_{TR}}{2}$. Eine entsprechende Überlegung zeigt uns, daß $E_{II} = \frac{E_{RT}}{2}$ ist. Wir entnehmen ferner aus dem Diagramm, daß zwischen der Spannung E_I und dem zugehörigen Strom $J_I = J_T$ die Phasenverschiebung $\varphi_I = \varphi + 30^0$ ist, entsprechend ist $\varphi_{II} = \varphi - 30^0$. Demnach ist

$$N_I = \frac{E}{2} \cdot J \cdot \cos(\varphi + 30^0)$$

und

$$N_{II} = \frac{E}{2} \cdot J \cdot \cos(\varphi - 30^0).$$

N_I und N_{II} sind beide halb so groß wie bei einem richtig geschalteten Zähler und gewissermaßen vertauscht, da der Winkel $\varphi + 30^0$ dem Meßwerk I, der Winkel $\varphi - 30^0$ dem Meßwerk II entspricht. Der Korrektionsfaktor berechnet sich zu

$$F = \frac{N_{\mathfrak{S}}}{N_{,}} = \frac{E \cdot J \cdot [\cos(\varphi - 30^0) + \cos(\varphi + 30^0)]}{\frac{E}{2} \cdot J \cdot [\cos(\varphi + 30^0) + \cos(\varphi - 30^0)]} = 2.$$

Wir sehen, daß in diesem Fall der Korrektionsfaktor unabhängig von der Phasenverschiebung ist. Die Angaben des Zählers können nachträglich — immer symmetrische Belastung vorausgesetzt — durch Multiplikation mit 2 richtiggestellt werden.

Es wird mitunter angenommen, daß die Tatsache, daß ein Zähler bei beliebiger Phasenverschiebung beim Abschalten der gemeinschaftlichen Leitung die Hälfte zeigt wie bei angeschlossener Leitung ein Beweis für die Richtigkeit der Schaltung ist. Dies trifft jedoch nicht zu. Es gibt nämlich auch Fehlschaltungen, bei denen die Verhältnisse in dieser Beziehung genau so liegen wie bei richtig geschaltetem Zähler. Allerdings lassen sich aus solchen und ähnlichen Tatsachen Schlüsse auf die Möglichkeit des Vorhandenseins bestimmter Schaltungen ziehen.

In der Praxis können auch bei richtiger Schaltung und Unterbrechung in der gemeinschaftlichen Zuleitung unter Umständen Verhältnisse auftreten, die von den geschilderten wesentlich abweichen, und zwar dann, wenn parallel zu einer der Spannungsspulen irgendein Widerstand, z. B. eine Relaiswicklung liegt. Diese parallel geschalteten Widerstände stören den richtig angeschlossenen Zähler nicht, verschieben jedoch vollständig das Bild bei Unterbrechung der gemeinschaftlichen Zuleitung.

Falls dagegen die Relaiswicklung oder dgl. an die Leitungen angeschlossen ist, an denen die Anfänge der Spannungsspulen liegen — in unserem Beispiel also an R und T —, so werden die Verhältnisse verwickelter beim Abschalten der nicht gemeinschaftlichen Zuleitungen.

Unterbrechungen in den Spannungsspulen können gelegentlich auch bei Niederspannungszählern vorkommen, z. B. dann, wenn eine Eichverbindung zwischen der Strom- und Spannungsspule unterbrochen ist.

Mit den eben behandelten Fehlschaltungen sind in ihrer Wirkung auch die Fehlschaltungen gleichbedeutend, bei denen im Sekundärkreis eines Stromwandlers eine Unterbrechung vorhanden ist.

Wenn beide Meßwerke wirkungslos sind, so zeigt der Zähler überhaupt nichts an, und der Korrektionsfaktor ist $F = \infty$.

Wenn dagegen ein Meßwerk deshalb wirkungslos ist, weil eine Netzleitung unterbrochen ist, so liegt keine Fehlschaltung vor.

Beispiel 2: Umpolung eines Meßwerkes. Bei einem Drehstromzähler, der eigentlich nach Abb. 114 geschaltet sein sollte, entspricht die tatsächliche Schaltung der Abb. 294. Diese Fehlschaltung kann bei einem an Strom- und Spannungswandler angeschlossenen Zähler sehr leicht vorkommen, wenn die Anschlüsse bei dem einen Spannungswandler sekundär oder primär vertauscht sind. In ihrer Wirkung ist mit dieser Schaltung auch die Schaltung gleichbedeutend, bei der die Stromspule umgepolt ist, bzw. die Zuleitungen bei einem Stromwandler gekreuzt sind. Abb. 295 zeigt das zugehörige Vektordiagramm. Das voreilende Meßwerk I ist bei der betrachteten Schaltung richtig angeschlossen. Seine Spannungsspule liegt an der Spannung $E_I = E_{TS}$. In seiner Stromspule fließt der Strom $J_I = J_T$. Hieraus ergibt sich, daß die Phasenverschiebung im Meßwerk I $\varphi_I = \varphi - 30^0$ ist. Das Meßwerk II (bei richtig geschaltetem Zähler das nacheilende) liegt an der Spannung $E_{II} = E_{SR}$. Beim richtig geschalteten Zähler wäre $E_{II} = E_{RS}$. Die Stromspule ist vom Strom $J_{II} = J_R$ durchflossen. Wie aus dem Diagramm ersichtlich ist, würde bei $\varphi = 0$ (induktionsfreie Belastung) der Strom J_{II} der Spannung E_{II} um 150^0 voreilen, also würde in diesem Fall die Phasenverschiebung -150^0 betragen. Bei einer Phasenverschiebung φ ist der Phasenverschiebungswinkel $\varphi_{II} = \varphi - 150^0$. Bezeichnen wir wieder die einander gleichen verketteten Spannungen mit E, also $E = E_I = E_{II}$, und die einander gleichgroßen Ströme mit J, also $J = J_I = J_{II}$, so berechnen sich die tatsächlich vorhandenen Wattbelastungen der beiden Meßwerke zu

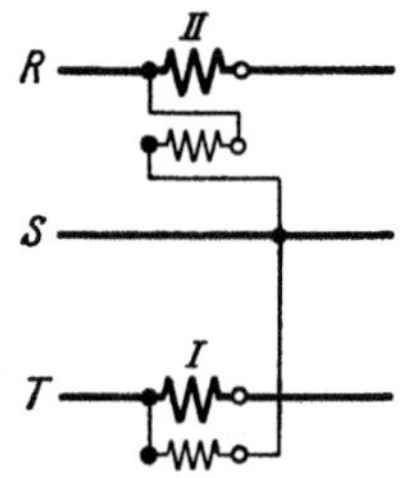

Abb. 294. Fehlschaltung.

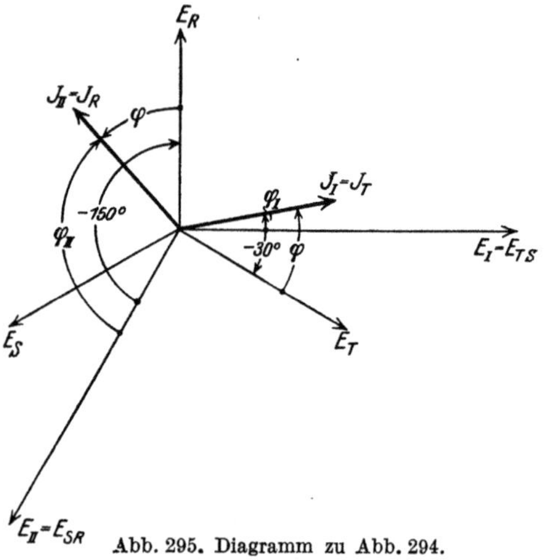

Abb. 295. Diagramm zu Abb. 294.

$$N_I = E \cdot J \cdot \cos \varphi_I = E \cdot J \cdot \cos (\varphi - 30^0)$$

und

$$N_{II} = E \cdot J \cdot \cos \varphi_{II} = E \cdot J \cdot \cos (\varphi - 150^0)$$

und die gesamte Wattbelastung des Zählers zu

$$N = N_I + N_{II} = E \cdot J \cdot \cos(\varphi - 30^0) + E \cdot J \cdot \cos(\varphi - 150^0)$$
$$= E \cdot J \cdot [\cos(\varphi - 30^0) + \cos(\varphi - 150^0)] \,. \qquad (1)$$

Den in der eckigen Klammer stehenden Ausdruck können wir wie folgt umrechnen. Nach Zus. I, 6f. ist

$$\cos(\varphi - 30^0) = \cos\varphi \cos 30^0 + \sin\varphi \sin 30^0$$

und

$$\cos(\varphi - 150^0) = \cos\varphi \cos 150^0 + \sin\varphi \sin 150^0$$

oder (s. hierzu Zus. I, 6c)

$$\cos(\varphi - 30^0) + \cos(\varphi - 150^0)$$
$$= \cos\varphi \cos 30^0 + \sin\varphi \sin 30^0 + \cos\varphi \cos 150^0 + \sin\varphi \sin 150^0$$
$$= \cos\varphi \frac{\sqrt{3}}{2} + \sin\varphi \frac{1}{2} + \cos\varphi \left(-\frac{\sqrt{3}}{2}\right) + \sin\varphi \cdot \frac{1}{2}$$
$$= \cos\varphi \frac{\sqrt{3}}{2} + \frac{1}{2} \sin\varphi - \frac{\sqrt{3}}{2} \cos\varphi + \frac{1}{2} \sin\varphi = \sin\varphi \,.$$

Setzen wir den so erhaltenen Wert für den Ausdruck in der eckigen Klammer in Gl. (1) ein, so erhalten wir für die gesamte Wattbelastung des Zählers den Ausdruck

$N = E \cdot J \cdot \sin\varphi$ gegenüber der Sollbelastung $N_{\mathfrak{S}} = \sqrt{3} \cdot E \cdot J \cos\varphi$.

Also ist der Korrektionsfaktor $F = \frac{N_{\mathfrak{S}}}{N} = \frac{\sqrt{3} \cdot E \cdot J \cdot \cos\varphi}{E \cdot J \cdot \sin\varphi} = \sqrt{3} \operatorname{ctg} \varphi$.

Wir wollen diesen Korrektionsfaktor für einige Leistungsfaktoren berechnen.

Induktionsfreie Belastung: $\cos\varphi = 1$; $\varphi = 0$, $\operatorname{ctg}\varphi = \infty$, $F = \infty$.

Induktive Belastung: $\cos\varphi = 0{,}866$; $\varphi = 30^0$, $\operatorname{ctg}\varphi = \sqrt{3}$,
$F = \sqrt{3} \cdot \sqrt{3} = 3$.

Induktive Belastung: $\cos\varphi = 0{,}5$; $\varphi = 60^0$, $\operatorname{ctg}\varphi = \frac{1}{3}\sqrt{3}$,
$F = \sqrt{3} \cdot \frac{1}{3}\sqrt{3} = 1$.

Induktive Belastung: $\cos\varphi = 0$; $\varphi = 90^0$, $\operatorname{ctg}\varphi = 0$, $F = 0$.

Kapazitive Belastung: $\cos\varphi = 0{,}866$; $\varphi = -30^0$, $\operatorname{ctg}\varphi = -\sqrt{3}$,
$F = \sqrt{3} \cdot (-\sqrt{3}) = -3$.

Der obige Ausdruck $N = E \cdot J \cdot \sin\varphi$ zeigt uns ohne weiteres das charakteristische Merkmal der behandelten Fehlschaltung. Bei dieser Fehlschaltung sind nämlich die Angaben des Zählers proportional $\sin\varphi$.

Abgesehen davon, daß der Faktor $\sqrt{3}$ fehlt, ist der Zähler in dieser Schaltung eigentlich ein Blindverbrauchzähler.

Die eben behandelte Fehlschaltung ist eine der am häufigsten vorkommenden. Sie kommt dadurch zustande, daß diejenigen, die die Zähler anschließen, zuweilen der Ansicht sind, daß ein Zähler, wenn er richtig angeschlossen ist, die höchste Drehzahl hat. Beim Inbetriebsetzen von Zählern besteht die Belastung oft nur aus einem leerlaufenden Transformator, da noch keine Verbraucher angeschlossen sind. Man hat es in diesem Falle mit einer kleinen, sehr stark induktiven Belastung zu tun ($\cos\varphi \approx 0{,}2$). Die Drehzahl des richtig angeschlossenen Zählers kann nur sehr gering sein, und gerade das Bestreben, den Zähler so anzuschließen, daß er die größte Drehzahl hat, führt in diesem Falle zu der obigen Fehlschaltung.

Zu ähnlichen Verhältnissen kommt man, wenn die Spannungsspule des oben mit I bezeichneten Meßwerkes (oder seine Stromspule) umgepolt ist, das Meßwerk II dagegen richtig geschaltet ist. In diesem Falle berechnet sich die Wattbelastung des Zählers zu

$$N = -E \cdot J \cdot \sin\varphi \text{ und der Korrektionsfaktor zu } F = -\sqrt{3}\,\operatorname{ctg}\varphi.$$

Der Zähler würde in diesem Falle bei kapazitiver Belastung vorwärts, bei induktiver rückwärts laufen und im übrigen sich ähnlich verhalten wie bei der vorher behandelten Schaltung.

Bemerkenswert ist noch, daß der Zähler in der ersten Fehlschaltung bei $\cos\varphi = 0{,}5$ induktiv und in der zweiten bei $\cos\varphi = 0{,}5$ kapazitiv den Wirkverbrauch richtig anzeigt. Dieses Beispiel zeigt uns wiederum, daß auch ein fehlerhaft angeschlossener Zähler bei einer bestimmten Phasenverschiebung richtig zeigen kann. Die obige Betrachtung zeigt uns auch, wie wichtig es ist, bei einer Fehlschaltung auch die Phasenfolge festzustellen.

Die Tatsache, daß die beiden letzten Fehlschaltungen sich von der richtigen Aronschaltung nur dadurch unterscheiden, daß bei dem einen Meßwerk eine Umpolung der Strom- oder Spannungsspule vorgenommen ist, zeigt uns (vgl. hierzu 234), daß die Leistung dieses Meßwerkes die gleiche Größe, jedoch entgegengesetzte Richtung hat wie beim richtig geschalteten Meßwerk. Wir erhalten also für den Fall der Umpolung im Meßwerk II, daß $N_{II} = -E \cdot J \cdot \cos(\varphi + 30^0)$ ist. Beim richtig geschalteten Meßwerk ist $N_{II} = N_{II\mathfrak{S}} = E \cdot J \cdot \cos(\varphi + 30^0)$. Demnach ergibt sich die gesamte Wattbelastung des fehlerhaft geschalteten Zählers zu

$$N = E \cdot J \cdot [\cos(\varphi - 30^0) - \cos(\varphi + 30^0)],$$

Die Umrechnung ergibt dann denselben Ausdruck, den wir oben auf Grund der Betrachtung des Diagramms erhalten haben. In entsprechender Weise kommen wir auch zu der Gesamtbelastung N des Zählers im Falle der Umpolung des Meßwerkes I. Wir haben jedoch die etwas umständlichere Behandlung der betrachteten Fehlschaltung deshalb vorausgeschickt, weil diese Behandlungsweise auch für andere Fehlschaltungen, bei denen man nicht auf einfachere Weise zum Ergebnis kommt, sinngemäß anwendbar ist.

236. Fehlschaltungen von Drehstrom-Wattstundenzählern mit drei Meßwerken. Bei diesen Zählern kommen Fehlschaltungen seltener als bei Zählern in Aronschaltung vor, weil es sich bei Vierleiterdrehstromzählern meist um Niederspannungszähler handelt, bei denen entweder überhaupt keine Meßwandler oder nur Stromwandler Verwendung finden. Bei einem Vierleiter-Hochspannungszähler liegen dagegen die Verhältnisse im allgemeinen wesentlich verwickelter als beim Hochspannungszähler in Aronschaltung, und es können bei einem solchen Zähler sehr viele verschiedene Fehlschaltungen vorkommen.

Die richtige Schaltung eines Vierleiterzählers zeigt Abb. 110 (S. 176). Die gesamte Wattbelastung N des Zählers ist gleich der Summe der Wattbelastungen N_I, N_{II}, N_{III} der drei Meßwerke, also $N = N_I + N_{II} + N_{III}$. Die Wattbelastungen der einzelnen Meßwerke berechnen sich zu

$$N_I = E_I \cdot J_I \cdot \cos\varphi_I = E_R \cdot J_R \cdot \cos\varphi_R\,,$$
$$N_{II} = E_{II} \cdot J_{II} \cdot \cos\varphi_{II} = E_S \cdot J_S \cdot \cos\varphi_S\,,$$
$$N_{III} = E_{III} \cdot J_{III} \cdot \cos\varphi_{III} = E_T \cdot J_T \cdot \cos\varphi_T\,.$$

Dabei bedeuten E_R, E_S, E_T die einzelnen Phasenspannungen, J_R, J_S, J_T die Leitungsströme und φ_R, φ_S, φ_T die Phasenverschiebungswinkel zwischen den Phasenspannungen und den zugehörigen Strömen. Bei symmetrischer Belastung sind alle Spannungen, Ströme und Phasenverschiebungen einander gleich. Wir wollen sie wiederum mit E, J und φ bezeichnen, wobei hervorgehoben sei, daß im Gegensatz zur Aronschaltung E die Phasenspannung ist. Die Gesamtwattbelastung des richtig geschalteten Zählers berechnet sich demnach zu

$$N = 3 \cdot E \cdot J \cdot \cos\varphi\,.$$

In jedem Fall entspricht die Wattbelastung jedes Meßwerkes der Leistung der betreffenden Phase. Wir wollen nun für einen Vierleiterzähler zwei charakteristische Fehlschaltungen behandeln.

Beispiel 1: Unterbrechung im Spannungskreis. Wenn eine der Spannungsspulen unterbrochen ist, so ist das in Betracht kommende Meßwerk wirkungslos. Demnach setzt sich die gesamte Wattbelastung des Zählers nur aus den Wattbelastungen von zwei Meßwerken zusammen, sie beträgt also $N = 2 \cdot E \cdot J \cdot \cos\varphi$. Demnach ist der Korrektionsfaktor $F = \frac{3}{2} = 1{,}5$. Dabei ist es gleichgültig, welches Meßwerk wirkungslos ist. Auch ist der Korrektionsfaktor von der Phasenverschiebung unabhängig. Zum gleichen Ergebnis kommt man natürlich, wenn eine Stromspule wirkungslos ist, ohne daß natürlich die betreffende Leitung unterbrochen ist.

Falls zwei Meßwerke wirkungslos sind, das dritte jedoch richtig angeschlossen ist, ist $N = E \cdot J \cdot \cos\varphi$ und $F = \frac{3}{1} = 3$. Auch in diesem Fall ist es gleichgültig, welches Meßwerk noch eingeschaltet ist und wie groß die Phasenverschiebung ist.

Wenn die gemeinschaftliche Zuleitung zu dem Verbindungspunkt der Enden der drei Spannungsspulen unterbrochen ist, sonst aber keine weitere Unterbrechung vorhanden ist und die drei Spannungsspulen die gleichen Eigenschaften haben, so zeigt der Zähler bei jeder Belastung richtig, also ist $F = 1$.

Etwas verwickelter liegt der Fall (Abb. 296), bei dem eine Spannungsspule und die gemeinschaftliche Leitung unterbrochen sind. In diesem Fall liegen die Spannungsspulen der Meßwerke *I* und *III* in Reihe an der verketteten Spannung $E_{RT} = \sqrt{3} \cdot E$. Diese Schaltung ist gleichbedeutend mit der Fehlschaltung des Zählers in Aronschaltung, bei der die gemeinschaftliche Leitung unterbrochen ist, und wir erhalten für diesen Fall genau den gleichen Korrektionsfaktor $F = 2$ (s. 235 Beispiel 1, c).

Beispiel 2: Es liegt eine Fehlschaltung eines Meßwandlerzählers nach Abb. 297 vor. Die Anfänge der Spannungsspulen von Meßwerk *I* und *II* sind miteinander vertauscht, außerdem ist die Stromspule des Meßwerkes *I* umgepolt. Wie das zugehörige Vektordiagramm Abb. 298 zeigt, wirken im Meßwerk *I* die Spannung $E_I = E_S$ und der Strom $J_I = -J_R$. Die Phasenverschiebung ist $\varphi_I = \varphi + 60^0$, demnach ist $N_I = E \cdot J \cdot \cos(\varphi + 60^0)$.

Entsprechend ist $E_{II} = E_R$, $J_{II} = J_S$ und $\varphi_{II} = \varphi + 120^0$ und $N_{II} = E \cdot J \cdot \cos(\varphi + 120^0)$ und für das richtig angeschlossene Meßwerk *III* $N_{III} = E \cdot J \cdot \cos\varphi$.

Die gesamte Wattbelastung des Zählers ist $N = N_I + N_{II} + N_{III} = E\,J\,[\cos(\varphi + 60^0) + \cos(\varphi + 120^0) + \cos\varphi]$.

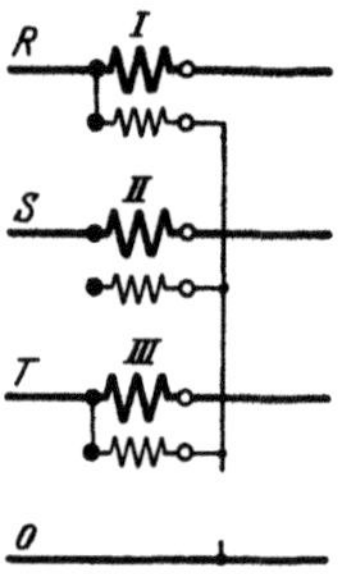

Abb. 296. Fehlschaltung.

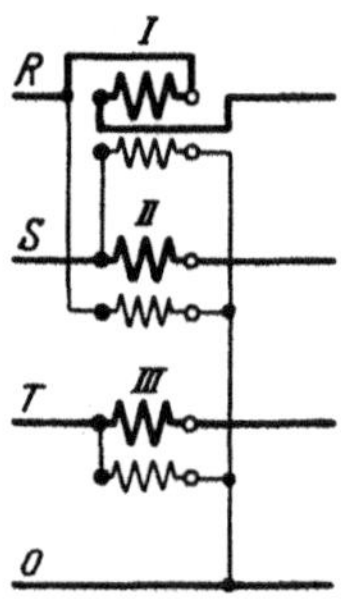

Abb. 297. Fehlschaltung.

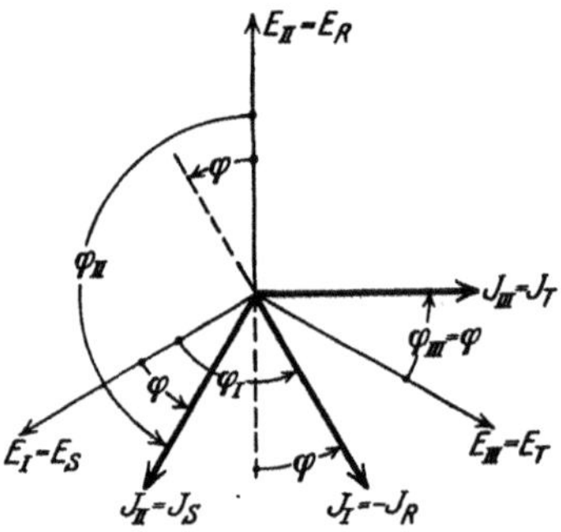

Abb. 298. Diagramm zu Abb. 297.

Die Umformung der Ausdrücke in der eckigen Klammer nach Zus. I, 6f., ergibt

$$\cos(\varphi + 60^0) = \cos\varphi \cos 60^0 - \sin\varphi \sin 60^0 = \cos\varphi \cdot \frac{1}{2} - \sin\varphi \cdot \frac{\sqrt{3}}{2},$$

$$\cos(\varphi + 120^0) = \cos\varphi \cos 120^0 - \sin\varphi \sin 120^0 = \cos\varphi \cdot \left(-\frac{1}{2}\right) - \sin\varphi \cdot \frac{\sqrt{3}}{2}.$$

Der ganze Klammerausdruck ergibt sich also zu

$$\frac{1}{2}\cos\varphi - \frac{\sqrt{3}}{2}\sin\varphi - \frac{1}{2}\cos\varphi - \frac{\sqrt{3}}{2}\sin\varphi + \cos\varphi = \cos\varphi - \sqrt{3}\sin\varphi,$$

demnach ist

$$N = E \cdot J \cdot (\cos\varphi - \sqrt{3} \cdot \sin\varphi).$$

Da der Sollwert der Wattbelastung $N_{\mathfrak{S}} = 3 \cdot E \cdot J \cdot \cos\varphi$ ist, so ist der Korrektionsfaktor

$$F = \frac{3 \cdot E \cdot J \cdot \cos\varphi}{E\,J\,(\cos\varphi - \sqrt{3} \cdot \sin\varphi)} = \frac{3 \cdot \cos\varphi}{\cos\varphi - \sqrt{3} \cdot \sin\varphi} = \frac{3}{1 - \sqrt{3} \cdot \operatorname{tg}\varphi}.$$

Auch in diesem Fall ist der Korrektionsfaktor vom Leistungsfaktor abhängig.

237. Allgemeine Behandlung von Fehlschaltungen. Die obigen Beispiele zeigen uns, auf welche Weise man den Korrektionsfaktor bei Fehlschaltungen in den einzelnen Fällen ermitteln kann. Ein genaues Studium dieser Beispiele dürfte die Möglichkeit geben, auch in den meisten anderen Fällen den Korrektionsfaktor zu ermitteln. Da jedoch derartige Überlegungen immerhin nicht ganz einfach sind und deshalb leicht Fehler besonders in bezug auf Vorzeichen gemacht werden können, ist es erwünscht, die Möglichkeit zu haben, beim Vorliegen irgendeiner Fehlschaltung den Korrektionsfaktor auf eine möglichst einfache Weise zu bestimmen. Es sind mehrfach Tabellen veröffentlicht worden, denen für die verschiedenen Fehlschaltungen der Korrektionsfaktor direkt entnommen werden kann. Keine dieser Tabellen umfaßt alle Fehlschaltungen, die vorkommen können. Ihr praktischer Wert ist deshalb nicht besonders hoch. Man kann zwar viele Fehlschaltungen durch gewisse Überlegungen auf andere bereits bekannte Fehlschaltungen zurückführen; aber auch das erfordert große Aufmerksamkeit und ist nicht immer leicht durchführbar. Die Gesamtzahl aller möglichen Fehlschaltungen bei Drehstromzählern ist eine sehr große und beträgt mehrere tausend.

Die meisten Fehlschaltungen lassen sich sehr einfach nach einem von H. Nützelberger angegebenen Verfahren behandeln. Dieses erlaubt mit Hilfe einfacher Diagramme den Korrektionsfaktor fast für alle Fehlschaltungen, die bei Drehstrom-Wattstundenzählern und bestimmten Arten von Drehstrom-Blindverbrauchzählern mit zwei und drei Meßwerken vorkommen können, wie folgt ermitteln. Wir wollen auch hier der Einfachheit halber symmetrische Belastung voraussetzen und fassen zuerst einen richtig geschalteten Drehstrom-Wattstundenzähler in Aronschaltung ins Auge. Bei diesem Zähler ist die gesamte Wattbelastung durch die Wattbelastungen N_I und N_{II} der beiden Meßwerke gegeben. Die Drehmomente der beiden Meßwerke addieren sich, weil die beiden Meßwerke auf eine Achse wirken. Für das gesamte Drehmoment ist es nun im Grunde genommen gleichgültig, welche gegenseitige Lage die an die beiden Meßwerke angelegten Spannungen haben. Es kommt nur auf die Größe dieser Spannungen, die Größe der Ströme und die gegenseitige Lage der Ströme zu den zugehörigen Spannungen an. Wir würden demnach die gleichen Einzelwattbelastungen der beiden Meßwerke und demnach die gleiche Wattbelastung des Zählers erhalten, wenn wir die beiden Spannungsspulen an ein und dieselbe Spannung anlegen und die Ströme in eine solche Lage bringen würden, daß ihre Verschiebung gegen die gemeinschaftliche Spannung jeweils die gleiche ist wie bei den einzelnen Meßwerken in der normalen Schaltung. Wir können uns nun die Ersatzschaltung weiter entwickelt denken, indem wir annehmen, daß nur ein Meßwerk vorhanden ist, bei dem mit der angenommenen gemeinschaftlichen Ersatzspannung die beiden Ströme J_I und J_{II} in zwei getrennten Stromspulen zusammenarbeiten. Gehen wir nun noch einen Schritt weiter und versehen dieses eine Meßwerk mit einer Stromspule, durch die ein resultierender Strom J_Σ fließt, der die geometrische Summe der beiden Ströme J_I und J_{II} ist. Die Wattbelastung dieses Ersatzmeßwerkes ist offenbar genau die gleiche wie die gesamte Wattbelastung N unseres Drehstromzählers. Sie berechnet sich zu $N = E \cdot J_\Sigma \cdot \cos \varphi_\Sigma$, wo φ_Σ die Phasenverschiebung des resultierenden Stromes J_Σ gegen die Ersatzspannung E ist.

Bei unserem Drehstromzähler würden bei $\varphi = 0$, also induktionsfreie Belastung, die Ströme J_I und J_{II} die in Abb. 299 gezeichnete Lage gegen die Ersatzspannung haben. Der resultierende Strom J_Σ würde in diesem Fall in Phase mit der Spannung E liegen und die Größe $\sqrt{3} \cdot J$ haben. Wir erhalten demnach die Gesamtbelastung zu $N = \sqrt{3} \cdot E \cdot J$. Dies ist auch in der Tat die Gesamtwattbelastung des Netzes.

Behalten die Ströme ihre Größe, tritt aber eine Phasenverschiebung φ in der Anlage auf, so verschieben sich die beiden Teilströme und der resultierende Strom J_Σ um den Winkel φ (im Diagramm gestrichelt gezeichnet). Die Wattbelastung berechnet sich demnach zu $N = \sqrt{3} \cdot E \cdot \cos \varphi$, entspricht also wiederum der tatsächlichen Wattbelastung der Anlage.

Das gleiche Verfahren läßt sich auch fast für jede beliebige Fehlschaltung durchführen. Wir nehmen z. B. an, daß die Fehlschaltung entsprechend unserem Beispiel 2, S. 450 vorliegt. Bei dieser Fehlschaltung ist bei induktionsfreier Belastung (s. hierzu Diagramm Abb. 295) der Strom J_I im Meßwerk I gegen die zugehörige Spannung um den Winkel -30^0 verschoben. Der Strom J_{II} im Meßwerk II hat die Phasenverschiebung von -150^0. Das Vektordiagramm Abb. 300 zeigt, daß der resultierende Strom J_Σ der Größe nach gleich jedem der Einzelströme ist und gegen die Spannung eine

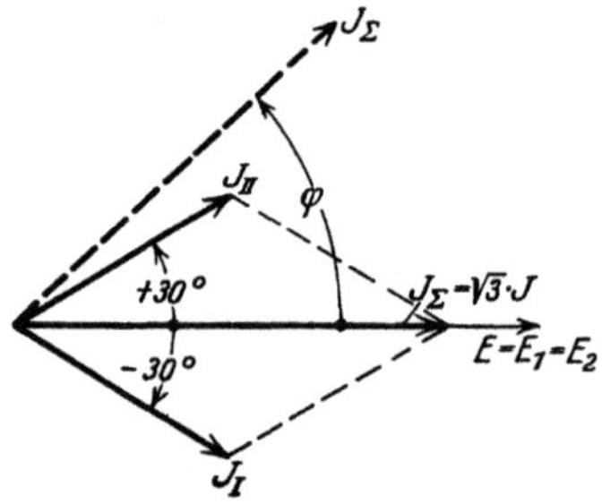

Abb. 299. Ersatzdiagramm zur Aronschaltung.

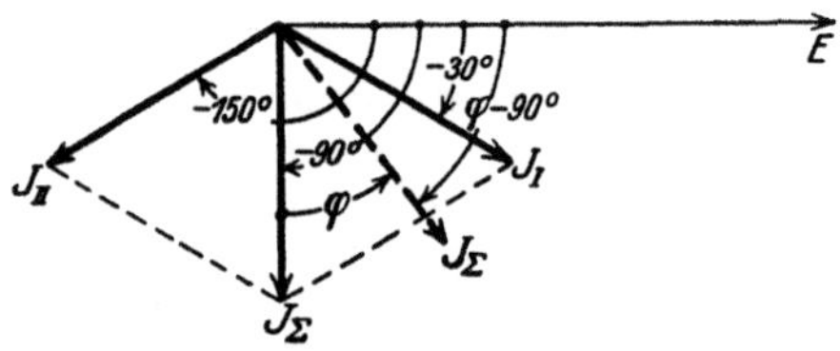

Abb. 300. Ersatzdiagramm zur Fehlschaltung Abb. 294.

Phasenverschiebung von -90^0 hat. Tritt im Netz eine Phasenverschiebung φ auf, so ergibt sich für den resultierenden Strom die in der Abbildung gestrichelt gezeichnete Lage. Die gesamte Wattbelastung des Zählers berechnet sich demnach zu

$$N = E \cdot J \cdot \cos (\varphi - 90^0) = E \cdot J \cdot \sin \varphi$$

und der Korrektionsfaktor zu

$$F = \frac{N_{\mathfrak{S}}}{N} = \frac{\sqrt{3} \cdot E \cdot J \cdot \cos \varphi}{E \cdot J \cdot \sin \varphi} = \sqrt{3} \cdot \operatorname{ctg} \varphi .$$

Wir erhalten also das gleiche Ergebnis wie früher.

Auf dem oben geschilderten Verfahren beruht die Tabelle 12 (S. 508), die die Korrektionsfaktoren für die meisten Fehlschaltungen leicht zu ermitteln erlaubt.

Anhang.

Zusammenstellung wichtiger Definitionen, Formeln, Vorschriften usw.

I. Mathematik[1].

1. Einige mathematische Zeichen nach Festlegung des Ausschusses für Einheiten und Formelgrößen (AEF) s. ETZ 1928, Heft 44, S. 1625.

Zeichen	Schreib-, Sprechweise und Bemerkungen	Zeichen	Schreib-, Sprechweise und Bemerkungen
%, vH	vom Hundert, Prozent, Hundertstel	: / —	geteilt durch
		=	gleich
‰, vT	vom Tausend, Promille, Tausendstel	≈	nahezu gleich, angenähert
...	bis; drei Punkte auf der Zeile (früher ÷)	<	kleiner als
		>	größer als
, ·	Dezimalzeichen; Komma unten, Punkt oben	∞	unendlich
		‖	parallel
· ×	mal, multipliziert mit. Der Punkt steht auf halber Zeilenhöhe	∼	ähnlich, proportional
		∢	Winkel

2. Griechisches Alphabet. Das erste Zeichen in jeder Zeile ist die Schreibweise des großen Buchstabens, das zweite die des kleinen; dahinter steht der Name des Buchstabens.

A	α	Alpha	I	ι	Iota	P	ϱ	Rho
B	β	Beta	K	$\varkappa$	Kappa	Σ	σ	Sigma
Γ	γ	Gamma	Λ	λ	Lambda	T	τ	Tau
Δ	δ	Delta	M	μ	Mü	Y	υ	Ypsilon
E	ε	Epsilon	N	ν	Nü	Φ	φ	Phi
Z	ζ	Zeta	Ξ	ξ	Ksi	X	χ	Chi
H	η	Eta	O	o	Omikron	Ψ	ψ	Psi
Θ	ϑ	Theta	Π	π	Pi	Ω	ω	Omega

[1] Siehe auch „Hütte“ I und O. Th. Bürklen: Mathematische Formelsammlung. Sammlung Göschen, Bd. 51.

3. Wichtige Zahlenwerte.

Kreisumfang / Durchmesser ist $\pi = 3{,}14159 \approx \frac{22}{7}$.

Basis der natürlichen Logarithmen $e = 2{,}71828$.

Beschleunigung der Schwerkraft $g = 9{,}81$.

$4\pi = 12{,}5664$	$\frac{1}{6}\pi = 0{,}52360$	$\sqrt{10} = 3{,}1623$
$\frac{\pi}{4} = 0{,}78540$	$\pi^2 = 9{,}86960$	$\frac{1}{2}\sqrt{2} = \sqrt{\frac{1}{2}} = 0{,}7071$
$\frac{2}{\sqrt{\pi}} = 1{,}1284$	$\sqrt{2} = 1{,}4142$	$\frac{1}{2}\sqrt{3} = \sqrt{\frac{3}{4}} = 0{,}8660$
$\frac{4}{3}\pi = 4{,}18879$	$\sqrt{3} = 1{,}7321$	$\frac{1}{3}\sqrt{3} = \sqrt{\frac{1}{3}} = 0{,}5774$

4. Algebra.

a) Grundoperationen.

1. Addition: $a + b = b + a$; $(a + b) + c = a + (b + c)$.

2. Subtraktion: $a - b = a + (-b)$; $a - b = -(b - a)$;
$a - (b + c) = a - b - c$.

3. Multiplikation: $(+)\cdot(+) = +$; $(+)\cdot(-) = -$; $(-)\cdot(-) = +$;
$ab = ba$; $(ab)\cdot c = a\cdot(bc)$; $(a + b)\cdot c = ac + bc$;
$\frac{a}{b}\cdot\frac{c}{d} = \frac{ac}{bd}$.

4. Division: $\frac{(+)}{(+)} = +$; $\frac{(+)}{(-)} = -$; $\frac{(-)}{(-)} = +$; $\frac{(-)}{(+)} = -$;
$\frac{a+b}{c} = \frac{a}{c} + \frac{b}{c}$; $\frac{a}{b} : \frac{c}{d} = \frac{ad}{bc}$.

5. Arithmetisches Mittel m zweier Zahlen a und b: $m = \frac{a+b}{2}$;
arithmetisches Mittel aus n Zahlen $a_1, a_2, a_3 \ldots a_n$:

$$m = \frac{a_1 + a_2 + a_3 + \ldots a_n}{n}.$$

6. Geometrisches Mittel y von a und b: $y = \sqrt{ab}$;
geometrisches Mittel aus n Zahlen $a_1, a_2, a_3 \ldots a_n$:

$$y = \sqrt[n]{a_1\, a_2\, a_3 \ldots a_n}.$$

b) Potenzen.

1. $(+a)^n = +a^n$
2. $(-a)^n = \pm a^n$
(+ wenn n gerade Zahl,
— wenn n ungerade Zahl)
3. $a^m a^n = a^{m+n}$
4. $\frac{a^m}{a^n} = a^{m-n}$
5. $a^m b^m = (a\,b)^m$
6. $a^m : b^m = (a:b)^m$
7. $1 : a^m = (1:a)^m = a^{-m}$
8. $(a^m)^n = a^{mn} = (a^n)^m$
9. $a^0 = 1;\ 0^a = 0$
10. $a^2 - b^2 = (a+b)(a-b)$
11. $(a+b)^2 = a^2 + 2ab + b^2$
12. $(a-b)^2 = a^2 - 2ab + b^2$
13. $(a+b)^3 = a^3 + 3a^2b + 3ab^2 + b^3$
14. $(a-b)^3 = a^3 - 3a^2b + 3ab^2 - b^3$

c) Wurzeln.

1. $\left(\sqrt[m]{a}\right)^m = a$
2. $\sqrt[m]{a\,b} = \sqrt[m]{a}\,\sqrt[m]{b}$
3. $\sqrt[m]{a:b} = \sqrt[m]{a} : \sqrt[m]{b}$
4. $\sqrt[m]{\frac{1}{a}} = \frac{1}{\sqrt[m]{a}} = a^{-\frac{1}{m}}$
5. $\sqrt[m]{a^n} = \left(\sqrt[m]{a}\right)^n = a^{\frac{n}{m}}$

d) Proportionen. $a:b=c:d$ oder $\frac{a}{b} = \frac{c}{d}$ ist eine Proportion. a und d sind die äußeren Glieder, b und c die inneren. Dann ist: $a:c=b:d$; $b:a=d:c$, d. h. in einer Proportion kann man sowohl die inneren Glieder als auch die äußeren Glieder unter sich vertauschen und es dürfen die inneren Glieder zu den äußeren und die äußeren zu den inneren gemacht werden. Ferner ist $ad=bc$, d. h. das Produkt der äußeren Glieder ist gleich dem Produkt der inneren.

e) Logarithmen. Logarithmus einer Zahl a ist diejenige Zahl x, mit der man die Grundzahl (Basis) c potenzieren muß, um a zu erhalten oder: wenn $c^x = a$, so ist $x = \overset{c}{\log}\, a$.

Unter der Annahme der gleichen Basis ist

1) $\log(a \cdot b) = \log a + \log b$
2) $\log(a:b) = \log a - \log b$
3) $\log(a^n) = n \log a$
4) $\log \sqrt[n]{a} = \frac{1}{n} \log a$.

Logarithmen, die in normalen Logarithmentafeln zu finden sind, haben die Grundzahl 10 (Briggsche Logarithmen). Ein solcher Logarithmus von a wird $\lg a$ geschrieben. Die (positiven oder negativen) ganzen Einheiten eines solchen Logarithmus nennt man Charakteristik oder Kennziffer und den echten Dezimalbruch die Mantisse. In den Tafeln findet man nur die Mantisse. Die Anweisung zum Gebrauch der Tafel findet sich fast in jeder Tafel.

Logarithmen mit der Basis $e = 2{,}71828$ nennt man natürliche Logarithmen und schreibt $\ln a$. Die Umrechnung der natürlichen Logarithmen in Briggsche und umgekehrt erfolgt wie folgt: $\lg a = 0{,}4343 \ln a$ und $\ln a = 2{,}3026 \lg a$.

f) Gleichungen. Allgemeine Regeln. Auf jeder Seite einer Gleichung kann dieselbe Größe addiert oder subtrahiert werden.

Jede Seite einer Gleichung kann mit derselben Größe multipliziert oder durch dieselbe Größe dividiert werden, vorausgesetzt, daß die Größe von Null verschieden ist.

Jede Seite einer Gleichung kann in dieselbe Potenz erhoben werden.

Gleichungen ersten Grades. Eine Gleichung mit einer Unbekannten x; a, b und n bekannte Größen.

Aus $x + a = b$ folgt $x = b - a$; aus $x^n = a$ folgt $x = \sqrt[n]{a}$

„ $x - a = b$ „ $x = b + a$; „ $\sqrt[n]{x} = a$ „ $x = a^n$

„ $a x = b$ „ $x = \frac{b}{a}$; „ $a x = 0$ „ $x = 0$

„ $\frac{x}{a} = b$ „ $x = a b$.

Zwei Gleichungen mit zwei Unbekannten x und y und bekannten Größen a_1, a_2, b_1, b_2.

$$a_1 x + b_1 y = c_1 \quad \text{und} \quad a_2 x + b_2 y = c_2 .$$

Daraus folgt:

$$x = \frac{c_1 b_2 - c_2 b_1}{a_1 b_2 - a_2 b_1}; \quad y = \frac{a_1 c_2 - a_2 c_1}{a_1 b_2 - a_2 b_1}.$$

Gleichungen zweiten Grades. Mit einer Unbekannten x und den bekannten Größen p und q bzw. a und b. Zwei Werte (Wurzeln von x).

$$x^2 + p x + q = 0; \quad x_1 = -\frac{p}{2} + \sqrt{\frac{p^2}{4} - q}; \quad x_2 = -\frac{p}{2} - \sqrt{\frac{p^2}{4} - q}$$

oder

$$a x^2 + b x + c = 0; \; x_1 = \frac{-b + \sqrt{b^2 - 4ac}}{2a}; \; x_2 = \frac{-b - \sqrt{b^2 - 4ac}}{2a}.$$

Wenn in der Gleichung zweiten Grades das lineare Glied nicht vorkommt, so wird aus der Gleichung x^2 wie die Unbekannte in einer Gleichung ersten Grades gefunden. Die Quadratwurzel aus dem gefundenen Wert ergibt dann den Wert x, z. B. $a x^2 + b = c$. Hieraus

$$a x^2 = c - b \quad \text{oder} \quad x^2 = \frac{c - b}{a}$$

oder $$x = \pm \sqrt{\frac{c-b}{a}}; \quad x_1 = +\sqrt{\frac{c-b}{a}}; \quad x_2 = -\sqrt{\frac{c-b}{a}}.$$

g) Zinsrechnung. K das zu verzinsende Kapital, p Zinsfuß (%-Satz), n Anzahl der Jahre, für welche das Kapital verzinst wird, Z der in n Jahren entstandene Zins.

$$K_n = K + Z \text{ ist das Kapital + Zins nach } n \text{ Jahren.}$$

Einfache Zinsen: $Z = K \cdot \frac{np}{100}$; $K_n = K\left(1 + \frac{np}{100}\right)$.

Zinseszins. Wenn die Zinsen jährlich zum Kapital hinzukommen, so wächst das Kapital nach n Jahren auf den Wert $K_n = K\left(1 + \frac{p}{100}\right)^n$ an. In der Abbildung 301 ist für verschiedene Werte des Zins-

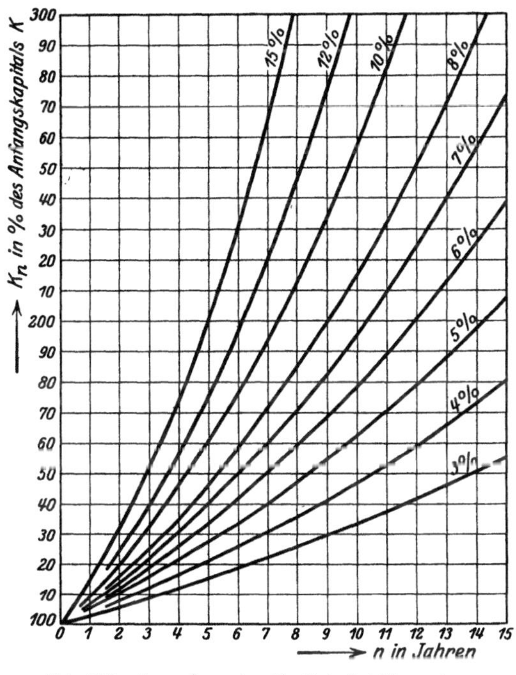

Abb. 301. Anwachsen des Kapitals bei Zinseszins.

fußes der Wert des Kapitals K_n in Prozenten des Anfangskapitals aufgetragen. Man sieht z. B., daß bei 8% Verzinsung das Kapital K_n nach neun Jahren 200% von K beträgt, d. h. das Kapital hat sich verdoppelt, bei 15% tritt die Verdopplung bereits nach 5 Jahren ein.

5. Geometrie. a) Flächeninhalte F.

1. Quadrat: a Seitenlänge; $F = a^2$.
2. Rechteck: a und b Seiten; $F = ab$.
3. Parallelogramm: g Grundlinie, h Höhe; $F = gh$.

4. Trapez: a und b parallele Seiten, h Höhe (Abstand der parallelen Seiten): $F = \frac{a+b}{2} h$;

5. Dreieck: a, b, c Seiten, g Grundlinie, h zugehörige Höhe: $F = \frac{1}{2} g h$ oder $F = \sqrt{s(s-a)(s-b)(s-c)}$, wobei $s = \frac{a+b+c}{2}$.

6. Rechtwinkliges Dreieck: a und b Katheten: $F = \frac{1}{2} a b$.

7. Gleichschenkliges Dreieck: a Seitenlänge, c Grundlinie:

$$F = \frac{c}{4} \sqrt{4a^2 - c^2}.$$

8. Kreis: r Halbmesser (Radius), $d = 2r$ Durchmesser (Umfang) $u = 2\pi r = \pi d = 6{,}2832\, r = 3{,}1416\, d$.

$$F = \pi r^2 = \pi \frac{d^2}{4} = 3{,}1416\, r^2 = 0{,}7854\, d^2\,^*.$$

9. Kreisring: R äußerer, r innerer Halbmesser bzw. D und d die entsprechenden Durchmesser: $F = \pi(R^2 - r^2) = \frac{\pi}{4}(D^2 - d^2)$.

b) Inhalte und Oberflächen von Körpern. V = Inhalt (Volumen), O = Oberfläche, M = Mantelfläche, F = Grundfläche, h Höhe, r bei kreisförmiger Grundfläche Halbmesser, $d = 2r$ Durchmesser derselben.

1. Prisma: $V = Fh$.

2. Würfel: a Kantenlänge, d Diagonale ($d^2 = 3a^2$); $V = a^3$, $O = 6a^2$.

3. Rechtwinkliges Parallelepipedon (Rechtkant): a, b, c die Längen der drei Kanten: $V = abc$, $O = 2(ab + ac + bc)$.

4. Pyramide: $V = \frac{1}{3} F h$.

5. Zylinder: $V = Fh$.

6. Kreiszylinder:

$$V = \pi r^2 h = \pi \frac{d^2}{4} h, \quad M = 2\pi r h = \pi d h, \quad O = 2\pi r(r+h) = \pi d\left(\frac{d}{2} + h\right).$$

---

* Oder $F = \left(\frac{d}{C}\right)^2$, wo $C = \frac{2}{\sqrt{\pi}} = 1{,}1284$. C ist meist auf der unteren Teilung der Zunge der Rechenschieber angegeben. Man braucht nur C auf den dem Durchmesser d entsprechenden Teilstrich der unteren feststehenden Teilung einzustellen, dann steht F auf der oberen Skala gegenüber dem Anfangsstrich der Zungenteilung. Dieses einfache Verfahren ist von großem Nutzen bei der Bestimmung des Querschnittes von runden Drähten.

7. Hohlzylinder: R äußerer, r innerer Halbmesser bzw. D und d die entsprechenden Durchmesser: $V = \pi (R^2 - r^2) h = \frac{\pi}{4} (D^2 - d^2)$.

8. Kreiskegel: $V = \frac{1}{3} \pi r^2 h$, $M = \pi r \sqrt{r^2 + h^2} = \pi r s$, wobei $s = \sqrt{r^2 + h^2}$ = Seitenlänge..

9. Kugel: r Halbmesser, $d = 2r$ Durchmesser: $V = \frac{4}{3} \pi r^3 = \frac{1}{6} \pi d^3 = 4{,}1888\, r^3 = 0{,}5236\, d^3$; $O = 4 \pi r^2 = \pi d^2 = 12{,}566\, r^2 = 3{,}1416\, d^2$.

6. Trigonometrie. a) Definitionen trigonometrischer Funktionen. Die Abszissenachse X und die Ordinatenachse Y bilden ein rechtwinkliges Koordinatensystem. Wenn in dieses System ein Winkel α so eingetragen wird, daß einer seiner Schenkel mit der positiven Richtung $+X$ der Abszissenachse zusammenfällt, so liegt der andere Schenkel je nach der Größe des Winkels in einem der vier Quadranten I, II, III, IV, wobei der Winkel α von der $+X$-Achse in der Pfeilrichtung (entgegengesetzt dem Uhrzeigersinn) eingetragen wird. Winkel zwischen $0^0 \ldots 90^0$ liegen im ersten Quadranten, 90^0 bis 180^0 im zweiten, $180^0 \ldots 270^0$ im dritten, $270^0 \ldots 360^0$ im vierten. In Abb. 302 ist ein Winkel α im ersten Quadranten eingetragen. Ferner ist um den Mittelpunkt O ein Kreis mit dem Halbmesser $r = 1$ gezeichnet.

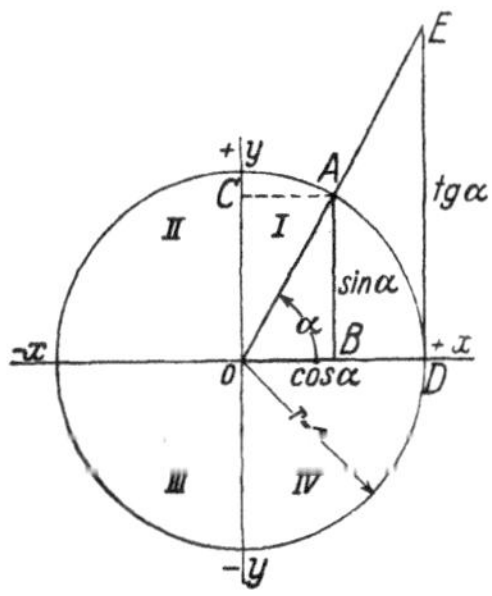

Abb. 302. Trigonometrische Funktionen.

Dann ergeben sich die trigonometrischen Funktionen wie folgt:

sin α (Sinus) als das auf die X-Achse gefällte Lot BA bzw. die ihm gleiche Strecke OC.

cos α (Kosinus) als die Strecke OB bzw. CA.

tg α (Tangens) als die Strecke DE, die im Punkt D den Kreis tangiert.

ctg α (Kotangens) als der reziproke Wert von tg α, also $\frac{1}{\operatorname{tg} \alpha}$.

b) Vorzeichen der Funktionen in den vier Quadranten.

Quadrant	α	sin	cos	tg	ctg
I	$0^0 \ldots 90^0$	+	+	+	+
II	$90^0 \ldots 180^0$	+	−	−	−
III	$180^0 \ldots 270^0$	−	−	+	+
IV	$270^0 \ldots 360^0$	−	+	−	−

c) Größe der Funktionen für wichtige Winkel.

α	0^0 oder 360^0	30^0	45^0	60^0	90^0	120^0	150^0	180^0	210^0	240^0	270^0	300^0	330^0
sin	0	$\frac{1}{2}$	$\frac{1}{2}\sqrt{2}$	$\frac{1}{2}\sqrt{3}$	1	$\frac{1}{2}\sqrt{3}$	$\frac{1}{2}$	0	$-\frac{1}{2}$	$-\frac{1}{2}\sqrt{3}$	-1	$-\frac{1}{2}\sqrt{3}$	$-\frac{1}{2}$
cos	1	$\frac{1}{2}\sqrt{3}$	$\frac{1}{2}\sqrt{2}$	$\frac{1}{2}$	0	$-\frac{1}{2}$	$-\frac{1}{2}\sqrt{3}$	-1	$-\frac{1}{2}\sqrt{3}$	$-\frac{1}{2}$	0	$\frac{1}{2}$	$\frac{1}{2}\sqrt{3}$
tg	0	$\frac{1}{3}\sqrt{3}$	1	$\sqrt{3}$	$\pm\infty$	$-\sqrt{3}$	$-\frac{1}{3}\sqrt{3}$	0	$\frac{1}{3}\sqrt{3}$	$\sqrt{3}$	$\pm\infty$	$-\sqrt{3}$	$-\frac{1}{3}\sqrt{3}$
ctg	$\pm\infty$	$\sqrt{3}$	1	$\frac{1}{3}\sqrt{3}$	0	$-\frac{1}{3}\sqrt{3}$	$-\sqrt{3}$	$\pm\infty$	$\sqrt{3}$	$\frac{1}{3}\sqrt{3}$	0	$-\frac{1}{3}\sqrt{3}$	$-\sqrt{3}$

$\frac{1}{2} = 0{,}5000$; $\frac{1}{2}\sqrt{2} = 0{,}7071$; $\frac{1}{3}\sqrt{3} = 0{,}5774$; $\frac{1}{2}\sqrt{3} = 0{,}8660$; $\sqrt{3} = 1{,}7321$.

Für kleine Winkel δ (bis etwa $3^0 = 180'$) ist: $\sin\delta \approx \operatorname{tg}\delta \approx 0{,}000291 \cdot \delta'$, wobei δ' den Winkel in Minuten bedeutet. Umgekehrt ist der Winkel in Minuten $\delta' \approx 3440 \cdot \sin\delta \approx 3440 \cdot \operatorname{tg}\delta$.

Werte der Funktionen für andere Winkel entnimmt man der Tabelle 10 oder den trigonometrischen Skalen Tabelle 9.

d) Funktionen negativer Winkel und Winkel über 90^0.

	$-\alpha$	$\alpha+90^0$	$\alpha-90^0$	$90^0-\alpha$	$\alpha+180^0$	$\alpha-180^0$	$180^0-\alpha$	$\alpha+270^0$	$\alpha-270^0$	$270^0-\alpha$
sin	$-\sin\alpha$	$+\cos\alpha$	$-\cos\alpha$	$+\cos\alpha$	$-\sin\alpha$	$-\sin\alpha$	$+\sin\alpha$	$-\cos\alpha$	$+\cos\alpha$	$-\cos\alpha$
cos	$+\cos\alpha$	$-\sin\alpha$	$+\sin\alpha$	$+\sin\alpha$	$-\cos\alpha$	$-\cos\alpha$	$-\cos\alpha$	$+\sin\alpha$	$-\sin\alpha$	$-\sin\alpha$
tg	$-\operatorname{tg}\alpha$	$-\operatorname{ctg}\alpha$	$-\operatorname{ctg}\alpha$	$+\operatorname{ctg}\alpha$	$+\operatorname{tg}\alpha$	$+\operatorname{tg}\alpha$	$-\operatorname{tg}\alpha$	$-\operatorname{ctg}\alpha$	$-\operatorname{ctg}\alpha$	$+\operatorname{ctg}\alpha$
ctg	$-\operatorname{ctg}\alpha$	$-\operatorname{tg}\alpha$	$-\operatorname{tg}\alpha$	$+\operatorname{tg}\alpha$	$+\operatorname{ctg}\alpha$	$+\operatorname{ctg}\alpha$	$-\operatorname{ctg}\alpha$	$-\operatorname{tg}\alpha$	$-\operatorname{tg}\alpha$	$+\operatorname{tg}\alpha$

Die trigonometrischen Funktionen eines Winkels $\alpha + 360^0$ oder $\alpha - 360^0$ sind die gleichen wie bei $+\alpha$; bei $360^0 - \alpha$ die gleichen wie bei $-\alpha$.

e) Beziehungen zwischen den Funktionen desselben Winkels α.

1. $\sin^2\alpha + \cos^2\alpha = 1$

2. $\operatorname{tg}\alpha = \dfrac{\sin\alpha}{\cos\alpha} = \dfrac{1}{\operatorname{ctg}\alpha}$

3. $\operatorname{ctg}\alpha = \dfrac{\cos\alpha}{\sin\alpha} = \dfrac{1}{\operatorname{tg}\alpha}$

4. $1 + \operatorname{tg}^2\alpha = \dfrac{1}{\cos^2\alpha}$

5. $1 + \operatorname{ctg}^2\alpha = \dfrac{1}{\sin^2\alpha}$

f) Beziehungen zwischen den Funktionen zweier Winkel α und β.

1. $\sin(\alpha + \beta) = \sin\alpha\cos\beta + \cos\alpha\sin\beta$
2. $\sin(\alpha - \beta) = \sin\alpha\cos\beta - \cos\alpha\sin\beta$
3. $\cos(\alpha + \beta) = \cos\alpha\cos\beta - \sin\alpha\sin\beta$
4. $\cos(\alpha - \beta) = \cos\alpha\cos\beta + \sin\alpha\sin\beta$

5. $\sin\alpha + \sin\beta = 2\sin\frac{\alpha+\beta}{2}\cos\frac{\alpha-\beta}{2}$

6. $\sin\alpha - \sin\beta = 2\cos\frac{\alpha+\beta}{2}\sin\frac{\alpha-\beta}{2}$

7. $\cos\alpha + \cos\beta = 2\cos\frac{\alpha+\beta}{2}\cos\frac{\alpha-\beta}{2}$

8. $\cos\alpha - \cos\beta = -2\sin\frac{\alpha+\beta}{2}\sin\frac{\alpha-\beta}{2}$

g) Das rechtwinklige Dreieck. a und b Katheten, c Hypotenuse, α der Winkel, der a gegenüberliegt (Abb. 303).

1. $a^2 + b^2 = c^2$
2. $c = \sqrt{a^2 + b^2}$
3. $a = \sqrt{c^2 - b^2}$
4. $b = \sqrt{c^2 - a^2}$
5. $\sin\alpha = \frac{a}{c}$; $a = c\sin\alpha$
6. $\cos\alpha = \frac{b}{c}$; $b = c\cos\alpha$
7. $\operatorname{tg}\alpha = \frac{a}{b}$; $a = b\operatorname{tg}\alpha$
8. $\operatorname{ctg}\alpha = \frac{b}{a}$; $b = a\operatorname{ctg}\alpha$

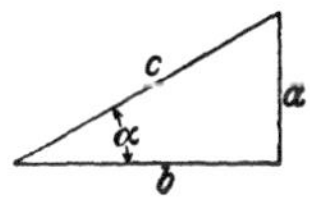

Abb. 303. Rechtwinkliges Dreieck.

h) Das regelmäßige n-Eck. a Seite, R Radius des umschriebenen Kreises, r Radius des einbeschriebenen Kreises, F Inhalt.

$$R = \frac{a}{2\sin\frac{180^0}{n}},\qquad r = \frac{a}{2}\operatorname{ctg}\frac{180^0}{n},\qquad F = \frac{n a^2}{4}\operatorname{ctg}\frac{180^0}{n}.$$

$$a = 2R\sin\frac{180^0}{n},\qquad r = R\cdot\cos\frac{180^0}{n},\qquad F = \frac{n\cdot R^2}{n}\sin\frac{360^0}{n}.$$

$$R = \frac{r}{\cos\frac{180^0}{n}},\qquad a = 2r\operatorname{tg}\frac{180^0}{n},\qquad F = n r^2\operatorname{tg}\frac{180^0}{n}.$$

II. Physik und Elektrotechnik.

Physikalische und technische Größen, ihre gegenseitigen Beziehungen, Einheiten und deren Umrechnung.

Vorbemerkungen.

Im folgenden steht fett gedruckt die fortlaufende Nummer, die Benennung und das zugehörige Formelzeichen der betreffenden Größe. Für die Formelzeichen sind dieselben Buchstaben wie im Text des Buches gewählt. Sie entsprechen im allgemeinen den Formelzeichen des Ausschusses für Einheiten und Formelgrößen (AEF), s. z. B. Normenblatt DIN 1304. Wo aus irgendeinem Grunde andere Bezeichnungen gewählt wurden, ist dies besonders vermerkt. Die Abkürzungen für die Einheiten stimmen mit den nach AEF (Normenblatt DIN 1301) überein. Für die einzelnen Größen sind nur die gebräuchlichsten Einheiten angegeben.

Allgemein gelten für die Vielfachen und Teile einer Einheit die folgenden Vorsätze:

G	Giga	$= 10^9 =$	1000000000	d	Dezi	$= 10^{-1} =$	0,1
M	Mega	$= 10^6 =$	1000000	c	Centi	$= 10^{-2} =$	0,01
k	Kilo	$= 10^3 =$	1000	m	Milli	$= 10^{-3} =$	0,001
h	Hekto	$= 10^2 =$	100	μ	Mikro	$= 10^{-6} =$	0,000001
D	Deka	$= 10^1 =$	10	n	Nano	$= 10^{-9} =$	0,000000001

Beispiel: 1 MW (Megawatt) $= 10^6$ Watt = 1 Million Watt = 1000 kW.

CGS-Einheiten bezeichnen die Einheit im absoluten Zentimetergrammsekunden-Maßsystem (s. 179, S. 360).

Zu beachten ist, daß die lateinischen Buchstaben, falls sie das Formelzeichen bedeuten, stets in schräger Schrift (kursiv), dagegen die Abkürzungen der Einheiten in gerader Schrift gedruckt werden. Nach der Abkürzung der Einheiten ist kein Punkt zu setzen.

Länge, Fläche, Raum, Winkel.

1. Länge l, Halbmesser (Radius) r, Durchmesser d.

Einheiten: Meter (m) (Definition s. S. 360), Zentimeter (cm), Millimeter (mm), Mikron (μ).

1 m = 100 cm = 1000 mm, 1 cm = 10 mm, 1 $\mu = {}^1/_{1000}$ mm.

1 englisches Yard = 3 Fuß, 1 Fuß = 12 Zoll (Inches) = 0,304794 m, 1 Zoll = 25,400 mm.

2. Fläche $\boldsymbol{F}$, Querschnitt q (nach AEF ebenfalls F), bei kreisförmigem Querschnitt $q = \frac{\pi d^2}{4}$. Einheiten: Quadratmeter (m^2), Quadratzentimeter (cm^2), Quadratmillimeter (mm^2).

$$1\ m^2 = 10000\ cm^2, \quad 1\ cm^2 = 100\ mm^2.$$

3. Rauminhalt (Volumen) $\boldsymbol{V}$. Einheiten: Kubikmeter (m^3), Kubikzentimeter (cm^3), Kubikmillimeter (mm^3), Liter (l).

$$1\ m^3 = 10^6\ cm^3, \quad 1\ cm^3 = 1000\ mm^3, \quad 1\ l = 1000\ cm^3.$$

4. Winkel α, β, γ usw., Phasenverschiebungswinkel φ. Einheiten: Grad (^{0}), Minute ($'$), Sekunde ($''$). $1^0 = 60' = 3600''$, $1' = 60''$. Die Einheit im Bogenmaß ist der Winkel, dessen Bogen gleich dem Halbmesser ist. (Diese Einheit entspricht einem Winkel von $57{,}296^0$.) Ein Winkel von 90^0 ist im Bogenmaß gemessen $\frac{\pi}{2}$, entsprechend ist $180^0 = \pi$, $360^0 = 2\pi$.

Mechanische Größen.

5. Masse $\boldsymbol{m}$. Masse ist der Stoffinhalt eines Körpers und darf nicht mit dem Gewicht verwechselt werden. Einheiten: Gramm (g), Kilogramm (kg) (Definition s. S. 361), Milligramm (mg). 1 kg = 1000 g, 1 g = 1000 mg. (Bei Edelsteinen 1 Karat = 200 mg)[1].

6. Zeit $\boldsymbol{t}$. Periodendauer T. Einheiten: Stunde (h), Minute (m, wenn alleinstehend min), Sekunde (s oder sec) (Definition s. S. 361). Bei Angabe der Uhrzeit ist h, m und s erhöht zu schreiben, z. B. 2 Uhr 25 Minuten 3 Sekunden ist zu schreiben: $2^h\,25^m\,3^s$. 1 h = 60 m = 3600 s, 1 m = 60 s (Abkürzung h vom lateinischen hora, d. h. Stunde).

7. Geschwindigkeit $\boldsymbol{v}$. Geschwindigkeit ist Weg durch Zeit oder der in der Zeiteinheit zurückgelegte Weg. $v = \frac{l}{t}$. z. B. Zentimeter je Sekunde (cm/sec), Kilometer je Stunde (km/h).

8. Umlaufzahl, Drehzahl $\boldsymbol{n}$. Zahl der Umdrehungen in der Zeiteinheit.

9. Beschleunigung $\boldsymbol{b}$ ist der Zuwachs der Geschwindigkeit in der Zeiteinheit. Verzögerung ist eine negative Beschleunigung. $b = \frac{v}{t} = \frac{l}{t^2}$; z. B. cm/sec^2.

---

[1] Die Angabe bei Goldlegierungen „karätig" bezeichnet dagegen nicht eine Masse oder ein Gewicht, sondern den Anteil des Feingoldes in 24 Teilen der Legierung; z. B. 14karätiges Gold enthält 14 Teile Feingold auf 24 Teile Legierung, d. h. $\frac{14}{24} \cdot 1000 = 585$ Gewichtsteile Feingold auf 1000 Gewichtsteile der Legierung.

10. Kraft P ist Masse mal Beschleunigung. $P = m \cdot b$. In CGS ist die Einheit der Kraft 1 Dyn = 1 g·cm/sec², d. h. 1 Dyn ist die Kraft, die der Masse 1 g die Beschleunigung von 1 cm/sec² erteilt.

11. Gewicht P, mitunter auch G. Das Gewicht ist die Kraft, mit der ein Körper von der Erde angezogen wird. Die Beschleunigung durch die Schwerkraft g, die an verschiedenen Stellen der Erde etwas verschieden ist, beträgt etwa $g = 981$ cm/sec². (Bei genauen Berechnungen wird $g = 980{,}62$ cm/sec² gesetzt, entsprechend 45° geographischer Breite und Meereshöhe.) Demnach wird die Masse 1 g mit einer Kraft von 981 Dyn von der Erde angezogen. In der Technik wird das Gewicht von einem Gramm oder einem Kilogramm als Einheit der Kraft benutzt. Grammgewicht oder Kilogrammgewicht, meist kurz Gramm oder Kilogramm genannt und wie die Einheiten der Masse mit g oder kg bezeichnet. Es muß jedoch betont werden, daß das Gewicht und die Masse zwei ganz verschiedene Größen sind. Nach dem Obigen ist die Einheit der Kraft 1 Gramm (Gewicht) = 981 Dyn.

1 Dyn = $^1/_{981}$ g (Gewicht) = 0,00102 g ≈ $^1/_{1000}$ g.

12. Spezifisches Gewicht s. Spezifisches Gewicht oder Dichte eines Stoffes ist das Gewicht (in g) der Volumeneinheit (1 cm³) oder das Verhältnis des Gewichtes des Stoffes zum Gewicht des gleichen Volumens Wasser bei 4°. Demnach ist das spezifische Gewicht des Wassers bei 4° $s = 1$. Die Werte des spezifischen Gewichtes von Metallen s. Tab. 7 (S. 501). Das Gewicht eines Körpers ist gleich Volumen mal spezifisches Gewicht, $P = V \cdot s$.

Der Querschnitt q in Millimeter eines Drahtes von l Meter Länge und P Gramm Gewicht berechnet sich zu $q = \frac{P}{l \cdot s}$.

Bei Gasen wird das spezifische Gewicht meist auf Luft von gleicher Temperatur und gleichem Druck bezogen. Dieser Wert des spezifischen Gewichtes des Gases ist von Druck und Temperatur unabhängig. Das spezifische Gewicht von Luft, bezogen auf Wasser von 4°, beträgt bei einem Druck von 760 mm Hg-Säule (Q.S.) und einer Temperatur von 20° 0,001205.

13. Druck p, Barometerstand b. Druck ist die Kraft, die auf die Einheit der Fläche wirkt. $p = \frac{P}{F}$. Eine metrische (neue) Atmosphäre (at) = 1 kg/cm² = 735,5 mm Quecksilbersäule (Q.S.) bei 0° = 0,968 alte Atmosphären. Eine alte Atmosphäre = 760 mm Quecksilbersäule von 0° = 1013300 Dyn/cm² ($g = 980{,}62$ gesetzt).

atü bezeichnet Überdruck in at, z. B. in einem Kessel; Anzahl atü um 1 kleiner als at. Kleine Drucke werden in mm Wassersäule (W.S.) ausgedrückt. 1 mm Q.S. = 13,6 mm W.S.

14. Drehmoment *D*. Allgemein wird Moment mit M bezeichnet. Drehmoment gleich Kraft mal Hebelarm. $D = P \cdot r$. Dabei muß P senkrecht zum Hebelarm r, also tangential gemessen werden. Gramm-(Gewicht)-Zentimeter (gcm), auch Dyncm; 1 Dyncm = 0,00102 gcm.

Arbeit und Leistung.

15. Arbeit, Energie *A*, Wärmemenge auch Q (nach AEF Energie W). Arbeit ist das Produkt von Kraft mal Weg, also $A = P \cdot l$, dabei ist der Weg l in Richtung der Kraft P zu messen. Ferner ist die Arbeit als Leistung mal Zeit definiert, $A = N \cdot t$ (s. unter Nr. 16). Formeln für elektrische Arbeit s. unter Nr. 40 und Nr. 64.

Einheit der Arbeit ist die Arbeit, die die Kraft Eins auf dem Wege Eins verrichtet. CGS-Einheit ist das Erg. 1 Erg = 1 g·cm²/sec² = 1 Dyncm. 10^7 Erg = 1 Joule = 1 Wattsekunde. 1 Pferdestärkesekunde (1 PSs) = 75 Kilogrammeter (kgm). 1 PSh = 75·3600 kgm = 270000 kgm = 0,73512 kWh (gewöhnlich wird mit 0,736 kWh gerechnet). 1 kWh = 1,36 PSh = 367281 kgm = 860,01 kcal. Die Wärmemenge wird meist in Kalorien gemessen. Eine kleine Kalorie, besser eine Grammkalorie, kurz Kalorie (cal), ist diejenige Wärmemenge (Energie), die 1 g Wasser um 1° erwärmt. Die Größe der Kalorie ist etwas verschieden, je nach den Temperaturen des Wassers, bei denen die Messung vorgenommen wird. Als normal gilt der Wert der Kalorie, der sich bei 15° ergibt. Eine große Kalorie, besser eine Kilogrammkalorie oder Kilokalorie (kcal) = 1000 cal. 1 cal = 4,186 Wattsekunden (Ws) =0,427 kgm. Demnach entspricht 1 kcal = 0,0011627 kWh = 426,89 kgm. Die letzte Zahl nennt man das mechanische Wärmeäquivalent.

16. Leistung, Effekt *N*. Leistung ist Arbeitsvermögen; das Maß für die Leistung ist die in der Zeiteinheit geleistete Arbeit. $N = \frac{A}{t}$. (Formeln für elektrische Leistung s. unter Nr. 39 und Nr. 63.) Demnach liegt die Einheit der Leistung vor, wenn in der Zeiteinheit die Arbeit 1 verrichtet wird. Einheit in CGS 1 Erg/sec = 10^{-7} Watt (W), also 1 W = 10^7 Erg/sec = 1 Joule/sec. Streng genommen ist das absolute Watt nicht ganz identisch mit dem in der Technik verwendeten internationalen Watt (s. hierzu 179, S. 360). Im allgemeinen ist stets das internationale Watt gemeint. 1 Pferdestärke (PS) = 75 kgm/sec = 0,987 HP = 0,73512 kW = 735,12W (gewöhnlich wird mit 0,736 bzw. 736 gerechnet). 1 HP ist die englische Pferdestärke (horse power) = 76 kgm/sec. 1 kW = 1000 W = 1,36 PS.

17. Wirkungsgrad $\eta = \frac{A_a}{A_z}$ bzw. $\frac{A_a}{A_z} \cdot 100\% = \frac{N_a}{N_z}$ bzw. $\frac{N_a}{N_z} \cdot 100\%$, wo A_a bzw. N_a die von einem Apparat oder von einer Maschine abgegebene Arbeit bzw. Leistung und A_z bzw. N_z die zugeführte Arbeit bzw. Leistung sind.

Wärmegrößen.

18. Temperatur t**,** wo Temperatur und Zeit zusammentreffen, ϑ; absolute Temperatur T. Temperatur wird in Grad Celsius (^{0}) gemessen. 1^0 ist ein Hundertstel des Temperaturunterschiedes zwischen der Temperatur des schmelzenden Eises (Eispunkt), der gleich 0^0 angenommen ist, und dem Siedepunkt des Wassers bei normalem Barometerstand von 760 mm Q.S., der gleich 100^0 gesetzt ist.

Außer der Celsiusskala wird noch verwendet: die Temperaturskala nach Réaumur, bei der der Eispunkt 0^0 und der Siedepunkt des Wassers 80^0 sind, und die Temperaturskala nach Fahrenheit, bei der der Eispunkt 32^0 und der Siedepunkt des Wassers 212^0 sind. Wenn C, R und F die Temperaturangaben in Graden Celsius, Réaumur und Fahrenheit bedeuten, so gelten für die Umrechnung die Beziehungen: $\mathrm{C} = 5/4\ \mathrm{R} = 5/9\,(\mathrm{F} - 32^0)$;

$$\mathrm{R} = 4/5\,\mathrm{C} = 4/9\,(\mathrm{F} - 32^0);\quad \mathrm{F} = 32^0 + 9/5\,\mathrm{C} = 32^0 + 9/4\,\mathrm{R}.$$

Die Temperaturen im vorliegenden Buch sind stets in Celsiusgraden angegeben.

Absolute Temperatur $T = t + 273^0$; absoluter Nullpunkt bei $t = -273^0$.

19. Linearer Ausdehnungskoeffizient β (nach AEF α), auch Längenausdehnungszahl genannt. Linearer Ausdehnungskoeffizient β eines festen Körpers ist die Verlängerung seiner Längeneinheit bei der Temperaturerhöhung um 1^0.

Der kubische Ausdehnungskoeffizient $\gamma \approx 3\,\beta$ ist die entsprechende Volumenzunahme der Volumeneinheit des Körpers.

Sind l_0 und V_0 Länge bzw. Volumen bei der Ausgangstemperatur, so berechnet sich die Länge l bzw. das Volumen V bei einer Temperaturerhöhung um Δt^0 zu $l = l_0(1 + \beta \Delta t)$ und $V = V_0(1 + \gamma \Delta t)$.

Werte von β s. Tab. 7 (S. 501). Bei allen Gasen ist $\gamma \approx \frac{1}{273} = 0{,}00366$.

20. Wärmemenge Q ist das Maß für die Wärmeenergie. Die Einheiten sind die Kalorie oder Grammkalorie (cal) und die Kilokalorie (kcal). Näheres s. unter Nr. 15.

21. Spezifische Wärme c ist die Wärmemenge in Kalorien, die notwendig ist, um ein Gramm eines Stoffes um 1^0 zu erwärmen. (Spezifische Wärme des Wassers ist also gleich 1.) Werte von c s. Tab. 7.

22. Schmelzpunkt ist die Temperatur, bei der ein Stoff vom festen in flüssigen Zustand übergeht. Werte s. Tab. 7.

23. Schmelzwärme l (latente Wärme) ist die Wärmemenge, die einem Gramm eines festen Körpers, der bereits die Schmelztemperatur besitzt, zugeführt werden muß, um ihn in flüssigen Zustand überzuführen. Die Schmelzwärme von Eis (Wasser) ist 80 cal.

24. Siedepunkt ist die Temperatur, bei der ein flüssiger Körper in gasförmigen Zustand übergeht. Der Siedepunkt liegt um so höher, je höher der Druck ist und wird normalerweise für einen Druck von 760 mm Q.S. angegeben.

25. Verdampfungswärme r ist die Wärmemenge, die einem Gramm eines flüssigen Körpers, der bereits die Siedetemperatur hat, zugeführt werden muß, um ihn in gasförmigen Zustand überzuführen. Für Wasser $r = 539$ cal.

26. Heizwert (Verbrennungswärme) H ist die Wärmemenge in kcal, die beim Verbrennen von 1 kg eines Stoffes entwickelt wird. Je nachdem, ob dabei das sich entwickelnde Wasser im flüssigen oder dampfförmigen Zustand in den Verbrennungsprodukten vorhanden ist, unterscheidet man zwischen dem oberen (H_0) und dem unteren (H_u) Heizwert. Meist wird der letztere angegeben. Der Heizwert von Braunkohle beträgt etwa 2800 ... 4500, von Steinkohle etwa 5500 ... 8000. Für Gase wird der Heizwert auf 1 cm³ bei 0° und 760 mm Q.S. bezogen. Er beträgt für das Mischgas deutscher Gaswerke etwa 3700.

Optik.

27. Lichtgeschwindigkeit $c = 300\,000$ km/sec.

28. Lichtstrom Φ ist die gesamte von einer Lichtquelle ausgestrahlte Lichtmenge. Der Lichtstrom wird in Lumen (Lm) gemessen.

29. Lichtstärke I wird in Hefnerkerzen (HK) gemessen. Die Lichtstärke einer Lichtquelle, z. B. einer Glühlampe, ist in verschiedener Richtung gemessen verschieden groß. Außer der Hefnerkerze wird noch die internationale Kerze benutzt. Ihr entsprechen dann auch internationale Lux und Lumen. 1 int. Kerze = 1,11 HK.

30. Beleuchtungsstärke E ist der auf die Einheit der Fläche entfallende Lichtstrom. $E = \frac{I}{r^2} = \frac{\Phi}{F}$, wo r der Abstand von der Fläche der Lichtquelle ist. Die Beleuchtungsstärke wird in Lux (Lx) gemessen.

Magnetische Größen.

31. Magnetische Feldstärke $\mathfrak{H}$ (mitunter auch H) oder magnetomotorische Kraft wird in Gauß (Kraftlinien je cm²) oder Amperewindungen je cm (AW/cm) gemessen. 1 Gauß $= 0{,}4\,\pi$ AW/cm $\approx 1{,}25$ AW/cm.

32. Magnetische Durchlässigkeit (Permeabilität) μ eines Stoffes gibt an, um wieviel mal größer bei einer bestimmten Feldstärke die Anzahl der magnetischen Flußlinien ist als die in Luft; für Luft ist also $\mu = 1$.

33. Magnetische Induktion $\mathfrak{B}$ (mitunter auch B) ist die Zahl der Induktionslinien (Flußlinien) je cm². $\mathfrak{B} = \mu\,\mathfrak{H}$, in Luft $\mathfrak{B} = \mathfrak{H}$.

34. Magnetischer Induktionsfluß Φ (kurz Fluß) ist die Gesamtzahl der magnetischen Induktionslinien (Flußlinien), die die Fläche F durchsetzt. $\Phi = \mathfrak{B} \cdot F$.

Elektrische Größen. Gleichstrom.

35. Widerstand R. Nach dem Ohmschen Gesetz ist $R = \frac{E}{J}$, ferner ist $R = \frac{N}{J^2} = \frac{E^2}{N}$.

Einheiten: Gesetzliches oder internationales Ohm (Ω) (Definition s. 180, S. 361), Megohm (MΩ), 1 MΩ = $10^6\ \Omega$ (eine Million Ω).

Ein absolutes Ohm = 10^9 elektromagnetische CGS-Einheiten = $1{,}111 \cdot 10^{-12}$ elektrostatische CGS-Einheiten.

Der Widerstand R in Ohm eines Leiters von l Meter Länge, q Quadratmillimeter Querschnitt (s. Nr. 12) und einem spezifischen Widerstand ϱ (s. Nr. 44) bzw. einer Leitfähigkeit $\varkappa$ (s. Nr. 45) berechnet sich zu $R = \frac{\varrho \cdot l}{q} = \frac{l}{q \cdot \varkappa}$.

36. Stromstärke J (nach AEF I). Nach dem Ohmschen Gesetz ist $J = \frac{E}{R}$, ferner ist $J = \frac{N}{E} = \sqrt{\frac{N}{R}}$.

Einheiten: Gesetzliches oder internationales Ampere (A) (Definition s. 180), Milliampere (mA), 1 mA = $^1/_{1000}$ A.

Ein absolutes Ampere = 10^{-1} elektromagnetische CGS-Einheiten = $3 \cdot 10^9$ elektrostatische CGS-Einheiten.

37. Spannung, elektromotorische Kraft (EMK) E (nach AEF Spannung U, EMK E). Im vorliegenden Buch ist beim Zusammentreffen von EMK und Klemmenspannung die letztere mit E_K bezeichnet. Nach dem Ohmschen Gesetz ist $E = JR = \frac{N}{J} = \sqrt{N \cdot R}$.

Einheiten: Gesetzliches oder internationales Volt (V) (Definition s. 180), Millivolt (mV), 1 mV = $^1/_{1000}$ V; Kilovolt (kV); 1 kV = 1000 V.

Ein absolutes Volt = 10^8 elektromagnetische CGS-Einheiten = $3{,}333 \cdot 10^{-3}$ elektrostatische CGS-Einheiten.

Die EMK eines internationalen Weston-Elementes beträgt bei 20° 1,0183 V, die eines Weston-Normalelementes mit bei 4° gesättigter Kadmium-Sulfatlösung (Weston-Standardelement) 1,0187 V (s. 181).

38. Elektrizitätsmenge Q ist Stromstärke mal Zeit. $Q = J \cdot t$. Einheiten: Amperestunde (Ah). Eine Amperesekunde (As) ist gleich ein Coulomb (C).

39. Leistung N. Allgemeine Definition und Bezeichnungen zwischen den Leistungseinheiten s. oben unter Nr. 16. Elektrische Leistung ist Spannung mal Stromstärke. $N = E \cdot J = J^2 \cdot R = \frac{E^2}{R}$.

Einheiten: (Internationales) Watt (W), Kilowatt (kW), Megawatt (MW); 1 kW = 1000 W; 1 MW = 1000 kW.

40. Arbeit, Verbrauch, Energie A. Allgemeine Definition und Bezeichnungen zwischen den Arbeitseinheiten s. oben unter Nr. 15. Arbeit ist Leistung mal Zeit. $A = N \cdot t = E \cdot J \cdot t = J^2 \cdot R \cdot t = \frac{E^2}{R} \cdot t$.

Einheiten: Wattstunde (Wh), Kilowattstunde (kWh); 1 kWh = 1000 Wh.

41. Leitwert G ist der reziproke Wert des Widerstandes, also $G = \frac{1}{R}$. Einheit: Siemens (S); z. B. bei $R = 10\,\Omega$ ist $G = \frac{1}{10}$ S = 0,1 S.

42. Reihen- oder Serienschaltung von Widerständen. Bei zwei in Reihe geschalteten Widerständen R_1 und R_2 ist der Gesamtwiderstand $R = R_1 + R_2$. Entsprechend bei mehreren Widerständen $R = R_1 + R_2 + R_3 + \ldots$

43. Parallelschaltung von Widerständen. Der Gesamtwiderstand (Kombinationswiderstand) zweier parallel geschalteter Widerstände R_1 und R_2 ist $R = \frac{R_1 \cdot R_2}{R_1 + R_2}$. Allgemein $\frac{1}{R} = \frac{1}{R_1} + \frac{1}{R_2} + \frac{1}{R_3} + \ldots$ oder $G = G_1 + G_2 + G_3 + \ldots$

44. Spezifischer Widerstand ϱ ist eine Materialkonstante. Er ist gleich dem Widerstande eines Leiters von 1 m Länge und 1 mm² Querschnitt. Der spezifische Widerstand ist der reziproke Wert der Leitfähigkeit $\varkappa$, also $\varrho = \frac{1}{\varkappa}$. Werte von ϱ und $\varkappa$ s. Tab. 7, S. 501.

45. Leitfähigkeit $\varkappa$ ist der reziproke Wert des spezifischen Widerstandes, also $\varkappa = \frac{1}{\varrho}$.

46. Temperaturkoeffizient des Widerstandes α ist die Zunahme der Widerstandseinheit eines Leiters bei der Temperaturerhöhung um 1°. Ist R_0 der Widerstand bei der Ausgangstemperatur, so berechnet sich der Widerstand R bei der Temperaturerhöhung um Δt^0 zu $R = R_0 \cdot (1 + \alpha \Delta t)$. Werte von α s. Tab. 7. Wenn R, R_0 und α bekannt sind, so berechnet sich die Temperaturdifferenz zu $\Delta t = \frac{R - R_0}{R_0 \cdot \alpha}$.

Wechselstrom.

Vorbemerkungen. Bei Wechselstrom werden mit E und J die Effektivwerte der Spannung und der Stromstärke (s. 20, S. 33) bezeichnet, mit N die (mittlere) Leistung, die sich aus E und J berechnet. $\mathfrak{B}$ (auch B) und Φ bedeuten dagegen die Scheitelwerte (Maximalwerte) der magnetischen Induktion bzw. des Flusses. Mit e_t, i_t, N_t, Φ_t werden die Momentanwerte, mit $\bar{e}$, $\bar{\imath}$ (mitunter auch e_m, i_m) die entsprechenden Scheitelwerte bezeichnet. Die oben unter Gleichstrom angegebenen Beziehungen zwischen den einzelnen Größen gelten bei Wechselstrom stets für Momentanwerte, ferner auch für Effektivwerte, wenn die Stromkreise nur Ohmsche Widerstände enthalten.

47. Frequenz f ist die Anzahl der Perioden je Sekunde $= \frac{\text{Wechselzahl}}{2}$. Einheit: Hertz (Hz).

48. Kreisfrequenz $\omega = 2\pi \cdot f$, z. B. bei $f = 50$ Hz ist $\omega = 314$.

49. Selbstinduktionskoeffizient L, auch Induktivität oder Selbstinduktionszahl. Einheiten: Henry (H), Millihenry (mH); 1 H = 1000 mH. Ein Henry $= 10^9$ cm oder 10^9 elektromagnetische CGS-Einheiten $= 1{,}111 \cdot 10^{-12}$ elektrostatische CGS-Einheiten.

50. Kapazität C. Einheiten: Farad (F), Mikrofarad (μF); 1 μF $= 10^{-6}$ F. Ein Farad $= 9 \cdot 10^{11}$ cm oder $9 \cdot 10^{11}$ elektrostatische CGS-Einheiten $= 10^{-9}$ elektromagnetische CGS-Einheiten.

51. Dielektrizitätskonstante ε oder dielektrische Leitfähigkeit eines Stoffes ist die Zahl, die angibt, um wieviel die Kapazität eines Kondensators höher ist, wenn sich an Stelle von Luft (genau genommen Vakuum) zwischen seinen Belegen der betreffende Stoff als Isolator (Dielektrikum) befindet.

52. Ohmscher Widerstand R, Bezeichnung „Ohmscher" zur Unterscheidung von den im folgenden angeführten Widerstandsgrößen. Einheiten: Ohm (Ω) usw. wie unter Nr. 35.

53. Induktiver Widerstand X_L, auch induktive Reaktanz, auch Blindwiderstand. Falls keine Verwechslung möglich, auch nur mit X bezeichnet. $X_L = \omega \cdot L = 2\pi \cdot f \cdot L$. Wenn L in Henry (H), ergibt sich X_L in Ohm.

54. Kapazitiver Widerstand X_C, auch kapazitive Reaktanz, auch Blindwiderstand. Falls keine Verwechslung möglich, auch nur mit X bezeichnet. $X_C = \frac{1}{\omega \cdot C} = \frac{1}{2\pi \cdot f \cdot C}$. Wenn C in Farad (F), ergibt sich X_C in Ohm. Wenn gleichzeitig X_L und X_C vorkommen, ist X_C negativ zu setzen.

55. Impedanz Z ist der resultierende Wechselstromwiderstand (Scheinwiderstand). $E = J \cdot Z$ oder $J = \frac{E}{Z}$. Die Werte von Z für verschiedene Widerstandskombinationen s. unter Nr. 65. Wenn R, X_L und X_C in Ohm, so ergibt sich auch Z in Ohm.

56. Ohmscher Ersatzwiderstand R', auch resultierender Wirkwiderstand, ist bei einer Widerstandskombination der Wert, der mit J^2 zu multiplizieren ist, um die Leistungsaufnahme N zu erhalten, $N = R' \cdot J^2$ oder $R' = \frac{N}{J^2}$. Werte s. unter Nr. 65.

57. Ersatzreaktanz X', auch resultierender Blindwiderstand, ist bei einer Widerstandskombination der Wert, der mit J^2 zu multiplizieren ist, um die Blindlast N_b zu erhalten. $N_b = X' J^2$ oder $X' = \frac{N_b}{J^2}$. Werte s. unter Nr. 65.

58. Spannung, elektromtorische Kraft (EMK) E. $E = J \cdot Z$, wobei Z der Scheinwiderstand, s. unter **Nr.** 55, ist; Einheiten s. unter Nr. 37. Die in einer Spule mit s Windungen, die vom Wechselfluß Φ durchsetzt wird, induzierte EMK ist $E = 4{,}44 \cdot f \cdot s \cdot \Phi \cdot 10^{-8}$ Volt.

59. Stromstärke $J = \frac{E}{Z}$, s. hierzu auch Nr. 55. Einheiten wie unter Nr. 36. Über Blindströme s. Tab. 8, S. 502.

60. Leistungsfaktor $\cos\varphi = \frac{N}{E \cdot J}$; ferner s. Tab. 8.

61. Blindlastfaktor $\sin\varphi = \frac{N_b}{E \cdot J}$; ferner s. Tab. 8.

62. $\operatorname{tg}\varphi = \frac{\sin\varphi}{\cos\varphi} = \frac{N_b}{N}$; Werte von $\operatorname{tg}\varphi$ s. unter Nr. 65.

63. Leistung, Effekt $N = E \cdot J \cdot \cos\varphi$, s. auch Nr. 39, Nr. 56 und Tab. 8.

64. Arbeit, Verbrauch $A = N \cdot t = E \cdot J \cdot \cos\varphi \cdot t$, s. auch Nr. 40 und Tab. 8.

65. Werte von R', X', Z und $\operatorname{tg}\varphi$ für einzelne Widerstandsgrößen und verschiedene Widerstandskombinationen

(s. Nr. 52 bis 57 und 62).

	Widerstandsgrößen bzw. Kombinationen	R' (Ersatzwiderstand)	X' (Ersatzreaktanz)	Z (Impedanz)	$\operatorname{tg}\varphi$
Einzelne Widerstandsgrößen	R	R	0	R	0
	L	0	$\omega L = X_L$	$\omega L = X_L$	$+\infty$
	C	0	$\frac{1}{\omega C} = X_C$	$\frac{1}{\omega C} = X_C$	$-\infty$
Reihenschaltung von	R u. L	R	ωL	$\sqrt{R^2 + \omega^2 L^2}$	$\frac{\omega L}{R}$
	R u. C	R	$\frac{1}{\omega C}$	$\sqrt{R^2 + \left(\frac{1}{\omega C}\right)^2}$	$-\frac{1}{R \omega C}$
	L u. C	0	$\omega L - \frac{1}{\omega C}$	$\omega L - \frac{1}{\omega C}$	$\pm\infty$
	R, L u. C	R	$\omega L - \frac{1}{\omega C}$	$\sqrt{R^2 + \left(\omega L - \frac{1}{\omega C}\right)^2}$	$\frac{\omega L - \frac{1}{\omega C}}{R}$
Parallelschaltung von	R u. L	$\frac{R \omega^2 L^2}{R^2 + \omega^2 L^2}$	$\frac{R^2 \omega L}{R^2 + \omega^2 L^2}$	$\frac{R \omega L}{\sqrt{R^2 + \omega^2 L^2}}$	$\frac{R}{\omega L}$
	R u. C	$\frac{R}{1 + R^2 \omega^2 C^2}$	$\frac{R^2 \omega C}{1 + R^2 \omega^2 C^2}$	$\frac{R}{\sqrt{1 + R^2 \omega^2 C^2}}$	$-R \omega C$
	L u. C	0	$\frac{\omega L}{1 - \omega^2 L C}$	$\frac{\omega L}{1 - \omega^2 L C}$	$\pm\infty$
	R, L u. C	$\frac{R}{1 + R^2\left(\omega C - \frac{1}{\omega L}\right)^2}$	$\frac{R^2\left(\omega C - \frac{1}{\omega L}\right)}{1 + R^2\left(\omega C - \frac{1}{\omega L}\right)^2}$	$\frac{R}{\sqrt{1 + R^2\left(\omega C - \frac{1}{\omega L}\right)^2}}$	$R\left(\omega C - \frac{1}{\omega L}\right)$

III. Behördliche und Verbandsvorschriften.

(Siehe hierzu 191 bis 193.)

A. Verkehrsfehlergrenzen für Zähler.

s. „Prüfordnung der PTR."

1. Verkehrsfehlergrenzen für Gleichstromzähler (s. auch Tab. 4, Abb. 304).

a) Die Abweichung der Verbrauchsanzeige von dem wirklichen Verbrauch darf bei Belastungen zwischen der Höchstlast, für die der Zähler bestimmt ist, und dem 10. Teil derselben nirgends mehr betragen als

$$\pm F = 6 + 0{,}6\,\frac{N_H}{N} \text{ Prozente}$$

des jeweiligen wirklichen Verbrauchs. Hierin ist N_H die Höchstlast, N die jeweilige Last. Ferner darf der Fehler bei ein Fünfundzwanzigstel der Höchstlast 50% nicht übersteigen. Die Höchstlast, für die der Zähler bestimmt ist, wird durch den Anschlußwert der Anlage, deren Verbrauch der Zähler messen soll, bestimmt[1].

Diese Bestimmungen sind nur gültig, soweit die Leistung nicht unter 30 Watt sinkt.

b) Während einer Zeit, in welcher kein Verbrauch stattfindet, darf der Vorlauf oder Rücklauf eines Zählers nicht mehr betragen, als $^1/_{200}$ seines Nennverbrauches entspricht.

2. Verkehrsfehlergrenzen für Wechselstromzähler (s. auch Tab. 4, Abb. 304).

a) Die Abweichung der Verbrauchsanzeige von dem wirklichen Verbrauch darf bei Belastungen zwischen der Höchstlast und dem 10. Teil derselben nirgends mehr betragen als

$$\pm F = 6 + 0{,}6\,\frac{N_H}{N} + 2\,\mathrm{tg}\,\varphi \text{ Prozente}$$

des jeweiligen wirklichen Verbrauches. Hierin ist N_H die Höchstlast des Zählers (s. oben unter 1.), N die jeweilige Last, $\mathrm{tg}\,\varphi$ die trigonometrische

[1] Die Höchstlast ist nur dann mit der Nennlast des Zählers identisch, wenn diese mit dem Anschlußwert der Anlage übereinstimmt (s. die unter 191 angeführte Arbeit vom Regierungsrat R. Schmidt).

Tangente desjenigen Winkels, dessen Kosinus gleich dem Leistungsfaktor ist; $\operatorname{tg}\varphi$ ist unabhängig vom Sinne der Phasenverschiebung stets positiv einzusetzen. Ferner darf der Fehler bei ein Fünfundzwanzigstel der Höchstlast 50% nicht übersteigen.

b) Während einer Zeit, in welcher kein Verbrauch stattfindet, darf der Vorlauf oder Rücklauf eines Zählers nicht mehr betragen, als $^1/_{200}$ seines Nennverbrauches entspricht.

B. Beglaubigungsfehlergrenzen für Zähler.

s. „Prüfordnung der PTR.“

1. Beglaubigungsfehlergrenzen für Gleichstromzähler

(s. auch Tab. 4, Abb. 304).

a) Die Abweichung der Verbrauchsanzeige von dem wirklichen Verbrauche darf bei Belastungen zwischen der Nennlast und ihrem 20. Teil nirgends mehr betragen als

$$\pm F = 3 + 0{,}3\,\frac{N_{\mathfrak{N}}}{N} \text{ Prozente}$$

des jeweiligen Verbrauches. Hierin ist $N_{\mathfrak{N}}$ die Nennlast des Zählers, N die jeweilige Last.

b) Wird die Nennstromstärke um x Prozent überschritten, so darf der zulässige Fehler $\frac{x}{10}$ Prozent mehr betragen, als sich für die Nennstromstärke nach der unter a) angeführten Formel ergibt. Diese Bestimmung gilt nur für Stromstärken bis zum 1,25fachen Betrage der Nennstromstärke.

c) Die kleinste Belastung, bei welcher der Zähler noch anlaufen muß, darf 1%, bei einem Gleichstromwattstundenzähler 2% seiner Nennlast nicht überschreiten.

d) Während einer Zeit, in welcher kein Verbrauch stattfindet, darf der Vorlauf oder Rücklauf eines Zählers nicht mehr betragen, als $^1/_{500}$ seines Nennverbrauches entspricht. Diese Bestimmung ist gültig bis zu Spannungen, welche die Nennspannung um $^1/_{10}$ ihres Wertes übersteigen.

e) Diese Festsetzungen gelten für eine Raumtemperatur von 15 bis 20 °C.

2. Beglaubigungsfehlergrenzen für Wechsel- und Drehstromzähler

(s. auch Tab. 4, Abb. 305 und Abb. 307).

a) Die Abweichung der Verbrauchsanzeige von dem wirklichen Verbrauch darf bei Belastungen zwischen der Nennlast und ihrem

20. Teil nirgends mehr betragen als

$$\pm F = 3 + 0{,}2\frac{N_{\mathfrak{N}}}{N} + \left(1 + 0{,}2\frac{J_{\mathfrak{N}}}{J}\right)\cdot \operatorname{tg}\varphi \text{ Prozente}$$

des jeweiligen wirklichen Verbrauches. Hierin ist $N_{\mathfrak{N}}$ die Nennlast des Zählers, N die jeweilige Last, $J_{\mathfrak{N}}$ die Nennstromstärke des Zählers, J die jeweilige Stromstärke und $\operatorname{tg}\varphi$ die trigonometrische Tangente desjenigen Winkels, dessen Kosinus gleich dem Leistungsfaktor ist; $\operatorname{tg}\varphi$ ist unabhängig vom Sinne der Phasenverschiebung stets positiv einzusetzen.

Bei Mehrphasen- und Mehrleiterzählern ist als jeweilige Stromstärke der arithmetische Mittelwert der in den einzelnen Leitern mit Ausnahme des Nulleiters fließenden Ströme einzusetzen.

Bei einphasigem Wechselstrom ist der Leistungsfaktor das Verhältnis der Wirkleistung zur Scheinleistung, bei Mehrphasen- und Mehrleitersystemen wird an Stelle des Leistungsfaktors das Verhältnis der gesamten Wirkleistung zu der arithmetischen Summe der Scheinleistungen in den einzelnen Phasen oder Leitern der Berechnung von $\operatorname{tg}\varphi$ zugrunde gelegt[1].

Für Belastungen mit einem kleineren Leistungsfaktor als 0,2 gelten diese Bestimmungen nicht.

b) c) d) Für die zulässigen Fehler bei Überschreiten der Nennstromstärke sowie für den Anlauf, Vorlauf und Rücklauf gelten die gleichen Bedingungen wie unter Ziffer 1b, c, d. Die Bedingungen für den Anlauf gelten für induktionsfreie Last; die Bedingungen für Vor- und Rücklauf gelten für Spannungen, welche die Nennspannung um $^1/_{10}$ ihres Wertes nicht übersteigen oder unterschreiten.

e) Diese Festsetzungen gelten für eine Raumtemperatur von 15 bis 20° C.

---

[1] Für den praktisch wichtigen Fall der einseitigen Belastung von Drehstromzählern (symmetrisches Spannungssystem vorausgesetzt) ergibt sich aus dem Obigen folgendes:

Bezeichnet man mit J_a und $\cos\varphi_a$ die Stromstärke und den Leistungsfaktor der Belastung bzw. des Abnehmers (also die Größen, die normalerweise mit J und $\cos\varphi$ bezeichnet werden, mit E die verkettete und mit E_p die Phasenspannung ($E_p = E/\sqrt{3}$), so sind in die Formel für die Beglaubigungsfehlergrenzen einzusetzen:

a) für einseitige Belastung eines Drei- oder Vierleiterzählers zwischen zwei Hauptleitern:

$$J = \frac{2\,J_a}{3} = 0{,}667\,J_a \quad \text{und} \quad \operatorname{tg}\varphi \text{ entsprechend } \cos\varphi = \frac{E\,J_a\cos\varphi_a}{2\,E_p\cdot J_a} = 0{,}866\cos\varphi_a\,.$$

b) für einseitige Belastung eines Vierleiterzählers zwischen einem Hauptleiter und Nulleiter:

$$J = \frac{J_a}{3} = 0{,}333\,J_a \quad \text{und} \quad \operatorname{tg}\varphi \text{ entsprechend } \cos\varphi = \frac{E_p\cdot J_a\cos\varphi_a}{E_p\cdot J_a} = \cos\varphi_a\,.$$

3. Beglaubigungsfehlergrenzen für Meßwandlerzähler
(s. auch Tab. 4, Abb. 306 und 307).

Diese Fehlergrenzen gelten nur für solche Elektrizitätszähler, die für sich allein beglaubigt in Verbindung mit beglaubigten Meßwandlern ein beglaubigtes Meßaggregat darstellen[1].

Für Zähler, die mit den dazu gehörigen Meßwandlern zusammen geprüft werden, gelten dieselben Bestimmungen wie unter Ziffer 2.

Die Abweichung der Verbrauchsanzeige von dem wirklichen Verbrauch darf bei Belastungen zwischen der Nennlast und ihrem 20. Teil nirgends mehr betragen als

$$\pm F_{MZ} = 2 + 0{,}2\frac{N_{\mathfrak{N}}}{N} + \frac{1}{2}\left(1 + 0{,}2\frac{J_{\mathfrak{N}}}{J}\right)\cdot \operatorname{tg}\varphi \quad \text{Prozente}$$

des jeweiligen Verbrauchs.

Im übrigen gelten dieselben Bestimmungen wie unter Ziffer 2.

4. Beglaubigungsfehlergrenzen für Blindverbrauchzähler.

Für Blindverbrauchzähler gilt eine Formel, die der unter 2. angeführten entspricht, nur tritt an Stelle der Nennlast des Zählers die Nennblindlast $N_{b\mathfrak{N}}$ an Stelle der jeweiligen Last die jeweilige Blindlast N_b und an Stelle $\operatorname{tg}\varphi$ $\operatorname{ctg}\varphi$. Entsprechend gilt sinngemäß für Blindverbrauch-Meßwandlerzähler die unter 3. angeführte Formel.

Bemerkungen zu A und B.

Die Kurven Abb. 304, 305, 306 und 307 Tabelle 4 erlauben die Verkehrsfehlergrenzen und Beglaubigungsfehlergrenzen für die wichtigsten Belastungsfälle direkt abzulesen. Sämtliche Fehlergrenzen sind in den Abbildungen in Abhängigkeit von der Stromstärke in Prozenten aufgetragen (Stromlast in %), wobei als 100% für die Verkehrsfehler-

---

[1] Ein Aggregat aus Zählern und Meßwandlern als Ganzes gilt für beglaubigt, wenn die Meßwandler für sich beglaubigt und die Zähler als Meßwandlerzähler beglaubigt sind und bei dem Anschluß der Apparate folgende Bedingungen erfüllt werden:

Es dürfen keinerlei Apparate außer Zählern angeschlossen werden.

An einen Stromwandler darf für je 7,5 VA Belastbarkeit ein Zähler angeschlossen werden; dabei darf bei einer Belastbarkeit des Wandlers von 15 VA der Gesamtwiderstand der Zuleitungen nicht mehr als 0,15 Ω betragen. Ist die Belastbarkeit des Wandlers größer als 15 VA, so kann für je 7,5 VA Belastbarkeit, die nicht durch einen Zähler in Anspruch genommen wird, der Widerstand der Zuleitungen um 0,3 Ω größer sein.

An jede Phase eines Spannungswandlers darf für je 10 VA Belastbarkeit ein Zähler angeschlossen werden; der Widerstand der Zuleitung von einer Klemme des Spannungswandlers bis zum Zähler darf nicht mehr als 0,3 Ω betragen.

grenzen die Höchststromstärke in der Anlage gilt, die sich aus dem Anschlußwert bei Nennspannung und $\cos\varphi = 1$ ergibt; für die Beglaubigungsfehlergrenzen dagegen gilt als 100% die Nennstromstärke des Zählers. Dabei ist bei Drehstrom sowohl der jeweilige Belastungsstrom wie der Höchststrom bzw. der Nennstrom der Strom in einem Hauptleiter. Für Wechsel- und Drehstromzähler sind die Kurven sowohl für $\cos\varphi = 1$ wie für $\cos\varphi = 0{,}5$ aufgetragen. Da in den Formeln für die Fehler das Verhalten der mit einer Fehlverschiebung behafteten Zähler bei verschiedenen Phasenverschiebungen Rechnung getragen ist ($\mathrm{tg}\,\varphi$ - Glied), so wird normalerweise ein Zähler, der bei $\cos\varphi = 0{,}5$ die Grenzen einhält, diese auch bei anderen Phasenverschiebungen einhalten; vorausgesetzt, daß bei ihm außerdem die Differenz der Fehler bei $\cos\varphi = 0{,}5$ und $\cos\varphi = 1$ den entsprechenden Differenzwert aus den Kurven nicht überschreitet.

C. Beglaubigungsbestimmungen für Meßwandler.

s. „Prüfordnung der PTR." und Tab. 5.

1. Stromwandler.

a) Auf dem Schild muß die Betriebsspannung, bis zu welcher der Wandler verwandt werden soll, oder eine Bezeichnung angegeben sein, welche die Prüfspannung nach den für Hochspannungsapparate geltenden Richtlinien des VDE festlegt.

b) Die Nennbürde eines Stromwandlers muß mindestens 0,6 Ω bei der sekundären Nennstromstärke 5 A sein (also Belastbarkeit nicht unter 15 VA).

c) Für Stromstärken vom Nennwert bis zum fünften Teil desselben darf der Stromfehler $\pm$ 0,5%, der Fehlwinkel $\pm$ 40 Minuten nicht überschreiten.

d) Für Stromstärken unter $^1/_5$ bis $^1/_{10}$ des Nennwertes darf der Stromfehler $\pm$ 1%, der Fehlwinkel $\pm$ 60 Minuten nicht überschreiten.

Der Stromfehler eines Stromwandlers bei einer gegebenen primären Stromstärke ist die prozentische Abweichung der sekundären Stromstärke von ihrem Sollwert, der sich aus der primären Stromstärke durch Division mit dem Nennwert des Übersetzungsverhältnisses ergibt.

Der Fehler wird positiv gerechnet, wenn der tatsächliche Wert der sekundären Größe den Sollwert übersteigt.

Der Fehlwinkel bei einem Stromwandler ist die Phasenverschiebung des Sekundärstromes gegen den Primärstrom, er ist positiv bei Voreilung des Sekundärstromes.

Die unter c) und d) angegebenen Fehlergrenzen gelten für den festgelegten Frequenzbereich und für alle sekundären Bürden mit Leistungsfaktoren zwischen 0,5 und 1 bis zu der festgesetzten Nennbürde. Diese Fehlergrenzen müssen bei einer Raumtemperatur von 15 bis 20° C und unabhängig von der Lage der Anschlußleitungen und von der Einschaltdauer eingehalten werden. Das Eisen darf keinen nennenswerten remanenten Magnetismus besitzen.

2. Einphasige Spannungswandler.

a) Die Nennleistung des Sekundärkreises eines Spannungswandlers darf nicht weniger als 30 VA betragen.

b) Für Spannungen von 0,8 bis 1,2 des Nennwertes darf der Spannungsfehler ± 0,5%, der Fehlwinkel ± 20 Minuten nicht überschreiten.

Der Spannungsfehler eines Spannungswandlers bei einer gegebenen primären Spannung ist die prozentische Abweichung der sekundären Spannung von ihrem Sollwert, der sich aus der primären Spannung durch Division mit dem Nennwert des Übersetzungsverhältnisses ergibt.

Der Fehler wird positiv gerechnet, wenn der tatsächliche Wert der sekundären Größe den Sollwert übersteigt.

Der Fehlwinkel bei einem Spannungswandler ist die Phasenverschiebung der Sekundärspannung gegen die Primärspannung, er ist positiv bei Voreilung der Sekundärspannung.

Diese Fehlergrenzen gelten für den festgelegten Frequenzbereich und für alle sekundären Leistungen mit Leistungsfaktoren zwischen 0,5 und 1 bis zu der festgesetzten Nennleistung, bezogen auf die Nennspannung. Sie müssen bei einer Raumtemperatur von 15 bis 20° C unabhängig von der Einschaltdauer innegehalten werden.

3. Mehrphasige Spannungswandler.

a) Ist bei dreiphasigen Spannungswandlern der Sternpunkt auf der Sekundärseite herausgeführt, so muß er auch auf der Primärseite an einer Klemme herausgeführt sein, die für die volle primäre Sternspannung gegen das Gehäuse isoliert ist.

b) Die Nennleistung darf nicht weniger als 30 VA für jede Phase betragen.

c) Bei gleichzeitiger Erregung aller Phasen auf der Primärseite müssen die unter 2b) aufgeführten Bedingungen für jede der drei verketteten Spannungen erfüllt sein. Bei dreiphasigen Wandlern mit herausgeführten Sternpunkten müssen die Bedingungen sowohl für die verketteten Spannungen wie für die Sternspannungen erfüllt sein.

D. Auszug aus den „Regeln für Elektrizitätszähler". (R.E.Z./1927.)

Stromstärken.

Als normale Nennstromstärken für Elektrizitätszähler gelten:

	A		
1,5	15	150	1500
—	20	200	2000
3	30	300	3000
5	50	500	5000
—	75	750	7500
10	100	1000	10000

Die Zähler müssen nach Maßgabe folgender Tafel gelegentlich überlastbar sein:

	Nennstromstärke des Zählers *A*	Überlastung während 2 min	Überlastung während 2 h
Wechsel- und Drehstromzähler . . . . Gleichstrom-Amperestundenzähler	1,5 und 3	um 200%	um 100%
Gleichstrom-Wattstundenzähler	1,5 und 3	um 100%	um 50%
Alle Zähler	5 bis 30	um 100%	um 50%
	50 bis 10000	um 50%	um 25%

Die angegebenen Werte der Überlastung gelten auch für getrennt angeordnete Zähler-Nebenwiderstände, jedoch nicht für getrennt angeordnete Stromwandler.

Zählwerk.

Als Normalzählwerk für Elektrizitätszähler für Einfachtarif gilt ein Rollenzählwerk mit fünf Rollen (Walzen). Die Zahlen der Zählwerksrollen müssen mindestens 4 mm hoch sein.

Die letzte Zahlenrolle des Zählwerkes muß in 100 Teile geteilt sein. Diese Rolle muß bei Nennlast in 6 min mindestens um 10 Teilstriche = 1 Zahl vorrücken. Der Sprung zwischen zwei aufeinanderfolgenden Übersetzungen der gleichen Zählerform muß mindestens das 1,2fache betragen. Das Zählwerk darf bei Nennlast in 750 h noch keinen vollen Durchlauf genommen haben. Die Anzeige des Zählwerkes erfolgt in kWh mit entsprechender Kennzeichnung der Dezimalstellen. Die Ablesekonstante — größer als 1 —, z. B. ×10 oder ×100, ist auf dem Zifferblatt des Zählwerkes anzugeben.

Ankerdrehrichtung.

Für Motorzähler gilt als Drehrichtung des Ankers „Rechtslauf". Die Drehrichtung wird durch einen Pfeil angegeben.

Drehfeldrichtung.

Die drei Hauptleitungen eines Drehstromnetzes werden mit *R*, *S*, *T*, die entsprechenden Hauptspannungen mit *R—S*, *S—T* und *T—R* bezeichnet. Bei der Eichung eines Drehstromzählers ist die Phasenfolge so zu wählen, daß die Spannung *R—S* der Spannung *S—T* um 120° und der Spannung *T—R* um 240° voreilt. Mit dieser Drehfeldrichtung ist der Zähler auch anzuschließen.

Isolationsprüfung.

Die Isolation der stromführenden Teile gegen das Gehäuse ist bei Wechsel- und Drehstromzählern mit 1500 V, bei Gleichstromzählern mit 1000 V Wechselspannung zu prüfen, und zwar mit praktisch sinusförmiger Wechselspannung von 50 Hz.

Die Spannung ist allmählich auf die Höhe der Prüfspannung zu steigern und dann 1 min. auf dieser Höhe zu halten.

Fehlergrenzen.

Für die Fehlergrenzen sind die von der Physikalisch-Technischen Reichsanstalt erlassenen Bestimmungen über die Beglaubigung von Elektrizitätszählern maßgebend (s. oben unter B und Tab. 4).

Schaltungen.

Als Normalschaltungen für Elektrizitätszähler gelten die Schaltungsbilder Nr. 1 bis 25b (s. Tab. 3).

E. Auszug aus den „Regeln für die Bewertung und Prüfung von Meßwandlern".

Klassenzeichen.

Meßwandler, die den Regeln entsprechen, erhalten ein Klassenzeichen; für Stromwandler E, F, G, H, J, für Spannungswandler E, F, H.

Die Klassenbezeichnung darf nur angebracht werden, wenn alle Bestimmungen der Regeln für die betreffende Klasse erfüllt sind.

Nenngrößen.

Primäre und sekundäre Nennstromstärke sind bei einem Stromwandler die auf dem Schild angegebenen Werte der primären und sekundären Stromstärke, für die er gebaut ist. Die sekundäre Nennstromstärke beträgt in der Regel 5 A. Ausnahmen hiervon sind zugelassen bei Stromwandlern für Summenschaltung, bei Stromwandlern mit sehr hoher primärer Nennstromstärke und bei großer Leitungslänge im Sekundärkreis. Im letzten Falle ist möglichst 1 A zu wählen.

Primäre und sekundäre Nennspannung sind bei einem Spannungswandler die auf dem Schild angegebenen Werte der primären und sekundären Spannung, für die er gebaut ist.

Nennbürde ist bei Stromwandlern der auf dem Schild in Ω angegebene resultierende Scheinwiderstand, der an die Sekundärseite angeschlossen werden kann, ohne daß die Bestimmungen für die betreffende Klasse verletzt werden.

Grenzbürde ist bei Stromwandlern der auf dem Schild in Ω angegebene Höchstwert des resultierenden Scheinwiderstandes der anzuschließenden Apparate, bei dem ohne Rücksicht auf die Genauigkeit die Erwärmungsvorschriften noch eingehalten werden.

Nennleistung ist bei Spannungswandlern die auf dem Schild in VA angegebene Scheinleistung, die der Wandler abgeben kann, ohne daß die Bestimmungen für die betreffende Klasse verletzt werden.

Grenzleistung ist bei Spannungswandlern die auf dem Schild in VA angegebene Scheinleistung, bei der ohne Rücksicht auf Genauigkeit die Erwärmungsvorschriften noch eingehalten werden.

Übersetzung und Genauigkeit.

Der Nennwert des Übersetzungsverhältnisses (kurz Übersetzung genannt) ist

a) bei Stromwandlern das Verhältnis des primären Nennstromes zum sekundären,

b) bei Spannungswandlern das Verhältnis der primären Nennspannung zur sekundären.

Er wird als ungekürzter gewöhnlicher Bruch angegeben.

Der Stromfehler eines Stromwandlers bei einer gegebenen primären Stromstärke ist die prozentische Abweichung der sekundären Stromstärke von ihrem Sollwert, der sich aus der primären Stromstärke durch Division mit dem Nennwert des Übersetzungsverhältnisses ergibt.

Der Spannungsfehler eines Spannungswandlers bei einer gegebenen primären Spannung ist die prozentische Abweichung der sekundären Spannung von ihrem Sollwert, der sich aus der primären Spannung durch Division mit dem Nennwert des Übersetzungsverhältnisses ergibt.

Der Fehler wird positiv gerechnet, wenn der tatsächliche Wert der sekundären Größe den Sollwert übersteigt.

Der Fehlwinkel ist

a) bei Stromwandlern die Phasenverschiebung des Sekundärstromes gegen den Primärstrom,

b) bei Spannungswandlern die Phasenverschiebung der Sekundärspannung gegen die Primärspannung.

Die Ausgangsrichtungen sind so zu wählen, daß sich beim fehlerfreien Meßwandler eine Verschiebung von 0° (nicht 180°) ergibt.

Der Fehlwinkel wird in min angegeben. Bei Voreilung der sekundären Größe erhält der Fehlwinkel das Pluszeichen.

Zubehör.

a) Als Meßzubehör gelten:

Widerstände, Kondensatoren oder sonstige Apparate, die zur Einhaltung der Genauigkeit erforderlich sind.

b) Als Schutzzubehör gelten:

Widerstände, Kondensatoren, Funkenstrecken oder sonstige Apparate, die zum Schutz gegen Überspannungserscheinungen dienen sollen, sofern ihre Lieferung vereinbart ist.

Erwärmung.

Die Übertemperatur ist bei Stromwandlern, bei Anschluß der Grenzbürde und Dauerbelastung mit der 1,2-fachen Nennstromstärke, bei Spannungswandlern unter Dauerbelastung mit der Grenzleistung bei der 1,2-fachen primären Nennspannung zu messen.

Bei der Prüfung dürfen die betriebsmäßig vorgesehenen Umhüllungen und Abdeckungen nicht entfernt werden.

Über die zulässigen Übertemperaturen und ihre Ermittlung gelten allgemein die „Regeln für die Bewertung und Prüfung von Transformatoren R.E.T.".

Im besonderen wird bestimmt:

Die Temperatur der Wicklungen ist in der Regel aus der Widerstandzunahme festzustellen. Nur bei dicken Kupferschienen von geringem Widerstand kann, wenn sie zugänglich sind, die Messung mit dem Thermometer angewendet werden.

Nach R.E.T./1930 sind folgende Grenzwerte der Erwärmung (Übertemperaturen) zulässig:

50° C, bei ungetränkten oder getauchten Wicklungen mit Faserstoffisolierung (Papier, Baumwolle, Seide, Holz).

60° C, bei imprägnierten (im Vakuum getränkten) oder in Füllmasse befindlichen Wicklungen, ferner bei den Eisenkernen von Trockentransformatoren und bei der obersten Ölschicht bei Öltransformatoren.

70° C, bei Wicklungen in Öl und den Eisenkernen von Öltransformatoren.

Bei einlagigen blanken Wicklungen sind 5° mehr als sonst zulässig.

Die Grenzwerte für die Temperatur liegen um 35° höher als die angeführten Übertemperaturen; sie dürfen in keinem Fall überschritten werden.

Prüfung auf Isolierfestigkeit.

Für die Lichtmasse und Prüfspannungen der Primärseite von Stromwandler gelten die „Leitsätze für die Konstruktion und Prüfung von Wechselstrom-Hochspannungsapparaten von einschließlich 1500 V Nennspannung aufwärts". Nach diesen Leitsätzen beträgt die Prüfspannung 2,2 E + 20 kV, wobei E die Betriebsspannung ist.

Bezüglich der Prüfspannung für die Primärseite von Spannungswandlern gelten die „Regeln für die Bewertung und Prüfung von Transformatoren R.E.T.".

Für eine Primärspannung E ist nach R.E.T./1930 die Prüfspannung in kV:

E bis 10 kV	3,25 E mindestens jedoch 2,5 kV,
E über 10 kV	1,75 E + 15,
E über 60 kV	2 E.

Die Prüfspannung für die Sekundärseite beträgt bei allen Wandlern 2000 V.

Für die Ausführung der Prüfung gelten im allgemeinen die „Regeln für die Bewertung und Prüfung von Transformatoren R.E.T.".

Im besonderen wird bestimmt:

a) Bei der Prüfung der Primärwicklung sind zu verbinden:

alle Primäranschlüsse untereinander,

alle Sekundäranschlüsse untereinander und mit dem Eisenkern bzw. dem Gehäuse, das den Wandler umschließt.

Die Prüfspannung ist zwischen Primär- und Sekundäranschlüsse zu legen.

b) Bei der Prüfung der Sekundärwicklung sind alle Sekundäranschlüsse untereinander zu verbinden. Die Prüfspannung ist zwischen diese und den Eisenkern zu legen.

Zur Prüfung der Isolation der Windungen gegeneinander sollen Spannungswandler außerdem bei offener Sekundärwicklung 5 min lang an die doppelte Nennspannung gelegt werden. Bei dieser Probe darf die Frequenz bis zum doppelten Betrage der Nennfrequenz gesteigert werden, wenn die Stromaufnahme bei der Nennfrequenz unzulässig hoch wird.

Genauigkeit von Stromwandlern (s. auch Tab. 5).

Klasse E. Stromwandler dieser Klasse sollen den von der PTR für beglaubigungsfähige Stromwandler vorgeschriebenen Bedingungen genügen (s. unter C).

Klasse F. Bei Bürden zwischen Null und der Nennbürde und einem sekundären Leistungsfaktor zwischen 0,6 und 1,0 dürfen die Fehler folgende Grenzwerte nicht überschreiten:

Stromstärke	Fehler des Wandlers für sich		Fehler des Wandlers mit Zubehör	
	Stromfehler %	Fehlwinkel ′	Stromfehler %	Fehlwinkel ′
von $^1/_{10}$—$^1/_5$ Nennstrom	± 2,0	± 120	± 2,5	± 130
„ $^1/_5$—$^1/_2$ „	± 1,5	± 100	± 2,0	± 110
„ $^1/_2$—$^1/_1$ „	± 1,0	± 80	± 1,5	± 90

Klasse G. Stromfehler wie bei Klasse F, Fehlwinkel nicht begrenzt.

Klasse H. Bei Bürden zwischen Null und der Nennbürde und einem sekundären Leistungsfaktor von 1 darf der Stromfehler bei der primären Nennstromstärke den Betrag von ± 5% nicht überschreiten, vom 10fachen primären Nennstrom ab soll der Sekundärstrom gegenüber dem aus der Übersetzung errechneten stark abfallen. Der Fehlwinkel ist nicht begrenzt.

Klasse J. Bei Bürden zwischen Null und der Nennbürde und einem sekundären Leistungsfaktor von 1 darf der Stromfehler bei primärem Nennstrom ± 5%, bei 40fachem primären Nennstrom ± 10% nicht überschreiten. Der Fehlwinkel ist nicht begrenzt.

Genauigkeit von Spannungswandlern (s. auch Tab. 5).

Klasse E. Spannungswandler dieser Klasse müssen den von der PTR für beglaubigungsfähige Spannungswandler vorgeschriebenen Bedingungen genügen (s. unter C).

Klasse F. Unter Belastung mit der Nennleistung bei Leistungsfaktoren zwischen 0,6 und 1 und Spannungen zwischen dem 0,9- und 1,1fachen Betrage der Nennspannungen darf der Spannungsfehler nicht mehr als ± 1,5%, der Fehlwinkel nicht mehr als 60 min betragen.

Klasse H. Unter Belastung mit der Nennleistung bei dem Leistungsfaktor 1 und bei Spannungen zwischen dem 0,9- und 1,1fachen Betrage der Nennspannung darf der Spannungsfehler nicht mehr als ± 5% betragen. Der Fehlwinkel ist nicht begrenzt.

F. Auszug aus den VDE-Regeln für Meßgeräte.

Klasseneinteilung.

Meßgeräte, die den Regeln entsprechen, erhalten ein Klassenzeichen.

Klassenzeichen E Feinmeßgeräte: 1. Kl.; F Feinmeßgeräte: 2. Kl.; G Betriebsmeßgeräte: 1. Kl.; H Betriebsmeßgeräte: 2. Kl.

Begriffserklärungen.

Meßwerk ist die Einrichtung zur Erzeugung und Messung des Zeigerausschlages.

Bewegliches Organ ist der Zeiger einschließlich der sich mit ihm bewegenden Teile.

Instrument ist das Meßwerk zusammen mit dem Gehäuse und dem gegebenenfalls eingebauten Zubehör.

Bei dem Instrument mit eingebautem Zubehör ist das Zubehör in das Gehäuse des Instrumentes eingebaut oder an ihm untrennbar befestigt.

Meßgerät ist das Instrument zusammen mit sämtlichem Zubehör, also auch mit solchem, das nicht untrennbar mit dem Instrument verbunden, sondern getrennt gehalten ist. Getrennt gehaltene Meßwandler gelten nicht als Zubehör.

Die Austauschbarkeit von Instrumenten und Zubehör bezieht sich nur auf bestimmte Typen gleichen Ursprunges.

Der Strompfad des Meßwerkes führt unmittelbar oder mittelbar den ganzen Meßstrom oder einen bestimmten Bruchteil von ihm.

Der Spannungspfad des Meßgerätes liegt unmittelbar oder mittelbar an der Meßspannung.

Nebenwiderstand ist ein Widerstand, der parallel zu dem Strompfad und einem diesem etwa zugeschalteten Stromvorwiderstand liegt.

Vorwiderstand ist ein Widerstand, der im Spannungspfad liegt.

Drossel ist ein induktiver Widerstand (Vor- und Nebendrossel).

Kondensator ist ein kapazitiver Widerstand (Vor- und Nebenkondensator).

Meßleitungen sind Leitungen im Strom- und Spannungspfad des Meßgerätes, die einen bestimmten Widerstand haben müssen.

Bezeichnung der Instrumente.

Die Bezeichnung der Instrumente ergibt sich aus der Art des Meßwerkes; man unterscheidet:

M 1: Drehspuleninstrumente haben einen feststehenden Magnet und eine oder mehrere Spulen, die bei Stromdurchgang elektromagnetisch abgelenkt werden.

M 2: Dreheiseninstrumente (Weicheiseninstrumente) haben ein oder mehrere bewegliche Eisenstücke, die von dem Magnetfeld einer oder mehrerer feststehender, stromdurchflossener Spulen abgelenkt werden.

M 3: Elektrodynamische Instrumente haben feststehende und elektrodynamisch abgelenkte bewegliche Spulen. Allen Spulen wird Strom durch Leitung zugeführt. Man unterscheidet:

a) eisenlose elektrodynamische Instrumente,
b) eisengeschirmte elektrodynamische Instrumente,
c) eisengeschlossene elektrodynamische Instrumente.

Eisenlose elektrodynamische Instrumente sind ohne Eisen im Meßwerk gebaut; sie haben keinen Eisenschirm.

Eisengeschirmte elektrodynamische Instrumente sind ohne Eisen im eigentlichen Meßwerk gebaut; sie haben zur Abschirmung von Fremdfeldern einen besonderen Eisenschirm. Ein Gehäuse aus Eisenblech gilt nicht als Schirm im Sinne dieser Begriffserklärung.

Eisengeschlossene elektrodynamische Instrumente haben Eisen im Meßwerk in solcher Anordnung, daß dadurch eine wesentliche Steigerung des Drehmomentes erzielt wird.

M 4: Induktionsinstrumente (Drehfeldinstrumente u. a.) haben feststehende und bewegliche Stromleiter (Spulen, Kurzschlußringe, Scheiben oder Trommeln); mindestens in einem dieser Stromleiter wird Strom durch elektromagnetische Induktion induziert.

M 5: Hitzdrahtinstrumente. Die durch Stromwärme bewirkte Verlängerung eines Leiters stellt unmittelbar oder mittelbar den Zeiger ein.

M 6: Elektrostatische Instrumente. Die Kraft, die zwischen elektrisch geladenen Körpern verschiedenen Potentials auftritt, stellt den Zeiger ein.

M 7: Vibrationsinstrumente. Die Übereinstimmung der Eigenfrequenz eines schwingungsfähigen Körpers mit der Meßfrequenz wird sichtbar gemacht.

Zur Kennzeichnung der Art des Meßwerkes dienen besondere Symbole. Instrumente für bestimmte Lage erhalten Lagezeichen zur Kennzeichnung der Gebrauchslagen (s. Tab. 2).

Anzeigefehler.

Anzeigefehler ist der Unterschied zwischen der Anzeige und dem wahren Wert der Meßgröße, der lediglich durch die mechanische Unvollkommenheit des Meßgerätes und durch die Unvollkommenheit der Eichung, also in der richtigen Lage, bei Bezugstemperatur, bei Abwesenheit von fremden Feldern[1] bei der Nennspannung und bei der Nennfrequenz verursacht wird. Er wird in Prozenten des Endwertes des Meßbereiches angegeben, sofern nichts anderes bestimmt ist. Ist der angezeigte Wert größer als der wahre Wert, so ist der Anzeigefehler positiv. (Zulässige Anzeigefehler s. Tab. 6.)

---

[1] Im einzelnen lauten die Bestimmungen über die Fremdfelder wie folgt: Aus den Prüfergebnissen ist der Einfluß etwa wirksam gewesener Fremdfelder auszuscheiden. E- und F-Instrumente der Art M 1 sind dabei in der durch den Nord-Süd-Pfeil gekennzeichneten Lage im Erdfeld aufzustellen. Fehlt dieser Pfeil, so muß das Instrument in jeder Lage zum Erdfeld den Genauigkeitsvorschriften entsprechen. Bei E- und F-Instrumenten der Art M 3 ist der Erdfeldeinfluß durch Stromwenden auszuschließen.

Tabellen.

Tab. 1. Einige Schaltzeichen und Schaltbilder von Meßgeräten nach DIN VDE 716.

Die in der Tabelle nicht enthaltenen Schaltzeichen und Schaltbilder ergeben sich sinngemäß aus den abgebildeten. Es bedeutet: *A* Strommesser, *f* Frequenzmesser, *S* Synchronoskop, *V* Spannungsmesser, *W* Leistungsmesser, *Ω* Isolationsmesser, *φ* Leistungsfaktormesser.

A. Schaltzeichen.

1. Anzeigende Meßgeräte

einpolig / mehrpolig		einpolig / mehrpolig	Wirkleistungsmesser
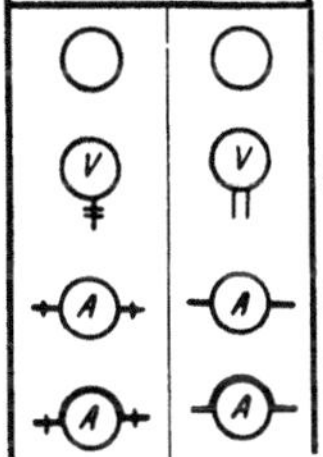	Anzeigende Instrumente allgemein	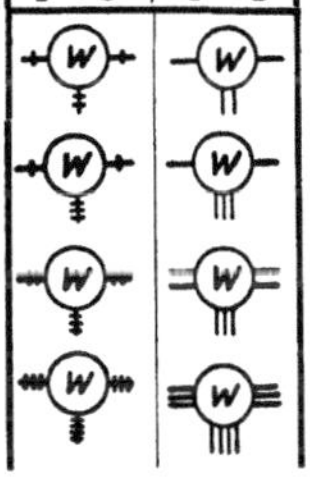	a) Wechselstrom
	Spannungsmesser		b) Drehstrom gleich belastet
	Strommesser		c) Drehstrom ungleich belastet
	Nebenwiderstand zu Strommessern		d) Drehstrom ungleich belastet mit Nulleiter

2. Schreibende Meßgeräte, Zähler, und Relais

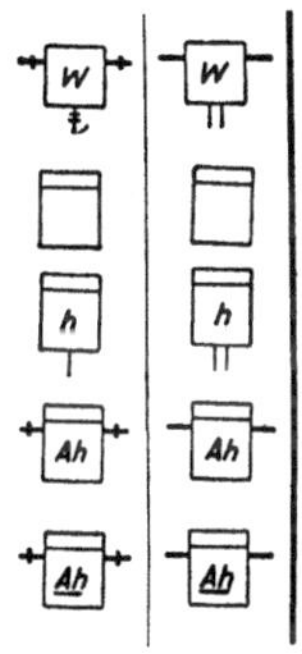	Schreibendes Meßgerät Leistungsmesser für Wechselstrom	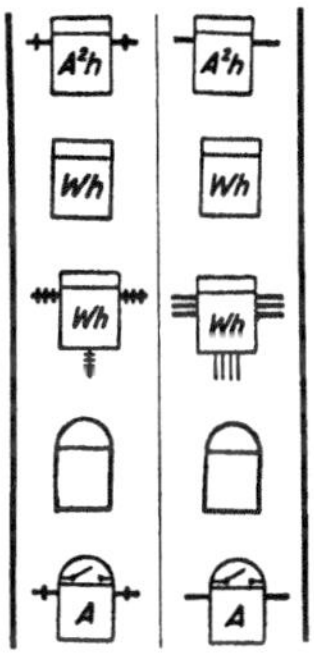	e) Amperequadratstundenzähler
	Zähler a) allgemein		f) Wattstundenzähler allgemein
	b) Stundenzähler		g) Wattstundenzähler für Vierleiter-Drehstrom
	c) Amperestundenzähler		Relais a) allgemein
	d) Amperestundenzähler für Gleichstrom		b) schließendes Stromrelais

3. Meßwandler und Meßgeräte mit Wandlern.

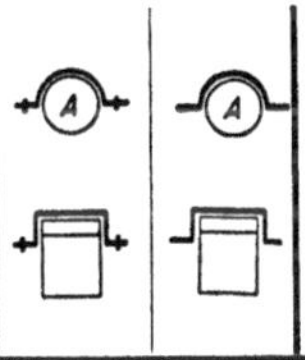	Strommesser mit Stromwandler	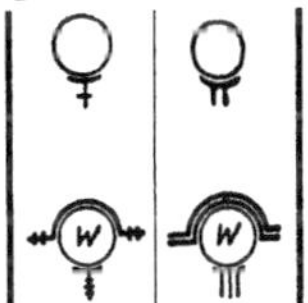	Spannungswandler
	Zähler mit Stromwandler		Leistungsmesser für Drehstrom ungleich belastet mit Strom- und Spannungswandler

B. Schaltbilder.

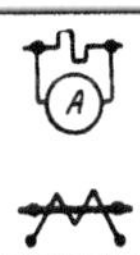	Nebenwiderstand zu Strommessern	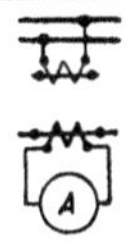	Spannungswandler
	Stromwandler		Strommesser mit Stromwandler

Tab. 2. Zeichen für Meßgeräte nach den VDE-Regeln. (s. Zus. III. F.)

A. Symbole der Meßwerke.

Lfd. Nr.	Art der Meßwerke	Symbole: mit Richtkraft	Symbole: ohne Richtkraft (Kreuzspule)
M 1	Drehspule		
M 2	Dreheisen (Weicheisen)		
M 3	Elektrodynamisch eisenlos		
	eisengeschirmt		
	eisengeschlossen		
M 4	Induktion		
M 5	Hitzdraht		
M 6	Elektrostatisch		
M 7	Vibration		

B. Prüfspannungen.

Für Meßgeräte, die nicht an Meßwandler angeschlossen werden, gelten folgende Prüfspannungen.

Höchstspannung [1] gegen Gehäuse	Prüfspannung	Prüfspannungszeichen
nicht über 40 V	500 V	schwarzer Stern
41 bis 100 V	1000 V	brauner Stern
101 bis 650 V	2000 V	roter Stern
651 bis 900 V	3000 V	blauer Stern
901 bis 1500 V	5000 V	grüner Stern

Bei Instrumenten zum Anschluß an Meßwandler beträgt die Prüfspannung mindestens 2000 V.

[1] Die Höchstspannung gegen Gehäuse ist die höchste Spannung, die zwischen Strom- bzw. Spannungspfad und Gehäuse betriebsmäßig zulässig ist.

C. Klassenzeichen, Stromart, Lagezeichen.

Bezeichnung	Zeichen	bedeutet
Klassenzeichen:	E F G H	Feinmeßgerät 1. Kl. „ 2. „ Betriebsmeßgerät 1. „ „ 2. „
Stromart [1]:		Gleichstrom Wechselstrom Gleich- und Wechselstrom Zweiphasenstrom Drehstrom gleiche Belastung Drehstrom ungleiche Belastung Vierleitersysteme
Lagezeichen: (am Symbol für Meß-werk anfügen)	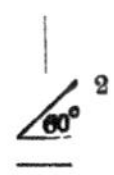 [2]	Senkrechte Gebrauchslage Schräge „ Wagerechte „

D. Beispiele.

Dreheisen (Weicheisen)
Klasse F Wechselstrom
senkrechte Gebrauchslage

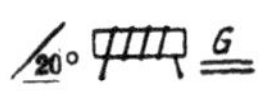

Dreheisen (Weicheisen)
Klasse G Gleichstrom
schräge Gebrauchslage

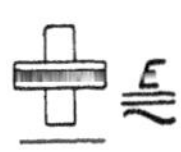

Elektrodynamisch Klasse E
Gleich- und Wechselstrom
wagerechte Gebrauchslage

[1] Bei Zeichen mit mehreren Wellen bedeuten die dicken die Zahl der Stromspulen bzw. Meßwerke.

[2] Die in das ∠ Zeichen eingeschriebene Zahl bedeutet den Neigungswinkel.

Tab. 3. Normalschaltungsbilder für Zähler.

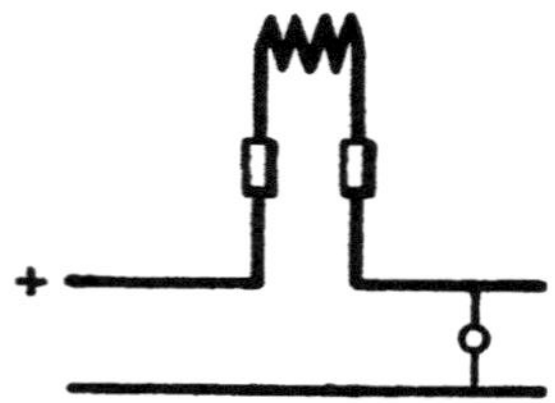

Nr. 1. Für Gleichstrom-Amperestundenzähler im + Leiter.

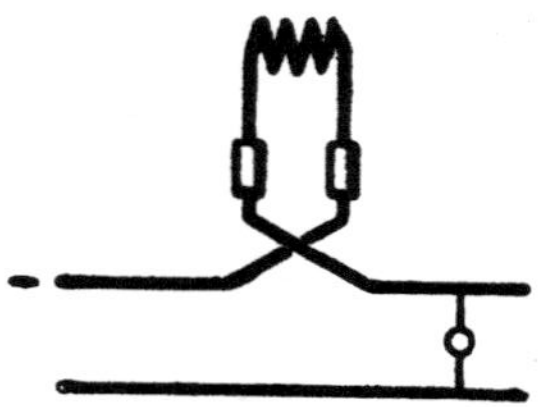

Nr. 2. Für Gleichstrom-Amperestundenzähler im — Leiter.

Die Schaltungsbilder 1 und 2 werden gleichzeitig mitgegeben.

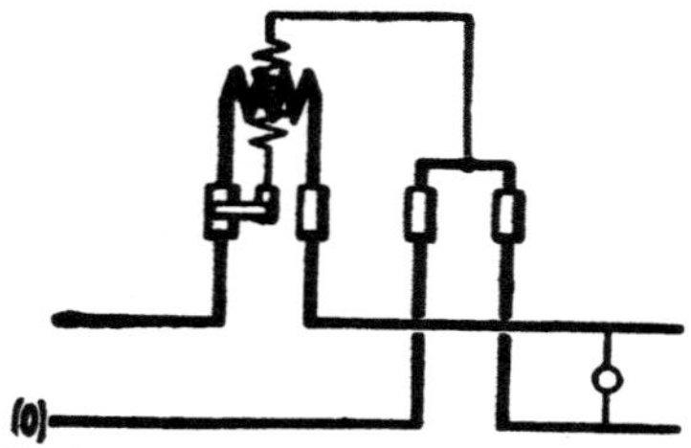

Nr. 3. Für Wattstunden-Zweileiterzähler. *Der äußere Anschluß des Spannungskreises kann anstatt durch zwei Drähte auch durch einen Draht vorgenommen werden.*

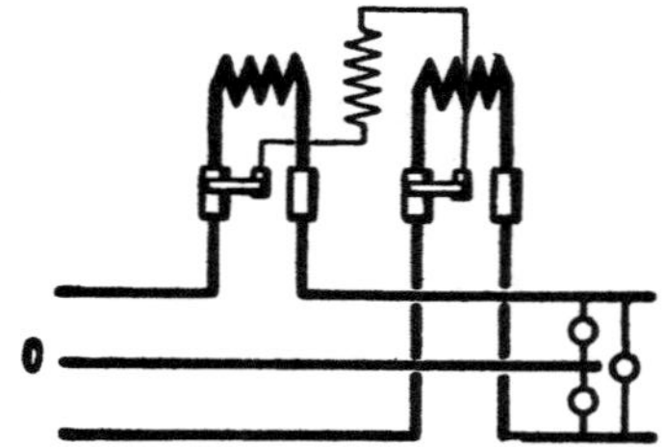

Nr. 5. Für Wattstunden-Dreileiterzähler (Außenleiteranschluß).

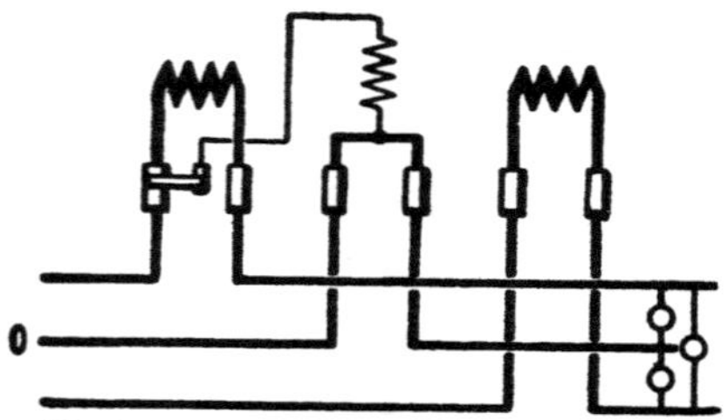

Nr. 6. Für Wattstunden-Dreileiterzähler (Nulleiteranschluß). *Der äußere Anschluß des Spannungskreises kann anstatt durch zwei Drähte auch durch einen Draht vorgenommen werden.*

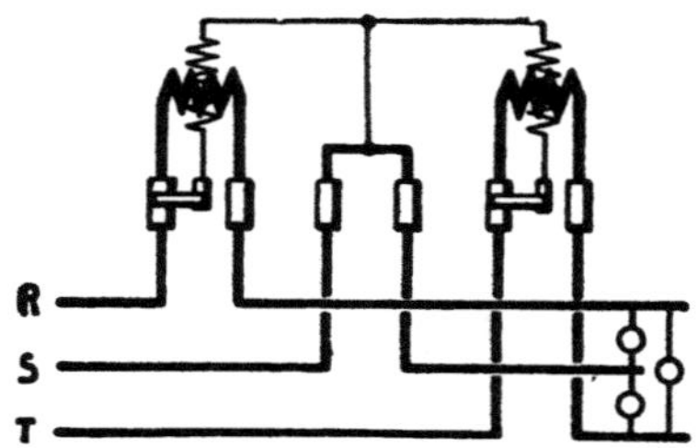

Nr. 7. Für Drehstromzähler ohne Nulleiter. *Der äußere Anschluß des Spannungskreises kann anstatt durch zwei Drähte auch durch einen Draht vorgenommen werden.*

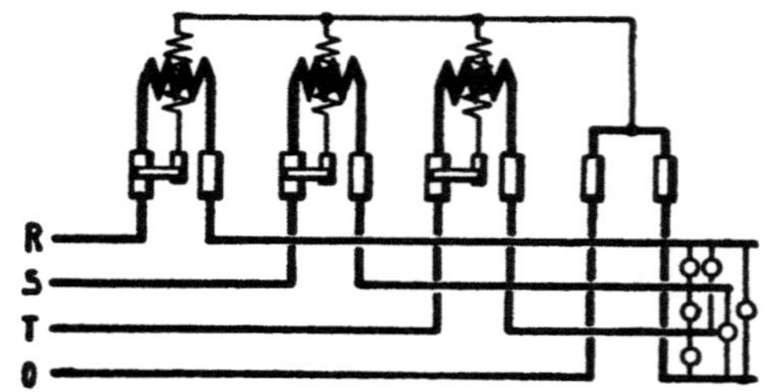

Nr. 9. Für Drehstromzähler mit Nulleiter. *Der äußere Anschluß des Spannungskreises kann anstatt durch zwei Drähte auch durch einen Draht vorgenommen werden.*

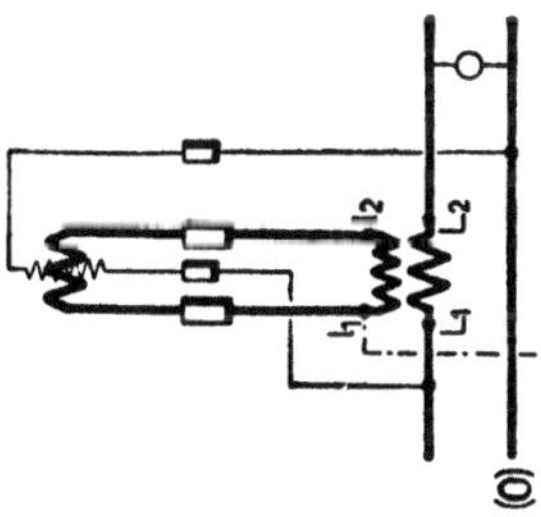

Nr. 11. Für Wechselstrom-Einphasenzähler mit Stromwandler.

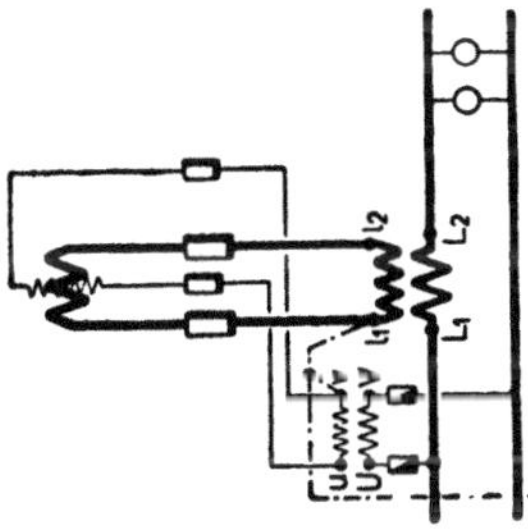

Nr. 12. Für Wechselstrom-Einphasenzähler mit Strom- u. Spannungswandler.

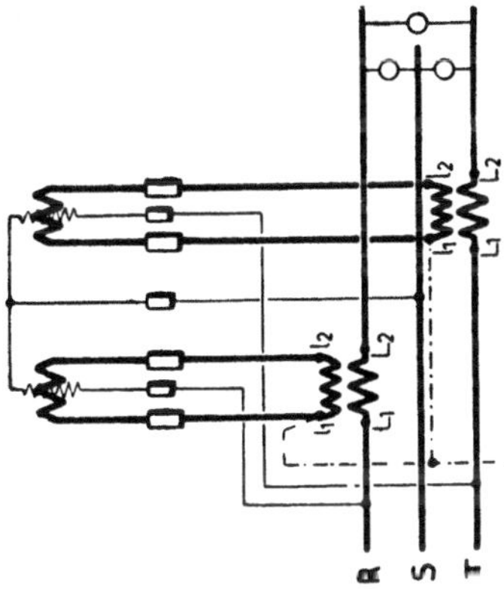

Nr. 13 a. Für Drehstromzähler ohne Nulleiter mit zwei Stromwandlern.

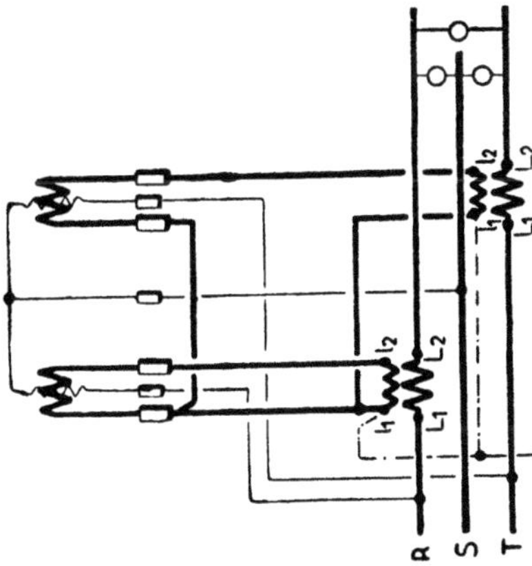

Nr. 13 b. Für Drehstromzähler ohne Nulleiter mit zwei Stromwandlern. Die sekundären Stromzuleitungen sind zusammengefaßt

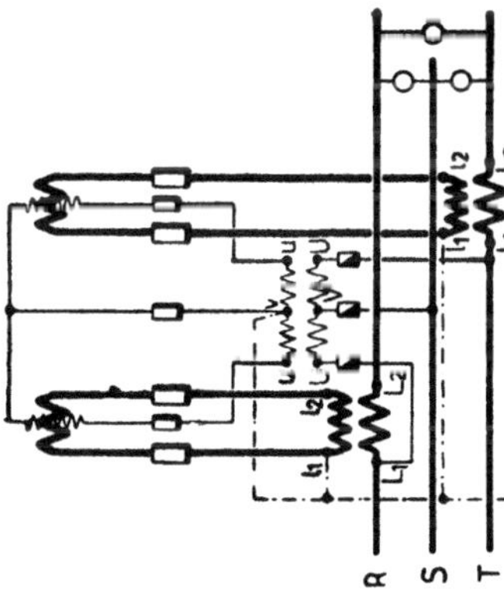

Nr. 14 a. Für Drehstromzähler mit zwei Strom- und zwei Spannungswandlern.

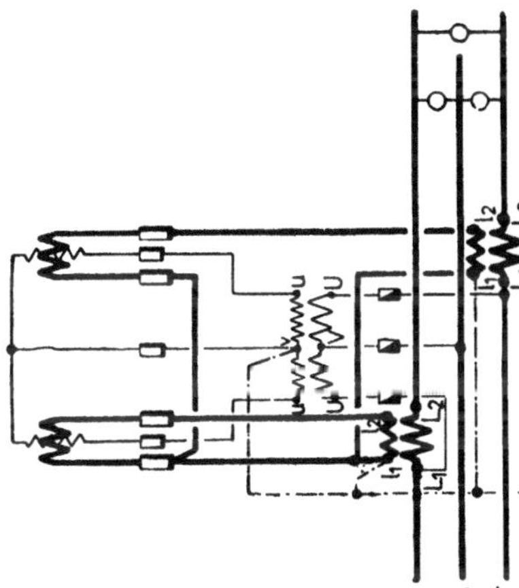

Nr. 14 b. Für Drehstromzähler mit zwei Strom- und zwei Spannungswandlern. Die sekundären Stromzuleitungen sind zusammengefaßt.

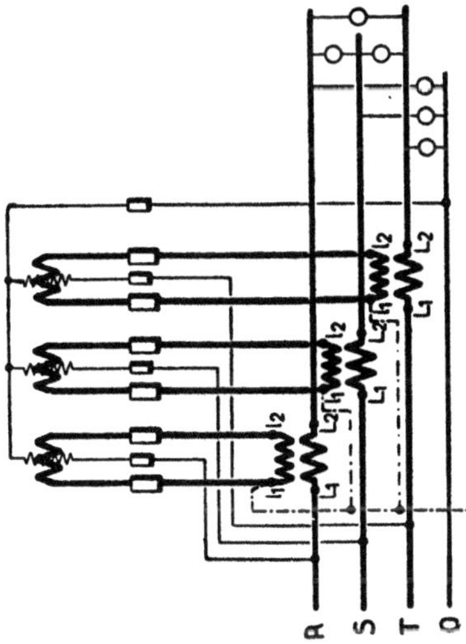

Nr. 15 a. Für Drehstromzähler mit Nulleiter und drei Stromwandlern.

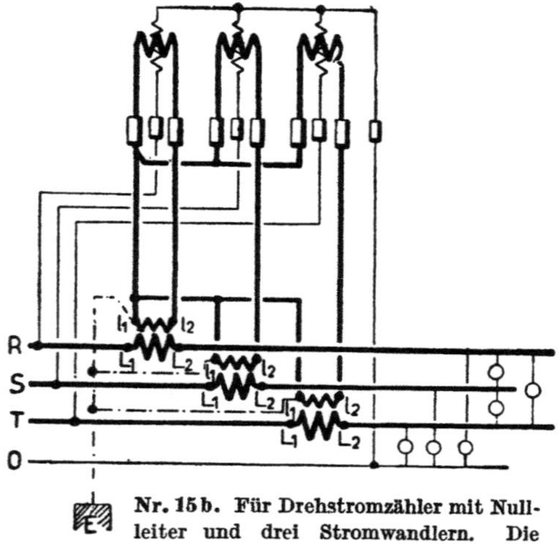

Nr. 15b. Für Drehstromzähler mit Nullleiter und drei Stromwandlern. Die sekundären Stromzuleitungen sind zusammengefaßt.

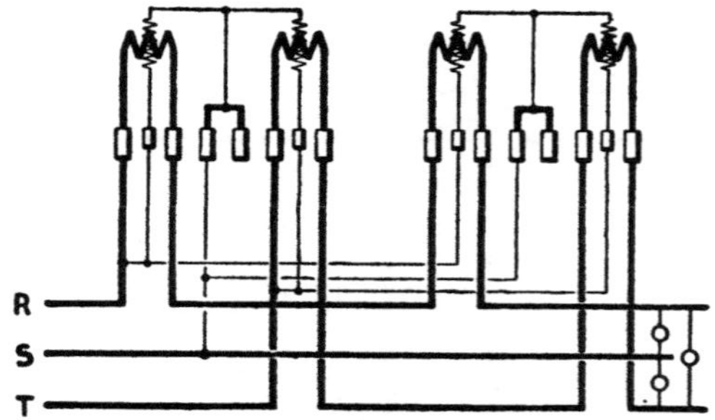

Nr. 16. Für zwei Drehstromzähler ohne Nulleiter in Kontrollschaltung.

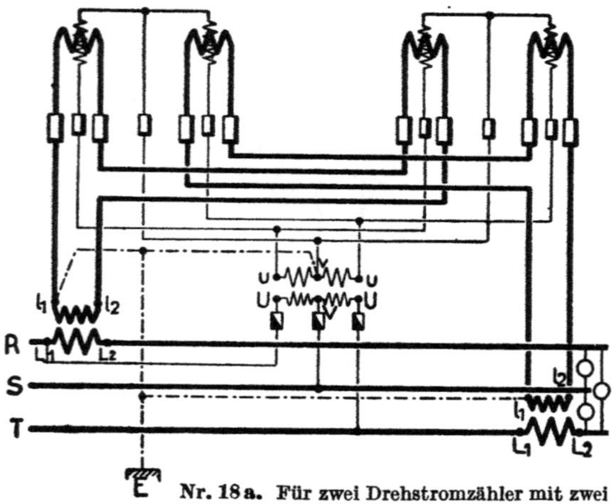

Nr. 18a. Für zwei Drehstromzähler mit zwei Strom- und zwei Spannungswandlern in Kontrollschaltung.

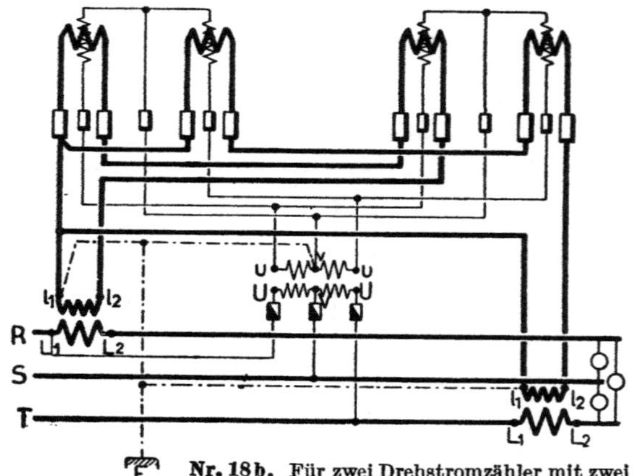

Nr. 18b. Für zwei Drehstromzähler mit zwei Strom- und zwei Spannungswandlern in Kontrollschaltung. Die sekundären Stromzuleitungen sind zusammengefaßt.

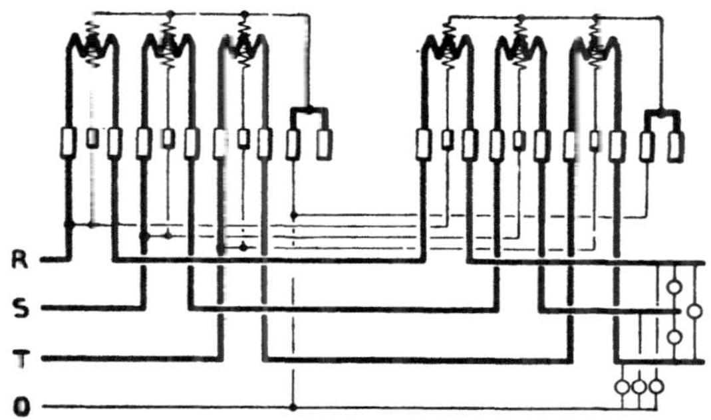

Nr. 19. Für zwei Drehstromzähler mit Nulleiter in Kontrollschaltung.

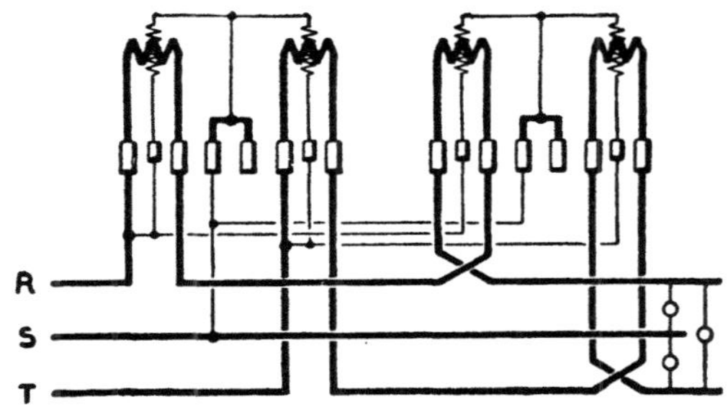

Nr. 21. Für zwei Drehstromzähler ohne Nulleiter mit Rücklaufhemmungen für Vor- und Rückstrom.

In der vorhergehenden Zusammenstellung sind folgende Normalschaltungsbilder nicht aufgenommen worden:

Nr. 4. Für Wattstunden-Zweileiterzähler doppelpolig, in Anlagen ohne geerdeten Nulleiter (Sonderschaltung nur für Ausnahmefälle).
Nr. 8. Für Zähler zum Anschluß an ein Vierleiternetz, wobei nur zwei Außenleiter und der Nulleiter benutzt werden.
Nr. 10. Für Drehstromzähler mit Nulleiter (mit nur zwei Spannungsspulen).
Nr. 17 a. Für zwei Drehstromzähler ohne Nulleiter mit zwei Stromwandlern in Kontrollschaltung.
Nr. 17 b. Wie Schaltungsbild Nr. 17 a, jedoch die sekundären Stromzuleitungen sind zusammengefaßt.
Nr. 20 a. Für zwei Drehstromzähler mit Nulleiter mit drei Stromwandlern in Kontrollschaltung.
Nr. 20 b. Wie Schaltungsbild Nr. 20 a, jedoch die sekundären Stromzuleitungen sind zusammengefaßt.
Nr. 22 a. Für zwei Drehstromzähler ohne Nulleiter mit Rücklaufhemmungen mit zwei Stromwandlern für Vor- und Rückstrom.
Nr. 22 b. Wie Schaltungsbild Nr. 22 a, jedoch die sekundären Stromzuleitungen sind zusammengefaßt.
Nr. 23 a. Für zwei Drehstromzähler mit Rücklaufhemmungen mit zwei Strom- und zwei Spannungswandlern für Vor- und Rückstrom.
Nr. 23 b. Wie Schaltungsbild Nr. 23 a, jedoch die sekundären Stromzuleitungen sind zusammengefaßt.
Nr. 24. Für zwei Drehstromzähler mit Nulleiter mit Rücklaufhemmung für Vor- und Rückstrom.
Nr. 25 a. Für zwei Drehstromzähler mit Nulleiter mit Rücklaufhemmungen mit drei Stromwandlern für Vor- und Rückstrom.
Nr. 25 b. Wie Schaltungsbild Nr. 25 a, jedoch die sekundären Stromzuleitungen sind zusammengefaßt.

Tab. 4. Fehlergrenzen für Zähler

(s. hierzu Bemerkung zu Zus. III A und B S. 480).

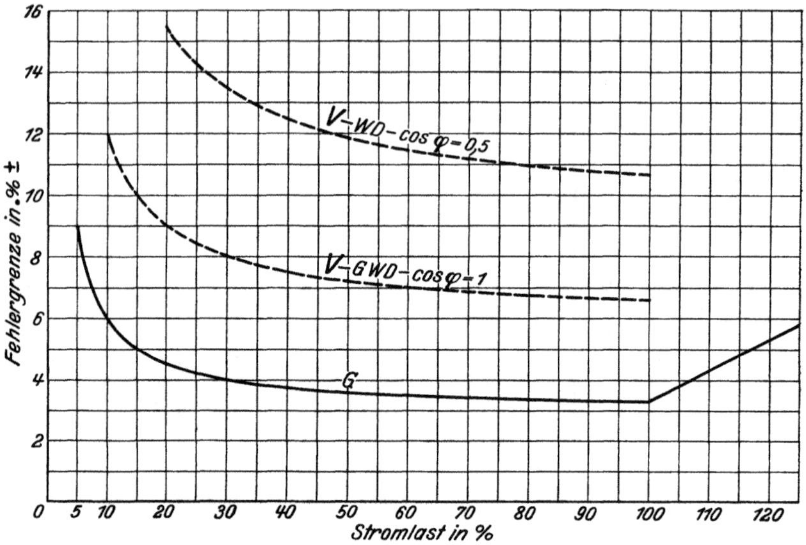

Abb. 304.

***V — G WD* — cos φ = 1 bzw. *V — WD* — cos φ = 0,5** Verkehrsfehlergrenzen für Gleichstromzähler, sowie für Wechselstromzähler und symmetrisch belastete Drehstromzähler bei cos $\varphi = 1$ bzw. cos $\varphi = 0{,}5$.

G Beglaubigungsfehlergrenzen für Gleichstromzähler.

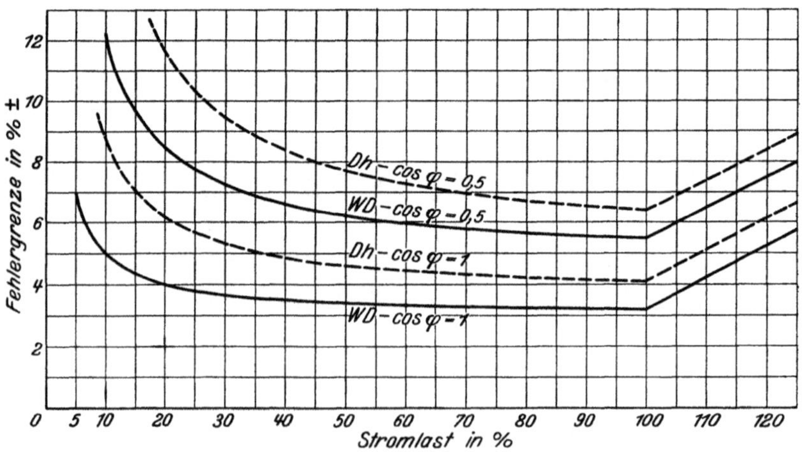

Abb. 305.

***WD* — cos φ = 1 bzw. cos φ = 0,5** Beglaubigungsfehler für Wechsel- und Drehstromzähler bei symmetrischer Belastung cos $\varphi = 1$ bzw. cos $\varphi = 0{,}5$.

***Dh* — cos φ = 1 bzw. cos φ = 0,5** Beglaubigungsfehlergrenzen für Drehstromzähler, einseitige Belastung zwischen zwei Hauptleitern cos $\varphi = 1$ bzw. cos $\varphi = 0{,}5$.

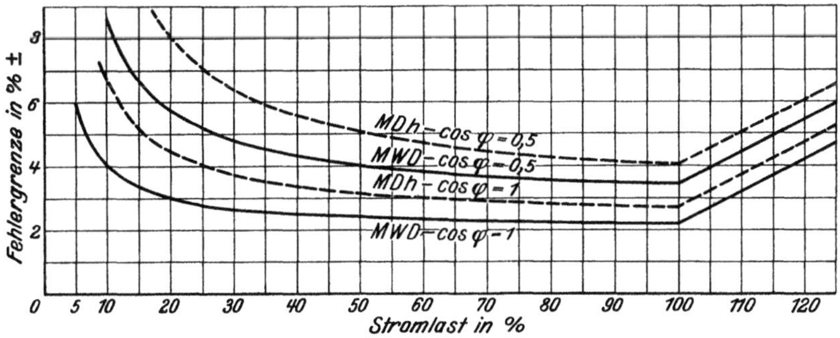

Abb. 306.

***MWD* — cos φ = 1 bzw. cos φ = 0,5** Beglaubigungsfehlergrenzen für Meßwandler-Wechsel- und Drehstromzähler bei symmetrischer Belastung cos φ = 1 bzw. cos φ = 0,5.

***MWDh* — cos φ = 1 bzw. cos φ = 0,5** Beglaubigungsfehlergrenzen für Meßwandler-Drehstromzähler, einseitige Belastung zwischen zwei Hauptleitern cos φ = 1 bzw. cos φ = 0,5.

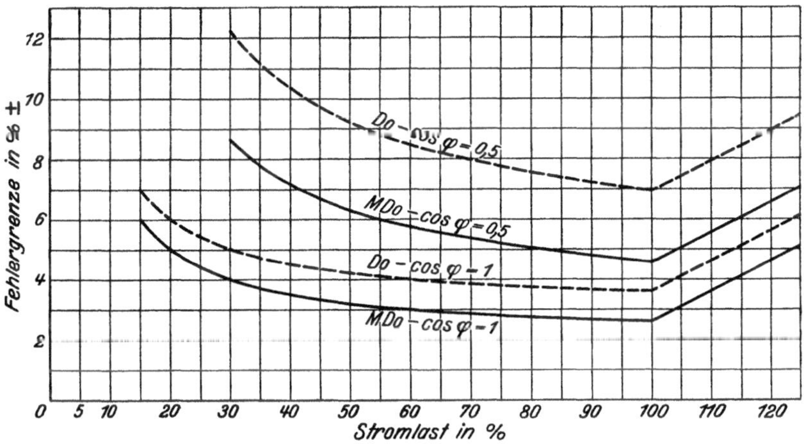

Abb. 307.

***Do* — cos φ = 1 bzw. cos φ = 0,5** Beglaubigungsfehlergrenzen für Vierleiter-Drehstromzähler, einseitige Belastung zwischen Hauptleiter und Nullleiter cos φ = 1 bzw. cos φ = 0,5.

***MDo* — cos φ = 1 bzw. cos φ = 0,5** Beglaubigungsfehlergrenzen für Meßwandler-Vierleiter-Drehstromzähler, einseitige Belastung zwischen Hauptleiter und Nulleiter cos φ = 1 bzw. cos φ = 0,5.

Tab. 5. Fehlergrenzen für Meßwandler nach den VDE-Regeln.

Fehlergrenzen der Klasse E entsprechen den Beglaubigungsfehlergrenzen (s. Zus. III C).

Art des Wandlers	Klasse	Belastungsverhältnisse	Fehlergrenzen: Strom- bzw. Spannungsfehler %	Fehlergrenzen: Fehlwinkel Minuten
Stromwandler		Bei Bürden zwischen Null- und Nennbürde, für Klasse E nicht unter 0,6 Ω bei der sekundären Nennstrombürde von 5 A (15 VA Belastung) und sekundären Leistungsfaktoren ($\cos\psi$) zwischen 1 und 0,5 bei Kl. E bzw. 0,6 bei Kl. F und den Strombelastungen		
	E	100 ... 20% des Nennstromes 20 ... 10% " "	± 0,5 ± 1,0	± 40 ± 60
	F ohne Zubehör	100 ... 50% des Nennstromes 50 ... 20% " " 20 ... 10% " "	± 1,0 ± 1,5 ± 2,0	± 80 ± 100 ± 180
Spannungswandler		Bei Belastungen zwischen Null- und Nennlast, für Klasse E nicht unter 30 VA und sekundären Leistungsfaktoren ($\cos\psi$) zwischen 1 und 0,5 bei Klasse E bzw. 0,6 bei Klasse F sowie Spannungen		
	E	80 ... 120% der Nennspannung	± 0,5	± 20
	F	90 ... 110% der Nennspannung	± 1,5	± 60

Tab. 6. Fehlergrenzen für Meßgeräte nach VDE-Regeln (s. Zus. II F).

A. Feinmeßgeräte Klasse E und F.

Klasse	Art des Meßgerätes	Art des Meßwerks	Zulässige Anzeigefehler in % des Endwertes des Meßbereiches
E	Strom- und Spannungsmesser	Drehspul (M 1)	± 0,2
	Strommesser	Meßwerke M 2 bis M 5	± 0,4
	Spannungs- und Leistungsmesser	Meßwerke M 2 bis M 6	± 0,3
F	Strom- und Spannungsmesser	Drehspul (M 1)	± 0,3
	Strommesser	Meßwerke M 2 bis M 5	± 0,6
	Spannungs- und Leistungsmesser	Meßwerke M 3 bis M 6	± 0,5
	Die Fehlergrenzen für Klasse E und F vergrößern sich:		
	Bei Meßbereichen für mehr als 250 V um		0,1
	Bei Meßgeräten mit austauschbaren Vorwiderständen um weitere		0,1
	Bei Meßgeräten mit austauschbaren Nebenwiderständen um weitere		0,2

B. Betriebsinstrumente der Klasse G. (Alle Meßwerke.)

Art des Meßgerätes	Anzeigefehler
Strom-, Spannungs-, Leistungsmesser .	± 1,5% des Endwertes des Meßbereiches
Leistungsfaktormesser	± 2 Winkelgrade der Skala
Zungenfrequenzmesser	± 1% des Sollwertes
Zeigerfrequenzmesser	± 1% des Skalenmittelwertes

Für Instrumente der Klasse H gelten die doppelten Werte wie für Klasse G.

Tab. 7. Eigenschaften von Metallen.

Lfde. Nr.	1 Name des Metalls	2 Chemisches Zeichen	3 Spezifisches Gewicht s	4 Wärmeausdehnungskoeffizient linear $10^6 \cdot \beta$	5 Schmelzpunkt t_s	6 Spezifische Wärme bei 18°	7 Spezifischer Widerstand bei 20° ϱ	8 Elektrische Leitfähigkeit bei 20° $\varkappa$	9 Temperaturkoeffizient des Widerstandes 0,00
1	Aluminium	Al	2,7	24	658	0,214	0,029	34	37
2	Blei	Pb	11,3	29	327	0,031	0,20	5	42
3	Bronze: 95% Cu und 5% Al	—	8,2	14	≈ 1050	0,1	0,13	7,7	1
	84% Cu, 10% Zn und 6% Sn	—	8,5	15	≈ 900	0,09	0,13	7,7	1
4	Chrom	Cr	6,9	8	1520	0,11	0,026	38	—
5	Chromnickel: 20% Cr und 80% Ni	—	8,36	—	1430	—	1,1	0,91	005
6	Chromnickeleisen: 33% Cr, 50% Ni u. 17% Fe	—	8,04	—	1425	—	1,05	0,95	02
7	Eisen, rein	Fe	7,88	11	1530	0,105	0,10	10	6
8	Eisenblech:								
	normales Dynamoblech etwa 1% Si	—	7,85	—	≈ 1450	0,12	—	—	—
	hochlegiertes Blech etwa 4% Si	—	7,6	—	≈ 1400	0,12	—	—	—
9	Gold	Au	19,3	14	1036	0,031	0,024	42	4
10	Konstantan, Ia Ia etwa 60% Cu u. 40% Ni	—	8,8	15	≈ 1250	0,098	0,48	2,1	unter 000
11	Kupfer	Cu	8,89	16	1084	0,091	0,0178	56	4
12	Magnesium	Mg	1,74	26	640	0,25	0,047	21	4
13	Mangan	Mn	7,23	23	1245	0,11	—	—	—
14	Manganin: 84 Cu%, 12% Mn u. 4% Ni	—	8,43	—	≈ 900	0,097	0,42	2,4	unter 003
15	Messing: 67% Cu und 33% Zn	—	8,4	18	≈ 900	0,093	0,07	14,3	35
16	Neusilber: 63% Cu, 15% Ni u. 22% Zn	—	8,5	18	≈ 1000	0,095	0,27	3,7	3
17	Nickel (handelsüblich)	Ni	8,8	13	1455	0,106	0,12	8,5	5
18	Nickelin: 62% Cu, 20% Zn und 18% Ni	—	8,75	—	≈ 1000	—	0,40	2,5	03
19	Nickelstahl: 64% Fe und 36% Ni (Invar)	—	7,7	etwa 1	1450	0,12	—	—	—
20	Osmium	Os	22,5	68	2700	0,031	0,095	10,5	42
21	Platin	Pt	21,4	9	1760	0,032	0,11	9,1	39
22	Quecksilber	Hg	13,6	—	— 38,8	0,033	0,958	1,04	1
23	Silber	Ag	10,5	19	961	0,055	0,0163	61	4
24	Silizium	Si	2,4	2,5	1404	0,17	—	—	—
25	Tantal	Ta	16,6	8	2910	0,035	0,15	6,7	35
26	Wolfram	W	19,1	3	3500	0,035	0,05	20	5
27	Zink	Zn	7,0	29	419	0,092	0,06	16,7	4
28	Zinn	Sn	7,28	21	232	0,056	0,12	8,3	4

Tab. 8. Zusammenstellung der wichtigsten Wechselstromgrößen unter besonderer Berücksichtigung des Blindstromes.

Bei den Berechnungen benutzt man am zweckmäßigsten die trigonometrischen Skalen Tab. 5[1].

Größe	Formelzeichen	Einheit: Name	Einheit: Zeichen	Zusammenhang mit anderen Größen
Spannung	E	Volt Kilovolt	V kV	
Stromstärke	J	Ampere	A	$J = \frac{J_w}{\cos\varphi} = \frac{J_b}{\sin\varphi}$
Phasenverschiebungswinkel	φ	Grade (elektrische)	°	
Leistungsfaktor	$\cos\varphi$			$\cos\varphi = \frac{J_w}{J} = \frac{N}{N_s} = \frac{A}{A_s}$
Blindlastfaktor	$\sin\varphi$			$\sin\varphi = \frac{J_b}{J} = \frac{N_b}{N_s} = \frac{A_b}{A_s}$
	$\operatorname{tg}\varphi$			$\operatorname{tg}\varphi = \frac{J_b}{J_w} = \frac{N_b}{N} = \frac{A_b}{A}$
Wirkstrom	J_w	Ampere	A	$J_w = J\cdot\cos\varphi$
Blindstrom	J_b	Ampere	A	$J_b = J\cdot\sin\varphi$
Leistung	N	Watt Kilowatt	W kW	$N = E\cdot J\cdot\cos\varphi = E\cdot J_w$
Blindlast (Blindleistung)	N_b	Blindvoltampere Blindkilovoltampere oder Blindwatt Blindkilowatt	bVA bkVA bW bkW	$N_b = E\cdot J\cdot\sin\varphi = E\cdot J_b = N\cdot\operatorname{tg}\varphi = N_s\cdot\sin\varphi$
Scheinlast	N_s	Voltampere Kilovoltampere	VA kVA	$N_s = E\cdot J = N\cdot\frac{1}{\cos\varphi} = N_b\cdot\frac{1}{\sin\varphi}$
Arbeit, Energie (Wirk-) Verbrauch	A	Wattstunden Kilowattstunden	Wh kWh	$A = E\cdot J\cdot\cos\varphi\cdot t = E\cdot J_w\cdot t$
Blindverbrauch	A_b	Blindvoltamperestunden Blindkilovoltamperestunden od. Blindwattstund. Blindkilowattstunden	bVAh bkVAh bWh bkWh	$A_b = E\cdot J\cdot\sin\varphi\cdot t = E\cdot J_b\cdot t = A\cdot\operatorname{tg}\varphi = A_s\cdot\sin\varphi$
Scheinverbrauch	A_s	Voltamperestunden Kilovoltamperestunden	VAh kVAh	$A_s = E\cdot J\cdot t = A\cdot\frac{1}{\cos\varphi} = \frac{A_b}{\sin\varphi}$

[1] An dieser Stelle möge auch auf einen Spezialrechenschieber nach Beetz hingewiesen werden, der von der Firma Koch, Huxhold und Hannemann, Hamburg, hergestellt wird.

Tab. 9. Trigonometrische Skalen nach Beetz.

Zusammengehörige Werte eines Winkels φ und der trigon. Funktionen $\sin\varphi$, $\cos\varphi$ und $\operatorname{tg}\varphi$, ferner $\frac{1}{\cos\varphi}$ und des Verhältnisses $\frac{N_I}{N_{II}}$, der Angaben der zwei Wattmeter in Aronschaltung bei symmetrischer Belastung (s. 93 u. 211). $\operatorname{ctg}\varphi$ berechnet sich zu $\frac{1}{\operatorname{tg}\varphi}$.

Die Genauigkeit, mit der die Zahlen den Skalen entnommen werden können, genügt für die meisten Zwecke.

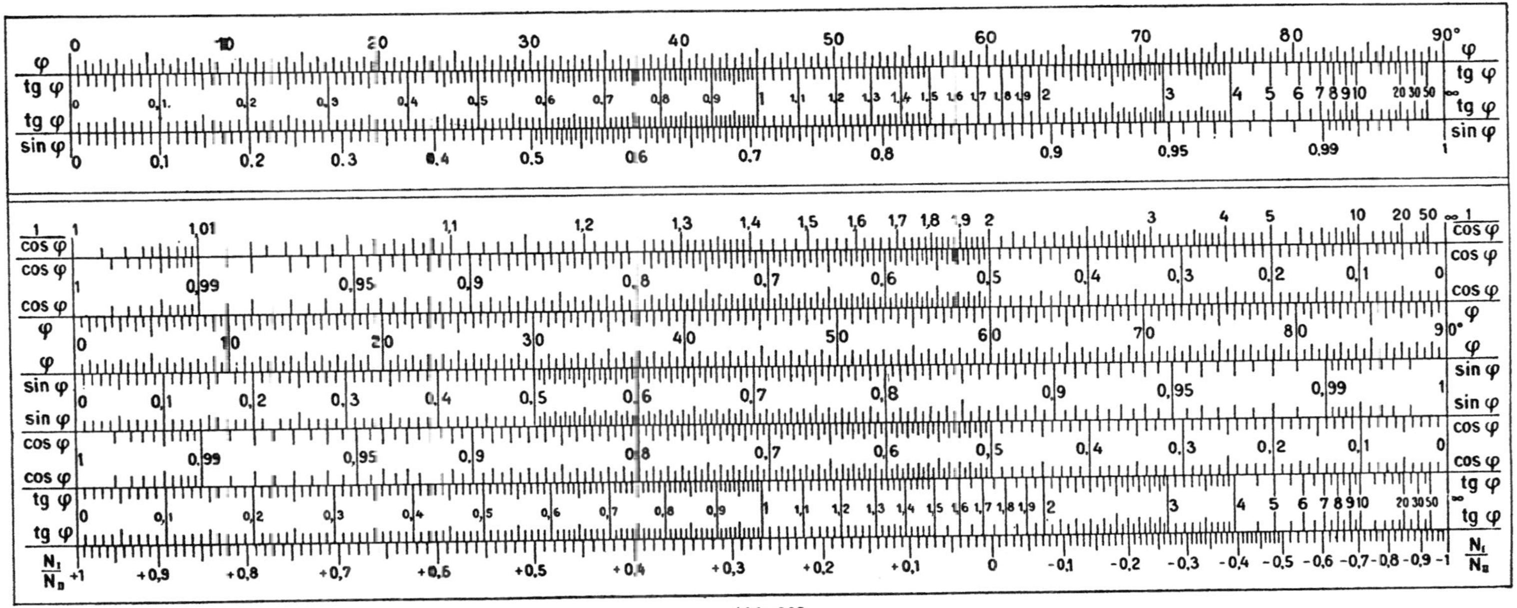

Abb. 308.

Tab. 10. Tafeln trigonometrischer Funktionen.

Winkel φ in ⁰	$\sin\varphi$	$\cos\varphi$	$\operatorname{tg}\varphi$	$\operatorname{ctg}\varphi$	$\frac{1}{\cos\varphi}$	$\cos(\varphi+30)$	$\cos(\varphi-30)$	$\frac{\cos(\varphi+30)}{\cos(\varphi-30)}$	Winkel φ in ⁰
0	0,0000	1,0000	0,0000	∞	1,0000	0,8660	0,8660	+1,000	0
1	0175	0,9998	0175	57,2900	0002	0,8572	8746	0,980	1
2	0349	9994	0349	28,6363	0006	8480	8829	960	2
3	0523	9986	0524	19,0811	0014	8387	8910	941	3
4	0698	9976	0699	14,3007	0024	8290	8988	922	4
5	0,0872	0,9962	0,0875	11,4301	1,0038	0,8192	0,9063	0,904	5
6	1045	9945	1051	9,5144	0055	8090	9135	886	6
7	1219	9925	1228	8,1144	0075	7986	9205	868	7
8	1392	9903	1405	7,1154	0097	7880	9272	850	8
9	1564	9877	1584	6,3138	0124	7771	9336	832	9
10	0,1736	0,9848	0,1763	5,6713	1,0154	0,7660	0,9397	0,816	10
11	1908	9816	1944	1446	0187	7547	9455	798	11
12	2079	9781	2126	4,7046	0223	7431	9511	781	12
13	2250	9744	2309	3315	0262	7314	9563	765	13
14	2419	9703	2493	0108	0306	7193	9613	748	14
15	0,2588	0,9659	0,2679	3,7321	1,0353	0,7071	0,9659	0,732	15
16	2756	9613	2867	4874	0402	6947	9703	716	16
17	2924	9563	3057	2709	0456	6820	9744	700	17
18	3090	9511	3249	0777	0514	6691	9781	684	18
19	3256	9455	3443	2,9042	0576	6561	9816	668	19
20	0,3420	0,9397	0,3640	2,7475	1,0641	0,6428	0,9848	0,653	20
21	3584	9336	3839	6051	0711	6293	9877	637	21
22	3746	9272	4040	4751	0785	6157	9903	622	22
23	3907	9205	4245	3559	0863	6018	9925	606	23
24	4067	9135	4452	2460	0946	5878	9945	591	24
25	0,4226	0,9063	0,4663	2,1445	1,1033	0,5736	0,9962	0,576	25
26	4384	8988	4877	0503	1125	5592	9976	561	26
27	4540	8910	5095	1,9626	1223	5446	9986	546	27
28	4695	8829	5317	8807	1326	5299	9994	530	28
29	4848	8746	5543	8041	1433	5150	9998	515	29
30	0,5000	0,8660	0,5774	1,7321	1,1547	0,5000	1,0000	0,500	30
31	5150	8572	6009	6643	1665	4848	0,9998	485	31
32	5299	8480	6249	6003	1792	4695	9994	470	32
33	5446	8387	6494	5399	1923	4540	9986	455	33
34	5592	8290	6745	4826	2062	4384	9976	440	34
35	0,5736	0,8192	0,7002	1,4282	1,2207	0,4226	0,9962	0,424	35
36	5878	8090	7265	3764	2360	4067	9945	409	36
37	6018	7986	7536	3270	2521	3907	9925	394	37
38	6157	7880	7813	2799	2690	3746	9903	378	38
39	6293	7771	8098	2349	2868	3584	9877	363	39
40	0,6428	0,7660	0,8391	1,1918	1,3054	0,3420	0,9848	0,347	40
41	6561	7547	8693	1504	3250	3256	9816	332	41
42	6691	7431	9004	1106	3457	3090	9781	316	42
43	6820	7314	9325	0724	3672	2924	9744	300	43
44	6947	7193	9657	0355	3902	2756	9703	284	44
45	0,7071	0,7071	1,0000	1,0000	1,4142	0,2588	0,9659	0,268	45

Tabelle 10 (Fortsetzung).

Winkel φ in °	$\sin\varphi$	$\cos\varphi$	$\operatorname{tg}\varphi$	$\operatorname{ctg}\varphi$	$\frac{1}{\cos\varphi}$	$\cos(\varphi+30)$	$\cos(\varphi-30)$	$\frac{\cos(\varphi+30)}{\cos(\varphi-30)}$	Winkel φ in °
45	0,7071	0,7071	1,0000	1,0000	1,4142	0,2588	0,9659	+ 0,268	45
46	7193	6947	0355	0,9657	4394	2419	9613	252	46
47	7314	6820	0724	9325	4662	2250	9563	235	47
48	7431	6691	1106	9004	4945	2079	9511	219	48
49	7547	6561	1504	8693	5241	1908	9455	202	49
50	0,7660	0,6428	1,1918	0,8391	1,5556	0,1736	0,9397	0,185	50
51	7771	6293	2349	8098	5890	1564	9336	168	51
52	7880	6157	2799	7813	6241	1392	9272	150	52
53	7986	6018	3270	7536	6616	1219	9205	132	53
54	8090	5878	3764	7265	7013	1045	9135	114	54
55	0,8192	0,5736	1,4282	0,7002	1,7433	0,0872	0,9063	0,096	55
56	8290	5592	4826	6745	7882	0698	8988	078	56
57	8387	5446	5399	6494	8362	0523	8910	059	57
58	8480	5299	6003	6249	8871	0349	8829	040	58
59	8572	5150	6643	6000	9417	0175	8746	020	59
60	0,8660	0,5000	1,7321	0,5774	2,0000	0,0000	0,8660	0,000	60
61	8746	4848	8041	5543	0627	−0,0175	8572	− 0,020	61
62	8829	4695	8807	5317	1299	0349	8480	041	62
63	8910	4540	9626	5095	2026	0523	8387	062	63
64	8988	4384	2,0503	4877	2810	0698	8290	084	64
65	0,9063	0,4226	2,1445	0,4663	2,3663	−0,0872	0,8192	−0,107	65
66	9135	4067	2460	4452	4588	1045	8090	129	66
67	9205	3907	3559	4245	5595	1219	7986	153	67
68	9272	3746	4751	4040	6695	1392	7880	177	68
69	9336	3584	6051	3839	7901	1564	7771	201	69
70	0,9397	0,3420	2,7475	0,3640	2,9239	−0,1736	0,7660	−0,227	70
71	9455	3256	9042	3443	3,0713	1908	7547	253	71
72	9511	3090	3,0777	3249	2362	2079	7431	280	72
73	9563	2924	2709	3057	4199	2250	7314	308	73
74	9613	2756	4874	2867	6284	2419	7193	336	74
75	0,9659	0,2588	7321	0,2679	8639	−0,2588	0,7071	−0,366	75
76	9703	2419	4,0108	2493	4,1339	2756	6947	397	76
77	9744	2250	3315	2309	4444	2924	6820	429	77
78	9781	2079	7046	2126	8100	3090	6691	461	78
79	9816	1908	5,1446	1944	5,2410	3256	6561	496	79
80	0,9848	0,1736	6713	0,1763	7603	−0,3420	0,6428	−0,532	80
81	9877	1564	6,3138	1584	6,3938	3584	6293	570	81
82	9903	1392	7,1154	1405	7,1839	3746	6157	608	82
83	9925	1219	8,1444	1228	8,2034	3907	6018	649	83
84	9945	1045	9,5144	1051	9,5693	4067	5878	692	84
85	0,9962	0,0872	11,4301	0,0875	11,467	−0,4226	0,5736	−0,737	85
86	9976	0698	14,3007	0699	14,326	4384	5592	784	86
87	9986	0523	19,0811	0524	19,120	4540	5446	834	87
88	9994	0349	28,6363	0349	28,653	4695	5299	886	88
89	9998	0175	57,2900	0175	57,142	4848	5150	941	89
90	1,0000	0,0000	∞	0,0000	∞	−0,5000	0,5000	−1,000	90

Tab. 11. Ermittlung der Fehler von Meßwandlerzählern.

(S. hierzu auch 173, S. 349.)

Der Gesamtfehler eines Meßwandlerzählers berechnet sich zu

$$\Delta = \Delta_Z + \Delta_E + \Delta_J + \Delta_\delta.$$

Δ_Z = Fehler des Zählers ohne Wandler.

Δ_E = Spannungsfehler des Spannungswandlers.

Δ_J = Stromfehler des Stromwandlers.

Δ_δ = Fehler durch den resultierenden Fehlwinkel δ der Wandler.

$$\delta = \delta_J - \delta_E \begin{cases} \delta_J = \text{Fehlwinkel des Stromwandlers in Minuten}^1. \\ \delta_E = \text{Fehlwinkel des Spannungswandlers in Minuten}^1. \end{cases}$$

Für den Wirkverbrauchzähler ist $\Delta_\delta = 0{,}0291 \cdot \delta \cdot \operatorname{tg} \varphi$.

Für den Blindverbrauchzähler ist $\Delta_\delta = -0{,}0291 \cdot \delta \cdot \operatorname{ctg} \varphi$.

$\operatorname{tg} \varphi$ und $\operatorname{ctg} \varphi$ sind die dem Leistungsfaktor $\cos \varphi$ in der Anlage entsprechenden Werte. δ_J, δ_E, δ, $\operatorname{tg} \varphi$ und $\operatorname{ctg} \varphi$ sind in den Formeln mit ihren Vorzeichen einzusetzen. Das Vorzeichen von Δ_δ ergibt sich wie folgt:

Belastung	φ, $\operatorname{tg} \varphi$, $\operatorname{ctg} \varphi$	$\delta = \delta_J - \delta_E$	Δ_δ Wirkverbrauchzähler	Δ_δ Blindverbrauchzähler
Nacheilender Strom (induktive Belastung)	positiv	positiv	positiv	negativ
		negativ	negativ	positiv
Voreilender Strom (kapazitive Belastung)	negativ	positiv	negativ	positiv
		negativ	positiv	negativ

Δ_δ kann für den Wirkverbrauchzähler direkt der nebenstehenden Kurvenschar entnommen werden; für den Blindverbrauchzähler, wenn man die $\cos\varphi$-Teilung der Abszisse als eine $\sin\varphi$-Teilung betrachtet.

Die obigen Formeln gelten auch für Drehstromzähler bei gleichseitiger Belastung, wenn für die Wandler der zwei bzw. drei Meßwerke $\Delta_E + \Delta_J$ und δ die gleichen Werte haben.

Beispiel: An zwei Strom- und zwei Spannungswandler sind ein Dreileiterwirkverbrauch- und ein Dreileiterblindverbrauchzähler (Aronschaltung) angeschlossen. In der nachfolgenden Tabelle sind für die in Betracht kommenden Belastungsfälle die Fehler der Zähler und der Wandler zusammengestellt.

Belastung in der Anlage[2]			Wandlerfehler[4]					Zählerfehler: Wirkverbrauch-Zähler			Zählerfehler: Blindverbrauch-Zähler		
J%	$\cos\varphi$ ind.	$\sin\varphi$[3]	Δ_E	Δ_J	δ_E	δ_J	δ	Δ_Z[4]	Δ_δ[5]	Δ	Δ_Z[4]	Δ_δ[5]	Δ
100	1,0	0	−0,3	+0,4	+4′	+11′	+7′	+0,3	0	+0,4	—	∞	
80	0,6	0,8	−0,3	+0,3	+4′	+12′	+8′	−0,1	+0,3	+0,2	+1,3	−0,2	+1,1
20	0,4	0,92	−0,3	0	+4′	+31′	+27′	−0,4	+1,8	+1,1	+2,2	−0,4	+1,5

[1] δ_J und δ_E sind positiv, wenn die umgeklappten Sekundärgrößen den Primargrößen voreilen.

[2] Bei Nennspannung und Nennfrequenz.

[3] Entsprechend $\cos\varphi$ aus Skalen Tab. 9.

[4] Gleiche Wandler Klasse E für beide Maßwerke. Δ_E, Δ_J, δ_E, δ_J, Δ_Z sind gemessene Werte.

[5] Entsprechend δ und $\cos\varphi$ bzw. $\sin\varphi$ dem Kurvenblatt S. 507 entnommen.

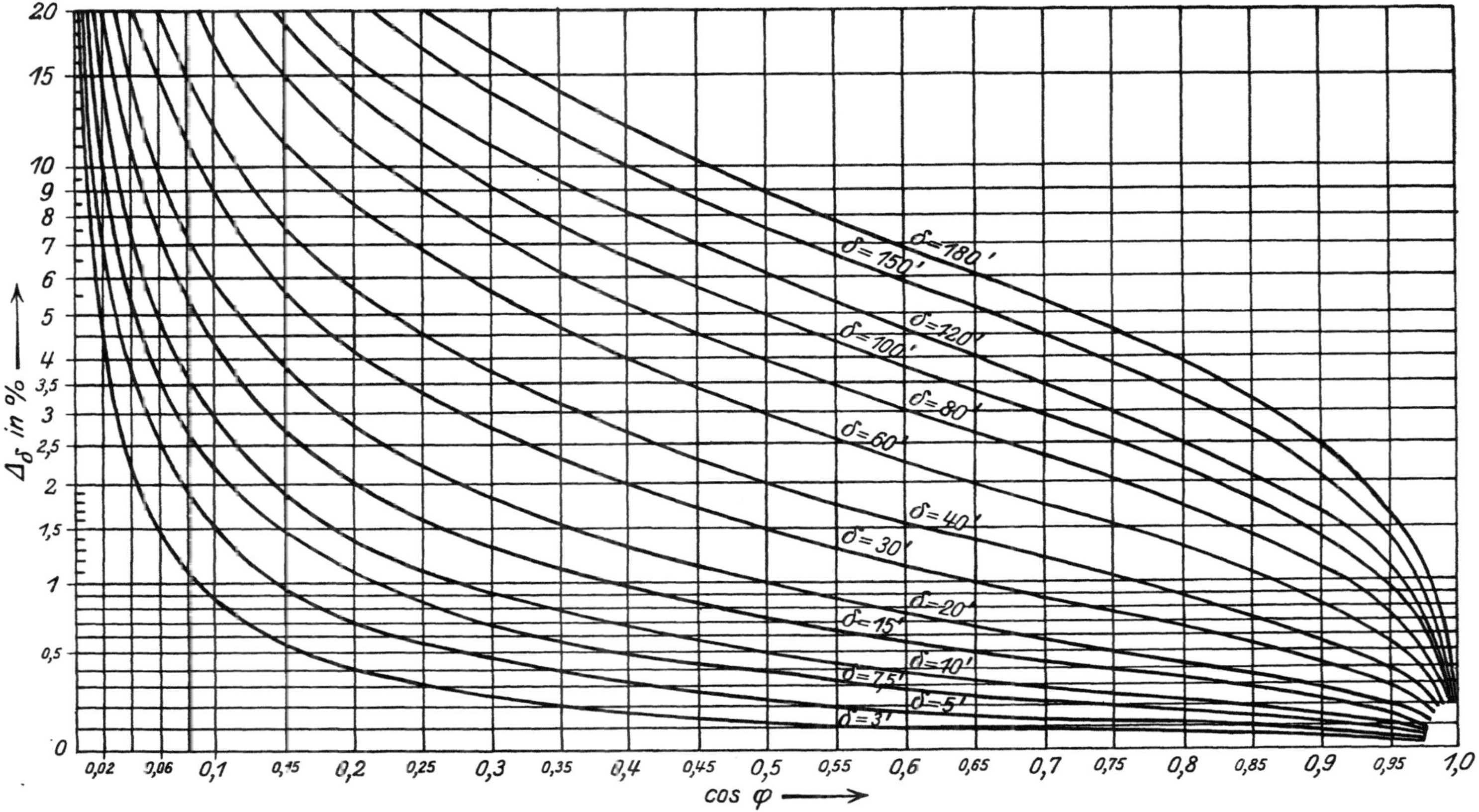

20
15
10
9
8
7
6
5
4
3,5
3
2,5
2
1,5
1
0,5
0
Δδ in % →
δ=180'
δ=150'
δ=120'
δ=100'
δ=80'
δ=60'
δ=40'
δ=30'
δ=20'
δ=15'
δ=10'
δ=7,5'
δ=5'
δ=3'
0,02
0,06
0,1
0,15
0,2
0,25
0,3
0,35
0,4
0,45
0,5
0,55
0,6
0,65
0,7
0,75
0,8
0,85
0,9
0,95
1,0
cos φ →

Abb. 309.

Tab. 12. Korrektionsfaktoren für Fehlschaltungen von Drehstromzählern nach H. Nützelberger.

Im folgenden werden aus praktischen Gründen die Winkel zwischen Strom und Spannung stets in einer Richtung gemessen, und zwar so, daß der Strom der Spannung nacheilt. Der Winkel kann dabei die Größe von 0° bis 360° haben. Demnach entsprechen die Winkel von 0° bis 180° der Nacheilung des Stromes gegen die Spannung von 0° bis 180°, die Winkel von 180° bis 360° der Voreilung des Stromes von 180° bis 0° herunter.

I. Ermittlung des Winkels zwischen Strom und Spannung eines Meßwerkes. Es muß festgestellt werden, an welcher Spannung die Spannungsspule des betrachteten Meßwerkes liegt[1]. Der erste Buchstabe des Indexes ist bei verketteten Spannungen die Bezeichnung der Leitung, an der der Anfang der Spule, der zweite Buchstabe, an der das Ende der Spule liegt. Dabei gilt als Ende der Spannungsspule die Zählerklemme, an der zwei oder drei Zuleitungen zu den Spannungsspulen vereinigt sind (Aronschaltung bzw. Dreiwattmeterschaltung). Bei an Spannungswandlern angeschlossenen Zählern tritt an Stelle der Leitung die Sekundärklemme des Spannungswandlers, die einer an die Netzleitung angeschlossenen Primärklemme entspricht. Für die Bezeichnung des Stromvektors ist die Bezeichnung der Leitung maßgebend, in der die Stromspule des betrachteten Meßwerkes liegt, wobei der Strom positiv ist, wenn an die Anfangsklemme die Zuleitung von der Zentrale bzw. die ihr entsprechende Meßwandlerleitung, an das Ende die Leitung zu dem Abnehmer bzw. die entsprechende Meßwandlerleitung angeschlossen ist. Als Anfangsklemme gilt die Klemme, die bei richtig geschaltetem Zähler mit der Zuleitung von der Zentrale verbunden sein sollte, normalerweise also die linke der beiden zu einem Meßwerk gehörenden Klemmen (bei Zählern für Rücklieferung umgekehrt). Die Ermittlung des Winkels erfolgt auf folgende Weise:

Man zeichnet das Hilfsdiagramm Abb. 310b auf Pauspapier ab und legt dieses Diagramm über das Diagramm Abb. 310a, so daß die Mittelpunkte beider Diagramme zusammenfallen. Dann dreht man das auf Pauspapier gezeichnete Diagramm so, daß der Strich Null mit dem in Betracht kommenden Spannungsvektor zusammenfällt. Der gesuchte Winkel entspricht dann der Lage des in Betracht kommenden Stromvektors. Der Übersichtlichkeit halber sind bei den Spannungs- und Stromvektoren im Diagramm Abb. 310a nur die Indizes eingetragen. Die Enden der Vektoren der verketteten Spannungen liegen auf dem größten, mit E bezeichneten, die Enden der Vektoren der Phasenspannungen auf dem mit E_0 bezeichneten und die Enden der Stromvektoren auf dem mit J bezeichneten Kreis.

Beispiel: Die Spannungsspule eines der Meßwerke eines Wattstundenzählers in Aronschaltung liegt an der Spannung RS. Die Stromspule desselben Meßwerkes ist vom Strom $-T$ durchflossen, d. h. sie liegt in der Leitung T, wobei ihr Anfang mit dem Verbraucher verbunden ist. Wir stellen den Nullstrich unserer Gradteilung auf den Vektor RS ein und lesen als den $-T$ entsprechenden Winkel zu 90° ab.

II. Ermittlung der Korrektionsfaktoren von Wattstundenzählern in Aronschaltung (Zweiwattmeterschaltung). Man sucht im Diagramm Abb. 311 die beiden Stromvektoren, deren Enden auf dem mit J bezeichneten Kreis liegen und deren Phasenverschiebungen gegen den Spannungsvektor E dem nach I ermittelten Winkel entsprechen. Dann addiert man die beiden Stromvektoren geo-

[1] Dabei ist hier selbstverständlich der Fall gemeint, daß die Spannungsspule selbst nicht unterbrochen ist. Bei unterbrochener Spannungsspule ist das betreffende Meßwerk wirkungslos, und man berücksichtigt in diesem Falle den Strom in diesem Meßwerk überhaupt nicht. Analog muß natürlich gerechnet werden bei einer unterbrochenen Stromspule und überhaupt in ähnlichen Fällen.

metrisch (s. hierzu 24). Am Ende des erhaltenen resultierenden Vektors wird dann der Wert des Korrektionsfaktors F abgelesen. Dieser Korrektionsfaktor ist

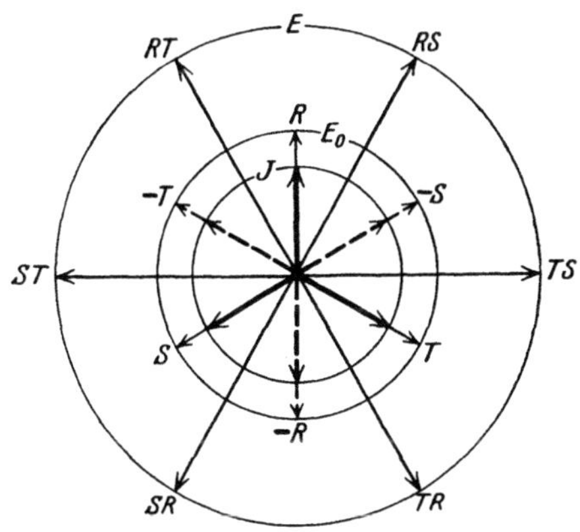

Abb. 310a.

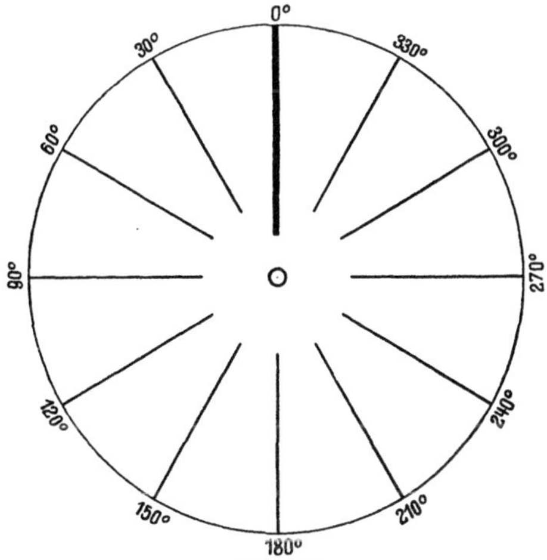

Abb. 310b.

im Diagramm als das Produkt einer Zahl und einer mit einem Buchstaben bezeichneten Größe eingetragen, wobei auch das Vorzeichen zu beachten ist. Im Diagramm sind gestrichelte Hilfslinien eingetragen, die die Bildung des resultierenden Vektors

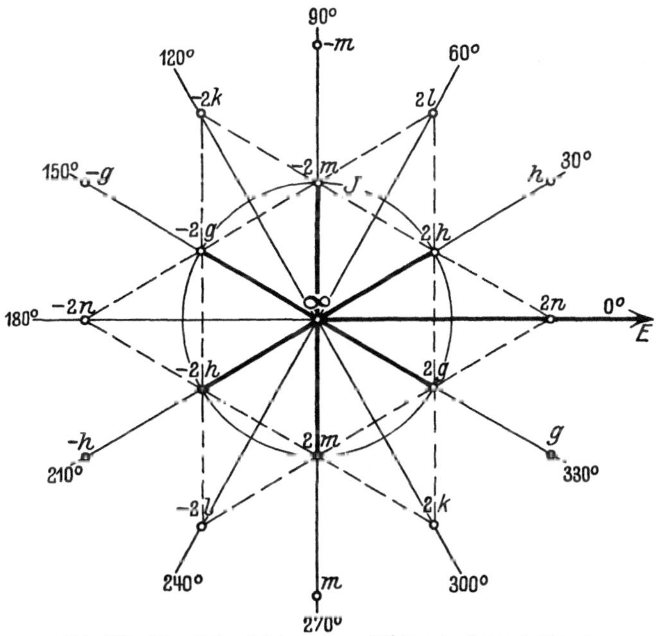

Abb. 311. Korrektionsfaktoren von Zählern in Aronschaltung.

erleichtern. Es ist zu beachten, daß, wenn die beiden Stromvektoren einander entgegengesetzt gerichtet sind, d. h. in einer Linie liegen, so ist der resultierende Vektor Null, der Korrektionsfaktor ist in diesem Fall unendlich.

Wenn an beiden Meßwerken die halbe verkettete Spannung liegt (Unterbrechung der gemeinschaftlichen Spannungszuleitung), so hat der Korrektionsfaktor den doppelten Wert wie bei voller verketteter Spannung.

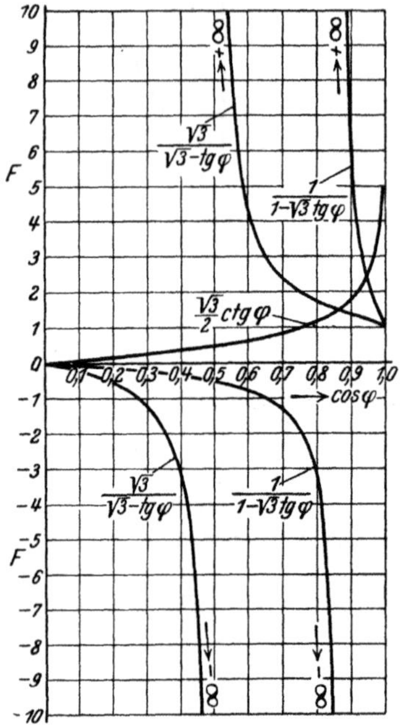

Abb. 312. Korrektionsfaktoren.

Die Werte der mit Buchstaben bezeichneten Größen entnimmt man der nachstehenden Tabelle, wobei für den Wattstundenzähler die in der Spalte Wattstundenzähler enthaltenen Größen in Frage kommen.

Ist der allgemeine Ausdruck für den Korrektionsfaktor in Abhängigkeit von der Phasenverschiebung φ ermittelt, so kann für jeden Wert der Phasenverschiebung in der Anlage der Zahlenwert des Korrektionsfaktors berechnet werden. Für die wichtigsten Korrektionsfaktoren für Wattstundenzähler sind die Zahlenwerte der Korrektionsfaktoren für positive Werte des Phasenverschiebungswinkels φ (also induktive Belastung) in Abb. 312 und 313 in Form von Kurven aufgetragen. Man kann aus diesen Kurven die Korrektionsfaktoren mit einer für den praktischen Gebrauch genügenden Genauigkeit entnehmen. Dabei ist zu beachten, daß die Korrektionsfaktoren, die in Abb. 312 eingetragen sind, bei bestimmten Werten von φ den Wert unendlich haben. Bei diesen Phasenverschiebungen steht also der Zähler still. Aus diesem Grunde verlaufen die betreffenden Kurven sowohl unterhalb wie oberhalb der Abszissenachse und zeigen Sprünge von einem positiven zu einem negativen Wert. Ist die Phasenverschiebung φ negativ, so ist tg φ negativ. Man kann auch für diesen Fall unter Beachtung der Werte der vierten Spalte der Tabelle S. 514 die Kurven Abb. 312 und 313 benutzen.

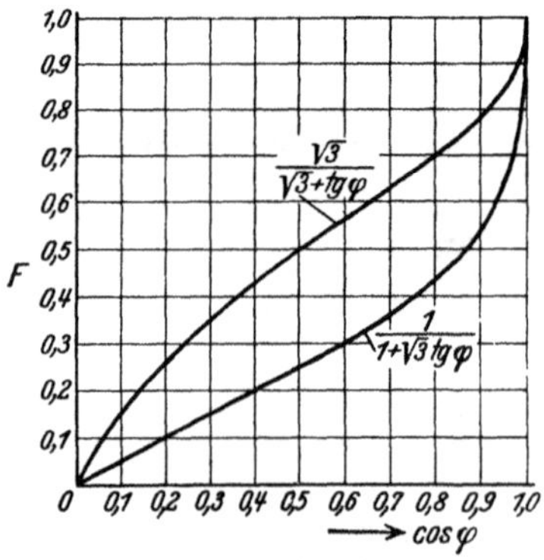

Abb. 313. Korrektionsfaktoren.

Beispiel: Bei einem Wattstundenzähler in Aronschaltung wurde festgestellt, daß die Spannungsspule des einen Meßwerkes an der Spannung SR liegt und daß seine Stromspule vom Strom $-T$ durchflossen ist. Das zweite Meßwerk liegt an der Spannung TR, seine Stromspule ist vom Strom $+R$ durchflossen. Aus Abb. 310a ermitteln sich dann die beiden Winkel zwischen Strom und Spannung zu 270^0 und 150^0. Wir ersehen aus dem Diagramm Abb. 311, daß die Phasenverschiebung zwischen den beiden Stromvektoren 120^0 beträgt und das Ende des resultierenden Vektors, der genau so lang ist wie die beiden Teilvektoren, auf dem Punkt $-2h$ zu liegen kommt. Der Tabelle für Korrektionsfaktoren entnehmen wir, daß h für den Wattstundenzähler und induktive Belastung den Wert $\frac{\sqrt{3}}{\sqrt{3}-\text{tg}\,\varphi}$ hat. Demnach ist in unserem Fall der Korrektionsfaktor

$$F = -2h = -\frac{2\cdot\sqrt{3}}{\sqrt{3} - \operatorname{tg}\varphi}.$$

Der Leistungsfaktor in der Anlage sei im Mittel $\cos\varphi = 0{,}6$ induktiv gewesen. Für diesen Wert finden wir im Kurvenblatt Abb. 312 auf der Kurve $\frac{\sqrt{3}}{\sqrt{3} - \operatorname{tg}\varphi}$ den Wert $+4{,}2$. Demnach ermittelt sich der tatsächliche Verbrauch in der Anlage durch Multiplikation des durch den Zähler angezeigten Verbrauches mit dem Werte $F = -2h = -2\cdot 4{,}2 = -8{,}4$.

Wäre die Anlage mit $\cos\varphi = 0{,}6$ kapazitiv belastet gewesen, so würde h nach der Tabelle für die Korrektionsfaktoren den Wert $\frac{\sqrt{3}}{\sqrt{3} + \operatorname{tg}\varphi}$ haben. Der Kurve $\frac{\sqrt{3}}{\sqrt{3} + \operatorname{tg}\varphi}$ Abb. 313 entnehmen wir für $\cos\varphi = 0{,}6$ den Wert 0,56. Demnach ergibt sich der Korrektionsfaktor zu $F = -2h = -2\cdot 0{,}56 = -1{,}12$.

III. Ermittlung der Korrektionsfaktoren von Drehstrom-Wattstundenzählern mit drei Meßwerken (Vierleiterzähler). Hierfür ist das Diagramm Abb. 314 maßgebend. Es können hier wesentlich mehr Fälle der geometrischen Addition als beim Zähler mit zwei Meßwerken vorkommen.

Die Endpunkte der Vektoren der einzelnen Ströme liegen wiederum auf dem mit J bezeichneten Kreis. Wenn drei Ströme zu addieren sind, wie dies normalerweise beim Zähler mit drei Meßwerken der Fall sein wird, so werden in beliebiger Reihenfolge zuerst zwei Ströme geometrisch addiert und dann der dritte Strom hinzuaddiert.

Den durch Buchstaben gekennzeichneten Teilkorrektionsfaktor entnimmt man wiederum der Spalte Wattstundenzähler der Tabelle S. 514 und benützt zur Ermittlung des Zahlenwertes gegebenenfalls die Kurven Abb. 312 und 313.

Es können auch Fehlschaltungen vorkommen (s. 230, S. 454), bei denen der Vierleiterzähler sich gewissermaßen in einen Dreileiterzähler verwandelt. Für solche Fehlschaltungen ist dann das Diagramm Abb. 311 für Dreileiterzähler maßgebend.

Beispiel: Wir wollen mit Hilfe des Diagramms Abb. 314 den Korrektionsfaktor für die in Beispiel 2, S. 454 behandelte Fehlschaltung, bei der der Zähler nach Abb. 297 geschaltet war, ermitteln. Mit Hilfe des Diagramms Abb. 310 erhalten wir für die Phasenverschiebungen in den einzelnen Meßwerken folgende Werte: $\varphi_I = 60^0$, $\varphi_{II} = 120^0$, $\varphi_{III} = 0^0$.

Wir addieren im Diagramm Abb. 314 zuerst die beiden Ströme, die den Phasenverschiebungen 60^0 und 120^0 entsprechen und kommen auf den mit $-2m$ bezeichneten Punkt; addieren dann den dritten Strom und kommen dann auf den Punkt „$3l$". Demnach ist nach Tabelle S. 514 der Korrektionsfaktor für induktive Belastung $F = 3l = \frac{3}{1 - \sqrt{3}\cdot\operatorname{tg}\varphi}$ und für kapazitive Belastung $F = 3l = \frac{3}{1 + \sqrt{3}\cdot\operatorname{tg}\varphi}$.

IV. Ermittlung der Korrektionsfaktoren von Drehstrom-Blindverbrauchzählern mit 180^0-Abgleichung. Hierfür sind die gleichen Diagramme Abb. 311 für Dreileiterzähler und Abb. 314 für Vierleiterzähler maßgebend. Das Verfahren ist hier das gleiche wie für die Wattstundenzähler. Zu beachten ist, daß diese Zähler normal an die umgeklappten Spannungen wie die Wirkverbrauchzähler angeschlossen sind. Der erste Buchstabe des Indexes bei verketteten Spannungen führt wiederum die Bezeichnung der Leitung, an der der Anfang der Spule, der zweite Buchstabe kennzeichnet die Leitung, an der das Ende der Spule liegt. Hier gilt im Gegensatz zu dem Wattstundenzähler als Anfang der Spannungsspule die Zählerklemme, an der zwei oder drei Zuleitungen zu den Spannungsspulen vereinigt sind. Für die Bezeichnung des Stromvektors ist, wie bei Wattstundenzählern, die Bezeichnung der Leitung maßgebend, in der die Stromspule des betrachteten Meßwerkes liegt, wobei der Strom wiederum positiv ist,

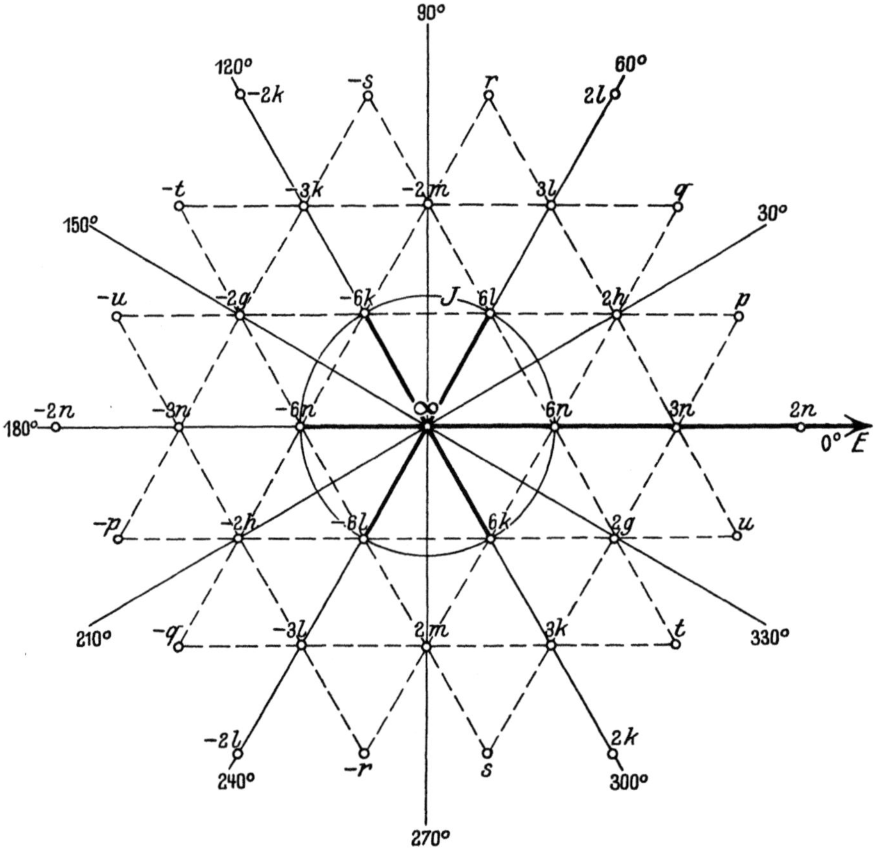

Abb. 314. Korrektionsfaktoren von Drehstrom-Vierleiterzählern.

wenn an die Anfangsklemme die Zuleitung von dem stromliefernden Werk bzw. die ihr entsprechende Meßwandlerleitung, an das Ende die Leitung zu dem Abnehmer bzw. die entsprechende Meßwandlerleitung angeschlossen ist. Hat man unter Beachtung der eben angegebenen Bezeichnungen die Winkel zwischen Spannung und Strom eines jeden Meßwerkes nach Diagramm Abb. 310 bestimmt, so kann man nach Abb. 311 für Dreileiterzähler bzw. Abb. 314 für Vierleiterzähler den Korrektionsfaktor F ermitteln. Der Teilkorrektionsfaktor ergibt sich aus der Tabelle S. 514, und zwar aus der zweiten bzw. fünften Spalte.

Beispiel: Bei einem Dreileiter-Blindverbrauchzähler in Aronschaltung wurde festgestellt, daß die Spannungsspule des einen Meßwerkes an der Spannung *RS* liegt und daß seine Stromspule vom Strom $+ T$ durchflossen ist. Das zweite Meßwerk liegt an *RT*, seine Stromspule ist vom Strom $+ R$ durchflossen. Der Leistungsfaktor in der Anlage sei im Mittel $\cos\varphi = 0{,}6$ induktiv gewesen.

Aus Abb. 310 ergeben sich die beiden Winkel zwischen Strom und Spannung zu 270° und 330°. Wir ersehen aus dem Diagramm Abb. 311, daß das Ende des resultierenden Vektors auf dem Punkt „$2\,k$" zu liegen kommt. Der Tabelle für Korrektionsfaktoren entnehmen wir, daß k für Blindverbrauchzähler mit 180°-Abgleichung und induktive Belastung den Wert $\frac{-1}{1-\sqrt{3}\cdot\operatorname{ctg}\varphi}$ hat. Demnach ist in unserem Fall der Korrektionsfaktor $F = 2\,k = \frac{-2}{1-\sqrt{3}\operatorname{ctg}\varphi}$. Der Tab. 10 S. 505 entnehmen wir für $\cos\varphi = 0{,}6$ den Wert $\operatorname{ctg}\varphi = 0{,}75$. Demnach ist

$$F = \frac{-2}{1-\sqrt{3}\cdot 0{,}75} = \frac{-2}{1-1{,}3} = +\,6{,}6\,.$$

Wäre die Anlage mit $\cos\varphi = 0{,}6$ kapazitiv belastet, so würde k nach Tabelle S. 514 den Wert $\frac{-1}{1+\sqrt{3}\cdot\operatorname{ctg}\varphi}$ haben und der Korrektionsfaktor würde sich zu

$$F = 2\,k = \frac{-2}{1+\sqrt{3}\cdot\operatorname{ctg}\varphi} = \frac{-2}{1+\sqrt{3}\cdot 0{,}75} = \frac{-2}{1+1{,}3} = -\,0{,}87\,.$$

ergeben.

V. Ermittlung der Korrektionsfaktoren von Drehstrom-Blindverbrauchzählern mit 60°-Abgleichung. Hierfür gelten wiederum die gleichen Diagramme Abb. 311 für Dreileiterzähler und Abb. 314 für Vierleiterzähler. Zu beachten ist hier, daß als Ende der Spannungsspule wie bei Wattstundenzählern diejenige Zählerklemme gilt, an der zwei oder drei Zuleitungen zu den Spannungsspulen vereinigt sind. Diese Klemme ist hier im Gegensatz zu den bisher behandelten Fällen bei normaler Schaltung stets an eine Leitung angeschlossen, in der eine Stromspule liegt. Das Verfahren ist im übrigen das gleiche wie das bisher behandelte.

Beispiel: Bei einem Dreileiter-Blindverbrauchzähler in Aronschaltung mit 60°-Abgleichung wurde festgestellt, daß die Zuleitung zum Verbindungspunkt der Enden der Spannungsspulen der beiden Meßwerke unterbrochen ist. Für diesen Zähler ist dies die Zuleitung von der Phase *T*. Der Leistungsfaktor in der Anlage sei im Mittel $\cos\varphi = 0{,}866$ kapazitiv gewesen. Das Meßwerk *I* liegt somit an Spannung $\frac{RS}{2}$, seine Stromspule in Phase $+ T$; das Meßwerk *II* an Spannung $\frac{SR}{2}$, seine Stromspule in Phase $+ R$. Aus Abb. 310 ergeben sich die beiden Winkel zwischen Strom und Spannung zu 270° und 210°. Wir ersehen aus dem Diagramm Abb. 311, daß das Ende des resultierenden Vektors auf dem Punkt „$-2\,l$" zu liegen kommt. Der Tabelle für den Korrektionsfaktor entnehmen wir, daß l für Blindverbrauchzähler mit 60°-Abgleichung und kapazitiver Belastung den Wert $\frac{1}{2}$ hat. Demnach ist in unserem Fall der Korrektionsfaktor unter Berücksichtigung der halben Spannung $F = -4\,l = -4\cdot\frac{1}{2} = -2$. Das Ergebnis des Korrektionsfaktors (-2) läßt erkennen, daß der Zähler bei allen kapazitiven Phasenverschiebungen rückwärts läuft und stets die Hälfte des Sollwertes anzeigt.

Tabelle der Korrektionsfaktoren.

Korrektionsfaktor	Induktive Belastung: Wirkverbrauchzähler	Induktive Belastung: Blindverbrauchzähler mit 180°-Abgleichung	Induktive Belastung: Blindverbrauchzähler mit 60°-Abgleichung	Kapazitive Belastung: Wirkverbrauchzähler	Kapazitive Belastung: Blindverbrauchzähler mit 180°-Abgleichung	Kapazitive Belastung: Blindverbrauchzähler mit 60°-Abgleichung
g	$\frac{\sqrt{3}}{\sqrt{3}+\mathrm{tg}\,\varphi}$	$\frac{-\sqrt{3}}{\sqrt{3}-\mathrm{ctg}\,\varphi}$	$\frac{\sqrt{3}}{2}\,\mathrm{tg}\,\varphi$	$\frac{\sqrt{3}}{\sqrt{3}-\mathrm{tg}\,\varphi}$	$\frac{-\sqrt{3}}{\sqrt{3}+\mathrm{ctg}\,\varphi}$	$-\frac{\sqrt{3}}{2}\,\mathrm{tg}\,\varphi$
h	$\frac{\sqrt{3}}{\sqrt{3}-\mathrm{tg}\,\varphi}$	$\frac{-\sqrt{3}}{\sqrt{3}+\mathrm{ctg}\,\varphi}$	$\frac{-\sqrt{3}}{\sqrt{3}-\mathrm{ctg}\,\varphi}$	$\frac{\sqrt{3}}{\sqrt{3}+\mathrm{tg}\,\varphi}$	$\frac{-\sqrt{3}}{\sqrt{3}-\mathrm{ctg}\,\varphi}$	$\frac{-\sqrt{3}}{\sqrt{3}+\mathrm{ctg}\,\varphi}$
k	$\frac{1}{1+\sqrt{3}\,\mathrm{tg}\,\varphi}$	$\frac{-1}{1-\sqrt{3}\,\mathrm{ctg}\,\varphi}$	$\frac{1}{1+\sqrt{3}\,\mathrm{ctg}\,\varphi}$	$\frac{1}{1-\sqrt{3}\,\mathrm{tg}\,\varphi}$	$\frac{-1}{1+\sqrt{3}\,\mathrm{ctg}\,\varphi}$	$\frac{1}{1-\sqrt{3}\,\mathrm{ctg}\,\varphi}$
l	$\frac{1}{1-\sqrt{3}\,\mathrm{tg}\,\varphi}$	$\frac{-1}{1+\sqrt{3}\,\mathrm{ctg}\,\varphi}$	$-\frac{1}{2}$	$\frac{1}{1+\sqrt{3}\,\mathrm{tg}\,\varphi}$	$\frac{-1}{1-\sqrt{3}\,\mathrm{ctg}\,\varphi}$	$\frac{1}{2}$
m	$\frac{\sqrt{3}}{2}\,\mathrm{ctg}\,\varphi$	$\frac{\sqrt{3}}{2}\,\mathrm{tg}\,\varphi$	$\frac{\sqrt{3}}{\sqrt{3}+\mathrm{ctg}\,\varphi}$	$-\frac{\sqrt{3}}{2}\,\mathrm{ctg}\,\varphi$	$-\frac{\sqrt{3}}{2}\,\mathrm{tg}\,\varphi$	$\frac{\sqrt{3}}{\sqrt{3}-\mathrm{ctg}\,\varphi}$
n	$\frac{1}{2}$	$-\frac{1}{2}$	$\frac{-1}{1-\sqrt{3}\,\mathrm{ctg}\,\varphi}$	$\frac{1}{2}$	$\frac{1}{2}$	$\frac{-1}{1+\sqrt{3}\,\mathrm{ctg}\,\varphi}$
p	$\frac{6}{5-\sqrt{3}\,\mathrm{tg}\,\varphi}$	$\frac{-6}{5+\sqrt{3}\,\mathrm{ctg}\,\varphi}$	$\frac{-3}{2-\sqrt{3}\,\mathrm{ctg}\,\varphi}$	$\frac{6}{5+\sqrt{3}\,\mathrm{tg}\,\varphi}$	$\frac{-6}{5-\sqrt{3}\,\mathrm{ctg}\,\varphi}$	$\frac{-3}{2+\sqrt{3}\,\mathrm{ctg}\,\varphi}$
q	$\frac{3}{2-\sqrt{3}\,\mathrm{tg}\,\varphi}$	$\frac{-3}{2+\sqrt{3}\,\mathrm{ctg}\,\varphi}$	$\frac{-6}{5-\sqrt{3}\,\mathrm{ctg}\,\varphi}$	$\frac{3}{2+\sqrt{3}\,\mathrm{tg}\,\varphi}$	$\frac{-3}{2-\sqrt{3}\,\mathrm{ctg}\,\varphi}$	$\frac{-6}{5+\sqrt{3}\,\mathrm{ctg}\,\varphi}$
r	$\frac{6}{1-3\sqrt{3}\,\mathrm{tg}\,\varphi}$	$\frac{-6}{1+3\sqrt{3}\,\mathrm{ctg}\,\varphi}$	$\frac{-6}{5+\sqrt{3}\,\mathrm{ctg}\,\varphi}$	$\frac{6}{1+3\sqrt{3}\,\mathrm{tg}\,\varphi}$	$\frac{-6}{1-3\sqrt{3}\,\mathrm{ctg}\,\varphi}$	$\frac{-6}{5-\sqrt{3}\,\mathrm{ctg}\,\varphi}$
s	$\frac{6}{1+3\sqrt{3}\,\mathrm{tg}\,\varphi}$	$\frac{-6}{1-3\sqrt{3}\,\mathrm{ctg}\,\varphi}$	$\frac{+3}{2+\sqrt{3}\,\mathrm{ctg}\,\varphi}$	$\frac{6}{1-3\sqrt{3}\,\mathrm{tg}\,\varphi}$	$\frac{-6}{1+3\sqrt{3}\,\mathrm{ctg}\,\varphi}$	$\frac{+3}{2-\sqrt{3}\,\mathrm{ctg}\,\varphi}$
t	$\frac{3}{2+\sqrt{3}\,\mathrm{tg}\,\varphi}$	$\frac{-3}{2-\sqrt{3}\,\mathrm{ctg}\,\varphi}$	$\frac{+6}{1+3\sqrt{3}\,\mathrm{ctg}\,\varphi}$	$\frac{3}{2-\sqrt{3}\,\mathrm{tg}\,\varphi}$	$\frac{-3}{2+\sqrt{3}\,\mathrm{ctg}\,\varphi}$	$\frac{+6}{1-3\sqrt{3}\,\mathrm{ctg}\,\varphi}$
u	$\frac{6}{5+\sqrt{3}\,\mathrm{tg}\,\varphi}$	$\frac{-6}{5-\sqrt{3}\,\mathrm{ctg}\,\varphi}$	$\frac{-6}{1-3\sqrt{3}\,\mathrm{ctg}\,\varphi}$	$\frac{6}{5-\sqrt{3}\,\mathrm{tg}\,\varphi}$	$\frac{-6}{5+\sqrt{3}\,\mathrm{ctg}\,\varphi}$	$\frac{-6}{1+3\sqrt{3}\,\mathrm{ctg}\,\varphi}$

Der Winkel φ ist ohne Berücksichtigung des Vorzeichens einzusetzen.

Sachverzeichnis.

Die Meßwandler, ihre Theorie und Praxis. Von Dr. I. Goldstein, Oberingenieur der AEG-Transformatorenfabrik. Mit 130 Textabbildungen. VII, 166 Seiten. 1928. RM 12.—; gebunden RM 13.50

Wirkungsweise der Motorzähler und Meßwandler mit besonderer Berücksichtigung der Blind-, Misch- und Scheinverbrauchsmessung. Für Betriebsleiter von Elektrizitätswerken, Zählertechniker und Studierende. Von Direktor Dr.-Ing., Dr.-Ing. e. h. I. A. Möllinger. Zweite, erweiterte Auflage. Mit 131 Textabbildungen. VI, 238 Seiten. 1925. Gebunden RM 12.—

Die Messung der elektrischen Größen. Von Dipl.-Ing. C. Aron, Berlin. (Technische Fachbücher, Band 16.) Mit 45 Abbildungen im Text und 116 Aufgaben nebst Lösungen. IV, 107 Seiten. 1926. RM 2.25

Elektrotechnische Meßkunde. Von Dr.-Ing. P. B. Arthur Linker. Dritte, völlig umgearbeitete und erweiterte Auflage. Mit 408 Textfiguren. XII, 571 Seiten. 1920. Unveränderter Neudruck 1923. Gebunden RM 11.—

Elektrotechnische Meßinstrumente. Ein Leitfaden von Oberingenieur a. D. Konrad Gruhn, Gewerbestudienrat. Zweite, vermehrte und verbesserte Auflage. Mit 321 Textabbildungen. IV, 223 Seiten. 1923. Gebunden RM 7.—

Meßgeräte und Schaltungen zum Parallelschalten von Wechselstrom-Maschinen. Von Oberingenieur Werner Skirl. Zweite, umgearbeitete und erweiterte Auflage. Mit 30 Tafeln, 30 ganzseitigen Schaltbildern und 14 Textbildern. VIII, 140 Seiten. 1923. Gebunden RM 5.—

Wechselstrom-Leistungsmessungen. Von Oberingenieur Werner Skirl. Dritte, vollständig umgearbeitete und erweiterte Auflage. Mit 247 zum größten Teil auf Tafeln angeordneten Bildern. VII, 278 Seiten. 1930. Gebunden RM 14.—

Meßtechnische Übungen der Elektrotechnik. Von Oberingenieur a. D. Konrad Gruhn, Gewerbestudienrat. Mit 305 Textabbildungen. VI, 176 Seiten. 1927. RM 10.50

GPSR Compliance

The European Union's (EU) General Product Safety Regulation (GPSR) is a set of rules that requires consumer products to be safe and our obligations to ensure this.

If you have any concerns about our products, you can contact us on ProductSafety@springernature.com

In case Publisher is established outside the EU, the EU authorized representative is:

Springer Nature Customer Service Center GmbH
Europaplatz 3
69115 Heidelberg, Germany

Batch number: 10682323

Printed by Printforce, the Netherlands